美国兽医生物制品法规和技术标准

杨京岚　陈光华　夏业才　主译

张一帜　副主译

中国农业出版社

北　京

本书翻译委员会名单

主　　译：杨京岚　陈光华　夏业才
副 主 译：张一帜
译者与校者（按姓名笔画排序）：

丁春雨	于志凤	万仁玲	万建青	习向峰	马苏	丰素兰	王芳
王楠	王婷	王缨	王小慈	王飞虎	王丹娜	王乐元	王亚丽
王兆	王利永	王秀丽	王燕芹	毛娅卿	文晶亮	孔璨	田向阳
史兰广	印春生	包银莉	冯琳琳	邢嘉琪	巩忠福	曲光刚	曲鸿飞
朱元源	朱秀同	朱萍	任培森	刘博	刘燕	刘业兵	刘欢欢
刘亭歧	齐冬梅	孙招金	杜艳	李宁	李建	李琰	李博
李翠	李静	李伟杰	李国红	李宝臣	李虹	李俊平	李美花
李瑞武	杨娟	杨忠萍	杨京岚	杨承槐	杨福荣	肖燕	肖璐
吴涛	吴华伟	吴思捷	邹兴启	辛凌翔	汪洋	宋艳丽	张兵
张敏	张媛	张靖	张蕾	张一帜	张存帅	张秀文	张海燕
张乾义	陆春萌	陈杰	陈小云	陈光华	陈延飞	陈晓春	范秀丽
林梓栋	罗玉峰	周海娟	赵卓	赵耘	赵化阳	赵红玲	赵启祖
郝利华	胡潇	胡晓阳	段文龙	姜畔	秦玉明	袁率珍	夏业才
夏应菊	徐嫄	徐璐	徐宏军	徐家华	凌红丽	高艳春	郭晔
郭辉	郭丽霞	郭海燕	唐娜	康孟佼	鹿钟文	商云鹏	商晓桂
彭小兵	彭伍平	董义春	蒋颖	蒋桃珍	韩爽	韩志玲	韩明远
韩娥	智海东	舒秀伟	温芳	谢金文	蔡青秀	谭克龙	樊晓旭
滕颖	潘顺叶	薛文志	薛青红	魏财文	魏联果		

Translation Commission of
Laws, Regulations, and Technical Standards an
Vetrinary Biologics in the United States

Principal translators: YANG Jinglan   CHEN Guanghua   XIA Yecai

Vice principal translator: ZHANG Yizhi

Translators and proofreaders:

DING Chunyu	YU Zhifeng	WAN Renling
WAN Jianqing	XI Xiangfeng	MA Su
FENG Sulan	WANG Fang	WANG Nan
WANG Ting	WANG Ying	WANG Xiaoci
WANG Feihu	WANG Danna	WANG Leyuan
WANG Yali	WANG Zhao	WANG Liyong
WANG Xiuli	WANG Yanqin	MAO Yaqing
WEN Jingliang	KONG Can	TIAN Xiangyang
SHI Languang	YIN Chunsheng	BAO Yinli
FENG Linlin	XING Jiaqi	GONG Zhongfu
QU Guanggang	QU Hongfei	ZHU Yuanyuan
ZHU Xiutong	ZHU Ping	REN Peisen
LIU Bo	LIU Yan	LIU Yebing
LIU Huanhuan	LIU Tingqi	QI Dongmei
SUN Zhaojin	DU Yan	LI Ning
LI Jian	LI Yan	LI Bo
LI Cui	LI Jing	LI Weijie
LI Guohong	LI Baochen	LI Hong
LI Junping	LI Meihua	LI Ruiwu

YANG Juan YANG Zhongping YANG Jinglan

YANG Chenghuai YANG Furong XIAO Yan

XIAO Lu WU Tao WU Huawei

WU Sijie ZOU Xingqi XIN Lingxiang

WANG Yang SONG Yanli ZHANG Bing

ZHANG Min ZHANG Yuan ZHANG Jing

ZHANG Lei ZHANG Yizhi ZHANG Cunshuai

ZHANG Xiuwen ZHANG Haiyan ZHANG Qianyi

LU Chunmeng CHEN Jie CHEN Xiaoyun

CHEN Guanghua CHEN Yanfei CHEN Xiaochun

FAN Xiuli LIN Zidong LUO Yufeng

ZHAO Zhuo ZHAO Yun ZHAO Huayang

ZHAO Hongling ZHAO Qizu HAO Lihua

HU Xiao HU Xiaoyang DUAN Wenlong

JIANG Pan QIN Yuming YUAN Shuaizhen

XIA Yecai XIA Yingju XU Yuan

XU Lu XU Hongjun XU Jiahua

LING Hongli GAO Yanchun GUO Ye

GUO Hui GUO Lixia GUO Haiyan

TANG Na KANG Mengjiao LU Zhongwen

SHANG Yunpeng SHANG Xiaogui PENG Xiaobing

PENG Wuping DONG Yichun JIANG Ying

JIANG Taozhen HAN Shuang HAN Zhiling

HAN Mingyuan HAN E ZHI Haidong

SHU Xiuwei WEN Fang XIE Jinwen

CAI Qingxiu TAN Kelong FAN Xiaoxu

TENG Ying PAN Shunye XUE Wenzhi

XUE Qinghong WEI Caiwen WEI Lianguo

译 者 的 话

我们首次对美国兽医生物制品的管理法律、规章和技术标准等进行全面收集和翻译，涉及兽医生物制品企业建厂要求，以及美国兽医生物制品产品的研发、注册、生产、质量控制、经营、进出口和使用等多个环节的法律规章和技术标准。为了将这些成熟的法律规章和技术标准介绍到中国，我们发函至美国农业部兽医生物制品中心（CVB）Byron Rippke 主任，说明了我们收集、整理和翻译相关法律规章和技术标准的意愿，并获得了其授权，同意我们自由使用这些文件进行翻译出版并在中国发行。

根据美国动植物卫生监督署官方网站（https：//www. aphis. usda. gov/aphis/ourfocus/animalhealth/veterinary-biologics）提供的信息，我们编辑整理了涉及美国兽医生物制品企业和兽医生物制品产品管理的规章和技术标准，将《美国兽医生物制品法规和技术标准》分为五个篇章。第一篇为病毒-血清-毒素法（VSTA），这是美国兽医生物制品管理的法律基础；第二篇为美国联邦法规第 9 卷（9CFR），该部分第 E 副章涉及兽医生物制品企业建厂要求和美国兽医生物制品产品的研发、注册、生产、质量控制、经营、进出口和使用等多个环节的法律规章，并在其第 113 部分涵盖了所有美国兽医生物制品成品检验的通用技术标准及检验规定；第三篇为美国兽医局备忘录，主要囊括了研发与注册阶段所需试验的具体要求，并对 9CFR 中部分管理规定的具体实施方法加以说明；第四篇为美国兽医生物制品补充检验方法(SAM)，该部分均为具体试验的操作方法；第五篇为美国兽医生物制品产品目录，为美国官方发布的美国企业生产的所有产品的目录。由于美国农业部对相关的法规、技术标准及检验方法等在不断更新，因此如需获得实时有效的信息，请直接到美国农业部官方网站下载。同时，为帮助读者准确理解本书中的知识内容，本书对部分与中国兽医生物制品行业相关术语相近但意思略有差异的术语及容易造成歧义的相关术语以"译者注"的形式进行了详细说明，以帮助读者理解。

《美国兽医生物制品法规和技术标准》旨在为兽医生物制品的教学和科研人员、注册人员、生产和检验人员、进出口和营销人员、使用人员及行政管理人员提供比较全面的参考，以方便读者对美国兽医生物制品管理制度和相关技术标准的详细情况进行了解。我们希望本书可以为我国相关法律法规和技术标准的修订提供参考依据；为促进我国生物制品生产企业加强自身的管理制度，提高产品研发、生产和质量控制等提供借鉴；进而为推进我国兽医生物制品的企业管理，促进和提高我国兽医生物制品质量，提高国内兽医生物制品生产企业的国际竞争力，以及保障我国畜牧业稳定发展及人类健康起到积极作用。

由于我们的英语水平有限，尤其是对法律法规等方面的官方词语等知识掌握不足，尽管全体译者和校者均付出了巨大努力，但书中难免会出现一些理解和翻译错误，敬请广大读者批评指正。非常欢迎您将批判、看法、意见和建议反馈给我们，以便再次印刷时加以改进。联系方式：vet _ biologics@sina. com。

杨京岚　陈光华　夏业才

2018 年 7 月

Translators' words to readers

We conducted the first ever comprehensive collection and translation of the administrative laws, regulations, and technical standards, on veterinary biologics in the United States, involving the requirements of manufacture facility construction, as well as R&D, registration, production, quality control, distribution, import & export, and usage etc of the products. In order to introduce these mature laws, regulations, and technical standards into China, we wrote to Director Byron Rippke of the Center for Veterinary Biologics (CVB) of the United States Department of Agriculture (USDA) to express our interests for collection, compiling, and translation of relevant laws, regulations, and technical standards, and obtained the consent to use the documents freely in translation, publish, and distribution in China.

Based on data from the official website of Animal and Plant Health Inspection Service (APHIS) USDA (https://www. aphis. usda. gov/aphis/ourfocus/animalhealth/veterinary-biologics), we edited and compiled regulations and technical standards on the administration of veterinary biologics manufacturers and management of such products in the United States, and divided the book *Laws*, *Regulations*, *and Technical Standards on Veterinary Biologics in the United States* into five chapters. Chapter One is an introduction of the *Virus-Serum-Toxin Act* which constitutes the legal basis for the administration of veterinary biologics in the United States; Chapter Two presents Title 9 of the Code of Federal Regulations (9 CFR), the Subchapter E of which involves requirements of manufacture facility construction as well as R&D, registration, production, quality control, distribution, import & export, and usage of such products in the United States, in which Part 113 covers all of the general technical standards and rules for the testing of finished veterinary biologics in this country; Chapter Three is on US Veterinary Services Memorandums, which mainly covers specific requirements for essential studies during R&D and registration as well as an explanation on measures for specific enforcement of parts of the administrative regulations in 9 CFR; Chapter Four addresses the Supplementary Assay Methods (SAM) of Veterinary Biologics, covering methods for the operation of specific testings or assays; and Chapter Five is a catalogue of all of the products from US manufacturers those were released by the United States officially. Please refer to and download valid real-time information at the website of USDA for its constant update of relevant laws, regulations, technical standards, and testing methods. Meanwhile translators' notes are available for elaboration on some terminologies similar to Chinese administrative terms, but slightly different in meanings, as well as those may cause misunderstandings, to help the readers develop a better understanding of what is presented in the book.

The *Laws, Regulations, and Technical Standards on Veterinary Biologics in the United States* aims at providing a relatively comprehensive reference for personnel engaged in teaching and research, registration, manufacturing and testing, import & export and marketing, usage etc., as well as administration and management of veterinary biologics, to help the readers to understand the details of the administrative regulations and associated technical standards on veterinary biologics in the United States. We sincerely wish that this book provides the basis for reference in revising associated laws, regulations, and technical standards in China as well as the experience to follow in driving Chinese biologics manufacturers to strengthen the administrative regulations and improve product R&D, production and quality control etc., accordingly contributing proactively for the improvement of the management of veterinary biologics manufacturers, quality of veterinary biologics, and competition capacity of the manufacturers, and assuring the stable development of animal husbandry and human health in China.

Despite of the great effort of all the translators and editors, some semantic and translation errors are hardly avoidable in the book due to our limited English proficiency, particularly the insufficient knowledge of terminologies on laws and regulations, and we are looking forward to receiving criticisms from the readers. Please send your feedbacks to us for revision or improvement in the upcoming editions. Mailto: vet _ biologics@sina. com.

Yang Jinglan, Chen Guanghua and Xia Yecai

July 2018

目　　录

第三篇 美国兽医局备忘录 ·· 149

第五篇　美国兽医生物制品产品目录

Content

Part Ⅳ SUPPLEMENTAL ASSAY METHODS (SAM) ·············· 379

Part Ⅴ USA VETERINARY BIOLOGICS TABLE OF CONTENTS ···················· 983

第一篇
病毒-血清-毒素法（节选）

（21 USC 151~159部分）

第5章 病毒、血清、毒素、抗毒素及类似产品

151. 严禁在国内生产和销售对动物无效或有害的产品；产品生产应由持照企业依法进行

152. 进口管制和禁止进口

153. 进口审查；准入、拒入和销毁

154. 生产和销售制度；执照

154a. 特殊情况下的特别执照；加急程序、条件、豁免、标准

155. 进口许可证

156. 执照许可审查的条件；执照的暂停

157. 同等待遇；随时检查

158. 违规；处罚

159. 适用的强制执行、处罚；国会裁决

(1937年统计年鉴第832~833条，1985年10月23日修订版第L99~198条；1999年统计年鉴第1654~1655条；1921年U.S.C. 第151~159条)

151. 严禁在国内生产和销售对动物无效或有害的产品；产品生产应由持照企业依法进行

任何个人、企业或公司在哥伦比亚特区、美国的领地或美国管辖区内的任何地区从事无效的、已污染的、有危险或有害的兽医病毒、血清、毒素或类似产品的生产、销售、易货或交易，或者为了进出美国管辖区内的任何地区的货运而进行上述产品的装货或运送，或使用上述产品治疗家畜等均属于违法行为；除非且仅当经由农业部部长授权签发的且未被中止或吊销执照的持照企业按照农业部规章规定生产的病毒、血清、毒素或类似产品，否则任何个人、企业和公司不得生产、销售、易货、交易或运输如上所述在美国生产并计划用于家畜的病毒、血清、毒素或类似产品。

152. 进口管制和禁止进口

未经农业部部长的许可，严禁向美国进口任何兽医病毒、血清、毒素或类似产品；禁止向美国进口任何无效的、已污染的、有危险或有害的兽医病毒、血清、毒素或类似产品。

153. 进口审查；准入、拒入和销毁

据此授权农业部部长指派畜牧局对所有进口或拟进口的兽医病毒、血清、毒素及类似产品进行检验和审查，以确定该病毒、血清、毒素及类似产品是否是无效的、已污染的、有危险或有害的；如果这种兽医病毒、血清、毒素或类似产品呈现任何无效、已污染、有危险或有害等特性，则同样的产品将被拒绝入境，且由货主或进口商承担产品销毁或退回的费用。

154. 生产和销售制度；执照

据此授权农业部部长根据需要随时制定并发布相关制度和规定，以防止生产、销售、易货、交易或运输上述任何无效的、已污染的、有危险或有害的兽医病毒、血清、毒素或类似产品；或者授权农业部部长为实施本节规定，颁发、暂停和吊销企业制备拟用于销售、易货、交易或运输的兽医病毒、血清、毒素或类似产品所需的执照。

154a. 特殊情况下的特别执照；加急程序、条件、豁免、标准

为了应对突发事件、受限市场或当地状况，或者其他特殊情况（包括按照州规划，仅限于州内使用产品的生产），在确保产品必须的纯净性、安全性，并在对有效性有合理预期的条件下，农业部部长可以按照加急程序签发特殊执照。

任何个人、企业或公司生产的，符合下列条件的病毒、血清、毒素或类似产品，农业部部长应根据规章规定豁免其需持有未被暂停或未被吊销执照进行生产的要求：

（1）产品仅用于接种该个人、企业和公司的动物；

（2）产品仅用于接种该个人、企业和公司作为州执业兽医在其执业过程中形成的医患关系的动物；

（3）仅用于根据州颁发的执照生产的、仅在该州内部分发的、按照农业部部长确定程序满足以下标准的产品：

（A）该州可批准病毒、血清、毒素或类似产品的生产和生产这种产品的设施。

（B）该州可在颁发执照前，审核这种产品的纯净性、安全性和有效性。

（C）该州可审核产品的检验结果，以确保在产品投放市场前符合适用的纯净性、安全性和有效性标准。

（D）该州可对违反州关于病毒、血清、毒素和类似产品法规的行为进行有效处置。

（E）该州在执行上述（A）至（D）条规定时，应符合本节禁止生产、销售、易货、交易或运输无效的、已污染的、有危险或有害的兽医病毒、血清、毒素或类似产品的宗旨。

155. 进口许可证

据此授权农业部部长对不属于无效的、已污染的、有危险或有害情形的兽医病毒、血清、毒素或类似产品签发进口许可证。

156. 执照许可审查的条件；执照的暂停

任何根据本章颁发的、拟用于上述销售、易货、交易或运输的兽医病毒、血清、毒素或类似产品生产的企业执照，均应在持照者允许对其生产设施、产品及生产过程进行检查的条件下签发；并且，当农业部部长确信任何执照或许可证被用于影响上述的生产、销售、易货、交易或运输，或者促进无效的、已污染的、有危险或有害的兽医病毒、血清、毒素或类似产品进口到美国时，在授予持照

者或进口商听证机会后，根据本章规定，农业部部 长有权暂停或吊销该许可证或执照。

157. 同等待遇；随时检查

经农业部部长正当授权的农业部的任何官员、代理人或工作人员，可随时进入和检查生产拟用于 上述销售、易货、交易或运输的任何兽医病毒、血清、毒素或类似产品的任何企业。

158. 违规；处罚

违反本章任何规定的任何个人、企业或公司，均被视为轻微犯罪，且一经定罪，将由法院酌情裁 定单独处罚或并罚不超过 1 000 美元的罚金或/和不超过 1 年的监禁。

159. 适用的强制执行、处罚；国会裁决

任何违反本章规定，或违反依照本章颁布的规章规定而进行生产、销售、易货、交易或运输的任何产品，均应遵守本卷第 672、673 和 674 节（分别与扣留、没收与罚则和禁令相关）程序适用于本章执行的规定。本卷第 675 节（包括罚则）适用于本条公务执行的规定。国会裁定：（i）受本章规范的产品和行为属于州际或国际贸易，或者实质性影响此类贸易及其自由流通；（ii）本章对产品和行为的规定能够防止和消除商业负担，并有效规范此类商业行为。

上述规定自 1985 年 12 月 23 日生效，以下情况除外。

（1）根据第（2）至第（4）条规定，凡个人、企业和公司在本法生效前 12 个月内生产、销售、易货、交易或运输病毒、血清、毒素或类似产品的，仅用于州内贸易或出口的产品，在本法生效后，不应因为其未持有产品执照或未在持照企业内生产，而被认定为违反畜牧局制定的第 8 项法令

（标题为《病毒-血清-毒素法》）。

自本法颁布施行之日起，直至第 49 个月的首日，采用为农业部年度财政拨款的法案（截止于 1914 年 6 月 30 日的财政年度，1913 年 3 月 14 日批准，本节中加以修订）进行支付。

（2）任何个人、企业或公司在具备正当理由和良好信誉，勤勉守法、符合第 8 节规定时，经农业部部长批准，可作为个案延长其根据第（1）条获得的豁免权 12 个月。

（3）根据第（1）条获得豁免权的申请，必须由生产该产品的个人、企业或公司在本法颁布之日起第 13 个月的首日前按照农业部部长规定的形式和方式提出，除非农业部部长在个案中出于正当理由同意延长其豁免的时限。

（4）自本法施行之日起第 49 个月的首日，或在农业部部长同意的豁免延长期终止之前，由农业部部长为上述产品向个人、企业或公司颁发执照，该产品根据第（1）条规定获得的豁免权应被终止。

（吴思捷　刘　燕译，杨京岚校）

第二篇
美国联邦法规第9卷(9CFR)

——动物与动物产品

第 E 副章 病毒、血清、毒素及类似产品；微生物和载体

第 101 部分 定 义

101.1 适用性

101.2 管理术语

101.3 生物制品和相关术语

101.4 标签术语

101.5 检验术语

101.6 细胞培养

101.7 种子微生物

官方依据：21U. S. C. 151～159；7CFR2. 22、2. 80 和 371. 2（d）。

来源：38FR8426，1973 年 4 月 2 日，另有规定者除外。

§101.1 适用性

本副章 101 至 117 部分所用字词和短语的意思与本部分的定义一致。

§101.2 管理术语

以下与管理相关的字词和短语的意思是：

相邻兽群（adjacent herd） 相邻兽群是与起源兽群有物理性相邻的兽群，在相邻兽群和起源兽群之间没有其他兽群。

署长（administrator） 为动植物卫生监督署的署长，或是被授权行使署长职权的人。

动植物卫生监督署（Animal and Plant Health Inspection Service） 农业部下属负责执行《病毒-血清-毒素法》的管理机构。

生物制品（biological products） 在本副章中"生物制品"这一术语也称为生物产品（biologics）、生物学产品（biologicals）或产品（products），包括在生产、运输、分发和销售过程中所有病毒、血清、毒素（不包括对微生物有选择性毒性的物质，如抗生素）或类似产品（analogous products），这些产品将被用于动物的治疗，通过直接刺激、补充、增加或改变免疫系统或免疫反应起作用。"生物制品"这一术语包括（但不只限于）疫苗、灭活菌苗、致敏原、抗体、抗毒素、类毒素、免疫促进剂、某些细胞因子、活微生物的抗原或免疫成分和诊断成分，它们是天然或合成的，或是来源于合成或改变物质组成的物质，如微生物、基因或基因片段、碳水化合物、蛋白质、抗原、致敏原或抗体。

（1）一种产品的用途取决于客观标准而不是主观，取决于诸如陈述、声明（口头或书面形式）、包装物、标签或外观。

（2）"类似产品"（analogous products）这一

术语应包括：

（ⅰ）在生产、运输、分发和销售的任何阶段中，其功能与生物制品相似的通过直接刺激、补充、加强或调节免疫系统或免疫反应起作用或预期起作用的用于治疗动物的物质；

（ⅱ）在生产、运输、分发和销售过程中，通过检测或测量抗原、抗体、核酸或免疫性来治疗动物的物质；

（ⅲ）在生产、运输、分发和销售过程中，类似生物制品的外观、包装、标签、用途（口头或书面）的代表物或替代生物制品的物质，或任何其他类似的用于治疗动物的物质。

（3）治疗（treatment） 这一术语表示动物疫病的预防、诊断、管理或救治。

部门（department） 美国农业部。

经销商（distributor） 对一种或多种生物制品进行分销（或处于交易渠道中其他地方）的人，他们自己不生产或进口。

分部（division） 执照持有者设立的一个销售单元，在标签、广告和推销产品的资料上除使用生产商的名称和地址外，还可使用该单位的名称。

家畜（domestic animals） 除人以外的所有动物，包括禽类。

企业（establishment） 在企业执照上指定的一个或多个场所。

指南（guidelines） 指南确立了关于检验方法、生产规范、产品标准、科学记录、标签和其他技术或政策工作的原则和规范。指南包含通用的方法和标准，从本质上而言不是强制性的，但所涉及的事项属于《病毒-血清-毒素法》的调整范围。指南由代理处以兽医生物制品执照发放要求、备忘录、通知和补充检验方法等形式发布。

兽群（herd） 为某些目的持续滞留在同一区域（如一块地、农场或牧场）的任何一群动物，包括禽类、鱼类和爬行动物。兽群（或畜群）包括圈养在同一区域的所有动物。如果一群中的主要动物被移动到另一不同地点，仍可被认定是同一群。

原始兽群（herd of origin） 可分离到作为自家生物制品生产种子的微生物的兽群。当其子代和部分种畜（不是大部分动物）从一群动物移送或卖到另一群时，已经发生了兽群的变更，不再被认为是原始群的一部分。同一所有者的设在不同地点的动物属于不同的兽群。

检查（inspection） 由检查员进行检查，以确定与生物制品的制备、检验和分销有关的动物、企业、设施和程序是否适宜，包括生物制品的检查或检验。

检查员（inspector） 由署长授权的进行检查工作的动植物卫生监督署的任何官员或雇员。

持照企业[①]（licensed establishment） 持有未过期、未停止和未吊销的美国兽医生物制品企业执照的，并由个人经营的企业。

持照者[②]（licensee） 某一企业执照和至少一种产品执照的持有人。

微生物（microorganisms） 显微可见的或亚微观的生物体，有时被称为生物体（organisms），可引起或传播动物疾病。

非相邻兽群（nonadjacent herd） 非相邻兽群是除原始兽群和与原始兽群相邻兽群以外的所有兽群。与原始兽群相邻的与原始兽群不在同州的兽群也属于非相邻兽群。

许可证持有者[③]（permittee） 居住在美国或在美国境内有商务企业的已经获得生物制品进口许可的人。

人员（person） 任何个体、商行、合伙企业、集团、公司、协会、教育机构、州或地方政府部门中的，或任何其他上述有组织的群体中的任何代理人、官员或雇员等。

厂地（premises） 由申请者或执照持有者提供的，并有一个明确地址的建筑物设计图或绘制的布局图中所示位于特定地点的用于生产和储存生物制品的建筑物、附属设施和设备。

制备或制备过程（prepare or preparation） 通常表示制造或生产生物制品的加工、检验、包装、贴签和贮藏等过程中使用的步骤和程序。

规章（regulations） 指本副章101～118部分中的规定。

研究调查人员或研究主办者（research investigator or research sponsor） 为了评估某一生物制品，授权要求运输该试验性生物制品的人员，或已被授予这一权力的人员。

部长（secretary） 美国农业部部长，或农业部授权委派或即将授权委派在该职位上工作的任何

---

① 译者注：在中国，相当于持有兽药生产许可证的企业。

② 译者注：在中国，相当于同时持有兽药生产许可证、新兽药注册证书和产品批准文号的机构。

③ 译者注：在中国，相当于同时持有进口兽药注册证书和进口兽药通关单的机构。

官员或雇员。

子公司（subsidiary）　公司拥有50％以上股份的执照共同持有者。

兽医局（veterinary Services）　动植物卫生监督署下属的兽医管理单位。

《病毒-血清-毒素法》（Virus-Serum-Toxin Act）

1913年3月4日37Stat.832～833颁布的法令；1985年12月23日公共法99～198，99Stat.1654～1655修订；以及1988年9月28日公共法100～449，102Stat.1868；21U.S.C.151～159进一步修订。

美国兽医生物制品执照①（U.S. Veterinary Biological Product License）　是一种证件，有时被称为产品执照。根据本副章102部分，此执照颁发给企业执照的持有者，是企业执照的一部分和补充，授权持照企业生产特定的生物制品。

美国兽医生物制品许可证②（U.S. Veterinary Biological Product Permit）　是一种证件，有时被称为许可证，颁发给某人，在遵循法规限定和管理的条件下，准许其进口特定的生物制品。

美国兽医生物制品企业执照③（U.S. Veterinary Biologics Establishment License）　是一种证件，被称为企业执照。依照本副章102部分，用于授权指定场地在持有1个或多个未过期的、未停止和未吊销的产品执照的条件下生产特定的生物制品。

［38FR8426，1973年4月2日；38FR9221，1973年4月12日制定。40FR46093，1975年10月6日；41FR44358，1976年10月8日；49FR22624，1984年5月31日；52FR30131，1987年8月13日；56FR66782、66783，1991年12月26日；57FR38756，1992年8月27日；62FR31328，1997年6月9日；64FR43044，1999年8月9日修订］

§101.3　生物制品和相关术语

当在涉及的生物制品中使用时，以下专有名词表示：

（a）持照的生物制品（licensed biological product）　未过期的、未停止和未吊销的产品执照的持有者在有执照的企业中生产的生物制品。

（b）试验性生物制品（experimental biological product）　正在进行评估和申请产品执照或许可证的生物制品。

（c）制成品（completed product）　按照产品的最终剂型和组成规定生产出的大量或最终容器内

的产品。

（d）终产品（finished product）　按规定已经装瓶、密封、包装和贴签的成品。

（e）放行的产品（released product）　符合产品的各种标准要求后进入市场的终产品。

（f）组分（fraction）　构成生物制品的特定抗原及其抗体或抗毒素。

（g）稀释液（diluent）　用于复溶干粉制品的液体或用于稀释另一种物质的液体。

（h）批（serial）　在单一容器内充分混匀的全部制成品，并用同一个批号表示；规定当全部或部分同一批号的液体生物制品作为稀释液与全部或部分同一批号的干粉制品包装在一起时，这种联合包装被认为是同一批的多组分产品。

（i）亚批（subserial）　在不同时间或不同条件下处理同一批产品的两个或多个部分，每个部分被称为一个亚批，如（但不只限于）在不同大小的终容器内或不同时间进行干燥的制品。

（j）生产大纲（outline of production）　在生物制品制造过程中遵循的制造方法的方案，有时被称为大纲。

（k）产品编号（product code number）　动植物卫生监督署为有执照的生物制品的每个类型指定的编号。

（l）收获日期（harvest date）　如果在归档的生产大纲中没有特别指出，则收获日期应为采集血液或组织用于生产的日期，或者为活的微生物培养物从生产培养罐中取出的日期。

（m）灭活菌苗（bacterin）　灭活的细菌产品，由微生物或微生物的特别部分的抗原悬液组成，为全培养物或浓缩物，含有或不含有不可测定的生长产物，其已经被灭活，并经产品备案的生产大纲所述检验方法证实。

（n）类毒素（toxoid）　灭活的细菌产品，包括无菌的抗原毒素或有毒的生长产物（这是由在培养基中生长的细菌微生物的菌体细胞被去除后产生的），经适当的试验测定已被灭活但未失去抗原性，并经备案的产品生产大纲所述检验方法测定没有

---

① 译者注：对中国生产的产品而言，其功能相当于新兽药注册证书和产品批准文号的功能的总和。

② 译者注：对向中国出口的产品而言，其功能相当于进口兽药注册证书和进口兽药通关单的功能的总和。但是，在美国该许可证还兼顾在流通环节上的许可功能。

③ 译者注：在中国，相当于兽药生产许可证。

毒性。

（o）灭活菌苗-类毒素（bacterin-toxoid） 灭活的细菌产品，为以下两者之一：

（1）一种微生物悬液，为全培养物或浓缩物，培养基中毒素的生长产物经适当的试验测定已被灭活，但未失去抗原性。灭活的微生物和毒素可被产品备案的生产大纲所述适当的检验方法测定：规定应含有细胞抗原，并能刺激产生抗毒素；或者

（2）一种联合产品，含有一种或多种类毒素或者一种或多种灭活菌苗-类毒素的一种或多种类毒素或灭活菌苗-类毒素。

（p）细菌提取物（bacterial extract） 灭活的细菌产品，由从细菌微生物或细菌微生物生长过的培养基中提取的无菌、无毒的抗原衍生物。

［38FR8426，1973 年 4 月 2 日制定。42FR63770，1977 年 12 月 20 日；50FR24903，1985 年 6 月 14 日；56FR66782，1991 年 12 月 26 日；60FR14354，1995 年 3 月 17 日修订］

§101.4 标签术语

与生物制品标识和包装有关的专有名词及其含义如下：

（a）标签（label） 所有文字、图、表或印刷的资料：

（1）粘贴在或附在生物制品最终容器上。

（2）直接出现在使用的任何包装纸箱或盒子上，如最终容器。

（3）出现在任何伴随的附属物（说明书、内包装标签或印刷广告）上，要求对如何使用该生物制品给出说明信息或指导。

（b）贴签（labeling） 所有标签和其他文字、印刷或图、表的资料均应与最终容器相伴。

（c）最终容器（final container） 分装并用于销售的任何生物制品的装置、大瓶、小瓶、安瓿、试管或其他容器。

（d）通用名称（true name） 产品执照或许可证记录的名称，以区别来自其他厂家的生物制品：规定该名称的主要部分所用字体要在该执照或许可证中比描述部分明显，有利于辨认。

（e）批号（serial number） 用于区别一批和其他批次的数码或数码与字母组合。

（f）失效日期（expiration date） 在适当的保存和操作条件下，生物制品合理确定的预计有效期末的指定日期。

（g）标签编号（label number） 由动植物卫生监督署对每种提交用于检查的标签或简要介绍所分配的号码。

（h）主标签（master label） 已批准的生物制品的最终纸盒、容器或者最小尺寸最终容器所附的标签，其可作为基础模版标签，领到执照的人、附属公司、公司部门或发行人均可将其用于同一上市产品的所有尺寸的容器或纸盒。

［38FR8426，1973 年 4 月 2 日制定。42FR63770，1977 年 12 月 20 日；56FR66782，1991 年 12 月 26 日；61FR29464，1996 年 6 月 11 日修订］

§101.5 检验术语

当评估生物制品时，以下术语的意思是：

（a）标准要求（standard requirement） 为了评估生物制品的纯度、安全、效力和有效性，由动植物卫生监督署建立的检测方法、程序和标准，并按照法规保证该制品有价值、无污染、无危险和无害。

（b）对数（log） 以 10 为底计算的对数。

（c）纯度或纯净性（pure or purity） 按照生物制品的标准要求或批准的生产大纲中根据动植物卫生监督署建立的检测方法或程序来测定，制备成最终剂型的生物制品中相对不含有外源微生物和外源物质（有机或无机的），且无按照署长意见对该制品的安全性、效力或有效性产生不良影响的外源微生物和外源物质。

（d）安全或安全性（safe or safety） 按照生产商推荐或建议的方法使用，应不引起局部或全身性的不良反应。

（e）无菌或无菌性（sterile or sterility） 按照本副章 113 部分标准要求和批准的生产大纲中所述程序证明没有活的微生物污染。

（f）效力或效价（potent or potency） 按照生物制品的标准要求或批准的生产大纲中根据动植物卫生监督署建立的检测方法或程序测定该生物制品的相对含量。

（g）有效性或效果（efficacious or efficacy） 按照生产商推荐的方法使用时，该生物制品产生效果的特殊能力和性能。

（h）剂量（dose） 生物制品标签上推荐的单个动物的一次使用量。

（i）免疫接种者（vaccinate） 已接种、注射

或采用其他途径使用了正在进行评估的生物制品的动物。

（j）对照动物（control animal）　试验过程中作为对照使用的用于比较的目的或增加结果的有效性的动物。

（k）日（day）　某一日任何常规的工作小时与随后一日任何常规的工作小时之间的时间。

（l）检验结果（test results）　用于描述检验结果的术语如下：

（1）未检验（no test）　当出现检验系统缺陷造成检验不宜得出有效结论时，用"未检验"表示。

（2）符合规定（satisfactory）　当检验有效且结果符合备案的生产大纲或标准要求中规定的出厂标准时，最终的结论用"符合规定"表示。

（3）不符合规定（unsatisfactory）　当检验有效但结果不符合备案的生产大纲或标准要求中规定的出厂标准时，最终的结论用"不符合规定"表示。

（4）无结论（inconclusive）　当按照备案的生产大纲或质量标准中规定的顺序检验设计进行的初步检验不符合规定，允许进行进一步检测时，对初步检测的结果用"无结论"表示。

（m）健活（healthy）　动物所有重要功能表现明显正常，且没有患病症状。

（n）不良反应（unfavorable reactions）　在试验开始后和在试验草案所述的试验观察期内，试验的健康动物出现的明显的不良变化，这种变化可能是也可能不是由待检产品相关因素造成，需对个体进行检验确定。

（o）基础参考品（master reference）　基础参考品是一种参考品，其效价可直接或间接地与宿主动物的免疫原性相关。基础参考品可作为体外相对效价试验的工作参考品使用。基础参考品也可用于建立重新评定试验中使用的产品批次的相对效价，以及用于建立工作参考品的相对效价。备案的生产大纲中所描述的基础参考品的制备可能为：

（1）按照备案的生产大纲制备的一批完整的疫苗或菌苗；

（2）一种保护性免疫原或抗原的纯化物；

（3）一种不含佐剂的收获的微生物培养物。

（p）工作参考品（working reference）　工作参考品是用于各批产品发放时进行的体外测试用的一种参考品。工作参考品可能为：

（1）基础参考品；

（2）已制备和已证明合格的产品批次，在一定程度上能够满足动植物卫生监督署规定作为参考物质使用的要求。

（q）有资格的次批（qualifying serial）

（1）当基础参考品或工作参考品是一种纯抗原或无佐剂的收获培养物时，有资格的次批是用于测定免疫原性的生物制品的批次。有资格的次批应按照备案的生产大纲进行生产，并按照动植物卫生监督署认为适当的方法检测免疫原性，经过与基础参考品进行比较，其相对效价的几何平均值应不高于1.0（确定方法如下：用5个或5个以上重复进行的独立平行试验；或者采用可测定相对抗原浓度的其他有效检验方法，证明线性、特异性和重复性至少等同于独立平行试验，并且被动植物卫生监督署所认可）。

（2）用于重新获取资格或延长基础参考品保存期的有资格的次批，应按照动植物卫生监督署认为适当的方法进行免疫原性测定〔如本节（a）（1）中所述〕。此外，还应在其许可证的有效期内，并且是按照备案的生产大纲中所述的生产方法制备的。

（r）免疫原性（immunogenicity）　指按照动植物卫生监督署认可的试验方法或程序测定的生物制品在动物体内诱导产生免疫反应的能力。

〔38FR8426，1973年4月2日制定。40FR45419，1975年10月2日；41FR6751，1976年2月13日；43FR3701，1978年1月27日；56FR66782、66783，1991年12月26日；62FR19037，1997年4月18日；79FR55969，2014年9月18日修订〕

§101.6　细胞培养

当使用或涉及细胞培养（亦可称为组织培养）时，以下术语的意思是：

（a）原代细胞批（batches of primary cells）　源于正常组织的原始细胞集合，及其10代以内（含第10代）的次培养物。

（b）细胞系（cell line）　源于原始组织的第11代或更高代次的细胞集合。

（c）次培养（subculture）　每个培养瓶向另一个培养瓶的传代，或者不考虑传代次数的细胞复制。

（d）主细胞库（master cell stock，MCS）　用于提供特定代次水平的用于生物制品生产的细胞。

［38FR8426，1973 年 4 月 2 日制定。40FR4541，1975 年 10 月 2 日；49FR22624，1984 年 5 月 31 日修订］

§101.7　种子微生物

当使用或涉及种子微生物时，以下术语的意思是：

（a）基础种子（master seed）　一种特定代次水平，由生产者选定并永久保存的微生物，所有其他允许代次水平的种子均来源于基础种子。

（b）工作种子（working seed）　代次水平在基础种子和生产种子之间的微生物。

（c）生产种子（production seed）　一种特定代次水平，使用时不需进一步增殖的微生物，用于制备产品的一部分。

［49FR22625，1984 年 5 月 31 日制定］

（杨京岚译，段文龙校）

第 102 部分　生物制品的执照

102.1　署长颁发的执照
102.2　要求的执照
102.3　执照的申请
102.4　美国兽医生物制品企业执照
102.5　美国兽医生物制品产品执照
102.6　临时执照
官方依据：U. S. C 21 151～159；7CFR2. 22、2. 80 和 371. 4。

§102.1　署长颁发的执照

除非该产品符合 9CFR 本副章 103 或 106 部分的规定，否则按照《病毒-血清-毒素法》规定，每个获准制备生物制品的企业均必须拥有署长签发的、未过期和未吊销的美国兽医生物制品企业执照，及在该企业生产的每个产品的美国兽医生物产品执照。

［60FR48021，1995 年 9 月 18 日制定］

§102.2　要求的执照

（a）每个进行生物制品生产的人均应按照《病毒-血清-毒素法》拥有一份未过期、未暂停使用和未吊销的美国兽医生物制品企业执照，及至少一种署长签发的未过期、未暂停使用和未吊销的美国兽医生物制品产品执照。

（b）申请企业执照的申请者必须申请至少一个产品执照。如果企业未获得署长签发的任何一个生物制品产品执照，则其企业执照就不会被签发。

［52FR11026，1987 年 4 月 7 日制定。56FR66783，1991 年 12 月 26 日；61FR52873，1996 年 10 月 9 日修订］

§102.3　执照的申请

（a）美国兽医生物制品企业执照的申请。

（1）每一符合 §102.2 条规定的企业经营者应当向署长提交执照的书面申请。空白的申请表可向动植物卫生监督署索取。

（2）当一个人经营一个以上的企业时，每个企业应分别申请。

（3）当一个已申领执照的企业的子公司开始运营时，申请者应对该子公司的运营进行许可申请，并就申请者与子公司之间的关系提供完整的声明。

（4）除非已事先提交动植物卫生监督署备案，否则设备文件（依照本副章 108 部分准备的）应与执照申请书一同提交。

（5）美国兽医生物制品企业执照的申请必须同时伴有一个或多个美国兽医生物制品产品执照的申请，支持文件的要求见本节（b）（2）条款。

（6）当企业的所有权、经营权或生产地点发生改变时，或在美国兽医生物制品企业执照有效期满前，应重新进行申请。

（b）美国兽医生物制品产品执照的申请。

（1）每个企业执照的持有者或企业执照的申请者应向署长提交每一种生物制品的美国兽医生物制品产品执照的书面申请。

（2）每个美国兽医生物制品产品执照的申请应包括如下内容：

（ⅰ）至少 2 份依照本副章§114.8 和§114.9 准备的生产大纲复印件；

（ⅱ）至少 3 份有关该产品的纯度、安全、效力和有效性的试验报告和研究数据复印件；

（ⅲ）依照本副章§108.5 准备的图例，应注明用于生产各种成分的设施；

（ⅳ）依照本副章§112.5 准备的标签样稿或草图，以及标签和广告中与该生物制品有关信息的所有声明。

（由管理与预算办公室根据质控 0579-0013 号进行核准）

［39FR37763，1974 年 10 月 24 日制定。48FR57472，1983 年 12 月 30 日；49FR21043，1984 年 5 月 18 日；50FR50763，1985 年 12 月 12 日；56FR66783，1991 年 12 月 26 日；75FR20772，2010 年 4 月 21 日修订］

§102.4　美国兽医生物制品企业执照

（a）在署长签发兽医生物制品企业执照之前，应就该企业生产厂的条件、仪器、设备等设施及生物制品生产方法是否符合法规要求进行检查。

（b）满足下述条件，方能颁发执照：

（1）署长判定该企业的条件，包括其设备和生产生物制品的方法能够确保其所生产的产品达到预期的目的；

（2）呈送署长的资料显示下述信息符合要求：

（ⅰ）企业严格按照法律和适当规定的要求进行生产，并由具备生产生物制品资格的人员进行监督指导。

（ⅱ）申请者（或该企业生产生物制品的负责人员，或两者均）在教育程度和生产实践方面符合资格要求，并已证明生产该产品符合所颁布的法律及适当规定；如果以前有违法（或违规，或两者均违反的）行为，则可关系到署长的决定。

（3）在动植物卫生监督署备案书面保证书，以确保批准获得执照的生物制品不具有误导或欺骗消费者的虚假广告，且在其包装或容器上任何部分均不能有虚假或误导性的陈述、图案或设计等。

（c）美国兽医生物制品企业执照应编号。

（d）给具有相同所有权或控制权的生产厂签署的 2 个或 2 个以上执照可能会使用同一编号，在一个或多个执照编号后加上一系列的字母，以作为

每个执照及其产品生产的识别依据。

（e）当给生产企业签发美国兽医生物制品企业执照时，不得在同一地点给 1 人以上签发执照，除非是该执照持有者的子公司，在执照上的命名可根据该企业名称进行。执照持有者及其子公司负责该企业的所有业务活动。

（f）如果执照持有者不再持有允许生产至少一种生物制品的未到期、未暂停使用或未吊销的产品执照（或正处在办理产品执照的过程中），则企业执照不再有效，应交还给署长。如果企业执照已过期、暂停使用或被吊销，那么该企业的所有产品执照将永久失效，或在暂停使用期内失效。

（g）只有在执照持有者允许就其厂房、产品、生产过程和本章第 115 部分要求的所有相关记录进行检查时，方可签发相应的执照。拒绝检查者，可暂停使用或吊销其执照。

（h）本部分（b）条款的相关规定也适用于每次申请增加产品执照时使用，署长会一并考虑。

（由管理与预算办公室根据质控 0579-0013 号进行核准）

［39FR37762，1974 年 10 月 24 日；39FR38364，1974 年 11 月 1 日制定。41FR44359，1976 年 10 月 8 日；48FR57472，1983 年 12 月 30 日；52FR11026，1987 年 4 月 7 日；52FR30131，1978 年 8 月 13 日；56FR66783，1991 年 12 月 26 日；60FR48021，1995 年 9 月 18 日；61FR52873，1996 年 10 月 9 日；62FR13294，1997 年 5 月 20 日修订］

§102.5　美国兽医生物制品产品执照

（a）美国兽医生物制品产品执照中应指定所授权生产的每个兽医生物制品，由署长签发，并补充到美国兽医生物制品企业执照中。

（b）美国兽医生物制品产品执照应有以下内容：

（1）投放市场产品的生产厂的美国兽医生物制品企业执照编号；

（2）产品的通用名称；

（3）产品的产品编号；

（4）颁发日期；

（5）依照本节（e）条由署长规定的任何限制；

（6）当有必要依照本部分§102.6 处理时，应注明终止日期及满足申请补发执照的简明要求。

（c）下列规定适用于所有有执照的生物制品：

（1）有执照的生物制品应按法规要求，并按照本副章§114.8和§114.9要求提交的生产大纲进行生产。在未经署长批准之前，不得在生物制品制备方面做任何更改。

（2）除署长根据本节（e）条规定提出的限制之外，生物制品还可能受到该产品销售和使用的任何州或司法管辖区依据当地疾病条件做出的限制。

（3）当署长提出要求时，企业执照持有者应提交该持照企业所有获得产品执照的生物制品清单。

（d）当署长决定为了保护家畜或公共卫生、利益或安全（或两者均）而有必要对产品的使用加以限制时，该产品应附加额外的限制，并在执照上注明。这些限制可包括（但不限于）对产品分布的限制，或该生物制品仅限于在兽医的指导下或监督下（或两者均）使用的限制。

（e）如果涉及保护家畜或公共卫生、利益或安全（或两者均），那么任何个人均可请求对产品的销售和使用进行限制。所有请求必须以书面形式提交兽医生物制品中心政策、评估与执照办理部门主管（510南17街，104房，埃姆斯，IA50010-8197）。请求必须说明所请求的限制，并解释需要限制的理由。任何支持性文件的复印件（如科学文献、发表或未发表的文章或试验数据等）应与请求一起提交。当上述请求一经决定，决定将以书面形式发送给申请提交人。

（由管理与预算办公室根据质控0579-0013号进行核准）

［39FR37763，1974年10月24日制定。48FR57472，1983年12月30日；50FR50764，1985年12月12日；52FR11026，1987年4月7日；56FR66783，1991年12月26日；57FR38760，1992年8月27日；59FR67616，1994年12月30日；62FR13294，1997年5月20日；64FR43044，1999年8月9日；75FR20772，2010年4月21日修订］

§102.6　临时执照

为了满足紧急情况、市场受限、局部形势或其他特殊情形（包括根据州管理计划仅限州内使用）下的需要，署长可根据按照本部分§102.3（b）条要求提交的申请，在保证其产品的纯净性和安全性，并可预测其效力的条件下，采用快速程序给企业签发临时美国兽医生物制品产品执照。根据临时执照所生产的产品应符合相关的法规和标准，并可能还受到以下限制：

（a）规定生产期限，自签发执照之日开始，并在执照上注明。在执照废止前，可申请重新签发。申请时需提交自颁发该执照以来所获得的数据和信息作为证明。在充分考虑所提供数据和信息的情况下，署长将重新签发美国兽医生物制品产品执照或宣布终止临时执照。

（b）产品的分销可能会被限制在一定的范围之内，以确保产品符合临时执照签发的基本标准。

（c）产品的标签可能要求含有临时执照限制条件的有关信息。

［52FR11026，1987年4月7日制定；60FR48021，1995年9月18日修订］

（姜　畔译，杨京岚校）

第103部分　持照前生物制品的试验产品的生产、分发和评估

103.1　试验用生物制品的制备

103.2　接种试验用生物制品或活微生物的动物的处置

103.3　试验用生物制品的运输

官方依据：U. S. C 21 151～159；7CFR2. 22、2. 80和371. 4。

§103.1　试验用生物制品的制备

除本章另有规定外，不是用已有产品执照的生物制品的微生物或抗原组成或制备的生物制品不得在已获得企业执照的生产设施中进行制备。申请者为此提出申请后，如果管理员可确定试验用生物制品的制备过程不会对已批准的产品造成污染，那么他可以授权该试验用产品在已获得执照的企业中进

行制备。申请允许在已获得执照的企业中进行试验用产品制备时，应注明未注册产品的性质，指明拟使用的设施，以及用于防止对已批准的产品造成污染的具体预防措施。申请者应向署长提交此申请。如果研究设施与已批准的生物制品的制备设施是完全独立并分开的，则就本节而言，研究设施将不作为已获得持照企业生产设施的一部分。

（由管理与预算办公室根据质控 0579-0013 号进行核准）

［30FR11848，1965 年 9 月 16 日制定。48FR57473，1983 年 12 月 30 日；56FR66783，1991 年 12 月 26 日修订］

§103.2　接种试验用生物制品或活微生物的动物的处置

在此提出的安全措施应由产品的研制者或研究委托者制定，用于管理所有接种过试验用生物制品或活微生物的动物的处置。

（a）存活的实验动物（包括攻毒对照组动物）在接种试验用生物制品或活的微生物后，至少 14d 才能被转移出试验场所。但是，管理员可以根据对所有相关信息或数据的考虑，允许或要求延长或缩短这个期限。

（b）按照联邦肉类检查法及其修订版和补充版（21 U. S. C. 601 et. seq. ）的规定，所有接种过试验用生物制品的动物都应当在企业内部宰杀，这也适用于该法规§309.16 节的要求（肉类检查规定）。

（c）除本节另有规定外，试验人员或试验委托者应保留对每只接种过试验用生物制品动物处理的详细记录。

从动物接种试验用产品的当日起，这些记录应至少被保留 2 年。在记录中应注明动物所有者的姓名和地址、动物的编号、品种、类别和饲养场所。如果动物被出售，应注明收货人、收购人、委托人、公司或屠宰场的名称和地址。但是，如果有合理数据能够证明，此试验用生物制品的应用不会导致在随后进入屠宰场的动物的食用部分中有任何不健康因素，则管理员可豁免试验人员或试验委托者做这些记录。

（由控制码 0579-0059 管理和预算办公室核实）

［30FR11848，1965 年 9 月 16 日制定。48FR57473，1983 年 12 月 30 日；56FR66783，1991 年 12 月 26 日；66FR21063，2001 年 4 月 27日修订］

§103.3　试验用生物制品的运输

除本章另有规定外，任何人不得在美国、哥伦比亚特区或任何美国领土范围内或从美国、哥伦比亚特区或任何美国领土装运或交付用于动物试验的未批准的生物制品。出于对拟注册申请者的利益和鼓励研究的角度考虑，管理员可以允许申请者运输未批准的生物制品，以便申请者通过接种有限数量动物的方式对这些试验用产品进行评估。前提是：管理员认为该试验操作条件能够预防疾病的扩散，并批准该授权申请中提出的程序。在管理员认为有必要或适当的情况下，特别是对某些含有活微生物的产品，可强制制定特殊的限制或检测。申请运输用于试验研究和评估的无照生物制品时，应提交以下资料：

（a）由相应的州或每个州的外来动物卫生管理机构，或外国批准的许可证或许可函复印件，1 份。

（b）每个拟定收货人的姓名及暂定发送试验用产品的数量的清单复印件，2 份。若随后的情况发生变化，则在事件发生后应提交附加说明。

（c）产品描述、推荐的用法和初步研究工作的结果复印件，2 份。

（d）标签或标签草图复印件，2 份，应标明产品名称或者鉴别信息，同时标明"注意！仅用于试验——不可用于销售"或同等意思的文字内容。美国兽医执照的图案不得出现在此标签中。

（e）拟定的总体计划复印件，2 份，应包括用于评估产品的方法和程序，以及用于记录试验产品的制备数量、运输数量和使用数量的方法和过程。当田间试验结束后，应将获得的试验结果进行总结并提交美国动植物卫生监督署。

（f）署长可接受的，证明食用动物应用此试验用生物制品后不会给屠宰后的可食用部分带来任何不健康的因素的数据。

（g）应署长的要求，由试验人员或研究委托者声明，同意在实验动物离开试验场地前补充关于每组食用动物的额外信息。这些信息应包括动物所有人的姓名和地址，动物的数量、品种、类别和养殖场所，预定的运输日期，及接收人、买主、委托公司或屠宰场的地址和姓名。

（h）管理员可能提出的用以评估该产品对环境的影响的其他信息。

［26FR7726，1961 年 8 月 18 日制定。30FR11848，1965 年 9 月 16 日，52FR30131，

1987 年 8 月 13 日；56FR66783，1991 年 12 月 26 日；75FR20772，2010 年 4 月 21 日修订]　　　　　　　　　　　　　（肖　璐译，杨京岚校）

第 104 部分　　生物制品许可证

104.1　要求的许可证

104.2　许可证的授权

104.3　许可证的申请

104.4　用于研究和评估的产品

104.5　用于分发和销售的产品

104.6　仅用于过境运输的产品

104.7　产品许可证

104.8　非法运输

官方依据：U. S. C21 151～159；7CFR2.22、2.80 和 371.4。

来源：38FR32916，1973 年 11 月 29 日，另有规定者除外。

§104.1　要求的许可证

除署长另有授权或指示外，每个进口到美国的生物制品的许可证均应依照本章的规定进行签发。

（a）任何未获得许可证的生物制品均不能带入美国。每次进口生物制品时，均要求提供单独的美国兽医生物制品许可证。每次在美国过境运输的生物制品，同样要求提供许可证。

（b）任何从事进口生物制品的个人应持有由动植物监督署颁发的在有效期内的、未暂停使用的和未吊销的许可证。此人应满足以下条件之一（或两者均满足）：在美国定居或在美国境内经商。

［38FR32916，1973 年 11 月 29 日制定。56FR66783，1991 年 12 月 26 日；56FR66783，1991 年 12 月 26 日修订]

§104.2　许可证的授权

（a）动植物卫生监督署被授权核发三种类型的进口生物制品许可证，分别为：

（1）用于研究和评估的美国兽医生物制品产品许可证；

（2）用于分发和销售的美国兽医生物制品产品许可证；

（3）仅用于过境运输的许可证。

（b）如果生物制品来自已知有外来疾病（包括但不仅限于：口蹄疫、牛瘟、高致病性禽流感、猪水疱病、新城疫和非洲猪瘟）的国家，且署长认为该产品有可能对本国的家畜和家禽造成危害时，则不会签发该制品的进口许可证。

（c）如果署长认为有必要对生产者的设备和设施条件或许可证申请者的条件（或两者均）进行确认，那么需在检查员进行确认后方可签发该制品的进口许可证。

（d）除依照本章§104.4（d）条款出口后再进入的生物制品外，不得对在美国境内制备的生物制品签发进口许可证。

［38FR32916，1973 年 11 月 29 日制定。56FR66783，1991 年 12 月 26 日；56FR66783，1991 年 12 月 26 日；78FR19085，2013 年 5 月 29 日修订]

§104.3　许可证的申请

（a）每个需要进口生物制品的人应按照要求向动植物卫生监督署提交书面申请。申请表可从互联网上下载（http：//www.aphis.usda.gov/animal _ health/vet _ biologics/vb _ forms. shtml)，而用于进口研究和评估或过境运输的兽医生物制品进口许可证的申请可直接在互联网上进行（http：//www. aphis. usda. gov/animal _ health/permits/vb _ bio _ permits. shtml)。

（b）申请表中应注明所申请的进口许可证的类型、产品进入口岸时应已通过海关清关、预计涉及产品的数量、预计的进口日期。

［38FR32916，1973 年 11 月 29 日制定。48FR57473，1983 年 12 月 30 日；56FR66783，1991 年 12 月 26 日；75FR20772，2010 年 4 月 21

日修订］

§104.4　用于研究和评估的产品

（a）用于研究和评估的生物制品申请美国兽医生物制品进口许可证时，应同时提交该产品的简要说明、抗原增值的方法（包括培养基的组分）、所涉及的动物或细胞培养物的种类、灭活或致弱的程度、推荐的使用方法及产品评估的拟订方案。申请者还应提供署长可能要求的用以评估产品对环境影响的其他信息。

（b）（1）只有在确定研发者有足够的科研能力保护国内动物安全、保障公众健康利益，或者有能力预防因使用该产品而导致的任何不良影响时，方可签发研究和评估生物制品的进口许可证。当署长认为有必要或适合进行特殊限制或者检验时，可在许可证中注明。

（2）除非管理员根据本副章 §103.3 的规定对以下行为进行授权，否则任何人不得根据本节用于研究和评估的规定运输进口产品从任何地方进、出美国。

（c）当未按照本副章 §112.9 要求进行包装和贴标签时，不得进口该用于研究和评估的生物制品。

（d）当某持照产品已从美国出口，可给生产者签发进口许可证，允许进口少量产品用于体外研究和评估试验，条件是进口该产品不会危害本国的家畜和家禽。

［38FR32916，1973 年 11 月 29 日制定。48FR57473，1983 年 12 月 30 日；52FR30131，1987 年 4 月 13 日；56FR66783，1991 年 12 月 26 日修订］

§104.5　用于分发和销售的产品

用于分发和销售的生物制品申请美国兽医生物制品许可证时，应同时提交必要的支持材料以满足本节规定的要求。

（a）当拟定制备条件或使用方法可以合理保证该生物制品的纯净性、安全性和有效性时，许可证方可被签发。

（1）申请时应同时提交该产品的国外生产企业的蓝图复印件，2 份。如果之前给 APHIS 的申请中已提交过符合规定的蓝图，则在此可免于提交。蓝图中应标明该企业内用于制备每种产品的设施。

（2）生产商需提交书面授权，同意在不事先通知的情况下由官方认可的检查员在其要求的任何时间对制备该生物制品的企业的所有部门、所有制备过程以及所有与制备有关的记录进行检查。

（3）生产商应提供书面保证，保证用于分发和销售的进口生物制品是在专业人员（此类人员应具备处理有关制备此类制品的所有问题的教育背景和实践经验）的监督下生产的。同时每个生物制品必须按照适用于此类制品的规定或以署长认可的方式来制备，才可以达到此法案的目的。

（4）按照本副章 114 中的适用条款规定，每个生物制品的制备方法应被写进已批准的产品生产大纲中。应向 APHIS 提交 2 份产品生产大纲复印件，此生产大纲被批准后，许可证方可被签发。

（5）申请者应提供相关数据，以证明产品符合法律及按照法律制定的规章的规定。如有必要，APHIS 会要求在美国境内或境外的田间条件下对制品进行试验，以获得所要求的资料信息。

（b）持证者应提供以下材料/条件：

（1）足够保存所有进口生物制品的设施。在许可证颁发之前，检查员应对此场所进行检查。在署长认为必要时，可在生物制品进口后的任何时间进行额外的检查。

（2）与进口生物制品有关或相关的标签和广告中声明的所有信息。

（3）按照本副章 112 部分制定的进口制品最终容器标签、包装箱标签和使用说明书复印件。

（4）每次进口的生物制品的每批样品或为了进口提供的样品。这些样品应由署长按规定的方式收集、检查、检测。在 APHIS 放行后，申请者方可进一步发放取样的生物制品。

［38FR32916，1973 年 11 月 29 日制定。48FR57473，1983 年 12 月 30 日；49FR21044，1984 年 5 月 18 日；56FR66783，1991 年 12 月 26 日；75FR20772，2010 年 4 月 21 日修订］

§104.6　仅用于过境运输的产品

当一个生物制品途经美国从一个国家运往另一个国家时，需申请过境运输许可证。运输过程受到如下严格控制：

（a）货物应始终限制在到达时的同一运输工具上。当货物到达美国后需换用其他运输工具时，许可证持有者应在货物到达美国之前向 APHIS 提交每批货物到境和离境的时间表。

（b）许可证持有者应向 APHIS 负责所提交生

物制品的处理、保存和转发。在货物到境和离境时，许可证持有者应通知 APHIS，并由 APHIS 核算无误。

［38FR32916，1973 年 11 月 29 日制定。48FR57473，1983 年 12 月 30 日；56FR66783，1991 年 12 月 26 日；61FR52873，1996 年 10 月 9 日修订］

§104.7 产品许可证

（a）许可证应被编号并注明日期。

（b）许可证应标明进口该产品的目的，如用于研究和评估，分发和销售，还是仅用于过境运输等。

（c）严禁使用过期的许可证。

［38FR32916，1973 年 11 月 29 日制定。56FR66783，1991 年 12 月 26 日；62FR13294，1997 年 3 月 20 日修订］

§104.8 非法运输

（a）未取得进口许可证而进口的生物制品应由原进口人退回原地，或由农业部相关人员销毁。

（b）如果发现已经批准在美国分发和销售的进口生物制品无用、已污染或有危险性，则应由原进口人在发现有问题之日起 30 日内退回原址，但如果该产品标签上已标有美国进口许可证编号而不宜退回原址时，则由农业部相关人员销毁。

（肖　璐译，杨京岚校）

第 105 部分　生物制品执照或许可证的暂停、吊销或终止

105.1　暂停或吊销

105.2　违规通告

105.3　通告：无效的、已污染的、有危险或有害的生物制品

105.4　执照和许可证有效性的终止

官方依据：21U. S. C. 151～159；7CFR2.22、2.80 和 371.4。

§105.1　暂停或吊销

（a）用于促进或影响制备、销售、易货、交易、运输或进口的生物制品，其执照或许可证被部长批准后，如果出现违反上述法规中所述的任何无效的、已污染的、有危险或有害的特性，那么依照《病毒-血清-毒素法》所颁发的企业执照、产品执照和许可证经符合本副章第 123 部分所提供的对执照和许可证的听证后，可被正式暂停或吊销。如果发现存在以下情况，可执行暂停或吊销：

（1）制备生物制品的工厂的建筑结构有缺陷，或工厂不是按照本副章 101 至 118 部分规定建造的。

（2）产品的制备方法有缺陷，或者产品不纯净或缺乏效价。

（3）产品的标签或广告的任何细节中有误导或欺骗购买者。

（4）执照持有者、许可证持有者或外国生产商不能继续保持和完善用于产品的研发和制备有关的检查档案，在被要求时不能提供完整和准确的资料，或者在生产大纲或报告和记录中不能提供完整和准确的资料。

（5）执照持有者和许可证持有者违反或不遵守《病毒-血清-毒素法》的条款或本副章的规定。

（6）执照或许可证被挪作他用，以便于或影响制备、销售、易货、交易、运输，或用于进口违反《病毒-血清-毒素法》的任何无效的、已污染的、有危险或有害的生物制品。

（b）如果故意或涉及公共卫生、利益或安全的需求，署长可在不举行听证会的情况下，依照本节第（a）段第 4 条的范围，非正式地暂停该企业的企业执照、产品执照或许可证，随后再按照本副章第 123 部分来确定是否暂停或吊销该执照或许可证。

［38FR23512，1973 年 8 月 31 日制定。41FR44359，1976 年 10 月 8 日；41FR6751，1976 年 2 月 13 日；43FR3701，1978 年 1 月 27 日；61FR52874，1996 年 10 月 9 日；64FR43044，1999 年 8 月 9 日修订］

§105.2 违规通告

如果产品执照持有者违反了某个产品持照要求，动植物卫生监督署会以书面通告的形式送交执照持有者以示警告，6 个月内书面通告中所述同一执照的生物制品再发生类似性质的违规，那么可认为该企业故意违反规定的证据确凿，并按照§105.1（b）条款，暂停或吊销该产品的执照。

［42FR31430，1977 年 6 月 21 日制定；56FR66783，1991 年 12 月 26 日修订］

§105.3 通告：无效的、已污染的、有危险或有害的生物制品

（a）在任何时候，执照或许可证持有者按照《病毒-血清-毒素法》制备、销售、易货、交易、运输或进口任何生物制品时，如对国内动物可能造成危害，则署长可在不举行听证会的情况下，暂停其特定产品的执照或许可证（随后再按照本副章第123 部分来确定是否暂停或吊销该执照或许可证），此后，通告的任何人不得制备、销售、易货、交易、运输、分销或进口此类产品。

（b）依据相应的标准要求，某批生物制品不符合规定时，署长可通知执照持有者停止分发和销售该批产品。

（c）当根据本部分上述第（a）和（b）条款通告禁止分发和销售某批或某亚批兽医生物制品后，兽医生物制品的执照或许可证持有者应当：

（1）停止制备、分发、销售、易货、交易、运输或进口受影响的任何兽医生物制品的批或亚批，随后等待 APHIS 的指示。

（2）立即（不得超过 2 日）给所有批发商、零售商、经销商、国外的代销人或其他已知拥有该兽医生物制品的人员发出停止分发和销售通知，告知他们停止制备、分发、销售、易货、交易、运输或进口该生物制品。所有的通知应由执照或许可证持有者以文件的形式书写。

（3）说明任何这种兽医生物制品每批或每亚批的保存数量，包括已知分销渠道每个地区的生产商（执照持有者）或进口商（许可证持有者）手中的数量。

（4）依照本副章§116.5 节，如果管理者要求，还应向动植物卫生监督署提交所有通告涉及的停止分发和销售行为的完整和准确的报告。

（依控制编号 0579-0318，由管理和预算办公室批准）

［38FR23512，1973 年 8 月 31 日制定。56FR66783，1991 年 12 月 26 日；72FR17798，2007 年 4 月 10 日修订］

§105.4 执照和许可证有效性的终止

（a）如果执照或许可证持有者在 5 年或 5 年以上未生产或进口某种生物制品，则署长可要求持证者自被通告之日起 6 个月内重新生产或进口该生物制品。如果在 6 个月内或商定的时间内，持证者仍不生产或进口该生物制品，则署长可终止该产品执照或许可证的有效性。

（b）执照或许可证的有效性被终止后，该执照或许可证的持有者应继续遵守§116.8 所述相关条款。

［61FR52874，1996 年 10 月 9 日制定］

（杨京岚译，高艳春校）

第 106 部分 农业部项目使用的或农业部控制或监督下使用的生物制品的豁免

官方依据：21U.S.C.151～159；7CFR2.22、2.80 和 371.4。

§106.1 生物制品；豁免

如果该制品为农业部使用的或在农业部控制或监督下用于与下列情况有关的预防、控制或消灭动物的疫病，署长可以根据本章一条或多条规定豁免任何生物制品：（a）USDA 的官方项目；或（b）紧急动物疫病情况；或（c）USDA 试验使用的制品。

［45FR65184，1980 年 10 月 2 日制定；56FR66783，1991 年 12 月 26 日修订］

（杨京岚译，曲鸿飞校）

第107部分　生产生物制品所需未暂扣或吊销执照的豁免

107.1　兽医从业人员和畜主
107.2　州执照管理的产品
官方依据：21U.S.C.151～159；7CFR2.22、2.80和371.4。

§107.1　兽医从业人员和畜主

按照本节(a)和(b)制备的生物制品和制备该生物制品的企业,可以豁免要求具有未暂停和未吊销的企业执照和产品执照。依照本部分豁免执照的人员在运输含有活微生物的生物制品时,应在运输前或必要时提供署长所需资料,以评估该产品的安全性和对环境的影响。禁止在美国任何地方进口或出口无效的、已污染的、有危险或有害的豁免生物制品,且任何运输或运送该制品的人员必须依法获得批准。

(a)(1)按照法律和规章规定,兽医从业人员(兽医)在其持有州兽医药品职业行医执照的期间独自制备的生物制品,在确立兽医-客户-就诊者和生产该产品的制品生产厂关系后,由该兽医给动物使用,那么这种制品的生产可豁免执照要求。以下条件可确认该关系成立：

(ⅰ)兽医对动物健康状况的诊断和所需治疗措施负责,客户(畜主或看护者)同意接受该兽医的指导。

(ⅱ)兽医有丰富的动物知识,至少可以做出动物医学状况的大体或初步诊断。这就意味着该兽医最近观察过并亲自饲养和护理过该动物,和/或事先在医学上适宜的时候且及时观察过饲养该动物的饲养场。

(ⅲ)万一出现不良反应或治疗失败时,该职业兽医能及时到场。

(2)按照本节(a)(1)豁免的生物制品制备的所有步骤均必须在执业兽医(在他/她的兽医药品国家执照执业过程中)使用的日常活动与动物治疗有关的设施中生产。

(3)按照本部分要求制备生物制品并申请豁免执照的兽医应保留确立兽医-客户-就诊者关系及豁免执照有效资料的必要记录,并允许动植物卫生监督署代表或由部长任命的政府雇员检查。

(b)由个人独自制备的、仅用于其饲养的动物的产品,应豁免未暂停和未吊销的执照。

[52FR30131,1987年8月13日制定。56FR66783,1991年12月26日；80FR26821,2015年5月11日修订]

§107.2　州执照管理的产品

(a)持有州执照的在州内生产和销售的生物制品,署长可豁免其按照未暂停或吊销USDA的企业和产品执照进行生产。署长应按照法律规定严禁生产、销售、易货、交易或运输无效的、已污染的、有危险或有害的生物制品的原则颁发州执照。

(b)本节的豁免申请应由州权力机关提出,并含有以下证明资料：

(1)州有权对病毒、血清、毒素和类似产品及生产该产品的企业发放执照；

(2)州有权在产品投放市场前对产品的纯净性、安全性、效力和有效性进行审察；

(3)州有权在产品投放市场前对该产品的检验结果进行审查,以确保其纯净性、安全性、效力和有效性符合规定；

(4)州有权有效地处理违反了州法律管制的病毒、血清、毒素及类似产品；

(5)州可有效地行驶本节(b)(1)至(4)的权力,并与法规的内容一致,禁止生产、销售、易货、交易或运输无效的、已污染的、有危险或有害的病毒、血清、毒素或类似产品。

(c)州必须确定每个被豁免的产品和生产该产品的企业,并将豁免的产品和企业书面上报给署长。州还必须将每个新签发的执照和终止的执照以书面的形式上报给署长。

(d)为了确定一个州是否行使了涉及生物制品和企业的权力,以及是否执行了相关的法律和规章,署长(与州权力机关一起)可对州管理程序进行评估,这可能包括本节所豁免的企业和/或产品的检查。

[52FR30131,1987年8月13日制定；56FR66783,1991年12月26日修订]

(杨京岚译,曲鸿飞校)

第 108 部分　持照企业的设施要求

官方依据：21U. S. C. 151～159；7CFR2.22、2.80 和 371.4。

来源：39FR16854，1974 年 5 月 10 日，另有规定者除外。

§108.1　适用性

除非署长授权，否则所有用于生物制品生产的厂房、附属设施和设备等均应符合本部分的要求。每个在这些厂房和附属设施上的区域均应用在企业执照上出现的地址进行标注识别。

［39FR16854，1974 年 5 月 10 日制定；56FR66783，1991 年 12 月 26 日修订］

§108.2　厂区布局图、蓝图和图例的要求

每个企业执照的申请者应分别制作一份说明每个区域上所有建筑的厂区布局图，一份用于制备生物制品的每个厂房的蓝图，以及一份含有对各房间或区域内的所有生产活动进行简要说明的图例。

§108.3　厂区布局图的制作

厂区布局图应标明每个特殊区域上所有的建筑物，无论其是否用于生物制品的生产和运输。但是，当同一地块上有很多建筑时，只需标出用于生物制品生产和运输的外围建筑。其余建筑可单独描述，说明不用于生物制品生产或运输的建筑物的总数即可。

（a）在符合美国标准尺寸的纸上缩小整个场地的大小至任何符合标准的比例，注明所用的比例。

（b）清晰地标明执照批准的场地的边界线，并指明标记的边界线。该边界线应与某些已存在的明显的外围线相符。列出所有的栅栏、围墙或街道。

（c）按照缩小的建筑物的布局图用合适的比例标明建筑之间的距离关系。

（d）采用数字、字母或其他方式标记所有建筑物，以便分别与蓝图或图例中的建筑物相关联。

（e）在厂区布局图中说明所使用的最接近的附属设施，如住宅区、牧场、制箱厂等。

（f）标注方位。

（g）注明制作的日期。

（h）公司负责人签字。

§108.4　蓝图的制作

（a）蓝图可采用任何适宜的比例画在标准的蓝图纸上或符合美国标准尺寸的高质量的白纸上：如果日后修改，也应采用同样的比例，除非整个蓝图全部被修改。注明所用的比例。

（b）将用于生产生物制品的所有建筑物的每一层用一张单页纸画出来，并详细说明每个建筑物中各区域在该生产中的用途。

（c）如果某层只有一部分用于生物制品的生产，在蓝图上同样需要详尽标明整个楼层的实际情况。应指出该层其余部分的功能或用途。

（d）对于多层建筑，如果蓝图不是指所有楼层，则应对楼层进行标注，并标明每个楼层所进行的活动。

（e）用字母或数字标出所有房间。

（f）用合适的代码标出重要固定设备的位置，在图例中也要采用此代码。

（g）以陈述或列表的方式在蓝图或图例中说

明房间中装备的出水口、下水道及照明的位置。标明门窗的位置。

（h）标注方位。

（i）标注建筑的编号。

（j）注明制作的日期。

（k）公司负责人签字。

§108.5 图例的制作

按本部分要求，应对每个房间或区域的用途进行简要说明，并写入图例。对每一个厂区布局图和蓝图或绘图均应提供图例。应对图例的所有纸进行编号，并与相应厂区布局图或蓝图统一，然后装订成册或者夹在文件夹中一起提交。

（a）厂区布局图应包括以下内容：

（1）每一建筑的编号及其功能：如果生产生物制品是在多层建筑中，则需简要说明每层的功能。

（2）用实用的和非技术性的词汇说明进行全部或部分生物制品生产和操作的所有建筑物的材料。

（b）蓝图图例应包括以下内容：

（1）注有字母或数字的所有房间和房间各部的清单。一般功能区或房间可不列出。无论是持照产品还是非持照产品，均应标明每个区域和房间的功能。在产品暴露于环境的房间中，应对净化程序和防止交叉污染的措施进行说明。

（2）编号的固定设备的清单。

（3）其他必须的生物学设备总清单，如搅拌机、离心机、混合罐、灌装机和封口机等，这些不属于固定设备，但固定放置在某房间内。

［39FR16854，1974 年 5 月 10 日制定。40FR51413，1975 年 11 月 5 日；50FR50764，1985 年 12 月 12 日修订］

§108.6 厂区布局图、蓝图和图例的修订

在建造新的设施之前，或进行改造（旧设施将被推倒），或出现其他可影响工艺流程的改变时，应向动植物卫生监督署提交草图进行评估。执照持有者应：

（a）制作修订的厂区布局图、蓝图和图例，提交动植物卫生监督署审定，并在修改完成后存档。同时要准备一份声明，说明被替换项目的日期和被替换的内容。

（b）绘制与当前使用并盖章存档的蓝图相同比例的房间、单元或区域的修订的蓝图。如果修改的数量太多，则绘制新的蓝图。

（c）新建筑的绘图可增加现有的厂区布局图。

应标明其与周围建筑和厂界的距离。

（d）本节描述的任何改变必须体现在各自的一张或多张图例中。修改页的编号要与被替代页的编号一致。

［39FR16854，1974 年 5 月 10 日制定；56FR66783，1991 年 12 月 26 日修订］

§108.7 厂区布局图、蓝图和图例的归档

所有的厂区布局图、蓝图和图例（包括修订部分）应一式两份，并提交给动植物卫生监督署进行审定和归档。当评审人对某一提交项目提出异议时，附有修改意见的这个项目将被退回，以便进行修改和再次提交。将被接受的材料作为归档文件盖章，并注明日期。一份盖过章的文件将被退还，另一份文件在动植物卫生监督署备案。

［39FR16854，1974 年 5 月 10 日制定。56FR66783，1991 年 12 月 26 日；75FR20773，2010 年 4 月 21 日修订］

§108.8 厂房的构造

（a）持照企业用于生产生物制品或生物制品组分的所有建筑、房间或其他设施的地面、墙面、天花板、隔板、柱子、门及其他部分所用材料、构造和涂漆等均应便于彻底清洁。

（b）所有与生物制品生产相连接的房间均应以避免造成该生物制品的交叉污染而进行建造和规划。每个生物制品的生产区所设置的人流和物流的门厅和走廊，均应避免通过其他生产区域。

（c）持照企业应提供制备、处理和保存有毒或有危险的微生物和产品的与其他设施隔开的房间或隔间。

（d）持照企业的所有房间和隔间应设有足够的空气处理系统，提供正确的满足需要的通风，以保证产品和人员的卫生和健康条件。

（e）持照企业冷水和热水的供应应充足、洁净。每个设施内应提供足够的供水，以便满足生产生物制品时洗涤所有容器、机器、设备、其他器材和动物使用的需要。

（f）持照企业应配备充足的排水和管道系统，所有排水和蓄水设施要建造合理，有开关和出口。

§108.9 更衣间和其他设施

每个持照企业应设有更衣间、洗手间和淋浴间等，内含冷热水、肥皂、毛巾等。这些房间应数量

充足、面积适中、有适宜的通风口、通风良好并符合建筑和设备卫生的所有要求。

（a）上述房间和设施应与制备、处理或保存生物制品的房间或隔间隔开。

（b）上述房间和设施的位置应能保证所有人员便于在不进入或穿过生产区的情况下进入。

§108.10　外围场地和动物试验设施

（a）持照企业的外围场地（包括装卸台、车道、通道、场院、围栏、地沟和小路等）应适于排水、保洁和整理。任何持照企业内或其场地上不得有阻塞处。

（b）持照企业用于生物制品生产或检验的动物设施或其他场地应有适宜的通风和照明，便于排水和排污，以及保持卫生状况。

（c）持照企业要采取切实可行的措施避免苍蝇、老鼠和其他昆虫等。厂区内禁止堆放有利于苍蝇或其他昆虫繁殖的任何物质。为保持局部卫生，应对所有废弃物的处理进行合理规划。

§108.11　水质要求

每个生物制品厂均应获得相关水污染控制机构颁发的水质控制证书，其水质应符合《联邦水污染控制法》401 部分的相关标准（86 Stat.877；33U.S.C.1341 修订）。该证书应在动植物卫生监督署备案。

［39FR16854，1974 年 5 月 10 日制定；56FR66783，1991 年 12 月 26 日修订］

（杨京岚译，张存帅校）

第 109 部分　持照企业设施的灭菌和巴氏消毒

109.1　设备和相关设施
109.2　灭菌设备
109.3　巴氏消毒器
官方依据：21U.S.C.151～159；7CFR2.22、2.80 和 371.4。

§109.1　设备和相关设施

（a）除另有规定外，持照企业用于生物制品制备、处理、保存的所有容器、设备和其他仪器设备均应于 120℃ 以上蒸气灭菌不少于 1.5h，或于 160℃ 以上干热灭菌不少于 1h。如果此方法不可行，经署长同意，可采用已知的同等杀灭微生物及其芽孢的替代方法。

（b）如果设备不耐本节所述高温，可采用先彻底清洗，然后煮沸 15min 以上的方法进行灭菌。

［23FR10051，1958 年 12 月 23 日制定。34FR18119，1969 年 11 月 11 日；56FR66783，1991 年 12 月 26 日修订］

§109.2　灭菌设备

持照企业应装备处理生物制品的蒸气灭菌设备和干热灭菌设备，并配有自动温度记录仪：如果经署长同意，可使用其他记录系统。使用的仪表需定期校准以保证准确。在生产过程中所做的图、表和其他温度记录应被使用到历次的图、表中，且记录应按本章 116 部分保存。

［35FR16039，1970 年 10 月 13 日制定；56FR66783，1991 年 12 月 26 日修订］

§109.3　巴氏消毒器

所有巴氏消毒的设备均应符合本节（a）（b）和（c）的要求，并被动植物卫生监督署认可。

（a）持照企业应使用金属的血清容器。在加热过程中，每个容器应被各自的水浴器或相当于水浴器的装置包围，以保证整个容器（包括盖子）被加热到所需温度。每个血清容器需装有电动搅拌器和各自的自动温度记录仪。

（b）每个水浴装置中应有限制水温最高为 62℃ 的自动控温装置、自动温度记录仪、在固定位置的温度计和保证水浴温度一致的循环装置。水浴的加热装置应与血清容器和水浴器分离。

（c）持照企业应使用准确的温度计作为记录用温度，计定期检查血清的温度。

［35FR16039，1970 年 10 月 13 日制定；56FR66783，1991 年 12 月 26 日修订］

（杨京岚译，董义春校）

第 112 部分　包装和贴签

官方依据：21U. S. C. 151～159；7CFR2. 22、2. 80 和 371.4。

来源：38FR12094，1973 年 5 月 9 日，另有规定者除外。

§112.1　概述

（a）除非管理者的授权或批准，否则持照企业生产或进口的每种生物制品在出厂或进口前均应按本部分要求进行包装和贴签：如果进口生物制品是用于研究和评估的，那么应按照§112.9 的要求进行包装和贴签。此外，除非被豁免，否则所有生物制品的生产（包括包装和贴签）只能在持照企业内，按批准的生产大纲进行。

（b）严禁任何人在生物制品的纸箱或最终容器上使用、粘贴或放入（或者导致使用、粘贴或放入）任何部分有错误或令人误解的，不符合规章要求或未经动植物卫生监督署批准的标签、签封、标记或说明等。

（c）在生物制品销售或分销之前，严禁任何人涂改、标记或移动已批准的贴于或加入生物制品包装内的标签。另外，禁止任何人在生物制品包装盒、其他容器或最终包装容器的标签上进行标记，以免造成误解或使之难以辨认。

（d）压印、印刷或直接粘贴在包装纸箱、其他容器或最终包装容器上的标签在整个有效期内必须清楚易读。标签被更改、残缺不全、已损坏、被涂抹或移动，其相应生物制品应从市场上收回。

［38FR12094，1973 年 5 月 9 日制定；59FR43445，1994 年 8 月 24 日修订］

§112.2　最终容器标签、盒签和内包装说明书

（a）除另有规定外，最终容器标签、盒签和内包装说明书（插页、散页或传单）等应详细说明以下信息：

（1）生物制品主要部分的通用名称，该名称应与产品执照或许可证上的名称一致，其应采用黑体字母均等排列。在产品执照或许可证上标注的通用名称的描述性术语也应标出。如果盒签和内包装说明书上有完整描述，在最终容器标签上可使用缩写。

（2）如果是在美国生产的生物制品，则应标明生产者（持照者或附属者）的姓名和地址；如果为外国生产的生物制品，则应标明许可证持证者和国外生产商的姓名和地址。

（3）农业部签发的执照或许可证的编号只能以下列一种形式进行表述：美国兽医执照编号＿＿＿＿（" U. S. Veterinary License No. ＿＿＿＿"；或"U. S. Vet. License No. ＿＿＿＿"；或"U. S. Vet. Lic. No. ＿＿＿＿"）；美国兽医许可证编号＿＿＿＿（"U. S. Veterinary Permit No. ＿＿＿＿"或"U. S. Permit No. ＿＿＿＿"）。

（4）生物制品的推荐保存温度可描述为：不超过 45℉；或不超过 7℃；或不超过 45℉或 7℃。

（5）阅读说明"已证明该产品对健康的＿＿＿＿周龄或年龄的（插入动物品种的名称）抵抗＿＿＿＿是有效的。"但是，如果最终容器的标签或包装盒非常小，则可声明详细的说明在什么位置，如"详见说明书""详细说明见包装盒"或其他声明等。

（6）如果最终容器中含有多个使用剂量的生物制品，则应有类似"一旦开封，应一次用完"等警

示语：如果是多个使用剂量的诊断或脱敏抗原装在一个最终容器中，则可以免除。

（7）如果生物制品中含有活的或危险的生物体或病毒，则应有"容器和剩余内容物应焚毁"的警示语。如果是仅含有 1 个使用剂量的小容器，则可使用"本容器应焚毁"或"本瓶应焚毁"的声明。

（8）如果生物制品被推荐用于家畜，且该家畜可食用部分是以食品为目的时，那么应有不少于 21d 的休药期的声明：如"宰前多少（插入数字）日禁用"，或"宰前多少（插入数字）日内食品动物禁用"；如果署长认为有必要，可能会规定更长的休药期。如最终容器标签很小时，可不要求此项内容。

（9）最终容器标签和盒签应包括以下内容，但如果有内包装说明书，则可不必包括这些内容：

（ⅰ）批准的失效日期。

（ⅱ）可用的使用剂量。

（ⅲ）每个最终容器中内容物可重新获得的量，以立方厘米（cm³）或毫升（mL）或单位表示。

（ⅳ）生产商的生产记录中所做的识别用的批号；如果在组合包装中是用液体抗原部分替代水稀释液来稀释冻干抗原部分，那么盒签上用冻干部分批号和液体部分批号组成的连字符连接的批号进行标注。

（ⅴ）类似的声明"更多效力和安全性数据的信息可见 productdata. aphis. usda. gov"。

（10）如果在产品的生产过程中加入了某种抗生素，则在包装盒和内包装说明书（如果有）上应当有"含有＿＿＿作为防腐剂"或类似的声明说明含有该防腐剂。如果不使用包装盒，则该声明应印在最终容器的标签上。

（11）当一个包装盒内含有多个最终容器，一个最终容器中含有多个使用剂量的生物制品时，则应在每个包装盒上注明每箱所含最终容器生物制品的数量和每个最终容器中所含的使用剂量。对于稀释液的最终容器的数量和每个最终容器中所含的量（如果有）也应在盒签上做同样的声明。

（b）标签还可包括任何其他真实的或非误导性的说明，以及有关按照说明书接种不同动物后产生不同反应的事实阐述，但不应包括商业性的免责声明、以议价为目的的适用内容或对产品的职责。

（c）持照企业生产的或进口的生物制品标签包含的任何说明、设计或图案不应掩盖与执照上相同的产品通用名，或者包含任何虚假或误导的任何内

容，或其他欺骗消费者的内容。

（d）盒签和内包装说明书要符合本节（d）（1）、（d）（2）和（d）（3）的要求。

（1）当产品执照上有"仅限兽医或在兽医指导下使用"或"仅限兽医使用"的声明时，则在所有盒签和内包装说明书上应标明该声明。

（2）如果产品的盒签和内包装说明书上有执照持有者的声明，那么该特定制品在持照企业的全部生产受执照持有者的限制。

（3）产品盒签和内包装说明书上有"仅供兽医使用"或类似声明的，表示该产品仅用于动物，不用于人。

（e）当国外的标签要求与本部分的要求相抵触时，可批准在出口产品上使用特别的标签。当国外的法律、法规或要求需要产品的出口人提供官方证明，证明该产品符合《病毒-血清-毒素法》和条例，在执照持有者的要求下，动植物卫生监督署可提供这样的证书。

（f）如果盒签或一个内包装说明书是要求粘贴在液体生物制品的多个使用剂量装量的最终容器上时，那么一个包装盒内只能装一个最终容器；如果多个使用剂量装量的最终容器没有粘贴盒签和内包装说明书，那么 2 个或多个最终容器可包装在一个包装盒中，可被看成一个运输箱。运输箱的标签或粘贴说明不应含有虚假和误导的内容，但不必提交进行批准。

（由管理与预算办公室根据质控 0579-0013 号进行核准）

［38FR12094，1973 年 5 月 9 日制定。39FR16856，1974 年 5 月 10 日；41FR44359，1976 年 10 月 8 日；42FR11825，1977 年 3 月 1 日；42FR29854，1977 年 6 月 10 日；42FR41850，1977 年 8 月 19 日；48FR57473，1983 年 12 月 30 日；56FR66784，1991 年 12 月 26 日；80FR39674，2015 年 7 月 10 日修订］

§112.3 稀释液标签

与冻干生物制品包装在一起的每个稀释液（而非液体生物制品）的最终容器应粘贴标签，且标签上应注明：

（a）名称——灭菌稀释液。

（b）稀释液所配套的生物制品的通用名称，除非所有冻干生物制品使用同一稀释液，或者使用 2 种或 2 种以上的稀释液，且执照持有者对其进行

鉴别和保存的方法能够确保所有产品配备正确的稀释液，那么粘贴于该稀释液容器上的标签可免除此项规定。

（c）内容物复溶的容量，用立方厘米（cm³）或毫升（mL）表示。

（d）稀释液的批号应与生产商的生产记录相统一。

（e）执照持有者或许可证持有者的姓名和地址。

（f）当用稀释液溶解冻干生物制品时，应在原瓶中加入稀释液。

（1）对于多个使用剂量的容器，应注明"一经开瓶，应一次用完"的警示语；

（2）生物制品含有活的或危险性的生物体或病毒时，应标明"容器和剩余的内容物应焚毁"，但如果是一个使用剂量的小容器，则可注明"容器应焚毁"或"疫苗瓶应焚毁"。

（g）应根据具体情况，按照§112.2（a）（3）所提到的一种方式注明企业执照或许可证编号。

［38FR12094，1973 年 5 月 9 日；38FR13476，1973 年 5 月 22 日制定。39FR16856，1974 年 5 月 10 日修订］

§112.4 附属厂、分部、分销商和进口商

附属厂、分部、分销商和进口商所使用的标签由执照持有者在产品生产的持照企业内进行粘贴。该标签应符合规章中审查、批准和存档的要求。

（a）附属厂：附属厂在持照企业内生产的有执照的生物制品所使用的标签应按§112.5的要求报批。只有批准的标签才能被附属厂用于相应的产品。

（b）分部：用于分发给分部或市场营销部的在持照企业内生产的有执照的生物制品所使用的标签应按§112.5的要求报批。应在该标签上明显标明执照持有者的姓名、地址和执照编号。应在该标签上用"分部"等类似术语明显标明分部或市场营销部与执照持有者之间的关系。

（c）分销商：分销商的名称和地址或任何说明、设计或标记不能以虚假或误导的方式出现在有执照产品的标签或容器上，不能使人误认为该分销商是按照标签上显示的该执照编号产品的生产或操作的生产商。此外，标签上应在显著位置用"由__ ___生产"或相似术语注明可联系的生产厂的名称、地址和执照编号。分销商的名称和地址可以用"经销商"或"由_____经销"的方式标注在产品标签或容器上。

（d）进口商：进口商的名称和地址或任何说明、设计或标记不能以虚假或误导的方式出现。在按照§104.5要求用于销售和分销的进口生物制品的标签或容器上，不能使人误认为进口商是该产品的生产商。此外，标签上应在显著位置用"由___ __生产"或相似术语注明可联系的生产厂的名称、地址和执照编号。进口商的名称和地址可以用"由_____进口"、"由_____生产"或相似术语标注在产品标签或容器上。

［50FR46417，1985 年 11 月 8 日制定；59FR43445，1994 年 8 月 24 日修订］

§112.5 标签的审批

对持照企业生产的或进口的所有用于销售的生物制品所使用的标签，在使用前必须提交动植物卫生监督署，审查是否符合规章的规定，并经书面的形式批准后方可使用，但本节（d）段规定和本节（e）段主标签系统规定的除外。

（a）每次提交草图（包括校样）和标签时，应传送表格于互联网（productdata. aphis. usda. gov）。每个产品用一个表格，但在同一时间提交的同一产品的所有草图和标签只需一份表格。

（b）每次提交支持说明书声明的效力和安全性数据应汇总于互联网 productdata. aphis. usda. gov。

（c）执照持有者或许可证持有者在制作最终标签前应向动植物卫生监督署提交草图进行评审。附有评审意见（如果有的话）的标签草图将送还执照持有者或许可证持有者。评审的标签草图不通过，则按照其制备的最终标签不予批准。

（d）（1）标签必须提交动植物卫生监督署进行评审，并取得书面批准。只有依照本节（e）段批准的标签方可使用。如已批准的标签需要改动，新标签应提交动植物卫生监督署进行审批后方可使用：如果已批准的标签或主标签只需要很小改动，经稍加改动的标签可在动植物卫生监督署评审前使用，但应在开始使用的 60d 内将新标签提交动植物卫生监督署进行评审并获取书面批准（但是，这种很小的改动不能导致对产品的误导或虚假）。

（2）可按规定对已获得批准的产品标签或主标签进行的很小改动，包括：

（ⅰ）标签大小的改动，改动不应影响标签的可读性；

（ⅱ）标签印刷颜色的改动，改动不应影响标签的可读性；

（ⅲ）增加或删除商品标（TM）或注册标（R）；

（ⅳ）纠正印刷错误；

（ⅴ）加入或改变标签条码编号；

（ⅵ）修改或更新厂标。

（e）提交的标签或草案应按本段的数量和格式要求制备。

（1）份数的要求

（ⅰ）标签草案应提交最终容器标签草案、盒签草案和内包装说明书草案各两份。草案要易于辨认并含有§112.2 所要求的内容。每种草案的一份将与评审意见一起退还，另一份将由动植物卫生监督署存档，自受理后存档时间不超过 1 年，在这 1 年内可被最终标签取代；如果提交的草案是为了支持执照或许可证的申请，那么草案可保留到申请生效后。

（ⅱ）对于主标签草图，每个产品应提交内包装说明书、最终容器的最小标签和盒签的草图各两份。如果除了尺寸不同外，较大容器的标签和/或盒签的草图是一样的，那么可不必送审。一份主标签草图加注评语后退回，另一份草图在动植物卫生监督署存档 1 年，直至被根据本节（e）（1）（ⅲ）提交的完整的主标签所取代；如果提交的草案是为了支持执照或许可证的申请，那么草案可保留到申请生效后。

（ⅲ）对于完整标签，应提交最终容器标签、盒签和内包装说明书各两份；如果内包装说明书用于多种产品，则每增加一种产品多提交一份。一份标签保存于动植物卫生监督署，一份盖章后退回申请者。未批准的标签应标记为草图，按本节（e）（1）（ⅰ）处理。

（ⅳ）对于完整的主标签，每一产品应提交内包装说明书、最小容器标签和盒签各两份。如果除了尺寸不同外，较大容器的标签和/或盒签的草图是一样的，那么可不必送审。此标签在提交的完整的主标签批准后即可合法使用；如果最终容器的较大尺寸的销售标签已经在备案的生产大纲中获得批准，那么该较大尺寸的瓶签和盒签可看成在主标签的衬纸上的标签。当主标签附件应用于多种产品时，每增加一种产品多提交一份。一份标签保存于动植物卫生监督，一份盖章后退回申请者。未批准的标签应标记为草图，按本节（e）（1）（ⅱ）

处理。

（2）衬纸

（ⅰ）每一标签或草图应牢固粘贴于一张重磅纸上（8.5"×11"），以便审查所有内容。

（ⅱ）2 或 3 部分的纸箱，包括"封套"，应有一个标签。所有部分应同时提交。

（ⅲ）（A）如果 2 个最终容器混合包装在一起，其每个容器上的标签均应贴在同一张衬纸上，作为一个标签对待。对于诊断试剂盒（如果可能），试剂盒内每种试剂容器上的标签应贴在一张衬纸上；如有必要，可使用第二张纸。盒签和内包装说明书应分别贴在不同的衬纸上。

（B）如果最终容器标签既单独使用，又用于其他混合包装，那么其所应用的每种生物制品的不同标签均需提交审核。

（ⅳ）当同一最终容器标签采用不同方式（如纸张或影印）使用时，每一种标签均应贴于同一衬纸上，一并提交。

（3）在每一页的顶端应注明：

（ⅰ）（A）按产品执照或许可证上的形式，注明生物制品的名称和产品编码；

（B）额外的用于另一产品的内包装说明书应包含其所涉及产品的名称和编码。

（ⅱ）（A）标签或主标签样本的名称：草图、最终容器标签、盒签或内包装说明书；

（B）如果一张衬纸上有 2 个最终容器标签或多个部分，应对每个标签或部分进行命名，并且应指明修订的标签或部分。

（ⅲ）标签或内包装说明书上所使用的装量（剂量、mL、cm^3 或单位）。

（4）在每页的底部应注明：在左下角应说明提出意见的原因和相关信息，如：

（ⅰ）批准的编号为＿＿＿的主标签装量；

（ⅱ）第＿＿＿号标签、主标签和/或草图的替代品；

（ⅲ）第＿＿＿号标签或主标签的样稿；

（ⅳ）第＿＿＿号标签的补充；

（ⅴ）正在进行执照申请的＿＿＿；

（ⅵ）第＿＿＿号外文标签的复件；

（f）外文标签的特殊要求：

（1）如果正确，该标签内容应是直接翻译自批准国的国内标签。

（2）如果外文标签不是直接翻译自批准国的国内标签，那么应提交英文版标签，并说明文字内容的差异。

（3）双语标签的外文部分应是英语部分的直译。如果内包装说明书不是双语，就不用从内包装说明书参考更多信息。

（g）动植物卫生监督署要求时，执照持有者或许可证持有者应列表提供所有当前应用的标签情况。每份标签列表中应注明以下内容：

（1）生物制品的名称和产品编码，应与产品执照或许可证上的一致；

（2）如果适用，应提供标签上所使用的装量（剂量、mL、cm³或单位）；

（3）标签的编号和编制日期；

（4）标签上作为生产商而显示的执照持有者或附属厂名称。

（h）当在检查时或应动植物卫生监督署的要求，执照持有者或许可证持有者将所有标签和主标签（包括批准使用但没有作为主标签存档的标签）提供给官方检查员检查。除了物理尺寸、参考复溶的容量或剂量和/或根据本节（d）允许的细微差异外，所提供的标签必须与已批准的标签或主标签相同。

［38FR12094，1973年5月9日制定。48FR57473，1983年12月30日；49FR21044，1984年5月18日；56FR66783，1991年12月26日；59FR43445，1994年8月24日；61FR29464，1996年6月11日；61FR33175，1996年6月26日；64FR43044，1999年8月9日；75FR20772，2010年4月21日；80FR26821，2015年5月11日修订］

§112.6 生物制品的包装

（a）需要稀释液方可使用的多剂量最终容器的生物制品应与含定量稀释液的容器包装在同一包装盒内，该剂量在备案的生产大纲中有详细说明。不需要稀释液即可使用的多剂量最终容器的生物制品不必包装在单独的包装盒内，除非最终容器标签含有法规要求的所有内容。这些内容应印在包装盒内侧或外侧。本节（c）和（d）段及§112.8中的情况除外。

（b）单剂量最终容器的生物制品不需每瓶一个包装。需要稀释液才可使用的单剂量最终容器的生物制品，生产大纲要求的含定量稀释液的容器应与生物制品等量地包装在同一包装盒内。

（c）用于群体接种的家禽产品（包括但不限于饮水和喷雾）和自动免疫系统中所使用的产品（包括但不限于气压嘴注射器）可按备案的生产大纲的详细说明包装成多剂量的最终容器。人工接种的家禽产品的每个最终容器应不超过1 000头份。稀释液不需与产品最终容器包装在一起，但是，执照持有者应按照备案的生产大纲所述要求提供一定数量含稀释液的容器。含有一个以上最终容器的家禽产品的包装盒应符合以下要求：

（1）包装在出厂前要加封；

（2）内容物不得重新包装；

（3）包装盒内的产品不能拆分销售；

（4）以下说明必须在盒签的显著位置标识："联邦法规禁止包装盒内产品的重新包装和拆分销售。如封条已破损，请勿接收。"

（d）以下产品的稀释液不需与产品的最终容器包装在一起，但是执照持有者应按照备案的生产大纲的要求提供一定数量含稀释液的容器。

（1）马立克氏病疫苗；

（2）使用自动免疫设备逐个进行接种的家禽疫苗。

（e）包装盒内或其他容器内的持照企业生产的或进口的生物制品的最终容器不得从该包装盒或容器中取出来销售或分发，除非每个最终容器或在一个包装盒内的产品均有在持照企业生产产品时或由进口产品的生产商提供的附在生物制品上或内的完整的并获得批准的标签。如果持照的兽医从业人员在其开业条件下无法按照本节要求使用或分发生物制品时，那么应遵照兽医-客户-患病动物关系（§107.1中所列条款）的要求进行。

（f）附在生物制品上或内的标签不能以任何方式取出或改动。

［47FR8761，1982年3月2日制定。48FR12691，1983年3月28日；59FR43445，1994年8月24日；64FR43044，1999年8月9日修订］

§112.7 特殊的附加要求

本节的标签要求是本部分其他标签要求的补充。

（a）如果生物制品中含有活的新城疫病毒，在内包装说明书中应有警示新城疫可引起人的眼睑发炎的声明，并警告使用者避免接触眼睛。

（b）如果生物制品中含有传染性支气管炎病毒，所有标签中均应说明该产品所使用的支气管炎病毒的型。允许使用缩写。

（c）如果生物制品中含有灭活的狂犬病病毒，那么盒签、内包装说明书及除极小容器标签以外的所有标签均应含有严禁冻结的警告和以下内容：

（1）该疫苗用于 3 月龄或 3 月龄以上动物，1 年后加强接种一次；

（2）根据 §113.209（b）或（c），或（b）和（c）的免疫期检测结果，确定加强免疫程序。

（d）如果生物制品中含有致弱的活的狂犬病病毒，那么盒签、内包装说明书及除极小容器标签以外的所有标签均应含有以下内容：

（1）对于低代次鸡胚传代毒（低于第 180 代鸡胚传代水平），应声明"仅用于犬！禁用于其他任何动物！"；

（2）对于含有致弱的活的狂犬病病毒的其他疫苗，则声明"仅用于_____（指明动物种类）！禁用于其他任何动物！"；

（3）推荐在大腿部肌内注射接种；

（4）所有盒签和内包装说明书（如果有）应明显标注"万一接触疫苗毒，应考虑对人体健康可能造成危害，应向州公共卫生部咨询有关事宜"的声明；

（5）该疫苗用于 3 月龄或 3 月龄以上动物，1 年后加强接种一次；

（6）根据 §113.312（b）或（c），或（b）和（c）的免疫期检测结果，确定加强免疫程序。

（e）对于含有致弱的活病毒的牛鼻气管炎疫苗，除最终容器小标签外的所有标签应标注以下声明："妊娠母牛或在哺乳期内的母牛禁用"。如果已证实该疫苗对妊娠母牛安全，署长可免除标签的此项要求。

（f）除非备案的生产大纲中有其他要求，灭活的细菌产品的标签应含有间隔适当时间重复免疫的建议。如果产品含有下列成分，则应按照（f）（1）至（3）的要求进行重复免疫：

（1）溶血性梭菌。每 5 或 6 个月重复免疫一次。

（2）红斑丹毒丝菌。猪：种猪在 21d 后重复免疫一次，以后每年免疫一次；火鸡：每 3 个月免疫一次。

（3）C 型肉毒梭菌。种畜配种前 1 个月免疫一次。

（g）如果按照备案的生产大纲生产的液体制品是用作复合包装中的稀释液，用作未进行细菌或

病毒活性检验的，或者该检验不合格的批次的标签和内包装说明书上应含有以下声明："警告：禁止用作活疫苗的稀释液"。

（h）如果是疣的疫苗，则需推荐仅限于牛使用。应指明仅用于预防，帮助控制病毒性乳头状瘤（疣）。所有标签应说明每次至少皮下注射 10mL，并且应在 3～5 周后重复免疫。

（i）除非对备案的生产大纲的修订（在有效期内）被另行批准，否则猫泛白细胞减少症疫苗标签（很小的最终容器除外）应注明以下使用建议：

（1）灭活病毒疫苗。任何日龄的健康猫接种 1 头份。如动物小于 12 周龄，则在 12～16 周龄时加强接种 1 头份。并建议每年单剂量重复接种一次。

（2）致弱的活病毒疫苗。对任何日龄的健康猫接种 1 头份。如果动物小于 12 周龄，则在 12～16 周龄时加强接种 1 头份。并建议每年单剂量重复接种一次。怀孕的猫禁止使用。

（j）如产品是正常血清、抗血清或抗血清的衍生物，则应在所有标签上注明所使用的防腐剂的类型。

（k）除非动植物卫生监督署已备案认可的数据表明，角膜混浊的发生与产品无关，否则含有致弱的、活的犬肝炎病毒或致弱的、活的犬腺病毒 2 型成分的产品的盒签或内包装说明书应有以下说明："使用本产品后，偶尔可能会发生一过性角膜混浊"。

（l）自家生物制品的所有标签应有以下说明："自家生物制品的效力和有效性尚未被证实，本产品仅供兽医使用或仅在兽医指导下使用或经专科医生准许后使用"。

（m）如生物制品中含有马立克氏病病毒，所有标签上应标明产品中所用的马立克氏病病毒的血清型。

[38FR12094，1973 年 5 月 9 日制定]

编者注：影响 §112.7 的"联邦公告"引用内容，请参看印刷卷的"查询帮助"部分和 GPO 数据库中受影响的 CFR 内容清单。

§112.8 仅供出口

除本节另有规定外，适用于在美国生产的生物制品的包装和标签的法规也适用于从美国出口的该种产品。仅允许使用按 §112.5 的要求批准的标签。

（a）已包装和贴签用于出口或已出口的生物制

品，应遵从本段的规定。

（1）离开持照企业后的生物制品不得在美国国内进行装瓶、再包装、再贴签或采用任何其他方式进行改变；

（2）已出口的生物制品不得被退回美国：如果出口的生物制品是贴了签的最终容器，那么署长有权批准进口有限数量用于生产执照持有者对产品进行研究和评估；

（3）禁止出口的生物制品在国外装瓶、再装瓶或以任何方式进行改变后再粘贴有美国制备企业执照编号的标签。

（b）对于包装和贴签后用于国内使用的冻干或冻结的液体制品，如果标签包括详细的使用说明和"仅供出口"词语，那么可在没有复溶或稀释的情况下出口。

（c）贴签或不贴签的产品的最终容器，可用封好的运输箱包装出口，并用已批准的清楚地标明"仅供出口"的标签进行标识。但是，不得将这些产品转到国内使用。

（d）完全灭活的液体产品、抗血清和抗毒素，可以用多剂量的大容器出口，容器上应用已批准的含有显著标识的"仅供出口"字样的标签进行标识。

（e）浓缩的灭活液体产品（需稀释到适当浓度再使用的除外），可以用多剂量的大容器出口，容器上应用已批准的含有显著标识的"仅供出口"字样的标签进行标识。

［38FR12094，1973 年 5 月 9 日制定。39FR19202，1974 年 5 月 31 日；40FR46093，1975 年 10 月 6 日；43FR11145，1978 年 3 月 17日；56FR66784，1991 年 12 月 26 日修订］

§112.9　研究和评估用生物制品的进口

用于研究和评估而进口的生物制品［按照§104.4 已发布许可的，按照§104.4（d）除外的进口产品］应按本节要求贴标签。

（a）标签应有产品名称、生产商的名称和地址，并应提供产品使用说明书，包括持证者要求的安全使用产品的所有警示和需要注意的事项。

（b）依照§103.3 进一步分发的每个产品的标签应标有以下声明："注意！仅供试验使用——非卖品！"。

（c）标签应包含署长认为必要的和许可证强调的任何其他信息。

［50FR46417，1985 年 11 月 8 日制定；56FR66784，1991 年 12 月 26 日修订］

§112.10　特殊的包装和贴签

非本部分规定的要求进行特殊包装和/或贴签的生物制品应按照这些产品已批准的生产大纲的要求进行包装和/或贴签。

（杨京岚译，蒋桃珍校）

第 113 部分　标准要求

官方依据：21U.S.C.151～159；7CFR2.22、2.80 和 371.4。

来源：34FR18004，1969 年 11 月 7 日，另有规定者除外。

编者注：第 113 部分的术语变化见 79FR55969，2014 年 9 月 18 日。

总　　则

§113.1　适用范围

本部分规定适用于国内注册厂家生产的、经有关部门批准的每批和每亚批生物制品，以及每次进口的、用于分发和销售的每批和每亚批生物制品。

§113.2　检验辅助材料

在执行本部分规定的有关标准的过程中，为了确保检验结果的一致性和可重复性，在可能的情况下，农业部国家兽医局实验室可向持有或申请产品执照、生产许可证的单位提供下列辅助材料：

（a）补充检验方法（SAM）　是含有详细的检验操作方法说明的技术公报。这些检验方法必须与国家兽医局实验室采用的现行检验方法一致。随着检验方法的改进和新方法的出现，在使用新方法前应对原有检验方法进行修订并重新发布。

（b）标准参考试剂　用于在检测系统中与被检生物制品批次进行直接对比试验的血清、病毒、细菌培养物或抗原。

（c）标准检验试剂　用于检测系统中、但不直接与被检生物制品批次进行对比试验的血清、抗毒素、荧光抗体结合物、毒素、病毒、细菌培养物或抗原。

（d）种子培养物　是少量的标准微生物，领取者领回后繁殖传代、供应使用。

（e）检验项目代码　是 APHIS 在"标准"和每个生物制品生产大纲中所规定的检验项目代号。每批和每亚批生物制品发放前，必须进行这些项目的检验。

［39FR21041，1974 年 6 月 18 日制定。40FR758，1975 年 1 月 3 日；50FR21799，1985 年 5 月 29 日；56FR66784，1991 年 12 月 26 日修订］

§113.3　生物制品的抽样

持有产品执照和许可证的每个生产厂家均应按本节要求提供在美国生产以及进口到美国的每批和每亚批生物制品的、具有代表性的样品。其他样品可由 APHIS 的代表从市场上购买。

（a）由署长指派的农业部雇员或持有执照或许可证厂家的雇员，按下文（b）中规定的数量从出厂前的生物制品中选取样品，作出鉴定标记，如果可能，由生产厂家包装后送交国家兽医局实验室。如果署长认为合适，也可由农业部雇员将样品寄送或递交到国家兽医局实验室。

（1）应按下列方法采样

（ⅰ）无活微生物的液体生物制品。采集罐装或最终容器中的成品样品，用于纯净、安全或效力检验*。用于检查活的细菌和霉菌时，样品应取自最终容器中的成品。

（ⅱ）活的液体生物制品。在分装末期从最终容器中随机取样，署长同意时也可从罐装成品中取样。

（ⅲ）干燥生物制品。如果是在最终容器中进行干燥的，则在最终容器中随机取样；如果是在罐装容器中干燥的，则应在分装末期取样。

（ⅳ）进口的制品。从每次运输的每批或每亚批中抽取具有代表性的样品。

（2）在 APHIS 及产品执照和许可证持有者进行类似的检验中，应使用具有可比性的样品。

（3）对罐装液体生物制品的成品进行抽样时，每批的抽样量以及每个样品的最低量，均应在生物制品生产大纲中加以规定。

（b）除署长另有规定外，每批和每亚批生物制品的抽样数量应符合如下规定：

（1）疫苗

（ⅰ）流产布鲁氏菌活疫苗。6 个多剂量瓶。

（ⅱ）其余的细菌活疫苗。12 瓶。

（ⅲ）球虫病疫苗。2 瓶。

（ⅳ）狂犬病弱毒活疫苗。18 瓶。

（ⅴ）其余的活微生物疫苗。16 瓶。

（ⅵ）脑脊髓炎灭活疫苗。30 个单剂量瓶或 14 个多剂量瓶。

（ⅶ）狂犬病灭活疫苗。22 个单剂量瓶或 14 个多剂量瓶。

（ⅷ）其他灭活疫苗。16 个单剂量瓶或 12 个多剂量瓶。

（2）菌苗和菌苗——类毒素

（ⅰ）单组分苗。12 瓶。

（ⅱ）双组分苗。13 瓶。

（ⅲ）3 种或 3 种以上组分的苗。14 瓶。

（3）抗血清。推荐用于大动物的抗血清，12 瓶；推荐用于小动物的抗血清，14 瓶；诊断用血清的样品数量，见各制品的生产大纲。

（4）抗毒素

（ⅰ）破伤风抗毒素。14 个单剂量瓶或 12 个多剂量瓶。

（ⅱ）其他抗毒素。12 瓶。

（5）类毒素

（ⅰ）18 个单剂量瓶或 12 个多剂量瓶。

（6）抗原。禽抗原 12 瓶，结核菌素 20 瓶，其他诊断抗原 4 瓶。

（7）诊断试剂盒。2 个诊断试剂盒样品。产品执照或许可证持有者可以在标签标明的温度下保存另一个试剂盒，以等待 APHIS 要求送交额外样品的通知。如果 APHIS 未通知送交额外的试剂盒样品，该样品可以在该批次产品出厂后返回到该批的存货中去。如果试剂盒中含有多个微量反应板或反应条，产品执照或许可证持有者可以按生产大纲中的要求取指定数量的反应板或反应条，与其他所有

---

* 译者注：此处系指采用非本动物攻毒方法进行的效力检验。

试剂一起提交，同时保存相似数量的反应板或反应条，当 APHIS 提出要求时作为第二份样品提交。如果首次样品不能代表最终包装（如不包含所有微量反应板或反应条），则第二份样品不能在该批次产品出厂后返回到该批的存货中去。

（8）自家疫苗。每批产品超过 50 个容器时，除第一批或第一亚批外，应从每批或每亚批产品中选择 10 个样品提交给 APHIS；对于第一批或第一亚批，应从中选择并保存 10 个样品，以便根据 APHIS 的要求、按照本节（e）（4）中的要求提交。当每批产品不超过 50 个容器时，除按本节（e）抽样外，不必另抽样。

（9）其他。（b）（1）到（b）（8）中未包含的制品，抽样的数量应在各自的生产大纲中加以规定。

（c）修改预申请执照和生产大纲。修改预申请执照和生产大纲时，只需按 APHIS 的要求提供样品。除（b）（9）中提到的其他产品以外，均须按照本节（b）中所规定样品数量的至少 1.5 倍提交样品。基础种子和主细胞库的样品提交应按下列要求进行，每个样品装量至少 1mL。

（1）10 个菌种样品。

（2）13 个需要通过细胞培养进行繁殖的病毒性基础种子或非病毒性基础种子。对于使用与靶动物不同种的细胞系分离或传代的基础种子，对每种额外的动物种类均需再增加 2 个样品。对于在细胞上生长且靶动物多于一种动物的基础种子，对每种额外的动物种类均需再增加 2 个样品。

（3）36 个至少各 1mL 的样品或 6 个至少各 1mL 的样品，1 个至少 20mL 的样品，以及 1 个至少 10mL 的主细胞库。对于持续感染有一种病毒的主细胞库，需要额外提交 4 个至少各 1mL 的样品。如果这些持续感染病毒的主细胞库将用于一种以上动物，对每种额外的动物种类均需再增加 2 个至少各 1mL 的样品。

（4）4 个最高代次（MCS＋n）细胞样品。

（d）无菌稀释液。除鸡马立克氏病活疫苗外，如果稀释液是用于产品使用前的复原或稀释，其样品应随产品的样品一起抽样。稀释液样品的体积应适宜于复原或稀释疫苗。对与鸡马立克氏病疫苗一起使用的稀释液，需按 APHIS 的要求提供样品。

（e）留样。各种生物制品的每批和每亚批均应选取留样。留样样品由署长指定的农业部或企业雇员自最终容器中的成品中随机采集。

每份样品的要求如下：

（1）单剂量分装的抽样 5 瓶；多剂量分装的抽样 2 瓶；诊断试剂盒抽样 2 个，如果诊断试剂盒的最终包装中含有多个微量反应板或反应条，样品中可以包含指定数量的反应板或反应条，与生产大纲中规定的其他所有试剂一起提交。

（2）每份样品应足够用于检查和检验。

（3）应真正具有代表性且分装在最终容器中。

（4）在标签上注明的保存期过后 6 个月内，厂家必须将其储存在专门划定的区域内，温度与标签说明一致。样品必须如此保存，并根据要求提交给 APHIS。

［38FR29886，1973 年 10 月 30 日制定。40FR758，1975 年 1 月 3 日；40FR49768，1975 年 10 月 24 日；41FR56627，1976 年 12 月 29 日；48FR9506，1983 年 3 月 7 日；48FR57473，1983 年 12 月 30 日；50FR21799，1985 年 5 月 29 日；56FR66784，1991 年 12 月 26 日；60FR14356，1995 年 3 月 17 日；67FR15713，2002 年 4 月 3 日修订］

§113.4 免检

（a）除非经署长批准且生产大纲中有特别的免检说明外，否则均须按标准中的有关检验方法和程序进行检验。

（b）应在产品生产大纲中规定用以评估生物制品的方法和程序。

［38FR29887，1973 年 12 月 30 日制定；56FR66784，1991 年 12 月 26 日修订］

§113.5 一般检验

（a）在生产大纲或标准中规定的纯净、安全、效力和有效性等检验项目完成之前，任何产品均不得出厂。

（b）检验过程中的各个关键时期，均应由生产厂家的能够胜任的人员进行观察。关键时期是指在特定检验中用于正确判定检验结果的某些特殊反应可能出现的时间。

（c）对所有检验结果的记录应按 116 部分进行。生产大纲或标准中要求的各项检验结果均须提交给 APHIS。应按 APHIS 的要求提交空白表。

（d）对在首次检验或后续检验中报告为"未检验"的检验项目，应在检验记录中报告原因。"未检验"不能视为最终检验结果，可对该项目进行重检。当一个检验被判为符合规定，应视为最终检验结果。当一个检验被判为不符合规定，也应视为最终检验结果。当最初或后续的检验被判为"无结果"，应在检验记录中报告原因，可按照生产大纲或标准中的要求进行重检。检验结果被判为"无结果"或"未检验"的生物制品，如果不再进行进一步的检验，最终检验结果判为不符合规定。

（e）若研究出了新的检验方法，并得到APHIS批准，则其后的生物制品检验应按此新方法进行，不符合规定的产品均不得出厂。

［34FR18004，1969年11月4日制定。39FR25463，1974年7月11日；40FR45420，1975年10月2日；40FR46093，1975年10月6日；41FR6751，1976年2月13日；48FR57473，1983年12月30日；56FR66784，1991年12月26日；79FR55969，2014年9月18日修订］

§113.6　动植物卫生监督署（APHIS）检验

任何生物制品，在有效期内按标签说明使用后，均应取得预期效果。

（a）署长有权要求对美国生产的生物制品或进口到美国的生物制品进行纯净、安全、效力或有效性等进行检验，未做出决定之前，产品执照或许可证持有者不得将此产品投放市场。

（b）应根据厂家和APHIS的每一项检验结果进行产品的质量评估。经生产大纲或标准中的检验证明不符合规定的任何批次和亚批产品均应视为不符合法规要求，不得投放市场。

［34FR18004，1969年11月7日制定。40FR45420，1975年10月2日；40FR53378，1975年11月18日；41FR6751，1976年2月13日；56FR66784，1991年12月26日修订］

§113.7　多组分产品

（a）如果生物制品中含一种以上抗原组分，成品检验则应针对各组分进行。

（b）对一种以上的组分进行类似的效力检验时，除非生产大纲和标准中有特殊说明并规定了用相同动物对不同组分进行效力检验的条件，则对每一组分的效力检验均须用不同的动物进行。

（c）若不同组分的安全检验相同，则可以一次进行。

（d）当以灭活组分作为活病毒组分的稀释剂时，两组分可分别进行检验。但若杀病毒活性检验结果符合§113.100中的有关规定，则可同时检验。

（e）对含有多种病毒的制品，应以适用于各种病毒组分的方法分别进行病毒含量测定。

［34FR18004，1969年11月7日制定。40FR46093，1975年10月6日；56FR66784，1991年12月26日修订］

§113.8　体外检验

（a）生产大纲和标准中所指的生产种子应是用经过检验证明纯净、安全且具有免疫原性的基础种子制备的。通过以下方法评估的产品，署长可以不要求在出厂前用动物进行效力检验：

（1）基础种子符合§113.64、§113.100、§113.200和§113.300中的有关规定。

（2）基础种子的免疫原性测定是按APHIS认可的方法进行的。

（3）按照下列条款建立了令人满意的产品效力检验方法：

（i）根据预先测定的保护剂量及考虑到不良情况和检测误差而增加的足够附加量而确定的病毒滴度或活菌数，通过其可以确定活制品的效力。

（ii）灭活制品的效力可以通过APHIS认可的、具有线性、特异性和可重复性的免疫测定方法或其他类似方法比较被检疫苗与参考试剂的抗原含量，从而计算被检疫苗的相对抗原含量来确定。

（b）以符合规定的基础种子生产的每批和每亚批干燥产品、以符合规定的基础种子生产的每批液体制品的罐装样品和最终容器样品，均须按APHIS认可的检验方法进行评估，根据检验结果及规定的最低效力标准决定出厂或报废。这些产品的评估应按照下列标准进行：

（1）经首次检验证明其毒价或细菌计数结果等于或超过最低标准的批或亚批，无须另作检验，即判定为符合规定。

（2）若首次检验结果低于最低标准，则应加倍样品数量进行重检：计算重新检验后的平均毒价或菌数。若仍低于最低标准，则无需再检，判该批或亚批不符合规定。

（3）重检后的平均毒价等于或高于最低要求的病毒活疫苗，应根据以下标准判定：

（ⅰ）若重检结果与首次检验结果的毒价相差大于等于 $10^{0.7}$，则可认为首次检验结果是检验系统误差引起，并判毒价符合规定。

（ⅱ）若重检结果与首次检验结果的毒价相差小于 $10^{0.7}$，则应计算全部检验的平均毒价，若低于最低标准，则判该批或亚批不符合规定。

（4）对重检结果高于或等于最低标准的细菌疫苗，应根据以下标准判定：

（ⅰ）重检结果为首次计数结果的至少 3 倍时，可认为首次检验结果为试验系统误差引起，判菌数符合规定。

（ⅱ）重检计数结果低于首次检验结果的 3 倍时，则应计算全部检验结果的平均数，若仍低于最低标准，则判菌数不符合规定。

（5）例外情况。对其他不以毒价对数值（log10）和微生物计数结果作为判定标准的产品，应在标准或生产大纲中另行规定标准，以代替本节 b（3）和 b（4）部分，对重检中的效力测定值和首次检验中的效力测定值的差异进行判定。

（c）对于用经过批准的基础种子制备的灭活制品，应用 APHIS 认可的平行线免疫测定或其他测定方法对每批成品的罐装样品或最终容器样品进行相对抗原含量（效力）测定，并与未过期的参考品做对比。目前采用的免疫测定法不符合此要求的公司，除经署长许可外，自本规定生效之日起的 2 年内必须对其生产大纲进行更新，使其符合本规定。根据上述检验方法得到的结果，符合规定的最低效力标准的每批产品即可出厂；不符合最低效力标准的任何批次均不得出厂。对这些产品进行判定时，应按下列标准进行：

（1）检验中未得到有效曲线时，判为"未检验"，可重检。

（2）初次检验（检验 1）中得到的有效曲线不平行时，视为检验"无结果"。因为无法定义为"符合规定"还是"不符合规定"，因此不能根据此结果决定该批产品是否出厂。

（3）如果初次检验（检验 1）的结果表明该批产品效力等于或超过规定的最低效力，无须进行额外的检验，即可判该批产品符合规定。

（4）如果初次检验（检验 1）中由于缺少平行对比而判为"无结果"，可对该批产品进行重检最多三次（检验 2、检验 3、检验 4），并按照本节

（c）（4）（ⅰ）和（ⅱ）进行判定，如果不进行重检或不符合本节其他条款的规定，则该批产品视为不符合规定。

（ⅰ）如果在首次检验无结果后进行的第一次重检（检验 2），连续两次检验（检验 1 和检验 2）无结果后进行的第二次重检（检验 3），或连续三次检验（检验 1、检验 2、检验 3）无结果后进行的第三次重检（检验 4）的效力结果等于或超过规定的最低标准，判该批产品符合规定。

（ⅱ）如果在首次检验无结果后进行第一次重检（检验 2）的效力结果低于规定的最低效力标准，则须按照下列方法、根据第二次重检和第三次重检（检验 3 和检验 4）的效力结果进行判定：如果任何一次重检（检验 3 或检验 4）的效力结果低于规定的最低标准，或首次检验后的每次重检（检验 2、检验 3 和检验 4）仍然为"无结果"，则可视该批产品效力不足，不得出厂。这种情况下，执照持有者可以将进一步验证该检验系统的资料提交给 APHIS，待其审核和批准。如果该资料得到 APHIS 认可，公司可以按照（ⅰ）和（ⅱ）中的条款重复进行效力检验，并由 APHIS 进行复核检验。

（5）如果初次检验（检验 1）证明效力低于规定的最低效力标准，可对该批产品重检最少两次（检验 2 和检验 3），但最多重检 3 次（检验 2、检验 3 和检验 4），并按照本节（c）（5）（ⅰ）和（ⅱ）进行判定，如果不进行重检或不符合本节其他条款的规定，则视该批产品为不符合规定。

（ⅰ）如果连续两次重检（检验 2 和检验 3）的结果证明该批的效力等于或高于规定的最低效力标准，则判该批产品符合规定。如果两次重检中有一次重检（检验 2 或检验 3）的结果证明该批的效力低于规定的最低效力标准，则判该批产品不符合规定。

（ⅱ）如果两次重检中有一次重检（检验 2 或检验 3）的效力结果等于或高于规定的最低效力标准，另外一次重检（检验 2 或检验 3）为"无结果"，则可进行第三次重检（检验 4）。如果第三次重检（检验 4）的效力结果等于或高于规定的最低效力标准，则该批产品视为符合规定。如果两次重检（检验 2 和检验 3）或第三次重检（检验 4）为"无结果"，则可视该批产品效力不足，不得出厂。这种情况下，执照持有者可以将进一步验证该检验系统的资料提交给 APHIS，待其审核和批准。如

果该资料得到 APHIS 认可，公司可以按照本节（c）（4）（ⅰ）和（ⅱ）、（c）（5）（ⅰ）和（ⅱ）中的条款重复进行效力检验，并由 APHIS 进行复核检验。

（d）延长参考品的有效期。采用平行的线性免疫测定法或类似方法测定相对抗原含量的检验中，均需使用未过有效期的参考品。用于测定抗原含量的参考品批次必须标明最初的有效期。用于测定相关抗原含量的参考品批次应标明最初的有效期，其等同于产品的有效期，或 APHIS 认可的数据支持的有效期，但是冷冻保存的参考品的最初有效期可定为 5 年，但是，如果申请的冷冻保存参考品的有效期超过了产品的有效期，则需要有 APHIS 认可的初步数据的支持，并通过监测参考品的稳定性来确定参考品效力开始下降的时间，并通过采取适当步骤，在效力下降的过程中采用宿主动物试验或其他免疫原性试验（如曾用 APHIS 认可的方法证明与宿主动物保护率具有相关性的抗体测定试验或实验动物试验）重新对参考品进行标化。在有效期满前，如果采用 APHIS 认可的方法证实了其免疫原性，这些参考品的有效期可以批准延长。如果基础参考品的最低效力足以高于对宿主动物提供保护力所需的最低水平，那么根据 APHIS 认可数据的支持，这些基础参考品及其工作参考品的有效期可以延长。如果要建立新的基础参考品，则须根据其生产日期确定其有效期，但未经 APHIS 许可，冷冻参考品的有效期不能超过 5 年。在这些参考品失效前，只要其免疫原性得到确认，则其有效期可以得到延长。

（e）按照本节（a）证明具有免疫原性、按照本节（b）和（c）检验证明符合规定的基础种子制备的成品最终容器样品，也可以按本节规定交由 APHIS 进行动物效力检验，检验时应根据标签注明的接种途径和剂量等使用产品。

（1）一步检验法，应用免疫动物 20 只，设对照 5 只；二步检验法，每阶段各设 10 只免疫和 5 只对照。对免疫组和对照组的特异反应进行判定的标准应与基础种子免疫原性测定中的标准一致。

（2）对照组攻毒后，应至少有 80% 的动物出现特异反应，否则判无结果，可重检。若免疫组动物攻毒后出现对照组动物攻毒后的预期特异反应，则判该免疫动物为免疫失败。

（3）根据下表判定检验结果：

累计总数

阶 段	接种动物数（只）	符合规定产品中免疫失败数（只）	不符合规定产品中免疫失败数（只）
1	10	≤1	≥3
2（或1）	20	≤4	≥5

（4）经本节（e）（1）、（2）和（3）效力检验判为不符合规定的产品不能出厂，同时采取下列措施：

（ⅰ）署长应要求厂家或 APHIS 或两单位同时对至少另 2 批由相同种子制造的产品进行同样的动物效检。

（ⅱ）若仍有一批效检不符合规定，则在重新进行评估和有关问题得以解决之前，此产品不得再投放市场。

[49FR22625，1984 年 5 月 31 日制定；56FR66784，1991 年 12 月 26 日；62FR19038，1997 年 4 月 18 日；72FR72564，2007 年 12 月 21 日；79FR31021，2014 年 5 月 30 日修订]

§113.9　新的效力检验方法

APHIS 应将生物制品生产大纲中的效力检验方法视为保密信息。只有得到生产厂家的许可或至少另外签发 2 个产品执照后，才能将效检部分作为标准的一部分而公布。

（a）在效力检验列入该产品的标准被公布以前，必须在有关制品生产大纲中提出对此检验的参考说明，并执行此种检验。

（b）效力检验部分公布后，除 §113.4 中规定免检的产品外，所有此种产品必须进行该检验。

[40FR14084，1975 年 3 月 28 日制定；56FR66784，1991 年 12 月 26 日修订]

§113.10　用于出口或进一步加工的半成品的检验

如果注册厂家的产品是分装在大容器中用于出口的，或是用于继续进行生产加工的，应按照生物制品生产大纲或标准中的规定对其罐装样品进行各项检验。对浓缩的液体制品，效检前必须根据浓缩倍数进行稀释。

[49FR45846，1984 年 11 月 21 日制定]

标 准 方 法

§113.25　检验细菌和霉菌用的培养基

（a）各成分应符合《美国药典》或该部分其他规定中的标准。可以使用干粉培养基，代替用各种单个成分制造。用纯化水溶解的干粉培养基，应具有与原培养基相同或相当的组成，并具有与该培养基相同或更好的促生长缓冲作用和氧张力控制能力。§113.26 和 §113.27 中的培养基组成和配方见《美国药典》第 19 版。

（b）执照持有者应对每一次以单个组分制成的培养基以及用商业性干粉培养基制成的第一批培养基做促生长试验。检验后的培养基若在保存 90d 或 90d 以上后再使用，则须重检。检验中应使用 2 株或 2 株以上营养要求严格的菌株。应使用一个以上稀释度进行试验以证明该培养基是否具有支持最小数量微生物生长的足够能力。

（c）进行培养基无菌检验时，应取足够数量培养基管进行培养，并观察每个培养管中有无微生物生长。可以另设对照：在每次检验所需培养期内，用具有代表性的、未接种过的培养管进行培养。

（d）执照持有者应对每种生物制品进行接种量与培养基量的比率试验，以达到充分稀释接种物，从而消除产品抑制细菌和霉菌生长的活性。测定时，可在含有等量或较低量相同防腐剂的各有关类似产品中选一代表性品种进行。在测定适宜比率时，可以考虑使用经署长批准的抑制剂或中和剂构成的防腐剂。

［35FR16039，1970 年 10 月 13 日 制 定。37FR2430，1972 年 2 月 1 日；40FR45420，1975 年 10 月 2 日；40FR53378，1975 年 11 月 18 日；41FR27715，1976 年 7 月 6 日；56FR66784，1991 年 12 月 26 日修订］

§113.26　除活疫苗外产品的活菌和霉菌检验

除署长另有规定外，每批和每亚批非活疫苗制品均须作本节规定的检验。当用于生产的细胞系、原代细胞或动物源成分要求无活的细菌或霉菌时，也应进行这些检验。

（a）所用培养基要求

（1）对含有梭菌类毒素、细菌灭活疫苗和细菌灭活疫苗——类毒素的产品进行细菌检验时，须用含 0.5％牛肉浸出物的硫乙醇酸盐液体培养基。

（2）对除梭菌类毒素、细菌灭活疫苗和细菌灭活疫苗——类毒素以外的生物制品进行细菌检验时，可用含有或不含有 0.5％牛肉浸出物的硫乙醇酸盐液体培养基。

（3）检验霉菌时须用大豆酪蛋白消化液培养基；若产品中含有汞类防腐剂，则应用不含牛肉浸出物的硫乙醇酸盐液体培养基。

（b）检验方法

（1）根据上述（a）（1）、（a）（2）或（a）（3）的要求选用 2 种培养基，每种培养基各 10 管。每管中应有足量培养基，以便按照 §113.25（d）中的方法排除接种物中存在的抑制细菌和霉菌生长活性的因素。

（2）接种物

（ⅰ）成品检验时，每批和每亚批制品中应抽检 10 份最终容器样品。每份样品中取 1.0mL，接种于相应的 1 支培养管中。若每份样品量少于 2mL，则用其半量接种于每支培养管。

（ⅱ）检验原代细胞、细胞系、动物源成分时，每批应至少抽检 20mL 样品，每支培养管接种 1mL。

（3）检验细菌时，在 30～35℃下培养观察 14d；检验霉菌时，在 20～25℃下培养观察 14d。

（4）若接种后培养基出现浑浊，肉眼观察不能判断结果时，则对含梭菌类毒素、细菌灭活疫苗和细菌灭活疫苗—类毒素的产品，在第 7～11 天时移植，对其他产品则在第 3～7 天移植。移植时，取至少 1mL 浑浊培养物，接种于 20～25mL 新鲜培养基后，继续培养至 14d。

（c）培养期间，通过肉眼观察检查所有培养管中的细菌生长情况。若通过足够的对照证明该检验无效，则应重检。具体判定结果如下：

（1）所有培养管中均无菌生长时，判符合规定。

（2）任何培养管中有细菌生长时，应另用 20 个尚未打开的最终容器样品重检。

（3）若仍有任何一支培养管内有细菌生长，则判该批、该亚批或用于制造生物制品的组分为不符合规定。

［35FR16039，1970 年 10 月 13 日 制 定。

37FR2430，1972 年 2 月 1 日；39FR21042，1974 年 6 月 18 日；40FR758，1975 年 1 月 3 日；40FR14084，1975 年 3 月 28 日；56FR66784，1991 年 12 月 26 日修订〕

§113.27 活疫苗中外源性活菌和霉菌的检验

除免检产品或署长另有规定外，每批和每亚批活疫苗及每批基础种子均须作下列外源性活菌和霉菌检验，不符合规定的基础种子不能用于生产，不符合规定的产品不得出厂。

（a）病毒活疫苗。每批和每亚批病毒活疫苗均应进行本节的纯净检验。但对不是通过胃肠道外注射途径接种的鸡胚源疫苗，可按本节（e）中规定进行检验。

（1）应使用大豆酪蛋白消化液培养基。

（2）每批和每亚批制品应抽检 10 瓶最终容器样品。

（3）在临检验前，对冻结的液体苗进行融化；按标签说明上的方法用随苗配备的稀释液或无菌纯化水将冻干疫苗复原。

（4）进行细菌检验时，从每瓶最终容器样品中取 0.2mL 疫苗，接种于 120mL 大豆酪蛋白消化汤培养基容器 1 支中。若经§113.25（d）中的检验证明需要进一步稀释，则再增加培养基量。在 30～35℃下培养 14d。

（5）进行霉菌检验时，从每瓶最终容器样品中取 0.2ml 疫苗，接种于至少 40mL 大豆酪蛋白消化汤培养基容器 1 支。若经§113.25（d）中的检验证明需要进一步稀释，则再增加培养基量。在 20～25℃下培养 14d。

（6）培养结束后，以肉眼观察检查每个培养基容器中的细菌生长情况。若根据肉眼观察结果不能作出判断，则应做移植试验或显微镜检查或两法同时进行。

（7）按此程序检验的判定标准如下：

（ⅰ）若首次检验中有 2 管或 3 管有细菌生长，则应取 20 个未打开过的最终容器样品重检一次，以排除操作污染的可能。

（ⅱ）若首次检验中有 9 管或 10 管，或者重检时有 19 管或 20 管无细菌生长，则判符合规定。

（ⅲ）若首次检验中有 4 管或 4 管以上有细菌生长或重检时有 2 管或 2 管以上有细菌生长，则判不符合规定。

（b）细菌活疫苗。每批或每亚批细菌活疫苗均须作本段中的纯粹检验。

（1）使用大豆酪蛋白消化汤培养基或硫乙醇酸盐液体培养基。

（2）每批和每亚批制品中应抽检 10 瓶最终容器样品。

（3）在临检时，将冻结液体疫苗融化；对于冻干疫苗，应用随苗配备的稀释液或无菌纯化水复原。对推荐用于群体免疫的疫苗，应以灭菌纯化水复原成每 30mL 含 1 000 头份。

（4）检查杂菌时，自每瓶样品中取 0.2mL 疫苗，接种于 1 支至少 40mL 硫乙醇酸盐液体培养基的相应容器中。经§113.25（d）中的检验证明需要进一步稀释时，应再增加培养基量。在 30～35℃下培养 14d。

（5）检查霉菌时，自每瓶样品中取 0.2mL 疫苗，接种于 1 支含至少 40mL 大豆酪蛋白消化汤的培养基容器中。经§113.25（d）检验证明须加大稀释度时，应增大培养基量。在 20～25℃下培养 14d。

（6）培养结束后，以肉眼观察检查所有培养管中有无非典型微生物生长。若仅根据肉眼观察不能判断，则应做移植试验或显微镜检查或两法同时进行。

（7）按此程序检验时，判定标准如下：

（ⅰ）若 2 个或 3 个培养管中出现杂菌生长，则应取 20 个未打开过的最终容器样品重检一次，以排除操作污染的可能。

（ⅱ）若首次检验中有 9 个或 10 个培养管中无杂菌生长，或重检时有 19 个或 20 个培养管中无杂菌生长，判符合规定。

（ⅲ）若首次检验中有 4 个或 4 个以上培养管中有杂菌生长，或重检中有 2 个或 2 个以上培养管中有杂菌生长，则判不符合规定。

（c）基础种毒。每批至少抽检 4mL，临检前，将冻结的液体毒种融化，冻干毒种须以大豆酪蛋白消化汤培养基复原。

（1）作细菌检验时，取 0.2mL 基础种毒样品，接种于 10 支含至少 120mL 大豆酪蛋白消化汤的培养基容器中，在 30～35℃下培养 14d。

（2）作霉菌检验时，取 0.2mL 基础种毒样品，接种于 10 支含至少 40mL 大豆酪蛋白消化汤的培养基容器中，在 20～25℃下培养 14d。

（3）培养结束后以肉眼观察检查每管中的细菌生长情况。若仅根据肉眼观察不能作出判断，则需做移植试验或显微镜检查或两法同时进行。

（4）按此程序检验时判定标准如下：

（ⅰ）若有 1 瓶长菌，则应另取样品重检一次，以排除操作污染的可能。

（ⅱ）重检后仍有菌生长，则判为不符合规定。

（d）细菌基础种子。每批菌种至少抽检 4mL，临检前，将冻结液体菌种融化，冻干菌种以灭菌纯化水复原。

（1）检验杂菌时，取 0.2mL 菌种样品，接种于 10 支含至少 40mL 硫乙醇酸盐液体培养基的容器中，在 30～35℃下培养 14d。

（2）作霉菌检验时，取 0.2mL 菌种样品，接种于 10 支含至少 40mL 大豆酪蛋白消化汤的培养基容器中，在 20～25℃下培养 14d。

（3）培养期末，以肉眼观察检查每支培养管中非典型微生物的生长情况。若根据肉眼观察不能作出判断，则需作移植试验或显微镜检查，或两个试验同时进行。

（4）判定标准

（ⅰ）若有 1 管有非本菌生长，则需另取样品重检一次，以排除操作污染的可能。

（ⅱ）若重检后仍有杂菌生长，则判不符合规定。

（e）对不是通过胃肠道外注射途径使用的鸡胚源病毒活疫苗，若未作检验，或按本节（a）中的方法进行检验但未能判为无菌，则可按以下方法检验：

（1）使用脑心浸液琼脂培养基，倾注平板前，每毫升培养基中加 500 动力单位青霉素酶。

（2）每批和每亚批制品中抽检 10 瓶最终容器样品。

（3）临检前，将冻结液体疫苗融化，将冻干苗以附带的稀释液或无菌纯化水复原至标签上注明的量。用于群体免疫的疫苗应复原成每 30mL 含 1 000 头份。

（4）每个样品接种 2 个平板。禽用疫苗，每个平板上接种 10 个使用剂量的疫苗；其他动物用疫苗，每个平板上接种 1 头份疫苗。每个平板中的培养基量为 20mL。接种后，将 1 个平板置 30～35℃下培养 7d，另 1 平板置 20～25℃下培养 14d。

（5）培养结束后，计算每个平板上的菌落数，并计算每种培养条件下 10 个样品的平均数。

（6）判定标准

（ⅰ）在任何培养条件下，若每羽份禽用疫苗中超过 1 个菌落或每头份其他动物疫苗中超过 10 个菌落时，则需加倍样品重检一次，以排除操作污染的可能。

（ⅱ）重检后，若每羽份禽用疫苗中仍超过 1 个菌落或每头份其他动物疫苗中仍超过 10 个菌落，则判不符合规定。

［48FR28430，1983 年 6 月 22 日制定；56FR66784，1991 年 12 月 26 日修订］

§113.28　支原体污染检验

凡在标准或生产大纲中规定有"支原体检检"项时，须按本节方法用心浸液（心浸液肉汤或心浸液琼脂）进行检验。

（a）培养基添加成分的制备

（1）DPN-半胱氨酸溶液

（ⅰ）用氧化型烟酰胺腺嘌呤二核苷酸和 L-半胱氨酸盐酸盐。

（ⅱ）分别制成 1% 溶液（1g/100mL）。混合后，DPN 即被半胱氨酸还原。用滤器滤过消毒，定量分装，置－20℃下保存。

（2）将马血清以 56℃灭能 30min

（b）心浸液肉汤制备

（1）取 25g 心浸液肉汤、10g 3 号胨蛋白胨、5g 酵母自溶物或 5mL 新鲜酵母浸液，溶于 970mL 纯化水中。

（2）加入下列物质

1% 氯化四唑溶液	5.5mL
1% 醋酸铊溶液	25mL
青霉素	500 000IU
灭能马血清	100mL

（3）用 NaOH 溶液调至 pH7.9，用滤器滤过消毒，分装于 125mL 玻璃瓶中，每瓶 100mL，保存备用。

（4）使用时，每 100mL 心浸液肉汤中加 2mL DPN-半胱氨酸溶液。

（c）心浸液琼脂制备

（1）取下列物质，加入 900mL 纯化水中，煮沸。

心浸液琼脂	25g
心浸液肉汤	10g
3 号胨蛋白胨	10g
1% 醋酸铊溶液	25mL

（2）冷却后，用 NaOH 溶液调节 pH 至 7.9。

（3）高压灭菌。

（4）置 56℃水浴中冷却 30min。

（5）将 5g 酵母自溶物浴于 100mL 蒸馏水中，滤过消毒后，加至上述培养基中。

（6）再加入下列物质

126mL 灭能马血清

21mL DPN-半胱氨酸溶液

525 000IU 青霉素

分装入（60×15）mm 一次性培养皿或配氏皿中，每个平皿 10mL。

（d）按下列方法进行支原体检验

（1）接种物制备。临检前将冻结液体疫苗融化，将冻干疫苗以支原体培养基复原至标签注明的体积。对于冻干生物制品（如用于饮水免疫的、规格为 1 000 羽份的禽用疫苗），须以支原体培养基复原至 30mL。对传代细胞系或原代细胞样品检验时，接种物应为细胞悬液。检验中应按本节（d）（4）设立对照。

（2）接种平板。取 0.1mL 接种物，接种于琼脂平板上，用吸管作短而连续的划线，倾斜平板，使接种物覆盖整个平板。

（3）接种培养瓶。取 1mL 接种物，接种于含 100mL 培养基的培养瓶，充分混匀，在 33～37℃下培养 14d。分别于接种后 3d、7d、10d、14d 各取 0.1mL 培养物划线接种平板。

（4）按本节（d）（2）和（d）（3）中的方法同时设立对照，但应取同批培养基接种支原体培养物作阳性对照，取未接种的培养基作阴性对照。

（5）所有平板置高湿度、4%～6%CO$_2$、33～37℃下培养 10～14d，在立体显微镜下以（35～100）×检查或在普通显微镜下以 100×检查。

（e）检验结果的判定：

（1）若阳性对照中至少一个平板长菌，而阴性对照中无菌生长，则检验有效。

（2）接种被检物的任何一个平板上长菌，判为阳性。

［38FR29887，1973 年 10 月 30 日制定。41FR6752，1976 年 2 月 13 日；41FR32882，1976 年 8 月 6 日修订］

§113.29 干燥生物制品剩余水分测定

如标准或生产大纲中要求对干燥的生物制品进行水分含量测定，则须采用本节的方法。目前所用方法不是本节规定方法的公司，必须在 2004 年 11 月 5 日前按此规定对其生产大纲进行更新。

（a）应对最终容器样品进行检验。应在真空干烤箱中测定样品的重量损失。所有测定程序均需在相对湿度低于 45% 的环境下完成。水分含量测定中所用材料如下：

（1）带有气密玻璃塞的圆锥形称量瓶；

（2）配备有校验过的温度计和恒温仪的真空干烤箱；

（3）精密度为 0.1mg 的天平（精确到±0.01mg）；

（4）配备有五氧化二磷、硅胶或类似物的干燥罐；

（5）在原封口小瓶中的冻干疫苗。样品和对照品均应在其原先的气密容器中，在室温下保存至使用。

（b）检验方法

（1）将彻底清洗并标记的具塞样品称量瓶在低于 2.5kPa 的真空中、（60±3）℃下进行干燥处理。

（ⅰ）将热的称量瓶和塞子转移到干燥器中，并凉至室温；

（ⅱ）当称量瓶冷却后，加塞，称重，并将瓶重记为"A"；

（ⅲ）将称量瓶放回干烤箱中。

（2）去除样品容器的封口物。

（ⅰ）用刮勺将样品团块压碎，取所需量样品加至已称重的称量瓶中；

（ⅱ）加塞，称重，并将瓶重记为"B"。

（3）将具塞称量瓶以一定角度放在真空干烤箱中，设定真空度低于 2.5kPa，温度为（60±3）℃。

（4）干燥至少 3h 后，关闭真空泵，使干燥空气进行干烤箱中，直至干烤箱中的压力等于普通大气压。

（5）在称量瓶仍然温暖的时候，将称量瓶塞子放回正常位置，将称量瓶转移到干燥器中。

（ⅰ）将称量瓶放置至少 2h，使其凉至室温，或使其保持恒重；

（ⅱ）称量，并将瓶重记为"C"。

（6）按照下列公式计算原样品中的水分含量：

剩余水分百分率＝(B－C)/(B－A)×100%

式中，A＝称量瓶本身的重量；B－A＝样品干燥前的重量；B－C＝样品干燥后的重量。

（7）若剩余水分百分率低于或等于生产厂家的标准，则该结果视为符合规定。

［68FR57608，2003 年 10 月 6 日制定］

§113.30 沙门氏菌污染检验

如标准或生产大纲中有此项检验要求，则按本节方法进行。

（a）应在加入抑菌剂或杀菌剂之前从罐装悬液中取样。当检验组织培养制品时，取用作细胞来源的组织浸液或磨碎的组织 1mL 进行检验。

（b）取 5mL 液体疫苗悬液，接种于 100mL 肉汤培养基（胰蛋白胨和亚硒酸钠或连四硫酸盐培养基），在 35～37℃下培养 18～24h。

（c）移植至麦康凯琼脂或 SS 琼脂上，培养 18～24h 后观察。

（d）若无典型的沙门氏菌生长，则继续培养观察 18～24h 后再观察。

（e）若有可疑菌落生长，则需在适宜的培养基上作移植培养。若有沙门氏菌生长，则判该批制品不符合规定。

［38FR29886，1973 年 10 月 30 日制定］

§113.31　禽淋巴白血病病毒检验

凡在生产过程中使用鸡源成分的病毒类生物制品均须按本节要求作补体结合试验，检查淋巴白血病病毒。若生产厂家能向 APHIS 证明生产过程中所用病毒灭活剂亦能杀灭淋巴白血病病毒，则此种灭活的病毒产品可以免除该项检验。

（a）用鸡胚细胞培养物对污染的淋巴白血病病毒进行增殖。

（1）对在鸡胚成纤维细胞上能引起细胞病变的疫苗病毒，应进行有效中和、灭活或分离，以便使极少量的淋巴白血病病毒在 21d 的培养期内能够增殖。如果疫苗病毒不能被有效中和、灭活或分离开，则在生产过程的每一周中，另取同一周内以相同来源鸡群的材料生产的另一种疫苗样品进行检验（也可采用 APHIS 认可的其他采样方法）。

（2）检验细胞培养物时，取用于繁殖生产细胞的最终细胞悬液 5mL 作为接种物。检验疫苗时，鸡新城疫疫苗应取 200 羽份；其他禽用疫苗应取 500 羽份；非禽用的疫苗取 1 头份作接种物。同时以用于检验的细胞悬液作对照培养。

（3）以未接种的鸡胚成纤维细胞培养物作阴性对照。以分别接种 A 亚群和 B 亚群病毒的鸡胚成纤维细胞培养物作阳性对照。

（4）35～37℃下培养至少 21d。为保存活力，必要时可进行传代，并检验每代的群特异性抗原。

（b）用 50％或 100％溶血终点技术进行微量补体结合试验以滴定补体单位。检验中使用 2 个 100％溶血单位或 5 个 50％溶血单位的补体。

（1）所有检验材料（包括阴、阳性对照）均须保存在 －60℃或以下。用前反复冻融三次，以破坏细胞使之释放群特异性抗原。

（2）微量补体结合反应中所用抗血清应是由 APHIS 提供或认可的标准试剂。每次检验中使用 4 个单位抗血清。

（3）若在 1∶4 或以上出现补体结合反应活性，而无抗补体活性，则判为阳性，除非能确定这种活性是由禽淋巴白血病病毒 A 亚群和/或 B 亚群以外的因素引起的；1∶2 为可疑，应进一步进行移植培养以检查群特异性抗原。

（4）污染有禽淋巴白血病病毒的生物制品或原代细胞为不符合规定，其来源鸡群亦为不符合规定。

［38FR29886，1973 年 10 月 30 日制定。38FR32917，1973 年 11 月 29 日；39FR21042，1974 年 6 月 18 日；56FR66784，1991 年 12 月 26 日修订］

§113.32　布鲁氏菌污染检验

在标准或生产大纲中有此项检验的规定时，则应按本节方法进行。

（a）取用作细胞来源的磨碎组织 1mL 或在加入抗生素、稀释液和缓冲剂前的组织浸出液 1mL，接种于 3 个胰蛋白胨琼脂平板，置 10％CO_2 箱中 35～37℃下培养至少 7d。

（b）经鉴定有布鲁氏菌菌落生长时为不符合规定。

（c）如果怀疑是布鲁氏菌而不能确认时作如下处理：

（1）判该生物制品检验不符合规定，并销毁；或

（2）进一步培养或用其他方法检验直至确认为止。

［38FR29886，1973 年 10 月 30 日制定］

§113.33　小鼠安全检验

当非禽用疫苗的标准或生产大纲中有此项检验要求时，则应按本节中的一种方法进行。如果生物制品中某一种或某几种成分使得该产品对小鼠有毒性或有致死作用，而对其使用对象动物没有毒性或

致死作用时，生产厂家则须按生产大纲中规定的方法进行安全检验。

（a）按本节方法应用年青的成年小鼠对病毒类活疫苗的成品最终容器样品进行安全检验。

（1）疫苗按标签推荐使用方法进行准备后，取8只小鼠进行安全检验，各腹腔或皮下接种 0.5mL（接种的量可以分多次在多个部位进行注射），观察 7d。

（2）观察期间，若任何一组有小鼠出现了疫苗本身所致的不良反应，则判为不符合规定。若小鼠出现非疫苗本身所致的不良反应，则判为"未检验"，可重检；不重检则判为不符合规定。

（b）对抗血清和细菌灭活疫苗（包括但不限于）等液体制品的成品罐装样品或最终容器样品，也应按照本节方法进行安全检验。

（1）除在标准或生产大纲中另有规定外，取8只小鼠分别腹腔或皮下注射 0.5mL，观察 7d。

（2）在观察期内，若任何小鼠出现产品本身所致的不良反应，则该批或亚批为不符合规定；若出现非产品本身所致不良反应，则判为"未检验"，可重检，不重检则判不符合规定。

〔38FR34727，1973 年 12 月 18 日制定。39FR16857，1974 年 5 月 10 日；72FR72564，2007 年 12 月 21 日修订〕

§113.34 血凝性病毒检验

在标准或生产大纲中有此项检验要求时，即按本节下列方法进行：

（a）按标签注明的方法将成品的最终容器样品复原后作为接种物。对没有配备稀释液的禽用疫苗，应以纯净蒸馏水复原成每 30mL 含 1 000 羽份后，作为接种物；对与鸡新城疫疫苗一起配成联苗的成分，须在与鸡新城疫疫苗混合之前采样。

（b）取对鸡新城疫易感的 9～10 日龄鸡胚 10只，分别于尿囊腔接种 0.2mL 未稀释的接种物。

（1）取 5 只同龄未接种鸡胚作为阴性对照。

（2）取接种鸡新城疫病毒的鸡胚尿囊液作为阳性对照。

（c）接种后 3～5d，采取每只鸡胚的尿囊液，分别用 0.5% 新鲜鸡红细胞悬液作快速平板凝集试验，以检测血凝活性。

（d）若检验无结果，则应以每个鸡胚的尿囊液盲传 1～2 代，分别收获死胚和活胚尿囊液，分别混合，作为接种物。

（e）若有血凝活性，则判该批产品不符合规定。

〔38FR29886，1973 年 10 月 30 日制定〕

§113.35 杀病毒活性检验

对于与冻干活疫苗一起包装而用作稀释之用的灭活液体产品，若标准或生产大纲中有此项检验要求，即以下列方法进行检验：

（a）应对每批成品的罐装样品或最终容器样品进行检验。

（b）应针对被稀释的所有病毒组分，对稀释剂进行检测。若疫苗中含多种活病毒成分，则须将其余活病毒中和后再检验该病毒成分；或将疫苗稀释使其余病毒成分超出滴定范围之外；或用已经获准生产的该成分的单一冻干疫苗进行检验。

署长可特许厂家生产该种尚无执照的单苗用于此种检验。

（c）检验程序

（1）按标签要求，以待检液体制品复原至少 2瓶疫苗，并混合。

（2）以等体积无菌水复原至少 2 瓶疫苗，并混合。

（3）必要时中和其他病毒成分。

（4）将上述样品在室温（20～25℃）放置 2h。存放时间自复原结束开始计算。

（5）按生产大纲或标准中的要求进行病毒滴定。

（6）比较各自的滴度。

（d）如果以被检液体制品复原的疫苗滴度与以无菌水复原的疫苗病毒滴度相比低 $10^{0.7}$ 以上，该产品则不能用作稀释液。

（e）若首次检验不符合规定，则每批可用 4 瓶疫苗样品重检一次，以排除操作错误的可能，并根据重检结果判定符合规定与否。

（f）对经过上述检验证明不能用作稀释液的液体产品，按 §112.7（g）中的有关规定在标签上加以说明后，也可作为单独的产品发放。

〔44FR25412，1979 年 5 月 1 日制定。56FR66784，1991 年 12 月 26 日；64FR43044，1999 年 8 月 9 日修订〕

§113.36 通过鸡检查法检验病原

如在标准或生产大纲中有此项检验要求，则按以下方法进行：

（a）将被检生物制品按标签说明处理，禽用冻干疫苗则以灭菌蒸馏水复原成 30mL 含 1 000 羽份。

（b）取同源同批孵化的健康易感鸡至少 25 只，在检验前至少 14d，以经检验符合规定批次的此种产品进行免疫。

（c）取免疫过的鸡分别通过下列途径接种 10 个使用剂量的疫苗：皮下注射、气管内注射、滴眼和鸡冠划痕（1cm²）。每个接种途径或联合各途径接种 20 只鸡。

（d）取至少 5 只鸡隔离饲养，作为对照。

（e）观察 21d，检查有无败血性疾病、呼吸道疾病或其他疾病症状。

（f）若对照鸡健康，免疫组出现产品本身所致不良反应，则判不符合规定；若对照鸡不健康，或免疫组出现非产品本身所致不良反应，或两者同时有之，则判为"未检验"，可重检，不重检则判不符合规定。

［38FR29886，1973 年 10 月 30 日制定。39FR21042，1974 年 6 月 18 日；43FR7610，1978 年 2 月 24 日修订］

§113.37　通过鸡胚检查法检验病原

若标准或生产大纲中有此项检验要求，则按以下方法进行：

（a）被检产品按标签说明进行处理，禽用冻干苗则以灭菌蒸馏水复原成每 30mL 含 1 000 羽份。

（b）取 1 份疫苗加 9 份经加热灭能的无菌特异性抗血清以中和疫苗病毒。每批抗血清应当经病毒中和试验证明不能中和其他可能污染的病毒。

（c）中和后，取至少 20 只易感鸡胚，每只接种疫苗—血清混合物 0.2mL。

（1）20 只 9～10 日龄鸡胚，同时经绒毛尿囊膜和尿囊腔各接种 0.1mL。

（2）连续照蛋 7d，弃去前 24h 内的死胚。接种 24h 后活胚至少应达 18 只，试验方为有效。检查 1d 后的死胚和绒毛尿囊膜。必要时，为了弄清死亡原因可以继续用鸡胚进行传代。接种 7d 后，检查活鸡并判定试验结果。

（d）若出现接种物本身所致的死亡和/或不良反应，则该批产品判不符合规定。若疫苗病毒未被完全中和，则可用高滴度血清中和后重检。

［38FR29886，1973 年 10 月 30 日美国制定；39FR21042，1974 年 6 月 18 日修订］

§113.38　豚鼠安全检验

若在标准或生产大纲中有此项要求，则按以下方法进行。对于干燥制品，须抽检分装后的最终容器样品；对于液体制品，抽检罐装样品或分装后的最终容器样品均可。

（a）除标准或生产大纲中有特别规定外，一般用 2 只豚鼠，分别皮下或肌内注射 2mL，观察 7d。

（b）观察期内，任何 1 只豚鼠出现产品本身所致的不良反应，判该批或该亚批产品不符合规定。如果出现非产品本身所致的不良反应，判为"未检验"，可重检；若不重检，则判不符合规定。

［39FR16857，1974 年 5 月 10 日制定；39FR20368，1974 年 6 月 10 日修订］

§113.39　猫安全检验

猫用生物制品的标准或生产大纲中有此项检验要求时，则按以下方法进行：

（a）对基础种子进行安全检验时须进行本节的"猫安全检验"。

（1）使用的动物应经下列试验证明对被检病毒易感：

（ⅰ）取喉头拭子，在易感细胞上培养以检查病毒；采血样以检查抗体。

（ⅱ）若通过喉头拭子分离病毒为阴性，且经过 50% 蚀斑减数试验或其他敏感性相同的血清中和试验证明 1∶2 稀释的血清中无该病毒的抗体，则可认为这些猫是易感的。

（ⅲ）若不适宜用以上方法对某种病毒的易感性进行测定，则可用经 APHIS 认可的其他方法。

（2）取至少 10 只易感猫，按标签注明的方法每只接种相当于 1 个使用剂量的基础种子，逐日观察 14d。

（3）若出现毒种本身所致的不良反应，则毒种为不符合规定；若不良反应非毒种本身所致，则判为"未检验"，可重检；若不重检，则判不符合规定。

（b）用猫作疫苗的安全检验。

（1）取 2 只健康猫，按标签上推荐的途径各注射 10 个使用剂量的疫苗，逐日观察 14d。

（2）若出现产品本身所致不良反应，则判不符合规定；若不良反应并非产品本身所致，则判为"未检验"，需重检；若不重检，则判不符合规定。

［44FR58898，1979 年 10 月 12 日制定；56FR66784，1991 年 12 月 26 日修订］

§113.40　犬安全检验

对推荐用于犬的生物制品，若标准或生产大纲中有此项检验要求，则按以下方法进行。经检验不符合规定的产品，不得出厂。

（a）在对基础种毒进行安全检验时，应按下列检验方法进行犬安全检验。

（1）用采用 APHIS 认可的方法对实验动物进行检测，以确认动物对待检病毒的敏感性。

（2）取至少 10 只易感犬，按标签上注明的途径，各接种相当于 1 个使用剂量的基础种毒，逐日观察至 14d。

（3）在观察期内，如果任何犬出现由病毒引起的不良反应，该基础种毒判为不符合规定。若不良反应并非基础种毒本身所致，则判为"未检验"，可重检；若不重检，则判基础种毒不符合规定。

（b）在对疫苗进行批签发前的安全检验时，应按下列检验方法进行犬安全检验：

（1）取 2 只健康犬，按标签上注明的途径，各接种 10 个使用剂量，逐日观察至 14d。

（2）在观察期内，若出现生物制品本身所致不良反应，则判该批制品不符合规定；若不良反应并非制品本身所致，则判为"未检验"，可重检；若不重检，则判不符合规定。

［60FR14356，1995 年 3 月 17 日制定］

§113.41　犊牛安全检验

若标准或生产大纲中有此检验要求，则须按本节下列方法进行：

（a）检验方法。按标签注明的途径接种 2 头犊牛，各 10 头份，连续观察 21d。

（b）结果判定。若在观察期内出现产品本身所致不良反应，则判不符合规定；若不良反应并非产品本身所致，则判为"未检验"，可重检；若不重检，则判不符合规定。

［39FR27428，1974 年 7 月 29 日制定］

§113.42　淋巴细胞脉络丛脑膜炎病毒污染检验

若标准或生产大纲中有检验淋巴细胞脉络丛脑膜炎（LCM）病毒的要求，则须按本节下列方法进行。必要时，可以用特异抗血清将疫苗病毒中和。

（a）取无 LCM 的小鼠至少 10 只，每只后肢足垫注射 0.02mL 被检材料，逐日观察 21d。

（b）若有 1 只小鼠足垫肿胀或 1 只以上出现全身性异常，则为不符合规定。

［42FR6794，1977 年 2 月 4 日制定］

§113.43　衣原体污染检验

若标准或生产大纲中有此项检验要求，则应按本节方法进：

（a）卵黄囊接种 6 日龄鸡胚。先后使用 3 组，每组 10 只。

（1）第一组中每胚接种毒种和磷酸盐缓冲液的等量混合物 0.5mL。缓冲液中可含链霉素、万古霉素、卡那霉素或几种同时使用，但每种不能超过 2mg/mL。

（2）接种后第 10 天，收获活胚的卵黄囊，混合，以含抗生素的磷酸盐缓冲液稀释，制成 20% 悬液，接种第二组的鸡胚，每只 0.5mL。重复上述过程，接种第三组鸡胚。

（3）在三次传代中，每一代接种后 48h 内的死亡胚应弃去。但死亡胚不能超过 3 只，否则应重复此次传代。

（b）若 48h 后仍有 1 个或 1 个以上死胚，则应将每个死胚的卵黄囊再移植接种 10 个胚。若又出现衣原体引起的 1 只或 1 只以上鸡胚死亡，则该批基础种毒不符合规定，不能用于疫苗生产。

［44FR58899，1979 年 10 月 12 日制定］

§113.44　猪安全检验

若标准或生产大纲中有此项检验要求，则应按本节的规定进行。

（a）检验方法

（1）取该产品所推荐的最小使用日龄猪 2 头，每头接种细菌疫苗 2 头份或病毒疫苗 10 头份。

（2）按标签上注明的途径进行接种。

（3）逐日观察 21d。

（b）结果判定。若在观察期内任何猪出现产品本身所致不良反应，则判该批或该亚批不符合规定；若不良反应并非产品本身所致，则判为"未检验"，可重检；若不重检，则判该批亚批不符合规定。

［48FR33476，1983 年 7 月 22 日制定］

§113.45　绵羊安全检验

若标准或生产大纲中有此项检验要求，则应按本节方法进行。

（a）检验方法

（1）取本产品所推荐的最小使用日龄绵羊 2 头，各接种细菌疫苗 2 头份或病毒疫苗 10 头份；

（2）按标签上注明的途径进行接种；

（3）逐日观察 21d。

（b）结果判定：若在观察期内任何绵羊出现产品本身所致不良反应，则判该批或亚批不符合规定；若不良反应并非产品本身所致，则判为"未检验"，可重检；若不重检，则判该批或亚批不符合规定。

［48FR33476，1983 年 7 月 22 日制定］

§113.46　致细胞病变和/或血吸附病毒检验

若标准或生产大纲中有此项检验要求，则应按本节规定进行。

（a）致细胞病变的病毒检查。应按本节规定检查 1 个或多个至少 6cm² 大小且在最后一次传代后至少培养 7d 的细胞单层。

（1）用适宜的细胞染色液进行染色；

（2）检查细胞单层，观察有无包含体、巨型细胞的数目异常和其他因外源病毒污染引起的细胞病变的情况。

（b）血吸附病毒检查。检查 1 个或多个至少 6cm² 且在最后一次传代后至少培养 7d 的细胞单层。

（1）以磷酸盐缓冲液洗涤数次。

（2）加入适量 0.2% 红细胞悬液，使之均匀覆盖整个细胞单层表面。检验中须用经过洗涤的豚鼠红细胞和鸡红细胞，可先混合再使用或者分别在不同细胞单层上使用。

（3）置 4℃ 下孵育 30min，以磷酸盐缓冲液洗涤，检查血吸附情况。

（4）若无血吸附，则重复 b（2），置 20～25℃ 下孵育 30min，用磷酸盐缓冲液洗涤后再检查。必要时可同时将不同的细胞单层置不同温度下孵育。

（c）若出现外源病毒所致的特异性细胞病变或血吸附现象，则判被检材料不符合规定，不能用于生物制品的生产；若因细胞病变或血吸附而怀疑有外源病毒污染，但又不能通过另外的检验排除这个可能时，则判为不符合规定。

［50FR441，1985 年 1 月 4 日制定；58FR50252，1993 年 9 月 27 日修订］

§113.47　荧光抗体技术检查外源病毒

若标准或生产大纲中有此项检验要求，则按本节的规定进行。

（a）取最后一次传代后培养至少 7d 的细胞单层进行处理，用按下文（b）规定制备的荧光抗体进行染色。

（1）检查下文（b）段中所述病毒时，应使用 3 组，每组 1 个或 1 个以上细胞单层。

（ⅰ）最后一次传代培养时，用 1 组接种 100～300FAID$_{50}$ 病毒作为阳性对照；

（ⅱ）以 1 组作为"被检物"；

（ⅲ）另 1 组细胞单层系用 §113.51 和 §113.52 检验结果呈阴性的同型细胞制成，作为阴性对照。

（2）每组细胞单层的面积至少应达 6cm²。

（3）可在传代后 7d 内将阳性对照的细胞单层固定（使得细胞生产停滞，并吸附在细胞赖以生长的载体表面），如果这样可以增强荧光。同时，取一个接种有被检物的细胞单层与阳性对照同时进行固定。此外，至少应取一个接种有被检物的细胞单层在传代 7d 后进行固定。传代后 7d 内固定的细胞单层应与传代 7d 后固定的被检细胞单层和阴性细胞单层同时进行染色。

（b）根据被检细胞类型选用荧光抗体。按照下表选用适用于各型细胞的特异性抗病毒荧光抗体接合物。署长可以指定增加其他荧光抗体结合物。若一种荧光抗体可用于多种细胞，则仅使用最易感的细胞类型。

（1）所有细胞均应检查下列项目

（ⅰ）牛病毒性腹泻病毒；

（ⅱ）呼肠孤病毒；

（ⅲ）狂犬病病毒。

（2）牛、山羊和绵羊细胞应额外检查下列项目

（ⅰ）蓝舌病病毒；

（ⅱ）牛腺病毒；

（ⅲ）牛细小病毒；

（ⅳ）牛呼吸道合胞体病毒。

（3）犬细胞应额外检查下列项目

（ⅰ）犬冠状病毒；

（ⅱ）犬瘟热病毒；

（ⅲ）犬细小病毒。

（4）马细胞应额外检查下列项目

（ⅰ）马疱疹病毒；

（ⅱ）马病毒性关节炎病毒。

（5）猫细胞应额外检查下列项目

（ⅰ）猫传染性腹膜炎病毒；

（ⅱ）猫泛白细胞减少症病毒。

（6）猪细胞应额外检查下列项目

（ⅰ）猪腺病毒；

（ⅱ）猪细小病毒；

（ⅲ）可遗传的胃肠炎病毒；

（ⅳ）猪红细胞凝集性脑炎病毒。

（7）对于不使用狂犬病病毒进行研究或生产的公司，可以不使用狂犬病病毒阳性对照细胞单层。所需固定的狂犬病病毒阳性对照细胞单层将由APHIS提供。

（c）染色后，检查每组细胞单层中有无外源病毒所致的特异荧光。

（1）若被检材料出现特异病毒荧光，则判为不符合规定，该被检材料不得使用；但若阳性对照中无所检病毒的特异荧光，则该检验判为"未检验"，可重检。

（2）若接种特定病毒的阳性对照中的特异荧光不明，或阴性对照中出现可能有病毒污染的不清楚的荧光，或同时出现以上两种情况，则该检验判为"未检验"，可重检；若不重检，即作为不符合规定论处，不得用于生物制品生产。

［38FR29886，1973 年 10 月 30 日制定］

组 分 要 求

§113.50　生物制品的组分

生物制品生产中所用各种组分均须满足所规定的纯度和质量标准；按推荐剂量使用时对使用对象动物应无毒性；在联合应用时不应使特异性物质变性到在保存期内低于最低的效力标准。

［38FR29886，1973 年 10 月 30 日制定］

§113.51　生产生物制品用原代细胞标准

生产中所使用的原代细胞应来自健康动物的正常组织。若在标准或生产大纲中有此项检验要求，则须按本节的规定对生产中的每批原代细胞均进行检验。任何一项检验项目不符合规定的细胞均不能用于生产，由不符合规定细胞生产的产品不得出厂。

（a）成品的最终容器样品、收获物混合样品或每次繁殖的细胞培养物样品须经§113.28节的检验证明无支原体污染。被检样品中至少应含75cm²的生长细胞或与此相当的细胞悬液。当然，这些细胞应具代表性。

（b）成品的最终容器样品、收获物混合样品或每次繁殖的细胞培养物样品应经§113.26或§113.27节的检验证明无细菌和霉菌污染。

（c）从每批原代细胞或从原代细胞繁殖的次代细胞中取至少75cm²的单层细胞进行检验，应无外源病毒污染。

（1）被检细胞单层应保存在与制造产品用的细胞相同的培养基和条件下。

（ⅰ）禽源细胞单层应保存至少14d，保存期内至少传代一次，除在最后一次传代的以外，所有的细胞单层面积至少应达75cm²。最后一次传代后的细胞单层面积应符合§113.46和§113.47的要求。

（ⅱ）非禽源细胞至少保存28d，此期间传代至少两次。除最后一次传代的以外，每次传代后的单层面积至少应达75cm²。最后一次传代的细胞单层面积应符合§113.46和§113.47的要求。

（2）培养期内定期检查细胞单层，观察有无致细胞病变的病原；若有，则判该批原代细胞不符合规定。

（3）培养期末检查下列项目

（ⅰ）按§113.46检查致细胞病变和/或血吸附病原。

（ⅱ）按§113.47用荧光抗体检查外源病毒。

［50FR442，1985 年 1 月 4 日制定；60FR24549，1995 年 5 月 9 日修订］

§113.52　生物制品生产用细胞系标准

若标准或生产大纲中有此项检验要求，则每一个细胞系均须按本节规定进行检验。任何一项检验不符合规定的细胞系均不能用于生产，用不符合规定的细胞系生产的产品不得出厂。

（a）一般要求

（1）对一个细胞系应有完整的记录，如来源、传代史和培养基。

（2）每一种细胞系，应在特定的代次水平上建立主细胞库（MCS），生产大纲中应规定 MCS 的传代代次、鉴定和用于生物制品制造的最高传代代次（MCS＋n）。

（3）制造 1.0mL 或 1.0mL 以上的 MCS 和

MCS＋n 的细胞，冻结保存，以便 APHIS 能随时索取作本节的检验。

（4）每批细胞均应具有该细胞系的正常特征，如镜检形态、繁殖速度、产酸及其他可见特征等。

（b）通过下列检验证明 MCS 与（a）（1）中的来源细胞为同种细胞：

（1）取至少 4 个细胞单层，总面积不少于 6cm²，覆盖率在 80％以上。

（2）自培养基内取出细胞单层，处理、染色、镜检。

（ⅰ）取至少 2 个细胞单层，用与 MCS 来源种不相关的抗种特异性荧光抗体进行染色；

（ⅱ）取至少 2 个细胞单层，用 MCS 来源动物的抗种特异性荧光抗体进行染色；

（ⅲ）检查所有细胞单层上的特异荧光。

（3）若用 MCS 来源动物的抗种特异性荧光抗体染色的细胞单层上不出现特异荧光，则此种细胞系为不符合规定，不能用于生产。

（4）若用与 MCS 来源种不相关的抗种特异性荧光抗体染色的细胞单层上出现非特异荧光，或其他原因造成试验结果不明，则应重检。只有以 MCS 来源动物的抗种特异性荧光抗体染色的细胞单层上出现特异性荧光，而对照单层上不出现特异性荧光时，方判为符合规定；如果不出现特异荧光，则判不符合规定。

（5）经 APHIS 同意后，亦可用其他方法确定 MCS 来源动物的种群。

（c）应经§113.28 节检验证明 MCS、生产中传代培养的细胞、收获物混合样品或成品的最终容器样品中无支原体污染。待检的样品中应至少有 75cm² 的活细胞或与此相当的细胞培养物。当然，这些细胞应能代表所有细胞源。

（d）应根据§113.26 或§113.27 节检验证明 MCS、生产中传代培养的细胞、细胞培养收获物的混合样品或最终容器样品中无细菌和霉菌污染。否则，若在 MCS 中有细菌和霉菌污染，则 MCS 不得使用；若在传代细胞培养物中有细菌和霉菌污染，则此传代细胞培养物不得使用。

（e）用下列方法检查至少 75cm² 的 MCS，应无外源病毒：

（1）被检细胞单层应在与生产生物制品的细胞单层生长、维持相同的培养基和条件下维持至少 21d。

（2）培养期内至少传代两次，除最后一次传代外，每次传代培养至少应达到 75cm²，最后一次传代培养的面积应符合§113.46 和§113.47 及本节（f）中的要求。

（3）在整个 21d 期间内，定期检查细胞单层中有无致细胞病变的病原。若有，则判 MCS 为不符合规定。

（4）培养至 21d 期末检查下列项目：

（ⅰ）按§113.46 检查致细胞病变和/或血吸附病原；

（ⅱ）按§113.47 用荧光抗体技术检查外源病毒。

（f）取至少一个上述经维持 21d 的细胞片（至少 75cm²），按以下方法检验，应无外源病毒：

（1）反复冻融细胞三次，以不大于 2 000r/min 离心，不超过 15min，去除细胞碎片。将上清液分成等份，取下列细胞片各 1 个以上，每个至少 75cm²，每个细胞片上滴加 1.0mL 上清。

（ⅰ）Vero（非洲绿猴肾）细胞；

（ⅱ）MCS 来源动物的胚胎细胞、新生动物细胞或一种细胞系〔与 f（1）（ⅰ）细胞不同时〕；

（ⅲ）疫苗使用对象动物的胚胎细胞，新生动物细胞或一种细胞系〔与 f（1）（ⅱ）不同时〕；

（ⅳ）牛胚胎细胞、犊牛细胞或牛的一种细胞系〔未包括在上述（ⅱ）、（ⅲ）中时〕。

（2）上述 f（1）（ⅰ）、（ⅱ）、（ⅲ）、（ⅳ）中的细胞片在接种 MCS 裂解液体后至少维持 14d，期间至少传代一次，除最后一次传代外，每次传代至少应有 75cm² 的新细胞长出。最后一次传代的细胞单层面积应符合§113.46 和§113.47 的要求。

（3）培养期间，定期观察有无致细胞病变的病原。若有，此 MCS 判为不符合规定。

（4）维持期末检查下列项目：

（ⅰ）按§113.46 节检查致细胞病变和/或血吸附病原；

（ⅱ）按§113.47 节利用荧光抗体技术检查外源病毒。

（g）用于生产生物制品的细胞系，须作如下胞核学检查：不论 MCS 或 MCS＋n，至少须检查 50 个有丝分裂期的细胞。MCS＋n 的细胞中模式数目与 MCS 细胞中模式数目相比，上下不得超过 15％。MCS 中任何标记染色体都必须出现在 MCS＋n 中。如果模式数目超过限度和/或 MCS＋n 中不出现标记染色体（在整个 MCS＋n 代次中），此细胞系不得用于制造疫苗。

（h）若有直接或间接迹象表明用于疫苗生产的细胞系可引起使用对象动物的恶性肿瘤，则须用APHIS批准的方法对细胞系进行致瘤性/致癌性检查。

［50FR442，1985 年 1 月 4 日；50FR3316，1985 年 1 月 24 日制定。56FR66784，1991 年 12 月 26 日；60FR24549，1995 年 5 月 9 日修订］

§113.53　生产生物制品用动物源材料标准

对血清、白蛋白等不能用加热或APHIS规定的其他方法消毒的生物制品生产用动物源材料，须在生产厂家或APHIS指定的实验室按本节规定的方法进行检验。检验实验室应记录所有检验结果，并归入生物制品生产企业的记录中。任何一项检验不能通过的材料，均不得用于生产；若已用于生产，则该产品不得出厂。

（a）每批不能用加热或APHIS规定的其他方法消毒的生物制品生产用动物源材料样品应按§113.28节要求进行检验，应无支原体污染。

（b）每批不能用加热或APHIS规定的其他方法消毒的生物制品生产用动物源材料样品按§113.26节规定进行检验，应无细菌和霉菌生长。

（c）除猪胰酶外、不能运用加热消毒和其他杀病毒方法处理的每批动物源材料，应按下列方法验检。

（1）取至少75cm² 的 Vero 细胞及与材料相同动物源的原代细胞或细胞系进行检验。细胞系必须按§113.52节规定，原代细胞必须按§113.51节规定检验符合规定。

（2）用含 15％ 动物源材料的生长液至少3.75mL 制备待检细胞单层（至少 75cm²），单层细胞传代时亦须使用含此动物源材料的生长液。若这种成分具有细胞毒性，则经APHIS批准后，可选用其他方法进行检验。

（3）细胞单层至少培养 21d。

（4）期间至少传代两次，除最后一次传代外，每次传代至少应长到75cm²，最后一次传代面积应符合§113.46和§113.47的要求。

（5）定期观察有无致细胞病变的病原。若有，则判不符合规定。

（6）培养期末检查下列项目：

（ⅰ）按§113.46节的要求检查致细胞病变和/或血吸附病原；

（ⅱ）按§113.47节要求，用荧光抗体技术检查外源病毒。

（d）对未经以 APHIS 规定的方法进行细小病毒灭活的猪胰酶，应作下列检验：

（1）取至少 5g 胰酶，以适宜的稀释液溶解，溶解后的体积以加入离心管离心时不溢出为限，以80 000r/min 离心 1h，取沉淀物，以蒸馏水溶解，接种 75cm² 大小、覆盖率30％～50％的猪细胞单层。这种细胞单层可以是猪原代细胞，也可是对猪细小病毒有相同敏感性的细胞系。以另一瓶细胞为阴性对照。

（2）将检验和对照的细胞单层维持 14d，中间传代一次。

（3）维持 14d（最后一次传代后 4～7d）后，按§113.47（c）规定，用荧光抗体技术检查猪细小病毒。

（e）用于生产马血清的每头马血清样品，应在APHIS规定的实验室，用 Coggins 试验检测马传贫抗体，检测结果为阳性的马血清为不符合规定。

［50FR442，1985 年 1 月 4 日；50FR3316，1985 年 1 月 24 日制定。56FR66784，1991 年 12 月 26 日；60FR24549，1995 年 5 月 9 日修订］

§113.54　无菌稀释液

若疫苗须以无菌稀释液复原或稀释，则应以最终容器分装后供应使用。

（a）无菌稀释液包括蒸馏水，去离子水或按APHIS规定方法配制的特殊溶液。

（b）在同一容器内配制并一次分装的稀释液为一批，生产记录、检验报告和标签上均须有其批号。

（c）按§113.26要求检验各批的最终容器样品，应无细菌和霉菌生长，不符合规定批不得出厂。

［39FR27428，1974 年 7 月 29 日制定；56FR66784，1991 年 12 月 26 日修订］

§113.55　基础种毒的外源病原检验

除标准或生产大纲中特别说明外，每批种毒均按本节要求作下列检验。任何一项不符合规定的种毒均不能使用；若已用于生产，则生产的产品不得出厂。

（a）分别取至少 1.0mL 种毒培养物，滴加在下列细胞单层上（面积至少达 75cm²）

（1）Vero 细胞系。

（2）疫苗使用对象动物的胚胎细胞、新生动物细胞或一种细胞系。

（3）种毒繁殖所用细胞来源动物的胚胎细胞、新生动物细胞或一种细胞系〔如果与（a）（1）、（a）（2）中所列的细胞不同时〕。所用细胞系须经 §113.52 节检验符合规定，原代细胞须经 §113.51 节检验符合规定。若在所用细胞上，种毒能致细胞病变或引起血吸附作用，则须用 APHIS 提供或认可的单特异性抗血清中和种毒，或用 APHIS 规定的其他方法中和病毒。

（b）用细胞检验时，至少为每一类型细胞设立一个不接毒的细胞单层作对照用。

（c）每个细胞单层应维持 14d。

（d）中间至少传代一次，除最后一次传代外，每次传代至少应生长到 75cm²，最后一次传代达到的面积应符合 §113.46 和 §113.47 中的规定。

（e）定期观察细胞单层，检查有无致细胞病变的病毒。若有，则该批种毒为不符合规定。

（f）维持 14d 后，作如下处理：

（1）按 §113.46 节要求检查致细胞病变和/或血吸附病毒。

（2）按 §113.47 节要求用荧光抗体技术检查外源病毒。

[50FR444，1985 年 1 月 4 日制定。56FR66784，1991 年 12 月 26 日修订]

细 菌 活 疫 苗

§113.64　细菌活疫苗的一般要求

若标准或生产大纲中有此项规定，则应符合下列要求。

（a）纯粹检验。按 §113.27（b）规定对每批和每亚批成品的最终容器样品和基础种子进行检验，应无杂菌和霉菌生长。

（b）安全检验

（1）按 §113.33（b）要求，用年轻成鼠对每批或每批中第一亚批的成品样品、每批基础种子的样品进行检验，下列情况除外：

（ⅰ）疫苗中的细菌或其他成分对小鼠有天然致死作用；

（ⅱ）疫苗是用于禽类的。

（2）用一种使用对象动物，按下列方法对每批或每批中第一亚批成品样品进行安全检验。

（ⅰ）对犬用细菌活疫苗，应按 §113.40 节规定检验，只是接种量为标签上规定的 2 头份；

（ⅱ）对牛用细菌活疫苗，应按 §113.41 节规定检验，但接种量为 2 头份；

（ⅲ）对绵羊用细菌活疫苗，应按 §113.45 节规定进行检验；

（ⅳ）对猪用细菌活疫苗，应按 §113.44 节规定进行检验。

（c）鉴别检验。取细菌活疫苗的基础种子和每批或每批中第一亚批的最终容器样品，至少用下列一种方法检验，同时应有 APHIS 提供或认可的已知阳性对照（参考品）。

（1）荧光抗体试验。用直接荧光抗体染色法检查菌苗的涂片，应出现明显的特异性荧光，而经抗血清抑制的对照涂片上则无此荧光。

（2）试管凝集试验。用固定抗原稀释血清的方法，以特异性抗血清检验菌苗悬液，应出现明显的凝集，而阴性血清对照管则不凝集。

（3）玻片凝集试验。用悬滴、玻片或平板凝集法检查菌苗悬液，经肉眼或显微镜观察，应出现明显凝集，而阴性血清对照中则不凝集。

（4）特性检验。生化和培养特性应与各产品生产大纲中的规定一致。

（d）成分要求。菌种和菌苗的培养和制造中所用的各种成分应符合 §113.50 节的规定，动物源成分应符合 §113.53 节有关规定。

（e）剩余水分。冻干细菌活疫苗的最高水分含量见生产大纲中的规定。应由厂家按如下试验确定：

（1）注册前。加速稳定性试验和细菌计数试验中获得的数据可暂时得到认可。

（2）注册产品。应根据连续至少 10 批产品在出厂时和有效期满时的水分含量和细菌计数的数据确定。

（3）应按 §113.29 节有关规定对每批和每个亚批成品的最终容器样品进行水分含量测定。

[48FR33476，1983 年 7 月 22 日制定。54FR19352，1989 年 5 月 5 日；56FR66784，1991 年 12 月 26 日；68FR57608，2003 年 10 月 6 日修订]

§113.65　流产布鲁氏菌病活疫苗

本品系用流产布鲁氏菌 19 号株光滑型菌落制成的一种冻干活疫苗。每批和每亚批均应进行纯粹、效力检验和水分测定，任何一项检验不符合规定的任何批次或亚批产品均不得出厂。

（a）纯粹检验。每批和每亚批均应按下列规定进行检验。

（1）对罐装样品进行肉眼和显微镜检查，如果出现非典型的流产布鲁氏菌，则判不符合规定。

（2）抽取 2 瓶成品的最终容器样品，接种于葡萄糖发酵管和硫乙醇酸盐肉汤管各 1 支，在 35～37℃下培养 96h。若出现非典型的流产布鲁氏菌，则判不符合规定。

（3）细菌变异试验：每批和每亚批成品的最终容器样品均应进行细菌变异检测。光滑型菌落是合乎要求的菌型，粗糙型菌落是不符合要求的变异最终型，中间型和中间偏粗糙型也是不符合要求的。

（ⅰ）将样品复原后，在马铃薯琼脂平板上划线培养，使之能长出融合菌落。用人工反射光线使之以 45°角穿过平板进行观察。

（ⅱ）若粗糙型菌落超过 5%或不合要求的菌落超过 15%，则判不符合规定。若出现不具流产布鲁氏菌特征的微生物生长，也判不符合规定。出现以上情况时，可加倍样品重检一次，若不重检即作不符合规定论。

（b）细菌计数。每批和每亚批产品均须按下列方法进行效力检验：

（1）取 2 瓶最终容器样品进行检验，计算每头份的活菌数。检验时，将样品用 1%蛋白胨溶液作适当稀释后，接种于胰际蛋白胨琼脂平板，在 35～37℃下培养 96h。

（2）每头份菌数少于 30 亿个或多于 100 亿个的新制备产品为不符合规定。

（3）若首次检验结果超过（b）（2）的规定，则可加倍样品数重检一次，计算平均菌数。若 4 瓶的平均数仍超过上述规定的范围，则判不符合规定；若在上述范围内，则按下列方法判定：

（ⅰ）若首次检验结果不及重检结果的 1/3，或超过重检结果的 3 倍，则可认为首次检验的结果系由系统误差造成，可判符合规定。

（ⅱ）若首次检验结果大于等于重检结果的 1/3，或低于等于重检结果的 3 倍，则须计算 6 瓶样品的总平均数。若新计算的平均数低于本节

（b）（2）规定的最低标准要求，或者高于本节（b）（2）规定的最高标准要求，则该批或该亚批判为不符合规定。

（4）有效期内，活菌数应保持在 30 亿/头份以上。

（c）标准疫苗活菌计数。每批和每亚批成品均应进行该项效力检验：

（1）取 2 瓶最终容器样品，复原后培养计数，计算每毫升的活菌数。检验时，用 1%蛋白胨溶液将样品作适当稀释后，接种于胰蛋白胨琼脂平板，在 35～37℃下培养 96h。

（2）每毫升的活菌数应不少于 100 亿个，否则为不符合规定。

（3）首次检验结果不超过 100 亿个/mL 时，可加倍样品数重检一次，计算平均数。若仍少于 100 亿个/mL，则为不符合规定。

（4）有效期内任何时间抽检，应不少于 50 亿个/mL，否则为不符合规定。

［39FR16857，1974 年 5 月 10 日制定。39FR25463，1974 年 7 月 11 日重新制定。40FR758，1975 年 1 月 3 日；50FR23794，1985 年 1 月 6 日修订］

§113.66　无荚膜炭疽芽孢苗

本品系用炭疽杆菌的无荚膜变异株制成的活芽孢悬液。基础种子应纯粹、安全并具免疫原性。生产用菌种代次为 1～5 代。

（a）基础种子应符合§113.64 及本节要求。

（b）每批基础种子均须进行免疫原性检验。

（1）取体重 400～500g 的同源易感豚鼠 42 只（30 只接种疫苗，12 只对照）。

（2）进行免疫原性测定之前，应先确定最高代次菌种生产的芽孢苗中的平均芽孢数。按预定量及标签上注明的途径接种豚鼠。为了保证接种量，对同一样品重复计数 5 次。

（3）接种后 14～15d，疫苗接种动物与对照动物一起，用 APHIS 提供或承认的强毒炭疽杆菌进行攻击，每只不少于 4 500 个豚鼠 LD_{50}。观察 10d。

（4）在攻毒后 10d 的观察期内，对照组的 12 只动物应至少有 10 只死于炭疽芽孢杆菌，否则检验无效，可重检。

（5）在攻毒后 10d 的观察期内，免疫组的 30 只动物应至少保护 27 只，否则判基础种子为不符合规定。

（6）在 APHIS 批准使用新的一批基础种子之前，应对生产大纲进行修订。

（c）成品检验。每批和每亚批成品均应符合本法规§113.64 节中相应的一般要求和本节下列的规定，任何一项不符合规定的批次均不得出厂。

（1）安全检验，按本法规§113.45（a）用绵羊或山羊对每批或每批中第一亚批成品的最终容器样品进行安全检验。

（2）芽孢计数。取成品的最终容器样品进行10 倍系列稀释，取某一能在平板上长出 30～300个菌落的稀释度接种于胰蛋际琼脂平板 3 块，接种后倒置平板，置于 35～70℃培养 24～28h。对菌落均匀分散的平板进行菌落计数，并计算平均数。出厂前须保证每批和每亚批产品的芽孢数充分超过免疫原性测定中所用芽孢苗的芽孢数，以保证在有效期内的任何时间抽检，产品中的芽孢数能超过免疫原性测定中所用芽孢数的 2 倍，并不低于2 000 000 个芽孢/头份。

［50FR23794，1985 年 1 月 6 日 制 定。56FR66784，1991 年 12 月 26 日；72FR72564，2007 年 12 月 21 日修订］

§113.67　猪丹毒活疫苗

本品系用猪丹毒丝菌无毒或弱毒菌株制成的冻干活疫苗。基础种子应纯粹、安全并具免疫原性。

（a）基础种子应符合§113.64 节和本节要求。

（b）每批基础种子均应进行免疫原性测定，所用的菌数按下列方法确定：

（1）对标签上推荐的每个接种途径，用 30 头猪丹毒易感猪，其中 20 头用于接种疫苗，10 头用作对照。

（2）进行免疫原性测定前，先确定由最高代次菌种生产的疫苗中的菌落形成单位（CFU）数的算术平均数。用预定的疫苗菌数按照标签注明的免疫途径对 20 头猪进行接种，与 10 头对照猪隔离饲养。为了保证使用剂量准确，对同一样品重复测定5 次，取其平均数。每个平板上菌落数应为 30～300，试验方为有效。

（3）攻毒前对所有猪进行临床观察，并检查体温。接种后 14～21d，对所有猪进行强毒攻击，观察 7d。攻击用强毒和制备及应用说明可自 APHIS索取。

（4）对照组攻毒后应出现体温升高或耳、腹部充血、可能突发死亡的急性病猪；濒临死亡，有或

无皮肤转移病灶；精神沉郁，伴有食欲不振、行动迟缓和/或关节炎的；或以上几种症状和病变同时出现。

（5）对照组中出现体温高达 105.6℉，并稽留2d 以上等特征性临床症状的猪不超过 80％时，判该检验"未检验"。对于仅体温变化不符合要求的猪，若扑杀后能从血、脾或其他脏器中分离到猪丹毒丝菌，则仍计为感染猪。

（6）免疫保护猪应不出现临床症状，体温不能连续 2d 以上超过 104.6℉。符合此要求的免疫猪不足 90％时，菌种为不符合规定。

（7）批准使用新的一批基础种子前，应对生产大纲作适当修订。

（c）成品检验。应符合§113.64 及本节的有关要求，任何一项不符合规定的批次均不得出厂。

（1）安全检验。取每批或每批的第一亚批最终容器样品，按§113.33（b）要求用年青的成年小鼠进行检验，并按§113.44 要求用猪进行检验，均应符合要求。

（2）细菌计数。按本节（b）（2）中的方法，对每批和每亚批成品最终容器样品进行检验。每个样品应做两次重复滴定。出厂前的活菌数应充分大于免疫原性测定中所用疫苗的活菌数，以保证在有效期内的任何时间抽检，活菌数均能比免疫原性测定中所用菌数高 2 倍以上。

［50FR23794，1985 年 1 月 6 日 制 定。56FR66784，1991 年 12 月 26 日；72FR72564，2007 年 12 月 21 日修订］

§113.68　牛溶血性巴氏杆菌病活疫苗

本品系用牛溶血性巴氏杆菌血清 1 型的无毒或弱毒菌株制成的冻干活疫苗。基础种子应纯粹、安全且具免疫原性，代次为 1～5 代。

（a）基础种子应符合§113.64 和本节的有关规定。

（b）每批基础种子应进行免疫原性测定，所选菌数的菌种之免疫原性测定方法如下：

（1）按每个接种途径取 15 头易感牛，其中 10头用于免疫，5 头用作对照。

（2）进行免疫原性测定前，先确定由最高代次的菌种生产的菌苗中菌落形成单位数的算术平均数。用预定量的疫苗菌株和标签注明的途径接种10 头牛。为了保证计数准确，对同一疫苗样品进行 5 次重复测定，取平均数。每个平板上的菌落数

为 30～300 个时方为有效。

（3）攻毒前，对所有牛进行临床观察，并测量体温。接种后 14～21d，免疫组连同对照组一起，用产生肺炎的溶血性巴氏杆菌强毒通过呼吸道攻击，观察 4～7d。攻击用强毒由 APHIS 提供或认可，并按其规定进行制备和使用。

（4）对照组攻毒后应出现流泪、流鼻涕、呼吸急促、气喘、罗音、咳嗽等呼吸道感染症状，可能发生死亡；濒临死亡，精神沉郁，同时伴有食欲不振、腹泻、明显消瘦；或同时出现上述症状。

（5）应评估所有牛的肺部病变情况。对死亡牛，剖检时进行肺脏评估；对存活牛，在攻毒后 4～7d 处死，在剖检时进行肺脏病变评估。用肺病变计分法评估攻毒后的反应程度。根据 APHIS 批准的计分系统，若肺病变计分情况在免疫组和对照组间无明显差异，则基础种子不符合规定。

（6）在 APHIS 批准使用新的一批基础种子前，应对生产大纲进行修订。

（c）成品检验。每批和每亚批成品均须符合 §113.8 节、§113.64 节及本节的有关规定，任何一项不符合规定的批次不得出厂。

（1）安全检验。取每批或每批第一亚批的成品样品，按 §113.41（a）和 §113.41（b）的规定，用犊牛进行检验，但接种量应为 2 个使用剂量。

（2）活菌计数。取成品的最终容器样品，按本节（b）（2）的方法进行。每批和每亚批成品的检验应重复测定两次。用随苗配备的稀释液将每个样品复原至标签上注明的体积。出厂前的活菌数应充分大于免疫原性测定中所用疫苗的活菌数，以保证在有效期内的任何时间抽检，活菌数均能比免疫原性测定中所用菌数高 2 倍以上。

［55FR35559，1990 年 8 月 31 日制定；72FR72564，2007 年 12 月 21 日修订］

§113.69　牛多杀性巴氏杆菌病活疫苗

本品系用自牛分离的多杀性巴氏杆菌无毒株或减毒株制成的冻干活疫苗。基础种子应纯粹、安全并具免疫原性。使用代次为 1～5 代。

（a）基础种子应符合 §113.64 节和本节的有关要求。

（b）每批基础种子均应作免疫原性测定。

（1）按每一种接种途径取 15 头犊牛，其中 10 头用作免疫，5 头用作对照。

（2）测定前先确定由最高代次菌种生产的疫苗

的菌落形成单位数，然后按预定量和标签上注明的途径接种 10 头牛，与另 5 头对照牛隔离饲养。为了保证计数结果的准确，以 5 次测定的平均数计算菌数。每个平板的菌落数为 30～300 个时方为有效。

（3）接种前，对所有动物进行临床观察，测定其平均体温。接种后 14～21d，通过呼吸道途径用产生肺炎的多杀性巴氏杆菌攻击，继续观察 4～10d。强毒及其制备和使用说明应由 APHIS 提供或认可。

（4）攻毒后的对照牛应出现体温升高、呼吸加快、流泪、流鼻涕、气喘、罗音、咳嗽等呼吸道感染的临床症状，并可能发生死亡；濒临死亡，萎靡、腹泻、消瘦；或上述某几种症状同时出现。

（5）应评估所有牛的肺部病变情况。死亡的牛在剖检时进行评估；存活牛在接种后 4～10d 人工处死，再行剖检和肺病变评估。用 APHIS 承认的计分方法计算肺病变评分。免疫组和对照组无明显差异时，菌种不符合规定。

（6）APHIS 批准使用新的一批基础种子前，应对生产大纲进行修订。

（c）成品检验。每批和每亚批成品均应符合 §113.8 节、§113.64 节及本节的有关要求，任何一项不符合规定的批次均不得出厂。

（1）安全检验。按 §113.41（a）和 §113.41（b）用犊牛对每批或每批中第一亚批成品样品进行安全检验，但接种量应为 2 个使用剂量，按标签说明使用。

（2）活菌计数。按本节（b）（2）中的方法对成品最终容器样品进行计数。每批和每亚批应重复计数两次。接种前，用随苗配备的稀释液将样品复原至标签注明的体积。出厂前，活菌数应充分大于免疫原性测定中所用疫苗的活菌数，以保证在有效期内的任何时间抽检，活菌数均能比免疫原性测定中所用菌数高 2 倍以上。

［55FR35560，1990 年 8 月 31 日制定；72FR72564，2007 年 12 月 21 日修订］

§113.70　禽多杀性巴氏杆菌病活疫苗

本品系用禽多杀性巴氏杆菌无毒株或减毒株制成的冻干活疫苗，基础种子应纯粹、安全并具免疫原性。

（a）基础种子应符合 §113.64 及本节的有关规定。

（b）应用每种使用对象动物及基础种子所能保护抵抗的每一个血清型，对基础种子进行免疫原性测定。

（1）对每种使用动物、每种接种途径及能保护的每个血清型，各用 30 只易感禽，其中 20 只用作免疫，10 只用作对照。

（2）进行免疫原性测定前，先确定由最高代次的菌种生产的疫苗的平均菌落形成单位数。然后按预定量及标签上注明的方法对 20 只禽进行接种，与 10 只对照鸡隔离饲养。为了保证计数结果的准确，应进行 5 次重复滴定，取其平均数。菌落数为 30～300 个时平皿才算有效。

（3）接种后至少 14d，与对照组一起，通过肌内注射或 APHIS 认可的其他途径，用本品对其能保护的多杀性巴氏杆菌强毒株对 20 只免疫动物和 10 只非免疫对照动物进行攻毒，连续逐日观察 14d。

（4）攻毒后 14d，对照组死亡应不少于 8 只，否则该检验无效。若免疫组 20 只中存活的不足 16 只，则此种菌数的菌种为不符合规定。

（c）成品检验。每批和每亚批成品均应符合 §113.8、§113.46 及本节有关规定，任何一项不符合规定的批次均不得出厂。

（1）安全检验。应对每批或每批中第一亚批成品的样品进行安检。

（ⅰ）取 10 只使用对象动物，每只接种 10 个使用剂量的疫苗，观察 10d。若使用对象动物多于一种，则只需用其中一种进行检验。

（ⅱ）若 2 只或 2 只以上出现疫苗本身所致不良反应，则疫苗为不符合规定。

（ⅲ）若不良反应并非疫苗本身所致，则判检验为"未检验"，可重检。不重检或重检结果不符合规定，则判该批疫苗为不符合规定。

（2）活菌计数。应用（b）（2）中的方法对成品最终容器样品进行活菌计数。每批或每亚批应重复计数两次。接种前应用随苗配备的无菌稀释液将样品复原至标签上注明的体积。出厂前，活菌数应充分高于免疫原性测定中所用疫苗每头份的活菌数，以保证在有效期内的任何时间抽检，活菌数均能比免疫原性测定中所接种菌数高 2 倍以上。

［55FR35560，1990 年 8 月 31 日制定。59FR19633，1994 年 4 月 25 日；64FR43044，1999 年 8 月 9 日；72FR72564，2007 年 12 月 21 日修订］

§113.71　鹦鹉衣原体病（猫肺炎）活疫苗

本品系用衣原体接种细胞或鸡胚培养制成的活疫苗。基础种子应纯粹、安全并具免疫原性。生产用种子代次为 1～5 代。

（a）基础种子应符合 §113.300 节和本节有关规定。用鸡胚培养制成的基础种子还应根据 §113.37 规定用鸡胚接种试验检查外源病毒。任何检验不符合规定的菌种均不得用于生产。

（b）每批基础种子都应进行免疫原性测定。

（1）取 30 只易感猫（其中 20 只用作免疫，10 只用作对照），分别采血，提取血清，以补体结合试验或其他同样敏感的方法检测，应全部无肺炎抗体。

（2）进行免疫原性测定前，先确定由最高代次菌种生产出的冻干疫苗的几何平均滴度，然后按预定量及标签上注明的方法接种 20 只猫，另 10 只作对照。为了保证免疫剂量准确，应对所用疫苗液样品重复滴定 5 次。若采用二次接种法，则每次接种剂量均应根据各自 5 次滴定结果确定。

（3）免疫组最后一次接种后至少 14d，连同对照组一起，用 APHIS 供应或认可的猫肺炎强毒株进行鼻腔内攻击，每只至少 10 000 个卵黄囊 LD_{50}。攻毒后逐日测温观察 28d。每天检查直肠温度并记录临床症状的出现情况。

（ⅰ）若对照组中出现除发热以外肺炎症状的猫不到 8 只，则判检验为"未检验"，可重检。

（ⅱ）除发热或排出衣原体外，按 APHIS 批准的计分系统进行计分，若免疫组和对照组间无明显差异，则菌种为不符合规定。

（4）在 APHIS 批准使用新的一批基础种子前，应对生产大纲进行修订。

（c）成品检验。除 §113.300（a）（3）（ⅱ）外，每批和每亚批产品应符合 §113.300 及本节的规定。检验时应用最终容器样品进行，任何一项检验不符合规定的批次均不得出厂。

（1）对禽源疫苗，应按 §113.37 规定对每批或每批中的一个亚批进行外源病毒检查。

（2）衣原体滴度测定、按本节（b）（2）中的方法进行。出厂前每批和每亚批产品的滴度应充分高于免疫原性测定中所用疫苗的滴度，以保证在有效期内的任何时间抽检，其滴度均比免疫原性测定中所用疫苗滴度高 0.7，且每头份不低于 2.5ID$_{50}$。

[55FR35561，1990 年 8 月 31 日制定；

56FR66786，1991 年 12 月 26 日 72FR72564，2007 年 12 月 21 日修订]

细 菌 灭 活 疫 苗

§113.100　细菌灭活疫苗的一般要求

若标准或生产大纲中有此项规定，则应符合下列要求。

（a）无菌检验

（1）按§113.26 规定对每批和每亚批成品的最终容器样品进行活的细菌和真菌检验。

（2）按§113.27（d）规定对每批基础菌种进行杂菌和真菌检验。

（b）安全检验

按§113.33（b）要求，用年青的成年鼠对每批成品的罐装样品或最终容器样品进行检验，下列情况除外：

（1）制品中的细菌对小鼠有天然致死作用。这种情况下应按§113.38 进行豚鼠安全检验，代替小鼠安全检验。

（2）制品推荐用于禽类。这种情况下，应按标准或生产大纲中的规定用禽进行安全检验。

（3）制品推荐用于鱼类或其他水产或爬行动物。这种情况下，应按标准或生产大纲中的特殊规定用鱼类或其他水产或爬行动物进行安全检验。

（c）鉴别检验。采用实验室方法对基础菌种鉴定到属和种的水平。根据最新版《伯杰氏细菌系统鉴定手册》或美国微生物协会《临床微生物手册》中所述标准，这种实验室方法应足以将菌种与其他相似的细菌区分开。如果菌种的分类中还涉及血清型、变异型、亚型、纤毛型、株或其他处于种的水平以下的分类方法，则应用足够的检验将菌种鉴定到这种水平。可以用于鉴定菌种的方法包括下列方法，但不局限于下列方法：

（1）培养特性；

（2）染色反应；

（3）生化反应；

（4）荧光抗体试验；

（5）血清学试验；

（6）毒素定型；

（7）细胞壁或鞭毛抗原鉴定；

（8）限制酶内切反应。

（d）组分要求。菌种和菌苗的培养和制造中所用各种成分应符合§113.50 节的规定，动物源成分应符合§113.53 节有关规定。

（e）作为稀释液与冻干疫苗一起包装的每批细菌灭活疫苗，须按§113.35 规定进行杀病毒活性检验并取得符合规定结果。

（f）如果用甲醛作为灭活剂，且该批灭活菌苗在杀病毒活性检验中未取得符合规定结果，则应用氯化铁试验法[*]对每批罐装或最终容器中的成品样品进行游离甲醛残留量测定。目前未采用氯化铁法进行游离甲醛残留量测定的公司，必须在 2004 年 7 月 14 日前按此要求更新其生产大纲。

（1）含有梭菌抗原的生物制品中，游离甲醛残留量应不超过 1.85 克/升（g/L）；

（2）不含有梭菌抗原的灭活菌苗、灭活菌苗-类毒素、类毒素中，游离甲醛残留量应不超过 0.74 克/升（g/L）。

[39FR16862，1974 年 5 月 10 日制定。55FR35562，1990 年 8 月 31 日重新制定。60FR14355，1995 年 3 月 17 日；68FR35283，2003 年 6 月 13 日；72FR31021，2014 年 5 月 30 日修订]

§113.101　波摩那钩端螺旋体灭活疫苗

本品系用波摩那型钩端螺旋体培养物灭活制成的无毒性灭活疫苗。每批产品应符合§113.100 节有关要求及本节的安全、无菌及效力检验要求，任何一项检验不符合规定者均不得出厂。

（a）无菌检验。按§113.26 对每批和每亚批成品最终容器样品进行检验，应无活的细菌或霉菌生长。

（b）安全检验。按§113.38 节对每批成品最终容器样品或罐装样品进行检验。

（c）效力检验。用生理盐水将成品最终容器样品或罐装样品稀释成每 0.25mL 含有不多于 1/800 剂量疫苗，按下列规定进行两阶段检验：

---

　* 原作者注：氯化铁法进行游离甲醛残留量测定程序见 USDA 的 APHIS 生物制品中心实验室，位于代顿大街 1800 号，邮政信箱 844 号，埃姆斯，IA50010。

（1）免疫组。取体重 50～90g 的年青的成年仓鼠 10～12 只，按标签说明皮下或肌内注射，每只接种 0.25mL 稀释后的灭活菌苗。

（2）对照组。另取同群未接种仓鼠 10～12 只作对照。

（3）攻毒。接种疫苗后 14～18d，分别取免疫仓鼠及对照仓鼠各 10 只，用波摩那型钩端螺旋体型强毒株悬液腹腔攻击，每只 10～10 000 个仓鼠 LD_{50}。

（4）攻毒后检验。观察 14d，记录死亡数，对照组死亡 8 只或 8 只以上，检验有效。根据下表判定结果。

试验阶段	接种动物数（只）	接种累计数（只）	符合规定批死亡累计数（只）	不符合规定批累计死亡数（只）
1	10	10	≤2	≥5
2	10	10	≤5	≥6

（5）若第一阶段中免疫组死亡 3 或 4 只，则须进行第二阶段检验，方法同第一阶段检验。

（6）若进行第二阶段检验，则应根据表中第二部分标准判定结果。根据两次检验的累计结果判定产品符合规定或不符合规定。

［39FR16862，1974 年 5 月 10 日制定。40FR20067，1975 年 5 月 8 日；45FR40100，1980 年 6 月 13 日修订。55FR35562，1990 年 8 月 31 日重新制定。56FR66785，1991 年 12 月 26 日修订］

§113.102　出血性黄疸钩端螺旋体灭活疫苗

本品系用出血性黄疸型钩端螺旋体培养物灭活制成的无毒性灭活疫苗。每批疫苗均应符合 §113.100 节有关规定，并须符合本节的无菌、安全及效力检验要求，任何一项不符合规定者均不得出厂。

（a）无菌检验。按 §113.26 节对每批和每亚批成品的最终容器样品进行检验，应无活的细菌或霉菌生长。

（b）安全检验。按 §113.38 对每批成品的罐装样品或最终容器样品进行检验。

（c）效力检验。取成品的罐装样品或最终容器样品，用生理盐水稀释成 0.25mL 中含有不多于 1/80 剂量疫苗，按二阶段法进行检验。

（1）免疫组。取体重 50～90g 的年青的成年仓鼠 10～12 只，按标签说明进行皮下或肌内注射，

每只接种 0.25mL 稀释的菌苗。

（2）对照组。另取 10～12 只同群未免疫仓鼠作对照。

（3）攻毒。接种后 14～18d，取免疫仓鼠及对照仓鼠各 10 只，腹腔攻击强毒，每只 10～10 000 仓鼠 LD_{50}。

（4）观察。攻毒后观察 14d，记录死亡数。对照组死亡 8 只或 8 只以上，检验有效。根据下表判定结果。

试验阶段	接种数	累计接种数	符合规定批累计死亡数	不符合规定批累计死亡数
1	10	10	≤2	≥5
2	10	20	≤5	≥6

（5）若第一阶段中免疫组死亡 3 或 4 只，则须进行第二阶段检验，方法同第一阶段。

（6）若进行第二阶段检验，则须按表中第二部分的标准判定产品符合规定与否。

［39FR16862，1974 年 5 月 10 日制定。45FR40100，1980 年 6 月 13 日修订。55FR35562，1990 年 8 月 31 日重新制定。56FR66785，1991 年 12 月 26 日修订］

§113.103　犬型钩端螺旋体灭活疫苗

本品系用犬型钩端螺旋体培养物灭活制成的无毒性灭活疫苗。每批制品应符合 §113.100 节的有关规定，并须按本节要求进行无菌、安全和效力检验。任何一项检验不符合规定者均不得出厂。

（a）无菌检验。按 §113.26 节要求对每批和每亚批成品的最终容器样品进行检验，应无活的细菌和霉菌生长。

（b）安全检验。按 §113.38 对每批成品的罐装或最终容器样品进行检验。

（c）效力检验。取成品的罐装或最终容器样品，用生理盐水稀释成每 0.25mL 含有不多于 1/80 剂量疫苗，按下列方法进行检验：

（1）免疫组。取体重 50～90g 年青的成年仓鼠 10～12 只，按标签说明进行皮下或肌内注射，各 0.25mL。

（2）对照组。另取同群未接种仓鼠 10～12 只作对照。

（3）攻毒。免疫后 14～18d，自免疫组及对照组各取 10 只，以犬型钩端螺旋体强毒腹腔攻击，

各 10～10 000 个仓鼠 LD_{50}。

（4）观察。连续观察 14d，记录死亡情况。对照组死亡 8 只或 8 只以上，检验有效。具体判定标准如下表：

检验次数	接种数（只）	累计接种数（只）	符合规定批累计死亡数（只）	不符合规定批累计死亡数（只）
1	10	10	≤2	≥5
2	10	20	≤5	≥6

（5）若第一次检验中免疫组死亡 3 或 4 只，则须进行第二阶段检验，方法同第一阶段。

（6）第二阶段检验结束后，根据两次试验的累计结果，按表中第二部分标准判定产品符合规定或不符合规定。

［39FR16862，1974 年 5 月 10 日制定。45FR40100，1980 年 6 月 13 日修订。55FR35562，1990 年 8 月 31 日重新制定。56FR66785，1991 年 12 月 26 日修订］

§113.104　感冒伤寒钩端螺旋体灭活疫苗

本品系用感冒伤寒型钩端螺旋体培养物灭活而制成的无毒性灭活疫苗。每批制品应符合 §113.100 节有关要求，并应按要求进行无菌、安全、效力检验。任何一项检验不符合规定者均不得出厂。

（a）无菌检验。按 §113.26 节对每批和每亚批成品的最终容器样品进行检验，应无活的细菌和霉菌生长。

（b）安全检验。按 §113.38 节对每批成品的罐装或最终容器样品进行检验。

（c）效力检验。取成品的罐装或最终容器样品，用生理盐水稀释成每 0.25mL 含不多于 1/800 剂量疫苗，按下列方法进行检验：

（1）免疫组。取体重 50～90g 年青的成年仓鼠 10～12 只，按标签说明进行皮下或肌肉接种，各 0.25mL。

（2）对照组。另取同群未接种的仓鼠 10～12 只作对照。

（3）攻毒。免疫后 14～18d，自免疫组及对照组中各取 10 只，以流感伤寒型钩端螺旋体强毒进行腹腔内注射，每只 10～10 000 个仓鼠 LD_{50}。

（4）观察。连续观察 14d，记录死亡情况。对照组死亡 8 只或 8 只以上，检验有效。判定标准如

检验次数	接种累计动物数（只）	符合规定批累计死亡数（只）	不符合规定批累计死亡数（只）
1	10	≤2	≥5
2	20	≤5	≥6

（5）若第一阶段检验中免疫组死亡 3 或 4 只，则须进行第二阶段检验，方法同前。

（6）第二阶段检验结束后，根据两次的累积结果判定产品符合规定或不符合规定。

［40FR17003，1975 年 4 月 16 日制定。40FR23989，1975 年 6 月 4 日；45FR40100，1980 年 6 月 13 日修订。55FR35562，1990 年 8 月 31 日重新制定，56FR66785，1991 年 12 月 26 日修订］

§113.105　哈氏钩端螺旋体灭活疫苗

本品系用哈氏型钩端螺旋体培养物灭活制成的无毒性灭活疫苗。每批疫苗除应符合 §113.100 节的有关要求外，还应按本节要求作无菌、安全和效力检验，任何一项检验不符合规定者均不得出厂。

（a）无菌检验。按 §113.26 节要求对每批和每亚批成品的最终容器样品进行检验，应无活的细菌和霉菌生长。

（b）安全检验。按 §113.38 节要求对每批成品的罐装或最终容器样品进行检验。

（c）效力检验。用生产大纲中规定的方法对每批成品的罐装或最终容器样品进行检验。

［40FR17003，1975 年 4 月 16 日制定。40FR20067，1975 年 5 月 8 日修订。55FR35562，1990 年 8 月 31 日重新制定，56FR66785，1991 年 12 月 26 日修订］

§113.106　气肿疽灭活疫苗

本品系用气肿疽梭状芽孢杆菌培养物灭活制成的无毒性灭活疫苗。每批制品除应符合 §113.100 的要求外，还应按本节要求进行无菌、安全和效力检验，任何一项不符合规定者均不得出厂。

（a）无菌检验。按 §113.26 节要求对每批和每亚批成品的最终容器样品进行检验，应无活的细菌和霉菌生长。

（b）安全检验。按 §113.38 对每批成品的罐装或最终容器样品进行检验。

（c）效力检验。按本节规定对每批成品的罐装或最终容器样品进行两步法检验。

（1）用体重 300～500g 的豚鼠 8～10 只，各皮下注射 1 个豚鼠剂量，21～23d 后再注射 1 个剂量（1 个豚鼠剂量为标签上 1 个犊牛使用剂量的 1/5）。

（2）第二次接种后 14～15d，用 APHIS 提供的强毒对 8 只免疫豚鼠及 5 只未接种的对照豚鼠进行肌内注射，每只约 100LD$_{50}$（LD$_{50}$ 应通过对攻毒用材料滴定结果作统计分析而定）。攻毒后观察 3d，记录死亡情况。

（3）在攻毒后 3d 观察期内．对照组死亡至少 80%，检验方为有效。符合此要求后，按下表判定结果：

检验次数	接种动物数（只）	累计接种动物数（只）	符合规定批累计死亡数（只）	不符合规定批累计死亡数（只）
1	8	8	≤1	≥3
2	8	16	≤4	≥5

只有在第一阶段检验中死亡 2 只时才进行第二阶段检验。第二阶段检验方法与第一阶段相同。

［39FR16862，1974 年 5 月 10 日制定。45FR40100，1980 年 6 月 13 日修订。55FR35562，1990 年 8 月 31 日重新制定，56FR66785，1991 年 12 月 26 日修订］

§113.107　溶血梭状芽孢杆菌灭活疫苗

本品系用溶血梭状芽孢杆菌培养物灭活制成的无毒性灭活疫苗。每批制品除应符合§113.100 的有关规定外，还应按本节要求进行无菌、安全和效力检验，任何一项检验不符合规定的批次不得出厂。

（a）无菌检验。按§113.26 节对每批和每亚批成品的最终容器样品进行检验，应无活的细菌和霉菌生长。

（b）安全检验。按§113.38 节对每批成品的罐装或最终容器样品进行检验。

（c）效力检验。按本节下列方法对每批成品的罐装或最终容器样品进行两步法检验。

（1）用体重 300～500g 的豚鼠 8～10 只，每只皮下接种 1 个豚鼠剂量，21～23d 后再接种 1 个豚鼠剂量（每个豚鼠剂量为标签上注明的 1 个犊牛使用剂量的 1/5）。

（2）第二次接种后 14～15d，取 8 只免疫豚鼠和 5 只对照豚鼠，用 APHIS 提供的溶血梭状芽孢杆菌强毒进行肌内注射，每只约 100LD$_{50}$（LD$_{50}$ 应通过对攻毒用材料的滴定结果作统计分析确定）。

观察 3d，记录死亡情况。

（3）在 3d 观察期内，如对照组至少死亡 80%，检验为有效。符合此条件后按下表判定结果：

检验次数	接种动物数（只）	累计接种数（只）	符合规定批累计死亡数（只）	不符合规定批累计死亡数（只）
1	8	8	≤1	≥3
2	8	16	≤4	≥5

只有在第一次检验中死亡 2 只时才进行第二次检验，方法同前。

［39FR16862，1974 年 5 月 10 日制定。40FR20067，1975 年 5 月 8 日；45FR40100，1980 年 6 月 13 日修订。55FR35562，1990 年 8 月 31 日重新制定，56FR66785，1991 年 12 月 26 日修订］

§113.108　诺维氏梭菌细菌灭活疫苗——类毒素

本品系用诺维氏梭状芽孢杆菌培养物灭活制成的无毒性灭活疫苗。每批制品除应符合§113.100 节有关要求外，还应按本节要求进行无菌、安全和效力检验，任何一项不符合规定的产品不得出厂。

（a）无菌检验。按§113.26 节对每批和每亚批成品的最终容器样品进行检验，应无活的细菌或霉菌生长。

（b）安全检验。照§113.38 节对每批成品的罐装或最终容器样品进行检验。

（c）效力检验。按下述 α-毒素中和试验方法对每批成品的罐装或最终容器样品进行效力检验。

（1）本试验中所用名词和术语的含义

（ⅰ）抗毒素的国际单位（IU）。与 L$_0$ 及 L$_+$ 剂量的参考毒素起中和作用的 α 抗毒素的量。

（ⅱ）L$_0$ 剂量。与 1 个单位标准抗毒素混合后注射小鼠而不引起疾病或死亡的最大毒素量。

（ⅲ）L$_+$ 剂量。与 1 个单位标准抗毒素混合后注射小鼠能引起至少 80% 死亡的最小毒素量。

（ⅳ）标准抗毒素。由 APHIS 提供或认可的、根据"国际诺维氏梭菌 α-抗毒素标准"而标定了抗毒素单位的 α-抗毒素制剂，标签上应注明抗毒素单位。

（ⅴ）标准毒素。由 APHIS 提供或认可的 α 毒素制剂。

（ⅵ）稀释液。用于本试验中稀释的溶液。可以根据下述方法制备：每 100mL 蒸馏水中溶解蛋白胨 1g 和氯化钠 0.25g，调至 pH7.2，以 121℃ 高压灭菌 25min，4℃下保存备用。

（2）每个菌株用体重 4～8 英磅* 的家兔至少 8 只，皮下注射，每只不多于牛使用剂量的一半。对于仅推荐用于绵羊的产品，注射剂量则为绵羊使用剂量的一半。第一次注射后 20～23d 内加强接种一次。

（3）第二次注射后 14～17d，对全部存活兔进行放血，检测血清中抗毒素单位。

（ⅰ）混合的血清中应至少含 7 只兔的血清。

（ⅱ）将每只兔的血清等量混合，作为 1 份血样进行检验。

（ⅲ）若少于 7 只，则检验无效，应重检；若不重检，则该批产品作不符合规定论。

（4）按下述的血清中和试验方法检测兔血清中抗毒素的含量：

（ⅰ）用稀释液将标准抗毒素稀释成每毫升含 0.1IU 抗毒素。

（ⅱ）将标准毒素稀释，使 $0.1L_0$ 剂量含于 1mL 或更少量中。另将 1 份标准毒素稀释，使 $0.1L_+$ 剂量含于 1mL 或更少量中。

（ⅲ）将 0.1IU 标准抗毒素分别与 $0.1L_0$ 和 $0.1L_+$ 剂量标准毒素混合，用稀释液将每份混合物调至 2.0mL。

（ⅳ）将 $0.1L_0$ 剂量的标准毒素与 0.2mL 未稀释的血清混合，用稀释液将混合物调至 2.0mL。

（ⅴ）将所有毒素-抗毒素混合物置于室温下中和 1h 后，保存于冰水中，待注射小鼠。

（ⅵ）每份毒素-抗毒素混合物静脉注射体重 16～20g 的瑞士白色小鼠 5 只，剂量 0.2mL，观察 72h，记录死亡情况。

（5）按下列方法判定结果

（ⅰ）接种 0.1IU 标准抗毒素与 $0.1L_0$ 剂量标准毒素混合物的小鼠中，任何 1 只死亡，判中和试验为"未检验"，应重检；若不重检，则作不符合规定论。

（ⅱ）接种 0.1IU 标准抗毒素与 $0.1L_+$ 剂量标准毒素混合物的小鼠中，死亡少于 80%，判中和试验为"未检验"，应重检；若不重检，则作不符合规定论。

（ⅲ）接种 0.2mL 未稀释被检血清与 $0.1L_0$ 剂量标准毒素混合物的小鼠中，任何 1 只死亡，说明每毫升血清中所含抗毒素低于 0.5IU。

（ⅳ）若 7 只或 7 只以上兔的血清混合物中的抗毒素含量低于 0.5IU/mL，则判该批产品不符合

规定。

［39FR16862，1974 年 5 月 10 日制定。45FR40100，1980 年 6 月 13 日修订。55FR35562，1990 年 8 月 31 日；56FR37825，1991 年 8 月 9 日重新制定，56FR66785，1991 年 12 月 26 日修订］

§113.109　污泥梭菌细菌灭活疫苗——类毒素

本品系用污泥梭状芽孢杆菌培养物灭活制成的无毒性疫苗。每批制品除应符合 §113.100 节有关要求外，还应按本节要求进行无菌、安全和效力检验。

（a）无菌检验。按 §113.26 节要求对每批和每亚批成品的最终容器样品进行检验，应无细菌和霉菌生长。

（b）按 113.38 节要求对每批成品的罐装或最终容器样品进行检验。

（c）效力检验。按本节的毒素中和试验对每批成品的罐装或最终容器样品进行效力检验。

（1）本试验中所用名词和术语的含义

（ⅰ）抗毒素的国际单位（IU）。与 L_0 及 L_+ 剂量的参考毒素起中和作用的抗毒素的量。

（ⅱ）L_0 剂量。与 1 个单位标准抗毒素混合后注射小鼠而不引起疾病和死亡的最大毒素量。

（ⅲ）L_+ 剂量。与 1 个单位标准抗毒素混合后注射小鼠能引起至少 80% 死亡的最小毒素量。

（ⅳ）标准抗毒素。由 APHIS 提供或认可的，根据《国际污泥梭状芽孢杆菌抗毒素标准》而标定了抗毒素单位的抗毒素制剂。标签上应注明抗毒素单位。

（ⅴ）标准毒素。由 APHIS 提供或认可的毒素制剂。

（ⅵ）稀释液。用于本试验中稀释的溶液。可以根据下述方法制备：每 100mL 蒸馏水中溶解蛋白胨 1g 和氯化钠 0.25g，调节 pH 至 7.2，以 121℃ 高压灭菌 25min，4℃ 下保存备用。

（2）每个菌株用体重 4～8 英磅的家兔至少 8 只，皮下注射，每只不多于牛使用剂量的一半。对于仅推荐用于绵羊的产品，注射剂量则为绵羊使用剂量的一半。第一次注射后 20～23d 内加强接种一次。

（3）第二次注射后 14～17d，将全部存活兔进行放血，检测血清中抗毒素单位。

（ⅰ）混合的血清中应至少含7只兔的血清。

（ⅱ）将每只兔的血清等量混合，作为1份血样进行检验。

（ⅲ）若少于7只，则判检验为"未检验"，应重检；若不重检，则该批产品作不符合规定论。

（4）按下述的血清中和试验方法检测兔血清中抗毒素的含量

（ⅰ）用稀释液将标准抗毒素稀释成每毫升含1IU抗毒素。

（ⅱ）将标准毒素稀释，使 $1.0L_-$ 剂量含于 1mL 或更少量中。另将1份标准毒素稀释，使 $1.0L_+$ 剂量含于 1mL 或更少量中。

（ⅲ）将 1.0IU 标准抗毒素分别与 $1.0L_0$ 和 $1.0L_+$ 剂量标准毒素混合，用稀释液将每份混合物调至 2.0mL。

（ⅳ）将 $1.0L_0$ 剂量的标准毒素与 1.0mL 未稀释的血清混合，用稀释液将混合物调至 2.0mL。

（ⅴ）将所有毒素-抗毒素混合物置于室温下中和 1h 后，保存于冰水中，待注射小鼠。

（ⅵ）每份毒素-抗毒素混合物静脉注射体重16～20g 的瑞士白色小鼠5只，剂量 0.2mL，观察72h，记录死亡情况。

（5）按下列方法判定结果

（ⅰ）接种 1.0IU 标准抗毒素与 $1.0L_0$ 剂量标准毒素混合物的小鼠中，任何一只死亡，判中和试验为"未检验"，应重检；若不重检，则作不符合规定论。

（ⅱ）接种 1.0IU 标准抗毒素与 $1.0L_+$ 剂量标准毒素混合物的小鼠中死亡少于80%，判中和试验为"未检验"，应重检；若不重检，则作不符合规定论。

（ⅲ）接种 1.0mL 未稀释被检血清与 $1.0L_0$ 剂量标准毒素混合物的小鼠中，任何1只死亡，说明每毫升血清中所含抗毒素低于 1.0IU。

（ⅳ）若7只或7只以上兔的血清混合物中抗毒素含量低于 1.0IU/mL，则该批产品为不符合规定。

［39FR16862，1974 年 5 月 10 日制定。42FR61274，1977 年 12 月 2 日；45FR40100，1980 年 6 月 13 日修订。55FR35562，1990 年 8 月 31 日重新制等；56FR37825，1991 年 8 月 9 日；56FR66785，1991 年 12 月 26 日；79FR55969，2014 年 9 月 18 日修订］

§113.110　C 型肉毒梭菌细菌灭活疫苗——类毒素

本品系用 C 型肉毒梭状芽孢杆菌的培养物灭活制成的无毒性灭活疫苗。每批制品除应符合 §113.100 节有关规定外，还应按本节要求进行无菌、安全和效力检验。任何一项检验不符合规定者不得出厂。

（a）无菌检验。按 §113.26 节要求对每批和每亚批成品的最终容器样品进行检验，应无细菌和霉菌生长。

（b）安全检验。按 §113.33（b）对每批最终容器中的成品样品或罐装样品进行检验。

（c）效力检验。用大约同龄的同源易感水貂至少8只，对每批成品的最终容器样品或罐装样品进行效力检验，其中5只用于疫苗接种，3只用作对照。

（1）免疫组每只水貂皮下注射1个水貂使用剂量。21～28d 后，与对照组一起同时以 C 型肉毒梭菌毒素进行腹腔攻击，每只 $10^{4.0}$ 小鼠 MLD。

（2）攻毒后观察 7d，记录肉毒中毒的症状及死亡情况。对照组全部死亡，检验方为有效。免疫组保护数少于80%时，判该批产品不符合规定。

［39FR16862，1974 年 5 月 10 日制定；40FR759，1975 年 1 月 3 日修订。55FR35562，1990 年 8 月 31 日重新制定；56FR66785，1991 年 12 月 26 日修订］

§113.111　C 型产气荚膜梭菌类毒素和细菌灭活疫苗——类毒素

本品系用 C 型产气荚膜梭菌的培养物灭活制成的无毒性制品。每批制品除应符合 §113.100 节有关规定外，还应按本节要求进行无菌、安全和效力检验，任何一项不符合规定者不得出厂。

（a）无菌检验。按 §113.26 对每批和每亚批成品的最终容器样品进行检验，应无细菌和霉菌生长。

（b）安全检验。按 §113.33（b）对每批成品的罐装样品或最终容器样品进行检验。

（c）效力检验。按本节 β 毒素中和试验法对每批成品的罐装样品或最终容器样品进行检验。

（1）本试验中有关名词和术语的含义：

（ⅰ）抗毒素的国际单位（IU）。与 L_0 和 L_+ 剂量的标准毒素起中和作用的 β 抗毒素的量。

（ⅱ）L_0 剂量。与1个单位标准抗毒素混合后注射小鼠而不引起疾病或死亡的最大毒素量。

（iii）L+剂量。与1个单位标抗毒素混合后注射小鼠能引起至少80％死亡的最小毒素量。

（iv）标准抗毒素。由APHIS提供或认可、根据《国际产气荚膜梭菌β抗毒素标准》而标化了抗毒素单位的β抗毒素制剂，标签上应注明抗毒素单位。

（v）标准毒素。APHIS提供或认可的β毒素制剂。

（vi）稀释液。用于本试验中稀释的溶液，可以根据下列方法制备：每100mL蒸馏水中溶解1g蛋白胨和0.25g氯化钠，调至pH7.2，以250℉高压灭菌25min，4℃下保存备用。

（2）用体重4～8英磅的家兔至少8只，皮下注射，每只不多于标签注明的最大使用剂量的一半。仅推荐用于绵羊的产品，注射剂量则为绵羊使用剂量的一半。第一次接种后20～23d内加强接种一次。

（3）第二次注射后14～17d，对所有存活兔采血，检测血清中的抗毒素含量。

（i）混合后作为一份血样进行检验的血样应来自至少7只兔。

（ii）将每只兔的血样等量混合后作为一份血样进行检验。

（iii）若少于7只，则判检验为"未检验"，应重检。若不重检；则该批产品作不符合规定论处。

（4）按下列方法检测兔血清中抗毒素的水平：

（i）将标准抗毒素稀释成每毫升含10个IU抗毒素。

（ii）将标准毒素分别稀释成每毫升含10个L_0剂量和每毫升含10个L+剂量。

（iii）将10个国际单位的标准抗毒素分别与10个L_0剂量稀释的标准毒素及10个L+剂量稀释的标准毒素混合。

（iv）将1mL未稀释血清与10L_0剂量稀释的标准毒素混合。

（v）将所有毒素-抗毒素混合物置室温下中和1h后，保存于冰水中，待注射小鼠。

（vi）每组毒素-抗毒素混合物静注5只体重16～20g瑞士白色小鼠，剂量0.2mL。观察24h、记录死亡情况。

（5）按下列标准进行结果判定：

（i）接种10IU标准抗毒素和10L_0标准毒素混合物的小鼠，任何一只死亡，判检验为"未检

验"，应重检，不重检即作不符合规定论处。

（ii）接种10IU标准抗毒素与10L+标准毒素混合物的小鼠，死亡少于80％，判检验为"未检验"，应重检；若不重检，则判不符合规定。

（iii）若接种血清与10L_0标准毒素混合物的小鼠中出现死亡，则说明血清中抗毒素含量低于10IU/mL。

［39FR16862，1974年5月10日制定。40FR759，1975年1月3日；40FR41088，1975年9月5日修订。55FR35562，1990年8月31日重新制定。56FR66785，1991年12月26日；62FR31330，1997年6月9日；79FR55969，2014年9月18日修订］

§113.112　D型产气荚膜梭菌类毒素和细菌灭活疫苗——类毒素

本品系用D型产气荚膜梭菌接种在适宜培养基上培养后灭活制成的无毒性制品。每批除应符合§113.100节有关要求外，还应根据本节规定进行无菌、安全和效力检验，任何一项检验不符合规定的批次均不得出厂。

（a）无菌检验。按§113.26对每批和每亚批成品的最终容器样品进行检验，应无细菌和霉菌生长。

（b）安全检验。按§113.33（b）对每批成品的罐装样品或最终容器样品进行检验。

（c）效力检验。按本节要求用ε毒素中和试验对每批罐装或最终容器中的成品样品进行检验。

（1）本试验中有关名词和术语的含义：

（i）抗毒素的国际单位（IU）。与L_0和L+剂量的标准毒素起中和作用的ε抗毒素的量。

（ii）L_0剂量。与1/10单位的标准抗毒素混合后注射小鼠而不引起疾病和死亡的最大毒素量。

（iii）L+剂量。与1/10单位的标准抗毒素混合后注射小鼠引起至少80％死亡的最小毒素量。

（iv）标准抗毒素。由APHIS提供或认可的、根据"国际产气荚膜梭菌抗毒素标准"标化了抗毒素单位的抗毒素制剂。标签上应注明抗毒素单位。

（v）标准毒素。APHIS提供或认可的ε毒素制剂。

（vi）稀释液。用于稀释的溶液。可根据下列方法制备：每100mL蒸馏水中溶解1g蛋白胨和

0.25g 氯化钠，调至 pH7.2，以 250℉* 高压灭菌 25min，4℃下保存备用。

（2）用体重 4～8 英磅的家兔至少 8 只，皮下注射，每只不多于标签注明的最大使用剂量的一半。第一次注射后 20～23d 内加强接种一次。

（3）第二次注射后 14～17d，对所有兔采血，检测血清中抗毒素含量。

（ⅰ）混合后作为一份血样进行检验的血样应来自至少 7 只兔。

（ⅱ）将每只兔的血样等量混合后作为一份血样进行检验。

（ⅲ）若少于 7 只，则判检验为"未检验"，应重检。若不重检，则该批产品作不符合规定论处。

（4）按下列方法检测兔血清中抗毒素含量：

（ⅰ）将标准抗毒素稀释成 1IU/mL。

（ⅱ）将标准毒素分别稀释成每毫升含 $10L_0$ 剂量和 $10L_+$ 剂量毒素。

（ⅲ）将 1IU 标准抗毒素分别与 $10L_0$ 和 $10L_+$ 剂量的稀释标准毒素混合。

（ⅳ）将用稀释液进行过 2 倍稀释的血清 1mL 与 $10L_0$ 剂量稀释的标准毒素混合。

（ⅴ）将上述各组毒素-抗毒素混合物置室温下 1h 后，置冰水中，待注射小鼠。

（ⅵ）每组毒素-抗毒素混合物静脉注射 5 只瑞士小鼠（体重 16～20g），每只 0.2mL。观察 24h，记录死亡情况。

（5）判定标准如下：

（ⅰ）若接种 1IU 标准抗毒素和 $10L_0$ 剂量标准毒素的小鼠出现死亡，则判检验为"未检验"，应重检；如不重检，则该批产品作不符合规定论处。

（ⅱ）若接种 1IU 标准抗毒素与 $10L_+$ 剂量标准毒素混合物的小鼠死亡少于 80%，则判检验为"未检验"，应重检；如不重检，则作不符合规定论处。

（ⅲ）若接种血清和 $10L_0$ 剂量标准毒素混合物的小鼠出现死亡，则可认为血清中抗毒素含量低于 2IU/mL。

［39FR16862，1974 年 5 月 10 日 制 定。40FR759，1975 年 1 月 3 日；40FR41088，1975 年 9 月 5 日修订。55FR35562，1990 年 8 月 31 日重新制定。56FR66785，1991 年 12 月 26 日；62FR31330，1997 年 6 月 9 日；79FR55969，2014 年 9 月 18 日修订］

§113.113　自家疫苗

系用培养的微生物灭活后制成的无毒性制品。生产这类制品只能在兽医-用户-患者关系下供兽医使用或在兽医指导下使用。如经署长批准，这类产品也可在特殊情况下（如水产养殖中）供专门技术人员指导使用。

每批自家疫苗均应符合本节各项要求，经任何一项检验不符合规定的，均不能使用。

（a）种子标准。用作自家疫苗种子的微生物应分离自来源畜群中的患病或死亡动物，并有理由相信其确系目前正在影响这些动物的疾病病原菌。

（1）可以使用从同一群动物中分离到的一个以上的微生物。

（2）正常情况下，从一群动物中分离的微生物制成的疫苗不能用于另一群动物，但是当邻近畜群正在受到威胁时，署长可以批准使用这些自家疫苗。在生产厂家申请生产灭活自家疫苗用于邻近动物群时，应向署长递交下列资料（若某项资料缺少，则申请者应注明缺少的项目并说明不能获得该项资料的原因）。

（ⅰ）来源畜主的姓名、住址和电话号码。

（ⅱ）有关兽医人员的姓名、地址和电话号码。

（ⅲ）来源畜群中患病动物的种类和数量。

（ⅳ）微生物鉴定，至少应鉴定到种。

（ⅴ）观察到的疾病的诊断或临床症状。

（ⅵ）该微生物分离人的姓名、住址和分离日期。

（ⅶ）拟生产的自家疫苗的头份数和免疫程序。

（ⅷ）每个邻近动物群畜主姓名、住址和电话号码。

（ⅸ）每个邻近动物群的动物种类和数目。

（ⅹ）有关兽医和专家对邻近动物群收到的风险评估。

当申请者在邻近动物群中使用灭活自家疫苗时，应向官方兽医或其他有关州级官员发出书面通知。

（3）对于不在邻近地区、但被认为受到相同微生物感染的威胁时，署长亦可批准生产该种灭活自家疫苗。申请时除应向署长提交上述资料外，还应提交下述资料。当灭活自家疫苗在其他地区应用时，对动物群的情况可能不清楚，因此应用下列资料代替（a）（2）（ⅷ）和（a）（2）（ⅸ）。

（ⅰ）当地从业者的姓名、住址（取代邻近动

---

* 译者注：非法定计量单位，℉＝℃×1.8＋32。

物群畜主的姓名、电话号码）。

（ⅱ）有关地名。

（ⅲ）拟使用该自家疫苗的地区与原发地区之间的疾病流行概况。

另外，申请者还应提供由官方兽医或其他有关官员出具的、允许将自家灭活疫苗用于非邻近动物群的文件。

（4）通常情况下，用于制备灭活自家疫苗的微生物距分离日不得超过 15 个月，或距该微生物首次用于制备自家灭活疫苗的收获日不超过 12 个月。但是如果申请者能提供下述资料，则署长可以批准将过期的微生物用于生产。

（ⅰ）有关兽医人员或专家出具的、对动物群受该病致病性微生物感染的最新评估，包括为作出这些评估而进行的诊断工作总结。

（ⅱ）以前使用这种灭活自家疫苗的效果。

（ⅲ）署长所需的其他资料。

（b）限制。除经署长批准外，每批灭活自家疫苗必须受到下列限制。

（1）对已批准用于生产灭活自家疫苗的微生物，在规定的保存期后，注册厂家不得再行保存。

（2）灭活自家疫苗的保存期，自收获之日起不得超过 18 个月。

（c）自家疫苗检验标准：

（1）应按§113.26 的无菌检验要求和§113.33（b）或§113.38 的安全检验要求，对第一批或第一亚批成品的最终容器样品进行无菌检验和安全检验。

（ⅰ）当一批或一个亚批的最终容器数目不多于 50 个时，每批和每亚批取 2 份最终容器样品按§113.26（b）进行检验。只是每份样品的每种培养基用 5 支试管，各接种 1mL。

（ⅱ）在无菌检验和安全检验中，在观察期的第 3 天，符合规定批次的产品即可发放和向用户运载，同时检验继续进行。

（ⅲ）根据第 3 天时的符合规定结果发放的制品，一旦在剩余的观察期内观察到污染的迹象或安检动物发病或死亡时，应立即收回该批产品。

（ⅳ）应在 1 月、4 月、7 月、10 月的 21 日前按季度（或根据署长要求的时间）将检验汇总表提交给署长。

（2）除第一批或第一亚批以外的每批或每亚批细菌性灭活自家疫苗除应符合§113.100 的有关一般要求外，还应符合本节的特殊要求。除第一批或

第一亚批以外的每批或每亚批病毒性灭活自家疫苗除应符合§113.200 的有关一般要求外，还应符合本节的特殊要求。任何一项检验不符合规定的批或亚批均不得出厂。

（ⅰ）纯净检验。按§113.26 对每批或每亚批成品的最终容器样品进行细菌和霉菌检验。当某批或某亚批的最终容器数量小于等于 50 时，按§113.26（b）取 2 份最终容器样品进行检验，但是，每份样品的每种培养基用 5 支试管，每管接种 1mL。

（ⅱ）安全检验。按§113.33（b）或§113.38 对每批成品的罐装或最终容器样品进行检验。

（ⅲ）鉴别检验。所有生产用微生物均须按下列要求进行鉴定：细菌、真菌和支原体应至少鉴别到属和种；病毒应至少鉴别到科。从分离之日起 15 个月后或从用于生产第一批产品的收获之日起 12 个月后，该种微生物必须鉴定到株和（或）血清型，否则不能继续用于生产。

（ⅳ）抗原性或免疫原性和效力。在微生物分离之日起 24 个月后，申请生产额外批次的灭活自家疫苗前，应进行下列额外试验。

（A）应用使用对象动物对成品进行抗原性或免疫原性试验，也可用其他种类的、在科技文献中曾报道过其免疫反应与使用对象动物的免疫反应有一定相关性的动物。这种试验应根据生产厂家的生产大纲进行，并应经署长同意。检验结果应报请 APHIS 审核。经检验证明没有抗原性（即不能诱导明显的血清学反应）或免疫原性的微生物不能用于生产。

（B）对于灭活自家疫苗中的某些组分，如果在"标准"中已经建立起效力检验方法，则应取每批成品的罐装或最终容器样品，按本书的有关方法进行效力检验。如果用于生产这些组分的微生物与标准的效力检验中所用试剂或攻毒用微生物分属不同株或血清型，则可用生产用微生物作为试剂或攻毒用微生物。

（C）对于产品中的某些或全部组分，如果尚未建立起标准的效力检验方法，则应按生产大纲中的方法对这些组分进行效力检验，或至少应该标定产品中含有按 C（2）（ⅳ）（A）检验证明具有免疫原性或抗原性的这些抗原成分。

[57FR38756，1992 年 8 月 27 日制定。59FR67616，1994 年 12 月 30 日；64FR43044，1999 年 8 月 9 日；67FR15713，2002 年 4 月 3 日；75FR20773，2010 年 4 月 21 日修订]

§113.114　破伤风类毒素

本品系用破伤风梭状芽孢杆菌的培养物灭活制成的无毒性制品，可以是经过吸附、沉淀或提纯浓缩的。除应符合§113.100 节有关规定外，还应按本节要求进行无菌、安全和效力检验。任何一项检验不符合规定的批次均不得出厂。

（a）无菌检验。按§113.26 节对每批和每亚批成品的最终容器样品进行活的细菌和霉菌检验。

（b）安全检验。按§113.33（b）对每批成品的罐装或最终容器样品进行检验。

（c）效力检验。应对每批成品的罐装或最终容器样品进行检验。豚鼠至少 10 只、雌雄各半，每只体重 450～550g，皮下注射各 0.4 个最大使用剂量。

（1）6 周后，对所有存活豚鼠采血，各取不少于 0.5mL 血清，等量混合。用于检验的血清混合物应来自于至少 8 只豚鼠，否则检验无效。

（2）用 APHIS 认可的 ELISA 方法测定每毫升血清中的抗毒素单位（AU）。

（3）若混合血清的抗毒素效价不低于 2.0AU/mL，则该批为符合规定；若低于 2.0AU/mL，则应按下述方法重检；若不重检，则判不符合规定。

（4）当血清中的抗毒素低于 2.0AU/mL 时，应对混合血样的各个单个血清样品进行 ELISA 试验。若至少 80% 单个血清样品中的抗毒素大于等于 2.0AU/mL，则判该批产品符合规定。若少于 80% 单个血清样品中的抗毒素大于等于 2.0AU/mL，则用 10 只豚鼠按（c）（1）和（c）（2）中的方法重检一次。将重检的混合血样中的抗毒素含量与首次检验的混合样品的抗毒素含量平均。若平均数大于等于 2.0AU/mL，则判该批符合规定。若低于 2.0AU/mL，则判不符合规定，不得再重检。

［39FR16862，1974 年 5 月 10 日制定。46FR23224，1981 年 4 月 24 日；50FR24905，1985 年 6 月 14 日修订。55FR35562，1990 年 8 月 31 日重新制定。56FR37827，1991 年 8 月 9 日；56FR66785，1991 年 12 月 26 日修订］

§113.115　金黄色葡萄球菌灭活疫苗——类毒素

本品系用金黄色葡萄球菌产毒素菌株的类毒素肉汤培养物灭活制成的无毒性制品。每批成品除应符合§113.100 节有关规定外，还应按本节要求进行无菌、安全和效力检验，任何一项检验不符合规定的批次不得出厂。

（a）无菌检验。按§113.26 对每批成品的最终容器样品进行细菌和霉菌检验。

（b）安全检验。按§113.33（b）对每批成品的罐装样品或最终容器样品进行检验。此外，按本节（c）的要求进行效检的家兔也构成了额外的安全检验。观察期内，若出现产品本身所致的不良反应，则该批为不符合规定。

（c）效力检验。用体重 2 000～3 000g 的家兔进行检验。取 5 只家兔的血清分别检测各个血清，或者取 8 只家兔的混合血清进行检测。检测前，5 只家兔各自的血清或 8 只家兔的混合血清中的 α-抗毒素应低于 0.2U/mL。

（1）每只家兔每隔 7d 肌内注射一次，共 3 次，剂量分别为 1.0mL、2.0mL、3.0mL。最后一次注射后观察 7～14d，观察期满分别采血。

（2）按本节（c）（3）、（4）、（5）、（6）、（7）、（8）测定 5 只家兔各自的血清或 8 只家兔混合血清中的葡萄球菌 α-抗毒素单位。

（3）将血清在 56℃ 中灭能 30min。

（4）作 2 倍系列稀释，每个稀释度取 1mL 进行测定。为了准确判定结果，应设立适宜对照。

（5）加经标化过的含"Lh"剂量的毒素 1mL。"Lh"剂量为与 1 单位标准抗毒素混合后能使兔红细胞 50% 溶血的毒素量。

（6）将毒素-抗毒素混合物置室温下中和 30min，加入 1.5% 的新鲜兔红细胞生理盐水悬液 1mL，摇匀，37℃水浴 1h 后，置 5℃冰箱过夜。

（7）观察溶血情况，根据未溶解的红细胞形成的扣状物大小确定 50% 溶血终点。

（8）确定每毫升血清中的抗毒素单位数。

（9）若 5 只兔中 4 只兔的单独血清中或 8 只兔的混合血清中 α-抗毒素含量低于 3U/mL，则该批为不符合规定。

［39FR16862，1974 年 5 月 10 日制定；55FR35562，1990 年 8 月 31 日重新制定。56FR66785，1991 年 12 月 26 日修订］

§113.116　禽 4 型多杀性巴氏杆菌灭活疫苗

本品系用禽源 4 型多杀性巴氏杆菌培养物灭活制成的无毒性制品。每批产品除应符合§113.100 节规定外，还应按本节要求进行无菌、安全、效力检验，任何一项检验不符合规定的批次不得出厂。

（a）无菌检验。按§113.26对成品的最终容器样品进行检验，应无细菌和霉菌生长。

（b）安全检验。在按本节（c）进行的效力检验，对攻毒前的疫苗接种火鸡进行观察，即是安全检验。若出现疫苗本身所致的不良反应，则该批次判不符合规定；若有1只火鸡出现非疫苗本身所致的不良反应，则根据其余20只火鸡的情况判定结果；若2只或2只以上火鸡出现非疫苗本身所致的不良反应，则判检验为"未检验"，应重检；若不重检，即作不符合规定论处。

（c）效力检验。取至少6周龄的同来源同批孵化火鸡，采用本节中的二步法对每批成品的罐装或最终容器样品进行检验。

（1）免疫组。用不超过21只火鸡，按标签标明的剂量和方法进行接种，3周后加强免疫一次，再观察2周。

（2）对照组。用不多于11只火鸡作对照。

（3）攻毒。第二次接种后至少14d，用20只免疫组火鸡、10只对照组火鸡，每只肌内注射禽4型多杀性巴氏杆菌强毒 P-1662 株，逐日观察14d，根据死亡数判定检验结果。

（4）有效检验的标准。对照组应至少死亡8只。符合此条件后按下表的第一阶段部分判定结果；若不符合此条件，则判为"未检验"，可重检；不重检，即作不符合规定论处。

检验阶段	接种动物数（只）	累计接种动物数（只）	接种动物累计死亡数（只）	
			符合规定批	不符合规定批
1	20	20	≤6	≥9
2	20	40	≤15	≥16

（5）根据效力检验第一阶段结果判定产品是否符合规定；但是，若第一阶段死亡7或8只，则应进行第二阶段检验，若不进行，则作不符合规定论处。

（6）第二阶段检验方法同第一阶段。根据表中第二阶段部分的判定标准，以两个阶段检测结果的累计数据，判定产品是否符合规定。

［47FR5795，1982 年 2 月 4 日；47FR6817，1982 年 2 月 17 日制定。52FR9117，1987 年 3 月 23 日修订。55FR35562，1990 年 8 月 31 日重新制定。56FR66785，1991 年 12 月 26 日修订］

§113.117　禽1型多杀性巴氏杆菌灭活疫苗

本品系用禽1型多杀性巴氏杆菌（按 Little 和 Lyons 分类法）培养物灭活制成的无毒性制品。每批产品除应符合§113.100节有关规定外，还应按本节要求进行无菌检验、安全检验和效力检验，任何一项检验不符合规定的批次均不得出厂。

（a）无菌检验。按§113.26节对成品的最终容器样品进行无菌检验，应无细菌和霉菌生长。

（b）安全检验。效检中攻毒前的免疫鸡即为安检动物。在观察期间若出现产品本身所致的不良反应，则判产品不符合规定；若有1只鸡出现非产品本身所致的不良反应，则应根据其余20只鸡的情况作出判定；若2只或2只以上鸡出现非产品本身所致的不良反应，则判检验为"未检验"，应重检；不重检，则作不符合规定论处。

（c）效力检验。用至少12周龄的同来源同批孵化鸡，按本节二步法对成品的罐装样品或最终容器中样品进行1型菌的效力检验。

（1）疫苗接种组。用不多于21只鸡，按标签注明的途径和剂量进行接种，3周后加强接种一次，继续观察2周。

（2）对照组。用不多于11只鸡作对照。

（3）攻毒。第二次接种后至少14d，用20只免疫接种鸡、10只对照鸡，以多杀性巴氏杆菌1型强毒 X-73 株肌内注射，每只至少 250 菌落形成单位（CFU），观察14d，根据死亡数判定结果。

（4）结果判定。对照组鸡应死亡8只或8只以上，检验方为有效。符合此要求后，按下表中第一阶段部分判定结果；不符合此要求者，判"未检验"，应重检，否则作不符合规定论处。

检验阶段	接种动物数（只）	累计接种数（只）	接种疫苗组累计死亡数（只）	
			符合规定批	不符合规定批
1	20	20	≤6	≥9
2	20	40	≤15	≥16

（5）根据效力检验第一阶段结果判定产品符合规定与否。但是，若第一阶段死亡 7～8 只，则可进行第二阶段的检验，否则判不符合规定。

（6）第二阶段的检验方法同第一阶段，根据表中第二阶段的累计数判定产品是否符合规定。

［39FR16866，1974 年 5 月 10 日；39FR20368，1974 年 6 月 10 日制定。40FR759，1975 年 1 月 3 日；40FR23989，1975 年 6 月 4 日；47FR5195，1982 年 2 月 4 日；52FR9118，1987 年 3 月 23 日修订。55FR35562，1990 年 8 月 31 日重新制定。56FR66785，1991 年 12 月 26 日修订］

§113.118　禽 3 型多杀性巴氏杆菌灭活疫苗

本品系用禽 3 型多杀性巴氏杆菌（按 Little 和 Lyons 分类法）的培养物经灭活制成的无毒性疫苗。每批产品除应符合 §113.100 节有关规定外，还应按本节要求进行无菌检验、安全检验和效力检验，任何一项检验不符合规定的批次均不得出厂。

（a）无菌检验。按 §113.26 节对成品的最终容器样品进行无菌检验，应无细菌和霉菌生长。

（b）安全检验。对本节（c）效力检验中免疫火鸡在攻毒前期间的观察即为安全检验。若出现产品本身所致的不良反应，则判该产品不符合规定；若有 1 只火鸡出现非疫苗本身所致的不良反应，则应根据其余 20 只火鸡的情况判定结果；若 2 只或 2 只以上火鸡出现非疫苗本身所致不良反应，则判检验为"未检验"，应重检，否则该批产品作不符合规定论处。

（c）效力检验。用至少 6 周龄的同来源同批孵化的火鸡，按本节两步法，对成品的罐装样品或最终容器中的样品进行效力检验。

（1）免疫组。取不多于 21 只火鸡，按标签注明的方法和剂量进行接种，3 周后加强接种一次，继续观察 2 周后攻毒。

（2）对照组。用不多于 11 只火鸡作对照。

（3）攻毒。第二次接种后至少 14d，用 20 只免疫火鸡及 10 只对照火鸡，以禽 3 型多杀性巴氏杆菌强毒 P-1059 株肌内注射，每只至少 150 菌落形成单位（CFU），逐日观察 14d，根据死亡数判定结果。

（4）结果判定。对照组死亡 8 只或 8 只以上，检验方为有效。符合此要求后，根据表中第一阶段的标准判定结果，不符合此要求者，则判"未检验"，应重检；若不重检，则作不符合规定论处。

检验阶段	接种动物数（只）	累计接种数（只）	免疫组累计死亡数（只）	
			符合规定批	不符合规定批
1	20	20	≤6	≥9
2	20	40	≤15	≥16

（5）根据效力检验第一阶段结果判定产品是否符合规定。但是，若第一阶段死亡 7 或 8 只，则可进行第二阶段检验，否则判该批产品不符合规定。

（6）第二阶段的检验方法同第一阶段，根据表中第二阶段的累计数判定产品是否符合规定。

［39FR16862，1974 年 5 月 10 日 制 定。40FR759，1975 年 1 月 3 日；47FR5195，1982 年 2 月 4 日；52FR9118，1987 年 3 月 23 日修订。55FR35562，1990 年 8 月 31 日重新制定。56FR66785，1991 年 12 月 26 日修订］

§113.119　猪丹毒灭活疫苗

本品系用猪丹毒丝菌（红斑丹毒丝菌）的培养物经灭活制成的无毒性疫苗。每批产品除应符合 §113.100 的规定外，还应按本节要求进行无菌检验、安全检验和效力检验，任何一项检验不符合规定的批次均不得出厂。

（a）无菌检验。按 §113.26 规定对每批和每亚批成品的最终容器样品进行检验，应无细菌和霉菌生长。

（b）安全检验。按 §113.38 节规定对每批成品的罐装样品或最终容器样品进行检验。

（c）效力检验。用本节的小鼠保护试验对每批成品的罐装或最终容器样品进行检验。小鼠剂量应为标签上注明的猪最小剂量的 1/10，猪使用剂量应不低于 1mL。

（1）将被检疫苗对小鼠的保护力与 APHIS 提供或认可的标准参考疫苗作比较。

（2）用生理盐水将被检疫苗及参考疫苗分别进行至少 3 个稀释度的 3 倍系列稀释。

（3）皮下接种体重 16～22g 的小鼠，每个稀释度至少 20 只，每只接种 1 个小鼠剂量。

（4）接种后 14～21d，用猪丹毒丝菌强毒皮下注射，每只至少 100 个小鼠 LD_{50}。10d 后记录存活数。

（5）有效检验的要求。参考菌苗的保护率应至少有 2 个稀释度高于 0，2 个稀释度低于 100%；最低稀释度的保护率应高于 50%，最高稀释度的保护率应低于 50%。

（6）根据下列公式比较参考菌苗和被检菌苗的 50% 终点稀释度（保护 50% 的小鼠的最大稀释度），确定被检菌苗的相对效力（relative potency，RP）：

$$RP = \frac{被检苗\,50\%\,终点稀释度的倒数}{参考苗\,50\%\,终点稀释度的倒数}$$

（7）若被检疫苗的 RP<0.6，则判该批疫苗为不符合规定。

（8）在一次有效检验中，因被检菌苗最低稀释度保护率低于 50% 而计算不出 50% 终点稀释度时，则应按上述方法重检；若不重检，或最低稀释度的参考菌苗比最低稀释度的被检苗的保护数多6只或6只以上，或参考菌苗的保护总数比被检菌苗的保护总数多8只或8只以上，则判该批产品不符合规定。

（9）在一次有效检验中，若被检菌苗最高稀释度保护率高于50%，而无法计算50%终点稀释度时，可不必再做检验，判产品符合规定。

（10）若RP＜0.6，则可用相同方法进行双份重检，计算平均RP值。若RP＜0.6，则判不符合规定，不必再检；若RP≥0.6，则按下列方法判定：

（ⅰ）若第一次检验的RP值低于或等于重检结果的1/3，则可认为第一次检验结果系由检测系统误差造成，判该批产品效检符合规定。

（ⅱ）若第一次检验结果高于重检结果平均值的1/3，则可计算所有试验的平均结果；若仍低于0.6，则判效检不符合规定。

［39FR16866，1974年5月10日制定。40FR759，1975年1月3日；40FR20067，1975年5月8日；40FR51414，1975年11月5日；44FR71408，1979年12月11日；50FR23795，1985年6月6日；51FR23731，1986年7月1日修订。55FR35562，1990年8月31日；56FR66785，1991年12月26日；56FR66785，1991年12月26日重新制定］

§113.120　鼠伤寒沙门氏菌灭活疫苗

本品系用鼠伤寒沙门氏菌的培养物灭活制成的无毒性疫苗。每批产品除应符合§113.100节的有关规定外，还应按本节要求进行无菌检验、安全检验和效力检验，任何一项检验不符合规定的产品均不得出厂。

（a）无菌检验。按§113.26节对成品的最终容器样品进行检验，应无细菌和霉菌生长。

（b）安全检验。按§113.33（b）对每批成品的罐装样品或最终容器样品进行检验。

（c）效力检验。按下列方法对每批成品的罐装或最终容器样品用小鼠进行效力检验。1个小鼠剂量为标签上注明的其他动物最小剂量的1/20，此种最小剂量不应少于2mL，

（1）将被检菌苗对小鼠的保护率与APHTS提供或承认的标准参考菌苗进行比较。

（2）用PBS将被检品及标准品分别作至少3个稀释度的10倍系列稀释。

（3）腹腔接种16～22g的小鼠，每个稀释度至少20只，每只1个小鼠剂量。14d后加强接种一次。

（4）第二次接种后7～10d，自每组取20只接种过的小鼠，用鼠伤寒沙门氏菌强毒菌株腹腔注射，每只0.25mL（含100～10 000个小鼠LD_{50}），14d后记录每组的存活数。

（5）有效检验的标准。标准品对小鼠的保护率，应至少有2个稀释度高于0，2个稀释度低于100%；在最低稀释度时，保护率应超过50%；在最高稀释度时，保护率应低于50%。

（6）按照公式比较标准品与被检品的50%终点稀释度（即保护50%小鼠的最大稀释度），确定被检品的相对效力RP：

$$RP = \frac{\text{被检苗50\%终点稀释度的倒数}}{\text{参考苗50\%终点稀释度的倒数}}$$

（7）当RP＜0.30时，则该批疫苗不符合规定。

（8）若因最低稀释度的保护率低于50%而不能计算出被检品的50%终点稀释度，则应按同一方法进行重检；若不重检，或最低稀释度的标准品比被检品的保护数多6只或6只以上，或标准品比被检品的保护总数多8只或8只以上，则该批被检疫苗不符合规定。

（9）若检验有效，但被检品最高稀释度的保护率高于50%，而无法计算出被检品的50%终点稀释度，则判该批产品效检符合规定，无需再检。

（10）若RP小于本节（c）（7）条的最小值，则可以用以上同一方法进行双份重检，计算RP平均值。若RP小于最小值，则判不符合规定；若RP大于等于最小值，则按下列方法判定：

（ⅰ）若第一次检验结果仅达到或低于重检平均结果的1/3，则可认为第一次检验结果系由检测系统误差造成，判该批产品符合规定。

（ⅱ）若第一次检验结果大于重检平均结果的1/3，则应计算出所有试验结果的平均值。若此平均值小于本节（c）（7）条的最小值，则该批产品效检不符合规定。

［40FR17003，1975年4月16日制定。42FR59487，1977年11月18日；48FR31008，1983年7月6日修订。55FR35562，1990年8月31日重新制定。56FR66784、66785，1991年12月26日修订］

§113.121　多杀性巴氏杆菌灭活疫苗

本品系用禽型以外的多杀性巴氏杆菌的培养物灭活制成的无毒性制品。每批产品除应符合§113.100 节有关规定外，还应按本节要求进行安全检验、无菌检验和效力检验，任何一项不符合规定的产品均不得出厂。

（a）无菌检验。按§113.26 节对每批和每亚批成品的最终容器样品进行检验，应无细菌和霉菌生长。

（b）安全检验。按§113.33（b）对每批成品的罐装或最终容器中的样品进行检验，接种方法为皮下注射。

（c）效力检验。用小鼠保护试验对每批成品的罐装或最终容器中的样品进行检验。小鼠剂量为标签上其他动物用最小剂量的 1/20，此种最小剂量不应少于 2mL。

（1）将被检苗和 APHIS 提供或认可的标准参照苗对小鼠的保护率进行比较。

（2）用 PBS 将被检苗和参考苗分别作至少 3 个稀释度的 5 倍系列稀释。

（3）用体重 16～22g 的小鼠进行腹腔注射，每个稀释度至少 20 只，每只 1 个小鼠剂量。14d 后加强接种一次。

（4）第二次接种后 10～12d，自每组取 20 只免疫接种过的小鼠，用多杀性巴氏杆菌强毒株进行腹腔注射，每只 0.2mL（含 100～10 000 个小鼠 LD_{50}）。观察 10d 后，记录存活数。

（5）有效检验的标准。参考苗对小鼠的保护率，应至少有 2 个稀释度高于 0，2 个稀释度低于 100%；最低稀释度保护率应高于 50%，最高稀释度保护率应低于 50%。

（6）根据公式比较参考苗与被检苗的 50% 终点稀释度（即保护 50% 小鼠的最大稀释度），确定被检苗的相对效力（RP）：

$$RP = \frac{\text{被检苗 50% 终点稀释度的倒数}}{\text{参考苗 50% 终点稀释度的倒数}}$$

（7）若被检苗 RP<0.50，则判该批疫苗效检不符合规定。

（8）若因被检苗最低稀释度时的保护率低于50%，而不能计算出 50% 终点稀释度，则应按相同方法进行重检；若不重检，或最低稀释度的参考苗比被检苗的保护数多 6 只或 6 只以上，或参考苗的保护总数比被检苗多 8 只或 8 只以上，则判效检不符合规定。

（9）若检验有效，但因被检苗最高稀释度时的保护率超过 50% 而无法计算 50% 终点稀释度，则无需再检，判效检符合规定。

（10）若 RP 小于本节（c）（7）条的最小值，则可以用以上同一方法进行双份重检，计算 RP 平均值。若 RP 小于最小值，则判不符合规定；若 RP 大于等于最小值，按下列方法判定：

（i）若第一次检验结果小于等于重检平均结果的 1/3，则认为第一次检验结果系由检测系统误差造成，判该批产品效检符合规定。

（ii）若第一次检验结果大于重检平均结果的 1/3，则应计算所有试验结果的平均值。若此平均值小于本节（c）（7）条的最小值，则判该批产品效检不符合规定。

［40FR17004，1975 年 4 月 16 日制定。42FR59487，1977 年 11 月 18 日；48FR31008，1983 年 7 月 6 日修订。55FR35562，1990 年 8 月 31 日重新制定。56FR66784、66785，1991 年 12 月 26 日修订］

§113.122　猪霍乱沙门氏菌灭活疫苗

本品系用猪霍乱沙门氏菌培养物灭活制成的无毒性灭活疫苗。每批产品除应符合§113.100 节有关规定外，还应按本节要求进行无菌检验、安全检验和效力检验，任何一项检验不符合规定的批次均不得出厂。

（a）无菌检验。按§113.26 节对成品最终容器中的样品进行检验，应无细菌和霉菌生长。

（b）安全检验。按§113.33（b）对每批成品的罐内样品或最终容器样品进行检验。

若与多杀性巴氏杆菌灭活疫苗制成联苗，则接种途径应采用皮下注射。

（c）效力检验。用小鼠对每批成品的罐装样品或最终容器样品进行保护性试验，1 个小鼠剂量为标签上注明的其他动物最小使用剂量的 1/20，此种最小使用剂量不应少于 2mL。

（1）将被检苗与 APHIS 提供或认可的参考苗对小鼠的保护力进行比较。

（2）用 PBS 将被检苗和参考苗分别作至少 3 个稀释度的 5 倍系列稀释。

（3）用稀释后的参考苗和被检苗分别对体重 16～22g 的小鼠进行腹腔注射，每个稀释度至少 20 只。14d 后以同样方式加强接种一次。

（4）第二次注射后 7～10d，自每组接种过的小鼠中取出 20 只，用猪霍乱沙门氏菌强毒进行腹腔攻毒，每只 0.25mL（含 10～10 000 小鼠 LD_{50}），14d 后记录存活数。

（5）有效检验的标准：标准品对小鼠的保护率应至少有 2 个稀释度高于 0，2 个稀释度低于 100%，最低稀释度保护率应高于 50%，最高稀释度保护率应低于 50%。

（6）按公式比较标准品与被检苗的 50% 终点稀释度（即保护 50% 小鼠的最大稀释度），确定被检苗时相对效力（RP）：

$$RP = \frac{被检苗 50\% 终点稀释度的倒数}{参考苗 50\% 终点稀释度的倒数}$$

（7）若被检苗 RP < 0.50，则判为不符合规定。

（8）若因被检苗最低稀释度的保护率低于 50% 而不能计算出被检苗的 50% 终点稀释度，则应按相同方法进行重检；若不重检，或最低稀释度的参考苗比被检苗的保护数多 6 只或 6 只以上，或参考苗的保护总数比被检苗的保护总数多 8 只或 8 只以上，则判效检不符合规定。

（9）若检验有效，但因被检苗最高稀释度的保护率超过 50% 而无法计算 50% 终点稀释度，则无需再检，即可判效检符合规定。

（10）若 RP 小于本节（c）（7）条的最小值，可以用以上同一方法进行双份重检，计算 RP 平均值。若 RP 小于最小值，则判不符合规定；若 RP 大于等于最小值，则按下列方法判定：

（i）若第一次检验结果等于或低于重检平均结果的 1/3，则认为第一次检验结果系由检测系统误差造成，判产品符合规定。

（ii）若第一次检验结果大于重检平均结果的 1/3，则计算所有检验结果的平均值；若此值仍小于本节（c）（7）条的最小值，则判产品不符合规定。

［43FR25077，1978 年 6 月 9 日制定；48FR31008，1983 年 7 月 6 日修订。55FR35562，1990 年 8 月 31 日重新制定；56FR66785，1991 年 12 月 26 日修订］

§113.123　都柏林沙门氏菌灭活疫苗

本品系用都柏林沙门氏菌培养灭活制成的无菌灭活疫苗。每批产品除应符合 §113.100 节有关要求外，还应按下列规定进行无菌检验、安全检验和效力检验，任何一项检验不符合规定的批次均不得出厂。

（a）无菌检验。按 §113.26 节对成品的最终容器样品进行检验，应无细菌和霉菌生长。

（b）安全检验。按 §113.33（b）对每批成品的罐装样品或最终容器样品进行安全检验。

（c）效力检验。用小鼠对每批成品的罐装样品或最终容器样品进行效力检验。1 个小鼠剂量为标签上注明其他动物最小使用剂量的 1/20，此最小使用剂量应不低于 2mL。

（1）将被检苗与 APHIS 提供或认可的参考苗对小鼠的保护力进行比较。

（2）用 PBS 将被检苗和参考苗分别作至少 3 个稀释度的 10 倍系列稀释。

（3）用体重 16～22g 的小鼠进行腹腔注射，每个稀释度至少 20 只。14d 后加强接种一次。

（4）接种后 7～10d，自每组接种过的小鼠中各取出 20 只，用都柏林沙门氏菌强毒株进行腹腔注射，每只 0.25mL（含 1 000～100 000 个小鼠 LD_{50}），观察 14d，记录死亡数。

（5）有效检验的标准：参考苗对小鼠的保护率，应至少有 2 个稀释度高于 0，2 个稀释度低于 100%；最低稀释度时的保护率应高于 50%，最高稀释度时的保护率应低于 50%。

（6）根据下列公式比较参考苗与被检苗的 50% 终点稀释度（即保护 50% 小鼠的最大稀释度）来确定被检苗的相对效力（RP）：

$$RP = \frac{被检苗 50\% 终点稀释度的倒数}{参考苗 50\% 终点稀释度的倒数}$$

（7）若 RP < 0.30，则判效检不符合规定。

（8）若因最低稀释度时的保护率不低于 50% 而不能计算出被检苗的 50% 终点稀释度，则应按相同方法进行重检；若不重检，或最低稀释度时的参考苗比参考苗的保护数多 6 只或 6 只以上，或参考苗的保护总数比被检苗的保护总数多 8 只或 8 只以上，则判效检不符合规定。

（9）若试验有效，但因最高稀释度时的保护率超过 50% 而不能计算出被检苗的 50% 终点稀释度，则无需再检，即可判效检符合规定。

（10）若 RP 小于本节（c）（7）条的最小值，可以用以上同一方法进行双份重检，则计算 RP 平均值。若 RP 小于最小值，则判不符合规定；若 RP 大于等于最小值，按下列方法判定：

（i）若第一次检验结果低于等于重检平均结果的 1/3，则认为第一次检验结果系由检测系统误差造成，判效检符合规定。

（ⅱ）若第一次检验结果大于重检平均结果的 1/3，则应计算出所有试验结果的总平均值。若此值仍小于本节（c）（7）条的最小值，则判效检不

符合规定。

［43FR25077,1978 年 6 月 9 日制定；48FR31008，1983 年 7 月 6 日修订。55FR35562,1990 年 8 月 31 日重新制定;56FR66785,1991 年 12 月 26 日修订］

病 毒 灭 活 疫 苗

§113.200 病毒灭活疫苗的一般要求

若在标准或生产大纲中有此项规定，则应符合下列要求。

（a）灭活剂。应用适宜的药物杀死（灭活）疫苗病毒，此程序称之为"灭活"。备案的生产大纲中应规定适用的可确保灭活彻底的检验方法。

（b）细胞培养物的要求。若疫苗生产过程中采用细胞培养，则原代细胞应符合§113.51 节的要求，细胞系应符合§113.52 节的要求。

（c）无菌检验

（1）细菌和霉菌。按§113.26 节对每批成品的最终容器样品进行检验。

（2）禽源疫苗。用每批成品的罐装混合材料样品或最终容器样品进行下列检验。

（ⅰ）按§113.30 节规定检查沙门氏菌污染；和

（ⅱ）按§113.31 节规定检查禽淋巴白血病病毒污染；和

（ⅲ）按§113.34 节规定检查血凝性病毒污染。

（3）支原体。若执照持有者不能证明用于杀灭疫苗病毒的药物亦能杀灭支原体，则须按§113.28 节规定，在加入灭活剂前，对每批产品进行支原体检验。发现有支原体污染者不得使用。

（4）外源病毒。按§113.55 节规定对禽用疫苗以外的灭活疫苗的每批基础种子进行外源病毒检验。

（d）安全检验。§113.38 节规定用豚鼠和按§113.33 节规定用小鼠，对每批成品最终容器中的样品进行检验。仅供禽用的灭活疫苗则无须进行此项检验。

（e）杀病毒活性检验。只有按§113.35 节规定进行杀病毒活性检验符合规定的产品才能与冻干组分一起包装，用作冻干组分的稀释剂。

（f）甲醛含量测定。若用甲醛作为灭活剂，用氯化铁试验法进行游离甲醛残留量测定，其游离甲醛残留量不得超过 0.74g/升。未采用氯化铁检测法进行游离甲醛残留量检测的公司，必须在 2004 年 7 月 14 日前对其生产大纲进行更新。

［39FR27458，1974 年 7 月 29 日制定。40FR23989，1975 年 6 月 4 日；43FR49528，1978 年 10 月 24 日修订。55FR35562，1990 年 8 月 31 日重新制定。68FR35283，2003 年 6 月 13 日；79FR31021，2014 年 5 月 30 日修订］

§113.201 犬瘟热灭活疫苗

本品系用含有犬瘟热病毒的细胞液灭活制成。只有经检验证明纯净、安全且具免疫原性的基础种子才能用于疫苗生产。毒种代次为 1～5 代。

（a）基础毒种应符合§113.200 节中的有关一般要求。

（b）应对按照生产大纲、用基础种毒生产出的疫苗进行免疫原性测定。测定的疫苗应是用基础种子传代最高的代次和生产大纲中规定的灭活前最低滴度病毒液制成的。

用 25 只犬瘟热易感犬（20 只免疫犬和 5 只对照犬）作为实验动物。对每只犬采血，分别检测犬瘟热中和抗体，以确定犬的易感性。在细胞培养物上进行的中和试验中采用固定病毒-稀释血清法，病毒用量为 50～300TCID$_{50}$。如果 1：2 稀释的血清无中和作用，则可认为该犬对犬瘟热易感。

（1）按标签注明方法对 20 只犬分别接种 1 头份疫苗。如推荐接种两次，应按标签上要求的时间进行第二次接种。

（2）最后一次接种后至少 14d，用 APHIS 提供或批准的犬瘟热病毒强毒株对所有免疫犬和对照犬进行脑内攻击，并逐日观察 21d。

（3）5 只对照犬中至少应有 4 只死亡，存活犬应出现犬瘟热的典型临床症状，否则，判该检验无结果，可重检。

（4）在观察期内，20 只免疫犬中应至少有 19 只存活，且无任何犬瘟热临床症状，否则，判该基础种毒不符合规定。

（c）出厂检验标准。每批产品除应符合§113.200节有关要求外，还应符合本节的安全和效力检验标准。

（1）安全检验。在接种后的观察期内，对效检中接种过疫苗的动物逐日进行观察。若出现疫苗本身所致不良反应，则判为不符合规定。若不良反应并非疫苗本身所致，则判检验无结果，可重检。不重检或重检结果不符合规定，则判该批疫苗不符合规定。

（2）效力检验-血清中和试验。用5只犬瘟热易感犬（4只免疫犬和1只对照犬）作为实验动物，对每批成品的罐装样品或最终容器样品进行检验。对每只犬采血，分别检测犬瘟热中和抗体，以确定犬的易感性。

（ⅰ）在细胞培养物上进行的中和试验中采用固定病毒-稀释血清法，病毒用量为 $50\sim300TCID_{50}$。如果1：2稀释的血清无中和作用，则可认为该犬对犬瘟热易感。

（ⅱ）免疫。按标签注明方法分别对4只犬接种疫苗。如推荐接种两次，应按标签上要求的时间进行第二次接种。对免疫犬逐日观察到最后一次接种后14d。

（ⅲ）血清学检验。在免疫后的观察期结束时，对5只犬分别进行第二次采血，采用易感性检测中所用相同方法检测每份血清中的犬瘟热中和抗体。

（ⅳ）血清中和试验结果判定。对照犬1：2稀释的血清应保持阴性，否则，该检验无结果，可以重检。4只免疫犬中应至少3只犬的抗体效价至少为1：50，另一只犬的抗体效价应至少为1：25，否则，该批为不符合规定，但符合（c）（2）（ⅴ）和（c）（2）（ⅵ）者除外。

（ⅴ）病毒攻毒检验。在有效的血清中和试验中，如结果不符合规定，可用APHIS提供或批准的犬瘟热病毒强毒株对所有免疫犬和对照犬进行脑内攻击，并逐日观察21日。

（ⅵ）病毒攻毒检验结果判定。对照犬应死于犬瘟热，所有免疫犬均应无犬瘟热的临床症状，否则，判该批制品不符合规定。如果对照犬未死于犬瘟热，判该检验无结果，可重检，但若任何免疫犬出现犬瘟热的症状或死亡，则应判该批制品不符合规定。

［60FR14359，1995年3月17日制定］

§113.202　犬肝炎和犬腺病毒2型灭活疫苗

本品系用含有犬肝炎病毒和腺病毒2型的细胞液灭活制成。只有经检验证明纯净、安全且具免疫原性的基础种子才能用于疫苗生产。毒种使用代次为1～5代。

（a）基础种毒应符合§113.200节中的有关一般要求。

（b）应用下列方法中的一种或几种方法对用于疫苗生产的每批基础种毒进行免疫原性测定。用于这些检验的疫苗应是用基础种子传代最高的代次和生产大纲中规定的灭活前最低滴度病毒液制成的。

（1）犬肝炎的免疫原性测定。用25只犬肝炎易感犬（20只免疫犬和5只对照犬）作为实验动物。对每只犬采血，分别检测犬肝炎中和抗体，以确定犬的易感性。在细胞培养物上进行的中和试验中，采用固定病毒-稀释血清法，病毒用量为 $50\sim300TCID_{50}$。如果1：2稀释的血清无中和作用，则可认为该犬为易感犬。

（ⅰ）按标签注明方法对20只犬接种1头份疫苗。如推荐接种两次，应按标签上要求的时间进行第二次接种。

（ⅱ）最后一次接种后至少14d，用APHIS提供或批准的犬肝炎病毒强毒株对所有免疫犬和对照犬进行静脉内注射攻击，并逐日观察14d。

（ⅲ）5只对照犬中至少应有4只出现严重的犬肝炎临床症状，否则，判该检验无结果，可重检。

（ⅳ）在观察期内，20只免疫犬中应至少19只无犬肝炎临床症状，否则，判该基础种毒不符合规定。

（2）犬腺病毒2型的免疫原性测定。用30只易感犬（20只免疫犬和10只对照犬）作为实验动物。对每只犬采血，分别检测犬腺病毒中和抗体，以确定犬的易感性。在细胞培养物上进行的中和试验中采用固定病毒-稀释血清法，病毒用量为 $50\sim300TCID_{50}$。如果1：2稀释的血清无中和作用，则可认为该犬为易感犬。

（ⅰ）按标签注明方法对20只犬接种1头份疫苗。如推荐接种两次，应按标签上要求的时间进行第二次接种。

（ⅱ）最后一次接种后至少14d，用APHIS提供或批准的犬腺病毒强毒株对所有免疫犬和对照犬进行喷雾气溶胶攻击，并逐日观察14d。每日测定每只犬的直肠温度，观察由犬腺病毒2型感染引起的呼吸道或其他症状的出现情况。

（ⅲ）10 只对照犬中至少应有 6 只出现除发热以外的犬腺病毒 2 型感染症状，否则，判该检验无结果，可重检。

（ⅳ）在观察期内，按照 APHIS 批准的计分系统，免疫犬和对照犬的临床症状应存在显著差异，否则，判该基础种毒不符合规定。

（c）出厂检验标准。每批产品除应符合 §113.200 节有关要求外，还应符合本节的安全和效力检验标准。

（1）安全检验。在接种后的观察期内，对本节（c）（2）和/或（c）（3）效检中接种过疫苗的动物进行逐日观察。若出现疫苗本身所致不良反应，则判为不符合规定。若不良反应并非疫苗本身所致，则判检验无结果，可重检。不重检或重检结果不符合规定，则判该批疫苗不符合规定。

（2）犬肝炎效力检验-血清中和试验。用 5 只易感犬（4 只用于免疫接种，1 只用作对照）作为实验动物，对每批成品的罐装样品或最终容器样品进行效力检验。对每只犬采血，分别检测犬腺病毒的中和抗体，以确定犬的易感性。

（ⅰ）在细胞培养物上进行的中和试验中采用固定病毒-稀释血清法，病毒用量为 50～300TCID$_{50}$。如果 1：2 稀释的血清无中和作用，则可认为该犬易感。

（ⅱ）免疫。按标签注明方法对 4 只犬接种疫苗。如推荐接种两次，应按标签上要求的时间进行第二次接种。对免疫犬逐日观察到最后一次接种后 14d。

（ⅲ）血清学检验。在免疫后的观察期结束时，对 5 只犬分别进行第二次采血，采用易感性检测中所用相同方法检测每份血清中的犬腺病毒中和抗体。

（ⅳ）血清中和试验结果判定。对照犬 1：2 稀释的血清应保持阴性，否则，该检验无结果，可以重检。免疫犬中应至少有 75% 犬的抗体效价至少为 1：10，其余犬的抗体效价应至少为 1：2，否则，该批为不符合规定，但符合（c）（2）（ⅴ）和（c）（2）（ⅵ）者除外。

（ⅴ）病毒攻毒检验。在有效的血清中和试验中，如结果不符合规定，可用 APHIS 提供或批准的犬肝炎病毒强毒株对所有免疫犬和对照犬进行静脉内攻击，并逐日观察 14d。

（ⅵ）病毒攻毒检验结果判定。对照犬应出现严重的犬肝炎临床症状，所有免疫犬均应无犬肝炎的临床症状，否则，判该批制品不符合规定。如果对照犬未出现严重的临床症状，判该检验无结果，

可重检，但若任何免疫犬出现犬肝炎的症状或死亡，则判该批制品不符合规定。

（3）犬腺病毒 2 型效力检验。用 8 只易感犬（5 只用于免疫接种，3 只用作对照）作为实验动物，对每批成品的罐装样品或最终容器样品进行效力检验。对每只犬采血，分别检测犬腺病毒的中和抗体，以确定犬的易感性。

（ⅰ）在细胞培养物上进行的中和试验中，采用固定病毒-稀释血清法，病毒用量为 50～300TCID$_{50}$。如果 1：2 稀释的血清无中和作用，则可认为该犬易感。

（ⅱ）免疫。按标签注明方法对 5 只犬接种疫苗。如推荐接种两次，应按标签上要求的时间进行第二次接种。对免疫犬逐日观察到最后一次接种后 14d。

（ⅲ）最后一次接种后至少 14d，用 APHIS 提供或批准的犬腺病毒强毒株对所有免疫犬和对照犬进行喷雾气溶胶攻击，并逐日观察 14d。每日测定每只犬的直肠温度，观察由犬腺病毒 2 型感染引起的呼吸道或其他症状的出现情况。

（ⅳ）3 只对照犬中至少应有 2 只出现除发热以外的犬腺病毒 2 型感染症状，否则，判该检验无结果，可重检。

（ⅴ）在观察期内，按照 APHIS 批准的计分系统，免疫犬和对照犬的临床症状应存在显著差异，否则，判该批制品不符合规定。

［60FR14359，1995 年 3 月 17 日制定］

§113.203　猫泛白细胞减少症灭活疫苗

本品系用猫泛白细胞减少症病毒感染的细胞培养液灭活制成的。只有经检验证明纯净、安全且具免疫原性的基础种子才能用于制备生产用种子。毒种使用代次为 1～5 代。基础种子应符合 §113.200 节的有关规定。每批产品应符合 §113.200 节有关的一般要求及本节的安全和效力要求。

（a）安全检验。对效检中免疫组的动物在接种后逐日观察，若出现疫苗本身所致不良反应，则判为不符合规定；若不良反应非疫苗本身所致，则判无结果，可重检；若不重检，则判为不符合规定。

（b）效力检验-血清中和试验。用 5 只易感猫（其中 4 只用于免疫接种，1 只用作对照）对成品的罐装样品或最终容器样品进行检验。通过测定各自血清中的猫泛白细胞减少症病毒中和抗体确定其易感性。

（1）用细胞培养方法进行血清中和试验（固定病毒-稀释血清法），病毒用量为 $100\sim300$ TCID$_{50}$。若 $1:2$ 的血清无中和作用，则被检猫是易感的。

（2）免疫接种。按标签说明对 4 只猫进行免疫接种。若接种两次，则第二次接种在第一次接种 $7\sim10$ d 后进行。接种后逐日观察 $14\sim21$ d。

（3）血清学检测。观察期结束后，分别采集 5 只猫的血样，测定中和抗体，方法与易感性检测方法相同。

（4）SN 试验判定标准

（i）若对照猫血清在 $1:2$ 稀释时呈阳性反应，则判检验无结果，可重检。

（ii）若试验有效，免疫组 4 只猫中应至少有 3 只滴度达到 $1:8$，其余的 1 只滴度应达到 $1:4$，否则判为不符合规定。但下列 b（5）和（6）情况除外。

（5）攻毒试验。若经血清中和检验不符合规定，则可用 APHIS 提供的强毒猫泛白细胞减少症病毒对免疫组及对照组进行攻毒，继续逐日观察 14 d。

（6）攻毒结果判定。若对照组不出现猫泛白细胞减少症的典型症状，则判无结果，可重检。但若有任何一只免疫接种猫出现典型症状，则判为不符合规定。猫泛白细胞减少症的临床症状应包括显著的白细胞减少（白细胞数低于 4 000 个/mm^3，或低于攻毒前 $3\sim4$ 次计数平均数的 25%）。

［39FR44728，1974 年 7 月 29 日制定。40FR759，1975 年 1 月 3 日；43FR41186，1978 年 9 月 15 日；43FR50162，1978 年 10 月 27 日；50FR23796，1985 年 6 月 6 日修订。55FR35562，1990 年 8 月 31 日重新制定；56FR66786，1991 年 12 月 26 日修订］

§113.204　水貂肠炎灭活疫苗

本品系用接种过强毒水貂肠炎病毒的含毒细胞培养液或发生水貂肠炎的含毒组织灭活制成。每批产品应符合 §113.200 节有关一般要求和本节的特殊要求。任何一项检验不符合规定的批次均不得出厂。

（a）安全检验。对本节（b）效力检验中的免疫动物在攻毒前逐日进行观察，若出现产品本身所致不良反应，则判为不符合规定；若不良反应非产品本身所致，则判检验为"未检验"，可重检；不重检，即判为不符合规定。

（b）效力检验。用 10 只易感水貂（其中 5 只用于免疫接种，5 只用作对照）对成品的罐装样品或最终容器样品进行效力检验。

（1）免疫接种。按标签说明接种 5 只水貂，各 1 个使用剂量，逐日观察 14 d。

（2）攻毒。最后一次接种后至少 2 周，对 5 只免疫水貂和 5 只对照水貂同时攻击水貂肠炎病毒强毒，逐日观察 12 d。在攻毒后 $4\sim8$ d（含第 4 和 8 天）内的一天，对未出现肠炎症状的每只水貂采集粪便材料，在细胞培养物上通过荧光抗体法检测水貂肠炎病毒。

（3）判定。免疫组应至少 80% 犬不出现水貂肠炎症状或通过粪便排毒，对照组应至少 80% 出现水貂肠炎症状或通过粪便排毒，否则，判该批制品不符合规定。若免疫组至少 80% 犬不出现水貂肠炎症状或通过粪便排毒，而对照组少于 80% 出现水貂肠炎症状或通过粪便排毒，则判检验为"未检验"，可重检。但是，如果免疫组中不出现水貂肠炎症状或通过粪便排毒的犬低于 80%，则判该批制品不符合规定。

［39FR27458，1974 年 7 月 29 日制定；55FR35562，1990 年 8 月 31 日重新制定。56FR66786，1991 年 12 月 26 日；60FR14356，1995 年 3 月 17 日修订］

§113.205　新城疫灭活疫苗

本品系用鸡胚或细胞培养的含病毒组织或含病毒液体制成。每批产品应符合 §113.200 节的一般要求［§113.200（c）（2）（iii）除外］和本节特殊要求，任何一项检验不符合规定的批次均不得出厂。

（a）安全检验。效力检验中免疫组攻毒前部分即为安全检验。若任何一只免疫鸡出现疫苗本身所致的不良反应，则判为不符合规定；若不良反应非疫苗本身所致，则判检验为"未检验"，可重检；不重检，即判为不符合规定。

（b）效力检验。用同来源同批孵化的 $2\sim6$ 周龄易感鸡进行免疫-攻毒试验。

（1）用 10 只或 10 只以上鸡，按标签说明进行接种，隔离观察至少 14 d。

（2）接种后至少 14 d，另取至少 10 只未接种的隔离饲养的对照鸡，连同免疫组一起，用 APHIS 提供或认可的鸡新城疫病毒强毒株进行攻击，逐日观察 14 d。

（3）若对照组中出现新城疫症状或死亡的鸡不到90％，则判检验为"未检验"，可重检。免疫组应至少保护90％，否则判为不符合规定。

［39FR27428，1974 年 7 月 29 日制定；55FR35562，1990 年 8 月 31 日重新制定。56FR66786，1991 年 12 月 26 日修订］

§113.206　疣病毒瘤灭活疫苗

本品系用牛体上的带有疣病毒的上皮瘤（疣）制成。每批产品应符合本节要求，任何一项检验不符合规定者均不得出厂。

（a）纯净检验。成品的最终容器样品应符合§113.200（c）（1）和（3）对纯净的要求。

（b）安全检验。按§113.33（b）和§113.38节规定对成品的罐装样品或最终容器样品进行检验，应符合要求。

（c）甲醛含量检查。成品的罐装样品或最终容器样品应符合§113.200（f）中的甲醛含量要求。

（d）效力和有效性检验。已证明，疣病毒瘤灭活疫苗的效力符合APHIS对一种有价值的生物制品的要求，此产品的内在特性不允许批批进行效力检验，而且也没有必要。但应符合下列要求：

（1）该疫苗必须是一种组织提取物，其中至少含有相当于10％（W/V）的疣组织悬液。

（2）此疫苗仅用于预防牛疣病毒瘤。标签说明应符合§112.7（i）的要求。

［40FR14084，1975 年 3 月 28 日制定。40FR23989，1975 年 6 月 4 日；40FR30803，1975 年 7 月 23 日修订。55FR35562，1990 年 8 月 31 日重新制定。56FR66786，1991 年 12 月 26 日修订］

§113.207　东方、西方和委内瑞拉脑脊髓炎灭活疫苗

本品系用含有病毒的细胞培养液制成的灭活疫苗。每批和每亚批产品应符合§113.200 节［§113.200（d）除外］和本节要求。任何一项检验不符合规定的批次均不得出厂。

（a）安全检验。应对每批成品的罐装样品进行脑脊髓炎病毒灭活检查。

（1）取孵化后6～12h的雏鸡至少10只进行皮下注射，每只0.5mL疫苗，逐日观察10d。

（2）若出现产品本身所致的不良反应，则判产品不符合规定；若不良反应并非产品本身所致，则判检验为"未检验"，可重检；若不重检，则判为

不符合规定。

（b）效力检验。按本节两步法对每对成品的罐装样品或最终容器样品进行效力检验。对疫苗中的东方型、西方型、委内瑞拉型不同成分均应作出各自单独的血清学结论，只要有一种成分达不到要求，该批或该亚批产品即不能出厂。

（1）试验中，豚鼠剂量为标签上规定的马使用剂量的1/2，使用方法同马。取健康豚鼠10只（免疫组），每只接种1个使用剂量，14～21d后再接种一次。另取2只同来源豚鼠作对照。

（2）第二次接种后14～21d，采集所有豚鼠血清样品，用Vero76细胞进行蚀斑减少血清中和试验。

（3）若对照组的豚鼠血清中任何组分的抗体效价达1∶4或以上，则判检验为"未检验"，可重检。若免疫组中有4只或4只以上豚鼠的血清中抗东方型成分抗体效价低于1∶40、抗西方型成分抗体效价低于1∶40、抗委内瑞拉型成分抗体效价低于1∶4，则无需再检，判该批或该亚批产品效检不符合规定。

（4）若免疫组中有2或3只豚鼠血清中抗东方型成分抗体效价低于1∶40、抗西方型成分抗体效价低于1∶40、抗委内瑞拉型成分抗体效价低于1∶4，则可进行有关成分的第二阶段试验；但对第一阶段试验中已符合要求的成分，则无需进行第二阶段检验。

（5）若在第二阶段试验中，有4只或4只以上豚鼠的血清中抗东方型成分抗体效价低于1∶40、抗西方型成分抗体效价低于1∶40、抗委内瑞拉型成分抗体效价低于1∶4，则判该批或该亚批产品效检不符合规定。

（6）根据下表判定结果：

检验阶段	接种动物数（只）	符合规定批的免疫失败数（只）	不符合规定批的免疫失败数（只）
1	10	≤1	≥4
2	20	≤3	

［39FR44714，1974 年 12 月 27 日制定。40FR14084，1975 年 5 月 28 日；42FR45284，1977 年 9 月 9 日修订。55FR35562，1990 年 8 月 31 日重新制定。56FR66786，1991 年 12 月 26 日；61FR67930，1996 年 12 月 26 日修订］

§113.208　禽脑脊髓炎灭活疫苗

禽脑脊髓炎灭活疫苗由含有病毒的鸡胚组织或

鸡胚液灭活制成。每批产品应符合§113.200节的一般要求及本节要求，任何一项检验不符合规定的批次均不得出厂。

（a）安全检验

（1）对效检中的免疫组动物进行攻毒前观察，若出现产品本身所致的死亡或脑脊髓炎的临床症状，则判该产品安全检验不符合规定。

（2）应对每批产品进行脑脊髓炎病毒灭活检查：该检验须用易感鸡胚进行。但若生产用种子不是鸡胚适应毒，则应用易感鸡进行灭活检验。

（ⅰ）鸡胚检验。取5～6日龄易感鸡胚15只或15只以上，每只卵黄囊注射0.2mL疫苗。48h后，存活鸡胚应不低于80%，检验方为有效。接种后11～13d，检查所有存活鸡胚的AE病变。所有鸡胚均应正常，否则判该批制品不符合规定。同时，另用5只同来源鸡胚，注射生产用AEV活病毒，作为阳性对照。接种后11～13d，5只鸡胚中至少应有4只出现AEV感染的病变，否则判无结果，应重检，不重检则判为不符合规定。

（ⅱ）鸡检验。用7日龄易感雏鸡10只或10只以上进行脑内注射，每只0.1mL，逐日观察28d。若任何鸡出现AE感染的临床症状，则判为不符合规定；同时，另取5只同源鸡，脑内注射生产用AEV活病毒，作为阳性对照，5只对照鸡中应至少有4只出现AEV感染引起的临床症状，否则判无结果，应重检；若不重检，则判为不符合规定。

（b）效力检验。用10只或10只以上4周龄以上同来源同批孵化的易感鸡（免疫组）按标签说明进行接种，对每批或每批中的一个亚批成品的罐装样品或最终容器样品进行检验，另取至少10只同样的鸡隔离饲养作为对照。

（1）免疫组接种后至少28d，连同对照组一起肌内注射AEV强毒，逐日观察21d。

（2）对照组出现AE的临床症状或死亡数低于80%，判检验为"未检验"，应重检。

（3）免疫组应至少80%保持正常，否则，判该批制品不符合规定。

［39FR12958，1974年12月27日制定；40FR14084，1975年5月28日修订。55FR35562，1990年8月31日重新制定；56FR66786，1991年12月26日修订］

§113.209 狂犬病灭活疫苗

本品系用含有狂犬病病毒的细胞培养物或注射过狂犬病病毒后发生狂犬病的动物神经组织灭活制成。只有经证明纯净、安全且具免疫原性的基础种子才能用于制备生产用毒种。毒种使用代次为1～5代。

（a）基础种子应符合§113.200节及本节要求。

（1）用禽源细胞或组织制备的每批基础种子还应按§113.37节的方法进行外源病毒检查。

（2）若基础种子系用小鼠或仓鼠源原代细胞或由小鼠源脑组织制备的，则应检查淋巴细胞性脉络丛脑膜炎（LCM）病毒，方法见§113.42节。若检出LCM病毒，则该基础种子不符合规定。

（b）应用最高代次毒种生产的疫苗、针对该疫苗的每种靶动物进行免疫原性测定。免疫原性测定应按照开始测定前呈报给APHIS的试验方案进行。疫苗制造应按生产大纲中规定的方法进行。若狂犬病疫苗与其他成分联合使用，则被检品中应包括所有成分。

（1）病毒收获后应尽快进行灭活前毒价测定，测定时至少独立进行5次重复。确定靶动物效力试验中所用疫苗的相对效力平均值时，应按照日内瓦世界卫生组织《狂犬病实验室技术》（第四版，1996年）第三十七章中的标准NIH效检方法进行至少5次重复效检。按照该书介绍的容积计算方法，攻毒剂量为5～50LD$_{50}$。《狂犬病实验室技术》第四版（1996年）第三十七章中的有关条款是达到本节规定的最低标准，在此作为一种参考。这些条款中规定，用于NIH试验的狂犬病病毒标准物质以及试验用参考疫苗从国家检验机构获取。对美国而言，该检验机构即为APHIS的兽医生物制品中心实验室。按照5U.S.C.552（a）和1CFR第55部分的有关规定，将此方法作为参考得到了美国联邦注册机构主任的批准。该方法的有关文本可以从WHO出版署美国中心获取。如需对获取的文件进行核对，可到美国APHIS兽医生物制品中心政策、评估与执照办理部门—国家兽医局或国家档案和记录管理局。如需这些资料，可致电202-741-6030或访问：http：//www.archives.gov/federal_register/code_of_federal_regulations/ibr_locations.html。

（2）免疫原性测定中所用疫苗剂量应不高于根据NIH效力试验数据提出的最低符合规定效价。

（3）实验动物应具有均一性，且经过血清中和试验证明无狂犬病中和抗体。

（ⅰ）疫苗接种组应用 25 只或 25 只以上动物，按生产大纲中规定的方法接种 1 头份疫苗（含有推荐的最低效价）。

（ⅱ）另取 10 只或 10 只以上动物作对照。

（ⅲ）分别在接种后 30d、90d、180d、270d 和 365d 左右时，对所有动物采血，分别对每份血清检测狂犬病中和抗体。

（ⅳ）免疫接种 1 年后，用 APHIS 提供或认可的狂犬病病毒强毒对存活动物进行肌内注射攻毒，但本节（b）（4）情况除外。按 §113.5（b）规定对攻毒后的动物逐日观察 90d，用荧光抗体或 APHIS 承认的其他方法检查每一只死亡犬的脑组织。

（ⅴ）攻毒试验符合规定标准：在 90d 内，对照动物至少 80％死于狂犬病，而疫苗接种动物 25 只中至少有 22 只、30 只中至少 25 只或是具有统计学上等价数量的动物健活。

（4）以食肉动物以外的动物作为实验动物时，可按下列方法进行替代攻毒试验替代本节（b）（3）（ⅳ）中规定的攻毒试验。对免疫动物的攻毒在免疫接种后 1 年进行。免疫动物应包括免疫后 270d 时采血检测中 SN 抗体效价最低的 5 只动物、免疫后 365d 时采血检测中 SN 抗体效价最低的 5 只动物、在小鼠 SN 试验中抗体效价低于 1∶10 的所有动物或在快速荧光灶抑制试验中抗体效价在 1∶16 以下的所有动物。每次对免疫动物攻毒的同时，应至少用 SN 阴性的动物每种至少 5 只，与免疫组一起进行攻毒。所有 SN 效价均应测定到终点。在攻毒后 90d 内，对照动物中至少 80％死于狂犬病，而所有免疫动物均保持健康时，无需进一步攻毒，判检验符合规定。如果 1 只或 1 只以上动物死于狂犬病，则不论效价如何，所有存活的动物均应攻毒。按上述（b）（3）（ⅴ）中的判定标准对两次攻毒试验中的累计结果进行判定。

（5）在 APHIS 批准使用新批次的基础种子前，应对生产大纲进行修订。

（c）如果声明的免疫持续期超过 1 年，则应按本节（b）中规定的 1 年免疫期试验的方法就额外的时间进行试验并判定。对实验动物应至少每 180d 作一次血清学监测，攻毒时间也应进行相应调整。

（d）成品检验。每批和每亚批均应符合 §113.200 节的一般要求和本节的特殊要求。

（1）纯净检验。对用于疫苗生产的仓鼠源原代细胞培养物或小鼠源脑组织培养物，应按 §113.42 节进行 LCM 病毒检查。检验时，仓鼠细胞须经裂解，培养液不稀释。若用小鼠脑组织进行疫苗生产，则应处死未注射狂犬病病毒的小鼠至少 5 只，采集脑组织，制成 10％的脑组织悬液进行检验。

（2）安全检验。按下列要求对每批成品的罐装样品进行病毒灭活检查和安全检验。

（ⅰ）灭活结束时，取 20 只 12～16g 的小鼠，脑内注射，每只 0.03mL，同时用 2 只家兔进行大脑半球注射，每半球 0.25mL。接种后，逐日观察 21d，取 4～21d 内死亡动物的脑进行狂犬病病毒检查。每一存活动物的脑组织注射 5 只小鼠，逐日观察 14d。用荧光抗体试验或 SN 试验确认是否有活的狂犬病病毒。若确认存在活的狂犬病病毒，则应按 §114.18 重新处理，否则判为不符合规定。

（ⅱ）用 3 只血清学检查阴性的最易感的疫苗使用对象动物，肌内注射，每只 1 个使用剂量，观察 28d，若出现产品本身所致的不良反应，则判产品不符合规定。

（3）效力检验。按照本节（b）（1）条参考的"狂犬病实验室技术"第四版（1996 年）第三十七章中的有关 NIH 效检方法的规定，对每批成品的罐装样品或最终容器样品进行效力检验。每批疫苗的相对效力应至少等于靶动物免疫原性测定中所用疫苗的效力。

［39FR44715，1974 年 12 月 27 日制定。42FR6794，1977 年 2 月 4 日；43FR49528，1978 年 10 月 24 日；50FR20090，1985 年 5 月 14 日修订。55FR35562，1990 年 8 月 31 日；56FR66784、66786，1991 年 12 月 26 日；61FR31823，1996 年 6 月 21 日；64FR45420，1999 年 8 月 20 日；69FR18803，2004 年 4 月 9 日；75FR20773，2010 年 4 月 21 日修订］

§113.210　猫杯状病毒灭活疫苗

本品系用含猫杯状病毒的细胞培养液灭活制成。只有经检验证明纯净、安全且具免疫原性的基础种子才能用于制备生产用毒种。毒种使用代次为 1～5 代。

（a）基础种子应符合 §113.200 节中的有关一般要求。

（b）按 §113.43 节对基础种子作衣原体污染检查。

（c）应用 APHIS 批准的方法对按生产大纲用基础种子生产出的疫苗进行免疫原性测定。测定用的疫苗应是用基础种子传代最高的代次和生产大纲中规定的灭活前最低毒价制备的疫苗。

（d）成品检验。每批和每亚批均应符合§113.200节中有关的一般要求和本节的特殊要求。任何一项检验不符合规定的批次均不得出厂。

（1）安全检验。对本节（d）（2）效检中免疫组的动物进行攻毒前观察，若出现包括口腔病变在内的、由疫苗本身引起的不良反应，则判安检不符合规定，若不良反应不是由疫苗本身所引起的，则判无结果，可重检；若不重检，则判为不符合规定。

（2）效力检验。按下列要求对成品的罐装样品或最终容器样品进行处理后进行效力检验。

（i）用8只易感猫作实验动物，其中5只用于免疫接种，3只用作对照。试验前，取每只猫的喉头拭子及鼻腔拭子，分别在易感细胞上检查猫杯状病毒。每只猫分别采血，检测中和抗体。若所有的拭子病毒分离阴性，且在50%蚀斑减少试验或其他敏感性相似的试验中，1∶2稀释的血清中抗体检测阴性，则认为实验动物符合规定。

（ii）按标签上的说明对5只免疫猫分别接种1个使用剂量疫苗。若采用两次接种，则应按标签上注明的间隔时间进行第二次接种。

（iii）最后一次接种后至少14d，用APHIS提供或认可的猫杯状病毒强毒进行鼻内攻击，逐日观察14d，检查直肠体温，观察临床症状，特别是口腔黏膜的病变情况，并记录。

（iv）若3只对照猫均不出现除发热以外的临床症状，则判检验无结果，可重检。

（v）根据生产大纲中规定并经APHIS批准的计分方法进行计分，若免疫组和对照组间的临床症状差异不显著，则判该批疫苗不符合规定。

［50FR433，1985年1月4日制定；55FR35562，1990年8月31日重新制定。56FR66784、66786，1991年12月26日修订］

§113.211　猫鼻气管炎灭活疫苗

本品系含猫鼻气管炎病毒的细胞培养液制成。只有经检验证明纯净、安全且具免疫原性的基础种子才能用于制备生产用毒种。毒种使用代次为1～5代。

（a）基础种子应符合§113.200节中有关的一般要求。

（b）按§113.43节规定对基础种子进行衣原体污染检查。

（c）应按APHIS规定方法，对按照生产大纲用基础种子生产出的疫苗进行免疫原性测定。测定用的疫苗应是用基础种子传代最高代次和生产大纲中规定的灭活前最低毒价制成的。

（d）成品检验。每批和每亚批产品均应符合§113.200节中有关的一般要求和本节的特殊要求。任何一项检验不符合规定的批或亚批均不得出厂。

（1）安全检验。对按本节（d）（2）效检中的免疫组动物进行攻毒前观察，若出现疫苗本身所致的不良反应，则判为不符合规定；若不良反应并非由疫苗本身所致，则判无结果，应重检；若不重检，则判为不符合规定。

（2）效力检验。按下列方法对成品的罐装样品或最终容器中的样品进行效力检验。

（i）用8只易感猫作实验动物，其中5只用于免疫接种，3只用作对照。试验前取每只猫的喉头拭子及鼻腔拭子，分别在易感细胞上检查猫鼻气管炎病毒。对每只猫分别采血，检测中和抗体。若所有拭子病毒分离结果均为阴性，且在50%蚀斑减少试验或其他敏感性相近的试验1∶2稀释的血清抗体检测结果为阴性，则认为实验动物符合规定。

（ii）按标签说明对免疫组5只猫分别接种1个使用剂量疫苗。若采用两次接种，则应按标签上注明的间隔时间进行第二次接种。

（iii）最后一次接种后至少14d，用APHIS提供或认可的猫鼻气管炎病毒强毒进行鼻内攻击，逐日观察14d，检查直肠体温和临床症状的出现情况，并记录。

（iv）若3只对照猫均不出现除发热以外的临床症状，则判无结果，可重检。

（v）采用生产大纲中规定并经APHIS认可的计分方法进行计分，若免疫组和对照组间的临床症状差异不显著，则判该批疫苗不符合规定。

［50FR433，1985年1月4日制定；55FR35562，1990年8月31日重新制定。56FR66784、66786，1991年12月26日修订］

§113.212　传染性法氏囊病灭活疫苗

本品系用含传染性法氏囊病病毒的细胞培养液或鸡胚制成。只有经检验证明纯净、安全并具免疫原性的基础种子才能用于制备生产用毒种。毒种使用代次限于 1～5 代。

（a）基础种子应符合§113.200 节中的有关一般要求。

（b）按§113.37 节规定用鸡胚接种试验对每批基础种子进行外源病原检查。但若因疫苗病毒的覆盖，使该检验无结果，则应按§113.36 节要求用鸡接种试验进行外源病原检查，并按相应标准进行判定。

（c）应按 APHIS 批准的方法，对按照生产大纲生产出的疫苗进行免疫原性测定。用于免疫原性测定的疫苗应是用基础种子传代最高的代次和生产大纲中规定的灭活前最低毒价制成的疫苗。该测定结果应能证明：按标签说明使用本疫苗后，足以刺激种禽产生足够的免疫应答，以对后代提供显著保护。

（d）成品检验。每批和每亚批产品均应符合§113.200 节中的有关一般要求和本节的特殊要求，任何一项检验不符合规定的批或亚批均不得出厂。

（1）安全检验。对本节（d）（2）效力检验中的免疫组动物进行攻毒前观察，若出现产品本身所致不良反应，则判为不符合规定；若不良反应并非由产品本身所致，则判"未检验"，可重检；若不重检则，判为不符合规定。

（2）效力检验。用本节的两步法对每批成品的罐装样品或最终容器样品进行效力检验。

（ⅰ）疫苗接种。用 14～28 日龄的同来源同批孵化并适当标记的易感鸡 21 只，按标签说明中规定的途径进行接种，每只一个使用剂量，观察至少 21d。

（ⅱ）对照。另取至少 10 只同来源同批孵化的未接种鸡作对照。

（ⅲ）攻毒。疫苗接种后 21～28d，取 20 只免疫接种鸡及 10 只对照鸡，用 APHIS 提供或认可的传染性法氏囊病病毒强毒株滴眼攻击。

（ⅳ）观察。攻毒后 4d，剖检所有鸡，检查法氏囊的眼观病变情况。法氏囊病变包括囊周围水肿和（或）囊组织水肿和（或）出血。疫苗接种组中出现病变的接种鸡记为"免疫失败"。若在某一检验阶段对照组中出现病变的鸡不足 80%，则此阶段判为无结果，可重检。当检验有效时，判定标准如下：

检验阶段	接种动物数（只）	累计接种数（只）	符合规定批累计免疫失败数（只）	不符合规定批累计免疫失败数（只）
1	20	20	≤3	≥6
2	20	40	≤8	≥9

（ⅴ）若第一阶段检验中有 4 或 5 只鸡出现法氏囊病变，则应按相同方法进行第二阶段检验；若不进行第二阶段检验，则判为不符合规定。

（ⅵ）若进行了第二阶段检验，则应按表中第二部分的标准根据累计数进行判定。

［50FR433，1985 年 1 月 4 日制定；55FR35562，1990 年 8 月 31 日重新制定。56FR66784、66786，1991 年 12 月 26 日；79FR55969，2014 年 9 月 18 日修订］

§113.213　伪狂犬病灭活疫苗

本品系用含伪狂犬病病毒的培养液制成。只有经检验证明纯净、安全且具免疫原性的基础种子才能用于制备生产用毒种。毒种使用代次限于 1～5 代。

（a）基础种子应符合§113.200 节中的有关一般要求。

（b）应按 APHIS 批准方法对按照生产大纲生产出的疫苗进行免疫原性测定，用于测定的疫苗应是用基础种子传代的最高代次和生产大纲中规定的灭活前最低毒价制成的。

（c）成品检验。每批和每亚批应符合§113.200 节中的有关一般要求和本节的特殊要求，任何一项检验不符合规定的批或亚批均不得出厂。

（1）安全检验。对本节（d）（2）效力检验中的免疫动物进行攻毒前观察。若出现包括神经症状在内的、由产品本身所致的不良反应，则判为不符合规定；若不良反应并非产品本身所致，则判无结果，应重检；若不重检，即判为不符合规定。

（2）效力检验。对每批成品的罐装样品或最终容器样品进行如下效力检验：

（ⅰ）用 10 头最小使用日龄的易感猪作效检动物，其中 5 头用于免疫接种，5 头用作对照。采集每头猪的血清，灭能，检测中和抗体。

（ⅱ）在细胞培养中以 50～300TCID$_{50}$ 的病毒进行固定病毒-稀释血清法中和试验。最终稀释度为 1∶2 的血清无中和作用的猪为易感猪。亦可用 APHIS 承认的具有相同敏感性的其他检验方法检测抗体。

（ⅲ）按标签说明对 5 头免疫猪进行接种，每头 1 个使用剂量。若采用两次接种，则应按标签上规定的时间间隔进行第二次接种。

（ⅳ）疫苗接种后至少 14d，采血，灭能，用易感性测定中所用方法检验每头猪的伪狂犬病病毒中和抗体。

（ⅴ）结果判定。如果对照猪的血清在 1∶2 稀释时不是阴性反应，判无结果，可重检。在检验有效时，5 头免疫猪中至少应有 4 头猪的抗体效价不低于到 1∶8，另一头猪的抗体效价不低于到 1∶4，否则判为不符合规定，但（c）（2）（ⅵ）中的情况除外。

（ⅵ）攻毒检验。若在上述有效的血清中和试验中检验结果不符合规定，则可以用 APHIS 提供或认可的伪狂犬病病毒强毒株对免疫猪和对照猪进行攻毒。攻毒后，逐日观察 14d。5 头对照猪中应有 4 头出现中枢神经系统症状或死亡，否则判无结果，可重检。在检验有效时，免疫组中若有 2 只或 2 只以上出现神经症状或死亡，则判该批制品不符合规定。

［50FR434，1985 年 1 月 4 日制定；55FR35562，1990 年 8 月 31 日重新制定。56FR66784、66786，1991 年 12 月 26 日修订］

§113.214　犬细小病毒灭活疫苗

本品系用含有犬细小病毒的细胞培养液制成。只有经检验证明纯净、安全并具免疫原性的基础种子才能用于生产用毒种的制备。毒种使用代次限于 1～5 代。

（a）基础种子应符合 §113.200 节中的有关一般要求。

（b）按照生产大纲生产出的疫苗，应按下列方法进行免疫原性测定：

（1）用 25 只易感犬（其中 20 只用于免疫，5 只用作对照）作为实验动物。通过采血，分别测定每只犬的细小病毒中和抗体，以确定其易感性。在细胞培养中以 50～300TCID$_{50}$ 的病毒进行固定病毒-稀释血清法血清中和试验，最终稀释度为 1∶2 的血清无中和作用的犬判为易感犬。也可用 APHIS 承认的具相同敏感性的其他方法进行抗体检测。

（2）在进行免疫原性测定前，应用病毒血凝试验或 APHIS 承认的其他方法，测定用基础毒种传代的最高代次生产的疫苗中的抗原含量。按标签说明用预先确定的疫苗剂量对 20 只犬进行免疫接种。为了确认剂量，应对一个疫苗样品进行五次重复测定。若接种两次，则每次的接种剂量均须分别进行测定。

（3）最后一次接种疫苗后至少 14d，与对照组一起，用 APHIS 提供或认可的犬细小病毒强毒株进行攻击，逐日观察 14d。每天检查直肠温度、血液淋巴细胞数，并进行粪便的病毒检查，至少连续 10d，同时逐日观察和记录临床症状的出现情况。

（ⅰ）按下列发病标准评估疫苗的免疫原性：体温≥103.4°F；淋巴细胞减少数≥攻毒前正常数量的 50％；腹泻、粪便中带黏液或便血等临床症状；1∶5 稀释粪便中，经血凝或其他敏感性相近的试验检查，血凝素含量≥1∶64。对照组中，在观察期间，应至少 80％符合上述 4 个发病标准中的至少 3 个标准，否则，判无结果，可重检。

（ⅱ）20 只免疫犬中，应至少存活 19 只，且不出现上述（3）（ⅰ）中 4 条发病标准中 1 条以上，否则为不符合规定。

（4）3 年以后如果继续使用该批基础种子，则应再次进行免疫原性测定。再次测定时只需使用 5 只犬（其中 4 只用于免疫，1 只用作对照），其易感性应按照（b）（1）中的方法进行检测。

（ⅰ）按（b）（2）中的方法，对免疫犬接种预定量疫苗。

（ⅱ）最后一次接种后 14～21d，采取每只犬的血清，以与检测易感性的相同方法检测犬细小病毒的中和抗体。

（ⅲ）若对照犬的血清在 1∶2 稀释时呈阳性反应，则判无结果，可重检。

（ⅳ）免疫组 4 只犬中应至少有 3 只犬抗体水平达到 1∶16，另一只达到 1∶8，否则，判基础种子不符合规定，但（4）（ⅴ）除外。

（ⅴ）若血清中和试验结果不符合规定，则可按（b）（3）中的方法对所有犬进行攻毒。对照犬应出现 4 条发病标准中的至少 3 条，否则判无结果，可重检；免疫组若出现一种以上症状，则判基础种子不符合规定。

（5）在 APHIS 批准使用新的一批基础种子前，必须对生产大纲作出修订。

（c）成品检验。每批和每亚批均应符合 §113.200 节及本节的要求，任何一项检验不符合规定的批和亚批均不得出厂。

（1）效力检验。用本节（b）（2）中的方法测定成品的罐装或最终容器样品的抗原含量。出厂疫苗中的抗原含量应充分高于免疫原性测定中的抗原量，以保证在有效期内的任何时间检测，其抗原含量均能达到免疫原性测定中所用抗原量。

（2）鉴别检验。取 2 份成品的罐装样品或最终容器样品作血凝试验，其中 1 份先以特异性犬细小病毒抗血清处理。血凝效价应至少降低 8 倍，否则认为疫苗的血凝性是非特异性的，判为不符合规定。

［50FR435，1985 年 1 月 4 日制定；55FR35562，1990 年 8 月 31 日重新制定。56FR66784、66786，1991 年 12 月 26 日修订］

§113.215　牛病毒性腹泻灭活疫苗

本品系用含有牛病毒性腹泻病毒的细胞培养液灭活制成。只有经检验证明纯净、安全且具免疫原性的基础种子才能用于制备生产用毒种。毒种使用代次限于 1～5 代。

（a）基础种子应符合 §113.200 节和本节的要求。

（b）应用 APHIS 规定的方法，对用基础种子传代的最高代次毒种按生产大纲生产出的疫苗进行免疫原性测定。测定中所用疫苗灭活前的病毒含量应为生产大纲中规定的最低量。

（c）成品检验。每批和每亚批产品均应符合 §113.200 节的一般要求和本节的特殊要求，任何一项检验不符合规定的批或亚批均不得出厂。

（1）安全检验。对按本节（c）（2）规定进行的效力检验中免疫组攻毒前的动物进行观察。若出现疫苗本身所致的、包括呼吸道症状在内的不良反应，则判为不符合规定，若不良反应并非疫苗本身所致，则判"未检验"，可以重检一次。若不重检或重检结果不符合规定，则判该批产品不符合规定。

（2）效力检验。用本节的方法对成品的罐装样品或最终容器样品进行效力检验。

（ⅰ）用 8 头易感犊牛（其中 5 头用于接种疫苗，3 头用作对照）进行效力检验。其易感性通过分别采血、灭能、检测中和抗体来确定。

（ⅱ）用固定病毒-稀释血清的细胞中和试验法（病毒用量为 50～300TCID$_{50}$）检测抗体。若 1∶2 最终稀释的血清无中和作用，则为易感动物。也可应用 APHIS 承认的具有相同敏感性的其他检验方法进行抗体检测。

（ⅲ）按标签说明接种 5 头犊牛，各 1 个使用剂量。若接种两次疫苗，则第二次接种应按标签注明的时间间隔进行。

（ⅳ）最后一次接种后至少 14d，采血，灭能，用检测易感性的方法检测牛病毒性腹泻病毒中和抗体。

（ⅴ）判定结果。对照组动物的血清在 1∶2 稀释时应为阴性，否则为"未检验"，可重检。在有效的检验中，应至少有 4 头免疫动物 50% 终点滴度达 1∶8 以上，否则判为不符合规定，但（c）（2）（ⅵ）中的情况除外。

（ⅵ）攻毒试验。若在有效的血清中和试验中结果不符合规定，则可用 APHIS 提供或认可的牛病毒性腹泻病毒强毒株对所有动物进行攻毒，观察 14d。对照组 3 头牛中，应有至少 2 头体温高达 104.5℉ 并出现呼吸道症状或牛病毒性腹泻的临床症状，否则判无结果，可重检一次。免疫组中若有 2 头或 2 头以上牛体温高达 104.0℉，且稽留 2d 或 2d 以上，并出现呼吸道症状或其他临床症状，则判为不符合规定。

（ⅶ）应向国家兽医局实验室提交符合规定批产品效力检验中接种前、后的牛血清，以便进行复核检验。

［55FR35562，1990 年 8 月 31 日制定］

§113.216　牛传染性鼻气管炎灭活疫苗

本品系用含有牛传染性鼻气管炎病毒的细胞培养液灭活制成。只有经检验证明纯净、安全且具免疫原性的基础种子才能用于制备生产用毒种。毒种使用代次为 1～5 代。

（a）基础种子应符合 §113.200 节及本节要求。

（b）用 APHIS 规定方法，对按生产大纲用最高代次毒种生产出的疫苗进行免疫原性测定，测定用的疫苗中灭活前的毒价应为生产大纲中规定的最低量。

（c）成品检验。每批和每亚批产品均应符合 §113.200 节的一般要求及本节的特殊要求，任何一项检验不符合规定的批次均不得出厂。

（1）安全检验。对按本节（c）（2）进行的效力检验中的免疫动物，在攻毒前逐日进行观察，若出现产品本身所致的不良反应，则判为不符合规定；若不良反应并非疫苗本身所致，则判为"未检验"，可重检一次；若不重检或重检结果不符合规定，则判该批产品安全检验不符合规定。

（2）效力检验。用本节下列方法对成品的罐装或最终容器样品进行效检。

（ⅰ）用8头易感犊牛（其中5头用于免疫接种，3头用作对照）进行检验。分别采取每头牛的血清、灭活并测定中和抗体。

（ⅱ）按固定病毒-稀释血清法、用 $50 \sim 300TCID_{50}$ 病毒进行细胞中和试验，检测中和抗体。1∶2稀释的血清无中和作用的牛为易感牛。亦可用APHIS承认的其他具有相同敏感性的方法进行抗体检测。

（ⅲ）按标签说明对每头免疫牛接种疫苗，每头1个使用剂量。若接种两次，则第二次接种应按标签上规定的时间间隔进行。

（ⅳ）最后一次接种疫苗后14d，分别采血、灭活，用测定易感性相同的方法检测所有牛的中和抗体。

（ⅴ）结果判定。3头对照牛的血清在1∶2稀释时应全部为阴性，否则判为"未检验"，可重检。若检验有效，则5头免疫牛中应至少有4头牛的50％终点滴度达1∶8，否则判为不符合规定，但（c）（2）（ⅵ）中的情况除外。

（ⅵ）攻毒试验。若在有效的血清中和试验中结果不符合规定，则可用APHIS提供或认可的传染性牛鼻气管炎病毒强毒株对所有牛进行攻毒，逐日观察14d。3头对照牛中应至少有2头牛体温高达 $104.5°F$，并出现呼吸道症状或其他IBR的临床症状，否则判为"未检验"，可重检一次。免疫组若有1头以上牛出现持续2d或2d以上体温高达 $104.0°F$，或1头以上出现呼吸道症状或其他临床等症状，则判为不符合规定。

（ⅶ）应向国家兽医局实验室提交效检符合规定批产品效力检验中接种前、后的牛血清，以便APHIS进行复核检验。

［55FR35562，1990 年 8 月 31 日 制 定；56FR66786，1991 年 12 月 26 日修订］

病 毒 活 疫 苗

§113.300　病毒活疫苗的一般要求

若标准或生产大纲中有此要求，则病毒活疫苗须符合下列规定。

（a）纯净检验

（1）细菌和霉菌。应按§113.27节规定对成品的最终容器样品和每批基础种子的相关样品进行细菌和霉菌检验。

（2）支原体。应按§113.28节规定对成品的最终容器样品和每批基础种子的相关样品进行支原体检验。

（3）禽源疫苗。每批基础种子的样品及每批成品的罐装混合材料或最终容器中的样品还须进行如下检验。

（ⅰ）按§113.30节进行沙门氏菌污染检查；

（ⅱ）按§113.31节进行淋巴白血病病毒污染检查；

（ⅲ）按§113.34节进行血凝性病毒污染检查。

（4）外源病毒。按§113.55节对生产非禽用疫苗的每批基础种子进行外源病毒检查。

（b）安 全 检 验。按 §113.39、§113.40、§113.41、§113.44和§113.45或生产大纲中规定的方法，用至少一种使用对象动物对每批或每批中第一亚批非禽用疫苗成品的最终容器样品和每批基础种子的相关样品进行安全检验。若疫苗或疫苗中的其他成分对小鼠没有天然致死作用，则还须按§113.33（a）进行小鼠安全检验。

（c）病毒鉴别检验。从生产大纲或本节下列方法中至少选用一种方法，对基础种子和每批制品中的第一亚批最终容器样品进行病毒鉴别检验。

（1）荧光抗体试验。用接种和未接种过病毒的细胞进行荧光抗体检测。用特异性荧光抗体对细胞进行染色。接种过病毒的细胞上应出现特异荧光，而未接种过病毒的细胞上应无荧光。

（2）血清中和试验。用特异性抗血清按固定血清-稀释病毒的方法进行。至少 $100ID_{50}$ 疫苗病毒能被抗血清中和，判鉴别检验结果为阳性。

（d）细胞培养物标准。若在基础种子和疫苗的制造中使用细胞培养方法，则原代细胞应符合§113.51节的要求，细胞系应符合§113.52节的要求，动物源材料应符合§113.53节的要求。

（e）水分含量

（1）应在生产大纲中规定冻干疫苗的最高水分含量。

（2）应按照§113.29 中规定的方法对每批或每亚批成品的最终容器样品进行水分含量测定。

［39FR27430，1974 年 7 月 29 日制定。43FR49528，1978 年 10 月 24 日；50FR1042，1985 年 1 月 9 日；54FR19352，1989 年 5 月 5 日修 订。55FR35562，1990 年 8 月 31 日；60FR24549，1995 年 5 月 9 日；68FR57608，2003 年 10 月 6 日重新制定］

§113.301　绵羊传染性脓疱皮炎活疫苗

本品系用含有病毒的组织培养液或接种了绵羊传染性脓疱皮炎病毒强毒株后发病绵羊的含毒组织制成。本品不受§113.27 及§113.300（a）、（b）、（c）中各项要求的限制。每批产品应符合§113.300（e）中的水分含量要求及本节的特殊要求，任何一项检验不符合规定的批次均不得出厂。

（a）安全检验

（1）按§113.38 节有关规定对每批成品的罐装样品或最终容器样品进行检验。

（2）对效力检验中免疫组的动物进行攻毒前观察，若出现疫苗本身所致的不良反应，则判为不符合规定。

（b）效力检验。用易感羔羊对每批和每亚批成品的最终容器样品进行效力检验。疫苗的处理按标签说明进行。

（1）用 2 只羔羊（免疫组），在大腿中部划痕接种疫苗，逐日观察 14d。

（2）另取 1 只或 1 只以上未接种对照羔羊，与免疫组一起，用与疫苗接种相同的方法在另一条大腿上进行攻毒。

（3）若对照羊在攻毒后 2 周内不出现羊传染性脓疱皮炎的典型症状（如充血、水疱、脓疱），并持续约 30d，则判检验为"未检验"，可重检。

（4）免疫羊应表现典型的免疫反应，否则判为不符合规定。但是，接种初期有充血反应，以后逐渐消退，并在 2 周内消失，亦算为典型的免疫反应。

［39FR27430，1974 年 7 月 29 日制定；55FR35562，1990 年 8 月 31 日重新制定。56FR666786，1991 年 12 月 26 日修订］

§113.302　水貂犬瘟热活疫苗

本品系用含犬瘟热病毒的细胞培养液制成。只有经检验证明纯净、安全且具免疫原性的基础种子才能用于制备生产用毒种。毒种使用代次为 1～5 代。

（a）基础种子。应符合§113.300 节中的有关要求及本节的特殊要求。

（b）按下列方法对基础种子进行外源病毒检查

（1）检查犬瘟热病毒强毒。分别用 1mL 基础种子对 2 只易感水貂或雪貂进行接种，逐日观察 21d。若任何一只出现不良反应，则判该批基础种子不符合规定。

（2）用鸡胚繁殖的基础种子，应按§113.37 节采用鸡胚接种试验检查外源病原，但对犬瘟热病毒引起的典型病变，可以不计。

（c）应对每批用于生产疫苗的基础种子进行免疫原性测定，测定中所用病毒剂量应按下列方法确定：

（1）应用至少 25 头易感水貂作为实验动物。实验动物的易感性通过以下方法确定：采血，分别检测每份血清，用固定病毒-稀释血清中和试验法，以少于 $500ID_{50}$ 的犬瘟热病毒检测抗体。最终稀释度为 1：2 的血清检测结果为阴性时，判为易感。若经 APHIS 事先批准，亦可采用其他方法检测其易感性。

（2）进行免疫原性测定前，应先测定以基础种子传代的最高代次生产出的疫苗中病毒的几何平均滴度。按预定的疫苗病毒量对至少 20 只水貂进行接种，同时另取至少 5 只未接种水貂作对照。为了确认所用免疫剂量，应对疫苗液样品作 5 次重复滴定。

（3）接种后至少 21d，用相同剂量的强毒株对免疫组和对照组进行攻毒，并逐日观察 21d。

（i）对照组中若出现严重症状或死亡的不到 80%，则判检验为"未检验"，可重检。

（ii）免疫组中不出现临床症状的存活水貂数，20 只中少于 19 只，30 只中少于 27 只，40 只中少于 36 只时，判该批基础种子不符合规定。

（4）在 APHIS 批准使用新的一批基础种子前，应对生产大纲进行修订。

（d）成品检验。按§113.300 节中的有关要求和本节的特殊要求对每批和每亚批成品的最终容器样品进行检验。任何一项检验不符合规定的批或亚批均不得出厂。

（1）水貂安全检验。用无菌稀释液将疫苗稀释，按标签说明上推荐的方法接种 2 只水貂，每只 10 个使用剂量，逐日观察 21d。若任何一只水貂出现产品本身所致不良反应，则判为不符合规定；若不良反应并非疫苗本身所致，则判检验为"未检验"，可重检；若不重检，则判为不符合规定。

（2）效力检验。进行体外效力检验。出厂时，每批和每亚批产品中疫苗的病毒滴度应充分高于按本节（c）进行免疫原性测定中所用疫苗的病毒滴度，以便在有效期内的任何时间抽检，疫苗中的病毒滴度均比免疫原性测定中所用疫苗的病毒滴度高 $10^{0.7}$。

［40FR53000，1975 年 11 月 14 日制定。48FR33471，1983 年 7 月 22 日修订。55FR35562，1990 年 8 月 31 日重新制定。56FR66784、66786，1991 年 12 月 26 日；72FR72564，2007 年 12 月 21 日修订］

§113.303 蓝舌病活疫苗

本品系用含蓝舌病病毒的细胞培养液制成。只有经检验证明纯净、安全且具免疫原性的基础种子才能用于制备生产用毒种，毒种使用代次为 1～10 代。

（a）基础种子应符合§113.300 节中的有关一般要求和本节的特殊要求。

（b）应按 APHIS 规定的方法，用绵羊对每批基础种子进行传染性和毒力返强试验。若证明存在毒力返强，则判该基础种子不符合规定。

（c）应对每批用于生产疫苗的基础种子进行免疫原性测定，测定中所用病毒剂量按以下方法确定。

（1）用 25 只对疫苗中所含蓝舌病毒血清型易感的羊羔（其中 20 只用于接种，5 只用作对照）作为实验动物。其易感性通过以下方法确定：分别采血，用固定病毒（60～300TCID$_{50}$）-稀释血清的中和试验法检测每份血清中的抗体。若 1：2 最终稀释的血清无中和作用，则该羊羔为易感羊。亦可用 APHIS 承认的其他方法检测易感性。

（2）进行免疫原性测定前，应先确定由基础种子传代的最高代次毒种生产出的疫苗中病毒的几何平均滴度，然后按标签说明上的方法和预先确定的疫苗病毒量对 20 只羊进行接种。为了确认所用病毒剂量，应对同一疫苗样品应进行 5 次重复滴定。

（3）疫苗免疫后 14～18d 至少进行一次采血，用 60～300TCID$_{50}$ 蓝舌病病毒检测病毒中和抗体。

（4）疫苗免疫后 21～28d，用蓝舌病病毒强毒株对所有羊进行攻毒，观察 14d。从攻毒前 3d 开始，连续观察 17d，逐日检查并记录直肠体温。攻毒后连续 14d 逐日观察并记录蓝舌病的病变和临床症状的出现情况。

（ⅰ）对照组中应至少 4 只羊出现蓝舌病的临床症状，且体温比攻毒前的平均体温升高 3℉以上，否则，判检验为"未检验"，可重检。

（ⅱ）20 只免疫羊中，若按（c）（3）进行蓝舌病中和抗体检测，抗体效价达 1：4 或 1：4 以上者不足 19 只、或攻毒后多于 1 只羊体温升高 3℉以上并稽留 2d 或 2d 以上、或多于 1 只羊出现蓝舌病的临床症状，则判该基础种子不符合规定。

（5）在 APHIS 批准使用新的一批基础种子前，应对生产大纲进行修订。

（d）成品检验。按§113.300 节中的有关规定和本节规定对每批和每亚批成品的最终容器样品进行检验，任何一项检验不符合规定的批或亚批均不得出厂。

（1）安全检验。分别按§113.33（a）和§113.45 节的规定进行小鼠安全检验和羔羊安全检验。

（2）病毒含量测定。按本节（c）（2）中的方法对成品的最终容器样品进行病毒含量测定。出厂时，每批和每亚批产品中所含疫苗病毒的滴度应充分高于免疫原性测定中所用疫苗的病毒滴度，以保证在有效期内的任何时间检测，每批和每亚批产品的病毒滴度均比本节（c）免疫原性测定中所用疫苗的病毒滴度高 $10^{0.7}$。

［50FR23796，1985 年 6 月 6 日制定。55FR35562，1990 年 8 月 31 日重新制定。56FR66784、66786，1991 年 12 月 26 日；72FR72564，2007 年 12 月 21 日修订］

§113.304 猫泛白细胞减少症活疫苗

本品系用含猫泛白细胞减少症病毒的细胞培养液制成。只有经检验证明纯净、安全且具免疫原性的基础种子才能用于制备生产用毒种。毒种使用代次限于 1～5 代。

（a）基础种子应符合§113.300 节中的有关一般要求和本节要求。

（b）应按下列方法对基础种子进行外源病原检查：

（1）取 2 只经（c）（1）检验证明易感的猫进行皮下接种，每只猫 1 个使用剂量，逐日观察 21d，以检测基础种子中有无猫泛白细胞减少症病毒强毒株和水貂肠炎病毒强毒。若 1 只或 2 只猫出现病状，或白细胞计数降至接种前 3 次或 3 次以上白细胞计数的平均数 50％以下，则判基础种子不符合规定。

（2）按§113.43 节规定进行衣原体污染检查。

（c）应对每批用于生产疫苗的基础种子进行免疫原性测定。测定中所用基础种子病毒剂量按以下方法确定。

（1）取 25 只易感猫（20 只用于免疫接种，5 只用作对照）作实验动物。其易感性通过测定各自血清中的中和抗体确定。

（ⅰ）在细胞上用固定病毒-稀释血清的中和试验法（病毒用量 100～300TCID$_{50}$）检测抗体。

（ⅱ）若 1：2 最终稀释的血清无中和作用，则认为是易感猫。

（2）进行免疫原性测定前，先确定由基础种子传代的最高代次毒种生产出的冻干疫苗中病毒的几何平均滴度，然后按预先确定的病毒剂量对 20 只猫进行疫苗接种，另 5 只不接种作对照。为了确认所用病毒剂量，应对同一样品进行 5 次重复滴定。

（3）接种 14d 后，用 APHIS 提供的强毒株进行攻击，逐日观察 14d。

（ⅰ）在观察期内，对照组应至少 80％出现猫泛白细胞减少症的临床症状，否则判检验为"未检验"，可重检。临床症状应包括明显的白细胞减少，即白细胞计数低于 4 000，或低于攻毒前至少三次计数平均值的 25％。

（ⅱ）免疫组 20 只应至少存活 19 只，且无本节（c）（3）（ⅰ）所述的泛白细胞减少症临床症状，否则判为不符合规定。

（4）在 APHIS 批准使用新的一批基础种子前应对生产大纲作适当修改。

（d）成品检验。按§113.300 节及本节规定对每批和每亚批成品的最终容器样品进行检验，任何一项检验不符合规定的批次均不得出厂。

（1）安全检验：分别按§113.33（a）和§113.39 节规定进行小鼠和猫的安全检验。

（ⅰ）取 2 只健康猫，按标签说明的方法各注射 10 个猫使用剂量的疫苗，逐日观察 14d。

（ⅱ）若出现疫苗本身所致的不良反应，则判为不符合规定；若不良反应非疫苗本身所致，则判"未检验"，可重检；若不重检，则判为不符合规定。

（2）病毒含量测定。用本节（c）（2）中的滴定方法对成品的最终容器样品进行病毒含量测定。出厂时，每批和每亚批产品中疫苗病毒含量应充分高于本节（c）免疫原性测定中所用的疫苗病毒量，以保证在有效期内的任何时间抽检，产品的病毒含量比免疫原性测定中所用疫苗的病毒滴度高 10$^{0.7}$，且不低于 10$^{2.5}$TCID$_{50}$/头份。

［39FR44716，1974 年 12 月 27 日制定。40FR53378，1975 年 11 月 18 日；43FR25078，1978 年 6 月 9 日；43FR21886，1978 年 9 月 15 日；44FR58900，1979 年 10 月 12 日；48FR3471，1983 年 7 月 22 日修订。55FR35562，1990 年 8 月 31 日重新制定。56FR66784、66786，1991 年 12 月 26 日；72FR72564，2007 年 12 月 21 日修订］

§113.305　犬传染性肝炎和犬腺病毒 2 型活疫苗

本品系用含有犬传染性肝炎病毒和犬腺病毒 2 型的细胞培养液制成。只有经检验证明纯净、安全且具免疫原性的基础种子才能用于制备生产用毒种，毒种使用代次为 1～5 代。

（a）基础种子应符合§113.300 节中的有关要求，但是，按§113.40（a）进行小鼠安全检验时应采用静脉注射途径。

（b）应用下列方法中的一种或几种方法对用于疫苗生产的每批基础种毒进行免疫原性测定。

（1）犬肝炎的免疫原性测定：用 25 只犬肝炎易感犬（20 只免疫犬和 5 只对照犬）作为实验动物。对每只犬采血，分别检测每份血清中的犬肝炎中和抗体，以确定犬的易感性。中和试验采用固定病毒-稀释血清法，病毒用量为 50～300TCID$_{50}$。如果 1：2 最终稀释的血清无中和作用，则可认为该犬为易感犬。

（ⅰ）进行免疫原性测定前，先确定由基础种子传代的最高代次毒种生产出的冻干疫苗中病毒的几何平均滴度，然后按预先确定的病毒剂量对 20 只犬进行疫苗注射，另 5 只不接种作对照。为了确认所用病毒剂量，应对同一样品进行 5 次重复滴定。

（ⅱ）疫苗注射后至少 14d，用 APHIS 提供或批准的犬肝炎病毒强毒株对所有免疫犬和对照犬进行静脉内注射攻击，并逐日观察 14d。

（A）5 只对照犬中至少应有 4 只出现严重的犬肝炎临床症状；否则，判该检验为"未检验"，可重检。

（B）在观察期内，20 只免疫犬中应至少 19 只无犬肝炎临床症状，否则，判该基础种毒不符合规定。

（2）犬腺病毒2型的免疫原性测定。用30只易感犬（20只免疫犬和10只对照犬）作为实验动物。对每只犬采血，分别检测每份血清中的犬腺病毒中和抗体，以确定犬的易感性。中和试验采用固定病毒-稀释血清法，病毒用量为 $50 \sim 300 \mathrm{TCID_{50}}$。如果1：2最终稀释的血清无中和作用，则可认为该犬为易感犬。

（i）进行免疫原性测定前，先确定由基础种子传代的最高代次毒种生产出的冻干疫苗中病毒的几何平均滴度，然后按预先确定的病毒剂量对20只犬进行疫苗注射，另10只不接种作对照。为了确认所用病毒剂量，应对同一样品进行5次重复滴定。

（ii）疫苗注射后至少14d，用APHIS提供或批准的犬腺病毒强毒株对所有免疫犬和对照犬进行喷雾气溶胶攻击，并逐日观察14d。每日测定每只犬的直肠温度，观察由犬腺病毒2型感染引起的呼吸道或其他症状的出现情况。

（A）10只对照犬中至少应有6只出现除发热以外的犬腺病毒2型感染症状；否则，判该检验为"未检验"，可重检。

（B）在观察期内，按照APHIS批准的计分系统，免疫犬和对照犬的临床症状应存在显著差异，否则，判该基础种毒不符合规定。

（iii）在APHIS批准使用新的一批基础种子前，应对生产大纲进行修订。

（c）成品检验。每批和每亚批成品的最终容器样品应符合§113.300节中的一般要求和本节的特殊要求。

按本节（b）（1）（i）和（b）（2）（i）中的方法对成品的最终容器样品进行病毒含量测定。出厂时，每批和每亚批产品中疫苗病毒的滴度应充分高于免疫原性测定中所用的疫苗病毒量，以保证在有效期内的任何时间抽检产品时，病毒滴度均比免疫原性测定中所用的疫苗病毒滴度高 $10^{0.7}$，且不低于 $10^{2.5} \mathrm{TCID_{50}}$/头份。如果已按本节（b）进行了两个组分的免疫原性检验，每个组分的免疫原性检验中所用病毒量不同，则病毒滴度标准应根据两个数据中较高数据制定。

[60FR14361，1995 年 3 月 17 日制定；72FR72564，2007 年 12 月 21 日修订]

§113.306　犬瘟热活疫苗

本品系用含犬瘟热病毒的细胞培养液或鸡胚制成。只有经检验证明纯净、安全且具免疫原性的基础种子才能用于制备生产用毒种。毒种使用代次限于 $1 \sim 5$ 代。

（a）基础种子应符合§113.300中的有关要求和本节要求。

（1）对5条易感雪貂，各注射相当于1个犬使用剂量的毒种，逐日观察21d，检查有无犬瘟热病毒野毒株的污染。若出现任何不良反应，则判该批毒种不符合规定。

（2）用禽源组织或细胞繁殖的基础种子，应按§113.37节进行鸡胚接种试验检查外源病原。若出现不良反应，则判基础种子不符合规定。

（b）应对用于疫苗制造的每批基础种子进行免疫原性测定，测定中所用病毒剂量按下列方法确定：

（1）取25条易感犬（其中20条用于免疫接种，5条用作对照），分别采血，检测中和抗体以确定其易感性（固定病毒-稀释血清法，病毒量 $50 \sim 300 \mathrm{TCID_{50}}$）。若1：2最终稀释的血清中和试验为阴性，则为易感。

（2）进行免疫原性测定前，应先测定由基础种子传代的最高代次毒种生产出的疫苗中病毒的几何平均滴度，然后按预先确定的病毒量对20条犬进行免疫注射，另5条不接种作对照。为了确认所用病毒量，应对同一份样品重复滴定5次。

（3）疫苗注射后至少14d，用APHIS提供的犬瘟热病毒强毒株对所有犬进行脑内注射，逐日观察21d。

（i）对照组中应至少死亡4只，如果有存活犬，则存活犬应出现犬瘟热的临床症状，否则，判检验无结果，可重检。

（ii）20只免疫犬中应至少有19只存活且不出现犬瘟热的临床症状，否则，判为不符合规定。

（4）在APHIS批准使用新的一批基础种子前，应对生产大纲进行修订。

（c）成品检验。对每批和每亚批成品的最终容器样品进行检验，应符合§113.300节和本节要求，但§113.300（a）（3）（ii）除外，任何一项检验不符合规定的批或亚批均不得出厂。

（1）每批或每亚批禽源疫苗均应按§113.37进行外源病原检验。

（2）病毒含量测定。按（b）（2）中的方法对成品的最终容器样品进行病毒滴定。出厂时，每批和每亚批产品中的病毒含量应充分高于本节（b）免疫原性测定中所用的病毒剂量，以保证在有效期内的任何时间抽检，产品的病毒含量均比免疫原性测定中所用病毒量高出 $10^{0.7}$，且不低于 $10^{2.5}$ $TCID_{50}$/头份。

[60FR14362，1995 年 3 月 17 日制定；72FR72564，2007 年 12 月 21 日修订]

§113.308　委内瑞拉脑脊髓炎活疫苗

本品系用含委内瑞拉脑脊髓炎病毒的细胞培养液制成。只有经检验证明纯净、安全且具免疫原性的基础种子才能用于制备生产用毒种，毒种使用代次为 1～5 代。

（a）基础种子应符合 §113.300 节中的有关要求 [§113.300（b）除外] 和本节要求。

（b）应对每批基础种子进行免疫原性测定，测定中病毒的使用剂量按以下方法确定：

（1）农业部的试验已经证明对委内瑞拉脑脊髓炎病毒的 HI 抗体达 1：20 或 SN 抗体达 1：40 的马能抵抗强毒株的攻击。免疫原性测定时，血清学阴性的马接种后，抗体水平应不低于到以上标准。

（2）至少用 22 头对委内瑞拉脑脊髓炎病毒易感的马（其中 20 头用于免疫接种，2 头用作对照）进行试验。其易感性通过分别采血、用血清中和试验（固定病毒-稀释血清法，病毒量 60～300$TCID_{50}$）检测抗体来确定。若 1：2 最终稀释的血清中和试验阴性，则判为易感马。

（3）免疫原性测定前，先按 APHIS 规定的方法测定由基础种子传代的最高代次毒种生产出的疫苗中病毒的几何平均滴度，然后按预定病毒量及标签说明上的方法接种 20 匹马。为了保证上述使用剂量的准确可靠，应对同一份样品作 5 次重复测定。

（4）接种后 21～28d，采血、检测抗体。对照组在 1：2 最终稀释时应全为阴性，否则，判该检验无效。免疫组中应至少有 19 头马的 HI 抗体效价达到 1：20 或 SN 抗体效价达到 1：40，否则判基础种子不符合规定。

（5）在 APHIS 批准使用新的一批基础种子前，应对生产大纲进行修订。

（c）成品检验时，每批和每亚批应符合 §113.300 节中的有关要求和本节的特殊要求。任

何一项检验不符合规定的批或亚批均不得出厂。

（1）安全检验。按 §113.33（b）进行小鼠安全检验。

（2）病毒含量测定。按本节（b）（3）对成品的最终容器样品进行病毒含量测定。出厂时，每批和每亚批产品中病毒含量应充分高于本节（b）免疫原性测定中所用病毒剂量，以保证在有效期内的任何时间抽检，产品的病毒滴度均比免疫原性测定中所用的病毒滴度高出 $10^{0.7}$ $TCID_{50}$，且不低于 $10^{2.5}$$TCID_{50}$/头份。

[50FR23797，1985 年 6 月 6 日制定；55FR35562，1990 年 8 月 31 日重新制定。56FR66784、66786，1991 年 12 月 26 日；72FR72564，2007 年 12 月 21 日修订]

§113.309　牛副流感活疫苗

本品系用含牛副流感病毒的细胞培养液制成。只有经检验证明纯净、安全且具免疫原性的基础种子才能用于制备生产用毒种，毒种使用代次为 1～10 代。

（a）基础种子应符合 §113.300 节的一般要求。

（b）每批基础种子应符合本节的特殊要求。

（c）应对每批基础种子进行免疫原性测定，基础种毒的使用剂量按以下方法确定：

（1）取 25 头易感犊牛（其中 20 头用于免疫接种，5 头用于对照）作为实验动物。其易感性通过分别采血、检测抗体以及通过采集鼻腔样品进行病毒分离确定，符合下列条件者判为易感动物：

（ⅰ）用中和试验（固定病毒-稀释血清法，病毒量少于 500$TCID_{50}$，）检测，1：2 最终稀释的血清为阴性。

（ⅱ）在接种当天鼻腔分离牛副流感病毒，结果为阴性。

（2）进行免疫原性测定前，先测定由基础种子传代的最高代次毒种生产的冻干疫苗中病毒的几何平均滴度，然后按预定病毒剂量对 20 头犊牛进行疫苗注射，另外 5 头不接种作对照。为了保证上述使用剂量的准确，应对同一疫苗病毒稀释样品重复作 5 次测定。

（3）注射疫苗后连续 14d，观察呼吸道症状的出现情况，测定和记录各自体温。免疫组的动物应在接种后（6±2）d 进行一次采血。

（4）免疫后 3～4 周，对所有犊牛进行采血、

检测抗体和进行鼻腔样品的 PI$_3$ 病毒分离。同一天，以 PI$_3$ 病毒（≥$10^{7.0}$ TCID$_{50}$/mL）进行攻击，观察 14d。攻毒时可采用鼻腔滴注的方法，每只鼻孔 2.0mL，或采用气溶胶悬液吸入攻毒。攻击用毒株及其使用说明由 APHIS 提供。

（5）攻击后连续观察 14d，检查呼吸道症状的出现情况，并检查、记录体温；至少在攻毒后前 10d 内每天进行鼻腔样品的病毒分离；攻毒后（6±2）d 时进行一次采血，攻毒后 14～28d 内至少进行一次采血，并检测抗体。

（6）判定标准

（ⅰ）所有病毒分离试验应在易感细胞上进行并至少传代培养一次，总的培养时间不少于 14d。

（ⅱ）免疫接种后 2～4 周，免疫组 20 头犊牛中应至少有 19 头牛中和抗体不低于 1∶4；对照组在 1∶2 最终稀释时均应为阴性；免疫组在接种后（6±2）d 时的中和抗体应达到 1∶32 以上。

（ⅲ）病毒分离结果在两组间应存在显著差异。应根据所有动物攻毒后的抗体效价、呼吸道症状和体温变化综合判定检验是否有效。

（7）对接种疫苗后 6d 时抗体效价达 1∶32 或 1∶32 以上，具有回忆性抗体应答的试验动物，可按下列规定另取试验动物作替换。

（ⅰ）免疫组中替代动物数不得超过 5 头，对照组不得超过 2 头。

（ⅱ）替换动物应符合对被替换动物的一切要求。

（ⅲ）替换动物的抗体效价只能用于代替最多 5 头（包括 5 头）疫苗免疫动物的抗体效价，或代替最多 2 头（包括 2 头）对照动物的抗体效价。这些被替换的免疫动物和对照动物应是在攻击后 6±2d 内抗体效价等于或高于 1∶32 的动物。

（8）日后可用另一种检验方法代替 20 头犊牛检验法，但 β 值应达 0.05，耐受水平应达 0.78。

（9）在 APHIS 批准使用新的一批基础种子前，应对生产大纲进行修订。

（d）成品检验。每批和每亚批制品应符合 §113.300 节的有关一般要求和本节要求。应对每批成品的最终容器样品进行各项检验，但（d）（1）除外。任何一项检验不符合规定的批次均不得出厂。

（1）纯净检验。按 §113.32 节规定对每批生产用原代细胞进行布鲁氏菌污染检查。

（2）安全检验。按 §113.33（a）和 §113.41

节分别进行小鼠和犊牛安全检验。

（3）病毒含量测定。采用本节（c）（2）中的方法对成品的最终容器样品进行病毒含量检查。出厂时，每批和每亚批成品中每头份中的病毒滴度应充分高于本节（c）免疫原性测定中所用病毒滴度，以保证在有效期内的任何时间抽检，疫苗中每头份的病毒滴度比免疫原性测定中所用病毒滴度高 $10^{0.7}$ TCID$_{50}$，且不低于每头份 $10^{2.5}$ TCID$_{50}$。

［39FR44719，1974 年 12 月 27 日制定。40FR41089，1975 年 9 月 5 日；43FR49529，1978 年 10 月 24 日；48FR3472，1983 年 7 月 22 日修订。55FR35562，1990 年 8 月 31 日重新制定。56FR66784、66786，1991 年 12 月 26 日；60FR14357，1995 年 3 月 17 日；72FR72564，2007 年 12 月 21 日修订］

§113.310 牛鼻气管炎活疫苗

本品系用含牛传染性鼻气管炎病毒的细胞培养液制成。只有经检验证明纯净、安全且具免疫原性的基础种子才能用于制备生产用毒种。毒种使用代次为 1～10 代。

（a）基础种子应符合 §113.300 节的一般要求。

（b）每批基础种子应符合本节特殊要求。

（c）应对用于生产的每批基础种子进行免疫原性测定，测定时的病毒使用剂量按下列方法确定。

（1）取 25 头易感犊牛作实验动物（20 头用于免疫接种，5 头用作对照）。其易感性通过采血、用病毒空斑减数法检测抗体，若 1∶2 最终稀释时为阴性，则为易感动物。

（2）进行免疫原性测定前，先测定由基础种子传代的最高代次毒种生产的冻干疫苗中病毒的几何平均滴度，然后按预定病毒剂量对 20 头牛进行注射，另 5 头牛不接种作对照。为了保证上述使用剂量准确，对所用的病毒稀释样品作 5 次重复测定。

（3）免疫后 14～28d，免疫组至少采血一次，用病毒中和试验（病毒量 100～500TCID$_{50}$）检测抗体，其结果用作（c）（6）中判定结果的依据。

（4）两组动物同时用强毒攻击，逐日测温观察 14d，检查并记录呼吸道或其他临床症状的出现情况。

（5）对照组应至少有 4 头牛出现临床症状，体温高达 104.5°F 以上，否则判检验为"未检验"，可重检。

（6）按（c）（3）进行抗体检测时，免疫组中若少于 19 头牛的血清在 1∶2 最终稀释时为阳性；或多于 1 头牛体温高达 103.5℉，并稽留 2d 或 2d 以上；或多于 1 头牛出现呼吸道症状或其他 IBR 症状，则该基础种子为不符合规定。

（7）日后可用另一种检验方法代替 20 头犊牛检验法进行检验，但 β 值应达 0.05，耐受水平应达 0.78。

（8）在 APHIS 批准使用新的一批基础种子前，应对生产大纲进行修订。

（d）成品检验。每批和每亚批产品应符合 §113.300 节中的一般要求和本节要求。除（d）（1）项检验外，各项检验均用成品的最终容器样品进行。任何一项检验不符合规定的批或亚批均不得出厂。

（1）纯净检验。按 §113.32 对每批生产用原代细胞进行布鲁氏菌污染检查。

（2）安全检验。分别按 §113.33（a）和 §113.41 节的规定进行小鼠和犊牛安全检验。

（3）病毒含量测定。按（c）（2）中的方法对成品的最终容器样品进行病毒含量测定。出厂时，疫苗中每头份的病毒滴度应充分高于本节（c）免疫原性测定中所用病毒滴度，以保证在有效期内的任何时间抽检，每头份疫苗的病毒滴度均比免疫原性测定中所用病毒滴度高 $10^{0.7}$ $TCID_{50}$，且每头份不低于 $10^{2.5}$ $TCID_{50}$。

［39FR44720，1974 年 12 月 27 日制定。40FR20067，1975 年 5 月 8 日；40FR23989，1975 年 6 月 4 日；40FR41089，1975 年 9 月 5 日；43FR49529，1978 年 10 月 24 日；48FR3472，1983 年 7 月 22 日修订。55FR35562，1990 年 8 月 31 日重新制定。56FR66784、66786，1991 年 12 月 26 日；72FR72564，2007 年 12 月 21 日修订］

§113.311 牛病毒性腹泻活疫苗

本品系用含牛病毒性腹泻病毒的细胞培养液制成。只有经检验证明纯净、安全且具免疫原性的基础种子才能用于制备生产用毒种。毒种使用代次为 1～10 代。

（a）基础种子应符合 §113.300 节的一般要求。

（b）每批基础种子应符合本节的特殊要求。

（c）应对每批用于疫苗生产的基础种子进行免疫原性测定，测定中选择的病毒剂量应按以下方法确定：

（1）取 25 头易感犊牛（20 只用于接种疫苗，10 只用作对照）作实验动物，其易感性可通过采血、用固定病毒-稀释血清法（病毒用量不少于 $500TCID_{50}$）检测中和抗体。血清在 1∶2 最终稀释时无中和作用，则为易感牛。

（2）进行免疫原性测定前，先测定由基础种子传代的最高代次毒种生产的冻干疫苗中病毒的几何平均滴度，然后按预定病毒剂量对 20 头牛进行免疫注射，另 5 头不接种作对照。为了保证上述使用剂量准确，应对疫苗同一稀释样品作 5 次重复测定。

（3）免疫接种后 14～28d，应至少对免疫牛作一次采血，采用病毒中和试验检测抗体（病毒用量不少于 $500TCID_{50}$）。攻毒前至少 3d，对免疫组和对照组的所有牛进行白细胞计数，其结果用于（c）（5）中的结果判定。

（4）用 BVD 病毒强毒株对两组牛进行攻毒，连续观察 14d。从攻毒后第 2 天开始到第 8 天，每天进行白细胞计数。与免疫组相比，对照组应至少有 4 头牛发生白细胞减少症，否则判检验为"未检验"，可重验。

（5）按（c）（3）进行抗体检测，免疫组中若少于 19 头牛在 1∶8 稀释时所有管为阳性，或免疫组多于 1 头出现呼吸道或其他牛病毒性腹泻的临床症状，或两种情况同时出现，则判基础种子不符合规定。

（6）日后可用另一种检验方法代替 20 头犊牛检验法进行检验，但 β 值应达到 0.05，耐受水平应达到 0.78。

（7）在 APHIS 批准使用新的一批基础种子前，应对生产大纲进行修订。

（d）成品检验。每批和每亚批应符合 §113.300 节的一般要求和本节要求。应当对成品的最终容器样品进行各项检验，但（d）（1）项除外。任何一项检验不符合规定的批或亚批均不得出厂。

（1）纯净检验。按 §113.32 节的规定对每批生产用原代细胞进行布鲁氏菌污染检查。

（2）安全检验。分别按 §113.33（a）和 §113.41 进行小鼠和犊牛安全检验。

（3）病毒含量测定。按（c）（2）中所用方法对成品的最终容器样品进行病毒含量测定。出厂时，每批和每亚批产品中每头份疫苗的病毒含量应充分高于本节（c）免疫原性测定中所用的病毒量，以保证在有效期内的任何时间抽检，疫苗的病毒滴度均比免疫原性测定中所用病毒滴度高 $10^{0.7}$ $TCID_{50}$，且不低于 $10^{2.5}$ $TCID_{50}$/头份。

［39FR44720，1974 年 12 月 27 日制定。40FR20067，1975 年 5 月 8 日；40FR41089，1975 年 9 月 5 日；43FR49529，1978 年 10 月 24 日；48FR3472，1983 年 7 月 22 日修订。55FR35562，1990 年 8 月 31 日重新制定。56FR66784、66786，1991 年 12 月 26 日；72FR72564，2007 年 12 月 21 日修订］

§113.312 狂犬病活疫苗

本品系用含有狂犬病病毒的细胞培养物或鸡胚制成。只有经检验证明纯净、安全且具免疫原性的基础种子才能用于制备生产用毒种。毒种使用代次为 1～5 代。

（a）基础种子应符合 §113.300 节的一般要求。

（1）每批基础种子应符合本节的特殊要求。

（2）用禽源组织或细胞繁殖的每批基础种子，应按 §113.37 节规定进行外源病原检查。

（3）用小鼠或仓鼠源原代细胞或小鼠脑组织繁殖制备的每批基础种子，应按 §113.42 节规定进行淋巴细胞性脉络丛脑膜炎（LCM）病毒污染的检查，若检出 LCMV，则基础种子不符合规定。

（4）对于基础种子，应当使用本疫苗所推荐使用的各种肉食动物及家养的野生动物进行研究，以确定疫苗病毒的去向，其结果用作评估疫苗病毒安全性时的参考。

（ⅰ）每种动物至少用 10 只，分为 2 组，每组各 5 只。血清 1：2 稀释时应为阴性。

（ⅱ）对其中 1 组动物进行肌内注射，对另 1 组动物，浸润一条大神经及其周围组织，每种接种方式使用 1.0mL 高滴度病毒。

（ⅲ）对所有动物观察狂犬病临床症状的出现情况，至预定的扑杀时间。若出现明显症状，则扑杀，用注射乳鼠（不超过 7 日龄）的方法对局部淋巴结、脑、肾、唾液腺进行病毒分离。注射乳鼠前，采集的组织可置−70℃保存。对每种磨碎组织的悬液，用一窝乳鼠分别脑内注射 0.02mL，逐日观察 21d。若乳鼠发生死亡，则应用荧光抗体试验检查脑组织，以确定乳鼠是否死于狂犬病毒。

（ⅳ）对未出现狂犬病症状的动物，则按下表时间扑杀，用乳鼠分别对局部淋巴结、脑、肾及唾液腺进行病毒分离。

注射途径	注射后天数（d）	每天注射动物数（只）
肌内	15、20、25、30、35	1
神经	3、6、9、15、30	1

（5）每种使用对象动物中，应至少各用 10 只未接种的血清学阴性动物，对每批基础种子进行安全检验。

（ⅰ）将 10 只动物分成 2 组，每组 5 只，其中 1 组肌内注射高滴度病毒 10 个使用剂量。

（ⅱ）用 10 个使用剂量同样的高滴度病毒对另 1 组 5 只动物浸润注射一条大神经。除犬、猫外，对其他动物均沿着颈椎方向在颈部脊髓分出的神经干附近进行多点注射，每侧至少四点，每点一个使用剂量。

（ⅲ）连续逐日观察 90d。

（ⅳ）若发现狂犬病症状，则对该动物进行扑杀，用荧光抗体试验和注射小鼠的方法检查脑组织。

（ⅴ）若确认是狂犬病，则该批基础种子不符合规定。

（b）应用每种使用对象动物对由基础种子传代的最高代次毒种生产出的疫苗进行免疫原性测定。测定前，应按向 APHIS 报呈的草案中规定的项目对疫苗进行检验，该疫苗应是按生产大纲中规定的工艺制成的。若该狂犬病疫苗与其他成分联合使用，则被检品中应包含全部成分。

（1）进行免疫原性测定前，先测定用基础种子传代的最高代次毒种生产的疫苗中病毒的几何平均滴度。为了保证使用剂量准确，应对同一稀释的疫苗样品作 5 次重复测定。

（2）免疫原性测定中疫苗的使用剂量不得超过根据测定结果已稀释到最低病毒价的复原后的剂量。

（3）测定中所用动物应一致，且经 SN 试验证明无狂犬病中和抗体。

（ⅰ）取 25 只或 25 只以上动物，按生产大纲中规定的最低病毒价在腿部肌内注射 1 头份疫苗。

（ⅱ）另取 10 只或 10 只以上动物作对照。

（ⅲ）分别在接种后约 30d、90d、180d、270d 和 365d 时采血，并检测抗狂犬病病毒中和抗体。

（ⅳ）1 年后，用 APHIS 提供或认可的强毒对存活的各种动物进行攻击［但本节（b）（4）、（5）、（6）规定的除外］。按 §113.5（b）规定对攻击过的动物逐日观察 90d。用荧光抗体试验或 APHIS 认可的其他方法对攻击后死亡动物的脑进行狂犬病病毒检查。

（ⅴ）对照组应至少 80% 死于狂犬病；而免疫组在 90d 内 30 只中应至少有 26 只或 25 只中至少有 22 只或者统计学上等量数目的动物保持健康。

（4）若实验动物不是食肉动物，则可用下列方法取代（b）（3）（ⅳ）中对所有动物进行攻毒的方法。在接种后 1 年时对免疫动物进行攻毒。攻毒时，取 270d 和 365d 时采血检测中 SN 抗体效价最低的 5 只免疫动物以及在任何一次检验时抗体效价均在 1∶10（小鼠 SN）或 1∶16（快速荧光灶抑制试验）以下的动物进行攻毒。每个品种应用至少 5 只 SN 阴性的同种对照动物与免疫组同时进行攻毒，所有 SN 抗体效价测定均应测到终点。对照组至少 80% 死于狂犬病，而免疫组在 90d 内均应保持健康时，无需再进行攻毒，判基础种子符合规定。若有 1 只或多只动物死于狂犬病，则不论抗体滴度如何，均应对所有存活的免疫动物和 5 只对照动物进行攻毒。根据两次攻毒试验中的累计结果，按本节（b）（3）（ⅴ）规定进行结果判定。

（5）在 APHIS 批准使用新的一批基础种子前，应对生产大纲进行修订。

（c）若声明的免疫持续期超过 1 年，则须按（b）中的方法对其余时间继续进行试验和判定。至少每 180d 对实验动物进行一次血清学监测，攻毒时间也应作相应调整。

（d）成品检验。每批和每亚批产品均应符合 §113.300 节中有关一般要求和本节的特殊要求。

（1）纯净和安全检验。对每批或每批中的一个亚批成品的最终容器样品进行检验。

（ⅰ）若为禽源疫苗，则应按 §113.37 节规定检查外源病原，必要时可用特异性狂犬病抗血清中和病毒。

（ⅱ）用 3 只血清学阴性的最易感的使用对象动物进行安全检验。每只动物肌内注射 10 个使用剂量，观察 28d。若出现疫苗本身所致不良反应，则判此批不符合规定。

（ⅲ）若用仓鼠源或小鼠源的原代细胞生产疫苗，则须按 §113.42 节规定进行 LCM 病毒检验。检验中，细胞应裂解，细胞培养液不稀释。

（2）病毒含量测定。按（b）（1）中的方法对成品的最终容器样品进行病毒含量测定。出厂时，每批和每亚批产品中病毒滴度应充分高于本节（b）免疫原性测定中所用疫苗的病毒滴度，以保证在有效期内的任何时间抽检，产品中的病毒滴度等于或高于免疫原性测定中所用的病毒滴度。

（3）若疫苗是用 Flury 鸡胚低代毒或 Street Alabama Dufferin 细胞高代毒（HCP SAD）制成的，则须用体重 14～16g 的年青的成年小鼠进行病毒含量测定。每个稀释度至少用 10 只小鼠。

（ⅰ）每个稀释度至少用 10 个小鼠，每只脑内注射 0.03mL。

（ⅱ）逐日观察 14d，但若被检苗是用 HCP SAD 株制成，则须观察 21d。自注射后 4d 起，记录死亡和麻痹等症状的出现情况，根据 Reed-Muench 法计算 LD_{50}。

（ⅲ）根据已获得的数据规定出厂及保存期满时的病毒滴度标准。按本法检验时，有效期满时病毒滴度最低为 $10^{3.0}LD_{50}/0.03mL$。

（4）若疫苗系用 Flury 株鸡胚高代毒制成，则须用 6 日龄或 6 日龄以下的乳鼠进行病毒含量测定。

（ⅰ）每个稀释度用乳鼠 6～12 只脑内注射，每只 0.02mL。

（ⅱ）逐日观察 21d，自接种后第四日起记录死亡和麻痹症状的出现情况，根据 Reed-Muench 法计算 LD_{50}。

（ⅲ）根据已获得的数据确定疫苗出厂和有效期满时的病毒滴度标准。用本法检验时，有效期满时的病毒滴度最低为 $10^{3.0}LD_{50}/0.02mL$。

［39FR44721，1974 年 12 月 27 日制定。40FR20067，1975 年 5 月 8 日；42FR6795，1977 年 2 月 4 日；43FR49529，1978 年 10 月 24 日；50FR20090，1985 年 5 月 14 日修订。55FR35562，1990 年 8 月 31 日重新制定。56FR66784、66786，1991 年 12 月 26 日；61FR31823，1996 年 6 月 21 日；72FR72564，2007 年 12 月 21 日修订］

§113.313　麻疹活疫苗

本品系含有麻疹病毒的细胞培养液制成。只有经检验证明纯净、安全且具免疫原性的基础种子才能用于制备生产用毒种。毒种使用代次为 1～5 代。

（a）基础种子应符合 §113.300 节的一般要求及本节的特殊要求。

（b）用 2 头犬瘟热易感雪貂各注射相当于 1 个犬使用剂量的基础种毒，逐日观察 21d，以检查基础种子中是否有犬瘟热强毒株污染。若任何一只雪貂出现不良反应，则该批基础种子不符合规定。

（c）应对每批用于疫苗生产的基础种子进行免疫原性测定。测定中病毒的使用剂量按下文中的方法确定：

（1）用 12 周龄以下的无麻疹抗体的犬 25 只作为实验动物（20 只用于免疫接种，5 只用作对照），其易感性通过采血、以固定病毒-稀释血清法（低于 500ID$_{50}$）检测中和试验抗体。若 1∶2 稀释时为阴性，则为易感动物。

（2）进行免疫原性测定前，先测定以基础种子传代的最高代次毒种生产的冻干疫苗中病毒的几何平均滴度。然后按预定病毒剂量对 20 只犬进行接种，另 5 只不接种作对照。为了保证使用剂量准确，可对同一份疫苗稀释样品作 5 次重复测定。

（3）攻毒的当天，应先对免疫接种犬进行采血，用中和试验（固定病毒，少于 500ID$_{50}$ 犬瘟热病毒，稀释血清）检测犬瘟热抗体。在 1∶4 最终稀释时应全为阴性。

（4）在接种后至少 21d，用犬瘟热强毒对所有犬进行同样剂量的气雾攻毒，逐日观察 21d。

（ⅰ）5 只对照动物应至少有 4 只发生死亡或出现体温高达 104.0°F 或 104.0°F 以上，或者体重减轻至少 15％ 等犬瘟热的临床症状，否则为"未检验"，应重检。

（ⅱ）在攻毒后 8d 内，免疫组 20 只犬至少有 19 只存活且不出现体温高达 104.0°F 或 104.0°F 以上，或者体重减轻小于 15％，否则为不符合规定。

（5）若经 APHIS 事先批准，则可用其他检验方法代替用 20 只犬进行检验，但 β 值应达 0.05，耐受值达 0.78。

（6）在 APHIS 批准使用新的一批基础种子前，应对生产大纲进行修订。

（d）成品检验。每批和每亚批产品均应符合 §113.300 节的一般要求和本节的特殊要求。应对成品的最终容器样品进行检验，任何一项检验不符合规定的批或亚批均不得出厂。

（1）安全检验。分别按 §113.40 和 §113.33（a）进行犬和小鼠安全检验。

（2）病毒含量测定。按（c）（2）中的方法对成品的最终容器样品进行病毒含量测定。出厂时，每批和每亚批成品的疫苗病毒滴度应充分高于本节

（c）免疫原性测定中所用疫苗的病毒滴度，以保证在有效期内的任何时间抽检，产品的病毒滴度均比免疫原性测定中所用疫苗的病毒滴度高 10$^{0.7}$，且不低于 10$^{2.5}$ID$_{50}$/头份。

〔40FR53000，1975 年 11 月 14 日制定。43FR49529，1978 年 10 月 24 日；48FR33472，1983 年 7 月 22 日修订。55FR35562，1990 年 8 月 31 日重新制定。56FR66784、66786，1991 年 12 月 26 日；72FR72564，2007 年 12 月 21 日修订〕

§113.314　猫杯状病毒病活疫苗

本品系用含猫杯状病毒的细胞培养液制成。只有经检验证明纯净、安全且具免疫原性的基础种子才能用于制备生产用毒种。毒种使用代次为 1～5 代。

（a）基础种子应符合 §113.300 节的一般要求。

（b）应按 §113.43 节规定对基础种子进行衣原体污染检查。

（c）应对每批用于生产疫苗的基础种子进行免疫原性测定。测定中，基础种毒的使用剂量按下文中的方法确定：

（1）用 30 只易感猫作实验动物（其中 20 只用于接种，10 只用作对照）其易感性通过下列方法确定：分别采取喉头拭子，在易感细胞上检查猫杯状病毒；采血，用 50％ 空斑减数法或其他敏感性相似的中和试验检测每份血清中的抗体。若病毒分离阴性且血清在 1∶2 稀释时为中和抗体阴性，则为易感动物。

（2）进行免疫原性测定前，先测定由基础种子传代的最高代次毒种生产的冻干疫苗中病毒的几何平均滴度，然后按预定病毒剂量和标签上推荐的方法，对 20 只猫进行疫苗病毒接种，另 10 只不接种作对照。为了保证使用剂量准确，对所用的疫苗稀释样品应作 5 次重复测定。若进行两次接种，则每次接种的量均须分别按 5 次重复测定的结果确定。

（3）最后一次疫苗接种后至少 21d，用 APHIS 提供或认可的强毒株进行鼻内攻击，每只至少 100 000TCID$_{50}$ 或 PFU，并逐日测温观察 14d，检查并记录临床症状的出现情况，特别是口腔黏膜的病变。

（ⅰ）对照组应至少有 8 只猫出现除发热以外的临床症状，否则为"未检验"，可重检。

（ⅱ）用生产大纲规定、APHIS 批准的计分方

法进行统计，免疫组与对照组的临床症状应存在显著差异，否则，基础种子不符合规定。

（4）在 APHIS 批准使用新的一批基础种子前，应对生产大纲进行修订。

（d）成品检验。对每批和每亚批成品的最终容器样品进行检验，应符合§113.300 节及本节的要求。任何一项检验不符合规定的批或亚批均不得出厂。

（1）安全检验。分别按§113.33（a）和§113.39（b）进行小鼠和猫安全检验。

（2）病毒含量测定。按（c）（2）中的方法对成品的最终容器样品进行病毒含量测定。出厂时，每批和每亚批产品中的病毒滴度应充分高于本节（c）免疫原性测定中所用疫苗病毒的滴度，以保证在有效期内的任何时间抽检，产品中疫苗病毒滴度均比免疫原性测定中所用疫苗病毒的滴度高 $10^{0.7}$，且不低于 $10^{2.5}$ TCID$_{50}$ 或 $10^{2.5}$ PFU/头份。

〔44FR58899，1979 年 10 月 12 日；44FR63083，1979 年 11 月 2 日制定。48FR33472，1983 年 7 月 22 日修订。55FR35562，1990 年 8 月 31 日重新制定。56FR66784、66786，1991 年 12 月 26 日；72FR72564，2007 年 12 月 21 日修订〕

§113.315　猫鼻气管炎活疫苗

本品系用含猫鼻气管炎病毒的细胞培养液制成。只有经检验证明纯净、安全且具免疫原性的基础种子才能用于制备生产用毒种。毒种使用代次为 1～5 代。

（a）基础种子应符合§113.300 节的一般要求。

（b）按§113.43 节规定对基础种子进行衣原体污染检查。

（c）应对每批用于疫苗生产的基础种子进行免疫原性测定，测定中所用基础种毒的剂量按下文中的方法确定：

（1）用 30 只易感猫（20 只用于接种，10 只用作对照）作实验动物，其易感性通过下列方法确定：采取喉头拭子，在易感细胞上进行病毒分离；采血，通过 50% 空斑减数法或其他具有相同敏感性的 SN 试验检测每份血清中的抗体。若病毒分离为阴性，且血清在 1∶2 稀释时中和抗体为阴性，则为易感动物。

（2）进行免疫原性测定前，应先测定由基础种子传代的最高代次毒种生产的冻干疫苗中病毒的几

何平均滴度。然后按预定病毒剂量及标签上推荐的方法接种 20 只猫，另 10 只不接种作对照。为了保证使用剂量准确，可对同一稀释度的疫苗病毒样品作 5 次重复测定。若采用两次接种，则每次接种剂量须分别根据 5 次测定的结果而确定。

（3）最后一次接种后至少 21d，用 APHIS 提供或认可的猫鼻气管炎病毒强毒株对所有猫进行鼻内攻击，每只至少 100 000 TCID$_{50}$ 或 PFU，逐日测温观察 14d，检查并记录呼吸道或其他临床症状。

（i）对照组应至少有 8 只出现除发热以外的临床症状，否则判检验为"未检验"，可重检。

（ii）按生产大纲中规定的 APHIS 承认的计分方法进行统计分析，两组在临床症状上应存在显著差异，否则，基础种子不符合规定。

（4）在 APHIS 批准使用新的一批基础种子前，应对生产大纲进行修订。

（d）成品检验。每批和每亚批应符合§113.300 节及本节要求。应对成品的最终容器样品进行检验，任何一项检验不符合规定的批或亚批均不得出厂。

（1）安全检验。分别按§113.33（a）和§113.39（b）的规定进行小鼠和猫安全检验。

（2）病毒含量测定。按（c）（2）中的方法对成品的最终容器样品进行病毒含量测定。出厂时，每批和每亚批产品中的病毒滴度应充分高于本节（c）免疫原性测定中所用疫苗病毒的滴度，以保证在有效期内的任何时间抽检，产品中的病毒滴度均比免疫原性测定中所用疫苗病毒的滴度高 $10^{0.7}$，且不低于 $10^{2.5}$ TCID$_{50}$ 或 $10^{2.5}$ PFU/头份。

〔44FR58899，1979 年 10 月 12 日制定。48FR33472，1983 年 7 月 22 日修订。55FR35562，1990 年 8 月 31 日重新制定。56FR66784、66786，1991 年 12 月 26 日；72FR72564，2007 年 12 月 21 日修订〕

§113.316　犬副流感活疫苗

本品系用含犬副流感病毒的细胞培养液制成。只有经检验证明纯净、安全且具免疫原性的基础种子才能用于制备生产用毒种，毒种使用代次为 1～5 代。

（a）基础种子应符合§113.300 节及本节的要求。

（b）应对每批基础种子进行免疫性测定。测定中基础种毒的使用剂量按以下方法确定：

（1）用25只易感犬（20只用于接种，5只用作对照）作实验动物，其易感性通过下列方法测定：在首次接种的当天采集鼻腔拭子，在易感细胞上进行病毒分离；采血，用血清中和试验（固定病毒-稀释血清法，病毒量$50\sim300TCID_{50}$）检测每份血清中的抗体。若病毒分离阴性且血清在1：2稀释时中和抗体为阴性，则为易感动物。

（2）进行免疫原性测定前，先测定由基础种子传代的最高代次毒种生产的疫苗中病毒的几何平均滴度，然后按预定病毒剂量对20只犬进行接种。为了保证使用剂量准确，对同一稀释度的疫苗样品应进行5次重复测定。若进行两次接种，则每次接种的剂量应分别按此方法确定。

（3）最后一次接种后3～4周，对所有犬进行采血，检测抗体水平，同时采取鼻腔拭子进行犬副流感病毒分离。在采血的当天进行攻毒。

（4）逐日测温观察14d，检查并记录呼吸道等症状的出现情况，并至少连续10d，采取鼻腔拭子，在易感细胞上培养至少7d。结果判定如下：

（i）对照组在攻毒前血清1：2稀释时仍应全为阴性，否则判为"未检验"，可重检。

（ii）免疫组若有1只以上出现发热、呼吸道症状等犬副流感的临床症状；或中和抗体达1：4或1：4以上的少于19只；或与对照组相比，其病毒分离率无明显降低，判基础种子为不符合规定。

（5）在APHIS批准使用新的一批基础种子前，应对生产大纲进行修订。

（c）成品检验。每批和每亚批应符合§113.300节和本节的要求。任何一项检验不符合规定的批次均不得出厂。

用（b）（2）中的方法对每批成品的最终容器样品进行病毒含量测定。出厂时，每批和每亚批产品中的病毒滴度应充分高于本节（b）免疫原性测定中所用疫苗病毒的滴度，以保证在有效期内的任何时间抽检，产品中的病毒滴度均比免疫原性测定中所用疫苗病毒的滴度高$10^{0.7}$，且不低于$10^{2.5}$ $TCID_{50}$/头份。

[50FR436，1985年1月4日制定；55FR35562，1990年8月31日重新制定。56FR66784、66786，1991年12月26日；72FR72564，2007年12月21日修订]

§113.317　犬细小病毒活疫苗

本品系用含犬细小病毒的细胞培养液制成。只

有经检验证明纯净、安全且具免疫原性的基础种子才能用于制备生产用毒种，毒种使用代次为1～5代。

（a）基础种子应符合§113.300节及本节的要求。

（b）用APHIS承认的一种方法，在犬体内进行基础种子的毒力返强试验。若5代以内毒力明显增强，则基础种子为不符合规定。

（c）应对每批基础种子进行免疫原性测定，测定中使用的基础种毒的剂量应按下文中方法确定：

（1）取25只易感犬（20只用于接种，5只用作对照）作实验动物，其易感性通过采血，并在细胞培养上以血清中和试验（固定病毒，$50\sim300TCID_{50}$，稀释血清）检测抗体确定。若1：2最终稀释时中和抗体为阴性，则为易感动物。

（2）在免疫原性测定前，先测定用基础种子传代的最高代次毒种生产出的疫苗中病毒的几何平均滴度，然后按预定病毒剂量和标签说明对20只犬进行接种。为了保证使用剂量的准确，可用同一份样品作5次重复测定。若进行两次接种，则每次接种的剂量均应以5次测定结果确定。

（3）最后一次接种后至少14d，用APHIS提供或认可的强毒株进行攻击，继续逐日观察14d。至少10d内逐日进行测温、血液淋巴细胞计数和粪便中的病毒检查，并观察记录临床症状的出现情况。

（i）根据以下发病标准判定基础种子的免疫原性：体温高达≥103.4℉；淋巴细胞比攻击前减少一半或一半以上；出现腹泻、便中带有黏液或便血等临床症状；用血凝试验或其他具有相似敏感性的试验检查，1：5稀释的粪便中血凝素滴度≥1：64。对照组应至少有80%符合以上至少3个标准，否则判为"未检验"，可重检。

（ii）免疫组应至少有19只犬存活且不出现上述一种以上的症状，否则，基础种子为不符合规定。

（4）在APHIS批准使用新的一批基础种子前，应对生产大纲进行修订。

（d）成品检验。每批和每亚批应符合§113.300节及本节的要求，任何一项检验不符合规定的批次均不得出厂。

（1）病毒含量测定。用（c）（2）中的方法对每批成品的最终容器样品进行病毒含量测定。出厂时，产品中的病毒滴度应充分高于本节（c）免疫

原性测定中所用疫苗的病毒滴度，以保证在有效期内的任何时间抽检，产品的病毒滴度均比免疫原性测定所用病毒滴度高 $10^{0.7}$，且不低于 $10^{2.5} ID_{50}$/头份。

［50FR436，1985 年 1 月 4 日制定；55FR35562，1990 年 8 月 31 日重新制定。56FR66784、66786，1991 年 12 月 26 日；72FR72564，2007 年 12 月 21 日修订］

§113.318 伪狂犬病活疫苗

本品系用含伪狂犬病病毒的细胞培养液制成。只有经检验证明纯净、安全且具免疫原性的基础种子才能用于制备生产用毒种。毒种使用代次为 1～5 代。

（a）基础种子应符合 §113.300 节及本节要求。

（b）应对每批基础种子进行免疫原性测定，测定时使用的基础种毒剂量按下文中的方法确定：

（1）取 25 头最小推荐使用日龄的易感猪（20头用于接种，5 头用作对照）作实验动物，其易感性通过采血、灭能并以 SN 试验（固定病毒，50～300 $TCID_{50}$，稀释血清）检测抗体确定。若血清在 1：2 稀释时中和试验为阴性，则判为易感动物。

（2）进行免疫原性测定前，先测定用最高代次毒种生产的疫苗中病毒的几何平均滴度，然后按预定病毒剂量和标签上注明的方法对 20 头猪进行接种。为确保使用剂量准确，可对 1 份样品同时作 5次重复测定。

（3）接种后 14～28d，用 APHIS 提供或认可的强毒进行攻击，并逐日观察 14d。

（ⅰ）对照组应至少有 4 头猪出现死亡或严重的中枢神经系统症状，否则判检验为"未检验"，可重检。

（ⅱ）免疫组应至少有 19 头猪不出现任何症状，否则判基础种子不符合规定。

（4）在 APHIS 批准使用新的一批基础种子前，应对生产大纲进行修订。

（c）成品检验

（1）每批和每亚批均应符合 §113.300 节的一般要求及本节的要求。

（2）按（b）（2）中的方法对成品的最终容器样品进行病毒含量测定。出厂时，每批和每亚批成品的病毒滴度应充分高于本节（b）免疫原性测定

中所用疫苗的病毒滴度，以保证在有效期内的任何时间抽检，产品的病毒滴度均比免疫原性测定中所用疫苗的病毒滴度高 $10^{0.7}$ 且不低于 $10^{2.5} TCTD_{50}$/头份。

［50FR436，1985 年 1 月 4 日制定。55FR35562，1990 年 8 月 31 日重新制定。56FR66784、66786，1991 年 12 月 26 日；72FR72564，2007 年 12 月 21 日修订］

§113.325 禽脑脊髓炎活疫苗

本品系用含禽脑脊髓炎病毒的鸡胚组织或鸡胚液制成。只有按本节（a）、（b）、（c）检验证明为纯净、安全且具免疫原性的基础种子才能用于生产用毒种的制备。毒种使用代次为 1～5 代。

（a）基础种子应符合 §113.300 节及本节的要求。

（b）应用 §113.37 中的鸡胚接种试验对每批基础种子进行外源病毒检查。但是，若由于疫苗病毒的覆盖使检验判为"未检验"，则可以重检；若出于同样的原因使重检无结果，则应按 §113.36节的方法进行检验和判定。

（c）应对每批基础种子进行免疫原性测定，测定时基础种毒的使用剂量按下文中的方法确定：

（1）用同龄（8 周龄或 8 周龄以上）同来源的禽脑脊髓炎易感鸡进行检验。对标签上注明的每个接种途径，均使用 20 只或 20 只以上鸡进行免疫，另取 10 只同源同龄鸡作对照。

（2）进行免疫原性测定前，先测定用基础种子传代的最高代次毒种生产的疫苗中病毒的几何平均滴度，然后按预定病毒剂量接种。为确定使用剂量的准确与否，可对 1 份样品作 5 次重复测定。至少应用 3 个适宜稀释度（不超过 10 倍系列稀释），按下列方法进行检验：

（ⅰ）每个稀释度取 5～6 日龄鸡胚至少 10 只进行卵黄囊接种，每只 0.2mL，另取 20 只同来源的相似鸡胚作对照。弃去 48h 内的死胚。

（ⅱ）将每个稀释度接种的鸡胚置于各自容器中待其孵化。必须保证各个稀释度接种鸡胚孵化的鸡保持隔离。对照鸡胚的孵化率应不低于到 75%，检验方为有效。

（ⅲ）在正常出壳时间后的第 3 天，计算未孵蛋数量，将死亡、麻痹和运动失调的所有鸡计为病毒感染阳性。

（ⅳ）有效检验中，应至少各有 1 个稀释度的阳性率分别为 50～100％和 0～50％。

（ⅴ）按 Spearman-Karber 法或 Reed-Muench 法计算 EID_{50}。

（3）接种后至少 21d，用强毒株对所有鸡进行脑内攻毒，并逐日观察 21d。

（4）对照组应至少有 80％的鸡死亡或出现禽脊髓炎的临床症状，否则，判为"未检验"，可重检；免疫组 20 只中应至少 19 只、30 只中至少 27 只、40 只中至少 36 只无禽脑脊髓炎的临床病状，否则，判基础种子不符合规定。

（5）在 APHIS 批准使用新的一批基础种子前，应对生产大纲进行修订。

（d）按照本节（a）、（b）、（c）对基础种子进行检验后，每批和每亚批成品应符合§113.300 节中的有关要求和本节要求。

（1）按§113.37 节规定对每批成品的最终容器样品进行外源病毒检查。若因疫苗病毒的覆盖使得检验判为"未检验"，则须按§113.36 节进行鸡的接种试验，并进行判定。

（2）安全检验。对成品的最终容器样品进行下列检验：

（ⅰ）取 25 只 AE 易感鸡（6～10 周龄），按标签上规定的每种接种途径进行接种，每只 10 个使用剂量，逐日观察 21d。

（ⅱ）若出现疫苗本身所致不良反应，则判为不符合规定；若不良反应非疫苗本身所致，则判为"未检验"，可重检；若不重检，则判为不符合规定。

（3）病毒含量测定。按（c）（2）中的方法对成品的最终容器样品进行病毒含量测定。出厂时，产品的病毒滴度应充分高于本节（c）免疫原性测定中所用的病毒滴度，以保证在有效期内的任何时间抽检，产品的病毒滴度均比免疫原性测定中所用病毒滴度高 $10^{0.7}$ 且不低于 $10^{2.5} EID_{50}$/头份。

［39FR44723，1974 年 12 月 27 日制定。40FR18405，1975 年 4 月 28 日；40FR41089，1975 年 9 月 5 日；42FR43617，1977 年 8 月 30 日；48FR33473，1983 年 7 月 22 日修订。55FR35562，1990 年 8 月 31 日重新制定。56FR66784、66786，1991 年 12 月 26 日；61FR31823，1996 年 6 月 21 日；72FR72564，2007 年 12 月 21 日；79FR55969，2014 年 9 月 18 日修订］

§113.326　禽痘活疫苗

禽痘和鸽痘活疫苗系用含有病毒的细胞培养液或鸡胚制成。只有经本节（a）、（b）、（c）检验证明纯净、安全且具免疫原性的基础种子才能用于制备生产用毒种。毒种使用代次为 1～5 代。

（a）基础种子应符合§113.300 节中的有关一般要求［（c）段除外］和本节要求。

（b）应按§113.36 节对每批基础种子进行外源病毒检查。

（c）应对每批基础种子进行免疫原性测定，基础种毒的使用剂量按下文中的方法确定

（1）每个接种途径取 20 只或 20 只以上同源同龄易感鸡进行接种。另取 10 只同样的鸡作对照。

（2）在进行免疫原性测定前，先测定用基础种子传代的最高代次毒种生产的疫苗中病毒的几何平均滴度，然后按预定病毒剂量接种。为了确保使用剂量的准确，可用 1 份样品作 5 次重复测定，至少应用 3 个适宜稀释度（不超过 10 倍稀释），具体方法如下：

（ⅰ）每个稀释度至少取 5 只 9～11 日龄鸡胚，绒毛尿囊膜接种，每只 0.02mL，弃去 24h 内的死胚，每个稀释度的活胚不应少于 4 只，否则，判该检验无效。

（ⅱ）接种 5～7d 后，检查活的鸡胚的感染情况。

（ⅲ）有效检验中应至少各有 1 个稀释度的阳性率为 50％～100％和 0～50％。

（ⅳ）根据 Spearman-Karber 或 Reed-Muench 法计算 EID_{50}。

（3）接种后 14～21d，用 APHIS 提供或认可的强毒对所有鸡进行翼蹼刺种攻毒，观察 10d。若采用翼蹼接种疫苗，则攻毒时在对侧翅进行。

（4）对照组应至少 90％出现禽痘，否则，判检验为"未检验"，可重检，免疫组 20 只中应有 19 只、30 只中应有 27 只、40 只中应有 36 只不表现禽痘的临床症状，否则基础种子不符合规定。

（5）在 APHIS 批准使用新的一批基础种子前，应对生产大纲进行修订。

（d）成品检验。按照本节（a）、（b）、（c）对基础种子进行检验后，每批和每亚批应符合§113.36、§113.300［（c）段除外］和本节要求。

（1）安全检验。应用成品的最终容器样品进行检验。用于 10 日龄或 10 日龄以内鸡的疫苗须按

（d）（1）（ⅰ）、（ⅱ）、（ⅲ）进行检验。

（ⅰ）每个接种途径各用 25 只同源同批孵化的 5 日龄或 5 日以内的雏鸡，每只接种 10 个使用剂量的疫苗，逐日观察 14d。出现严重临床症状或死亡的为"免疫失败"。若第一阶段有 3 只免疫失败，则应进行第二阶段检验。

（ⅱ）按下表进行结果判定

检验阶段	累计接种鸡数（只）	累计免疫失败数（只）	
		符合规定批	不符合规定批
1	25	≤2	≥4
2	50	≤5	≥6

（ⅲ）若出现非疫苗本身所致的不良反应，则判检验为"未检验"，可重检，否则判为不符合规定。

（ⅳ）对不用于 10 日龄或 10 日龄以内鸡的疫苗，则按以下方法进行安全检验：每个接种途径用 25 只 3～5 周龄易感鸡接种 10 个使用剂量的疫苗，逐日观察 14d。若出现疫苗本身所致的严重临床症状或死亡，则判为不合路；若不良反应不是由疫苗本身引起，则判为"未检验"，可重检；若不重检，即判为不符合规定。

（2）病毒含量测定。按本节（c）（2）中的方法对成品的最终容器样品进行病毒含量测定。出厂时，每批和每亚批产品中的病毒滴度应充分高于本节（c）免疫原性测定中所用病毒滴度，以保证在有效期内的任何时间抽检，产品的病毒滴度比免疫原性测定中所用病毒滴度高 $10^{0.7}$，且不低于 $10^{2.0}$ EID_{50}/头份。

〔39FR44724，1974 年 12 月 27 日制定。40FR18406，1975 年 4 月 28 日；40FR41089，1975 年 9 月 5 日；44FR33051，1979 年 6 月 8 日；48FR33473，1983 年 7 月 22 日修订。55FR35562，1990 年 8 月 31 日重新制定。56FR66784、66786，1991 年 12 月 26 日；72FR72564，2007 年 12 月 21 日修订〕

§113.327　传染性支气管炎活疫苗

本品系用含有病毒的细胞培养液或鸡胚制成。只有经本节（a）、（b）、（c）检验证明纯净、安全且具免疫原性的基础种子才能用于制备生产用毒种。毒种使用代次为 1～5 代。

（a）基础种子应符合§113.300 节中的有关一般要求和本节要求。

（b）应用§113.37 节的鸡胚接种试验对每批基础种子进行外源病毒检查。若因疫苗病毒的覆盖导致检验判为"未检验"，可重检。若出于同样原因使重检仍判为"未检验"，则应按§113.36 进行鸡的接种试验，并根据相应标准判定。

（c）应对每批用于生产疫苗的基础种子进行免疫原性测定，选用的种毒使用剂量按下文中的方法确定：

（1）用于病毒分离的鸡应为同源同龄易感鸡。对于每个接种途径及每个声明能保护的血清型，各取 20 只或 20 只以上的鸡进行接种，同时对每个血清型的试验中各取 10 只鸡作对照。

（2）在进行免疫原性测定前，先测定用最高代次毒种生产的冻干苗中病毒的几何平均滴度，然后按预定病毒剂量接种。为了保证使用剂量的准确，可用 1 份样品重复滴定 5 次，每份样品应用 3 个适宜稀释度（不超过 10 倍稀释）进行测定，具体方法如下：

（ⅰ）每个稀释度用至少 5 只 9～11 日龄鸡胚进行尿囊腔接种，每只 0.1mL。弃去 24h 内的死胚，但每组至少应有 4 个活胚，检验方为有效。孵育 5～8d 后检查感染病变。

（ⅱ）有效检验中应至少各有 1 个稀释度的阳性率分别为 50％～100％和 0～50％。

（ⅲ）根据 Spearman-Karber 法或 Reed-Muench 法计算 EID_{50}。

（3）接种后 21～28d，用强毒滴眼攻击，每一个血清型分别设一个免疫组和对照组。攻毒用传染性支气管炎病毒强毒株应由 APHIS 提供或认可，其滴度应≥$10^{4.0}$ EID_{50}/mL。

（ⅰ）攻毒后 5d，采取气管拭子，分别放在含 3mL 胰蛋白胨磷酸盐肉汤（含有抗生素）的试管中，用力振摇；若要贮藏，则应立即冻结保存于 －40℃中备检。检验时，每个拭子材料至少注射 5 只 9～11 日龄鸡胚尿囊腔，每只 0.2mL。

（ⅱ）根据接种后第 3 天的活胚数判定结果。但若一个拭子接种的胚中存活的少于 4 只，则此拭子的检验判为"未检验"。在接种 4～7d 后若鸡胚出现传染性支气管炎感染的病变如发育停滞、卷曲胚、肾尿酸盐沉着、畸形胚或死亡，则该拭子为病毒分离阳性。若在接种 3d 时存活、但在 4～7d 时死亡且不出现典型肉眼病变的鸡胚数少于 20％，则可弃去这些胚。

（ⅲ）对照组应至少 90％病毒分离阳性；否

则，判为"未检验"，可重检。

（ⅳ）免疫组应至少 90% 病毒分离阴性，否则，判基础种子为不符合规定。

（4）在 APHIS 批准使用新的一批基础种子前，应对生产大纲进行修订。

（d）成品检验。按照本节（a）、（b）、（c）对基础种子进行检验后，每批和每亚批产品应符合 §113.300 中的有关一般要求和本节要求。若疫苗中含有多于 1 个血清型的病毒，则须在混合前分别取各种型的罐装样品进行 §113.300 节（c）段的鉴别检验。

（1）按 §113.37 节规定对每批的最终容器样品进行外源病毒检验。若由于疫苗病毒的覆盖使检验无结果，则应按 §113.36 节规定进行，并按相应的标准进行规定。

（2）安全检验。应用青年易感鸡对成品最终容器样品进行检验。

（ⅰ）取同源同批孵化的、5 日龄或 5 日龄以内的易感鸡 25 只进行滴眼接种，每只 10 个使用剂量。逐日观察 21d，出现严重呼吸道症状或死亡者为"免疫失败"。若第一阶段有 3 只免疫失败，则须进行第二阶段检验。

（ⅱ）根据下表判定结果。若出现非疫苗本身所致的不良反应，则判检验为"未检验"，可重检，若不重检，则判为不符合规定。

检验阶段	接种鸡数（只）	免疫失败数（只）	
		符合规定批	不符合规定批
1	25	2	4
2	50	5	6

（3）病毒含量测定。按本节（c）（2）及以下方法对成品的最终容器样品进行病毒含量测定：

（ⅰ）若为鸡新城疫-鸡传染性支气管炎二联苗，则测定前须先中和 NDV 部分。将 10 倍系列稀释的疫苗分别与等量热灭活的鸡新城疫抗血清混合后接种鸡胚，每只 0.2mL（其中疫苗剂量为 0.1mL）。按 §113.34 节规定检验尿囊液，在最低稀释度时应不出现血凝活性。

（ⅱ）各型的支气管炎病毒分别收获，并在与其他型病毒混合前采集罐装样品。样品中的病毒滴度应不低于生产大纲中规定的最低滴度。

（ⅲ）出厂时，每批和每亚批产品中的病毒滴度应充分高于本节（c）免疫原性测定中所用病毒滴度，以保证在有效期内的任何时间抽检，产品的病毒滴度均比免疫原性测定中所用病毒滴度高 $10^{0.7}$ 且不低于 $10^{2.0}$ EID_{50}/头份。

［39FR44724，1974 年 12 月 27 日制定。40FR18405，1975 年 4 月 28 日；40FR41089，1975 年 9 月 5 日；42FR43617，1977 年 8 月 30 日；48FR33473，1983 年 7 月 22 日修订。55FR35562，1990 年 8 月 31 日重新制定。56FR66784、66786，1991 年 12 月 26 日；64FR43045，1999 年 8 月 9 日；72FR72564，2007 年 12 月 21 日修订］

§113.328　禽喉气管炎活疫苗

本品系用含有禽传染性喉气管炎病毒的细胞培养液或鸡胚制成。只有经本节（a）、（b）、（c）部分检验证明纯净、安全且具免疫原性的基础种子才能用于制备生产用毒种，毒种使用代次为 1～5 代。

（a）基础种子应符合 §113.300 节及本节要求。

（b）应按 §113.37 进行鸡胚接种试验对每批基础种子进行外源病毒检验。如果由于疫苗病毒的覆盖使检验判为"未检验"，可以重检，但若出于同样原因使重检仍判为"未检验"，则应按 §113.36 进行鸡的接种试验，并根据相应的标准判定结果。还应按下列方法对每批基础种子进行安全检验：

（1）取与本节（c）免疫原性测定中所用鸡同源同批孵化的 3～4 周龄易感鸡至少 10 只，气管内注射，每只 0.2mL，逐日观察 14d。

（2）观察期内，若死亡数超过 20%，则判为不符合规定。

（c）应对每批基础种子进行免疫原性测定，选用的病毒剂量按下文中的方法确定：

（1）每个接种途径中，各取同源同龄易感鸡至少 20 只用于接种，另 10 只作对照。

（2）进行免疫原性测定前，先测定由基础种子传代的最高代次毒种生产的冻干疫苗中病毒的几何平均滴度。然后按预定病毒剂量接种。为了确保使用剂量准确，可用 1 份样品作 5 次重复测定。测定鸡胚源苗时至少应用 3 个稀释度（不超过 10 倍稀释）。具体方法如下：

（ⅰ）对每个稀释度，取 9～11 日龄的鸡胚至少各 5 只，绒毛尿囊膜接种，每只 0.2mL。弃去 24h 内的死胚，但每个稀释度的活胚数应不少于 4 只，检验方为有效。

（ⅱ）接种后 5～8d 检查活胚的感染情况。

（ⅲ）有效检验中应至少各有一个稀释度的阳性率分别为 50％～100％和 0～50％。

（ⅳ）根据 Spesrman-Karber 法或 Reed-Muench 法计算 EID_{50}。

（3）对于组织培养苗，应按 APHIS 承认和生产大纲中规定的组织培养方法进行病毒毒价测定。

（4）接种后 10～14d，用 APHIS 提供或认可的 ILTV 对所有鸡进行气管内或眶下窦攻毒，逐日观察 10d。

（5）对照组应至少 80％出现临床症状或死亡，否则，判为"未检验"，可重检；免疫组每组 20 只应至少保护 19 只，或 30 只保护 27 只，或 40 只保护或 36 只，否则，判基础种子不符合规定。

（6）在 APHIS 批准使用新的一批基础种子前，应对生产大纲进行修订。

（d）在按照本节（a）、（b）、（c）对基础种子进行检验后，每批和每亚批成品应符合 §113.300 节及本节的要求。

（1）按 §113.37 节进行鸡胚接种试验，对每批成品的最终容器样品进行外源病毒检验，但若因疫苗病毒的覆盖使检验判为"未检验"，则按 §113.36 节进行鸡接种试验，并按相应标准判定结果。

（2）安全检验。对于减毒株活疫苗。取每批成品的最终容器样品，按下列方法进行安全检验；对于非减毒株制成的活疫苗，则按生产大纲中规定的方法进行检验。

（ⅰ）将疫苗复原成 1 000 头份/30mL，取 3～4 周龄易感鸡 25 只进行气管内注射，每只 0.2mL，逐日观察 14d。死亡者计为"免疫失败"。若第一阶段中免疫失败 5～7 只，则须进行第二阶段试验。

（ⅱ）按下表判定结果：

检验阶段	接种动物数（只）	符合规定批免疫失败数（只）	不符合规定批免疫失败数（只）
1	25	≤4	≥8
2	50	≤10	≥11

（ⅲ）若出现非疫苗本身所致不良反应，则判检验为"未检验"，可重检；若不重检，则判为不符合规定。

（3）病毒含量测定。按（c）（2）或（3）中的方法对成品的最终容器样品进行病毒含量测定。出厂时，每批和每亚批产品的病毒滴度应充分高于本

节（c）免疫原性测定中所用疫苗的病毒滴度，以保证在有效期内的任何时间检测，产品的病毒含量均比免疫原性测定中所用病毒含量高 $10^{0.7}$ 价且不低于 $10^{2.5} EID_{50}$/头份（鸡胚源苗）或 $10^{2.0} EID_{50}$ 或 $10^{2.5} TCID_{50}$/头份（细胞苗）。

［39FR44726，1974 年 12 月 27 日制定。40FR18407，1975 年 4 月 28 日；40FR41089，1975 年 9 月 5 日；41FR44359，1976 年 10 月 8 日；42FR43617，1977 年 8 月 30 日；48FR33473，1983 年 7 月 22 日修订。55FR35562，1990 年 8 月 31 日重新制定。56FR66784、66786，1991 年 12 月 26 日；72FR72564，2007 年 12 月 21 日修订］

§113.329　新城疫活疫苗

本品系用含有病毒的细胞培养液或鸡胚制成。只有经本节（a）、（b）、（c）部分检验证明纯净、安全且具免疫原性的基础种子才能用于制备生产用毒种。毒种使用代次为 1～5 代。

（a）基础种子应符合 §113.300 节（§113.34 除外）及本节的要求。

（b）应按 §113.37 节进行鸡胚接种试验，对每批基础种子进行外源病毒检查；若因疫苗病毒的覆盖使检验判为"未检验"，则可以重检；若出于同样原因使重检仍判为"未检验"，则须按 §113.36 进行鸡的接种试验。

（c）应对用于疫苗生产的每批基础种子进行免疫原性测定，选择的病毒剂量按下文中的方法确定：

（1）对标签上推荐的每一种接种途径，取同源同龄易感鸡至少 20 只进行接种，另取 10 只未接种鸡作对照。

（2）在进行免疫原性测定前，先测定由基础种子传代的最高代次毒种生产的冻干疫苗中病毒的几何平均滴度，然后按预定病毒剂量接种。为了保证使用的病毒剂量准确，可用 1 份样品进行 5 次重复测定。每份样品至少应作 3 个稀释度（不超过 10 倍）的稀释，具体方法如下：

（ⅰ）对每个稀释度，取 9～11 日龄鸡胚至少各 5 个，尿囊腔接种，每只 0.1mL。弃去 24h 内的死胚，但每个稀释度的活胚数应不少于 4 个。

（ⅱ）接种后 5～7d，检查活胚感染情况。

（ⅲ）在一次有效检验中，应至少各有 1 个稀释度的阳性率为 50％～100％和 0～50％。

（ⅳ）根据 Spearman-Karber 法或 Reed-

Muench 法计算 EID_{50}。

（3）接种后 20～28d，以 APHIS 提供或认可的强毒株对所有鸡进行肌内注射，每只 $10^{4.0}$ EID_{50}，逐日观察 14d。

（4）对照组应至少 90％ 发病，否则，判为"未检验"，可重检；免疫组 20 只应至少保护 19 只，或 30 只保护 27 只，或 40 只保护 36 只，否则，判为不符合规定。

（5）应用 APHIS 承认的方法进行毒株鉴别检验。

（6）在 APHIS 批准使用新的一批基础种子前，应对生产大纲进行修订。

（d）成品检验：基础种子经本节（a）、（b）、（c）部分检验符合规定后，每批和每亚批成品应符合 §113.300 节（§113.34 除外）及本节的要求。

（1）按 §113.37 节的鸡胚接种试验对每批成品的最终容器样品进行外源病毒检查。若因疫苗病毒的覆盖使检验判为"未检验"，则应按 §113.36 节进行鸡的接种试验，并根据相应标准判定结果。

（2）安全检验。应对每批成品的最终容器样品进行检验以测定其在青年易感鸡中使用时的安全性。对用于 10 日龄或 10 日龄以内鸡的疫苗，应按（d）（2）（ⅰ）、（ⅱ）、（ⅲ）进行检验。

（ⅰ）取同源同批孵化的 5 日龄或 5 日龄以内的易感鸡 25 只，滴眼接种，每只 10 羽份，逐日观察 21d。出现严重呼吸道症状或死亡者计为"免疫失败"。第一阶段检验中有 3 只免疫失败时，须进行第二阶段检验。

（ⅱ）根据下表判定结果：

检验阶段	接种动物数（只）	符合规定批免疫失败数（只）	不符合规定批免疫失败数（只）
1	25	≤2	≥4
2	50	≤5	≥6

（ⅲ）若出现非疫苗本身所致的不良反应，则判检验为"未检验"，可重检。

（ⅳ）对于未规定用于 10 日龄或 10 日龄以内鸡的疫苗，按下列方法进行安全检验：

取 3～5 周龄易感鸡 25 只，按标签说明进行接种，每只 10 羽份，逐日观察 21d。应不出现疫苗本身所致不良反应，否则判为不符合规定。

（3）病毒含量测定。按（c）（2）中的方法对成品的最终容器样品进行病毒含量测定。出厂时，每批和每亚批产品的病毒滴度应充分高于本节（c）

免疫原性测定中所用的病毒滴度，以保证在有效期内的任何时间检验，产品的病毒含量均比免疫原性测定中所用病毒滴度高 $10^{0.7}$ 且不低于 $10^{5.5}$ EID_{50}/头份。

〔39FR44726，1974 年 12 月 27 日制定。40FR18407，1975 年 4 月 28 日；40FR23721，1975 年 6 月 2 日；40FR41089，1975 年 9 月 5 日；42FR43618，1977 年 8 月 30 日；48FR33473，1983 年 7 月 22 日修订。55FR35562，1990 年 8 月 31 日重新制定。56FR66784、66786，1991 年 12 月 26 日；72FR72564，2007 年 12 月 21 日修订〕

§113.330　马立克氏病活疫苗

本品系用含有病毒的组织培养细胞制成。只有经检验证明纯净、安全且具免疫原性的基础种子才能用于制备生产用毒种。毒种使用代次为 1～5 代。

（a）基础种子应符合 §113.300 中的有关一般要求和本节要求。对于 §113.300（c）中规定的鉴别检验，应采用 APHIS 认可的血清型特异性方法进行。还应按 §113.37 节的鸡胚接种试验检查每批基础种子的外源病毒，此外，若因疫苗病毒的覆盖使检验为"未检验"，则须按 §113.36 进行鸡的接种试验，病毒应符合规定。

（b）安全检验。按下列方法检查，基础种子对鸡应无致病性：

（1）取相同来源、MD 抗体阴性的 SPF 鸡或鸡胚，分成以下几组：

（ⅰ）第一组。至少 50 只鸡或鸡胚，按标签注明的途径，每只注射相当于 10 个最大使用剂量的活病毒。

（ⅱ）第二组。至少 50 只鸡或鸡胚，接种 APHIS 提供或认可的鸡马立克氏病病毒超强毒株，其剂量应使至少 80％ 的鸡在 50d 内出现鸡马立克氏病的眼观病变。

（ⅲ）第三组。50 只不接种的对照。对于鸡胚检验，该组鸡胚应接种空白稀释液。

（ⅳ）第四组。在评估血清 1 型基础种子时，应用 50 只未接种的对照鸡与第一组的免疫鸡接触饲养。

（2）每组应至少有 40 只鸡存活到 5 日龄。对所有死亡的鸡均应剖检，检查马立克氏病的病变，查明死因。该检验的判定标准如下：

（ⅰ）在 50 日龄时，将第二组的存活鸡扑杀，剖检，检查 MD 眼观病变。应至少有 80％ 的鸡发病，否则判检验为"未检验"，可重检。

（ⅱ）在 120 日龄时，对第一、三和四组的存活鸡称重、扑杀、剖检。若第三组存活数少于 30 只，或第三组中任何一只鸡出现 MD 病变，则该检验判为无结果。若第一和四组存活的鸡少于 30 只，或第一和四组的任何鸡在剖检时出现 MD 病变，或第一组或第四组的平均体重与第三组相比存在显著差异（统计学）时，则判该批基础种子不符合规定。

（3）对涉及胚内接种的检验，每组报告中应包含鸡胚的孵化率的结果。

（c）应对用于疫苗生产的每批最高代次水平的基础种子进行免疫原性测定，选择的病毒剂量按下文中的方法确定：

（1）取相同来源的、MD 抗体阴性的 SPF 鸡或鸡胚，分成以下几组：

（ⅰ）第一组。至少 35 只 1 日龄雏鸡或 18 日龄鸡胚，按标签注明的途径进行疫苗接种。为了确定所用疫苗病毒剂量，应在细胞上或 APHIS 认可的其他方法进行 5 次重复滴定。

（ⅱ）第二组。至少 35 只未接种的鸡或鸡胚，用作攻毒对照。

（ⅲ）第三组。至少 25 只未接种的鸡或鸡胚，用作不攻毒的对照。

（ⅳ）第四组。在评估仅含有血清 3 型病毒以外的疫苗时，应用至少 35 只 1 日龄雏鸡，接种已经获得执照的血清 3 型疫苗，以便评估超强毒株的毒力。

（2）第一、二和四组中应至少分别有 30 只鸡、第三组中应至少有 20 只鸡存活到 5 日龄。在 5 日龄时，通过下列方法对第一、二和四组中的所有鸡进行攻毒：

（ⅰ）在评估仅含有血清 3 型病毒的疫苗时，用 APHIS 提供或认可的 MDV 标准强毒株对第一组和第二组的鸡进行攻毒。

（ⅱ）在评估其他 MD 疫苗时，用 APHIS 提供或认可的 MDV 超强毒株对第一组、第二组和第四组的鸡进行攻毒。

（3）对所有鸡观察 7 周，剖检，检查可见的 MD 病变。所有在观察期结束前死亡的鸡也进行剖检，检查 MD 眼观病变。未进行如此检查的鸡，均应记录为 MD 阳性。

（4）在有效的试验中，第二组中应有至少 80％鸡出现 MD 可见病变，第三组所有鸡均应无

眼观可见病变，第四组（如果有）中应至少 20％鸡出现眼观可见病变。

（5）第一组应有至少 80％鸡无眼观可见病变，否则，判基础种子不符合规定。对于仅含血清 3 型病毒的疫苗，其声明的适宜用途应为：有助于预防马立克氏病。对于其他所有马立克氏病疫苗，其声明的适宜用途应为：有助于预防超强毒 MDV 引起的马立克氏病。

（d）成品检验。每批和每亚批成品应符合 §113.300 中的有关要求。对于 §113.300（c）中规定的鉴别检验，应采用 APHIS 认可的血清型特异性方法进行。成品的最终容器样品还应符合本节（d）（1）、（2）、（3）中的要求。任何一项检验不符合规定的批或亚批不得出厂。

（1）纯净检验。按 §113.37 节进行鸡胚接种试验。若因疫苗病毒的覆盖使检验判为"未检验"，则应按 §113.36 节进行鸡的接种试验，并根据相应标准判定结果。

（2）安全检验。取 1 日龄雏鸡至少 25 只，按标签注明途径进行接种，每只 10 个使用剂量（10×浓度的疫苗），观察 21d。检查死亡鸡，确定死因，并记录结果。

（ⅰ）应至少存活 20 只，否则判检验为"未检验"。

（ⅱ）若出现疫苗本身所致的病变或死亡，则判该批制品不符合规定。

（ⅲ）若存活数少于 20 只，但无疫苗本身所致病变和死亡，则可以重检一次；若不重检，则判为不符合规定。

（3）效力检验。用细胞培养方法或 APHIS 批准的其他方法对样品进行滴定。对含有一种以上血清型病毒的疫苗，应用血清型特异性方法对每个组分分别进行滴定。

（ⅰ）冻干疫苗效力检验前，应先在 37℃下放置 3d。对冻干疫苗或冷冻疫苗，应按标签说明用稀释液稀释，并在 0～4℃冰浴中放置 2h 后再进行效力检验。

（ⅱ）出厂时，每批或每亚批产品每种血清型病毒的含量应比免疫原性试验中所用病毒蚀斑（PFU）数至少高 3 倍，且不低于 1 000PFU/羽份。

（ⅲ）在有效期内的任何时间进行检验（不预先在 37℃下放置），每种血清型病毒的含量应是免疫原性试验中所用病毒蚀斑（PFU）数的至少 2 倍，且不低于 750PFU/羽份。

[61FR31841，1996 年 7 月 1 日制定]

§113.331 传染性法氏囊病活疫苗

本品系用含有病毒的细胞培养液或鸡胚制成。只有经本节（a）、（b）、（c）部分检验证明纯净、安全且具免疫原性的基础种子才能用于制备生产用毒种。毒种使用代次为 1～5 代。

（a）基础种子应符合§113.300 中的有关要求和本节要求。

（b）应按§113.37 节的鸡胚接种试验对每批基础种子进行外源病毒检验，若由于疫苗病毒的覆盖使检验判为"未检验"，则按§113.36 节进行鸡接种试验，并根据相应的标准进行判定。用于生产减毒活疫苗的每批基础种子，还应按下列方法进行检验，证明对鸡无致病性：

（1）取 1 日龄的易感雏鸡 25 只，各皮下注射相当于 10 个使用剂量的种毒，观察 21d。另取 15 只同源同批孵化鸡隔离饲养作为对照。

（ⅰ）接种后 17d，从对照组中取 5 只鸡滴眼攻击强毒，每只 $10^{2.0}$ EID$_{50}$，隔离饲养作阳性对照。另 10 只鸡用作阴性对照。

（ⅱ）免疫组应不出现 IBD 的临床症状，否则，判为不符合规定。若有 2 只以上出现非基础种毒本身所致不良反应，则判"未检验"，可重检。

（ⅲ）接种后 21d，对所有鸡进行剖检，检查 IBD 的病变情况。若免疫组中有 2 只以上出现病变，则判为不符合规定；但若阴性对照中有 1 只出现病变或阳性对照中出现病变的少于 4 只，则判"未检验"，可重检。这种病变应包括明显的病理学变化和/或明显的法氏囊萎缩。

（2）取 3～4 周龄易感鸡 35 只，接种，接种量约为本节（c）段中确定的 1 个最小保护剂量。另取 10 只同源同批孵化鸡滴眼攻击强毒，每只至少 $10^{2.0}$ EID$_{50}$，隔离饲养作为阳性对照；同时取 20 只同源同批孵化鸡隔离饲养作为阴性对照。

（ⅰ）接种后 3～4d，取免疫鸡、阳性对照鸡各 10 只，剖检，检查 IBD 的病变情况。若免疫组出现病变，则判该批基础种子不符合规定；若阴性对照组中任何 1 只鸡出现病变，或阳性对照组中出现病变的少于 8 只，则判检验为"未检验"，可重检。这里的病变应包括法氏囊水肿和/或出血。

（ⅱ）接种后 14d，将免疫组及阴性对照组中的所有鸡扑杀，解剖，检查法氏囊的萎缩情况。若免疫鸡出现法氏囊萎缩，则该批基础种子判为不符

合规定；若阴性对照组中出现法氏囊萎缩，判为"未检验"，可重检。

（c）应对每批基础种子进行免疫原性测定，病毒使用剂量按下文中的方法确定：

（1）每个接种途径中，取同源同龄（3 周龄以内或 3 周龄）易感鸡至少 20 只进行接种，另取 10 只不接种，作为对照。

（2）进行免疫原性测定前，先测定由基础种子传代的最高代次毒种生产的疫苗中病毒的几何平均滴度，然后按预定量进行接种。为了保证使用剂量准确，可以用 1 份样品进行 5 次重复测定。应至少用 3 个适宜稀释度（不超过 10 倍稀释）按 APHIS 承认的方法进行测定。

（3）当试验鸡达 28～35 日龄且离接种时间不少于 14d 时，以 APHIS 提供或认可的 IBDV 强毒株对所有免疫鸡及对照鸡进行滴眼攻击。

（ⅰ）攻毒后 3～5d，将所有鸡解剖，检查（b）（2）（ⅰ）中的 IBD 病变。

（ⅱ）免疫组应至少 20 只中有 19 只，或 30 只中有 27 只，或 40 只中有 36 只不出现病变，否则，判为不符合规定；对照组应至少 90% 出现病变，否则，判为"未检验"，可重检。

（4）在 APHIS 批准使用新的一批基础种子前，应对生产大纲进行修订。

（d）成品检验。经本节（a）、（b）、（c）部分检验证明基础种子符合规定后，每批和每亚批产品应符合§113.300 节及本节的要求。

（1）外源病毒检查。按§113.37 节进行鸡胚接种试验，但若因疫苗病毒的覆盖使检验无结果，则须按§113.36 节进行鸡接种试验，并根据相应标准判定结果。

（2）安全检验。

（ⅰ）按下列方法对每批成品的最终容器样品进行检验：

（A）对于非胃肠道使用的疫苗，取 1 日龄易感鸡 25 只进行皮下注射，每只 10 个使用剂量。

（B）对于饮水免疫用的疫苗，取 4～5 周龄易感鸡 25 只进行口服接种，每只 10 个使用剂量。

（C）另取 10 只同源同批孵化的鸡隔离饲养，用作阴性对照。对所有鸡逐日观察 21d。

（ⅱ）若免疫组出现疫苗本身所致不良反应，则判为不符合规定；若对照组 1 只以上出现不良反应或免疫组中 2 只以上出现非疫苗本身所致不良反应，则判为"未检验"，可重检；若不重检，则判

为不符合规定。

（3）病毒含量测定。应用（c）（2）中的方法对成品的最终容器样品进行病毒含量测定。出厂时，每批和每亚批产品的病毒含量应充分高于本节（c）免疫原性测定中所用病毒量，以保证在有效期内的任何时间检验，产品的病毒含量均比免疫原性测定中所用病毒量高 $10^{0.7}$ 倍，且不低于 $10^{2.0}$ EID$_{50}$ 或 $10^{2.0}$ PFU/羽份。

［44FR60263，1979 年 10 月 19 日制定。44FR67087，1979 年 11 月 23 日；48FR33473，1983 年 7 月 22 日修订。55FR35562，1990 年 8 月 31 日重新制定。56FR66784、66786，1991 年 12 月 26 日；64FR43045，1999 年 8 月 9 日；72FR72564，2007 年 12 月 21 日修订］

§113.332　腺鞘滑囊炎活疫苗

本品系用含有腺鞘滑囊炎病毒的细胞培养液或鸡胚制成。只有经检验证明纯净、安全且具免疫原性的基础种子才能用于制备生产用毒种。毒种使用代次为 1～5 代。

（a）基础种子应符合 §113.300 节〔（a）（3）（ⅱ）和（c）除外〕中的有关一般要求及本节要求。

（b）应对每批基础种子进行下列检验：

（1）按 §113.36 节进行鸡的接种试验进行外源病毒检验。

（2）按以下方法检查淋巴白血病病毒的污染：

（ⅰ）取无淋巴白血病的同源同批孵化的、3 周龄或 3 周龄以上的鸡至少 10 只，各肌内注射相当于 100 羽份的基础种毒。同时取至少 15 只鸡，分为 3 组：第一组，至少 5 只，不接种，作阴性对照；第二组，至少 5 只，接种 A 亚群淋巴白血病病毒；第三组，至少 5 只，接种 B 亚群淋巴白血病病毒。每一对照组及免疫组均互相隔离饲养。

（ⅱ）接种后 21～28d，对每只鸡进行采血，用能够保留病毒的方法分离血清，用于淋巴白血病补体结合试验（COFAL 试验，按 §113.31 节进行）。

（ⅲ）免疫组的每份血清应分别检测，每个对照组的血清可以混合后检测。每个病毒注射组 COFAL 试验应为阳性，阴性对照组应为阴性，否则，判检验无效。若任何一只基础种子接种的鸡 COFAL 试验为阳性，则基础种子为不符合规定。

（3）用琼脂扩散试验进行鉴别检验：以未稀释

的基础种子作为抗原或用基础种子接种于易感鸡胚的绒毛尿囊膜后，收获绒毛尿囊膜并磨碎后作为抗原。检验中还应使用已知的腺鞘滑囊炎抗原和已知的抗血清。被检抗原与已知抗血清的孔间出现的沉淀线应与已知抗原和抗血清间的沉淀线一致，否则，判为不符合规定。

（4）按下列方法用雏鸡进行安全检验：

（ⅰ）对用于 14 日龄以下雏鸡的疫苗，取 1 日龄易感鸡 25 只，各皮下注射相当于 10 羽份的基础种子。

（ⅱ）对仅用于 14 日龄或 14 日龄以上鸡的疫苗，用 4 周龄或 4 周龄以上的易感鸡 25 只，各皮下接种相当于 10 羽份的基础种子。

（ⅲ）逐日观察 21d，若出现疫苗本身所致的不良反应，则判为不符合规定；若不良反应并非疫苗本身所致，则判为"未检验"，可重检。

（c）应对每批基础种子进行免疫原性测定，种毒的使用剂量按下文中的方法确定：

（1）应用同源同龄易感鸡作实验动物。对用于很小日龄鸡的疫苗，应选择规定的最小使用日龄鸡进行接种，对用于大日龄鸡的疫苗，应选择 4 周龄或 4 周龄以上鸡进行接种。每个接种途径至少接种 20 只鸡，另取至少 10 只鸡作对照。

（2）进行免疫原性测定前，先以 APHIS 承认的方法测定由基础种子传代的最高代次毒种制备的疫苗中病毒的几何平均滴度，然后按预定病毒剂量进行接种。为了保证使用剂量准确，可用 1 份样品作 5 次重复测定。

（3）免疫后 21～28d，用 APHIS 提供或认可的强毒对所有鸡进行足垫注射，继续观察 14d。对照组应至少 90% 的鸡足垫发生水肿、褪色等典型症状，否则，判为"未检验"，可重检；免疫组应至少 20 只中有 19 只、30 只中有 27 只或 40 只中有 36 只不出现症状，否则，判为不符合规定。对攻击后出现短暂的肿胀并在 5d 内消退的，可以忽略不计。

（4）在 APHIS 批准使用新的一批基础种子前，应对生产大纲进行修订。

（d）成品检验。每批和每亚批应符合 §113.300 节中的有关一般要求〔（c）除外〕和本节要求。

（1）纯净检验。按 §113.36 节进行外源病毒检验。

（2）安全检验

（ⅰ）应按下列方法对每批成品的最终容器样

品进行安全检验：

（A）对用于很小日龄鸡的疫苗，取 25 只 1 日龄易感鸡，用一种接种途径，各接种 10 羽份疫苗。

（B）对用于大日龄鸡的疫苗，取 25 只 4 周龄或 4 周龄以上易感鸡，用一种接种途径各接种 10 羽份疫苗。

（ii）观察 21d，若出现疫苗本身所致的不良反应，则判为不符合规定；若 2 只以上出现非疫苗本身所致不良反应，则判为"未检验"，可重检；若不重检，则判为不符合规定。

（3）病毒含量测定。按（c）（2）中的方法对成品的最终容器样品进行测定。出厂时，产品中的病毒含量应充分高于本节（c）免疫原性测定中所用病毒量，以保证在有效期内的任何时间抽检，产品的含量均比免疫原性测定中所用病毒量高 $10^{0.7}$ 倍，且不低于 $10^{2.0}$ PFU 或 $10^{2.0}$ ID$_{50}$/头份。

（4）鉴别检验。按（b）（3）中的方法对每批成品的最终容器样品进行检验，并根据相应标准进行判定。

[50FR438，1985 年 1 月 4 日制定。55FR35562，1990 年 8 月 31 日重新制定。56FR66784、66786，1991 年 12 月 26 日；64FR43045，1999 年 8 月 9 日；72FR72564，2007 年 12 月 21 日修订]

诊断制品和试剂

§113.406　皮内注射用结核菌素

本品系用结核分枝杆菌 Pn、C 和 Dt 菌株（由 APHIS 提供）的培养物灭活、滤过制成的无毒性制品。应在各检验项目规定的条件下对每批制品进行无菌、安全、效力检验及其他特殊的化学检验，任何一项检验不符合规定的批次均不得出厂。

（a）无菌检验。按下文中的方法对每批制品进行检验。

（1）按§113.26 节对成品的最终容器样品进行检验，应无细菌和霉菌生长。

（2）将 20mL 样品离心，取沉淀物，染色、镜检，应无抗酸菌（抗酸染色）及其他微生物（革兰氏染色），否则不得出厂。

（b）安全检验。应对每批成品的最终容器样品进行安全检验。用 2 只成年豚鼠各皮下注射 1mL，观察 10d。若出现产品本身所致不良反应，则判为不符合规定；若不良反应不是由产品本身所致，则判为"未检验"，可重检；若不重检，则判为不符合规定。

（c）效力检验。将每批成品的罐装样品或最终容器样品与标准结核菌素（APHIS 提供）作对比试验。用体重 500～700g 的同源、致敏白色母豚鼠 10 只作为实验动物，曾用于相同检验的豚鼠不得再用于本节（c）（1）、（2）、（3）、（4）、（5）、（6）、（7）和（8）的检验。具体方法如下：

（1）用含等量 Pn、C 和 Dt 菌株的结核分枝杆菌热灭活悬液致敏豚鼠，每只 0.5mL，注射后 30～120d 内可认为豚鼠是致敏的。

（2）在注射结核菌素前至少 4h，即须将用于敏感性试验的豚鼠准备好。剪去腹部及两侧的毛，敷上脱毛剂，5～10min 后以温水洗净、干燥。

（3）将被检及标准结核菌素作 1：100、1：200、1：400 稀释。在每只豚鼠的腹中线两侧各选 3 个点，使之与腹中线距离相等。每个稀释度各随机选择一个点，以结核菌素注射器和针头皮下注射 0.05mL。

（4）注射后 24h 测量各点的红肿面积，以此确定结核菌素的敏感性。测量时，先测最长直径的毫米数，再测其垂直径的长度，两者相乘即得面积（mm^2）。

（5）对每个被检结核菌素应答的总面积，是将一组内每个试验动物的每个稀释度的红肿面积相加而得到。每个结核菌素的所有 3 个稀释度的红肿面积的总和相加即得到结核菌素应答总面积。

（6）被检批次结核菌素应答总面积以标准结核菌素的结核菌素应答总面积的百分数表示（被检菌素应答总面积除以标准结核菌素应答总面积乘以 100）。

（7）被检菌素的应答总面积应为标准结核菌素应答面积的 75%～125%，否则，判为不符合规定。

（8）取 2 只未致敏豚鼠，皮下注射被检菌素和标准菌素 1：4 和 1：10 的稀释液 0.05mL，作为对照，以观察非特异性阳性反应。若标准菌素出现阳性反应，则判为"未检验"，可重检。若被检菌素出现阳性反应，则判为不符合规定。

（d）特殊的化学检验和标准。用每批成品的最终容器样品进行下列检验：

（1）pH。用酸度计测定，临用前以 pH 为 7.0 的缓冲液调整。产品的 pH 应为 7.0±0.3。

（2）总氮量测定。自 3 瓶样品中各取 5mL，用凯氏定氮法测定，重复 1 次，应为（0.18±0.06）%。

（3）三氯醋酸可沉淀氮测定。自 3 瓶样品中各取 5mL，共 15mL，加入最终浓度为 4% 的三氯醋酸后，用凯氏定氮法测定，重复 1 次，应为（0.047±0.01）%。

（4）苯酚含量测定。用标定的溴化物溴酸盐溶液直接滴定（确定结核菌素中苯酚的最终含量时，应从测定结果中减去校正系数 0.04）。苯酚含量应为（0.54±0.04）%。

（5）澄清度。应澄明，无杂质颗粒。

[39FR16857，1974 年 5 月 10 日制定。39FR25463，1974 年 7 月 11 日修订。55FR35562，1990 年 8 月 31 日重新制定。56FR66784，1991 年 12 月 26 日修订]

§113.407 鸡白痢抗原

本品系用含已知抗原成分的、具有高度血凝性的、对阴性血清和非特异性血清不敏感的、具有代表性的鸡白痢沙门氏菌菌株培养物制成。每批均应进行无菌检验、浓度测定、防腐剂含量测定、敏感性测定、均一性测定和 pH 测定，任何一项检验不符合规定的批次均不得出厂。

（a）无菌检验。按 §113.26 节对成品的最终容器样品进行检验，应无细菌和霉菌生长。同时用革兰氏染色镜检，应无杂菌。

（b）用比浊计测定细菌浓度。K 抗原浓度应为麦氏标准管第一管的（80±15）倍，试管抗原浓度应为麦氏标准管的第一管的（50±10）倍。

（c）防腐剂含量测定

（1）以比色法测定，鸡白痢染色 K 抗原中福尔马林含量应为（1.0±0.2）%。

（2）用标化的溴化物溴酸盐溶液进行直接滴定，鸡白痢试管抗原中苯酚含量应为（0.55±0.05）%。

（d）敏感性测定

（1）将被检抗原与已知敏感性的抗原分别与阴、阳性鸡血清反应，进行对比试验。应按照标签说明进行，并注意抗原的有效期。

（2）检验中至少应用 12 份血清，其中包括至少 3 份强阳性、3 份弱阳性、6 份阴性血清。至少取 3 份阳性血清，用阴性血清进行稀释后，进一步进行被检平板抗原与标准平板抗原间的敏感性对比试验。所有被检抗原与标准抗原的检测结果应一致。若被检抗原与标准抗原间检测结果的差异导致其在国家家禽改良计划中的分类发生改变，则判为不符合规定。阴性血清的检验结果应全部符合规定，阳性血清的检验结果可以有一次不符合规定。应根据所有检验的结果进行敏感性判定。若应用阳性血清进行的检验中有一次不符合规定，则应至少另取 3 份强阳性血清和 3 份弱阳性血清再作试验；若不符合规定的检验不超过一次，则判该抗原符合规定。

（e）均一性检验。应不出现自凝现象或出现丝状、片状、颗粒状物等异常外观。该检验中应使用显微镜观察。

（f）pH 测定。用酸度计测定，临用前用 pH 4.0 的缓冲液调酸度计。鸡白痢 K 染色抗原的 pH 应为 4.6±0.4。对鸡白痢试管抗原的 pH 无具体要求，但稀释后使用时的 pH 应为 8.2～8.5。

[39FR16857，1974 年 5 月 10 日制定。39FR25463，1974 年 7 月 11 日修订。40FR760，1975 年 1 月 3 日修正。55FR35562，1990 年 8 月 31 日重新制定]

§113.408 禽支原体抗原

本品系用在肉汤培养基上培养的禽支原体灭活、标化制成。平板抗原应用 APHIS 承认的染色液进行染色。应对每批成品的最终容器样品进行浓度测定、防腐剂含量测定、均质性检验、pH 测定、纯粹检验、敏感性检验和特异性检验。任何一项检验不符合规定的批次均不得出厂。

（a）浓度测定。在改良 Hopkins 管中加入抗原和缓冲液（与抗原中的缓冲液配方相同）各 2.5mL，在 20℃ 下以 1 000r/min 离心 90min。菌体压积应为（1.2±0.4）%，否则，判为不符合规定。

（b）防腐剂含量测定。所用防腐剂应与按 §114.8 节规定向 APHIS 申请备案的生产大纲中规定的防腐剂一致。若使用苯酚，则用标化的溴化物溴酸盐溶液直接进行滴定，终浓度应为（0.25±0.05）%，否则，判为不符合规定。

（c）均质性检验

（1）将平板抗原滴加在平板上，检查其均质性和自凝现象。抗原应是均质性的、无肉眼可见的颗粒（线状、块状），且无自凝现象，否则，判为不符合规定。

（2）必要时，用立体显微镜检查抗原中的颗粒。

（d）pH 测定。用酸度计测定，使用酸度计前应以缓冲液调校。鸡毒支原体抗原 pH 应为 6.0±0.2。滑液支原体抗原和火鸡支原体抗原 pH 为 7.0±0.2。

（e）纯净检验。按 §113.26 节进行，应无细菌和霉菌生长。

（f）敏感性检验。将每批抗原与 APHIS 提供的标准抗原进行凝集反应对比试验。已知阴、阳性血清各用 5 份。与阴性血清进行试验时，抗原不稀释；与阳性血清反应时，抗原以缓冲液作 1∶4 稀释（这种缓冲液的配方应与抗原中的配方一致）。抗原与阴性血清应呈阴性反应，否则，判为不符合规定；与阳性血清反应时，被检抗原应至少与 4 份阳性血清的反应与标准抗原相同，否则，判为不符合规定。

（1）进行鸡毒支原体抗原的检验时，应用一组鸡血清和一组火鸡血清（阳性血清应包括从弱阳性到阳性各种反应强度的血清）。

（2）进行滑液支原体抗原的检验时，应用鸡血清进行。

（3）进行火鸡支原体抗原的检验时，应用火鸡血清进行。

（g）特异性检查。用滑液支原体抗原与鸡毒支原体抗血清（鸡源）作交叉凝集试验、火鸡支原体抗原分别与 5 份鸡毒支原体抗血清（火鸡源）和 5 份滑液支原体抗血清（火鸡源）进行交叉凝集试验。若出现交叉反应，则判为不符合规定。

［39FR33474，1974 年 7 月 22 日制定。55FR35561，1990 年 8 月 31 日重新制定。56FR66784，1991 年 12 月 26 日修订］

§113.409　牛皮内注射用 PPD 结核菌素

本品系用牛结核分枝杆菌 AN-5 株（由 APHIS 供应）的培养物灭活、纯化后制成的无毒性蛋白衍生物。每批制品应进行无菌检验、安全检验、效力检验和特殊的化学性质检验，任何一项检验不符合规定的批次均不得出厂。

（a）无菌检验。按 §113.26 节进行，应无细菌和霉菌生长。

（b）安全检验。按 §113.38 节对每批成品的最终容器样品进行检验。

（c）效力检验。将每批成品的罐装样品或最终容器样品与 APHIS 提供的标准 PPD 结核菌素作特异性对比试验。

（1）实验动物。用体重为 500～700g 的、未曾用于特异性检验的同源白色母豚鼠作实验动物。每批被检菌素用 23 只豚鼠（10 只以牛结核菌致敏，10 只以禽结核菌致敏，3 只不致敏），标准菌素用 20 只豚鼠（10 只以牛结核菌致敏，10 只以禽结核菌致敏），致敏阶段允许有死亡。

（2）豚鼠致敏

（ⅰ）取一组豚鼠，以牛结核菌 AN-5 株的热灭活菌悬液进行肌内注射，每只 0.5mL。

（ⅱ）取一组豚鼠，以禽结核菌 D-4 株的热灭活菌悬液进行肌内注射，每只 0.5mL。

（ⅲ）另取一组豚鼠，不致敏，作为对照。

（3）注射后 35d 用于结核菌素检验。

（4）注射结核菌素前至少 4h，对致敏豚鼠及对照豚鼠进行处理，剪去腹部及两侧被毛，涂脱毛剂，5～10min 后，以热水洗净，晾干。

（ⅰ）每只豚鼠选择 4 个点进行 PPD 结核菌素注射，腹中线两侧各两个点，相互间应有足够距离，以免皮肤反应重叠。

（ⅱ）将标准菌素和每批被检菌素分别稀释成每 0.1mL 含 0.6μg、1.2μg、2.4μg、4.8μg 蛋白的溶液。取每种菌素的 4 个稀释度分别随机选择 1 个点。

（ⅲ）用结核菌素注射器进行皮内注射，每个点 1 个剂量。

（5）皮肤反应的测量。注射 24h 后，测量每只豚鼠各个点的红肿面积。测量时，先测其最长的直径（mm），然后再测其垂直径（mm），两者相乘即得面积（mm²）。

（6）每只豚鼠平均反应面积的计算。将每只豚鼠 4 个点的面积相加，即为每只豚鼠皮肤反应的总面积。将同一致敏结核菌及同一 PPD 结核菌素注射的一组豚鼠的反应面积相加，除以豚鼠的只数，即得每只豚鼠皮肤反应的平均面积。

（7）特异性指数的计算。将牛结核菌致敏豚鼠的平均反应面积减去以禽结核菌致敏豚鼠的平均反应面积。

（8）检验结果有效性的标准。若标准结核菌素的特异性指数不低于 $400 mm^2$，则同时进行检验的各批结果均为有效。若测定结果无效，则应另取一组致敏豚鼠重检。

（9）对照豚鼠的反应。若 3 只对照豚鼠中任何一只或一只以上出现阳性反应（红肿），则判该批不符合规定。

（10）特异性指数的判定。若检验有效，且对照豚鼠不出现反应，则可根据下表进行结果判定：

特异性指数（mm^2）	判定结果
≥440	符合规定
360～440	无结果
<360	不符合规定

（11）第二阶段检验。对首次检验无结果的批次，可认为不符合规定，或进行第二阶段检验。第二阶段检验方法同第一阶段，但无须用不致敏的豚鼠作为对照。结合第一阶段和第二阶段的检验结果

进行判定。分别计算 20 只以牛结核菌致敏的豚鼠和 20 只以禽结核菌致敏的豚鼠的平均反应面积，再计算特异性指数。若特异性指数达到 $400 mm^2$ 或 $400 mm^2$ 以上，则判为符合规定；否则，判为不符合规定。

（d）特殊的化学检验和标准。应对每批成品的最终容器样品进行下列检验：

（1）蛋白浓度。用微量凯氏定氮法进行，应为 (1.0 ± 0.1) mg/mL。

（2）苯酚含量。以标化的溴化物溴酸盐溶液直接进行滴定，最终产品应为 $(0.5 \pm 0.04)\%$。

［41FR8471，1976 年 2 月 27 日制定。41FR21760，1976 年 5 月 28 日制定。41FR32883，1976 年 8 月 6 日修订。55FR35561，1990 年 8 月 31 日重新制定。56FR66784，1991 年 12 月 26 日修订］

抗 体 制 品

§113.450　抗体制品的一般要求

除在标准或生产大纲中另有规定外，所有抗体制品均应符合本节要求。

（a）名词解释。与抗体制品有关的法规和标准中出现的下列名词的含义：

抗体：某些 B 淋巴细胞经抗原刺激后产生的、通过与其相应抗原结合并对抗原发挥作用的、具有明确的糖蛋白结构的免疫球蛋白分子。

IgG（免疫球蛋白 G）：在结构上具有相关性的一类糖蛋白，包括各种抗体。

单克隆：产生于或来源于同一祖先细胞的子代。

被动转移失败。新生动物的一种状态，其特征是血清中的母源 IgG 浓度异常低。

（b）术语。抗体制品的有关命名：

（1）病毒特异性制品。病毒特异性制品的正确名称应：包括名词"抗体"，阐明该制品针对的疾病，标明生产该抗体的动物名称。若是单克隆抗体，则应使用"单克隆"一词，如"鸭病毒性肝炎，鸭源"。

（2）细菌特异性制品。细菌特异性制品的正确名称应:包括名词"抗体"（如果抗体组分针对的是非

毒素抗原)和"抗毒素"（如果抗体组分针对的是毒素），阐明该制品针对的微生物，标明生产该抗体的动物名称。若是单克隆抗体，则应使用"单克隆"一词，如"大肠杆菌单克隆抗体，鼠源"。

（3）被动转移失败制品。用于治疗被动转移失败的制品的正确名称应包括名词"IgG"，并标明生产该 IgG 的动物名称，如"牛 IgG"。

（4）联合制品。用于治疗被动转移失败以及用于预防和/或减轻特异性病毒或细菌病的制品，应按照上述病毒特异性制品或细菌特异性制品的术语进行命名。

（c）动物。用于生产抗体制品的所有动物均应健康。应经执业兽医师或在兽医师监督下对其进行体格检查，并进行传染病监测。这些动物应由持有执照的生产企业饲养，但是，对于在 A 级乳品厂（或类似的企业）饲养的、不注射抗原来刺激机体产生特异性抗体、仅用以提供乳汁分泌物的母牛，可以免除此项规定。

（1）有临床症状的动物不能使用。但当动物有细小的局部伤害或病变（挫伤、裂伤、烧伤等）时，若无体温升高、明显疼痛和应激，则可使用。

（2）用于生产抗体制品的所有动物，应采用适宜的检验方法、在首次使用前、以一定的时间间隔

逐个检查传染病。应保留所有检验结果的记录。任何一种传染性疾病的阳性动物均不能用于生产抗体制品。署长认为必要时，可以进行重检。

（ⅰ）在第一次使用前，应对马进行下列检测：

（A）在 APHIS 批准的实验室中检测马传染性贫血（EIA）。

（B）在国家兽医局实验室检测焦虫病、马媾疫、马鼻疽。

（C）在 APHIS 批准的实验室检测布鲁氏菌病。标准凝集效价不高于 1∶50 的马可以用于生产。标准凝集效价等于或高于 1∶100 的马，可以用利凡诺或卡片法进行检验。在这些补充检验中发生反应的马不得用于生产。在这些补充检验中不发生反应的马，可以在 30d 后再进行重检。如果补充检验结果为阴性，且凝集效价未提高，该动物可以用于生产。否则，该动物不得用于生产。

（ⅱ）每年应对马重检 EIA，如果与其他动物一起饲养或放牧，还应每年重检布鲁氏菌病。

（ⅲ）在第一次使用前，应对牛进行下列检测：

（A）由执业兽医检查结核病。但是，对于 A 级乳品厂饲养的、只提供乳汁分泌物的牛，只需按照牛奶法规或类似法规或条例中的有关要求检查结核病。

（B）在 APHIS 批准的实验室检测布鲁氏菌病。标准凝集效价不高于 1∶50 的牛可以用于生产。标准凝集效价等于或高于 1∶100 的牛，可以用利凡诺或卡片法进行检验。在这些补充检验中发生反应的牛不得用于生产。在这些补充检验中不发生反应的牛，可以在 30d 后再进行重检。如果补充检验结果为阴性，且凝集效价未提高，该动物可以用于生产。否则，该动物不得用于生产。对于 A 级乳品厂饲养的、只提供乳汁分泌物的牛，如果该奶牛群中的一部分牛奶按照布鲁氏菌病环状试验进行检测，则无需逐个检测布鲁氏菌病。经群体检测阳性的牛，不得用于生产。

（ⅳ）应每年对牛重新检测结核病和布鲁氏菌病。对于 A 级乳品厂饲养的、只提供乳汁分泌物的牛，只需按照牛奶法规或类似法规或条例中的有关要求检查结核病。对于 A 级乳品厂饲养的、只提供乳汁分泌物的牛，如果该奶牛群中的一部分牛奶按照布鲁氏菌病环状试验进行检测，则无需逐个检测布鲁氏菌病。经群体检测阳性的牛，不得用于生产。

（ⅴ）对于其他种类的动物而言，应在生产大纲中规定适宜的检验方法和检验频率。

（ⅵ）如果任何检验项目的结果为阳性，该阳性动物可以从该群中移出，并对剩余动物再次进行检验。在阳性动物移出后至少 28d 后，群体检验结果呈阴性时，该群动物才能继续用于生产。

（ⅶ）阴性动物应隔离饲养，并远离任何未检验的或检验结果呈阳性的动物。生产动物不得用于任何其他目的（如检验、劳动、娱乐）。

（d）采血方法。应按生产大纲中的规定采集血液、乳汁和蛋源材料。

（e）组分处理和加工。用于抗体制品生产的血液衍生物（如血清、血浆等）、乳汁和蛋等，应经过适宜的灭活程序，以便对潜在的污染微生物进行灭活。灭活方法应是下文中提到的且在生产大纲中规定的几种方法中的一种。也可采用其他方法代替，但应通过 APHIS 认可的数据证明至少一样有效，且该方法已在生产大纲中予以规定。这些数据应来源于有效性比较试验，该试验中应用一系列可能污染的微生物对已经建立的方法与替代方法进行对比。

（1）马源血液衍生物应在 58.0～59.0℃ 下灭活 60min，牛、猪和其他来源的血液衍生物应以相同温度灭活 30min。除热灭活外，也可对任何来源的血液衍生物通过电离辐射法以至少 2.5 兆拉德的剂量进行辐射灭活，辐射的最大剂量应在生产大纲中加以规定。

（2）乳汁的加热应按（e）（1）中规定的方法进行，或使用适宜设备采用 72℃、15s 或 89℃、1s 的巴斯德消毒法。除热灭活外，也可通过电离辐射法以至少 2.5 兆拉德的剂量进行辐射灭活，辐射的最大剂量应在生产大纲中加以规定。

（3）对于蛋源材料，应采用 58.0～59.0℃、30min 的热消毒法，也可通过电离辐射法以至少 2.5 兆拉德的剂量进行辐射灭活，辐射的最大剂量应在生产大纲中加以规定。

（4）在热处理时，血液衍生物、乳汁和蛋源材料中应不含防腐剂。热处理后应立即冷却至 7℃ 或 7℃ 以下。

（5）生产厂家应保留每批处理过的材料以及用于销售的每批制品的详细记录。记录表中应含有与材料处理以及设备检查有关的全部信息。

（f）防腐剂。液体抗体制品（在生产后立即冷冻并在使用前一直处于冷冻状态的制品除外），应含有下表中所列至少一种防腐剂，并处于其相应浓度范围内：

(1) 苯酚 0.25～0.55%；

(2) 甲酚 0.10～0.30%；

(3) 硫柳汞 0.01～0.03%；

(4) 生产大纲中规定的其他防腐剂。

(g) 高免用抗原。如果对动物进行高度免疫以便获得用于预防或减轻某种特殊传染病的抗体制品，且农业部已批准的兽医生物制品不能用于该目的，则按下列要求执行：

(1) 对于每种抗原，均应建立基础种子。

(ⅰ) 细菌性基础种子应按§113.64 节中细菌活疫苗的规定进行纯粹检验和鉴别检验。

(ⅱ) 病毒性基础种子应按§113.300 节中病毒活疫苗的规定进行纯净检验和鉴别检验。

(2) 高免抗原的最高允许代次范围应为经证明可以产生有效抗原的传代水平，且不超过 10 代。

(h) 无菌检验：应按下列方法对每批或每亚批制品的最终容器样品进行活的细菌和霉菌检验。

(1) 对于胃肠道外途径使用的干燥制品，按§113.26 进行检验。

(2) 对于口服途径使用的干燥制品，应取 10 个最终容器样品，用灭菌水稀释到标签上标明的体积，并检查下列污染物：

(ⅰ) 大肠杆菌。每个稀释后的样品各取 1mL，加入一（100×15）mm 的配氏皿中，并加入 45～50℃的结晶紫中性红胆汁琼脂培养基 10～15mL，使样品-培养基混合物均匀分布，静置，待培养基凝固。将琼脂平板置 35℃培养 24h。同时，以与上述方法相同的方法制备一个阳性对照平板和一个阴性对照平板。在培养结束时，对所有平板进行检查。如果在阴性对照平板上观察到特征性细菌生长，或阳性对照平板上无特征性细菌生长，判检验为"未检验"，可重检。如果在含有被检样品的 10 个平板上的任何平板上观察到特征性的细菌生长，可取 20 个最终容器样品进行一次重检以便排除技术错误。如果在重检中的任何平板上观察到特征性的细菌生长，或未在首次检验结束后 21d 内进行重检，判该批或该亚批制品不符合规定。

(ⅱ) 沙门氏菌。每个稀释后的样品各取 1mL，加入一（100×15）mm 的配氏皿中，并加入 45～50℃的亮绿琼脂培养基 10～15mL，使样品-培养基混合物均匀分布，静置，待培养基凝固。将琼脂平板置 35℃培养 24h。同时，以与上述方法相同的方法制备一个阳性对照平板和一个阴性对照

平板。在培养结束时，对所有平板进行检查。如果在阴性对照平板上观察到特征性细菌生长，或阳性对照平板上无特征性细菌生长，判检验为"未检验"，可重检。如果在含有被检样品的 10 个平板上的任何平板上观察到特征性的细菌生长，可取 20 个最终容器样品进行一次重检以便排除技术错误。如果在重检中的任何平板上观察到特征性的细菌生长，或未在首次检验结束后 21d 内进行重检，判该批或该亚批制品不符合规定。

(ⅲ) 真菌。每个稀释后的样品各取 1mL，加入一（100×15）mm 的配氏皿中，并加入 45～50℃的马铃薯葡萄糖琼脂培养基 10～15mL，使样品-培养基混合物均匀分布，静置，待培养基凝固。将琼脂平板置 20～25℃培养 5d。同时，以与上述方法相同的方法制备一个阳性对照平板和一个阴性对照平板。在培养结束时，对所有平板进行检查。如果在阴性对照平板上观察到特征性细菌生长，或阳性对照平板上无特征性细菌生长，判检验为"未检验"，可重检。如果在含有被检样品的 10 个平板上的任何平板上观察到特征性的细菌生长，可取 20 个最终容器样品进行一次重检以便排除技术错误。如果在重检中的任何平板上观察到特征性的细菌生长，或未在首次检验结束后 21d 内进行重检，判该批或该亚批制品不符合规定。

(ⅳ) 细菌总数。每个重新溶解后的样品（按照生产大纲规定稀释或不稀释）各取 1mL，加入（100×10）mm 的配氏皿中，并加入 45～50℃的胰蛋白胨葡萄糖浸出物琼脂培养基 10～15mL，使样品-培养基混合物均匀分布，静置，待培养基凝固。将琼脂平板置 35℃培养 48h。同时，以与上述方法相同的方法制备一个阳性对照平板和一个阴性对照平板。在培养结束时，对所有平板进行检查。如果在阴性对照平板上观察到特征性细菌生长，或阳性对照平板上无特征性细菌生长，判检验为"未检验"，可重检。如果在含有被检样品的 10 个平板上的菌落平均数超过生产大纲中的规定，可取 20 个最终容器样品进行一次重检以便排除技术错误。如果重检中的菌落平均数仍然超过生产大纲中的规定，或未在首次检验结束后 21d 内进行重检，判该批或该亚批制品不符合规定。

(ⅴ) 安全检验。按§113.33（b）对每批成品的罐装样品或最终容器样品进行检验。对于干燥制品，应按标签说明进行稀释，每只小鼠注射 0.5mL。

[61FR51774，1996 年 10 月 4 日制定]

§113.451 破伤风抗毒素

本品系用破伤风梭状芽孢杆菌产毒素菌株制备的抗原高度免疫健康马的血液制成的特异性抗体制品。每批制品应符合§113.450 中的有关一般要求和本节（a）的要求，并按本节（b）的要求进行效力检验。任何一项检验不符合规定的批次均不得出厂。

（a）一般要求。最终容器中抗毒素的量应以实际能完全倒出的量为准，测量时应以符合国家标准计量局要求的量筒进行，根据凹面的最低点读数。10mL 及 10mL 以下的读数精确到 0.1mL，10mL 以上的读数精确到毫升。

（1）有效期内，最终容器中破伤风抗毒素的量应不低于标签上注明的单位数。在美国销售的最小规格应不低于每瓶 1 500 单位。

（2）破伤风抗毒素的有效期根据效力检验结果确定：若效力检验证明最终容器中的抗毒素量比标签上注明的量高 20%以上，则有效期自效检之日起为 3 年；若高 10%～19%，则为 1 年。

（b）效力检验。取每批成品的罐装样品或最终容器样品，测定每瓶中破伤风抗毒素单位数。用标准抗毒素和标准毒素作毒素-抗毒素中和对比试验。稀释时，用含 0.2%明胶的磷酸盐缓冲生理盐水（M/15，pH7.4）作稀释液。

（1）取 1mL 标准抗毒素稀释成 0.1U/mL，置20～25℃下 30min 后，与一个试验剂量的毒素混合。

（2）通过下列方法确定标准毒素的试验剂量：将毒素与 0.1U 标准抗毒素混合，置 20～25℃下作用 1h 后，皮下注射体重 340～380g 的豚鼠，应在60～120h 内死亡并出现破伤风的临床症状。应将毒素稀释成每 2.0mL 含 1 个试验剂量。

（3）取 1mL 稀释的标准抗毒素（含 0.1U），与 1 个试验剂量稀释后的标准毒素混合，置 20～25℃下 1h 后，注射豚鼠。

（4）按上述同样方法处理被检抗毒素，但是抗毒素量是根据预定效力计算的。若检验中使用的是罐装样品，则成品分装时应加上 10%（有效期为 1年时）或 20%（有效期为 3 年时）的附加量。

（5）用体重 340～380g 的正常豚鼠进行检验，怀孕豚鼠不能使用。

（ⅰ）取 2 只豚鼠（对照组）皮下注射标准毒素-抗毒素混合物 3.0mL。注射顺序与毒素和抗毒素混合的顺序相同。以此与一批或一批以上抗毒素的滴定作平行观察。

（ⅱ）每个稀释度的未知抗毒素可用 2 只豚鼠进行检查。每只均皮下注射 3.0mL。

（6）对对照豚鼠进行观察，待其卧倒不能自主站起时扑杀，按小时记录死亡时间。2 只对照豚鼠彼此应相继在 24h 内出现临床症状，且 2 只扑杀死亡时间总和应为 60～120h，否则，该检验无效。临床症状包括：肌肉张力增强，脊柱弯曲，从上方观察躯体外形不对称，全身肌肉特别是伸张肌痉挛性麻痹，在光滑面上侧卧时不能爬起，或同时出现上述几种症状。若对照组不出现上述症状，则该检验应全部重新进行。

（7）被检抗毒素的效力应根据其与标准抗毒素具有相同保护力的稀释度进行判定。若被检组动物死亡时间早于对照组，则说明被检抗毒素效价达不到预计值；若死亡时间迟于对照组，则说明抗毒素价高于预期值。

[39 FR 16859，1974 年 5 月 10 日制定。39 FR 25463，1974 年 7 月 11 日重新制定。40FR760，1975 年 1 月 3 日；40FR41996，1975 年 9 月 10 日；43FR1479，1978 年 1 月 10 日；50FR24905，1985 年 6 月 14 日修订。61FR51776，1996 年 10 月 4 日；64FR43045，1999 年 8 月 9 日修订]

§113.452 猪丹毒抗血清

本品含有针对一个或多个猪丹毒丝菌菌体抗原的抗体。应按本节要求对每批产品进行检验，任何一项检验不符合规定的批次均不得出厂。

（a）每批制品应符合§113.450 中的有关一般要求。

（b）效力检验。用下列两步法对每批成品的罐装样品进行检验：

（1）第一阶段。取体重 16～20g 的瑞士小鼠40 只，各皮下注射 0.1mL 抗血清，24h 后，与 10只对照小鼠一起，以相同的猪丹毒丝菌培养物进行皮下攻击。

（2）注射后 7d 内，对照组 10 只应至少死亡 7只，否则，该检验无效。同时，应检查死亡小鼠是否死于猪丹毒丝菌感染。

（3）注射过抗血清的小鼠，攻毒后应观察10d，记录死亡情况。若死亡 7～10 只，则应进行第二阶段检验，方法同第一阶段检验。

（4）根据下表判定结果

检验阶段	接种动物数（只）	累计接种数（只）	符合规定批累计死亡数（只）	不符合规定批累计死亡数（只）
1	40	40	≤6	≥11
2	40	80	≤12	≥13

〔39FR16859，1974 年 5 月 10 日 制 定。39FR25463，1974 年 7 月 11 日 重 新 制 定。40FR20067，1975 年 5 月 8 日；40FR23989，1975年 6 月 4 日修订。55FR35561，1990 年 8 月 31 日；61FR51776，1996 年 10 月 4 日；64FR43045，1999 年 8 月 9 日重新制定〕

§113.454　C 型产气荚膜梭菌抗毒素

本品系用 C 型产气荚膜梭菌毒素高度免疫的动物血清制成的特异性抗体制品。应按本节要求对每批产品进行检验，任何一项检验不符合规定的批次均不得出厂。

（a）每批制品应符合§113.450 中的有关一般要求。

（b）效力检验。用毒素中和试验检测每批成品罐装样品或最终容器样品中的 β 抗毒素。

（1）试验中有关术语的含义

（ⅰ）抗毒素国际单位（IU）。与 L_0 和 L_+ 剂量标准毒素起反应的 β 抗毒素的量。

（ⅱ）L_0 剂量。与 1 单位标准抗毒素混合后注射小鼠不引起疾病与死亡的最大毒素量。

（ⅲ）L_+ 剂量。与 1 单位标准抗毒素混合后注射小鼠引起至少 80％ 死亡的最小毒素量。

（ⅳ）标准抗毒素。由 APHIS 供应或认可的、已经按"国际产气荚膜梭状芽孢杆菌 β 抗毒素标准"标定过的 β 抗毒素制剂。标签上应注明抗毒素单位。

（ⅴ）标准毒素。APHIS 提供或认可的 β 毒素制剂。

（ⅵ）稀释液。用于稀释的溶液，按下列方法制备：将 1g 蛋白胨和 0.25g 氯化钠溶于 100mL 蒸馏水中，调至 pH 为 7.2，以 250℉ 高压灭菌25min，在 4℃下保存备用。

（2）按下列方法测定被检品中抗毒素的含量：

（ⅰ）将标准抗毒素稀释成 10IU/mL。

（ⅱ）将标准毒素分别稀释成 $10L_0$ 及 $10L_+$/mL。

（ⅲ）取 1mL 被检品，加 49mL 稀释液进行稀释后，取 1mL，与 1mL 标准毒素（$10L_0$ 量）混合。

（ⅳ）分别取标准抗毒素（10IU），与 $10L_0$ 及 $10L_+$ 量标准毒素混合。

（ⅴ）将所存毒素-抗毒素混合物置室温下作用1h 后，置冰水中，待注射小鼠。

（ⅵ）每种混合物，静脉注射 5 只 16～20g 瑞士小鼠，每只 0.2mL，24h 后记录死亡情况。

（3）判定

（ⅰ）注射 10IU 标准抗毒素与 $10L_0$ 标准毒素混合物的小鼠不应出现死亡，否则判为"未检验"，应重检，如不重检，判为不符合规定。

（ⅱ）注射 10IU 标准抗毒素与 $10L_+$ 标准毒素的小鼠应至少死亡 80％，否则，判为"未检验"，应重检。若不重检，则判为不符合规定。

（ⅲ）若注射被检抗毒素（1∶50）$10L_0$ 标准毒素混合物的小鼠出现死亡，则说明被检抗毒素的浓度低于 500IU/mL，判为不符合规定。

〔39FR16859，1974 年 5 月 10 日 制 定。39FR25463，1974 年 7 月 11 日重新制定。55FR35561，1990 年 8 月 31 日重新制定。56FR66784，1991 年 12月 26 日；61FR51777，1996 年 10 月 4 日修订〕

§113.455　D 型产气荚膜梭菌抗毒素

本品系用 D 型产气荚膜梭状芽孢杆菌毒素高度免疫的动物血清制成的特异性抗体制品。应按本节要求对每批产品进行检验，任何一项检验不符合规定的批次均不得出厂。

（a）每批制品应符合§113.450 中的有关一般要求。

（b）效力检验。用毒素中和试验检测每批成品的罐装样品或最终容器样品中的 ε 抗毒素。冻干制品按照标签说明书溶解后进行检验。

（1）检验中有关名词和术语的含义

（ⅰ）抗毒素国际单位（IU）。与 L_0 和 L_+ 量标准毒素起反应的 ε 抗毒素的量。

（ⅱ）L_0 量。与十分之一单位标准抗毒素混合后注射小鼠不引起疾病和死亡的最大毒素量。

（ⅲ）L_+ 量。与十分之一单位标准抗毒素混合后注射小鼠引起至少 80％ 死亡的最小毒素量。

（ⅳ）标准抗毒素。由 APHIS 提供或认可的、已经按《国际产气荚膜梭状芽孢杆菌 ε 抗毒素标准》标化过的 ε 抗毒素制剂。签瓶上应注明抗毒素单位。

（ⅴ）标准毒素。APHIS 提供或认可的 ε 毒素制剂。

（ⅵ）稀释液。用于稀释的溶液，可按下列方法配制：将 1g 蛋白胨和 0.25g 氯化钠溶于 100mL 蒸馏水，调节 pH 至 7.2，以 250℉ 高压灭菌 25min，在 4℃ 下保存备用。

（2）按下列方法测定被检品中抗毒素的含量：

（ⅰ）将标准抗毒素稀释成 1IU/mL。

（ⅱ）将标准毒素分别稀释成 $10L_0$ 和 $10L_+$/mL。

（ⅲ）取 1mL 被检品，加 33mL 稀释液进行稀释后，取 1mL，与 $10L_0$ 量称准毒素（1mL）混合。

（ⅳ）分别取 1IU 标准抗毒素（1mL），与 $10L_0$ 及 $10L_+$ 量标准毒素混合。

（ⅴ）将所有毒素-抗毒素混合物置室温下作用 1h 后，置冰水中，待注射小鼠。

（ⅵ）每种混合物，各静脉注射 5 只体重 16～20g 瑞士小鼠，每只 0.2mL，24h 后记录死亡情况。

（3）结果判定

（ⅰ）注射 1IU 标准抗毒素与 $10L_0$ 标准毒素混合物的小鼠不应发生死亡，否则判为"未检验"，应重检，如不重检，判为不符合规定。

（ⅱ）注射 1IU 标准抗毒素与 $10L_+$ 标准毒素混合物的小鼠应至少死亡 80%，否则判为"未检验"，应重检；若不重检，则判为不符合规定。

（ⅲ）若注射被检抗毒素（1：34）与 $10L_0$ 标准毒素混合物的小鼠出现死亡，则说明被检抗毒素的浓度低于 34IU/mL，判为不符合规定。

［39FR16859，1974 年 5 月 10 日制定。39FR25463，1974 年 7 月 11 日重新制定。40FR760，1975 年 1 月 3 日修订。55FR35561，1990 年 8 月 31 日重新制定。56FR66784，1991 年 12 月 26 日；61FR51777，1996 年 10 月 4 日修订］

§113.499　用于治疗被动免疫失败的制品

用于治疗被动免疫失败（FPT）的制品，每剂量中应含有规定量以上的 IgG，且只能推荐用于与该制品来源动物同种的新生动物。口服制剂不能推荐用于出生后超过 24h 的动物，胃肠道外途径使用的制品只能推荐用于新生动物。每批制品应符合 §113.450 节中的有关一般要求，并按本节要求进行效力检验，任何一项检验不符合规定的批次不得出厂。

（a）IgG 参考品的标定。IgG 参考品（参考品）应为按照生产大纲生产、质量符合规定、在本节（c）中用于评估后续批次制品效力的一批制品。应按下列方法对参考品进行鉴定：

（1）随机选择 20 只未吃初乳的新生适用对象动物。

（2）对每只动物采血。

（3）采用推荐的使用途径对每只动物使用 1 个使用剂量参考品，并观察 24h。

（ⅰ）记录所有不良反应。

（ⅱ）每只动物使用的参考品的剂量应符合标签说明的规定。标签说明中可能规定：无论体重大小，均使用 1 个使用剂量。此时，选择的新生实验动物应处于或接近最大体重。

（4）24h 后，对每只动物采血。

（5）应用 APHIS 认可、该制品生产大纲中规定的放射免疫法（RID），在用药前和用药后同步检测血清中 IgG 浓度。

（6）同时，采用相同方法，对 APHIS 提供或批准的 IgG 标准品进行 5 次 IgG 测定。

（7）用于标定参考品的所有动物均应不出现与制品有关的不良反应，至少 90% 配对血清样品中的 IgG 浓度增加值（用药后的浓度减用药前的浓度）等于或高于标准品组，否则，判该参考品不符合规定。

（b）抗体作用。在申请执照前，申请者应进行中和试验或 APHIS 认可的其他类型的试验，以便证明制品中所含抗体的作用。

（c）效力检验。应按本节规定检测每批制品的罐装样品或最终容器样品中的 IgG 浓度。应采用（a）（5）中所述 RID 法同步检测待检产品和参考品样品中的 IgG 含量。每份样品进行 5 次测定。如果每头份被检样品中的 IgG 含量不符合或未超过参考品，可用参考品和 2 份被检样品进行完全重检（5 次 IgG 含量测定）。重检后，如果 2 份被检样品的 IgG 含量平均值不高于参考品，或未进行重检，判该批制品不符合规定。

［61FR51777，1996 年 10 月 4 日制定］

（陈光华译，杨京岚校）

第 114 部分　生物制品的生产要求

官方依据：21U. S. C. 151～159；7CFR2. 22、2. 80 和 371. 4。

来源：39FR16869，1974 年 5 月 10 日，另有规定者除外。

§114.1　适用范围

除另有规定或得到署长授权豁免的情况之外，美国、哥伦比亚特区或任何美国管辖的所有生物制品的生产、销售、易货或交易、运输或投递都要遵守本章的规定。执照持有者或许可证持有者应采取和执行一切必要措施，遵守署长要求执行的各种规定。

［52FR11026，1987 年 4 月 7 日制定；56FR66784，1991 年 12 月 26 日修订］

§114.2　未按执照生产的产品

（a）当获得生产许可后，如果该企业制备生物制品时没有遵守执照的规定，则该产品不能运输或投递，或以其他被视为已遵守这些规定的方式处理。

（b）除 9CFR 第 103 部分的规定外，如果该持照企业没有经署长签发的未过期、未暂停以及未吊销的产品执照，或者产品的制备不符合§107.2 规定，则不得在该持照企业中生产该生物制品。

（c）拥有 USDA 颁发执照的企业，应按照美国兽医生物制品产品执照或按照§107.2（其中提及各州的生物制品产品执照以及各州授权生产的生物制品，包括自家生物制品）要求颁发的州产品执照生产生物制品，但不能同时符合美国兽医生物制品产品执照和州生物制品产品执照两者的规定。在美国兽医生物制品产品执照（包括限制性执照）颁布之前，持照者应交出所持有该产品的州执照，但是，当自家生物制品按照本节（5）段的规定进行生产时，不遵守此条款。

（1）持有州产品执照的生物制品（包括自家生物制品）只能在州内进行分发或运输，不能有美国兽医生物制品企业执照的编号，不能以其他符合美国兽医生物制品产品执照要求的形式进行处理。同一家企业生产的拥有州产品执照和 USDA 产品执照的生物制品，其标签必须在颜色及图案设计上有明显区别。

（2）持有 USDA 企业执照的企业生产的所有生物制品（无论该产品拥有 USDA 的产品执照还是州产品执照），均只能在依照 9CFR 第 108 部分存档的图例中指明的地点进行生产。对每种州产品执照的产品说明应作为蓝图的一部分在动植物卫生监督署备案，且必须足以让动植物卫生监督署确定在该持照企业内生产其他产品的任何风险，以及确定在生产过程中有为防止污染所采取的足够措施。

（3）企业的记录应按照本副章§116.1和§116.2的规定保存，并且应包括所有 USDA 执照或州执照的产品。

（4）持有 USDA 企业执照的企业应按照本副章§116.5的规定，提交该企业所有兽医生物制品的报告。

（5）在下述条件下，自家生物制品可由持有 USDA 企业执照的企业按照州或美国兽医生物制品产品执照的要求进行生产：

（ⅰ）持有 USDA 企业执照的企业获得从本州分离、培养的病原微生物，若该企业同时拥有生产自家生物制品的州产品执照和美国兽医生物制品产品执照，则由执照持有者按照州产品执照或美国兽医生物制品产品执照指定使用该分离的病原微生物，但是，分离病原微生物应符合各监管当局对自家生物制品的要求。按照某一种执照生产后，如果持照者想要再按照另一执照规定用同种分离物生产自家生物制品，那么持照者仅需获得另一发照当局批准即可。

（ⅱ）持有州执照的自家生物制品的通用名称应标明发照州名，如"＿＿＿＿＿自家菌苗（州名）"或"＿＿＿＿＿自家疫苗（州名）"。

［39FR16869，1974 年 5 月 10 日制定；60FR48021，1995 年 9 月 21 日修订］

§114.3　设施的分隔

（a）获得生产许可的不同制品的生产设施之间应保持一定距离，并隔离。

（b）除本节（c）和（d）段规定外，未经批准不得在一家持照企业中生产另一家持照企业的生物制品的全部或部分。

（c）如果一家持照企业由于基础设施损坏等原因，未能完成生物制品半成品的生产，署长可以授权其使用另一家持照企业的类似设施进行生产。但是，这种授权应仅限于应急及该产品受设备损坏影响期间适用。

（d）一家持照企业用于生产的半成品或系列成品可能会来自另一家持照企业，或者按照§114.5规定进口，或者来自按照 APHIS 批准的

生产大纲进行生产的专门以出口为目的的持照企业。制备的用于分发和销售的持照产品或进口产品，可被推荐为最终使用的产品，或被推荐用于进一步的生产，或者两者皆是。所有批次的产品均应符合§113.5 或§113.10 规定的检验和发放的要求，以及§114.4 规定的鉴别要求。

［39FR16869，1974 年 5 月 10 日制定。40FR46093，1975 年 10 月 6 日；49FR45846，1984 年 11 月 21 日；56FR66784，1991 年 12 月 26 日修订］

§114.4　生物制品的识别

应设计不同的、适宜的标识或标签，用于识别持照企业制备的生物制品的所有成分、联合生物制品中的所有组分、制备过程中的所有生物制品和库存的所有成品。但是，如果这些成分、组分或生物制品不能被识别，则应按照§114.15 的规定处理。

§114.5　用作种子的微生物

持照企业用于制备生物制品的微生物不能是来自其他疾病或环境的病原体。根据署长要求，应及时更新该微生物的完整记录并将清单上报 APHIS。

（由管理与预算办公室根据质控 0579-0059 号进行核准）

［39FR16869，1974 年 5 月 10 日制定。48FR57473，1983 年 12 月 30 日；56FR66784，1991 年 12 月 26 日修订］

§114.6　生物制品的混合

每种生物制品，如为液体时，应在一个单独的容器内彻底混合。装瓶时，产品应不断混合，以保持整个灌装物质的物理均匀性。批号（有必要使用其他标记识别产品的批次）应在生产和贴签记录中便于识别。

§114.7　持照企业的人员

（a）每个持照者均应委派专人（一人或多人）负责同动植物卫生监督署就按照《病毒-血清-毒素法》规定生产生物制品进行正式联络。持照者应向动植物卫生监督署提交正式联系人的简历，要说明每人负责哪种生物制品生产的哪个阶段，每人三份。

（b）持照企业从事生物制品生产的所有雇员

都要经过培训，具有良好的实验室操作技能，确保能够持续生产高质量的产品。

（c）持照企业所有生物制品的生产和处理都应在卫生预防措施下进行。参与生物制品生产和处理的所有人员在任何时候都应保持良好的卫生措施。

（1）工作人员在生产生物制品期间着装应洁净。所有人员在即将进入一家持照企业的实验室之前，应将外套或便服更换为长衣或其他洁净的衣服。

（2）严禁在持照企业内进行造成不卫生的行为，包括（但不限于）：吃东西、抽烟、随地吐痰，或其他能在生产、处理或储存生物制品的任何房间、隔间和通道造成不卫生的行为。

（由管理与预算办公室根据质控 0579-0013 号进行核准）

［39FR16869，1974 年 5 月 10 日制定。48FR57473，1983 年 12 月 30 日；56FR66784，1991 年 12 月 26 日修订］

§114.8　生产大纲的要求

每种持照的生物制品，或每种授权进口至美国销售的生物制品，其生产大纲都要在动植物卫生监督署进行备案。持照企业生产一种生物制品时，应按该种产品在动植物卫生监督署备案的生产大纲进行生产，如果有改变则可能需要参照§114.8（f）执行。

（a）应按§114.9 的规定制定生产大纲并提交动植物卫生监督署备案。如果该生产大纲有任何不妥之处，由动植物卫生监督署对其进行修正；如果没有进一步的问题，由动植物卫生监督署批准该生产大纲备案。

（b）每页都应在右下角的日期处加盖公章。尽管备案的大纲可能会被认为已经获得核准，但核准备案并不构成动植物卫生监督署对该生物制品的制备方法及制备流程的认可。

（c）一份生产大纲的复印件由动植物卫生监督署留存，另一份复印件返还持照者或持证者。

（d）每名持照者应对每个产品生产大纲的准确性和充分性进行核准，每年至少一次。生产大纲按规定进行必要的修订后，应提交动植物卫生监督署。

（e）当持照企业按署长要求继续生产持照产品时，应符合本副章§102.5（d）的规定，持照者应补充每种产品的如下信息：

（1）现行使用的生产大纲应注明最后一次修订并在动植物卫生监督署备案的日期，及持照者最后一次审核的日期。

（2）现行文件中应标明生产大纲。如果一个产品有多份生产大纲，那么只需保留现行使用生产大纲即可。

（f）如果一种生物制品现行生产大纲在当时无法提供信息的基础上已备案，署长可以反对使用该方法或过程生产这种生物制品，并通知持照者根据意见修订已备案的生产大纲。如果持照者不按通知进行修订，署长在为持照者提供听证机会后，可暂停该产品的生产执照。在这种情况下，持照者不得生产该生物制品，直至持照者收到撤销暂停的通知为止。

（由管理与预算办公室根据质控 0579-0013 号进行核准）

［39FR16869，1974 年 5 月 10 日制定。48FR57473，1983 年 12 月 30 日；56FR66784，1991 年 12 月 26 日；75FR20773，2010 年 4 月 21 日修订］

§114.9　生产大纲编制指南

每个生产大纲均应按照本节提供的适用说明编制。

（a）一般要求

（1）每个生产大纲或特殊纲要或修订页的所有复印件应用一种适合永久性印油的厚纸（8.5″×11″）来制作。

（2）生产大纲或特殊纲要的封面和每一页上应写明生物制品（或成分）的名称，企业执照编号，以及生产日期。应在封面上写明持照者（或国外生产商）的姓名。

（3）书页的顶端中部应标明页码。首页顶端应留出至少 1.5 英寸[*]空白，每一页底部应留出 2 英寸的空白来加盖动植物卫生监督署的公章。

（4）修订页应同被替代页的页码相同。修订页应有制作日期，以及被替代页的制作日期。如果用一页修订页代替多页，则新页用相同的页码表示；但如果用多页修订页替代一页，则新页的页码用页码加字母表示。

（5）持照者（或国外生产商）的授权签字人应在新版或完全重编的生产大纲的最后一页和每一张

---

[*] 译者注：非法定计量单位。1 英寸≈2.54cm。

修订页的左下角签名。加盖签名章或传真的签名无效。

（6）应在附加页上对修订的内容进行概括，并指明修改的页码、段落或者子段落。

（7）原件和修订版应使用传送表。传送表可在互联网上下载（http：www. aphis gov/animal_health/vet_biologics/vb_forms. shtml）。

（b）特殊纲要。如果在生产大纲中为了避免重复提及对生物制品组成成分的制备或生物制品生产过程中进行的操作的描述，那么可能需要对其制定特殊纲要。每个特殊纲要都应有指定的编号，并在经动植物卫生监督署批准和备案后方能使用。

（c）抗血清、抗毒素和普通血清的生产大纲应按下列要求进行编写：

抗血清、抗毒素及普通血清的
生产大纲编制指南

执照编号　　　　产品名称　　　　日期

Ⅰ. 制备血清的动物

A. 品种、状态、年龄和一般健康情况；

B. 为动物注射前进行的检查、准备、护理、检疫、化验和治疗；

C. 为动物注射后进行的饲养、处理、运动和监控。

Ⅱ. 抗原

A. 抗原的构成和特性

1. 微生物；

2. 每种微生物的来源以及获得的日期；

3. 毒株；

4. 每种微生物和毒株的配比。

B. 每种微生物的鉴定方法及这些方法的使用频率。

C. 培养物或抗原的毒力和纯净性及其鉴别和保存的方法。生产用培养物的次培养或代次范围。

D. 用于生产前是否致弱。

E. 培养微生物所使用容器的特性、大小和形状。

F. 用于保存、种子和抗原培养物（组成成分和反应物）的培养基。可能会引用特殊纲要的编号。

G. 抗原或毒素和类毒素的制备。每个步骤的完整介绍及其完成方法，并按顺序将这些步骤进行编号。应包括对每种抗原的所有检验和对性状、鉴别、毒力、浓度的详细说明和标准。

Ⅲ. 动物的免疫

A. 大纲应特别注意如下事项：

1. 抗原的特性和剂量；

2. 注射方法和频率；

3. 免疫或超免疫所需时间；

4. 如果需要，应事先采血并检验，以确定血清质量；

5. 所有其他类似事项，包括采血期间的治疗。

B. 最后一次注射与第一次采血间隔的时间，和每次采血的时间间隔。

C. 采血的操作技巧，每次采血的采血量及休息时间。

Ⅳ. 生物制品的制备

A. 详细描述从第一次采血至灌装到最后容器之前每一步的制备过程。

B. 防腐剂组成和用量。应说明生产过程中哪一步，采用什么方法加入防腐剂。

C. 凝集和补体结合效价及其测定方法。

D. 生产中废弃的不合格生物制品和生产中未使用的感染材料的处理。

E. 一批产品的配方组成、平均批量和最大批量。

Ⅴ. 检验

应说明生物制品生产过程中的取样阶段。注明可参考的所有标准要求。详细列出所有附加检验的方法，并阐明每种检验合格的最低要求。

A. 纯净性检验；

B. 安全检验；

C. 效力检验；

D. 其他检验。

Ⅵ. 准备步骤

A. 用于发放的产品的最终容器的形状和大小。

B. 分装最终容器的方法和技巧。每种尺寸最终容器的分装量。

C. 代表性样品的采集、保存和提交。应指明在生产过程中需要取样的环节。

D. 根据收集的最早日期和最后一次效力检验合格的日期，确定产品的有效期。

E. 推荐用于每种动物的使用方法、使用剂量和使用途径。

F. 包括任何其他的相关资料。

（d）疫苗、细菌疫苗、抗原和毒素的生产大纲应按下列要求进行编写：

疫苗、细菌疫苗、抗原和毒素的

生产大纲指南

执照编号　　　　产品名称　　　　日期

Ⅰ. 产品的组成

A. 使用的微生物，分离和传代历史。

B. 每种微生物的来源和获得日期。

C. 毒株。

D. 每种毒株的配比。

Ⅱ. 培养物

A. 简述每种微生物的鉴别方法及这些鉴别方法的使用频率。

B. 培养物的毒力和纯净性及其确定和保存方法。用于生产的次培养或传代的范围。

C. 用作种子和产品生产的培养基的组成和作用。包括鸡胚、组织和细胞培养物的来源，及鸡胚、组织和细胞培养物是否污染的检测方法。

D. 用于培养培养物的容器的特性、大小和形状。

E. 种子培养物的保存条件。

F. 种子或接种物悬浮液的制备方法。

G. 接种方法。

（1）种子培养基；

（2）产品培养基。接种物的滴度或浓度，及每种尺寸和类型的培养容器中所需培养基的体积。

H. 每种或每组微生物生长所需的培养时间、培养条件和培养温度。

I. 生长物的特性和数量；当有污染物生长时的观察方法。

J. 致弱方法（如果在生产前需要致弱）。

Ⅲ. 收获

A. 在分离用于制备产品的微生物或组织前，对培养物和培养基（包括鸡胚）的处理和制备。

B. 从接种到收获所需的最短和最长时间。

C. 生产需要的微生物或组织（指定）的收获技术方法。

D. 收获物的合格标准。

E. 生产中未使用的废弃物的处理。

F. 包括任何其他相关信息。

Ⅳ. 产品的制备

应详细介绍产品制备的每个步骤，包括从含有抗原组织或产品培养物的收获，到产品装入最终容器之间的所有环节。关于产品的制备，应着重描述以下几点：

A. 灭活、致弱或去毒的方法。

B. 防腐剂、佐剂或稳定剂的组成，及可用于

计算浓度的配比；添加的阶段和方法。

C. 浓缩的方法和程度。

D. 如果产品需要使抗原浓度标准化，则需说明标化过程和计算方法。

E. 1. 一批产品的混合（举例说明）。

2. 平均批量。

3. 最大批量。

4. 任何其他相关信息。

F. 每种尺寸瓶子的容积。非常规瓶子的类型。

G. 最终容器灌装和封口的方法和技术。

H. 干燥，包括湿度控制。给出最大湿度。

I. 每个使用剂量所含的抗原量，或最终容器中所含的使用剂量数。

Ⅴ. 检验

介绍生物制品生产过程中的样品采集阶段。提供所有适用的标准要求。详细列出所有附加的检验纲要，说明每种检验的最低合格标准要求。

A. 纯净性检验；

B. 安全性检验；

C. 效力检验；

D. 如需干燥，需进行湿度检验；

E. 任何其他检验。

Ⅵ. 生产后期的流程

A. 用于分发的产品的最终容器的形状和尺寸。

B. 代表性样品的采集、储存和提交。说明这些样品取自生产过程中哪个步骤。

C. 根据收获成品的最早日期和最后一次效力检验合格的日期，确定产品的有效期。若适用，则标明冻干日期。

D. 推荐用于每种动物的使用方法、剂量和接种途径。

（e）变应原浸出物生产大纲应按如下要求进行编写：

变应原浸出物生产大纲指南

执照编号　　　　产品名称　　　　日期

Ⅰ. 产品的组成

A. 原料的来源和类型。

B. 重量/体积浓度。

Ⅱ. 产品的制备

A. 应详细介绍产品生产直至灌装到最终容器的整个过程中的每个环节。关于产品的制备，应着重描述以下几点：

1. 提取方法；

2. 防腐剂、佐剂或稳定剂的组成，及使用的

配比；添加的阶段和方法；

3. 浓缩的方法和程度；

4. 产品的标准化；

5. （a）一批产品的混合；

（b）平均批量；

（c）最大批量。

6. 每种尺寸的瓶子的容积。

7. 最终容器灌装和封口的方法和技术。

8. 每个使用剂量所含的物质的量，或最终容器中所含的使用剂量的个数。

Ⅲ. 检验

介绍生物制品生产过程中的样品采集阶段。提供所有适用的标准要求。详细列出所有附加的检验纲要，说明每种检验的最低合格标准要求。

A. 纯净性检验；

B. 安全性检验；

C. 效力检验；

D. 任何其他检验；

E. 包括任何附加的相关信息。

Ⅳ. 生产后的步骤

A. 用于分发的产品的最终容器的形状和尺寸。

B. 代表性样品的采集、储存和提交。说明这些样品取自生产过程中哪个步骤。

C. 根据收获成品的最早日期和最后一次效力检验合格的日期，确定产品的有效期。若适用，则标明冻干日期。

D. 推荐用于每种动物的使用方法、剂量和接种途径。

（f）基于抗原-抗体反应的诊断试剂盒及其他诊断制品（其生产方法适于本文所述）的生产大纲，应按如下要求进行编写：

诊断试剂盒生产大纲指南

执照编号　　　　产品名称　　　　日期

前言

按以下要求提供试剂盒的简介：

1. 检验原理（ELISA，乳胶凝集试验等）。

2. 抗原或抗体的检测。

3. 检测用样品（血清、全血、眼泪等）。

4. 试剂清单、参考品和所需仪器。

5. 注明自无生产合同的厂家获得的物质。

6. 对检验的一般说明及其局限性，包括以下检验：

Ⅰ. 抗体的成分

A. 多克隆抗体的制备

1. 若通过购买获得，则应提供供应商明细、合格的标准以及到货后进行的所有检验的情况，以确定其规格符合规定。

2. 若自行制备，则应说明用于制备抗血清的实验动物的品种、日龄、体重、生长环境及总体健康状况。

a. 注射前需要考虑的事项

说明免疫前动物的检查、准备、护理、建议程序和治疗管理。说明选择动物时采用的所有试验。说明免疫前收集的任何标准阴性血清。

b. 动物的免疫

ⅰ. 说明抗原的特性和剂量；如果使用佐剂，则应提供其制备的详细信息。如果使用了商用品，则应提供其标签上所示的通用名称、生产商、产品批号和有效期限。

ⅱ. 说明免疫方法和程序。

ⅲ. 说明收获的方法及对免疫制品的评估方法，包括检验的合格标准。

ⅳ. 提供收获次数和时间间隔、收获量，及其他相关信息。

B. 单克隆抗体的制备

1. 杂交瘤细胞成分

a. 如果杂交瘤细胞是通过购买获得的，则应提供供应商名称、合格的标准；如需在购买后进行检测，则应进行详细说明。

b. 如果杂交瘤细胞是自行制备的，则应对所用的抗原进行鉴定，说明免疫程序和所用动物的种类。

c. 鉴别组织来源，及收获、分离和鉴别免疫细胞的过程。

d. 介绍亲本骨髓细胞系的来源、特性和分泌产物（轻链或重链）。

e. 如果需要，应概括说明克隆和再克隆的过程，包括克隆特性和增殖。

f. 如果需要，应说明建立和维护种子批的程序。

g. 说明其他有关杂交瘤细胞系的检验和程序。

2. 抗体的制备

a. 说明制备方法。如果采用细胞培养，所使用动物的血清必须符合9CFR113.53的规定。如果在动物体内培养，应详细说明饲养方法和传代过程。

b. 提供单克隆抗体的合格标准，包括纯净性检验。

c. 说明用于确保不同批次单克隆抗体均一性

的所有检测方法或其他方法。包括所有反应条件、使用设备和各成分的活性。

d. 说明所有特别的程序，并包括所有单克隆抗体参考品的预期活性。

Ⅱ. 抗原的制备

A. 微生物或抗原的鉴别。如果使用的种毒、细菌或由此获得的抗原已经通过审批，则应提供所有检测的相关信息，并酌情提供美国农业部的复核检验和批准日期。

B. 介绍全部的增殖过程，包括细胞培养物的鉴定、培养基的成分、细胞培养物的生长条件及收获方法。使用鸡胚制备抗原时，需提供鸡胚来源、日龄及接种途径。如果使用细胞系，需提供按照 9CFR113.52 规定进行检验和批准的日期。

C. 说明抗原提取和定性的过程。

D. 说明抗原标化的方法。

E. 如果抗原是从外面购买的，应对供应商的资质进行鉴别，并说明试验材料的标准，包括所有生产商和/或购买者为确定产品是否合格所做的所有检测。

Ⅲ. 标准试剂的制备

A. 说明试剂盒中的阳性和阴性对照品。如果是购买来的，应提供供应商的名称和质量标准。

B. 说明结合物的制备和标化。如果是购买来的，应提供供应商的名称和质量标准。

C. 介绍底物的制备和标化。如果是购买来的，应提供供应商的名称和质量标准。

D. 试剂盒中的鉴定缓冲液、稀释液和其他试剂。在本节或备案的特殊纲要中可能会介绍这些物质的制备。

Ⅳ. 产品的制备

详细说明用于标化抗原、参考标准品、阳性对照血清、阴性对照血清的方法，及标准试剂从生产/采购至在最终容器内完成终产品的过程，包括以下几点：

1. 每种防腐剂的成分和用量。

2. 分装、包被或将抗原或抗体吸附至固相上的方法。

3. 试剂盒中的每种试剂的最终包装及其最小和最大分装量。

4. 不合格材料的处理。

Ⅴ. 检验

应提供所有适用的标准要求。

A. 纯净性检验。说明所有试剂盒的纯净性或按照 9CFR113.4 规定的指定免检项。

B. 安全检验。体外使用的产品不用进行安全检验。

C. 效力检验。提供用于确定试剂盒相对反应性的检验细节，包括检验合格的最低标准。用于此目的的参考标准品及对照血清应有唯一性编号或批号。

Ⅵ. 生产后期步骤

A. 说明试剂盒内每种试剂/试验材料所用最终容器的形状和尺寸。

B. 说明代表性样品的收集、存储和提交。参阅 9CFR113.3（b）（7）。

C. 指定失效期。参阅 9CFR114.13。

D. 提供推荐使用方法的详细信息，包括所有的限制、条件和结果分析。

E. 提交保密声明，指明纲要中所含某部分信息是机密，该信息泄露后会损害提交者的利益。

（由管理与预算办公室根据质控 0579-0013 号进行核准）

[39FR16869，1974 年 5 月 10 日制定。48FR57473，1983 年 12 月 30 日；56FR20124，1991 年 5 月 2 日；56FR66784，1991 年 12 月 26 日；75FR20773，2010 年 4 月 21 日修订]

§114.10 作为防腐剂使用的抗生素

根据本节规定限定种类和剂量的抗生素，可批准作为生物制品的防腐剂使用。

（a）当一种生物制品的制备过程中使用了一种抗生素或多种抗生素结合物，或将其与抑菌剂一同使用时，每种抗生素的种类和剂量都应在该生物制品的生产大纲中具体规定，以便可以计算成品中抗生素的浓度。除非得到署长的特别批准，否则只能使用本节（b）和（c）段中提及的抗生素或抗生素结合物。

（b）允许特定使用的抗生素

（1）当一种生物制品的制备过程中按照推荐用量使用了特定抗生素，其 1mL 中的含量应不超过本段中的规定。如果是冻干生物制品，需要同不确定数量的水或其他溶剂一起使用，应测定 30mL、1 000 头份或其他等量条件下抗生素的含量。

（2）除本节（c）段另有规定外，一种生物制品只能使用一种抗生素作为防腐剂。该抗生素的种类和每毫升生物制品中允许的最大剂量如下所示：

两性霉素 B ·················· 2.5μg

制霉菌素 ·················· 30.0IU

四环素类抗生素 ·················· 30.0μg

青霉素 ·················· 30.0IU

链霉素 ·················· 30.0μg

多黏菌素 B ·················· 30.0μg

新霉素 ·················· 30.0μg

庆大霉素 ·················· 30.0μg

（c）允许联合使用的：

（1）青霉素和链霉素

（2）无论是两性霉素 B 还是制霉菌素均可以同本节（b）段中例举的其他一种抗生素联合使用，或者同青霉素＋链霉素、多黏菌素 B＋新霉素联合使用，但两性霉素 B 和制霉菌素两者不能同时使用。

（3）联合使用中的每一种抗生素的最大用量应符合本节（b）段中关于各抗生素使用剂量的规定。

（d）毒种库纯化使用的抗生素不受限制，被带入成品之后，抗生素种类和用量根据产品生产大纲的规定进行控制。

［39FR16869，1974 年 5 月 10 日制定；56FR66784，1991 年 12 月 26 日修订］

§114.11　储存和处理

持照企业中的生物制品在任何时间都应保存完好，以免保存和处理不当。终产品应在 2 至 8℃的环境下冷藏保存，除非产品的固有特性需要在不同温度下保存，但要在产品生产大纲中特别指明该适宜的保存温度，否则所有生物制品在装运和运送过程中均应妥善包装。

§114.12　有效期的要求

持照企业生产的每批或每亚批生物制品均应按照§114.13 或§114.14 的规定确定产品的有效期。按照《病毒-血清-毒素法》的规定，一个持照的生物制品在超过标签注明有效期后，应视为失效。

［41FR44687，1976 年 10 月 12 日制定］

§114.13　有效期的确定

除非在产品生产大纲中的标准里另有规定，每种产品的有效期均应该根据效力检验开始日期来计算；否则，颁发执照前，每部分的稳定性均应用动植物卫生监督署认可的方法来确定。基于这些稳定性数据所确定的有效期，应按以下几点进行确认：

（a）由具有活性的微生物制备的产品。每批产品均应在发放和接近有效期时进行效力检验，直到建立起在统计学上有效的稳定性记录为止。

（b）由没有活性的微生物制备的产品。每批持照产品均应在发放时和有效期前、后进行效力检验。

（c）如果能提供有效的统计学数据来支持生产大纲的修订，那么随后可以批准对产品的有效期进行变更。

［50FR24903，1985 年 6 月 14 日制定；56FR66784，1991 年 12 月 26 日修订］

§114.14　批或亚批有效期的延长

（a）除非在备案产品的生产大纲中另有规定，否则出现以下情况时不得延长产品的有效期：

（1）如果产品的所有组分没有根据本副章§113.4（b）的规定按照该产品生产大纲指定的效力检验进行评估。

（2）任何批次的产品或产品的一部分离开持照的所在地。但是，如果该产品是从一处持照所在地运往另一处持照所在地时，则这项规定不适用。

（3）任何批次的产品或产品的一部分，如果曾经延长过有效期，则不能再次延长有效期。符合§114.1 中的另行规定者除外。

（b）如果持照者提出申请，要求延长产品有效期，并且能够提供有效的检测数据证明产品的效力达到或超过标准规定，动植物卫生监督署可以批准该申请。新的有效期应从最后一次合格的效力检验开始日期开始计算。有效期的延长不应超过产品生产大纲允许的最长时间。

（1）变更有效期已获得批准的批次，动植物卫生监督署可能会在其延长期内对其进行效力重检，如果发现问题，则要求持照者将该产品从市场上撤回。

（2）［预留］

［50FR24903，1985 年 6 月 14 日制定；56FR66784，1991 年 12 月 26 日修订］

§114.15　不合格产品和副产品的处理

所有市场上发现的不合格的生物制品、所有超过有效期应废弃的生物制品、所有废弃物、其他用于生产的不合格材料、所有生产或实验动物的动物尸体（部分或全部），以及生产出的任何不需要的副产品均应按署长的要求进行处理。

［41FR44687，41 1976 年 10 月 12 日制定；56FR66784，1991 年 12 月 26 日修订］

§114.16　生产附属子公司

持照者可以和一个或多个子公司共同生产一个批次或亚批的生物制品，或直接由两个或多个子公司进行生产。在贴签和包装时，应确定每个参与者生产的每个批次或亚批产品的准确批量，并在该批记录或亚批记录中进行说明。

［40FR46093，1975 年 10 月 6 日制定］

§114.17　生物制品的重新装瓶

署长可授权对液态剂型的成品进行重新装瓶，但其应符合本节规定的条件。

（a）整批产品或一批中的部分产品未离开持照企业时，可以在无菌条件下返回混合罐，彻底混合后分装到新的最终容器。

（b）通过批号或亚批号应能识别出重新装瓶的产品，根据具体情况而定。

（c）对重新装瓶的产品（批或亚批），应重新抽取最终容器样品进行纯净性检验。检验不合格的产品不能进行销售。

（d）新抽取的每批或每亚批重新装瓶产品的样品，及其所有检验报告的复印件均应提交动植物

卫生监督署。

（e）在动植物卫生监督署发布合格通知后，持照者方可发放该批重新分装的产品。生产记录应显示所有检验结果，并且如实反映生产、检验的活动。

［39FR16869，1974 年 5 月 10 日制定；56FR66784，1991 年 12 月 26 日修订］

§114.18　生物制品的再加工

署长可授权持照者按照本节规定重新加工一批成品。

（a）再加工不能采用对产品造成危害性影响的方法或程序。

（b）应对再加工的产品进行纯净性检验、安全性检验、效价测定和效力检验等所有适用的检验。未通过检验的，该批产品均不得发放使用。

（c）应对再加工的批产品指定新的批号，批记录应如实反映该批产品生产、检验的活动。

（d）该批再加工产品的检验用样品及其所有检验报告均应提交动植物卫生监督署。在动植物卫生监督署发布合格通知后，持照者方可发放该批再加工产品。

［50FR24904，1985 年 6 月 15 日制定；56FR66784，1991 年 12 月 26 日修订］

（张秀文译，杨京岚校）

第 115 部分　检　　查

115.1　生产设施的检查
115.2　生物制品的检查
官方依据：21U. S. C. 151～159；7CFR2.22、2.80 和 371.4。

§115.1　生产设施的检查

（a）无论白天还是黑夜，任何时间任何检查员应能在不预先通知情况下随时进入任何生物制品生产区，对生产区内的各个场所进行检查，包括所有建筑物、隔离区和其他区域；存放在厂区内的所有生物制品、微生物、培养基，及所有如化学药品、器具、仪器等相关的原材料和设备；在该生产区生产时采用的生产工艺和所有保存的与生物制品生产相关的记录。

（b）每个检查员都佩戴带有编号的农业部徽章或身份证明卡片。两者均需提供充分的证明，证明他/她有权按照本节（a）段规定随时从正规入口进入该生产区各个场所及其附属场所进行检查。

［52FR30134，1987 年 8 月 13 日制定］

§115.2　生物制品的检查

（a）任何生物制品，其容器上应有美国兽医执照编号或美国兽医许可证编号或其他规定的标识，

以备在任何时间、任何地点接受检查。如果检查结果发现产品失效、污染、不安全或有毒害，部长将按照本副章118部分的规定对这样的产品向生产商（执照持有者）或进口商（许可证持有者）发出停止分发和销售的通知。

（b）当收到部长签发的停止和销售某批或某亚批兽医生物制品的通知后，兽医生物制品持照者或持证者应该：

（1）停止制备、分发、销售、易货、交易、装运或进口受影响的该批次或亚批兽医生物制品，并等待 APHIS 进一步的指令。

（2）应立即（不超过 2d）向零售商、批发商、经销商、国外的收货人或其他任何已知拥有该兽医生物制品的人员发出停止分发和销售的通知，命令他们停止制备、分发、销售、易货、交易、装运或进口该类兽医生物制品。所有的通知均应由持照者或持证者以书面文件发出。

（3）说明生产商（持照者）或进口商（持证者）已知分销渠道的每个地方剩余的所有该批次或亚批的兽医生物制品。

（4）如署长要求，应按照本副章 §116.5 要求向动植物卫生监督署提交所有通知相关制品分发和销售情况的完整和准确的报告。

（c）除非部长另有批示，否则任何人不得在美国管辖区内任何地方销售、易货或交易类似产品，或者装运类似产品进、出任何州、加拿大行政区或哥伦比亚特区，而且任何人不得以没有收到通知为借口违反《病毒-血清-毒素法》。

（由管理与预算办公室根据质控 0579-0318 号进行核准）

[72FR17798，2007 年 4 月 10 日制定]

（陆春萌译，杨京岚校）

第 116 部分　记录和报告

官方依据：21U. S. C. 151～159；7CFR2. 22、2. 80 和 371. 4。

§116.1　适用范围和总则

（a）每个执照持有者、许可证持有者，以及向美国出口生物制品的外国生产商，在其持照或国外机构内制备产品时，应保留每个生产厂内所有生产活动所必须进行的信息记录。该记录包括（但不限于）本部分例出的项目。

（1）在生物制品制备和研发过程中，进行每步操作的同时都要填写记录，包括新产品研发阶段的记录。该记录应包括进行的日期和地点；每个关键步骤花费的时间；每一步骤中添加或去除成分的特性和数量；以及产品制备从开始到结束阶段，增加或损失的产品的量。

（2）记录应字迹清楚并能长久保存；记录必须详细，每个步骤能够被有经验的生物制品生产人员准确理解；生产的直接负责人应对记录进行验证并签名（可签写名字的首字母缩写名称或签写全名）。

（3）任何批次的产品在美国境内销售或出口之前，应视情况由持照者或外国生产商填写按照本部分要求的记录（分配处理记录除外）。

（b）以进口产品为例，每个许可证持有者均应提供持证者营业的详细地点，以及与每次进口产品有关的准确记录，应包括（但不限于）符合 §116.2 要求的进口文件、取样记录、检验总结、运输记录、库存和处置记录。

（c）如果已取得署长的授权，根据本部分要求，持照者、持证者或外国制造商可以另外选择地点提供和保留相关的记录。该授权可以通过备案一份附加的厂区布局图例获得确认。附加文件中应列出记录的保存地点及其保存条件，并允许 APHIS 检察员或代表 APHIS 活动的外国检查员对该记录进行检查。

（由管理与预算办公室根据质控 0579-0013 号进行核准）

［39FR16872，1974 年 5 月 10 日 制 定。48FR57473，1983 年 12 月 30 日；61FR52874，1996 年 10 月 9 日；66FR21064，2001 年 4 月 27 日修订］

§116.2　库存和处置记录

（a）记录应该显示正处于生产、保存和销售渠道中的每种生物制品的数量和地点。

（b）详细的处置记录（署长批准合格的），应分别由每个持照者、分销商和持证者来提供，充分说明由该人对该生物制品进行的销售、运输或其他处置信息。

（由管理与预算办公室根据质控 0579-0013 号进行核准）

［39FR16872，1974 年 5 月 10 日 制 定。48FR57473，1983 年 12 月 30 日；56FR66785，1991 年 12 月 26 日；61FR52874，1996 年 10 月 9 日；66FR21064，2001 年 4 月 27 日修订］

§116.3　标签记录

（a）每一个持照者和持证者均应提供其目前正在使用的经批准的标签清单。每个标签应包含以下内容：

（1）产品的名称及该产品的产品执照编号或产品许可证编号；

（2）被粘贴标签的包装的大小（剂量、毫升、立方厘米或单位），如果适用；

（3）分配标签的数量和日期；

（4）作为生产商出现在标签上的持照者或其子公司的名称。

（b）所有印制的标签均应记账，并保留一份库存清单。记录应包括标签的处置记录（含那些未用于产品的标签）。

（由管理与预算办公室根据质控 0579-0013 号进行核准）

［39FR16872，1974 年 5 月 10 日 制 定。48FR57473，1983 年 12 月 30 日；61FR52874，1996 年 10 月 9 日；66FR21064，2001 年 4 月 27 日修订］

§116.4　灭菌和巴氏消毒记录

记录应由自动记录设备或者具有同等精确可靠的设备来完成。记录方法应根据进行灭菌或巴氏消毒的原料、设备或生物制品来区别制定。

（由管理与预算办公室根据质控 0579-0013 号进行核准）

［39FR16872，1974 年 5 月 10 日 制 定。48FR57473，1983 年 12 月 30 日；61FR52874，1996 年 10 月 9 日；66FR21064，2001 年 4 月 27 日修订］

§116.5　报告

（a）如果署长提出要求，持照者、持证者和外国生产商（其产品正进口或申请进口到美国市场）应按要求编制具有准确和完整信息的报告并提交 APHIS，报告内容应包括（但不限于）该生物制品的研发和生产、暂停销售和召回制度等。除非有署长的授权，否则每个生产企业均应保留与此报告相应的记录。

（b）如果遇到产品的纯净性、安全性、效价或效力等方面出现问题，或者有迹象表明产品的制备、检验或经销的过程中出现了问题，持照者、持证者或外国生产商应立即向 APHIS 报告相关环境情况和采取的环保措施。报告可以通过信件、电子邮件、传真或电话等的形式告知兽医生物制品中心监察与政策部门负责人，地址：代顿大街 1902 号，邮政信箱 844 号，埃姆斯，IA5001；电子邮箱：cvb@aphis.usda.gov；传真：（515）337-6120；电话：（515）337-6100。

（由管理与预算办公室根据质控 0579-0013 号进行核准）

［61FR52874，1996 年 10 月 9 日 制 定。64FR43045，1999 年 8 月 9 日；75FR20773，2010 年 4 月 21 日修订］

§116.6　动物检验记录

持照企业应保留所有动物的完整记录。如果有的话，应包括以下内容：检验结果记录、给予的抗原或治疗记录、维护和生产记录、处置记录、尸体剖检记录及其他相关记录。

（由管理与预算办公室根据质控 0579-0013 号进行核准）

［39FR16872，1974 年 5 月 10 日制定。48FR57473，1983 年 12 月 30 日；61FR52874，1996 年 10 月 9 日；66FR21064，2001 年 4 月 27 日修订］

§116.7 检验记录

持照企业应保留每批和每亚批制品的所有检验项目的详细记录。在该批或该亚批制品销售前，应根据该记录编制检验摘要，并以 APHIS 表格 2008 的形式或其他等同的形式上报美国动植物卫生监督署。这种摘要的空白表格可以随时向动植物卫生监督署索要。

（由管理与预算办公室根据质控 0579-0013 号进行核准）

［39FR16872，1974 年 5 月 10 日制定。48FR57473，1983 年 12 月 30 日；56FR66784，1991 年 12 月 26 日；61FR52874，1996 年 10 月 9 日修订］

§116.8 记录的完成和保存

任何批次产品的任何部分在美国销售或出口之前，其持照者、持证者或外国生产商应按本部分完成所有记录（除了处置记录）。所有记录均应在持照企业或国外企业，或在持证公司经营场所内保存至产品有效期满后 2 年，或根据署长要求保存至更长的时间。

（由管理与预算办公室根据质控 0579-0013 号进行核准）

［61FR52874，1996 年 10 月 9 日制定］

（田向阳译，杨京岚校）

第 117 部分　持照企业中的动物

117.1　适用范围
117.2　动物设施
117.3　动物的准入
117.4　检验动物
117.5　动物的隔离
117.6　动物的转移

官方依据：21U. S. C. 151～159；7CFR2.22、2.80 和 371.4。
来源：38FR15499，1973 年 6 月 13 日，另有规定者除外。

§117.1 适用范围

（a）持照企业在其生物制品生产或检验过程中所使用的所有动物均应满足本副章的规定和署长为避免生产、销售或分发无价值、有污染、有危险或有毒害的生物制品而制定的特殊规定。

（b）除非署长另有授权或下达指令，否则生物制品生产或检验用动物应由持照企业引入和饲养，并应按照本部分及 1966 年 8 月 24 日颁布［Pub. L. 89-544）并于 1970 年修订的《动物福利法》（Pub. L. 91-579）］和本章第 1、2、3 部分的规定进行最终处置。负责该动物的护理和福利的人员应接受过教育、培训并具有执行本部分规章的实践经验。

［38FR15499，1973 年 6 月 13 日制定；56FR66784，1991 年 12 月 26 日修订］

§117.2 动物设施

动物设施应符合本章 108 部分的要求。

§117.3 动物的准入

（a）除本节（d）和（e）项另有规定外，已出现临床症状的动物或者已经证明有疾病的动物不允许进入持照企业的动物饲养场。动物进入前，经兽医测定或在兽医指导下测定其健康状况后方可购入。如果事先不能确定动物的健康状况，则应将这批动物与饲养场现有动物隔离，在持照者提供的检疫区进行检疫，直至测定其健康状况为止。

（b）如果产品的生产大纲中规定对进入的动物有特别的检验要求，那么拟进入的动物应在检疫区实施检验，直至得到检测结果。对于达不到要求的动物不允许进入生产区域或接触生产动物。

（c）允许进入持照企业的所有动物，其群体或个体均应用永久性的标牌、记号或其他署长认可的方式进行标记。

（d）用于生产某种生物制患病动物（用以防控此病），应直接进入生物制品的生产场所，不允许与设施内其他动物接触。

（e）署长可授权对持照企业的诊断设施进行维护：持照者提出的保障措施应足够完善，能够避免发病或死亡动物对该区域内生产的生物制品或其他用于制造生物制品的动物造成威胁。

［38FR15499，1973 年 6 月 13 日制定；56FR66784，1991 年 12 月 26 日修订］

§117.4 检验动物

（a）所有检验动物在检验前均要根据检验方案观察一段时间，进行疾病、损伤或异常行为等的临床观察。

（b）所有用于检验的动物应以群体或者个体的方式明确其特征，这样有利于对检验结果作出准确的判定。

（c）检验动物在预处理期不能注射会影响检验动物合格性的生物制品。检验动物在检验阶段不得接受会对该生物制品的正确评价产生影响的生物制品或其他药品的治疗。

（d）在检验期间，如果检验动物出现与检验预期无关的受伤、疾病等临床症状或不良反应，应将这些动物从检验中剔除，并进行治疗或人道处死。如果剩余的检验动物数量不够，那么该项检验判为无结论，可重检。

（e）出现该检验预期疾病临床症状的检验动物，如果疾病发展到一定程度（生产大纲所规定的程度）且不给予治疗注定会死亡时，可对其实施治疗或人道处死。在判定检验结果时，检验预期发病被治疗或人道处死的检验动物与直接发病死亡动物统计在一起。

［38FR15499，1973 年 6 月 13 日制定；60FR43356，1995 年 8 月 21 日修订］

§117.5 动物的隔离

对已经感染或接触了危险的、传染性的、会蔓延的或可传播的疾病的动物，应在持照企业内的隔离区采取有效隔离，直至对其采取人道处死或经过成功治疗后解除隔离。

§117.6 动物的转移

持照企业不再有用的生产动物或检验前动物可移出持照企业，但是转移过程中应防止疾病散播，具体转移工作应按照以下要求进行：

（a）对已接种灭活疫苗的肉用动物，在 21d 内不得转移；或者

（b）对已接种弱毒疫苗的动物，在 30d 内不得转移；或者

（c）除本节（d）段规定外，只有经兽医确诊的健康动物方可被转移。

（d）除患有传染性疾病的动物外，其他受伤或不健康的动物应立即送往屠宰场进行屠宰，按照 1907 年 3 月 4 日颁布的《联邦肉类检验法》（34Stat.1260）操作，该法后来与 1967 年颁布的《健康肉类法》（81Stat.585，21U.S.C.sec.601 及下列等）一起合并修订。但是，被屠宰的动物应有明确的识别标识，并应提前告知负责屠宰检疫的人员。

（e）设施内的所有动物应根据本部分的规定进行处置，如未作出具体规定，可按署长要求进行处置。

［38FR15499，1973 年 6 月 13 日制定；56FR66784，1991 年 12 月 26 日修订］

第 118 部分　扣留、没收与罚则

118.1　行政扣留

118.2　扣留方法；通知

118.3　被扣留生物制品的转移；扣留的终止

118.4　没收与罚则

官方依据：21U.S.C.151～159；7CFR2.22、2.80 和 371.4。

来源：52FR30135，1987 年 8 月 13 日，另有规定者除外。

§118.1　行政扣留

在任何生物制品的生产、销售、易货、交易或运输过程中，无论何时何地，如果署长授权的代表发现有违反相关法律或规章的行为，在按照§118.4进行公诉前，授权人员有权对该产品进行扣留，扣留时间不超过20d。扣留期间，在未受到该授权人员批准前，任何人不得将该制品从扣留地进行转移。

［52FR30135，1987 年 8 月 13 日制定；56FR66784，1991 年 12 月 26 日修订］

§118.2　扣留方法；通知

署长授权的代表在扣留任何生物制品时应遵循以下方法：

（a）如果能确定该生物制品的所有者，则应对其进行口头通知；如果不能确定其所有者，则应向所有者的代理人或生物制品的直接保管人进行口头通知；并且

（b）应及时向被通知方提供初步的扣留通知，内容应包括：被扣生物制品的名称和数量、扣留发生地、扣留原因及署长授权代表的姓名。

（c）如果在已扣留了48h之后还需继续扣留该生物制品，署长授权的代表应在扣留发生后48h内向生物制品所有者开具书面通知，并提供一份书面声明，包括以下内容：被扣生物制品的名称和数量、扣留发生地、涉嫌违规的具体描述（含导致扣留发生的相关法律或规章的条款）及署长授权代表的身份。如果在扣留发生48h内不能确定和通知其所有者，则将该通知提供给其授权代理人或者拥有被扣生物制品监护权的运输人员或其他人员。该书面通知连同一份最初扣留通知复印件可通过当面递交于其所有者、代理人或其他人；或按照核准后的最新居住地、办事处或营业部地址邮寄给其所有者、代理人或其他人。

［52FR30135，1987 年 8 月 13 日制定；56FR66784，1991 年 12 月 26 日修订］

§118.3　被扣留生物制品的转移；扣留的终止

除本节（a）、（b）段规定外，对按照本部分规定扣留的生物制品，不准许任何人从其扣留发生地进行转移。

（a）如果是为了给被扣留生物制品提供合适的保存条件，在署长授权的代表批准的前提下，可以将其从始发扣留地进行转移。但是，移动后的生物制品应由署长授权的代表再次进行扣留。

（b）如果署长授权的代表开具了终止扣留的书面通知，则可将被扣留的生物制品从扣留发生地进行转移。但是，在终止的书面通知中应详细规定扣留制品的被转移条件。该终止通知可通过当面递交或按照核准后的最新居住地、办事处或营业部地址邮寄给其所有者、代理人或拥有被扣生物制品保管权的其他人员。

［52FR30135，1987 年 8 月 13 日制定；56FR66784，1991 年 12 月 26 日修订］

§118.4　没收与罚则

在任何时间，在美国地区法院或者相关执法部门管辖区内发现生物制品的制造、销售、易货、交易或运输过程中有任何违反法律或规章的行为时，均有可能被起诉、扣留和被追究法律责任。如果相关制品被罚没，根据判决书，应当按照法庭判决指示被销毁或者变卖；如果变卖，在不违反当地辖区法律法令条款的前提下，在扣去法院费用、仓储以及其他适当开销后，变卖收益余额全部纳入美国国库，但是，如果因违反法令、法律或管辖区的相关规定产品不能变卖或处理，违反了相关法令、法律或其管辖区所作出的相关规定。在签署和递交一份良好充足的保证书后，在法庭可以批准该制品接受署长授权代表的监督以确保遵循适用法律的基础上，移交于其所有者。当对某产品的惩罚被裁定时，该物品按照保证书放行或被销毁后，法院的公诉费用和佣金、储藏费及其他合理费用均应判由该产品所涉案件的产品索赔人（如果有的话）支付。这种控诉案件的诉讼程序应尽可能遵循海事法庭的诉讼程序，除此之外，案件任何一方当事人均可要求由陪审团裁决任何事实问题，所有此类诉讼均应以美国国家名义提出公诉。

［52FR30135，1987 年 8 月 13 日制定；56FR66784，1991 年 12 月 26 日修订］

（陈　杰译，杨京岚校）

第121部分　选择病原和毒素的拥有、使用和转移

官方依据：7U.S.C.8401；7CFR2.22，2.80和371.4。

来源：70FR13284，2005年3月18日，另有规定者除外。

§121.1 定义

署长　系指动植物卫生监督署的署长，或是被授权行使署长职权的人。

动植物卫生监督署（APHIS）　系指美国农业部下属的动物和植物卫生检查管理部门。

首席检察官　系指美国联邦首席检察官或者任何授权行使首席检察官职责的人。

生物病原　系指任何微生物（包括但不限于细菌、病毒、真菌、立克氏体或原生动物）或感染性物质，或者这些微生物和感染性物质的任何自然演化、生物工程或者合成的成分，能够引起：

（1）人、动物、植物或者其他生物的死亡、疾病或者其他生物学功能障碍；

（2）食物、水、仪器、设备或者任何种类材料的变质；或者

（3）环境有害变化。

疾病控制和预防中心（CDC）　系指美国卫生和人类管理部下属的疾病控制和预防中心。

诊断　系指与保护公共卫生或安全、动物健康或动物产品、或者植物健康或植物产品直接相关的、以鉴定或确认某一选择病原或毒素存在或特性为目的的样品分析。

实体　系指任何政府机构（联邦的、州的或者地方的）、科研院所、企业、公司、合资公司，社团、协会、商会、独资公司或者其他法人实体。

HHS部长　系指卫生和人类管理部部长或者他/她任命的人，另有规定者除外。

HHS选定病原和/或毒素　系指在42CFR73.3中列出的生物的病原或毒素。

进口　系指进入（或者有行动进入）美国境内。

信息安全　系指保护信息和信息系统免受未经授权的访问、使用、披露、中断、修改或毁坏，应保证：

（1）完整性，即防止不当的信息修改或毁坏，

包括确保信息的真实性。

（2）保密性，即保留对访问和披露的授权限制，包括保护个人隐私和专有信息；和

（3）有效性，即确保及时和可靠地访问和使用信息。

州际间　系指从一个州进入或者穿过任何其他州、哥伦比亚区、关岛，或者任何其他美国境内或占有地。

职业暴露　系指为了履行雇员的职责而有可能导致皮肤、眼睛、黏膜、非肠道性接触或呼吸的气溶胶暴露于选定病原或毒素。

双重选定病原和/或毒素　系指在§121.4和42CFR73.4中列出的生物的病原或毒素。

许可证　系指在符合署长规定的条件下，由署长签署的允许选择病原或毒素进口或在州际间移动的书面授权书。

能力检测　系指确定个人或实验室完成特定检测或程序的能力的过程。

重组核酸　（1）系指通过连接核酸分子构建的，并且可以在活细胞中复制的分子；或

（2）经本定义第（1）段所述分子复制产生的分子。

官方负责人　系指经权威机构指定的负责监管确保遵守本部分规定的人员。

安全屏障　系指为防止未经授权的人进入而设计的物理结构。

选定病原和/或毒素　除另有规定外，系指§121.3和§121.4列出的所有生物病原或毒素。

样品　系指从人、动物、植物或环境中采集的，或者从这些材料中分离或培养的，用于诊断、验证或效力检验的样品。

州　系指美国所有的州、北马里亚纳群岛联邦、波多黎各联邦、哥伦比亚特区、关岛、美属维尔京群岛或其他美国占有的任何领土。

人工合成核酸　（1）系指采用化学的或其他方法合成的或扩增的分子，包括那些经过化学修饰或其他方法修饰的，但是能够与天然核酸分子碱基配对的分子（即人工合成核酸）；

（2）经本定义第（1）段所述分子复制产生的分子。

毒素　系指有毒的材料，或者有毒的植物、动物、微生物（包括但不限于细菌、病毒、真菌、立克氏体或原生动物）的产物，或者有毒的感染性物质，或者重组或合成的有毒分子，不论其来源或生产方法，包括：

（1）利用生物技术，用活的有机体生产的任何毒性物质或者生物产品；或

（2）这类物质的任何毒性异构体或者生物产品、同系物、衍生物。

美国　系指美国所有的州。

USDA 系指美国农业部。

验证　系指证明任何诊断使用程序说明书中已经确定的性能（如准确性、精确性、分析的敏感性和特异性）的过程。

VS 系指动植物卫生监督署的兽医局。

VS 选定病原和/或毒素　系指§121.3列出的生物病原或毒素。

［70FR13284，2005 年 3 月 18 日制定。77FR61077，2012 年 10 月 5 日修订］

§121.2　目的和范围

本部分执行 2002 农业生物恐怖保护法案的规定，申请拥有、使用和转移选定病原和毒素。本部分所列生物病原和毒素可能对公共卫生和安全、动物健康或动物产品构成严重威胁。双重选定病原和毒素须同时遵守 APHIS 和 CDC 的规章。

§121.3　VS 选定病原和毒素

（a）除本节（d）和（e）段外，由署长确定本节所列可能对动物卫生或动物产品构成严重威胁的生物病原和毒素。

（b）VS 选定病原和毒素，有非洲马瘟病毒、非洲猪瘟病毒、禽流感病毒、经典猪瘟病毒、口蹄疫病毒、山羊痘病毒、疤皮病病毒、山羊支原体、丝状支原体、新城疫病病毒*、小反刍兽疫病毒、牛瘟病毒、绵羊痘病毒、猪水疱病病毒（口蹄疫病毒和牛瘟病毒被指定等级为 1 级的选定病原和毒素，并且应符合本部分所列的额外要求）。

（c）遗传成分、重组和/或人工合成核酸及重组和/或人工合成微生物：

（1）能够产生本节（b）段所列的任何具有感

---

　*　原作者注：致死性新城疫病毒（禽副黏病毒 1 型）对 1 日龄雏鸡（原鸡属）的脑内致病指数大于等于 0.7，或者具有与新城疫致死性强毒相一致的融合氨基酸序列（F）蛋白位点。如果不能检测出与致死性强毒相一致的位点，则不能确定存在致死性强毒。

染功能的选定病原病毒的核酸[①]。

（2）能够编码本节（b）段所列任何毒素功能单位的重组和/或人工合成核酸，如果该核酸具有：

（ⅰ）能在体内或体外表达；

（ⅱ）在载体中或可重组到宿主染色体中，并能够在体内或者体外表达。

（3）已经基因修饰的本节（b）段所列的 VS 选定病原和毒素。

（d）符合任何下列要求的 VS 选定病原或毒素，可豁免本部分的规定：

（1）在自然环境中的，未被刻意引进、培养、收集的，或以其他方式从其自然来源提取的任何 VS 选定病原或毒素。

（2）无活性的 VS 选定病原或无功能的 VS 毒素[②]。

（3）个人或实体能够识别的任何低致病性禽流感病毒毒株、任何不符合致死性新城疫强毒标准的新城疫病毒毒株、除肺炎亚种（山羊传染性胸膜肺炎）以外的所有山羊支原体亚种、除丝状小菌落亚种（Mmm SC）（牛传染性胸膜肺炎）以外的所有丝状支原体亚种，这些病原均可被豁免。

（e）如果 VS 选定病原或毒素的致弱株对动物卫生或动物产品不会构成严重威胁，那么该病原或毒素可豁免本部分的规定。

（1）如果申请豁免，个人或实体必须提交书面材料，提供科研数据。会获得同意或者不同意豁免的书面回复。通知申请者之后，豁免生效。豁免清单将在国家选择病原登记网站 http://www.selectagent.gov/.上公布。

（2）如果任何操作导致已豁免的致弱的毒株或修饰的毒素的毒力恢复，或者毒力增强或毒素的活性增强，那么变化的选定病原或毒素应遵守本部分的规定。

（f）由联邦执法机构扣留的任何 VS 选定病原或毒素，在扣留时起至转移或者销毁期间，可不遵守本部分的规定，但是：

（1）只要有可能，联邦执法机构将扣留的病原或毒素转移至有资质接收这种病原或毒素的个人或实体，或者用通过验证的灭菌或灭活程序销毁该病原或毒素。

（2）联邦执法机构应做好防护措施，保证避免被扣留的病原或毒素被盗、丢失或泄漏，一旦发生被盗、丢失或泄漏，必须汇报。

（3）联邦执法机构应向 APHIS 或 CDC 报告选定病原或毒素的扣留情况。

（ⅰ）扣留任何下列 VS 选定病原或毒素时，必须在 24h 内用电话、传真或电子邮件进行报告：非洲马瘟病毒、非洲猪瘟病毒、禽流感（高致病性）、牛海绵状脑病病原、经典猪瘟病毒、口蹄疫病毒、致死性新城疫病毒、牛瘟病毒和猪水疱病病毒。并在扣留选定病原或毒素后的 7d 内提交 APHIS/CDC 表 4，作为本报告的附件。

（ⅱ）其他所有 VS 选定病原或毒素，应在被扣留后的 7d 内提交 APHIS/CDC 表 4。

（ⅲ）一份 APHIS/CDC 表 4 副本，必须保存 3 年。

（4）联邦执法机构通过 APHIS/CDC 表 4 报告选定病原或毒素的最终处置情况。一份完整的 APHIS/CDC 表 4 副本，必须保存 3 年。

　　［70FR13284，2005 年 3 月 18 日制定。73FR61331，2008 年 10 月 16 日；77FR61077，2012 年 10 月 5 日；79FR26830，2014 年 5 月 12 日修订］

§121.4　双重选定病原和毒素

（a）除本节（d）和（e）段外，由署长确定本节所列可能对公共卫生和安全、动物卫生或动物产品构成严重威胁的生物病原和毒素。

（b）双重选定病原和毒素，有炭疽杆菌、炭疽杆菌（巴斯德株）、流产布鲁氏菌、布鲁氏菌、猪布鲁氏菌、鼻疽、类鼻疽、亨德拉病毒（尼派病毒、裂谷热病毒、委内瑞拉马脑炎病毒、炭疽杆菌、鼻疽和类鼻疽被指定等级为 1 级的选定病原和毒素，并且应符合本部分所列的额外要求）。

（c）遗传成分、重组和/或人工合成核酸及重组和/或人工合成微生物：

（1）能够产生节（b）段所列的任何具有感染功能的双重选定病原病毒的核酸[③]。

（2）能够编码本节（b）段所列任何双重毒素功能单位的重组和/或人工合成核酸，如果核酸：

[①]　原作者注：在进口和州际间运送本节第（c）（1）至（c）（3）中所列 VS 选定病原和毒素时，可遵照本副章第 122 部分许可证的规定进行。

[②]　原作者注：但是，在进口和州际间运送这些无活性的选定病原时，可遵照本副章第 122 部分许可证的规定进行。

[③]　原作者注：在进口和州际间运送本节第（c）（1）至（c）（3）中所列双重选定病原和毒素时，可遵照本副章第 122 部分的许可证的规定进行。

（i）能体内或体外表达；或者

（ii）在载体或重组到宿主染色体中，并能够在体内或者体外表达。

（3）已经基因修饰的本节（b）段所列的双重选定病原和毒素。

（d）符合任何下列要求的双重选定病原或毒素，可豁免本部分的规定：

（1）在自然环境中的，未被刻意引进、培养、收集的，或以其他方式从其自然来源提取的任何双重选定病原或毒素。

（2）无活性的双重选定病原或无功能的 VS 毒素*。

（3）个人或实体能够识别的任何除 IAB 或 IC 亚型以外的任何亚型的委内瑞拉马脑炎病毒，其病原均可被豁免。

（e）如果双重选定病原或毒素的致弱株对公共卫生和安全、动物卫生或动物产品不会构成严重威胁，那么该病原或毒素可豁免本部分的规定。

（1）如果申请豁免，个人或实体必须提交书面材料，提供科研数据。会获得同意或者不同意豁免的书面回复。通知申请者之后，豁免生效。豁免清单将在国家选择病原登记网站 http：//www. selectagent. gov/. 上公布。

（2）如果任何操作导致已豁免的致弱的毒株或修饰的毒素的毒力恢复，或者毒力增强或毒素的活性增强，那么变化的选择病原或毒素应遵照本部分的规定。

（f）由联邦执法机构扣留的任何双重选定病原或毒素，在扣留时起至转移或者销毁期间，可不遵照本部分的规定，但是：

（1）只要有可能，联邦执法机构将扣留的病原或毒素转移至有资质接受这种病原或毒素的个人或实体，或者用通过验证的灭菌或灭活程序销毁该病原或毒素。

（2）联邦执法机构应做好防护措施，确保被扣留的病原或毒素被盗、丢失或泄漏，一旦发生被盗、丢失或泄漏，必须汇报。

（3）联邦执法机构应向 APHIS 或 CDC 报告双重选定病原或毒素的扣留情况。

（i）扣留任何下列双重选定病原或毒素时，必须在 24h 内用电话、传真或电子邮件进行报告：炭疽杆菌；鼻疽或类鼻疽。并在扣留选定病原或毒素后的 7d 内提交 APHIS/CDC 表 4，作为本报告的附件。

（ii）其他所有双重选定病原或毒素，应在被扣留后的 7d 内提交 APHIS/CDC 表 4。

（iii）一份 APHIS/CDC 表 4 副本，必须保存 3 年。

（4）联邦执法机构通过 APHIS/CDC 表 4 报告双重选定病原或毒素的最终处置情况。一份完整的 APHIS/CDC 表 4 副本，必须保存 3 年。

［70FR13284，2005 年 3 月 18 日制定。73FR61331，2008 年 10 月 16 日；77FR61077，2012 年 10 月 5 日；79FR26830，2014 年 5 月 12 日修订］

§121.5　VS 选定病原和毒素的豁免

（a）诊断实验室和其他实体或个人拥有、使用或转移的 VS 选定病原或毒素，如被包含在诊断或验证的样品中，则这类包含在样品中的病原或毒素可豁免本部分的要求，但是：

（1）除署长另有规定外，在鉴定后的 7d 内，应按照 §121.16 转移病原或毒素，或者用公认的灭菌或灭活方法就地销毁；

（2）在鉴定至转移或销毁期间，病原或毒素应保存完好，防止被盗、丢失或泄漏，如果发生被盗、丢失或泄漏，必须报告；

（3）应向 APHIS 或 CDC 报告病原或毒素的鉴定结果。

（i）一旦鉴定出任何下列选定病原或毒素，应立即用电话、传真或电子邮件报告：非洲马瘟病毒、非洲猪瘟病毒、禽流感病毒（高致病性）、经典猪瘟病毒、口蹄疫病毒、新城疫病毒、牛瘟病毒或猪水疱病病毒。应在鉴定后的 7d 内提交 APHIS/CDC 表 4，作为本报告的附件。

（ii）对于其他 VS 选定病原或毒素，应在鉴定后 7d 内提交 APHIS/CDC 表 4。

（iii）但是在农业紧急期、疫病暴发期或疫病流行地区，报告形式不必如此严格。

（iv）一份 APHIS/CDC 表 4 的副本必须保存 3 年。

（b）诊断实验室和其他实体或个人拥有、使用或转移的 VS 选定病原或毒素，如被包含在效力检验的样品中，则这类包含在样品中的病原或毒素可豁免本部分的要求，但是：

＊ 原作者注：在进口和州际间运送这些无活性的双重选定病原时，可遵照本副章第 122 部分许可证的规定进行。

（1）除署长另有规定外，在收到后 90d 内，应按照 §121.16 转移病原或毒素，或者用公认的灭菌或灭活方法就地销毁；

（2）在鉴定至转移或销毁期间，病原或毒素应保存完好，防止被盗、丢失或泄漏，如果发生被盗、丢失或泄漏，必须报告；

（3）应向 APHIS 或 CDC 报告病原（或毒素）及其衍生物的鉴定结果。应在接收后 90d 内提交 APHIS/CDC 表 4，作为该选定病原或毒素的鉴定报告的附件。一份完整的 APHIS/CDC 表 4 副本必须保存 3 年。

（c）美国农业部诊断机构生产的携带或含有 VS 选定病原或毒素的诊断试剂和疫苗，可豁免本部分的要求。

（d）除非署长要求增加规定，以确保动物健康或动物产品，否则依照下列法规清理、审批、许可或注册的携带或含有 VS 选定病原或毒素的产品可豁免本部分的要求：

（1）《联邦食品、药品和化妆品法》（21U. S. C. 301et seq. ）；

（2）《公共卫生管理法》第 351 节（42U. S. C. 262）；

（3）《病毒-血清-毒素法》（21U. S. C. 151 - 159）；

（4）《联邦杀虫剂、杀菌剂和灭鼠剂法》（7U. S. C. 131et seq. ）。

（e）如果携带或含有 VS 选定病原或毒素的试验产品正在被任何联邦法授权的调查中使用，则署长可判定该附加规定对确保动物卫生或动物产品没有必要，那么署长可豁免本部分的要求。若要申请豁免，则个人或实体必须提交 APHIS/CDC 表 5。同意或不同意豁免的书面决定将予以颁布。授权调查停止时，申请者必须向 APHIS 报告。当该授权失效时，豁免自动终止。

（f）除本节（a）至（e）段所提供的豁免外，如果有好的理由，并且署长认为这种豁免符合保护动物健康或动物产品的规定时，署长可以给予特别豁免。个人或实体可书面提出申请，豁免本部分的要求。如果获准，该豁免权的有效期最长为 3 年；到期后，个人或实体必须重新申请豁免权。如果豁免申请被否决，个人或实体可以书面要求署长进行行政复议。行政复议时应陈述所有的事实，并说明否决豁免申请是错误的理由。署长应根据情况对复议做出同意或不同意的决定，并以书面方式说明作出决定的理由。

［70FR13284，2005 年 3 月 18 日制定。73FR61331，2008 年 10 月 16 日；77FR61077，2012 年 10 月 5 日；79FR26830，2014 年 5 月 12 日修订］

§121.6　双重选定病原和毒素的豁免

（a）临床或诊断实验室和其他实体或个人拥有、使用或转移的双重选定病原或毒素，如被包含在诊断或验证的样品中，则这类包含在样品中的病原或毒素可豁免本部分的要求，但是：

（1）除署长或 HHS 部长另有规定外，在鉴定后的 7d 内，应按照 §121.16 或 42CFR73.16 转移病原或毒素，或者用公认的灭菌或灭活方法就地销毁；

（2）在鉴定至转移或销毁期间，病原或毒素应保存完好，防止被盗、丢失或泄漏，如果发生被盗、丢失或泄漏，必须报告；

（3）应向 APHIS 或 CDC 报告病原或毒素的鉴定结果。

（ⅰ）一旦鉴定出任何下列双重选定病原或毒素，应立即用电话、传真或电子邮件报告：炭疽杆菌、肉毒梭菌神经毒素、鼻疽伯克氏菌属、类鼻疽伯克氏菌属。应在鉴定后的 7d 内提交 APHIS/CDC 表 4，作为本报告的附件。

（ⅱ）对于其他双重选定病原或毒素，应在鉴定后 7d 内提交 APHIS/CDC 表 4。

（ⅲ）但是在农业紧急期、疫病暴发期或疫病流行地区，报告形式不必如此严格。

（ⅳ）一份 APHIS/CDC 表 4 的副本必须保存 3 年。

（b）临床或诊断实验室和其他实体或个人拥有、使用或转移的双重选定病原或毒素，如被包含在效力检验的样品中，则这类包含在样品中的病原或毒素可豁免本部分的要求，但是：

（1）除署长或 HHS 部长另有规定外，在收到后 90d 内，应按照 §121.16 或 42CFR73.16 转移病原或毒素，或者用公认的灭菌或灭活方法就地销毁；

（2）在鉴定至转移或销毁期间，病原或毒素应保存完好，防止被盗、丢失或泄漏，如果发生被盗、丢失或泄漏，必须报告；

（3）应向 APHIS 或 CDC 报告病原（或毒素）及其衍生物的鉴定结果。应在接收后 90d 内提交

APHIS/CDC 表 4，作为该双重选定病原或毒素的鉴定报告的附件。一份完整的 APHIS/CDC 表 4 副本必须保存 3 年。

（c）除非署长要求增加规定，以确保动物健康或动物产品，否则依照下列法规清理、审批、许可或注册的携带或含有 VS 选定病原或毒素的产品可豁免本部分的要求：

（1）《联邦食品、药品和化妆品法》（21U. S. C. 301et seq. ）；

（2）《公共卫生管理法》第 351 节（42U. S. C. 262）；

（3）《病毒-血清-毒素法》（21U. S. C. 151~159）；或者

（4）《联邦杀虫剂、杀菌剂和灭鼠剂法》（7U. S. C. 131et seq. ）。

（d）如果携带或含有双重选定病原或毒素的研究用产品正在被任何联邦法授权的调查中使用，则署长可判定该附加规定对确保动物卫生或动物产品没有必要，那么署长经与 HHS 部长协商后，可豁免本部分的要求。

（1）若要申请豁免，则个人或实体必须提交 APHIS/CDC 表 5。

（2）在收到豁免申请和根据联邦法批准调查的通知后，14d 内署长应对豁免申请做出裁决。颁布同意或不同意豁免的书面决定。

（3）授权调查停止时，申请者必须向 APHIS 或 CDC 报告。当该授权失效时，豁免自动终止。

（e）为应对国内或者国外双重选定病原或毒素有关的农业紧急情况，署长可以对个人或实体实施 30d 豁免本部分的要求。署长可将豁免延长一次（增加 30d）。个人或实体可提交 APHIS/CDC 表 5 申请豁免。颁布同意或不同意豁免的书面决定。

（f）为应对双重病原或毒素有关的公共卫生事件，对卫生与人类健康管理部部长已同意豁免，应卫生与人类健康管理部部长的要求，署长可对个人或实体实施 30d 的豁免。署长可将豁免延长一次（增加 30d）。

［70FR13284，2005 年 3 月 18 日制定。73FR61331，2008 年 10 月 16 日；77FR61077，2012 年 10 月 5 日；79FR26830，2014 年 5 月 12 日修订］

§121.7　注册和相关安全风险评估

（a）除非按照§121.5 获得豁免，否则任何个人或实体未获得署长签发的注册证书时，不得拥有、使用或转移 VS 选定病原或毒素。除非按照§121.6 或 42CFR63.6 获得豁免，否则任何个人或实体未获得署长和 HHS 部长签发的注册证书时，不得拥有、使用或转移双重选定病原或毒素。

（b）作为注册的条件之一，每个实体必须指定一个人作为官方负责人。如果申请是由某个人提交的，是由个人获得的注册证书，那么这个人就认为是官方负责人。因为绝大多数申请来自于实体，所以需要指定一个官方负责人。

（c）（1）作为注册的条件之一，根据首席检察官的安全风险评估，以下内容必须由署长或 HHS 部长批准：

（ⅰ）个人或实体；

（ⅱ）官方负责人；

（ⅲ）除本节另有规定外，任何拥有或控制该实体的个人。

（2）对联邦、州或地方政府机构，包括经公众认可的学术实体，或者拥有或控制该实体的个人豁免安全风险评估。

（3）符合下列条件的个人将被视为拥有或控制一个实体[*]：

（ⅰ）对于一所私立的高等教育实体，如果个人对该实体的选定病原或毒素负有管理或处置能力，或者个人对该实体拥有、使用或转移选定病原或毒素有管理或处置能力，那么该个人将被视为拥有或控制该实体。

（ⅱ）对于高等教育实体以外的实体，如果个人具备以下条件，则个人将被视为拥有或控制该实体：

（A）拥有实体的 50% 或 50% 以上的股票，或者持有或拥有实体 50% 或 50% 以上表决权；

（B）对该实体的选定病原或毒素负有管理或处置能力，或者对该实体拥有、使用或转移的选定病原或毒素负有管理或处置能力。

（4）如果一个实体被认为是符合 1965 高等教育法［20U. S. C. 1001（a）］，或者被认为是符合 1986 国内税法 501（c）（3）修订版［26U. S. C501（c）(3)］规定，则该实体被认为是高等教育实体。

---

[*]　原作者注：这些条件可能不仅仅适用于一个人。

（5）为了获得安全风险评估，个人或实体必须向首席检察官提交安全风险评估所必要的资料。

（d）为了申请 VS 选定病原或毒素，或者 VS 和 PPQ 选定病原或毒素的注册证书，个人或实体必须向 APHIS 提交注册申请（APHIS/CDC 表 1）所要求的信息。为了申请双重选定病原或毒素，或者双重选定病原或毒素与任何 PPQ 或 VS 选定病原或毒素的结合物，或者 HHS 选定病原或毒素与任何 PPQ 或 VS 选定病原或毒素的结合物的注册证书，个人或实体必须向 APHIS 或 CDC 提交注册申请（APHIS/CDC 表 1）所要求的信息，但不必同时向两个部门提交申请。

（e）签发注册证书之前，官方负责人必须随时提交注册申请相关材料，及时通知注册申请的任何变化。

（f）注册证书的签发可能会根据检查或提交的补充资料而定，如安全计划、生物安全计划、事故反馈计划或者本部分要求准备的任何其他文件。

（g）注册证书仅在对官方负责人为履行本部分职责，针对特定选择病原或毒素及其特定活动的一个物理地点（一个房间、一个建筑物或一群建筑物）有效。

（h）为根据环境的变化（如更换官方负责人或其他人员，变更实体的所有权或控制权，改变涉及任何选择病原或毒素的活动，或者增加或减少选择病原或毒素）可以对注册证书进行修改。

（1）在做任何改变之前，官方负责人必须提交注册申请相关资料，申请修改注册证书[①]。

（2）如果注册证书的变更申请获得批准，将书面通知官方负责人。变更注册的批准可能会根据检查或提交的补充资料而定，如安全计划、生物安全计划、事故反馈计划或者本部分要求准备的任何其他文件。

（3）未经批准不得做出任何改变。

（ⅰ）如果官方负责人离职，实体必须立即向 APHIS 或 CDC 通报。当实体的官方负责人离职后，需另外任命一个官方负责人，在得到署长或 HHS 部长批准，并按照本部分的要求由首席检察员进行安全风险评估后，该实体方可继续拥有或使用选定病原或毒素。

（j）如果实体不再想拥有或使用任何选定病原或毒素，且不再打算注册，实体可提交书面请求，终止注册证书。

（k）注册证书的有效期最长为 3 年。

［70FR13284，2005 年 3 月 18 日制定；73FR61331，2008 年 10 月 16 日修订］

§121.8　注册的否决、吊销和暂停

（a）出现以下情况时，可否决申请，或者吊销或暂停注册证书：

（1）被划归在 18U.S.C.175b 所述类别中的个人、实体、官方负责人、拥有或控制实体的个人；

（2）被联邦执法机构或情报机构合理怀疑的个人、实体、官方负责人、拥有或控制实体的个人：

（ⅰ）犯有 18U.S.C.2332b（g）（5）中所列罪行的人；

（ⅱ）参与国内或国际恐怖组织（18U.S.C.2331 定义）或蓄意暴力犯罪的任何其他组织的人；

（ⅲ）50U.S.C.1801 定义的外国势力的代表；

（3）个人或实体不符合本部分的要求[②]；或者

（4）这样做对保护动物健康或动物产品是必须的。

（b）吊销或暂停注册证书，个人或实体必须：

（1）立即停止使用所有吊销或暂停命令所涵盖的选定病原或毒素；

（2）立即保存好吊销或暂停命令所涵盖的每个选定病原或毒素，以免被盗、丢失或泄漏；

（3）对于吊销或暂停命令所涵盖的每个选定病原或毒素，应遵守由署长签发的所有处置指示。

（c）注册申请被否决及注册证书被吊销的，可根据 §121.20 进行上诉。但是，任何对注册申请的否决命令或对注册证书的吊销命令，在获得最终处理决定前，将一直有效。

［70FR13284，2005 年 3 月 18 日制定；73FR61331，2008 年 10 月 16 日修订］

§121.9　官方负责人

（a）根据本部分要求注册的个人或实体必须指定一个官方负责人。官方负责人必须：

（1）由署长或 HHS 部长批准后，由首席检察官进行安全风险评估；

（2）熟悉本部分的要求；

---

① 原作者注：根据变更的情况，可能还需要由首席检察官进行安全风险评估（例如，更换官方责任人，变更实体的所有权或控制权，新增研究人员或研究生等）。

② 原作者注：如果注册申请是由这个原因被否决的，我们可以提供技术上的帮助和指导。

（3）有权代表实体行使权力并负责；

（4）确保符合本部分的要求；

（5）注册实体应有一个物理的（不仅仅是一个电话或音频/视频）现场，以确保遵守选定病原的法规，并能够根据实体制定的应急反应计划及时处理涉及选定病原和毒素的现场事故；

（6）应对保存或使用选定病原或毒素的每个实验室进行年度检查，以确保其符合本部分的规定。每次检查的结果必须记录在案，检查中发现的任何缺陷必须整改。

（b）一个实体可以指定一个或多个预备的官方负责人，当官方负责人缺席时，可代替他/她行使官方负责人的职责。这些个人必须有权威和管理权，以便其在作为官方负责人时能够保证遵守规定。

（c）官方负责人必须对包含在诊断或验证样品中的任何选定病原或毒素的鉴定和最终处置情况进行报告。

（1）一旦鉴定出任何下列选定病原或毒素，应立即用电话、传真或电子邮件报告：非洲马瘟病毒、非洲猪瘟病毒、禽流感病毒（高致病性）、炭疽杆菌、鼻疽伯克氏菌属、类鼻疽伯克氏菌属、经典猪瘟病毒、口蹄疫病毒、致死性新城疫病毒、牛瘟病毒或猪水疱病病毒。在鉴定后 7d 内提交 APHIS/CDC 表 4，报告该病原或毒素的最终处理情况。填写完整的表格副本必须保存 3 年。

（2）对于其他 VS 选定病原或毒素的鉴定和最终处理情况，应在鉴定后 7d 内提交 APHIS/CDC 表 4。一份 APHIS/CDC 表 4 副本必须保存 3 年。

（3）但是在农业紧急期、疫病暴发期或疫病流行地区，报告形式不必如此严格。

（d）官方负责人必须报告效力检测样品中所含选定病原或毒素的鉴定和最终处置情况。要报告病原或毒素的鉴定和最终处置情况，需在接收病原或毒素后 90d 内，提交 APHIS/CDC 表 4。一份完整的 APHIS/CDC 表 4 副本必须保存 3 年。

［70FR13284，2005 年 3 月 18 日制定。73FR61331，2008 年 10 月 16 日；77FR61077，2012 年 10 月 5 日；79FR26830，2014 年 5 月 12 日修订］

§121. 10 限制使用选定病原和毒素；安全风险评估

（a）按照本部分要求注册的个人或实体可不规定有权访问使用选定病原或毒素的个人，除非经过署长或 HHS 部长批准，然后由首席检察官进行安全风险评估，否则个人无权访问使用选定病原或毒素。

（b）如果个人拥有一个选定病原或毒素（如携带、使用或操作），或者有能力拥有一个选定病原或毒素，那么这个人被视为随时有权访问使用该病原或毒素。

（c）每个有权访问使用选定病原或毒素的人，必须经过相应的教育、培训和/或具有操作或使用这些病原或毒素的经验。

（d）为了访问使用权获得批准，每个人必须提交必要的信息，以供首席检察官进行安全风险评估。

（e）由 HHS 部长或署长批准认可的人，可通过他或她的官方负责人申请选定病原或毒素的访问使用权。由 HHS 部长或署长将他们已经批准的访问状态在一定时间段内给另一个注册的个人或实体。

（f）如果官方负责人提交了加急的书面申请，并且理由充足（如公共卫生、农业突发事件、国家安全或者资深研究者的短期访问），那么可以加快个人的安全风险评估。同意或者不同意申请的决定会以书面的形式发布。

（g）如果出现以下情况，可否决、限制或吊销个人访问使用 VS 选定病原或毒素的权限：

（1）被划归在 18U. S. C. 175b 所述任何类别中的个人；

（2）被联邦执法机构或情报机构合理怀疑犯有 18U. S. C. 2332b（g）（5）中列罪行的个人；参与国内或国际恐怖组织（18U. S. C. 2331 定义）或蓄意暴力犯罪的任何其他组织的人；或 50U. S. C. 1801 定义的外国势力的代表；

（3）这样做对保护动物健康或动物产品是必须的。

（h）如果一个人被划归于 18U. S. C. 175b 所述类别中，那么其访问使用双重选定病原或毒素的权限将被否决或吊销。由于本节（f）（2）至（f）（3）段的理由，可以否决或者吊销其访问使用权。

（i）根据 §121. 20 个人可以对署长作出的否决、限制或者吊销访问使用的决定进行上诉。

（j）访问使用权限批准的有效期，最长为 3 年。

（k）当实体为此终止个人访问使用选定病原或毒素时，官方负责人必须立即向 APHIS 或 CDC 报告。

［70FR13284，2005 年 3 月 18 日制定；77FR61077，2012 年 10 月 5 日修订］

§121.11 安全

（a）根据本部分要求注册的个人或实体必须制订书面的安全计划，并按计划实施。安全计划必须足以保护选定病原或毒素免受未经授权的访问使用、被盗、丢失或泄漏。

（b）安全计划需根据具体地点的风险评估而制订，必须针对选定病原或毒素的使用途径，提供相应等级的保护。必须按照要求提交安全计划。

（c）安全计划要求必须包括：

（1）对物理安全、存放控制和信息系统控制程序的规定；

（2）控制访问使用选定病原或毒素的条款；包括有意或无意接触或感染了选定病原的哨兵动物（含节肢动物）或植物，免受未经授权的访问使用、被盗、丢失或泄漏；

（3）对日常清洁、保养和维修的规定；

（4）建立可删除非授权人或可疑人员的程序规定；

（5）对密匙、口令的密码组合等丢失或损害的处理程序，以及人员变更后访问使用的号码或锁的变化的处理程序的规定；

（6）对报告非授权人或可疑的人员或可疑的活动，选定病原或毒素的丢失或被盗，选定病原或毒素的泄漏，或改变库存记录的程序规定；

（7）确保所有获得署长或 HHS 部长批准访问使用权限的人员理解并遵守安全程序的规定；

（8）对官方负责人如何就可能是犯罪性质的、与实体及其人员或选定病原或毒素有关的可疑活动进行通报的规定；

（9）信息安全应包括以下规定：

（i）确保所有与注册空间管理安全系统的外部连接均被隔离，或者仅有授权的或通过身份验证的用户才允许进行连接的规定；

（ii）确保授权的或通过身份验证的用户仅授予了访问使用选定病原和病毒信息、文件、设备（如服务器或存储设备）的权限，并对他们履行的角色和职责发生改变，或者当他们访问使用选定病原和毒素的权限被暂停或吊销时有必要施行的

规定；

（iii）确保控制到位，避免在按照本部分访问使用注册空间或按照§121.17 规定进行记录的信息系统中插入恶意代码（如但不限于计算机病毒、蠕虫、间谍软件），影响信息系统的机密性、完整性或可用性；

（iv）建立一个强大的配制管理规范，包括对操作系统和个人应用程序定期打补丁和进行更新；

（v）如果§121.17 规定的访问使用控制系统、监视设备和/或系统的管理要求无法操作，那么需建立提供数据备份的安全措施。

（10）对有关选定病原和毒素的运输、接收和保存的规定和政策，包括所有选定病原和毒素的接收、监控和运输的程序文件。

（d）个人和实体必须遵守下列安全规定，或者采取的安全措施可达到同等或更高级别的安全标准：

（1）仅允许获得署长或 HHS 部长批准访问使用权限的人员访问使用；

（2）未获得署长或 HHS 部长批准访问使用权限的人员，仅允许在已经获得批准的人员持续陪同下，方可进行日常清洁、保养、维修及其他与选定病原或毒素无关的活动；

（3）通过对保存选定病原或毒素的冷藏柜、冰箱、橱柜和其他容器的控制，以确保选定病原或毒素受到非授权的访问使用（如门禁系统、锁盒等）；

（4）所有可疑的包裹，在进入或移出使用或保存选定病原或毒素的区域之前，需要受到检查；

（5）在获得署长或 HHS 部长批准访问使用的人员的监督下，建立实体内部转移选定病原或毒素的方案，包括保管文件与防治盗窃、丢失或泄漏规定的链接；

（6）避免获得署长或 HHS 部长批准访问使用的人员给无权访问使用人员共享访问使用选定病原或毒素的独特手段（如密匙或口令）；

（7）出现下列任何情况，获得署长或 HHS 部长批准访问使用的人员必须立即向官方负责人进行报告：

（i）任何密匙、口令和密码组合的丢失或损坏；

（ii）任何可疑的人员或可疑的活动；

（iii）任何选定病原或毒素的丢失或被盗；

（iv）任何选定病原或毒素的泄漏；

（v）任何迹象表明选定病原或毒素库存台账

或使用记录发生了变化或其他损伤；

（8）存放或使用选定病原或毒素的区域应与建筑物的公共区域分开。

（e）在长期保存中，如发生下列任何一种情况，实体必须对所有受影响的选定病原和毒素的库存进行彻底审核：

（1）在选定病原和毒素收集或入库时，对那些收集或库存进行了物理迁移的选定病原和毒素进行审核；

（2）在主要研究人员离开或到达时，在主要研究人员监控下对那些选定病原和毒素进行审核；

（3）在选定病原或毒素被盗窃或丢失时，在主要研究人员监控下对所有选定病原和毒素进行审核。

（f）除本节（c）和（d）段所含规定外，对于拥有等级为1级的选定病原或毒素，个人或实体的安全计划还必须包括：

（1）对拟进行访问使用等级为1级的选定病原或毒素的人进行适宜性评价的程序规定；

（2）对一个实体的官方负责人如何与该实体的安全和保障人员协调工作，以确保级别为1级的选定病原和毒素安全的程序规定，及酌情分享相关信息的程序规定；

（3）对正在访问使用级别为1级的选定病原或毒素的人员进行适宜性评估的程序规定：

（ⅰ）对可能影响安全访问使用或影响参与选定病原和毒素工作的个人能力的事件或条件，或者影响防止选定病原和毒素被偷盗、丢失或泄漏的安全措施的事件或条件进行的自查报告和同行的报告；

（ⅱ）实体政策中对员工进行访问使用级别为1级的选定病原和毒素的培训，及对相关评估人员适用性进行报告、评价和纠正措施的程序；

（ⅲ）对正在进行访问使用级别为1级的选定病原和毒素的个人的适宜性的监控。

（4）拥有级别为1级的选定病原和毒素的实体必须增设以下安全规定：

（ⅰ）增设限制访问使用级别为1级的选定病原和毒素程序，仅限那些经HHS部长或署长批准并由首席检察官进行了安全风险评估的个人具有实体进行的访问使用前的适宜性评估，并遵守实体的持续适宜性评估程序。

（ⅱ）增设在正常营业时间以外限制访问使用实验室和贮藏设备的程序，仅有经官方负责人或指定人员批准方可进行。

（ⅲ）增设允许访客及其财产和车辆进入注册地点出入口的程序，或根据实体所在地的特定风险评估设置进入其他注册点建筑物、设施或场地的程序。

（ⅳ）至少增设三个安全屏障，每个安全屏障会延迟到达使用或贮藏选定病原和病毒的安全区域的时间。其中一个安全屏障，必须在所有条件（白天/夜间、恶劣天气等）下，以建立的访问使用控制措施的有意和无意规避的检查方式进行监测。最后一道屏障，必须限定访问使用选定病原或毒素的个人必是经HHS部长或署长批准并由首席检察官进行了安全风险评估。

（ⅴ）能够合理提供访问使用注册空间的所有注册的空间或区域，除非受到物理占用，否则必须设置入侵检测系统（IDS）进行保护。

（ⅵ）监测IDS的职员必须有能力对警报进行评估和释疑，并有能力警醒指定的安保人员待命采取强制措施或进行执法。

（ⅶ）对于有动力访问使用控制系统，需设置程序，确保在因电源中断影响注册的空间而导致访问使用控制系统故障时保持安全。

（ⅷ）实体必须：

（A）确定安全部队或当地警察的反应时间不会超过15min，该反应时间测定是指从入侵警报发出开始，或者安全事故报告发出开始，至安全部队或当地警察到达第一个安全屏障的时间为止；

（B）所提供的安全屏障，应足够拖延未经授权的访问使用，直至反应部队到达，以确保选定病原和毒素免受盗窃、故意的泄漏或未经授权的访问使用。反应时间的测定是指从入侵警报发出开始，或者安全事故报告发出开始，至安全部队或当地警察到达第一个安全屏障的时间为止。

（5）拥有口蹄疫病毒和牛瘟病毒的实体必须增设以下安全规定：

（ⅰ）至少增设4个安全屏障，其中一个必须是一天24h、每周7d（24/7）实施监控的周边安全防护栏，或者相当的设施，随时检查是否存在未经授权的人员、车辆、材料或出现未经授权的活动；

（ⅱ）现场应有武装的安全应急巡逻部队24/7巡逻。从入侵报警或安全事件报告时开始算起，反应时间不得超过5min；

（ⅲ）闭路电视的监视应在24/7内进行监控和

记录；

（iv）应设置装有 GPS 跟踪设计的运输车辆作为围堵车辆；

（g）在制订安全计划时，个人或实体应当参考题为"选择病原或毒素设施的安全指南"的文件。该文件见国家选择病原注册网站 http：//www. selectagents. gov/。

（h）必须每年审核安全计划，如有必要，需进行修订。必须每年至少训练或演习一次，以测试和评估该计划的有效性。在训练或演习和发生任何事故后，必须对计划进行复查；如有必要，则进行修订。

［70FR13284，2005 年 3 月 18 日制定。77FR61077，2012 年 10 月 5 日；79FR26830，2014 年 5 月 12 日修订］

§121.12　生物安全

（a）针对选择病原或毒素的具体使用情况[①]，在本部分要求注册的个人或实体必须制订并实施与书面一致的选择病原或毒素风险的生物安全计划。生物安全计划必须包括足够的信息和文件，说明选择病原或毒素的生物安全和密级程序，包括任何有意或意外接触或感染了选择病原的动物（含节肢动物）或植物。

（b）生物安全和密级程序必须保证选择病原或毒素的安全（如实体的物理结构和特点，以及可使用的安全保卫及安全保卫程序）。

（c）在制订生物安全计划时，个人或实体应考虑下列事项：

（1）CDC/NIH 出版的"微生物及生物医学实验室的生物安全"。该文件可从国家选择病原注册网站 http：//www. selectagent. gov/下载。

（2）在 29CFR1910. 1200 和 1910. 1450 中的职业安全和卫生管理（OSHA）条例。该文件可从国家选择病原注册网站 http：//www. selectagent. gov/下载。

（3）"关于重组 DNA 分子研究的 NIH 指导"。该文件可从网站 http：//www. selectagent. gov/下载。

（d）生物安全计划中必须包括访问使用等级为 1 级选择病原和病毒的个人的职业卫生程序，并且这些个人必须在职业卫生程序中进行登记。

（e）计划必须每年进行复查，如有必要，进行修订。必须每年至少训练或演习一次，以测试

和评估该计划的有效性。在训练或演习和发生任何事故后，必须对计划进行复查，如有必要，进行修订。

［70FR13284，2005 年 3 月 18 日制定。73FR61331，2008 年 10 月 16 日；77FR61077，2012 年 10 月 5 日修订］

§121.13　受限制的试验

（a）除非经过署长批准并按照署长的规定进行，否则个人或实体均不得使用或占有从下列试验获得的产品：

（1）不知道选择病原是否已经自然获得了药物抵抗特性的试验，包括故意转移或者选择的试验（如果该获得物可能会危及人类、兽医或农业中控制疾病的病原）。

（2）试验含有对脊椎动物 LD_{50} ＜100ng/kg（按体重计）的致死性毒素的生物合成基因的有意合成或重组 DNA 的形成。

（b）如果个人或实体不符合本部分的要求，那么署长可撤销其进行本节（a）段任何试验的批准，或者可以吊销或暂停注册证书。

（c）如果申请进行本节（a）段中的任何试验，个人或实体必须提交书面材料，并提供科学数据支持。同意或者拒绝申请的决定会以书面的形式发出。

［70FR13284，2005 年 3 月 18 日制定。73FR61331，2008 年 10 月 16 日；77FR61077，2012 年 10 月 5 日；79FR26830，2014 年 5 月 12 日修订］

§121.14　事故响应[②]

（a）这一部分要求注册的个人或实体必须按照特定地点的风险评估制订并执行书面事故响应计划[③]。事故响应计划要贯穿于实体的整体计划，张贴在工作区域，要让员工看到。

（b）事故响应计划必须仔细描述选定病原或毒素被盗、丢失或泄漏时实体的响应程序；库存差异；安全漏洞（包括信息系统）；恶劣天气和其他自然灾害；工作场所暴力；炸弹威胁和可疑包裹；突发事件，如火灾、煤气泄漏、爆炸、停电及其他

---

① 原作者注：可与 APHIS 联系，以获得技术帮助和指导。

② 原作者注：本节中的任何内容均不意味着可替换或取代其他法律或规章对事故响应的规定。

③ 原作者注：可通过与 APHIS 联系获得技术帮助和指导。

自然和人为事件的响应程序。

（c）响应程序必须说明选定病原或毒素有关的危害，以及采取遏制这种选定病原或毒素的适宜行动，包括有意或无意接触或感染选定病原的任何动物（含节肢动物）或植物。

（d）事故响应程序还必须包括下列信息：

（1）个人或实体（如官方负责人、预备官方负责人、生物安全员等）的姓名和联系方式（如家里和工作场所）；

（2）建筑物的实际拥有者和/或经理的姓名和联系方式（如果适用）；

（3）承租人办公室的名称和联系方式（如果适用）；

（4）建筑物物理安全员的姓名和联系方式（如果适用）；

（5）人员的职责、权限和通讯方式；

（6）与当地应急人员的规划和协作；

（7）执行救援和医疗任务的雇员应遵守的程序；

（8）紧急医疗和急救；

（9）个人防护和应急设备清单，及其放置地点；

（10）现场安全和控制；

（11）紧急撤离程序，包括撤离形式、撤离路线标识、安全距离和避难地点；

（12）净化程序。

（e）拥有级别为1级选定病原和毒素的实体必须增设以下事故响应的政策或程序：

（1）事故响应计划中必须充分说明实体对入侵检测或报警系统故障的反应程序；

（2）事故响应计划中必须说明如何将可能是犯罪性质的，与实体、其职员或其选定病原或毒素有关的可疑活动通知相应的联邦、州或地方执法机构的程序。

（f）每年必须对事故响应计划进行复查，如有必要，进行修订。每年至少进行一次训练或演习，以测试和评估计划的有效性。在训练或演习和发生任何事故后，必须对计划进行复查，如有必要，进行修订。

［70FR13284，2005年3月18日制定。73FR61331，2008年10月16日；77FR61077，2012年10月5日修订］

§121.15　培训

（a）按照本部分注册的个人或实体必须提供有

关生物安全、安保（包括安全意识）和事故反馈的相关信息和培训：

（1）每个在获得HHS部长或署长批准，允许访问使用的个人，在访问使用该选定病原和毒素之前需接受培训。培训必须满足个人的特殊需要，他们即将参与的工作的需要，和由选定病原或毒素造成的风险的需要；

（2）每个未经HHS部长或署批准允许访问使用选定病原和毒素的个人，在该人进入选定病原或毒素操作或贮藏区域（如实验室、生长室、动物舍、温室、仓储区、装运/接收区域、生产设施等）之前需接受培训。陪同人员的培训必须与使用和/或贮藏的选定病原和毒素的访问使用区域的风险相关。

（b）拥有级别为1级选定病原和毒素的实体，必须每年就如何识别和报告可疑行为进行内部威胁意识通报。

（c）经HHS部长或署长批准准予访问使用的个人必须每年进行进修培训，或者在注册的个人或实体对其安保、事故响应或生物安全计划等进修重大修订时进行培训。

（d）官方负责人必须确保保留每个可访问使用选定病原和毒素的个人的培训记录，或者每个陪同人员（如实验室工作人员、参观人员等）的培训记录。记录必须包括个人的姓名、培训的日期、所提供的培训的说明及证明被培训人对培训内容理解了的验证方法。

［77FR61077，2012年10月5日制定］

§121.16　转移

（a）除本节（c）段和（d）段另有规定外，选定病原或毒素只能转移给已注册的可以拥有、使用或转移该病原或毒素的个人或实体。选定病原或毒素的转移必须遵守本节的规定，转移之前要获得APHIS或CDC的授权*。

（b）除本副章122部分的规定外，转移选定病原或毒素时需要授权的有：

（1）发送者

（ⅰ）转移时，有注册证书，说明要转移的特定选定病原或毒素，并且符合本部分的所有要求；

（ⅱ）要转移的特定选定病原或毒素符合豁免

---

* 原作者注：本节的规定不适用于同一注册实体内部的转移（如发货人和收货人均使用的是同一个注册证书）。

规定；

（ⅲ）从美国境外转移选定病原或毒素进美国时，要符合所有进口的规定。

（2）转移时，接受者要有注册证书，说明要转移的特定选定病原或毒素，并且符合本部分的所有要求。

（c）要是在转移至少 7d 前，发送者向 APHIS 或 CDC 报告要转移的选定病原或毒素、接受者的姓名和地址，那么不需要 APHIS 或 CDC 授权，就可以转移效力检验中所含的选定病原或毒素的样品。

（d）对根据署长规定的本部分条件下没有其他资格转移的选择病原或毒素，个别情况下，署长可授权批准转移。

（e）要获得转移授权许可，必须提交 APHIS/CDC 表 2。

（f）在获得 APHIS 或 CDC 授权批准后，选定病原和毒素的包装由经 HHS 部长或署长批准可以访问使用选定病原和毒素的个人进行，并且该包装应符合有关包装的所有适用法律。

（g）发货人必须遵守所有适用的航运法律。

（h）当选定病原或毒素被打包装运，并且快递运输已准备接收该选定病原或毒素时，运输商务开始；当包裹由经 HHS 部长或署长批准的有权访问使用选定病原和毒素并由首席检察官进行了安全风险评估的个人作为收件人接收时，运输商务结束。

（i）在收到选定病原或毒素的 2 个工作日内，接受者必须提交完整的 PAHIS/CDC 表 2。

（j）如果在预期交货 48h 内，仍然没有收到包裹，或者包装损坏至可导致选定病原或毒素泄漏的程度，接受者必须立即向 APHIS 或 CDC 报告。

（k）转移授权自发出之日起仅在 30d 内有效。除此之外，如果支持授权的实事发生任何变化（如发送者或接受者的注册证书发生变化、转移申请发生变化），则转移授权当即失效。

［70FR13284，2005 年 3 月 18 日制定。73FR61331，2008 年 10 月 16 日；77FR61077，2012 年 10 月 5 日修订］

§ 121.17　记录

（a）本部分要求注册的个人或实体必须保存本部分活动的完整记录。记录必须包括：

（1）能够长期保存的（放置于保证将来使用活性的系统，比如在冰箱中或冻干材料中）每一个选定病原（包括病毒遗传成分、重组和/或合成核酸和含有重组体和/或合成核酸的有机体）当前的准确的库存情况，包括：

（ⅰ）名称和特性（如毒株命名、GenBank 登录号等）；

（ⅱ）从其他个人或实体得到的数量（如容器、瓶子、试管等）、获得的日期和来源；

（ⅲ）贮存地点（如建筑物、房间、冰箱）；

（ⅳ）从贮存地移出的时间和人员，移回贮存地的时间和人员；

（ⅴ）选定病原的使用和使用目的；

（ⅵ）按照 § 121.16 或 42CFR73.16（转让）要求做记录；

（ⅶ）对于实体内部转移（发送者和接受者均采用同一个注册证书），要记录选定病原、转移的数量、转移日期、发送者和接受者；以及：

（ⅷ）按照 § 121.9 或 42CFR73.19（被盗、丢失或泄漏的通报）要求做记录；

（2）对当前有意或者无意接触或感染了选定病原的动物或植物进行准确的统计（包括数量和品种、地点及适当的处置）；

（3）每个毒素当前准确的清单，包括：

（ⅰ）名称和特性；

（ⅱ）从其他个人或实体得到的数量（如容器、瓶子、试管等）、获得的日期和来源；

（ⅲ）最初和当前的量（如 mg、mL、g 等）；

（ⅳ）毒素的使用和使用目的、使用数量、使用日期及使用人员；

（ⅴ）贮存地（如建筑物、房间、冰箱）；

（ⅵ）从贮存地移出的时间和人员，移回贮存地的时间和人员，包括数量；

（ⅶ）按照 § 121.16 或 42CFR73.16（转让）要求做记录；

（ⅷ）对于实体内部转移（发送者和接受者均采用同一个注册证书）的，要记录毒素、转移的数量、转移日期、发送者和接受者；

（ⅸ）按照 § 按照 § 121.19 或 42CFR73.19（被盗、丢失或泄漏的通报）要求做记录；

（ⅹ）如果被损毁，要记录损毁的数量、损毁的日期、损毁的人。

（4）当前所有经署长或 HHS 部长批准授权访问使用的人员名单；

（5）所有进入含有选定病原或毒素区域的信息，包括人员姓名、陪同人员（如果适用）、进入的日期和时间；

（6）按照§121.9或42CFR73.9（官方负责人），§121.11或42CFR73.11（安全），§121.12或42CFR73.12（生物安全），§121.14或42CFR73.14（事故响应）以及§121.15或42CFR73.15（培训）要求做记录；

（7）对所有不一致的地方以书面的方式进行解释。

（b）个人或实体必须履行相应的制度，以确保本部分所有的记录和基础数据准确，其访问和使用是受控的，并且可以验证其真实性。

（c）按照本部分规定进行的所有记录要保存3年，并且应按照要求及时进行记录。

［70FR13284，2005年3月18日制定；77FR61077，2012年10月5日修订］

§121.18 检查

（a）在未事先通知的情况下，必须允许APHIS检查涉及本部分活动的任何地方，必须允许查检和拷贝涉及本部分活动的任何记录。

（b）在给个人或实体发放注册证书前，APHIS可以对基础设施和记录进行检查和评估，以确保其符合本部分的要求。

§121.19 被盗、丢失或泄漏的通报

（a）个人或实体一旦发现选定病原或毒素被盗或丢失，应立即向APHIS或CDC报告。即使该选定病原或毒素被追回，或责任方被确定，也必须将被盗或丢失情况向APHIS或CDC报告。

（1）必须通过电话、传真或电子邮件报告选定病原或毒素的被盗或丢失。之后必须提供以下信息：

（ⅰ）选定病原或毒素的名称和任何识别信息（如毒株或其他特征信息）；

（ⅱ）被盗或丢失的大概数量；

（ⅲ）被盗或丢失的大概时间；

（ⅳ）被盗或丢失的地点（建筑物、房间）；和

（ⅴ）个人或实体报告或者打算报告的联邦、州或地方执法机构的清单。

（2）必须在7d内提交完整的APHIS/CDC表3。

（b）个人或实体一旦发现选定病原或毒素泄漏造成职业暴露，或者选定病原或毒素泄漏出了生物安全区域主要防护范围之外时，应立即向APHIS或CDC报告。

（1）必须用电话、传真或电子邮件报告选定病原或毒素的泄漏。之后必须提供以下信息：

（ⅰ）选定病原或毒素的名称和任何识别信息（如毒株或其他特征信息）；

（ⅱ）泄漏的大概数量；

（ⅲ）泄漏的大概时间和持续时间；

（ⅳ）泄漏发生的环境（如建筑物内或建筑物外，废弃系统）；

（ⅴ）发生泄漏的地点（建筑物、房间）；

（ⅵ）实体中可能暴露的人员数量；

（ⅶ）为泄漏所采取的行动；

（ⅷ）泄漏所造成的危害。

（2）必须在7d内提交完整的APHIS/CDC表3。

§121.20 行政复议

（a）个人或实体可根据本部分的规定对否决、吊销或暂停注册的决定进行上诉。上诉必须以书面的形式说明上诉的事实依据，并在上述决定作出后30d内提交给署长。

（b）个人可依据本部分的规定对否决、限制或吊销访问使用许可的决定进行上诉。上诉必须以书面的形式说明上诉的事实依据，并在上述决定作出后180d内提交给署长。

（c）最终的行政行为由署长的决定。

［77FR61077，2012年10月5日制定］

（杨福荣译，杨京岚校）

第122部分 微生物和媒介

122.4　暂停或吊销许可证

官方依据：7U. S. C. 8301～8317；21U. S. C. 151～158；7CFR2.22、2.80 和 371.4。

§122.1　定义

以下词语在第 122 部分的规定中使用时，应分别解释为：

（a）部　系指美国农业部。

（b）部长　系指美国农业部部长，或迄今为止被授权的该部门的官员或雇员，或者即将被授权代其行事的官员或雇员。

（c）署长　系指美国农业部动植物卫生监督署的署长，或被授权行使署长权利的人。

（d）微生物　系指可能引起或传播动物（包括禽类）的可传播的或传染性的疾病的所有微生物的培养物或收获物，或者它们的产物。

（e）媒介　系指已被处理或接种了微生物，或者已经发病或感染了动物或禽类的任何有传染性的、具有感染力的、可传播的疾病的（或与这类疾病接触过的）所有动物（包括禽类），如小鼠、鸽子、豚鼠、大鼠、雪貂、兔子、鸡、犬等。

（f）持证者　系指根据法律规定，已获得进口或运输微生物或媒介许可证，且定居在美国或在美国经营商业机构的人。

（g）人员　系指任何个人、公司、合作伙伴、单位、社团、协会或任何上文所提及的其他有组织的群体、任何代理机构、官员及其雇员。

［31FR81，1966 年 1 月 5 日制定；57FR30899，1992 年 7 月 13 日修订］

§122.2　许可证要求

未经部长签发许可证和未遵守相关规定者，不得将任何微生物或媒介进口到美国，或从一个州或哥伦比亚特区运输到另一个州或哥伦比亚特区。但是，如果在对按照本副章 102 部分规定已获得了进口许可证的微生物进行进口时，或者按照本副章 102 部分已获得了生产执照的微生物产品进行运输时，可不提供本节所要求的许可证。根据本节签发许可证的要求，持证者须书面同意遵守由署长提出的为保护公众而设定的对特殊物品进口和运输的安全规定。

（由管理与预算办公室根据质控 0579-0015 号进行核准）

［23FR10065，1958 年 12 月 23 日制定。31FR81，1966 年 1 月 5 日重新制定。48FR57473，1983 年 12 月 30 日；57FR30899，1992 年 7 月 13 日；59FR67134，1994 年 12 月 29 日修订］

§122.3　申请许可证

当按照§122.2 规定建立了适当的安全防护措施保护公众时，部长可根据其自由裁量权限签发§122.2 规定的许可证。应在装运前进行这类许可证的申请，并且每个许可证均应注明收货人的姓名和地址，涉及的每一种微生物或媒介的通用名称和特性，以及每种用途。

（由管理与预算办公室根据质控 0579-0015 号进行核准）

［23FR10065，1958 年 12 月 23 日制定。31FR81，1966 年 1 月 5 日重新制定。48FR57473，1983 年 12 月 30 日；59FR67134，1994 年 12 月 29 日修订］

§122.4　暂停或吊销许可证

（a）对已持有进口或运输微生物或媒介许可证的，在按照本副章 123 部分举行听证后，其许可证可以被正式暂停或吊销，如果部长发现持证者没有遵守署长针对特殊货物进口或运输的安全防护措施和指令，或者由于这类货物进口或运输造成的任何其他原因导致有传染性的、感染力的或可传播的动物（包括禽类）疾病由国外传入美国，或从一个州或哥伦比亚特区传播到另一个州或哥伦比亚特区，微生物或病原携带者进口或运输许可证会被正式的暂停或吊销。

（b）但是，如果是有意或为了公共的卫生、利益或安全的需要，部长根据本节（a）段陈述的理由，在没有举行听证的情况下，可非正式暂停这类许可证，待按照本副章 123 部分规定的正式诉讼程序审核后，再暂停或吊销该许可证。

［23FR10065，1958 年 12 月 23 日制定。31FR81，1966 年 1 月 5 日重新制定。48FR57473，1983 年 12 月 30 日；57FR30899，1992 年 7 月 13 日修订］

第 123 部分　根据病毒-血清-毒素法实施的行政诉讼程序的规则

官方依据：7U. S. C. 8301～8317；21U. S. C. 151～159；7CFR2. 22、2. 80 和 371. 4。

§123.1　实施规则的范围和适用性

美国农业部颁布的美国联邦法规第 7 卷、副卷 A、第 1 部分的 H 子部分中统一实施的规则适用于根据《病毒-血清-毒素法》的行政诉讼程序进行裁决的实际规则。

［42FR10960，1977 年 2 月 25 日制定］

（田向阳译，杨京岚校）

第 124 部分　专利期恢复

授权：35U. S. C. 156；7CFR2. 22、2. 80 和 371. 4。

来源：58FR11369，1993 年 2 月 25 日，另有规定者除外。

A——一般规定

§124.1 范围

（a）本部分依据 35U.S.C.156 专利期延长的规定，阐述了 APHIS 对兽医生物制品相关的专利期延长申请的审查程序和要求。

APHIS 的职责包括：

（1）协助 PTO 确定专利期恢复的资格；

（2）确定产品的监督审查期；

（3）如有针对 APHIS 监督审查期决定的尽职调查质疑申请，对此进行审查并做出裁决；以及

（4）举行听证会，审查 APHIS 关于尽职调查质疑的初步调查结果。

（b）本部分的规定旨在与 PTO 公布的关于专利期延长的规定（详见 37CFR1.710 至 1.791）配合使用。

［58FR11369，1993 年 2 月 25 日制定。64FR43045，1999 年 8 月 9 日修订］

§124.2 定义

美国动植物监督署（Animal and Plant Health Inspection Service，APHIS）：该机构下设于农业部，职责是根据《病毒-血清-毒素法》批准兽医生物制品。

申请者（applicant）：根据 35U.S.C.156，提交申请、修正案或申请补充以寻求专利期延长的任何人。

尽职调查请愿书（due diligence petition）：根据本部分§124.30 提交的请愿书。

非正式听证会（informal hearing）：不受 5U.S.C.554、556 和 557 规定的约束，且按照 21U.S.C.321（x）规定进行的听证会。

执照申请者（license applicant）：根据本章第 102 部分之要求，向 APHIS 提交兽医生物制品执照申请的任何人。

专利（patent）：美国商务部专利商标局公布的专利。

人员（person）：任何个人、厂商、合伙人、法人、公司、协会、教育机构、州或地方政府机构，或其他有组织团体，或任一代理人、官员或雇员。

PTO：美国商务部专利商标局。

［58FR11369，1993 年 2 月 25 日制定。68FR6346，2003 年 2 月 7 日修订］

B——资格协助

§124.10 APHIS 与 PTO 联络

在收到 PTO 有关兽医生物制品专利期延长的申请副本后，APHIS 通过以下方式协助 PTO 确定该生物制品相关的专利是否具有专利期延长的资格：

（a）（1）核实该产品在商业营销或使用前是否接受监督审查期；

（2）确定该产品在监督审查期后获得的商业营销或使用许可是否为法定的第一次商业营销或使用许可，且监督审查期是在此情况下发生的。如果是，它是否为首次允许该兽医生物制品商业营销或用于食品动物；

（3）确定该专利期恢复申请是否是在产品批准上市或使用后 60 日内提交的；

（4）提供 PTO 确定与产品相关的专利是否有资格获得专利期恢复所必需和相关的其他信息。

（b）APHIS 将以书面的形式通知 PTO 其调查结果，并将通知副本发送给申请者，同时在华盛顿特区西南独立大道 14 街南楼 1141 号室保存一份通知副本，以供民众审查。开放时间为每周一至周五 8：00 至 16：30，节假日除外。

C——监督审查期

§124.20 专利期延长的计算

（a）根据 PTO 法规 37U.S.C.1.779 的规定，

为了确定产品的监督审查期，APHIS 将对每一个申请的信息进行审核，以决定审查期限后续阶段的时长，然后计算总时长：

（1）此阶段天数起始于根据《病毒-血清-毒素法》获准制备试验性生物制品的生效之日，结束于根据《病毒-血清-毒素法》初次提交执照申请之日。

（2）此阶段天数起始于根据《病毒-血清-毒素法》初次提交执照申请之日，结束于执照颁发之日。

（b）执照申请含有充足信息能满足 APHIS 启动申请审查之日，即"初次提交执照申请之日"。APHIS 信函通知申请者执照颁发之日即产品执照颁发之日。执照颁发表示产品可用于商业营销或使用。

§124.21 监督审查期的确定

（a）APHIS 应在收到 PTO 申请后的30天内确定监督审查期。一旦确定了产品的监督审查期，APHIS 将以书面形式通知 PTO 同时发送副本给申请者，并在华盛顿特区西南独立大道14街南楼1141号室保存一份通知副本，以供民众审查。开放时间为每周一至周五的上午8：00至下午4：30，节假日除外。

（b）APHIS 还将在《联邦公报》上公布监督审查期的确定通知，包括以下内容：

（1）申请者的名称；

（2）产品的商品名和通用名；

（3）寻求延长期限的专利号；

（4）批准的产品作用与用途；

（5）监督审查期的确定，包括审查期限各阶段时长的声明和用于计算各阶段的日期。

§124.22 监督审查期的修改

（a）自监督审查期的确定在《联邦公报》上公布30日之内，任何利害关系人均可提出监督审查期的修改请求。该请求必须发送给兽医生物制品中心-政策、评估和许可部（代顿大街1920号，

P.O.844 信箱，Ames，IA50010）主任。请求必须列明以下内容：

（1）产品详情；

（2）专利期限恢复申请者的身份；

（3）公布该监督审查期确定的《联邦公报》的案卷号；

（4）修改请求的依据，包括任何书面证据。

（b）若 APHIS 决定修改之前的决定，则须将该决定通知 PTO，并在通知下发10日内将通知副本发送给申请者和修改请求人（若与申请者不是同一人），以征求意见。若未收到针对该修改的意见，则 APHIS 将在《联邦公报》上公布此修改，并附一份修改原因声明。若收到意见，则 APHIS 将根据这些意见做出最终决定，并在《联邦公报》上公布此修改并给出修改原因。

［59FR1136，1993 年 2 月 25 日制定。59FR67617，1994 年 12 月 30 日；64FR43045，1999 年 8 月 9 日；75FR20773，2010 年 4 月 21 日修订］

§124.23 监督审查期确定的最终决定

根据§124.30 提交尽职调查请愿书，APHIS 将在180日期限到期后，将其监督审查期确定为最终决定，除非接到：

（a）影响监督审查期确定的 PTO 记录或 APHIS 记录的新信息；

（b）根据§124.22 要求修改监督审查期的确定；

（c）根据§124.30 提交的尽职调查请愿书；

（d）根据§124.40 提出的听证请求。

［58FR11369，1995 年 2 月 25 日；58FR29028，1993 年 5 月 18 日制定］

D——尽职调查请愿书

§124.30 请愿书的填写、格式和内容

（a）根据§124.21 公布监督审查期确定的180日内，任何利害关系人均可向 APHIS 提交请愿书，指出执照申请者在监督审查期内寻求 APHIS 批准产品时，未能尽职。

（b）请愿书必须以《联邦公报》公布的监督审查期确定的案卷号提出。请愿书必须包含本章节

要求的所有附加信息。

（c）请愿书必须指出申请者在监督审查期内的某段时间未尽职，并且必须提出足够的事实，以便 APHIS 调查。

（d）请愿书必须包含一份证明，证明申请者已通过认证或挂号邮件（要求回执）或亲自送达，向有关各方提供了真实完整的请愿书副本。

§124.31　申请者对请愿书的回应

（a）申请者可在收到申请书副本后 20 日内向 APHIS 提交书面回复。

（b）申请者回复可呈现额外的事实和情况，以回应请愿书的观点，但仅限于申请者在监督审查期间是否尽职。申请者回复可以包括原始专利期延长申请中没有的文件。

（c）如果申请者没有对请愿书做出回应，APHIS 将根据专利期限恢复申请、尽职调查申请和 APHIS 记录的信息进行裁决。

§124.32　APHIS 对请愿书的职责

（a）APHIS 在收到请愿书后的 90 日内，市场及监管计划部副部长将根据本节（b）或（c）段或 §124.33 确定申请者在监督审查期内是否尽职。APHIS 将在《联邦公告》中公布决定，包括事实和法律依据，以书面形式通知 PTO，并向 PTO、申请者和请愿人发送决定副本。

（b）如果符合以下情况下，APHIS 可忽略请愿书的理由而将其拒绝，

（1）请愿书未按照 §124.30 提交；

（2）请愿书中未含有 APHIS 可合理确定申请者在适用的监督审查期间未尽职的信息或陈词；

（3）请愿书未能指称申请者在足够的总时间内没有尽职，因此，即使请愿书获得批准，请愿书也不会影响申请者根据 35U.S.C.156 有权获得的最长专利期延长期限。

§124.33　尽职调查的标准

（a）在确定申请者的是否尽职时，APHIS 将检查申请者在监督审查期间的事实和情况，以确定在监督审查期间，申请者所表现的注意力程度、持续直接努力和时效性，是否与监督审查期内个人表现的合理预期和常规行为相一致。APHIS 将考虑所有相关因素，如批准试验性使用许可与批准兽医生物制品执照之间的时间。

（b）就本部分而言，上市申请者的行为应归为申请者为专利期恢复而采取的行为。代理人、律师、承包商、雇员、被许可人或前任人员为上市申请者的利益而采取的行动应归为申请者为专利期恢复而采取的行为。

E——尽职调查听证会

§124.40　听证会请求

（a）任何利害关系人可以在 APHIS 根据 §124.32 公布尽职调查决定之日起 60 天内要求 APHIS 就尽职调查决定进行非正式听证会。

（b）听证会申请必须为：

（1）书面申请；

（2）包含 APHIS 监督审查期确定的《联邦公告》案卷号；

（3）递交给兽医生物制品中心——政策、评估和许可部（代顿大街 1920 号，P.O.844 信箱，Ames，IA50010）主任；

（4）包含听证会请求依据的完整事实陈述；

（5）包含听证会请求人的姓名、地址和主要营业地点；

（6）包含一项证明，证明听证会申请者已提供了一份真实完整的、通过认证或挂号邮件（要求回执），或个人服务确认的尽职调查请愿人和专利期延长申请者请求的副本。

（c）请求必须说明，请求方是否在 APHIS 收到请求后 30 日内，或在请求人提出请求 60 日内，寻求听证会。

［58FR11369，1993 年 2 月 25 日制定。59FR67617，1994 年 12 月 30 日；6FR43045，1999 年 8 月 9 日；75FR20773，2010 年 4 月 21 日修订］

§124.41　听证会通知

在听证会开始前 10d，APHIS 会把听证会的日期、时间和地点通知给请求方、申请者、请愿人和任何其他利害关系人。

§124.42　听证会程序

（a）听证会主持人应由 APHIS 署长从没有参与听证会秘书处任何业务的官员和雇员中任命，且这些官员和雇员不直接管理部门中参与上述任何业务的官员或雇员。

（b）听证会的每一方均有权随时得到律师的建议和陪同。

（c）在听证会之前，听证会的每一方均应合理

得知听证会所涉及的事项，包括一份秘书处采取或建议行动依据的全面说明（即听证会的主题），以及任何将在听证会上提出的支持此类行动的一般性摘要。

（d）在听证会上，听证会各方有权听取听证会主题的完整陈述及所有支持信息和理由，进行合理的质询，并提供任何与此相关的口头和书面信息。

（e）听证会主持人应准备一份听证会的书面报告，并附听证会提交的所有书面材料。应给予听证会参与者审查、纠正或者补充听证会主持人报告的机会。

（f）秘书处可要求对听证会进行转录。听证会的任一方有权自费对听证会进行转录。任何听证会转录均应包含在听证会主持人的报告中。

（g）尽职调查听证会将按照程序所采用的惯例规则进行。APHIS 将为请求方、申请者和请愿人提供参加听证会的机会。§124.33 中规定的尽职调查标准将适用于听证会。请求尽职调查听证会的一方将在听证会上承担举证责任。

§124.43　行政决定

尽职调查听证会结束后 30 日内，市场及监管计划部副部长，将结合署长的建议，确认或修改依据§124.32 做出的决定，APHIS 将在《联邦公报》公布尽职调查听证的重新决定，将其通知 PTO，并将通知副本发送给 PTO、请求方、申请者和请愿人。

［59FR11369，1993 年 2 月 25 日制定；64FR43045，1999 年 8 月 9 日修订］

（胡晓阳　包银莉　商晓桂　韩志玲　刘亭歧　冯琳琳　郭丽霞译，张　兵　史兰广校）

第三篇
美国兽医局备忘录

兽医局备忘录第 800.50 号：执照申请的基本要求和提交支持执照申请材料的指导原则

2011 年 2 月 9 日

兽医局备忘录第 800.50 号

发送对象： 兽医局管理人员
兽医生物制品中心主任
生物制品持照者、持证者和申请者

签 发 人： John R. Clifford
副局长

主 题： 执照申请的基本要求和提交支持执照申请材料的指导原则

Ⅰ. 目的

本备忘录给出拟依照美国联邦法规第 9 卷（9CFR）第 102.3（a）条款获取美国兽医生物制品企业执照，以及依照 9CFR 第 102.3（b）条款获取美国兽医生物制品产品执照的要求指南。本备忘录详细阐明完成执照申请所需的资料和 APHIS 文件。

本备忘录同时罗列了与特殊项目有关的其他法规文件，这些文件可在兽医生物制品中心网站（www. aphis. usda. gov/animal ＿ health/vet ＿ biologics/vb ＿ regs ＿ and ＿ guidance. shtml）获取。鼓励申请者与 CVB 的政策、评审与执照管理部门（PEL）人员加强交流，以便于材料的提交和审查。

虽然进口产品的很多批准程序与国产产品的程序相同，但拟申请美国兽医生物制品许可证（适用于进口产品）者，还应进一步参考兽医局备忘录第 800.101 号。

Ⅱ. 废止

本备忘录生效之日起，2002 年 5 月 28 日发布的兽医局备忘录第 800.50 号同时废止。

Ⅲ. 背景

美国兽医生物制品生产商必须持有美国兽医生物制品企业执照和各个产品的美国兽医生物制品产品执照。申请者只有获取了至少 1 个制品的产品执照，才具有获取企业执照的资格。拟在美国经营进口兽医生物制品的公司或个人，则需获得美国兽医生物制品许可证（经营和销售许可证）。

Ⅳ. 指导原则

CVB 在发放企业执照和产品执照前，申请者须向 CVB 提交相关资料。提交地址为：

兽医生物制品中心——政策、评审与执照管理部门

代顿大街 1920 号

Ames，IA50010

本节同时阐明 CVB 接收材料及审查特殊资料时拟采取的措施。

一般而言，CVB-PEL 对提交的材料进行审查后归档，并以书面形式通知企业是否受理该材料。需要时，CVB-PEL 将告知申请者需对材料做出的修改或应提交的补充资料。

A. 企业执照的申请

1. 申请者应提交

a. 美国兽医生物制品企业执照申请（APHIS 2001 表）。

b. 申请者及其子公司的章程，如果适用（9CFR102.3）。

c. 水质声明（9CFR108.11）。来自当地水务部门的声明，应确认该企业符合废水排放的相关规定。

d. 至少 1 份美国兽医生物制品产品执照申请（APHIS2003 表），及下述第Ⅳ.B 节规定的所需支持文件。

e. 生产兽医生物制品关键人员〔9CFR114.7（a）〕的资格（APHIS2007 表）。持照企业必须在有效的监督下由合格员工进行生产（9CFR102.4）。

关于编制和提交 APHIS2007 表的补充指南，详见兽医局备忘录第 800.63 号。

f. 工厂蓝图、土地规划图和图例（9CFR108.2～108.5）。关于编制工厂文件的指南，请参考兽医局备忘录第 800.78 号。每份文件一式两份。

2. CVB 的工作

a. 当 CVB-PEL 已完成审核企业执照申请和支持文件，且申请者的至少 1 种产品的产品执照申请进展顺利时，CVB 监察与合规部门将在执照发放前对该企业的设施进行检查。

b. 仅在该企业取得生产一个产品的资格后，CVB 才会签发企业执照。

B. 产品执照的申请

1. 申请者必须提交

a. 美国兽医生物制品产品执照申请（APHIS2003 表）。

b. 生产大纲（9CFR114.8～114.9）和特殊纲要 [9CFR114.9（b），如果适用]。每份大纲一式两份，每份均应有原始签名。每份大纲与 APHIS2015 表（标签和通告/大纲的传送单）同时提交。合格的大纲在执照发放前由 CVB 存档。关于编制疫苗、菌苗、抗原和类毒素生产大纲的相关补充指南，详见兽医局备忘录第 800.206 号。

c. 基础种子和细胞报告。提交生物制品生产过程中使用到的每种微生物（基础种子）和细胞库（主细胞）的检验报告，报告应包含种子和细胞的纯净性（不含外源病源）检验、鉴别检验和安全性检验。并提供种子或细胞来源和所有已知传代历史的说明。详见兽医局备忘录第 800.109。有关进一步的指导，可参考以下规定：

9CFR113.27（c&d）基础毒种和基础菌种中外源活菌和真菌的检验

9CFR113.51 生物制品生产用原代细胞的要求

9CFR113.52 生物制品生产用细胞系的要求

9CFR113.55 基础毒种中外源病原的检验

9CFR113.64 细菌活疫苗的一般要求

9CFR113.100 细菌灭活疫苗的一般要求

9CFR113.200 病毒灭活疫苗的一般要求

9CFR113.300 病毒活疫苗的一般要求

基础种子的其他特定要求参阅 9CFR 中有关各类产品的标准要求。特殊产品的标准要求参考 9CFR113。

d. 信息摘要模板（SIFs）。对于新型活生物制品生产中使用的基础种子以及通过重组 DNA 技术生产的所有基础种子，需在 SIF 中补充安全性和鉴别检验数据资料。

SIF 是一种"可扩展文件"，可随时更新支持执照申请的可用信息，但在执照发放前，需提交最终的 SIF。在按照第Ⅳ.B.1.c 节的要求提交基础种子报告同时应提交 SIF 初稿，该文稿中必须包含 CVB 实验室所需的数据，以便其确定适宜的生物容器要求，并开展验证试验。有关补充指南详见兽医局备忘录第 800.205 号。文件模板可在以下网址获 取：www. aphis. usda. gov/animal ＿ health/vet ＿ biologics/vb ＿ sifs. shtml.

应提交两份副本。

e. 对靶动物的免疫原性/效力、安全性、回传、排毒/传播、免疫干扰和与此相关的研究方案。如果需 CVB 对试验方案提出意见（强烈推荐），应至少在试验开始前 60d 向 CVB 提交两份试验方案。对试验设计的补充指南可参考以下规定：

诊断试剂盒	兽医局备忘录第 800.73 号
试验规范和文件	兽医局备忘录第 800.200 号
回传	兽医局备忘录第 800.201 号
效力	兽医局备忘录第 800.202 号
各组分的相容性	兽医局备忘录第 800.203 号
田间安全性	兽医局备忘录第 800.204 号

2. CVB 的工作

a. 生产大纲或特殊纲要

（1）如果关键部分或大量内容需要修改，CVB 会退回大纲要求修改，并在 APHIS2015 表中注明。修订后的符合规定的大纲必须在执照发放前提交。

（2）如果大纲基本符合要求或仅需要少量修改，CVB 将在每份文件每页的右下角加盖 CVB 印章，并归档为"待办执照"。审查人员可以用钢笔在大纲上直接修改。在 APHIS2015 表上标明变更的详细列表及与大纲相关的补充说明。一份大纲会退还给申请者。

b. 基础种子或主细胞报告

（1）如果报告符合规定且完整，CVB-PEL 将批准向 CVB 实验室提交基础种子和主细胞样品进行确认试验。

（2）CVB 实验室完成基础种子确认试验，结果符合规定的，CVB-PEL 将批准授权申请者在其生产设施中生产批次产品。

C. 产品执照申请的支持数据

1. 申请者必须提交适用于拟申请执照产品的补充报告和材料，两份。

a. 工艺流程和相应的验证报告

（1）灭活制品的灭活程序。

（2）干燥制品的最大容许水分含量。

（3）其他大纲程序，如果适用。

b. 靶动物免疫原性/效力报告

（1）初步剂量测定的研究报告，如果已完成。

（2）基础种子免疫原性/效力研究报告。某些微生物的标准免疫原性试验描述，见 9CFR113 部分。用于证明效力的产品批次（批号）必须是由待评价基础种子的最高允许代次的种子制备。

（3）免疫持续期的试验报告。

（4）母源抗体阳性动物的效力试验报告。

（5）免疫干扰试验报告。

（6）支持产品标签中特殊说明和建议的任何其他试验报告。

c. 效力试验研究报告（关于体外效力试验研究的补充指南，见 9CFR113.8 及兽医局备忘录第 800.90 号和第 800.112 号）。除非效力试验的试验方案在 9CFR 中已有规定，且使用 CVB 提供的试剂和程序，否则该研究报告还必须包括：

（1）反应剂量的确定、敏感性、特异性和可重复性试验。

（2）与靶动物保护相关的（如可充分预测的）试验数据。

（3）所有参考制剂的合格数据。

（4）参考制剂的稳定性监控程序及其再确认方法。

d. 产品安全性报告

（1）实验动物的研究。

（2）生物控制条件下对靶动物的研究，包括超剂量给药研究。

（3）确定任何新的或显著不同的抗原佐剂配方或添加剂的安全性数据。包括食品动物屠宰前休药期的确定［9CFR112.2（8）］。包括拟用于马（幼驹除外）的产品。有关休药期确定的指南，可参见兽医局备忘录第 800.51 号。

（4）致弱活疫苗的回传试验和排毒/传播试验研究。

（5）田间安全性试验。

e. 加速稳定性或实时稳定性研究报告。对含有已充分鉴定的蛋白质、多肽及其衍生生物制品的稳定性的特殊要求，参见兽医局备忘录第 800.300 号。

f. 持照前所需合格批次（批号）的产品（连续 3 批）的美国兽医生物制品生产和检验报告（APHIS2008 表）。关于 APHIS2008 表的填写，参见兽医局备忘录第 800.53 号。

按照已备案的生产大纲，以不同批次材料（如培养基、细胞和稳定剂）制备持照前批次的每一种新抗原（即从未作为已注册产品的成分）。可将已取得执照的单批抗原与未取得执照的抗原混合。如果每批产品至少使用一个独立包装的生产种子，则可用一批生产种子生产拟注册的每一批产品（种子的定义见 9CFR101.7）。每批产品的最小批量应相当于生产大纲中规定的平均批量的三分之一。

g. 按照 9CFR112 部分和兽医局备忘录第 800.54 号的规定设计标签和/或标签草图。标签中涉及的所有内容都必须有可接受的科学数据的支持。可接受的标签内容详见兽医局备忘录第 800.202 号。请将一式两份的标签最终稿和每个草图随 APHIS2015 表一并提交。

2. CVB 的工作

a. 报告。由 CVB-PEL 审查支持性数据，并就每份提交材料以纸质信件的方式提供正式答复。

b. 用于持照前批次的 APHIS2008 表。如果持照前批次的试验结果符合规定，且该批产品是按照已证明效力和安全性的方式生产的，CVB-PEL 将批准该企业提交产品样品至 CVB 实验室进行复核检验。企业应按照 9CFR113.3 中所述方法选择和提交产品样品。在样品运送过程中必须附有 APHIS2020 表（生物制品样品运输和接收单）。

c. 标签和/或标签草图

（1）与拟定最终标签相同外观的成品标签，或计算机生成的标签样稿。

（a）如果符合规定，CVB-PEL 会将标签与产品文件放在一起保留，直至发放产品执照。经批准的标签于执照发放时返还申请者。执照发放时，产品必须具有经批准的最终标签。

（b）如果不符合规定，CVB-PEL 会把标签作为草图处理，并提供说明以便企业修订。

（2）作为草图提交给 CVB-PEL 的标签（外观可与拟定最终标签相同或不同）。CVB-PEL 在审查时会把这类标签作为草图处理，对其可以予以评价或不予评价。

D. 要求进行田间试验

未取得执照的（试验性的）兽医生物制品，其运输需要 CVB-PEL 事先批准。用于田间安全性或田间效力试验的产品的运输，按照 9CFR103.3 规定进行。

1. 申请运输此类试验性产品时，申请者必须提供下列信息：

a. 进行试验所在的每个州或国家的州或外国动物卫生部门同意实施该试验的许可证或授权证明信。

b. 提出试验方及试验合作方的初步名单（名称和地址）。包括运至每个接收方的试验产品的批标识（批号）和数量。

c. 对试验产品的说明，应包括推荐的使用说明和初步的安全性与效力试验的结果（如果以前未提交）。如果适用，还应特别说明产品在肉用动物中的安全性。请按照 9CFR114.9 相应的生产大纲指导原则对产品进行描述。

d. 试验产品检验结果。试验产品应用于田间试验前，应完成生产大纲第 V 节中规定的所有的批放行检验。每批至少需完成纯净性检验、灭活检验（如果适用）和动物的安全性检验。CVB 也可要求补充其他检验。

e. 试验产品的标签（两份）。该标签必须包含"注意！仅供试验使用——不得用于销售"或类似声明。标签上不得出现美国兽医执照的编号（企业执照编号）。不得将 APHIS2015 表与试验产品标签一起提交。相关补充指南详见兽医局备忘录第 800.54 号。

f. 试验方案。

g. 在将动物移至试验场所前，研究人员或研究单位出具的同意提供每组相关肉畜补充信息的声明（如果适用）。

h. 环境散毒风险评估。为符合《国家环境保护法》（NEPA）的要求，本评估适用于 7CFR372.5（c）分类中未豁免的产品。一般而言，本要求适用于常规制备的重组活疫苗和通过重组 DNA 技术制备的产品。应提交在 SIF 中所述的环境散毒的相关信息。该 SIF 评估了产品在所述目标环境中的安全性。

2. CVB 工作

a. 豁免环境风险评估的产品。如果试验方案和支持文件均符合要求，CVB-PEL 将批准运送试验产品供田间试验用。CVB-PEL 将把盖有日期戳的试验标签副本返还申请者。自批准之日起，有效期不超过 1 年。申请者必须向 CVB-PEL 提交每项试验结果的总结；如果研究工作并未实施，也应及时通知 CVB-PEL。

b. 需要进行环境释放风险分析的产品。CVB-PEL 将依照《兽医生物制品的风险分析》和 NEPA 制定的指导原则审查所有风险评估的结果。

（1）如果结果为"未发现有显著的影响（FONSI）"，则风险评估结果（删除机密商业信息后）会在联邦公报中进行公示。公示结束时，对公众评论作出合理解释后，APHIS 可批准进行田间试验。

（2）如果风险评估的结果表明，产品对环境有可能会产生显著的影响，APHIS 会编制环境影响声明，该田间试验必须符合 APHIS 和 NEPA 的补充指导原则要求。

（3）在田间试验结束时，CVB-PEL 将对支持环境评估的 FONSI 的研究结果进行确认。

V. 信息自由法的豁免

依照 APHIS 特许或机密商业信息保护政策的声明（APHIS 通知 85406），所有提交的材料均视为保密材料。如果申请者认为某个提交材料可以按《信息自由法》（5U.S.C.552）规定豁免，申请者应在提交材料中声明，并说明如果泄露提交材料的任何部分，申请者将遭受的具体不良影响。

VI. APHIS 表

本备忘录中所列表格，可在以下网址获取 www. aphis. usda. gov/animal _ health/vet biologics/vb _ forms. shtml。也可按上文第 IV 节中给出的地址向 CVB-PEL 索取。

（杨京岚译，刘　燕校）

兽医局备忘录第 800.51 号：管制的
兽医生物制品中的添加物

2016 年 11 月 1 日

兽医局备忘录第 800.51 号

发送对象： 兽医局管理人员
兽医生物制品中心主任
生物制品持照者、持证者和申请者

签 发 人： Jack A. Shere
副局长

主　　题： 管制的兽医生物制品中的添加物

Ⅰ. 目的

本备忘录旨在阐明 9CFR103.2（b）、（c）、103.3（f）、（g），112.2（a）（8）所要求的政策和程序。这些规定涉及注射含有添加物生物制品的食源性动物的休药期。

Ⅱ. 废止

本备忘录生效之日起，2015 年 9 月 30 日发布的兽医局备忘录第 800.51 号同时废止。

Ⅲ. 背景

A. 添加物

兽医生物制品中所使用的添加物包括佐剂、载体、灭活剂、防腐剂以及按照动物治疗用兽医生物制品配方添加于微生物培养基中的其他成分。

B. 佐剂

佐剂为用于增强抗原免疫原性的添加物。

C. 权威依据

根据 9CFR112.2（a）(8) 等相关规定，凡注射含有添加物的兽医生物制品的食源性动物，其休药期不得少于 21d。对于注射含有添加物的治疗用生物制品的实验动物，根据审查相关数据，APHIS 可能会要求延长休药期。

Ⅳ. 添加物来源的特别指南

A. 动物源性成分

1. 用于制备生物制品的每批动物源性添加物必须按照 9CFR113.53 要求进行灭菌或检验。

2. 根据 APHIS 的动物疫病状况名录（可见 www.aphis.usda.gov/aphis/ourfocus/animalhealth/sa_import_into_us/ct_animal_disease_status/) 的要求，动物源性成分应来源于美国本土，或者是来自被认为是没有关注的外来动物疫病风险或低风险的、或不受外来动物疫病影响的国家，及无牛海绵状脑病（BSE）风险或牛海绵状脑病风险可控的国家。

兽医生物制品中心（CVB）关注的外来动物疫病包括：

- 口蹄疫（FMD）
- 非洲猪瘟（ASF）
- 典型猪瘟（CSF）
- 高致病性禽流感（HPAI）
- 新城疫（ND）

禽源的动物源成分不得来自任何地区出现 HPAI 或 ND 的国家。哺乳动物源成分不得来自任何地区出现 FMD、ASF 或 CSF 的国家。如果在任何提供动物源成分的国家中暴发了这些疫病，请咨询 CVB 进行风险评估。风险评估（包括持照生物制品被污染的风险分析）必须提交给 CVB 审查，以证明使用来自有外来疫病的国家的动物源成分是合理的。

本指南不会废除任何其他进口许可；所有国家进出口管理局管制适用。

3. 生产商必须保留用于生物制品生产的动物源性成分的完整详细的清单，该清单应当包含材料名称、供应商名称、原产国名称和每批材料的购买日期。在 CVB 监察与合规部门（IC）进行检查时或在 CVB 要求时，可对该清单进行审核，并对所需的材料进行认证。

B. 非动物源性成分

生物制品中所使用的非动物源性成分的纯净性

和质量必须符合 9CFR113.50 和已经备案的产品大纲的规定。

V. 关于防腐剂的具体要求

A. 添加到生产培养基中或在随后的生产过程中添加的抗生素被认为是防腐剂。9CFR114.10 中规定了兽医生物制品中防腐剂的最大允许量，及允许作为防腐剂使用的抗生素组合。所列抗生素最大允许浓度预计可抑制常见易感污染细菌的生长，在这种浓度下存活，必须具有特定抗性的遗传因素。通常，将两性霉素 B 溶解在少量的二甲亚砜（DMSO）中。在 9CFR113.10 对两性霉素 B 的一般要求中所述，将两性霉素 B 溶于 DMSO 是允许的。

B. 如果抗生素带入最终产品是被控制的，且在生产大纲中有规定，那么病毒种子库纯化中使用的抗生素的量可不受限制。如果用于种子库纯化的抗生素被添加到种子库培养基中的浓度不高于易感污染的一般公认的抑制水平，和/或合成培养基是经过澄清或滤过的，那么 CVB 会认为需要对被带入的抗生素进行控制。

C. 在特定条件下，可请求使用 9CFR114.10（b）或（c）中没有规定的抗生素或抗生素组合作为防腐剂。使用请求应包括：为何使用该抗生素或抗生素组合的原因、风险评估、抗生素在最终产品中预期的水平，及使用该产品后动物组织中残留抗生素水平的数据。

VI. 关于注射产品休药期/佐剂批准的具体要求

A. 佐剂说明

所有产品申请执照提交的包装中应含有生物制品中使用的任何佐剂配方的详细信息。该信息应在执照申请过程的前期提交。一般情况下，所有产品执照的申请应当包含以下信息：

1. 佐剂的通用名称（和商品名，如果适用）。

2. 佐剂的化学成分（列出所有成分及其比例）。

3. 产品单位剂量和单位剂量体积中所使用的完全/总的佐剂的量。

4. 产品适用的靶动物种类。

5. 接种途径。

6. 每种成分的来源、等级和质量等相关信息。

7. 在使用前，对每批组分和最终的佐剂进行的检验。

8. 拟定的屠宰前的休药期及其支持性数据。

9. 其他批准使用该佐剂的产品（如果适用）。众所周知，在某些情况下，佐剂是从另一家公司购买的，所列的一些数据可能是供应商的专有涉密信息，因此相关信息不能提供给该佐剂的购买者。在此情况下，为保护商业机密信息，允许申请者要求佐剂供应商向 CVB 提交佐剂信息。

B. CVB 对佐剂说明的审查

佐剂说明和成分将会与 CVB 存档的该佐剂历史数据进行比较。除田间安全性试验结果符合规定外，佐剂说明和成分与历史数据进行比较的数据应足以支持该佐剂可在新产品中添加使用。

C. 额外数据的提交为了批准使用新型佐剂或增加已批准佐剂的使用剂量，批准采用不同接种途径，或者批准缩短休药期，均可能会要求提供本动物注射部位的研究结果。在进行注射部位研究时，应考虑以下指导原则：

1. 提交评议草案。草案应包括允许 CVB 派员观察的关键日期。

2. 使用了佐剂的食源性动物（鱼类与禽类除外），应包括不少于 10 只最小日龄的靶动物。

a. 评估说明书推荐的每种接种途径，及最后一次接种之后的休药期。

b. 通常，通过在动物身体两侧的相同位置分别注射新型佐剂与安慰剂，比较新型佐剂与产品匹配的安慰剂注射部位的情况。每只动物，随机分配两侧接种的产品。在同一动物体中同时比较两种以上产品时，往往需要更复杂的随机化方案，应与 CVB 讨论。与产品匹配的安慰剂可被考虑排除。该类问题会在 CVB 对草案审核中得到解决。

c. 注射部位应由兽医或兽医病理学家采用盲样研究的方式进行详细检查，报告中应包括眼观的病理检查结果。兽医/病理学专家还应收集组织病理学的适当组织，包括注射部位（接种佐剂和安慰剂）的组织。应在推荐的屠宰休药期末收集组织病理学的样本（例如，如果推荐的屠宰休药期为 21d，则应在注射后第 21 天收集样本）。最后的报告中应包括注射部位任何眼观损伤的照片。

d. 组织样本应由经董事会认证的病理学专家进行组织学检查，该病理学家应对试验中所使用的产品一无所知；最终报告中应包括注射部位存在的组织病理变化的照片。组织病理学评估是为了评价并保证局部炎症反应能够与预期的生理/免疫反应的情况相一致。例如，观察结果与预期过程不一致的，需要增加额外的评估和/或延长休药期。

e. 在局部麻醉后收集活体组织，或者使用替代方法回收利用试验的动物，可以被接受。

3. 对于家禽，应使用不少于 10 只最小日龄的靶动物。通过在动物身体两侧的相同部位分别注射新型佐剂和安慰剂，比较新型佐剂与产品匹配的安慰剂的注射部位的情况。如果不具有操作性，或者两种物质同时注射会引起与佐剂安全性无关的有害影响，则不要求对家禽同时注射安慰剂和推荐的产品。例如，如果接种 1 日龄鸡，可以取一群鸡接种产品，取另一群鸡接种匹配的安慰剂。对于其他种类靶动物注射部位的研究，可分别按照本文 Ⅵ. C. 2. b 和 Ⅵ. C. 2. c 中要求收集样本。

4. 对于人类消费的水产品，其注射部位研究应当使用不少于 20 尾最小日龄/尺寸的鱼接种产品。该试验可使用标签推荐使用剂量或双倍剂量进行接种。

a. 在对鱼进行腹腔接种时，许多佐剂均会在鱼的腹腔中造成一定程度的组织粘连和色素沉积。按照附着力的大小和密度建立的斯皮尔伯格评分系统，用其分析水生物种的数据。除了腹腔内疫苗和疫苗成分的残留之外，该试验还将对腹腔内组织的色素沉积和粘连程度进行评估。

b. 屠宰时，鱼的可食用部分不允许出现疫苗或疫苗成分的残留。

c. 注射部位应由兽医、兽医病理学家或鱼类健康专家采用盲样研究的方式进行详细检查，报告中应包括眼观的病理检查结果。应按照本文 Ⅵ. C. 2. c 要求收集和评估组织病理学的样本。

5. 对于不用于人类消费的动物（如犬、猫），可接受用田间安全性试验的结果证明佐剂的安全性。

6. 用描述性统计学方法总结感染部位的试验结果。避免可能不受试验规模或试验设计支持的统计学推断。

7. 当使用不同抗原进行试验的注射部位符合规定时，则田间安全性或效力试验生成的数据可支持佐剂产品的屠宰休药期。将以逐个案例为基础对所获得的数据加以考虑。

8. 无论是特定的佐剂还是其他具有少量相同成分的佐剂，当用于同类动物并采用相同接种途径进行接种时，单一注射部位试验可被用于支持休药期。

9. 如注射部位出现以下结果，则判为不符合规定：

a. 在推荐的休药期内出现了明显的眼观损伤（如化脓性或干酪样物质）。

b. 在屠宰时有急性炎症出现。

c. 组织学观察到的损伤与眼观的损伤不一致。

D. 可补充作为注射部位试验报告的支持性数据

1. 其他包含该试验产品接种靶动物的组织病理学评估的试验总结（如同行审查过的出版物、相关内部报告）。

2. 外界可分辨的任何注射部位反应所需时间的数据（来自持照产品的注射部位试验报告、田间安全性试验报告和/或效力试验报告）。

3. 对实验动物的安全性试验结果。

E. 新型佐剂或其他添加物的额外注意事项

对于包括特殊佐剂在内的未曾在先前批准的产品中使用过的新型添加物，需要提交下列信息：

1. 毒理学试验结果，含下列内容：

a. 在已批准添加物清单上，与添加物清单相关的信息［如公认安全标准（GRAS）、饮水标准］。应提供材料的安全数据表（MSDS）副本一份，或每种添加物的 MSDS 参考标准，如果适用。

b. 测定实验动物对添加物产生局部和/或全身反应的毒理学试验结果，如果适用。

c. 添加物对靶动物和非靶动物的任何口服/急性试验的总结。

d. 有关添加物任何代谢信息的总结。

e. 有关添加物任何致癌的信息。

f. 每种添加物已知的反应性。

g. 每种添加物的药理活性。

2. 人体接触报告，应包括：

a. 根据使用说明书的推荐，估算接种到靶动物体内的添加物的总体积/质量。

b. 估算每种添加物的人体消耗量/接触量。

c. 在推荐的休药期末，组织中添加物的残留水平。该水平不能超过美国联邦食品药品监督管理局（FDA）规定的食品中残留物的限度，如果适用。

d. FDA 对每种添加物设定的残留允许限度（引用来源）。

Ⅶ. 免除休药期的要求

A. 由于新生动物不进入食物链，当通过非注射途径（如口服、鼻内、浸泡）接种新生动物时，产品可不制定休药期。

B. 对于进入食物链的食源性动物，当通过非注射途径接种时，制品的休药期通常被定为 21d。

Ⅷ. 实施

APHIS 期望在本备忘录发布之日起 2 年之内

施行本指导原则。

（郝利华译，杨京岚校）

兽医局备忘录第 800.52 号：出口证书、
许可证书和兽医生物制品的审查

2015 年 3 月 19 日

兽医局备忘录第 800.52 号

发送对象：兽医局管理人员
兽医生物制品中心主任
兽医生物制品持照者、持证者和申请者

签 发 人：John Clifford
副局长

主　　题：出口证书、许可证书和兽医生物制品的审查

Ⅰ. 目的

根据 9CFR112.2（e）节规定，本备忘录描述了 APHIS2017 表、兽医生物制品官方出口证书、APHIS2046 表、2046S 表、2047 表和 2047S 表及许可证书的填写和审查方法。

Ⅱ. 废止

本备忘录生效之日起，2001 年 4 月 2 日发布的兽医局备忘录第 800.52 号同时废止。

Ⅲ. 根据 APHIS2017 表的规定，颁发官方兽医生物制品出口许可证程序

A. 准备和提交

持照者应将填写好的 APHIS2017 表原件（兽医生物制品官方出口证书）提交给：

兽医生物制品中心
监察与合规部门
爱荷华州，代顿大街 1920 号
Ames，IA50010-8197

B. 信息要求

1. 第 1 栏：填写接收人（收件人）的姓名和地址。

2. 第 2 栏：填写委托人（发件人）的姓名和地址。

3. 第 3 栏：填写 USDA 的产品代码。如果超过一种产品，应根据产品代码顺序罗列。

4. 第 4 栏：填写与产品代码相对应的产品名称（不允许使用缩写）。如果目的地国家要求提供

商品名，可在产品名称后列出。

5. 第 5 栏：填写与产品代码和产品名称相对应的批号。

6. 第 6 栏：填写出口容器的数量。

7. 第 7 栏：填写出口容器最适宜的容量（头份数或毫升数）。对于诊断试剂盒，用单位表示容器规格的大小。

8. 第 8 栏：填写与第 5 栏所列批号相对应产品的有效期限。

9. 第 9 栏：填写用于生产第 3 栏中所列产品的兽医生物制品企业执照的编码。

每张表格可以罗列若干生物制品，但目的地只能指定一个。第 3 栏到第 9 栏中必须填写每种产品/批号。应在第 3 栏到第 9 栏未使用的空白处画一条对角线。

表中所填信息必须与提交给兽医生物制品中心（CVB）的 APHIS2008 表（兽医生物制品生产和检验报告）所填信息相符。

第 10 栏到第 11 栏：填写运输箱子的数量和运输标记，但不要求在 CVB 审查之前填写。

本表中不允许填写或附加其他信息。

C. CVB 的处理程序

将填写完成的 APHIS2017 表上的信息与 APHIS2008 表中所提交的出口证书上的同批号产品的信息进行对比。

1. 提交的资料符合要求。如果两者没有差异，

CVB将对其进行编号、填写日期、签名并加盖官方兽医生物制品封口钢印。

2. 提交的资料不符合要求。如果两者有差异，CVB将退回该表格，以便进行修改。（退回的常见原因有：该批产品尚未通过CVB的批签发，或者相关信息错误）。

3. 处理。评审完成后，CVB将复印一份并保留复印件。原件返还给申请者。

Ⅳ. APHIS2046表、2046S表、2047表和2047S表及产品注册和检验证书的处理程序

A. 准备和提交

对于限定性和非限定性产品，其产品注册和检验证书可以采用英语和西班牙语。使用下表，根据目的地国家的要求选择适当的语言填写。

如果要求西班牙语的证书，那么也需要提供精确、完整的英语翻译稿，以供参考。

APHIS表	产品许可证	语言
2046	非限定性	英语
2046S	非限定性	西班牙语
2047	限定性	英语
2047S	限定性	西班牙语

B. 信息要求

通常，证书将反映最新的企业执照和产品执照的相关信息。如果优先选择最初的执照申请的信息，则必须在随证书一起的附言首页说明这种优先。

1. 第1栏，填写生产商的名称和地址。

2. 第2栏，填写美国兽医执照编码(企业执照)。

3. 第3栏，填写企业执照被签发的日期。

4. 第4栏，填写产品的通用名称（应与产品执照上的一致），不允许使用缩写。

5. 第5栏，填写产品的商品名称。商品名必须与在CVB备案批准的标签上的商品名完全一致。请在包含商品名的附信中提供APHIS签发的标签编号。如果签发的证书上没有商品名，则在第5栏

上画一条对角线。

6. 第6栏，填写产品执照上列出的USDA产品编号。

7. 第7栏，填写产品执照被签发的日期。

8. APHIS2047表和2047S表要求提供的附加信息。在证书上的限定必须与产品执照上所列的限定完全一致。对于有限制的产品，每张表只能填写一种生物制品。应在第4栏到第7栏未使用的空白处画一条对角线。

C. 其他的或附加的信息

1. 签名栏旁边的空白处可用于填写目的地国家。未经批准，不得填写其他信息。

2. 如果目的地国家要求提供剂量组成信息或标签的复印件或通告，可在证书中附加这些信息。产品标签或通告也必须包括相应的APHIS标签编号。

3. 附加信息必须包含格式为"第X页共Y页"的页码。应对每一张随证书提交的附加页进行编号，以确保假使页面出现分离时也可以进行识别。该信息应与所提交的所有页一致。

4. 如果目的地国家还有其他特殊要求，应在附信中对该要求进行描述，并将其与证书一起提交给CVB的监察与合规部门(地址详见本备忘录Ⅲ.A节)。

D. CVB的评审过程

经CVB审查通过的资料，CVB将填写证书编号、签名和日期，并在证书上加盖CVB密封钢印。如果证书超过一页，CVB会在每页上都填写证书编号并加盖密封钢印。只有预留签名栏的才会签名。

CVB将保留一份签名证书的复印件，原件返还给申请者。

Ⅴ. 实施

本备忘录自发布之日起实施，并适用于所有随后提交的文件。

（刘　燕译，杨京岚校）

兽医局备忘录第800.53号：生物制品的放行

2016年10月25日

兽医局备忘录第800.53号

发送对象：兽医局管理人员

兽医生物制品中心主任

兽医生物制品持照者、持证者和申请者

签 发 人：Jack A. Shere
　　　　　副局长

主　　题：生物制品的放行

Ⅰ. 目的

根据联邦法规第 9 卷（9CFR）113 和 116 部分的 113.3、113.6 和 116.7 节的政策和程序，本备忘录旨在指导生物制品的上市发放。在 APHIS 做出准予上市决定之前，持照者或持证者不得将产品投入市场。就本备忘录而言，"放行"系指 APHIS 做出准予上市决定的流程。

Ⅱ. 废止

本备忘录生效之日起，2016 年 7 月 20 日发布的兽医局备忘录第 800.53 号同时废止。本次更新旨在统一用于直接销售、预许可评审和支持变更生产大纲的程序。同时也阐明了通过电子提交的方式向国家动物卫生中心（NCAH）门户网站提交支持生物制品放行文件的首选方法。

Ⅲ. 生物制品样品的装运和接收程序（APHIS2020 表）

A. 鼓励持照者和持证者指派其授权的企业代表通过 NCAH 门户提交 APHIS2020 数据表。APHIS2020 表在兽医生物制品中心网站生物制品表格页中可以找到，如果是硬拷贝，也可以提交以前的版本。持照者或持证者必须通过 NCAH 门户生成一份装箱单，或者为每个待装运的样品填写一份 APHIS2020 表。每种样品类型必须采用单独的表格，并在其第 4 栏（目的）中标明。如果 CVB 要求提供其他的样品，应使用一个单独的装箱单或 APHIS2020 表，并在第 4 栏中标注"重新提交"。如需了解更多信息，请参阅兽医局备忘录第 800.59 号或 CVB 网站公布的 APHIS2020 表的提交说明。

APHIS 通过填写第 9 栏和第 17 至 19 栏，确认收到了样品。如果提交的是硬拷贝，那么带有签名的 APHIS2020 表的复印件（带有分配的样本编号标记）将返还给持照者或持证者。此外，在 NCAH 门户的应答中将会包括分配的样本编号。

附带了装箱单或 APHIS2020 表的待装运生物制品样品，可以送往以下地址：

兽医生物制品中心
NVSL，实验室资源部门—样品处理组
代顿大街 1920 号
Ames，IA50010

Ⅳ. 兽医生物制品生产和检验报告的提交流程（APHIS2008 表和 APHIS2008A 表）

A. 鼓励持照者和持证者指派其授权的企业代表通过 NCAH 门户提交 APHIS2008 数据表。APHIS2008 表在 CVB 网站生物制品表格页中可以找到。也可以使用经核准的替代版本。未经 CVB 预先核准的表格，只有经过审查和批准才可以使用。

B. 提交 APHIS2008 表或 2008A 表的信息，即意味着持照者或持证者已经按照批准的生产大纲前五节，对其所有的生产过程进行了确认，并认为符合生产大纲和适用法规的要求。

C. 在向 APHIS 提交以半成品（bulk）形式完成的样品时，必须提交说明生产企业对半成品样品检验结果的 APHIS2008 表，并明确标注为以"半成品（bulk）"方式提交。半成品材料的放行并不意味着持照者或持证者就不需要提交 APHIS2008 表而进行成品的批签发。

D. 持照者或持证者必须提交每批或每亚批产品制备信息的 APHIS2008 表。所有填写完整的 APHIS2008 表，无论该批产品是为了立即发放还是为了申请产品执照，均应提交给 CVB 监察与合规部门（CVB-IC）。

1. 鼓励持照者和持证者通过 NCAH 门户提交电子数据。作为联系人或承担批签发角色且具有 2e 级授权的员工，可以通过 NCAH 门户向 CVB 提交信息。

2. 此外，将一份 APHIS2008 表原始签名件和一份复印件寄至：

CVB——监察与合规部门
USDA-APHIS-VS
代顿大街 1920 号
844 信箱
Ames，IA50010

3. 准备预申领执照的批次。在申领产品执照的过程中，可能会为了多种原因准备产品，但是，通常准备 3 批样品用于预许可的评估，当颁发执照时，其可成为合格产品而被放行。在准备样品批之前，公司应与其评审人员对这个要求进行讨论。本节并不适用于前期数据或不完整数据，只有按CVB要求获得所有的试验数据或试验产品的检测结果时，方为有效。

根据上述标准填写APHIS2008表时，应确保在第12栏标记为"其他"，并加上"预申领执照"字样。如果通过NCAH门户进行提交，公司的意向应为"其他-预许可"（见Ⅳ.E.12.d节）。当收到作为预许可批次提交的APHIS2008数据表后，CVB政策、评估和执照管理部门的审查人员将会收到通知。在随后与CVB-PEL相关的通信中，如果包括过去的APHIS2008表复印件，那么需引用该APHIS2008表提交的日期。

4. 支持生产大纲修订的批次

获得产品执照后，可能会对生产大纲进行变更。在CVB采用新的方法对至少一批产品进行批生产和/或批检验，检测结果符合规定后，CVB方可批准标准的变更。此类大纲的变更通常包括（但不仅限于）第Ⅴ节检测方法的变化，或是可能影响产品质量的生产材料发生改变。检测要求应通过公司与审查人员进行讨论。

当持照者或持证者按照其申请执照的审查人员的指导，提供一批或多批产品进行复核检验，以支持拟进行的大纲变更时，公司对APHIS2008表的处理方式是在相应批次的表上填写"其他-变更大纲"。对其他的APHIS2008数据表，申请执照的审查员与CVB-IC的任何的通信中，均应引用该APHIS2008数据表提交的日期。

E. 按照以下方式填写完成APHIS2008表（见相应NCAH门户领域进行指导的NCAH门户的用户指南）：

1. 第1栏，填写页码。后续页可使用APHIS2008A表，或使用可以被接受的具有同等效果的表单。

2. 第2栏，填写执照或许可证的编号［9CFR第102和第104部分，第102.4（c）和第104.7（a）节］。

3. 第3栏，填写持照者或持证者的姓名和通讯地址。

4. 第4栏，填写最终容器的分装日期。如为半成品提交，则填写N/A（不适用）。

5. 第5栏，填写现有产品执照或许可证上标明的兽医生物制品产品编号［9CFR第101和第102部分，第101.3（k）和第102.5（b）（3）节］。

对于预申领执照的产品批次，填写指定的产品代码。

6. 第6栏，填写最终容器标签上标注的有效期。按照生产大纲计算有效期［9CFR第101和114部分，第101.4（f）和第114.13节］。

7. 第7栏，填写批号或亚批号［9CFR第101部分，第101.3（h）、第101.3（i）和第101.4（e）节］。批号或亚批号为不超过15个字母、数字字符的组合。

8. 第8栏，填写现有的产品执照或许可证上注明的兽医生物制品通用名称［9CFR第101部分，第101.4（d）节］。自家生物制品需包括微生物成分和本动物物种的鉴定。

9. 第9栏，填写生产大纲第Ⅴ节规定的，以支持各批产品或亚批产品放行的所有检验工作，包括未进行的和无结果的检测。如第9栏空间不足，则采用APHIS2008A表或可以接受的同等表单，以报告补充检验结果。

a. 第9A栏，填写检验的参考标准（输入备案生产大纲的分段标识，在该段描述了特异性的检测方法，如V.C.2）（如果适用），可参考9CFR。

b. 第9B栏和9C栏，应填写半成品或终产品进行的每项检验的开始日期和结束日期。对于动物的效力检验，在第9B栏和9C栏填写的日期应包括所有试验的日期，包括疫苗接种日期、攻毒日期和/或血清学检测日期。

c. 第9D栏，填写所有检验结果，包括确定检验结论所需的每项检验的有效性和标准的要求。

d. 第9E栏，在APHIS2008表中插入与检验结论相对应的字母代码作为标注。对第11栏标记录为"未检验"或"无结论"的依据，进行解释说明。

（1）检验符合规定（S）。系指对有效检验的结果做出最终结论，其检验结果符合备案的生产大纲或9CFR标准要求中规定的放行标准。

（2）检验不符合规定（U）。系指对有效检验的结果做出最终结论，其检验结果不符合备案的生产大纲或9CFR标准要求中规定的放行标准。

（3）检验无结论（I）。适用于初步检验，当备案生产大纲或标准要求的检验被设计为顺序进行时，即如果初步的检验结果为不符合规定，那么允许进行进一步的检验。当初步的或任何随后的检验被判为"无结论"时，应在检验记录中报告其原因，该结果不作为最终的结论，该检验可按照备案生产大纲或标准要求的规定进行重检。如果一个检验被判为"无结论"，而不对该生物制品进行进一步的重检，那么该检验的最终结论可判为，检验不符合规定。

（4）未检验（NT）。用于检测系统出现缺陷，无法得出有效的最终结论时采用的结论。当初步的或任何随后的检验被判为"未检验"时，应在检验记录中报告其原因，该结果不作为最终的结论，可进行重检。如果一个检验被判为"未检验"，而不对该生物制品进行进一步的重检，那么该检验的最终结论可判为：检验不符合规定。

10. 第10栏，填写检验和申请处置的产品容器数量或产品量。对于被认定为"可放行"的批或亚批产品，这里的产品量是指准备上市的所有库存量。对于被认定为"由企业销毁"或"其他——不予上市"的批或亚批产品，应至少标明估计的量。对于进口材料，应填写准备上市的全部批次的库存量。

a. 第10A栏，填写容器数量，每种尺寸的容器单独填写一行。企业必须对产品信息的准确性负责。如果在APHIS2008表上报告的产品库存不准确，低于生产商确定的控制限度，应提交经修改的APHIS2008表或可接受的同等表单，对库存量进行修正。

b. 第10B栏，在各容器或试剂盒上注明含量（剂量、毫升或单位）。对于疫苗和菌苗，填写剂量。对于规格超过一种剂量的产品，填写可上市的最大剂量。对于诊断检测试剂盒，则应填写可检测样品的数量，而不是板子的数量。对于非最终容器运输的"用于进一步加工（FFM）"的产品，应填写毫升（mL）数。填写时要特别注意所采用的计量单位。

c. 第10C栏，填写每条生产线的总库存数量（10A×10B），包括各种规格产品的计量单位（头份、毫升或单位）。

d. 计算A栏和C栏的总数，输入各自的总数，包括各自的计量单位（头份、毫升或单位）。

11. 第11栏，此栏填写相关备注。

a. 填写信息，说明第9E栏中检测结论被判为"未检验"或"无结论"的理由。

b. 对于含有来源于FFM批次作为原料的成品批，必须标明该批次成品中包含的所有FFM批次产品的企业编号、产品代码和批号。

c. 对于在美国上市的进口产品，应注明产品数量。授权抽样人员必须在持证者的隔离设施内，对每次运入分发和销售的进口产品的库存数量和状态进行确认。应包括持证者的隔离设施收到产品的日期。更多信息，见兽医局备忘录第800.101号。

d. 注明提交的表格是用于申领执照的还是修订生产大纲的。

e. 参考之前提交的另一个亚批产品的APHIS2008表上的检测结果。

f. 注明提交的表格是否适用于"半成品（bulk）"样品。

g. 如果该批产品属于获准再加工或再分装的，则注明原产品的代码和批号。

h. 如果该批产品属于获准转让的，则注明原企业编码、产品代码和批号。

i. 如果将一批成品加入另一批成品，进行重新加工，则注明两个产品的批号。

j. 对所有与效力检验批次相关的准备工作的标识和截止日期进行说明。

12. 第12栏，标明适用的公司处置栏。

a. "准予放行"系指由持照者/持证者出具的证书，证明该批产品是按照生产大纲进行生产和检验的，且符合市场放行的规定。

b. "已销毁"指具有实际销毁证书的，而不是打算销毁的计划。应说明销毁日期。如果是因为其他原因（检验不符合规定者除外）进行销毁的，应在第11栏中说明该原因。

c. 请求"再加工和重检"的，必须按照9CFR第114.18节和兽医局备忘录第800.62号规定获得批准。

d. "其他"用于填写预申领执照批次的库存数量、修订的有效期限、延长或缩短日期、重新装瓶、转运要求、支持生产大纲变更的批次，或需要备案的其他附加信息。在第12栏进行适当的解释说明。附加的意见可记录在第11栏。

13. 第13栏，APHIS2008表或可接受的同等表单必须具有相关人员的原始签名，此类人员之前应按照9CFR第114.7（a）节和兽医局备忘录第800.63号规定，获得APHIS的授权并备案。

14. 第14栏，填写第13栏中签字人的职务。

15. 第15栏，填写签署APHIS2008表的日期。

F. 编制APHIS2008A表或可接受的替代表单。使用APHIS2008A表或可接受的替代表单对APHIS2008表进行说明。APHIS2008A表的第5栏不适用的，无需填写。

G. 如果企业在 APHIS 批准市场放行后开展了第 V 节规定的检验，结果不符合规定，那么必须按照 9CFR 第 116.5 节的规定上报 CVB-IC。当市场放行后的检验结果符合规定时，除非有要求，否则无需向 CVB-IC 上报，但生产商应保留检验记录。

V. 报 APHIS 做出准予上市决定的流程

A. 对 APHIS2008 表或可接受的替代表单进行审核，以核实是否符合放行要求。如发现异常，应将必要的修订或补充措施通知给持照者或持证者。为此，CVB 可以采用"审核和修订文件传递单"。在 APHIS 授权的代表签署后，APHIS2008 表应为做出上市决定的唯一的处置文件。按照定义，放行的产品系指符合所有要求、予以签发上市的成品。对于不予签发或受限的产品，则应在 APHIS2008 表中予以说明，并可附上其他文件加以说明。

B. 未选定进行检验的上市批次

在填完 APHIS2008 表第 16 栏至第 19 栏或可接受的替代表单后，由 APHIS 做出准许或拒绝的处置决定。

C. 选定进行检验的上市批次

1. CVB-PEL 实验室应在收到代表性样品后的 7d 内，选择产品批次进行检验。应在收到样品后的 3d 内选择诊断检测试剂盒用于样品检验。收到产品或待检样品后 7d 或更多天内未开始检测的，属于特殊情况。当发生此类特殊情况时，应通知持照者。

2. CVB-IC 可以根据所提交 APHIS2008 表上的结果选择某一批产品进行检验。CVB-IC 也可以在样品接收的选择期后进行选择。

3. 根据 APHIS2008 表第 16 栏至第 19 栏或可接受的替代表单，由 APHIS 做出准许或拒绝的处置决定。

D. 分发

APHIS 将保留填写完成的 APHIS2008 表或可接受的替代表单原件。一份填写完成的 APHIS2008 表或可接受的替代表单及其附件（如果适用）的复印件会发送给持照者或持证者。

VI. 兽医生物制品中心——实验室检验报告

A. 准备和处理

1. 上市批次。CVB-PEL 实验室将向 CVB-IC 报告由 CVB-PEL 对每批或每亚批产品的检验结果。如果其他的数据和说明注释超出了标准报告所列的范围，则有必要追加附带补充报告。

2. 参与申领执照预评审或修订生产大纲的产品批次。如有需要，应由 CVB-PEL 实验室向 CVB-PEL 报告附带补充报告的检验结果。CVB-PEL 根据 APHIS 的最终处置决定向 CVB-IC 提出建议。

B. 分发

由 CVB-IC 向持照者或持证者发送已完成的检验报告。必要时 APHIS 将保留报告副本。

VII. 例外

第一批自家生物制品

1. 参阅兽医局备忘录第 800.69 号；

2. 如果该批产品的处置方式为"被企业销毁"（DBF），则应在"备注"栏说明最终处置日期和销毁该批产品的理由；

3. 如果 CVB 提出要求，应向其提供特定批次产品的检验结果。

VIII. 市场销售的电子化通知（批签发）

A. 提供最终批处理当天的电子化通知

此通知过程被用于 CVB 收到的全部 APHIS2008 表。电子通知范例，见附录 I。

1. 持照者或持证者将收到由 APHIS-CVB 批签发的、经过 CVB 审核的每个 APHIS2008 表的电子邮件（cvb. serialrelease@aphis. usda. gov）通知。该电子邮件通知可以是 APHIS 的任何决定，包括不允许上市销售的批次的通知。收件人负责解读 APHIS 的决定，并按照 APHIS 的决定以及该批次的上市状况采取适当的行动。

2. 企业可按照收到的电子通知上 APHIS 的最终决定对产品进行销售。

3. 在获准批次运输前，必须有一份签了字的 APHIS2008 表的硬拷贝放在生产现场，对此在美国没有相应的监管要求。电子通知是准予市场销售的正式通知。

B. 每份电子通知将包括以下声明：

本电子通知等同于 APHIS 授权代表签发的 APHIS2008 表，适用于销售授权。更多信息详见兽医局备忘录第 800.53 号（生物制品的放行）。

C. 在以下情况下，APHIS 将作出授权决定，准许批签发的产品上市销售：

1. 无需检验；

2. 检验结论为"符合规定"；

3. "批准缩短有效期"；

4. 其他——再加工产品的放行；

5. 其他——已经过批签发上市销售；

6. 其他——"同意后续运输"（持证产品）；

7. 其他——"同意有条件放行";

8. 预申领执照——检验结论为"符合规定";

9. 预申领执照批次——"放行销售"。

D. APHIS 决定禁止运输以下情况的产品批次：

1. 检验结论为"不符合规定";

2. "不批准缩短有效期";

3. 其他——企业的检验结果为"不符合规定";

4. 其他——"不允许放行销售"的批次;

5. 其他——"禁止后续运输";

6. 预申领执照——"过期";

7. 预申领执照——检验结论为"不符合规定"。

E. 如果已经提交了 APHIS2008 表的硬拷贝申请进行处理，那么签了字的 APHIS2008 表的硬拷贝以及相关的 CVB 检验报告，将由美国邮政管理公司寄还到该企业的邮寄地址（每周统一寄送一次）。每个批次只能采用一种途径进行提交。以出口为目的的 APHIS 表格（如 2017 表、2046 表、2046S 表、2047 表和 2047S 表），将继续采用硬拷贝的处理方式，如果进口国需要，也可以用作该批或该产品的证明。

F. 通过电子通知发送审核和修订意见。如果适用，有条件的发放（放行要求）将在电子通知内

注明。

Ⅸ. 施行/适用性

本备忘录中的最新政策立即生效。

附录　美国农业部动植物卫生监督署
兽医生物制品上市通知

名称，持照者或持证者通讯地址	执照或许可证编号

产品通用名	产品编号	批号	失效日期

APHIS 处理日期	APHIS 处理结果
2016 年 8 月 24 日	未检测

APHIS 授权代表：William Huls，生物制品专员

本电子通知与 APHIS 授权代表签发的 APHIS2008 表等效，适用于上市授权。更多信息详见兽医局备忘录第 800.53 号（兽医生物制品的放行）。

仅供官方使用。

（刘　燕　杨京岚译，夏业才校）

兽医局备忘录第 800.54 号：标签材料的编写和审查指南

2017 年 5 月 15 日

兽医局备忘录第 800.54 号

发送对象：兽医局管理人员
　　　　　　兽医生物制品中心主任
　　　　　　兽医生物制品持照者、持证者和申请者
签 发 人：John A. Shere
　　　　　　副局长
主　　题：标签材料的编写和审查指南

Ⅰ. 目的

本备忘录为持照者、持证者和申请者提供了有关标签材料的指导原则。大部分标签的要求见联邦法规第 9 卷第 112 部分（9CFR112）。此类要求已基本在 2015 年和 2016 年 APHIS 最终规定 2008-0008（标签和包装规定）和 2011-0049（单一标签

声明规定）上发布了更新内容。本备忘录是对标签规定需要强调或解释的方面进行的进一步详细说明。

Ⅱ. 废止

本备忘录生效之日起，1988 年 8 月 31 日发布的兽医局备忘录第 800.54 号同时废止。本备忘录

还同时整合了原兽医局备忘录第 800.76 号和第 800.80 号的相关内容（新版中这两个部分的相关内容已删除）。

Ⅲ. 标签内容

A. 通用名称

1. APHIS 编制通用名称。标签上显示的通用名称应为印在产品执照或产品许可证上的、措辞严谨的通用名称。特例，牛副流感可以表示为"副流感$_3$"或者"副流感 3"。

2. 对于非常小的容器的标签，如果在附带的标签材料上已提供了完整的通用名称，那么可以使用通用名称的缩写。缩写的通用名称也应出现在产品执照或许可证上，并必须准确地复制在标签上。通用名称的缩写，请进入"标准缩写列表"查询。

3. 通用名称每个主要部分的术语都应同等处置（如颜色、大小、粗细、大写字母等）。

B. 商品名称

1. 除另有规定外，一个产品只能有一个商品名称。

2. 制造商、经销商或持证者必须享有使用执照的专用权（通过所有权、转让、独家使用的方式获得），或以其他方式享有使用一个产品的商品名称的专用权。

3. 拥有商品名专用权的分销商或持证者可以将商品名转让给新的制造商，他可以在为该分销商或持证者提供的本质相同的产品上使用该通用名称。APHIS 将以个案的形式判定产品是否属于"本质相同"。APHIS 可能要求新的制造商在商品名称上加后缀（商品名称+X），某种意义上来说，由变更后的制造商生产出的产品是一种本质相似但不完全相同的产品，这对用户是一个存在潜在风险的因素。

4. 在标签设置上，应使通用名称最为显著。不允许用商品名称以大小、颜色或粗细等形式遮掩通用名称。商品名称应置于通用名称之下。

C. 功能性名称

功能性名称用于识别诊断试剂盒的各个组分。这与分配给组合成套的试剂盒的通用名称形成对比。

D. 企业设施和产品代码

法规要求，标签上应含有美国兽医生物制品企业执照编号或美国兽医生物制品产品许可证编号，及该产品的代码（特别豁免者除外）。允许将这些术语分别缩写成 VLN、VPN 和 PCN。按照现行法规规定，只能使用这些格式。

在实施标签和包装规则前，除上述首选格式外，兽医生物制品中心（CVB）仍继续接受 9CFR112.2（a）（3）中设置的以下缩略语：

- U. S. Veterinary License No.
- U. S. Vet. License No.
- U. S. Vet. Lic. No.
- U. S. Veterinary Permit No.
- U. S. Permit No.

可以接受 PCN 的以下缩写格式：

- Product Code No.
- U. S. Vet. Prod. No.
- Prod. Code

数字前应有可接受的缩略语，未经界定的数字不能单独出现。法规还规定，标签上的企业设施/许可证编号和产品代码号（VLN/PCN 或 VPN/PCN）应按照这个顺序相邻排列。这有助于客户定位和识别这些信息。

E. 指示声明

1. 单一标签范围内产品的声明规则

a. 第一段

ⅰ. 按以下编纂的结构格式进行有效性声明：

预防性产品：

"本产品用于接种×周龄或×周龄以上健康（插入动物种类名称），能有效预防（插入病原或疫病名称）。更多有关效力和安全性数据的信息见 productdata. aphis. usda. gov"。

治疗性产品：

"本产品用于接种×周龄或×周龄以上（插入动物种类名称），能有效治疗（插入病原或疫病名称）。更多有关效力和安全性数据的信息见 productdata. aphis. usda. gov"。

ⅱ. 如果该病原能引起一种以上的明显病症，可以在声明中包含这些病症。例如，"……预防 BDV1 和 BDV2 引起的呼吸性疾病""……预防 BDV1 和 BDV2 引起犊牛的持续感染"。

ⅲ. 如果已经确立了免疫持续期或特异性免疫力产生的时间，应在"见 productdata. aphis. usda. gov"字样前注明。

b. 第二段（可选）。如果已经证明该产品对特定的疾病症状或并发症（如死亡、病毒血症、散毒等）有效，可在第二段中进行说明。

ⅰ. 避免使用可能引起"4 级声明"的语言如允许描述为"疫苗能有效预防病毒血症和粪便散

毒"。

ⅱ. 作为标签声明的一部分，只可包含 APHIS 特别批准的疫病症状/并发症。

2. 有条件的执照。结构格式声明如下：

"用于预防（插入动物种类名称）的（插入病原或疫病名称），本产品执照是有条件的；其效力和效价尚未完全证实。更多有关效力和安全性数据的信息见 productdata. aphis. usda. gov"。

3. 自家生物制品。对适应证声明的结构如下：

"免疫接种可预防所列微生物"。

或者，自家生物制品的标签可省略适应证的声明。

F. 最小日龄

除诊断试剂盒以外的生物制品，其标签中必须包括推荐使用动物的最小日龄。这要根据关键的效力试验和田间安全性试验中所用动物的日龄而确定。如果两个试验中所用动物的日龄不一致，则标签上用那个较大的日龄作为推荐使用动物的最小日龄。某些情况下，采用较小的日龄也是可以被接受的。

对水产养殖产品，或者用体重作为标准比用日龄作为标准更有意义的其他产品，也可以使用最小体重来代替最小日龄。

G. ISO 符号

在无法适用文本的情况下，APHIS 允许在容器标签上采用特定的符号。允许的符号详见 ANS1/AAM1ISO152231：2012 和 ASTM D5445-11a（ISO780）。

1. 允许的符号详见"允许符号列表"。

2. 使用这些符号时，应在纸箱或产品外包装上进行关键点解释。对于多语言标签，其关键点解释部分必须涵盖标签中出现的所有语言。

H. 通用名称中不含有抗原类型/毒株

1. 某些病原有多种公认的可能影响疫苗效力的类型或毒株。通用名称通常只指定了疫苗的病原。例子包括（但不限于）牛病毒腹泻疫苗和马病毒性流产疫苗。在这种情况下，可在产品标签的其他地方提供类型/毒株等其他的细节。

2. 应说明流感产品的亚型和毒株。重组/重排/亚单位产品应提供原始分离株的亚型和毒株。应根据公认的流感病毒命名标准标注毒株〔如"A/equine/Miami/63（H3N8）"或"A/swine/Wisconsin/458/98（H1N1）"〕，可采用常用的、科学合理的术语，如"A2""欧洲""美洲""非典

型"或"经典"进一步界定这些毒株。如果产品不含 N 亚型基因，则应在标签上标注该信息。还应公开用于证明该产品效力的攻毒用流感病毒的亚型或毒株。

I. 最小的效价

标签可包括最小效价的标准，但是，如果包括，则需提供整个有效期内的效价标准。如果境外当局对市场放行标准有要求，那么应说明该标准规定是为了进行那些批签发。

J. 保存温度

9CFR112.2（a）（4）节规定，生物制品推荐保存温度为 2～8℃。然而，如果产品更宜在一个新鲜（潮湿）冷冻状态下流通，标签上可标明使用者在使用前应将产品维持在冷冻状态。对可存放于室温的冻干产品，应标明温度上限不超过 24℃或 75°F。

K. 加强免疫接种的声明

9CFR112.7（f）节规定，如果没有数据能够支持加强免疫的时间间隔，那么必须在标签上加上以下说明："本产品尚未确定是否需要每年进行加强接种，建议咨询兽医"。也可以接受措辞严谨的声明，可咨询您的 CVB 评审人员。以前的产品也可以接受"经验表明，推荐每年用本产品进行加强接种，本产品尚未确定是否需要每年进行加强接种，加强免疫接种频率的建议，请联系您的兽医或制造商"。

Ⅳ. 标签类型

A. 容器的标签

1. 现行规章规定了在最终容器的标签上必须显示的信息。对于空间有限的小标签允许遗漏一些信息，但这些遗漏的信息要体现在纸箱的标签或外壳上。

a. 对于生物制品（诊断试剂盒组分除外），小容器的标签上应至少包括以下内容：

ⅰ. 通用名称的全称或缩写；

ⅱ. 批号；

ⅲ. 有效期限；

ⅳ. 完整贴签信息的位置；

ⅴ. 保存温度；

ⅵ. 企业设施或持证者的编号及产品代码；

ⅶ. 如果产品含有活的病原，则应声明已对无用组分进行灭活。

b. 对于诊断试剂盒的组分，小容器标签上应至少包括以下内容：

ⅰ. 试剂盒通用名称的全称或缩写；

ⅱ. 功能和/或化学名称及各组分的批号；

ⅲ. 企业或持证者的编号；

ⅳ. 试剂盒产品编号；

ⅴ. 保存温度

注：小容器的非关键（可互换）试剂盒组分不要求显示通用名称或产品编号。

2. 用于联合包装的各组分容器的标签，不要求显示各持照组分的产品编号。在容器标签上应提示用户可到产品代码的纸箱上查找相关信息。无论是产品单独销售还是作为联合包装中的一个组分进行销售，均不要求有单独的瓶签。

3. 如果超出了上述Ⅲ. E节的说明，在"单一标签声明规定"产品容器的标签上不包括关于产品效力的支持性研究或其他宣传声明。但是，在容器标签上允许使用以下声明：

a. 产品的特殊警告（如可能会引起一过性肿胀）或其他使用限制（如仅用于血清学阳性的畜群）。

b. 能否用于种畜和/或怀孕动物（或其他特殊动物种类）。

c. 一般免责声明：该产品可能不适用于已患病、营养不良或免疫抑制的动物。

d. 由某病原引起的疾病的一般性描述。

B. 纸箱的标签

本节适用于市售产品容器的外包装盒，也适用于表面有透明"翻盖"的可看见下层"托盘底"的盒子。

1. 现行规章规定了必须在纸箱上出现的信息，尤其是在容器上不包含的信息。在纸箱外面放置所需提供的信息，确保在不打开纸箱的情况下就可以看到。

2. 纸箱上也可以出现非必需的信息，前提是要经 APHIS 确认该信息不是假的或具有误导性的。除本节Ⅳ. B. 3规定的内容外，非必需信息应出现在纸箱外表面或内表面。

3. 对于适用于"单一标签声明规定"的产品，仅在纸箱的内表面上放置所选的试验数据，或其他相关产品的使用信息。在这样的情况下，纸箱的内表面与附件相似，均以第Ⅳ. C节的附件为指导。

C. 附件

标签附件（又称通告、插页或传单），用以传播产品相关的各类信息。

1. 对于适用于"单一标签声明规定"的所有产品，不管附件内容如何，均应在每个附件顶部突出的地方显示以下声明：

"经 USDA 授权的本产品的试验综述见 productdata. aphis. usda. gov。本包装插页中还可包含持照者添加的附加信息"。

2. 如果需要，productdata. aphis. usda. gov 上的试验综述可以转印在附件（或纸箱的内表面）上。应确保复制准确无误。不得对这些试验发表任何评论。

3. 经 APHIS 许可，可以将非直接支持产品许可的其他数据印在附件中。

a. 这样规定并非是为了提供一个产品比较的平台，或者赢得营销优势。可被接受的附加信息的例子：有数据表明，在复溶后的×小时内疫苗滴度不会损失。

b. 对受控标签上的任何数据，都应提交完整的研究报告。只有经 APHIS 审查，确认研究不存在虚假或误导性信息的情况下，才可以在标签上出现该信息。

4. 在对标签上的附加信息进行描述时，应使用简单语言：

a. 避免主观描述，如数据"明显"证明了"健壮"的效果。

b. 避免使用可以解释为促进旧的 4 级标签声明的术语。

c. 避免使用复杂的统计分析，如 P 值、预防部分或置信区间。

d. 避免将数据汇总，使其结论具有误导性。

e. 请勿声称数据已在 APHIS "备案"，因为这意味着已经过全部监管部门的审查和认可。

D. 贴纸

CVB 偶尔收到在经核准标签上使用辅助贴纸的请求。例如，包括（但不限于）告知客户产品配方或使用说明的变更；或在标签上添加特定国家的代码，这些代码对许多国家来说都是适用的。

应以下列方式向 CVB 提交贴纸：

1. 将贴纸贴在安装单上，可以与拟定的标签放在一起使用，也可以单独使用。

2. 如果单独将贴纸贴在安装单上，则要在安装单上注明标签使用方式等相关信息。例如，

① "用于出口到×国家，与所有经核准容器标签一起，粘贴在容器的颈部"；② "与 12345 号纸箱标签一起使用，在产品投放市场 6 个月后，粘贴于通用名称的左侧空白区域"。

3. 如果贴纸仅供临时使用，提交时应提供建议截止日期。这种情况下，一旦停止使用这种贴纸，就无需单独终止/归档该贴纸。

4. 贴纸的类型应与一起使用的标签类型相同。例如，如果贴纸拟用于纸箱上，则将其贴在纸箱标签上提交。

E. 试验性标签

根据9CFR103.3的规定，产品运输需要粘贴试验性标签。关于试验性标签的附加信息，请参阅兽医局备忘录第800.67号。

F. 分销标签

1. 在分销标签上排列制造商和分销商的名称和地址，与分销商相比，应使制造商获得同等或更大程度的重视。

a. 将制造商和分销商的完整名称和地址并排排列，制造商的信息放在左边，或者将制造商的信息放在上面。

b. 如果标签的正面仅可放置一个名字和地址，则应将制造商的信息放在正面，分销商的信息放在反面。

c. 在标签的其他方面也应给予与制造商同样或更大程度的重视，如包括（但不限于）徽标、大小、形状、颜色、阴影、字体、打印的粗细、文字排版和印刷质量。

2. 如果使用了分销商的徽标，则应确保在全面观看标签时，不会造成分销商就是制造商的误解。

G. 仅供出口的标签

许多国家可以接受并不符合 USDA 现行规定的标签。考虑到规则的灵活性，在不影响产品所声明的用途或接种途径，或没有弄虚作假和误导性陈述的情况下，可允许这种差异的存在。持照者可以继续使用目前 CVB 批准的未过期的仅供出口使用的标签，只要它继续被进口国管理部门认可即可。不要求改变将此类标签，以满足"单一标签声明规定"或"贴签与包装规定"。

如果仅供出口使用的新标签不符合 USDA 所有的规定，则核准该标签仅仅是 CVB 基于进口国家登记机关的批准文件进行的审批。如果经进口国核准，允许这样的差异，就会将其作为现行标签规定的例外情况进行考虑。然而，仅供出口使用的标签也必须印制美国企业设施的编号，除非出现兽医局备忘录第800.208号"用于出口的特殊标签"的情况，或进口国明确禁止印制美国企业设施编号。

即容器/纸箱/插页标签是属于仅供出口的特殊标签，仅供出口的运输标签也应印制美国企业设施的编号。

H. 自家生物制品的标签

根据其性质，自家生物制品可以不对其效力或安全性作任何声明。因此，自家生物制品标签可免除印制以下信息：

- 使用动物的最小日龄。
- 推荐加强免疫（超过首免的2倍剂量）。
- 关于怀孕动物的安全性声明。
- 对 productdata. aphis. usda. gov 上信息的引用。
- 首次开启，需用完内容物的声明。

Ⅴ. 实施/适用性

A. 适用性

"单一标签声明规定"适用于疫苗、菌苗、类毒素和免疫调节剂。"贴签与包装规定"适用于所有产品。两个规定的例外情况仅针对出口产品的标签（见第Ⅳ.F节）。

B. 实施

"单一标签声明规定"于2015年9月8日生效，过渡期限为4年。"贴签与包装规定"于2016年10月31日生效，立即执行。在"贴签与包装规定"发布前，APHIS 延迟执行"单一标签声明规定"，目的是尽量减少单一标签修订数量。因此"单一标签声明规定"延期到2020年10月31日执行。从2017年至2020年，每年应更新大约25%的标签。

1. 根据4年过渡期计划，如果在2016年11月之前经核准的标签无需更换，或者只需要进行"微小的"的改变 [9CFR112.5（d）]，则可以推迟更改相关的标签和包装规则，直至需要转换单一标签声明语言。这是为了避免在不需要的情况下对标签进行两次重大修改。在支持效力和安全性的试验综述经 CVB 备案后，且在 productdata. aphis. usda. gov 上发布之前，标签上无需添加单一标签声明语言。

允许持照者和持证者在"单一标签声明规定"范围外的产品上进行类似的4年过渡期，在规定的更换日期之前，不要求对已有标签进行更改（或仅进行小改动）。

2. 如果2016年11月前核准的标签需要更换（仅进行小改动除外），CVB 希望替换的标签应符合"贴签与包装规定"，即便产品标签还没有按"单一标签声明规定"进行更换的计划。在这种情况下，标签应至少需要进行 2 次修改，不能因为"贴签与包装规定"而延迟更改。

CVB 预计，不在"单一标签声明"范围内的产品标签，只要提交更换标签的原因不仅仅是进行小改动，则更换的标签应符合"贴签与包装规定"，那么在 4 年的过渡期内就能对所有标签更换完毕。

3. 不完全符合这两项规定的标签只能被临时

批准，默认的有效期为 2020 年 10 月 31 日。在特殊情况下，或者持照者或持证者在年度更换目标上进展缓慢的情况下，CVB 将保留减少其时限的权利。

（刘　燕译，杨京岚校）

兽医局备忘录第 800.55 号：市售产品的同步检验和复核检验

1986 年 2 月 17 日

兽医局备忘录第 800.55 号

主　　题： 市售产品的同步检验和复核检验
发送对象： 兽医生物制品持照者和持证者
　　　　　　国家兽医局实验室主任
　　　　　　兽医局区域主任
　　　　　　兽医局生物制品专家
　　　　　　兽医局区域兽医主管

Ⅰ. 目的

本备忘录旨在为国家兽医局实验室（NVSL）提供检验程序，以确保对持照兽医生物制品进行适当比例的检验。

Ⅱ. 背景

根据联邦法规第 9 卷第 113.6 部分规定，兽医生物制品必须进行放行前的检验。为了加快产品的放行，NVSL 通常在收到样品后 14d 内开始检验。而这种同步检验足以保证产品质量的持续性。根据平均出厂质量水平概念（Average Outgoing Quality Level Concept），如果某批或某亚批产品在生产企业检验符合规定，但经 NVSL 检验不符合规定，那么会增加检验频率。此时 NVSL 和生产企业将对该批产品进行同步检验，直至以常规比例进行检验就能确保产品质量。但是，当同步检验符合规定的结果受到怀疑时，会对 NVSL 的资源造成浪费。因此，有时会变成针对某些产品或组分的复核检验。

Ⅲ. 政策和程序

A. 如果持照者或持证者判定产品符合规定，而 NVSL 判定产品不符合规定，则需要通过

VS14-8 表"兽医生物制品生产和检验报告"进行报告，并中止同步检验。

B. 如果在连续 5 批或亚批产品中，有 3 批在特定项目上检验不符合规定，则需要中止同步检验，而进行复核检验。

C. 兽医生物制品田间办公室（VBFO）将发布全部官方通告。

D. 在复核检验期间，VBFO 只有在收到持照者或持证者的 VS14-8 表，且报告结果符合规定的情况下，才通知 NVSL 开始检验。

E. 从收到 VS14-8 表起，启动复核检验的时间应不超过 60d。

F. 持照者或持证者对连续 8 批或亚批产品进行检验，判定特定项目检验合格，且 NVSL 也对其中至少 4 批或亚批产品的检验结果进行了确认，就可以免除复核检验程序。

签发人： J. K. Atwell
　　　　　兽医局副局长

（刘　燕译，杨京岚校）

兽医局备忘录第 800.56 号：不符合规定和不良材料的处置

2008 年 3 月 12 日

兽医局备忘录第 800.56 号

发送对象人： 兽医局管理人员

兽医生物制品中心主任

生物制品持照者、持证者和申请者

签 发 人： John R. Clifford

副局长

主 题： 不符合规定和不良材料的处置

Ⅰ. 目的

根据联邦法规第 9 卷（9CFR）第 114.15 节规定，本备忘录确定了处置不符合规定生物制品、动物尸体、废料或不良生产用材料的程序。

Ⅱ. 废止

本备忘录生效之日起，1999 年 9 月 7 日发布的兽医局备忘录第 800.56 号同时废止。

Ⅲ. 方法

A. 灭活

动物尸体、被污染的材料和副产物，以及含活病原或毒素的不良产品，在处置前必须利用下列批准的灭活程序进行处理：

1. 焚烧。火焰焚烧足够时间，将所有传染性有机物降解成非传染状态。

2. 干热法。在至少 160℃下干热灭菌一定时间（不少于 1h），足以使所涉及的材料灭活、脱毒和/或灭菌。

3. 高压灭菌。在至少 120℃的流动蒸汽下灭菌一定时间（不少于 1.5h），足以使所涉及的材料灭活、脱毒和/或灭菌。

4. 化学灭活。在适当条件下按足够浓度加入次氯酸钠（漂白剂）、福尔马林溶液、苯酚、甲酚、β-丙内酯、硝酸苯汞或等效灭活剂达足够时间，以灭活、脱毒和/或灭菌相关材料。

5. 熔炼。充分利用足够的热量，以有效地破坏动物尸体用于人类食用的目的，并降解为非传染状态。

6. 填埋。用足够的覆盖材料将动物尸体、受污饲料、粪便、垫草和其他物品埋入地下，以防止微生物的进一步扩散。

7. 堆肥。将有机物在受控条件下进行厌氧生物降解，使其成为环境稳定的产物，称之为堆肥。常作为一种替代方法被用于处理粪便和其他有机废物（如禽类或牲畜废物）。

8. 组织消化。在恒定搅拌下，在加热密封容器内通过碱水解使有机物消化和液化。根据组织重量，加入精确比例的碱和水，加热该系统至特定温度并达指定时间。

B. 处理

1. 有害化合物。一些兽医生物制品可能含有有害化合物，包括（但不限于）汞类防腐剂/硫柳汞，可以用作防腐剂、灭活剂等。对含有有害化合物产品的不当处理和处置，可能对人类健康或环境造成重大的实质性的或潜在的危害。这类产品的处置必须符合所有适用的联邦、州和地方法规的要求。处置有害废弃物的承包商和相关设施，应向环境保护局（EPA）登记，并获得美国 EPA ID 编号。

2. 活的病原和/或毒素。含有活的病原和/或毒素的材料，处置前需采用本备忘录第Ⅲ.A 节所列的认可的方法进行处理。其他不需要这样处理的材料可直接丢弃。

3. 其他法律和规章。应遵守所有适用的联邦、州和地方的有关废弃物处置和保护环境质量的法律和规章，对材料进行最终的处理。

4. 材料的运输。用于运输动物尸体或其他传染性材料的运输工具，需按防渗漏的要求进行制造和配备，并可以彻底清洁和消毒。用于运输危险废弃物的车辆应有适当的标识。

C. 文件

1. 处理方法。在生产大纲中要明确不宜用于生产的材料的处理方法。可引用兽医局备忘录第800.56号。

2. 记录。按照9CFR116.2节的要求保存处理记录。

3. 处理的监督。持照者或持证者认为生物制品的处理过程符合要求，但兽医生物制品中心（CVB）认为其不符合要求，则必须在兽医生物制品中心-监察与合规部门（CVB-IC）或其他APHIS官员的监督下进行处理。除非CVB授权持照者或持证者无需在监督的情况下处理此类产品，否则CVB工作人员将见证该销毁过程。即便持照

者或持证者已经获得处理某批产品的授权，CVB也会在企业设施检查过程中对销毁记录进行核查，并在检查报告中引用该核查信息。

4. 企业自行处理。持照者或持证者按照兽医局备忘录第800.53号所述APHIS2008表（兽医生物制品生产和检验报告）提交最终的检验综述，以及各不符合规定批或亚批产品的处理情况。如果CVB已授权持照者或持证者无需在监督下处理此类产品，则CVB工作人员将在企业设施检查时核对产品的销毁情况。

（刘　燕　王飞虎译，杨京岚校）

兽医局备忘录第 800.57 号：暂停销售

2016 年 10 月 5 日

兽医局备忘录第 800.57 号

发送对象： 兽医局管理人员
兽医生物制品中心主任
生物制品持照者、持证者和申请者
签 发 人： Jack A. Shere 副局长
主　　题： 暂停销售

Ⅰ. 目的

根据联邦法规第 9 卷（9CFR）第 105.3、115.2 和 116.5（b）节规定，本备忘录为持照者或持证者采取行动以停止分发和销售某些已出厂放行的批或亚批的兽医生物制品及其通告程序提供指南。

Ⅱ. 废止

本备忘录生效之日起，2012 年 3 月 29 日发布的兽医局备忘录第 800.57 号同时废止。其正在更新包含选择使用国家动物卫生中心（NCAH）门户提交与暂停销售有关的电子意见书的流程。

Ⅲ. 背景

如有信息表明，某个已注册兽医生物制品特定批次或亚批的部分组分或完全组分可能存在纯净性、安全性、效价或效力等问题或不符合要求，或者某个注册产品的生产线可能存在问题或不符合要求。这种信息可能来自监督检查、市场调查、不良反应报告，也可能来自兽医生物制品中心、持照者

或持证者自己所进行的检测。未按备案的生产大纲或规程生产但流入市场的兽医生物制品可能是无效的、受污染的、危险的或有害的。这类产品可能对动物健康或公共安全产生危害。

为防止对动物健康、公共卫生或安全造成危害，有必要采取措施来停止产品的分发和销售。这种行动的级别将依据使用该产品所造成的实际的或潜在的不良影响而定。当持照者或持证者收到APHIS的通知，要求停止分发和销售产品时，兽医生物制品中心—监督与合规部门（CVB-IC）将与持照者或持证者沟通拟采取的措施。

Ⅳ. 政策

A. APHIS 通知停止分发和销售

1. 所有决定、所有通告的发布以及所有要求持照者或持证者采取停止分发和销售行动的指令，均由 CVB-IC 作出。

2. CVB-IC 将通过电话、来人传达、信函等形式，或经由 NCAH 渠道通知持照者或持证者强制

停止分发和销售指定产品。

3. 接到停止分发和销售通知后，持照者或持证者应：

a. 停止生产、分发、销售、交易、交换、运输或进口任何受影响批次或亚批的兽医生物制品。在等待 CVB-IC 处理意见期间将受影响的生物制品进行封存。

b. 如果 CVB-IC 提出要求，持照者或持证者应立即（3 个工作日内）将停止分发和销售的通知发送给所有经销商、批发商、零售商、国外代销商或其他拥有该兽医生物制品的人，并要求他们停止生产、分发、销售、交易、交换、运输或进口该兽医生物制品。相关通知由持照者或持证者书面存档。

ⅰ. 如果 APHIS2017 表（兽医生物制品官方出口许可证书）已签发放行的某批或亚批产品后，又发现其不符合规定，那么持照者或持证者应通知相关国家政府部门，告知该产品在美国已不准上市销售。

ⅱ. 所有通知由持照者或持证者书面存档。

c. 根据 9CFR 第 116.2 节规定，如果 CVB-IC 提出要求，持照者或持证者应对其知晓的各地经销渠道的所有批次或亚批的兽医生物制品剩余存量进行登记。

d. 根据 9CFR 第 116.5 节规定，如果 CVB-IC 提出要求，持照者或持证者应将所有关于停止分发和销售产品的完整的、详细的报告递交给 APHIS。

B. 持照者或持证者主动停止分发和销售通知

根据 9CFR 第 116.5（b）节规定，在任何时候，如果有迹象表明某个产品或其组分的纯净性、安全性、效价或效力出现了问题，或某个产品的生产、检测或流通（国内或内外）出现了问题，持照者、持证者或国外生产企业应立即通知 CVB-IC。相关调查无需在通知前完成。

a. 如果该生物制品已经 CVB 签发并投放市场，持照者或持证者应立即通知 CVB-IC。

b. 如果该生物制品还未经 CVB 签发和投放市场，但已根据 9CFR 第 113.3 节规定递交了样品，持照者或持证者应立即通知 CVB-IC。

c. 如果该生物制品还未经 CVB 签发和投放市场，但已根据 9CFR 第 116.7 节规定递交了 APHIS2008 表，持照者或持证者应立即通知 CVB-IC。

当企业任何员工在生产、检验、分发过程中注意到产品有质量问题，如果在 3 个工作日内通知了 CVB-IC，就认为符合"立即通知"的要求。

通知可递送如下地址：

兽医生物制品中心
监察与合规部门
代顿大街 1920 号
Ames，IA50010
电子邮件地址：cvb@aphis.usda.gov
传真：（515）337-6120
电话：（515）337-6100
联系人：NCAH 门户

应立即电话通知 CVB 生物制品专家或项目联系人，不能只给 CVB 的个人邮箱发送电子邮件或语音邮件。

要求持照者或持证者通过经许可的传达室传达通知。

a. 给 CVB-IC 的通知中应说明事件所处的环境和企业所采取的行动。

b. 如果该生物制品已经 CVB 签发并投放市场，但持照者或持证者根据 9CFR 第 116.5（b）节规定停止了该产品的上市，将被视作自愿停止分发和销售行为。

C. 持照者或持证者自愿停止分发和销售

1. 如果自愿停止分发和销售，CVB-IC 将对此公告行为进行确认。

2. 如果自愿停止分发和销售后，又提出继续分发和销售的要求，持照者或持证者则必须提供证据，证明该产品没有受到影响，且产品不是无效的、受污染的、危险的或者有害的。

3. 如果采取了自愿停止分发和销售行动，并发现产品是不符合要求的，持照者或持证者必须向所有经销商、批发商、零售商、国外代销商或其他受该兽医生物制品影响的人发出停止分发和销售的公告。公告中必须要求他们停止生产、分发、销售、交易、交换、运输或进口该兽医生物制品。公告发布前应经 CVB-IC 审查。相关通知由持照者或持证者书面存档。

Ⅴ. 实施/适用性

本修订版立即执行。

（刘 燕译，杨京岚校）

兽医局备忘录第 800.58 号：兽医生物制品的次级执照

2007 年 10 月 18 日

兽医局备忘录第 800.58 号

发送对象：兽医局管理人员
　　　　　兽医生物制品中心主任
　　　　　生物制品持照者、持证者和申请者
签 发 人：John R. Clifford
　　　　　副局长
主　　题：兽医生物制品的次级执照

Ⅰ. 目的

本备忘录为一个兽医生物制品企业从另一个持照企业获得兽医生物制品次级执照提供了指导。

Ⅱ. 废止

本备忘录生效之日起，1999 年 11 月 4 日发布的兽医局备忘录第 800.58 号同时废止。

Ⅲ. 背景

当某个持照企业将其持照产品的制造技术转让给另一个（接收）企业时，会出现次级执照。根据 9CFR102 部分的规定，接收企业必须具有或获得企业执照和一个产品执照才能进行生产和销售。

Ⅳ. 程序

A. 申请执照的要求

公司（申请者）准备生产和销售一个转让产品，必须向兽医生物制品中心——政策、评审与执照管理部门（CVB-PEL）提交下列文件：

1. 企业执照的申请。一份美国兽医生物制品企业执照的申请表（APHIS2001 表），和根据 9CFR102.3 所规定的相关支持性资料（注：如果企业已经取得企业执照，无需再次申请）。

2. 产品执照的申请。一份美国兽医生物制品产品执照申请表（APHIS2003 表）。

3. 使用以前的田间数据的许可。持照企业将技术转让给申请者，出具证明，允许使用该产品以前注册时的全部必要的研究资料、田间试验和生产数据来支持此次申请，申请者必须将上述资料提交给 CVB-PEL。

4. 转让资料的请求。一份向 CVB-PEL 要求批准将必需的生产资料带到申请者生产厂的申请。

5. 技术转让证明。由持照公司出具证明，证

明持照公司已为申请者提供了全部必要的技术资料和帮助，以便申请者能够按持照公司相同的方法生产该产品。

6. 更新或改进设施的相关文件。根据 9CFR108 的规定，如果适用，提交申请者的生产设施更新或改进的布局图、蓝图和图例。

7. 生产大纲。一份根据 9CFR114.8 和 114.9 编制的生产大纲。对于疫苗、菌苗、抗原和毒素，还应参考兽医局备忘录第 800.26 号指导原则。所有必要的工艺必须与持照公司相同。

8. 支持性数据。在个案的基础上，CVB 可能会要求附加支持性数据，申请者应逐项进行提供：

a. 基础种子和主细胞系的纯净性、特异性和毒力检验结果。即使来源于持照公司转让技术时提供的种子和细胞库，如果新的基础种子和主细胞是申请者制备的，上述检验均要求进行。如果是使用以前批准的基础种子和细胞库，但是当初的检验不能满足现在检验的要求，也可能要求进行附加检验。

b. 一份有效性（免疫原性）研究报告。如果以前的有效性研究不能满足所有当前有效性检验要求时，申领执照的企业可能被要求进行有效性研究；可参考兽医局备忘录第 800.202 号规定。所有申请狂犬病疫苗次级执照的企业，必须进行有效性研究。

9. 检验报告。根据兽医局备忘录第 800.53 号规定，制备连续三批合格产品，并提交兽医生物制品生产和检验报告（APHIS2008 表）。

10. 标签。根据 9CFR112 的规定制备标签。包括以前持照者所用标签上的使用说明、警告或注

意事项，以及申请者作的任何修改，这些修改都必须提供有效的数据支持。

B. 领取执照前的检验

在发放执照前，CVB 可能会对种毒、细胞和产品批次进行复核检验，如果适用。

（滕　颖译，杨京岚校）

兽医局备忘录第 800.59 号：兽医生物制品的样品

2016 年 7 月 20 日

兽医局备忘录第 800.59 号

发送对象：兽医局管理人员

兽医生物制品中心主任

生物制品持照者、持证者和申请者

签 发 人：Jack A. Shere

副局长

主　　题：兽医生物制品的样品

Ⅰ. 目的

按照 9CFR113.3 和 113.52 部分规定，本备忘录制定了进行选择、鉴定和提交兽医生物制品样品的政策和程序。同时还提供了鉴别含有硫柳汞（汞）样品的操作指南，以便对其进行妥善处理。

Ⅱ. 废止

本备忘录生效之日起，2013 年 9 月 4 日发布的兽医局备忘录第 800.59 号同时废止。本备忘录提供了关于减少提交所需样品数量的最新资料。本备忘录还包括通过国家动物卫生中心（NCAH）门户提交样品信息的具体情况。

Ⅲ. 程序

A. 授权

1. 兽医生物制品中心——监察与合规部门（CVB-IC）负责样品采集工作。包括培训和指定授权抽样人员。

2. CVB-IC 指定授权抽样人员，并向持照者和持证者，以及国家兽医局实验室（NVSL）的实验室资源单位的样品处理部门提供一份授权人员名单。

3. 持照或持证企业必须向每个授权抽样人员提交 APHIS2007 表（兽医生物制品人员资格表），或者通过 NCAH 门户提供 2007 表的信息。更多信息参见兽医局备忘录第 800.63 号。

CVB 检查员或其他指定的 VS 职员也可在企业现场检查期间抽取样品。

4. 收到美国农业部授权抽样人员出具的二级

电子认证和对 CVB 提供电子认证的用户名就可以进入 NCAH 门户，进行样品提交并具有生成样品装箱单的能力。

B. 样品的抽取和确认

授权抽样人员、CVB 检查员或其他指定的 VS 职员应按照以下规定抽取并确认样品：

1. 抽样人员应根据 9CFR 第 113.3 条款或在 APHIS 备案的生产大纲的规定，在每个销售批次或亚批中抽取具有代表性的容器样品。

a. 要求多个容器样品（如狂犬病）进行效力检验的，最少要向 CVB 提供 2 个容器或足够数量容器的代表样品。

b. 如果一批产品在进口时，其装运量超过了一个运输单元，那么必须由授权取样人员从每个运输单元中抽取具有代表性的样品提交给 CVB。

c. 持照者或持证者可将抽取的容器保存在标签推荐的贮存温度之下，在 CVB 要求提交剩余样品前无需提交。如果需要提交更多的样品，请填写标记了"重新提交"的 APHIS2020 表第 4 栏（运输和接收生物制品样品）。注意不要与同样是 APHIS2020 表中的样品类型相混淆。

d. 如果 CVB 不要求提交额外的样品，在 CVB 批签发后，这些额外的样品可以返回库存进行销售。

e. 对持照者或持证者来说，减少样品的提供数量是一种特权。如果被管理部门或审核部门关注的话,这种特权可能就会被取消。持照者或持证者将需要按照9CFR第113.3(b)条规定提供足够的样品。

2. 抽样人员或指定的职员应从基础种子、主细胞库以及根据 9CFR 第 113.3(c)条规定的生产大纲,或者根据兽医生物制品中心—政策、评审和执照管理部门(CVB-PEL)的指定和授权的用于申领执照或许可证的样品批中抽取和提交样品。未经审查人员授权,请勿提交基础种子样品。如果基础种子是经重组技术获得的,那么在 CVB 同意接受种子样品之前,必须获得 CVB 生物安全委员(IBC)会的批准。

Ⅳ. 例外

A. 样品数量的例外情况

针对以下产品,CVB 允许抽取与 9CFR 第 113.3(b)和(c)条款规定不同数量的样品:

1. 供销售或出口的以大容器分装的液体产品,不论是母液还是成品;

2. 非常贵重的产品;

3. 销售批量极小的产品;

4. 产品检验所需量比规定数量大或小的产品。

B. 抽样量和程序的例外情况

如果备案的生产大纲已获批准,CVB 可以接受以下与 9CFR 第 113.3(b)和(c)条规定不同的抽样量和程序:

1. 代表性的样品可以以更小的容器进行提交,但样品体积应恢复至最终使用容器的分装量;

2. 样品可从部分灌装的常规容器中抽取;

3. 可以增加样品的数量或体积。

C. 自家产品

见兽医局备忘录第 800.69 号。

Ⅴ. 样品的确认

A. 产品样品

生产企业应采用清晰且不易擦除的标签对来自销售批次或亚批的每批样品做好如下标记:

1. 制造商的名称;

2. 执照或许可证编号;

3. 产品的法定名称(可以用缩写);

4. 批号或亚批号;

5. 内容物的量;

6. 剂量或检验的数量;

7. 有效期限(如果适用);

8. 产品代码;

9. 如果容器内含有硫柳汞,则用永久性墨水作一个红色检查标记。

B. 基础种子和主细胞样品的确认

除非 CVB-PEL 另有授权,否则企业应以唯一性编号或能够反映企业储存材料唯一性的其他方法或者生产大纲中指定的方法对基础种子和主细胞库样品进行标记。提醒:如果基础种子是经重组技术获得的,那么在 CVB 同意接受种子样品之前,必须经 CVB 的 IBC 批准获得。

C. APHIS2020 表的使用

在提交样品的 APHIS2020 表中,企业应在所有含硫柳汞产品名称前打上星号。每种样品类型要使用一份单独表格,并将其标注在第 4 栏。

D. NCAH 门户的使用

可使用 NCAH 门户替代 APHIS2020 表。样品提交表格应按指示填写。包含在一个装运单元送往 CVB 的所有样品,可以仅生成一个装箱单。在 NCAH/CVB 收到并确认样品后,可通过 NCAH 门户和电子邮件向指定样品代码的生产企业进行每日通报。

Ⅵ. 额外的样品要求

A. 半成品样品

除结核菌素皮试产品外,CVB-PEL 将不再对半成品样品进行安全和效力检验。除结核菌素外,CVB 也不再接受其他半成品样品。

B. 血清样品

抽样人员应按照兽医局备忘录第 800.79 号规定的程序,从进行效力复核检验的靶动物中抽取血清样品,并进行确认和提交。

C. 小组成员

小组成员可将 APHIS2020 表与批签发材料一起提交给 CVB。

D. 抽样人员的责任

如无意或有意违反 9CFR 第 113.3 条规定的抽样程序,将可能导致产品的撤销或暂停,和/或企业执照或许可证的吊销或暂停。

E. 留样

抽样人员应按照 9CFR 第 113.3(e)条规定抽取留样样品,并采取避免篡改的措施。除非 CVB-IC 另外直接下达指令,否则企业应将这些样品保存在经批准的安全区域内,直至该批或亚批产品失效期后 6 个月。

Ⅶ. 样品的提交

采用适宜和足够的包装,将规定数量的样品和 APHIS2020 表送到:

兽医生物制品中心

NVSL,实验室资源单位——样品处理部门

代顿大街 1920 号

Ames IA50010

Ⅷ. 实施/适用性

随着这份备忘录的发布，实施 NCAH 门户提

交作可为提交 APHIS2020 表的备选方法。

（杨京岚译，郭　晔校）

兽医局备忘录第 800.60 号：由持照者或 持证者收回的生物制品

2008 年 3 月 11 日

兽医局备忘录第 800.60 号

发送对象：兽医局管理人员

兽医生物制品中心主任

生物制品持照者、持证者和申请者

签 发 人：John R. Clifford

副局长

主　　题：由持照者或持证者收回的生物制品

Ⅰ. 目的

根据联邦法规第 9 卷（9CFR）第 114.11 节规定，本备忘录为持照者和持证者处理收回的生物制品提供指导。

Ⅱ. 废止

本备忘录生效之日起，1999 年 9 月 17 日发布的兽医局备忘录第 800.60 号同时废止。

Ⅲ. 概述

CVB 偶尔会同意持照者和持证者再次销售或发放收回的兽医生物制品。但是，产品一旦离开持照者或持证企业设施，其储存条件是否合适、是否按照 9CFR 第 114.11 节处理等就很难确认，为保证所有发放的产品都符合 APHIS 标准，应采取下列程序来处理收回的产品。

Ⅳ. 程序

A. 标记并区分收回的产品

对收回到持照或持证企业的全部产品都要做好

适当的标记，并将其与其他产品分开保存。

B. 重新销售和重新发放

必须有足够的证据证明，收回的全部产品一直存放于符合生产大纲规定的条件下，持照者和持证者才可以将其再次销售和再次发放。企业最好再次对产品进行效力检验，结果符合规定后，以 APHIS2008 表将结果报送 CVB。提交的 APHIS2008 表第 12 栏（企业处理）中填写"其他"，并对有关情况进行解释说明；在第 11 栏（备注）中填写能够支持重新发放的检验情况。

C. 不具备放行资格的产品

对不具备重新销售和重新发放资格的全部收回产品，必须全部销毁。销毁处理方法参见兽医局备忘录第 800.56 号。

（刘　燕译，杨京岚校）

兽医局备忘录第 800.61 号：兽医生物制品的分段制造

1999 年 10 月 21 日

兽医局备忘录第 800.61 号

主　　题：兽医生物制品的分段制造

发送对象：生物制品持照者、持证者和申请者
兽医生物制品中心主任

Ⅰ. 目的

根据9CFR第114.3（d）节规定，本备忘录对按照"分段制造"安排生产兽医生物制品提供指导。

Ⅱ. 废止

本备忘录生效之日起，1996年12月27日发布的兽医局备忘录第800.61号同时废止。

Ⅲ. 背景

分段制造（包括持照产品的进一步加工）允许两个或多个生产者参与持照兽医生物制品终产品的生产。允许在分段制造安排下进一步加工进行兽医生物制品的授权，详见9CFR第114.3（d）节。

Ⅳ. 定义

A. 分段制造（split manufacturing）

分段制造系指在终产品的生产过程中，由两个或多个生产者分阶段参与其重要生产步骤的一种生产方式。

B. 用于进一步再加工的产品（product for further manufacture，FFM）

FFM系指用于生产另一种FFM或终产品的一部分制备产品或一批已完成的产品。

C. 最终使用产品（final-use product，FUP）

FUP系指装入终容器中的产品，以供最终使用。

D. 生产中的重要步骤（significant step in production）

本备忘录所指的生产重要步骤是从用生产种子开始一直到终产品（无论是液体的还是干燥的）的灌装过程中的任何步骤。抽样、贴签、检验和分配最终容器进行组合包装等均不属于重要生产步骤。

Ⅴ. 指南

A. 从什么地方分段

对于FUP的制备，可以在任何生产的重要步骤后分开（将产品灌装到终容器除外）。

B. 持照者的数量

对参与FUP制备的持照者的数量没有限制，但每一个持照者应最少进行一个重要步骤的生产。

C. 企业执照要求

参加分段制造的每个企业都必须持有企业执照。持有一个或多个产品执照的持照企业，才有资格获得进一步再加工或生产最终使用产品的执照。

D. 产品执照要求

每个参与分段制造的企业都必须具有相应的产品执照：如果企业仅进行开始或中间步骤，需要FFM执照；如果企业进行最后步骤，则需要FUP执照；如果企业进行开始和/或中间步骤的生产，然后将FFM送到另外企业进行后续步骤的生产，最后再完成FUP，那么需要上述两种执照。

E. 支持核发执照的数据

有关支持核发执照所需的全部数据，通过分段制造生产的FUP与由单个企业制造类似产品之间的要求没有差别。

F. 产品执照获得

除非将FFM整合到符合核发执照要求的FUP中，否则不会取得执照。对于一个给定的FUP，CVB将同时发布全部FFM执照和FUP执照（如果FFM或FUP执照已经存在，不会重新发布执照，但必须在其大纲中更新适当的资料）。

G. 生产大纲

对于每种FFM和每种FUP，生产大纲都必须存档。FFM大纲必须标明批准接收FFM的企业以及运送和接收条件。对于包含或整合一种或更多FFM的任何产品的大纲，都必须标识每种FFM的提供者，每种FFM代码和接受的最小规格。

H. FFM的检验、抽样和发放

每个FFM持照者对FFM生产大纲第Ⅳ部分中标明的任何检验负责。每个FFM持照者应当抽取并保存其FFM批的样品。FFM的各批产品必须由兽医生物制品中心-监察与合规部门（CVB-IC）签发许可证后，才能将其运送到其他持照者。发放请求应当包括填写APHIS 2008表，其中第9栏（检验数据）只填写FFM生产大纲第Ⅴ部分所要求的检验项目的结果。

I. FUP的检验、抽样和发放

无论是FUP持照者还是FFM持照者，都必须对每批最终容器产品（或半成品无生物活性的液体产品）进行检验。但每个FUP持照者都必须完整填写APHIS2008表，向CVB-IC报告各批产品的检验结果。每个FUP持照者还必须抽取和保存其生产的各批次的FUP样品，并在产品发放之前将样品提交到兽医生物制品中心实验室（CVB-L）。如果大纲第Ⅴ部分中的检验由FFM持照者进

行，则应当在 FUP 生产大纲中标明。

J. FUP 持照者提交 APHIS2008 表

FUP 持照者应在 11 栏（备注）中向涉及本产品的每个 FFM 持照者提供下列信息：FFM 企业执照号、FFM 产品代号和全部 FFM 批或亚批数。必要时，填写 APHIS2008A 表来列出全部 FFM 批或亚批数。

K. FFM 的运送和运送条件

在分段制造中，每种 FFM 的生产大纲都应当标明是由哪个企业负责企业间的运送。根据特定环境和下列因素考虑合适的运输条件：产品的稳定性、运输时间、容器的大小和形状、容器的保温和周围温度。运送和接收企业制定的大纲中应明确运输的条件和双方的责任。批准的 FFM 产品可以以未贴标签最终容器的形式运送到 FUP 企业。用密封运输箱运送未贴签的最终容器，应用批准的 FFM 标签对内容物进行适当标记。

L. 产品的法定名称和代码

每种 FFM 和每种 FUP 都必须有自身的法定名称和代码。FFM 的法定名称仅规定 FFM 产品本身，而非其构成的 FUP 的名称。FFM 的产品代码以一个字母开头，FUP 的产品代码以一个数字开头。一个 FUP 组分或成分的来源不影响他的法定名称和代码；通过分段制造生产的 FUP 与由单个企业制造的相同产品，应具有相同的法定名称和产品代码。

M. 贴签

每个 FFM 和每个 FUP 都必须有自身的标签（详见本章 K 部分）。FUP 必须在持有 FUP 执照、销售该产品的企业贴签。有关包装和贴签要求和指导，详见 9CFR 第 112 部分和兽医局备忘录第 800.54 号。

N. 组合包装

组合包装中的全部最终容器都应当含有名称、企业编号和仅由将这些最终容器组装到组合包装中的企业确定的批号。该企业必须承担了最终容器成分中至少一个组分的生产中的至少最后一个重要步骤，以便签发组合包装产品的 FUP 执照。

O. 用于出口的 FFM

用于出口 FFM 的大纲必须标明每个产品的运达国家和接收产品的机构。FFM 生产企业应当向 APHIS 提供每个产品的国外批准证明。对于用于出口产品的 FFM 产品执照，APHIS 既不要求企业也不要求 CVB-L 进行检验。如果 FUP 是在美国取得执照的，FFM 生产企业需要向 APHIS 提交一份由进口国家出具的、表明进口国的相关机构知晓 FFM 产品特性的文件。如果 FUP 不是在美国取得执照的，FFM 生产企业需要提交一份由进口国出具的 FUP 在进口国取得执照（注册、批准）的文件。

P. 进口的 FFM

进口的 FFM 必须符合 9CFR 第 104.5 节规定。进口商必须根据 9CFR 第 104.7 节规定获得分发和销售许可。FFM 也应当符合在本备忘录中论及的相关要点。

Q. FFM 记录的保存

FFM 持照者应将 FFM 批记录保存 6 年（从灌装日期开始计算）。

R. FFM 和 FUP 的留样

要求对 FUP 留样，并建议对 FFM 留样，根据 9CFR 第 113.3（c）节规定进行样品的抽取和保存。

S. 管理行为

按照所采用的标准或生产大纲，如果发现任何 FUP 或 FFM 不符合规定，APHIS 会通知参与分段制造的所有持照者停止所有相关成分、批、亚批，以及存在问题产品的生产、发放和销售。

签发人：Alfonso Torres
兽医局副局长

（刘　燕　杨京岚译，夏业才校）

兽医局备忘录第 800.62 号：兽医生物制品的重新贴签、重新装瓶和再加工

1999 年 12 月 22 日

兽医局备忘录第 800.62 号

主　　题：兽医生物制品的重新贴签、重新装瓶和再加工

发送对象：生物制品持照者、持证者和申请者
　　　　　兽医生物制品中心主任

Ⅰ. 目的

根据 9CFR 第 112.1、114.14、114.17 和 114.18 节规定，本备忘录对生物制品的重新贴签、重新装瓶和再加工的认可程序加以描述。

Ⅱ. 废止

本备忘录生效之日起，1997 年 12 月 10 日发布的兽医局备忘录第 800.62 号同时废止。

Ⅲ. 概述

在以下情况下，兽医生物制品中心（CVB）主任可批准持照者和持证者（企业）进行兽医生物制品的重新贴签、重新装瓶和再加工。

A. 采用的程序对产品质量不会造成负面影响

B. 企业必须向 CVB 提交请示报告

向兽医生物制品中心—监察与合规部门（CVB-IC）提交请示和产品批准文件；向兽医生物制品中心—许可与政策制定部（CVB-LPD）提交请示报告、申领文号以及产品大纲修订版等文件。

C. 企业需要得到 CVB 的书面批准

必须获得 CVB 书面授权（包括特定条件和约定的说明），企业才能重新贴签、重新装瓶或再加工生物制品。如果企业使用 APHIS2008 表（兽医生物制品生产和检验报告）作为请示或文件，在 CVB-IC 完成表格审查并表示产品可以销售之前，企业不得销售该批产品。

Ⅳ. 重新贴签

对于一批产品来说，企业会为了更改每个容器的头份/羽份数或更改有效期而重新粘贴产品标签。在此之前，企业必须从 CVB 获得书面批准。有关问题规定如下：

A. 通过重新贴签来改变头份/羽份数

只有当两种规格与归档产品大纲中的灌装体积、冻干程序、容器都一致时，企业才可以改变每个容器的头份/羽份数。

1. 辅助资料。持照者必须提交该批或亚批产品的补充 APHIS2008 表，注明存货的调整情况，并适时提供相关的检验数据。

2. 对于发放批产品增加每个容器的头份/羽份数量。如果通过重新贴签来显示增加每个容器产品的头份/羽份数量：

a. 企业必须向 CVB-IC 提交 APHIS2008 表，该批产品已进行重检，结果支持增加每个容器中头份/羽份数。CVB-IC 将按照兽医局备忘录第 800.53 号对 APHIS2008 表进行处理。

b. 企业还必须向 CVB-L、生物材料加工部样品仓库提交修订后的标签。对于以前随 APHIS2020 表提交到 CVB-L 每批样品，管理人员都必须注明："随标签提交的样品号（先前由 CVB 对样品指定的号码），以及通过重新贴签增加了每个容器的头份/羽份数"。

c. CVB 可以要求提供该批产品的附加样品进行检验。

B. 通过重新贴签标注新的有效期

当企业为了延长一批产品的有效期而要求重新贴签时，则必须向 CVB-IC 提供补充 APHIS2008 表，说明产品的相关检验数据和新的有效期，并在 APHIS2008 表上注明存货数量，存货位置以及重新贴签方法（如果适用）。

C. 用于其他目的的重新贴签

除改变头份/羽份数或显示新的有效期外，企业可以在没有特定批准的情况下为了改变某批产品的用途而进行重新贴签。按照 9CFR 第 116.3 规定保存的贴签记录必须能够反映全部换签过程。

Ⅴ. 重新装瓶

对某批产品全部或部分进行重新装瓶时，企业必须启用新的批号，并对其重新进行相应的检验，且应按照 9CFR 第 113.3 节规定重新抽样。重新装瓶时，企业必须向 CVB-IC 递交 APHIS2008 表，说明该批产品的检验数据和调整后的存货量。

Ⅵ. 再加工

A. 再加工（reprocessing）的定义

按照生产大纲所标明的程序已经将组成产品的全部组分混合，并且产品是以其最终形态和组成形式出现以后，对其所做的任何改变即认为是再加工。

B. 授权要求

除了符合本备忘录Ⅵ. D. 部分所提供的再加工程序外，企业还必须在再加工前获得 CVB-IC 批准。

C. 授权要求

企业应向 CVB-IC 提交准许其对某批产品进行再加工的请示。该请示必须规定再加工的方法及企业分配给拟再加工产品的建议批号，同时还必须提

交该批产品完整的 APHIS2008 表。

D. 授权的再加工程序

如果两批产品是按照相同的生产大纲制造的，为了调整抗原的含量，在没有得到 CVB-IC 批准之前，企业可以将一批产品加到另一批产品中。在这种情况下，两批产品都应在生产大纲所提供的规格范围内配制。企业应就产品的批号加以标记，并在提交的 APHIS2008 表的第 11 栏中陈述需要进行再加工的原因。如果企业已经向 CVB 提交了用于拟再加工程序的产品的样品，就必须向 CVB-IC 提交该批产品的 APHIS2008 表，并在 13 栏中注明

所进行的相应处理。

E. 禁止的再加工程序

CVB 禁止对污染的产品进行再加工。

F. 发放程序

CVB 将根据兽医局备忘录第 800.53 号规定，对完成再加工的产品实施签发。兽医生物制品中心实验室可对再加工的产品进行复核检验。

　　签发人：Alfonso Torres
　　　　　　兽医局副局长

（刘　　燕译，杨京岚校）

兽医局备忘录第 800.63 号：持照企业的工作人员

2016 年 12 月 19 日

兽医局备忘录第 800.63 号

发送对象：兽医局管理人员
　　　　　　兽医生物制品中心主任
　　　　　　生物制品持照者、持证者和申请者
签 发 人：Jack A. Shere
　　　　　　副局长
主　　题：持照企业的工作人员

Ⅰ. 目的

根据 9CFR 第 114.7（a）节规定，本备忘录对正式联系人及其简历方面的要求提供指导。

Ⅱ. 废止

本备忘录生效之日起，1999 年 10 月 1 日发布的兽医局备忘录第 800.63 号同时废止。本次更新包含了指定人员通过国家动物卫生中心（NCAH）门户向兽医生物制品中心（CVB）提交电子版的指导。

Ⅲ. 背景

A. 在兽医生物制品研发、生产、分发的任何阶段，企业工作人员有责任向 CVB 提供证据，证实他们能够连续生产出在纯净性、安全性、效价或效力方面质量稳定的产品，所以，有关人员资质必须具备相应的教育、培训和/或经验。

B. 以下定义适用于本备忘录：

1. 个人简历（biographical summaries）。系指向 CVB 提交的用于证明工作人员资格的信息。具体要求见 APHIS2007 表（兽医生物制品工作人员资格和联系方式）。

2. NCAH 门户（NCAH Portal）。网络提交系统，NCAH 门户网址：https://ncahappspub.aphis.usda.gov/NCAHPortal/public/。

Ⅳ. 兽医生物制品工作人员资质指南

A. 正式的主联系人和副联系人

1. 根据 9CFR 第 114.7（a）规定，每个持照者或持证者必须指定一名与兽医生物制品中心（CVB）联系的正式的主联系人。

a. 主联系人负责向 CVB 沟通持照者/持证者在管理方面的需求，以便获得和维持企业设施执照和产品执照（或产品许可证）。

b. 主联系人可以指定副联系人。副联系人数量不应过多，能够满足企业需求即可。主联系人必须定期审核副联系人名录，并根据需要调整副联系人数量。

c. 在正式沟通前，CVB 认可主联系人和副联系人代表着受监管企业的利益。

d. 主联系人必须足以掌握持照者或持证者日

常活动情况。

e. 主联系人和副联系人必须在美国定居。如有必要，联系地址可以是国外企业的地址或者国内的多个地址。

f. 主联系人和副联系人必须在持照设施内有实际的地址。

g. 通常，顾问不适合作为联系人。

2. CVB 的公函将按照兽医生物制品企业设施执照上登记的地址发送给联系人或经由 NCAH 门户发送的原渠道回复。

联系人无需定居于正式邮件地址所在地，只要能及时联系到联系人即可。

3. APIIS2007 表上的主联系人或副联系人的个人简历必须填写完整，并包括与职员教育相关的信息。职员教育情况包括再教育所取得的学位以及与其联络职能相关的正式培训证书。

4. 正式联系人负责在以下文件上签字：

a. 由持照者或持证者起草的公函。

b. 豁免、例外或授权申请。

c. 针对 CVB 官方信件的回复。

B. 其他个人简历

每个员工都必须提交 APHIS2007 表，以获得监督员的资格，这样才能对持照设施的一项或多项职能最终负责。这些员工可以有，也可以没有网络门户。

APHIS2007 表赋予员工以下职能：

1. 研究与产品开发。

2. 产品生产，包括但不仅限于：

a. 种子和细胞培养的管理；

b. 原材料的进货检验；

c. 从接种到收获的整个过程，包括生产中的检验；

d. 下游过程；

e. 分批或组批；

f. 灌装；

g. 贴签和包装；

h. 储存和分发。

3. 质量控制。

4. 采购、饲养、使用和处置动物。

5. 授权的抽样人员（详见兽医局备忘录第800.59 号），包括：

a. 抽取、运输和保存样品的人员；

b. 签发和提交 APHIS2020 表“生物制品样品运输和接收单”的人员。

6. 批签发人员（详见兽医局备忘录第 800.53 号），包括：签发和提交 APHIS2008 表“兽医生物制品生产和检验报告”的人员。

Ⅴ. NCAH 门户要求

NCAH 门户用于提交电子数据，并接收来自 CVB 的回复信息。

A. 每个员工必须拥有 USDA 2e 级授权。详见 https：//www. eauth. usda. gov。

B. 每个员工的 APHIS2007 表必须在 CVB 备案。

C. 如果某员工已经获得 CVB 授予的 USDA 2e 级的授权 ID，且其 APHIS2007 表已经在 CVB 备案，那么他必须进入 NCAH 门户，对其自己的 APHIS2007 表进行编辑。

D. NCAH 门户的其他作用和与 CVB 授权相关事宜详见 http：//www. aphis. usda. gov/animal _ health/vet _ biologics/publications/2-PortalRoles. pdf。

Ⅵ. 实施/适用性

A. 详细说明见填写完成的 APHIS2007 表硬拷贝件的第二页。

B. 将所有 APHIS2007 表提交给 CVB 监察与合规部门（CVB-IC）。无论是通过硬拷贝提交还是通过 NCAH 门户提交的，CVB-IC 都负责该文件在 CVB 内部的流转。

C. 本备忘录中所述变更部分立即生效。

（刘　燕译，杨京岚校）

兽医局备忘录第 800.64 号：在持照企业内生产试验产品

2012 年 3 月 14 日

兽医局备忘录第 800.64 号

发送对象：兽医局管理人员

兽医生物制品中心主任

兽医生物制品持证者、持照者和申请者

签 发 人：John R. Clifford

　　　　　副局长

主　　题：在持照企业内生产试验产品

Ⅰ. 目的

根据联邦法规第 9 卷（9CFR）103.1 节规定，如果试验产品的生产过程不会导致持照产品的污染，动植物卫生监督署可以授权在持照设施中生产试验产品。本备忘录为持照者在持照生产设施中生产未经批准的微生物或组分提供指导。

Ⅱ. 废止

本备忘录生效之日起，1999 年 10 月 1 日发布的兽医局备忘录第 800.64 号同时废止。

Ⅲ. 总论

A. 根据 9CFR101.2（准备或生产）中的定义，生产（Production）系指产品制备过程中的任何一个步骤。生产包括生物制品的加工、检验、包装、贴签和储存。

B. 总体来说，无论微生物的用途如何，持照者在其持照生产设施中动用的全部微生物都必须申请许可。在将微生物引入持照设施前，持照者必须获得许可。

C. 如果兽医生物制品中心—监察与合规部门（CVB-IC）确定持照企业的研究设施与生产设施分不开，则持照者必须提出许可申请。

D. 如果 CVB-IC 确定持照企业的研究设施和生产设施是分离和独立的，则不要求持照者申请审批。但我们建议，持照者将分离株或试验产品转运至研究设施时应通知兽医生物制品中心政策、评审与执照管理部门（CVB-PEL）。某些情况下，特别是在选择病原或广受关注的种子或灭活抗原时，通知 CVB 是审慎之举。

如果持照者在转运时选择通知 CVB，应以信件的形式告知 CVB 自己的目的，并描述转运物品的名称、数量、地点、接收人、生产和运输条件以及运输目的。

此外，保留库存将有利于显示其符合国家进出口中心（NCIE）许可证的要求。虽然 CVB 在核准时不需要这些许可证，但接收方在接收动物病原时应符合 NCIE 的要求。

Ⅳ. 程序

A. 申请许可

1. 在持照企业的生产设施中生产试验兽医生物制品，应递交审批申请至：

兽医生物制品中心

政策、评审与执照管理部门

代顿大街 1920 号

844 信箱

Ames，IA50010

2. 应包含 9CFR103.1 中规定的支持性信息：

a. 采用的方法能确保引入的微生物或组分不会对持照产品产生污染；

b. 用该微生物或组分生产出的试验产品的特性；

c. 用于生产该试验产品的位置（建筑物和房间）。

B. 限定生产

CVB-PEL 将根据持照者试验所需的数量来限定试验产品的生产数量。

C. 修订设施文件

1. 如果 CVB-PEL 授权引入微生物或组分，CVB-IC 则要求持照者：

a. 提交修订后的蓝图图例，标明该微生物或组分，以及该试验产品的生产位置；

b. 如有必要，应根据兽医局备忘录第 800.78 号，对避免与持照产品产生交叉污染所需的任何其他预防措施进行说明；

c. 提交一份 CVB-PEL 授权在持照生产设施中生产试验产品或向持照生产设施中引入微生物或组分的信函的复印件。

2. 将信息寄送至：

兽医生物制品中心

监察与合规部门

代顿大街 1920 号

844 信箱

Ames，IA50010

（刘　燕译，杨京岚校）

兽医局备忘录第 800.65 号：兽医生物制品生产用鸡胚和鸡

2016 年 5 月 3 日

兽医局备忘录第 800.65 号

发送对象：兽医局管理人员
　　　　　兽医生物制品中心主任
　　　　　生物制品持照者、持证者和申请者
签 发 人：Jack A. Shere
　　　　　副局长
主　　题：兽医生物制品生产用鸡胚和鸡

Ⅰ．目的

本备忘录为用鸡胚和鸡组织为原料生产的兽医生物制品提供了指导，旨在帮助持照者、持证者和申请者生产的产品达到联邦法规第 9 卷（9CFR）第 113.50 节规定的纯度和质量要求。

Ⅱ．废止

本备忘录生效之日起，2002 年 9 月 20 日发布的兽医局备忘录第 800.65 号同时废止。

Ⅲ．背景

9CFR113.50 部分对兽医生物制品各组分的纯度和质量要求进行了规定。各种持照产品所需的特殊原料要求可在适用的生产大纲和特殊纲要中查询。本备忘录中规定了兽医生物制品生产中使用的无特定病原（SPF）的鸡胚和鸡应排除的传染性病原，但不指定种鸡群建立或维持这种状态的方法。本备忘录还推荐鸡群暴发了需淘汰的疾病后，对鸡胚和鸡的管理和处理程序。还提供了根据 APHIS2008 表上报的结果，对特殊检测做出相应解释的信息。

Ⅳ．纯净度和质量建议

A. 种鸡群

在本备忘录中，术语"种鸡群"系指可维持生产 SPF 鸡胚的鸡群。应使用国内来源的鸡群制备产品。如果将鸡胚孵化产生的 SPF 鸡用来生产传染性法氏囊病疫苗或球虫病疫苗，那么这些鸡也可被认为是"种鸡群"的一部分，其应不会表现出任何传染病的临床症状。

B. 涉及的病原

持照者或持证者应对每一批鸡胚或鸡均做好记录，以证明用于兽医生物制品生产的鸡胚和鸡均来源于下列病原血清学检测为阴性的非免疫鸡群：

1. 禽腺病毒：Ⅰ群（1～12 血清型）、Ⅱ群和Ⅲ群；
2. 禽脑脊髓炎病毒（AE）；
3. 禽流感病毒（AI）：A 型；
4. 禽呼肠孤病毒（Reo）；
5. 传染性支气管炎病毒（IB）：Massachusetts，Connecticut，Arkansas 和 JMK 株；
6. 传染性法氏囊病病毒（IBD）；
7. 传染性喉气管炎病毒（LT）；
8. 淋巴白血病病毒（LL）：A、B 和 J 亚群；
9. 马立克氏病病毒（MD）：1、2 和 3 血清型；
10. 新城疫病毒（NDV）；
11. 网状内皮组织增生病毒（REV）；
12. 鸡毒支原体；
13. 滑液支原体；
14. 鸡伤寒沙门氏菌；
15. 鸡白痢沙门氏菌；
16. APHIS 规定的其他病原。

C. 种鸡群的临床症状

在使用鸡胚或来源于鸡胚的组织培养物时，持照者或持证者要出示种鸡群为禽白血病病原（A、B 和 J 亚型）阴性、无鸡痘临床症状，且环境培养沙门氏菌属阴性的证明文件。产品生产用鸡应无任何传染病的临床症状。引起生产用鸡出现临床症状或血清阳转的抗原均可称为病原。对这些不符合规定的抗原或病原的处理与疫病暴发的处理方式相似。

D. 种鸡群的监测

持照者或持证者应在生产大纲和特殊纲要中写

明种鸡群的监测方法及频率，及所使用的检验方法。

E. 鸡胚和鸡的处理程序

一旦兽医生物制品中所使用的鸡胚和鸡进入持照企业，持照者或持证者应采取措施，以保持其无病原状态。持照者或持证者应在企业设施蓝图的图例中对处理程序进行描述。

Ⅴ. 疾病暴发

A. 疾病暴发的通告

如果在种鸡群（包括制备传染性法氏囊病病毒和球虫成分所使用的鸡）中检测到需淘汰的疾病或可引起临床症状的病原为阳性，那么该种鸡群的供应商应在24h内通知持照者或持证者。如果种鸡群中检测到需淘汰的疾病或病原，持照者或持证者应在24h内上报兽医生物制品中心—监察与合规部门（CVB-IC）。

B. 确定鸡胚和鸡的可疑判定期

如果用于提供产品生产的鸡胚的种鸡群发病，CVB-IC 会将最后一次血清学检测为阴性后的第1天设定为初次血清阳转的日期。CVB 会将该日期告知持照者或持证者。如果生产的鸡出现临床症状，CVB-IC 将根据具体情况设定初次感染日期，并告知持照者或持证者。

每次疾病暴发，会有一个兽医生物调查（VBI）编号。要求每个企业对接收的所有可疑鸡胚和鸡进行负责。对于新城疫病毒、禽腺病毒和沙门氏菌，鸡胚的可疑判定期应为血清阳转日期的前2周；对于鸡传染性支气管炎和支原体，鸡胚的可疑判定期应为血清阳转日期的前3周；对于禽脑脊髓炎、禽流感、鸡淋巴白血病、鸡网状内皮组织增生病毒和鸡病毒性关节炎，鸡胚的可疑判定期应为血清阳转日期的前4周。传染性喉气管炎、传染性法氏囊病、马立克氏病或鸡痘无可疑期。生产鸡的可疑判定期根据具体情况而定。

C. 可疑材料的处理

当确认种鸡群暴发了疫病，持照者和持证者应采取以下措施：

1. 对于未接种的鸡胚、鸡和细胞培养物：如果还没有接种生产种子，则废弃所有可疑的鸡胚、鸡和来源于可疑鸡胚的细胞培养物。

2. 对于已接种的鸡胚、鸡和细胞培养物：如果已经接种生产种子，可废弃所有可疑的鸡胚、鸡和来源于可疑鸡胚的细胞培养物；或者可用适当的方法对产品进行检测，当证明产品合格且不存在病原时，可继续生产（见下文 E 检测信息）。

D. 来源于康复种鸡群的鸡胚

如果用适当的方法检测产品，证明产品合格或不存在病原，可允许持照者或持证者使用来源于暴发过需淘汰的疾病但已康复的种鸡群所产鸡胚生产灭活疫苗（见下文 E 检测信息）。

E. 需淘汰或疫病病原的检测

针对需淘汰或疫病病原，应选择合适的检测方法。CVB 会向持照者或持证者提供试验方案。

1. 检测方法。检测需淘汰或疫病病原可以包括（但不限于）以下方法：

a. 对于活疫苗，持照者或持证者应从活疫苗混合半成品或终容器中取样，进行需淘汰或致病微生物的分离。

b. 对于灭活疫苗，持照者或持证者应从灭活前收获的混合材料中取样，进行需淘汰或致病微生物的分离。

c. 对于同时含有活疫苗和灭活疫苗的产品，持照者或持证者应从成品的混合物或终容器中取样，免疫鸡后，检测免疫鸡是否存在需淘汰或致病微生物的血清阳转。

2. 为确保结果有效可信，应设立适当的阳性和阴性对照。

3. 报告检测结果。如果产品是由可疑鸡胚或鸡生产的，则持照者或持证者应将对该半成品混合物或成品进行需淘汰或疫病病原检测结果（APHIS2008 表）上报 CVB-IC。

a. 在备注（第 11 部分）中，应给出疫病暴发参考 VBI 编号。

b. 在检测数据部分（第 9 部分），应报告检测的数据和结果。

c. 根据不同的检测结果，标记适当的处理方法（第 12 部分）。

（1）对于半成品混合材料，标注为"其他"并键入"文件信息"。

（2）终产品检验结果符合规定时，标注为"有资格放行"。

（3）终产品检验结果不符合规定时，在确认该批产品已经销毁后，标注为"被公司销毁"。

d. 按照兽医局备忘录第 800.53 号，由 CVB 处理 APHIS2008 表并提出处理计划。

e. 如果用于制备产品批次的混合半成品被认为是可以使用的，那么在备注中应标注该混合半成品的批号（第 11 部分）。

Ⅵ. 实施/适用性

使用鸡胚或鸡组织作为组成部分的产品的所有生产大纲和特出纲要，应遵守本备忘录的要求。

（温　芳译，杨京岚校）

兽医局备忘录第 800.66 号：信息自由法中与兽医生物制品有关的要求

1999 年 10 月 21 日

兽医局备忘录第 800.66 号

主　　题：信息自由法中与兽医生物制品有关的要求

发送对象：生物制品持照者、持证者和申请者；
　　　　　　生物制品中心主任

Ⅰ. 目的

由于信息自由法（FOIA）适用于兽医生物制品生产企业提交给兽医生物制品中心（CVB）的材料，故本备忘录为动植物卫生监督署（APHIS）执行信息自由法提供指导。

Ⅱ. 废止

本备忘录生效之日起，1985 年 5 月 7 日发布的兽医局备忘录第 800.66 号同时废止。

Ⅲ. 背景

兽医生物制品生产企业向 CVB 提交用于申请执照、许可证或产品变更的材料后，APHIS 将根据信息自由法（FOIA）接收其申请。在多数情况下，由于提交者（生产企业）认为这些材料具有保密性，因此不希望被泄露。

根据立法机关关于 FOIA 的解释，APHIS 全权负责核定该材料是否属于 FOIA 的保密范畴。如果提交给政府的信息发生泄露而导致以下后果（1）损害政府将来获得必要信息的能力，或者（2）给提交者造成严重的竞争伤害，那么立法机关将裁定该信息属于保密范畴。

如果生产企业不希望 APHIS 所保留的信息发生泄密，则要求在每份受保护的材料上附上说明，指出信息的泄露给提交者的竞争地位造成严重伤害的可能性及其特殊理由。

Ⅳ. 指南

A. 生产企业的保密声明

政府维持保密信息的负担很重。因此，生产企业必须在信息中附加保密理由，并直接指出如果某条具体信息泄漏，会如何导致其竞争地位的严重伤害。仅作出结论性的陈述并不能弥补政府的负担。

1. 保密声明的内容。保密声明应明确而且完整。

a. 生产企业应在其文件中指出认为属于保密范畴的章、节、段、行或字词。

b. 若某条具体信息造成泄漏，会如何导致其竞争地位受到严重伤害的理由。

2. 保密声明的提供。对认为其具有保密意义的生产大纲、大纲修订页、标签、设施文件、方案、数据以及其他资料，生产企业应提供如下声明：

a. 包括新的修订完全的生产大纲第Ⅵ. E 节的声明。

b. 在提交大纲修订页时，在其变更页汇总处应加以声明。

c. 在方案、提交的数据、产品和检验报告、生产指令注解以及设施等主体文件中加以声明。

d. 在标签草图和预许可标签的清单文件中加以声明。

B. APHIS 的处理

根据信息自由法（FOIS）的规定，APHIS 将对兽医生物制品有关的信息请求作如下处理：

1. APHIS FOIA 协调员将对保密申请相关的所有信息进行审查。

2. 只有在与持照者、持证者或申请者协商一致后，才可披露与保密申请相关的信息。

签发人：Alfonso Torres
　　　　　兽医局副局长

（刘　燕译，杨京岚校）

兽医局备忘录第 800.67 号：试验用兽医生物制品的运输

2011 年 11 月 16 日

兽医局备忘录第 800.67 号

发送对象： 兽医局管理人员

生物制品中心主任

生物制品持照者、持证者和申请者

签 发 人： John R. Clifford

副局长

主　　题： 试验用兽医生物制品的运输

Ⅰ. 目的

根据联邦法规第 9 卷（9CFR）103.3 节规定，本备忘录规定了用于评估试验用兽医生物制品运输的程序。

Ⅱ. 废止

本备忘录生效之日起，2003 年 3 月 20 日发布的兽医局备忘录第 800.67 号同时废止。

Ⅲ. 背景

除非按照 9CFR103.3 规定经过授权，否则《病毒-血清-毒素法》禁止运送供动物试验使用的非持照兽医生物制品进、出美国。为了鼓励开展试验并使试验合法化，在特定的条件下，APHIS 可以授权个人运输非持照兽医生物制品，用于数量有限的动物。APHIS 要求提供的支持非持照兽医生物制品用于试验研究申请的信息（见 9CFR103.3）。提交的申请还要提供以下说明。

Ⅳ. 程序

A. 授权申请

生物制品的持照者、持证者和申请者应将运输用于试验的非持照兽医生物制品的授权申请函递交到：

兽医生物制品中心

政策、评审与执照管理部

代顿大街 1920 号

Ames，IA50010

B. 申请中需要的信息

除了试验结果报告的摘要外，申请中必须包含 9CFR103.3（a）～（h）规定的全部相关信息，以便进行运输非持照产品的评估。指导原则见兽医局备忘录第 800.50 号第Ⅳ.D 节。为了进口试验用产品，申请美国兽医生物制品产品许可证时，必须提供 9CFR104.4 规定的全部相关信息。

C. 产品说明

1. 正在进行执照申请的产品。如果试验数据是用于获取美国兽医生物制品执照，则必须按照 9CFR114.9 规定的生产大纲的指南对产品进行描述，并标明待运输产品的批号。

2. 不用于执照申请的产品。如果试验数据并非用于获取执照，则要提供产品相关的以下信息：

a. 制造方法；

b. 检验方法；

c. 确定待运输产品的批号。

D. 试验批次的检验结果

对每批确定的待运输产品，要进行以下检验并以 APHIS2008 表（兽医生物制品生产和检验报告）的形式提交批检验结果。

1. 纯净性检验。所有批产品都必须进行检验并满足纯净性要求。

2. 安全性检验。通过动物安全性检验证实产品的安全性。

3. 其他检验。兽医生物制品中心（CVB）可能要求的其他检验（如果适用）。

E. APHIS 授权

当所有要求得到满足，CVB 将以便函的形式发出允许运输非持照试验产品的 APHIS 授权证书。授权证书上将标明待运输产品的名称、使用产品的批号、使用限制以及允许使用的范围（州）。每个授权证书的有效期为一年。如果需要更长的时间，应提交一份延期申请，并提供支持延期的结果报告。试验结束后，还必须提交试验结果的总结报告。

Ⅴ. 实施/适用性

此更新立即生效，包括当前的 CVB 地址。该

政策适用于所有的试验用产品。

（刘　燕译，杨京岚校）

兽医局备忘录第 800.68 号：应用新生物技术生产兽医生物制品

1984 年 12 月 4 日

兽医局备忘录第 800.68 号

主　　题：应用新生物技术生产兽医生物制品

发送对象：兽医生物制品持照者和申请者

国家兽医局实验室

地区兽医局局长

兽医局生物制品专家

区域兽医主管

Ⅰ. 目的

按照联邦法规第 9 卷（9CFR）第 101 至 117 部分规定，本备忘录的目的是为了制定产品（应用新生物技术生产的兽医生物制品）执照的审批政策和程序。

Ⅱ. 审批政策和程序

A. 总则

应用新生物技术，如重组 DNA、化学合成或杂交瘤技术生产兽医生物制品，将与按照常规技术生产的产品同等对待。即使该产品在分子结构或化学性质上，与天然物质或常规制备的产品完全一致，也需单独获取执照。

此类应用新生物技术生产的产品，由于其种类和数量繁多，不可能用专门的术语来定义所有的要求，因而必须对每一个产品单独进行评估，以确定哪些资料可以构成该产品的纯净性、安全性、效力和效价的标准。对于其效力和稳定性的检测，可能需要特殊的检验方法（最好是体外方法）。可能需要其他的检验以确保安全性，特别是当生物制品中存在活体微生物时更应如此。

B. 重组产品

1. 指南。对于应用重组 DNA 技术的研究基金资助者和兽医生物制品生产企业，美国农业部（USDA）要求其必须遵循国家卫生研究所（NIH）提供的指南进行研究和生产。该指南也适用于兽医生物制品的研发与生产。

《重组 DNA 分子研究指南》和《重组 DNA 的研究——对大规模使用含重组 DNA 分子的微生物进行自然控制的建议》现已出版发行，并将在联邦登记册中定期修订。这两本书及 NIH 出版的《NIH 关于从事重组 DNA 分子研究指南的管理规范（补充本）》涵盖了当前 NIH 对重组 DNA 研究的政策以及大规模生产含重组微生物的生物制品所需的审批程序。如果需要上述资料的复印件，可从 NIH 重组 DNA 事务办公室（MD20205，Bethesda，31 号楼 4A52 室）获取。

2. 重组 DNA 技术。该技术包括外源 DNA 的分离、鉴定和将外源 DNA 插入载体，并在适宜的表达系统中生产外源基因产品。

a. 外源 DNA。编码目的产物的遗传信息称之为外源 DNA，它由天然的或化学合成的核苷酸序列组成，为编码功能已知的基因产物。在申领产品执照的资料中，必须明确编码目的产物的特定核苷酸序列克隆，同时还必须提供抗原或 DNA 来源材料、核苷酸序列，以及限制性内切酶消化图谱的说明。

b. 载体。载体是一种克隆运载工具，其为外源 DNA 的表达提供了适宜的复制起点。该复制子包括：质粒、噬菌体或病毒（如痘苗病毒、牛乳头状病毒、腺病毒和 SV40）。在申报资料中需要提供如下信息：结构基因的载体构建、调节区或启动区、插入位点的限制性内切酶酶切图谱，以及在宿

主细胞中易于检测的表型特征。

c. 表达系统。功能性基因产物的生产取决于克隆 DNA——载体复合物在适宜的宿主微生物（如大肠杆菌、枯草杆菌或啤酒酵母菌）中的有效表达，组织培养细胞也可用作载体复制的表达系统。应描述以整合或非整合方式存在于宿主细胞内的重组质粒的传递机制、拷贝数及物理状态。

3. 化学合成抗原。应用化学合成方式构建产品时，其氨基酸序列模拟了天然抗原的位点或表位。申报材料中应提供使用合成肽后的免疫反应类型、程度和持续期，同时还须说明用于增强和延长抗体反应（如结合载体蛋白、加入佐剂）的程序。

4. 基础种子

a. 用于制备兽医生物制品的重组细菌或病毒种子批必须符合已批准的常规方法制备生物制品的基础种子鉴定程序（9CFR101.7）。

b. 用于载体繁殖和抗原生产的脊椎动物源组织培养细胞必须符合 9CFR113.51 和 113.52 节的标准。

c. 如果任何产品中的基因产物已经过适当鉴定，为了简化免疫原性试验程序，只要重新经过安全性评价，就可允许使用新构建的基础种子载体。

5. 产品和批签发。每个生产大纲应按 CFR114.9 进行编制。大纲必须包括确保特异性抗原物质生产与回收一致性的程序。回收程序要包括过量抗生素（9CFR114.10）和非必需的发酵副产品（如细菌内毒素）的去除方法。

除纯净性、安全性和效力等批签发检验外，可能还需要其他抗原鉴定试验（如电泳迁移率或免疫电泳）以证明基因表达的一致性。

C. 单克隆抗体程序

1. 应将单克隆抗体的特异性和效力与同类多克隆抗体产品进行比较；单克隆抗体的特异性和敏感性应至少与传统多克隆抗体产品的特异性和敏感性相当。

2. 单克隆抗体产品必须由符合 9CFR113.52 规定的主细胞库制备。还必须提供细胞克隆程序以及细胞传代的制备与鉴定说明。

3. 生产大纲必须提供扩增比例、腹水或细胞上清的制备、提纯、浓缩以及灭活全过程的说明。鼠群必须经过筛选，证明无外源病毒，尤其是用鼠抗体产生（MAP）试验能检测的那些病原。如果 MAP 试验证明存在鼠白血病病毒或其他外源病原，除非执行了兽医局允许的灭活程序，否则该产品不能被放行。

必须对单克隆抗体产品的免疫特异性进行充分说明，且在备案的生产大纲中必须包括对放行前所有产品批次进行的产品特性检查方法和评价方法。

Ⅲ. 环境因素

根据 NIH 指南规定，任何含有重组 DNA 的微生物若要释放到环境中，就必须经过审查并获得相关联邦机构的批准。在正常的畜牧生产和实验室操作中，兽医生物制品都不宜释放到环境中。如果认为兽医生物制品可以释放到环境中，则必须对环境可能造成影响的情况加以说明并获得机构间的认可，这样才能颁发给相应的执照或进口许可证。

签发人：K. R. Hook
　　　　兽医局副局长

（刘　燕译，杨京岚校）

兽医局备忘录第 800.69 号：自家生物制品指南

2016 年 9 月 28 日

兽医局备忘录第 800.69 号

发送对象：兽医局管理人员
　　　　　　兽医生物制品中心主任
　　　　　　生物制品持照者、持证者和申请者
签 发 人：Jack A. Shere
　　　　　　副局长
主　　题：自家生物制品指南

Ⅰ. 目的

根据联邦法规第 9 卷（9CFR）第 113.113、113.3（b）（8）节和第 101.2 节中有关管理术语规定，本备忘录为自家生物制品要求的现行程序和指南提供了释疑。在没有获得兽医生物制品中心（CVB）许可的情况下，持照者可以在 24 个月内使用自家分离的微生物进行生产。持照者欲取得向邻近和非邻近畜群运输自家生物制品的许可，在将自家生物制品运输并应用于其他畜禽之前，持照者应以文件的形式提供第 113.113（a）（2）和 113.113（a）（3）节中所涉及的信息。

Ⅱ. 废止

本备忘录生效之日起，2002 年 8 月 30 日发布的兽医局（VS）备忘录第 800.69 号同时废止。

Ⅲ. 背景

2002 年 4 月 3 日，联邦法规已发布自家生物制品的标准要求（2002 年 5 月 3 日生效）。授予兽医生物制品中心——监察与合规部门（CVB-IC）主任具有针对 9CFR 第 113.113 节中所涉及的管理人员自主做出所有决定的权力。但 113.113（c）（2）（ⅳ）节中所涉及的管理人员除外，因为他们需要获得兽医生物制品中心政策、评审与执照管理部门（CVB-PEL）的批准。

Ⅳ. 指南

A. 非兽医专家的许可

9CFR 第 113.113 节规定，如果经署长批准，在特殊情况下，允许行业专家而非兽医师使用自家生物制品。CVB-IC 将采用专业方法判断该专家是否具备恰当的专业技能来管理产品，并处理因使用自家生物制品可能导致的医学问题。当持照者或持证者申请生产由非兽医师使用的自家生物制品的许可时，需要向 CVB-IC 提供以下相关信息：

1. 身份证明。非兽医专家的姓名和任职资格（即培养教育、在疫病诊断中的作用）。

2. 正当的理由。特殊情况的描述（即涉及的动物品种、地点、疫病状况）。

B. 分离日期的确定

根据 9CFR 第 113.113（a）（4）节规定，用于生产自家生物制品的微生物应在分离后的 15 个月内使用。

1. 分离日期。无论鉴定工作是由主治兽医师、非兽医专家还是由诊断实验室开展的，分离日期都要从导致疾病的病原微生物被首次确认开始算起。

2. 分离日期的记录。在订购自家生物制品时，持照者或持证者应要求兽医师或批准的非兽医专家告知分离日期，同时保存相关信息记录以便于 APHIS 核查。

C. 生产用细胞

1. 原代细胞。原代细胞应符合 9CFR 第 113.51 节与兽医局备忘录第 800.65 号（如果使用无特定病原的鸡胚）规定的要求。在生产大纲（大纲）中应包括适当的说明。

2. 细胞系。细胞系应符合 9CFR113.52 节规定的要求，同时在备案的大纲中予以标识。由于细胞系可以用来生产用于多种动物的产品，因此大纲中必须列出该细胞系批准生产的产品类型。

D. 延长自家分离株的使用时间

联邦法规 113.113（a）（4）节允许分离株使用时间为 15 个月（从分离日期算起）。如果生产企业提供如下信息，可在不向 CVB 提出申请的情况下，将分离株的使用时间延长至 24 个月。

1. 微生物鉴定。细菌的属、种、菌株/血清型；病毒所属的科、型。应进行血清分型的细菌包括：沙门氏菌、丹毒丝菌、胸膜肺炎放线杆菌、产气荚膜梭菌、多杀性巴氏杆菌、猪链球菌、大肠杆菌。对溶血性链球菌需要进一步确定其分群。病毒的信息应包括相关的血清型/亚型/株［如传染性支气管炎病毒（马萨诸塞株）］。对于产气荚膜梭菌，经鉴定能产生毒素的应上报 CVB。相关信息请参照 9CFR113.113（c）（2）（ⅲ）和 121.4（b）节。

2. 持续性危害评估。关于畜群中首次分离的致病微生物的持续性危害的当前评估报告，包括对评估报告起支持作用的临床诊断工作。

3. 使用效果令人满意的文献。能够支持以前使用过的自家生物制品有效性的文献。这些文献可能包括说明商业化的持照产品不能提供同等保护效力。

4. 不良反应评估。评估使用该生物制品引起的任何不良反应。

5. 产品历史。微生物的分离日期和地点，以及第一批制品的收获日期。

6. 兽医师/客户/病患之间的关系。兽医师在申请产品核准时，应提供有效的兽医师/客户/病患关系［定义见"美国兽医协会"（AVMA）政策、

《兽医医学伦理原则》〕证明。为证明非兽医专家的从业资格，同样的信息还需递交给 CVB，以便其进行评估。

24 个月以上的延期申请，需经 CVB-PEL 评估。除上述信息外，还需提交免疫原性的数据和推荐的效力检验的结果。

E. 过期的分离株的处理

用于制备自家生物制品的微生物在持照设施内的保存时间不能超过授权的时限。过期的微生物必须依照 9CFR 第 114.15 节和兽医局备忘录第 800.56 号规定进行处理。过期的微生物的处理记录应按 9CFR 第 116 部分中的要求予以保存。

F. "第一批"的界定

如果是源自新分离株的第一批自家生物制品，或者源自新分离株的第一批自家生物制品中添加了以前分离株的产品组分，这种情况都可以称之为"第一批"。

1. 分离株的年龄。一批产品中不能包含任何超过年限的培养物。

2. 分离株的移除。从以前的自家生物制品的配方中移除一个分离株，形成的改进产品不能称其为"第一批"，这种情况自动称为后续批次。

G. 自家生物制品的报告

1. 第一批。按照 9CFR 第 113.113（C）（1）节规定，如果检验经过为期 3d 的观察，结果符合规定，那么由非受限分离株（参考兽医局备忘录第 800.103 号、第 800.85 号和 CVB 第 02～04 公告，基于自家生物制品许可的非授权抗原生产的产品）生产的第一批自家生物制品可以放行装运。随后生产和检验结果可按照摘要的形式报告。"第一批"的报告也可通过国家动物卫生中心（NCAH）门户提交来替代摘要的形式。

如果提交的是"第一批"摘要的硬拷贝，那么应对每个产品代码编写各自的摘要。"第一批"的摘要必须在生产 25 批产品后递交给 CVB-IC，在任何情况下每个季度都要报告一次。季度报告最迟应在 1 月、4 月、7 月、10 月的 21 日前递交（据此形成会计年度报表）。

附录 1 提供了一个自家生物制品的"第一批"摘要的范例，但也可以采用其他格式。摘要必须包括以下信息：

a. 标题信息

（1）企业设施执照或许可证编号。

（2）生产设施的地址。

（3）产品代码（一个产品代码对应一张摘要表）。

b. 对于制备的每批产品，在水平（同一行的项目）格式中应包括下述信息：

（1）批号。以最终容器上显示的为准。

（2）分离株代码。填写该批产品中每种微生物的组分。如果通过 NCAH 的门户提交，在"病原列表"中找不到相应的代码，那么就在其"备注"栏中填写微生物的全称。如果兽医局备忘录第 800.103 号、第 800.05 号或 CVB02～04 号公告中已包含了该抗原，则无需以摘要的形式上报该批产品。

（3）失效日期。

（4）容器数量。

（5）产品头份/羽份。

（6）备注。

（a）销毁批次。除非"备注"部分另有说明，否则所有产品批次均假定已被放行装运。填写销毁日期及销毁原因。

（b）重检批次。如某批产品经企业重检，应填写重检原因。见 9CFR113.113（c）（1）（ⅲ）和 9CFR 第 116.5（与用户相关的行动）和 APHIS 公告规定。

c. 摘要报告的底部必须包括企业和 APHIS 代表的签名、职务和日期栏。

2. 后续批次。由非受限的微生物生产的除第一批以外的所有批次的产品。

每个后续批次的自家生物制品，均应向 CVB-IC 提交兽医生物制品生产和检验报告（APHIS2008 表）。如果企业拥有适当的访问权限，那么也可通过 NCAH 门户提交相关信息代替 APHIS2008 表。该报告需按兽医局备忘录第 800.53 号进行审查和处理。在 CVB-IC 批准前，不得运输后续批次。

3. 使用受限微生物生产的产品批次

a. 为确保自家生物制品的使用不会干扰动物疫病调查与防控项目的进行，不会引起生物安全风险，特定微生物的使用应受到限制。受限微生物列表见兽医局备忘录第 800.103 号和第 800.85 号。其他特定微生物指南可见 CVB 通告（如 CVB 通告第 2～4 号，关于火鸡流感病毒）。

b. 未经 APHIS 许可，不得使用受限微生物生产自家生物制品。

c. 使用受限微生物生产的自家生物制品，其所有批次（第一批及后续批次）都需按照Ⅳ.G.2节所述标准程序放行。

H. 批量和样品提交/留样的定义

一批或亚批产品的最终容器的数量取决于库存的用于发放（即可销售的）的容器数量。除非有要求，否则无论第一批产品的批量是多少，均无需向APHIS提交样品。后续批次如果批量＞50瓶，则需按照9CFR113.3（b）（8）节规定向APHIS提交样品。

1. 样品数量的选择。根据所生产的瓶数，持照者或持证者应选择以下数量的样品：

a. 对于＜50瓶的批次，企业仅需选择2份政府留样。这适用于第一批和后续批次产品。

b. 对于＞50瓶的第一批，企业仅需选择10份政府留样。在自家生物制品摘要报告返还生产企业后，还必须继续保留2份政府留样。

c. 对于＞50瓶的后续批次，选择10份样品，但是，只有2份提交给APHIS，还有2份必须保留作为政府留样。根据兽医局备忘录第800.59规定，剩余的6份样品可返还到库存。

2. 抽样程序。所有自家生物制品样品必须按照9CFR113.3（b）（8）节规定进行选择。持照者或持证者必须按照9CFR113.113（e）（4）节规定留样，且仅在需要时才会提交给APHIS。

I. 自家生物制品的重检

如果经过3d观测，发现纯净性检验与动物安全性检验结果不符合规定或不确定，则需立即召回第一批产品。CVB-IC需立即通知对涉事产品召回。产品必须通过重检来排除技术方面的原因。在产品再次被放行前必须得到一个完整且合格的重检结果。

J. 自家生物制品的运输

允许持照者或持证者将自家生物制品运送给为他们生产该产品的兽医师或经认可的非兽医专家。在兽医师或非兽医专家许可的情况下，也可将合格的证明文件与自家生物制品一并直接运到使用者手中。在自家生物制品运输至原发病畜群以外的畜群使用之前，如提供了113.113（a）（2）和113.113（a）（3）节中所涉及的持照者已备案的信息，就允许向相邻或不相邻的畜群运输产品。应保存自家生物制品与运输有关的记录和证明文件，以便APHIS核查。

Ⅴ. 自家生物制品简要说明

A. 分离株使用的限制

1. 从分离日期起，15个月内；

2. 从收获日期起，最短12个月；

3. 如果持照者提供了9CFR113.113（a）（4）节所述信息，则可在未获得CVB批准的情况下，将分离株的使用时限延长至24个月。

B. 过期的分离株的处理

所有过期的分离株均应按照9CFR114.15节和兽医局备忘录第800.56号规定处理。过期的分离株的处理记录必须按照9CFR第116的规定保存。

C. 获准细胞

如大纲所示，经检验的原代细胞或经批准的细胞系均可用于生产。

D. 第一批

1. 在获得满意检验结果3d后方可运输；

2. 无需向APHIS提供样品；

3. 如果检验结果不符合规定，则召回所有产品；

4. 按照本备忘录Ⅳ.G节要求向CVB-IC提交APHIS摘要报告，也可通过NCAH门户提交；

5. 应对微生物进行准确鉴定，确定其就是致病因子。

E. 第二批与后续批次

1. 必须按照9CFR113.100或113.200的一般要求进行纯净性、安全性和鉴别检验（细菌所属的种和属；病毒所属的科）。

2. 完成所有检验并将向CVB-IC提交APHIS2008表，以供其签发。提供APHIS2008表的硬拷贝或通过NCAH门户提交均可。

3. 除非一批产品的数量＜50瓶，否则就要向APHIS递交样品。APHIS可能会进行复核检验。当产品数量＜50瓶时，APHIS可能要求保留2份留样。

4. 产品运输前，必须获得APHIS批准放行。

F. 使用受限微生物生产的所有批次产品

1. 使用兽医局备忘录第800.103号所述受限微生物生产的自家生物产品必须得到CVB批准。

2. 使用受限微生物生产的自家生物制品，必须向CVB-IC提交每一批（第一批和后续批次）的APHIS2008表，且必须在运输前通过批签发。如果生产企业的员工获得了适当的访问权限，那么也可以通过NCAH门户提交信息的方式替代APHIS2008表。

附录 自家生物制品摘要表范例

企业名称：地址：产品代码：

批号	分离株代码	失效日期	容器的数量	规格	备注

企业签名	职务	日期
APHIS签名	职务	日期

（刘　燕　丁春雨译，杨京岚校）

兽医局备忘录第 800.70 号：狂犬病疫苗免疫原性试验方案

2000 年 4 月 27 日

兽医局备忘录第 800.70 号

主　　题：狂犬病疫苗免疫原性试验方案
发送对象：生物制品持照者、持证者和申请者
　　　　　兽医生物制品中心主任

Ⅰ. 目的

根据 9CFR113.209（b）和 113.312（b）规定，本备忘录对拟向动植物卫生监督署（APHIS）备案的狂犬病疫苗免疫原性试验方案的编制提供指导。

Ⅱ. 废止

本备忘录生效之日起，1985 年 5 月 29 日发布的兽医局备忘录第 800.70 号同时废止。

Ⅲ. 背景

根据对狂犬病灭活疫苗 [9CFR113.209（b）] 和狂犬病活疫苗 [113.312（b）] 的检验标准要求，必须用疫苗推荐的每个品种的动物进行疫苗的免疫原性试验，且必须按照在试验开始之前向 APHIS 备案的方案进行试验。下述指导原则用以帮助申请者编制出 APHIS 认可的试验方案。

Ⅳ. 指南

A. 一般信息

1. 生产大纲。按照 9CFR114.9 规定提交待检产品的生产大纲。

2. 试验设施。提供动物饲养和攻毒试验设施的位置。如果是在非持照场所，那么应对这些设施进行描述，并向 CVB 提供进入监察的权限。

3. 试验日期。提供每个试验开始、攻毒和试验结束的暂定日期。

4. CVB 观察。应在试验开始至少 60d 前，向兽医生物制品中心—许可与政策制定部门提交方案，以便 CVB 有足够的时间安排 CVB 的职员对产品的接种（包括疫苗稀释的操作）进行观察，如果适用。CVB 的试验观察员可以选择和鉴定在兽医生物制品中心实验室进行复核检验所使用的疫苗样品、稀释液和稀释后的疫苗。如果没有对试验进行

观察，CVB 可能会要求提交这些试验中使用的疫苗、稀释液和稀释后的疫苗。

B. 详细试验过程

应提供描述如下的详细试验过程：

1. 疫苗准备。说明如何准备用于试验的疫苗，包括有关稀释的所有细节（如果进行稀释）。

2. 接种方法。包括疫苗的接种途径和方法。

3. 实验动物。兽医生物制品中心希望使用 12 月龄以内，品种和来源随机的实验动物。应说明在整个试验期间如何进行同期控制。

4. 血清样品的采集。说明在整个试验过程中为采集实验动物血清样品所作的规定。

5. 攻毒用病毒的鉴别。鉴别攻毒时使用的病毒。如果不是来自 CVB-L，则应提供全面的描述。

6. 攻毒方法。包括攻毒材料对小鼠的 LD_{50} 和攻毒试验所采用的注射部位。

7. 用于确定死亡原因的检验。对用于确定任何实验动物死因的检验进行描述。

C. 如何备案

详细的方案和一般信息应送往：

兽医生物制品中心

许可与政策制定部门

17 街南 510 号，104 室

Ames，IA50010-8197

签发人：Alfonso Torres

兽医局副局长

（刘　燕译，杨京岚校）

兽医局备忘录第 800.73 号：动物疫病诊断试剂盒通用指南

2015 年 1 月 6 日

兽医局备忘录第 800.73 号

发送对象：兽医局管理人员
　　　　　兽医生物制品中心主任
　　　　　生物制品持照者、持证者和申请者
签发人：John R. Clifford
　　　　副局长
主　题：动物疫病诊断试剂盒通用指南

Ⅰ. 目的

根据联邦法规第 9 卷（9CFR）101.2 节规定，本备忘录对持证者、持照者和申请者就有关支持获得一个用于诊断动物疾病或检测动物免疫状态的免疫诊断试剂盒的美国兽医生物制品产品执照或美国兽医生物制品产品许可证的申请的要求提供指导。

Ⅱ. 废除

本备忘录生效之日起，2002 年 6 月 20 日发布的兽医局备忘录第 800.73 号同时废止。

Ⅲ. 背景

诊断试剂盒的目的是为了诊断动物的疫病或免疫状态。必须对试剂盒预期用途的适用性加以证明。试剂盒（无论设计的板式还是功能）必须具有可靠性、可重复性和科学性。评估这些及其诊断性能的特点的正式过程，被称为验证。

Ⅳ. 范围

本文件对诊断检验的验证、撰写生产大纲和确定有效期等方法进行了概述。

Ⅴ. 定义

A. 金标（gold standard）

理论上，金标是一种无差错的方法，它能给出个体真实疾病的状态。诊断方法的准确性和精确性是根据金标来衡量的。由于一个真正的金标可能会无效或不切实际，所以通常会将新的诊断试验方法与已被公认为标准的参考方法进行比较。在某些情况下，标准可能是多种评估的综合结果（例如，Johne 的疾病分类可以根据组织病理学、临床病症、养殖情况，并考虑到家畜群体状态和动物年龄的累积结果进行）。一个标准可能会出错，但是在评估一个新的诊断检测试剂盒时，可指明动物的疾病状态也是可以被接受的。当使用一份不完善的参考标准的结果评估诊断的敏感性和特异性时，估计值可能会有偏差。有些情况下，其最终的目标是为了模拟真实金标的结果。当金标试验无效时，试验设计还可使用已经研发的方法进行敏感性和特异性的评价。

B. 诊断的敏感性（diagnostic sensitivity）

诊断的敏感性系指对一个真实的阳性样品检测结果为阳性的可能性。当金标的结果被认为是正确分类了真实疾病状态时，那么诊断的敏感性可用下面的计算来表示其百分比：

$$\frac{真阳性}{真阳性＋假阴性}\times100\%$$

假阴性样品为真正的阳性样品经试剂盒诊断为阴性的样品。

C. 诊断的特异性（diagnostic specificity）

诊断的特异性系指对一个真实的阴性样品检测结果为阴性的可能性。当金标的结果被认为是正确分类了真实疾病状态时，那么诊断的特意性可用下面的计算来表示其百分比：

$$\frac{真阴性}{真阴性＋假阳性}\times100\%$$

假阳性样品为真正的阴性样品经试剂盒诊断为阳性的样品。

D. 耐久性（ruggedness）

耐久性系指通过研究方法中参数微小的变化，测定保持不变的能力的度量。它提供了在正常使用条件下检测可靠性的指标。

E. 接收机工作特性（receiver operating characteristic，ROC）曲线

ROC曲线系指对应敏感性检测出现的假阳性率（1-特异性）的图或表，在ROC经验曲线上的每个点是由不同的潜在的临界值生成的。ROC曲线有助于更形象地观察不同临界值对应的敏感性和特异性之间的折中情况，以便最终选定临界值。

F. 可重复性（repeatability）

可重复性系指一个单一的操作者对一个单一的样品进行检测所观察到的变化。通过诊断试剂盒将样品分类为阳性或阴性时，关键在于操作人员对一组样品进行一致分类的能力。

G. 再现能力（reproducibility）

再现能力系指不同的操作者之间测量的变化。通过诊断试剂盒将样品分类为阳性或阴性时，关键

在于不同的操作人员对同一组样品进行检测，试验系统产生一致性结果的能力。

H. 样品（sample）

本文件中的"样品"通常是指一个诊断样本，而不是从一个群体中抽取的单位的统计学样品。

Ⅵ. 试验进展

确证诊断试剂盒的步骤包括：概念化、研发及对试剂盒进行的验证试验。最终的报告通常包括：各验证步骤的数据，但是也可以参考早期概念化和研发工作中获得的试验数据。

A. 概念化

在诊断试剂盒研发早期应解决的几个问题：

1. 该试剂盒检测相关物质的分析能力。诊断分析物通常是抗原、抗体或基因序列。

2. 该试剂盒在诊断检测样品为所期望的浓度范围内时，检测分析的能力。

3. 样品的类型和样品处理的要求。

4. 在试验准备中交叉反应材料的潜在影响。

B. 研发

在研发阶段，公司应：

1. 确定最终检测试剂盒的检测条件和试剂浓度。

2. 所含对照品的使用及检测试剂盒性能的监控方法。

3. 确定试剂和质量控制的合格标准，包括批放行小组的成员。

4. 对于平板检测，应测定平板上是否存在位置效应。

C. 验证

公司应能确定试剂盒的性能特点，即诊断的敏感性和诊断的特异性，以及证明试剂盒的耐用性，并向兽医生物制品中心（CVB）提供所有原始数据进行审查。强烈建议公司在试验开始之前向CVB提交一份详细的草案，说明计划进行的验证试验。原始数据的推荐格式可以进入CVB的网站，见生物制品法规和指南部分的电子提交分部。

1. 诊断的敏感性和诊断的特异性。该草案应注重计划评估诊断的敏感性和诊断的特异性的分析方法。该草案应指定金标的方法和拟定的统计学方法，特别是对那些使用了不尽完善的、复合的或非金标的情况。对于那些通过肉眼观察进行判定的反应，应采用已经建立的更为客观的测量方法。例如，密度测定，其灵敏度将基于视觉的分级进行测

定。在缺乏客观测量知识的情况下，应建立视觉的分级。

2. 评估诊断性能的样品。通过一个或多个附加试验测定样品的真实状态。可能存在参考试验，这是目前公认的标定样品状态的方法（金标）。在某些情况下，可以采用多种评价综合考虑测定动物真实的疾病状态。参考试验或试验（如果采用多种评价的综合考虑）应统一用于所有动物，以确定动物群的诊断状态。根据试验性试剂盒的检测结果，不再选择重检。试验样品的选择有助于准确评估检测试剂盒的诊断性能。所使用的样品应为适用于试剂盒样品的相同类型的样品。如果标签声明试剂盒可适用于超过一种类型的样品（如全血、血清、血浆）和/或超过一种类型的动物，那么应对每种类型样品/动物测定其诊断的敏感性和特异性。每种类型应取足够数量的阳性和阴性样品进行试验。阳性样品应涵盖从弱阳性至强阳性的范围。通常，诊断的样品应来源于美国本土，以说明是美国特有的病原分离物。该草案应注重动物种类、样品类型、样品推荐数量和样品的采集，应包括任何相关信息，如地里位置、样品的处理、保存、运输条件等。草案应为预期样品的大小提供依据。应说明该样品如何代表靶动物群。

3. 测定的临界值。有些试剂盒可以产生一个半定量的检测结果，用于测定样品的状态（阳性/阴性）。检测诊断样品的结果可能有助于确定临界值。对于检测的预期用途，ROC曲线可能有助于指导确定最适的临界值。最终的报告应说明如何选定临界值，包括用推荐的临界值对诊断的敏感性和诊断的特异性进行的评价。

4. 耐久性。通过观察对孵化时间、孵化温度、操作人员、试剂的批次或其他影响最终结果的试验条件的变化进行耐久性的评价。

5. 实验室之间的比较。要求公司进行实验室之间的比较，评价检测试剂盒在合作实验室中使用时的稳定性。

a. 检测板。由生产商建立的用于田间试验的检测板应包括跨越反应范围的至少20个参考样品。检测板中应含有不超过5个的阴性样品。对于另一个与试剂盒可能出现交叉反应的分析物，阴性样品可能会呈阳性。报告应讨论如何对剩余样品的反应性进行测定。应尽一切努力使用自然感染/暴露的样品而不是植入的样品。建议取1~2个参考样品在板子上进行2次重复检测。CVB承认可能有些

情况下这是不可能的。如果检测板不能依据自然感染动物的诊断样品建立，那么需对草案进行讨论，说明适用于检测板的样品的基本原理，并提供有关的详细信息。

b. 田间试验。检测板将按照9CFR103.3部分的运输要求被送往三个参与试验的实验室。每个实验室应对执照发放前的2批板子进行批检测。板子应随机使用，并且应在草案中对随机使用的方法进行讨论。此外，每个参与测试的实验室应进行盲样检测，即不提供样品的状态（阳性/阴性）及板子中阳性和阴性样品的数量的信息。

c. 没必要测定具有差异结果的重检样品，应避免。报告必须包括显示每个样品所有检测结果的列表。所有原始数据应以电子格式提交给CVB。

d. 应鼓励参与实验室通过检测提交到该实验室的样品来确定试剂盒的适用性。这对于新鲜样品（如全血和粪便样品）尤为关键。

D. 为疾病制定规划

国家兽医局实验室（NVSL）将对用于美国州和/或联邦根除/控制规划疫病诊断的试剂盒进行评估。CVB将向NVSL提供执照发放前产品批次进行评估。该试剂盒的执照和/或许可证可能会由动植物卫生监督署（APHIS）认可的实验室限制发放。美国兽医生物制品执照或许可证不能确保该检测试剂盒是否被用于官方的根除计划。疫病的流行情况发生显著变化时，可影响检测结果的诊断意义，因此，可影响该试剂盒在根除/控制规划疫病中的作用。

Ⅶ. 生产大纲

检测试剂盒的制造方法和生产标准的描述应符合9CFR相适应的标准要求中的所述规定，并由生产商在生产大纲中进行规定。检测试剂盒各组分及其试剂的制备应按照9CFR114.9（f）诊断试剂盒生产大纲指南中所述规定进行描述。本节的后续条款提供了补充指南，但是不是所有的都包含在内。

A. 导言部分

产品说明中应包括本节所含对试剂盒的描述、组件清单及对检测的说明和限制。对试剂盒的描述中应避免陈述或暗示该试剂盒为定量检测试剂盒。应避免诸如"与OD值成正比"的陈述。仅有在禽的抗体检测试剂盒中可进行定量化的陈述。

B. 第Ⅰ节：抗体生产

1. 特异性抗体制剂系指在抗原-抗体反应中起

到参与或竞争作用的可被试剂盒测定的任何试剂。

2. 可以购买或由已注册许可证的企业制备。

a. 归档的生产大纲必须指明每批产品的标识、来源（包括原产国）、验收标准及公司应进行的额外的质量检验。"认可产品的分析证书"的陈述不能作为验收标准。

b. 购买的单克隆抗体必须特性充分，并且克隆的设计或反应的抗原表位明确。必须由 CVB 批准后方可改变来源。如果抗体是从另一个持照企业获得的，则不要求他们持有"进一步生产"的产品执照。鼓励公司按照 9CFR113.52 所述规定用杂交瘤细胞制备单克隆抗体。

c. 由已注册的持照企业制备的用于制备单克隆抗体的基础杂交瘤细胞应符合 9CFR113.52 所述的适用规定。备案的生产大纲必须指明用于生产的每批产品的标识、来源、验收标准和由公司进行的额外的质量检验。

3. 动物源成分来源的声明必须说明是来自由国家进出口中心定义的无牛海绵状脑病风险或风险最小的国家，并且 9CFR94.18 的内容应包含在备案的生产大纲的第Ⅰ、Ⅱ或Ⅲ部分中。用于制备诊断试剂盒中任何组分的动物源性成分，无论是在美国生产的还是从国外进口的，如果已经向 CVB 提交了风险评估并发现对美国的动物健康的风险可忽略不计时，均可豁免 9CFR113.50、9CFR113.53 和 9CFR122 部分的要求和限制规定。如果要求豁免，可按照 APHIS 可接受的方式对未按 9CFR 检验规定执行的相关风险进行风险评估界定风险。

4. 如果培养方法、生长介质、杂交瘤细胞系或传代水平发生改变，则可能需要对试剂盒的敏感性和特异性进行确认和/或增加检验，并改变生产大纲。

5. 同一批次的所有试剂盒必须是由相同批次的抗体制备的。

C. 第Ⅱ节：抗原制备，包括 PCR 引物

1. 可以购买或由已注册的持照企业制备。

a. 对于购买的抗原，归档的生产大纲必须指明每批产品的标识、来源、验收标准及应进行的额外的质量检验。"认可产品的分析证书"的陈述不能作为验收标准。必须由 CVB 批准后方可改变来源。鼓励公司按照 9CFR113.27（f）和 9CFR113.55 所述规定来源的抗原进行抗原的制备。

b. 生产大纲中指定的基础种毒（MSV）应按照 9CFR113.27（c）规定进行外源性细菌和真菌的检验，并按照 9CFR113.55 规定进行外源病毒检验。MSV 应按照备案的生产大纲中的规定进行适当的鉴别检验。用于制备和培养已注册获得许可的基础种子的主细胞库（MCS）培养物应符合 9CFR113.51 和 9CFR113.52 所述适用要求。已备案的生产大纲中必须指明用于产品生产的每个批次的标识、验收标准及应进行的额外的质量检验。

2. 在已注册的持照企业生产的基础菌种（MSB），其生产大纲中应按照 9CFR113.27（b）规定进行外源细菌和真菌的检验，并在备案的生产大纲中规定进行适当的生化试验和培养特性检查。已备案的生产大纲中必须指明用于产品生产的每个批次的标识、验收标准及应进行的额外的质量检验。

3. 在已注册的持照企业制备的转基因的（基因删除或重组）基础种子（MS）微生物，应按照本节Ⅶ.C.2 或Ⅶ.C.3 节的要求酌情进行适当的检验。如果选择进行纯净性检验，则必须进行鉴别检验或表达分析，转基因的 MS 应按照 CVB 认可的实验室程序进行检验。已备案的生产大纲中必须指明用于产品生产的每个批次的标识、来源、验收标准及应进行的额外的质量检验。

4. 其他种类微生物的基础种子（如真菌、立克次氏体、寄生虫）必须进行充分的鉴别检验，并应按照 CVB 认可的实验室程序进行纯净性检验。已备案的生产大纲中必须指明用于产品生产的每个批次的标识、来源、验收标准及应进行的额外的质量检验。

5. 当检测试剂盒中使用了合成抗原或寡核苷酸时，氨基酸、核酸序列或碳水化合物的组成，伴随质量保证所必须的其他关键结构参数及标准，均应以 CVB 认可的方式在备案的生产大纲中进行描述。合成抗原或寡核苷酸可以是购买的；已备案的生产大纲中必须指明每个批次的标识、来源、验收标准及应进行的额外的质量检验。

6. 一批产品的所有试剂盒必须由同一批特异性抗原制剂、合成抗原或寡核苷酸制备。

D. 第Ⅲ节：标准试剂的制备

试剂盒组分应符合下表所示的要求和限制：

组　分	在持照企业中生产	与全部批次产品相同的批次	大纲中的来源鉴定和/或结构式	改变之前提交的数据	批次的有效期
抗特异性抗体或结合物	否	是	是	是	是
抗原或抗体试剂	否	是	是	是	是
基础 PCR 混合物	是	是	是	是	是
样品稀释液	否	否	是	是	是
对照品	否	是	是	是	是
终止液	否	否	是	是	否
制备的固体表面	是	是	是	N/A	是

1. 第Ⅲ A 节。对试剂盒中所使用的阳性和阴性对照品的制备的描述。对照品可以是购买的；已备案的生产大纲中必须指明每个批次的标识、来源、验收标准及应进行的额外的质量检验。"认可产品的分析证书"的陈述不能作为验收标准。单一批次中的所有试剂盒必须由相同批次的对照品制备。

2. 第Ⅲ B 节。抗特异性抗体或结合物系指用于放大/报告抗原-抗体反应的任何试剂。其包括抗特异性抗体，蛋白-A、蛋白-G 或蛋白-L，胶体金，生物素，或任何这些物质的酶标记物。其不需要在持有执照的企业生产，但是每批产品均需要以 CVB 认可的方式进行确证。在已备案的生产大纲中必须规定其验收标准。一批产品的所有试剂盒必须由同一批抗特异性抗体或结合物制备。

3. 第Ⅲ C 节。底物系指当被一个酶标记的试剂盒成分催化后，可经历颜色变化或其他可检测到的反应的一种基底物。其可以是购买的。已备案的生产大纲中必须指明每个批次的来源和验收标准。必须由 CVB 批准后方可改变来源。允许在制备同一批产品中使用超过一个批次的底物。

4. 第Ⅲ D 节。应列出试剂盒中包含的所有缓冲液。缓冲液系指用于稀释试验样品/其他试剂盒成分、进行洗涤或终止底物反应的一种惰性液体。应对检测试剂盒中包括的所有缓冲液的来源和/或结构式进行描述。每批非动物源性的缓冲液、稀释液或其他液体在最终容器中均应是稳定的。应描述用于稳定液体的方法及其证明，说明制备和确保不受细菌副产物污染这种稳定性之间可接受的最大时间间隔。由强酸（如 $1mol/L\ H_2SO_4$）构成的终止液的稳定性，或者其他公认的不支持微生物生长的化学物质的稳定性，则不需要进行论证。

5. 如检测试剂盒中的任何试剂发生变化，均应获得数据论证的支持，以确保该变化不会影响检测试剂盒的敏感性和/或特异性。

E. 第Ⅳ节：产品的制备

1. 第Ⅳ.A 节。应列出所有的防腐剂及每种成分中所含防腐剂的浓度。

2. 第Ⅳ.B 节。在制备包被的固相成分（如免疫分析板、微珠或膜）时，必须将它们与包被试剂（抗原/抗体）及未包被的固相基底物质分开标识。生产大纲中应确定固相成分的类型。固相成分应由已获得注册许可的企业包被；需要豁免的，需由 CVB 批准。每批包被的固相成分必须由相同批次的包被试剂和单一批次的固相基底物质进行制备。一批产品的所有试剂盒必须由相同批次包被的固相成分制成。应包含制备固相成分所必需的试剂的结构式。包被方法发生变化时，应获得数据论证的支持，以确保该变化不会影响检测试剂盒的敏感性和/或特异性。

3. 第Ⅳ.C 节。应列出每个最终容器的最小和最大填装容量，以确保各组分均有足够的量进行检测。

4. 第Ⅳ.D 节。应对用于处理不符合规定的材料的方法进行描述。公司可参考兽医局备忘录第800.56 号进行。

F. 第Ⅴ节：检验

1. 第Ⅴ.A 节。检测试剂盒可免做 9CFR113.26、9CFR113.27 和 9CFR113.28 中所述的无菌检验和纯净性检验。

2. 第Ⅴ.B 节。检测试剂盒可免做动物安全性试验。

3. 第Ⅴ.C 节。生产商应用参考样品（批发放控制样品组）对每批组装的检测试剂盒进行效力检验。每个控制样品的成分必须具有可接受标准的一个客观值。必须按照检测试剂盒内置的使用说明书和已备案生产大纲的规定进行效力检验。可在许可期间确定特异性和敏感性的标准，为批放行检验提供证明。

a. 用于效力检验的批发放控制样品组必须具

有良好的特性。该控制样品组应包括以下样品：

(1) 阴性/未感染的动物；

(2) 强阳性动物；

(3) 中等程度阳性动物；

(4) 弱阳性动物。

b. 用抗原或抗体人工制备的样品，或者用单一样品稀释的样品均可被接受构成批发放控制样品组。但是，这些样品应事先被稀释；为了避免发生稀释误差，一个样品不应用于稀释构成在进行检测时具有不同的反应性的多个样品。应制备足够量的批发放控制样品组，并等分成单次的使用量，以满足多年使用。

c. 批发放控制样品组必须在生产大纲中规定其批号、推荐的保存温度和可接受的测定范围。公司应提交数据说明如何进行范围的计算。例如，一个 ELISA 检测试剂盒，结果用样品光密度值与阳性对照的比（S/P）表示，则已备案的生产大纲必须规定每批参考样品的可接受的 S/P 的范围（包括适当的上限和下限）。对于符合规定的检验，每套批发放控制样品组组分的测定结果必须在规定的范围内。对于含有阳性和/或阴性对照品的产品，每批阳性和阴性对照品的检验结果必须在规定的范围内。如果可以通过适当的方法进行定量检测（如密度），那么在田间条件下对于主观解释的试剂盒的批发放，要求具有客观的标准。

d. 该试剂盒的生产商必须向 CVB 实验室提供等分的每种控制样品组的组分，以便用于批发放的复核检验。但是，投入市场销售的试剂盒内不要求放置样品组。

e. 各个批次的所有效力检验（无论是由公司进行的，还是由 CVB 进行的），均应使用同一批控制样品组的组分。对于批放行检验，控制样品组的标识应被记录在批的 APHIS2008 表中。

f. 库存耗尽时，有必要更换批发放控制样品组的组分。应证明替代的样品具有相同的能力，但是不需要与之前的控制样品组的组分具有相同的反应性。

(1) 应获得足够的数据证明替代样品在试验中的性能。验证数据必须事先得到 CVB 的认可，方可用作替换样品进行批放行检验。

(2) 如果替代样品与现行样品反应性的分布相同，那么替代样品（如未接近饱和度或者未接近试验临界点的阳性样品）是可以被接受的。如果分布不同，但是其可以与现行控制样品组的组分提供相

同的作用，那么该替代样品也是可以被接受的。在这种情况下，批发放说明书可能需要调整。

(3) 弱阳性替代样品应具有关键临界点附近的反应值（在试验中）。可接受的结果的范围不应跨越试验之间的临界值。应在上述临界值以上，具有适当的响应范围内确定反应范围。

(4) 对于具有动态范围的极端样品，如阴性控制样品组的组分，替代样品的反应性应在响应范围内（如，所有阴性替代样品的检测结果均应在阴性范围之内）。

G. 第 VI 节：随后的准备步骤

1. 第 VI.A 节。应列出每批试剂盒中所含最终组分容器的数量。试剂盒组分的多种规格变化是可以被接受的。

2. 第 VI.B 节。应按照 9CFR113.3（b）（7）和 113.3（e）（1）的规定对提交样品的收集和留样进行描述。应向 CVB 提交足够数量的样品，以便进行效力检验。试剂盒的保存与运输应符合 9CFR114.11 的规定。

3. 第 VI.C 节。试剂盒中每批产品的每个组分均应按照各自成分的稳定性设定有效期限。有效期限可以在各组分的标签上进行标注。该批产品的有效期应从第一次效力检验起始之日起计算，但是不能超过任何组分的有效期限。试剂盒的有效期不得超过 12 个月，除非延长有效期时间间隔的实时稳定性数据已被 CVB 批准。

4. 第 VI.D 节。试剂盒使用的信息，包括推荐、资格、限制和对试验结果的解释。本节中的信息与导言部分相同，其内容均包含在试剂盒的使用说明书中。试剂盒应界定可接受的质量标准及在检测试剂盒中用于适当分析的试验样品的潜在影响。所有潜在感染的材料均必须进行适当的标记。标签的所有有害物质项中，必须包含化学品安全性的说明。必须在生产大纲和内包装说明书中提供处理说明。

VIII. 有效期的确认（COD）

必须确认产品标注日期。

A. 批量

至少使用 3 批产品进行 COD 试验研究。

B. 检验的频率

每批产品在发放时和拟定有效期末，用备案生产大纲中规定的批发放控制样品组按照规定的判定标准进行检验。理想状态下，还应进行临时检验。对给定批次的产品进行的所有检验均应使用相同的

批发放控制样品组。

Ⅸ. 检测试剂盒的运输

如果生产商想在标签推荐的保存条件以外的条件下进行检测试剂盒的运输，则应向 CVB 提交数据，证明该检测试剂盒可在推荐的保存条件以外的预计温度下运输。在运输过程中，需要豁免

9CFR114.11 的生产商应在研究开始之前向 CVB 提交相关草案。如果获得批准，则需在生产大纲的第Ⅵ.B 节中对豁免日期和具体装运条件进行说明。

（杨京岚译，丁春雨　巩忠福校）

兽医局备忘录第 800.74 号：无菌稀释液的制备与分发

1999 年 11 月 4 日

兽医局备忘录第 800.74 号

发送对象：生物制品持照者、持证者和申请者
　　　　　　兽医生物制品中心主任
主　　题：无菌稀释液的制备与分发

Ⅰ. 目的

根据 9CFR 第 1112.3、112.6 和 113.54 节规定，本备忘录对无菌稀释液的生产和分发提供指导。

Ⅱ. 废止

本备忘录生效之日起，1985 年 5 月 21 日发布的兽医局备忘录第 800.74 号同时废止。

Ⅲ. 背景

兽医生物制品中心（CVB）并不将无菌稀释液作为一种兽医生物制品；但是，当需要用稀释液对产品进行溶解或稀释时，持照者就必须为每种获得产品执照的兽医生物制品提供适量的无菌稀释液。在 9CFR 第 112.3 和 9CFR 第 112.6 节（包装和贴签）以及 9CFR 第 113.54（生产和检验）中，APHIS 对持照兽医生物制品的无菌稀释液提出了特定要求。本备忘录为在已经获得或未获得 USDA 许可的兽医生物制品设施中生产无菌稀释液提供了进一步的指导。

Ⅳ. 指南

A. 持照产品的稀释液

1. 在持照企业设施内生产。根据 9CFR 第 113.54 节规定，持照者可以在经 USDA 批准的持照企业设施内生产无菌稀释液。

2. 在非持照企业设施内生产。如果满足以下条件，非持照企业也可以生产用于持照兽医生物制品的无菌稀释液。

a. 经兽医生物制品中心——监察与合规部门

（CVB-IC）检查，发现稀释液生产企业的设施适合生产无菌稀释液。

b. 持照者或申请者在兽医生物制品中心-许可与政策制定部（CVB-LPD）备案的生产大纲中，应对稀释液生产企业生产无菌稀释液的程序进行描述。

c. 稀释液生产企业应赋予 CVB-IC 随时检查其生产设施及所有生产和检验记录的权力。

d. 持照者应将稀释液制造商生产的每批稀释液的生产和检验记录复印件在持照企业内进行备案。

e. 在持照企业设施内，持照者对每批产品均应按照生产大纲的规定进行所有的检验，包括确保该稀释液与产品的相容性检验。

f. 对于每批无菌稀释液，稀释液生产企业都必须用持照生物制品的终容器进行包装和运输，并在持照企业内进行检验、最后包装和发放。

g. 在符合 9CFR 第 112.6（d）节规定且满足以下条件的情况下，稀释液生产企业可以从事无菌稀释液的贴签、包装和运输，并有权与持照兽医生物制品终容器分别包装和运输。

（1）满足以上 a 至 e 项的所有条件；

（2）在 CVB-LPD 备案的生产大纲或特殊纲要中，对每批无菌稀释液提供所有制备程序和条件的详细说明；

（3）说明抽样、标签责任和库存管理情况，以确保符合规章和大纲要求；

（4）向持照企业提供相关运输发货清单的复印件，以便与每批生物制品的批记录一并归档。

B. 其他用途的稀释液

1. 监管机构。对不用于持照兽医生物制品的无菌稀释液，兽医生物制品中心将不予管理；但是，其他管理部门可能会对该稀释液进行管理。

2. 生产条件。持照企业在经 USDA 批准的设施内生产无菌稀释液，但该稀释液并非用于兽医生物制品，则标签应：

a. 不含有美国兽医生物制品企业设施执照的编号；

b. 不含有推荐用于持照兽医生物制品的建议或说明。

签发人：Alfonso Torres
兽医局副局长

（刘　燕译，杨京岚校）

兽医局备忘录第 800.75 号：为具有临时执照的产品重新发放产品执照

1999 年 10 月 27 日

兽医局备忘录第 800.75 号

主　　题：为具有临时执照的产品重新发放产品执照
发送对象：兽医生物制品持照者、持证者和申请者
　　　　　兽医生物制品中心主任

Ⅰ. 目的

本备忘录为按照 9CFR102.6（a）规定，在临时执照临近有效期时，申请发放美国兽医生物制品产品执照提供指南。

Ⅱ. 废止

本备忘录生效之日起，1985 年 6 月 2 日发布的兽医局备忘录第 800.73 号同时废止。

Ⅲ. 背景

为了应对突发事件、市场受限、当地形势或者其他特殊情况，在确保产品纯净性、安全性和预期效果的情况下，APHIS 可以签发适用于加急程序的美国兽医生物制品临时执照，APHIS 要求产品临时执照的申领企业提供关于该产品的附加效力试验，或提供能证明产品有效性的其他资料，或两者均需要。

每个产品的临时执照均设置了有效期。在临时执照的有效期内，兽医生物制品中心（CVB）希望持照者在完成正式产品执照所需的要求方面取得突破性进展，或者完成正式执照所需的全部要求。

Ⅳ. 指南

在临时执照临近有效期时，CVB 可以再核发一个临时执照或正式产品执照，或者终止该产品的临时执照，这要取决于持照者在完成正式执照所需的要求方面取得的进展情况。

A. 重新发放产品执照的要求

在临时产品执照有效期之前，CVB 必须收到持照者重新发放产品执照的申请，申请中应包括所有的资料和信息，以证明持照者在完成产品执照所需的要求方面取得的进展情况。

B. CVB 的审批

对持有临时执照的产品请求重新发放产品执照的，CVB 将会作如下一种处理：

1. 发给正式执照。如果持照者符合正式产品执照所需的全部要求，CVB 将为产品核发正式产品执照。

2. 重新发放临时执照。如果持照者在完成正式执照所需的要求方面取得突破性进展，但尚不符合正式产品执照所需的全部要求，CVB 将为产品核发临时产品执照。

3. 终止产品执照。如果持照者在完成正式执照所需的要求方面没有取得突破性进展，CVB 将终止产品执照。

C. 其他持照者已获得正式执照的产品

在最后一次核发临时执照后，如果其他生产企业已获得该产品的正式产品执照，则 CVB 可以

考虑再发放一个期限为 6 个月的临时执照。只有确保持照者在 6 个月内可以满足发放正式执照的全部要求，CVB 就可以发给其正式的产品执照。如果不能提供这样的保证，那么 CVB 会终止产品执照。

签发人：Alfonso Torres
兽医局副局长

（刘　燕译，杨京岚校）

兽医局备忘录第 800.76 号：持照兽医生物制品标签上的商品名和徽标

1999 年 10 月 27 日

兽医局备忘录第 800.76 号

主　　题：持照兽医生物制品标签上的商品名和徽标
发送对象：兽医生物制品持照者、持证者和申请者；
　　　　　兽医生物制品中心主任

Ⅰ. 目的

本备忘录为持照兽医生物制品标签上的宣传设计和修饰（如商品名和徽标）提供指南，以符合《病毒-血清-毒素法》和符合 9CFR112.4（c）和 9CFR112.4（d）意图和目的。

Ⅱ. 废止

本备忘录生效之日起，1986 年 1 月 7 日发布的兽医局备忘录第 800.76 号同时废止。

Ⅲ. 背景

本备忘录阐明了《病毒-血清-毒素法》和相关规章的意图，以确保产品标签上能规范地注明其安全性和有效性。

9CFR102.4 和 9CFR112.1 规章规定，标签在任何情况下均不能有虚假或误导。标签不应使用户对产品来源、产品情况或与产品有关的其他因素产生虚假或误导的印象。兽医生物制品中心（CVB）将不允许使用可引起这种虚假或误导印象的标签。

9CFR102.4 规章对产品标签上使用的商品名、徽标、包装设计和其他设计作出了某些限定，以确保这些标签不会产生虚假或误导。如果 CVB 认为该设计的说明或给人的印象会误把经销商或持证者当成兽医生物制品生产企业，这样的设计就具有足够的虚假或误导性，会对使用者构成潜在危害，会被禁止其使用。CVB 还禁止在产品上标注非独家使用的商品名称，因为其在有关制造商的身份或产品特性上会造成不确定性。

Ⅳ. 指南

A. 商品名

1. 使用限制。除另有规定外，每种产品只能有一个商品名。

2. 使用权力。生产企业、经销商或持证者有对一种产品使用一种商品名的专属权，该专属权可通过产品所有权人、转让、独占使用执照或以其他方式获得。

3. 转让使用。拥有商品名专属权的经销商或持证者可以将商品名转让给生产企业，并用于与经销商或持证者的类似产品的标签上。

4. "类似产品"的确定。兽医生物制品中心-许可与政策制定部（CVB-LPD）将作为个案对产品是否属于"类似产品"进行裁定。在他们看来，生产企业的变更会产生产品类似但商品名不一致的产品，为了避免对用户造成潜在的危害，CVB-LPD 可要求新生产企业给商品名增加一个附加名（商品名＋X）。

B. 徽标

从商标的整体考虑，如果徽标不会造成经销商或持证者就是生产企业的印象或外观，就可以允许商家在标签上使用经销商或持证者的徽标。有关经销商标签的附加指南见兽医局备忘录第 800.80 号。

签发人：Alfonso Torres
兽医局副局长

（刘　燕译，杨京岚校）

兽医局备忘录第 800.77 号：产品稳定性不符合规定

1986 年 7 月 14 日

兽医局备忘录第 800.77 号

主　　题： 产品稳定性不符合规定
发送对象： 兽医生物制品持照者、持证者和申请者
　　　　　　国家兽医局实验室
　　　　　　地区兽医局局长
　　　　　　兽医局生物制品专家
　　　　　　区域兽医主管

Ⅰ. 目的

如果经兽医局检测表明，某产品在其有效期内并非始终有效，本备忘录的目的就是针对此类情况提供政策和程序，以确保采取适当的措施。

Ⅱ. 背景

根据联邦法规第 9 卷（9CFR）101 部分 101.4（f）节和第 114 部分 114.13 节规定，生物制品必须建立和确认有效期限，在适当的保存和处理条件下，有理由确定有效期内的生物制品预期是有效的。当国家兽医局实验室认为稳定性试验结果不符合规定时，则兽医局就会认为有必要采取适当的纠正措施。

Ⅲ. 政策和程序

A. 试验频率

1. 在进行稳定性试验之前，通常进行预放行检验；

2. 常规稳定性试验在有效期的最后一个月内进行；

3. 对不符合规定的产品，开始增加其稳定性试验频率。

B. 试验报告

持照者和持证者将很快收到国家兽医局实验室生物制品试验报告，通知其每批产品的检测结果。

C. 管理措施

1. 兽医生物制品田间试验办公室将采取全部管理措施，并发出所有有关稳定性试验不符合规定的通知。

2. 如果 12 个月内发现有 3 批（或某批产品有 20%）在有效期内效力不符合规定，将采取以下措施：

a. 持照者或持证者可以继续使用该授权的有效期，但必须对每批或每亚批产品在有其效期的中期和末期进行检测。每个检测的结果可以 VS14-8 表"兽医生物制品生产和检验报告"的形式尽快上报给兽医局。

b. 在其有效期的中期，如果发现任何批次产品不符合规定，就必须尽快将其从市场召回。

c. 依据中期检测结果，持照者或持证者可以将其产品的有效期减半。

3. 如果持照者或持证者证明，连续 8 批产品在原有效期末的效力检验符合规定，且至少 4 批产品的结果经兽医局复核，那么可免除中期再检验或缩短有效期的要求。兽医局开始进行复核检验的日期可能在该批产品的到期后进行。如果申请缩短有效期，则要求大纲修订页中有 9CFR114.13 所述的数据支持。

签发人： J. K. Atweel
　　　　　兽医局副局长

（刘　燕译，杨京岚校）

兽医局备忘录第 800.78 号：设施文件的编制和提交

2010 年 11 月 11 日

兽医局备忘录第 800.78 号

发送对象：兽医局管理人员

兽医生物制品中心主管

生物制品持照者、持证者和申请者

签 发 人：John R. Clifford

副局长

主　　题：设施文件的编制和提交

Ⅰ. 目的

本备忘录阐明了按照联邦法规第 9 卷（9CFR）108 部分规定编制和提交设施文件的方法。建议的厂区布局图、蓝图、厂区布局图的图例、蓝图的图例和蓝图图例的附注均收录在本备忘录的附录中。

Ⅱ. 废止

本备忘录生效之日起，1986 年 4 月 7 日发布的兽医局备忘录第 800.78 号同时废止。

Ⅲ. 定义

制备或配制（prepare or preparation）：有时被称为制造或生产，即生物制品加工、检测、包装、贴签和保存中所使用的步骤与过程。

Ⅳ. 设施文件

A. 设施文件的鉴别和处理的一般指导原则

1. 设施文件应包括以下信息：

a. 企业名称（应与企业执照或许可证上的一致）；

b. 每页均注明企业代号；

c. 每页均标明设施或处所的地址。对于有多处设施的企业，这一点尤为重要；

d. 每页均标明编制日期。

2. 进一步的要求包括：

a. 所有房屋和建筑物应按标准比例绘制厂区布局图或蓝图，在图纸上显示所使用的比例。

b. 每页厂区布局图和蓝图的图例必须可识别相应的厂区布局图和蓝图。采用 9CFR 第 108 部分的术语正确标识每个文件（如应使用"蓝图"而不是"平面图"）。

c. 每页图例的编号。

d. 在页面底部保留 2 英寸边缘，供 VS 加盖备案章。

e. 文件必须不必使用放大镜就可清晰易读。为了确保清晰可见，厂区布局图可绘制在比标准尺寸更大的纸上。

B. 厂区布局图的要求

1. 厂区布局图应显示该土地区域上的所有建筑，即便其未用于生物制品生产。

2. 图上的所有建筑应用唯一的字母或数字标识，厂区布局图上这种唯一标识符应分别与用于生产持照产品的建筑物的蓝图和图例相对应。例如，如果 456 号建筑物用于持照产品的生产，并显示在厂区布局图上，那么就还必须有相应的 456 号建筑物的蓝图和蓝图的图例。

3. 厂区布局图上必须有企业负责人的签名。该企业负责人的 APHIS2007 表应在 CVB 备案。对于持证者和国外生产企业，负责人是指在美国持照企业的负责人或持证者。

4. 应在图纸上标明各建筑的边界。应说明用什么标记来显示持照设施的界限（边界线）。应标示所有栅栏、围墙或街道（包括街道的名称）。厂区布局图的范例，见附录Ⅰ。

C. 蓝图的要求

1. 在蓝图上显示固定设备的位置，并用唯一的数字或字母来标识该设备。所用标识应与蓝图图例中所列设备编码的标识相匹配。

a. 为帮助企业确定什么应列入固定设备清单，本备忘录规定，固定设备为附着于房间的地面、墙壁或天花板上的设备，这些设备须经拆卸才能从房间移出，或在移动之后，使用前须经校准或校验。

b. 只需列出与持照产品相关的设备，不用列出诸如柜子、桌子或台面。

c. 例如，固定设备包括（但不限于）嵌进墙体的高压灭菌锅和冻干机、硬管道的生物安全柜。

d. 企业可用相同的唯一标识符来识别特定编码的设备、或唯一标识每一台设备。

2. 例如，需要蓝图的建筑物包括：

a. 用于生产兽医生物制品的建筑物。

b. 用于兽医生物制品运输的设施。

c. 用于兽医生物制品检验的设施，包括进行生物制品检验的动物设施。

3. 蓝图的范例，见附录Ⅱ。

D. 厂区布局图图例的要求

1. 厂区布局图的图例必须：

a. 描述所有生物材料如何在各持照房屋之间移动，以及在运输过程中保持适当的储存条件的注意事项。

b. 描述生物材料如何从运输车辆上移动到最终的储存地点。

c. 确保用于生产持照产品的所有区域内均有充足的供水、排水和光照。这可以在厂区布局图图例里单独说明，也可在各蓝图或蓝图图例中列明。

d. 厂区布局图图例页的范例，见附录Ⅲ。

E. 蓝图图例的要求

1. 每张蓝图的图例应：

a. 列出每个房间和每个房间的功能。

b. 明确标识用于研发、用于持照产品生产、既用于研发又用于持照产品生产的房间。蓝图的图例页，见附录Ⅳ。

c. 列明每个房间生产制品的成分。这些成分可能包括（但不限于）：细菌、病毒、真菌和寄生虫。还应列出感染性蛋白、细胞和单克隆抗体。在递交文件中的设施中生产的成分应包含在这份成分清单中。

1）清单的增减可每季度或每半年进行一次。

2）生产企业可能需要在9CFR103.1的许可下才可将各成分移入持照设施。此类许可不包括设施文件中列出的成分。

3）可以蓝图图例附注的形式提供成分清单。蓝图图例附注中的成分清单，见附录Ⅴ。

4）对于产品暴露于普通环境的房间，应描述净化措施和其他防止持照产品交叉污染的方法。还应描述用于保护操作人员的生物安全和生物防护措施。可以蓝图图例附注的形式来提供这方面必要的信息。不要为此提供整个标准操作程序。用蓝图图例附注提供防止持照产品交叉污染的方法及生物防护和生物安全措施，见附录Ⅵ。

5）房间的描述必须包括与蓝图所示设备编码相对应的固定设备的鉴别码。

6）房间描述中必须明确房间中执行必要功能的其他移动设备。

7）不能按9CFR第109节规定进行灭菌的容器、仪器及其他装置和设备，在APHIS备案材料中应有关于替代灭菌方法的豁免批准，并列在蓝图图例的附注中。9CFR109.1和9CFR109.2要求的豁免项目，见附录Ⅶ。

F. 设施文件的修订

1. 新设施施工前，或当企业进行改造或做出影响工作流程的其他改动时，生物制品持照者、持证者和申请者可提交图纸初稿，以供评审。在产品生产使用前，CVB可要求对新建或改造的施工区域进行检查。

2. 当设施改造完成时，提交修订的厂区布局图、蓝图或图例进行审查和备案。每份修订文件应列明在CVB备案的最新文件的日期。该日期被称为"替代日期"，并显示在设施文件每页的CVB蓝色印章内。

3. 对各次的修订准备一份申明，说明哪些内容进行了修改/替代并标明替代日期。对于之前未递交过的设施文件，在"替代日期"的位置填"新"。

4. 所有修订页的页码应与被替代页的页码相同。如果修订页太多，或为防止使用相同的页码，可对完整的修订版的每页标记页码。除非是新图纸，否则厂区布局图和蓝图上应标记明确的替代日期。

Ⅴ. 提交和备案

A. 在签发美国兽医生物制品企业执照或美国兽医生物制品产品执照之前，用于生产生物制品的所有场所的设施文件均应提交给CVB，并得到其批准。

B. 持照者、持证者应将所有文件提交给CVB的监察与合规部门（地址：代顿大街1920号，844信箱。Ames，IA50010）。

C. 请提交2份设施文件的副本至CVB。企业负责人签名应为原件，而非影印件。如果持照者、持证者或申请者要保留一份副本在其文件提交地（如果与其联络地址不同）的正式联系人处，则可递交3份设施文件副本。

D. 可接受的文件将会被盖章存档。CVB会将一份文件盖章后返回给申请者，另一份存档。如需修改，CVB会退回带有修改意见的文件，在修订后，由持照者、持证者或企业申请者重新提交给CVB。

附 录

附录 I 厂区布局图范例

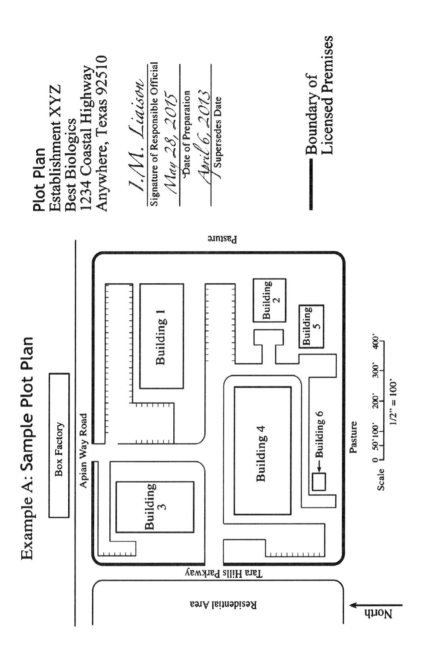

附录Ⅱ 蓝图范例

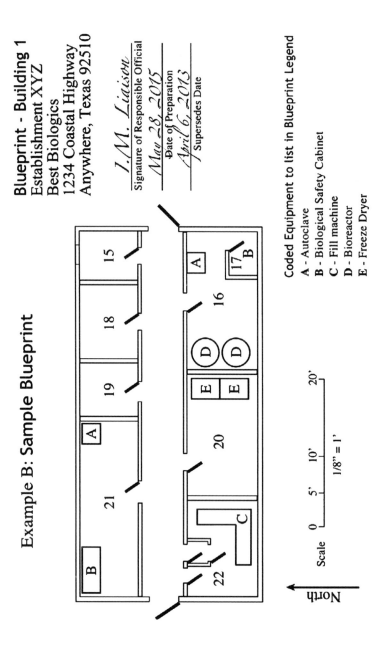

Example B: Sample Blueprint

Blueprint - Building 1
Establishment XYZ
Best Biologics
1234 Coastal Highway
Anywhere, Texas 92510

I.M. Liaison
Signature of Responsible Official

May 28, 2015
Date of Preparation

April 6, 2013
Supersedes Date

Coded Equipment to list in Blueprint Legend

A - Autoclave
B - Biological Safety Cabinet
C - Fill machine
D - Bioreactor
E - Freeze Dryer

Scale

| 0 | 5' | 10' | 20' |

1/8" = 1'

North

Leave a 2-inch margin at the bottom of the page to allow for the Veterinary Services file stamp.

附录 Ⅲ　厂区布局图图例页

页码

企业名称	厂区布局图图例	制作日期
企业代码	厂房地址	替代日期
		（或新日期）

（在企业许可证上）

1. 列出各建筑物的编号，并描述各自的功能。

2. 用实际的、非技术性的语言描述各建筑物的建筑材料。

例如：

建筑物 1

功能：该建筑主要用于持照兽医生物制品的生产和行政办公。

建筑材料：建筑为钢筋混凝土框架或钢板框架。地板是混凝土。内墙墙面采用混凝土，石膏板，或玻璃纤维板。生产区域的天花板使用石膏板；行政区域采用镶入式天花板。地板的混凝土上铺设环氧树脂。行政区域的地板铺设地毯。

水、排水和光照：确保用于生产持照产品的所有区域有充足的供水、排水和光照。这可以在厂区布局图图例做一个声明，也可在各蓝图或其图例中列明。

在页脚留 2 英寸空间供加盖 VS 备案章

附录 D　蓝图图例页

页码

企业名称	蓝图图例制作地址	制作日期
企业代码厂房	（或新日期）	替代日期
	（在企业执照上）	
	建筑物代号或代码	
	（来自厂区布局图）	

房间编号（或字母）

功能：列出房间内所有与生产、检验或贮存相关的活动，如接种、收获、离心或混匀。避免使用模糊术语，如"处理""准备""实验室的活动"。

成分（在此房间生产、检验、贮存的成分）：列出房间中制备、检验或贮存的每种微生物，包括属名和种名。如果制备同一微生物有几种不同的株，需列出每一个株。如果在多个房间中制备、检验或贮存多种微生物，可以参见附录。

设备：应在蓝图上标注生产、检验或贮存生物制品必需的固定设备的编号，并在蓝图图例上按照编码的数字或字母排列。

还应列出生产、检验或贮存生物制品所必需的非固定设备，但不需要在蓝图上标注。

房间管理：对于产品暴露于普通环境的房间，简要列明防止交叉污染所采取的步骤。

注意：如果房间内操作的成分相同，不要重复注释，但需引用第一份列表。当列表中的成分、设备或房间管理步骤很长或多次重复时，可将列表置于图例的尾部，并进行适当引用。

在页脚留 2 英寸空间供加盖 VS 备案章

附录 Ⅴ　蓝图图例的附注——成分列表

页码

建筑物 X* 蓝图图例，附注 Y

成分清单

企业名称	厂房地址	制作日期
企业代码	（在企业执照上）	替代日期
		（或新日期）

* 建筑物的标号或字母（来自厂区布局图）

A. 病毒成分	B. 细菌成分
牛传染性鼻气管炎病毒	胸膜肺炎放线杆菌
牛呼吸道合胞体病毒	支气管败血波氏杆菌
牛病毒性腹泻病毒	红斑丹毒丝菌
牛轮状病毒	溶血性曼氏杆菌
犬瘟热病毒	多杀性巴氏杆菌
犬细小病毒	胎儿弯曲杆菌
犬冠状病毒	气肿疽梭菌
犬腺病毒	2 型腐败梭菌
鸡传染性贫血病毒	副鸡嗜血杆菌
鸭病毒性肝炎病毒	副猪嗜血杆菌
马动脉炎病毒	犬钩端螺旋体
马疱疹病毒	3 型哈德焦型钩端螺旋体
马疱疹病毒	4 型黄疸出血型钩端螺旋体
马流感病毒	波摩那型钩端螺旋体
马病毒性动脉炎	
马传染性贫血病毒	
猫泛白细胞减少症	
西尼罗河病毒	

C. 仅用于质量控制检验的微生物
枯草芽孢杆菌
白色念珠菌

在页脚留 2 英寸空间供加盖 VS 备案章

附录Ⅵ 蓝图图例附注——预防持照产品交叉污染及生物防护和生物安全措施的清单

页码
建筑物 X * 蓝图图例，附注 Y
预防持照产品交叉污染及生物防护和生物安全措施

企业名称　　　厂房地址　　　制作日期
企业代码　　（在企业执照上）　替代日期

* 建筑物标号或字母（来自厂区布局图）

为了避免在暴露于普通环境的房间内的持照产品发生交叉污染（这包括在房间内增设防护措施以保护持照产品，如层流柜、洁净室等），建立以下程序。需要的话，也可对生物安全措施和生物防护程序进行释疑。

举例说明使交叉污染最小化的生物防护和生物安全措施包括：
- 工作人员每次只制备一种成分。
- 员工需遵守适当的更衣流程和无菌操作。
- 车间有独立的空气处理机组。
- 生产车间人流入口应设置缓冲间，并配备高效过滤器（HEPA）。
- 每次操作后，工作人员应定期用适于该操作间内使用的微生物的消毒剂拖地、擦拭或喷洒层流罩、台面、固定设备、墙壁和天花板。
- 未使用的房间，工作人员每月至少清洁一次墙壁、天花板和地板。

认可的消毒剂包括：次氯酸钠、季铵化合物、酚类化合物和 70％的异丙醇。

在页脚留 2 英寸空间供加盖 VS 备案章

附录Ⅶ 免除 9CFR109.1 节和 9CFR109.2 节规定的项目
（申请者应向 CVB 监察与合规部门发送申请函，以免除 9CFR 第 109.1 节和 9CFR109.2 节规定的项目）

页码
企业名称　　　　　　　　　日期
企业代码　　　　　替代日期（或新日期）
厂房地址（在企业执照上）

建筑物标号或字母（来自厂区布局图）

建筑物 X 蓝图图例的附注
以下设备免除 9CFR 第 109.1 节中的灭菌规定和/或 9CFR 第 109.2 节中关于灭菌记录保留系统的规定：
设备标识：
灭菌方法：
记录保留系统：

注意：如果 CVB 不清楚你所建议的灭菌方法在破坏微生物及其孢子上与 9CFR 第 109.2 节中的方法一样有效，我们可能要求你提供所建议方法的有效性证明文件。

持照者的授权代理人的签名和职务

在页脚留 2 英寸空间供加盖 VS 备案章

（刘　燕　王燕芹译，杨京岚校）

兽医局备忘录第 800.79 号：体外效价测定用本动物血清样品的提交

2013 年 3 月 20 日

兽医局备忘录第 800.79 号

发送对象： 兽医生物制品持照者、持证者和申请者

兽医生物制品中心主任

兽医局管理人员

签 发 人：John R. Clifford

副局长

主　　题：体外效价测定用本动物血清样品的提交

Ⅰ．目的

本备忘录为持照者、持证者和申请者按照兽医生物制品中心（CVB）政策提交用于体外效价测定的血清样品提供指南。本备忘录对用于生物制品效价评估的本动物血清样品的选择、验证和向CVB提交提供操作程序。

Ⅱ．废止

本备忘录生效之日起，1990年10月1日发布的兽医局备忘录第800.79号同时废止。

Ⅲ．背景

联邦法规第9卷（9CFR）113.6节规定授权生物制品检验。9CFR113部分提供了按照生产大纲或质量标准进行复核检验时，效价测定用本动物血清样品的提交方法。遵照本备忘录的规定，应避免使用其他本动物进行生物制品效力的评估。

Ⅳ．政策

A. 对质量标准或生产大纲中每批产品进行效力检验时所用的每只动物，应保留其免疫前和免疫后的血清各至少一份，这些血清样品应保存至内部检测工作完成之后。应在批准的生产大纲中注明最小的血清样品量。

B. 持照者或持证者应保留这些样品，以备CVB进行预售放行前的复核检验。在产品的有效期内，血清样品均应在－20℃或－20℃以下保存。

C. 如果选择某批产品进行复核检验，CVB会要求提供相应的血清样品。企业的正式抽样人员应对提交CVB的血清样品来源、包装和运输过程负责；持照者或持证者应对采血程序、血液处理和内部检验符合规定负责。应按兽医局备忘录第800.59号规定提交样品。

Ⅴ．实施/适用性

针对用于评价生物制品效价测定用本动物的血清样品，本政策即时生效。不同于以前版本的是，本备忘录不再要求随着每批产品均需提交血清样品。运输血清样品的政策仅成为持照者或持证者申请的特权。任何情况下，CVB都可以通知持照者或持证者随着产品的样品一起提交每批产品诱导的血清样品。CVB将根据监察、研究发现或合规性等情况的变化来确定。

（刘　燕译，杨京岚校）

兽医局备忘录第800.80号：经销商标签

1999年7月23日

兽医局备忘录第800.80号

发送对象：生物制品持照者、持证者和申请者

兽医生物制品中心主任

主　　题：经销商标签

Ⅰ．目的

本备忘录阐明了兽医生物制品中心（CVB）对经销商标签的审查标准，以及按照9CFR第112.4（c）节和9CFR112.5（c）节规定对持照者、持证者和申请者提交的供CVB审查的标签样稿的指南。

Ⅱ．废止

本备忘录生效之日起，1991年12月3日发布兽医局备忘录第800.80号同时废止。

Ⅲ．背景

CVB根据9CFR第112.5（c）节规定对所有标签进行审查和批准，以确保符合当前的要求。

9CFR 第 112.4（c）节对经销商标签的规定表明，禁止在标签中出现虚假或误导，或者暗示经销商就是该产品的制造商，或在标签上执照编码的下方显示经销商。

Ⅳ. 指南

A. 经销商名称和地址的变更

一旦 CVB 已对某种产品的经销商标签进行了备案，允许企业变更经销商的名称和地址，而无需为每个新的经销商提供单独的标签。但是，经 APHIS 批准的标签和备案的插页，应与企业最终产品所使用的标签和插页一致。标签上任何其他有关大小、形状、颜色、阴影、措辞、字体、印刷粗细、印刷质量、本文排版和商品名的变化，均需要单独提交，以便进行审核和批准。

B. 名称和地址的报告

应以相同的方式或更加强调生产企业的方式，在经销商标签上印制生产企业和经销商的名称和地址。

1. 在标签上的排列位置。应并排放置生产企业和经销商的全称和详细地址，或在标签版面的同一部分上下排列，且生产企业的名称和地址应排在上方。

2. 在标签上的放置。如果标签的正面只能容纳一个名称和地址，则放置生产企业的名称和地址，在标签的背面放置经销商的名称和地址。

3. 标签的其他方面。在所有其他方面，标签上都应以相同的或更加着重的方式强调生产企业。这些方面包括（但不限于）徽标、大小、形状、颜色、阴影、字体、印刷粗细、本文排版和印刷质量。

C. 商品名

1. 选择和使用。根据兽医局备忘录第 800.76 号规定，选择和使用商品名。

2. 使用前需经过审查。每个商品名的位置和在适当标签上商品名的任何变化，在使用前均应提交该标签给 CVB 进行审查和备案。

签发人：Alfonso Torres
兽医局副局长

（刘　燕译，杨京岚校）

兽医局备忘录第 800.81 号：鸡传染性法氏囊病疫苗（鸡法氏囊源）

2001 年 3 月 30 日

兽医局备忘录第 800.81 号

发送对象：生物制品持照者、持证者和申请者
兽医生物制品中心主任
主题：鸡传染性法氏囊病疫苗（鸡法氏囊源）

Ⅰ. 目的

本备忘录为有关鸡传染性法氏囊病灭活疫苗生产的持证者、持照者和申请者提供指导。兽医生物制品中心（CVB）允许用鸡传染性法氏囊病病毒（IBDV）的任何变异株或标准株，用以生产疫苗。本备忘录详细介绍了生产建议和检验程序，以确保用鸡法氏囊繁殖的含有 IBDV 的产品的纯净性。

Ⅱ. 废止

本备忘录生效之日起，2000 年 1 月 18 日发布的兽医局备忘录第 800.81 号同时废止。

Ⅲ. 背景

APHIS 在 9CFR113.212 节已规定了鸡传染性法氏囊病灭活疫苗的标准要求。规定要求疫苗"应由含毒的细胞培养液或鸡胚制备"。APHIS 已准予豁免 9CFR113.4（a）节中的该项要求，因为部分企业采用此标准方法用某些分离株生产疫苗时遇到了困难。

该豁免许可，允许企业用鸡繁殖 IBDV 分离株，然后收集感染鸡的法氏囊组织来制备鸡传染性法氏囊病疫苗。然而，采用此方法生产的疫苗，在生产前或生产期间可能因鸡只感染而增加疫苗污染外源病原的可能性。如果企业已通过建立确保产品

纯净性的生产程序来解决这一问题，则 APHIS 可准予豁免，允许企业用含有 IBDV 病毒生产变异株或标准株的鸡的法氏囊组织制备疫苗。此规定详见 9CFR113.4（b）。

由于进行 IBDV 疫苗生产需要使用大量的鸡，因此来源鸡群经常为鸡传染性贫血病病毒（CAV）血清学阳性，这种情况引起了 CVB 的注意后，替换了本备忘录 2000 年 1 月 18 日发布的版本。来源鸡群要保持 CAV 血清抗体阴性 3 周后才可使用的规定已被删除。目前，CVB 正在审查禽类产品的纯净性规定。尽管这项审查工作尚未完成，但是未来的拟定规则中将会对来源鸡群 CAV 状况和最终产品的 CAV 检测等问题进行解决。欢迎生物制品生产企业提供该检验最可行的方法。

Ⅳ. 生产建议

由于病毒产品的现行标准要求（9CFR113.200 和 9CFR113.300）不足以检出鸡贫血病毒（CAV）的污染，这使得用鸡法氏囊组织生产的鸡传染性法氏囊病疫苗存在明显的污染风险，因此在用鸡进行疫苗生产时，企业应采用以下生产程序以确保疫苗的纯净性。

A. 基础种毒

在标准检测方法正式建立颁布之前，企业应根据兽医局备忘录第 800.89 号第Ⅳ. A. 部分所介绍的检测程序，对所有禽类基础种毒进行外源 CAV 检测。企业可以向兽医生物制品中心实验室要求获得检测方法和用 PCR 方法检测 CAV 的培训。

B. 鸡

企业用于疫苗生产的鸡传染性法氏囊病易感鸡只能来自无特定病原（SPF）鸡群（定义见兽医局备忘录第 800.65 号）。使用前应隔离圈养，以保持其无病原体状态。企业还应避免在饲养或运输过程中接触禽类病原体。并非所有 SPF 鸡群都不含 CAV 病原，只要企业能证实其采用的 IBDV 灭活程序能灭活外源 CAV 病毒，或在灭活前，企业已采用 APHIS 认可的检测方法对半成品混合疫苗是否存在 CAV 进行了检测（详细说明如下）。

C. 灭活程序的有效性

由于 CAV 污染的风险较高，且病毒能在法氏囊组织中复制，因此每个企业还应以如下方式在其生产大纲中提供能够灭活 CAV 的灭活程序文件：

1. 制定方案。各企业应根据以下指导原则，制定出适用于该生产大纲定义的特定灭活程序的验证试验方案：

a. 取生产大纲中规定适于病毒传播日龄的、CAV 血清学阴性的 SPF 鸡群，接种一羽份满足以下 e 节有效性要求的 CAV。

（1）接种 7～9d 后，收集并混合这些鸡的法氏囊组织（感染 CAV 的法氏囊组织混合物）；

（2）收集并混合同日龄、同期孵化的非免疫对照鸡法氏囊组织（非感染的法氏囊组织混合物）；

（3）每组用足够数量的鸡用来模拟小规模生产。

b. 将感染的和非感染的法氏囊组织混合物，采用生产大纲所述的物理程序（匀浆、超声等）进行处理。

c. 将处理过的感染 CAV 的法氏囊组织混合物，一半用生产大纲中所述的灭活程序进行灭活（试验样品）。而另一半处理的 CAV 阳性混合物不灭活（阳性对照样品）。将处理过的未感染 CAV 法氏囊组织混合物，按生产大纲所述的灭活程序进行灭活（阴性对照样品）。

d. 采用 MDCC-MSB1 细胞滴定法，对试验样品、阳性对照样品、阴性对照样品是否存在活的 CAV 进行评估。

（1）在 3 周的时间内，每隔 48～72h，对滴定中的每个稀释度传代一次（每个稀释度传代 8～12 次）；

（2）根据细胞病变出现与否判定每个稀释液的阴、阳性；

（3）如果细胞出现 CPE 的数目具有一定的代表性，就要用 CAV 特异性抗体试剂（病毒中和或荧光抗体技术）来证实该 CPE 是否由 CAV 所诱导的。

e. 当 CAV 阳性对照的滴度至少达到 $10^5 TCID_{50}/mL$，阴性对照应为 CAV 阴性时，试验方为有效。

f. 试验样品中的 CAV 被完全灭活，则检验符合规定。

2. 提交方案。在试验开始之前，企业应向兽医生物制品中心-许可与政策制定部门提交方案，以供其审查和评论。

3. 试验场所。如果试验设施与生产设施实行了物理分离，或生产设施远离试验设施，则企业就可以在其试验设施内进行灭活程序的有效性研究，这样可以防止持照生产设施受到 CAV 的污染。

4. 变更灭活程序。如果该公司的灭活试验结果表明需要对产品的灭活方法进行更改，并提供使用该程序能足以灭活 CAV 病毒的数据，及采用新程序按照 9CFR113.212（d）（2）规定生产的连续三批产品的效价均符合规定，则 CVB 将允许企业更改生产大纲中的灭活程序。

5. 变更生产大纲。如果 CVB 接受了企业的灭活程序数据，企业需要在其生产大纲中与Ⅳ.A 相关的部分附上认可文件（包括认可日期）。

D. 批检验选项

如果企业不能证明上述第Ⅳ.C 节所述产品的灭活方法足以灭活 CAV，或者还未完成这样的检测，那么企业可以采用兽医局第 800.89 号Ⅳ.A 节所述 CAV 检测程序，在加入灭活剂前，对每批产品的样品进行检测，以证明产品的纯净性。使用了本选项的公司，必须在相应产品的生产大纲的第Ⅴ.A 节中指定特定的检验要求，并提供检测程序有效性和敏感性的证明数据。检验方法试验的认可（包括认可日期），应与试验一起记录在第Ⅴ.A 节中。

Ⅴ. 其他检测建议

A. 在设施内生产的其他禽类疫苗产品

如果在生产鸡传染性法氏囊病疫苗的设施内同时生产其他禽类疫苗，则生产用鸡就可能会暴露于其他疫苗毒，导致法氏囊成品疫苗造成污染。因此，根据 9CFR113.212 的规定，企业应采用以下补充试验，对在这种纯净条件下完成生产的半成品混合物或最终容器产品进行检验。

1. 接种鸡。每罐半成品或每批终产品按推荐使用剂量的 2 倍接种 21～28 日龄 SPF 鸡 10 只。

3～4 周后，用 2 羽份加强免疫一次（由于剂量加倍，接种可以多点进行）。取相同来源和同期孵化的 5 只鸡作为阴性对照。

2. 外源病原的抗体检测。分别收集每只鸡在第一次接种前和第二次接种后 2～3 周的血清。

a. 对在生产设施和饲养设施内授权使用过的所有具有感染性的病原种类，都要检查血清中是否存在相应的抗体。

b. 采用生产大纲或特殊纲要中特异性血清学检测方法（请注意：对某些抗原来说，油佐剂可能导致鸡只血清产生 ELISA 假阳性的结果，因此，在生产大纲第Ⅴ节中，该试验不能作为供选试验方法）。

c. 检测时，只要检测出鸡传染性法氏囊病疫苗毒或法氏囊病病毒以外的任何病原（出现阳性反应），则判该批疫苗为不符合规定。

B. 在隔离设施内生产的疫苗

如果用于生产鸡传染性法氏囊病疫苗的鸡饲养于隔离设施内，并按照兽医生物制品中心-监察与合规部门认可的符合防止其他禽源病毒污染规定的生产程序生产，则 CVB 将不要求企业对每批产品进行上述第Ⅴ节所述的补充检验。

Ⅵ. 生产大纲

所有鸡传染性法氏囊病灭活疫苗（鸡法氏囊源）的生产大纲，均应符合上述指导原则。

签发人：Alfonso Torres
兽医局副局长

（刘 燕 蔡青秀译，杨京岚校）

兽医局备忘录第 800.83 号：批放行检验完成之前产品批的出口

2011 年 3 月 19 日

兽医局备忘录第 800.83 号

发送对象：兽医局管理人员
兽医生物制品中心主任
生物制品持照者、持证者和申请者

签 发 人：John R. Clifford
副局长

主 题：批放行检验完成之前产品批的出口

Ⅰ. 目的

本备忘录为在批放行检验完成之前兽医生物制品的出口提供指导。

Ⅱ. 废止

本备忘录生效之日起，1999 年 7 月 23 日发布的兽医局备忘录第 800.83 号同时废止。

Ⅲ. 背景

根据 9CFR113.5、9CFR113.6 和 9CFR116.7 节规定，企业不能在批放行检验完成之前出口该批产品进行分发和销售。兽医局备忘录第 800.53 号和第 800.61 号对生物制品的检验和放行提供了详细的指南。

过去，动植物卫生监督署（APHIS）偶尔允许豁免该项规定，以便企业在国外进行同步检验。为进一步加快这种检验的进程，APHIS 允许在以下条件下，将一批完成产品的样品运送到外国企业。

Ⅳ. 产品批的出口

A. 用于深加工的产品

APHIS 不要求在放行前对深加工（FFM）产品进行检验，除非在生产纲要中规定要进行该项检验。这类产品在批放行前出口的相关规定，详见兽医局备忘录第 800.61 号第 Ⅴ.H 节。放行申请中应包括填写完整的 APHIS2008 表（兽医生物制品生产和检验报告）。

B. 成品、组分和容器

1. 整批产品。企业仅在 APHIS 要求的检验全部符合规定，并经 APHIS 批准放行进行运输后，才能出口该批产品。

2. 批样品。生产大纲中应说明，企业可以在批放行前出口足够数量的该批样品，以满足接收企业进行同步检验的需求。大纲中应明确规定企业运输批样品的数量及接收企业的名称和地址。生产大纲第 Ⅵ.B 节应包含该信息。

Ⅴ. 应实施适用性

本修订自本备忘录发布之日起生效。适用产品所有的现行生产大纲，或针对此类产品所编写的拟用生产大纲，均应符合本备忘录的规定。

（刘　燕译，杨京岚校）

兽医局备忘录第 800.84 号：取消，已被 VSM 第 800.50 号替代

兽医局备忘录第 800.85 号：禽流感疫苗

2006 年 5 月 18 日

兽医局备忘录第 800.85 号

主　　题：禽流感疫苗
发送对象：兽医局管理人员
　　　　　生物制品持照者、持证者和申请者
　　　　　兽医生物制品中心主任

Ⅰ. 目的

本备忘录告知各有关方面，兽医生物制品中心将考虑禽流感疫苗执照申请的条件。这对 9CFR113.200 和 9CFR113.300 中所适用的标准要求进行了补充。

Ⅱ. 废止

本备忘录生效之日起，1999 年 7 月 23 日发布的兽医局备忘录第 800.85 号同时废止。

Ⅲ. 背景

USDA，APHIS，兽医局（VS）认为，鸡的禽流感（AI）是一种外来疫病，并严格按照兽医局备忘录第 565.12 号特殊指南规范该疫苗的生产。AI 病毒的进口和/或州际运输，应按照 9CFR122.2 规定签发的许可证管制。

Ⅳ. 生产种毒（MSV）

兽医生物制品持照者和申请者（公司）必须符

合 9CFR113.200 和 9CFR113.300 中规定的所有适用于 MSV 的标准要求，还要符合下列其他要求：

A：州际运输

按照 9CFR122.2 规定，VS 会对持有许可证的 AI 病毒的进口或州际运输进行持续监管。

B. 常规灭活疫苗

APHIS 会考虑向获取和使用 MSV 时符合以下规定的企业签发常规 AI 灭活疫苗的执照：

1. 种毒的获取。企业必须仅使用从国家兽医局实验室（NVSL）病毒诊断实验室获得的低致病性 AI 病毒作为常规灭活疫苗的生产 MSV。企业可从此来源获得的任何血凝素（H）类型。

2. VS 国家进出口中心（NCIE）许可证规定。企业必须申请 NCIE 许可证以获取 AI 分离株；通常，在签发该许可证之前，会要求进行生物安全检查。NCIE 签发的 AI 分离株的许可证仅限于将该分离株用于体外试验。只有经 APHIS 批准，AI 分离株方可被用于疫苗的生产和检验。

C. 重组疫苗

APHIS 将考虑发放由重组衍生的 MSV 制备的活的或灭活的重组疫苗、亚单位疫苗或其他生物衍生技术构建的 AI 疫苗的执照。企业必须获得 NCIE 许可证，以获取构建这种 MSV 所需的 AI 病毒。

D. 传统的改良活疫苗

由于 AI 病毒具有较高的变异率，APHIS 将不予考虑颁发常规的改良 AI 活疫苗的许可证。

Ⅴ. 产品开发

必须满足所有对许可证适用的标准要求，包括（但不限于）9CFR113.200 和 9CFR113.300 规定，并满足以下附加条件：

A. 产品的声明

企业可发声明用于任何 H 型鸡或火鸡的产品。企业必须有适宜的数据，以支持其对每个年龄段、每种 H 型、每种动物及其接种途径所做的所有声明。

B. 涉及持照产品的攻毒试验

企业必须用适当的免疫攻毒效力试验的数据，支持持照产品的定期申请。为支持执照申请而使用高致病性禽流感病毒进行攻毒试验时，必须在生物安全三级（BSL3）的控制条件下进行。无论使用何种攻毒株，在试验开始之前，企业必须获得 CVB 对实验室、试验方案和攻击病毒的批准。

C. 条件许可

如果满足 9CFR102.6 规定的条件，APHIS 仅可受理条件性持照产品的申请。此外，所有正在办理或持有 AI 疫苗条件性执照的申请者或持照者必须致力于最终获得这些产品的正规执照。

Ⅵ. 产品执照的限制

A. 一般执照的限制

APHIS 将在所有签发的 AI 疫苗执照中增加下列限制：

1. 在每个州的分发。"在每个州的分发应仅限于由正式的州行政官员授权的指定接收人进行（在这些授权人可能要求的这样的附加条件下）。"

2. 出口分发。"出口分发应仅限于由正式的动物卫生管理部门的行政官员授权的指定接收人进行（在这些授权人可能要求的这样的附加条件下）。"

B. 其他的执照限制

APHIS 将在签发所有鸡用 AI 疫苗和用于火鸡的 H5 和 H7 亚型的 AI 疫苗的执照时，增加以下附加限制："国内的分发和使用，应在 USDA，APHIS，兽医局的监督或控制下进行，作为 USDA 官方动物疫病控制计划的一部分。"

Ⅶ. 产品的贴签

A. 限制动物种类的建议

因为执照对分发和使用的限制，推荐对用于鸡和火鸡的产品使用各自的产品标签，而不是使用相同的标签。

B. 分发声明

持有上述 Ⅵ 分发中所列限制的执照，其国内产品标签必须进行以下陈述："本产品仅作为 USDA 官方动物疫病控制计划的一部分进行分发和使用"。

C. 标注的类型

产品标签必须注明用于产品生产的 AI 病毒的 H 和 N 的类型。

签发人：John R. Clifford
兽医局副局长

（吴　涛译，杨京岚校）

兽医局备忘录第 800.86 号：豁免按照 9CFR113.200（c）（3）进行支原体检验

1999 年 11 月 4 日

兽医局备忘录第 800.86 号

主　　题：豁免按照 9CFR113.200（c）（3）进行支原体检验

发送对象：兽医生物制品持照者、持证者和申请者

兽医生物制品中心主任

Ⅰ. 目的

本备忘录阐明了兽医生物制品中心（CVB）获得豁免"灭活疫苗支原体污染检验要求"的政策。

Ⅱ. 废止

本备忘录生效之日起，1996 年 1 月 4 日发布的兽医局备忘录第 800.86 号同时废止。

Ⅲ. 背景

根据 9CFR 第 113.200（c）（3）节规定，在加入灭活剂前，用于生产灭活病毒苗的收获液必须按照 9CFR 第 113.28 节规定进行支原体检验。但是，如果持照者或持证者能证明"用于灭活疫苗毒的试剂能同时灭活支原体"，则可以豁免该条规定。本备忘录阐明了 CVB 关于豁免灭活疫苗进行支原体检验的政策。请注意：该规定仅适用于加入灭活剂前的疫苗检验，而不适用于基础种子、主细胞库、原代细胞或动物源组分的检验。

Ⅳ. 政策

要想对灭活疫苗免于进行支原体污染检验，需要做到以下几点：

A. 灭活工艺的验证

持照者或持证者必须证实，在其生产大纲中所阐述的疫苗毒的灭活方法能同时灭活支原体。

B. 验证生产大纲中的相关操作

该企业必须在其生产大纲中提供用于验证其灭活过程相关操作的可行方法。如果持照者或持证者能够提供相关资料，证实在病毒灭活过程中，支原体具有同样的敏感性，则其生产大纲所提供的方法即属于病毒灭活工艺中强制检验内容之一。

C. 提交方案

在对其灭活工艺和验证方法进行确认之前，持照者或持证者应将设计方案提交 CVB 进行审查和评估。

1. 标明支原体种类。方案中应标明所用支原体的种类。

2. 支原体种类的使用。所选用的支原体种类应包括经常污染细胞培养物的，以及经常能从该产品使用动物中分离的种类。

D. 文件的豁免

如果 CVB 同意豁免按照 9CFR113.200（c）（3）进行支原体检验，那么在产品生产大纲第 Ⅴ 部分应标明准予豁免的日期。

签发人：John R. Clifford

兽医局副局长

（刘　燕译，杨京岚校）

兽医局备忘录第 800.87 号：拥有分离设施的企业执照申请指南

2005 年 5 月 13 日

兽医局备忘录第 800.87 号

主　　题：拥有分离设施的企业执照申请指南

发送对象： 兽医局管理人员

兽医生物制品持照者、持证者和申请者

兽医生物制品中心主任

Ⅰ. 目的

根据 9CFR 第 102.4 节规定，本备忘录为两个或两个以上分开的设施共同申请一个企业执照提供指导。

Ⅱ. 废止

本备忘录生效之日起，1999 年 8 月 23 日发布的兽医局备忘录第 800.87 号同时废止。

Ⅲ. 概述

根据 9CFR 第 102.4 节规定，禁止动植物卫生监督署签发企业执照，除非署长认为该企业设施的运行符合《病毒-血清-毒素法》（VSTA）。9CFR 第 115 部分授权 APHIS 检查员对持照企业的设施和产品进行监督检查，以确认其是否符合 VSTA 和有关规章的要求。对用于兽医生物制品生产、检验和分发的所有持照设施进行检查是 APHIS 的政策。当距离很远的设施被列在同一个企业执照上的时候，要同时进行检查确定它们是否均符合 VSTA，就可能存在一些问题。为了解决这种问题，本指南为相关的文件编制和记录保存提供标准，并允许 APHIS 在这种条件下进行检查。

Ⅳ. 指南

在以下条件下，APHIS 会考虑为两个或两个以上的远距离设施发放一个企业执照：

A. 操作者的职责

每个持照企业必须有一个人对企业执照上所列的所有设施负法律责任。该负责人需签署 APHIS2001 表"美国兽医生物制品中心企业执照申请表"，并列出所有设施的位置。

B. 通信地址

持照企业应有一个用于所有政府部门通信的邮寄地址，并写在企业执照上。

C. 正式联系人

每个持照企业必须有一位正式联系人对企业执照上所列的所有设施负责。该联系人负责处理所有向政府提交的和接收的信函，并协调检查活动和合规性。如果兽医生物制品中心（CVB）进行合规性检查和不事先通知的监督检查的场所与联系人通常所在的场所距离较远，超出了联系人合理的旅行时间，那么经 CVB 批准，可由持照企业指定一个现场联系人。

D. 批放行

持照企业应确定一位代表，负责管理批放行的提交。APHIS 将按照企业执照上所列的邮寄地址，给该代表寄送所有产品的批放行报告。

E. 用于放行的批次和批记录的提交

如果某个设施发生新购、出售或其他合并，则兽医生物制品将继续沿用第一次提交给 CVB 的用于给定批次的设施编号和产品识别代码。如果用一张 APHIS2008 表申请了某批产品的再加工、延长有效期、修正库存记录，或者在两家企业合并之前提交了两个原始设施编号中一个设施的样品清单，那么在整个有效期内，将保留该批产品的原始标识并记录任何其他放行后进行的活动（如再加工、重新装瓶或延长有效期）。

在新的或改造过的企业执照被签发后，第一次提交的新批次（包括样品）和批记录要标注新合并的设施。

F. 记录

企业执照上所列的所有设施，必须使用相同的系统来维护和保存记录。这包括批产品组装和后处理的记录保存系统。持照者应在活动发生地所在的设施内保留记录的原件。

G. 正式文件

在每个设施中，持照者必须保留适当的经 CVB 核准的厂区布局图、蓝图、图例、生产大纲、标签和其他正式文件，以备 APHIS 检查员所需。允许在所在地保留每个适用的现行批准的受控文件的副本，但是正式联系人所在地不行（需保留正本）。

H. 在设施之间运输生物材料

在厂区布局图的图例中必须说明如何在几个设施之间运输材料。材料包括生物制品的组分、所有生产过程中的生物制品和所有制备完成的生物制品。还必须说明在设施之间运输这些材料的过程中需采取的保护措施。企业应在厂区布局图的图例中对这种材料的运输模式进行标注和说明，诸如对冷藏设备的描述等。厂区布局图的图例中还应介绍这种材料是如何在生产车间之间，或者生产车间与冷藏设备之间运输的。企业应根据需要修订厂区布局图的图例，以确保图例中包含所有这些被运输的材料和所有当前用于设施之间材料运输的程序。

I. 交接文件

企业必须使用交接文件来证实他们严格遵循了既定程序，以确保产品在设施之间运输时受到保护。在记录中应说明，在这种交接过程中为确保维持适当温度而使用的制冷设备及其温度记录装置是如何、何时进行定期检查的。

J. 分发中心

如果分发中心完全由生产兽医生物制品的持照企业所拥有和控制，那么企业执照上可包括分发中心。这些地点由 APHIS 检查，以确定是否符合 VSTA 和法规的要求。

K. 执照申请文件

如果在 1 年内，原先作为分开的持照企业的持照设施被合并成一个持照企业，那么企业必须重新提交正式的生产大纲、标签、厂区布局图、图例、蓝图和其他反应变化的文件。

在第一年，依据归档文件将确定是否符合 VSTA 和法规的要求。在生产大纲中应明确生产

地点，并以 APHIS2007 表的形式，说明工作人员的工作地点。

L. 技术转移

当企业将其兽医生物制品的生产或检验从一个地点转移到另一个地点时，必须保留相应的培训记录和转移生产或检验过程的记录。在新地点进行最终的生产或检验之前，需提前告知 CVB。CVB 可能会对几批在新地点生产或检验的产品进行检测。必须保留技术转移记录，以便在下一次向 CVB 申请深入检查或复查时提供 CVB 审查。

V. 例外

原本已豁免在企业执照中作为生产设施出现的设施，不属于本备忘录管理的范畴。诸如辐照设施、牛奶采集和分装点均属于此类设施。

签发人：John R. Clifford

兽医局副局长

（刘　燕译，杨京岚校）

兽医局备忘录第 800.88 号：网状内皮组织增生症病毒污染检验

1999 年 8 月 23 日

兽医局备忘录第 800.88 号

主　题：网状内皮组织增生症病毒污染检验
发送对象：兽医生物制品持照者、持证者和申请者
　　　　　兽医生物制品中心主任

I. 目的

本备忘录为那些需要在禽用生物制品生产用基础种子病毒（MSV）中进行网状内皮增生症病毒（REV）污染检验的持照者、持证者和申请者提供指南。

II. 废止

本备忘录生效之日起，1996 年 6 月 12 日发布的兽医局备忘录第 800.88 号同时废止。

III. 背景

REV 是一种禽类反转录病毒，感染 REV 的禽类能产生肿瘤和免疫抑制。曾经发现持照禽痘疫苗基础种子病毒污染了 REV。根据 9CFR102.3（b）规定，在颁布美国兽医生物制品产品执照之前，必

须保证生物制品的纯净性。但是，在 9CFR 第 113.200 节和 9CFR113.300 节中，现行病毒制品检验标准不能有效地检出 REV 污染。

为防止此类问题再度发生，兽医生物制品中心实验室（CVB-L）在对新的禽 MSV 进行复核检验时，采用聚合酶链式反应（PCR）检验 REV 污染。另外，兽医局备忘录第 800.65 号规定，使用非特定病原体（SPF）材料生产禽用生物制品，可以保证生产过程中不会发生 REV 污染。

目前，CVB 正对禽类生物制品的纯净性检验要求进行修订审查，尽管修订工作尚未完成，但在将来的提案中一定包含 MSV 中 REV 污染的检验标准。因此，我们鼓励企业提前进行 REV 检验，

以便双方在制定标准时达成一致。

本备忘录介绍了禽 MSV 中 REV 污染的检验方法。在新标准未实施前，本备忘录不具有强制性。未来的持照者应在向 CVB-L 提交 MSV 样品进行复核检验前，对新的禽 MSV 进行 REV 污染检验。我们也鼓励企业对已经核准的禽 MSV 建立一套 REV 检测方法。

Ⅳ. 检验程序

在正式标准确立前，MSV 中的 REV 检验方法可选用以下三种中的任何一种。本节仅作为一般准则，具体细节需由企业自行制定。

A. PCR 试验

直接对 MSV 样品进行检测。如果申请者提出要求，CVB-L 可为企业提供 PCR 检验方法；企业也可以构建自己的检验方法。

B. 病毒体内扩增

将 MSV 接种 1 日龄 SPF 鸡，2 周后用酶联免疫吸附试验（ELISA）、荧光抗体（FA）或 PCR 试验检测血样中 REV。

C. 血清学检验

用 MSV 接种 SPF 鸡两次（2 周龄和 4 周龄），3～4 周后用 ELISA 或 FA 试验检测血样中 REV 特异性抗体。

说明：检验前不要对 MSV 样品进行过滤（如除去痘病毒），否则导致样品中 REV 滴度下降，会降低检测的敏感度。

Ⅴ. 检验报告

A. 新的 MSV

申请对新 MSV 进行复核检验时，申请者要采用 APHIS2008 表将其检验结果向 CVB 报告，同时还要附上该企业所用的检验方法，以及该方法的敏感性和特异性等试验数据。

B. 已批准的 MSV

鼓励企业对已被批准的 MSV 进行 REV 检验，并将阳性检验结果及时报送兽医生物制品中心——监察与合规部门。

签发人：Alfonso Torres
兽医局副局长

参考文献：

Aly M，Smith E，Fadly A，1993. Detection of *Reticuloendotheliosis virus* infection usingthe polymerase chain reaction ［J］. Avian Pathol，22：543-554.

Davidson I，Borovskaya A，Perl S，et al，1995. Use of the polymerase chainreaction for the diagnosis of natural infection of chickens and turkeys with *Marek's diseasevirus* and *Reticuloendotheliosis virus* ［J］. Avian Pathol，24：69-94.

Melchior F，1995. Oral presentation，Poultry section ［C］.6th USDA Veterinary Biologics Public Meeting.

（刘　燕译，李　虹校）

兽医局备忘录第 800.89 号：鸡传染性贫血病病毒

1999 年 12 月 22 日

兽医局备忘录第 800.89 号

主题：鸡传染性贫血病病毒
发送对象：兽医生物制品持照者、持证者和申请者
　　　　　兽医生物制品中心主任

Ⅰ. 目的

根据 9CFR 第 103.1 和 102.5 节规定，本备忘录为生物制品持照者、执证者和申请者在持照设施内使用鸡传染性贫血病病毒（CAV）进行产品检验，或进行 CAV 活疫苗或灭活疫苗的生产提供指导。

Ⅱ. 废止

本备忘录生效之日起，1997 年 2 月 24 日发布的兽医局备忘录第 800.89 号同时废止。

Ⅲ. 背景

鸡传染性贫血病病毒是无囊膜、单股、环状DNA病毒，属于圆环病毒属（F. Murphy 等，病毒分类学，1995）。可以引起贫血、免疫抑制和青年鸡的死亡。CAV 在美国养禽业广泛传播，且在环境中相当稳定。兽医生物制品中心（CVB）正致力于防止生物制品的 CAV 污染，并鼓励 CAV 疫苗研发。

A. 产品污染

根据 9CFR 第 102.3（b）节规定，在签发美国兽医生物制品执照前，申请者必须建立生物制品纯净性检验方法。但是，现行病毒类产品的检验标准不能有效地检出 CAV 污染（见 9CFR113.200和 9CFR113.300）。因此，在新的禽类基础种毒（MSV）鉴定试验中，CVB 实验室（CVB-L）正在运用聚合酶链式反应（PCR）进行 CAV 污染检验。CVB 也在重新修订禽类生物制品的纯净性检验原则。虽然修订工作尚未完成，但在将来的提案中，我们计划包括 CAV 的检验标准，同时也需要从生物制品生产企业中引进此类试验的可行性方案。我们鼓励企业着手对所有新的禽源 MSV 进行CAV 检验，以便双方在制定标准时达成一致。当然，在新标准未实施前，本规章不具有强制性。未来的持照者应在向 CVB-L 提交 MSV 样品进行复核检验前，对新的禽源 MSV 进行 CAV 污染检验。我们也鼓励企业对已经核准的禽源 MSV 建立一套CAV 检测方法。

B. 疫苗研发

1991 年 11 月 25 日，CVB 发布了一份题为《鸡传染性贫血病病毒疫苗》的兽医生物制品通告。由于当时对该病毒的生态学尚不完全清楚，因此我们声称只接受 CAV 灭活疫苗执照的申请。此后，随着对病毒的进一步了解，目前我们将接受 CAV活疫苗或灭活疫苗的执照申请。

Ⅳ. 指南

A. 禽源 MSV 检验

在标准检验方法建立之前，CVB 建议采用以下方法进行禽源 MSV 的 CAV 检验。每个企业必须制定出这些试验的具体细节。当然，CVB 也可以考虑个别企业采用其他检验方法。

1. PCR 试验。直接对 MSV 样品进行检测。如果申请者提出要求，CVB-L 可为企业提供 PCR 检验方法；企业也可以构建自己的检验方法。

2. 病毒分离

a. 通过接种 MDCC-MSB1 细胞直接检测 MSV中是否存在活的 CAV。分离程序是：3 周内将细胞传 8～12 代（48～72h/代）。企业通过观察是否出现细胞病变效应（CPE）来判定检测结果的阴、阳性。当然，最好使用带有 CAV 特异性抗体试剂的技术（如病毒中和或荧光抗体技术）来证实具有代表性培养物上产生的 CPE 是否为 CAV 所诱导。

b. 申请对新 MSV 进行复核检验时，申请者要采用 APHIS2008 表将其检验结果向 CVB 报告。个别企业还要随 APHIS2008 表的数据包一起提交该企业所用的检验方法，及所述方法的敏感性和特异性等试验数据。也鼓励企业对已批准的 MSV 进行 CAV 检测，并将阳性检验结果及时报送兽医管理中心——监察与合规部门。

B. 设施要求

由于 CAV 在环境中具有高度的稳定性，持照者应尽一切努力防止在设施中的生物制品污染 CAV。

1. 实验室设施内的 CAV。当企业的质检部门将 CAV 作为一种长期保存的毒种时，就必须对实验室设施、人员、仪器设备、供应品和实验动物加强管理，以防止病毒污染生产设施。

2. 生产设施内的 CAV

a. 当 CAV 作为生产用种毒时，防止产品交叉污染的最直接办法是采用 CAV 专用生产设备，并与生产其他产品的设备实行物理隔离。CVB-IC 工作人员将检查和评估该隔离措施的有效性。

b. 如果企业没有采用专用生产设备、实行设备的物理隔离，那么就应对整个生产过程进行鉴定和评估，尽可能减少潜在污染途径、杜绝对设施的污染。另外，企业应对采用此设施生产的所有禽类产品是否污染 CAV 进行检测。根据兽医局备忘录第 800.81 号第Ⅳ.B. 部分，如果企业能证明灭活疫苗的灭活程序能使 CAV 失活，则可对灭活疫苗实行免检。

3. 消毒。在任何设施（实验室或生产车间）内，只要 CAV 存在，企业就应研究、制定和评估适当的消毒方法，对设施进行消毒。

C. CAV 疫苗的建议

对持照者来说，CAV 灭活疫苗或活疫苗必须符合 9CFR113.200 和 113.300 的要求。除了符合 CVB 一般注册要求第 800.200 和 800.201 号所提供的指导原则外，还必须符合以下特殊注册要求：

1. CAV 疫苗培养基。CAV 对培养基要求非常苛刻，CVB 允许使用任何有文献记载的培养系统（MDCC-MSB1 细胞培养基质、鸡胚、肝脏等鸡组织）。然而，企业应特别关注黏附在培养基上的外来介质可能引起的潜在污染。

a. 生产用鸡胚或雏鸡应来源于无特定病原（SPF）鸡群（定义见兽医局备忘录第 800.65 号）。由于 SPF 鸡群不一定为 CAV 阴性，因此企业应对来源鸡群进行监测，连续三周保持 CAV 抗体阴性的鸡群，才可收集鸡胚或雏鸡用于疫苗生产。

b. 用作培养基质的雏鸡，应在专门从事这一活动的设施内进行培养、接种和收获。否则，必须对成品进行补充检验，以证实生产设施中使用的其他微生物不会同时感染生产用鸡。补充检验的描述见兽医局备忘录第 800.81 号第 V 节。

2. CAV 疫苗的效力。CAV 仅引起雏鸡出现临床病症，它既可通过垂直传播，又可通过水平传播。因此，任何 CAV 疫苗（活疫苗或灭活疫苗）都应该在标签上声明：仅用于预防雏鸡的临床病症。这一声明应通过对免疫母鸡所产仔鸡进行攻毒试验加以证实。

3. CAV 疫苗的安全性。无论是 CAV 活疫苗还是灭活疫苗，其安全性原则就是：活的 CAV 通过免疫母鸡垂直传播给后代仔鸡的可能性。

a. 企业应对 CAV 活疫苗从免疫母鸡排毒的能力（粪便和鸡蛋中）和水平传播接触鸡只的能力进行评估。企业应根据这些数据确定疫苗接种年龄的上限，避免因免疫而导致疫苗毒通过鸡蛋排毒。

b. 对 CAV 灭活疫苗，必须有充分证据证明病毒已被彻底灭活。

签发人：Alfonso Torres
兽医局副局长

参考文献：

Noteborn M，Verschueren C，van Roozelaar D，et al，1992. Detection of *Chicken anemia virus* by DNA hybridization andpolymerase chain reaction [J]. Avian Pathol，21：107-118.

Goryo M T，Suwa S，Matsumoto T，et al，1987. Serialpropagation and purification of chicken anemia agent in MDCC-MSB1 cell line [J]. Avian Pathol，16：149-163.

Todd D，Creelan J，Mackie D，et al，1990. Purification andbiochemical characterization of chicken anemia agent [J]. J Gen Virol，71：819-823.

McNulty M，Conner T，McNeilly F，et al，1988. Aserological survey of domestic poultry in the United Kingdom for antibody to chickenanemia agent [J]. Avian Pathol，17：315-324.

Yuasa N，1992. Effect of chemicals on the infectivity of *Chicken anemia virus* [J]. Avian Pathol，21：315-319.

（刘　燕译，杨京岚校）

兽医局备忘录第 800.90 号：退出，已纳入 VSM 第 800.112 号

兽医局备忘录第 800.91 号：持照生物制品企业的监管项目

2016 年 6 月 28 日

兽医局备忘录第 800.91 号

发送对象：兽医局管理人员
　　　　　兽医生物制品中心主任
　　　　　生物制品持照者、持证者和申请者
签 发 人：Jack A. Shere
　　　　　副局长
主　　题：持照生物制品企业的监管项目

Ⅰ. 目的

根据美国 9CFR 第 115 部分规定，美国动植物卫生监督署（APHIS）的检查员需要对持照兽医生物制品企业进行深入监督管理，本备忘录就是为其提供监管项目目录。同时，持照者也应熟悉该目录，以便了解美国 APHIS 的监督管理状况，并据此对其应遵守《病毒-血清-毒素法》（VSTA）的情况进行自查。

Ⅱ. 废止

本备忘录生效之日起，1999 年 5 月 13 日发布的兽医局备忘录第 800.91 号同时废止。

Ⅲ. 背景

根据美国 9CFR 第 115 部分规定，美国农业部（USDA）所有的检查员均有权在无需提前通知的情况下，随时进入任何从事生物制品生产场所进行监督检查。APHIS 对持照兽医生物制品企业实施不事先通知的监督检查，其目的是了解生物制品的生产过程是否 VSTA 及其相关规定。为进一步加强监管工作，APHIS 已经为检查员制定了 14 项监管项目的内部纲领，该纲领指出了进行逐项审核与检查必须完成的内容。尽管这些内容并不能囊括所有必需实施监督的项目，但有助于兽医生物制品企业始终遵循 VSTA 及其相关规定。在每次现场检查后，检查员应提交被监督企业的检查发现总结。

监督活动可以是检查期间的观察结果，也可以是执行情况的核查结果，还可以包括已在市场流通的产品以及投诉和建议函等。

作为纠正和预防措施的持照者/持证者的书面反馈意见，不符合项应以现行格式文件形式提交给 CVB-监察与合规部门（CVB-IC）。可以要求持照者/持证者提供一份以上的反馈意见。

Ⅳ. 指南

在对持照兽医生物制品企业实施监督检查时，APHIS 的检查员应采用本章描述的 14 项监督内容，行使指定的监管职能，并以表格的形式提交监督报告。进行逐项审核和现场检查项目并不能涵盖所有内容。检查员可对所有批准项目进行监督检查，这些项目包括：所有建筑物、功能间和其他地点；所有生物制品、微生物及其构建的载体；所有材料和设备，如化学物质、仪器、器皿等相关物质；兽医生物制品的生产方法、相关记录、生产、检验、保存、处置、销售或分发，以及在每个企业设施内进行的生产或研究活动。

现将监管项目以及逐项审核和检查内容罗列如下，APHIS 检查员应据此实施监督检查工作：

A. 执照和许可证

1. 审核

a. 对公司所持有的美国兽医生物制品企业执照与 CVB 的备案信息进行比较。对企业所有权、总公司、子公司和分公司与企业的官方负责人之间的关系进行审核。对企业地址、位置以及执照上标明的其他信息进行审核。确认所有的生产阶段均在执照许可的范围内进行。

b. 与官方负责人探讨每个持照产品的生产活动。确保条件执照还在有效期内。

c. 如果已经停止生产某产品，则应确定最后的生产日期。企业可能自愿将已停产的产品执照退还给 APHIS，这样企业可不再准备相应的设备、设施和/或专业知识。

d. 对有限制的产品执照进行检查时，需确定企业是否遵守了这些限制性规定。

e. 确定储存持有美国兽医生物制品分发与销售许可证的进口兽医生物制品的设施是否获得批准。如果是，那么还需确定该设施是否遵守了相应的规章。

f. 审查美国兽医生物制品研究与评估许可证和向持照者签发的任何微生物或载体的进口或运输许可证，并与 CVB 备案的信息进行比较。要求提供企业所拥有的任何其他许可证。审核企业记录是否符合许可证上所列的特殊要求，及用于研究和评估的进口产品的相关规定。确定是否有许可证过期。注意：只要企业持有微生物，就必须遵守许可证上的限制，不管许可证有没有过期。

2. 现场检查

a. 注意检查用于产品生产、检验和储存的建筑物与设备的位置，确保所有设施均已正确标注在企业设施执照上。注意检查企业所有权、位置或设备运转方面的变更情况。

b. 核查持照设施内看到的每个正在生产或检验的产品，是否持有产品执照或许可证。确保按照《食品药品管理局出口改革与强化法案》生产的产品不会对持照/持证的兽医生物制品的生产过程产生负面影响。

c. 审查有条件限制的许可证，证实持证者是否遵守进口产品分发和销售的有关限制性规定。

d. 对持证进口的研究材料的处理设施，以及处理这些材料的条件进行检查，确保其符合要求。对持照设施内的任何其他进口生物制品进行检查。已从美国出口的生物制品，只有在持有研究与评价许可证的条件下才能被送回。

B. 人员

1. 审核

a. 比较企业的 APHIS2007 表与 CVB 备案文件中的信息，掌握关键人员的变动情况。审查人事解聘、增聘或工作变动情况。核实企业正式的主联系人、副联系人姓名及其联系地址。证实指定的主联系人和副联系人是否了解公司的日常活动，且职务是否经过了 APHIS 的同意。

b. 审查企业谁应该持有经 CVB 备案的 APHIS2007 表的确定过程，并审查维持这种排序的体系。审查是否已明确责任人对 APHIS2007 表文件进行周期性审查。

c. 审查与持照/持证产品相关的基本职能的培训记录。

d. 要求提供最新的企业组织结构图复印件，或者取得企业内部建立官方责任范围的重要信息。审查生产、检验、销售和质量保障之间的关系。

e. 审查是谁负责监督动物的护理和福利，及由哪个兽医或动物护理人员判定被认可动物的健康状况。

2. 现场检查

a. 检查关键岗位人员是否拥有 CVB 备案的 APHIS2007 表。检查企业员工是否遵循企业组织结构图所示的或管理人员解释的职责范围。详见 VS 局备忘录 800.63 号。

b. 检查操作过程，证实企业员工（通常来说已经过充分的培训与监督）是否具备良好的实验室操作技能和制备兽医生物制品的能力。检查工作人员可能对产品造成影响的健康状况。

c. 注意员工的数量是否满足要求，他们是否遵守公司的内部规定，以及他们对其所从事工作的一般态度。

C. 设施

1. 审核

a. 对房屋建筑及附属场地进行审查，并与设施文件进行比较。详见兽医局备忘录第 800.78 号。

b. 当进行现场设施与备案的设施文件进行比较时，主要查找未上报的改造、新的固定设备、被迁移的关键物品和其他不符合之处的证据。

c. 审查图例中标明特殊用途的设施（如共用

的诊断场所、诊断设备、研究区域及其划分、仅供出口产品、药品生产）和按照《食品药品管理局出口改革与强化法案》所进行的生产是正确的。如有必要，还应对转入动物的隔离设施的位置和数量进行确定。

2. 现场检查

a. 对厂区布局图图例中标注的生产车间和实验室的实际使用情况进行核实。对其可能对产品造成的不良影响做出评估。

b. 检查各区域内与生物制品或生物制品组分生产有关的材料、建筑物等情况。核查该区域是否易于彻底清洗。

c. 检查照明、冷热水供应以及排水系统是否充足且运转良好。

d. 检查供热、通风和空调系统是否足以解决生物控制和减少交叉污染问题，以保护产品安全和人身健康。

e. 检查设施的布局与结构。检查该布局与结构能否为各种产品的生产提供足够的生产空间，能否为每个产品提供相应的隔离条件，以防止因其他产品造成的交叉污染。

f. 检查生产区内的人流和物流情况。检查单向流限制的强制执行情况。应在限制区域张贴说明。

g. 检查更衣室、浴室和厕所的位置是否妥当，数量是否充足，是否与生产区分开；肥皂、毛巾和热水供应是否充足。

D. 设备

1. 审核

a. 对用于产品生产、检验和储存的设备及房间的环境条件进行审核。检查设备的安装位置是否与蓝图图例相一致。通过审查生产记录、维修保养日志以及设备操作人员的操作，证实设备的唯一性。

b. 审查专用设备的运行记录，确定设备运转是否正常，记录的保存是否符合规定。

c. 对正在使用的系统和保存的记录进行审查，以确保自动控制设备的正常运转。如果企业对配有自动记录仪的消毒器已经获得免检，那么应检查记录的保存是否符合规章的规定。

2. 现场检查

a. 查找未在蓝图和/或蓝图图例中列出的设备或功能间。确定其是否用于产品的生产、检验和储存。如果该设备或功能间正在使用，那么应检查其是否按照规章和制造商的建议进行维护。

b. 观察对设备和功能间的操作，并核实该操作是否正确。

c. 检查每件设备是否具有唯一性标识，以便在生产中使用设备时，可以充分地记录和追踪生产记录。

d. 确保所有设备均按合适的要求进行灭菌。如果免于执行此规定，则必须经过 CVB 备案。证实已豁免规章所列灭菌要求的设备，在 CVB 的备案中已获得豁免许可。详见兽医局备忘录第800.78 号。

E. 卫生

1. 审核

a. 审查企业记录，确保消毒是在适当的时间、适当的地点、采用适当的化学物质进行的，且与设施蓝图图例中的规定一致。

b. 检查所采用的化学消毒物是否与各功能间内的微生物相适应。

2. 现场检查

a. 检查室外排水系统是否通畅、清洁有序，且不会受到累积的沉渣或建筑物碎片的影响。

b. 检查是否在控制害虫（特别是动物试验设施的）影响方面开展了足够的工作。

c. 检查废弃物的处理方法是否与相应的规章一致，详见兽医局备忘录第 800.56 号。

d. 查找房屋建筑及附属场地内是否留有杂物，并确定该杂物是否会影响产品质量，特别要检查走廊、生产车间和冷库中非必需物品的堆放情况。

e. 检查所有进入生产区的人员（包括维修人员）是否穿戴相应的工作服。检查要求穿戴专用工作服的区域内是否有警示标志和相应的强制性措施。

f. 检查工作人员的不卫生操作行为。

F. 正在申请执照的设施和/或产品（预申领执照）

1. 审核

a. 检查记录，确认企业在生产设施中进行的对微生物、抗原或尚未获得执照的产品的部分所进行的任何研究，已经获得 CVB 政策、评审与执照管理部门（CVB-PEL）的认可。确认试验性产品的生产对持照/持证产品的影响情况，审查由公司规定的或 CVB 要求的缓解措施的执行情况。确认PEL 所要求的限制或条件是否得到满足。详见兽医局备忘录第 800.64 号。

b. 检查种子材料是否进行过充分鉴定并入账。

c. 检查用于试验性产品生产或检验的动物是否有正确的处理记录。

d. 审查正在使用的与目前持照产品相关的微生物管理情况，证实其是否与持照产品无关的新微生物进行了区分。两者均应有完整记录，但对当前持照产品相关微生物的限制性规定相对较少。

e. 审查田间试验记录是否符合特定的限制和要求。充分考虑用于田间试验的产品的生产和分发情况。确认产品生产过程是否与备案生产大纲相一致。确认所有反馈信息是否均已上报 PEL。确认田间试验的详细记录是否能支持送往 PEL 的总结。

f. 审查公共机构生物安全委员会会议纪要。确认与会人员是否符合要求，会议是否对所有生物技术方面的工作（特别是生物重组产品）进行了处理，是否已经建立了相应的政策和程序。

g. 检查预许可批次产品是否是在生产设施内生产，并在持照的房屋建筑及附属场地内检验。

h. 审查最新持照产品的有效期是否已经得到确认，是否已提交 PEL 审核，并记录在生产大纲中。

2. 现场检查

a. 检查研究区与生产区之间的人员、供应物和设备是否有效分离。

b. 检查研究、生产与检验区之间的人员、供应物和设备的流动情况，及气流的控制情况。

c. 检查研究区内与生产有关的检验情况。

d. 检查研究材料的处置方法。

e. 检查特殊研究或预许可活动与 PEL 要求的符合情况。

f. 检查工作人员是否遵守生物安全政策。

g. 检查生物安全政策是否满足需要。

G. 种子和细胞

1. 审核

a. 审查生产用的基础种子和主细胞库是否与相应生产大纲中的所列一致。

b. 审查基础种子和主细胞库是否是按照生产大纲和有关规定进行生产和检验。

c. 审查记录，确认每个代次水平的生产用种子和细胞库的责任人和鉴定情况，跟踪它们从获得到批生产的情况。记录必须完整，且应符合规章和相应的生产大纲。

d. 审查持照者的鉴定系统是否能够确保在产品生产过程中，采用的基础种子或主细胞库及其代次水平符合要求。应确认批产品生产过程中采用的基础种子、工作种子、生产种子和主细胞库与申领预许可所用的检验数据的吻合情况。还应确认批产品生产过程中采用的基础种子、工作种子、生产种子和主细胞库的代次水平与申领预许可所用的检验数据以及生产大纲规定的吻合情况。

e. 审查基础种子和主细胞系的保存、处理和制备地点。所有材料的特殊要求应与蓝图图例中的内容一致。

f. 审查用原代细胞制备的每批主细胞库的记录，确定细胞的来源。审查细胞是否来源于无疾病的动物，其获得是否符合相关规定。检查每批原代细胞是否已进行了相应的检验。

g. 审查基础种子的生产和检验记录。审查基础种子的免疫原性试验记录。审查每批产品的记录是否完整，且能清楚地追溯到基础种子。审查动物组织材料的检验记录，证实是否符合有关规定。

h. 审查动物组织材料的检验记录，证实是否符合有关规定。

2. 现场检查

a. 检查产品的生产与检验过程是否符合生产大纲或规章。检查是否对种子的毒力进行定期监测，检查如何进行种子的维持、以何种频率传代、如何储存和现有库存量的多少等。

b. 检查基础种子、工作种子和生产种子的制备场所。只有基础种子可以在独立的研究设施中制备；工作种子和生产种子必须在获得持照许可的设施内制备。

c. 检查基础种子和主细胞库的维持、储存和库存清单，证实是否符合相关规定和生产大纲的要求。

d. 检查是否具有独立的储存设施存放有毒或危险微生物，并检查其是否对持照产品的质量产生影响。

H. 生产（通过批生产进行）

1. 审核

a. 审查生产过程记录，通过批产品的追溯和从原料到灌装的生产批次，证实其可靠性和唯一性。审查记录的完整性，且每个关键步骤已列在生产大纲中。如果发现记录缺陷，应确认该缺陷是否仅存在于该批产品，或这种产品、一组产品还是所有产品。

b. 审查该批或该产品是否是按照现行生产大纲（提交给 CVB 用于批签发的批次，包括提交的样品）生产的。将生产日期与在大纲中用作参考的

日期进行比较。检查记录中已列在大纲中的每个步骤。检查记录，证实所有关键步骤是否都在生产大纲中进行了描述。如果发现大纲缺陷，应确认该缺陷是否仅存在于该批产品，或是存在于这种产品、一组产品还是所有产品。

c. 审查企业的记录保存系统，证实是否每种成分都有唯一性标识，并且都有跟踪和记录，是否在产品生产过程中有防止错误的保障措施。

d. 审查如何编制批号，采用的是什么系统。

e. 审查大纲年审执行人以及年审措施。审查对大纲的年审是否足以确保大纲与产品的生产相一致。

2. 现场检查

a. 评估生产过程是否符合最新生产大纲和设施文件。

b. 确定生产过程中物料的标识是否被维护。确保所用的标签是合适的，且足以保证生物制品生产过程中用到的所有成分的唯一性。检查所采用的识别方法及其一致性，如颜色、编码、批号和产品名称等。

c. 检查实验室工作人员是否具备相应的正确的实验室技术和无菌操作技能。

d. 检查服务区设备、培养基和其他辅料的准备过程是否符合相关规定和适用的特殊纲要的要求。

e. 注意与生产大纲和产品效力评价方面不同的任何生产环节。即使是在实验室操作允许范围内或为产品革新而进行的方法改进也是不允许的，除非生产大纲针对这些改进已经改版。检查批准的大纲是否可供（且被）在线管理员使用。

f. 查找可能对产品产生不良影响的任何环节。

I. 终产品（从分装到包装）

1. 审核

a. 审查分装量多少、装量检查和分装问题等分装相关记录。证实装量范围是否与生产大纲中备案的相一致。审查过量分装瓶和缺量分装瓶的处理情况，审查企业是否就此情况制定过相应的政策。

b. 审查每种产品的冻干要求。对所选批次的冻干记录进行审查，证实其是否符合冻干要求及记录保存的相关规定。检查冻干记录图上是否有温度探测数据。

c. 检查所有的再加工是否获得授权，也就是说，只有在生产大纲中进行了规定或经 CVB 授权时，已经组批和鉴定（不是分装和贴签）后的半成

品才可进行再加工处理。

d. 检查冻干控制记录，证实冻干过程是否符合产品的生产大纲，如马立克氏病疫苗。

e. 检查在批产品记录中是否有因破损、失真空而引起损失情况的记录内容。

f. 检查容器标签、纸箱标签和所使用的附件，证实其是否与最终使用的产品相一致。

g. 检查在不同时间或不同条件下（如用不同的冻干机或者不同时间冻干）实施的再加工过程，证实是否对每个亚批进行了正确的标识。

h. 检查记录，以确定生产大纲中是否描述了所有关键步骤。

2. 现场检查

a. 对正在采用的分装方法进行审查与评估，包括无菌操作技术、分装检查、分装过程中的适当混合、适当的温度控制以及同步记录保存情况。检查工作人员是否熟知生产大纲所列的特别规定以及如何处理不符合规定的分装瓶。

b. 确认冻干程序。检查温度探头的安装位置是否适当。注意加塞设备性能。

c. 注意检查小瓶和标签监测、取样、未贴签小瓶的标识及放行前产品的质量控制等内控程序。确保所用的标签是合适的，可充分标识生物制品生产过程中用到的所有成分。

d. 检查产品稀释液的处理、存放方式、存放地点和稀释方法。详见兽医局备忘录第 800.74 号。

e. 检查冷冻程序。检查从分装到开始冻干的时间间隔，以及产品温度降低的速度是否符合生产大纲的要求。

f. 检查几批产品的均一性、颜色、装量、质地、不透明性、贴签、包装、批号的可识别性和有效期。检查标签确保没有被擦掉之处，且清晰可辨。

g. 检查除生物制品以外的产品是否是在持照设施内进行分装、包装或贴签。检查在分装、包装和贴签过程中，持照产品批次和非持照产品批次是否进行了有效分离。

h. 在整个过程中，观察产品在非冷藏状态下的时长。检查企业是否规定了产品在非冷藏状态下（证明对产品质量有影响）最大时长。检查该时长是否对产品产生不利影响，包括产品的有效期。检查企业记录/监测非冷藏状态下时长的方法。

i. 检查任何轻微的温度偏离记录，包括详细的偏离汇总、根本原因分析、调查报告、纠正和预防措施，以及确定其有效性的审查过程。详见兽医局备忘录第 800.210 号。

J. 标签

1. 审核

a. 审查企业对库存的失效、过期、被替代和废弃标签管理的文件。

b. 审查规章规定的特殊要求的标签。确定这些标签是否符合规定。

c. 审查标签有效期的确定过程。确保该过程完全符合规章和适用的生产大纲。包括用于重新贴签的过程，如经 CVB 批准延长有效期时。

d. 审查新标签和修订版标签的控制过程。证实该过程是否得到有效控制，且与规章相一致。

e. 将库存的标签与 CVB 备案的标签进行精确比较。

f. 确保企业严格负责地印制所有用于持照产品的标签。审查记录账目，并与实际账目进行对比。核对损坏或销毁的标签。

2. 现场检查

a. 检查标签使用过程，确保所有标签和印制标签的材料都登记入账，且库存准确。

b. 检查印制在标签材料上的批号和有效期是否清晰可辨。

c. 观察批号和有效期的检查过程，验证其准确性。

K. 检验

1. 审核

a. 审查按生产大纲或规章要求进行的检验记录，证实是否所有关键步骤都被记录下来，结果的观察是否是清楚的，记录是否已经过检验执行人的确认。评估属于伪造证据的记录的可能性。对所选检验记录的组分、半成品（bulk）批号、批次、种子、细胞库和稀释液进行审查，证实其与规章和适用的生产大纲的规定相一致。

b. 注意审查检验过程是否包含了正确的控制程序，在检验前和/或检验过程中是否对关键部件、试剂和设备进行了质量监控。

c. 确保经 APHIS2008 表报告的所有检验总结都能在检验原始记录中得到支持。详见兽医局备忘录第 800.53 号。

d. 审查企业在 APHIS2008 表中未报告的任何检验工作。确定该检验结果是否与产品纯净性、安全性或效力有关，或与需特别关注的要求有关。注意：企业可根据进口国的要求检验产品。根据兽医局备忘录第 800.57 号，应向 CVB 报告该批产品涉及纯净性、安全性、有效性或效价等问题的检验结果。

e. 评估是否按照规章和/或生产大纲进行重检。

f. 审查蓝图图例中所列的生产大纲中未给出名称的、但对检测目的非常重要的微生物，如，用于生长促进试验或对照的微生物。

g. 如果企业被授权使用非持照设施进行生产大纲规定中的效力试验，则审查协议检验设施的检验记录。同时，审查持照者对协议检验设施的审核计划，以确保其能持续得到质量控制。详见兽医局备忘录第 800.115 号。

h. 如果企业获得了动物安全检验的豁免，则审查产品文件是否与生产大纲相符，以及对产品的影响。详见兽医局备忘录第 800.116 号。

2. 现场检查

a. 检查检验过程，证实其是否与生产大纲和规章相一致。

b. 检查检验过程，证实企业是否采用了正确的实验室技术，并进行了适当的记录保存。

c. 检查是否采用了适当的检验质控方法并记录。

L. 动物

1. 审核

a. 按照《动物福利法》确定该企业是否为注册的研究机构或持照的动物经销商。记录注册编号或执照编号作为参考。审查最新 APHIS 动物福利监督报告是否有任何缺陷。确定他们是否已经进行了整改。

b. 对用于生产和检验的动物，应审查采购和检验记录的完整性、准确性，并符合生产大纲和《动物福利法》的要求。必要时，确保已签发并归档了适当的健康证书。如，用于生产和检验的马匹，应有马传染性贫血的检测记录。

c. 确定用于生产动物和检验动物的记录的完整性，并根据本备忘录中所列生产和检验项目检查这些记录。

d. 审查企业是否有识别动物和追踪至它们最终处理的准确记录。某些动物在被移出前必须被隔离，且在搬迁时必须附有适当的表格。

2. 现场检查

a. 检查物是否符合《动物福利法》的要求。不适用《动物福利法》规定的，也应按本法精神进

行处置。需要马上注意的事项应立即向动物福利部门的主管报告。

b. 注意是否对所用动物进行严格鉴定。

c. 检查企业是否具有处理生产和检验用动物尸体的设备条件。

d. 检查是否在批准使用动物前或在动物舍的隔离检疫区内对动物进行兽医检查。注意是否存在他人代替兽医检查动物的情况。

e. 检查是否存在对动物进行的、可能对生产或检验产生不良影响的预处理或治疗。

M. 分发

1. 审核

a. 评估持照者/持证者对在上市发放前为预计的库存与实际库存的衔接所采用的方法。

b. 审查放行记录是否适应于库存控制。

c. 审查企业记录，证实企业在有必要时能否完全终止销售或从客户手中召回已售产品。

d. 审查最近的产品召回或终止销售的所有文件。审查所采取的决定是否合适，是否符合规章规定。详见兽医局备忘录第 800.57 号。

e. 审查企业的召回/终止销售政策，证实其是否符合 APHIS 的要求。

2. 现场检查

a. 对批签发前、后采用的物理的控制系统和识别方法进行评估，证实其能否防止未经批签发的产品错误地被发放。

b. 检查企业的放行系统，确保文件准确、控制得力。核实经监察与合规部门授权的接收市场放行结果的指定人员。

c. 对 APHIS2008 表上报的可销售库存与实际库存进行比较。检查企业是否使用了标准库存偏差，检查该偏差的合理性。对超出企业偏差标准的库存变化或缺少企业标准的，应对其进行进一步审查。

d. 检查冷库的容量是否与持照产品的正常生产水平相一致。证实持照产品的储存温度是否与规章或生产大纲要求的储存温度相一致。

e. 检查过期产品、市场上不被认可的产品或退货的产品。确定这些货物是如何处理和处置的。审核退货记录，确定企业是否将其重新分发销售，所采取的方法是否可以被接受。详见兽医局备忘录第 800.60 号。

N. 综合审查

1. 审核

a. 与政府职能部门负责人讨论企业的药物风险预警程序。审查不良事件报告。

b. 确保只有被授权的抽样人员才能签署APHIS2020 表。检查对新指派的抽样人员和目前的抽样人员的培训情况。确认授权抽样人员名单。详见兽医局备忘录第 800.59 号。

c. 确认企业发现的不符合规定产品已被销毁，并以 APHIS2008 表进行了上报。确保 APHIS2008 表中所列的销毁理由与被审核的生产/检验记录相符。检查持照者/持证者是否对产品不宜销售的原因进行了调查。

d. 检查蓝图图例中标记的 APHIS 留样的储存位置。

2. 现场检查

a. 检查产品存放区域，对企业已报告销毁的产品是否还保存于企业的情况进行核实。

b. 检查动物检疫区的隔离和安全状况。

c. 检查是否只有被授权的抽样人员才能行使

向 APHIS 提供样品的职能。

d. 对抽样人技术进行审查，确保所选样品具有代表性。检查产品的鉴定和识别方法是否符合规章规定。检查用于产品运输的包装方法。

e. 对抽样人员提供的 APHIS2020 表进行审查。

f. 检查留样并进行适当的确认，查找篡改的证据和监管的相关文件。详见兽医局备忘录第 800.59 号。

g. 检查准备在 APHIS 监督下销毁的产品是否已被检疫隔离。检查这些产品的销毁情况和 APHIS2045 表的上报情况。对保存的不符合规定批次的库存情况及任何样品保留的数量等进行审查。

Ⅴ. 的实施/适用性

本备忘录自发布之日起施行。

（刘　燕译，杨京岚校）

兽医局备忘录第 800.92 号：退出，已纳入 VSM 第 800.206 号和第 800.53 号

兽医局备忘录第 800.93 号：取消，见 CVB 通告 11-20

兽医局备忘录第 800.94 号：1996 年《食品药品管理局出口改革与强化法案》

2011 年 5 月 10 日

兽医局备忘录第 800.94 号

发送对象：兽医局管理人员
　　　　　兽医生物制品中心主任
　　　　　兽医生物制品持照者、持证者和申请者
签 发 人：John R. Clifford
　　　　　副局长
主　　题：1996 年《食品药品管理局出口改革与强化法案》

Ⅰ. 目的

《食品药品管理局出口改革与强化法案》（FDA-EREA）于 1996 年颁布实施，为满足 APHIS 执行该法案第 802 节（21U. S. C. 382）（适

用于兽医生物制品）的要求，本备忘录为持照者、持证者和申请者提供指导。

Ⅱ. 废止

本备忘录生效之日起，1999 年 11 月 4 日发布

的兽医局备忘录第 800.94 号同时废止。

Ⅲ. 背景

在美国禁止分发和销售的某些药品、生物制品、兽药和医疗设备，如果符合进口国的法律规定，且进口国属于 FDA-EREA 中所列的允许上市的国家，则可以出口到该国。FDA-EREA 所定义的"药"，包括根据 1913 年颁布的《病毒-血清-毒素法》(VSTA) 的规定，经农业部部长颁发执照的兽医生物制品。

根据 VSTA，所有进、出美国的兽医生物制品必须符合美国农业部（USDA）的相关规定，且必须在美国持照企业内进行生产。然而 FDA-EREA 违背了该规定，在某些特定条件下，允许美国非持照企业生产特定兽医生物制品以供出口。以下介绍 APHIS 如何顺应 FDA-EREA 该规定，生产和出口未经批准的（非持照的）兽医生物制品，并在美国分发和销售。

Ⅳ. 政策

FDA-EREA 包括两部分（801 和 802）。801 部分（关于转口贸易）不适用于兽医生物制品；而 802 部分（关于未经许可的特定产品出口）适用于所有根据 VSTA 规定，要求获得许可的所有兽医生物制品，即符合美国联办法规第 9 卷（9CFR）101.2 节"生物制品"定义的所有产品。

A. FDA-EREA 的规定

以下是对 FDA-EREA802（适用于兽医生物制品）部分进行的简单总结。这还包括网上（http://www.fda.gov/RegulatoryInformation/Guidances/ucm125799.htm）公布的 FDA-EREA 相关章节的参考书目。

1. 向任何国家出口。任何个人都可以将非持照兽医生物制品出口到任何其他国家，只要该产品符合进口国法律，且出商已获得该国的行销授权，这些国家包括澳大利亚、加拿大、以色列、日本、新西兰、瑞士、南非、欧盟及欧洲经济区域的国家。参见：802（b）（1）（A）。

2. 通知兽医生物制品中心政策、评审与执照管理部门（CVB-PEL）。如果某人在非持照设施内生产兽医生物制品，并向 802（b）（1）（A）节所列国家出口，则必须通知 CVB-PEL 对非持照兽医生物制品进行鉴定，同时向 CVB-PEL 提供自己的姓名和地址。参见：802（g）。

a. 如果进口国不属于 802（b）（1）（A）节所列的国家，上述通知还必须包括：兽医生物制品拟出口的国家名称、兽医生物制品特性以及本备忘录 Ⅳ. A. 5 或 Ⅳ. A. 6 节规定的文件。

b. 如果某人拟在持照兽医生物制品企业生产非持照产品，并根据 FDA-EREA 规定进行出口，按照本备忘录 Ⅳ. B 节规定，上述通知还应包括在持照设施上生产非持照产品的申请。

3. 保存记录。任何兽医生物制品的出口商必须保存所有产品出口及出口到的国家的记录。参见：802（g）。

4. 禁止出口。在下述情况下，即使符合 FDA-EREA 的规定，也不允许个人出口非持照兽医生物制品：

a. 农业部部长认定其在生产、加工、包装和保存方面不符合现行的《良好生产管理规范》(GMP) 要求，或其他国际标准。参见：802（f）（1）。

b. 属于《食品、药品、化妆品法》(21U. S. C. 381) 第 501 节定义为掺假的产品。参见：802（f）（2）。

c. 未履行 FDA-EREA 第 801（e）（1）（A～D）节规定的产品被认为是冒牌的，除非产品符合以下情况：

（1）符合外国采购商所要求的规格。

（2）不违反拟出口国家的法律。

（3）在拟出口的运输包装外面粘贴"用于出口"的标记。

（4）不用于国内销售，或不提供给国内经销商。参见：802（f）（3）。

d. 即将对美国的健康和安全带来危害。参见：802（f）（4）（A）。

e. 即将对拟出口国的公众健康带来危险。参见：802（f）（4）（B）。

f. 未按照授权销售国家和拟出口国的要求和使用条件粘贴标签。参见：802（f）（5）（A）。

g. 所贴标签没有使用拟进口国语言（或该国指定的语言）和计量单位。参见：802（f）（5）（B）。

h. 未按照 802（f）（5）中所规定的标签要求进行促销。参见：802（f）(6)。

5. 增加核准国家名录。可以在 802（b）（1）（B）列表中增加国家。

a. 通过向 CVB-LPD 提交指定国的辅助资料，相关国家官员、生产企业或出口商均可以向农业部部长提出申请，农业部部长即可按 802（b）（1）

（B）规定做出核准决定。

b. 如果仅仅是个人而非相关国家官员提出该项申请，则必须附上进口国官员表达该国有进口愿望的信件。参见：802（b）（1）（c）。

c. 在下述情况下，农业部部长可以在 802（b）（1）（A）列表中指定增加某个国家：

（1）该国法定权威机构，在充分调查评估的基础上，由专家对兽医生物制品的安全性和效力进行评定，并仅允许被确定为安全有效的产品进入市场。参见：802（b）（1）（B）（ⅰ）。

（2）该国有相应的法定要求，可以确保生物制品的生产、加工和包装的方法、设施和质控措施，足以保障产品的特性、质量、纯净性和浓度。参见：802（b）（1）（B（ⅱ）。

（3）该国有相应的法定要求，对兽医生物制品在使用过程中产生不良反应能迅速反馈，并构建了取消不安全或无效产品许可的程序。参见：802（b）（1）（B）（ⅲ）。

（4）该国有相应的法定要求，兽医生物制品的贴签和销售必须与该产品的核准内容一致。参见：802（b）（1）（B）（ⅳ）。

（5）该国具有有效的市场认证体系，并等同于 802（b）（1）（A）中所描述的国家体系。参见：802（b）（1）（B）（ⅴ）。

6. 向未列入 FDA-EREA 清单的国家出口。只要符合以下规定，任何人均可将非持照兽医生物制品向未列入 802（b）（1）（A）的国家出口：

a. 产品符合进口国法律，且该国具有经政府权威认证的有效的营销授权。参见：802（b）（2）（A）。

b. 根据申请者向 CVB-PEL 提供的文件，在符合下述条件的情况下，农业部部长有权决定是否批准进口国的申请。参见：802（b）（2）（B）。

（1）进口国具有法定权利，在充分调查评估的基础上，由专家对兽医生物制品的安全性和效力进行评定，并仅允许被确定为安全有效的产品进入市场。参见：802（b）（1）（B）（ⅰ）。

（2）进口国有相应的法定要求，可以确保生物制品的生产、加工和包装的方法、设施和质控措施，足以保障产品的特性、质量、纯净性和浓度。参见：802（b）（1）（B）（ⅱ）。

（3）进口国有相应的法定要求，对兽医生物制品在使用过程中产生不良反应能迅速反馈，并构建了取消不安全或无效产品许可的程序。参见：802

（b）（1）（B）（ⅲ）。

（4）进口国有相应的法定要求，兽医生物制品的贴签和销售必须与该产品的核准内容一致。参见：802（b）（1）（B）（ⅳ）。

7. 产品不符合 FDA-EREA 规定。某些兽医生物制品可能并不符合 FDA-EREA 的批准条件或 802（b）（1）（A）、802（b）（2）中所描述的出口国家的条件，但如果出口商向 APHIS 提出申请（申请应包含以下内容），APHIS 必须在收到提交给 CVB-PEL 申请的 60d 内做出决定。

a. 个人提供关于不符合 802（b）（1）（A）中所列国家批准条件的兽医生物制品出口的证明。参见：802（b）（3）（B）。

b. 提供在一定条件下使用该兽医生物制品在进口国是安全有效的可靠证据。参见：802（b）（3）（A）。

c. 进口国动物卫生管理机构提出同意该产品的进口请求，对 APHIS 根据 FDA-EREA 规定禁止该产品的出口表示理解，并证实关于该产品的安全性和有效性的科学证据是有效的。参见：802（b）（3）（B）。

8. 试验性产品的出口。在符合进口国法律的条件下，个人可以将试验性产品（即根据美国 9CFR103.1 规定在持照企业生产或在符合 GMP 或其他国际公认标准的非持照企业生产的产品）出口到 802（b）（1）（A）所列国家。参见：802（c）。

9. 预授权的产品出口。在符合进口国法律的条件下，个人可以将预授权的产品的配方、灌装、包装、标签或深加工产品出口到 802（b）（1）（A）所列国家。参见：802（d）。

10. 用于热带疾病或在美国没有重大流行的疾病的产品。对用于控制热带疾病或在美国没有重大流行的疾病，且 FDA-EREA 并没有限制其出口的兽医生物制品。在此条件下，只要该产品的生产不会危及美国的家畜和家禽，即允许在一定条件下出口。参见：802（e）。

B. 根据 FDA-EREA 规定，在美国持照兽医生物制品企业内生产非持照兽医生物制品：根据 9CFR114.2 规定，禁止持照企业生产非持照兽医生物制品（依据 9CFR103.1 规定进行的试验性产品除外）；根据 9CFR114.2 规定，禁止在持照企业内生产非持照兽医生物制品（依据 9CFR114.1 规定，获得 CVB-PEL 授权的除外）。如果该生产过程不会对持照产品产生污染、不会对美国家畜或家禽的健康产生危害，CVB-PEL 可授权企业在持照设施上生产非持照产品。

1. 对非持照产品的生产授权。只要符合以下条件，CVB-LPD 就可以授权持照企业生产根据 FDA-EREA 规定用于出口的非持照产品：

a. 根据 FDA-ERE 规定，该非持照产品仅供出口，产品标签上不能使用美国兽医生物制品企业执照的编码；出口商不能以任何形式声称该产品已达到持照产品的要求。

b. 无论是否属于持照产品，其生产过程都必须在蓝图（已按照 9CFR108 规定归档）所指定的位置进行。在 FDA-EREA 生产活动前，兽医生物制品中心-监察与合规部门可对该生产设施进行调查，以确保该非持照产品的生产不会对持照产品造成污染，也不会对美国畜家畜或家禽康造成危害。

c. 每种非持照产品都必须根据 9CFR114.9 规定制定生产大纲。CVB 不会将该生产大纲签章备案，但会对其进行审核，以确保其已对生产方法进行了充分描述。

d. 对非持照产品生产过程中所使用的基础种子、主细胞库和原料，应按 9CFR113 或其他国际通用标准进行适当试验，以确保未被细菌、霉菌、支原体、病毒和其他病原微生物污染。

e. 对非持照产品生产过程中所使用的基础种子和主细胞库，应按生产大纲中所描述的方法进行特性检验和全面鉴定。

f. 无论是持照产品还是非持照产品，所有产品均要根据 9CFR.116.1 和 9CFR116.2 规定保存记录。

g. 无论是持照产品还是非持照产品，所有产品均要根据 9CFR116.5 规定提交报告。

2. 基于 FDA-EREA 规定生产的产品执照

a. 如果经 CVB-PEL 授权，即使没有申请美国兽医生物制品企业执照，个人也可以根据 FDA-EREA 规定在持照企业内生产仅供出口的非持照产品。

b. 然而，如果个人已经提出申请，且 CVB-PEL 也核发了执照，则自 CVB-PEL 核发执照之日起，个人必须停止 FDA-EREA 规定产品的生产和出口。在收到产品执照的 10 个工作日内，个人必须将其采取的停止行动以书面的形式通知 CVB-PEL。

（刘　燕译，杨京岚校）

兽医局备忘录第 800.95 号：新城疫攻毒株 GB Texas

2015 年 9 月 2 日

兽医局备忘录第 800.95 号

发送对象：兽医生物制品持照者、持证者和申请者
兽医生物制品中心主任
签 发 人：John R. Clifford
副局长
主 题：新城疫攻毒株 GB Texas

Ⅰ. 目的

本备忘录通知所有对新城疫攻毒株 GB Texas 状态变化感兴趣的各方，以及该变化对于无论出于何种目的正在使用或计划能够得到的该新城疫病病毒（NDV）的持照者、持证者、申请者的影响。

Ⅱ. 废止

本备忘录生效之日起，2008 年 6 月 25 日发布的兽医局备忘录第 800.95 号同时废止。

Ⅲ. 背景

新城疫病毒 GB Texas 是一种嗜神经、速发型病毒，通常作为新城疫病毒疫苗效力检验和效价测定及研究中的攻毒株。自 1996 年以来。根据联邦法规第 9 卷（9CFR）第 82 章规定，该毒株为外来新城疫毒株（END），但是持有有效的由兽医局、国家进出口中心（NCIE）签发的受控材料、器官和载体组织的美国兽医生物制品进口和运输许可证持有者可以获得该毒株。2005 年 3 月 18 日出版的

最后规则阐明所有的速发型新城疫病毒将被作为特定的病原来管理，而且受控于 2002 年的《农业生物恐怖主义保护法》（ABPA），以及 9CFR 第 121 章 2 "生物制剂和毒素的拥有、使用和运输物"的要求。新城疫病毒 GB Texas 株可以从国家兽医局实验室获得，本通知发布之日起生效。

Ⅳ. 措施

由于阐明了该 NDV 病毒株作为特定制剂的地位，有兴趣获得、保存、使用或运输 NDV GB Texas 株的代理人或机构必须在动植物卫生监督署

（APHIS）登记，并满足 9CFR 第 121 部分的规定。关于特定制剂注册程序的信息以及 9CFR 第 121 部分的规定可以通过电话（301）851-3300（选择按键 3）或通过互联网网站 Agriculture Select Agent Services web site. 从农业特定制剂管理网站上获取。

Ⅴ. 实施

本备忘录自发布之日起立即生效。

（毛娅卿译，杨京岚校）

兽医局备忘录第 800.96 号：取消，见 CVB 通告 11-06

兽医局备忘录第 800.97 号：标准参考制剂、检验试剂和用于实验室检验试剂的种子培养物

2014 年 6 月 12 日

兽医局备忘录第 800.97 号

发送对象：兽医局管理人员
　　　　　兽医生物制品中心主任
　　　　　生物制品持照者、持证者和申请者
签 发 人：John R. Clifford
　　　　　副局长
主　　题：标准参考制剂、检验试剂和用于实验室检验试剂的种子培养物

Ⅰ. 目的

按照联邦法规第 9 卷（9CFR）第 113.2 节规定，本备忘录提供了如何从兽医生物制品中心（CVB）获取兽医生物制品生产中所使用的参考制剂、检验试剂，以及用于实验室检验试剂的种子培养物的信息。

Ⅱ. 废止

本备忘录生效之日起，2011 年 11 月 14 日发布的兽医局（VS）备忘录第 800.97 号同时废止。

Ⅲ. 现有试剂清单

CVB 在如下网站上持续提供现有的可用试剂的目录：http：//www. aphis. usda. gov/animal _ health/vet _ biologics/publications/vb _ reagent _ cat alog. pdf. 也可以通过本备忘录第Ⅳ节的地址向 CVB 索取该目录。

Ⅳ. 索取和运输

标准参考制剂、标准检验试剂或者种子培养物的索取应使用 APHIS 2018 表 "用于兽医生物制品的参考品、试剂或种子材料的申请"。有效的表格见 CVB 网站：

http：//www. aphis. usda. gov/animalhealth/ cvb _ forms, or by request. 发送请求并完成表格的填写发至兽医生物制品中心，代顿大街 1920 号，844 信箱，Ames，IA50010。

标准参考制剂、标准检验试剂或种子培养物的运输，必须包含一个申请的副本（对每个条款），一个 CVB 试剂数据清单（包含使用说明书）。

（杨京岚译，罗玉峰校）

兽医局备忘录第 800.98 号：广告及宣传资料

2008 年 7 月 25 日

兽医局备忘录第 800.98 号

发送对象：兽医局管理人员
　　　　　兽医生物制品中心主任
　　　　　生物制品持照者、持证者和申请者
签 发 人：John R. Clifford
　　　　　副局长
主　　题：广告及宣传资料

Ⅰ. 目的

本备忘录为按照《病毒-血清-毒素法》（21USC151）管理的持照兽医生物制品的广告及声明提供了指导原则。

Ⅱ. 废止

本备忘录生效之日起，2008 年 6 月 25 日发布的兽医局备忘录第 800.98 号同时废止。

Ⅲ. 背景

9CFR102.4（b）（3）规定，由动植物卫生监督署（APHIS）发布美国兽医生物制品企业执照之前，申请者必须向 APHIS 提交书面保证，声明在该企业内生产的持照生物制品不会有进行误导或欺骗购买者的广告宣传，并且生物制品投放市场时所使用的包装或容器在其任何陈述、设计或商标上也不会存在任何的虚假或误导性描述。同样，对于进口兽医生物制品许可证的申请，也必须包含与生物制品进口有关的标签和广告事项的所有信息的声明。与进口产品一起使用的最终容器标签、纸箱标签及密封材料的副本必须按照《法规》112 部分的规定提交。

兽医生物制品中心（CVB）会不定期地对各种商业和科学期刊中的广告材料进行监察，确定其是否包含虚假和误导性的产品说明。然而，所有被指控具有虚假或误导性的广告或声明都会报送 CVB 进行核查。对任何具有虚假或误导性的广告或声明的，CVB 会以书面的形式告知该持照者或持证者以引起其注意，书面通知的具体格式见本文件第Ⅳ部分。当这些不恰当的广告或声明致使产品具有某种程度的危险性或有害性时，有必要立即采取更强有力的措施进行处理。

Ⅳ. 指导原则

A. 以 APHIS 批准的标签为依据的广告和声明

如果对 APHIS 批准的标签进行重新声明的信息，不是因为插图、照片或设计方案本身，而是因为其引申的含义或修饰而造成广告或声明出现了虚假性或误导性情况，则是可以被接受的。因错误引用 APHIS 的要求而误导或鼓励用户忽视标签说明，和用与批准的标签要求不一致的其他使用或处理产品的方式导致错误的广告或声明，则被认为是具有虚假性和误导性的。

B. 以 APHIS 批准数据为依据的广告声明

验证保护力要求的数据，比如预防感染、预防疾病和在预防疾病方面的辅助作用，这些数据是签发兽医生物制品产品执照和许可证的基础。产品广告应准确呈现 APHIS 审查和批准的产品声明。

C. 声称增强性能的广告声明

虽然增加利润率、提高饲料报酬、增加奶产品产量等的性能参数会被监控，并与本动物保护力研究数据一并进行了提交，但是，仅在执照申请评价兽医生物制品时才会考虑这些保护力研究数据。因此，通过诸如"数据已在 USDA 备案"推断等方式宣传该兽医生物制品，暗示那些性能声明已经 APHIS 核查和批准，则被认为具有虚假性和误导性。

D. 以已发表文献上的数据为依据的广告声明

APHIS 不审查与兽医生物制品声明相关的已发表文献上的数据。为了进行产品执照申请和/或验证声明，APHIS 只审查生产商提交的数据。

因此，产品广告中的某些声明如果是基于已发表文献的数据而进行的，就可能被认定为具有虚假性和误导性。为避免这种情况出现，只有APHIS批准的声明才能用于与兽医生物制品相关的广告中。

E. 涉及与竞争性产品进行比较研究的广告

APHIS 不认为那些与已获审批的产品进行比较研究后得到的数据在兽医生物制品产品执照申请中有决定作用。此外，APHIS 不审查发表在科学或专业期刊上的此类产品的比较研究结果。因此，兽医生物制品生产商之间源于已发表文献中涉及的比较研究的广告纠纷，不应提交给 APHIS 进行仲裁。

Ⅴ. 遵循程序

按照9CFR105.1部分规定，任何将企业执照、产品执照或许可证用于促进产品的标签或广告误导购买者的，在一定程度上，APHIS 均可暂停或撤销其企业执照、产品执照或许可证。如果其他措施不起作用时，APHIS 就可能会采取上述行动。其他可采取的措施可能包括以下内容：

A. 意见函

兽医生物制品中心—监察与合规部门（CVB-IC）会对具有虚假性和误导性的声明、设计或图案发出意见函。持照者或持证者需对 APHIS 的发现作出回应，提供支持继续使用该声明、设计或图案的相关信息，或者在规定时限内同意改正并提供具体的纠正措施。

B. 违规通知

当持照者或持证者对意见函无回应时，CVB-IC 就会发出违规通知。违规通知可将未采取纠正措施作为故意违规的证据。根据 9CFR105.1（b），这种违规行为将受到暂停或撤销执照的处罚。

C. 广告的预审

APHIS 通常不会对每一个新拟定的广告都进行审查。但有时，如果持照者不确定某一特定的声明、设计或图案能否被接受，APHIS 会同意在产品广告发布之前审查广告副本。

（王小慈译，杨京岚校）

兽医局备忘录第800.99号：采用体外效力相关性试验检测牛鼻气管炎灭活疫苗抗原含量

2001 年 4 月 26 日

兽医局备忘录第800.99号

主　　题：采用体外相关效力试验检测牛鼻气管炎灭活疫苗抗原含量
发送对象：兽医生物制品持照者、持证者和申请者
　　　　　兽医生物制品中心主任

Ⅰ. 目的

本备忘录为半成品（bulk）或最终容器的牛鼻气管炎灭活疫苗批签发样品的体外效力试验提供指导。下列指导原则包括了联邦法规第9卷（9CFR）113.8节规定的用于制备体外试验参考品的确认和重新确认的推荐程序。

Ⅱ. 背景

APHIS 颁布的9CFR113.216 已经公布了牛鼻气管炎灭活疫苗的标准要求。该规章规定，最终产品的半成品或最终容器样品必须用本动物血清中和试验进行效力检验；如果血清中和试验结果不符合规定，还可以用本动物的攻毒试验进行效力检验。

根据 9CFR113.8 的特别要求，企业应通过比较待检批次和参考品（效力相关）的抗原含量进行效力验证试验，但 APHIS 已根据 9CFR113.4 的规定豁免了这些要求。请参阅兽医局备忘录第 800.90 号，关于效力相关性试验和参考品要求的附加信息。

Ⅲ. 指南

A. 体外效力相关性试验

采用免疫平行或 APHIS 认可的等效方法，进行体外相关效力试验，比较待检批次与参考品的抗原含量，可用于牛鼻气管炎疫苗批的抗原含量鉴定。

B. 参考品要求

在 9CFR101.5 中对参考品下了明确的定义，在 9CFR113.8 中规定了批签发体外试验用参考品的要求。兽医局备忘录第 800.90 号提供了附加指南。

1. 基础参考品（终产品）的确认

a. 如果以非冻结状态的最终产品作为基础参考品，则需直接取至少 20 只免疫本动物和 10 只对照本动物进行免疫原性试验，并据此对其进行确认。

b. 将采自参考品确认试验过程中动物的血清样品冷冻保存，这有利于下一步对参考品进行重新确认。

2. 冻结的基础参考品确认

a. 如果由最终产品或纯化抗原组成的基础参考品是冻结保存的，则可以使用待确认批直接接种本动物加以确认。该批样品必须按照现行的生产大纲生产，并按 APHIS 认可的方式进行了免疫原性检测。更多关于待确认批研究的指导原则参见兽医局备忘录第 800.90 号。

b. 在待确认批免疫原性研究方面，要免疫至少 20 只本动物，并取 10 只未免疫动物作为对照。

c. 将采自参考品确认试验过程中动物的血清样品冷冻保存，这有利于下一步对参考品进行重新确认。

C. 工作参考品

1. 如果基础参考品已经按照 APHIS 认可的（参见Ⅲ.B段）的方式进行了确认，则可在其整个保存期内，将其作为工作参考品用于批签发的效力试验。兽医局备忘录第 800.90 号为此提供了更多的指导。

2. 根据现行生产大纲生产的，并按照 APHIS 认可的方法进行了免疫原性测定的待确认批产品，也可以作为工作参考品用于批签发的效力试验。兽医局备忘录第 800.90 号为此提供了更多的指导。

D. 参考品的有效期

1. 根据 9FR113.8 规定，基础参考品的有效期应等同于产品的有效期或由 APHIS 核准的日期。

2. 保存方式与持照产品相同的工作参考品，其有效期也与持照产品的有效期相同。

3. 除非进行重新确认，否则过期的参考品不能用于批签发效力检验。

E. 参考品的重新确认

参考品可以采用下述任何一种方法进行重新确认：

1. 根据 9CFR113.216（c）（2）规定，可以采用本动物血清学试验，对到期的基础参考品能否作为工作参考品用于批签发效力检验进行重新确认，前提是：

a. 该基础参考品作为非冻结成品直接用于实验动物。

b. 利用待确认批，将冻结的基础参考品（或纯化抗原）间接用于动物。

c. 用于效价测定的血清样品，与用于原来基础参考品确认试验的血清样品，其采集的时间间隔完全相同。

d. 使用在基础参考品重新确认试验期间收集的效价测定血清样品进行的血清中和试验，应与使用参考品确认时效价测定的血清样品进行的体外检验方法相同。

e. 用于确认和重新确认试验的实验动物的血清抗体效价，在统计学上具有平行关系。

2. 可以采用体外检验方法，将到期的基础参考品与标准参考品（由国家权威组织或 APHIS 认可的标准化组织生产和验证）比较，对其进行重新确认。兽医局备忘录第 800.90 号为此提供了更多的指导。

3. 通过与基础参考品比较，或者根据 9CFR113.216（c）（2）的规定，采用批签发效力检验方法，检测本动物的血清学应答，可以延长工作参考品（经本动物确认试验而构建的）的有效期。兽医局备忘录第 800.90 号为此提供了更多的指导。

F. 试验说明

如果采用平行关系试验或 APHIS 认可的等效方法进行效力检验，则每批的效力检验结果均必须按 CFR113.8（b）的规定加以说明。对合格出厂的每批产品，其效力相关性必须为 1.0。

签发人： Alfonso Torres
兽医局副局长

（刘　燕译，杨京岚校）

兽医局备忘录第 800.100 号：豁免按照 9CFR113.450（e）（1）采用加热和电离辐射方法处理马血浆的规定生产马用口服或注射血浆制品，及豁免进行 9CFR113.450（i）规定的小鼠安全性检验

2002 年 7 月 29 日

兽医局备忘录第 800.100 号

主　题： 豁免按照 9CFR113.450（e）（1）采用加热和电离辐射方法处理马血浆的规定生产马用口服或注射血浆制品，及豁免进行 9CFR113.450（i）规定的小鼠安全性检验

发送对象： 兽医生物制品持照者、持证者和申请者
　　　　　兽医生物制品中心主任

I. 目的

本备忘录阐明了兽医生物制品中心为豁免按照 9CFR113.450 规定的处理方法生产马用口服或注射血浆制品的政策。

II. 背景

APHIS 通过 9CFR113.450 颁布了抗体制品的一般要求。该规章要求用于生产马用抗体制品的所有血液衍生物必须经过 58～59℃、60min 加热或者 2.5×10^4 Gy 的辐射处理，以确保能灭活潜在的污染微生物。但是，通过加热或辐射处理可能会对血浆造成损害，使其不能使用。根据 9CFR113.4 规定，如果证实采取其他与上述规定等效的处理方法，能够预防潜在的污染，APHIS 可豁免采用上述要求的处理方法。

然而，由于等效的处理方法具有不可控性，因此本备忘录对处理程序进行了规定，以降低血清制品对马匹感染的风险，并为豁免按照规章规定进行处理提供依据。

III. 政策

为豁免采用加热或辐射方法处理用于制备兽医生物制品的马血清的规定，必须：

A. 对供血马进行马传染性贫血（EIA）检测

在生产大纲文件的第 I 部分应包括"在首次使用和每次采血时均需对供血马进行 EIA 检测"的规定。检测必须在 APHIS 核准的试验室中进行，且 EIA 检测为阳性的马匹的血浆不得用于生产兽医生物制品。

B. 用 APHIS2008 表报告检测结果

只有在完成 EIA 检测，得悉每匹马的检测结果后，方可将血浆用于生产马用口服或注射用的兽医生物制品。每批马的 EIA 检测结果均应以 APHIS2008 表的形式上报 CVB-IC 进行批签发。

C. 在标签上添加警告说明

在标签上添加警告说明，告知用户此产品未经加热或辐射处理，具有散播疫病的风险。

IV. 豁免进行小鼠安全性检验

如果采取了上述 III. A～C 节规定的全部程序，则马用口服或注射的血浆制品的半成品（bulk）或终产品，可豁免按照 9CFR113.450（i）规定进行小鼠安全性试验。

签发人： W. Ron DeHaven
　　　　兽医局副局长

（刘　燕　鹿钟文译，杨京岚校）

兽医局备忘录第 800.101 号：美国兽医生物制品分发和销售许可证

2016 年 11 月 1 日

兽医局备忘录第 800.101 号

发送对象：兽医局管理人员
　　　　　兽医生物制品中心主任
　　　　　生物制品持照者、持证者和申请者
签 发 人：Jack A. Shere
　　　　　副局长
主　　题：美国兽医生物制品分发和销售许可证

Ⅰ. 目的

本备忘录为希望按照联邦法规第 9 卷（9CFR）第 104.5 部分向美国分发和销售进口生物制品的人申请美国兽医生物制品许可证提供指导。

Ⅱ. 废止

本备忘录生效之日起，2013 年 6 月 6 日发布的兽医局备忘录第 800.101 号同时废止

Ⅲ. 背景

希望向美国分发和销售进口生物制品的人必须按照 9CFR104.5 部分，向美国申请美国兽医生物制品许可证。根据《病毒-血清-毒素法》（21U. S. C. 151～159）（1985 年 12 月 23 日修订（99 Stat.1654），被许可的产品必须符合效力、效价、纯度和安全性的标准要求。对许可证申请的要求见兽医局备忘录第 800.50 号。

Ⅳ. 政策

A. 取得分发和销售许可证

1. 除以下内容外，许可证申请者必须按照兽医局备忘录第 800.50 号提交与美国兽医生物制品执照所需相同的项目要求：

a. 申请者必须提交 APHIS2005 表 "美国兽医生物制品许可证申请表"。检查第 2 栏 "一般销售与分发要求"。APHIS2005 表的获取见第 Ⅳ. A. 3. b（1）。

b. 不向国外产品的生产制造商或进口商颁发企业执照。

c. 兽医生物制品中心（CVB）可以要求对外来病病原体增加相关灭活程序的研究数据。

d. 以下研究必须以在美国产生的数据为基础：

（1）佐剂的安全性试验，以确定屠宰前适当的休药期；

（2）田间安全性试验；

（3）试剂盒的田间评价试验。

2. 除兽医局备忘录第 800.50 号第 Ⅳ 项和兽医局备忘录第 800.109 号规定之外，在进行许可证申请时，还应提交以下项目或对以下项目进行处理（如果适用）：

a. 希望进口兽医生物制品、基础种子微生物和主细胞候选物进入美国的生物制品生产设施的申请者，其代表了具有引进国外动物疫病的风险，因此必须完成 "从国外动物疫病国家和其他指定国家进口兽医生物制品到美国的资料信息摘要"。该文件支持 CVB 执行的所需的风险分析，且必须提供在开发和生产过程中所有潜在污染源进行的全面评估，确定有关设施、试剂、生产工艺和检验程序等相关的信息均得到了评估。编制资料信息摘要表（SIF）的指导原则可在 CVB 网站的生物制品法规与指导原则项下风险分析/资料信息摘要表处获得。

（1）从有风险的国家进口微生物、载体或生物制品时，包括从带有外来动物疫病的地区进口的；从带有外来动物疫病的国家进口反刍动物的新鲜、冷藏或冷冻的肉类以补充肉类供应的；和从与带有外来动物疫病的国家陆地接壤的国家进口的，均应符合 9VFR 第 94 部分的规定。

（2）每一种基础种子微生物、主细胞和终产品或成品均必须单独完成 SIF。

（3）不要求将 SIF 带入项目的研究及与生产设

施分开和生产设施以外的研发设施中。在这种情况下，国家进出口管理局（NIES）足以批准进口基础种子和主细胞进入美国的许可。如果该设施不是独立且分隔开来的，想将该项目放入该设施内进行，也需要获得 CVB 的批准；由公司与审查人联系获得。关于进口基础种子和细胞的要求见Ⅳ. A.3.b（2）。

（4）对于用于研究和评价的生物制品的进口，要求获得 CVB 颁发的研究与评价许可证。可通过基础的 e-许可证门户网站按照第Ⅳ. A. 3. b（1）的信息要求提交用于研究和评价的 APHIS 2005 表。

b. 成分，包括动物源成分，必须符合兽医局备忘录第 800.51 号第Ⅳ. A 部分的要求。

c. 申请者还需提供一份对保存在生产现场的微生物是美国外来病原体的声明。此外，声明对所有用于生产基础种子和终产品或成品的动物源成分的描述必须在现场提供，以方便在发放许可证前的现场检查验收期间的检查。声明必须包括每种成分的原产国，并提供支持证据（如证明）。

d. CVB 必须收到按照 9CFR104.5（a）（2）制备生物制品的国外生产设施的所有部分的检查准备的书面许可。

e. 尽管除上述信息外，可以将提交给其他国家监管官员的注册官方文件提交给 CVB，但是它可能不满足在美国申请许可证的所有要求。根据要求，部分文件可与其他数据（如果适用）一起考虑。

3. 在签发分发与销售许可证之前，必须满足以下额外要求：

a. CVB 检查与政策部门（CVB-IC）必须对设施进行许可前的检查。

（1）在 CVB 政策、评审与执照管理部门（CVB-PEL）主管的要求下，CVB-IC 最少需要 3 个月时间安排检查。当提交的设施文件和生产过程的说明（如生产大纲）获得批准并在检验的预计时间内就位时，CVB-PEL 可要求进行许可证签发前的检查。按照 CVB 的政策要求，由指定的生物制品专家和 CVB-IC 监察部门的领导进行检查。

（2）许可证申请者必须支付所有费用（如薪金和差旅费），并安排与 CVB-IC 的合作服务协议。

（3）如果在发证前检查合格至分发和销售许可证签发之间的时间超过 24 个月，那么在许可证签发之前可能会要求进行重复检查，以许可证申请者的预付费为准。

（4）如果在 CVB 进行了发证前的检查之后，生产厂区内的条件改变（如可能影响产品的条件发生了重大改变），可能会要求进行额外的检查，以许可证申请者的预付费为准。

b. 根据发放和销售许可证进口的基础种子和细胞必须同时获得 NIES 颁发的进口许可证（见9CFR122.2）。NIES 可能要求某些基础种子和细胞在进入美国本土之前，在纽约普拉姆岛国家兽医局实验室的外来动物疫病诊断实验室进行外源病原的检测。NIES 允许申请者承担相关的费用支出。

兽医生物制品（如为了进行所需研究而进口的疫苗或检测试剂盒）必须获得由 CVB 颁发的用于进行研究和评价的许可证。用于发证前评估检验而进口的终产品或成品（如用于发照之前复核检验的产品批）的运输，在从生产商直接运送到 CVB-PEL 实验室的过程中要附带用于研究和评价的许可证的复印件。

（1）为了获得研究和评价的许可证，需向 CVB-PEL 业务支持单位提交完整的 APHIS2005 表。可在 APHIS 网站进出口部分访问许可证页面，通过 e-许可证门户注册 1 级进入，对该表格进行访问、填写完成和提交。

关于注册和使用 e-许可证的说明可打电话至 301-851-3300，选 1，或通过电子邮箱 AskNIES. Products@aphis. usda. gov 发邮件索取。

（2）为了获得 NIES 许可证，需向 NIES 提交 VS16-3 表"进口控制材料或运输微生物或载体许可证申请表"。该表也可通过 2 级官方访问的 e-许可证门户进行访问和提交。

如果基础种子是通过重组的方法获得的，那么还需要补充提交 VS16-7 表"进口细胞培养物及其产品许可证申请表（以补充 VS16-3）"。

4. 申请美国兽医生物制品分发和销售许可证的资质

a. 许可证的持有者仅限于在美国定居或者在美国经营了商业设施的人，要求均见 9CFR104.1（b）。

b. 从相同来源（地理位置）进口的所有产品的持证者可获得一个持证者编号。CVB 会对每个进口产品分别颁发总的销售与分发许可证（见 CVB 通告第 13-03 号）；每个许可证上持证人的编号延用相同的编号。

c. 每个不同来源的许可证产品或进口产品会分别对持证者进行编号。

d. 生产国的疫病状态、联邦雇员的差旅受到美国国务院的限制（如不允许检查员前往生产国）或贸易禁运等因素可能会对上述资质起到不利的影响。

5. 检疫隔离设施。许可证申请者必须在美国建立一个永久性场所，用于接收和保存进行检疫的产品，直至从 CVB-IC 获得批准该批产品放行的许可。

6. 许可证的期限

a. 一个美国兽医生物制品分发和销售许可证没有设定有效期限。但是，持证者必须提交一份对生产场所定期重检的书面协议，相关费用由持证者承担。

b. 如果持证者违反或者未能遵守《病毒-血清-毒素法》，其许可证可能会被吊销。

c. 不会签发有条件的许可证。

7. 许可证的限制。如果适用，可在许可证上列出该限制。

B. 持有分发和销售许可证的产品的进口

在取得许可证以后，生产企业将产品运往隔离地点。每次运输都要持有许可证的复印件和填写完成的 APHIS2008 表（或等效文件）的复印件。2008 表应按照兽医局备忘录第 800.53 号进行填写。但是，应在第 11 栏"备注"中注明用于销售的"生产总量"中的所有库存备货清单。此外，还应在第 10 栏"库存清单"中注明美国现有货运中所含的所有库存。当一批产品分多次运输时，每次运输时必须携带单独的 2008 表（原件和副本）或具有同等效力的文件。当提交了由 CVB 事先批准过的一批产品的附加的 2008 表时，应在第 12 栏中写明是重复运输（如第二、三次运输），说明以前提交过该批，选择"公司安排的其他后续的装运"。

1. 库存证明。美国持证者所在网站的负责人（充当联络或批发放角色的人）必须在原 2008 表第 10 栏中记录证明到货的总的瓶数、剂量和到货日期，在 11 栏中签名，并将相关信息提交给 CVB。如果该信息代替 APHIS2008 表进入了 NCAH 门户的发货清单中，那么持证者负责的网站将通过提

交相关信息证明该信息是正确的。所见"门户作用描述"的用户指南位于 CVB 兽医生物制品主页用于角色释疑部分的 NCAH 门户指南网站。

2. 向 CVB-IC 提交 2008 表原件和一份复印件。充当联络或批发放角色并经 2 级认证的雇员可通过 NCAH 门户向 CVB 提交相关信息，代替提交 2008 表的副本。

3. 如果需要，应按照 9CFR113.3 的规定向 CVB-PEL 实验室提交代表性产品的样品。经授权采样选取最终容器产品作为 APHIS 样品，必须与作为剩余库存的产品一起装运至美国持证者所在的场所。美国持证者所在场所的取样人员应提交 2020 表，或者通过 NCAH 门户提交相关信息。兽医局备忘录第 800.59 号提供了进一步的指导原则。

4. 在适当的贮藏条件下对产品进行保存。

5. 将货物保存在隔离地点，直到 CVB 同意该货物发放。如发现一批货物的生产大纲文件不能满足指定要求的试验，该批货物则不能进行分发和销售（9CFR113.6.）。

6. 保留政府要求在生产大纲中规定预留的样本。

7. 保留完整的所有与产品有关的标签、包装箱和插页的记录。

8. 由 CVB 批准使用的标签仅限于持证者对进口的生物制品的使用（如仅限于在美国使用）。持证者必须在 APHIS2015 表中填写"例外"栏，说明"该标签仅用于进口到美国产品的瓶签和包装"。不进口到美国的该批产品（或该批的部分产品）禁止使用该标签。

C. APHIS 对隔离产品的放行。对兽医局第 800.53 号中每个程序的大纲，CVB-IC 将对每个 2008 表进行审查或者发放通过 NCAH 门户提交的相关信息。CVB-PEL 实验室可能会进行复核检验。当评价完成后，会将 APHIS 对该货物的处置通知给持证者，并将处理过的 2008 表或批放行的电子通知单返还给持证者。

Ⅴ. 实施/适用性

随着本备忘录的发布，通过 NCAH 门户可替代 APHIS2020 表的提交。

（杨京岚译，鹿钟文　夏业才校）

兽医局备忘录第 800.102 号：豁免按照 9CFR113.101～104 部分进行钩端螺旋体菌苗检验及有关参考品和试验

2013 年 12 月 12 日

兽医局备忘录第 800.102 号

发送对象：兽医局管理人员

兽医生物制品中心主任

生物制品持照者、持证者和申请者

签 发 人：John R. Clifford

副局长

主 题：豁免按照 9CFR113.101～104 部分进行钩端螺旋体菌苗检验及有关参考品和试验

Ⅰ. 目的

本备忘录为获得用仓鼠进行钩端螺旋体菌苗的效力检验的豁免权提供了指导。同时还提供了体外效力检验替代方法及可从兽医生物制品中心获得可用试剂的有关信息。

Ⅱ. 废止

本备忘录生效之日起，2002 年 5 月 23 日发布的兽医局备忘录第 800.102 号同时废止。此外，本备忘录还对以下 CVB 通知中的相关政策和可供应试剂的信息进行了汇编：

1. CVB 通知第 07-02 号。《犬用感冒伤寒钩端螺旋体和出血性黄疸钩端螺旋体参考菌苗资格要求》，2007 年 3 月 1 日发布。

2. CVB 通知第 07-12 号。《犬用波摩那钩端螺旋体和犬型端螺旋体参考菌苗资格要求》，2007 年 7 月 13 日发布。

3. CVB 通知第 09-16 号。《犬和/或猪用犬型端螺旋体、感冒伤寒钩端螺旋体、出血性黄疸钩端螺旋体和波摩那钩端螺旋体参考菌苗资格要求》，2009 年 8 月 3 日发布。

Ⅲ. 背景

在几个已经建立的螺旋体病动物模型中，由于仓鼠具有较高的易感性而被广泛使用。用于钩端螺旋体菌苗效力检验的仓鼠模型已经作为"标准要求"编入联邦法规第 9 卷（9CFR）113.101～104 部分。法定的检验方法是按照用仓鼠模型进行免疫攻毒而设计的。以本动物使用剂量的体积为基础对菌苗进行稀释。接种途径描述为："按照标签推荐的使用方法进行"。

如果替代的检验标准至少相当于"标准要求"，且在备案的产品生产大纲中已有该检验方法的描述，则 CVB 会考虑按照 CFR113.4（a）规定予以豁免。

CVB 一直致力于用体外试验替代动物试验的研究，已研发出用酶联免疫（ELISA）进行螺旋体菌苗效力检验的方法和相关试剂。详细的检验方法见"补充检验方法（SAM）"M 螺-627，可用的试剂见兽医局备忘录第 800.97 号。我们鼓励各公司申请获得豁免权，改用 ELISA 方法进行检验。

ELISA 方法要求使用有资质的参考菌苗。CVB 提供不含佐剂的螺旋体参考菌苗，可用于犬、牛或猪用菌苗的检验。对参考菌苗稳定性的监控，由 CVB 按照有关仓鼠检验规定进行检验。使用相关仓鼠检验方法对新的标准参考菌苗进行资格认定。标准参考菌苗的有效性，不排除使用持照者研发的合适的有资质的备用参考品，且对某些特定产品而言，备用参考品是必需的。一个新参考菌苗资格认定的方法包括，证明该参考菌苗在本动物免疫-攻毒模型中的效果是可接受的。如果替代动物模型已被认为是在本动物有效性上可接受的指标，那么替代动物模型可作为代替本动物试验的参考（而不是关键的效力试验）使用。经 CVB 进行的试验确认，法定的仓鼠检验方法是一个适用于以下犬、牛和猪用钩端螺旋体成分的效力评价的替代方法：犬型、感冒伤寒型、出血性黄疸型和波摩那型。

Ⅳ. 政策

A. 本动物有效性试验

虽然法定的仓鼠检验方法被认为是与本动物有效性试验相关，但是大多数情况下，该试验并不能反映病原体在本动物体内的自然传播情况。因此，CVB 要求对含有新的基础种子菌株（MSB）的持照产品进行本动物有效性试验，或对产品方法的本质改变进行评估。应使用客观性术语说明批有效性检验中抗原的特征（如灭活前微生物的计数），而不是描述对参考品的相对效力，且还应通过仓鼠检验法进行批有效性检验。如果这些条件得到满足，随后以批有效性检验要求的最小含量的抗原制备的

参考菌苗，可以用相关法定的仓鼠检验法进行资格认定。在生产大纲的 V.C 章节总结本动物的有效性试验，并指明所用攻毒株的血清群。

B. 法定的仓鼠检验方法

在仓鼠效力检验中使用的接种途径应与标签推荐的本动物接种途径一致。

本动物接种途径		法定的仓鼠检验法的接种途径	
有效性试验	标签标注	批放行检验中仓鼠的免疫途径	用于 ELISA 参考品检验中仓鼠的免疫途径
IM	IM	IM	IM
SC	SC	SC	SC
IM&SC	IM&SC	IM 或 SC，但必须在大纲中注明	IM 或 SC，但必须在大纲中注明
IM&SC	SC	SC	SC
IM&SC	IM	IM	IM

当使用仓鼠检验方法时，我们鼓励公司尽可能使用人性化的终结（仓鼠生命）方法。

C. 豁免使用以 ELISA 为基础检验

持照者或持证者必须申请豁免按照 9CFR113.101～104 规定进行检验的权利。ELISA 程序必须在相关的大纲中予以描述。为了保持豁免权，大纲第Ⅳ部分规定的最小抗原含量必须不低于执照申请时确定的抗原含量。预许可产品必须满足所有当前确定的最小抗原含量的要求。可引用兽医局备忘录第 800.206 号所述豁免规定。

提交以下辅助资料，申请豁免权进行法定的效力试验：

1. MSB。鉴定 MSB 的血清群水平，确保 ELISA 试验方案中所用试剂是适当的。

2. 生产方法应详细，确保显著变化能够被注意。

3. 用寻求豁免的特定产品验证 ELISA 的性能。按照兽医局备忘录第 800.112 号的指导进行试验，获得特异性、再现性和平行关系的数据。用 ELISA 方法进行的钩端螺旋体菌苗的反应不完全相同；收集了一些验证该试验数据的公司可向 CVB 提交初步数据，以便进行审查和评价。

D. 参考菌苗的鉴别

如上所述，假如使用了推荐的参考品的效力试验验证能够被接受，那么可以按照以下方法之一确定参考品资格认定的需求。

1. 标准参考菌苗。用 CVB 供应的标准参考菌苗，按照推荐的工作稀释度使用。标准参考菌苗可用于产品（标签注明可作为预防由犬、牛和猪的由螺旋体引起的疾病的辅助预防手段）的放行检验。

2. 与产品匹配的参考菌苗（通过仓鼠检验获

得资格认定）。生产的与产品相匹配的参考菌苗，应至少含有与批有效性检验菌苗相同的抗原含量，并通过法定的仓鼠效力检验对其进行的资格认定。应提供至少 3 个独立的法定试验（用 3 瓶产品分别进行）的数据。如果用于检验产品的参考品被推荐采用皮下注射，则采用皮下途径免疫仓鼠。在法定的试验中合适的参考品应可以重复获得令人满意的结果。在获得动植物卫生监督署最终批准之前，所有候选参考试剂均应按照 9CFR113.101～104 适宜部分进行复核检验。对于在效力试验中不能证明与不含佐剂的标准参考菌苗存在可接受的平行关系的含佐剂的产品，可能要求采用这种方法进行检验。以这种方式进行资格认定的参考品可用于产品（标签注明可作为预防有关本动物的相关螺旋体引起的疾病的辅助手段）的放行检验。

3. 经宿主资格认定的参考菌苗。如果某产品不适合使用支持仓鼠检验所提交的数据，那么 CVB 会按照个案加以考虑。对于那些不适合用仓鼠检验进行监控的参考品，应使用本动物每隔 5 年定期对该参考品进行资格再认定。

E. 有效的攻毒范围

当按照 9CFR113.101～104 用仓鼠进行免疫攻毒试验时，法定的攻毒范围为 10～10 000 个仓鼠的 LD_{50}。因为所获得的验证试验结果，没有攻毒剂量大于 10 000 个 LD_{50} 的数据。这可能由于免疫反应引起的，或是由于慢性疾病诱导而引起的。超剂量攻毒可被判为"未检验"，可重检。

F. 参考品的稳定性监控

1. 标准参考菌苗由 CVB 采用仓鼠检验的方式进行监控。

2. 公司的参考菌苗应采用法定的仓鼠检验方

法，使用趋势分析和定期再评价（大约每 2.5 年一次）的方式进行严格监控。CVB 会进行法定的仓鼠效力试验，对公司自行确定的参考菌苗进行监控。不能采用仓鼠实验室模型进行监测的产品，请参考Ⅳ进行编辑节。

Ⅴ. 实施/适用性

本备忘录自发布之日起立即生效，并适用于以

法定的效力检验认定的并用于犬、牛或猪的所有钩端螺旋体菌苗。其适用于本备忘录签署日期之后生产的产品批次。不遵守本备忘录的公司，应与他们指定的评审人员联系，提出替代的策略。

（康孟佼译，杨京岚校）

兽医局备忘录第 800. 103 号：自家生物制品产品执照的补发及该制品生产和使用的限制指南

2002 年 5 月 28 日

兽医局备忘录第 800. 103 号

主　　题：自家生物制品产品执照的补发及该制品生产和使用的限制指南
发送对象：生物制品持照者、持证者和申请者
　　　　　兽医生物制品中心主任

Ⅰ. 目的

本备忘录为持照者、持证者和申请者提供了关于 APHIS 对自家生物制品的生产、进口、分发及使用限制的指导原则。本备忘录即时生效，根据9CFR102.5（d）节规定，按照 APHIS 授权，由兽医生物制品中心负责对自家生物制品进行限制，禁止生产、分发或运输某些特定动物疫病的自家生物制品。

Ⅱ. 废止

本备忘录生效之日起，2002 年 3 月 5 日发布的兽医局备忘录第 800. 103 号同时废止。

Ⅲ. 背景

目前，如果 APHIS 认为与某些外来疾病有关的生物制品可能对美国的家畜或家禽构成威胁，APHIS 就会限制从那些具有该外来疾病的国家进口兽医生物制品，这些外来疾病包括（但不限于）口蹄疫、牛瘟、高致病性禽流感、猪水疱病、新城疫、非洲猪瘟和牛海绵状脑病。

此外，当某些生物制品被认为干扰了疾病监测或控制或消灭计划，APHIS 就会限制其生产和发放，这些生物制品包括（但不限于）布鲁氏菌疫苗、水疱性口炎疫苗及广泛用在合作国/联邦/工业动物疾病控制和消灭计划中的特定诊断制品。

Ⅳ. 政策

如果确定为了保护家畜或公共卫生、经济效益

或安全必须限制产品的使用，并在执照上规定了这种限制，那么 APHIS 署长可能会限制某一兽医生物制品的分销。

为了保证自家兽医生物制品的生产、发放和使用不会干扰动物疾病监测和/或控制及根除计划，也不会造成其他健康风险，自家兽医生物制品产品执照上应加入以下限制规定：

Ⅴ. 限制规定

本执照并未授权以下动物疾病自家疫苗或菌苗的生产、发放或装运：口蹄疫、牛瘟、任何 H5 或 H7 亚型禽流感、鸡的任何亚型的禽流感、猪水疱病、新城疫、非洲猪瘟、古典猪瘟、布鲁氏菌病、水疱性口炎和兔病毒性出血症或其他署长认定的可能引起动物或公共卫生风险的疾病。

Ⅵ. 附注

如对某一特殊微生物分离株能否被用于生产自家兽医生物制品存有疑问，请咨询兽医生物制品中心的履约监督部门

签发人：W. Ron DeHave
　　　　副局长
　　　　兽医局

（邢嘉琪译，杨京岚校）

兽医局备忘录第 800.104 号：气肿疽梭菌成品体外批放行效力检验

2003 年 5 月 29 日

兽医局备忘录第 800.104 号

主　　题：气肿疽梭菌成品体外批放行效力检验
发送对象：兽医生物制品持照者、持证者和申请者
　　　　　兽医生物制品中心主任

Ⅰ. 目的

本备忘录的目的是为了对关注兽医生物制品中心（CVB）政策的持照者、持证者和申请者提供指南，以便其在含有气肿疽梭菌抗原的产品检验上获得豁免权，可以用体外效力检验代替现行标准要求（standard requirement，SR）的批放行效力检验。

Ⅱ. 背景

目前，含有气肿疽梭菌抗原的成品在批放行前，必须按照联邦法规第 9 卷（9CFR）113.106 部分规定，用豚鼠进行免疫-攻毒效力检验。CVB 一直致力于优化、减少和替代动物试验，本试验就是 CVB 达到替代动物试验目标的一部分。

兽医生物制品中心政策、评审与执照管理部门（CVB-PEL）已研发出了体外量化成品中气肿疽梭菌抗原的检验方法，可用于气肿疽梭菌灭活疫苗的批放行效力检验。本检验采用夹心酶联免疫吸附试验（ELISA）方法，使用气肿疽梭菌鞭毛特异性单克隆抗体和多克隆抗体捕捉并检测保护性鞭毛抗原。待检批次的鞭毛抗原量可以通过与已批准的参考制剂比较获得。"补充检验方法"（supplemental assay method，SAM）220（对 ELISA 方法的描述）可从 CVB-PEL 处获得。

本备忘对如何获豁免 9CFR113.106 的规定，用鞭毛抗原定量试验代替豚鼠免疫-攻毒试验提供指导。

Ⅲ. 政策

根据 9CFR113.4，持照者或持证者必须为豁免按照适用的 SR 进行检验提出申请。申请豁免按照 9CFR113.106 进行检验时，应提供以下内容：

A. 试验验证数据

用于检验待检产品的 ELISA 方法必须经过验证。

1. 特异性数据。应提供数据证明，ELISA 中使用的抗体可与待检产品中使用的气肿疽梭菌基础种子发生特异性反应，但不与产品中的其他成分（包括细菌抗原、培养基或佐剂）发生反应。特异性数据应以检验空白样品（除了不加入气肿疽梭菌抗原，其他均按照生产大纲生产）为基础获得。

2. 可重复性数据。证明检验无论是由持照者还是由持证者进行操作，均可产生可重复性的结果。每个产品至少取 3 个批次，用 ELISA 方法进行效力测定。每批产品应进行 6 次独立的试验。试验应由至少 2 个不同的操作者来完成。每个产品提交至少 18 次的检验数据（2 个技术人员，每人对 3 批产品分别进行 3 次重复检验）。

3. 剂量-反应数据。证明 ELISA 方法具有鉴别气肿疽梭菌抗原含量为拟定放行值（±10~20）％ 的产品的效果。

4. 相关性数据。证明与按照 SR 方法进行的豚鼠免疫-攻毒试验结果相比较，ELISA 方法能正确识别出符合规定和不符合规定的产品。用作参考资格（见 Ⅲ C. 2）的检测稀释的产品所产生的数据，可以作为部分检验的相关性数据而提交。

B. 变更生产大纲

1. 检验方法。在生产大纲或特殊纲要的第Ⅴ节中，必须引用 SAM220，或必须描述定量测定气肿疽梭菌鞭毛抗原的可接受的 ELISA 替代方法。

2. 有关参考制剂的信息。在生产大纲的第Ⅴ节中，必须包括已批准"参考制剂"的鉴别和有效期限等信息。

3. 检验标准。在生产大纲的第Ⅴ节中，必须包括检验符合规定的标准要求，及检验有效的标准要求。如果在生产大纲的第 Ⅴ. C 节中进行了规定，那么按照 SR 描述进行的豚鼠免疫-攻毒试验可以

作为 ELISA 效力检验失败后的第二方法。

4. 豁免日期。在生产大纲的 V.C 节中，必须记录 APHIS 批准豁免按照 SR 进行检验的日期。

C. 参考制剂的资格

1. 最初的资格。对于备案的本动物攻毒试验数据已被接受的产品来说，如果针对免疫产生的体液反应符合最低标准（如下所述），则可根据牛的血清学效价确定参考制剂的资格。对于备案材料中没有本动物攻毒试验数据的产品来说，那些候选参考制剂不能诱导足够的血清学效价，所以必须采用牛免疫-攻毒试验证明其有效性。获得资格的所有批次的参考制剂必须按照备案的生产大纲进行制备。

用抗原水平低于备案的生产大纲规定的抗原制备的参考制剂，不能仅用血清学方法确定其资格。如果佐剂是相同的，且通过标准要求的相对效力是 1.0，那么具有多种成分的参考制剂可以用于较少成分混合产品的检验。

参考制剂资格认定试验，应包括至少 10 只免疫动物和 5 只对照动物。免疫前，试验牛的气肿疽梭菌凝集效价必须<10。必须按照标签上的使用说明免疫牛。免疫 2 周后，测定气肿疽梭菌凝集效价，凝集试验必须使用来自 CVB-PEL 的标准抗原和对照血清。如果 10 头免疫牛中至少有 8 头牛的凝集效价等于 100，那么根据血清学原理，参考制剂可以判为符合规定。如果凝集效价等于 100 的免疫牛少于 8 头，那么可用致死性气肿疽梭菌孢子悬液对所有动物攻毒。在攻毒后，如果 10 头免疫牛中有至少 8 头存活，且 5 头对照牛中有 4 头死亡，则参考制剂也可以判为符合规定。

2. 实验室动物模型。强烈建议所有参考制剂用豚鼠进行评估的同时，还用牛进行最初的资格认定试验。使用 SAM200 规定的免疫/攻毒方法（含有气肿疽梭菌抗原产品效力检验的补充检验方法），确立参考制剂对豚鼠的 50% 保护剂量（PD_{50}）。用小于 2 倍系列稀释的参考制剂，少剂量接种免疫组的 5 只豚鼠。最少进行 4 次独立试验以测定 PD_{50}。豚鼠的 PD_{50} 一旦确定，就可以作为现有的已批准参考制剂资格认定的标准，并用其认定新参考制剂的资格。

3. 兽医生物制品中心政策、评审和执照管理部门（CVB-PEL）的确认。所有候选参考制剂，在最终 APHIS 批准之前，均应由 CVB-PEL 按照 9CFR113.106 进行复核检验。

D. 豁免的适用性

检验豁免工作仅适用于由生物制品持照者和持证者进行的批放行检验。在 5 年的过渡期内，CVB-PEL 会继续按照 9CFR113.106 对产品批次进行复核检验。经 CVB-PEL 进行的所有批检验，仅以按照 9CFR113.106 进行的效力检验结果为基础。这个过渡期用于对产品质量保证进行动态监控。在过渡期末，如果累计的数据证明了豚鼠攻毒试验与 ELISA 试验之间具有相关性，且这种相关性在典型的生产环境下被广泛使用，那么 CVB 将采取适当的工作程序，将体外检测方法写入标准要求（SR）检验中，用于代替豚鼠的免疫-攻毒试验。

签发人：W. Ron DeHaven
兽医局副局长

（康孟佼译，杨京岚校）

兽医局备忘录第 800.106 号：豁免对变应原浸出物处方药进行无菌检验

2017 年 12 月 9 日

兽医局备忘录第 800.106 号

主　　题：豁免对变应原浸出物处方药进行无菌检验
发送对象：兽医生物制品持照者、持证者和申请者
　　　　　兽医生物制品中心主任

Ⅰ. 目的

本备忘录就如何豁免按照规定对变应原浸出物处方药（产品代码为 9531.00）进行无菌检验提供

了指导。

Ⅱ. 背景

按照 9CFR114.9（e）（Ⅲ）规章规定，过敏

性提取物的生产大纲中应包括纯净性、安全性、效力和其他相关检验的检验方法。纯净性（或无菌）检验必须按照符合 9CFR113.25 和 113.26 规定的方式进行。但是，变应原浸出物的处方药无菌检验的具体指导原则在现有规章中并未涉及。

由一瓶或多瓶单独的或混合的变应原浸出物的组成的变应原浸出物的处方药，不稀释或经过系列稀释后，按照执业兽医开具的处方组合而成，形成了有效的兽医—顾客—病畜关系。书面的处方必须确定个体顾客和病畜。分装的处方产品用于诊断或治疗个体动物的过敏性疾病。执业兽医负责实施或监督处方产品的使用。

本备忘录阐明了 CVB 有关变应原浸出物的处方药的检验政策，同意豁免按照 9CFR113.25 和 113.26 规定进行无菌检验。但是，在配制变应原浸出物的处方药之前，仍要求对单独的或混合的变应原浸出物的按照 9CFR114.9（e）（Ⅲ）规定进行检验。

Ⅲ. 政策

如果满足以下条件，则变应原浸出物的处方药成品无需按照 9CFR113.25 和 113.26 规定进行无菌检验：

A. 无菌成分

处方组方前所有成分都必须是无菌的。

无论是变应原浸出物的还是变应原浸出物的处方

药，均应在 USDA 批准的持照设施内生产，对用于制备变应原浸出物的处方药的变应原浸出物的的检验也必须在该设施内进行，且检验结果应符合规定。

仅在 USDA 持照企业内生产的变应原浸出物的处方药，USDA 持照企业出具的分析证书，可代替由处方产品生产商进行的检验。分析证书必须包括生产商提供的备案生产大纲第Ⅴ节所列检验的结果。只有证明按照 9CFR113.25 和 113.26 规定完成检验的结果符合规定时，该浸出物及其系列稀释物方可用于混合制成变应原浸出物的处方药。

B. 无菌检验记录可供查阅

必须保留检验结果和/或分析证书，以便 CVB-监察与合规部门在监督检查时查阅，或在 CVB 要求的其他时间查阅。

C. 足够的防腐剂

处方药成分包括足够剂量的可抑制细菌和真菌活性的防腐剂（如苯酚浓度为 0.4%）。

D. 在生产大纲中注明豁免权限

生产大纲第Ⅲ. A 节必须注明获得豁免按照 9CFR113.26 规定进行纯净性检验的日期。

签发人：W. Ron DeHaven

兽医局副局长

（康孟佼译，杨京岚校）

兽医局备忘录第 800.107 号：持照疫苗更换细胞和细胞基质的规定

2002 年 11 月 25 日

兽医局备忘录第 800.107 号

主　　题：持照疫苗更换细胞和细胞基质的规定
发送对象：兽医生物制品持照者、持证者和申请者
　　　　　兽医生物制品中心主任

Ⅰ. 目的

本备忘录阐明了兽医生物制品中心获得批准修订已备案的生产大纲，改变持照疫苗生产中使用的细胞的传代水平或更换所使用的细胞系的政策。

Ⅱ. 背景

用于兽医生物制品生产的细胞系的一般检验要求，见 9CFR113.51 和 113.52。当持照者想修订已备案的生产大纲，改变用于疫苗生产的细胞基质

（如增加细胞系的传代水平），政策（兽医生物制品通告，1993 年 2 月 26 日）要求必须重新对基础种子进行免疫原性测定。然而，由于现有的方法可行，如果能证明细胞基质的改变不会引起产品或生物体的微生物基因组或蛋白表达谱的改变，兽医生物制品中心可能会放弃对免疫原性测定的要求。

Ⅲ. 政策

申请细胞基质或培养条件的改变，要求重新做

免疫原性试验或提供在微生物基因组或蛋白质图谱上没有明显变化的数据证明。体外数据可以通过一系列的检验获得，包括测序、蛋白质印迹、凝胶电泳、高效液相色谱法、光谱测定法和其他适合的方法。如果一个公司正在考虑改变某个产品的细胞基质，那么应提交一份支持这种改变的数据提案到公司审查人那里进行评估和评论。

签发人：W. Ron DeHaven

兽医局副局长

（张　敏译，杨京岚校）

兽医局备忘录第 800.108 号：库存和处置记录

2003 年 1 月 15 日

兽医局备忘录第 800.108 号

主　　题：库存和处置记录

发送对象：兽医生物制品持照者、持证者和申请者

兽医生物制品中心主任

兽医局区域主任

兽医局区域执业兽医主管

州执业兽医

调查与执法局

Ⅰ.目的

本备忘录阐明了在进行生物制品的销售、运输和其他处理时，需遵照《病毒-血清-毒素法》规定由持照者、持证者和分销商负责保持记录。

Ⅱ.背景

联邦法规第 9 章（9CFR）116.2 节规定，生物制品的每个持照者、持证者和分销商均要保存销售、运输和其他处理的详细处置记录。这些记录将交由 APHIS 按照 9CFR115.2 节规定进行检查。

法规 115.2 节规定，装在标有美国兽医执照编号或美国兽医许可证编号的贮存容器中的任何生物制品可能在任何时间、任何地点接受检查，以确保该产品是有价值的、未被污染的、不具危险的和无害的。如果在检查中发现产品无价值、已污染、有危险或有害，则根据 9CFR118 规定，可能对其没收、扣留或启动定罪程序。

为了说明每个产品，并使特定的产品能够被追溯，有必要进行产品的监察、库存的检查和对处理进行记录。

Ⅲ.程序

每个在美国从事生物制品销售的持照者、持证者和分销商必须保留详细的库存清单，及由这些人进行的生物制品的销售、运输或其他处理的处置记录，以备 APHIS 审查。

签发人：W. Ron DeHaven

兽医局副局长

（张　敏译，杨京岚校）

兽医局备忘录第 800.109 号：基础种子和主细胞库检验报告的提交

2004 年 5 月 26 日

兽医局备忘录第 800.109 号

主　　题：基础种子和主细胞库检验报告的提交

发送对象：生物制品持照者、持证者和申请者
兽医生物制品中心主任

Ⅰ. 目的

本备忘录就如何向兽医生物制品中心（CVB）提交基础种子（MS）、主细胞库（MCS）和基础序列（MSQ）的检验报告以便审查和备案提供了指导。

Ⅱ. 定义

A. 可使用 9CFR 的定义

1. 基础种子（master seed，MS）。9CFR101.7（a）系指由生产厂家筛选并永久保存的指定代次水平的微生物，其他种子均为该种子在允代次范围之内传代而来。

2. 主细胞库（master cell stock，MCS）。9CFR101.6（d）系指指定代次水平的供应细胞，供生物制品生产用的细胞均源自上述细胞。

B. 非正式条款定义

基础序列（master sequence，MSQ）系指用于生产制备生物制品用人工合成制剂的靶序列。

Ⅲ. 背景

生产兽医生物制品用的所有微生物和细胞系均必须由已批准的 MS 和 MCS 制备。人工合成制剂必须由已批准的 MSQ 制备。为了 MS、MCS、和 MSQ 获得 CVB 的批准，持照者或持证者必须按照联邦法规第 9 卷（9CFR）的要求或按照指定备案的生产大纲的要求提交一份检验报告。在持照者或持证者被授权提交 MS、MCS、和 MSQ 进行复核检验之前，该检验结果必须由 CVB 审查并备案。

Ⅳ. 检测指南

A. 基础种子和主细胞库

1. 一般要求。参考 9CFR113.64、113.100、113.200 和 113.300。

2. 纯净性检测。参考 9CFR113.26 和 113.27。

3. 外源病原检验。参考 9CFR113.46、113.47、113.52、113.55 和 9CFR113 部分产品的特异性检验标准的要求。

B. 基础序列特性

应在备案的生产大纲或备案的特殊纲要中说明基础序列特性检验的程序。

Ⅴ. 提交报告指南

以下各节所述内容必须提交给兽医生物制品中心-政策、评审与执照管理部门（CVB-PEL），以便用于 MS、MCS 或 MSQ 的审查。提交报告中应包括所有检验的摘要，如用于此目的的兽医生物制品及其检验报告（APHIS2008 表）。此外，还需提交一份支持性报告，详细说明每个试验的材料、方法、结果及结论。应同时上交两份副本。

A. 基础种子

1. 种子来源和传代史。应提供种子的获得和传代历史的详细情况。传代史必须包括：最初是如何分离到的该微生物及分离后的传代情况，包括所用培养基、细胞培养物和/或动物的类型。

2. 鉴别检验。必须按照 9CFR 的规定或 APHIS 可接受的水平，对每个种子进行分类鉴定。如果种子有特定的株或型，必须进行额外的检验，以确定该种子的株或型。如果种子表达了对免疫原性至关重要的特异性抗原（或者作为标记），并且这种抗原不属于所有分离株（如大肠埃希氏菌 K99 菌毛抗原），那么应提交检验结果以确认该抗原的表达。

3. 纯净性检验。应按照 9CFR113.27（用于细菌和真菌污染检验）进行纯净性检验。此外，应按照 9CFR113.28（用于支原体污染检验）对病毒和其他专性细胞内的微生物进行检验。

4. 外源病原检验。所有的病毒和专性细胞内的微生物必须按照 9CFR113.55 进行外源病原检验。每种禽源的病毒还必须分别按照 9CFR113.30、113.31 和 113.34 进行沙门氏菌、淋巴白血病病毒和血凝性病毒的污染检验。

5. 信息摘要表（SIF）。利用基因重组技术制备的所有基础种子和用于生产活的生物制品的基础种子，均必须在所提交的 SIF 表中附加安全性检验和鉴别检验的数据；参见兽医局备忘录第 800.50 和第 800.205 号。获得执照前要求提供完整的 SIF 表。但是，SIF 最初的版本必须与基础种子的报告一同提交。SIF 必须包含足够的数据，以便 CVB 制定适当的生物控制要求并进行复核检验。应提交 2 份 SIF 副本。SIF 对不同类别的重组兽医生物制品和传统来源的致弱活疫苗的要求，详见 www.aphis.usda.gov/vs/cvb/lpd/sifs.htm。如果想要用重组微生物表达外源病原，则必须对这种表达进行检测。

6. 附注。如果 9CFR113 有产品特异性方面

的规定，必须按要求对制备活疫苗用基础种子进行免疫原性的检验和重检。在完成该种子的免疫原性研究后，必须以附录的形式提交原始基础种子的报告。附录中必须包含试验结果概述，被检测的种子批的产品编号和试验日期。如果有对种子进行重检的要求（重复进行免疫原性试验），那么附录中还必须标明进行重复试验的日期。重复试验完成后，必须上交第二份试验总结附录。在基础种子报告附录中还必须包括回传试验结果的简要说明。

B. 主细胞库

细胞系的一般检验指导原则见 9CFR113.52。细胞必须具有起始代次细胞（X）的全部特性。必须对允许用于产品的最高代次细胞（X＋n）进行核型分析检查。提交的报告应包括以下内容：

1. 繁殖。包括相关的培养基、任何特殊的促生长剂或其他 MCS 特异成分的详细信息。

2. 传代。包括细胞系的来源和传代史。确定主细胞库（X）的起始代次。

3. 纯净性。必须按照 9CFR113.26 的指导原则进行细菌和真菌污染检验，并按照 9CFR113.28 进行支原体污染检验。

4. 鉴别检验和种属的特异性。应详细说明用于细胞系鉴别的检验方法。

5. 外源病原检验。必须按照 9CFR113.46 和 113.47 的规定进行检验。列出检测中使用的所有细胞类型（如胚胎、新生儿等）和所有进行检测的潜在污染病毒。

6. 细胞学检查。对至少 50 个正在进行有丝分裂的细胞进行染色体检查。在起始代次细胞中检测到的所有染色体的标记也必须在最高代次细胞中检测到。测定 X 和 X＋n 代细胞的模板数量。最高代次细胞和起始代次细胞之间染色体的模板数量差异不得超过 15%。

7. 致瘤性/致癌性。如果有任何迹象表明，在拟使用的动物体内该细胞系可诱发恶性肿瘤，那么必须按照 APHIS 认可的方法进行致瘤性/致癌性试验。

C. 基础序列

每批合成试剂必须符合其使用产品备案的生产大纲中的标准。标准中应提供对每批合成试剂进行的性状检验和有效性检验的要求，并且应包含适用于试剂的鉴别检验和纯净性标准。CVB 可能会对每批合成试剂进行复核检验。

Ⅵ. 多样性

鼓励公司维持对已批准 MS 和 MCS 的供应，以便在遇到任何未预料到的问题时 APHIS 可访问和使用其进行检测。

　　签发人：John R. Clifford
　　　　　　副局长
　　　　　　兽医局

（樊晓旭　韩　娥译，杨京岚校）

兽医局备忘录第 800.110 号：用于妊娠母牛或哺乳期母牛相关牛传染性鼻气管炎疫苗（致弱活病毒）及牛病毒性腹泻疫苗（致弱活病毒）的标签上的警告

2016 年 11 月 1 日

兽医局备忘录第 800.110 号

发送对象：兽医局管理人员
　　　　　兽医生物制品中心主任
　　　　　生物制品持照者、持证者和申请者
签 发 人：Jack A. Shere
　　　　　副局长
主　　题：用于妊娠母牛或哺乳期母牛相关牛传染性鼻气管炎疫苗（致弱活病毒）及牛病毒性腹泻疫苗（致弱活病毒）的标签上的警告

Ⅰ. 目的

本备忘录提供了兽医生物制品中心（CVB）对用于妊娠母牛或哺乳期母牛相关牛传染性鼻气管炎（IBRV）疫苗、致弱活病毒及牛病毒性腹泻（BVDV）疫苗、致弱活病毒的标签上的警告和声明豁免该警告要求的指导原则。

Ⅱ. 废止

本备忘录生效之日起，2004 年 10 月 18 日发布的兽医局备忘录第 800.110 号同时废止。

Ⅲ. 背景

联邦法规第 9 卷（9CFR）第 112.7（e）（1）规定在含有致弱活病毒的 IBRV 和 BVDV 疫苗的标签上需声明以下内容："禁止用于妊娠母牛或哺乳期母牛"。如果该疫苗已经证实这样使用是安全的，则动植物卫生监督署署长可以按照 9CFR 第 113.4（a）的规定豁免这项要求。本备忘录为如何获得豁免数据提供了指导原则。该数据也可用于支持该标签的声明"可用于妊娠母牛或哺乳期母牛"。为了获得对警告声明的豁免权和支持标签上的声明（上述），应按照第Ⅳ节进行支持性试验研究。

Ⅳ. 指导原则

本研究仅包括已确认怀孕的小母牛和奶牛。所有动物均应用适当的单价或多成分的试验疫苗进行免疫。所有动物均必须按照标签说明书进行免疫，包括（如果有推荐的话）进行产前免疫。如果不需要进行产前免疫，那么在接种待检疫苗之前，所有动物对该病毒的血清学必须为阴性。如果试验仅涉及了妊娠小母牛或奶牛哺乳的犊牛，那么对该声明的豁免申请将不会被接受。临床试验研究应按照兽医局备忘录第 800.301 号进行。

A. 试验设计

1. 动物。试验中至少使用 1200 只怀孕的小母牛和奶牛。动物应分为 3 组，每组 400 只各个怀孕阶段的母牛，如第一孕期（前 3 个月）、第二孕期（中间 3 个月）或第三孕期（后 3 个月）。

a. 应进行 3 个独立的研究，但是每个孕期的动物均至少需要 400 只。

b. 试验中的所有动物都必须被跟踪观察，直至分娩。

2. 随机分配。将每组（孕期）动物再随机分为 2 个小组（免疫组和对照组），每个小组含动物 200 只。

a. 免疫组动物用致弱的活病毒试验疫苗接种。

b. 对照组动物用灭活的疫苗或磷酸盐缓冲盐水接种。

c. 各组动物要充分隔离，以免对照动物受到免疫组动物排出的疫苗毒感染。

B. 疫苗

试验所使用的疫苗应按照备案的生产大纲制备。如果推荐进行产前免疫，那么应该在报告和标签上进行说明，标明疫苗可用于产前免疫。

C. 数据

每组的产犊率，产后 4 周内犊牛的健康状况及 95%Clopper-Pearson 置信区间的流产率均应被确定，并在研究报告中进行概述。

1. 流产。未能产下活犊的母牛被记为不明原因流产。如果经诊断不是由 BVDV 或 IBRV 引起的流产（如果适用），则不将该母牛计入待分析数据中。

a. 应对流产的犊牛进行剖检，研究报告中应包括剖检的结果。

b. 任何孕期的试验组，无论何种原因引起的流产率超过 5%，则试验必须重做。

c. 如果任何一个孕期的试验组由 IBRV 或 BVDV 引起的流产率超过 0.5%，那么豁免可能不会被批准。

2. 胎儿感染 BVDV。为检测由 BVDV 引起的未流产胎儿的感染，在第二孕期和第三孕期的怀孕组动物中随机选取至少 100 只动物（50 只/组）所产犊牛未吃初乳前的血清样本，检测其 1 型、2 型 BVDV 和 IBRV 的抗体；只要检测到抗体阳性的样本，则豁免可能不会被批准。

3. 不良事件监测。CVB 监测各公司收到的不良事件，并对豁免前、后市场上不良事件数量/每种疫苗剂量数进行比较。如果有证据证明存在安全性问题，则 CVB 会采取适当的措施。

D. 标签

如果有了豁免，则标签（包括内签）中应包含一份声明，说明该疫苗可用于妊娠母牛或哺乳期母牛，对相关试验进行简要描述并对结果进行概述。

1. 产前免疫。如果要进行产前免疫，则应在标签上明确指明应用的产品及免疫剂量。同一企业生产的多成分疫苗如果是由同一基础种毒、同一主细胞库制备，且发放批次的滴度与检验疫苗的滴度一致，那么也可建议提供。CVB 可以接受的描述包括："如果在产前用＜插入产品的名称＞免疫，则该疫苗可被用于妊娠母牛或哺乳期母牛。"

2. 注意事项。标签上还必须包括以下相关残留风险的声明［见 9CFR112.7（e）（3）规定］："与孕期动物免疫接种该疫苗有关的胎儿健康风险，不能通过执照申请时的临床试验研究明确确定。采用何种适当策略应对妊娠动物使用本疫苗所产生的风险，应与兽医商议"。

3. 流产率。因为研究期间各处理组均分别处理，所以 CVB 应审查各组流产率之间存在的任何可能的关系。

Ⅴ. 措施

第Ⅳ节提供了最低限度可接受试验的最简单的设计。如果一个公司希望设计一个更为复杂的试验，当试验会支持组和组之间的推理（也就是说，包括防止在治疗时和畜舍饲喂时混淆复制）时，他们可能会这么做。在任何研究开始之前，均应将草案提交给 CVB 进行审查。当试验完成且结果可被接受时，CVB 会按照 9CFR112.7（e）（1）的规定批准对警告的豁免。

Ⅵ. 实施/适用性

本备忘录自发布之日起立即生效。

（万仁玲译，杨京岚校）

兽医局备忘录第 800.111 号：马流感和猪流感灭活疫苗毒株的变更

2007 年 9 月 19 日

兽医局备忘录第 800.111 号

发送对象：兽医局管理人员
　　　　　兽医生物制品中心主任
　　　　　生物制品持照者、持证者和申请者
签 发 人：John R. Clifford
　　　　　副局长
主　　题：马流感和猪流感灭活疫苗毒株的变更

Ⅰ. 目的

本备忘录为生物制品持照者、持证者和申请者按照联邦法规第 9 卷（9CFR）102.5（c）（1）规定，加快对含有灭活的（死的）马和猪流感病毒的持照产品或持证产品中流感病毒毒株变更的程序提供指导。

Ⅱ. 背景

马流感和猪流感都是高度传染性疾病，能给养殖户造成重大经济损失。马流感病毒和猪流感病毒往往能在环境中稳定存活多年。然而，近年来从田间分离的流感病毒案例不断地证实了流感病毒抗原的漂移，且漂移越来越频繁。田间试验证据表明，早期的流感疫苗不能有效保护动物免受目前流行病毒的感染。在不违背产品安全性和有效性的情况下，有必要制订种毒变更的快速监管程序，以便跟上田间毒株的变异的步伐。

Ⅲ. 政策

在下文所述条件下，如果生产方法没有重大改变，则 CVB 会考虑在更换已注册的马流感和猪流感灭活疫苗的种毒时，不要求进行全面的效力试验和田间安全试验。

A. 一般指导原则

1. 如果 H7N7（A1 亚型）马流感毒株被认为不能保护当前流行的野毒株的感染，鼓励企业去除持照产品中的 H7N7 马流感病毒株。

2. 在改变持照产品的毒株（增加或替换新毒株，或去除已有毒株）前，相关申请必须提交 CVB 进行审查，并获得批准。

马流感病毒应使用 OIE 马流感监控专家小组推荐的毒株，或者使用经过同行评议证实合理的科学文献中的毒株。也可以使用 OIE 专家小组推荐以外的其他毒株，但是这些毒株需要通过 CVB 认可的方法进行确定亚型、测序和基于血凝抑制（HI）试验的抗原分析，证实其是与推荐的毒株相当的毒株。

猪流感毒株应该是经专家评估或经过同行评议

证实合理的科学文献，以及通过 CVB 可接受的方法确定亚型、测序和基于 HI 试验的抗原分析证实的毒株。

3. 持照产品不能包含 3 种以上的同一亚型毒株。

B. 替代现有持照产品的毒株

1. 对现有持照产品中存在的每个亚型的毒株，一次最多可以替换两个毒株。一头份疫苗中每个抗原替代毒株的含量不得低于现已批准的产品大纲规定的最低含量，除非通过 CVB 认可的本动物攻毒效力试验证实低剂量的抗原也有效。

2. 公司必须证实新毒株的免疫原性，方法是通过本动物或合适的实验动物模型证明，按照修订后的产品配方生产的产品引起的免疫反应与原配方产品相似。

a. 新配方制品应用至少 6 只（匹）免疫程序推荐的最小日龄的本动物进行试验。试验中要去除有回忆应答的动物，可以用相同数量的新的动物进行第二次试验。新配方制品免疫后，在相同时间间隔，用相同的效价测定方法测定的抗体几何平均效价应不低于原制品效力研究数据，新配方制品在测定抗体效价时应分别使用新毒株抗原，而不是使用原毒株抗原。

b. 新配方制品可以使用 CVB 认可的实验动物模型进行试验，至少需要免疫 10 只动物。当使用同一合法的方法比较两种产品在免疫后相同的间隔时间内血清抗体几何平均效价（GMT）时，新配方制品应至少达到原制品的水平。

c. 如果直接使用原来冻存的血清样品比较新、老毒株的血清学反应，则需要由 CVB 专门批准。

d. 当在含有其他抗原的联苗中更换新的流感毒株时，如果已经做过抗原间的干扰试验，并取得满意结果，则不需要再进行进一步的干扰试验。

C. 添加已经存在的亚型毒株

1. 基于充足的理由，每一亚型的额外毒株可以加入持照的产品中。

对于猪流感疫苗，来自于已存在的血凝素（H）和神经氨酸酶（N）基因片段新的重配株（如 H1N1 和 H3N2 重组为 H1N2）不属于新的亚型，本节的指导原则适用于上述加入了这种新的重配株的疫苗。

2. 除非已经通过 CVB 认可的本动物攻毒试验

证实低抗原含量也有效，每头份原毒株抗原含量不能因添加了新的毒株而下降。

3. 支持上述添加新毒株需完成的试验同 ⅢB. 2。

D. 添加新亚型毒株

1. 基于充足的理由，新亚型毒株可以加入持照的产品中。

2. 除非已经通过 CVB 认可的本动物攻毒试验证实低抗原含量也有效，每头份原毒株抗原最低限量不能因添加了新亚型毒株而下降。

3. 新亚型毒株的免疫原性必须通过本动物免疫攻毒试验进行论证，试验至少免疫 10 只（匹）动物，并取 5 只（匹）动物作为对照，攻毒毒株必须为田间相关毒株。

按照新工艺生产的全新马或猪流感疫苗，需要像其他新产品一样提供效力和田间安全性试验数据。在获得不错的预期效力的情况下，企业可以申请限制性的执照，以加快在田间使用该产品（详见 9CFR102.6 和兽医局备忘录第 800.75 号）。在新产品完成全部许可而需进行的试验全部结束前，限制性持照疫苗的限制条件一直适用。

Ⅳ. 基础种毒的要求

9CFR113.200 中规定的有关基础种子的标准要求都适用。另外，基础种子特性必须包括对 H 和 N 亚型的描述。序列数据、病毒基因组中免疫原决定区（如 H 基因的核苷酸序列）应通过电子光盘提交。

Ⅴ. 生产建议

鼓励企业在生产中开发单向扩散（SRD）法测定 H 抗原含量。SRD 试验不适用于目前的佐剂，但可作为在添加佐剂前的疫苗含量的标化方法。OIE 推荐的 EIV 疫苗株专用试剂可从位于英国赫特福德郡的国家生物学标准品与对照品研究所（National Institute for Biological Standards and Control）获得。

不同马流感病毒疫苗株的定型马血清可以从位于法国 Cedex 市的欧洲药品质量管理理事会（European Directorate for the Quality of Medicines）处获得，作为欧洲药典生物学的参考制剂（European Pharmacopoeia Biological Reference Preparations，EP BRP）用于马流感疫苗血清学检验。

目前，用于猪流感疫苗株分型的 SRD 试剂还无处获得，可以使用 CVB 认可的替代抗原进行定量检测。

Ⅵ. 贴签

产品标签中要包含亚型和毒株名称，而且名称要符合公认的流感病毒系统命名标准。

Ⅶ. 品标

参考文献：

Williams M S, 1993. Single-radial-immunodiffusion as an *in vitro* potency assay forhuman inactivated viral vaccines [J]. Vet Microbiol，37：253-262.

Wood J M, Schild G C, Newman R W, et al, 1977. An improved single-radialimmunodiffusiontechnique for the assay of influenza haemagglutinin antigen：application for potency determinations of inactivated whole virus and subunitvaccines[J].J Biol Stand,5：237-247.

（李俊平译，杨京岚校）

兽医局备忘录第 800.112 号：体外效力试验验证指南

2015 年 4 月 10 日

兽医局备忘录第 800.112 号

发送对象： 兽医局管理人员

兽医生物制品中心主任

兽医生物制品持照者、持证者和申请者

签 发 人： John R. Clifford

副局长

主　　题： 体外效力试验验证指南

Ⅰ. 目的

本备忘录为公司向兽医生物制品中心（CVB）提交新效力试验*相关信息提供指导。本备忘录进一步明确了联邦法规第 9 卷（9CFR）102.3（b）（2）（ⅱ）和 113.8（a）（3）（ⅱ）节以及兽医局（VS）备忘录第 800.50 号规定的信息。

Ⅱ. 废止

本备忘录生效之日起，2011 年 8 月 29 日发布的兽医局备忘录第 800.112 号同时废止。为更正第Ⅳ部分"范围"的错误，删除了附录 1 第 2.6 节中参考旧版兽医局备忘录的内容。

Ⅲ. 背景

试验验证提供了检验是否与之预期目标相符的证据。所有检验（不管是剂型还是功能）必须具有相关性、可靠性、可重复性和科学性。评估这些特性的正式过程通常被称为验证。本文件为验证兽医生物制品效力试验提供指导。

Ⅳ. 范围

这些指南适用于为测定兽医生物制品效力而进行的体外检测。它们为设计体外效力试验以及验证这些测定所需的试验提供了一个框架。

Ⅴ. 指南

体外效力试验验证指南，见本备忘录的附录。

附　　录

* 译者注：此处系指非本动物攻毒的效力试验，包括病毒含量测定或替代动物试验等。

附录 I　体外效力试验验证指南

1. 导论

1.1　目的。本指南包括拟用于体外检测的一般原则。虽然特定方法或标准可能由于某些检测类别的不同特性而不同，但一系列共同的概念是检测验证思想的基础。本文件只概述了验证的一般方法，并非每个建议都适于每种情况下的每种检测。

1.2　验证阶段。效力试验的验证起始于效力试验的开始，首先要调查其与靶动物效力之间的关系。通过首次优化的测定方法的研发进行验证，从不同方面描述其精确度和准确性。随后的验证活动，则过渡到随着时间的推移，对其日常使用中实施和监控检测行为。

1.3　验证与使用。在实施前，检验方法已被优化，并证明了其基本特性。完成以上步骤后，该检验方法才能被认为是根据其预期用途而进行的验证。试验必须按照已优化程序进行，检测结果方为有效。因此，在常规使用后，可能没有必要在检测方法优化期间执行所要求的程序。例如，检测方法验证过程中使用的稀释度范围可能会大于常规使用所需的稀释度范围。因此，验证过程必须包括在常规使用条件下进行检测性能的评估。

2. 验证程序概述。验证检测程序需按步骤进行，包括定义、研发、优化和证明其按原计划进行的情况。完成任何步骤后，均要将报告提交给兽医生物制品中心（CVB）。最终报告通常包含的数据包括证明步骤，也可涉及检测的定义、研发和早期工作的优化。

2.1　定义。检测过程中需要尽早说明的问题：
- 效力试验中的反应性与靶动物效力之间的关系。
- 参考品或标准品的组成。
- 试剂的有效性。
- 对分析物或感兴趣参数的检测能力。
- 对预期用于试验和对照制剂中的、浓度范围内的分析物的检测能力。
- 需处理样品的类型。
- 试验制剂中发现的可能产生干扰或交叉反应的材料。

2.2　研发与优化。在研发和优化期间，公司应：
- 评估安慰剂材料的反应活性。
- 确定最佳提取和/或抗原洗脱条件。

- 评估长期接触佐剂的参与者的反应，如果适用。
- 评估佐剂饱和度的影响（当将单价参照品与多价产品进行比较时，这点很关键）。
- 确定最终的检测条件和试剂浓度。
- 确定试剂、参考品和对照品的认可标准。
- 确定实际未知的检测性能。
- 将对照品的使用与监测检验方法和试剂性能相结合。

2.3　核实。公司应确定检验方法的准确性、精确度、选择性、敏感性和耐用性并将数据提交给CVB。本部分指南仅作为建议，并非所有条件下的所有检测都必须采用。

2.3.1　特异性/选择性。在不受交叉反应物质显著影响下，评估检测的选择性查明分析物的能力。这点可以通过评估安慰剂疫苗、疫苗潜在干扰物质或者含有相似但并非同一分析物的反应曲线来完成。理想状态下，这种制剂在检验中将不显示明显的剂量反应，并且与分析物的信号相比，任何可检测的信号都是微不足道的。同时任何可发现的信号都可以与分析物产生的信号做比较。用于多价疫苗组分效力试验的检验方法必须显示每种组分的剂量-反应曲线是否与参考剂量或标准剂量反应曲线相似。必须对多于一个批次的产品或每种组分的原批次进行评估。如果特异性/选择性试验数据显示多价苗组分有不同的剂量-反应曲线，CVB可能会要求提交附加试验数据。

2.3.2　分析的敏感性
- 最低检出限度（LOD）。确定能将其与背景区分开的分析物的最小量，但并不必须量化。
- 最低定量限（LOQ）。确定在可接受准确性和精确度的范围内，分析物的最低和最高的浓度。
- 背景信号（S/B）比。评估分析物信号与空白试剂信号的比率。

2.3.3　准确性。为了评估准确性，可将检测值与设定的正确值进行比较，如与可接受的标准或为此目的进行的试验的名义上的标准值。分析物的浓度应在适于检测的范围内。

2.3.4　精确度。设计一项适于应用的评估精确度的试验，包括批内精确度、批间精确密度和日间变化组成。根据分析水平，初始测量值（如光密度）或最终值（如滴定量）的精确度应被着重关注。对每种差异具有适当复制的配套试验通常也是合适的（如对几种操作隔几天由不同人员进行重检）。

2.3.5　辨别力。区分临近值的能力，是与准确性和精确度相关的一项应变量。制备一定范围效价的制剂（分析物浓度），用于区分分析物的满意水平和不满意水平的能力，确定检验区分能力。效力试验的辨别力反应检测的敏感度，以此可查明不符合要求的产品批次。

2.3.6　耐用性。通过观察孵育时间、孵育温度、操作者、试剂批次或其他会影响结果的试验条件的变化来评估耐用性。此外，考虑到检测步骤的安排和设计的系统特征的可能性会对结果产生影响。例如，当 ELISA 试验在统一平板上进行评估时，平板位置的影响。

2.3.7　其他。验证特定类型的检验可能需要评估该类检测特有的其他关键要素。特定检测类别的关键要素在本文件中未涉及。

2.4　放行。确定通常用于批放行检验的剂型。描述计算效力试验的方法，并提出单独检测建议的有效性标准。需考虑到在批放行检验中所使用的条件不完全符合理想检测的假设，应考虑进行：

• 解释与理想值发生偏离的机制；

• 支持以上解释的试验证据；

• 对偏离值的定量分析，及其对效力试验影响的评估。

2.5　监测。在最终确认报告中要包含一个计划，该计划用于按常规检测的监测，以显示其能持续符合预期要求。监测计划通常包括对照品的准备、评估性能的统计和图形工具，以用于评估试验品、标准品和参考品的性能和稳定性。

2.6　报告。验证报告可以分阶段提交。在完成初步监测数据的验证和编辑后，公司应提交一份验证报告，包含之前未提交过的工作资料。这份报告建议列入的内容可在附录Ⅱ中查询。报告必须包括：

• 按照兽医生物制品电子提交网页要求，提交原始数据电子版；

• 完整的剂量-反应数据表；

• 有关效价、效价的成分变化和其他适用变量（如光密度）的差异或变异系数。

3. 定义

3.1　准确性（accuracy）。检测值与正确值的接近程度。

3.2　分析物（analyte）。由检测系统测量的未知成分。

3.3　内部对照品（internal control）。内部对照品（IC）是检验中对检测性能进行独立测量的制剂。IC 可以是原始制剂、半纯化或已纯化的未知成分，或者是在检验中与参考品和分析物有相似反应的其他材料。内部对照品应在能保持其稳定性和一致性的条件下保存。独立测定可能是依靠不同原理的另一种或另一组检测方法，而不是正在监测的检测系统。这些独立的试验方法必须标明内部对照品的定性和定量特征。

3.4　精确度（precision）。对同一均匀样品在特定条件下多次观察得到的一系列测量值的分散程度。可在多个水平考虑精确度。为阐明成分的变化，在用板子进行的试验中可以考虑不同的精确度水平。以下这份清单既非强制性规定，也不全面。

3.4.1　板内（within-plate）。同一板子上重复样品之间的精确度。通过对残留误差进行评估。

3.4.2　板间（between-plate）。相同操作条件下、同时或短暂间隔内进行试验间的精确度。也称作可重复性（repeatability）。

3.4.3　中间精确度（intermediate precision）。同一实验室内、不同条件下检测的结果之间的精确度。中间精确度相关因素包括：

3.4.3.1　检测之间（between assay）。在相似但不一定完全一致的条件下，独立进行检测的精确度，如同一天、不同时间进行的检测。

3.4.3.2　实验室内（within-laboratory.）。同一个实验室不同条件下检测的精确度，如不同试验日或不同操作人员进行的检测。

3.5　空白试剂（reagent blank）。空白试剂由试验样品中除被检测分析物之外的所有成分组成。空白试剂与未知物一样处理。

3.6　参考品（reference）。参考品是一种制剂，该制剂的临床或免疫学活性或分析物浓度由有效的、良好控制的系列研究或试验建立。

3.7　再现性（reproducibility）。不同实验室对同一样品进行检测的精确度，如研发部与质量控制部。

3.8　耐用性（ruggedness）。当环境或操作条件有细微变化时检测（方法）保持不受影响的能力。

3.9　敏感性（sensitivity）

3.9.1　检出限度（LOD）。检出限度系指能从背景中区分而检出的样品的最低浓度，但不一定定量。

3.9.2　定量限度（LOQ）。定量限度系指在可接受的准确性和精确度条件下检出的样品的最低和最高浓度。LOQ 的低限比 LOD 大。

3.10　特异性/选择性（specificity/selectivity）。特异性系指排除其他相关成分影响后测量分析物的检测能力，即仅查明一种分析物。选择性系指不受混合物其他成分的影响，测量复杂混合物中某一种特定分析物的检测程度。优化的目标就是通过细心地挑选条件、预制剂和对照品来提高选择性。

3.11　标准品（standard）。标准品是已知分析物浓度的制剂。

3.12　信号背景（signal to background，S/B）比。S/B 比是分析物信号与空白试剂（RB）信号的比率。重要的是，除非在验证过程中另有说明，除了被检测的分析物外，RB 应与试验样品一致。用缓冲剂或空气作为空白组，一般不适于作为背景指示信号，因为它们可能无法解释外来信号。在验证检测研究中，通常使用术语"信噪比"，并且理解噪声指的是背景而不是随机散射。

3.13　未知物（Unknown）。未知物系指用于测定分析物含量的检测制剂。

3.14　验证（Validation）。为检测方法按预期进行提供证据的过程。

3.15　核实（Verification）。在本文件中用来描述验证过程中的特异性/选择性、准确性、精确度、鉴别力和试验方法耐用性等术语的子集的评价。

附录Ⅱ　建议的验证报告的小标题

1. 方法的标题

2. 方法原理及其与效力的关系

3. 研发和优化

3.1　研发工作说明

3.2　优化工作

3.2.1　途径说明

3.2.2　材料和方法

3.2.3　结果

3.2.4　分析

3.2.5　讨论和结论（包括试剂的关键规格、设备和检测程序）。

4. 评估程序说明

4.1　准确性

4.2　精确度

4.3　耐用性

4.4　敏感性

4.5　特异性

5. 结果（以下 4 项每个的结果）

5.1　数据汇总

5.2　图和表

5.3　分析

5.4　讨论和结论

6. 完成程序

7. 监测计划说明

7.1　参考品

7.2　对照品

7.3　标准品

7.4　初步数据

7.5　拟定行动计划，可包括控制图和表，统计方法和详细说明。

附录Ⅲ　ELISA 测定相对效价的验证指南

1. 引言

本附录介绍了酶联免疫吸附试验（ELISA）测定相对效价的验证具体细节。附录Ⅲ是附录Ⅰ的补充，附录Ⅰ概述了适用于所有类型体外试验验证的一般原则。在继续详细介绍附录Ⅲ之前，应全面了解附录Ⅰ的原则，因为这些原则不会在附录Ⅲ重复。

2. ELISA 测定相对效价的验证步骤

2.1　概念化

2.1.1　试验有时可以分类为分析或比较。分析试验用于测量特定分析物的浓度，因此被称为以分析物为基础的试验。比较试验用于根据其在试验中的反应来比较制剂，因此被称为以反应为基础的试验。

完全以分析物为基础的试验是定量（而不是相对）效力试验，且试验试剂将与标准品（而不是参考品）试剂进行比较。相对效价测定最初被认为仅以分析物为基础的试验，但其已经跨越了纯粹以反应为基础的连续性。

2.1.2　公司应设计以分析物为基础（而不是以反应为基础）的 ELISA RPA。应尽全力确定对效力至关重要的免疫原和表位。这样做可能只能通过体外方法定量的新参考品。由于活性成分尚未被鉴定或参考制剂的特性较差，以反应为基础的 ELISA RPA 通常依赖于动物攻毒试验来确定参考品的质量。兽医生物制品中心（CVB）鼓励研发不需要采用动物攻毒试验来确定参考品质量的体外试验。

本附录的重点可能不完全是以分析物为基础的ELISA RPA，但有已被确定特性并经良好检测的参考品，其可满足体外鉴别新参考品的需要。本附录中的大部分指南也可以应用于完全的以分析物为基础的试验。具体试验的更多指导可从CVB获得。

2.2　研发和优化

2.2.1　光密度范围。尽管仪器可以测量更高的OD值，但是CVB建议ELISA曲线饱和部分的光密度（OD）不大于2.0。因为在分光光度计中较高的OD值对应于较低的测量信号（透射光），所以在实际试验中，小的变化可能对高OD值的影响比低OD值更大。

2.2.2　空白试剂。空白试剂的OD值应不超过0.15。

2.2.3　信号背景（S/B）比。S/B比是确定最佳试剂工作浓度的关键考虑因素。当在ELISA曲线的饱和部分附近测量时，通常S/B比为10或10以上是足够的。

2.2.4　板子的均一性。板子的边缘效应是常见的，当它们发生时，所涉及的孔不应用于参考品或未知制剂的检测。倾斜度或其他位置效应可能会妨碍使用特定的板子类型，或表示需要进行额外的试验研究。

• 公司应检查均匀板子的位置效应，所有孔填充相同体积和稀释度的单一参考制剂。至少使用3个均匀的板子。

• 公司应选择参考品的稀释度，其产生的OD值大约是饱和溶液OD值的3/4。

• 如果怀疑有边缘或倾斜度效应，那么可能需要评估其他板子以确认其影响。

2.2.5　平行试验。一个有效的RPA取决于平行曲线的比较。这表明参考品和试验制剂的ELISA曲线有相同的形状，仅通过水平位移而有所不同。转移量表示未知制剂与参考品相比的对数相对效价（RP）。以分析物为基础的定量测定还要求标准品和待检制剂具有平行的剂量相应曲线，尽管分析值通常是标准曲线上的插值，结果报告为分析物的浓度。

2.2.5.1　参考品和未知制剂的ELISA曲线从饱和到消失的系列稀释是必须的。当确定板子的稀释因子和稀释系列时，应考虑这一点。使用空白校正OD值（减去空白试剂OD值的平均值）。

2.2.5.2　为每个制剂的数据提供非线性回归函数，并估计参数确定曲线的形状。通常使用三参数逻辑函数（3PL）作为兽医生物制品ELISA中最常见的曲线类型。3PL曲线的参数有渐近线、比例和位置，这些参数的中点与免疫反应的饱和度、相对变化率和稀释度相对应。如果证明是适当的且必须的，可以考虑其他函数曲线。

2.2.5.3　公司应该通过估计两种制剂对应参数，比较两种制剂的比例和渐进参数。他们也应该为比率建立90％的置信区间。如果置信区间下降至0.9和1.1之间，则认为参数是等效的，曲线是平行的。

2.2.5.4　通常使用5～10个独立重复的板子来证明平行关系，但也可能需要更多。CVB建议在多日进行检测。每块板子上只做一个重复。每种制剂的整个稀释系列应在一个单独的板子上进行。

2.2.5.5　当提议使用一个分开的工作参考品时，应论证基础参考品和工作参考品之间的平行性关系。

2.2.5.6　通常试验制剂是申请许可前用的或按照生产大纲生产的产品批次。

• 除非CVB另有规定，在试验中，应对已用所推荐的参考品进行过检测的、来自每个产品代码的一批产品进行评估。对于一系列组合产品，如果中间组合的成分与其他所有成分相同，那么只要检测最大和最小的组合。

• 公司应至少评估2批产品。有时对参考品的重复稀释系列进行评估，用以分离检测变异的来源。

2.2.6　冷冻的参考品。对于即将冷冻的参考品，应通过评价冷冻参考制剂和冷藏参考制剂之间的平行关系及相对效价，来评估冷冻对参考品的影响。

• 参考品和试验批次应进行相同处理，除非可以证明冻融过程没有影响。

• CVB建议至少重复5次。当结论不显著时，可能需要更多的重复。

• 如果试验方法要求在参考品使用时进行多次冻融，则应以其建议最大冻融循环次数进行冷冻评估。

2.2.7　试验规范。公司应通过以下方式确定批放行检验的程序、板子的布局和效价测定方法：

• 规范每种制剂的稀释系列。

• 规范整块板子的布局。

• 确定板子对照的有效性检测标准。至少需要空白对照和阳性对照试剂。如果其他试验表明，微小的变化是合适的，则可以在完成验证后对标准进行调整。

2.2.8 分析。公司应描述评估相对效力的统计学方法。应该提供足够的细节，使统计学家可以在不使用特定的软件的情况下复制程序的所有方面。包括用于验证个体运行的标准，如平行性或精确度的标准。

2.2.9 软件。公司应确定用于批放行的软件，并提供关于软件运行时如何进行批放行分析的所有必需细节。

2.2.10 动态范围。在这个阶段考虑效价的范围可能是有用的，因为该检测可以对准确性和精确度进行评估。预先稀释高效价批次的策略可能是必要的。

2.3 验证。

2.3.1 检测模式。对于确认阶段的验证，所有检测均必须使用按照实验室拟定的特殊纲要或生产大纲中批放行检验的操作模式进行。

2.3.2 检测试剂。为保证准确性和精确度，所有检测均要使用同一批次关键试剂（如结合物、捕获和检测抗体）。理想情况下，这些批次也将用于优化后的后期阶段。CVB 鼓励使用多个批次进行耐用性的检测。

2.3.3 准确性和精确度。公司应该通过不同操作者和隔天操作，评估效价预期范围的准确性和精确度。RP 的放行应根据检测的准确性和精确度的特征确定，结合有关准确性和精确度的信息，将能力减弱批次可被放行的最小值设为放行值。

2.3.3.1 设计。该检测应有至少 2 名操作人员在不少于 3d 的时间内完成。检测试剂应用与基础参考品相同的半成品（bulk）抗原批来制备，应包括能力减弱的和强效的制剂。

2.3.3.2 制剂

• 能力减弱的制剂。公司应在 RP0.8 和 0.9 中配制检测试剂，以证明该检测能够区分强效和减弱的批次。这些制剂可以是根据抗原引入靶 RP 构建的批次。也可以接受用稀释的参考品或一批产品制备的制剂和空白试剂进行。对于变异系数大于等于 10% 的检测，还应用效价为 0.6 和 0.7 的其他制剂进行检测。

• 强效的制剂。公司应对分析物浓度涵盖产品生产批次的预期范围的制剂进行检测。公司应至少检测一种比参考品多 20% 以上抗原的制剂和一种抗原量为产品批次预期最大量的制剂。也可以评估持照前批次。

• 仅供参考。有时用重复系列稀释的参考品来分析检测变异性的原因是有用的。

2.3.4 耐用性。公司应在 3 个工作日内，在允许的检测条件范围内，评估至少 2 批有代表性的 RP，如企业应该在最低和最高温度、最小和最大孵化时间进行检测。企业应该使用上一节所述的强效制剂。

2.4 监测

2.4.1 监测计划。公司应制定一个计划来监测参考品和整个检测系统。该计划应包括一个关于验证独立定量和定性检测方法的说明，该方法用于监测参考品的稳定性、检测频率、参考品的储存条件及其监测和用于评估监测参数的趋势分析工具。

2.4.2 参考品的有效期限。参考品可在 15 年的有效期内被赋值继续使用。如果参考品的效价经可接受的稳定性监测程序确定没有降低，那么 CVB 允许其继续使用。

2.4.3 参考品稳定性检测。监测参考品的稳定性就是评估其效价并确定效价何时开始下降（9CFR113.8）。ELISA RPAs 不能自我监测，因为检测反应不是参考品固有性质的测量。参考品稳定性监测的这种定量和定性参数的独立性检测要求，与使用经验证的检测方法确定的参考品效价相关。

2.4.3.1 检测方法的数量。公司需要采用至少一种定量和一种定性的检测方法。每类评价参考品的检测方法中至少有一个是有价值的。

2.4.3.2 定量参数。经验证的检测方法必须可量化保护性抗原，并具有足够的精确度以检出 20% 的变化。

2.4.3.3 定性参数。与首次获得资格的参考品相比较，确证的检测方法必须验证保护性抗原是否完整。该检测可以是体内的、体外的，或者内外两者相结合的。

2.4.3.4 检测频率。在效力检验第一次免疫当天，必须对基础参考品进行检测，并连带备案的报告，在免疫后间隔 3 个月、6 个月、12 个月、30 个月和 18 个月时再次进行检测。用于此目的的每个试验都必须经 CVB 批准。CVB 建议在每个时间间隔至少取 5 瓶参考品进行检测（除首次应取 20

瓶进行分析外）。

2.4.3.5　趋势分析。趋势分析工具将有助于检测参考品定性和定量参数的变化。不止一种趋势工具可能有益。公司应该从验证的检测方法开始，确定初始参数，并在理想条件下进行检测。

2.4.4　定量和定性监测工具。用于监测参考品和检测性能的定性和定量参数的物理化学和免疫化学试验方法包括（但不限于）以下内容：

毛细管电泳

肽图谱

等电聚焦（IEF）

IEF 和 SDS-PAGE 电泳（2-D）

氨基酸测序/分析/N-末端分析

质谱法

HPLC 离子交换、疏水相互作用、反相操作、亲和力、大小排除

生物传感器（SPR 或等效物）

圆二色

差异扫描量热法

免疫印迹法

PAGE（减少、变性、原生）

红外光谱

核磁共振

各种类型的免疫电泳（Laurell 或 rocket 或 2-dimensional）

2.4.5　运行监测。除了通过独立方法进行定期检测外，公司还应该监测 ELISA 的批放行检验，这可能会给出试验或参考品变化的早期指示。当批放行检验运行时，这种类型的监测涉及估计的参数趋势分析。包括此信息的摘要报告在本附录 2.4.3.4 节记录。

2.4.6　关键试剂的置换。当批准批次的捕获抗体、检测抗体或其他关键试剂用完时，需要取得一批新的试剂，并确定其使用稀释度。

2.4.6.1　公司应进行初步测试，以确定新一批试剂的稀释适宜范围。应使用参考品来评估每种新批次和当前使用批次的使用稀释度。测试应在 3d 内，每次至少使用一块板子完成。参考品反应曲线应从饱和度延伸至消失。公司应计算新批次稀释液与当前批次获得的 RP，并选择 RP 值结果为大于等于 0.1 的稀释液。

2.4.6.2　公司应通过至少 5 批已批准产品的检验来确认选择，并建议新批次的使用稀释度。公司应评估 RP 估算值，并确保不建议新批次会引起更高的 RP 值。

2.4.7　工作参考品。CVB 建议公司定期制备工作参考品，以防参考品质量下降。

3. 报告。公司应按照附录 I 和 II 的框架提交验证试验报告。此外，报告还必须包括：

3.1　相对于样品处理、试剂浓度、参考品和未知品（产品批）系列稀释度，以及包被、结合、洗涤、阻断和与底物反应的孵育条件的实际使用条件优化方法的概述。

3.2　基础参考品和工作参考品（M/WR）的全部剂量-反应曲线，以及受影响的每个产品代码的代表性批次，在适当的地方提供图、表。

3.3　评估板子位置效应对均一样品反应性影响的数据。

3.4　用于分析数据并用示例输出确定相对效价的软件说明。

3.5　检测和参考品监测计划的说明，包括所使用的检测方法及其趋势分析工具。

3.6　以适当的电子文件形式提交所有试验的完整数据，可加快 CVB 对报告的评估。有关适当格式的问题可联系 CVB 统计部门负责人。

（马　苏　郭　辉译，杨京岚校）

兽医局备忘录第 800.113 号：在备用地点生产、检验和保存基础种子和主细胞库

2008 年 9 月 17 日

兽医局备忘录第 800.113 号

发送对象：兽医局管理人员
兽医生物制品中心主任

兽医生物制品持照者、持证者和申请者

签 发 人：John R. Clifford
          副局长

主   题：在备用地点生产、检验和保存基础种子和主细胞库

Ⅰ. 目的

本备忘录的目的是为了对在销售和分发相关生物制品的持照设施以外的地点生产、检验和保存基础种子和主细胞库提供指导。

Ⅱ. 备忘定义

适用的 9CFR 的定义：

A. 基础种子（master seed，MS），9CFR101.7（a）

一种特定代次水平，由生产者选定并永久保存的微生物，所有其他允许代次水平的种子均来源于基础种子。

B. 主细胞库（master cell stock，MCS），9CFR101.6（d）

用于提供特定代次水平的用于生物制品生产的细胞。

Ⅲ. 背景

选定和用作 MS 和 MCS 的种子和细胞库可以在已经取得许可生产该产品的持照企业内生产，或通过其他来源（如其他持照者、研究与开发公司和大学）获得。

对于进口到美国分发和销售的产品，MS 和 MCS 通常是在国外生产设施内生产和贮存。更多信息见兽医局备忘录第 800.101 号"美国兽医生物制品分发和销售许可证"。

由于产品必须从特定代次水平的 MS 和/或 MCS 开始生产，因此这些材料可能会储存在持照企业的和/或经 APHIS 许可的几个不同地点，部分甚至可以储存在持照许可以外的地点。

Ⅳ. 指南

A. 允许使用其他来源或保存在备用地点的 MS 和/或 MCS 进行生产和检验

以下指导原则适用于此类 MS 或 MCS。

1. 持照者负责保留所有与 MS 和 MCS 的来源和/或特征有关的记录副本。

2. 从其他途径获得的 MS 和 MCS 必须在持有适宜的许可证的条件下送往持照企业。必须遵守许可证上的限制，且必须保留该微生物或细胞库的有关转移文件。

3. 一旦将 MS 和 MCS 送到持照企业，那么该企业将承担关于 MS 和 MCS 的所有责任，并遵守相应的规章制度。必须从持照者接收入库开始记录备案，并对所有这种材料的使用情况进行记录。

4. 持照者负责所有 9CFR 中对 MS 和 MCS 的检验要求，包括承包商进行的任何检验。持照企业必须保留所有 9CFR 中要求的、用于证明 MS 和 MCS 可获得批准的检验记录（包括现场记录）。持照企业应按照兽医局备忘录第 800.109 号规定提交 MS 和 MCS 的报告。

B. 在持照许可以外的地点保存 MS 和 MCS

持照者必须请求 APHIS 同意将一部分 MS 和 MCS 保存在一个安全的备用地点。有关非持照企业保存地点的申请，应提交给 CVB-监察与合规部门。该申请应包括以下几方面的内容：

1. MS 和 MCS 的鉴定，包括对保存容器的描述；

2. 保存在备用贮存地点的库存量；

3. 如何保障 MS 和 MCS 容器的安全，并做密封标记；

4. MS 和 MCS 容器的保存条件；

5. 厂区布局图图例的附录应包括以下内容：

a. 备用保存地点的名称和地址。

b. 由 APHIS 检查员或代表 APHIS 执行检查活动的外部检查员检查场所以外地点的许可。如果保存地点在另外一家持照企业，为豁免 9CFR114.3（b）的规定，两家企业均必须提交一份申请。接收保存 MS 和/或 MCS 的持照者，必须更新其设施文件，以使设施文件中包括该材料的保存。

（张   敏   朱   萍译，杨京岚校）

兽医局备忘录第 800.114 号：皮内注射用牛型结核菌素 PPD 的替代检验程序

2012 年 4 月 13 日

兽医局备忘录第 800.114 号

发送对象： 兽医局管理人员
兽医生物制品中心主任
生物制品持照者、持证者和申请者

签 发 人： John R. Clifford
兽医局副局长

主　　题： 皮内注射用牛型结核菌素 PPD 的替代检验程序

Ⅰ. 目的

本备忘录旨在告知各相关方兽医生物制品中心（CVB）制定出联邦法规第 9 卷［9 CFR 第 113.409（c）节］所载皮内注射牛型结核菌素 PPD 检验程序的替代检验方案。本备忘录提供了获得豁免以使用改良检验方案的信息。

Ⅱ. 背景

9CFR113.409（c）概述了对皮内注射牛型结核菌素（PPD）批效价检验的检验程序。此检验需 43 只豚鼠：20 只用鸟分枝杆菌致敏，20 只用牛分枝杆菌致敏，3 只不致敏用作对照。用热灭活的分枝杆菌细胞制备致敏原。根据蛋白含量对 PPD 参考品和待检批次进行稀释，在致敏注射后第 35d 经皮内注射该稀释液。每只豚鼠 4 点注射稀释的 PPD（即每点注射的蛋白质浓度不同）。

在我们的实验室中，替代检验方案表现出更高的重现性和耐久性。根据世界动物卫生组织（OIE）和加拿大食品检验局（CFIA）的检验方案，我们对检验方法进行了改良。

替代检验方案仅使用 15 只豚鼠，免去了鸟分枝杆菌致敏的豚鼠，减少了检验所需的 PPD 稀释液数目，每只豚鼠进行 6 点注射。稀释液在豚鼠上的分布也不同，因此可在同一只豚鼠中比较未知品和参考品。以占参考 PPD 的百分比形式评价皮肤反应，从而对检验进行解释。

Ⅲ. 政策

既可以用法定方法（9CFR113.409 和 SAM636）也可以用改良检验程序［BBPRO0002.03（副本附后）］来检验皮内注射用牛型结核菌素 PPD。生产大纲（大纲）应指明将使用的方案。CVB 实验室将按照大纲所述的程序对产品批次进行复核检验。

Ⅳ. 措施

为了获得豁免以便在大纲中引用改良方案，公司应取 3 批产品用 9CFR113.409 法定方法（更多详情见 SAM636）和所附方案中的方法进行检验。

这些数据应连同对大纲所需的变更一起递交给您的审查人。可能需要根据所附方案起草特殊纲要。请确保数据包括评估所使用的致敏原批次和参考 PPD。然后，提供授权，以提交复核检验用 3 批产品的样品。当复核检验符合规定时，可批准公司使用替代方案。

附录

美国农业部
兽医生物制品中心

检 验 方 法

结核菌素纯化蛋白衍生物（PPD）的改良效价检验方法

日　期：2011 年 6 月 29 日
编　号：BBPRO0002.03
替　代：BBPRO0002.02，2011 年 6 月 2 日
联系人：Janet M. Wilson，（515）337-7245
　　　　Renee M. Olsen，（515）337-7467

批准人：

签名人：Geetha B. Srinivas　　　　　　　日期：2011 年 7 月 8 日
Geetha B. Srinivas，部门负责人
细菌学部

签名人：Rebecc a L. W Hyde　　　　　　日期：2011 年 7 月 8 日
R ebecca L. WHyde，部门负责人
质量管理部门
兽医生物制品中心

美国农业部动植物卫生监督署
P. O. Box 844
Ames，IA 50010

仅供内部使用
提及商标或专利产品并不构成 USDA 对产品的保证或担保，也不意味着 USDA 批准
排除其他可能适用的产品。

目　录

1. 简介

本检验方案（PRO）描述了一种用以评价结核菌素纯化蛋白衍生物（PPD）生产批次的替代效力检验。

致敏接种物为热灭活的分枝杆菌细胞与矿物油混合的悬浮液，浓度为 20mg/mL（重量/体积）。对豚鼠肌内注射（IM）此接种物，刺激豚鼠对结核-蛋白质的免疫反应，之后再皮内（ID）注射此接种物，测定结核菌素批次的效价。

2. 材料

2.1 仪器/设备

下文列出的仪器或设备可替换为任何其他品牌的同等仪器或设备。

2.1.1 校准的数字卡尺或透明塑料制成的公制直尺。

2.1.2 针头，20 号×1 英寸和 26 号×3/8 英寸。

2.1.3 一次性 Luer-locking 注射器，1mL 和 3mL。

2.1.4 移液器，1mL、2mL、5mL 和 10mL。

2.1.5 聚苯乙烯试管，用于将每批结核菌素稀释至 1.0mg/mL（如果需要）。

2.1.6 玻璃的血清瓶，10mL 和 20mL。

2.1.7 血清瓶的橡胶瓶塞。

2.1.8 血清瓶的铝帽。

2.1.9 用于铝帽密封的轧盖器。

2.1.10 去毛剪子，配有锋利的 40 号或 50 号刀片。

2.1.11 小动物用的耳标。

2.1.12 耳标器。

2.1.13 笼子的标牌。

2.1.14 适合称量豚鼠的已校准的秤。

2.1.15 饲养动物的专用工作鞋。

2.1.16 饲养动物用的可擦洗工作衣裤。

2.1.17 用于标识每个样品的多种颜色的胶带。

2.1.18 个人防护装备（手套、护目镜，如存在过敏，还可能会配备呼吸器）。

2.1.19 加热板。

2.2 试剂/供应品

下文列出的试剂或供应品可替换为任何其他品牌的同等试剂或供应品。

2.2.1 国际标准参考结核菌素 PPD，当前批次。本参考品从国家生物学标准品和对照品研究所（NIBSC）获取。

2.2.2 牛分枝杆菌致敏剂，当前批次，用于评估每批牛分枝杆菌结核菌素。本试剂可从国家兽医局实验室（NVSL）获取。

2.2.3 鸟分枝杆菌致敏剂，当前批次，用于评估每批鸟分枝杆菌结核菌素。本试剂可从 NVSL 获取。

2.2.4 灭菌的盐水，0.85%〔国家动物卫生中心（NCAH）培养基♯30201〕。

2.2.5 灭菌的矿物油

2.2.6 磷酸盐缓冲盐水，NCAH 培养基♯10559，含 0.0005%吐温 80。

2.2.7 白色、非怀孕雌性豚鼠，每只体重为 500～700g。每批试验产品的评价需要 12 只豚鼠，以及 3 只对照豚鼠。所有的豚鼠必须为同一来源，且饲养方式必须相同。

3. 检验准备

3.1 人员资质/培训

技术人员必须熟悉一般实验室化学品、设备和玻璃器皿的使用工作知识，并就安全处置实验室动物接受过专门培训并有相关经验。他们必须有开展本试验的经验。

3.2 实验动物选择和处置

3.2.1 选择健康、无体外寄生虫、且被毛无瑕疵的豚鼠。

3.2.2 动物护理员在收到豚鼠的当天会对其进行检查，并按照当前的标准操作程序进行饲养。

3.2.3 试验结束时，将对这些豚鼠处以安乐死，除非它们另有其他用途。

3.3 供应品的准备

3.3.1 所有玻璃器皿在使用之前都必须消毒。

3.3.2 必须仅使用无菌供应品（注射器、针头、橡胶塞等）。

3.4 试剂的准备

3.4.1 磷酸盐缓冲盐水 NCAH 培养基♯10559，含 0.0005%吐温 80。

氯化钠	8g
氯化钾	0.2g
磷酸氢二钠	1.15g
磷酸一钾	0.2g
蒸馏水	加至 1 000mL

高压灭菌，≥121℃，20min。冷却后，调整 pH 至 7.2，并加入 0.5mL 的 1%吐温 80 溶液。

1%吐温 80	
吐温 80	0.1mL
蒸馏水	加至 10mL

3.4.2　0.85％无菌盐水-NCAH 培养基♯30201

氯化钠	8.5g
蒸馏水	加至 1 000mL

混合并混匀。高压灭菌，≥121℃，20min。

4. 试验操作

下文描述的程序用于评估一种待检结核菌素，即将一种待检结核菌素与适当的参考标准品进行比较。将所有效价测定信息记录在当前版本的 BBTWS0215 和 BBTWS0210 中。

4.1　致敏

4.1.1　将装有致敏接种物〔2mg（湿重）热灭活的分枝杆菌细胞（适当种属）混于 0.1mL 灭菌矿物油中〕的小瓶放入装有水的烧杯中并置于加热板上，加热并维持在约 45℃。

4.1.2　用 16 号针头从小瓶内抽取温热的致敏原，然后换 20 号 1 英寸针头用于接种致敏原。取 12 只豚鼠(500～700g)，后肢肌内注射 0.1mL 接种物。

4.1.3　取 3 只未致敏的豚鼠作为对照。对这些豚鼠注射 0.1mL 灭菌盐水（也加热至 45℃）。

4.2　豚鼠准备

4.2.1　致敏后（35±2）d，剪除每只豚鼠腹部和两侧的毛，尽量露出皮肤。

4.2.2　注射结核菌素之前，让豚鼠在笼里休息至少 4h。

4.3　皮内（ID）接种

4.3.1　用含有 0.0005％吐温 80 的 PBS 稀释待检的和标准参考结核菌素至含有 $2\mu g$ 蛋白/mL、$10\mu g$ 蛋白/mL 和 $50\mu g$ 分别蛋白/mL（见 BBTWS0209）。

4.3.2　用不同颜色的胶带给装有不同稀释液的每个样品瓶做标记。

4.3.3　为每只豚鼠打上耳标以作辨识。

4.3.4　把豚鼠侧放固定。首先，在豚鼠的左侧部位 A、B 和 C 点分别皮内注射 0.1mL 每种标准的结核菌素稀释液（4、5 和 6）。然后把豚鼠换

另一侧放置并固定，在豚鼠的右侧部位 D、E 和 F 点分别注射 0.1mL 每批待检产品的稀释液（1、2 和 3）。三种稀释液系统地分配到注射部位（见 BBTWS0210）。

4.3.5　同样，给 3 只未致敏的对照豚鼠皮内注射标准的三种稀释液和待检批次的三种稀释液。

4.4　读取皮肤检验结果

注射后（48±2）h 用卡尺测量反应。每一个注射部位的红斑区域，读取两个互相垂直直径的数值。把测量值记录在 BBTWS0210 上。

5. 检验结果释疑

5.1　若有要求，则可提供数据分析的工作表。

5.2　把记录在 BBTWS0210 上的测量值录入 BBTWS0230。

5.3　计算结核菌素待检批次和参考标准品每一种稀释液的反应区域平均面积。计算每种结核菌素反应区域的总面积。结核菌素待检批次的总面积应为标准的总面积的 80％～120％。

6. 检验结果报告

按照标准操作程序中的描述报告检验结果。

7. 参考文献

CFIA-OLF 标准操作程序 SOP ♯ MY-PR041.01

8. 修订概要

版本 .03

4.3.4：修订了本节，使内容更加明确。

版本 .02

文档的标题经过更新，使措辞更准确。

2.1.4：更新了移液器的尺寸，以反映稀释液制备所用的设备。

2.1.15：添加了饲养动物的专用工作鞋，以反映当前开展动物工作的着装政策。

3.2.2：更新了本节，以反映动物来源单位所执行的程序。

（史兰广译，杨京岚校）

兽医局备忘录第 800. 115 号：非持照企业进行效力检验

2013 年 6 月 21 日

兽医局备忘录第 800. 115 号

发送对象：兽医局管理人员

兽医生物制品中心主任

生物制品持照者、持证者和申请者

签 发 人：John R. Clifford

副局长

主　　题：非持照企业进行效力检验

Ⅰ. 目的

本备忘录为持照者和执照申请者提供了在非持照企业设施内进行产品效力检验的指南。

Ⅱ. 背景

根据联邦法规第 9 卷（9CFR）第 114.3（a）和 113.5（b）节规定，持照者必须具备检验的专业知识，以适当地方式评估其产品。因此，不允许非持照企业对持照者生产的产品进行效力检验。

由于生物制品中活性成分的性质和鉴定方面的知识已经有了长足的发展，且用生物分析工具对生物制品中成分的研究和量化也有显著提高。因此兽医生物制品中心（CVB）认为良好的生物分析工具对评价生物制品的效力和稳定性至关重要。这些具有相同作用的方法可能用作动物试验的替代方案，从而减少动物的使用。

为了便于使用这些更好的效力检验方法，并在研发和方法验证中利用专业知识，CVB 认为可以并谨慎的允许持照者与非持照的实验室签订合同，进行产品放行的效力检验。

Ⅲ. 范围

由非持照实验室进行的效力检验仅限于生物分析的方法，而不是标准微生物学的滴定方法。

Ⅳ. 政策

本文件为持照者和执照申请者提供了在非持照实验室进行效力检验的指南。不考虑用经典的培养和滴定方法进行活病原产品的批放行效力检验。

无论批放行效力检验在哪个地方进行，持照者均始终负责确保检验按照获批准的生产大纲进行，且必须按照 9CFR 第 113.5（c）、115.1（a）和 116 节规定保留记录。

Ⅴ. 实施/适用性

非持照实验室进行效力检验的指南见本备忘录的附录。自本备忘录发布之日起施行。

附录　非持照企业进行效力检验的指南

持照者和执照申请者可以与非持照实验室订立合同，进行产品的效力检验，但不能进行其他批放行检验。非持照实验室必须位于美国，包括哥伦比亚特区、任何领地或在美国管辖范围内的任何其他地方。持照者或执照申请者对所有的检验和检验报告负责。此外，美国兽医生物制品产品执照将附带一项限制要求，指明非持照实验室可能随时要接受 APHIS 的视察。持照者有责任从非持照实验室获得这一许可。

1. 非持照实验室为进行检验需要提交的资料

下述信息必须提交给公司的审查人员，以便获得批准委托非持照实验室进行效力检验：

a. 计划书。持照者应向审查人员提交一份计划书，包括非持照实验室的名称、地址和电话号码，非持照企业的主联系人和副的现场联系人，以及进行检验的类型（详细列出每个产品代码的检验类型）。

b. 审核。持照者对非持照设施进行详尽的审核，并提供审核报告，包括设施的审核计划和描述、检验能力、质量保证计划、样品隔离、样品追踪系统、样品处理程序和人员资质。如果提交计划书时，尚未执行审核，则必须在非持照实验室开始效力检验之前提交审核计划。审核计划必须描述后续审核规划，并指明执行审核的人员，将其作为非持照实验室保持质量控制的一部分。

c. 监察的授权。持照者必须提供非持照检验实验室的授权函，授权 APHIS 对该设施进行监察，并对所有与兽医生物制品检验相关的记录进行审查。

d. 检验方法转移的验证。如果持照者研发并确证了检验方法，则他或她必须提供一份报告，证实检验方法从持照者转移到非持照实验室符合要求。如果非持照实验室研发并确证了检验方法，则持照者必须提供确证报告的副本，以供 CVB 审核和批准。

e. 生产大纲。持照者必须提交一份经过修订的生产大纲，并在第 Ⅴ.C 节包含下述信息：

（1）实验室名称、地址。

（2）效力检验的标识。

（3）将产品运至检验场所的条件，包括每次检验的样品数量、体积、运输方式和环境（温度、隔热包装等）条件。

（4）CVB批准非持照实验室进行效力检验的日期（每次检验）。

（5）对每次效力检验的检验方法，或参考的特殊纲要和非持照实验室的质量控制文件（如标准操作程序）进行详细描述。

f. CVB通知非持照实验室获得批准。CVB-政策、评估和执照管理部门（PEL）将通过信函通知持照者，非持照实验室已获批准进行检验。通知信函将指明设施的名称、地址、电话号码、主联系人和副联系人、受影响的产品代码和获得批准的检验程序。CVB-PEL将颁发经过修订的产品执照，其中包含一项声明，授权CVB审查持照者与非持照实验室签订的进行效力检验的合同。修订的备案生产大纲将另行发送。

一旦持照者收到批准函、产品执照和生产大纲，公司就可以开始使用非持照实验室进行效力检验。

2. 执照中应限定授权CVB审查非持照的检验实验室

产品执照应指明，按照9CFR115.1规定，进行效力检验的每一个非持照实验室都应接受CVB的审查。

3. 对非持照检验实验室的地理区域的限定

为持照者进行效力检验的非持照实验室限定在美国、哥伦比亚特区、任何领地或在美国管辖范围内的任何地方。

4. 持照者责任

按照9CFR第113、114、115和116部分所述，持照者负责确保产品生产过程中所涉及的所有步骤符合规章的规定。持照者必须保留与非持照实验室的所有书面、电子和口头沟通记录，因为它们与持照产品和颁发执照之前持照前产品的效力检验有关。持照者必须描述如何将样品送至非持照实验室，以及如何跟踪和处置样品的过程。

如果出现不符合规定的检验结果（按照9CFR116.5和兽医局备忘录第800.57号处理）、检验程序变更或者非持照实验室发生了可影响效力检验的变化，则必须立即与CVB-监察与合规部门沟通。

5. 非持照实验室的责任

非持照企业必须向持照者提供一封由实验室官方负责人签署的信函，指明非持照企业设施接受按照《病毒-血清-毒素法》进行的监察。他们必须按照持照者备案的生产大纲和特殊纲要所述的程序保存样品并进行检验，并且必须对检验方法拟进行的任何变更告知持照者。按照9CFR114.8，这些变更在执行之前必须获得CVB的批准。

非持照检验实验室必须在设施内保留样品保存及原始检验记录供CVB审查，并把这些记录的确切副本提供给持照者。

（王亚丽译，杨京岚校）

兽医局备忘录第800.116号：豁免进行动物安全性检验

2013年7月31日

兽医局备忘录第800.116号

发送对象： 兽医局管理人员

兽医生物制品中心主任

生物制品持照者、持证者和申请者

签 发 人： John R. Clifford

副局长

主 题： 豁免进行动物安全性检验

Ⅰ. 目的

本备忘录旨在指导持照企业按照联邦法规第9卷（9CFR）第113.4节申请豁免按照生产大纲第Ⅴ.B. 节和9CFR113.64、113.100、113.200、

113.300 和 113.450 规定进行动物安全性检验。如果特定产品已有可接受的安全性结果的历史记录，并且受控的生产工艺可确保批间的一致性和无菌，则兽医生物制品中心（CVB）将考虑豁免其进行动物安全性检验。

Ⅱ. 背景

自批放行审批程序成立以来，CVB 对动物安全性检验的审查一直是该流程的一部分。这一放行检验确保每批产品不会对靶动物产生不良影响。关于疫苗的一般安全性要求，细菌活疫苗见 9CFR113.64，细菌灭活疫苗见 9CFR113.100，病毒灭活疫苗见 9CFR113.200，病毒活疫苗见 9CFR113.300，抗体产品见 9CFR113.450。

根据产品类型，动物安全性检验使用的动物有小鼠（9CFR113.33）、豚鼠（9CFR113.38），或本动物，如猫（9CFR113.39）、犬（9CFR113.40）、犊牛（9CFR113.41）、猪（9CFR113.44）、绵羊（9CFR113.45）、家禽［9CFR113.100（b）（2）］、水生动物或爬行动物［9CFR113.100（b）（3）］。如果产品的标准要求（9CFR 中规定）中没有指明动物安全性检验方法，则生产大纲的第 V.B. 节必须加以指明，并说明安全性检验所使用的动物种属。就所有持照生产商生产的产品批量而言，用于安全性检验的动物数量相当多。

一些产品可能已经收集了历史数据，证明产品的安全性和生产工艺的一致性，无需持续进行动物安全性检验。因此，下文给出了公司获得豁免进行动物安全性检验的流程。

USDA 在豁免动物安全检验方面的考虑与兽药注册技术要求国际协调合作（VICH）指导委员会在《协调检验标准以豁免兽医灭活疫苗用靶动物进行批安全性检验》（TABST；GL50）中的描述是一致的，旨在减少使用靶动物进行安全性检验，坚持减少、优化和替代检验用动物的原则。在本备忘录的附录中附有该文件。

Ⅲ. 政策

A. 对备有生产工艺一致性和产品安全性证明文件的所有产品，CVB 将考虑其豁免申请。为此，CVB 确定了具有易管理性的豁免流程，公司最初可向其审查人员提交一份产品豁免申请。一旦产品所需递交的原始资料和数据经过审查并被接受后，公司将被告知如何提交额外的豁免申请。

1. 提交的报告应对产品安全性所涉及的方方面面进行全面评估，包括批放行和药物警戒的数据。

2. 为确保动物安全性检验如预期予以豁免，持照者或持证者必须保留各自生产或配送的产品的所有不良事件报告的详细药物警戒记录。

3. 若生产大纲中描述的生产细节不充分，则必须予以修正并提交 CVB 审查，然后 CVB 才予以考虑豁免。

B. 暂停豁免和重新获得豁免。如果出现某一批产品的生产不符合生产大纲规定，可暂停豁免。该批产品必须按照 9CFR 规定的要求进行相应的检验。重新获得豁免，需要有足够的信息证实该生产工艺受控，包括提供 10 批连续生产的产品安全性检验符合规定的结果（根据 9CFR 适当要求的规定）。若药物警戒报告更新不理想，则可能会暂停豁免。

如果监察与合规部门的工作人员认为在现场核查中发现了对产品有重大影响的不符合规定的生产操作，则可能会暂停豁免。

Ⅳ. 实施/适用性

本变更自本备忘录公布之日起 30 日内生效。

附录　兽药注册技术要求国际协调合作组织

VICH GL50（生物制剂：TABST）

2013 年 2 月

供第 7 步执行——最终版

兽医灭活疫苗豁免进行靶动物批安全性检验的 协调标准（TABST）

2013 年 2 月 VICH 指导委员会将其纳入 VICH 流程的第 7 步，

并于 2014 年 2 月 28 日实施

> 本指南由适当的 VICH 专家工作组按照 VICH 流程经各方协商制定。在流程第 7 步的最终
> 草案建议欧盟、日本和美国的监管机构予以采纳。

秘书处：C/O IFAH，rue Defacqz, 1-B-1000Bruxelles（Belgium）；电话：＋32-2-543.75.72；
传真：＋32-2-543.75.85；电子邮件：sec@vichsec.org；网址：http://www.vichsec.org。

目　录

1. 前言

提交靶动物或实验动物的批安全性检验数据是参与 VICH 的地区兽医免疫制品批放行*的要求。VICH 指导委员会致力于协调不同地区的批安全性检验，使不同国家监管机构进行独立试验的需求最少化。然而，由于各地区之间的要求差异巨大，最终决定采取分阶段的方法协调豁免靶动物批安全性检验（TABST）数据要求的标准，第一阶段为在有要求的区域内豁免灭活疫苗的靶动物批安全性检验。

本指南按照 VICH 的原则制定，将提供统一的标准以便政府监管机构批准豁免 TABST 我们大力提倡采用此 VICH 指南来支持在本地区经销产品的注册，但最终是否采用完全取决于本地监管机构的决定。此外，当有科学合理的理由使用替代方法时，可不必遵循本指南。

全球施行豁免 TABST，会减少用于常规批放行所使用动物的数量，应予以鼓励。

1.1　目的

本指南的目的是在有要求的地区内豁免兽医灭活免疫制品（IVMP）的靶动物批安全性检验，对所要求的数据给出推荐的国际协调的标准。

1.1.1　背景

对成品在实验动物和/或靶动物中进行的大部分批安全性检验视为一般安全性检验。其适用于广泛的 IVMP，应能够提供一些保证来证明产品用于靶动物种属将是安全的，即它应显示为"局部异常或出现全身反应"（《欧洲药典》）或"出现因生物制品造成的不良反应……"（联邦法规第 9 卷）或"无异常变化"（日本药事法律中对兽医生物制品的最低要求）。

在过去的二十年间，批安全性检验的相关性受到监管机构代表和疫苗生产厂的质疑（Sheffield 和 Knight，1986；van der Kamp，1994；Roberts 和 Lucken，1996；Zeegers 等，1997；Pastoret 等，1997；Cussler，1999；Cussler 等，2000；AGAATI，2002；Cooper，2008）。特别是将生产质量管理规范（GMP）和实验室质量管理规范（GLP，OECD1998）或符合地区要求的类似质量体系引入疫苗生产体系后，极大地增加了产品批间的一致性，因而提升了其安全性和质量。这也使传统 IVMP 批质量控制的观点（主要基于体内检验）受到了影响，转而注重主要基于体外技术的生产一致性文件（Lucken，2000；Hendriksen 等，2008；de Mattia 等，2011）。

在查阅 VICH 不同地区的数据要求和第 21 次 VICH 指导委员会会议收到的意见后，发现不同地区的批安全性检验方法及相应的检验程序差异显著。这使得协调检验要求和检验性能成为一项困难且费时的任务。

因此，决定第一步先协调豁免靶动物批安全性检验地区的标准，从研制灭活 IVMP 的 VICH 指南开始。

2. 指南

2.1　范围

本指南仅限于豁免兽医灭活免疫制品的靶动物批安全性检验（TABST）数据要求的标准。

2.2　地区要求

2.2.1　一般的批安全性检验

针对本指南涵盖的灭活 IVMP 批安全性检验，目前要求执行下列检验程序（表1）：

表1

VICH 地区	要　求	备　注
欧洲： 直至 2013 年 3 月 31 日 -《欧洲药典》：总则第 5.2.9. 章兽医疫苗和免疫血清的批安全性检验； -兽医疫苗的总论（0062）和专论 自 2013 年 4 月 1 日： 删除靶动物批安全性检验。	靶动物种属（2 只哺乳动物，10 尾鱼，10 只鸡），2 倍剂量，推荐免疫途径，最少观察 14d	对由不同批次抗原连续生产的 10 批产品进行检验，如果产品符合规定，则可豁免 《欧洲药典》兽医疫苗总论 0062，包括"在特殊情况下（即生产工艺发生重大改变，以及报告临床上观察到预期之外的不良反应，或报告最终批次的数据与申请产品执照期间提供的数据不符）"安全检验（未进一步定义）"可能需要随时进行；在与主管当局协商后或应其要求时进行"

---

* 原作者注：自从本指南开始起草之时，欧洲的要求已经发生了变化。2012 年，欧洲药典委员会决定从可能豁免 TABST 逐步过渡至自 2013 年 4 月 1 日起完全废除。本 VICH 指南并不影响欧盟目前的要求。

（续）

VICH 地区	要 求	备 注
美国： ——9CFR 在细菌灭活疫苗的一般要求（113.100）	小鼠（113.33） 或 ——如果对小鼠本身致命，则改用豚鼠（113.38） ——如果为家禽疫苗，则使用家禽 ——如果为鱼或其他水生动物疫苗，则使用鱼 ——如果为爬行动物疫苗，则使用爬行动物 113.38：2 只豚鼠，2mL 肌内或皮下给药，观察 7d	
病毒灭活疫苗的一般要求（113.200）	豚鼠（113.38） 小鼠（113.33b） 113.38：2 只豚鼠，2mL 肌内或皮下给药，观察 7d 113.33a：8 只小鼠，0.03mL 皮内给药，观察 7d；8 只小鼠，0.5mL 腹腔内给药，观察 7d	不适用于家禽疫苗
日本： 日本药事法律中兽医生物制品的最低要求	a）靶动物种属 哺乳动物：2～4只哺乳动物，1～5 倍剂量，获批准的给药途径，观察 10～14d 鸡：10 只鸡，1 倍剂量，获批准的给药途径，观察 2～5 周 鱼：15～120 尾，1 倍剂量，获批准的给药途径，观察 2～3 周 b）异常毒性检查 豚鼠：2只，5mL 腹腔内给药，观察 7d 小鼠：10 只，0.5mL 腹腔内给药，观察 7～10d c）毒性极限检测 小鼠：10 只小鼠，0.5mL 腹腔内给药，观察 7d 豚鼠：5 只豚鼠，5mL 腹腔内给药，观察 7d	

2.2.2 其他相关要求

2.2.2.1 质量体系

在 VICH 国家/地区已建立起了针对药品（包括兽药产品）生产和检验的生产质量管理规范（GMP）和类似的质量体系。这些质量体系为市售产品采用一致的、适当的方式进行生产提供了保证。

2.2.2.2 药物警戒

VICH 流程在兽医领域及协调各类要求和性能方面，日渐纳入药物警戒（药品上市后监测）。可以在早期从临床上检测出与疫苗质量不一致的相关安全性问题。因此，药物警戒提供了与产品安全性相关的额外信息，这些信息并无法总是通过

TABST 获得。

2.3 豁免靶动物批安全性检验的数据要求

2.3.1 前言

当连续生产的批次达到一定数量且检验结果均符合规定时，证明生产工艺的一致性，监管机构可豁免 TABST。

一般说来，常规批次质量控制和药物警戒数据足以评估现有状况，无需进行任何额外的补充试验。生产厂应提交用以支持豁免 TABST 的申请资料，具体内容见下文。但是，申请豁免 TABST 的同时，应提交所有数据的摘要和可确保产品具有稳定的安全性的总结。

在特殊情况下，当生产工艺发生重大变更时，

可能需要恢复进行靶动物批安全性检验，以重新确立产品之前备案安全性的一致性。若发生了使用TABST后可避免的非预期的不良事件或其他药物警戒问题，也可能要恢复检验。对于本身存在安全性风险的产品，可能有必要对每批产品进行TABST。

2.3.1.1　产品及其生产的特征

生产厂应确保产品是遵照质量准则进行生产，即产品按统一的、适合的方式生产。

在某些情况下，为了某些原因批检验需要在体内进行，但不是对靶动物进行安全性检验（如效力检验），并且这些检验包括需要收集的安全性信息（如死亡率），那么建议生产商利用这些检验获取疫苗对靶动物安全的附加数据[①]。

2.3.1.2　当前批安全性检验的可用信息

生产厂应提交一定数量连续批次的安全性检验的数据，证实已建立了保证安全性和一致性的生产制度。在不妨碍主管当局依据某些疫苗已有资料做出决定的情况下，大部分产品提供连续10个批次的检验数据可能就足够了。生产商应检查TABST结果中观察到的各种局部和全身反应，以及这些反应与提交用以支持产品注册或获取执照的试验中所观察到的反应的关系。生产商应提交一份关于这些发现的摘要和讨论。

开展TABST应按照进行检验时所在地区的操作要求。在检验经商定的一定数量连续批次产品时，对任何不符合TABST检验标准的批次应进行彻底的检验。这一信息，连同不符合标准原因的说明，应提交至监管机构。

2.3.1.3　药物警戒数据

在已递交数据的产品上市期间，应按照VICH指南建立适当的药物警戒体系。药物警戒和TABST的安全性信息从性质上来说是不同的，但是两者是互补的。

在提交可证明疫苗在临床使用上具有一致的安全性能的有效药物警戒数据时，应采用相关时间段的最新"定期安全性更新报告"。

2.3.2　豁免靶动物批安全性检验的程序

报告应对产品安全的一致性做整体评估，应考虑生产的批数、产品上市年数、销售的头份（羽份）数、靶动物出现任何不良反应的频率和严重性，以及对不良事件原因的调查情况。

3. 词汇表

实验室质量管理规范（good laboratory practices，GLP）：是非临床试验的设计、实施、监测、记录、审核、分析和报告的标准。遵照此标准可确保数据和报告结果完整、正确和精确，确保试验中所涉及实验动物的福利和试验人员的安全，保护环境、人和动物的食物链（OECD，1998年）。

生产质量管理规范（good manufacturing practices，GMP）：是药品（包括兽药）生产和检验质量体系的一部分。GMP是对可能影响产品质量标准的生产和检验等各个方面的指导原则，以确保药品生产过程中生产工艺流程和生产环境的质量。

兽医免疫制品（lmmunological veterinary medicinal product，IVMP）：可使免疫动物诱导产生主动或被动免疫，或产生可用于诊断的免疫状态的任何兽医药品。

生产批次（production batch）：经一个或若干个工艺流程生产的、预期具有同一性质的一定数量的原材料、包装材料或产品。

注：为了完成某些生产步骤，可能需要把一个批次分成若干个亚批，后续再将其汇总并最终合并成为均质的一批。在连续生产的情况下，批次必须与生产中具有预期的同质特性的某一确定部分相对应。

靶动物批安全性检验（target animal batch safety test，TABST）：所有IVMP或一类产品（如病毒灭活疫苗）均将靶动物安全性检验作为成品批检验的一项常规内容。

靶动物（target animal）：系指打算用于IVMP的特定的动物种属、类别[②]和品系。

4. 参考文献

Cooper J，2008. Batchsafety testing of veterinary vaccines-potential welfare implications of injection volumes［J］. ATLA，36：685-694.

Cussler，1999. A 4R concept for the safety testing of immunobiologicals［J］. Dev Biol Standard，101：121-126.

Cussler K，van der Kamp M D O，Pössnecker A，2000. Evaluation of the relevance of the target animal safety test［J］. Progress in the Reduction，Refinement and Replacement of

---

① 译者注：此处系指疫苗接种本动物后，在效力检验进行攻毒步骤之前或采血进行血清学检验步骤之前，对疫苗的安全性进行考察。

② 译者注：此处系指按用途分类。

Animal Experimentation：809-816.

de Mattia，2011. The consistency approach for quality control of vaccines e A strategy to improve quality control and implement ［J］. Biologicals，39：59-65.

Hendriksen C F M，2008. The consistency approach for the quality control of vaccines ［J］. Biologicals，36：73-77.

Lucken R，2000. Eliminating vaccine testing in animals-more action, less talk ［J］. Developments in Animal and Veterinary Sciences，31：941-944.

Sheffield F W，Knight P A，1986. Round table discussion on abnormal toxicity and safety tests ［J］. Dev Biol Standard，64：309.

（王亚丽译，杨京岚校）

兽医局备忘录第 800. 117 号：灭活工艺研究指南

2013 年 8 月 12 日

兽医局备忘录第 800. 117 号

发送对象：兽医局管理人员
　　　　　兽医生物制品中心主任
　　　　　生物制品持照者、持证者和申请者
签 发 人：John R. Clifford
　　　　　副局长
主　　题：灭活工艺研究指南

Ⅰ. 目的

本备忘录为支持确认细菌灭活产品和病毒灭活疫苗的灭活工艺的研究提供指导。

Ⅱ. 政策

联邦法规第 9 卷（9CFR）第 113. 200（a）节中对于病毒灭活疫苗的规定，"备案的生产大纲中应规定适用的可确保灭活彻底的检验方法"。此外，9CFR113. 100（a）（1）规定，"应按照 9CFR 113. 26 规定对细菌灭活产品进行活的细菌和真菌检验。"兽医生物制品中心（CVB）对这些规定进行了解读，意思是灭活工艺必须一致，且必须通过适当的试验证明。本备忘的附录描述了可达到这一要求的适当方法。

Ⅲ. 实施/适用性

本备忘录自发布之日起执行。灭活工艺研究的指南见本备忘录的附录。本指南适用于签发执照前的产品，不包括在实施日期之前的灭活工艺已被确认为符合规定的签发执照前的产品。本指南还适用于生产工艺或灭活工艺发生重大改变的持照产品。本指南不适用于灭活工艺保持不变的现有持照产品。本指南并未创立新的要求；可以提出替代方法。

附录　灭活工艺研究指南

1. 目的

本指南为研发适当的灭活工艺和灭活检验程序提供了指导，以证明在生产商提供的生产大纲中所述的灭活工艺可持续灭活该传染性病原体。

2. 背景

微生物的灭活动力学只有在达到滴定或测定方法的检测限值（LOD）时才能直接观察到。因为实际生产中灭活终点低于 LOD，所以在达到目的终点之前很难估计时间。由于某些原因，使得利用外推法通过灭活曲线推断灭活终点的结果不理想。观察到的灭活曲线可能很难精确地适用于被灭活物质的潜在的多相性，并且外推法本身也存在技术上的不确定性。最重要的是，灭活动力学的变化超出了 LOD 以外的情形也较为常见。根据实际情况，我们把生物制剂的灭活动力学分为两个组成阶段进行描述：第一个阶段，当可以直接观察到动力学时；第二个阶段，当无法直接观察到灭活率时。

因为实践中很难直接测定第二阶段的灭活率，所以必须确定一个预期目标，使得残留的活病原微生物感染免疫动物群和暴露的非免疫动物的风险最低。常见的目标为，每百万头份（羽份）少于一个感染单位（1×10^{-6} 感染单位/头份或羽份数），这就是这些指南的工作目标。但是，应注意，不能把种群风险与目标直接联系在一起，因为病原体、产品和批次之间差异很大（如一个感染单位中活的微生物的数量和疫苗成品剂量中半成品抗原的体积），存在多种因素的不确定性。因此，复核每一批疫苗的灭活检验也是持续监测灭活工艺的一个重要组成部分。

3. 定义

3.1　灭活曲线（inactivation curve）

灭活曲线描述了活粒子的数目与灭活时间之间的关系。曲线可观察到的部分（第一阶段）为灭活开始后每隔一定时间进行滴定所获得的那部分。曲线未观察到的部分（第二阶段）为低于滴定的检测限值（LOD）的部分。

3.2　终点（endpoint）

为第二阶段试验的结束点，经连续检验，每次间隔至少 1h，当连续 5 次的检验结果均为阴性时检验结束。

3.3　到达终点的时间（time to endpoint，TE）

在一项试验中，从接触灭活剂的工艺流程开始至到达灭活终点的时间。

3.4　灭活所需的时间（required time of inactivation，RTI）

接触灭活剂的工艺流程需要的时间。RTI 为在至少 3 次试验中观察到的最长的 TE。

3.5　第一阶段试验（first stage assay）

这是滴定或菌落计数检验程序，用于估计灭活曲线可观察到的部分，并确定何时达到 LOD。

3.6　第二阶段试验（second stage assay）

这是一项"是或否"的检验，检测一定体积的材料中是否存在浓度非常低的活病原微生物。它包括一个或多个浓度，及增扩步骤。在每项试验中，灭活工艺流程的第二阶段采用此二元分析法测定 TE。

4. 试验设计

灭活试验（用来证明生产大纲中拟定灭活工艺的一致性）必须在具有代表性的实际生产条件下进行。下文中的指南代表了 CVB 认为对评估一致性和估计 RTI 有价值的内容，但并未涵盖所有可能出现的情况。CVB 建议公司在最后的试验开始之前，提交一份草案和初步的数据（如果有）。

4.1　试验次数

3 次试验。

4.2　批量大小

2 批≥最大生产批量的 10％；1 批≥最大生产批量的 33％。可提交用于鉴别和优化灭活条件的较小规模批次的数据作为支持性数据。

4.3　第一阶段试验

第一阶段试验的目的是确定灭活曲线可观察部分的特征，并测定达到 LOD 的时间。在灭活工艺即将就要开始之前取样，并在一定时间间隔持续进行检验，直至达到 LOD。推荐 9 个取样点，每个取样点取双份样品。报告包括样本体积（用原始培养物每毫升含有的病毒滴度或活菌计数表示），对稀释和浓缩步骤的校正。为使灵敏度最大化，推荐使用浓缩步骤。有些灭活工艺流程非常迅速，因此有 9 个取样点可能不可行。

4.4　第二阶段试验

第二阶段试验的目的是确定单个试验的 TE，用它们估计 RTI。根据前期试验数据，计划第二阶段试验的开始和计时，有助于确定灭活曲线的可观察和不可观察部分。第二阶段试验大约在第一阶段试验达到该方法的 LOD 时开始。当达到连续 5 次检验结果均为阴性时，获得 TE。在大部分生产工艺中，采用 100mL 的最小样品体积，在至少 1h 的间隔内，进行 2 次重检。

4.5　灭活条件

详细描述灭活条件。下文的条件可能部分或全部对定义灭活工艺至关重要，具体取决于灭活剂和微生物。可能需要其他参数来全面描述工艺。

4.5.1　培养阶段

用生产大纲中规定的浓缩（滴度或计数）和生长阶段的收获培养物进行灭活试验。为了验证灭活工艺，浓度应接近生产大纲中所述的预期最高浓度。

4.5.2　pH

按照生产大纲中规定的 pH 进行灭活试验。通常为±0.2pH 单位。

4.5.3　样品处理和中和步骤

描述样品处理，包括浓缩和中和步骤。说明如何确定灭活剂已被中和。

4.5.4 蛋白含量

目的是保持条件一致，尽量减少外源蛋白的干扰。如果在处理前对细胞或病毒微粒进行了洗涤，则说明洗涤的步骤。如果采用蛋白质测定法确定蛋白质的含量，则说明其范围。

4.5.5 温度

说明实施灭活过程的温度（±2）℃。

4.5.6 渗透压

说明渗透压或者描述灭活过程中使用的培养基的组成成分（如 2 次洗涤培养液，悬浮于 pH＝7.15 的 0.15mol/L NaCl 和 0.05mol/L Na/K 磷酸盐缓冲液中）。目的是在一致的条件下，尽量减少培养基渗透压的变化造成的干扰。

4.5.7 接触灭活剂的条件

应根据首次和任何再次接触灭活剂的浓度和时间（小时和分钟），用术语说明接触的灭活剂的时长。同时，说明调节培养基的 pH、中和步骤和洗涤步骤。

4.5.8 设施描述

描述为了使批间保持一致性而设定的灭活工艺的物理环境和使用的设备。可以描述功能间和采取的预防措施，使之与生产和成品隔离。描述孵化器、灭活容器（大小、几何形状）、监测系统、混合设备、条件控制以及液体是否转移至第二或第三个容器。

5. 摘要

在使用规模较大的批次确认之前，用小批量产品对灭活工艺进行初步运行，是必不可少的估计条件。对按照生产大纲制备的至少 3 批产品进行检测，确认灭活工艺的一致性。2 批产品必须≥最大批量的 10％，第 3 批产品必须≥最大批量的 33％。用定量或量子方检验残余的活性（第一阶段），随后用"是或否"检验方法检验残余的活性（第二阶段）。第一阶段试验用于证实灭活的初始动力学是一致的，并确定何时开始进行第二阶段试验。第二阶段试验用于确定终点（应包括浓缩和增扩步骤），至少 100mL 培养物的重复取样。继续进行取样和检验，每次间隔至少 1h，直至连续 5 次检验结果均为阴性。TE 为连续第 5 次检验结果为阴性的时间，RTI 为 3 批产品最长的 TE。间隔 1h 为最低要求，间隔时间可以更长。

6. 报告

提交一份报告，描述灭活工艺、试验所用的材料和方法，以及第一和第二阶段试验的检测限值。总结检测限值的确定过程、每次检测的结果，和结果分析。报告中还应包括产品生产过程中确认灭活检验方法的详细步骤。就样品大小、浓度和增扩步骤而言，这一检验与第二阶段试验的方法非常近似。应以可用的格式提交所有数据。

7. 监测

复核产品的批检验中的灭活检验，将为灭活工艺的一致性提供重要的附加验证。

（王亚丽译，杨京岚校）

兽医局备忘录第 800.118 号：活的基础参考品

2013 年 12 月 12 日

兽医局备忘录第 800.118 号

发送对象： 兽医局管理人员
兽医生物制品中心主任
生物制品持照者、持证者和申请者

签 发 人： John R. Clifford
兽医局副局长

主　　题： 活的基础参考品

Ⅰ. 目的

本备忘录为灭活产品效力检验中使用活的微生物培养物作为"基础参考品"的情况提供指南，并介绍了监测其稳定性的建议。

Ⅱ. 背景

兽医局（VS）备忘录第 800.211 号附录第 4.2 节允许继续使用 2011 年 1 月 1 日以后获得执照的产品的"基础参考品"，前提是"基础参考品"仍然稳定。兽医局备忘录第 800.112 号附录Ⅲ第 2.4 节对这一概念进行扩充，确定了验证"基础参考品"仍然稳定所需的检验类型。指明必须使用有效的定量和定性检验方法作为稳定性监测项目的一部分。

理想情况下，灭活疫苗的效力检验将提供保护性抗原的定量测定。由于疫苗配制的复杂性和分析方法的局限性，这种方法并非总是可行。相反，可以研发相对效力检验的方法，比较生产批次的疫苗和对照批次的疫苗。然后对参考品的稳定性进行必要的监测。在缺乏直接对抗原定量的情况下这样做，如果在经验证的效力试验中，活的制剂与灭活抗原进行的检验相同，那么可按照生产大纲制备活

的微生物制剂作为"基础参考品"。这一"活的基础参考品"的活菌数目或滴度可作为衡量其稳定性的指标。

联邦法规第 9 卷(9CFR)第 101.5(o)节规定，"按照备案的生产大纲所述进行'基础参考品'的制备可以为：(3)'收获无佐剂微生物培养物'。"兽医生物制品中心(CVB)对该声明进行了解读，它包括按照备案的生产大纲用已获批准的基础种子生产活的培养物，该培养物可作为"基础参考品"使用。CVB 把这些制剂称为"活的基础参考品"(LMR)。

Ⅲ. 政策

按照本备忘录附录中的描述对"活的基础参考品"的活性进行鉴定和监测，可将其作为抗原稳定性的指标。

Ⅳ. 实施/适用性

本政策自本备忘录发布之日起生效。

附录　活的基础参考品指南

1.1 定义

1.1.1　基础参考品（master reference，MR）

定义见 9CFR101.5（o）。

1.1.2　工作参考品（working reference，WR）

定义见 9CFR101.5（p）。

1.1.3　有资格的批次（qualifying serial，QS）

定义见 9CFR101.5（q）。

1.1.4　活的基础参考品（live master reference，LMR）

将活的微生物培养物作为"基础参考品"。

1.1.5　独立方法（independent method）

采用与效力检验不同分析原理的检验方法。

1.1.6　半定量分析法（semi-quantitative assay）

用近似值代替绝对值的一种分析方法。（如当稀释度为 1/50、1/100 和 1/200 时，参考品的斑点信号显示为阳性；但在稀释度为 1/400 时信号消失。那么在一组标准条件下，1/200 稀释度时判参考品点的信号存在，1/400 稀释度时判参考品点的信号消失。）

1.2　基本原理

1.2.1　LMR 的活菌数量为其稳定性的检测指标。这不是效力的检测指标，因为活的微生物数

目与抗原含量之间的关系并不是一个常数。

1.2.2　采用与非活性 MR 类似的资格审查程序，确定 LMR 的相对效力。

1.2.3　除活性检验外，LMR 的稳定性必须得到独立的定性和半定量的验证试验的证据支持，并定期将 LMR 与用经验证的效力检验方法对现有批次进行的检验进行比较。

1.3　LMR 的资格

1.3.1　按照兽医局备忘录第 800.112 号附录Ⅲ第 2.2.5 节规定，采用经验证的效力检验方法证明 LMR 的剂量-反应曲线与从每个产品代码获得的至少 2 个代表性批次或批次原型的曲线平行。

1.3.2　通过下述方法证实 LMR 与宿主动物的免疫原性相关。

1.3.2.1　采用经验证的效价检验方法证明 LMR 的剂量-反应曲线与合格的、未过期的 MR 平行。与 MR 相比较，在使用的稀释液中 LMR 的相对效力必须≥相对效。

1.3.2.2　使用有资格的批次进行本动物免疫原性试验。

1.4　LMR 稳定性监测

1.4.1　频率

在获得资格后第 0、3、6、9 和 12 个月，以及此后每隔 6 个月对 LMR 的稳定性进行监测。采用活性检验和定性/半定量试验。同时，在疫苗的效

力检验中追踪 LMR 的性能。

1.4.2　活性检验

1.4.2.1　通过测定 LMR 的活菌数目或滴度对其活性进行检验。必须按照兽医局备忘录第 800.112 号规定的原则进行验证。

1.4.2.2　活性检验必须能够检测到 20％的活性变化。

1.4.2.3　对于活性监测，CVB 已经开发了一个包含统计学质量控制方法的模板。（该方法是一种 CUSUM 类型的方法，依据累计总和的趋势进行监测。）首次出现警告，则会缩短对活性监测的间隔时间，当在短期间隔内连续出现 3 次警告时，表明活性发生了变化。模板和使用说明见 CVB 网站。

1.4.2.4　进行活性检验的每位操作人员，必须先检验 LMR 的瓶数是否足够用来确立它们的性能参数。这一信息被组合在模板之中。

1.4.3　独立定性和半定量方法

采用至少一种经验证的定性检验和一种经验证的半定量检验方法评价 LMR 的定性/半定量参数，这些参数与参考品的效价相关（见兽医局备忘录第 800.112 号附录Ⅲ第 2.4 节），且独立于效力检验和活性检验方法。在验证检验方法时建立可接受的标准。

1.4.4　效力检验中 LMR 的稳定性

应根据经验证的检验方法进行评估，除此之外，应说明 2 次有效检验中经系列稀释的 LMR、2 个最近生产的产品批次和工作参考品从饱和剂直至消失的全部剂量反应曲线。

1.5　LMR 的有效期

1.5.1　如果 LMR 成功地完成了稳定性试验方案，并持续检验符合规定，则 LMR 被认为是稳定的。如果 LMR 的活性发生变化，那么与批效力

检验不具有平行关系，或者在独立评估试验中有证据表明其活性有所降低，则批放行检验不符合规定，且不能用其使新工作参考品取得资格。这一信息必须按照 9CFR116.5（b）的要求立即报告给 CVB。必须按照动植物卫生监督署认可的方法用靶动物确定新 LMR 的资格。

1.6　批准 LMR 需提交的材料

1.6.1　对于此前验证过并获得批准的相对效力检验方法，应提交补充报告，证明 LMR 的剂量反应曲线与未过期的 MR 及 2 个代表性批次的产品具有平行关系。该报告应包括每个待检样品从饱和剂直至曲线消失的整个剂量反应曲线。

1.6.2　对于新的效力检验，应提交对每个相关产品的效力检验与 LMR，MR 或 QS，及 2 个代表性批次或原型进行比较的验证报告。QS 必须证明效果符合规定，LMR 方可被接受为"基础参考品"。

1.6.3　对于所有提交的材料，应提供活性检验、独立定性和半定量检验方法的验证报告。

1.6.4　在第 12 个月和此后每间隔 12 个月时，提交一份 LMR 稳定性监测的总结报告。

1.7　使用制剂增强 LMR 的稳定性

1.7.1　用以增强稳定性的化学添加剂、低温防腐剂或储存条件，必须对已获批准的效力检验方法没有或几乎没有影响。

1.7.2　LMR 可以浓缩物、稀释液或某种中间浓度的液体形式保存。

1.7.3　已获批准的 LMR 信息摘要表必须指定每种防腐剂的名称、来源和浓度，以及保存条件、容器类型和组成成分。

（王亚丽译，杨京岚校）

兽医局备忘录第 800.119 号：豁免按照联邦法规第 9 卷（9CFR）第 113.28 部分进行支原体污染检验

2014 年 3 月 19 日

兽医局备忘录第 800.119 号

发送对象：兽医局管理人员
　　　　　兽医生物制品中心主任
　　　　　生物制品持照者、持证者和申请者
签 发 人：John R. Clifford

副局长

主　题：豁免按照联邦法规第 9 卷（9CFR）第 113.28 部分进行支原体污染检验

Ⅰ. 目的

本备忘录为持照者、持证者和申请者按照兽药注册技术要求国际协调合作（VICH）指南向兽医生物制品中心（CVB）申请豁免进行支原体污染检验提供指导。

Ⅱ. 背景

在美国，9CFR113.28 规定了当前的支原体污染检验方法。它要求采用改良肉汤和琼脂培养技术进行检测。基础种子批、主细胞库和成品检验，以及未经热灭菌动物源性组成成分均需进行此项检验。对于成品的检验，所有活病毒产品的批检验都需进行该项检验。对于灭活的产品，如果已证实灭活剂能灭活支原体，则该产品的批检验可豁免进行此项检验。这一豁免的详情见兽医局（VS）备忘录第 800.86 号，标题为《豁免按照 9CFR113.200（c）（3）进行支原体检验》。该豁免并不是允许有污染，而是认识到这样的检验结果没有意义。

VICH 致力于协调兽医新产品的检验和注册，因此制定统一的标准可以为监管当局提供互认的数据。该程序已经为甲醛残留量测定和干燥产品中水分含量测定制定了统一的检验程序。关于支原体污染检验的协调程序被收录在 VICH GL34 文件《检测支原体污染的试验》中。应当指出的是，可利用 GL34 要求的某些特殊检验，以及何时进行这些检验的信息。GL34 指南见 http：//www. vichsec. org/en/GL34 _ st7. doc。

与本备忘录有关的其他文件可从 CVB 网站获得：

1) SAM910，标题为《支原体污染检验的补充检验方法》，对 9CFR113.28 规定的肉汤和琼脂培养技术进行了概述。

2) 方案 BBPRO1007，标题为《支原体污染检验的指示细胞培养法》。

VICH 指南中描述了两种检验方法，并允许以下第三种方法：

1) 在肉汤培养基中进行增殖，并在营养琼脂平板上检测有无支原体菌落生长，被称为肉汤和琼脂培养法。

2) 在细胞培养物上增殖，并检测脱氧核糖核酸（DNA）的特征性荧光染色，被称为 DNA 染色法。

3) 对于公认的聚合酶链反应或核酸扩增技术（PCR 或 NAT），如果公司可证明该方法与上述指定的一种或两种检验方法等效，那么也可获得批准。

GL34 中肉汤和琼脂培养技术概述与 9CFR113.28/SAM910 中概述的程序不同。例如，在 9CFR113.28 中，是将 0.1mL 样品接种到琼脂平板上。而在 GL34 中，接种的体积为 0.2mL。在 9CFR113.28 中，肉汤培养基的培养为 14d。而在 GL34 中，肉汤培养基的培养为 20～21d。在 9CFR113.28 中，琼脂平板在含 5%CO_2 的空气中培养。而在 GL34 中，琼脂平板在含 5%CO_2 的氮气中培养。

在美国法规中，对 DNA 染色程序没有相应的规定。

Ⅲ. 政策

公司可选择继续遵照 9CFR 的要求，在其生产大纲和基础种子/主细胞报告中继续参考 9CFR113.28 规定。公司也可选择申请豁免 9CFR 的要求，并按照 GL34 方案采用如下检验：

材　　料	肉汤和琼脂培养法	DNA 染色法 *
基础毒种	需要进行	需要进行
主细胞库	需要进行	需要进行
工作和生产毒种	需要进行	需要进行
工作和生产细胞库	需要进行	需要进行
动物源性成分	需要进行	
成品	美国需要进行	

* 原作者注：参见 GL34 的方案。

GL34 对于何时检验收获的培养物进行了讨论。我们鼓励公司对收获的培养物进行检验，但是目前仅要求检验成品。在某些情况下，两种检验都需要进行。

除另有豁免规定外，9CFR113.4 要求遵照所有适用的质量标准中所述的检验方法进行检验。在备案的生产大纲中标注豁免事项。关于豁免文件的指导见兽医局备忘录第 800.206 号。

按照兽医局备忘录第 800.86 号所述获得对灭活病毒疫苗支原体检验豁免权的，将继续免予此项检验。

我们实验室将按照生产大纲或基础种子/主细胞报告对病毒基础种子、主细胞进行检验或复核检验。

Ⅳ. 实施/适用性

应向指定的审评人员提交豁免申请。申请书应附有下述文件：

• 一个（或多个）特殊纲要。此（类）文件应提供检验的细节，包括培养基体积及中和的步骤，并注明它们符合 GL34 的要求。

• 培养检验体系验证。应按照上述特殊纲要中的方案检测 5 株低水平的支原体菌株。

• 培养基营养特性。应证实每批培养基均适合支原体生长。注意获得豁免之后，每批新培养基均要进行此项检验，且应备案描述该项检验的特殊纲要。筛选用于验证和个别批检验的支原体的参数，可参阅 GL34。

• 抑制材料的检验。应在试验材料存在和缺乏的情况下分别进行营养检验。必须中和任何抑制材料，或者用稀释等技术抵消其影响。相应的生产大纲中应包括支持该技术或培养基体积的数据被认可的日期。公司可以将类似的产品分组进行此项检验。

• 疫苗毒的中和。如果疫苗毒可引起细胞培养物出现 CPE，则必须将其中和。应检验血清对于支原体的生长是否存在任何抑制作用，并且这些结果应与豁免申请一并提供。

一旦获得许可，应按照兽医局备忘录第 800.206 号，应在相关生产大纲或基础种子/主细胞报告中将该豁免记录在案。

我们的目的是更新 9CFR113.28 使其与本备忘录和 VICH 指南一致。

目前，我们实验室正在验证一项以 PCR 为基础的检验。稍后将会提供更多使用该检验的信息。

（王亚丽译，杨京岚校）

兽医局备忘录第 800.120 号：兽医生物制品无菌检验中防腐剂稀释度的筛选

2014 年 6 月 27 日

兽医局备忘录第 800.120 号

发送对象： 兽医局管理人员
兽医生物制品中心主任
生物制品持照者、持证者和申请者

签 发 人： John R. Clifford
副局长

主　　题： 兽医生物制品无菌检验中防腐剂稀释度的筛选

Ⅰ. 目的

本备忘录为兽医生物制品的无菌检验提供指导。这有助于持照者、持证者和申请者满足联邦法规第 9 卷（9CFR）第 113 部分第 113.25（d）、113.26 和 113.27 节规定的无菌要求。

Ⅱ. 废止

本备忘录对之前兽医生物制品中心（CVB）发布的下述通告进行了合并：

• CVB 通告 09-02《用肉汤进行无菌检验时防腐剂稀释度的筛选》，2009 年 1 月 22 日发布。

• CVB 通告 09-25《用平板进行无菌检验时防腐剂稀释度的筛选》，2009 年 12 月 31 日发布。

• CVB 通告 12-21《细菌活疫苗中防腐剂稀释度的研究》，2012 年 10 月 15 日发布。

Ⅲ. 背景

按照 9CFR113.26 和 113.27 规定，用直接接种法对兽医生物制品进行无菌检验。9CFR113.25（d）要求生产商制定兽医生物制品的接种量与培养基的比率，这样导致需要对这类产品进行充分稀释，以免其抑制细菌和真菌的活性。目前，对不含抗生素的细菌活疫苗或口服产品，可提交申请豁免 9CFR113.25（d）的要求。

生产大纲第 V. A. 节应记录每种温度条件下可接受的培养基数量和类型，以及接受这些防腐剂稀释度数据的日期，或者记录准许该产品豁免进行该项检验的日期。

下表为我们的实验室进行上述规定检验的程序提供了参考：

待检材料	9CFR*	补充检验方法（SAM）*
灭活生物制品	113.26	906
基础毒种	113.27（c）	908
活病毒生物制品	113.27（a）	
活的非注射的禽用生物制品	113.27（e）	909
基础菌种	113.27（b）	928
活细菌生物制品	113.27（d）	
防腐剂的稀释液	113.25（d）	903

注：* 文件的现行版本。

自 2007 年起，CVB 一直通过选取连续批次进行检验或无菌复核检验，对生产大纲中提及的用于防腐剂稀释的培养基的量进行筛选。筛选试验是用指示微生物和某批产品单独接种一个额外的试管或平板（第 11 个容器）。观察该额外容器中微生物的生长情况，若未见生长，则说明产品对微生物存在抑制/干扰的作用。按照上文所列的适当的 SAM 方法，进行防腐剂稀释试验。2009 年 CVB 发布通告 09-02 和 09-25，整合了 2007 年和 2008 年的数据并提供给业界。用肉汤进行检验时（数据显示在 CVB 进行的批检验中有 7% 进行了该项检验），防腐剂稀释试验中可能未进行充分稀释，导致试验无效。用平板进行检验时（数据显示在 CVB 进行的检验中有 35% 进行了该项检验），防腐剂稀释试验中可能未进行充分稀释，导致试验无效。

未通过按照 SAM903 进行的全部防腐剂稀释检验的持照产品的批次，CVB 会报告该产品的无菌检验为"未进行"，或者防腐剂稀释度"不符合规定"。那么 APHIS2008 表的签发结果为"不予放行"，并附 CVB 检验报告的副本一份。

对执照签发前申请的产品批次，由指定的审查人员以通信的方式告知公司结果，并附以相关 CVB 检验报告。在问题解决之前不会签发产品执照。

Ⅳ. 政策

鉴于我方实验室持续发现因培养基的量不足而导致无菌检验无效，因此继续将该政策（如在通告首次发布的）作为一种标准做法。

在某些情况下，产品的历史或其他证据表明，可能要按照 9CFR113.25（d）/SAM903 进行检验，以及（或者替代）用第 11 个容器进行筛选试验。

Ⅴ. 实施/适用性

用第 11 个容器进行的筛选试验和后续用 SAM903 方法进行的试验，以及监管措施将继续执行。因此，本备忘录的这一方面被视为立即实施。由于已注意到存在一些因素（除用第 11 个容器引起的因素之外），所以本政策自本备忘录发布起 30d 内开始实施。

（王　婷译，杨京岚校）

兽医局备忘录第 800.121 号：自家治疗用生物制品

2017 年 6 月 21 日

兽医局备忘录第 800.121 号

发送对象：兽医局管理人员

兽医生物制品中心主任

生物制品持照者、持证者和申请者

签 发 人：Jack A. Shere

        副局长

主   题：自家治疗用生物制品

Ⅰ. 目的

本备忘录为申请获得自家治疗用生物制品执照提供了指导。

Ⅱ. 背景

随着技术的进步，使得定制针对动物个体的癌症和其他疾病的疫苗成为可能。这些技术利用一致的生产体系，使用取自患畜的样品，创建个性化的治疗方法，如包括（但不限于）自家癌症疗法。

这些属于联邦法规第 9 卷（9CFR）第 101.2 节定义的兽医生物制品。这些唯一且具有个性化的产品特性有必要适应许可程序。

Ⅲ. 定义

本备忘录使用了以下定义：

自家治疗用生物制品（autologous therapeutic biologics）。由执业兽医出具处方，为某个动物个体制备一种兽医生物制品。该制品由来自动物细胞或组织的特定的抗原或基因序列组成，用于治疗动物个体的癌症和其他疾病。自家治疗用生物制品主要通过免疫系统或免疫应答起作用。

一致的生产体系（consistent manufacturing system）。是一种按照适当的、受控的和书面的程序制备产品（仅与患畜细胞、组织或遗传物质来源不同）的制造过程。

自家（autologous）。源自同一个体（即将个体既作为捐赠者也作为接受者）。

Ⅳ. 政策

兽医生物制品中心（CVB）将考虑批准通过一致的制造体系制备的自家治疗用生物制品的执照申请。最初，自家治疗用生物制品将作为实验性生物制品进行分发，直至有确切的数据支持一致生产、安全使用并达到预期的疗效，方可获得"自家用处方产品"的执照。

A. 初步申请时应提交兽医局（VS）备忘录第 800.50 号中列出的企业执照申请、产品执照申请及下述材料：

1. 科学理论（scientific theory）。通过科学的理论和经同行评议过的科学文献的支持，证明拟申请产品的作用机理是由免疫应答造成的。

2. 概念证明（proof of concept）。使用产品的报告（包括安全性和疗效的原始数据）证明，报告应以电子版的格式提交。参考 CVB 网站上正确提交报告的其他信息（兽医局备忘录第 800.200 号）和数据格式。

3. 生产大纲。生产的方法必须严格受控、详尽，并按照所附大纲的模板提交。额外的信息可参考 9CFR114.8 和兽医局备忘录第 800.206 号。

B. CVB 将确定产品设想的可接受性。如果被接受，CVB 将按照 9CFR103.3 规定规范该产品及其生产程序，生产实验性产品，直至有足够的数据能确立安全使用记录和合理的预期疗效。

1. 在 CVB 发出可接受的通知后，申请者应向 CVB 提交下述材料，以获得装运该产品的授权：

a. 在试验性产品阶段的数据采集方案，其中必须包括：

（1）从每只/条/头患畜收集的具体数据。指出接受治疗的每种动物的最少数量，以及评价疗效和安全性的癌症类型。应包括每种适应证的数量（如果适用）。

（2）确定产品疗效的标准。

（3）评价产品安全性的标准。

（4）分发前如何对产品进行检验，包括活性成分的含量测定。

b. 接收实验性产品之前，每位客户或动物所有人必须签署知情同意书。

c. 实验性产品的标签应符合 9CFR103.3 要求（即无商品名或疗效声明），但是不需要声明该产品为非卖品。在通用名称（自家用处方产品）的下方，应进一步描述产品，为"用于试验（动物种属）（癌症类型或动物疾病）的治疗"（如用于实验犬黑色素瘤的治疗）或者"用于试验（种属）癌症的治疗"，这些描述应有科学理论、设想证明或提交数据的支持。

d. 营销和促销信息。产品广告和营销信息仅限于告知为用于治疗癌症或特定疾病的自家治疗用生物制品，必须仅供执业兽医使用，在使用前必须获得 CVB 的许可。

e. 从每个可以分发该产品的州的相应官员处获得的年度授权。

2. 对Ⅳ.B.1中的项目审查符合规定，CVB将按照具体产品的规定，签发为期1年的分发实验性生物制品的授权书。在装运每批产品之前，不要求再从CVB分别获得装运授权。而只需在1月、4月、7月和10月的21日之前向CVB提交季度分发报告。包括批的标识、生产该批产品的动物种类、运输的头份/羽份、进行的检验，以及报告的所有不良事件。此时可递交其他州的授权。

3. 在每年末，提交一份进展报告，描述截至当时收集到的安全性和疗效数据。提交报告（兽医局备忘录第800.200号）和数据格式的更多信息可参阅CVB网站。如果提交额外的数据，则试验性产品的分发授权可再延长1年。CVB期望在2年内能够得到支持执照颁发的足够数据，但是也可能会要求延时。

4. 实验性生物制品的分发

a. 只有在执业兽医提出申请时，才会专门分发实验性产品。申请产品时，必须包括对患畜的特征性描述、相关的诊断信息及诊疗计划。执业兽医负责维护和编制符合《国家兽医执业法案》要求的兽医-客户-患畜关系的文件。

b. 在患畜治疗之前，客户/所有者必须签署经CVB批准的知情同意书。

c. 产品必须贴有CVB批准的实验性产品的标签。

d. CVB可开展现场核查，评估生产体系的一致性。

e. 如果公司未遵守9CFR103.3或故意对产品陈述有误导，则CVB可采取其认为必要的任何措施，包括撤销产品分发的授权。

C. 当自家用处方产品获得了颁发执照所需的必要数据时，CVB可为其颁发产品代码为9PPX.XX的自家用处方产品的执照。这是一个特定的执照，有诸多条件性执照的特点。

1. 为每个一致性生产体系颁发单独的执照。

2. 颁发的执照使用期为2年，如果不存在安全性或疗效问题，则可以续期。

3. 标签上必须指明产品由开具处方的执业兽医酌情使用，且必须声明其无法确保疗效。一旦颁发了自家用处方产品的执照，则允许此类处方产品有商品名。

4. 批放行检验

a. 按照9CFR113.26（b）节规定的程序进行纯净性检验，若产品的产量有限，则可提出申请对检验程序进行修订。应在生产大纲中说明修订的内容。

b. 自家用处方产品不要求有经过充分验证的效力检验方法，但是活性成分必须进行量化，以证实批间的一致性。

5. 持照者豁免向CVB提供所制备的每批产品的代表性样品。持照者必须按照9CFR113.3（e）节规定进行抽样和留样，若产品的产量有限，则可提出申请对检验程序进行修订。应在生产大纲中说明修订的内容。

6. 营销和促销材料在出版印刷或分发之前必须经CVB审阅。这是一个限制性执照。在广告宣传中不能有对疗效的声明。

7. 其他执照限制

a. 在这些管理机构可能会要求额外的条件下，每个州的分发应仅限于相应州的官员授权的指定接收人。

b. 在兽医监管/处方下使用。

8. 在装运每批产品之前，CVB不再要求分别进行批放行检验。在装运每批产品之前，不要求再从CVB分别获得装运授权。而只需在1月、4月、7月和10月的21日之前向CVB提交季度分发报告。包括批的标识、生产该批产品的动物种类、运输的头份/羽份、进行的检验及报告的所有不良事件。

Ⅴ. 实施/适用性

本政策自发布之日起立即生效。

附录Ⅰ　自家治疗用生物制品生产大纲格式

Ⅰ. 产品的组成成分

原辅材料来源和类型。

Ⅱ. 产品的制备

产品装入实际容器制成成品前，生产的每个步骤。

1. 采用的方法。

2. 防腐剂、佐剂或稳定剂的组成成分，使用的比例，添加的阶段和方法。

　　a. 防腐剂；

　　b. 佐剂；

c. 稳定剂；

d. 其他。

3. 产品的标准化。

4. 批生产

    a. 配制一批的单位；

    b. 平均的批量；

    c. 最大的批量；

    d. 其他相关信息。

5. 每种规格小瓶的分装量。

6. 灌装的方法和技术，及终容器的密封。

7. 终容器中每头份所含的抗原量。

Ⅲ. 检验

A. 纯净性

B. 安全性

C. 疗效（批间一致）

D. 其他检验

E. 其他相关信息

Ⅳ. 生产后的步骤

A. 分发产品终容器的形状和尺寸

B. 收集并保存代表性样品。说明这些样品取自生产过程中的哪个步骤。

C. 有效期限

D. 推荐的用法、用量和接种途径

E. 生产的一个或多个地点

F. 豁免遵守信息自由法或保密声明

（王　婷译，杨京岚校）

兽医局备忘录第 800.200 号：
一般注册要求，试验规范和文件

2014 年 6 月 12 日

兽医局备忘录第 800.200 号

发送对象： 兽医局管理人员

           兽医生物制品中心主任

           生物制品持照者、持证者和申请者

签 发 人： John R. Clifford

           副局长

主　　题： 一般注册要求：试验规范和文件

Ⅰ. 目的

本备忘录的目的是对持照者、持证者和申请者提供指导，以便于其按照 9CFR102.5 和 104.5 中的要求提交文件，来支持其获取美国兽医生物制品产品执照或美国兽医生物制品分发和销售许可证的申请。

Ⅱ. 废止

本备忘录生效之日起，2002 年 6 月 14 日发布的兽医局备忘录第 800.200 号同时废止。

Ⅲ. 背景

A. 执照审查的要求

执照审查的内容为申请者如何提交资料来支持其执照申请提供指导。它们有助于兽医生物制品中心-政策、评审与执照管理部门（CVB-PEL）来维持对执照申请进行审查的一致性和连贯性。执照审查的一般内容中介绍了在产品执照审查中一般采用的基本原则。

B. 试验规范

为申请产品执照进行试验时，本备忘录还对这些试验的设计和完成提供指导。这一部分的内容集中在技术文件和记录的准备上。

C. 有关的参考资料

特定类型试验的详细情况，可见 VS 发布的备忘录中其他 CVB 对执照审查的要求。还可以通过对兽医药品注册技术要求国际合作协调部门（VICH；http://www.vichsec.org），在国际协调准则中产生。

Ⅳ. 指南

执照审查的一般要求：试验规范和文件要求见本备忘录的附录件。

Ⅴ．实施/适用性

自发布之日起，修订后的备忘录立即生效，且适用于所有监管试验报告。

附录　执照审查的一般要求：试验规范和文件

1. 前言

1.1　目的

本指南包括技术文件和支持执照申请的各个方面试验数据的一般原则。

1.2　所需文件

应详细记录试验的每个阶段。文件中应充分描述试验的进程，同时还应至少包括下列内容：

文　件	阶　段
方案	设计
记录	实施
统计数据包	数据分析
报告	演示

1.3　试验类型

为支持产品申报而进行的试验的类型可能是临床的或非临床的，试验性的或观察性的，探索性的或复核性的。探索性的试验是为阐明试验物质或工艺的一般特性或特殊特性而进行的试验，如在不同条件下的预期表现、特殊方法的可行性或某些程序的最优化。复核试验是为支持标签上的特殊声明而进行的试验。

1.4　生物制品

一种生物制品是通过其有目的的用途来定义的，而一种产品的有目的的用途是通过标签和其他产品资料上的声明来说明的〔9CFR101.2（1）〕。因此，这些声明、说明和注意事项必须包括在复核试验的效力检验和安全检验的方案和报告中。

1.5　科学的标准

应按照基本的科学原则来设计、完成、分析和报告试验。在所有试验中都应遵守有关客观性和科学严谨性方面的公认标准，并在与这些试验有关的文件中反映这一点。

1.6　统计学原则

在研发的所有阶段中，从构思初步的研究问题到设计、分析和判定及最终报告结果，都应适当应用统计学原则。这就可能需要负责的统计员和其他研究人员之间相互协作。

2. 方案

2.1　目的

试验方案是对预期的试验进行概括的综合性文件，应说明试验的目的，描述试验设计，对试验的执行和分析进行计划，详细说明结论标准。

2.2　提交

在开始试验前至少60d，申请者应向CVB-PEL提交试验方案以便进行审查。CVB-PEL可能对方案提出意见，如果试验方案中有明显的设计缺陷，不可能使试验有效，则要求重新书写。在工作启动之前，应先寻求CVB对进行复核试验的同意。但是，这种"同意"并不一定意味着对所有试验中的所有行为或结果的全面认可。

2.3　内容

方案中应包括下列信息：

2.3.1　目的

明确陈述试验目的。应区分是探索性试验还是复核试验。对于复核的效力试验，应陈述预定的标签声明。试验目的应与试验的类型及其在产品开发中的进程保持一致。确保其目的能回答有关研究问题。探索性试验的目的可以广泛陈述，打开思路，而复核试验的目的应是专一的、明确的，其目的是支持任何适用的标签声明。

2.3.2　背景

给出背景信息，证明所提出的研究是正确的，并将试验放在产品研发的进程中进行论证，并支持对其目的的理解。应包括以前曾经用该产品或有关产品进行的所有类似试验的综述，以及对其他有关资料进行的介绍。如果之前的研究被提交给监管部门进行审查，那么应包括指定的CVB邮件记录编号。

2.3.3　人员

确定试验中的主要负责人，如主要研究者、监督者、合作者、临床和实验室负责人及统计人员。如果必要，还要说明那些不直接参与试验的人员的作用，如动物主人或饲养场雇员。列出所有试验地点的清单。

2.3.4　事件的次序表

说明预定的主要事件的次序，如果已知，还应说明大概的日期。CVB可自行选择监督动物研究中重要的环节，如疫苗、接种和临床结果。

2.3.5 材料

应提供试验产品的详细配方及对其进行任何检验的结果。描述其他必要的材料或试剂。对于临床试验，应介绍安慰剂的性质或有效对照处理。

2.3.6 设计时应考虑的内容

试验设计中应考虑到试验的类型、试验的目的以及所有有关的科学特征和实际情况。试验设计应着眼于减少偏差、提高准确性和对误差进行估计。临床试验应考虑如下重要内容：

2.3.6.1 试验单位

确定试验单位。试验单位是可以随机分配进行独立处理的最小单位。在一些试验中，这可能与测量结果的试验单位不同。如果两者不同，则应对两者加以指定。例如，在被动免疫试验研究中，试验单位是母猪，但是结果单位是该母猪哺乳的仔猪。

2.3.6.1.1 说明试验单位的数量，并注明是否存在一个以上的重复。

2.3.6.1.2 描述试验单位的选择和入选或排除的标准。

2.3.6.1.3 在试验中，利用活的对象，描述试验对象的性质和来源及其与靶动物群的关系。说明他们如何识别、分组、动物房的安排和混合。

2.3.6.2 随机化

介绍随机化的计划及随机分组或选样的方法，如包括隐藏的或分层处理的设计。

2.3.6.3 畜舍

提供每个试验阶段中动物房安排的详细情况。如果有助于说明，可包括建筑的平面图和/或位置的平面图。

2.3.6.4 观察

应说明观察的频率和时间。

2.3.6.5 相关性

说明影响相关结构的特性，如观察的纵向排列或者单位或亚单位的群。单位的群的样本包括幼仔的关系，以畜舍单位分组，或以登记的一群分组。

2.3.6.6 盲样（遮挡）处理

在可能的情况下，对观察对象进行盲样处理，然后进行观察。例如，在临床试验研究中，应说明盲样处理后的观察方法，使观察者不知道试验组接受了哪些处理或分配观察的是哪一个项目组。证明任何非盲的观察。

2.3.6.7 临床试验中结果的可变因素

2.3.6.7.1 结果定义

结果的可变因素是对每个项目进行的单一观察。它通过对指定事件或观察结果进行详细说明或描述测定的方法来对结果进行定义。例如，对同一事件来说，为事件的发生、事件出现的时间、事件的持续时间或事件的强度。包括度量的单位和所有预期的数据修约方法，如项目综合测量法。

2.3.6.7.2 主要结果

主要结果是在方案中计划要进行测量的结果，对于评价生物制品的效果十分重要。该结果是试验结论的依据。大多数有效性确证试验均会有一个主要结果来支持每个标签上的声明。如果为了确保实际的操作，则可以将主要结果设计为一种以上类型的观察内容的汇总，或设计为一种以上的综合测量之间的比较结果。在制定方案阶段应指定主要结果，并在试验分析阶段进行使用。

2.3.6.7.3 中期测量和观察

中期测量或观察通常用于确定是否获得了某个结果。例如，对体温进行测量，是为了确定是否出现了发热的结果。

2.3.6.8 结论标准

说明对结果进行判定的标准。对于复核检验，应给出特定的标准来区分符合规定的或不符合规定的结论。对于有效性检验，结论标准应基于估测到的效果的大小和相关性。不要让主要结论建立于可能伴随着估测的统计学的测量措施，以评价其相对精确度。例如，"P 值"本身不是一个充分的标准。

2.3.6.9 统计学方法

2.3.6.9.1 说明要估测的内容。通常情况下，临床试验中估测的指标是对不同组的反应进行对比的函数。

2.3.6.9.2 只要可能，应说明区间估计的计算方法，如置信区间或置信度。

2.3.6.9.3 如果计划实施假定试验，应说明假定的内容。应用双边试验或对使用的单边试验加以论证。一般来说，单边试验的显著性（1 类误差）水平会设定为双边试验的显著性差异水平的一半。

2.3.6.9.4 统计学推论的方法是根据作为统计学模型的假设出发的。应通过反应变量和试验设计的性质来对上述假设进行论证。

2.3.6.9.5 如果采用了正式的统计学模型，应用数学符号来表达。

2.3.7 变更的摘要

通常方案与先前所进行的试验类似。如果适用的话，可以提供对以前审查过的方案的变更概述，这样可以加快方案的审查。明确确定是参考的方案，最好提供 CVB 邮件记录编号。在某些情况下，变更摘要可以适用于同时提交的相类似的方案。

3. 记录

3.1 目的

记录试验的重要事件和观察结果，通过记录可以追溯试验的实际执行情况。试验记录能够保证数据的质量。

3.2 记录程序

3.2.1 确定适用的包含 CVB 邮件记录编号的试验方案。

3.2.2 维持清晰的和不能拭除的记录，参考 9CFR116.1（a）（2）。如果使用的是电子数据采集系统，那么要与 CVB 联系，以提前确保其具有可接受性。

3.2.3 在从事每个试验活动的每一步骤的同时进行记录，参考 9CFR116.1（a）（1）。

3.2.4 对缩写词和首字母缩略词进行定义。

3.2.5 用单线划出错误，以便可以清晰地看出错误。修改的内容要清楚，并说明修改的原因。负责改正的人员应用首字母签名并签上日期。

3.3 要记录的信息

3.3.1 日期，必要时还要记录时间。

3.3.2 进行记录的人员签名或签写姓名的首字母。

3.3.3 临床或实验室观察结果。

3.3.4 制备的、使用的、分发的或退回的所有产品的标识和责任。

3.3.5 所有动物的标识和责任。

3.4 记录的存放地点

将所有能够支持许可证申请的记录保存在已经得到许可的设施内，并确保在任何时间进行检查时都能得到记录。

4. 数据分析

4.1 目的

在试验结果能够得到正确判定前，必须对数据进行彻底的和客观的分析，以评价试验结果中误差的影响。随机误差（方差）和系统误差（偏差）是两种重要类型的误差。正确的统计分析包括对随机误差的评估。敏感性分析可能揭示出偏差。

4.2 统计学分析

应与最终报告一起提交一个统计包，其中包括数据和统计学分析。统计学分析中可能包括描述、估计、推论或决定。分析应与方案一致。应使用拟定的主要结果（来自方案的）。如果协议阶段的主要结果发生变化，那么应明确地说明并解释该变化。例如，在可观察到有显著的死亡率的事件中，而死亡率并没有被描述为主要结果，那么也许有必要改变对疾病病例的定义。

4.2.1 统计学的方法

在对数据进行检查后选择的或未在方案中指定的方法，应加以描述并论证。

4.2.2 统计学的汇总

分析的纲要要足够详细，以便其他的统计员能够重复。酌情包括以下内容：

4.2.2.1 数据描述

描述数据集合。如果对数据的一个子集进行分析，那么就可以清楚地注意到这个事实并包含一个理由。

4.2.2.2 简明介绍数据，如使用图形、表格和/或叙述性概要。

4.2.2.3 对统计学模型或方法的设想进行评估。

4.2.2.4 指定效果的估计和比较。采用由于随机性带来的不确定性的统计学措施，使用区间估计或伴随点估计。

4.2.2.5 试验方案中指定的推论。

4.2.2.6 分析必须考虑的数据的相关特征。例如，包括引起效力试验中发生集中反应的动物房的安排或一系列实验室试验的时间安排。

4.2.2.7 被试验结果支持的结论。

4.2.3 推论方法

统计学推论的所有主要学派可以提供数据分析方面的许多正统方法。设想、方法和解释必须与统计学分析中采用的特别的推论方法一致。例如，"P 值"就不能解释为事后概率。应确保统计员对最终报告进行审核。这一点尤为重要，因为在最终报告中根据分析所获得的结论与统计学分析报告是分开的。

4.3 敏感性分析

在解释统计学分析的结果时，要考虑到偏差值对推论或估计的潜在影响。由于偏差可能以细微的或未知的方式出现，并且其影响不能直接被测量出来，所以对最终报告中得出的结论的把握性进行评估是非常重要的。例如，要考虑结论对数据中的各种局限性的敏感性、来自于假设的以及数据分析或推论的不同方法的可能误差。一个有把握的结论应在这些因素改变时不会受到实质性的影响。

5. 最终报告

5.1 目的

最终的报告应本着撰写科学报告所应有的客观性来充分描述试验中的事件和试验结果。其本身应能被熟悉科学文献的读者容易理解。报告中应包括有关文件和资料的引用，以便正确理解该试验。

5.2 内容

报告中应包括方案中所含全部主题。应介绍试验过程中实际出现的内容，而不是声明试验是按照试验方案进行的。应指出违背试验方案的内容并说明理由。应清楚的说明主要结果的变更。

5.3 格式

5.3.1 标题

说明标题和报告编号。

5.3.2 摘要

对报告进行概述。

5.3.3 前言

5.3.3.1 背景

包括对以前使用该产品或类似产品进行的所有类似试验进行概述，并介绍其他有关信息。

5.3.3.2 目的

如果报告是为了支持产品的预期用途，则应包括所有预期的声明和使用说明。

5.3.4 参考文献

5.3.4.1 文件

系指试验方案、有关 9CFR 标准要求、生产纲要或其他私有的文件以及已经制定的科学的或管理性的指南。

5.3.4.2 术语表

对简称、首字母缩写词、商品名或不常见的术语进行定义。

5.3.5 人员

确定报告的作者，并列出主要的试验人员。

5.3.6 事件的次序

列出重要事件的次序或以图表表示。给出与重要的事件（如攻毒）有关的实际日期和时间。

5.3.7 材料

说明试验的产品和其他材料的组成。

5.3.8 方法

5.3.8.1 介绍试验或观察的方法。

5.3.8.2 说明违背试验方案的内容并加以论证。

5.3.8.3 应包括完成效力试验的动物房的平面图和/或位置平面插图。

5.3.9 结果

5.3.9.1 对试验过程中观察到的记录进行总结。

5.3.9.2 说明进入试验的所有项目。包括那些考虑进入试验但按照标准被排除未进入试验的项目。

5.3.9.3 给出包括实验室进行检测的实验室分析的结果。

5.3.9.4 叙述其他有关结果，无论是否与试验目的有关，如在效力试验中观察到的不良事件。

5.3.10 数据分析

介绍统计学分析和敏感性分析的主要特点。

5.3.11 讨论

对试验结果在产品开发进程中的临床相关性或实质上的相关性以及其他可获得的数据加以讨论，包括用该产品或有关产品进行的其他试验。

5.3.12 结论

就试验数据是否支持试验方案中的结论标准作出声明。在复核试验中，要对标签上的声明加以说明。

5.3.13 附录和附件

5.3.13.1 数据

提交电子版的适合分析的全部数据，提纲见 CVB 的网站：（http：//www. aphis. usda. gov/wps/portal/aphis/ourfocus/animalhealth％2Fsa ＿ vet ＿ biologics％2Fct ＿ vb ＿ data ＿ formats ＿ overview）。提交原始的未经修改的数据，使用所观察到的精密度，不得带有人为的操作。应尽可能地避免在一个以上的表中输入相同的数据，并且如果适用，应清楚地指明重复试验发生的地点。

5.3.13.2 软件代码

确定软件，并提交编程代码和计算机输出程序。

其他读物。

兽医局备忘录第 800.301 号《临床质量管理规范》。

缩写

CVB　　兽医生物制品中心

PEL　　政策、评审与执照管理部门

VS　　兽医局，美国农业部动植物卫生监督署

VICH　　对兽药注册技术标准进行协调的国际合作组织

（杨京岚译，夏业才校）

兽医局备忘录第 800.201 号：一般注册要求，回传试验

2008 年 6 月 25 日

兽医局备忘录第 800.201 号

发送对象： 兽医局管理人员

兽医生物制品中心主任

生物制品持照者、持证者和申请者

签 发 人： John R. Clifford

副局长

主　　题： 一般注册要求：回传试验

Ⅰ. 目的

根据 9CFR102.5 和 104.5 规定，本备忘录为用于分发和销售的生物制品在申请美国兽医生物制品产品执照或美国兽医生物制品产品许可证时提供所需的回传试验的方案设计与试验操作的相关信息与建议。

虽然本指导方针只是阐述了目前针对毒力返强试验的现行政策，但本指导方针未赋予任何人权利，也不起到约束 APHIS 和公众的作用。如果有替代方法能够满足相应的法律、规章的要求（或两者均能满足），那么可以使用替代方法进行。

Ⅱ. 废止

本备忘录生效之日起，2000 年 2 月 22 日发布的兽医局备忘录第 800.201 号同时废止。

Ⅲ. 背景

兽医生物制品中心—政策、评审与执照管理部门（CVB-PEL）要求执照和许可证（用于分发和销售）的申请者必须通过回传试验对传统的弱毒疫苗和重组活疫苗所使用的基础种子的稳定性进行评价，以确保疫苗微生物在接种本动物后不会出现毒力返强。活疫苗系指能够在靶动物中增殖，并能够诱导机体产生有效的免疫反应的物质，通常情况下不能通过理化检验进行全面描述。该指导方针与兽药注册技术要求国际协调会（VICH）活疫苗执照颁发的要求相一致。VICH 指导方针 41《兽医活疫苗在靶动物体内毒力未出现返强的检验》在本备忘录附录 1 中给出，该指导方针说明了证明毒力不返强的试验的要求。VICH 的目的之一是通过缩小不同国家之间兽医药品的技术要求的差距，推动统一兽医药品监管要求的进程。APHIS 作为 VICH 的一员，致力于建立具有科学依据的兽医生物制品统一的技术要求。VICH 所颁布的毒力返强试验指导方针为政府监管机构提供统一的标准，促进相关监管机构对毒力返强试验数据相互承认的进程。该指导方针在 VICH 的原则下制定，将为欧盟、日本、美国提供统一标准，并促进相关监管机构对临床数据相互承认的进程。该指导方针的制定充分考虑了目前在欧盟、日本、美国以及澳大利亚和新西兰等国的操作规范。如果毒力返强试验是按照 VICH 的指导方针或兽医局备忘录 800.201 的某项指导方针进行的，则研究结果可被 APHIS 接受，证明所用毒株无毒力返强。

回传试验由制苗用基础种子在体内进行的一系列的回传构成。申请者须将基础种子接种易感本动物，经过一定的培养时间后，将从动物体中回收的微生物再接种第二组易感本动物。申请者应至少进行 5 次这样的连续传代。

Ⅳ. 指导方针

A. 总则

1. 试验方案申请者需要在进行回传试验之前提交一份详细的试验计划（包括判定毒力发生返强的标准）供 CVB-PEL 审查。

2. 先期数据 CVB 建议申请者提交初步的试验数据，用以评估给药途径和回收程序，以及评价按照这一方案在接种的易感动物体内回收疫苗微生物的预期回收率。当申请者所提供的先期数据能够说明其在按照本指南Ⅳ.B 部分进行试验时，使用一组 10 只动物进行试验，疫苗微生物的毒力也没有返强，则 CVB-PEL 可认为符合回传要求。

3. 回传试验步骤由第一代传至下一代逐代回

传，申请者可以集中回收两个代次之间的材料，但是禁止在两次传代之间进行体外繁殖。

4. 实验动物申请者应按照该产品标签所推荐的最易感品种、年龄、性别的动物进行回传试验。这些实验动物应当对所检测的疫苗微生物易感（血清检测呈阴性）。

5. 回传试验与排毒-传播试验。如果所确定的回传试验的接种途径与标签上推荐的接种途径相同，那么申请者可以在进行回传试验的同时进行疫苗微生物的排毒-传播试验。否则，CVB-PEL 会要求单独进行排毒-传播试验。

B. 第一次回传

1. 接种途径。采用最有可能引起复制并引起微生物毒力返强的接种途径，将疫苗的基础种子接种到本动物体内。

2. 实验动物的数量。为保证能够分离和继续传代（见重新分离概率表），根据需要使用 2 至 5 只动物。若初步试验无法回收疫苗微生物，那么需使用 10 只动物进行初步试验（见上述Ⅳ.A.2 部分）。

3. 剂量。至少给实验动物接种经典剂量（非免疫原性的检测剂量）的疫苗。经典的疫苗剂量应当按照大于该产品目标放行剂量的滴度来配制，同时将由时间和检验误差造成估算的平均滴度的损失考虑在内。

4. 微生物的回收。经过与自然感染发病动物体内病理变化过程相一致的一段时间后，收集接种动物的最适生长组织和分泌物，回收疫苗微生物。

C. 连续回传

1. 传代程序。按照与第一次传代相同的接种途径，将从前一代次接种动物的回收材料（可以是混合材料）接种到下一组动物中连续回传。

2. 每次连续传代所使用的动物数量。根据预期的回收率，按照需要来接种 2～5 只动物，以期重新分离具有很高的可能性。

3. 观察。观察接种动物的临床症状，看是否存在疫苗株毒力返强的情况。如果临床症状表明，该材料会引起动物产生不良反应，则应予以评估。

4. 传代次数。应至少回传 5 代（第一次回传之后，再进行 4 次连续回传）。

5. 维持期。除非有其他理由，否则用于最后一次回传的接种动物在接种之后应至少持续观察 21d。

6. 性状。对从最后一次回传动物中分离的微生物进行表型和/或基因型的定性分析，与基础种子相比较，评价其基因稳定性和毒力返强情况。

附录　靶动物的安全性：兽医活疫苗在靶动物体内毒力未出现返强的检验

1. 引言

在欧盟、日本和美国进行活疫苗注册或执照申请时，一般基本要求进行毒力不返强或者增加的试验研究。该项试验采用国际统一的标准，将最大限度地减少为不同国家监管机构进行单独研究的必要性。采用适宜的国际标准方法，将尽可能避免重复进行试验，从而减少研究和开发的成本。通过消除每个区域内重复进行相同的试验，而减少动物的需求量，因此有利于动物福利。

该指导原则依据 VICH 原则制定，这为政府监管机构提供了统一的标准，并促进了毒力返强试验数据相互承认的进程。VICH 指导方针仅被强烈推荐用于在当地分发的生物制品的注册，但依赖于地方监督管理部门的决定。此外，在有科学合理的理由使用替代方法时，即无须遵循本指导原则的要求。

1.1 目的

本指导原则就检查兽医活疫苗接种靶动物所引起的毒力返强或增加的潜在可能性的试验操作建立了统一的标准和要求。

1.2 适用范围和一般原则

本指导原则意在涵盖活疫苗。活疫苗* 系指可以在靶动物体内复制，并可以刺激机体产生具有保护作用的免疫反应的物质，通常情况下不能单独使用理化方法进行完全鉴定的疫苗。本指导原则涵盖了以下动物：牛、绵羊、山羊、猫、犬、猪、马、禽类（鸡和火鸡）。本指导原则不提供其他动物（包括水生动物）的试验设计信息。对于其他动物的试验，应参照当地的指导原则。对于确定疫苗株充分致弱的实验室检验指南，不包括在本指导原则的范围内。

2. 试验设计

本试验是使用基础种子进行的。如果没有足够的基础种子用于检验，那么应当检查用于生产的最

---

* 原作者注：指以载体疫苗为例，仅包括在靶动物体内复制的载体疫苗种子。

低代次的种子是否有足够的数量。选择使用其他代次的种子，必需被验证。一般来说，除非有增加传代的次数的理由或者微生物在实验动物中迅速消失，否则需通过5组靶动物进行连续传代。每次传代从接种动物到收获的时间间隔，必须根据试验微生物的特性证明是合理的。如果回收成功，则应当连续在5组动物中传代。应使用适宜的方法（最好是体外繁殖方法）验证每次传代时存在该试验微生物，并确定其数量。体外繁殖不能用于扩大传代接种物。

如果对微生物的突然丢失做出了合理的解释（如试验失误），那么可以重复前一次的传代。当通过体内传代后，没有从机体内回收到任何微生物时，最合理的处理方式是使用上一次传代回收的微生物对10只动物进行重复试验（在回收率为20%的情况下，有90%的可能性可分离到微生物，见附录）。在重复试验中，如果目标微生物从一个或多个动物中重获，那么将重复试验中回收的微生物作为下次传代的接种物进行继续传代。重复试验被认为是进行了一次传代。如果目标微生物没有被重获，则试验被认作已完成，并可得出结论：目标微生物没有出现毒力增加或返强。

一般情况下，对于每种靶动物，应当选择动物最敏感的种类、年龄、性别和血清学状态。如果使用替代的方法，应对替代方法进行验证。一般来说，前4组至少使用2只动物，第五组至少使用8只动物。

畜舍和饲养管理应符合研究的目的，并应符合当地动物福利的要求。实验动物应当适应试验条件。在试验开始前，应当完成适当的疾病预防措施。有必要减少或消除试验期间的痛苦。建议对垂死动物进行安乐死并进行剖检。

最初的接种和随后的传代应按照推荐的接种途径或感染的自然途径进行接种，这是最有可能导致毒力返强或增加的因素，从而使得微生物在动物体内繁殖后返强。使用的接种途径必须合理。最初的接种应当含有预计的推荐使用剂量的最大放行滴度，或者在没有规定许可的最大放行滴度的情况下，那么可以使用最小放行滴度的合理倍数。若无其他的科学依据证明其他材料可用，那么应从最可能的传播源收集和制备传代接种物。

应在试验期间进行总体临床观察。除非另有理由，否则应对第五组实验动物观察21d。此类观察应包括该典型疾病的所有相关参数，这些参数应能预示毒力的返强或增长。如果观察到与目标疾病一致的体征，则需要查找病因。传代过程中不应观察到显示有毒力增加或返强的证据。

如果第五组动物在观察期间仍没有显示有毒力增加的迹象，则不需要进行进一步的试验。否则，应使用第一次传代和最后一次传代所使用的材料进行单独的试验，分两组，每组至少接种8只动物，直接对两组动物的临床症状和其他相关参数进行比较。该试验所采用的接种途径应使用之前的传代途径。在有科学依据的前提下，可以使用其他接种途径。

当待检微生物的致弱是由众所周知的特定标记的性状或基因改变而造成的结果，那么应进行附加试验，用适当的分子生物学方法对最初的种子微生物和从最后一次传代中回收的微生物进行比较，从而证明疫苗株中有致弱标记的遗传物质的稳定性。

如有数据或评估显示，待检微生物存在毒力返强或增加的重大风险，则需要进行附加试验，以提供关于该微生物的进一步的信息。除非有特例且证明合理的情况下，如果已完成的试验表明，待检微生物经过靶动物体内传代后，毒力确实出现返强或增加，那么待检微生物将被认为不适合用于活疫苗的制备。

3. 词汇表

种类（class）系指以繁殖状态和/或用途（奶牛与肉牛、肉鸡与蛋鸡）等因素为特征的靶动物物种的子集。

基础种子（master seed），系指用于产品制备的一系列的微生物悬液，通过单独培养获得，从单一体积分装到容器中，并采用统一的操作方法一起加工，以这种方式确保其均一性和稳定性。

最大放行滴度（maximum release titer），系指已通过安全性试验验证，疫苗放行时每个使用剂量所允许的最大活微生物的量。在没有建立最大放行效力的地方，可采用放行抗原含量的适当的倍数。

最小放行滴度（minimum release titer），系指已通过有效性和稳定性数据验证，疫苗放行时每个使用剂量所需的最小活微生物的量。

传代（passage），系指从原始种子材料或从之前传代的动物，通过一组接种动物将微生物进行转移的过程。

从一只动物体 内回收的概率	从一组动物中至少一只动物体内回收微生物的概率 各组的动物数量				
	2	3	5	7	10
0.975	0.999	>0.999	>0.999	>0.999	>0.999
0.950	0.997	>0.999	>0.999	>0.999	>0.999
0.925	0.994	>0.999	>0.999	>0.999	>0.999
0.900	0.990	0.999	>0.999	>0.999	>0.999
0.875	0.984	0.998	>0.999	>0.999	>0.999
0.850	0.978	0.997	>0.999	>0.999	>0.999
0.825	0.969	0.995	>0.999	>0.999	>0.999
0.800	0.960	0.992	>0.999	>0.999	>0.999
0.775	0.949	0.989	0.999	>0.999	>0.999
0.750	0.938	0.984	0.999	>0.999	>0.999
0.725	0.924	0.979	0.998	>0.999	>0.999
0.700	0.910	0.973	0.998	>0.999	>0.999
0.675	0.894	0.966	0.996	>0.999	>0.999
0.650	0.878	0.957	0.995	0.999	>0.999
0.625	0.859	0.947	0.993	0.999	>0.999
0.600	0.840	0.936	0.990	0.998	>0.999
0.575	0.819	0.923	0.986	0.997	>0.999
0.550	0.798	0.909	0.982	0.996	>0.999
0.525	0.774	0.893	0.976	0.995	0.999
0.500	0.750	0.875	0.969	0.992	0.999
0.475	0.724	0.855	0.960	0.989	0.998
0.450	0.698	0.834	0.950	0.985	0.997
0.425	0.669	0.810	0.937	0.979	0.996
0.400	0.640	0.784	0.922	0.972	0.994
0.375	0.609	0.756	0.905	0.963	0.994
0.350	0.577	0.725	0.884	0.951	0.987
0.325	0.544	0.692	0.860	0.936	0.980
0.300	0.510	0.657	0.832	0.918	0.972
0.275	0.474	0.619	0.800	0.895	0.960
0.250	0.437	0.578	0.763	0.867	0.944
0.225	0.399	0.535	0.720	0.832	0.922
0.200	0.360	0.488	0.672	0.790	0.893
0.175	0.319	0.438	0.618	0.740	0.854
0.150	0.277	0.386	0.556	0.679	0.803
0.125	0.234	0.330	0.487	0.607	0.737
0.100	0.190	0.271	0.410	0.522	0.651
0.075	0.144	0.209	0.323	0.421	0.541
0.050	0.097	0.143	0.226	0.302	0.401
0.025	0.049	0.073	0.119	0.162	0.224

上表给出了从一组接种动物中至少有一只动物可以回收到微生物的概率。左侧为接种一只动物的回收概率。最上面为接种动物的数量。相应的条目为从一组动物中至少一只动物体内回收微生物的概率。

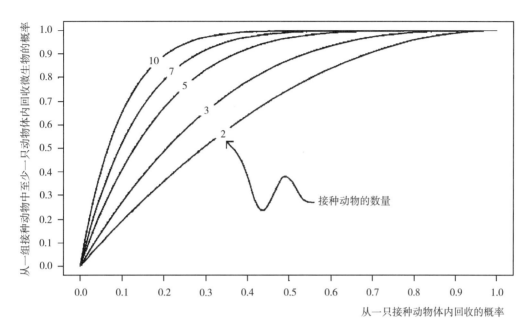

（韩明远译，杨京岚校）

兽医局备忘录第 800.202 号：一般注册要求，预防和治疗用生物制品的效力试验

2016 年 10 月 26 日

兽医局备忘录第 800.202 号

发送对象： 兽医局管理人员

兽医生物制品中心主任

生物制品持照者、持证者和申请者

签 发 人： Jack A. Shere

副局长

主　题： 一般注册要求，预防和治疗用生物制品的有效性试验

Ⅰ.目的

一般注册要求，对按照联邦法规第 9 卷（9CFR）102.5 和 104.5 部分规定，申请用于分发和销售美国兽医生物制品执照或美国兽医生物制品许可证的持照者、持证者和相关申请者提供了指导。本备忘录涉及预防和治疗用生物制品的有效性试验的基本原则。

Ⅱ.废止

本备忘录生效之日起，2014 年 10 月 27 日发布的兽医局（VS）备忘录第 800.202 号同时废止。

Ⅲ.背景

生物制品是通过免疫机制来预防、治疗或诊断动物疫病的。本备忘录涉及预防和治疗的产品。预防性产品旨在用于预防和控制疾病的发生，包括疫苗、菌苗和类毒素。治疗性产品（如抗毒素、高免血清或免疫增强剂）旨在治疗现有的症状。

有效性系指产品所预期的能力或预期能达到的结果。在颁布 USDA 执照或许可证之前，必须充分证明按照标签的要求使用后，生物制品的有效性。

Ⅳ. 指导原则

《一般注册要求：预防和治疗用生物制品的有效性试验》见本备忘录的附录。

Ⅴ. 实施/适用性

本备忘录发布之日起本指南开始施行。

附录：一般注册要求预防和治疗用生物制品的有效性试验

1. 引言

1.1 产品

本文适用于预防性产品（此处称为疫苗）和治疗性产品。诊断制品的指导原则见兽医局（VS）备忘录 800.73。

1.2 有效性（Efficacy）

系指采用医疗干预，对个体造成的直接影响。干预计划对群体的影响通常被称为有效性。有效性的概念既包括直接影响，也包括干预对畜群或种群水平的间接影响。对畜群免疫，通过减少疾病经免疫接种的个体的传播，保护群体中未免疫接种的个体，这就是一个间接影响的例子。疫苗的效力可通过设计和分析与有效性区分。

1.3 设计

动物疫苗效力试验的首选设计，为有预期的、有安慰剂作对照的、随机化的和双盲的免疫攻毒试验。在这些试验中，每个受试者通过主动攻毒接触到相同的致死性病原体。通过设计，攻毒试验的目的旨在区分疫苗对个体的直接影响。其他类型的试验（如依靠自然暴露感染）可以考虑在有保证的地方进行。免疫治疗试验应力求对现有条件下接种产品和接种安慰剂的受试者的反应进行比较。这些设计特点造成的差异应该在试验方案中得到注意并证明是合理的。

1.4 方案

强烈鼓励申请者在试验开始至少 60d 之前，向生物制品中心（CVB）提交详细的有效性试验方案，以便进行审查和评价。在选定的时间，CVB 可以安排人员同申请者一起观察试验。如果方案与之前审查过的试验非常相似，那么引用之前的方案并列出差异会有助于申请。

本文的后续部分列举了有效性试验中材料、方法和标准的重点考虑因素。除《一般注册要求：试验规范和文件》（见兽医局备忘录 800.200）中提出需注意的因素之外，所提供的效力试验方案和最终的报告应说明这些重点考虑的因素。

2. 材料

2.1 试验产品

申请者负责确定用于证明有效性的试验产品的合理性。试验产品必须可以准确的代表一旦产品执照被许可后所生产的产品。应详细描述其组成成分，包括抗原的量。给出其效价，并说明效价检测的方法。提供从基础种子和主细胞库开始传代到生产产品的每个抗原批次的传代水平。

试验产品的制备：

2.1.1 应与备案的生产大纲相一致。在试验报告中应引用适用的大纲的批准日期。如果对试验产品进行有效性试验的时候，大纲还没有备案，或者如果在上次备案了大纲之后，制造规程又发生了变化，那么应确保研究报告中有足够的试验产品制造的细节，以便支持随后备案的大纲。

2.1.2 持照的生产设施应与备案的设备文件相一致。如果在研究设施中制备，试验产品应能完全代表将在生产设施中制备的产品。扩大生产后，可能需要进行生产验证。

2.1.3 应采用生产大纲中提供的等于或低于最小效价的抗原进行试验，并提供任何可能提供交叉保护的其他产品抗原〔如牛病毒性腹泻病毒（BVDV）1 型的接种，对 BVDV2 型抗原的有效性〕。

有效性批次的效价用于确定获得执照后放行上市和在整个有效期内的产品批次效价的标准。

2.1.4 生产大纲允许的基础种子和主细胞库的最高代次。通常，从基础种子传 5 代，从主细胞传 20 代，除非另有证据证明更高的代次是可行的。

2.2 安慰剂

应说明所使用安慰剂的成分或阳性对照的处理。安慰剂可以是"与产品配套的"，含有除了抗原和交叉反应抗原以外的所有疫苗的其他成分（首选），或者可以是不具有免疫原性的物质（如生理盐水）。应选择合理类型的安慰剂或阳性对照。

2.3　攻毒

应说明攻毒材料的来源、成分和含量/浓度。一般来说，攻毒材料必须是单一致病的病原。在极少的情况下，也可能用多种混合病原一起攻毒是科学合理的，进一步的指导请与CVB联系。

3. 方法

3.1　受试者

3.1.1　特征描述

应详细说明用于试验的动物的年龄、品种、性别、来源和其他特征。说明该产品在取得许可后可能的使用中，这些动物如何能够代表靶动物群体。

3.1.2　选入的标准

应列出选入试验的包括/不包括的标准。通常，受试者对试验病原的免疫反应性应为阴性；如有例外，则必须被证明是合理的。对于治疗性试验，应谨慎考虑现有疾病的发病阶段/严重程度和之前进行的任何治疗处理。

3.1.3　去除标准

一旦动物进入试验，需要有充分的理由方可退出试验。如果某些情况下可以施行（如移出受伤的动物实施安乐死），那么应对去除的程序进行说明。

3.1.4　标识

除非另有理由，否则每只动物均应该有唯一标识。鱼类或大型家禽的试验通常不要求对单个动物进行识别，而是观察整个试验单元（通常是整个畜舍单元或整箱）动物的总体水平。

3.1.5　环境

应说明受试者在每个试验阶段是如何被分组、安置畜舍和管理的。提供楼层或场地的平面图，通常有助于监管部门对方案和报告的审查。应详细说明是否有处于接触或隔离状态的不同的处理组。

3.1.6　辅助程序

应说明在进行试验的过程中所做的任何治疗处理或程序。如果这些程序有可能偏向试验结论，那么应证明其使用是合理的。

3.2　分组和处理

3.2.1　试验单元

对试验单元进行标识。试验单元系指随机分配到一个处理组的单个动物或最小动物群，处理组意味着具有一套独特的应用条件（如免疫组）和环境条件。可代表单元的任何集群或分组。

畜舍饲养的因素可能会影响试验单元的统计学分析。例如，如果将免疫组和安慰剂接种组隔离饲养会比将所有处理组混合饲养好，此时饲养单元就变成了试验单元。那么就有必要对每个处理组提供一套畜舍饲养单元。

试验应包括足够多的单元，以便可以得到足够准确的效力评价结果。虽然不是必需的，但是由于样品大小的计算基于试验和其他来源的信息，也可能会有助于试验的规划。

3.2.2　分组

应说明随机将受试者分配到处理组中去的随机化结构和方法。设计该试验，使得随机化考虑到影响观察的独立性或效果混淆的特征。例如，阻碍受试者的特性（如抗体效价、年龄、体重、产仔数或相似性）可能会非常重要。如果是这样，则需要进行阻碍计划。或者，如果受试者是自然聚集的，那么应说明处理的分配或样品的选择是在聚集群之内还是在聚集群之间进行的。

3.2.3　处理组的分配

有效性试验通常包括至少一个用试验产品处理的组和一个用安慰剂处理的组。如果替代了安慰剂，对照组进行了另一种主动处理或者完全不做任何处理，那么应在方案中给出解释并证明其合理性。对其他处理方式/剂量或不处理的哨兵动物，可能会需要增加额外的组。应清楚地说明任何非平行组的组合结构，如阶乘或交叉类型的设计。如果是在引入动物群的阶段，那么应确保每个阶段中代表每个处理组的动物的分配是公平的。

对于接种疫苗的目的是为了通过母源抗体保护新生儿的产品，应按照疫苗推荐的接种方法进行试验的设计。

3.2.3.1　如果推荐的接种方法，其目的是为了被接种动物的子代获得被动免疫，那么处理组应包括成年动物免疫组，其免疫反应的测量是通过测量其子代的免疫力而确定的。

3.2.3.2　如果推荐的接种方法，其目的既是为了被接种动物又为了其子代获得保护，那么处理组应由成年动物-新生动物单元构成。

3.2.3.3　如果推荐了一种以上的免疫接种方法，那么每种被推荐的方法施用后的效果均应通过适当的处理组进行证明。无论推荐的是主动免疫还是被动免疫的产品试验，均应包括单独的被动免疫和主动免疫的受试组。

3.2.4　分组比例

之前的信息可能会建议划分处理组受试者和对照组受试者之间的比例，以优化试验的效果，从而尽量减少受试者的总体用量。如果没有这样的信息或编撰要求，那么建议采用相同数量大小的组。

3.3 处理和攻毒

3.3.1 疫苗试验

应说明免疫接种的方案和攻毒方法。如果所建议的试验设计不含有攻毒试验，但是可依赖于自然暴露或其他因素达到同样的效果，那么需说明这样设计的原因。

3.3.2 免疫治疗试验

应说明所存在的疾病的状况和治疗方案。

3.4 观察

3.4.1 观察次数

应说明观察的时间和频率。整个观察期间应能对攻毒后所有可能发生的相关事件进行充分的监测。这个时间段通常根据该病原预计的潜伏期和该疾病临床预计的持续时间而确定。如果在预计的观察期结束时出现了临床症状，可能是因为所预计的观察期不够长，无法恰当地评价试验目标。在相关疾病体征得到解决之前就结束了攻毒后观察的试验，其描述试验的所有报告中应包括对"为什么继续观察不会对试验的结论产生巨大的影响"给出正当的理由。

3.4.2 设盲

对个体进行临床或剖检观察，或实验室分析时，应设置成盲样（遮挡），使得受试者在试验中的状况是未知的。设盲应至少包括以下两个层次，或者在方案中说明不需要它们的理由。

3.4.2.1 遮挡处理分配

观察者不知道自己分配观察的是哪个处理组。

3.4.2.2 遮挡组的成员

观察者不知道自己观察的组被分配的是哪个受试者。

3.5 攻毒的验证

应提供足够的证据证明所观察到的疾病是由攻毒的病原引起的。当该研究测量对于特定药剂而言不是特异性的临床体征或病变时，这是特别重要的。

3.6 不良事件

记录和报告试验期间发生的所有不良事件，无论该事件是否与免疫、处理或攻毒有关。详见兽医局备忘录800.204和对不良事件分类和报告的补充指导原则。

3.7 实验室程序

应说明所有实验室分析的程序。主要涉及初步结果规定的实验室检测结果，在进行试验之前，应提供单个实验室方法的验证报告。如果是由美国兽医诊断实验室或其他公认的质量保证标准组织认可机构的实验室制定的方法，那么无需提交直接的验证证明也可以被接受。

3.8 临床结果

结果是对单个受试者的观察，包括临床事件和测量的单元。

3.8.1 结果的规范

应按照兽医局备忘录800.200附录2.3.6.7部分定义结果。结果可以根据病例定义、严重程度分类或测量的天然尺度等术语来进行规范。

3.8.1.1 病例定义

病例定义是用于研究疾病预防的结果。符合病例定义的受试者被判为阳性，而其他的受试者被判为阴性。应明确说明疾病病例的定义，并提供天然临床发病的说明作为该疾病病例的代表。对疾病严重程度主观上的分歧不能算作病例定义。

3.8.1.2 严重程度分类

严重程度分类是用于研究疾病严重程度减小的结果。理论上，每种分类应反映出疾病进展的一种离散状态。应仅使用严重程度反映出了明显差别的那些分类。过度分类常常会破坏临床的相关性和统计学的有效性。

例如，死亡/病/好的分类包括三个不可否认的离散状态。如果病变类别进一步细分为，如轻度疾病和重度疾病，如果轻度疾病包括短暂的低度临床症状且严重疾病反映严重，它们可能仍然是离散的发病率。

3.8.1.3 测量的天然尺度

可以以测量的数量为基础得出结果。测量的尺度可以是离散的（如第一次和最后一次出现阳性病例之间间隔的天数），也可以是相对连续的（如体温）。选择的测量的天然尺度，应明显与临床疾病相关。应避免采用那些很难分析和解释的、人为的、复杂的记分系统，因为这种记分系统包含了许多不同类型的观察结果。

3.8.2 主要结果

明确提出单一的（主要）结果，应以每个临床反应为基础制定结论标准（如试验可以被设计成同时研究两种不同类型的临床反应，即既研究对疾病的保护，又研究病原的排毒）。主要结果应提供可以直接支持临床反应的最相关的证据。如果具有临床的相关性，那么主要结果可以被设计为一种以上类型观察的复合结果。

血清学反应通常不足以确定产品的有效性。只有具有坚实的科学基础，证明血清学试验可以代表对疾病的保护时，才能考虑仅使用血清学的数据说明产品的有效性。方案提出的血清学结果，连同支持这些结果的科学文件，应在试验开始之前一并提交给 CVB 进行审查和评价。

3.9　结论标准

应说明判定试验结果是否支持有效性的标准。判定标准应以估计的处理效果的大小和精确度以及它们临床的相关性为基础而确定。在适当的情况下，应说明不同处理组之间的主要结果的预期比较，如预计的差异或比率。

试验统计人员可以使用任何科学合理的比较方法，但是，在评价所提交的试验时，CVB 最常用的两种方法是预防的部分和疾病减轻的部分。

3.9.1　预防的部分

预防的部分是风险率的补充（$1-p2/p1$），其中 p2 是试验产品接种组中被影响的部分，p1 是安慰剂接种组中被影响的部分。评估的准确度通过确定 95% 置信区间来评价。

3.9.2　减轻的部分

为了评价产品对疾病严重程度的减轻情况，通常用疾病减轻的部分来评价疫苗的效力（Siev，D. 2005. J Mod App Stat Meth，4：500-508）。应当注意，对于疾病减轻部分的评价，是指免疫动物与对照动物相比较，其疾病影响的严重程度减少的概率。然而，单独的疾病减轻部分不能提供临床相关性的测量，因为它没有说明疾病严重情况可以预期减少多少。对于疾病减轻部分的评价应始终伴随着对原始测量尺度的评估（如病毒血症持续的天数），或者伴随着对疫苗效力大小的评估（如不同处理组之间在天数上的差异）。

3.10　数据分析

描述所提出的数据分析方法，并说明其为什么适合该试验设计和该数据的性质。

3.11　全部数据的提交

提交并总结每个试验的所有数据。提交涉及用于 USDA 执照申请的产品进行的每个试验的结果。无论该结果是否令人满意，试验是否重做，或者试验是否是探索性的，均适用。

4. 有效性适应证的声明

4.1　标签声明

自 2016 年，大多数预防用产品的标签和部分治疗用产品的标签将采用相同的通用性的标志用语："本产品已被证明对＿＿＿周龄或以上的健康（此处插入动物种类的名称）的接种是有效的，用于抵抗＿＿＿。"〔见 9CFR112.2（a）（5）〕。用户可进入网站 roductdata. aphis. usda. gov，查看支持产品执照申请所进行的具体试验的摘要。

4.1.1　试验数据必须证明产品的临床相关有效性水平在统计学上显著。该产品可预防临床疾病或减少临床发病的严重程度。

4.1.2　如果经试验表明，当动物暴露于病原后，疫苗的作用仅仅是能够推迟该疾病的发生，这通常不适用于支持产品执照的许可。

4.1.3　如果产品具有额外的有益效果而不是直接对疾病进行控制，如可以通过预防病原的排出或者缩短排毒的持续时间来进行传染病的控制，那么当效果的大小具有临床相关性和统计学意义时，可以用于支持执照的申请。当免疫动物仍有相当数量的病原体排出时，则病原体排出的减少量通常不足以支持说明产品的有效性。

4.1.4　在 2016 年以前，有效性声明有 4 个层次。历史细节详见 CVB 的网站。2016 年以前获得执照的产品，在大约 4 年的过渡期内，在其产品标签上可能仍然有这几个层次。

4.2　疾病类型

当一种微生物与一种以上的临床疾病相关联时，应限定声明是对那些已经证明有效的疾病类型有效，如"呼吸型"或"生殖型"。在适用时使用特定的疾病名称或综合征的名称。

4.3　接种方案

应分别对标签上推荐的每种接种途径（如肌肉、皮下、鼻内、卵内）和每种接种方案（如年龄和频次）的有效性加以确立。

4.4　动物的种类

应对产品推荐的每种非鱼类的动物品种的有效性加以确立。当产品被推荐用于相同水温条件下饲养的多种类型的鱼时，则确立 2 种推荐种类的有效性即可。

4.5　年龄和易感性

应采用产品推荐使用的最小日龄的易感动物进行有效性试验（对于水生动物，可用体重替代年龄）。对于青少年的试验受试者来说，应尽量减少其使用年龄的变化，因为群体试验的年龄设定是以年龄最大的受试者为基础的。根据在有效性试验中群体试验的年龄，以及在田间安全性试验中所用的最小日龄的动物（见兽医局备忘录第800.204号），可确定为该产品标签上的可以使用的最小日龄的动物。如果有效性试验和安全性试验之间所用的动物的日龄不同，那么选取最大日龄的动物。

如果推荐使用最小日龄的动物体内仍存在具有干扰水平的母源抗体，那么请执行下列步骤之一：

4.5.1 应提供数据证明，在具有预期水平的母源抗体的条件下产品的有效性，或者

4.5.2 在标签上注明，该产品适用于有效性试验中所用最小日龄的易感动物的免疫接种，但尚未进行母源抗体对产品有效性影响的专门研究。

4.6 免疫力的产生

应提供令人满意的数据，以支持任何有关免疫力开始产生的特定声明。免疫力的产生系指有效性支持试验中，最后一次免疫接种与攻毒之间的时间间隔。

4.7 免疫持续期

应提供令人满意的试验，以支持任何明确说明了产品的任何成分的免疫持续期（DOI）。即使在没有制定特定的DOI声明时，也可能要求提供支持最小DOI的试验，以支持推荐在首免后进行加强免疫接种的间隔。这以病原-病原为基础而确定，但是一般包括所有"较新的"病原（即大约2000年后首次研发的那些生物制品），已知可诱导短期免疫的病原（如流感）和狂犬病病毒。当提出加强免疫接种的时间间隔超过1年时，也要求提供支持数据。

从DOI试验中所得出的结论应该与短期效力试验一样具有说服力，尽管众所周知，因某种病原引起的疾病可能在引起年龄较大的动物暴发该疾病时会比较温和。可适当考虑以下情况：

4.7.1 在免疫接种后，为了避免因自然暴露于病原而造成对免疫效力增强的影响，应实施适当的生物安全措施，保护所有受试者避免在试验攻毒之前的时间段内发生无意的自然暴露。在免疫接种至攻毒之间，应定期监测实验动物的暴露情况。

4.7.2 在理论上，制定用于DOI试验的试验产品时，可使用之前用于核准短期有效性试验的相同效价的产品。如果证明DOI使用了具有较高效价的产品，那么该DOI的效价将被用作批放行中效价规定的最小免疫剂量。

4.8 产品系列

当有一组产品，除了微生物成分的总量不同以外，其他在构成和效价上完全相同，通常用含有最多成分的产品来显示其有效性。该结果可外推到剩余产品（即成分减少的产品），这些剩余产品中的组分是最多成分组合的子集。如果试验产品具有潜在的免疫增强作用（如革兰氏阴性菌）或者成分减少的产品中未发现有交叉反应的成分，那么结论的外推将不适用于成分减少的产品。另外，结论外推可能也不适用于比试验产品有更多成分的产品，因为未检验的成分存在潜在的免疫学干扰。

（杨京岚译，王乐元校）

兽医局备忘录第800.203号：
一般注册要求，各组分的相容性

2007年1月16日

兽医局备忘录第800.203号

主　　题：一般注册要求各组分的相容性
发送对象：兽医生物制品持照者、持证者和申请者
　　　　　兽医生物制品中心主任

Ⅰ. 目的
本备忘录对评价组合的生物制品（用已持照产品组合而成的）的各组分的相容性提供指导。

Ⅱ. 废止
本备忘录生效之日起，2002年5月28日发布的兽医局备忘录第800.203号同期废止。

Ⅲ. 同背景

本备忘录涉及的产品包括疫苗和具有类似预防作用的免疫生物制品，如通过抗原来激活受体免疫反应的细菌或类毒素。将持照产品中已确定有效的抗原片段结合起来，可以形成一种新的多价制品。必须将该新制品同已知效力的制品进行比较，从而验证该新制品中每种成分的有效性没有受到损害。

Ⅳ. 定义

A. 组分干扰（component interference）

组分干扰系指由于同一产品中存在的其他抗原或组分，造成对某一种抗原预期的免疫反应产生不利改变。

B. 过度干扰（excessive interference）

由于免疫反应受到干扰，从而使制品的抗病有效性下降，此时可认为干扰是过度的。

C. 组分（fraction）

预防性免疫生物制品中一种抗原（微生物）的成分及其显示的形态（如致弱的、灭活的、亚单位、类毒素、载体等）。

D. 参考产品（reference product）

参考产品是一种其有效性已经直接被靶动物证明了的产品。

E. 试验产品（test product）

试验产品是一种新的通过将多个已持照产品的组分组合而成和/或向持照的组合物中添加新的抗原构成的多价产品。

Ⅴ. 指南

证明试验品有效性的材料必须确保不存在过度干扰。以下条款若成立一条，即可判定不存在过度干扰：

A. 有效性检验

一个有效性检验符合规定的试验品可能会用来证明被检疫苗抗原的有效性未受过度干扰。有效性检验可能在试验产品的注册审批过程中开展，并必须进行下列检测：

1. 禽用和鱼用制品。对鱼用或禽用的新的多价产品中的每个组分进行有效性检验。

2. 哺乳动物用制品。如果用于哺乳动物的新的多价产品与持照产品相比较，在组成、生产方法或推荐的免疫方案等方面差异显著，则对新产品中的每个组分进行有效性检验。

B. 现有信息

提供客观可信的数据来证明没有过度干扰。这些信息可能包括先前对试验产品所含组分进行的研究或经验证明。

C. 效价测定

经验证的效价测定能够准确反应一种组分的有效性，从而能充分证明不存在过度干扰。获得认可的效价测定仅限于钩端螺旋体、梭菌属和马病毒性脑炎质量标准中的体内检验（见联邦法规第9卷113部分）。

D. 比较血清学

在比较血清学的研究中，常用血清效价作为整体免疫反应的指标。如果试验产品和参考产品刺激机体产生的体液反应水平相当，那么可以作出关键的假设：细胞介导过程及其对整体免疫反应的作用，并不会受到实质性的影响。无论升高或降低，平衡的变化均可能是由抗体反应所标记出来。通过比较血清学，证明不存在过度干扰，比较对靶生物接种试验产品组和接种参考产品组之间的血清学反应。很多案例证明，血清学反应的重要方面是血清的效价，以及各组间几何平均效价（GMT）的对比。如果GMT数值相等，即可证明无过度干扰存在。在本节所述的经典比较血清学试验中，试验产品的GMT相对于参考产品的GMT的非劣效性即可证明不存在过度干扰，因此不再需要证明两者完全等价。但是，如果新产品的GMT明显高于参考产品，则可能有必要进行进一步的试验，研究其对整体保护反应的潜在影响。

1. 方法

a. 等效性。两个数值如果在临床或实际意义上差异小于某个被认为有意义的量，则认为两者等效。两个数值的相差范围称为等效性区间。

b. 配方。应使用相同的半成品批次的两种产品通用的每种抗原来配制试验产品和参考产品。试验产品和参考产品中的每种通用抗原的效价应相等。

c. 血清效价。使用有效的方法测定已显示与有效性相关的抗体反应。

2. 设计。通过认可的等效方法来设计统计分析和推断试验。

a. 接种途径。应分别对每种接种途径的等效性进行评估。

b. 血清收集时间。在接近参考品峰值反应时间收集血清。如果血清收集不止一次，则通过对所有收集时间同时进行置信区间的评估来进行多重调整。任何时间点之间的重要差别，均可能是过度干扰的体现。如果有理由相信，产品的抗体反应曲线会随时间而变化，那么应设计可以直接评价该曲线的试验。

c. 外部差异。血清学干扰试验的目的是为了根据免疫动物的平均血清学反应，得出试验产品的免疫原性的结论。这些试验可能会有益于减少区间估计对方差分析的影响。拟进行的这些试验应包括对每种血清样本进行多重滴定的设计。

3. 标准

a. 非劣效性。必须证明试验产品的血清学非劣效性。血清学非劣效性意味着接种试验产品的免疫组的 GMT 不太可能比接种参考产品的免疫组的 GMT 低过等效性区间。

b. 区间下限。方案提出血清学等效试验必须明确说明非劣效性区间。对于组分干扰试验，使用 63％的区间，即除非有其他标准规定，试验产品 GMT 至少是参考产品 GMT 的 63％。63％的滴定率相当于倍比稀释中约 2/3 的稀释度（63％的区间并不一定适用于组分干扰以外的试验使用）。

c. 置信度。对于组分干扰试验，使用 0.05 显著性水平和根据 1 减去两倍显著性水平计算的置信区间（即 90％置信区间）。对非劣效性而言，仅比较置信区间下限和等效区间下限。若完全相等，置信区间的任何部分均应不超出等效区间之外。

d. 血清转化的缺失。如果一组动物中有多数没有出现血清转化，则不能正确评价试验组 GMT。在这种情况下，大量无应答者的存在说明需要对血清学方法是否适于评价组分干扰进行评估。如果产品血清效价的分布很典型，说明血清学比较是有效的，那么使用适宜数据的特性和分布的统计学方法进行数据分析。例如，一个混合模型或嵌套模型，可同时评估发生了血清转化的动物的比例和那些发生血清转化的动物的 GMT。

4. 田间试验。在某些情况下，体液反应的可变性可能需要进行血清学等效性试验，包括有效性及其他更多项目的试验性研究。从适当设计的田间试验中分离的血清可能会用来进行血清学等效性研究，如可随机使用新的或现有的产品进行田间安全性试验项目的研究。虽然这些研究项目中的动物不一定为血清阴性，但是他们效仿了靶动物群和其他田间安全性试验样本。

签发人：John R. Clifford
兽医局副局长

（吴思捷译，杨京岚校）

兽医局备忘录第 800.204 号：
一般注册要求，田间安全性试验

2007 年 3 月 16 日

兽医局备忘录第 800.204 号

主　　题：一般注册要求：田间安全性试验
发送对象：兽医局管理人员
　　　　　兽医生物制品中心主任
　　　　　兽医生物制品持照者、持证者和申请者

Ⅰ. 目的

这些一般注册要求对申请者获得靶动物田间安全性数据提供指导，以支持其分别按照 9CFR102.5 和 104.5 节申请"美国兽医生物制品产品执照"或"美国兽医生物制品分发与销售许可证"。

Ⅱ. 废止

本备忘录生效之日起，2002 年 5 月 28 日发布的兽医局备忘录第 800.204 号同时废止。

Ⅲ. 背景

许可条件为申请者申请执照提供相关的研究数据的指导原则，同时协助兽医生物制品中心（CVB）政策、评审与执照管理部门（CVB-PEL）在执照申请的审查方面保持一致性和连贯性。一般注册要求遵循产品执照颁发的一般基本原则。本文件遵循指导田间安全性试验的基本原则。

进行靶动物田间安全性试验的目的是，评估产品在预期使用条件下对特定靶动物群的安全性。其用意是检测在该试验规模下能够观察到足够频率出现的不良事件的类型。田间安全性试验是持照前过程中必须的临床组成部分，补充小规模的临床前试验研究，但是不能取代正在进行的市场销售后监测。还可能需要进行田间安全性试验，以支持持照产品推荐的接种途径的变更。

以下指南描述了典型产品执照要求的试验类型。如果有多个相关产品（仅在抗原的数量/组合方式上有所不同）同时申请执照，那么田间安全性试验应用最大抗原组合进行。除非出现特别的安全问题，否则不要求对缺失对照产品（即除了除去一种或多种抗原外，其他与试验产品相同的产品）进行其他田间安全性试验。

Ⅳ. 指南

A. 一般要求

安全性试验必须符合以下一般要求：

1. 许可要求。所有的田间试验必须符合9CFR103.3 和兽医局备忘录第 800.67 号规定的要求。必须在试验产品运抵试验地点前从 CVB 获得田间安全性试验的许可。详见兽医局备忘录第800.50 号，向 CVB 提交田间安全性试验申请的指南。

2. 计划和实施。田间安全性试验必须按照兽医局备忘录第 800.200 号《一般注册要求：试验规范和文件》提供的一般指导原则进行计划、实施和记录。

B. 试验产品

取超过一批（批号）的产品进行试验。申请者在田间安全性试验中使用的产品必须符合以下条件：

1. 与产品的生产大纲相一致。申请者使用的用于产生田间安全性试验数据的产品（持照前）必须完全代表该公司取得执照以后所生产的产品。申请者负责确定用于证明田间安全的试验产品的有效性。

2. 在持照生产设施内。根据已备案的设施，试验产品的生产应在持照（非研究）的生产设施中进行。

3. 达到或高于放行效价。试验产品必须达到或者高于产品生产大纲中规定的批放行的最小效价。

C. 试验方案

除 VS 忘录第 800.200 号所述一般要求外，田间安全性试验方案中还应包含以下具体内容：

1. 试验设计。田间安全性试验一般可满足在典型的田间饲养条件下，对产品进行的未经控制的探索性试验。该试验的目的是检测未来非预期的不良事件的类型或出现频率，这表明可能需要进行进一步的研究。

2. 地理位置。应该在多个地理区域内进行试验。通常要求在美国三个不同地区进行试验。在适用时，应在不同的饲养管理条件下对产品进行检验。对于非美国本土国家进行的试验数据，可根据实际情况予以考虑，以满足某一地理区域的要求。

3. 动物的类型。系指试验中所用动物的年龄、品种、性别、妊娠和/或哺乳状态及其他显著特征。所有动物的类型均应包含在标签推荐的用途中。

4. 动物的数量。试验中应包括足够数量的最小推荐使用日龄的动物。安全性试验中所用最小日龄的动物应与效力试验中所用动物的日龄相同（如果效力和安全性试验中所用动物的日龄不一致，那么取较大的那个日龄作为标签上的最小推荐日龄）。

对于使用对象为家禽、家畜和水产养殖的产品，安全性试验应当使用最小推荐日龄的动物。如果一个产品拟用于生产家畜，但要在动物的繁殖阶段使用，那么在田间安全性试验中应至少有 1/3 的动物为最小使用日龄的动物。同理，拟用于伴侣动物或马的产品，其安全性试验中也应至少有 1/3 的动物为最小使用日龄的动物。

5. 产品的接种。应按照产品的标签进行产品的接种，包括多剂量和/或交替途径的接种。每个推荐的免疫程序和每批产品均应当在每个地理区域内取相同比例的动物进行试验。方案中应包括每个区域中每批产品按照每种方案免疫的动物数量。

6. 注射/接种部位。在选定的情况下（如经皮给药或者注射给药），CVB 可要求对不同的接种部位进行评估（如大型动物的颈部与臀部比较；伴侣动物的大腿与腰部比较）。

7. 被动免疫与主动免疫比较。当某个产品为了保护新生动物，推荐既可以接种成年动物，也可以直接接种新生动物（即标签声明可用于主动免疫和被动免疫）时，安全性试验必须同时接种成年动物和新生动物。

8. 观察期。试验方案应包括观察的频率和持续时间、负责观察的人员以及不良事件的后续反应。对于活疫苗产品，观察期必须考虑到与活的微生物相关的潜伏期。

在试验中的动物必须由有资质的观察者（如兽医或受过培训的专门人员）在除免疫观察期内每个关键点进行积极观察。试验方案中应指定关键点。

（1）动物群体的试验（不包括家禽和水产养殖的动物）。为开展该项试验，登记选取的动物在免疫后保持在原来的动物试验设施中或组中饲养。

a. 应按照试验方案规定的时间间隔定期观察动物是否出现不良事件。当群组规模足够小，足以对组内的每只动物进行充分的观察时，可以以组群为单位进行评估（即不需要单独处理每只动物）。

b. 每次接种后，应立即由有资质的观察员对每只动物进行至少一次的单独检查（包括对注射部位的触诊）。检查的时间应在试验方案中制定，并在注射部位出现明显的不良反应时进行检查。注射部位出现了明显反应的动物，应由有资质的检查员在适当的间隔时间持续进行观察，直至该反应恢复。

（2）宠物的试验。为进行该试验，由于每个登记的动物在免疫接种后就立即送还给个体所有者，因此应由动物的主人承担一定的对动物跟踪观察的责任，具体事项如下：

a. 必须为每只动物的主人提供一份用于反馈情况的标准的报告表及其填写说明（包括未出现不良事件的情况）。观察员应当对未提交反馈报告表的动物主人进行跟进。

b. 如果免疫方案中包括多种免疫剂量，那么当动物每次进行加强免疫时，应由有资质的观察员对每只动物进行彻底的评估。

c. 如果动物主人观察到不良事件，他/她应当与有资质的观察员联系，以寻求进一步的指导。鼓励观察员制订计划对涉及不良事件的动物进行后续检查，以便更彻底地判明原因。如果外行人员报告的不良事件没有得到有资质的观察员进行跟进，那么在试验报告中不能低估接种疫苗引起不良事件的可能性。

9. 报告表。应将报告表及其填写说明提供给田间试验的观察员和动物的主人（如果适用）。报告系统必须提供每只动物的身份证明（或家禽和水产养殖动物的群体证明）。

10. 处理。所有田间安全性试验中使用的动物，必须按照9CFR103.2的规定进行处理。

D. 不良事件（adverse events）

1. 定义。系指动物在使用兽医药品或受试兽药后，出现的任何不利的和非预期的现象（无论是否与产品有关）。该定义是由兽医药品注册技术标准要求国际协调合作部门（VICH）组织颁布的国际统一的定义。

2. 类型。不良事件可以是局部的或全身性的。不良事件应当按照由《兽医药品监管活动词典》（VEDDRA）发展而来的标准的低级术语进行分类。兽医试验中最常遇到的 VEDDRA 术语的缩写列表见附录Ⅰ。可能有必要使用其他的 VEDDRA 术语（在 www.veddra.org 上的描述）对发生的不良事件进行描述。遇到任何难以按照 VEDDRA 术语进行观察分类的情况时，均可与 CVB-PEL 联系。

当不良事件发生时，应对动物进行持续观察，直至可以对不良事件情况做出评估。还应记录不良事件相关的大小或严重程度的数据。就注射部位的反应情况或淋巴结肿大、组织病理学评价来说，可能有必要对事件的本质加以定义。

E. 报告要求

1. 报告所有的不良事件。所有的不良事件均应予以报告，即便是个人进行观察的情况也不例外。如果公司认为该事件与免疫的产品无关，那么在其报告中应包括兽医或培训的专业人员进行的追踪评价和诊断情况。尽管不是总能够找到不良事件的明确的原因，但是应设法提供客观证据（如实验室结果），来支持诊断结果。

2. 尸体剖检。试验中出现的所有的死亡动物都必须进行尸体剖检，检查结果必须包含在试验报告中。对于禽类和水生动物，可提交每天的死亡率记录表或屠宰判定报告代替剖检报告，尽管可能有必要提供有关异常高的发病率/死亡率的其他数据的剖检或诊断报告。

3. 包括所有动物。试验中所有登记动物的安排，包括那些试验未完成的和后续数据难以获得的动物的安排，均应包含在最终报告中。

4. 结果的提交。这类试验通常不适用于依靠某些基本的设计元素进行推断的统计学方法（如对照处理、致盲、随机抽样、处理组的随机分配等）。结果可以用设置在相关语境中的简单的摘要统计进行描述。

签发人： John R. Clifford
兽医局副局长

一般分类	VEDDRA 术语	CVB 首选的评价
行为失调	攻击性	
行为失调	极度活跃	
行为失调	发出声音	
血液和淋巴系统失调	淋巴结肿大	通常淋巴结不能轻易被触诊。淋巴结的中度增大被认为是免疫后的正常反应，但是过度增大至等于或大于正常体积的 4 倍时，必须报告
消化道紊乱	唾液分泌过多	
消化道紊乱	腹痛	包括疝气
消化道紊乱	腹泻	
消化道紊乱	肠胃炎	
消化道紊乱	呕吐	
眼部疾病	角膜水肿	
眼部疾病	眼睑痉挛	
眼部疾病	眼部分泌物	
眼部疾病	结膜炎	
免疫系统失调	过敏反应	应描述可能包括多种临床症状（但不能单独计算）的严重的、急性超敏反应
免疫系统失调	血管性水肿	皮下水肿，通常出现在脸、口鼻或眼眶区域。也可能包括其他区域。也被称为伤痕
免疫系统失调	水泡	包括风疹
注射部位反应	注射部位脓肿	
注射部位反应	注射部位脱毛	
注射部位反应	注射部位红斑	
注射部位反应	注射部位肉芽肿	
注射部位反应	注射部位出血	
注射部位反应	注射部位刺痛 *	本分类用于注射时出现的瞬间疼痛
注射部位反应	注射部位肿胀（>5.0cm）*	
注射部位反应	注射部位肿胀（1.5～5.0cm）*	
注射部位反应	注射部位肿胀（<1.5cm）*	
注射部位反应	注射部位疼痛	本分类用于注射后出现的非瞬间疼痛
注射部位反应	注射部位脓皮病	
注射部位反应	注射部位自我损伤	包括抓伤、擦伤及舔伤
注射部位反应	注射部位溃疡	
乳腺机能障碍	产奶量下降	
乳腺机能障碍	关节疼痛	
乳腺机能障碍	肌肉疼痛	
乳腺机能障碍	跛足	用于蹄叶炎，而非其他原因导致的跛行
乳腺机能障碍	蹄叶炎	
神经机能障碍	共济失调	包括运动机能不协调或缺乏协调性
神经机能障碍	震颤	包括震颤、发抖
生殖系统机能障碍	受孕率降低	

注：＊　非真正的 VEDDRA 术语，但是被 CVB 认可用于以安全性试验为目的的分类。

一般分类	VEDDRA 术语	CVB首选的评价
生殖系统机能障碍	胎儿吸收	
生殖系统机能障碍	木乃伊胎	
生殖系统机能障碍	流产	
生殖系统机能障碍	死胎	
生殖系统机能障碍	孵化能力降低	
呼吸道机能障碍	异常呼吸	包括呼吸急促（非喘气），不包括呼吸困难
呼吸道机能障碍	呼吸困难	
呼吸道机能障碍	喘气	
呼吸道机能障碍	打喷嚏	
呼吸道机能障碍	流涕	
呼吸道机能障碍	咳嗽	
全身机能失调	不饮水	
全身机能失调	死亡	包括安乐死
全身机能失调	厌食	一点也不吃
全身机能失调	食量减少	食物摄入量减少（不包括厌食）
全身机能失调	一般性疼痛（见特殊疼痛的其他类别）	
全身机能失调	虚弱	
全身机能失调	消沉	包括昏睡、身体活动减少、倦怠
全身机能失调	发热	
全身机能失调	疑似感染源传播	疑似活疫苗中的病原向非免疫动物、对照动物或哨兵动物传播时使用
全身机能失调	疑似疫苗引起的传染病 *	疑似疫苗污染或疫苗病原缺乏灭活/致弱时，使用
全身机能失调	缺乏效力	
全身机能失调	体况变坏	包括体重下降
全身机能失调	饲料转化率低	

注： * 非真正的 VEDDRA 术语，但是被 CVB 认可用于以安全性试验为目的的分类。

（张　兵　韩　爽译，杨京岚校）

兽医局备忘录第 800.205 号：一般注册要求，
Ⅰ、Ⅱ和Ⅲ类生物技术衍生的兽医生物制品

2003 年 5 月 28 日

兽医局备忘录第 800.205 号

主　　题：一般注册要求：Ⅰ、Ⅱ和Ⅲ类生物技术衍生的兽医生物制品
发送对象：生物制品持照者、持证者和申请者
　　　　　兽医生物制品中心主任
本备忘录为生物技术衍生的兽医生物制品申请执照需提交的文件提供了信息和建议。

Ⅰ. 背景

兽医生物制品中心（CVB）公布了分别适用于Ⅰ、Ⅱ和Ⅲ类兽医生物制品的三个题为"摘要信息表"（SIF）的文件。为了新生物技术衍生的生物制品向美国农业部（USDA）申请美国兽医生物制品产品执照的准备过程中，这些文件对应解决的重要科学问题和信息进行了概述。该文件附有3种需提交的SIF样表，每类制品一种表。

生物技术衍生的生物制品的类别定义如下。Ⅰ类由3部分构成：Ⅰ-A、Ⅰ-B-1和Ⅰ-B-2。Ⅰ-A包括菌苗、灭活病毒疫苗和亚单位疫苗；Ⅰ-B-1类包括用于治疗或预防性使用的单克隆抗体（Mab）；Ⅰ-B-2包括用于诊断试剂盒的Mab和表达蛋白。Ⅱ类由活的基因缺失疫苗构成。Ⅲ类包括活载体疫苗。

这些指导性文件代表了该机构目前对这个问题的看法。这些文件没有为了任何人或对任何人产生或赋予任何权利，也没有对USDA或公众施加约束的权利。

Ⅱ. 详细说明

所设计的SIF文件适用于参与的公司和CVB评价与生物学的微生物的制备和放行有关的风险。具体来说，必须提供信息允许参与公司和CVB就评价释放到环境中的转基因微生物的风险进行交流。生物技术衍生的兽医生物制品的执照申请，以申请者按照SIF指定的标准格式提交数据开始。SIF具有双重目的：提供有关设计、构建和生物病原结构检测的具体数据，并为风险分析（RA）提供基础。

SIF文件分为3个基本部分：Ⅰ. 引言（A和B部分）；Ⅱ. 受控生物材料（RBA）构建的描述（A-C部分）；Ⅲ. 用作基础种子的受控生物材料的生物学特性或毒力（A-G部分）。引言（第Ⅰ部分）应清楚地说明参与公司的名称，以及任何参加了微生物构建或检验的协作部门、科研机构或研究人员。引言应包括一个简短声明，说明拟定产品的使用目的，包括拟定的管理模式、靶动物种类、计划使用的地理区域，以及基因工程事件发生的地点。引言还应对构建和安全性试验的预计进展进行简要的说明。

对RBA构建的描述（第Ⅱ部分）应提供详细的文件资料，说明用于构建最终的RBA的微生物的遗传特性和历史。按照表达盒、选择标记盒、复制盒和整合盒在最终RBA中的来源和用途，必须说明他们的基因型。必须详细说明每个基因盒的生物学特性（如毒力、本动物的趋向性、组织的趋向性、基因水平传播的潜力和重组潜力）。必须说明基因盒或RBA的与风险相关的属性（如环境分布、地理分布、推荐的NIH/CDC生物安全水平和在环境中的存活能力）。第Ⅱ部分的终极目的是为了描述如何根据所提供的数据和信息对基础种子（MS）或RBA进行特征性描述。应在拟定的转基因微生物构建完成后和进行执照申请所需动物试验开始之前，尽快地向CVB提交含有第Ⅰ部分和第Ⅱ部分的SIF文件。早期提交的，允许CVB向参与公司提供反馈意见，这会在产品的研发过程中，对风险管理起到作用。因为根据支持执照申请的第Ⅲ部分文件，需要进行进一步的试验，所以此时可以接受未完成的SIF。在选择最终的RBA作为提交的基础种子之前，可能需要申请公司本动物中的几种结构进行评价。为了进行这些初步的评估，公司的生物安全委员会（IBC）对这些动物试验进行审查、批准和监控是适当的。但是，向CVB提交的初始文件，不能排除公司IBC对整个项目的研发和制造过程的监控。

一个由具有分子生物学专业知识的CVB成员组成的小组对SIF的第Ⅰ和第Ⅱ部分进行评审，如果评审通过，那么可获得CVB生物安全委员会批准在CVB的实验室进行重组微生物的相关工作。然后，向CVB提交基础种子，进行鉴别和纯净性的复核检验。在基础种子获得批准后，需对本动物的试验方案进行重新审查和审批，审批中应包括对本动物安全性和有效性试验适当控制的建议。在CVB批准MS之前，对本动物进行试验所面临的风险由公司承担。

SIF的第Ⅲ部分旨在提供与拟定产品毒力相关的安全性数据。只有在该公司具有的基础种子和本动物方案获得了CVB批准，并对所需产品继续进行研发时，这些数据方为有效。由于在研发期间生成的数据需要把微生物接种到动物体内，因此临床试验方案需要参考参与公司和CVB两者的最佳设计方案，这是非常重要的。经过同行评议的有关构建体或类似构建体的科学文献可以为某些方案提供充分的参考资料。其他的，则需要进行特定结构的测定。文件的水平可对风险分析产生有效地影响，并可提供确定性的基础。因此，在构建体获得放行进入环境的许可之前，详细的 SIF 文件将支持所需的文件。在联邦注册通知公布之前，需要对 RA 和环境评估（EA）的有效性进行公示，该 SIF 必须尽可能完善。

RA 由生物学的风险评估（BA）开始，它由专家小组审查；该小组可能包括学院的或非 CVB 的联邦的科学家，并由生物技术、免疫学和诊断学的部门领导批准。随后，在联邦注册通知上发布 RA 和被删除了商业机密信息的 SIF，以便接受公众的评议。再由 CVB 执照管理人员对评议进行审查。如果没有出现显著的影响（FONSI），并且草案达到了所有 NEPA 规定的要求，那么田间试验可能会获得批准。批准的程序中应包括降低风险的程序，且如果出现任何不良事件，公司必须立即通知 CVB。

一旦完成了第 III 部分的数据并提交了初步的 RA，就可以提交将许可产品运输至田间试验地点的申请。根据所提交的有效性试验数据、经批准的 SIF 文件、试验方案、计划试验产品批次的检验结果、试验期间使用的标签、州政府的官方许可、RA 和来自联邦注册通知对收到评论的答复，就可以决定是否批准其进行田间试验。在田间试验批准之前，CVB 还可能要求进行额外的安全性试验，包括靶组织或本动物嗜性改变的评估试验、对非靶动物种群的安全性试验、超剂量接种试验、散毒和传播试验、环境存活试验、重组试验或适用于结构设计和使用方法的其他试验。应对现场试验结果进行仔细评估，看是否符合方案和不良事件的要求。然后确定 RA（包括 BA）、风险特征、风险缓解和风险交流（通过联邦注册通知进行）。如果确定满足所有要求并没有发现重大不良事件，则可继续进行执照的审批。

III. 词汇表

1.1　I 类生物制品（category I biological product）

系指生物技术衍生的灭活制品。I 类生物制品的例子包括：基因缺失的牛鼻气管炎和伪狂犬病灭活疫苗、猫白血病病毒亚单位疫苗、治疗性的犬淋巴瘤单克隆抗体和用于诊断试剂盒的质粒表达 EIA 病毒 p26 和 gp45 蛋白。

1.2　II 类生物制品（category II biological product）

系指与插入 DNA 盒或修饰基因序列的 DNA 的 5′或 3′末端相邻的受控生物材料的 DNA 序列。

1.3　III 类生物制品（category III biological product）

系指生物技术衍生的插入外来基因的活载体制品。III 类生物制品的例子包括：在禽痘病毒载体上插入禽流感病毒 H5 基因、新城疫 HN 和 F 基因的活载体疫苗，以及在金丝雀痘病毒载体上插入犬瘟热 F 基因和 HA 基因，及插入狂犬病 GP 基因的活载体疫苗。

1.4　主干生物体（backbone biological agent，BBA）

系指一个来自单一生物体的遗传物质构成了受控制生物材料的主要遗传和生物学特点（包括序列的复制和调控）的生物体。

1.5　供体生物体（donor biological agent，DBA）

系指提供了插入到主干生物体的 DNA 或基因序列的病毒、细菌、真菌、植物组织或其他微生物。DBA 提供的编码特异性抗原特性的序列所产生的基因产品，与主干生物体无关。

1.6　供体 DNA 或基因（donor DNA or gene）

系指供体生物体的核酸，可从之前分离的核酸或基因工程 DNA 片段中提取；但是，应对源自供体生物体的每个核酸的结构进行鉴定。具有良好特性的基因或序列仅需列举参考文献即可。

1.7　下游序列（downstream sequence）

系指一个基因或 DNA 序列的终止序列或 3′末端的 DNA 序列。

1.8　侧翼区或侧翼序列（flanking region or flanking sequence）

系指在接近转基因生物体的 5′或 3′末端插入的 DNA 盒或修饰基因序列的 DNA 序列。

1.9　基因或 DNA 盒（gene or DNA cassette）

系指以基因工程为目的的可以被分离的任何核酸序列。这个核酸序列可能来自 RNA 或 DNA，可能包括调控基因、结构基因的序列，或编码表达基因产品的 DNA 序列。

1.10　标记基因（marker gene）

主干生物体的核酸可用于区分该主干生物体是致弱的，还是非致弱的。胸苷激酶（TK）基因是一个标记基因，因为它在溴脱氧尿苷存在的情况下为 tk 病毒的生长提供途径。此外，可以用插入外来标记基因的方法辨别 RBA。

1.11　受控生物材料（regulated biological agent，RBA）

系指用于生产申请的或持照生物制品的一个特定批次的 RBA 的最终结构，其被确定为基础种子（对于微生物）或稳定转化的植物库（对于植物）。RBA 以前被称为带有 DNA 插入片段的受体微生物。

1.12 调控序列（regulatory sequence）

系指能够通过控制基因产品进行识别的核酸序列，包括启动子、多聚 A 附加位点、终止区域、增强子、复制起点、插入序列、调换序列、限制酶位点和甲基化位点。

1.13 报告基因（reporter gene）

系指为表达特定基因产品而插入主干生物体的核酸片段。其表达产物作为一个信号或报告分子，可表明基因成功重组进入主干生物体。

1.14 上游序列（reporter gene）

系指一个基因或 DNA 序列的起始位点或 5′末端存在的 DNA 序列。

Ⅳ. 评论

目前这些文件正在发布，请参照执行。有意者可向兽医生物制品中心 Louise M. Henderson 博士提交有关这些指导文件的意见或问题。

Ⅴ. 电子登录

可登录以下网址获取文件：http://www.aphis.usda.gob/vs/cvb。

签发人：W. Ron deHaven
兽医局副局长

（秦玉明译，杨京岚校）

兽医局备忘录第 800.206 号：一般注册要求，疫苗、菌苗、抗原和毒素生产大纲的编写

2014 年 3 月 26 日

兽医局备忘录第 800.206 号

发送对象：兽医局管理人员
兽医生物制品中心主任
兽医生物制品持照者、持证者和申请者
签 发 人：John R. Clifford
副局长
主 题：一般注册要求：疫苗、菌苗、抗原和毒素生产大纲的编写

Ⅰ. 目的

本备忘录为按照联邦法规第 9 卷（9CFR）114.9 节规定，编写疫苗、菌苗、抗原和毒素生产大纲提供指导。

Ⅱ. 废止

本备忘录生效之日起，2012 年 4 月 13 日发布的兽医局备忘录第 800.206 号同时废止。

Ⅲ. 背景

美国动植物卫生监督署（APHIS）遵照 9CFR114.9 规定，给出了生产大纲的大类标题。这些标准化的标题可确保美国兽医生物制品中心（CVB）审核兽医生物制品时关键信息的一致性。虽然这些标题已经充分考虑到当前主要生物制品的多样性，但是个别持照者和持证者提供的内容仍存在相当大的差异。本备忘录为其编写有效的生产大纲提供了指导。

Ⅳ. 生产大纲编写指南

A. 一般要求

1. 使用正确的术语。大纲应以书面方式撰写，且能确保生产过程和检验方法的一致性。对允许在生产和检验过程中变化的术语，应予以特别关注。确保使用内涵准确的词语。

a. "should（应）"意味着该程序或评估方法是推荐性的，而非强制性的。偏离该程序也没有关系，并不意味着与备案生产大纲不一致。同样，"may（可以）"只是对该程序的准许，但并不强求。

b. "shall（会）、must（必须）和 will（将）"意味着该程序和措施是强制性的，偏离就意味着不一致。

c. "and（和）" 和 "or（或者）"。"和" 意味着两个条件必须全部满足；"或者" 意味着条件之一得到满足即可。

大纲中不应出现模棱两可的词语，因为生产和检验过程不可能模棱两可。在国内使用和出口的版本中，允许文件中有少量的替代性词语；如果认为必要，国内使用的产品的大纲中也允许出现等效的替代性词语。

如果允许使用替代性词语，则必须确保其表述清楚，最终用户不至于对其产生歧义。CVB 还要求，替代方法的等效性必须有数据的支持。

2. 避免复制文本。已发布大纲的章节标题可能在不同章节的目录中出现交迭现象。在一定程度上，应避免在章节中复制文本。这有助于防止在修改章节时，修改多个部分并引入错误。

a. 在最适用的章节中编写文本，在可能出现重叠的其他章节加以引用（参见Ⅲ.A 节）。

b. 引导读者阅读全文所在的位置。避免 "引用循环"，即把读者指向一个位置，然后又将其指第三个位置。

c. 如果引用的内容出自其他大纲，应确保该大纲是已经获得批准的在用版本。对最终或持照前产品禁止引用大纲。允许引用大纲中的某些章节。

d. 如果引用参考了 CVB 正式出版物（如补充检验方法），则必须指明文件的 "最新版本"，而不是其特定的版本号。这有助于避免参考已经作废的文件。

3. 分段。合理编号和分段有利于对大纲的审查和对特定文本的引用。当单个部分或分段的文本跨越多个页面时，请在每个页面的顶部标明该部分和分段编号。或者，在每个子标题中包含完整的标识符（如应写成 "V.C.3" 而不是 "3"）。这样可以避免返回到以前的页面才能以找到章节号。

a. 按照美国 9CFR114.9 规定，如有必要，可以增加子章节。

b. 如果某章节或子章节标题过长，超过主要段落长度（甚至是其两倍），应考虑将其分成更多的子章节，以便审查人对此特殊文本进行审定。

4. 可变参数的描述。对参数的描述应有固有的可接受范围，而不是描述其绝对数值。例如，包括时间和温度（可描述为 20～25℃而不是 23℃），及添加到目标浓度的组分而不是直接测量其浓度。

a. 避免出现模糊的主观描述语言，如 "过夜" 或 "室温"。

b. 参数的范围应在设备的精度范围内（即在日常生产中，可能会遇到的、正常可忽略的合理的变化）。

c. 将常规生产过程限制在合理预期的范围内。范围应适当反映生产的一致性。

d. 定义的上限和下限，避免无限制的范围。

5. 注意等效的材料。通常，生产大纲应足够详细，以确保所有产品批次的质量能保持一致。此时，材料来源和足以描述材料组分的产品标识码就显得尤为重要。尽管如此，还是允许持照者使用来自多个来源的等效材料。在这种情况下，在生产大纲中指定首选材料，可在其后标注 "或等效材料"。详述被指定的材料，有助于确定所使用的替代材料是否具有同样的质量。

6. 文件的豁免。如果 CVB 授权豁免某项法律法规的要求，则在大纲的适用部分中列出豁免的章节。包括 CVB 的批准日期和 CVB 邮件编号（如果知道的话）。如果该产品最初是根据不同的设施编号获得许可的，则说明授予该豁免的设施编号。

7. 关键试验批准的文件。在大纲或特殊纲要中应记录关键试验的批准文件，包括公司的试验标识（如果适用）、CVB 的批准日期和 CVB 邮件编号（如果知道的话）。如果该产品最初是根据不同的设施编号获得许可的，则说明授予该豁免的设施编号。

8. 特殊纲要的应用。鼓励企业对多个相关的生产过程或检验流程制定特殊纲要。在每个适用的生产大纲的合适位置，可以引用单个的特殊纲要。就某些特殊产品而言，对其要求需要冗长而详细的描述，这时候也应该使用特殊纲要。因为将这些描述性文字单列出来，有助于提高大纲的可读性和流畅性。

特殊纲要的结构与生产大纲相同。特殊纲要也要有封面、适当的分节、分段以及与生产大纲转换时的概述性内容。并以 APHIS2015 表的形式提交。

9. 变更时的概要。大纲中每个有内容变更的地方都应有概述性内容〔见 9CFR114.9（a）（6）〕。每次变更均应标明引用的页码和段落，并尽可能说明变更的理由和变更的具体内容。如果某次变更是根据 CVB 文件上的数据进行的校正，则可以引用试验编号或其他的数据标识码以及 CVB 邮件编号/CVB 接收日期。如果是对 CVB 之前函告作出的更改，则应标明 CVB 邮件编号和函告日期。

B. 考虑精确地分节

大纲内容的逐节讨论，参见附录Ⅰ；有关分段生产持照产品的附加信息，参见附录Ⅱ。

Ⅴ. 生产大纲的提交指南

A. 提交文件的份数

根据 9CFR114.9（a）（1）规定，不再需要提交 1 份原件和不超过 4 份的复印件，而只需要提交 1 份原件和至少 1 份复印件。原件和第一份复印件上必须有原始签名，签名最好采用与其他文本颜色不同（如蓝色）的墨水。

B. 提交形式

1. 按照 APHIS2015 表"标签和通告或大纲的提交"的形式提交大纲。

2. APHIS2015 表第 4 栏（提交日期），应与大纲的编制日期（或提交页的日期）相一致。如果提交日期与大纲的编制日期不一致，则应在第 13 栏（备注）中说明具体的提交日期。

3. APHIS2015 表第 12 栏（前版日期），填写上一个完全版的编制日期。无需考虑该完全版是否经过了个别页的修订。

4. 对根据 1996 年《食品药品管理局出口改革与强化法案》（FDA-EREA）而出口的产品，其生产大纲不能以 APHIS2015 表的形式进行提交。只需将 FDA-EREA 大纲装入信封直接提交即可。

C. 完全修订版和修订页的比较

可以通过提交完整修订版或单独的修订页对大纲进行更新。在大多数情况下这两种方式都可以接受。但上一个完全版中的文件有一半以上内容进行过修订，建议最好提交完整修订版而不是单独的修订页。

D. 替代版的日期

根据 9CFR114.9（a）（4）（替代日期）规定，如果提交的大纲是替代先前备案的版本，则需要标明替代版的日期。

1. 如果是最新的大纲，其封面及后续页页眉处要注明"替代：新"字样。

2. 只有在提交完全修订版大纲时，封面上的替代日期才需予以更新。替代日期就是最终完全版的编制日期，无需考虑该完全版是否经过了个别页的修订。

3. 个别修订页页眉上的替代日期，应能反映该页前版的编写日期（如果在最终完全版的基础上又进行了更新）。在提交完全版时，每页的页眉上都要标注"完全版"，不要标注替代日期。

4. 如果大纲未经 CVB 处理即被退回，在下次提交时，应根据最后备案版的编写日期，反映出大纲的替代日期（而不是那个未经处理的版本日期）。在提交大纲时，允许在 APHIS2015 表第 13 栏（备注）中，标明任何一次未经处理的大纲的编写日期。

附录Ⅰ 疫苗、菌苗、抗原和毒素生产大纲编写细则

封面：每个大纲和特殊纲要都应有一个封面，封面要包含 9CFR114.9（a）（2）所规定的有关信息。只有在提交完全版（而不是个别页的修订）时，持照者才应替换封面。

如果封面需要修订（如现有企业名称变更），允许在不提交完全版的情况下修订封面。如果出现了这种情况，则仍需保留原最后一次完全版的修订日期，在此日期下面，标明"封面更新〔日期〕"，并注明修订日期。

Ⅰ. 产品的组成

每个大纲都要编写此节，不能引用另一个相关大纲。

A. 所使用的微生物

对用于生产的每个微生物，都必须提供如下信息：

· 微生物的名称。

· 完整的批号（或其他唯一识别码），应与基础种子保存容器上和持照者记录上的一致。

· 分离情况和已知的制备过程，包括分离后的传代次数（代次）、每个代次所用培养基、细胞和动物种类。

· CVB 通知基础种子可用于生产的批准日期。包括 CVB 核准的邮件编号（如果知道的话）。

· 对病毒和其他胞内微生物来说，必须提供一种或多种动物获准使用的情况（根据 9CFR113.47 规定，应对其进行外源病原检验）。列出每种获准使用的动物种类。

· 在 CVB 核准基础种子可用于生产时，标明企业名称及其执照编码。不要列出含有该种子的产品获得 CVB 批准的日期。

如果最初的基础种子用完，CVB 授权将某代次产品或基础种子作为"新的"基础种子使用，本

节中的有关信息（如批识别码和获准日期）就应该是当前的基础种子批号，而不是已用完种子的原批号。

B. 每种微生物的来源和获取日期

对于每个生产用的微生物，要标明当前持照者获得基础种子的日期及从谁那儿获得的。如果是通过与现在或先前已获得美国农业部企业执照的企业合并或授权协议而获得的基础种子，则应提供这些企业的名称、执照编号，以及有关企业合并或协议的生效日期。

C. 株

标明每个生产用微生物的株或分离株的情况。如果该微生物是公认的株，列出其名称即可。否则，要提供保存该基础种子所用容器上显示的分离方法。

D. 每个株的比例

• 如果产品每个部分仅包含一个株或分离株，则此节可写成"不适用"。

• 如果产品包含一个以上株或分离株，但在批放行效力检验时能将其进行区分，则此节可写成"不适用"。

• 如果产品包含一个以上株，且在批签发效力检验时不能将其进行区分，则要标明每个株/分离株在产品中的比例。株的比例应按照抗原的含量进行计算，而不是按收获液体积或其他标准进行计算的。对每种组分而言，比例的总和必须是100%。产品中的其他组分，如果适用前两个标准中的任何一个，则可写成"不适用"。

Ⅱ. 培养

A. 每种微生物的鉴别方法

说明各阶段鉴别检验的完成情况（如工作种子或生产培养物）。说明检验的完成情况，包括每种方法的应用频次（如在每次工作种子的建立时）。

B. 培养物的毒力和纯净性，以及用于生产的次培养物和传代物的毒力和纯净性范围的确定和维持

指定在生产中允许超过基础种子的传代次数。这取决于用于已确定了有效性的产品批次的种子的传代次数。一般情况下，从基础种子开始算起，只能传代5次。

自基础种子系统实施之后，本标题下的有关"培养物的毒力和纯净性及其维持"在很大程度上已经淘汰了。经验证明，某些培养物必须通过定期的动物传代才能维持其毒力。但是这种做法已不再

被接受。通过动物传代来复壮种毒，现在称之为"新的"基础种子，使用前必须进行全面的检验。

C. 种子和生产培养物使用的培养基的组成和反应

提供每个大纲中主细胞库、鸡胚、组织和原代细胞的有关信息。不能引用相关的大纲。

此节必须包括一份关于动物源任何成分来源的声明，包括保证这些成分源自无牛海绵状脑病（疯牛病）风险或低疯牛病风险的国家，国家进出口管理局和9CFR94.18对此有明确的规定。

1. 主细胞库。对每种用于生产的细胞系，要提供以下信息：

• 细胞系的名称

• 完整的批号（或者其他唯一识别码），应与精确地显示在保存种子细胞库的容器和持照者的记录上的一致。

• 来源和历史。

• 批准的最大传代次数。

• CVB核准该细胞库可用于生产的通知日期以及CVB核准电子邮件编号（如果知道的话）。

• 经核准的主细胞库要注明一种或一种以上可用于外源病原检验（见9CFR113.47）的动物种类。包括批准申请时使用的每个动物品种。

• CVB批准主细胞库可用于生产的通知时的企业名称和执照编号。

• 用此细胞繁殖的产品中的抗原。

2. 鸡胚、组织或原代细胞。使用上述任何一种原材料，必须注明：

• 细胞培养基质的类型。注明鸡胚的日龄（如果适用）。

• 所用的鸡胚应符合兽医局备忘录第800.65号的要求，且在大纲中还必须有符合此备忘录规定的有关文字描述。

• 进行有关试验（包括试验完成的各个阶段以及判断试验符合规定的标准），证实鸡胚、组织和细胞未受污染。

• 每种培养基可以繁殖的抗原。

3. 培养基的组分。对用于生产的每种微生物的培养基，必须包括以下内容：

• 培养基的名称。

• 组分（成分、含量）。在扩增过程中，用于种子扩增的培养基组分可能会受到各种各样的影响，这就要求必须提供个性化的培养基。如果某些成分以允许范围的形式进行表述，则应确保其上、

下限在常规生产的合理使用浓度的范围内。但是，最终用于生产的培养基组分浓度必须恒定。

•贮存条件、温度、保存期。

•培养基的使用方法（如曼海姆溶血菌培养基）。

•豁免（如果有）9CFR113.53（动物源的成分的检验）的情况。

D. 培养用容器的性质、大小和形状

要注明：

•培养系统（如扁瓶、转瓶或生物反应器）。

•容器的适宜尺寸范围。

•容器的材质（如玻璃或塑料）。

•容器的外形（如高直径比或有无挡板等）。

•混合系统的类型。

•搅拌叶轮的类型和数量（如果适用）。

•如何向培养物通气（如果适用）。

•与搅拌系统一起使用的、可确保容器的完整性的密封形式。

•用于容器和罐的封闭系统。

E. 种子培养物的贮存条件

标明基础种子的贮存方法。如果制备的工作种子需要长期保存，还应注明工作种子的贮存方法。

F. 接种悬液的制备方法

注明种子的复苏、扩大培养的方法。

G. 接种的技术

需要说明：

•接种浓度的范围（或感染的多样性）。

•细胞浓度（如果细胞培养与其浓度有关）。

•不同大小和类型的培养容器，及其所需要的培养基体积。

如果传代的类型不同（扩大培养的代次还是用于最终生产的代次），上述参数也就不同，这时需要在Ⅱ.G.1和Ⅱ.G.2中阐述两者的区别。

1. 种子用培养基；

2. 生产用培养基。

H. 每种或每类微生物的培养条件

对每种抗原来说，需要说明：

•培养条件（时间、温度、气压条件）。如果因传代类型不同这些条件也有所不同，则要说明它们之间的区别。

•在培养过程中需要进行的处理（如添加营养液、照蛋）。

•列出过程控制下的关键参数。简要描述如何度量这些参数。

I. 生长特性及其数量，观测是否出现了污染情况

对每种抗原来说，需要说明：

•确定培养过程是否完成的参数（如光密度、产生细胞病变效应的细胞百分数）。

•在培养过程中，评价培养物的纯净性的检验完成情况。

J. 在生产前使用的致弱方法

本节中的"生产前"是指 APHIS 提出基础种子概念出现之前。有关在建立基础种子批之前执行种子微生物的稀释程序请参阅第Ⅰ.A 节。APHIS 不再接受经基础种子连续批次传代后而致弱的培养物。因此，在大多数情况下，第Ⅱ.J 节应写成"不适用"。

Ⅲ. 收获

A. 为了生产目的，去除微生物或组织之前的培养物和培养基的处理和制备。在培养过程已经完成，培养物仍保留在培养罐或系统内的情况下，对其所做的任何处理过程和检验进行描述。如果用鸡胚进行培养，还需要注明死胚是否被丢弃或者分开进行处理。在收获前鸡胚是否经过冷藏处理。

B. 从接种到收获的最短和最长的培养时间。

•注明每次培养的孵化时间。请注意，这不是从首次扩大培养的接种到终产品培养物收获的总时间。

•注明扩大培养至终产品培养之间的培养时间存在的任何差异。

C. 为生产目的收获微生物或组织的技术

描述如何从培养罐中收获微生物，及在生产过程中发生的任何处理过程：

•如果是采用鸡胚培养，要注明收获的部位（如绒毛尿囊膜、胚胎、尿囊液）。

•描述所有研磨或粗滤过程。

D. 可接受的收获材料的标准

包括所有评价性参数（含最低抗原浓度和纯净性）。包括确定培养物是否符合规定的检验或评估方法。如果采用分光光度计测量抗原浓度，则需要注明分光光度计的类型及其使用的波长。

E. 生产中未使用的废弃材料的处理

可接受的废弃材料的处理方法见兽医局备忘录第 800.56 号。如果采用了其中的一种处理方法，则引用该备忘录。应对例外情况需进行充分说明。

F. 其他相关资料

使用本节描述不在另一标题下出现的有关生产

的任何关键信息。

Ⅳ．产品的生产

A. 灭活、致弱或脱毒的方法

• 灭活/脱毒的程序。

• 确认灭活/脱毒完全的检测方法。

• 如果首次检验证明灭活不完全，则要执行其他程序（如果适用）。

• CVB 认可的依据灭活动力学数据而制定的灭活时间和程序的文件。对于在 2013 年之前获得许可的，且没有灭活数据被受理的明确日期的产品，可以将该产品大纲的生效时间作为受理日期。

B. 防腐剂、佐剂或稳定剂的成分

1. 佐剂

• 佐剂的化学成分（和商品名，如果适用）。包括添加到佐剂中的任何抗生素和防腐剂。

• 佐剂的添加比例，说明其浓度的计算方法。

2. 防腐剂

• 如果在配制或组批时添加防腐剂（抗生素和/或其他），要注明防腐剂名称及其实际添加的浓度。不能只引用 9CFR114.10。

• 如果由于上一道工序的影响，终产品中残留了一定量的抗生素或其他防腐剂（如微生物在含有抗生素或硫柳汞的培养基上生长），则要注明有哪些物质残留，并说明他们是在哪个阶段添加的。如果终产品中的抗生素残留量不超过规定的最大量（如 9CFR114.10），即不会引发实质性的风险，就无需评估终产品中残留抗生素或防腐剂的浓度。

C. 浓缩的方法和程度

如果在配制/组批前需要对微生物收获物进行浓缩，则需要注明：

• 证明浓缩必要性的相关标准。

• 浓缩的方法，包括特殊的参数（如离心力或分子筛的规格）。

• 最大的允许浓度。

D. 产品的标准化

如果产品按照抗原浓度进行了标化，则要说明标化的程序及其计算方法。

E. 组批的组合单位

1. 样品

提供典型批次（包括所有组分和添加物）的样品。如果市售产品属于多剂量的（如根据适应证的不同，可按不同剂量进行接种），则按最常用剂量的体积来计算。

2. 平均批量。

3. 最大批量。

4. 其他有关信息。

F. 分装量

包括每种尺寸容器分装量的可接受范围。

G. 最终容器的分装和密封的方法和技术

包括豁免 9CFR114.6 的情况（如果适用）。

H. 干燥，包括水分控制

应包括：

• 从收获至干燥的过程如何处理活的制品，以确保其能维持繁殖能力。

• 干燥的程序。

• 在干燥处理过程中允许的温度范围。

• 干燥处理的允许时间，包括产品在最高温度条件下的最长耐受时间。

• 剩余水分的检测方法（9CFR113.29）。

• 终产品中最大水分残留的百分含量。

I. 在最终容器中，每头（羽）份抗原物质的含量

此节应尽量采用最客观的术语（如灭活前的细胞计数、分光光度或浊度计的读数）描述最低抗原含量情况。避免将抗原含量描述为"足以通过批放行效力检验的抗原含量"或者非标准化的抗原体积量。应反映产品组批时的抗原含量。

Ⅴ．检验

此节要详细描述检验过程的每个步骤，确保即便是仅掌握简单实验室技能的技术人员也能完成检验工作。很多标准的检验要求都属于常规检验范畴（如血清中和试验），因此其详细步骤经常要引用 9CFR 的内容。

联合包装（即可销售的两个或两个以上单独的持照组分的产品，在接种前推荐将这些组分组合到一起使用）的生产大纲中，不应包含第Ⅴ节中所规定的任何检验，因为联合包装产品未经检验。联合包装的大纲应写成"不适用"。不应向读者介绍组分产品的大纲。

A. 纯净性检验

• 说明按照 9CFR113.26 或 9CFR113.27 进行检验所需的培养基的体积。该体积应根据 9CFR113.25（d）和附加检验方法第 903 号规定的防腐剂稀释程序来确定。证明 CVB 接受的用于支持指定培养基体积的防腐剂稀释度的试验。

• 根据产品的组成和生产方法的不同，可能需要进行其他纯净性检验（如支原体检验、沙门氏菌检验、淋巴白血病检验、鸡贫血病毒检验）。对这

些要求的任何豁免情况，必须在生产大纲中加以注明。

B. 安全性检验

• 如果需要进行动物安全性检验，应指定一种一致的接种途径（如皮下注射）。

• 如果根据兽医局备忘录第 800.116 号规定，免于进行动物安全性检验，则要注明豁免的文件，但必须保留对已被豁免的安全性检验的描述。根据兽医局备忘录第 800.116 号规定，有必要取消个别高风险批次产品的豁免权，且应对全部检验进行归档。

• 建议使用产品推荐的或适宜替代的家禽种类对禽类产品进行检验。

C. 效力检验

• 大纲中应包括标签声明的每种抗原成分的效力检验。

• 经常采用特殊纲要对效价测定程序进行逐步的描述。但是，有关效力检验及其说明的关键信息应保留在主生产大纲中，以便在批签发的过程中进行检索。即便使用了特殊纲要，第 V.C 节中还要包括以下内容：

• 当前参考制品的批号（如果适用）和最初的获准日期和有效期。

• 参考品特定批次的具体制备（如工作稀释度）。

• 有效检验的标准。

• 检验结果符合规定的标准（在发放和整个有效期内）。

• 重检的规定（如果适用）。

如果特殊纲要中编写了上述内容，读者就会直接写"产品检验部分参见生产大纲"。因此不要将上述内容复制到特殊纲要中去。

• 注明 CVB 认可的每部分抗原（活的或者灭活的）的关键免疫原性测定和有效性检验。包括用于确定产品效力的动物的日龄、动物的种类和接种途径。如果抗原成分属于活的微生物，还应指定有效批次的滴度。

• 如果进行的多个免疫原性和有效性试验是为了证明某种特定抗原组的声明（例如，在声明的免疫期外还具有短期的有效性，或者声明用于单一病原所引起的不同疾病的综合征），则必须包括每个许可的试验的上述所有信息。

• 如果需要用软件来计算相对效力，软件使用程序应归档在大纲（或特殊纲要）中，或以单独的

标准操作程序的形式提交给 CVB 审查。文件中应包括所有的软件选项和设置，指定数据模型，并注明用以评估相对效力的反应曲线的区域（如果需要）。

D. 水分（如为干燥的）

应在第 IV.H 节描述水分测定的检验程序，以及可接受的标准。在第 V 节只需简单地向用户说明"见 IV.H 节"即可。

E. 其他检验

VI. 预生产步骤

A. 最终容器产品的剂型和大小

最终容器产品的特定组成和名义上的分装量。

B. 代表性样品的取样、保存和提交

• 注明每个取样的生产步骤。

• 按照 9CFR113.3 规定，在灌装过程中进行取样，包括任何有关特别授权提交非 9CFR 规定的部分灌装的样品或数量的适当信息。

• 如果在 APHIS 放行前就要将样品运送给指定的接收人，则必须列出这些已经许可的接收人员名单，及运输的样品的最大数量和容量。说明运送样品前所要求的任何批准性文件。

C. 有效期

• 根据 9CFR114.13 规定，每个产品的有效期应从效力检验的开始日期进行计算。CVB 所说的效力检验的"起始"，是指某批产品第一次效力检验的开始日期。这里所说的"开始日期"是指产品引入检验系统的那一天（产品注入动物体内的第一天，或产品加入体外检验培养板的第一天）。此节可以表述为："从第一次效力检验开始之日起，有效期为（或不超过）××个月"。

• 9CFR114.13 规定必须提供实时的稳定性试验数据以证实产品的有效期是可以接受的。CVB 认可这些数据的文件。如果有效期尚未被证实，就必须表明"正在收集相关数据"。在 CVB 认可这些数据时，更新大纲。

• 如果产品属于联合包装（允许两个或两个以上持照成分进行联合接种），则 VI.C 节可以表述为："根据 9CFR114.13 规定，联合包装产品的有效期为其独立成分产品的有效期中最短的那一个。本联合包装产品是由编码为＿＿＿＿＿＿的已放行产品组成的"。

不要在联合包装产品的大纲中罗列这些成分的有效期。

D. 用法、用量和接种途径

本节应包括：

• 所有经 APHIS 核准的关于产品预防和治疗效果的声明，包括那些目前尚未应用于产品标签的任何声明。这些声明应按照兽医局备忘录第 800.202 号第 4.1 节的规定进行格式化的表述。

• 所有 APHIS 核准的产品的安全性声明（如产品是否可以安全用于孕畜）。

• 使用剂量。

• 可以使用本产品的动物种类。

• 接种途径。

• 首次免疫的剂量和给药的间隔时间。

• 接种动物的最小日龄。

• 接种时间（如果适用）（如在生产前 4～6 周进行免疫）。

• 加强免疫的建议（即在初次免疫以后再次进行免疫）。

• APHIS 核准的免疫持续期（如果适用）。

• 休药期（针对家畜、马和禽类产品）。

• 产品中的所有抗生素，包括可能是微量存在的抗生素。如果在产品组分生产过程中加入了抗生素，但在后续环节渐次降低至最终产品中已无法检测的水平，且 CVB 认可了这些支持性数据，则需要注明 CVB 认可这些数据的日期。

• 产品中的硫柳汞（汞类防腐剂）的含量（无

论是在生产的哪个步骤添加的），除非在下游处理过程中将其降低到无法检测的水平。

• APHIS 要求标注的警告的或提醒注意的声明。

• 特定产品的任何其他使用说明。

很多企业将产品标签上的全部内容放入大纲。虽然没有这方面的要求，但这样做有助于确保产品标签上的所有的要素均包含在大纲内。

E. 生产地点

如果持照者在多个不同的地点（即城市）进行生产，则应注明生产过程的每个步骤通常发生的地点。每个步骤标注一个地点，除非该步骤经常发生在多个地点。这并不排除在生产需要的情况下，将生产转移到其他持照设施内，但是，企业有负责证明，在任何备用地点的人员都进行了充分的培训，以完成正在进行的生产步骤。

在生产大纲更新之前，公司希望保留将生产过程转移到其他持照场所的资格，则应在大纲中进行声明，如下面这种表述：

"如果将上述任何一项步骤移到本企业其他持照设施内，对受影响的批次，我们将在提交 APHIS2008 表时及时通知兽医生物制品中心。该通知将包括受影响批次的识别，及其拟转移操作的设施。"

附录Ⅱ　分段产品的生产大纲编写指南

Ⅰ. 如果某产品仅仅是分段生产的产品的一个组成部分〔如用于再加工的产品（FFM）或含有 FFM 组分的最后使用的产品（FUP）〕，则该生产链上每个产品的生产大纲，只需要在其所涉及的环节上详加阐述即可。

A. 如果某个生产大纲涉及使用 FFM 产品生产的产品，则大纲中关于上游环节（即由 FFM 厂商进行的）的每个环节，只需简单引用 FFM 大纲中的企业设施编号和产品编码，因为 FFM 大纲中已经包含了该环节的详细信息。

B. FFM 大纲中不应涉及产品离开 FFM 企业后的加工情况。FFM 大纲中涉及下游环节的章节统一描述为"不适用"。

Ⅱ. 利用 FFM 组分生产的产品，其生产大纲的第Ⅲ. F 节（其他相关信息）应标明：

A. 每种 FFM 组分的最低可接受的标准。

B. 为确保这些进入的产品符合规定而进行的任何检验。

Ⅲ. FFM 产品生产大纲的第Ⅵ. A 节中应提供以下信息：

A. 每种 FFM 产品的名称（和美国兽医生物制品生产企业的名称，如果适用）。

B. FFM 产品运输容器的类型和大小。

C. 运输条件（包括允许的运输温度范围）。根据产品的稳定性、转运的时间、容器的大小和形状、容器的密封程度以及环境温度，确定产品的适当运输条件。包括运输过程中进行的任何监控程序。

D. 负责在设施之间进行转运的人员。

Ⅳ. FFM 生产商经常会遇到分段生产的产品的批放行检验问题，情况如下：

A. 在 FFM 大纲第Ⅳ. J 节说明由 FFM 生产商完成的任何批放行检验的情况。

B. 当 FFM 生产商完成了批放行检验，应在 FUP 大纲的第Ⅴ节加以说明，说明 FFM 提供者已经完成了该试验，并引用 FFM 大纲第Ⅳ. J 节所述的详细检验过程。但是，FUP 大纲的第Ⅴ节必须包括通常保存在主生产大纲中的附录Ⅰ第Ⅴ.C 节所列的项目（即参考品信息、检验有效性标准、检验符合规定的标准和重检的标准）。

Ⅴ. 如果 FFM 产品属于灭活产品，则必须以 APHIS2008 表的形式上报每批 FFM 产品被确认灭活完全的检验结果。在 FFM 大纲的第Ⅴ节，对灭活验证的报告中，应对灭活确证检验程序、检验有效性标准、结果符合规定的标准、CVB 受理的日期以及 CVB 邮件记录编号（如果知道的话）加以描述。对在 2013 年之前获得产品执照的，且没有灭活数据被受理的明确日期的，则可将大纲生效的日期作为受理日期。

（刘　燕译，杨京岚校）

兽医局备忘录第 800.207 号：一般注册要求，产品发执照前的靶动物安全性（TAS）试验——VICH 指南第 44 号

2010 年 7 月 6 日

第 800.207 号兽医局备忘录

发送对象：兽医局管理人员
　　　　　兽医生物制品中心主任
　　　　　兽医生物制品持照者、持证者和申请者
签 发 人：John R. Clifford
　　　　　兽医局副局长
主　　题：一般注册要求：产品发执照前的靶动物安全性（TAS）试验——VICH 指南第 44 号

Ⅰ. 目的

根据联邦管理法规第 9 卷（9CFR）第 102.5 和 104.5 部分规定，本备忘录在安全性试验的设计和执行方面为兽医生物制品的持照者和持证者提供指导，以支持他们进行美国兽医生物制品执照或美国兽医生物制品分发与销售许可证的申请。本指南的范围仅限于发执照前的研究，以及为支持新的和/或修改后的标签声明而进行的适用的安全性试验。

尽管本指南代表的是关于 TAS 的当前的政策，但是其未授予任何人权利，也不对 APHIS 或公众造成约束。如果某种方法满足现行的法规、规章或两者的要求，则可以替代本方法。

Ⅱ. 背景

颁发美国兽医生物制品执照或美国兽医生物制品分发与销售许可证要求进行靶动物安全性试验。本备忘录在这些试验的设计和执行方面为兽医生物制品的持照者和持证者提供指导。此外，我们还附上了另一个指南（标题 GL-44），该指南包含了兽医药品注册技术标准要求国际协调合作部门（VICH）有关靶动物安全性试验的建议。

VICH 标题 GL-44《兽医活疫苗和灭活疫苗的靶动物安全性试验》已经被作为进行兽医活疫苗和灭活疫苗的靶动物安全性试验的国际标准，并代表着有关兽医生物制品靶动物安全性数据产生和提交方面当前 APHIS 的政策。

提供本文中所包含的建议的有助于编写实验室安全性试验和田间安全性试验的试验方案。根据产品与产品的不同，有些建议的试验可能是不必要的，和/或为了解决具体的安全问题可能需要进行本文中未描述的其他的试验。如果您对某些试验是否适当存在疑虑，请与兽医生物制品中心-政策、评审和执照管理部门联系。

具体的靶动物回传试验和田间安全性试验进一步的详细指导，分别见兽医局备忘录（VSM）第 800.201 号和第 800.204 号。

Ⅲ. 指南

A. 概述

1. 证明为颁发执照而提出的生物制品的 TAS 需要的具体信息由多种因素决定，包括建议的用药方法和剂量、生物制品的类型、佐剂的性质、辅料、声明、同类产品以前使用的历史情况、动物种属、动物类别和品系。

2. 通常，联苗安全性试验数据可以用来证明含较少抗原和/或佐剂成分的疫苗的安全性，前提是每种情况下其余的成分相同，仅是抗原和/或佐剂成分的数量有所减少。

3. 必须对不良事件进行描述，并将其列入最终报告，并尝试确定不良事件的因果关系。

4. 应在实验室条件下进行 TAS 试验，并根据实验室质量管理规范的原则进行管理。

5. 动物在种类、年龄、体重/大小和类别方面应适合拟建议采用的生物制品的试验目的。经过处理的动物和对照动物（如果使用的话）应用相同的方式管理。畜舍和饲养管理应足以满足试验的目的，并符合当地的动物福利规章。有必要减少或消除试验中的痛苦。建议对垂死的动物进行安乐死和尸体剖检。

6. 在实验室试验中，通过采用描述性统计学方法处理数据，最佳地说明安全性的情况。

B. 实验室安全性试验

1. VICH GL44 提供有关活疫苗发照方面的指导，以便通过诱导疾病特异性体征或病变保留残余的致病性。VICH GL44 中包含的关于这些活疫苗过量用药试验方面的指导属于发照前研究的范畴。要注意 9CFR113.39、113.40、113.41、113.44 和 113.45 中定义的本动物过量用药安全性试验描述，是为进行批放行而在成品上进行的试验。大多数情况下，在发照前进行批检验时，这些试验将满足计划在美国经销的用于猫、犬、牛、猪和羊的产品的过量用药安全性试验的要求。

2. VICH GL44 还描述了对靶动物物种进行的一次剂量和重复剂量试验。大多数情况下，现场安全性试验的成功完成将满足计划在美国经销的产品的这一要求。

C. 生殖安全性试验

1. VICH GL44 提供了关于饲养动物使用的产品的发照前安全性试验的指导。如果未进行生殖安全性研究，则标签上必须含有排除声明，除非能提供对饲养动物无风险的科学依据。

2. 可以在 VSM800.100 中查阅关于包含牛传染性鼻气管炎和/或牛病毒性腹泻病毒的改良活牛疫苗的更多指导。

D. 田间安全性试验

1. VICH GL44 提供了关于发照前田间安全性试验的指导。如果参与 VICH 的地区之间的疫病和饲养管理情况类似，则可以用国际数据支持田间的安全性，只要申请批准的地区内收集了最小比例的该地区的主管部门接受的数据即可。对于计划在美国经销的产品，在参与 VICH 的地区收集的数据将被认可替代一个美国的地理位置，前提是确定饲养管理条件可与美国的饲养管理条件相媲美。

2. 可以在 VSM800.204 中查阅关于田间安全性试验的更多指导。

附录Ⅰ　兽医活疫苗和灭活疫苗对靶动物的安全性

2008 年 7 月 VICH 指导委员会将其纳入 VICH 流程的第 7 步，
并于 2009 年 7 月实施

本指南由适当的 VICH 专家工作组按照 VICH 流程经各方协商制定。在流程第 7 步的最终
草案建议欧盟、日本和美国的监管机构予以采纳

目　录

1. 引言

提交靶动物安全性（TAS）数据是参与VICH的地区兽医活疫苗和灭活疫苗的注册或发照的要求。国际协调将使不同国家的监督机构进行独立试验的需求最少化。适当的国际标准将通过在可能的情况下避免重复的TAS研究来降低试验和研发的成本。由于取消在各个地区内重复类似的试验，对动物的需求更少，所以更加有益于动物福利。

本指南按照VICH原则制定，并将为政府的监管机构提供统一的标准，以便有关主管部门易于对TAS数据进行相互认可。我们大力提倡采用此VICH指南来支持在本地区经销的产品的注册，但最终是否采用完全取决于本地监管机构的决定。此外，当有科学合理的理由使用替代方法时，可不必遵循本指南。

1.1　目的

本指南确立了已投放市场的、用于靶动物的兽医活疫苗和灭活疫苗（研究用兽医疫苗，IVV）安全性的已商定的试验行为准则和建议。

1.2　背景

成立了VICH TAS工作组，以制定满足主动参与该地区IVV注册的法规要求的国际协调指南的大体建议。按其性质，本指南提出了大多数（但不是全部）的可能性。本指南中所含的一般原则，有助于制定TAS试验方案。

重点要强调的是，数据的国际认可仍是VICH的基本原则。

1.3　范围

本指南的目的是涵盖IVV（包括在以下物种中使用的基因工程产品）的安全性试验：牛、绵羊、山羊、猫、犬、猪、马和家禽（鸡和火鸡）。作为批准后批签发要求的一部分，本文件未涵盖已进行的TAS试验。小物种动物使用或少量使用的产品可免除当地注册的这项要求。本指南将不提供在其他物种（包括水生动物）中进行TAS试验的信息。对于其他物种的TAS试验，应遵循国家或地区的指导。根据申请授权的地区的不同，可能会对基因工程产品有其他要求。

本指南中未考虑免疫调节剂。在研发期间，使用靶动物对动物的安全性进行评价。评价目的是确定拟注册疫苗的剂量的安全性。因此，本指南仅限于靶动物的健康和福利。不包括对人类健康产生的影响的食品安全性或环境安全性的评估。

本指南对用于IVV靶动物安全性评价方法的

国际协调和标准化做出了贡献。提供本指南是为了帮助发起人编写实验室条件下和有关田间试验中（会使用大量动物）进行的TAS试验方案。所有的试验可能都不需要。对于某些IVV，可能有必要进行本文件中未规定的其他试验和有关靶动物接种疫苗的特殊安全性所必须的研究。因此，本文件中未指明的具体的其他信息可由发起人与监管机构沟通后确定。

对毒力返强的指导，见单独的VICH指南（GL41）。

1.4　一般原则

证明IVV的靶动物安全性需要的信息由多种因素决定，如推荐的接种方法和剂量、IVV的类型、佐剂的性质、辅料、声明、同类产品以前使用的历史情况、动物种属、动物类别和品系。

通常，联苗安全性试验数据可以用来证明含较少抗原和/或佐剂成分的疫苗的安全性，前提是每种情况下其余的成分相同，仅是抗原和/或佐剂成分的数量有所减少。在一些地区，此方法可能不适用于田间安全性试验。在这种情况下，必须对拟注册最终配方的每种抗原/佐剂的组合进行试验。

必须对不良事件进行描述，并将其列入最终报告，并尝试确定不良事件的因果关系。

1.4.1　标准

应在实验室条件下进行TAS试验，并根据实验室质量管理规范（GLP）的原则进行管理〔如经济合作与发展组织（OECD）〕，且田间安全性试验应符合VICH的临床质量管理规范（GCP）的原则。

1.4.2　动物

IVV使用的动物种类、年龄和类别应适合试验的目的。经过处理的动物和对照动物（如果使用的话）应用相同的方式管理。畜舍和饲养管理应足以满足试验的目的，并符合当地的动物福利规章。应让动物适应试验的气候和环境条件。有必要减少或消除试验中的痛苦。建议对垂死的动物进行安乐死和尸体剖检。

1.4.3　IVV和接种途径

如本文件后面所述，IVV及其接种的途径和方法应适用于每种类型的试验。

1.4.4　试验设计

如果发起人所进行的试验与本文件中规定的不同，则发起人可以进行文献检索，并将这些结果与任何初步试验的结果结合起来，证明任何替代的TAS试验设计的合理性。评价疫苗安全性的基本参数是疫苗接种的局部和全身反应，包括动物接种部位的反应及其程度和对动物的临床观察。如果适用，评价疫苗对生殖的影响。

可能要求进行特殊试验，如血液学、血液化学、尸体剖检和组织学检查。除另有规定外，如果在动物的一个子集中进行这些试验，则在试验开始前，以足够的取样率随机选择这些动物，以免产生偏差。如果发生意想不到的反应或结果，则应选取适当的样品用于确定所观察到的问题的原因（如果可能）。

应尽可能对试验中采集数据的工作人员遮挡处理的标识（设盲），以尽量减少人为偏见的影响。不要求对病理学家隐瞒 IVV 的类型和可能出现的临床反应，但是要遮挡处理组的标识。应用被认可的程序对组织病理学数据进行评估〔例如，Crissman 等，《毒理病理学》，32（1），126～131，2004〕。

1.4.5　统计学分析

在实验室试验中，通过在数据中采用描述性统计法最佳地提出安全性结论。列表和描述性文字是数据总结的常见方法。但是，用模式图演示处理动物和个体动物出现的不良事件也可能是很有价值的。在田间试验中（如果适用），应按照被分析的反应变量的性质和试验设计，选择统计模型的一般形式和模型中要包含的因素。无论选择何种方法，均应对统计评估所用的过程和步骤进行描述。应清楚地提供数据分析的结果，以易于进行潜在的安全问题的评价。应选择术语和表述方法来澄清结果并加快解释。

尽管对处理组之间的无差异假设可能有兴趣，但是试验设计的限制限定了这些试验的统计学强度和差别对待的能力。在这种情况下，单凭统计学分析可能检测不到潜在的不良反应，并为安全提供保证。统计学上差异显著的试验不一定表明存在安全隐患。同样，差异显著的试验也不一定表明不存在安全隐患。因此，应根据统计原则对试验结果进行评估，但是应按照兽医医学的考虑进行解释说明。

2. 指南

利用实验室和田间试验确定 IVV 对靶动物的安全性。对于活疫苗和灭活疫苗，在 IVV 的研发阶段，收集到的与 IVV 的安全性有关的任何数据均应根据所进行的试验进行汇报。可以利用这些数据支持 TAS 实验室试验设计和确定要检查的临界参数。

在开始进行田间试验前，将实验室安全性试验设计为评估靶动物安全性的第一步，其提供了基本的信息。实验室安全性试验的设计将根据产品的类型和待检产品预期用途的不同而不同。

2.1　实验室安全性试验

2.1.1　活疫苗的超剂量接种试验

对于通过诱导疾病特异性体征或病变而保留残余致病性的活疫苗，应进行活疫苗成分的超剂量试验，作为微生物作为疫苗株的可接受性的风险分析的一部分。应使用中试批次或生产批次进行试验。按照所提交的申请的最大放行滴度的 10 倍剂量接种。在未规定许可的最大放行滴度的情况下，则应以最小放行滴度的合理倍数（考虑确保适当安全性范围的需要）进行试验。如有例外，应证明其科学性。除另有规定外，通常每组选用 8 只动物。如果活疫苗的稀释剂中含有佐剂或其他成分，则应在拟定注册文件中提出 1 个接种剂量的体积量和浓度的建议并说明理由。如果在 1 个剂量的体积中不能溶解 10 倍的抗原滴度，则应采用 2 倍剂量或足以达到溶解目的的其他最小体积的稀释液进行。如果证明所要求的剂量体积或靶动物种类合理，则接种物可通过多个注射部位进行接种。

通常不需要对其他疫苗进行超剂量接种试验。

总之，应使用标签上推荐的最易感的类别、年龄和性别的每种靶动物。应使用血清学反应阴性的动物。如果未合理获得血清反应阴性的动物，则应证明替代的动物是合理的。如果规定所涉及的产品有多个接种途径和方法，则建议通过所有途径接种。如果已经证明某个接种途径会导致最严重的影响，则可以选择这种单一途径作为试验中使用的唯一途径。如果适用，用安全性试验（特别是超剂量的安全性试验）中所使用的批次的滴度或效价作为构建批放行的最大放行滴度或效价的依据。

2.1.2　单剂量和重复剂量接种试验

对于一生仅需接种一次单剂量的疫苗或仅用于基础免疫的疫苗，应按照基础免疫的方法使用。对于在单剂量接种或基础免疫后还需进行加强接种的疫苗，应按照基础免疫加上追加剂量接种的方法使用。为方便起见，推荐的接种之间的间隔可以缩短到至少 14d。

应使用含有最大放行效价的 IVV 中试批次或生产批次进行单剂量/重复剂量试验的评估，或者如果未规定许可的最大放行效价，则应使用最小放行效价的合理倍数进行。

除另有规定外，通常每组选用 8 只动物。总之，应使用标签上推荐的最易感的类别、年龄和性别的每种靶动物。应使用血清学反应阴性的动物。

如果未合理获得血清反应阴性的动物，则应证明替代的动物是合理的。如果规定所涉及的产品有多个接种途径和方法，则建议通过所有途径接种。如果已经证明某个接种途径会导致最严重的影响，则可以选择这种单一途径作为试验中使用的唯一途径。

2.1.3　数据收集

每次接种后，一般的 IVV 类型和动物种类适合每天进行临床观察，连续观察 14d。此外，在此观察期内，还要以适当的频率记录其他相关标准（如哺乳动物的直肠温度）或性能检测。应对整个期间的所有的观察进行记录。在每次 IVV 接种后至少 14d 内，应每天通过观察和触诊或按照其他合理的间隔时间对注射部位进行检查。如果在 14d 的观察期结束时注射部位出现不良反应，则应延长观察期，直至出现可接受分辨率的临床损伤，或直至动物被安乐死并进行组织病理学检查（如果适用）。

2.2　生殖安全性试验

如果数据表明衍生产品的起始材料可能存在风险因素，则必须考虑进行繁殖动物的生殖能力检查。要求进行与田间安全性试验（详见 2.3）相对应的实验室试验来支持其在繁殖动物中使用。如果未进行生殖安全性试验，则标签上必须含有排除声明，除非提供在繁殖动物中使用 IVV 无风险的科学论证。实验室试验和田间安全性试验的设计和范围将根据所涉及的微生物的类型、疫苗的类型、分娩的时间和途径及所涉及的动物种类而确定。

为检查生殖的安全性，根据疫苗的接种计划，取适于试验目的动物接种至少推荐剂量的疫苗。如果规定所涉及的产品有多个接种途径和方法，则建议通过所有途径接种。如果已经证明某个接种途径会导致最严重的影响，则可以选择这种单一途径作为试验中使用的唯一途径。除另有规定外，通常每组选用 8 只动物进行试验或生产批次的检验。应在适当的时间内对动物进行观察，以确定生殖的安全性，并按照 2.1.3 规定进行日常安全性观察。如有例外，应证明其合理性。应包括对照组。

推荐在怀孕的动物中使用的疫苗，必须按照标签上推荐使用的每个妊娠期进行检测。如果妊娠期内未进行检测，则需要有排除声明。观察期必须延长直至分娩，以检查妊娠期内或对仔代产生的不良影响。如有例外，应证明其合理性。

如果有科学保证，可能需要进行其他的试验来确定 IVV 对精液的影响，包括精液中活微生物的脱落。观察期应与试验的目的相适应。

对于后备蛋鸡或开产母鸡推荐使用的 IVV，试验设计应包括对适合于免疫母鸡的类别的参数进行评估。

2.3　田间安全性试验

如果参与 VICH 的地区之间的疫病和饲养管理情况类似，则可以用国际数据支持田间的安全性，只要申请批准的地区内收集了最小比例的该地区的主管部门接受的数据即可。发起人负责确保田间试验应在具有申请授权地区代表性畜牧业管理条件下进行。在进行试验前必须获得当地授权。建议在试验之前与区域管理当局就试验设计进行协商。

如果标签指明可用于繁殖动物，则需要进行适当的田间安全性试验，以证明在田间条件下 IVV 的安全性。

2.3.1　动物

动物应在拟定标签中规定处理的年龄范围/类别内。可以考虑血清学状态。如果可能，应包括阴性对照组和阳性对照组。

处理动物和对照动物应以相同的方式进行管理。畜舍和饲养管理应足以满足试验的目的，并符合当地的动物福利规章。

2.3.2　试验地点和处理

推荐在两个或多个不同的地理位置进行试验。应使用推荐的接种剂量和途径。应用有代表性批次的 IVV 进行试验。有些地区可能需要用一批以上的产品进行田间安全性试验。

2.3.3　数据收集

应在适于 IVV 的一段时间内进行观察，对不良事件进行归档，并将其列入最终报告，并尝试确定不良事件的因果关系。

3. 词汇表

不良反应（adverse effect）：怀疑与 IVV 有关的不良事件。

不良事件（adverse event）：在使用 IVV 后发生的，任何观察到的不利的和非预期的反应，无论是否认为与产品有关。

类别（class）：以生殖状态和/或使用（奶牛与牛肉、肉鸡与蛋鸡）等因素为特征的靶动物种类的子集。

用量（dosage）：IVV 剂量的数量，包括指定疫苗的体积或效价（mL）、接种频率和持续时间。

田间安全性试验（field safety study）：在实际的市场条件下，使用 IVV 按照标签指定的方法进行临床试验，对有效性和/或安全性进行评估。

临床质量管理规范（good clinical practices，GCP）：临床试验的设计、实施、监测、记录、审核、分析和报告的标准。遵照此标准可以确保数据和所报告的结果是完整、正确和准确的，可以确保试验中所涉及实验动物的福利和试验人员的安全性，可以保护环境及人和动物的食物链。

实验室质量管理规范（good laboratory practices，GLP）：是非临床试验的设计、实施、监测、记录、审核、分析和报告的标准。遵照此标准可确保数据和报告结果完整、正确和精确，确保试验中所涉及实验动物的福利和试验人员的安全，保护环境、人和动物的食物链。

研究用兽医疫苗（investigational veterinary vaccine，IVV）：在临床或非临床试验中被评价的活疫苗或灭活疫苗，研究接种或应用后，对动物的任何保护、治疗、诊断或生理影响。

遮挡/设盲（masking/blinding）：使指定的试验人员对处理分配情况不明，从而减少潜在人为偏见的程序。

最大放行效价（maximum release potency）：放行时允许的预计最大抗原含量，用适合于IVV的单位表示。

最大放行滴度（maximum release titer）：放行时每个使用剂量允许的预计最大活的微生物的数量，通过安全性试验来验证。

最小放行效价（minimum release potency）：放行时允许的预计最小抗原含量，用适合于IVV

的单位表示。

最小放行滴度（minimum release titer）：放行时每个使用剂量允许的预计最小活的微生物的数量，通过有效性和稳定性试验来验证。

阴性对照（negative control）：未处理或接受赋形剂、安慰剂或假处理的健康的动物。

中试批次（pilot batch）：按照完全有代表性的程序制造并模拟商业化规模使用的一批IVV。除生产规模外，细胞扩增法、收获法和产品纯化法应相同。

阳性对照（positive control）：接种同类疫苗的健康动物，通常已在进行试验的国家注册。该产品由公司（发起人）选择，并与待检IVV所声明的疫病和靶物种类相同。

生产批次（production batch）：在预期的生产设施中用申请中描述的方法生产的一批IVV。

方案（protocol）：全面描述试验的目的、设计、方法、统计考虑事项和组织的文件。由进行临床试验的试验人员（或GLP试验的试验主管）和委托方签署文件和日期。本方案还可以写明研究的背景和理论基础，但是这些内容可以在其他的试验方案参考文件中提供。本术语包括所有方案的修订版本。

残余的致病性（residual pathogenicity）：对特定靶动物经特定的接种途径接种已致弱的病毒或细菌，导致免疫动物出现临床症状或病变，或者导致免疫动物体内微生物的持续存在/潜伏的潜在能力。

（刘　博译，杨京岚校）

兽医局备忘录第800.208号：出口产品的专用标签

2010 年 10 月 21 日

第 800.208 号兽医局备忘录

发送对象： 兽医局管理人员

兽医生物制品中心主任

兽医生物制品持照者、持证者和申请者

签 发 人： John R. Clifford

副局长

主　　题： 出口产品的专用标签

Ⅰ. 目的

本文件为兽医生物制品的持照者、持证者及申请者申请 USDA 持照兽医生物制品出口专用标签

的许可提供指导。

Ⅱ. 背景

USDA 发照的兽医生物制品的标签要求见

9CFR 第 112 部分。在持照企业制备的每种生物制品必须按照本文件的规定进行包装和贴签。

但是，由于美国动植物卫生监督署（APHIS）的发照和贴签要求与国外的监管机构可能接受的发照和贴签的要求不同，所以适用于计划在国内分销的产品的某些标签要求，可能不能反映出在美国生产但出口到国外的产品所需标注的信息。在这种情况下，APHIS 可能按照 9CFR112.2（e）的规定，批准在拟出口到国外的生物制品上使用专用标签。本文件为申请出口产品的专用标签的许可提供指导。

Ⅲ. 指南
A. 概述

为了向国外出口产品而申请专用标签许可的公司，必须提交建议的专用标签的复印件，及证明进口国批准的文件。该文件可采用多种不同的形式，因为国家确认批准的典型方法可能因国与国的不同而不同。

文件的要求可能取决于进口国对兽医生物制品的监管能力。证明文件不应由非政府机构或个人出具，证明文件应为英文，或者公司必须提供英文翻译。

B. 限制

在符合以下限制条件后，专用标签可获批准：

1. 在持有 USDA 执照的企业内，按照 APHIS 备案的生产大纲生产的持有美国兽医生物制品执照的产品，可以批准使用专用标签。例如，监管兽医生物制品的能力已经得到论证的外国监管机构批准的产品允许有不同的有效期。如果此外国监管机构批准的产品标准与 USDA 公布的标准不同（如效力放行值），制造商可利用 1996 年《FDA 出口改革与强化法案》（见兽医局备忘录第 800.94 号）中规定的出口途径，或根据以前发照产品按照新的 USDA 产品代码申请一个"仅供出口"的产品执照。

2. 备案的生产大纲所包含的标签信息将反映已经 CVB 审查并批准的声明和其他信息。这并不能防止被批准的专用标签的内容和格式与美国的标准不同，但是，应尽量减少每次遇到需要新的国外标签而对大纲进行的变更。

3. 如果该产品的标签是按照与国内规定相违背的"专用标签"条款批准的，并对 USDA 未批准的那些支持数据提出声明，那么这些产品将不会携带美国企业的编号。贴有特殊标签的产品应装在标有"仅供出口"（或等效的声明）的容器内，并且不能转运到国内使用。

如果需要，根据进口国要求，可以给产品加上外壳或在到达最终目的地时加上。如果进入出口市场的产品的使用、声明等符合所有美国规章的标准，那么在其标签上会有美国企业的编号。

4. CVB 将按照国内分销产品的 APHIS 备案生产大纲的规定，对带有许可的专用标签的产品进行批放行检验。在放行时，必须证明产品符合美国的检验标准要求。为满足国外规章的要求而申请进行的替代的效力检验或特定的检验程序可以不提供，且这种检验可不在生产大纲中规定。CVB 也不对公司为满足国外规章的要求而申请进行的替代的效力检验或特定的检验程序进行审查或认证。

5. 如果对 USDA 监管权限以外的专用标签进行声明，则制造商负责确保其满足任何适用的规章。

6. 专用标签可以显示进口国所要求的注册信息证明（注册编号、进口商的地址等），前提是不会以表明经销商即是产品制造商这种方式使用这些信息。允许使用附属公司的名称和地址。

7. 如发现制造商滥用专用标签，可能会取消或拒绝该制造商对此类的豁免申请。

对这些专用标签的规定，并不意味着取代了过去可能使用的、为出口标签提供更多灵活性的方法或权力。其意是用来满足这些需求的附加工具。

（刘　博　商云鹏译，杨京岚校）

兽医局备忘录第 800.209 号：通过初乳抗体效价认定牛冠状病毒和轮状病毒基础参考品的资格

2010 年 12 月 8 日

第 800.209 号兽医局备忘录

发送对象： 兽医局管理人员

兽医生物制品中心主任

兽医生物制品持照者、持证者和申请者

签 发 人：John R. Clifford

兽医局副局长

主　　题：通过初乳抗体效价认定牛冠状病毒和轮状病毒基础参考品的资格

Ⅰ. 目的

本备忘录的目的是告知感兴趣的各当事人，如果初乳的抗体效价与新生犊牛被动免疫有效性之间存在良好的相关性，那么兽医生物制品（CVB）中心将允许根据初乳的抗体效价对含有灭活牛冠状病毒（BCV）和牛轮状病毒（BRV）的疫苗的批放行所用的基础参考品的资格进行审核。

Ⅱ. 背景

体外相对效力测定依赖于使用效力与有效性具有相关性的基础参考品。对于基础参考品获得资格（参考品资格认定）或重新获得资格（参考品资格的再认定）的试验，通常用靶动物的免疫攻毒试验进行。要求对含有 BCV 和 BRV 抗原的疫苗（计划使用体外效力测定进行批放行的）中的每种病原体进行免疫攻毒试验。这些试验分三个阶段进行：①接种妊娠牛；②给新生犊牛饲喂初乳；③用一种病原体对新生犊牛进行攻毒。有时候，这种攻毒模型系统可能无法很好地模拟田间的条件，因为新生儿腹泻的发病机制通常涉及不止一种病原体。这些试验也因缺少 BCV 和 BRV 阴性的成年牛而变得较为复杂。因此，采用试验的攻毒模型进行的试验结果很难再现。

用 BCV 和 BRV 疫苗接种牛，与食用非免疫牛初乳的犊牛相比，食用免疫牛初乳的犊牛的免疫力升高。保护性机制是由于（部分由于）初乳中含有直接抵抗致病病原的高水平抗体引起的。因此，效力与疫苗的有效性具有相关性，且效力体现在免疫母畜初乳中的抗体水平。有理由相信，初乳中特异性抗体的水平与新生犊牛的充分保护有关。

Ⅲ. 措施

A. 效价-反应的相关性

如果抗特异性病原的初乳效价与抗病原攻毒的特异性反应之间存在功能效价-反应的相关性，那么 CVB 将考虑根据初乳的抗体效价认定/再认定 BCV 和 BRV 基础参考品的资格。功能效价-反应相关性系指根据初乳效价以合理的精确度预测反应的概率。

B. 试验设计

效价-反应相关性必须根据以此为目的设计的试验而测定，且应详细说明主要结果是根据疾病的定义（攻毒后将牛归类为发病或不发病），还是根据明确测量疾病的严重程度而得来的。初乳的抗体效价必须是一个范围，从与低效力有关的效价至与高效力有关的效价。这可能需要用含有已知抗体含量的初乳，按照实验配方配制的混合物。制备时可以用免疫牛的初乳稀释未免疫牛的初乳。

C. 要求的效价

如果存在效价-反应相关性，且效价和反应在适当的范围内，则可以估算功能相关性的统计模型。然后用此模型预测与具体的抗体效价有关的反应概率。要求的效价为免疫牛攻毒后不发病的预期概率为 80%（ED_{80}）的效价。必须以足够的精确度估算 ED_{80}，以使其置信区间不大于 35%。

D. 基础参考品的资格认定或再认定

用至少 20 只免疫动物进行试验。在试验期间，取 5 只动物作为哨兵动物对暴露情况进行监测。不要求免疫-攻毒试验中使用的牛为 BCV 和 BRV 血清反应阴性的牛。在试验中，根据初乳抗体水平进行参考品的资格认定或再认定，动物的血清学状况应与在确立效价-反应相关性的免疫——攻毒试验中使用的动物的血清学状况相同。

1. BRV。如果有至少 80% 免疫牛的初乳的抗体效价达到或超过 ED_{80}，则该 BRV 基础参考品的资格可以被认定或再认定。

2. BCV。通常很难将因疫苗中存在的其他抗原而造成的 BCV 特异性效价-反应相关性的作用区分开来，这使得对 BCV 效价-反应相关性的评估复杂化。

如果 BRV 效价-反应相关性已经具有典型特点，且已经证明被动免疫犊牛对 BCV 攻毒具有较高的保护水平，那么 CVB 将会考虑批准根据 BCV 初乳效价进行参考品的资格认定的申请。如果该申请获得批准，那么 BCV ED_{80} 将是在关键效力试验中观察到的 BVC 初乳抗体效价分布的 80%。

E. 抗体滴定试验

检测初乳中抗体水平所用的滴定方法或定量方

法，必须按照兽医局备忘录第 800.112 号进行验证。

Ⅳ. 范围和实施

作为靶动物攻毒的替代方法，本政策对 BRV 和 BCV 抗原立即生效，并适用于现有的持照产品、持照前阶段的产品和未来的产品。

（刘　博译，杨京岚校）

兽医局备忘录第 800.210 号：生物制品轻微温度偏离

2010 年 12 月 22 日

兽医局备忘录第 800.210 号

发送对象：兽医局管理人员
　　　　　兽医生物制品中心主任
　　　　　兽医生物制品持照者、持证者和申请者
签 发 人：John R. Clifford
　　　　　兽医局副局长
主　　题：生物制品轻微温度偏离

Ⅰ. 目的

本备忘录旨在给持照者和持证者对生物制品在生产、检验、保存或运输过程中出现轻微温度偏离时提供指南。这些处理程序适用于除含狂犬病毒之外的所有产品。

Ⅱ. 背景

联邦法规第 9 卷（9CFR）第 114.11 部分规定，在任何时候都要保护生物制品，以免造成不当的保存或处理。兽医生物制品中心（CVB）认为，在生物制品的生产、检验、保存或运输过程中可以出现轻微的温度偏离。轻微的温度偏离系指级别上比较小的和/或持续时间比较短的偏离，该偏离可被科学理论论证实对产品无实质性影响。为了确保所有产品的生产符合 APHIS 的标准，当发生轻微温度偏离时应遵循以下处理程序。

Ⅲ. 程序

A. 持照者和持证者有责任对温度偏离的严重程度或持续时间是否已对产品或产品的检验造成不良影响进行评估，并提供评估结论的科学依据。该文件由持照者/持证者保留，并由 CVB 按要求进行审查。

1. 在向 APHIS 提交样品之前，决定用何种方式处理温度偏离事件无需通知 CVB，但应按以下方式处理：

a. 被判为不符合规定或不符合预期的产品，应按照 9CFR 第 114.15 规定处理。

b. 有轻微温度偏离但仍被判为符合规定的产品，按符合规定的产品予以放行。

c. 检测结果被判为有效，尽管轻微的温度偏离可被用于确定产品放行的合格性。

2. 在向 APHIS 提交样品之后，如发现有温度偏离事件，应按以下方式处理：

a. 如果温度偏离较小且被判为没有不良影响时，无需通知 CVB。

b. 如果温度偏离被判为有或可能有不良影响时，持照者/持证者需在 3 个工作日内通知 CVB，并提供有关情况及按照 9CFR 第 116.5（b）采取措施（如果有）的信息。

B. 持照者/持证者保存的文件应包括：

1. 关于温度偏离的详细总结，包括根本原因分析。

2. 研究报告和所有文件（包括检验文件）的复印件，用于支持产品/检验的安排。

3. 纠正及预防措施，包括有效性的审查过程。

C. 未能充分记录和/或调查一个被认为是次要的偏离，有可能导致以下一个或多个结果：

1. APHIS 授权进行监管活动。

2. 涉及未经署长事先审查的任何温度偏离，撤销持照者或持证者决定产品或检验最终处理方式的资格。

（朱元源译，李　翠　夏应菊校）

兽医局备忘录第 800.211 号：基础参考品的
资格认定和资格再认定指南

2011 年 6 月 28 日

兽医局备忘录第 800.211 号

发送对象：兽医局管理人员

兽医生物制品中心主任

兽医生物制品持照者、持证者和申请者

签 发 人：John R. Clifford

副局长

主　　题：基础参考品的资格认定和资格再认定指南

Ⅰ. 目的

本备忘录旨在鼓励为了新产品研发和修订以前持照产品的基础参考品的保存期而精心设计和严格验证试验。

Ⅱ. 背景

用于兽医生物制品批放行检验的许多相对效力检验都是以反应试验为基础的。因此，要求定期通过靶动物免疫-攻毒试验对这些试验中所用的参考制剂进行资格认定。免疫攻毒试验耗费时间并耗费资源。持照者用于维护以前持照产品投入的时间和资源，限制了针对新产品研发而改进的试验。联邦法规第 9 卷（9CFR）第 118.8（d）（2）节规定，"用于测定相关抗原含量的参考品批次应标明最初的有效期，其等同于产品的有效期或 APHIS 认可的数据支持的有效期⋯⋯如果基础参考品的最低效力高于对本动物提供保护力所需的最低水平，那么根据 APHIS 认可数据的支持，这些基础参考品及其工作参考品的有效期可以延长。"

为了促进发展新产品研发而精心设计和严格验证试验，本文件提出了指导方针，目的是尽量减少对以前持照产品效力检验所需参考品的维护和资格认定，可接受通过描述支持的数据类型来延长 2011 年 1 月 1 日之前获得许可产品的基础参考品的保存期限。此外，本文件定义了新的基础参考品的资格认定或现有基础参考品在有效期满后延长有效期的资格再认定的标准要求。

Ⅲ. 范围

本文对相对效力检验用基础参考品的要求进行了概述。其适用于通过体外的、动物血清学的和实验室动物攻毒的方法进行的灭活疫苗和菌苗的批放行检验。本文件将产品分类为 2011 年 1 月 1 日前批准的产品和 2011 年 1 月 1 日后批准的产品，并对每类产品进行具体指导。其适用于除含有重要抗原（如潜在含有外来动物的受监控的疫病或人畜共患病）的所有产品。

Ⅳ. 指南

基础参考品的资格认定和再认定指南见本备忘录的附录。

附　录

1. 基础参考品的资格认定和再认定指南

用于 2011 年 1 月 1 日之前注册产品批放行的基础参考品的资格认定和再认定的指南，可继续用于批放行或用于建立新的工作标准物质，如果自资格认定之日起，用于效力检验的基础参考品的反应没有显著变化，则由该基础参考品制备的工作标准物质可用至其自最初的资格认定之日起 15 年或自 2011 年 1 月 1 日起认定之日后的 10 年。本文将对哪些产品会受到影响、如何确定基础参考品发生了变化、这类评估的频率，及必须提交给兽医生物制品中心（CVB）的信息类型进行描述。

2. 产品分类

2.1　以前批准的产品

这类产品包括 2011 年 1 月 1 日之前批准的所有持照产品或持证产品。还包括由以前批准的产品衍生而来的或组合而成的产品（如果这些衍生产品已经实施的生产过程没有发生重大改变）。

2011 年 1 月 1 日之前批准的任何持照产品，如生产过程有重大改变，则本指南就有可能将其归类为新产品。

含有以前批准的产品和新批准产品的组合产品，对于新的抗原可被视为新批准的产品；对于2011 年 1 月 1 日之前批准的抗原，如果组分的组合不会影响以前批准的组分的效力检验结果，则可被视为以前批准的产品。如果是由以前批准产品的多个抗原组合而成的多价产品，则按照个案逐一进行评估。

如果这种变化没有改变检验方法的分析原理，那么对以前批准产品效力检验的改进就不会导致以前批准产品的重新分类。对于提高以前批准产品检验方法性能的修改，不需要进行全部试验的重新验证。公司需要提交相关数据支持这些变化，以便CVB 能评估这些变化及其对检验方法的影响。分析原理改变的（如从血清学试验变为抗原捕获ELISA 试验），将按照个案逐一考虑其验证的要求。公司应在启动试验之前应与 CVB 协商，以确认拟定的变化是否会被允许，且工作是否充分。

2.2 新批准的产品

新批准的产品系指 2011 年 1 月 1 日之后批准的持照产品或持证产品。含有 2011 年 1 月 1 日之后批准的灭活抗原的新产品（包括该日待定颁发执照的产品），其体外效力检验方法必须按照兽医局备忘录第 800.112 号规定进行验证。体外检验包括相对效力检验和直接定量抗原检测。

血清学检验方法包括体内和体外两种。有资格考虑作为效力测定的血清学检验，必须可检测重复性的血清学反应，且与靶动物的有效性和产品中抗原的浓度在剂量-反应方式上直接相关。

如果经兽医局备忘录第 800.112 号规定验证，已经证明检验是有意义的、相关的、可重复的和确定的，那么可以用靶动物或实验室动物进行这种血清学检验。

CVB 鼓励研发完全的体外效力检验方法，旨在努力做到检验用动物的"减少、优化、替代"（3R 原则）。鉴于体内方法能引起动物痛苦和折磨，因此只有当不能发展体外检验方法或体外检验方法仅作为研发阶段的临时方法使用时，才会考虑使用体内方法。

有资格在这种条件下考虑作为效力检验的体内效力检验，必须用实验动物模型（LAM）测量反应，且与靶动物的效力和产品中抗原的浓度在剂量-反应方式上相关。LAM 中与测量参数相关的剂量必须与靶动物的保护相关，且能够辨别符合规定批次和接近判定标准的不符合规定批次的产品。通过类似兽医局备忘录第 800.112 号体外检验指南的验证，必须证明这样的体内检验是有意义的、相关的、可重复的和确定的。

3. 监测

3.1 以前批准的产品

为了有资格延长以前批准的产品的基础参考品的有效期，必须从取得资格认定之日起，利用批放行检验数据连续对基础参考品进行监测。

报告必须包括以下内容：

1）每次检验的基础参考品、试验批次和对照的原始数据，以适于数据分析的电子格式表示。包括从最初资格认定至最近一次检验的全部数据。

2）适当的数据汇总的图形和/或表格。

3）基础参考品保存条件和温度检测程序的概述。

4）为每种基础参考品而提交的效力参考工作表（见兽医局备忘录第 800.92 号的附录）。

收集的原始数据应是完整的。例如，ELISA原始数据应包括每一块板中的每一个孔的光密度，以及对应的板子的布局和倍比系列稀释等相关信息。对于血清学试验，应包括每只动物的血清效价和实验动物的攻毒检验；包括每只动物的反应；包括用于回顾滴定的攻毒材料。对于个例，CVB 政策、评审与执照管理部门（CVB-PEL）将考虑收集的历史数据，该数据虽然不完整，但足够用于进行回顾性评价。对于预期的监测，应记录完整的数据（可在 CVB 网站上查询用于提交有效数据集合的样本格式）。

在适当情况下，汇总的数据应包括每个单项检验的细节。它至关重要，如 ELISA 或动物免疫攻毒试验中，检验方法用到的倍比系列稀释情况。应包括参考品和产品批次的细节。其可能在与个别检验相对应的回归模型的参数估算中非常有用。

在提交第一轮监测数据和总结报告之前，CVB-PEL 建议公司为每一类检验方法（ELISA 相对效力，血清学效价等）准备一份方案，以备审评人评论。如果监控方案被认可，则参考品的有效期会被定为 15 年。

每种基础参考品的第一份稳定性监控报告必须在 2013 年 6 月 30 日之前提交。如果公司有大量基础参考品，则公司应交错安排提交第一份报告，以保证每 6 个月能提交约 20%基础参考品的报告。

随后的报告（总结了从零开始的汇总数据），必须自第一次报告提交后每隔 2 1/2 年提交一次。公司的"审查员"将通过邮件对此进行回应。如果试验和参考品的反应没有发生明显的变化，则会通过邮件认定参考品符合规定，并可继续使用直至有效期满。

3.2 新批准的产品

新批准产品的监测检验应遵照兽医局备忘录第 800.112 号进行。ELISA 相对效力测定的特殊指南见该文件的附录Ⅲ。尽管可能有些差异，但这些指南仍可作为监测其他类型试验的模板。

4. 参考品的有效期

4.1 以前批准的产品

如果检验和参考品的反应没有明显的变化，经 CVB 同意，基础参考品可用至指定的最长的有效期限（15 年或 10 年）。公司应在报告期间持续进行监测，任何时间发现参考品的稳定性有明显下降的，必须替换。基础参考品自批准之日起 15 年内或自 2011 年 1 月 1 日后批准之日起的 10 年内，公司必须通过靶动物有效性试验（使用支持现有标签声明的最初有效性检验所用的相同的动物模型和试

验设计进行）对相同的基础参考品进行资格的再认定，或对新的基础参考品进行资格认定。

如果结果与关键的有效性检验结果相似，则足以获得资格认定和再认定。然后，本文件中的指南适用于资格认定和再认定的参考品。公司还可以选择对原来的试验设计提出修改意见。在这种情况下，试验方案应对提出的修改意见进行解释和证明。

4.2 新批准的产品

2011 年 1 月 1 日后批准产品的基础参考品，只要满足标准要求并可保持稳定，就可以连续使用。应遵照兽医局备忘录第 800.112 号规定制定稳定性监测计划并定期提交。

5. 基础参考品的保存条件

为确保稳定性监测程序有效，基础参考品必须在恒定条件下保存。因此，必须按照系统描述的标准操作程序（SOP）记录保存的条件并验证其没有偏离 SOP 规定的限度。应使用校准的设备，通过自动的或手动的方式定期对温度进行记录。也可通过其他方式（如气相的液氮）维持标准的保存条件来进行验证。数据应以电子方式存储，并可用于检查。报告应包括描述保存条件和监测工具的概述。

（朱元源译，李　翠　夏应菊校）

兽医局备忘录第 800.212 号：注册要求，可保护胎儿抵抗牛病毒性腹泻病毒的疫苗声明

2011 年 11 月 14 日

兽医局备忘录第 800.212 号

发送对象：兽医局管理人员
　　　　　兽医生物制品中心主任
　　　　　兽医生物制品持照者、持证者和申请者
签 发 人：John R. Clifford
　　　　　副局长
主　　题：注册要求：可保护胎儿抵抗牛病毒性腹泻病毒的疫苗声明

Ⅰ. 目的

本备忘录旨在为持照者、持证者和申请者在疫苗预防牛病毒腹泻病毒（BVDV）对生殖的影响等有关方面的声明给予指导。从历史上看，已注册的 BVDV 疫苗都是按照联邦法规第 9 卷（9CFR）113.215 和 113.311 节所述规定，以呼吸系统攻毒为

基础。随着对 BVDV 发病机理的深入认知，人们对获得包括该疾病对生殖影响的标签声明也更加关注。感染 BVDV 会导致一系列繁殖后遗症，包括流产、犊牛持续感染、犊牛发育不良或发育迟缓和先天畸形。兽医生物制品中心（CVB）允许将 BVDV 对生殖的影响作为标签声明。但是，必须进行其他试验，

以支持有关抗 BVDV 对生殖的影响的标签声明。根据 9CFR112.1（b）节规定，任何标签都不应包括虚假的或误导的声明。同样，按照 9CFR102.4（b）（3）节规定，生物制品的广告不应具有误导或欺骗消费者的信息，生物制品的包装和容器上不得有虚假的或误导性的任何陈述、设计或图案。本备忘录阐明了支持各种标签声明和宣传材料标注"可抵抗 BVDV 对生殖的影响"所需的数据类型。

II. 背景

本注册要求旨在为持照者、持证者和申请者在有关提交许可申请和标签声明等方面提供指导。本指南有助于 CVB 政策、评审和执照管理部门在审查执照申请及其所附标签声明时保持一致性和持续性。它也为支持有关"可抵抗 BVDV 对生殖的影响"的标签声明而展开的试验提供指导。开展这些试验，以支持关于 BVDV 对生殖的影响的标签声明和相关宣传材料。鉴于该病的复杂性（包括持续感染的犊牛对牛群健康的影响），要求在标签上进行某些说明。

III. 政策

A. 声明的类型

BVDV 对生殖的影响的标签声明被分为保护胚胎的声明和对流产的声明（这可能是由于母体和胚胎造成的）。声明应具有型特异性（如 BVDV 1 型或 BVDV 2 型）。每个声明必须由已经 CVB 批准并备案的合理数据直接支持。已经确认有三类：

1. 流产。具有抵抗因 BVDV 引起的流产的效果的声明，必须通过试验（非免疫对照牛发生流产的比例可被接受）支持。由于许多 BVDV 的毒株不经常引起流产，所以必须使用适当的攻毒毒株。此外，可接受使用自然暴露于 BVDV 的方式进行田间试验。

2. 持续感染犊牛。通过对妊娠 50 至 100d 的怀孕牛进行攻毒和对妊娠大于等于 150d 所有胎儿组织进行病毒分离，可支持具有抵抗进一步持续感染犊牛的效果的声明。如果从这些胎儿中分离到 BVDV，则这些胎儿被认为是被持续感染。

3. 胚胎感染。具有抵抗胚胎感染 BVDV 的效果的声明（如有助于预防胚胎的感染；或有助于预防胚胎的感染，包括预防持续感染犊牛），必须有支持持续感染犊牛的声明而形成的数据的支持，并有在妊娠约 180d 对一组隔离的怀孕牛进行攻毒的数据支持，及在妊娠后大于等于 220d 对胎儿（或犊牛）的评估数据的支持。必须进行血清学和病毒分离试验。如果 BVDV 抗体为血清学阴性，且使用病毒分离技术分离 BVDV 也为阴性，则认为胎儿（或犊牛）受到保护没有感染。

B. 标签和宣传材料

1. 产品标签不应含有超出归档数据支持的特定说明（如果有效性试验中非免疫对照组所产犊牛未出现先天畸形，则标签声明中不应对先天畸形做特定说明。）

2. 对标签声明中有 BVDV 对生殖的影响的内容的产品标签，应包含对有效性试验结果的描述。

3. 对有生殖声明的 BVDV 产品的宣传材料，应与标签声明相适应。对声明持续感染犊牛或胚胎的产品，不应宣传其可有效地预防流产或死胎。声明了胚胎感染的产品的宣传资料，可以对可能发生胎儿感染的后遗症进行讨论（如先天性畸形、僵牛），但是，除非有令人满意的数据支持，否则不应暗示产品已被证明能够保护动物免受该后遗症。

IV. 实施/适用性

本变更立即生效。本政策适用于有生殖声明的 BVDV 产品。

（朱元源译，李　翠　夏应菊校）

兽医局备忘录第 800.213 号：以生产平台为基础的、不可复制、不可再生产品的注册指南

2015 年 4 月 29 日

兽医局备忘录第 800.213 号

发送对象： 兽医局管理人员

兽医生物制品中心主任

兽医生物制品持照者、持证者和申请者

签 发 人：John R. Clifford
　　　　　副局长
主　　题：以生产平台为基础的、不可复制、不可再生产品的注册指南

Ⅰ. 目的

本备忘录旨在给持照者、持证者和申请者对使用以生产平台为基础的基础种子和序列生产不可复制、不可再生的生物制品的注册提供指导。

Ⅱ. 废止

本备忘录生效之日起，2013 年 8 月 12 日发布的兽医局备忘录第 800.213 号同时废止。

Ⅲ. 背景

生产平台是拥有单一"主干"和标准流程的生产过程，在"主干"中插入外源基因或基因组，制成不同的重组的基础种子或序列。这些生产平台包括（但不仅局限于）RNA 表达系统，DNA 克隆载体，或各种病毒、植物或细菌的表达载体。插入的基因或基因组可能由全序列或部分序列组成。然后，以平台为基础的种子以固定配方与辅料混合，生产可符合某种标准特性的终产品。例如，疫苗类终产品包括病毒样颗粒、核酸、灭活抗原，或由表达载体制备的亚单位蛋白或蛋白组。

利用以平台为基础的种子或序列生产标准化的产品的优势在于，能快速应对不断变化和新出现的病原，开发具备更好免疫原性的特异性的疫苗。一旦申请者申请使用相同平台和产品配方生产某产品成功获得批准，为了满足标准化生产不可复制、不可再生的终产品，兽医生物制品中心（CVB）将考虑简化对授权平台的监管要求。

Ⅳ. 政策

A. 某一生产平台的第一个产品执照的申请与其他产品的注册要求相同。申请者必须提交一份第Ⅳ类汇总信息表（SIF）和一份风险评估报告，充分陈述终产品的不可再生性。CVB 发布无重大影响（FONSI）后，方可进行田间安全性试验。

B. 批准用所给生产平台和标准生产配方生产最初产品后，插入的基因或基因组可替换同一病原的变异基因，不需要附加进行田间安全性试验、符合国家环境法案的再评价或后续产品发照前的灭活动力学的评估。

初始基因或基因组及其随后的基因变异体，可在持照期内与最新基因变异体一起销售。插入变异基因需要向 CVB 提交田间相关性证据、合理的预期有效性以及序列。新序列确认信息应包含在生产大纲中，格式见：Est　No. Product　Code ＿ FirmIdentity ＿ 000.

CVB 考虑将不同基因加入新产品持照生产平台。在原始病原体中插入不同基因或者在不同病原体中插入相同基因而得到的类似产品，其田间安全性要求根据病原体和结构的不同可能会有所降低。否则，每个生产平台/病原体/基因组合体生产的初始产品，其执照申请要求都须与非平台产品执照申请要求一样。

C. 有条件的执照的批准和要求见联邦法规第 9 章（9CFR）102.6 节和兽医局备忘录第 800.75. 号。平台生产的产品需符合与其他产品相同的规定。与非平台产品相比，如果平台生产的产品满足紧急需求，则可为其发放有条件的执照。此外，即使其他成分已经是持照产品的一部分，也可为包括相同平台生产的多个部分的平台产品发放有条件的执照。如果不同部分间没有免疫干扰，则各部分组合产品可给予有条件执照。这些产品执照签发的有效期为 2 年，并根据 9CFR102.6 节和兽医局备忘录第 800.75 号更新。

D. 持照者拥有平台产品的执照，他可为相同方式生产的处方药申请单独的产品执照，批准后每 2 年更新一次。可为执业兽医生产处方药，作为定制配方用于特殊动物群体，以使牧群新成员抵御牧群、周边地区及边远地区的疾病风险。执业医师负责处方药的效力，生产商负责药品的纯净性和安全性。

一旦 USDA 授权的机构对种子或序列进行了确认，则处方兽医就可以提交相关分离株或序列，以便被纳入特定的平台种子库。如果产品各部分是通过相同平台生产的，那么其组合产品可被开为处方药。特定部分可与非处方药批准使用部分混合，无需进行干扰试验。有关处方药的其他详细说明见附录。

Ⅴ. 实施/适用性

本政策适用于所有经同一生产平台生产的不可复制、不可再生的生物制品。CVB 保留对生产平台可行性及其应用的决定权。CVB 会根据疾病病原、动物与公共卫生、环境的影响、疫病监测和商业贸易等对其加以考虑。

附录 处方制品

1. 序列同源性

疫苗种子或序列可能与提交的用于优化表达的核酸序列有微小的差别。目标是氨基酸序列的水平达100％同源，但根据试剂和条件的不同，允许有一定的自由度。

2. 佐剂和辅料

处方药仅限于使用已批准的生产平台内的佐剂和辅料。

3. 贴签

3.1 有效性。必须指明尚未确定的疗效。

3.2 必须包含以下声明。本产品为处方制品。应根据处方兽医的意见推荐使用。

4. 批签发检验

4.1 纯净性和安全性。处方制品合格的依据与持照产品的相同。

4.2 效力。处方制品无需对效力检验方法进行充分验证，但必须进行检验，以确保批间一致性。检验结果必须以APHIS2008表的形式上报。

4.3 序列。以APHIS2008表的形式上报序列及其验证方法。

5. 执照的限制

5.1 本产品不得使用商品名称和商标。

5.2 市场推广和宣传材料受限。处方制品不能有宣传疗效的声明。

5.3 除非署长授权，否则本执照不授权生产、分发或运输以下疾病的处方疫苗。口蹄疫、牛瘟、任何H5或H7亚型禽流感、鸡禽流感的任何亚型、猪水疱病、新城疫、非洲猪瘟、经典猪瘟、布鲁氏菌病、水泡性口炎、兔出血热或其他疫病。

5.4 所有标签应标注以下声明。本产品为处方制品。由处方兽医酌情决定使用。

5.5. 分发到每个州的时候，应限定由适当的州的官员指定授权的接收人进行分发。这些当局可能需要这样的附加条件。

6. 产品代码

由CVB为经生产平台制造的处方药指定一个唯一的产品代码。CVB为每个批准的生产平台体系分配的唯一产品代码归持照企业所有。

7. 分发

由CVB对APHIS2008表进行审查。如果检验结果和序列验证均符合规定，则无需CVB进行检验就可分发上市。

（朱元源译，李 翠 夏应菊校）

兽医局备忘录第800.300号：
新生物技术/生物学兽药产品的稳定性试验

2001年7月26日

兽医局备忘录第800.300号

主 题：新生物技术/生物学兽药产品的稳定性试验

发送对象：兽医生物制品持照者、持证者和申请者
兽医生物制品中心主任

本备忘录为兽药产品（药品和生物制品）的稳定性试验提供相关信息和建议。它是行政当局及"国际兽医药品登记技术标准协调合作组织（VICH）"的企业协会共同合作和协调的结果。VICH的目标之一就是，通过降低不同国家的管理机构对兽药的技术要求之间的差异性，推进兽药管理标准的统一。作为VICH的成员，APHIS致力于制定一套科学的、统一的兽医生物制品技术标准。VICH也将本指南采纳为国际标准，用于指导生产和提交兽药和生物制品的稳定性数据。

APHIS考虑将本规章中的信息和建议作为批准兽医生物制品（符合9CFR114.13和114.4规定）稳定性试验（其目的是为了建立和延长有效期）的基础。虽然本备忘录第Ⅱ节（范围）中定义的兽医生物制品稳定性试验标准代表了官方现有的观点，但是其未授予任何人权利，也不对APHIS

或公众造成约束。如果某种方法满足现行的法规、规章或两者的要求，则可以替代本方法。

I. 绪论

指导原则在 VICH 协调的三方指导原则（题为《新兽药物质和化学产品的稳定性试验》）中进行了规定，（GL3）一般用于新生物技术/生物学产品。然而，新生物技术/生物学产品都有不同的特性，因此，在制定任何一个准确的试验方案（用以确定产品在拟定保存期内的稳定性）时，必须考虑到这一点。对于那些活性成分是典型特征的蛋白质和/或多肽的产品，其分子结构和生物活性要依赖于非等价键和共价键的作用力来维持，对环境因素（如温度变化、氧化、光照、离子含量和切力）非常敏感，因此，为保持其生物活性、避免降解，强调其保存条件是非常必要的。

稳定性的评价也许需要复杂的分析方法。生物活性试验（如果适用）应是产品稳定性试验的关键部分。采用适当的物理化学、生物化学和免疫化学方法分析分子的完整性和定量检查降解产物也是稳定性试验方案的一部分，无论产品的纯净性和分子特性均可采用这些方法。

考虑到这些问题，申请者应提供适当的支持该新生物技术/生物学产品稳定性数据，并应充分考虑到可能影响产品的效力、纯净性和质量的外部条件。无论是药用物质还是药品，用于支持其保存期的原始数据，必须建立在长期、实时、实际条件下稳定性试验基础上。因此，制定一个适宜的长期的稳定性试验方案，就成为成功开发商业产品的关键。本规章的目的是为申请者提供关于稳定性试验（用于支持商业化应用）类型方面的指南。据了解，在审查和评估过程中，可能会继续更新原始稳定性数据。

II. 附录

本附录所述指南适用于从组织、体液、细胞培养物分离的，或采用脱氧核糖核酸（rDNA）重组技术制备的具有典型特征的蛋白质、多肽及其衍生物构成的产品。因此，诸如细胞因子、生长激素和生长因子、胰岛素、单克隆抗体以及由具有典型特征的蛋白质或多肽（当为化学合成时）组成的疫苗，这些产品的稳定性数据的形成和提交都属于本备忘录界定的范畴。本文件不包括抗生素、肝素、维生素、细胞代谢产物、DNA产品、变态反应原性提取物、常规疫苗、细胞、全血和血细胞成分。

III. 术语

关于本附录中使用的基本术语，请参阅《新生物技术/生物学产品的稳定性试验》中的"术语表"。然而，因为新生物技术/生物学产品的生产企业有时会采用传统的术语，所以传统术语被指定放在括号中，以帮助读者理解。补充词汇表还包括新生物技术/生物学产品生产中使用的某些术语的解释。

IV. 批次的选择

A. 药用物质（半成品材料）

在生产后（但是在配制和完成最后生产步骤之前）保存半成品（bulk）材料，至少应提供3批相当于工厂化生产和保存的产品的稳定性资料。对于申请保存期大于6个月的药用物质，应提交至少6个月的稳定性资料。而保存期小于6个月的药用物质，初次提交的稳定性资料的最小期限应作个案处理。采用发酵和纯化技术生产的小批量药用物质，其中试规模生产的产品批次的稳定性资料应随归档资料，连同承诺书（承诺在批准后用最初3批工厂化规模生产的产品进行长期稳定性试验）一并提交给管理部门。

进行正式稳定性试验时，批量药用物质的总体质量应相当于临床试验前和临床试验过程中，以及工厂化规模生产所用药物的质量。此外，以中试规模生产的药用物质（半成品材料），其生产过程和保存条件应相当于工厂化的生产和保存条件。在稳定性试验方案中，药用物质所使用的包装容器应与工厂化生产所采用的容器相一致。如果在药用物质稳定性试验中采用了小体积包装容器，而在工业化生产产品时也采用相同的材料、结构和形状的容器，并且密闭系统也相同，那么也可以被接受。

B. 中间体

在新生物技术/兽医生物制品制造过程中，某些中间体的质量控制可能是影响终产品质量的关键因素。一般情况下，生产企业应对中间体进行鉴定，形成内部资料和限制措施，以确保其在投入下一道工序前保持质量的稳定性。虽然也可以接受中试规模的数据，但生产企业应尽可能提供合适的、工厂化规模产生的产品的稳定性资料。

C. 药品（成品）

对于成品应至少提供与工厂化生产相同的3批产品的稳定性资料。如果可能的话，在稳定性试验中所采用的成品应取自不同批次的半成品材料。对于申请保存期大于 6 个月的产品，应提交至少 6 个月的稳定性资料。而保存期小于 6 个月的产品，初次提交的稳定性资料的最小期限应作个案处理。产品有效期的确定应以申请上所提交的实际数据为依据。由于产品有效期的确定是以提交审核的实时/实温为依据，因此在评估过程中，可能需要对原始的稳定性试验数据进行不断调整。中试规模生产的成品批的稳定性资料应随资料归档，连同承诺书（承诺在批准后用最初 3 批工厂化规模生产的产品进行长期稳定性试验）一并提交给管理部门。中试规模生产的批次必须提交产品有效期的确立情况，并且如果工厂化规模生产的产品在其有效期内都没有建立长期的稳定性试验方案，或者与临床试验前和临床试验中所用的药品不一致，申请者应向管理当局报告，以便确定应采取的适当措施。

D. 样品选择

在某批次产品被分装成不同体积（如 1mL、2mL 和 10mL）、不同单位量（如 10 单位、20 单位、50 单位）、不同重量（如 1mg、2mg 或 5mg）的情况下，在稳定性试验方案中，应以矩阵系统和/或括号法为基础选择样品。

只有当合适的文件用于证实样品稳定性试验能够代表所有样品的稳定性时，才能采用矩阵系统（如在稳定性试验的统计学设计时，样品的不同成分要通过对不同抽样点的检测加以确认）。同种药品的样品差异可以定义为，不同的批号、不同的浓度、密闭容器相同但规格不同、甚至在有些情况下为不同的容器和密闭系统。当样品的差异可能影响稳定性时（如样品浓度不同、容器和密闭状态不同），这时不能证实样品是处于相同的贮存条件，则不能应用矩阵系统。

当有三个或三个以上浓度相同、包装容器/密闭系统一致的产品时，企业可以只选择最小和最大体积的容器（即括号法），取样进行稳定性试验。采用括号法的方案设计是假定处于两个极端条件下的样品可代表中间条件样品。在某些情况下，需要证实通过极端条件下的样品所收集的数据可用来代表全部样品的稳定状况。

E. 容器/密闭系统

新生物技术/生物学产品可能由于与容器/密闭系统之间的相互作用，而使产品质量发生变化。液态产品不会出现这种相互作用（密封的安瓿除外）。稳定性试验应包括将样品倒置和水平放置（即使药品与密闭系统接触），当然也包括垂直放置，目的

是为了确定密闭系统对产品质量的影响。申请者应提供用于市售的所有不同容器/密闭系统的稳定性试验资料。

Ⅴ. 稳定性——关注指标

总的来讲，对于新生物技术/生物学产品而言，没有统一的反映其稳定性特征的稳定性分析指标和参数，因此，企业应制定一套稳定性的指标体系，以确保能反映出产品在唯一性、纯净性和效力方面所发生的变化。

在提交申请时，申请者应提供一套含有稳定性指标体系的鉴定方法，而且这些资料应具有可追溯性。决定在试验中包含哪些内容应根据产品特性来确定。以下小节着重强调的项目并不能包含全部内容，而是代表了通常被记录下来的产品的特性，以充分证实产品的稳定性。

A. 方案

申请市场授权的材料及其档案中应包括用以评估药品稳定性的详细方案，必要时还要包括能支持药物保存条件和有效期的试验方案。该方案应包括能证实生物技术/生物学产品在其推荐的有效期内保持稳定的所有重要信息，如明确的操作说明和试验间隔。应采用有关稳定性的三方指导原则中所述的统计方法。

B. 效力

如果产品的使用与特定的可测定的生物活性相关，则效力试验应是稳定性试验的一部分。对于本备忘录规定的产品稳定性试验，效力是一种特殊能力或者说是产品取得预期效果的能力。效力试验是基于对产品某些特性的检测，并通过合适的定量方法来确定的。一般来说，不同实验室对生物技术/生物学产品的效力检验，可以通过采用相关的适宜参考物质进行比较。因此，如果可能的话，效力试验中应采用已经过校准的参考物质，且这些参考物质可直接或者间接地溯源到国内或国际参考物质。

应按照稳定性试验方案，在规定的合理时间间隔进行效力检验，结果要换算成生物活性单位进行报告。可能的话，还要能溯源到国内或国际认可的标准品。如果没有国内或国际参照的标准品，也可用自己制定的单位（使用了特定的参考物质）报告试验结果。

对某些生物技术/生物学产品来说，其效力必须通过将活性成分与第二个成分或佐剂相连接才能体现出来。对于该产品要在实时/实温下进行试验（包括运输过程中的条件），以便确定活性成分是否

会从结合物或佐剂上解脱下来。评估该产品的稳定性也许比较困难，因为在某些情况下，对生物活性和物理化学性能的体外检测可能不切实际，或者难以取得准确的结果。应采用适当的策略（如在结合物连接之前进行试验，或者将活性成分从载体上释放出来进行测定），或者采用适当的替代试验方法，以克服体外试验的不足。在大多数情况下，通过体内效力检验，可以证实活性成分没有明显的解脱现象。

C. 纯净性和分子特性

至于本备忘录规定的产品稳定性试验，纯净性是一个相对的概念。由于多糖、氨解产物或其他半抗原的影响，测定生物技术/生物学产品中的绝对纯净是相当困难的。因此，对于生物技术/生物学产品的纯净性应采用一种以上的方法进行评定，而纯净性数值依赖于所采用的方法。出于稳定性试验的目的，确定纯净性的试验应将重点放在测定其降解产物方面。

在可能和必要的情况下，应在文件中报告生物技术/生物学产品的纯净程度以及降解产物的含量和总量。降解产物的可接受限量，应以临床预试验和临床试验所采用药用物质和药品的批量分析数据为依据。

相关的物理化学、生物化学和免疫化学分析方法的采用，应充分考虑药用物质和药品的特性（即分子大小、电荷、水溶性），并精确测定在保存期间由于氨解、氧化、硫氧化、聚合和分解等导致的降解变化。例如，可采用电泳技术（SDS-聚丙烯酰胺凝胶电泳、免疫电泳、免疫印迹分析、等电聚焦电泳）、高压液相色谱（即反相色谱、凝胶过滤、离子交换亲和层析）和多肽图谱等。

在长期、加速以及强化稳定性研究过程中，应检测出反映降解产物形成的定性或定量变化。在长期稳定性试验方案中，应考虑这些变化的潜在危害，降解产物的性质及其含量。参考临床预试验和临床试验所用材料的降解产物水平，推荐和调整合适的限量标准。

如果采用常规分析方法，不能准确界定降解物的特性，或者精确分析产品的纯净性，则申请者应提出一种替代的检验方法。

D. 其他产品特性

虽然以下产品特性与生物技术/生物学产品的关系不十分密切，但仍需对其终容器中的产品进行监测和报告：

产品的外观（溶液或悬液的颜色和透明度、粉末类的颜色、质地和溶解时间）；粉末和冻干产品重新溶解后的可见颗粒、pH，以及粉末和冻干产品的水分含量。

在保存期的开始和结束时，应完成无菌检验或替代性试验（如容器的密闭性试验）。

添加剂（如稳定剂、防腐剂）或赋形剂可能会在产品有效期内降解。如果在稳定性预备试验中，有任何迹象表明，该材料会发生反应或降解，且会对药品的质量产生不利影响，则必须在稳定性试验方案中对这些项目进行检测。

应对容器/密闭系统对产品效力可能产生的不利影响进行仔细评估。

Ⅵ. 保存条件

A. 温度

因为大部分生物技术/生物学产品的成品需要确定准确的保存温度，所以进行实时/实温稳定性试验中的保存条件可能仅限于拟定的保存温度。

B. 湿度

生物技术/生物学产品一般都装于防潮容器中。因此，合适的容器及其保存条件，能够有效地保护产品免受高湿和干燥环境对产品质量的影响，所以在不同相对湿度下的稳定性试验通常可以省略。但如果没有采用防潮容器，则应提供相应的稳定性试验数据。

C. 加速和强化条件

如前所述，应当根据实时/实温稳定性试验数据制定产品的有效期。但是，强烈建议在加速和强化条件下对药用物质和药品进行稳定性试验。在加速条件下进行的试验，可对确定产品的有效期、提供产品稳定性信息（为进一步改进产品）提供有用的支持资料（如对诸如改变配方、扩大批量等生产工艺的改进工作进行初步评估），有助于确定稳定性试验方案的分析方法，有助于阐明药用物质或药品的降解情况等信息。在强化条件下进行的试验，有助于确定偶然暴露于非规定的条件下（如运输），是否会对产品产生危害，也有助于对最能反映产品稳定性的特殊试验参数进行评估。将药用物质或药品暴露于某些极端条件下的试验，有助于揭示药物降解的模式。即便进行了这些试验，还应在拟定的保存条件下检测这些变化。虽然三方指导原则在稳定性试验方面介绍了加速和强化试验条件，但申请者应注意到这些条件也许对于生物技术/生物学产品并不适用，应当根据具体产品的特性仔细选择试验条件。

D. 光照

对于具体的产品，申请者应当向管理当局进行咨询，以确定试验指南。

Ⅶ. 使用条件

A. 冻干产品初次开启或重悬后的稳定性

在容器、包装或包装内附带的使用说明上，应注明冻干产品在重新悬浮后的保存条件和保存期，这类标签应符合有关国家/地区的要求。

B. 含有多个使用剂量的小瓶

对于含有多个使用剂量的小瓶，除了要附上常规单剂量小瓶所需的标准资料外，申请者还要证实其密闭装置能够耐受重复穿刺，保证产品的效力和质量不受影响，并在其容器、包装或包装内附带的使用说明书上注明最长的使用期限。这类标签应符合有关国家和/或地区的要求。

Ⅷ. 试验次数

新生物技术/生物学产品的保存期可从几天到数年不等，因此很难对各类申请生物技术/生物学产品的稳定性试验的长短和试验次数做出统一规定。除少数产品外，现有产品和拟研发产品的保存期均为 0.5～5 年。因此，本指南按照这个范围界定产品的保存期。应考虑到一个事实，在长期保存的不同时间段内，相同的因素引起的生物技术/生物学产品的降解情况有可能不同。

对保存期小于 1 年的，保存的前 3 个月要逐月进行稳定性试验，以后每间隔 3 个月进行一次；对保存期大于 1 年的，第一年应每 3 个月检测一次，第二年每 6 个月检测一次，以后每年检测一次。

上述试验间隔仅适用于批准前或持照前阶段，在批准或注册后，如果有足够的稳定性资料，就可以减少试验次数。如果有资料表明，产品的稳定性变化不大，鼓励申请者提交试验方案，对已批准/已注册产品进行长期稳定性试验时，取消进行特定间隔的试验（如取消第 9 个月的检测）。如果在稳定性试验方案中，采用了体内效力试验，则省略这些试验的某些试验点应被证明是合理的。

Ⅸ. 说明书

虽然在保存期内，生物技术/生物学产品可能会发生显著的活性丧失、物理化学改变或者出现降解，但在国际和国内的规定中，均未对产品的签发和保存期的长短制定统一的规定。即使对某个产品或某组产品，也无法推荐一个保存期内可接受的活性损失的最大范围、生物化学改变的限度或者降解的程度，因此必须具体产品具体对待。每个产品在整个保存期内，其安全性、纯净性和效力必须保持在产品拟定的标准范围内。该标准和限度应是采用适当的统计学方法对所有有用的信息进行分析后确定的。正如在三方指导原则中，产品的稳定性和有效期应以足够的数据为基础一样，制定的保存期应以确保临床效果不受影响为原则。

Ⅹ. 贴签

大部分新生物技术/生物学的药用物质和药品，均准确界定了推荐的保存温度。特别是对于不耐冻结的药用物质和药品，必须提出具体的建议。容器、包装盒及包装盒内附带的使用说明上，还应注明保存条件、适宜的贮存地点、避光或防潮等内容。这种标签应符合有关国家和地区的要求。

Ⅺ. 术语

A. 结合产品（conjugated product）

结合产品系指将活性成分（如肽、碳水化合物）共价或非共价连接到载体（如蛋白质、肽、无机的矿物质）上，以达到改进产品效力或提升其稳定性的目的。

B. 降解产物（degradation product）

药用物质（半成品材料）因过期发生改变后形成的分子，这就是本备忘录规定产品稳定性试验的目的。这种改变可能在处理或保存过程中发生（如脱酰胺、氧化、聚合、蛋白质水解）。对于生物技术/生物学产品来说，有些降解产物可能具有生物活性。

C. 杂质（impurity）

药用物质（半成品材料）或药品（终产品）中，除定义为药效成分的物质、赋形剂或其他添加物等化学组分以外的任何成分。

D. 中间体（intermediate）

对于生物技术/生物学产品而言，中间体系指在生产过程中，那些既非药用物质也非药品，但其对药用物质和药品的成功生产起关键性作用的物质。一般来说，中间体可以计量，也可以建立相应的检测规范，以确定该生产环节是否已经达到要求，并能继续进行下一步生产。也包括那些在进一步加工前，可以进行分子修饰以延长其保存期的材料。

E. 工厂化规模生产（manufacturing scale production）

在生产设备上按照常规规模进行的销售产品的生产。

F. 中试规模（pilot-plant scale）

完全代表和模拟工厂化规模的生产过程而进行的药用物质和药品的生产。除生产的规模外，细胞的扩增、收获和产品的纯化方法等均与工厂化规模相同。

签发人：Alfonso Torres

兽医局副局长

（刘　燕译，杨京岚校）

兽医局备忘录第 800.301 号：临床质量管理规范

2001 年 7 月 26 日

兽医局备忘录第 800.301 号

发送对象：兽医生物制品持照者、持证者和申请者

　　　　　　兽医生物制品中心主任

主　　题：临床质量管理规范

本备忘录针对所有用靶动物进行兽药临床试验的试验设计和管理提供了信息和建议。它是行政当局以及被称之为"国际兽医药品注册技术标准协调合作组织（VICH）"的企业协会共同合作和协调的结果。VICH 的目标之一就是，通过降低不同国家的管理机构对兽药的技术要求之间的差异性，推进兽药管理标准的统一。作为 VICH 的成员，APHIS 致力于制定一套科学的、统一的兽医生物制品技术标准。VICH 已经将本备忘录采纳为国际标准，以确保按照临床质量管理规范（GCP）的原则进行临床试验的管理和记录。

对于希望申请美国兽医生物制品执照或申请美国兽医生物制品自由分发和销售执照的企业，APHIS 在审查其提交的临床试验报告时，将考虑把该备忘录中的指导和建议作为审查的基点。该指南中关于在用靶动物进行兽医药品临床试验时的试验设计和管理代表了官方的现有观点，但是其未授予任何人权利，也不对 APHIS 或公众造成约束。如果某种方法满足现行的法规、规章或两者的要求，则可以替代本方法。

Ⅰ. 前言

对于用靶动物进行兽医药品临床试验的企业，本备忘录的目的是对其试验设计和管理进行指导。

本备忘录针对所有采用靶动物进行临床试验的个人和组织，确保其在设计、完成、监督、记录、审核、分析和报告的过程中，按照临床质量管理规范（GCP）进行试验和记录。

临床质量管理规范的目标是：在评估兽药临床试验的设计、完成、监督、记录、审核、分析和报告等方面成为国际伦理和科学的质量标准。根据这一标准，可以确保大家获得完整的临床试验数据，同时在动物健康、实验人员保护、环境保护以及人类和动物食物链的保护方面，给予适度的关注。

本备忘录是根据国际兽医药品注册技术标准协调合作组织（VICH）的原则制定的，为欧盟、日本和美国提供一个统一的标准，使有关管理部门对对方的临床试验数据相互认可。在制定过程中，已经充分考虑了欧盟、日本、美国以及澳大利亚和新西兰的现行规范。

在进行临床试验并向管理机构提交有关数据时，应遵守该规定。

本备忘录代表了目前有关管理部门在临床质量管理规范方面的最佳判定标准。本备忘录未授予任何人权利，也不对 APHIS 或公众造成约束。如果某种方法满足现行的法规、规章或两者的要求，则可以替代本方法。如果某个委托方选择应用替代方法或规范，则应向管理机构提出建议，并对此进行讨论。

当指导文件的内容声明是根据法律所制定的，那么该标准也就成了法律。其约束力和影响力并不因其"指导性"而发生改变。

Ⅱ. 术语

1.1　不良事件（adverse event，AE）

系指动物在使用兽医药品或受试兽药后，出现

的任何不利的和非预期的现象（无论是否与产品有关）。

1.2 有关管理规定〔applicable regulatory requirement（s）〕

系指与使用受试兽药进行试验相关的有关管理部门的法律和规章。

1.3 审核（audit）

系指对试验过程是否接受了正确的管理，是否按照试验设计方案、相关的标准操作程序（SOP）、临床质量管理规范（GCP）和有关管理标准进行了试验、记录、分析和准确报告，以及对试验相关的活动而进行的系统的、独立的检查。

1.4 授权的副本（authenticated copy）

系指完整反映原始文件的复印件，由个人制作的副本，应具有或含有制作人员的声明、签名和日期，以证实该复印件的完整性和准确性。

1.5 设盲（遮挡）（blinding/masking）

系指为了减少可能存在的主观性，使指定的试验人员不了解试验分组情况的方法。

1.6 病例报告表/数据采集表/记录表（case report forms/data capture forms/record sheets）

系指根据试验需要特别设计的记录表格，用于记录试验设计的要求、实验动物的观察结果以及试验结果等，该表格可以是打印件、光盘、电子文档、磁盘等形式。

1.7 临床试验（clinical study）

系指为了验证有关拟定兽药的至少一种有效性声明，或靶动物实际使用的安全性而采取的针对靶动物进行的单个科学试验。在该指导文件中，"临床试验"和"试验"系同义词。

1.8 符合规定（compliance）（与试验相关的）

系指符合试验方案、相关的 SOP、临床质量管理规范和有关管理规定。

1.9 对照品（control product）

系指按照标签说明使用的已批准的产品，或在临床试验中用作参考品的安慰剂，其目的是为了与正在评估的受试兽药进行比较。

1.10 合同试验组织（contract research organization，CRO）

系指与委托方或试验者签约并完成委托方或试验者委托的一项或多项职责的个人或组织。

1.11 受试兽药的处理（disposal of investigational veterinary products）

系指受试兽药或对照品在试验过程中或完成之后的处理。例如，在符合对公共卫生的影响降低到最低程度的原则的前提下，可以将产品返还给委托方、销毁或用其他认可的方法进行处理。

1.12 实验动物的处理（disposal of study animals）

系指实验动物及其可食用部分在试验过程中或完成之后的处理。例如，在符合对公共卫生的影响降低到最低程度的原则的前提下，可以将动物屠宰、放回原动物群、销售或返还给其主人。

1.13 最终研究报告（final study report，FSR）

系指在全部原始数据的收集工作已经完成或该试验不再继续进行时撰写的、对受试兽药试验工作的综合性描述。最终试验报告应充分描述试验目的、试验材料和方法（包括统计学分析方法），提供试验结果，且包含对试验结果的重要性的评价。

1.14 临床质量管理规范（good clinical practice，GCP）

系指关于临床试验的设计、完成、监督、记录、审核、分析和报告的标准。按照该标准，确保数据和试验结果的充分性、正确性和精确性，确保实验动物和相关研究人员的健康得到保护，确保环境、人类和动物食物链得到保护。

1.15 知情同意（informed consent）

由实验动物的主人或其代理人提供的证明，表明实验动物的主人同意对其动物进行试验，并在试验前已获知此试验的各方面情况。

1.16 检查（inspection）

有关管理部门根据其法律职权对试验记录、设施、设备、完成或未完成的材料（和有关记录）、贴签和与受试兽药注册有关的其他所有资源进行正式检查的行为，可以发生在与试验有关的任何地点。

1.17 受试兽药（investigational veterinary product）

系指在临床试验（为研究其保护性、治疗性、诊断或生理作用而被接种或应用到动物体内）中被评价的任何生物学的或药剂的产品，或含有一种或多种活性物质的任何动物饲料。

1.18 试验者（investigator）

系指在某个试验地点负责各方面工作的个人。要是在某个试验地点，该试验由一群人进行，则试验者就是这群人中的负责人。

1.19　监理（monitor）

系指负责监视临床试验的人，目的是确保试验按照试验方案、标准操作程序（SOP）、临床质量管理规范（GCP）和有关管理规定进行、记录和报告。

1.20　多中心试验（multicenter study）

系指在一个以上地点按照同一个试验方案进行的试验。

1.21　质量保证（quality assurance，QA）

系指为了确保按照本指南和有关管理要求进行试验并收集、记录和报告试验数据而建立的有计划的、系统性的步骤。

1.22　质量控制（quality control，QC）

系指为了核实与试验相关的各项活动的质量要求是否已经全部达到，而在质量保证系统内承担的操作性技术和活动。

1.23　随机化（randomization）

系指为了减少人为偏见，采用偶然性要素的原则，对实验动物的试验组或对照组进行划分的过程。

1.24　原始数据（raw data）

系指任何原始的工作表、校正数据、记录、备忘录、第一手观察结果记录以及对重建和评估试验所必须的试验活动记录。原始数据可以包括（但不限于）图片资料、磁盘、电子文件、光盘、自动仪器记录的信息、手工记录的数据表等。传真和转录的数据不能视为原始数据。

1.25　管理部门（regulatory authorities）

系指具有法定管理权利的机构。在本指南中，"管理部门"一词包括对提交的临床数据进行审查的权力部门和从事检查的权力部门。

1.26　委托方（sponsor）

系指负责发起、管理和为受试兽药的临床试验筹措资金的个人、企业、研究所或组织。

1.27　标准操作程序（standard operating procedure，SOP）

系指在完成特殊职责的过程中，为了保持过程的一致性而制定的详细的、书面的操作说明。

1.28　实验动物（study animal）

系指参与临床试验的任何动物，或者作为受试兽药或对照的接受者。

1.29　试验方案（study protocol）

系指详细描述试验目的、设计、方法、统计方法和试验组织方法，并由试验者和委托方签署姓名

和日期的文件。试验背景及其基本原理可以在试验方案中给出，也可以由试验方案中提及到的其他文件提供。在本备忘录中，"试验方案"一词都包括所有试验方案的修订版。

1.30　试验方案修订版（study protocol amendment）

系指在实施试验方案前，或者执行变更或修订任务前，已经生效的书面的变更或修订的试验方案。试验方案修订版应由试验者或委托方签署姓名和日期，并纳入试验方案中。

1.31　试验方案偏离（study protocol deviation）

系指与试验方案中所述程序发生的偏离。应将试验方案偏离作为一项声明，随试验者签署姓名和日期时记录下来，说明偏离情况及其发生的原因（如果可以识别）。

1.32　靶动物（target animal）

系指根据受试兽药的特性而选择应用的特殊种属、类别*和品系的动物。

1.33　兽医药品（veterinary product）

系指获准声明在应用于动物后具有保护作用、治疗作用、诊断作用或影响生理功能的任何药品。本属于适用于治疗药、生物制品、诊断制品和生理功能调节剂。

Ⅲ．VICH GCP 的原则

2.1　VICH 构建 GCP 的目的是为了保证试验数据的精确性、完整性和正确性而建立的临床试验指南。同时，对实验动物健康、对环境和试验人员的影响，以及来自食用实验动物的残留，都给予适当注意。

2.2　为了保证试验数据的有效性，确保试验的伦理、科学和技术质量，针对临床试验的组织、完成、数据收集、记录和验证等，预先制定系统的、书面的方法是十分必要的。要是将试验中收集到的数据，按该指南的标准进行设计、完成、监督、记录、审核、分析和报告，就可以使得审查进程更加容易，因为，管理部门对根据这种预先制定的书面方法进行的试验的完整性具有信心。

2.3　通过执行这种预先制定的书面方法，委托方就有可能避免不必要地重复那些权威性试验。为了证实权威性试验的结果，可能需要进行局部有效性试验，这样的任何要求都不受该指导性文件的

---

* 译者注：此处系指按用途分类。

影响。另外，也可能存在其他指导文件，对一些特殊种类兽药的试验设计和有效性标准加以详细说明。这些试验的完成也应符合 GCP 原则。

2.4 临床试验中牵涉到的每个人，都应经过符合规定的教育、培训，具有完成各自任务的专门技术。试验档案中应有明显的资料证明这些人在记录和报告试验观察结果方面可能具有的最高专业技术程度。

2.5 有关管理部门应提供独立地保证实验动物、人类和动物食物链得到保护的方法。有关管理部门还应确保实验动物的所有者已经出具了书面的同意文件。

2.6 良好实验室管理规范（GLP）中涵盖的试验项目、基础开发性研究项目或其他临床试验中，如果其试验报告不是为了用于支持申报，这些试验项目则不包含在本指南中。但是，在后来的临床试验开始进行之前，为了进行正确审批，有关管理部门可能会要求提交安全性和临床试验前的试验数据。

2.7 只要可能，受试兽药的制备、处理和贮存都应按照有关管理部门的良好生产管理规范（GMP）原则进行。应对受试兽药制备、处理和贮存方面的详细情况加以记录，产品的使用应按照试验方案进行。

2.8 关于试验的各个方面的质量保证，是健全的科学规范的基本组成部分。GCP 的原则是支持对临床试验质量保证（QA）方法的应用。人们已经认识到，委托方应该是对这些试验实施质量保证职能的当事人。鼓励参与临床试验的所有人员采用和坚持公认的 QA 规范。

Ⅳ. 试验者

3.1 概要

3.1.1 试验者是对完成试验的所有方面负责的人。这些方面包括：受试和对照兽药的分发和使用、试验方案的执行、试验数据的收集和报告、实验动物和试验人员健康的保护。

3.1.2 应通过提交个人简历和其他证明材料证明，试验者具有充足的知识、科学培训和经验，足以完成临床试验，在靶动物上研究受试兽药的有效性和实际使用中的安全性。试验者在收到受试兽药前，应熟悉其背景和标准。

3.1.3 如果试验人员是一群人，则试验者是这一群人的负责人。

3.1.4 在收集、记录和数据处理过程中，试验者可以寻求其他人员的帮助。

3.1.5 一个人不能同时兼任同一试验的试验者和顾问。

3.2 责任。试验者应该：

3.2.1 在试验开始前向委托方提交最近的个人简历和其他有关证明材料。

3.2.2 在试验方案上签名，向委托方表明同意按照 GCP 和有关管理要求的原则，并根据试验方案完成试验。

3.2.3 保证按照试验方案、相关 SOP、GCP 和有关管理要求完成试验。

3.2.4 在试验档案中保留一份签署了姓名和日期的试验方案，包括每个试验方案修订版。无论是由委托方还是由试验者制定，每个试验方案修订版均需由委托方和试验者签署姓名和日期，并应说明所做的修改及其理由。

3.2.5 在试验档案中保留一份签署了姓名和日期的声明，记录所有与试验方案相偏离的情况，并记录出现这种情况的原因（如果能够确定原因的话）。

3.2.6 将所有偏离试验方案的情况及时通知委托方。

3.2.7 为了及时正确地完成试验，提供充足而符合规定的人员是十分重要的。必要时还要提供一名兽医对实验动物进行护理。对所有参与实验或实验动物管理的实验人员，应向其提供必要的培训，以保证按照试验方案和有关管理要求完成试验。

3.2.8 所有职权和工作（包括所有转包合同中的工作）只委派给具有足够培训和经验的个人。

3.2.9 向试验人员提供来自委托方的有关材料和资料。

3.2.10 无论是自有还是租借，都要确保实验设施和设备完好而且足够。

3.2.11 操作过程中，只要有标准操作程序（SOP），就采用标准操作程序。

3.2.12 按照有关管理要求，对实验动物实施人道主义关爱。

3.2.13 在进行动物试验前，必须获得实验动物的主人或其代理人"知情同意"的声明；但在"知情同意"前，实验动物的主人或其代理人应从试验者那里获得关于该试验的有关信息。

3.2.14 对试验地所有实验动物的饲喂和护理情况进行监督，并按照试验方案中陈述的内容向实验动物的主人通知。

3.2.15 记录所有兽医护理和方法、动物健康状况的变化和重大的环境变化。

3.2.16 使用受试兽药和对照兽药后的可食用动物的处理。对于该来源动物的可食部分，应按照试验方案进行处理；对实验动物的处理，应按照试验方案正确进行。

3.2.17 出现不良事件（AE），应及时通知委托方。

3.2.18 对所有代码程序和档案（如随机选择信封、设盲信息）采用职业化管理，确保仅按照试验方案进行试验。没有征得委托方的同意，决不揭开分组代码。没有处于"设盲"状态的试验人员不能参与试验，必须参与的，也应将其参与程度尽可能降低。

3.2.19 在向试验者转运或交付受试兽药和对照兽药时，应切实负责其接收、检验、保存、分发和混合等。

3.2.20 按照试验方案和标签说明，对受试和对照兽药提供安全的保存场所，控制人员的接近。

3.2.21 保存已经拌入饲料和水中（如果要求试验者对兽药进行进一步混合）的受试兽药和对照兽药的完整库存的接收单、使用记录和检验结果，以及未使用的受试兽药和对照兽药的剩余库存。

3.2.22 确保按照试验方案对实验动物使用受试兽药和对照兽药。

3.2.23 不向非许可人转发受试兽药和对照兽药。

3.2.24 在试验结束时，清理受试兽药和对照兽药的交付记录，记录兽药的用量和返回量，如不一致，应记录其原因。

3.2.25 在试验完成或中止时，负责进行受试兽药和对照兽药的最终安全处理，并填写处理记录。安全处理还应包括对含有受试兽药和对照兽药的动物饲料的处理，这可以通过返还委托方或其他适当的方式来处理。

3.2.26 整理和保存试验档案。

3.2.27 如果出现可能会影响试验质量和完整性的意外事件，也采取纠正措施，那么就必须对该事件进行记录。

3.2.28 按照试验方案和有关管理规定，采用能准确和充分反映试验观察结果的、不带偏见的方式，搜集并记录数据，其中包括意外的观察结果。

3.2.29 建立并保存准确、完整的联系记录，包括与委托方代表、有关管理部门代表和其他人员（如合同试验组织的人员）之间就试验设计、完成、记录和报告等进行联系时的所有电话、来访、信件和其他联系内容。联系记录中应包括：联系日期和时间、联系方式、涉及者的姓名和隶属组织。要简要描述联系目的和讨论的主题，试验者和/或委托方在联系之后可能采取的行动，并对这些行动的依据进行充分详细的描述。

3.2.30 对于试验方案和有关管理规定中要求保留的所有样品，都要确保用完整的、准确的、清晰的方法加以标记，排除因混淆而需重新鉴别的可能性。

3.2.31 将所有试验档案、在规定时间内、有关管理部门允许试验者保存的公证过的试验档案复印件安全保存，避免受到自然破坏、销毁、篡改和故意破坏。

3.2.32 应委托方的要求，提供签名的试验档案或公证过的副本。如果试验档案全部或部分提交给委托方后，试验者应保留公证过的副本。

3.2.33 可能的情况下，参与最终试验报告的准备。

3.2.34 接受对临床试验进行的监督和质量审核。

3.2.35 接受有关管理部门对试验者所用设施进行的检查，接受有关管理部门为了确认数据的有效性而对试验者所建立或保存的试验档案进行的检查，并允许其部分或全部复印。

V. 委托方

4.1 概要

负责发起、管理和为受试兽药的临床试验筹措资金的个人、企业、研究所或组织。

4.2 责任

委托方应该：

4.2.1 确认在受试兽药的有效性和安全性方面存在足够的、具有科学依据的资料，证明进行临床试验的合法性。委托方还应根据这些资料确定，不可能由于环境、健康、伦理或科学方面的原因而导致临床试验流产。

4.2.2 确保已经按照要求向管理部门提交了与进行临床试验有关的通知和申请。

4.2.3 选择试验者，确保试验者具有资格，保证试验者能够参加试验的全过程，证实试验者同意按照双方认可的试验方案、GCP 和有关管理规定承办试验。

4.2.4　合理地委任有专业资格的顾问。

4.2.5　根据需要为试验中所涉及的方法和技术性环节制订标准操作程序（SOP）。

4.2.6　必要时与试验者进行协商，制订试验方案，并适当考虑上述方面，使其与 GCP 原则保持一致。

4.2.7　与试验者共同在试验方案上签名，表示同意按照试验方案进行临床试验。对试验方案所做任何修改，都应经委托方和试验者双方的签名同意。

4.2.8　在进行多中心试验时，要确保：

4.2.8.1　所有试验者都严格按照委托方同意（必要时需经过管理部门同意）的试验方案完成试验。

4.2.8.2　设计试验数据收集系统，在所有试验地点收集所需数据。对于收集委托方所需其他数据的试验者，委托方应设计并提供补充数据收集系统。

4.2.8.3　在执行试验方案、评估临床和实验室结果时，要执行统一的标准；在收集数据时，对所有试验者的指示要始终如一。

4.2.8.4　应促进试验者之间的交流。

4.2.9　应将适宜的化学、药物学、毒理学、安全性、有效性和其他有关信息作为进行临床试验的先决条件通知试验者。委托方还应将试验过程中获得的、任何有关这些方面的信息通知试验者；如果有必要，委托方还应及时通知有关管理部门。

4.2.10　按照有关管理规定报告所有不良事件。

4.2.11　确保按照有关管理规定对所有实验动物，以及来自实验动物的任何可食用部分进行适当处理。

4.2.12　确保按照有关管理规定的要求制备、贴签和运输受试兽药和对照兽药。

4.2.13　制订和保存受试兽药和对照兽药的转运记录。在试验结束或中止时，确保对所有受试兽药和对照兽药以及所有含有受试兽药和对照兽药的动物饲料进行适当的处理。

4.2.14　保存试验档案，避免受到自然破坏、销毁、篡改和故意破坏，保存时间应符合为了支持受试兽药注册而提交试验报告的国家在有关管理规定中规定的最长时间。

4.2.15　只要对一只实验动物使用了受试兽药，不管有没有按照计划完成试验，都要起草试验报告。

4.2.16　通过执行与公认的质量保证原则相一致的质量审核程序，确保临床试验数据的质量和完整性。

4.2.17　符合对实验动物实行人道主义关怀方面的有关管理规定。

4.3　合同试验组织（CRO）的选择

4.3.1　委托方可以将其与试验有关的任务和职责的一部分或全部委派给一个 CRO，但在有关试验数据的质量和完整性方面，其最终责任者仍然是委托方。

4.3.2　委派给 CRO 的任何关于试验方面的任务和职责，都应以书面的形式加以详细说明。委托方应将其责任通知 CRO，使其符合有关管理规定。

4.3.3　没有专门委派给一个 CRO 的试验任务或职责，均由委托方自行承担。

4.3.4　本指南中关于委托方的所有条文也适用于 CRO，其程度取决于 CRO 为委托方承担的试验任务和职责。

Ⅵ. 顾问

5.1　概要

由委托方任命的，代表委托方负责监督和报告试验进程、核实试验数据、确认临床试验是否按照 GCP 和有关管理规定完成、记录和报告的人。顾问应具备有效监督特定试验所需的科学知识和经验；应在质量控制技术和数据核实方法方面接受过培训；应了解试验方案中全部有关标准，并能够判定临床试验是否符合试验方案和有关 SOP。任何人都不能既是试验者，同时又担任该试验的顾问。顾问是试验者和委托方之间的主要联系环节。

5.2　责任

顾问应该：

5.2.1　根据需要帮助委托方选择试验者。

5.2.2　试验者能够通过电话或其他方式与之进行直接协商。

5.2.3　确认试验者及全体试验人员有足够时间参加试验。同时，应确认在试验地点有足够的空间、设施、设备和人员，在试验过程中能够获得足够数量的实验动物。

5.2.4　确认试验人员已经充分了解试验的详细情况。

5.2.5　确保试验者承担完成试验的责任，并确保试验者在承担责任的过程中了解：受试兽药的研究状况、试验方案的详细情况、对实验动物实行人道主义关怀的有关管理规定、用药（受试兽药和对照兽药）后动物可食用部分处理的批准情况，以及所有其他关于实验动物处理和后续使用方面的限制。

5.2.6 根据委托方的要求进行工作。按照试验方案、GCP和有关管理规定，在试验进行的前、中和后三个阶段，以足够的频次了解试验情况。

5.2.7 对数据收集过程和试验结果不存在任何形式的偏见，保证遵守现行试验方案、SOP、GCP和有关管理规定。

5.2.8 确保在进行动物试验前，实验动物的主人或其代理人已经"知情同意"，顾问应将该情况记录在案。

5.2.9 保证对所有数据进行准确和完整的记录。

5.2.10 确保对字迹模糊的、遗漏的或修改过的试验记录加以详细解释。

5.2.11 确保对受试兽药和对照兽药进行的保存、发放及其记录安全而适宜，确保试验者将没有使用的所有产品返还给委托方或进行适当处理。

5.2.12 为了确定试验中是否遵守试验方案以及试验者保留和保存的资料是否准确和完整，在必要的时候，对原始数据和其他试验档案进行审查。

5.2.13 建立并保存准确和完整的联系记录，包括与试验者、委托方代表、有关管理部门代表和其他人员（如合同试验组织的人员）之间就试验设计、完成、记录和报告等进行联系时的所有电话、来访、信件和其他联系内容。联系记录中应包括：联系日期和时间、联系方式、涉及者的姓名和隶属组织；简要描述联系的目的和讨论的主题，对试验者和/或委托方在联系后可能采取的行动，并对这些行动的依据进行充分详细的描述。

5.2.14 通过在试验完成过程中让试验者在联系、访问和目击活动的摘要报告上签署姓名和日期，确保试验者符合GCP原则。在试验结束时，应将这种摘要报告提交给委托方。

Ⅶ. 试验方案

6.1 概论

6.1.1 试验方案是陈述试验目的和限定试验完成和管理条件的文件。

6.1.2 一个良好的试验主要取决于考虑充分、结构优良和全面的试验方案。这种试验方案应在试验开始前完成，并获得委托方和试验者的同意。

6.1.3 一个能够容易地被实施试验的试验者理解的，且容易被审查试验方案和试验结果的有关管理部门理解的全面的试验方案，可能会促进兽药的注册进程。

6.2 试验方案审查

在临床试验前，有关管理部门将对试验方案进行审查，如果认为试验设计存在任何不确定事项，或对试验的可选择项存在不同意见，则要按GCP原则进行审查。当然，对试验方案的审查，并不会对根据此方案进行试验所收集的数据产生约束力，但有助于促进委托方和有关管理部门在有关标准和试验方案上的相互理解。

6.3 试验方案核查清单

试验方案中应包含下列项目清单中的信息，或在试验设计时应对该清单予以考虑。

6.3.1 试验标题。

6.3.2 对于该试验而言，应具有唯一性的标识符。唯一的标识符中应包含试验方案编号、地位（即属于草案、最终稿还是修订版）以及制订日期，所有这些都应在标题页上注明。

6.3.3 试验联系人。试验联系人包括试验者、委托方代表和负责主要试验项目的所有其他参与者。应列出每个联系人的头衔、资格、专业背景以及邮寄地址、电话号码和其他联系方法。

6.3.4 试验地点（如果在试验方案制订时能够知道的话）。

6.3.5 试验目的/目标。

6.3.6 论证。描述与理解试验目的所有有关资料（出版的或通过其他途径获得的临床试验前或临床试验数据），以证明此临床试验的合法性。

6.3.7 试验进度表。在动物试验阶段，其主要活动的时间表应包括：动物试验的预期开始日期、使用受试兽药和对照兽药的时间段、用药后的观察期、休药期（如有必要）和预期的结束时间。

6.3.8 试验设计。描述：

6.3.8.1 描述全面的试验设计，如用安慰剂做对照进行田间有效性试验，则要求与阳性对照一起，采用设盲法进行随机化、封闭设计。

6.3.8.2 详细描述对照组或对照期的用药情况（如果用药的话）。

6.3.8.3 描述随机化方法，包括采用的方法以及将实验动物分组、各组动物的进一步分配的实际情况。

6.3.8.4 描述试验单位并论证其选择的适

当性。

6.3.8.5 描述设盲（遮挡）程度和方法，以及所用其他降低偏见的技术，并陈述接近分组编码的规定，包括方法和人员。

6.3.9 动物的选择和鉴别。详细说明所用实验动物的来源、数量和类型，如种属、年龄、性别、品种分类、重量、生理状况和预测因子。

6.3.10 纳入试验中、排除在试验外，以及纳入试验后继而退出试验的动物标准。详细描述将动物纳入到试验中来、排除在试验外，以及纳入到试验中后继而退出试验的客观标准。

6.3.11 动物管理和饲养

描述：

6.3.11.1 实验动物的围养设施，如棚舍、圈舍和牧场。

6.3.11.2 每个动物的空间（与标准管理规范进行比较）。

6.3.11.3 动物舍的温度调节（加热/冷却）和通风。

6.3.11.4 允许和不允许的驻地兽医进行护理和治疗。

6.3.11.5 饲料（包括牧场管理、混合饲料的生产和保存）、饮水（包括供应、可获得性和质量）及其对实验动物供给方面的管理。

6.3.12 动物饲料

权威参考资料可作为研究动物营养需求和饲料准备的有用的指南。应有充分的、营养配给方面的研究资料，以便确认在不影响试验目的的情况下达到了动物的营养要求。当营养状况对试验中收集的指标有重要影响时，应收集饲料特征的详细记录。例如：

6.3.12.1 确定实验动物的营养需要，并生产出符合这种营养需求的饲料。

6.3.12.2 提供试验中所用所有饲料的定量组成（如饲料、维生素、矿物质，必要时还应包括允许使用的饲料添加剂）及可计算的养分含量。

6.3.12.3 描述对试验中所用饲料进行取样的方法以及随后对这些样品中某些养分进行分析的方法。

6.3.12.4 制定客观标准并根据该标准确定试验中所用饲料的实验室实际分析结果是否符合预定的计算标准。

6.3.12.5 提出饲喂计划（饲喂日程表）。

6.3.12.6 收集给料量和未食用的饲料量

记录。

6.3.13 受试兽药和对照兽药

6.3.13.1 准确地标明受试兽药，以便于确定特殊配方。应对该产品进行进一步混合（如果有）、包装和保存进行说明。

6.3.13.2 如果在饲料或水中使用受试兽药，应对测定受试兽药在饲料和水中浓度的方法加以确定，包括将要采用的取样方法和测定方法（如实验室中应用的分析方法、重复数量、检测限、允许的分析误差）。建立客观标准并根据这种标准确定饲料或水中的受试兽药浓度是否足够。

6.3.13.3 用通用名或商品名标记对照产品；剂型、配方（组分）、浓度、批号、失效期。根据标签说明保存和使用这些产品。

6.3.14 分组

对受试兽药和对照兽药：

6.3.14.1 论证将要使用的剂量。

6.3.14.2 描述用药计划（用药的途径、注射部位、剂量、频次和持续时间）。

6.3.14.3 详细描述可能需要进行兽医治疗的客观标准。

6.3.14.4 描述为了确保用药前和用药过程中处理这些产品的试验人员安全而采取的方法和注意事项。

6.3.14.5 描述确保按照试验方案或其标签进行用药的保证措施。

6.3.15 实验动物、实验动物产品及受试兽药和对照兽药的处理。

6.3.15.1 描述对实验动物的建议处理方式。

6.3.15.2 对需要从试验中退出的动物，应预先设立标准，并注明应注意的事项。

6.3.15.3 说明使用来自肉用动物的可食用产品的条件，使其符合有关管理部门的规定。

6.3.15.4 描述对受试兽药和对照兽药的建议处理方式。

6.3.16 有效性评估

6.3.16.1 详细说明在声明其有效性之前所要获得的效果和需要达到的临床目标。

6.3.16.2 描述如何衡量和记录这些效果和目标。

6.3.16.3 详细说明试验观察结果的出现时间和频率。

6.3.16.4 描述将要进行的特殊分析和检验，包括取样时间和取样间隔、样品的保存和分析或检验。

6.3.16.5 选择并详细说明对客观地衡量实验动物的预期反应和评估临床反应所必须的记分系统和测量方法。

6.3.16.6 详细描述计算受试兽药作用的方法。

6.3.17 统计学/计量生物学

充分地描述用于评价受试兽药有效性的统计方法，包括将要进行检验的假设、将要评估的参数、将要做的假设以及显著性水平、试验单位和预计采用的统计模型。应根据靶动物群的大小、试验能力和有关临床方面的需要考虑上述事项，并对设计的样本大小进行论证。

6.3.18 记录的处理

详细说明有关管理部门所要求的记录、加工、处理和保留原始数据及其他试验档案的方法。

6.3.19 不良事件

描述下列方法：

6.3.19.1 为了发现不良事件，必须以足够的频度观察实验动物。

6.3.19.2 观察到不良事件后应采取的适当行动。适当的行动可能包括查阅设盲密码，以便采取适当的医疗措施。

6.3.19.3 在试验档案中记录不良事件。

6.3.19.4 向委托方报告。

6.3.20 试验方案附录

6.3.20.1 列出用于完成、监督和报告该试验的所有特殊 SOP。

6.3.20.2 附上试验中将要使用的所有试验数据采集表和不良事件记录表的复印件。

6.3.20.3 包括所有其他有关的补充内容，如提供给动物主人的资料、对试验人员的指导。

6.3.21 试验方案的变更

应在如何制订修订版和如何对偏离试验方案的情况进行报告方面提出指导。

6.3.22 参考文献

提供试验方案中所引用的有关文献。

Ⅷ. 最终试验报告

7.1 概论

7.1.1 最终试验报告（FSR）是在完成试验后完成的综合性的记述。最终试验报告包括材料和方法的描述、结果的陈述和评价、统计分析，及重要的临床、科学和统计学的评估。试验报告应符合试验方案的格式。

7.1.2 只要对动物使用了受试兽药，无论试验是否按照计划完成，委托方都有义务提供试验的最终试验报告。

7.2 作者权

7.2.1 可按照下列方式完成试验报告：

7.2.1.1 委托方可以自己准备 FSR；

7.2.1.2 试验者可以为委托方准备 FSR；

7.2.1.3 委托方和试验者可以以合作的方式准备 FSR。

7.2.2 在 FSR 准备过程中牵涉的所有人应被视为作者。

7.2.3 当试验者放弃 FSR 作者权时，试验者应向作者提供以下材料：

7.2.3.1 在试验地点，试验者所特有的所有必要的试验档案；

7.2.3.2 应对提交给作者的、包含在 FSR 中、签署了姓名和日期的试验文件进行充分描述，并证明所提供的文件的准确性和完整性。

7.2.4 FSR 的作者应在报告上签署姓名和日期

FSR 的作者应知道，管理部门将根据这些签名确认所有数据都是按照试验方案、SOP、GCP 和有关管理要求进行收集的，并确认所有陈述都是试验活动准确而完整的描述，并有充分的试验档案做支持。因此，作者可以希望在报告中用一段简要的文字描述他们对该报告的贡献。

7.3 最终试验报告的内容

FSR 中应包含下列清单中的有关信息，但该清单既不是详细无遗的，也不是每个项目都适用于所有 FSR。编写试验方案时，应参考该清单中各个项目下的说明。

7.3.1 试验标题和标识符。

7.3.2 试验目的。

7.3.3 试验主要完成人的头衔、姓名、资格和作用。

7.3.4 试验完成地点的特征。

7.3.5 关键试验的日期。

7.3.6 材料和方法

7.3.6.1 试验设计。

7.3.6.2 动物的筛选与鉴定。

7.3.6.2.1 每组实验动物的详细情况，包括（但不限于）数量、品种、年龄、性别和生理状况。

7.3.6.2.2 与试验条件相关的动物疾病史，特别是与动物个体有关的特殊疾病问题。

7.3.6.2.3 正在进行治疗或预防诊断的情况，包括根据传统的标准描述临床症状或其他诊断方法。

7.3.6.2.4 将实验动物纳入试验和排除在试验之外的详细标准。

7.3.6.2.5 已经纳入试验的动物退出试验的详细信息。

7.3.6.3 动物管理和饲养。

7.3.6.3.1 动物饲养和管理的详细情况。

7.3.6.3.2 饲料组成和饲料中所有饲料添加剂的特性和添加量。

7.3.6.3.3 在试验过程中，在使用受试兽药、对照兽药过程之前、之中或之后，同时进行的所有治疗的详细情况，以及所观察到的所有交互作用的详细情况。

7.3.6.4 动物处理。关于实验动物及其可食用产品处理的总结。

7.3.6.5 用药

7.3.6.5.1 试验中所用受试兽药配方的特性，包括：浓度、纯净性、组成、数量和批号或编码。

7.3.6.5.2 受试兽药的用药剂量、方法、途径和用药频次以及使用过程中的注意事项（如果有的话）。

7.3.6.5.3 所用对照兽药的详细情况，并对为何选用这些对照药物加以论证。

7.3.6.5.4 用药持续时间和观察期。

7.3.6.5.5 运输或发放给试验者的所有受试兽药和对照兽药的使用和处理总结。

7.3.6.6 试验方法

详尽描述所用方法，必要时包括确定饲料、水、体液和组织中受试兽药浓度的测定方法。

7.3.6.7 统计方法

描述对原始数据进行的转化、计算以及用以分析原始数据的所有统计方法。如果实际应用的统计方法与试验方案中提出的统计方法不同，应提出理由。

7.3.7 结果及其评估。

详尽地描述试验结果，无论是有利的结果还是不利的结果，包括试验中的所有数据记录表。

7.3.8 根据所有动物个体或用药组的情况给出结论。

7.3.9 管理和执行项目。

7.3.9.1 描述用以记录、加工、处理，以及保留原始数据和其他试验档案的方法。

7.3.9.2 对所有偏离试验方案和/或修正试验方案的情况加以描述，并就其对试验结果的影响加以估测。

7.3.9.3 对可能已经影响到数据的质量和完整性的情形加以描述，详细说明其时间和出现的程度。

7.3.9.4 试验过程中出现的所有不良事件的详细情况以及因此采取的所有措施。如果没有观察或记录到不良事件，应在FSR中加以陈述。

7.3.9.5 所有试验档案的存放情况。

7.3.10 附加资料

诸如可以附加下列资料，其可以含在报告的主题部分，也可作为附录单列：

7.3.10.1 试验方案

7.3.10.2 监督者（顾问）造访的日期。

7.3.10.3 作者出具的审核证明，包括现场造访、审核日期以及向委托方提交报告的时间。

7.3.10.4 补充报告，如分析、统计报告等。

7.3.10.5 支撑试验结论的试验文件的复印件。

7.4 报告修正

对FSR所作的任何增加、删减和更正，作者都应以修正报告的形式完成。修正报告中应清楚地说明增加、删减和更正部分的内容，并就这些改变阐明理由，并由作者签署姓名和日期。对于在完成报告后发现的细微错误如印刷上的错误，可以在FSR上直接指出，同时说明更改日期和原因，并由作者签署姓名或姓名的第一个字母。

IX. 试验文件

8.1 概论

8.1.1 试验文件中含有可以用于对试验的完成情况和试验结果的质量进行个别评估和整体评估的记录。由试验者或委托方及时地将试验资料或经过证明过的复印件进行归档，会大大地帮助试验者和委托方成功地进行试验管理。

8.1.2 所有试验档案的保存时间应符合有关管理部门的要求。在代表委托方进行监督时，该指南中所列任何或全部试验档案都应可以获得。试验档案应通过委托方的质量审核手续按照公认的质量保证原则进行审核。在进行质量审核时，审核员应为委托方准备一份报告，详细说明审核过程，并证实已经完成审核。

8.1.3 为了确认试验的有效性和所收集数据的完整性，作为确认工作的一部分，有关管理部门可以对任何或全部试验档案进行检查、审核和复印。

8.1.4 提交试验档案的要求，由有关管理部门决定。

8.2 试验档案的分类

试验档案包括（但不限于）：

8.2.1 试验方案

文件应包含试验方案原件、所有试验方案的修正和所有偏离试验方案的记录。

8.2.2 原始数据

总体上来说，原始试验数据包括好几类数据。以下仅举几例（不包括所有类别，也不包括每个类别的所有范例）。

8.2.2.1 动物记录

与实验动物有关的所有数据。例如，购买记录，排除在试验之外、纳入试验中和纳入试验后又退出试验的文件，主人的知情同意，分组情况，所有观察结果（包括生物学样品的分析测定结果）的记录，病例报告表，不良事件，动物健康观察结果，动物饲料的组成和营养成分检测结果和动物的最终处理情况。

8.2.2.2 受试兽药和对照兽药记录

有关订购、接收、存货、测定、使用（记录用药计划，如剂量、比例、途径和用药持续时间）、返回量和/或所有受试兽药和对照兽药的处理，包括对含有受试兽药或对照兽药的所有饲料的处理。

8.2.2.3 联系记录

监督者和试验者关于试验设计、完成、记录和报告的所有联系（如访问、电话，可以是书面形式或电子形式的）。

8.2.2.4 设施和设备记录

必要时提供包括试验地点的描述（如图、表和照片）；设备特征和详细说明、设备调校和维护记录、设备损坏和修理记录、气象报告和环境观察结果。

8.2.3 报告

报告包含以下内容：

8.2.3.1 安全性报告。不良事件报告。

8.2.3.2 最终试验报告。

8.2.3.3 其他报告，如统计、分析和试验报告。

8.2.4 标准操作程序和参考物质

包括所有参考物质和与主要试验相关的SOP。

8.3 试验档案的记录和处理

8.3.1 原始数据，无论是手写的还是电子的，都应是可回溯的、原始的、准确的、同期的、易读的。"可回溯的"就意味着可以根据签名和日期追查到观察和记录数据的人。如果观察或记录原始数据的人不止一个，则应在数据中加以反映。在自动的数据收集系统中，负责进行直接数据输入的人应记录下他们的姓名以及数据输入日期。"原始的"和"准确的"意味着原始数据是第一手的观察结果。"易读的"意味着原始数据是可读的，书面记录应用持久性的介质如墨水进行记录，电子记录应不可更改。

8.3.2 应以有组织的方式保存原始数据，如果可能，应将记录装订在笔记本中或将记录在专门设计的表格中。应按照试验方案的要求，连续不断地记录所有数据点。如果进行了附加观察（如出现了预想之外的结果），则应记录这些观察结果。

8.3.3 通常应说明用以衡量观察结果的单位，并说明和记录单位的换算。实验室分析的数值通常应记录在记录表上，或附在记录表后。可能的话，还应含有分析这些样本时的正常实验室参考值。

8.3.4 如果因为数据的可读性需要将一部分原始数据复印或转录时，应取得经过公证的该数据的复印件。在签署了日期的备忘录或签署了日期的转录记录中，应对复印或转录的原因加以解释，并由复印或转录的完成人签署姓名。在这种情况下，复印的原始数据或原始数据的拷贝或转录文件以及备忘录，应连同试验档案一起保存。

8.3.5 在对手写的试验档案进行任何更正时，都应在原先的条目上画一直线。原先的条目仍应可读。进行更正时，更正人要在其更正处签署姓名第一个字母和日期，并描述变更的原因。

8.3.6 同样，如果数据直接输入到计算机系统中，该电子记录就被看作是原始数据。应用计算机化的系统时，应确保记录保持方法及其时间至少达到纸张系统记录的相同程度。例如，每个条目，包括所有变更内容下都应有该条目输入人员的电子签名，对电子媒介上保存的数据进行的所有变更，应保留审核痕迹，以保证电子记录的真实性和完整性。

8.4 试验档案的持久性

8.4.1 所有的试验档案，应按照记录的性质采取不同保护措施，使其免受自然破坏、销毁、篡改和故意破坏。保存地点应允许有序地进行档案保存和容易对保留的档案进行修复。

8.4.2　在最终试验报告中，应详细说明试验档案及其所有经过确认的复印件的存放地点。

8.4.3　所有试验档案的保存时间应符合有关管理部门的要求，为了支持受试兽药的注册，可能或必须向管理部门递交试验报告。

签发人：Alfonso Torres
兽医局副局长

（刘　燕译，杨京岚校）

附件　APHIS 表格与 CVB 试剂目录

附件 1　APHIS 2001 表（美国兽医生物制品企业执照申请表）

根据 1995 年《文书消减法》规定，除非出示有效的 OMB 控制号，否则机构（或委托方）和个人不需要对信息的采集做出回应。本信息采集表的有效 OMB 控制号为 0579-0013。预计每个人完成此信息采集表所需时间平均为 1h，包括浏览填写说明、查询现存的数据来源、收集和整理所需资料，以及填写完成信息采集表并进行审阅的时间。	OMB 准许号 0579-0013 有效期至：2018 年 3 月

申请美国兽医生物制品企业执照必须提交本申请表。这些信息将有助于确定该机构是否具备生产生物制品的资格（9CFR102）。

美国农业部 动植物卫生监督署 兽医局，兽医生物制品中心 **美国兽医生物制品企业执照申请**	初次申请的不填
	USDA 企业执照编号

1. 申请类型（在选项中打"√"） □初次申请　□执照变更（在第 2 栏内说明理由）	2. 如执照变更，说明理由	3. 提交日期
4. 申请者的名称和完整的通讯地址	5. 接收兽医生物制品中心官方邮件的地址（如果与第 4 栏不同）	

6. 组织类型（在选项中打"√"）
　　□独资公司　　　□合营公司　　　□合资公司　　　股份有限公司所在的州＿＿＿＿＿＿＿＿＿＿＿＿＿＿＿＿＿＿＿

7. 子公司的名称和位置	8. 各营销部门的名称

9. 涉及生产、检验和首次装运的所有建筑物位置的清单

10. 主要成员或合作伙伴

A. 姓名	B. 职务	C. 办公地址

辅助资料清单

项目	说明	A. 与本次申请相关的项目（X）	B. 以前提交的日期或 CVB 邮箱记录的 ID
11. 至少一个产品的 APHIS 2003 表	仅适用于初次申请		
12. 公司章程，含各子公司			

（续）

13. 各子公司授权人员签署的批准函			
14. 水质声明			
15. 设备文件（9CFR108）	提交兽医生物制品—监察与合规部门		
16. 其他（详细说明）_____			

证明

根据 1913 年 3 月 4 日通过的国会法案（37Stat.832～833；21U.S.C.151～158），本申请表适用于家畜使用的兽医生物制品生产企业的执照申请。如果根据本申请获得了美国农业部签发的执照，表明持照者同意遵守上述国会法案的规定，并遵守法案中与该机构运作和兽医生物制品的生产、检验、分发相关的所有条例、规章和命令，且兽医生物制品所贴的标签或广告宣传不会对购买者造成误导或欺骗。

17. 授权人员签字	18. 职务	19. 签字日期

APHIS 2001 表（旧版本无效）。

2015 年 4 月

（张海燕　张　靖译，李宝臣校）

APHIS 2001 表的填写说明

提交一份表格副本。如需增加空间，请另加附页，并参阅编号。

1. 申请类型

指定本次申请是企业执照的初始申请，还是现有执照相关规定的变更。如果是变更，则需要在第 3 栏上面的未编号空格中输入美国农业部企业执照编号。

2. 执照变更的原因

如果在第 1 栏中选择了执照变更，请指出变更的原因。

3. 提交日期

请输入此申请被邮寄或以电子方式提交给兽医生物制品中心的日期。

4. 申请者的名称及完整的通讯地址

输入申请者的设施名称和完整的法定地址（街道、城市、州、邮政编码）。如果申请者是公司，请输入公司章程中列出的名称和地址。

5. 接收兽医生物制品中心官方邮件的地址

如果该地址不同于第 4 栏中所输入的地址，则应输入一个正式的邮寄地址。

6. 组织类型

无需加以说明。

7. 子公司的名称和位置

子公司的定义是公司拥有 50％以上股份的执照共同持有者。只需列出将进行兽医生物制品生产和销售的那些子公司。

8. 各营销部门的名称

部门的定义是由持照者设立的营销单位，除生产者（持照者）的名称和地址外，还可以在标签、广告和宣传上署名。

9. 涉及生产、检验和首次运输的所有建筑物位置的清单

输入所有要使用的场所的街道地址、城市、州和邮政编码。

10. 主要成员或合作伙伴

输入申请者所在机构的每个主要成员/合伙人的姓名、职务和办公地址。

支持材料清单

以下清单旨在确保 APHIS 有足够的信息来审查企业执照的申请。如果之前没有提交支持材料，请确保在此申请中提供。

11. 至少一个产品的 APHIS 2003 表格

兽医生物制品企业执照是与在生产过程中制备的产品执照同时签发的。因此，申请者需要在申请企业执照的同时申请产品执照。

12. 公司章程，含各子公司的章程

无需加以说明。

13. 各子公司的批准函

在企业执照上出现的子公司必须提供知情同意书，承认他们接受所涉及的监管责任。

14. 水质声明

根据 9CFR108 规定，申请者必须提交一份文件，以证明该设施的废水（不是流入的水）符合当地的监管标准。一些城市或农村地区没有关于废水的具体规定。在这种情况下，申请者应提交有关地方当局的证明，说明该地区在这方面没有规定。

15. 设施文件

为第9栏所列的每个场所提交设施文件，文件根据9CFR108规定编制。

16. 其他

APHIS可能会要求额外的信息来支持某些机构的初始申请。如果您公司被要求提供这些信息，请简要说明所提供的附加信息的目的，并附上支持文件。

17. 授权人员签字

如有指定，该机构的主联系人或副联系人应担任授权签字人。如果尚未指定联系人，应由代表机构承担相应责任的授权人签字。

18. 职务

在第17栏中输入签名个人的职务。

19. 签字日期

无需加以说明。

（齐冬梅译，张　兵校）

附件2　APHIS 2003表（美国兽医生物制品产品执照申请表）

根据1995年《文书消减法》规定，除非出示有效的OMB控制号，否则机构（或委托方）和个人不需要对信息的采集做出回应。本信息采集表的有效OMB控制号为0579-0013。预计每个人完成此信息采集表所需时间平均为1h，包括浏览填写说明、查询现存的数据来源、收集和整理所需资料，以及填写完成信息采集表并进行审阅的时间。	OMB准许号 0579-0013 有效期至：2018年3月

申请美国兽医生物制品产品执照必须提交本申请表（9CFR102）。附加指南，见填写说明。

美国农业部 动植物卫生监督署 兽医局，兽医生物制品中心 **美国兽医生物制品产品执照申请**	仅适用于兽医生物制品 USDA产品编号
1. 申请者的名称和地址（包括街道或邮政道路号码、城市、州和邮政编码）	2. 兽医生物制品企业执照编号
	3. 拟用场所地址（如果与第2栏不同）
4. 生物制品的通用名称	5. 申请者内部对产品的工作标识（如果适用）

6. 新产品与您的企业中已注册的、预许可的或者已停产的产品之间的关系（详细的指南，见背面的填写说明）

7. 备注

支持料清单			
项　目	说　明	A. 与本次申请相关的项目（X）	B. 以前提交的日期或CVB邮箱记录的ID
8. 生产方法	□生产大纲（9CFR114.9）　□类似信息		
9. 列出该产品在获得USDA产品编号前所提交的材料（如果有）			
10. 其他（详细说明）			

（续）

证　明

1913 年 3 月 4 日通过的国会法案（37Stat.832～833；21U.S.C.151～158），本申请表适用于家畜使用的兽医生物制品产品执照申请。如果根据本申请获得了美国农业部签发的执照，表明持照者同意遵守上述国会法案的规定，并遵守法案中与该机构运作和兽医生物制品的生产、检验、分发相关的所有条例、规章和命令，且兽医生物制品所贴的标签或广告宣传不会对购买者造成误导或欺骗。

如果一个产品执照被签发，意味着该生物制品应遵守上述的所有要求和限制。

11. 授权人员签字	12. 职务	13. 签字日期
仅适用于兽医生物制品		

14. 最后的辅助资料的接收日期	15. 执照批准人（签名）	16. 批准日期	17.CVB 邮箱记录编号

APHIS 2003 表（旧版本无效）。
2015 年 4 月

（张海燕　张　靖译，李宝臣校）

APHIS 2003 表的填写说明

提交一份表格副本。如果需要额外的空间，可另加附页，并标注单元格编号。

1. 申请者的名称和地址

填写申请者企业名称和完整的邮寄地址（街道、城市、州、邮政编码）。如果申请者已经获得 APHIS 颁发的兽医生物制品企业执照编号，则填写与 APHIS 存档文件中一致的邮寄地址。

2. 兽医生物制品企业执照编号

如果获得 APHIS 授予的兽医生物制品企业执照编号，则填写该编号。

3. 拟用于生产和检验的场所

列出所有预计用于该产品生产和检验的场所。

4. 生物制品的通用名称

通用名称包括该产品标签标注的所有的抗原成分。请参考 CVB 网站上的现有生物制品注册目录。申请者在此次申请中提交的通用名称仅为暂定名称。APHIS 将根据一定的原则制定通用名称，旨在促进标准化，因此该通用名称可能与产品注册的通用名称有所不同。

5. 申请者内部对产品的工作标识

制造商经常在授予 USDA 产品代码之前为新产品指定内部工作标识符。如果存在的话，请填写在此处。

6. 新产品与您的企业中已注册的、预许可或者已停产的产品之间的关系

为了便于产品分类以及许可计划的制订，请描述新产品与贵公司注册的或者处于开发阶段的产品之间的关系。可能包含（但不限于）以下几点。该

新产品是否：

- 由新的或者先前准予的基础种子或细胞制备；
- 为某一生产线中的产品（标注该生产线上的其他产品，尤其是那些已经注册的）
- 为对现有产品改进后的产品（比如增加或减少一种抗原，改变佐剂、防腐剂或者剂量）
- 采用贵单位新的技术进行生产或检测；
- 分段制造协议。

7. 备注

可选择填写其他栏未涉及的内容。

支持材料清单

该清单旨在确保 APHIS 能够获得合适的信息来给新产品授予产品代码和通用名称。如果先前没有提供支持性材料，应确保此次申请时提交。

8. 生产方法

最有效的描述产品制造工艺的方法是参考规章 9CFR114.9 格式提供一个生产大纲。如果没有生产大纲，请提供与生产大纲相同的信息。

9. 列出该产品在获得 USDA 产品编号前所提交的材料（如果有）

在提交正式许可申请和获得 USDA 产品编号之前，制造商可能提交了一些文件，如运送实验产品或概念验证研究的请求。如果该产品提交过此类申请，请列出未编码的提交内容，以便将上述材料添加传输到此产品的许可文件中。

10. 其他

对一些特定的产品，APHIS 可能会要求提交

补充材料来支撑初次申请。如果您的产品被要求提供这些材料，那么请简单描述补充材料的目的，并附上相关支撑文件。

11. 授权人员签字

如果企业有指定 APHIS 主联系人或副联系人，那么该联系人应担任授权人员。如果尚未指定联系人，则由能够代表企业承担监管合规责任的人员进行签署。

12. 职务

填写第 11 栏中签署姓名的人员职务。

13. 签字日期

签字日期必须与邮寄日期一致。这将是所有回信函中引用的提交日期。

该表格剩余部分供 APHIS 兽医生物制品项目（兽医生物制品中心）内部使用。

（包银莉译，张　兵　王亚丽校）

附件 3　APHIS 2005 表（美国兽医生物制品产品许可证申请表）

根据 1995 年《文书消减法》规定，除非出示有效的 OMB 控制号，否则机构（或委托方）和个人不需要对信息的采集做出回应。本信息采集表的有效 OMB 控制号为 0579-0013。预计每个人完成此信息采集表所需时间平均为 1h，包括浏览填写说明、查询现存的数据来源、收集和整理所需资料，以及填写完成信息采集表并进行审阅的时间。	OMB 准许号 0579-0013 有效期至：2018 年 3 月

申请美国兽医生物制品产品许可证必须提交本申请表。这些信息将有助于确定该产品是否可以被进口到美国，或者是否可以获得生物制品过境美国的运输许可（9CFR104）。说明：每个产品提交一份申请表。如果表栏内填写不下，可另加附页并标明所涉及表栏的编号。应附上证明文件。

美国农业部 动植物卫生监督署 兽医局，兽医生物制品中心 **美国兽医生物制品产品许可证申请** □初次申请□续申请	USDA 许可证编号（初次申请不填） 1. 提交日期

2. 申请类型
□研究与评价（填写 10～15 项以外的所有项目）　　□常规销售和分发（填写除 6、7、8、9 和 15 项以外的所有项目）　　□仅用于过境中转（填写除 9～14 项以外的所有项目）

3. 申请者的名称和地址（包括编号、街道或邮政道路的号码、城市、州和邮政编码）	4. 生产者的名称和地址		
5. 产品名称（仅限 1 个）	相同产品的每次运输均应提供		
	6. 预计到货日期	7. 预计到货数量	8. 美国入境口岸

9. 如果产品用于研究与评价，需填写提供从事研究工作的机构名称和地址（如果与第 3 栏不同，应说明。应附上产品简介；繁殖方法（包括培养基成分）；使用的动物和细胞培养物种类；灭活或致弱的方法；推荐的使用方法和根据 9CFR104.4（a）部分拟定的评估计划）

10. 如果产品用于常规销售和分发（提供制造商或生产者关于产品制备、检验、标签以及检验设施的协议，并附上 9CFR104.5 部分规定的证明文件

11. 保存设施的地址（如果与第 3 栏不同）	12. 组织类型 □合资公司　　□合营公司　　□独资公司
	13. 如果是合资公司，说明股份公司所在的州（附上公司章程的核证副本）

14. 主要成员或合作伙伴		
A. 每个人的姓名	B. 职务	C. 办公地址 （包括编号和街道，或邮政道路号码、城市、州和邮政编码）

15. 如果是过境中转，应提供

（续）

A. 目的地	B. 承运人	C. 时间表（中转日期）	
		到达	离开

证　明

根据 1913 年 3 月 4 日通过的国会法案（37Stat. 832～0833；21U. S. C. 151～158），本申请表适用于上述第 2 项指定目的生物制品的进口许可证申请。如果根据本申请获得了美国农业部签发的许可证，表明持证人同意遵守上述国会法案的规定，并遵守法案中与该机构运作和兽医生物制品进口相关的所有条例、规章和命令，且兽医生物制品所贴的标签或广告宣传不会对购买者造成误导或欺骗。

16. 授权人员签字	17. 职务	18. 签字日期

APHIS2005 表（旧版本无效）。

2015 年 4 月

（张海燕　张　靖译，李宝臣校）

附件 4　APHIS 2007 表（兽医生物制品工作人员资格表）

美国农业部 动植物卫生监督署 兽医局，兽医生物制品中心	规章（9CFR102.4 和 114.7）要求提供本报告，不提供报告可导致企业执照被暂停或吊销。	OMB 准许号 0579-0013 有效期至：2018 年 3 月
兽医生物制品工作人员资格及联系方式	根据 1995 年《文书消减法》规定，除非出示有效的 OMB 控制号，否则机构（或委托方）和个人不需要对信息的采集做出回应。本信息采集表的有效 OMB 控制号为 0579-0013。预计每个人完成此信息采集表所需时间平均为 0.2h，包括浏览填写说明、查询现存的数据来源、收集和整理所需资料，以及填写完成信息采集表并进行审阅的时间。	

1. 工作人员联系信息（在要求的区域内打印信息）

［A］职务	［B］姓（包括适用的后缀）	名	中间名	［C］企业名称
［D］企业执照编号	［E］电话号码			［F］您主要工作地的地址
［G］电子邮件地址（推荐）				

2. 工作人员在企业中的作用（必要时使用附加行）

［A］职位名称	［C］工作人员之前备案的 APHIS2007 表的日期
	（月/日/年）
［B］职责或责任	
	□如果本企业工作人员没有以前备案的 APHIS2007 表，则在本框内打钩。

3. 工作人员的教育情况

［A］学校、学院、机构的名称	［B］学位或证书的类型	［C］获得日期（月/日/年）

（续）

在第5栏中签名。 证明提交的表格 （在填写说明的下方可见隐私法声明）	4. 工作人员签名及其签字日期		
5.［A］认证签名（主联系人或副联系人） 　　我证明，此联系人经过培训、教育，具有按照法令生产这种产品的能力和经验，并证明具有第2栏内所列能力。	［B］签字人的职务 □主联系人 □副联系人	［C］证明日期 （月/日/年）
6. 仅供APHIS使用：接收识别栏地点监控日期			

APHIS2007表（旧版本无效）。

2015年4月

（胡　潇译，王　婷校）

APHIS 2007 表的填写说明

所有 USDA 相关的法规问题、研究和产品开发、产品制造、质量控制检验、动物获取和使用、动物处理和准备 APHIS2008 表的最终责任人，必须提交一份 APHIS2007 表（2007 表）。《兽医局备忘录 800.59》授权的样品采集人也需要填写 2007 表。请参阅《兽医局备忘录 800.63》，以查阅 2007 表要求的全部职位清单和其他填写说明。

1. 工作人员联系信息

在每一指定栏签字或盖章。

［A 和 B］提供正式人员的信息。

［C］提供注册企业的当前名称。

［D］提供美国农业部指定的企业执照编号。

［E］如果主要工作地点在美国以外，提供国家电话代码。

［F］提供主要工作地点的完整地址，包括城市和州。

［G］我们强烈建议与 APHIS 书面沟通的员工使用电子邮件，如主联系人、副联系人、负责 APHIS2008 表的公司代表，以及质量保证/质量控制联系人。

2. 工作人员在企业中的作用

正式任命的主联系人，副联系人和 USDA 样品采集员。

［A］列出目前的职位名称。

［B］列出工作人员在其正式工作地点生产生物制品的职责。

［C］提供本企业在之前成功提交 2007 表的日期，或使用选择框表示首次提交。

3. 工作人员的教育情况

只列出与生物制品或生物制品生产情况相关的教育，包括病毒、血清、毒素、疫苗、过敏原、抗体、抗毒素、类毒素、免疫刺激剂；诊断用成份或类似产品。请先列出最近的教育情况。

［A］提供被认证过的颁发学位或证书的就读学校、大学或机构的名称。

［B］列出学位或证书的类型。

［C］注明获得的学位或证书上的颁发日期。如果没有完成，申报最近参加的年度和已成功完成的年数（如 2007 年，3 年）。

4. 工作人员签名及其签字日期

工作人员签字确认所提供信息的准确性。工作人员的签字日期即为 APHIS2007 表处理日期。

5. 认证签名

如所述，为了证明员工遵守承诺，需要主联系人或副联系人签名。

6. 仅供 APHIS 使用

请勿在本节中标注；预留给 APHIS 处理。

隐私法的通知

本表格所要求的资料不会因使用您的姓名或个人识别码而从我们的档案中撤回，因此本条例不受 1974 年《隐私法》规定的约束。然而，为了遵守《隐私法》的精神，我们将向您提供以下信息：

规章：9CFR，第 114.7 条。

目的：对法案的遵守和适用要求，应由生物制品制备方面的主管人员进行监督。

常规用途：确定生产生物制品的责任人经过培

训和锻炼后是符合规定的，并证明符合本法规定生
产生物制品。

（韩　爽　刘欢欢译，张　兵　王　缨校）

附件 5　APHIS 2008 表（兽医生物制品生产与检验报告）

根据 1995 年《文书消减法》规定，除非出示有效的 OMB 控制号，否则机构（或委托方）和个人不需要对信息的采集做出反应。本信息采集表的有效 OMB 控制号为 0579-0013。预计每个人完成此信息采集表所需时间平均为 1h，包括浏览填写说明、查询现存的数据来源、收集和整理所需资料，以及填写完成信息采集表并进行审阅的时间。	OMB 准许号 0579-0013 有效期至：2018 年 3 月

本报告用于确定产品批或亚批在放行之前的检验是否符合规定（9CFR116）。

美国农业部

动植物卫生监督署

兽医生物制品生产与检验报告

说明：每批或每亚批提供一份申请表原件和一份复印件，包含鉴别和检验的任何阶段。	1. 页码　　第　　页，共　　页	2. 执照或许可证编号
3. 持照者或持证者的名称和邮寄地址（包括邮政编码）	4. 填表日期	5. 产品代码
	6. 有效期限	7. 批号或亚批号

8. 产品的通用名称

9. 检验数据（其他的检验数据使用 VS2008A 表）

检验项和标准目（A）	检验日期		结果（D）	输入代码 S-符合规定；U-不符合规定 I-无结论；NT-未检验（E）
	开始日期（B）	结束日期（C）		

10. 放行清单（每种规格单独填写一行）			11. 备注
瓶数（A）	规格（头份/羽份、毫升或单位）（B）	头份/羽份、毫升或单位总数（C）	
总数	总数		

12. 公司意向
　　□符合规定放行　　□销毁　　□再加工和重检　　□其他（需进行说明）

13. 签名（授权的公司代表）	14. 职务	15. 日期

16. AHIS 意向
　　□未检验　　□检验完成，符合规定　　□检验完成，不符合规定（需进行说明）　　□其他（需进行说明）

17. 签名（授权的 AHIS 代表）	18. 职务	19. 日期

APHIS2008 表（旧版本无效）。

2015 年 4 月

（王　婷译，杨京岚校）

附件 6 APHIS 2008A 表（兽医生物制品生产与检验报告）（续）

根据 1995 年《文书消减法》规定，除非出示有效的 OMB 控制号，否则机构（或委托方）和个人不需要对信息的采集做出反应。本信息采集表的有效 OMB 控制号为 0579-0013。预计每个人完成此信息采集表所需时间平均为 1h，包括浏览填写说明、查询现存的数据来源、收集和整理所需资料，以及填写完成信息采集表并进行审阅的时间。	OMB 准许号 0579-0013 有效期至：2018 年 3 月

本报告用于确定产品批或亚批在放行之前的检验是否符合规定（9CFR116）。

美国农业部 动植物卫生监督署 **兽医生物制品生产与检验报告（续）**	1. 页码 第　　页，共　　页
说明：每批或每亚批提供一份申请表原件和一份复印件，包含鉴别和检验的任何阶段。	2. 执照或许可证编号
3. 持照者或持证者的名称	4. 产品代码
5. 生产关系的子公司	6. 批号或亚批号

7. 产品的通用名称

8. 检验数据

检验项目和标准（A）	检验日期		结果 （D）	输入代码 S-符合规定；U-不符合规定 I-无结论；NT-未检验（E）
	开始日期 （B）	结束日期 （C）		

9. 备注

10. 签名（授权的公司代表）	11. 职务	12. 日期

APHIS2008A 表（旧版本无效）。

2016 年 5 月

（王　婷译，杨京岚校）

附件 7 APHIS 2015 表（标签或大纲的传送单）

根据 1995 年《文书消减法》规定，除非出示有效的 OMB 控制号，否则机构（或委托方）和个人不需要对信息的采集做出反应。本信息采集表的有效 OMB 控制号为 0579-0013。预计每个人完成此信息采集表所需时间平均为 0.05h，包括浏览填写说明、查询现存的数据来源、收集和整理所需资料，以及填写完成信息采集表并进行审阅的时间。	OMB 准许号 0579-0013 有效期至：2018 年 3 月

在产品标签和生产大纲审查完成之前，不得颁发美国兽医生物生物制品产品执照（9CFR102、112 和 114）。

美国农业部 动植物卫生监督署 兽医局，兽医生物制品中心 Ames，爱荷华州 50010 **标签或大纲的传送单**	1. 提交人姓名和地址（含邮政编码）

2. 旧版本的日期或 CVB 邮件登记编号	3. 兽医生物制品企业执照编号	4. 提交日期

5. 生产大纲或特殊纲要的名称（每个生产大纲或特殊纲需使用单独的表格）	6. 产品代码（或特殊纲要的编号）	7. 如果是注册中的产品，请打"×" □

8. 提交的标签（每项需完整填写一行）

A. 类型	B. 副本数量	C. 备案文件中被替代的项目（给出所有的编号）	D. 被替换的剩余库存标签的使用（X）	E. 备注	F. 指定标签的编号（APHIS 使用）

生产大纲或特殊纲要的提交（不得用粘贴标签的同一表格进行提交）

9. 份数	10. 提交类型 □新生产大纲□完整的修订版 □修改页 □添加页	11. 修改或增加页面	12. 上一完整版的日期或 CVB 邮件登记编号

13. 备注

14. 机构代表签字	15. 印刷体的姓名和职务

兽医生物制品中心审阅

在没有任何附加适用的例外情况下（应注意查阅第 16 项的备注），且在 17 项中指定的退还日期后 12 个月为止，仍需保留替换标签的，则需提供 8D 项要求的内容。

16. 审核人	□CVB 额外的附件	17. 回复日期
		18. CVB 邮件登记编号

APHIS2015 表（旧版本无效）。
2015 年 4 月

（胡 潇译，王 婷 王 缨校）

APHIS 2015 表的填写说明

该表格为提交的标签材料、生产大纲或特殊纲要的封面页，每个产品的生产大纲、特殊纲要或一组标签需要提交一份该表格，大纲和标签需分开填表。

1. 提交人姓名和完整邮寄地址

填写提交人机构名称和完整邮寄地址（街道名、城市名、州名、邮政编码）。处理完成的表格会寄回企业的正式通讯地址存档。

2. 旧版本的日期

填写该产品相关大纲或标签申请的旧版本的提交日期（如果适用）。

3. 兽医生物制品企业执照编号

填写 APHIS 指定的兽医生物制品企业执照的编号。

4. 提交日期

对于完整修订的生产大纲，提交日期应与修订大纲的封面页日期一致。页面修改日期应与新修改页面上的日期一致。如果大纲没有在该日期寄出，则在第 13 栏备注中填写寄出日期。

5. 生产大纲或特殊纲要的名称

填写由 APHIS 指定的产品通用名称。如果尚未指定通用名称，列出产品的所有组分。若提交的是特殊纲要，则填写该纲要的标题。

6. 产品代码或特殊纲要的编号

填写由 APHIS 指定的产品代码。若产品尚未指定代码，则填写"未指定"。若提交特殊纲要，需填写由企业指定的特殊纲要的唯一代号。

7. 注册中（×）

若产品在提交时尚未获得批准，则此项填×。

8. 提交的标签

提交的每个标签需单独填写一行。

A. 类型

填写该标签的类型，为瓶签、盒签或运输标签；说明书；或其他。

B. 份数

填写提交的相同副本数量（至少 2 份）。所有副本由 APHIS 盖章并留存一份，余下寄回提交人。

C. 替换文件

若此份提交材料为取代之前提交的标签，则填写 APHIS 指定的之前提交版本的标签编号。在提交材料处理中，将标签编号填写在粘贴标签页面的右下角。

D. 被替换的剩余库存标签的使用

若计划继续使用被替换的库存标签，则此项填 X。自新标签批准后当月的最后一天计，可使用现有库存标签的过渡期为 1 年（如若新标签的批准日期为 2012 年 7 月 15 日，则库存旧标签可使用至 2013 年 7 月 31 日）。若需更长的过渡期，在 8E 栏备注理由。若此项未填 X，则被替换标签将于新标签批准后立即失效，由 APHIS 归档保存。

E. 备注

选填项，可填写解释性注释或针对某个标签的请求。

F. 指定的标签编号

此项为 APHIS 填写。标签材料处理过程中，此处填写 APHIS 指定的标签编号。

提交生产大纲或特殊纲要

9. 份数

填写提交的材料份数（最少两份），每份都要有原始签名。提交的所有副本经 APHIS 盖章后留存一份，余下寄回提交人。

10. 提交类型

选择提交材料的类型

新生产大纲：本次所提交大纲从未提交给 APHIS。

完整的修订版：之前提交的大纲完全被替换。

修改页：只提交修改的页面，大纲未全部替换。

增加页：旧版大纲因添加内容或重新编码而增加新页面，只提交更改的页面。

11. 修改或增加页

说明修改或增加页面的页码。若为完全修订版，则不填。

12. 上一完整修订版的日期

填写该大纲上一完整修订版的提交日期。不包括上个完整修订版提交之后的个别页面修正日期。不要填写 APHIS 处理上个版本的日期。

13. 备注

选填项，可填写解释性注释或请求。

14. 机构代表签字

该表格应由 APHIS 主联系人或者副联系人

签字。

15. 印刷体的姓名和职务

第 14 栏签字人的印刷体的姓名和职务。

以下选项为兽医生物制品中心（CVB）填写。

16. 审核人

CVB 官员审核提交材料并签字。关于所提交材料，若 APHIS 审核人发现任何例外或特殊情况，则会在附件中说明。若 APHIS 在回执中添加附件，则此栏方框会被勾选。

17. 回复日期

为提交材料办结日期，贴标签的页面或批准的大纲的页面都会标注此日期。

18. CVB 邮件登记编号

CVB 收到材料后，给每份材料指定唯一的查询号。为提高工作效率，请在此材料的后续沟通过程中使用该编号。

（蔡青秀译，张　兵　王　缨校）

附件 8 APHIS 2017 表（兽医生物制品官方出口证书）

	OMB 准许号
根据 1995 年《文书消减法》规定，除非出示有效的 OMB 控制号，否则机构（或委托方）和个人不需要对信息的采集做出反应。本信息采集表的有效 OMB 控制号为 0579-0013。预计每个人完成此信息采集表所需时间平均为 0.5h，包括浏览填写说明、查询现存的数据来源、收集和整理所需资料，以及填写完成信息采集表并进行审阅的时间。	0579-0013 有效期至：2018 年 3 月

该证书提供给境外其他国家，兽医局用来证明本证书中的产品是按照《病毒-血清-毒素法》（9CFR112）制备的。

美国农业部 动植物卫生监督署 兽医局	兽医生物制品官方出口证书
重要提示：完成 1 至 11 项内容，原件递交至： 美国农业部动植物卫生监督署，兽医局 兽医生物制品中心监察与合规部门 爱荷华州，Ames，代顿大街 1920 号 IA 50010	1. 目的地（收件人的姓名和地址）

2. 寄件人姓名和地址（包括邮政编码）	由兽医局完成
	证书编号
	签发日期
	签发于

3. USDA 产品代码（数字顺序）	4. 产品名称	5. 批号	最终的容器		8. 有效期限	9. 企业执照编号
			6. 数量	7. 规格（头份/羽份，mL 或单位）		

10. 运输的盒数	11. 运输标识

兹证明上述拟用于防治动物的生物制品，按照《病毒-血清-毒素法》（37Stat. 832～833，21U. S. C. 151～158）及其下行法规规定，在已获得兽医局签发的兽医生物制品企业执照的设施内生产，且自本证书发布之日起适于在这个国家使用

12. 官方审批签字	13. 职务	14. 日期

APHIS2017 表
2015 年 4 月

（谢金文　唐　娜译，曲光刚校）

附件 9 APHIS 2018 表（用于兽医生物制品的参考品、试剂或种子材料的申请）

根据 1995 年《文书消减法》规定，除非出示有效的 OMB 控制号，否则机构（或委托方）和个人不需要对信息的采集做出反应。本信息采集表的有效 OMB 控制号为 0579-0013。预计每个人完成此信息采集表所需时间平均为 0.1h，包括浏览填写说明、查询现存的数据来源、收集和整理所需资料，以及填写完成信息采集表并进行审阅的时间。	OMB 准许号 0579-0013 有效期至：2018 年 3 月

美国农业部 动植物卫生监督署 兽医局，兽医生物制品中心 提交至：USDA-APJIS-VS 兽医生物制品中心 代顿大街 1920 号，844 信箱 Ames，爱荷华州 50010 或 email 至 cvb@aphis. usda. gov	参考品、试剂或种子材料的申请

申请

1. 申请公司的名称和完整的邮寄地址	2. 美国兽医生物制品企业执照或许可证编号
	3. 电话号码（装运所需）
	4. 联系人的电子邮件

5. 申请的试剂（如在 CVB 试剂目录中所列，每种试剂填写一张表）	6. 申请数量	7. 试剂的用途

8. 快递名称	11. 备注
9. 快递账号（用于交付运输费用）	
10. 接收密封传染物质的许可证 □有 □不适用	

12. 申请者的名称和职务	13. 签名	14. 提交日期 （月/日/年）

回执（仅供兽医生物制品使用）

15. 运输的物质		17. 备注
A. 批号		
B. 瓶数		
C. 每瓶的装量		
D. 总体积量		
16. 运输的温度 □常温□冰袋□干冰		

18.CVB 官方授权人的姓名和职务	19. 签名	20. 授权日期
21. 从库存中除去，通过	22. 验证，通过	
23. 运输，通过	24. 装运日期	

APHIS2018 表（旧版本无效）。
2016 年 4 月

（刘业兵 徐 嫄译，王 婷校）

APHIS 2018 表的填写说明

该表格用于向 APHIS 申请用于生物制品检测（9CFR113）的参考品、试剂或种子材料。

每种试剂提交单独的表格。如果需要额外的空间，可附加额外的纸并标注单元格编号。

1. 申请公司的名称和完整的邮寄地址

输入申请试剂的生物制品制造商或附属企业。输入试剂的运输地址。不要使用邮政信箱。

2. 美国兽医生物制品企业执照或许可证编号

输入 APHIS 颁发的生物制品的标识符。

3. 联系方式

输入申请或运输遇到问题时的联系电话，大多数快递都需要一个联系电话。

4. 联系人的电子邮箱

输入申请过程或运输过程中可直接联系的电子邮箱地址。

5. 申请的试剂

每种试剂填写一张表格。完全按照 CVB 试剂目录列出的方式描述试剂

（www. aphis. usda. gov/animal _ health/vet _ biologics/publications/vb _ reagents _ catalog. pdf）。

6. 申请数量

输入所需试剂的数量。数量是受限制的。APHIS 保留修改所提供数量的权利。

7. 试剂的用途

说明试剂的用途。APHIS 试剂仅用于检测兽医生物制品。

8. 快递名称

指定用于运输试剂的快递名称。

9. 快递账号

运输费用由申请者承担，请提供一个可以支付快递费用的账号。

10. 接收密封传染物质的许可证

某些受控的传染性生物材料、组织或载体在州际内的运输需要美国兽医进口和运输许可证。许可证发给收件人，并且必须与此表格一起包含在货件中。详细信息，请访问 www. aphis. usda. gov/permits。

选定代理商发货的需要填写 APHIS/CDC 表格 2。详细信息，请访问 www. selectagent. gov。

11. 备注

此项目用于申请的其他信息的说明。

12. 申请者的名称和职务

无需加以说明。

13. 提交日期

输入将申请表格发给 APHIS 的日期。

申请可以通过邮件或电子邮件的形式发送。

邮件：

美国农业部动植物卫生监督署兽医局

兽医生物制品中心

代顿大街 1920 号，844 信箱

Ames，爱荷华州 50010

电子邮件：CVB@aphis. usda. gov

15～24 这些项目仅供 APHIS 兽医生物制品使用。

要求收件人验证收到的数量是否与第 15 栏中列出的数量一致。验证试剂是否保留在第 16 栏规定的温度范围内。如果试剂损坏或冷/冷冻试剂已变温，请联系兽医生物制品中心

（515）337-6100 或 CVB@aphis. usda. gov。

（郭海燕译，张　兵　徐　嫄校）

附件 10　APHIS 2020 表（生物制品样品的运输和接收单）

根据 1995 年《文书消减法》规定，除非出示有效的 OMB 控制号，否则机构（或委托方）和个人不需要对信息的采集做出反应。本信息采集表所使用的有效 OMB 控制号为 0579-0013。预计每个人完成此信息采集表所需时间平均均为 0.5 h。包括浏览信息采集表所需资料、收集和整理所需资料、查询现存的数据来源、收集和整理所需资料，以及填写完成信息采集表并进行审阅的时间。

按照规章（9CFR113）要求提供本报告。如果报告不符合规定，则无法验证产品样品的真实性。

OMB 准许号
0579-0013
有效期至：2018 年 3 月

美国农业部
动植物卫生监督署

生物制品样品的运输和接收

说明：提交原件，并随样本附上一份副本（保持副本完整）

										提交样品容器信息		
1. 提交日期									2. 企业执照编号			
3. 公司名称和邮寄地址（包括邮政编码）												

4. 目的
□常规样品　□基础种子　□细胞系　□预执照申请样品
□留样　□重新提交（在备注中详细说明）　□其他（在备注中详细说明）

5. 运输方式
□干冰　□冷藏　□非冷藏

产品运输工具

其他（详细说明）

产品名称（非商品名）（每行仅能填写一个产品） 6.	产品代码 7.	批号 8.	样品编号（仅供政府部门使用） 9.	数量 10.	规格 11.	临床剂量 12.	说明是半成品还是成品 13.

我证明我是被授权的政府采样人员，且上述样品是按照 9CFR113.3 规定进行选择和提交的

14. 被授权的政府采样人员签名

电话号码

15. 日期

16. 备注

样品接收确认

17. 条件和备注	18. 接收人（签名）
	19. 接收日期

APHIS2020 表
2015 年 4 月

（王　芳译，赵红玲校）

附件 11　APHIS 2046 表（产品注册和检验证书）

	OMB 准许号
根据 1995 年《文书消减法》规定，除非出示有效的 OMB 控制号，否则机构（或委托方）和个人不需要对信息的采集做出反应。本信息采集表的有效 OMB 控制号为 0579-0013。预计每个人完成此信息采集表所需时间平均为 .33h，包括浏览填写说明、查询现存的数据来源、收集和整理所需资料，以及填写完成信息采集表并进行审阅的时间。	0579-0013 有效期至：2018 年 3 月

美国农业部 动植物卫生监督署 兽医局，兽医生物制品中心 代顿大街 1920 号 Ames，爱荷华州 50010	**产品注册和检验证书** *

美国宪法第 I 章第 8 节第 18 款，授权美国国会制定所有必要的和适当的法律法规，明确行使所授予的职权。这些法规之一的《病毒-血清-毒素法》（21USC151～159），授权美国农业部部长审批所有在美国发放的兽医生物制品和诊断制品。无价值的、危险的、污染的或有害的产品将不被批准或放行。

我特此证明以下生物制品或诊断制品生产企业已通过注册和检验，符合美国的法律和法规。

1. 生产企业的名称和完整的邮寄地址	2. 美国兽医生物制品企业执照编号	3. 企业执照签发日期

我特此证明以下兽医生物制品或兽医诊断制品已通过注册和检验，符合美国的法律和法规，现允许自由销售。

4. 产品的通用名称	5. 商品名称	6. USDA 编号	7. 产品执照签发日期

授权的 USDA 官员的签名

职务

日期

证书编号

APHIS2046 表
2015 年 4 月

（腾　颖　周海娟译，王　婷校）

---

* 译者注：为 USDA 对不受限制的兽医生物制品出口出具的证明性文件，以向其他国家证明该产品已在美国注册（获得产品执照）并经检验合格。

附件 12　APHIS 2047 表（产品注册和检验证书）

根据 1995 年《文书消减法》规定，除非出示有效的 OMB 控制号，否则机构（或委托方）和个人不需要对信息的采集做出反应。本信息采集表的有效 OMB 控制号为 0579-0013。预计每个人完成此信息采集表所需时间平均为 .33h，包括浏览填写说明、查询现存的数据来源、收集和整理所需资料，以及填写完成信息采集表并进行审阅的时间。	OMB 准许号 0579-0013 有效期至：2018 年 3 月

美国农业部 动植物卫生监督署 兽医局，兽医生物制品中心 代顿大街 1920 号 Ames，爱荷华州 50010	**产品注册和检验证书**[*]

美国宪法第 I 章第 8 节第 18 款，授权美国国会制定所有必要的和适当的法律法规，明确行使所授予的职权。这些法规之一的《病毒-血清-毒素法》（21USC151～159），授权美国农业部部长审批所有在美国发放的兽医生物制品和诊断制品。无价值的、危险的、污染的或有害的产品将不被批准或放行。

我特此证明以下生物制品或诊断制品生产企业已通过注册和检验，符合美国的法律和法规。

1. 生产企业的名称和完整的邮寄地址	2. 美国兽医生物制品企业执照编号	3. 企业执照签发日期

4. 我特此证明以下兽医生物制品或兽医诊断制品已通过注册和检验，符合美国的法律和法规，现在以下限制条件下允许自由销售：

5. 产品的通用名称

6. 商品名称	7. USDA 编号	8. 产品执照签发日期

授权的 USDA 官员的签名

职务

日期

证书编号

APHIS2047 表
2015 年 4 月

（腾　颖　商晓桂　韩志玲译，王　婷校）

---

　*　译者注：为 USDA 对受限制的兽医生物制品（有条件放行）出口出具的证明性文件，以向其他国家证明该产品已在美国（获得有条件的执照）并经检验合格。

附件 13　APHIS 2070 表（APHIS 复核检验用基础种子和主细胞样品运输的申请表）

根据 1995 年《文书消减法》规定，除非出示有效的 OMB 控制号，否则机构（或委托方）和个人不需要对信息的采集做出反应。本信息采集表的有效 OMB 控制号为 0579-0013。预计每个人完成此信息采集表所需时间平均为 1h，包括浏览填写说明、查询现存的数据来源、收集和整理所需资料，以及填写完成信息采集表并进行审阅的时间。	OMB 准许号 0579-0013 有效期至：2018 年 3 月

本表格用于申请 APHIS 复核检验用生物学样品的运输。

<table>
<tr><td>美国农业部
动植物卫生监督署
兽医局，兽医生物制品中心
代顿大街 1920 号，Ames，爱荷华州 50010
APHIS 复核检验用基础种子和主细胞样品运输的许可申请</td><td>1. 申请者的名称和完整的邮寄地址</td></tr>
</table>

2. 美国兽医生物制品企业编号	3. 申请类型□新申请□修订 　　　　　　　　提交日期_____ 和/或 CVB 邮件登记编号_____

4. 运输项目（对每种种子或细胞使用单独的表格）				仅供 CVB 使用
A. 种子/细胞的全称，应与容器上标注一致（包括批号）	B. 代次	C. 运输方式	D. 生物技术衍生物	E. APHIS 要求的数量
最低代次	X	□干冰 □液氮 □其他（说明）	□是 □否	
最高代次（仅适用于细胞和由生物技术衍生的种子）	X+_____			
亲本构建体（仅适用于由生物技术衍生的种子）				

支持材料清单

项　目	描　述	A. 如有附上（请打"×"）	B. 申请日期和/或 CVB 邮件登记编号
5. 基础种子或主细胞报告	种子或细胞的历史、制备和检验		
6. 检验方案	用于种子/细胞检验的非法典的检验的每个步骤		
7. 总结信息表	用于生物技术衍生的或进口的种子/细胞		
8. 包含基因序列数据的电子文件	生物技术衍生的种子/细胞，或 APHIS 要求提供		
9. 其他			

10. 默认情况下，CVB 均通过 APHIS 授权的联系人与企业进行所有的沟通。如果您希望指定实验室的联系人来负责种子/细胞的沟通工作，请填写以下个人信息

A. 联系人姓名	B. 电话	C. 邮箱

11. 其他备注

我同意按照《美国农业部的规定和危险品运输规章》运输样品，并提供 CVB 要求的所有试剂。我同意向 CVB 提供运输的预计日期，并尽量提前 2 周通知 CVB。一旦开始运输，我将提供物流信息

12. 申请者印刷体的姓名和职务	13. 申请者签名（仅适用于纸质版）	14. 提交日期

仅供兽医生物制品使用

申请者被授权将以上种子/细胞运输至 CVB，并附带任何例外要求的附件（即，选择了第 19 项中的复选框）。CVB 实验室工作人员（第 17 项）将联系 APHIS 授权的主联系人或副联系人（第 10 项）（如果适用），来确定需要的试剂。批准运输的样品和试剂的数量见 APHIS2020 表，并标注授权的检验项目，如有必要，提供研究机构的生物安全委员会的编号。应运往 CVB 的上述地址，并提请 CVB 实验室协调人员注意

15 检验授权编号	16. 检验机构的生物安全委员会指定编号（仅适用于基因修饰的种子/细胞）	
17. 兽医生物制品中心实验室协调人员	18. 协调人员的电子邮箱	
19. 批准人（签名）□CVB 额外的附件	20. 批准日期	21. CVB 邮件登记编号

APHIS2070 表
2015 年 10 月

（王　婷　徐　媛译，杨京岚校）

APHIS 2070 表的填写说明

提交一份表格，证明性文件均需提供一式两份（电子版的证明性文件除外）。

如果表格不够，请附加额外的表格，并注明相应编号。

如果 APHIS　CVB 批准该申请，CVB 将填妥第 4E 和 14～21 栏，并将表反馈给申请者。

1. 申请者的名称和完整的邮寄地址

填写机构名称和完整的邮寄地址（街道、城市、国家、邮编），已处理的表单将返回到此地址。

2. 美国兽医生物制品企业编号

填写 APHIS 指定的兽医生物制品企业编号。

3. 申请类型

说明该申请是新的申请还是对已批准申请的补充，如果是已批准申请的补充，填写提交日期及之前已批准的 CVB 邮件登记编号。CVB 邮件登记编号在第 21 栏中有说明。

4. 运输项目

申请者应准备邮寄最低代次的基础种子。主细胞和生物技术衍生物的基础种子需提供生产用最低代次和最高代次（通常细胞代次为 x+20，种子代次为 x+5）。基因插入或删除的种子还需提供亲本构建体。

A. 完整名称

填写种子/细胞的完整名称，包括批号，与种子/细胞容器标签上显示的内容保持完全一致。如果容器上的标签只包含首字母缩写或缩写，未清楚地说明相关信息或细胞类型，在结尾的括号中添加此信息。

B. 代次

所有的最低代次被认为是 X 代，说明最高代次超过 X 代多少。

C. 运输方式

说明样品需要加干冰或在液氮中运输到 CVB，或需要其他限制性的运输条件。

D. 生物技术衍生物

说明种子/细胞是否经生物技术方法改造。

E. APHIS 要求的数量

CVB 审核该申请后将填写此页。数量通常与 9CFR113.3（c）（1～4）要求的一致，个别种子或细胞需要特定的检验时，会要求提供额外的样品。

支持材料清单

在获得运输复核检验用种子/细胞之前，所列项目均需通过 CVB 的审核。如果支持材料附在申请之后或与申请同时提交，在相应项目的 A 栏中填写×。

如果该清单中涉及的信息在先前提交文件中已提供，可以引用先前提交文件的 CVB 邮件登记编号和提交日期，无需再提供该信息的复印件。

5. 基础种子或主细胞报告

这是一个全面的报告，详细介绍了候选基础种子/主细胞的历史、制备和检验，准备该报告时参照《兽医局备忘录》第 800.109 号指导意见。9CFR 要求的及该基础种子/主细胞的其他检验项目均需包含在此报告中。申请者未按要求提交完整的检验报告之前，CVB 通常不会安排进行样品的复核检验。

6. 检验方案

申请者经常使用自定的检验方案来展示基础种子/主细胞的特性。申请者应提供非法典方法的每个步骤的详细说明，方案应足够详细，以便 CVB 可重复该试验。

7. 总结信息表

总结信息表（SIF）是一种标准化的文档，用于进口生物技术衍生物种子和细胞的辅助风险评估。其类别取决于种子及其研发的产品的特性。该模板可在 CVB 网站的规范指导页面找到。Ⅰ类需提供完整的 SIF 信息；Ⅱ类需提供第Ⅰ、Ⅱ部分的完整信息及第Ⅲ部分的简要信息；对于进口产品的 SIF 信息，第Ⅰ、Ⅱ部分信息需完整提供。

8. 包含基因序列数据的电子文件

当种子/细胞有特异性的基因修饰（插入/删除）时，需提供电子版的基因序列数据，如果产品标签或宣传材料中描述种子有高度特异性，CVB 可能会要求常规的种子也提供序列数据。

9. 其他

CVB 会要求提供其他数据，以支持复核检验提交样品的申请。任何此类要求由 CVB 授权审查人与申请者进行沟通。

10. 申请者的实验室联系人

在默认情况下，CVB 通过 APHIS 联系人与申请者进行沟通联络。但是，申请者可以指定实验室联系人作为种子/细胞检验的具体联系人，这种情况下，需提供具体联系人的姓名、电话号码和电子邮件地址。如果所有的沟通都是通过 APHIS 联系人，此处填写 NA（不适用）。

11. 其他备注

在这里填写任何其他相关信息。

12. 申请者印刷体的姓名和职务

申请者应为与 APHIS 沟通的主联系人或副联系人。

13. 申请者签名

无需加以说明。

14. 提交日期

此日期应与申请寄出日期一致，所有回复信件中提到的提交日期，均以此为准。

以下信息由兽医生物制品中心填写

15. 检验授权编号

CVB 给予每个种子/细胞的检验申请一个授权编号，APHIS 表格 2020 中备注项要求填写样品的检验授权编号，以及其他关于检验的沟通中提到的编号均指该检验授权编号。

16. 检验机构的生物安全委员会指定编号

涉及生物技术衍生物的样本，CVB 将遵循美国国立卫生研究院（NIH）的指导方针，提交生物技术衍的样本前，需由生物安全委员会（IBC）审核所有提交的材料。IBC 给予所有批准的提案单独

的编号。将编号写在 APHIS2020 表的备注栏内，随样品一起邮寄。

17～18. 兽医生物制品中心实验室协调人员及其电话

CVB 为每个种子/细胞指定一个实验室协调员，作为申请者和 CVB 授权审核人在实验室相关问题沟通时的中间联系人。

19. 批准人

CVB 批准申请的官员签字。如果 APHIS 发现有任何关于授权邮寄样品的例外情况或特殊情况，会在附件中注明。如申请未获批准，此处不会有签名，且会附上未批准的理由。如 APHIS 此表格将不包含此项目的签名，会另附拒绝理由的文档。如果 APHIS 将文档附加到返回表单上，该项目的表格中将会出现"已审查"字样。

20. 批准日期

种子/细胞或试剂的邮寄均应在批准日期之后进行。

21. CVB 邮件登记编号

CVB 收到申请后，会给每份申请指定唯一的查询号。为提高工作效率，请在此申请的后续沟通过程中使用该编号。

（郭丽霞译，张　兵　徐　媛校）

附件 14　APHIS 2071 表（运输试验用兽医生物制品的申请表）

| 根据 1995 年《文书消减法》规定,除非出示有效的 OMB 控制号,否则机构(或委托方)和个人不需要对信息的采集做出反应。本信息采集表的有效 OMB 控制号为 0579-0013。预计每个人完成此信息采集表所需时间平均为 1h,包括浏览填写说明、查询现存的数据来源、收集和整理所需资料,以及填写完成信息采集表并进行审阅的时间。 | OMB 准许号 0579-0013 有效期至：2018 年 3 月 |

本表格用于申请 9CFR103.3 要求的生物制品的运输。

<table>
<tr><td colspan="3" align="center">美国农业部
动植物卫生监督署
兽医局, 兽医生物制品中心
运输试验用兽医生物制品的许可申请</td><td>1. 申请者的名称和完整的邮寄地址</td></tr>
<tr><td>2. 美国兽医生物制品企业编号
(如果适用)</td><td colspan="3">3. 申请类型□新申请□修订
提交日期_____
和/或 CVB 邮件登记编号_____</td></tr>
</table>

4. 运输的产品（□若有附加的产品信息，请在此处打钩）

A. 生物制品的通用名称或描述（如果产品没有 APHIS 的产品代码，则应包括任何内部的标识符）	B. APHIS 产品代码	C. 批号/批号的代号	D. 最大装运数量（头份/羽份或 mL）
	□非持照□持照		
	□非持照□持照		

5. 收件人（□若有其他收件人，请在此处打钩）

A. 姓名和送货地址	B. 产品使用地点（如果与 5A 栏不同）

支持材料清单

项目	描述	A. 如有附上（请打"×"）	B. 申请日期和/或 CVB 邮件登记编号
6. 生产方法	□生产大纲（9CFR114.9）□类似信息		
7. 产品检验结果	□APHIS2008 表□其他		
8. 每个州/国外主管部门颁发的许可证或批准函	列出州或其他的国家		
9. 试验方案编号_____	□用于 USDA 产品执照申请的关键性试验 □用于探索性试验 □用于国际注册		
10. 多个收件人之间的产品分发（如果适用）			
11. 试验性的标签			
12. 证明肉品卫生性的数据（如果适用）			
13. 其他			

14. 试验设施的生物安全等级□BSL1　□BSL2　□BSL3　□临床试验/未规定生物控制条件
15. 未使用产品的处置□现场处置□归还给申请者□其他（需说明）_____
16. 实验动物的处置□现场处置□归还给主人□在最后一次接种产品后，天内禁止屠宰 □其他（需说明）_____

我同意按照 9CFR103.3 规定运输试验用产品，并根据试验方案完成试验，同时注意观察州或外国规定的进行本项研究的任何增加的附加条件。在将动物从试验场所转移之前，我同意根据要求提供有关这些动物肉品的附加信息。在试验结束后，我同意汇总结果，并将其上交给 APHIS

17. 申请者印刷体的姓名和职务	18. 申请者签名（仅适用于纸质版）	19. 提交日期

仅供兽药生物制品使用

申请者被授权运输上述试验产品至指定收件人进行指定的试验，并附带任何额外要求的附件（即，选择了第 20 项中的复选框）。如果产品使用前出现损坏，可以重复运输一次。本授权许可自第 21 项标注的日期起，1 年内有效。如果与本申请一起提交了 USDA 产品执照申请的关键性试验方案，那么对该试验的反馈意见可单独提出。除非明确要求 CVB 提出意见，否则其他的试验方案仅作为信息进行备案。

20. 批准人（签名）	□CVB 额外的附件 □封签的盖戳日期	21. 批准日期	22.CVB 邮件登记编号

APHIS2071 表
2015 年 10 月

（王　婷译，杨京岚　王　缨校）

APHIS 2071 表的填写说明

提交表格的一份副本。附上每份证明文件的一份副本，标签除外（第 12 栏）。如果需要额外附页，请自备附页表格和相应的项目编号。

如果 APHIS 的兽医生物制品中心（CVB）批准了该申请，CVB 将填写 20～22 栏并将表格返回给申请者。

1. 申请者的名称和完整的邮寄地址

填写申请者的机构名称和完整的邮寄地址（街道、城市、州、ZIP）。审批后的表格将返回此地址。

2. 美国兽医生物制品企业编号

填写 APHIS 指定的兽医生物制品企业编号（如果有该编号）。

3. 申请类型

说明该申请是新的申请还是对已批准的申请的修改。如果是修改，请输入之前的提交日期，如果已知是 CVB 邮件登记前提交的号码，则填写该号码。此编号可在 CVB 处理过的表格第 22 栏找到。

4. 运输的产品

A. 通用名称或描述

如果适用，则填写 APHIS 指定的通用名称，否则提供产品的清晰描述；避免首字母缩写。注明可能有助于识别此产品的任何内部代码。

B. APHIS 产品代码

如果适用，则填写 APHIS 指定的产品代码，否则填写 NA（在第 4A 栏中输入内部工作代码），检查产品目前是否获得 USDA（LIC）许可。如果该产品目前处于 USDA 注册过程中，或尚未考虑注册，或者不打算注册则，选择 UNL。

C. 批号或批号的代号

填写被运送产品批次的唯一批号。如果同一产品的出货量不止一批，那就是允许每行填写多个代号。

D. 最大装运数量

填写每个批次的最大发货数量。指明数量是以毫升还是以剂量表示。

5. 收件人

A. 姓名和送货地址

填写姓名、机构，并填写实验产品的每个接收者的送货地址。

B. 产品使用地点

如果试验地点不同于发货地址，则指定试验地点。否则填写 NA。

支持材料清单

每个申请者均应填写清单中的 6～11 和 14～16 栏。应酌情提供第 12～13 项。如果支持信息是附加到申请或与申请同时提供，在相应项目的 A 列划×。如果以前提供的信息，允许引用提交日期和/或 CVB 邮件登记编号，无需再提供另一份副本。

6. 生产方法

清楚地解释实验产品是如何制造的。最有效的方式是按照 9CFR114.9 的格式提供产品的生产大纲。如果没有大纲，请确保提供的文档涵盖了与大纲第 Ⅰ～Ⅳ 部分相同的一般生产要点。

7. 产品检验结果

至少需要进行无菌或纯净性检验；APHIS 可能要求进行额外的检验项目，具体取决于产品的性质和研究目的。如果产品已获得许可或在 USDA 注册过程中，请提供生产大纲第 V 部分中描述的检验结果。理想的情况下用 APHIS 2008 表提交这些结果，也可以其他文件形式提交。对于与产品注册无关的探索性研究，请提供初步研究工作总结。

8. 每个州/国外主管部门颁发的许可证或批准函

必须从项目 5A 和 5B 中描述的每个州和外国获得许可。附上每份州授权书或确认函的副本。附上每个外国的进口许可证副本。如果不需要进口许可证，请附上说明此情况的文件。

9. 试验方案

用于体内使用的实验产品需附上试验设计/方案，如果协议具有唯一的研究代码，请在指示的空白处填写。检查该试验是否是一项美国农业部注册用的关键试验，还是一项探索性（非关键性）试验，或仅用于支持国际注册。CVB 对关键的 USDA 注册试验方案进行深入审查并提供意见。除非另有要求，否则仅提供探索性和国际注册试验方案以供参考，而不会有返回意见。

10. 多个收件人之间的产品分发

如果要在多个收件人之间分发实验产品，请附上一份文件，列出要提供给每个收件人的每个批次产品的数量。

11. 试验性的标签

根据 9CFR103.3（d）规定设计标签格式，提交与试验产品有关的每个标签。避免使用首字母缩写和编号。

12. 证明肉类卫生性的数据

如果使用肉类动物进行试验，参加试验后会送去屠宰，供人食用，需附上相关信息（如残留清除数据），以证明来自试验的动物的肉应对健康无危害。

13. 其他

APHIS 可能会要求提供其他信息以支持某些申请产品或进行某些类型的试验。如果适用，请简要描述所提供行中附加信息的用途，并附上支持文件。

14. 试验设施的生物安全等级

表明该设施是否符合由疾病控制中心出版的微生物和生物医学实验室的生物安全中描述生物安全水平（BSL）的要求，该要求可从中心网站（www.cdc.gov）获得。或者描述设施所具有的生物防护功能。

15. 未使用产品的处置

指明收件人在试验完成时如何处置未使用的产品。

16. 实验动物的处置

指定在试验结束时如何处理存活的实验动物。

17. 申请者印刷体的姓名和职务

如果申请者已有指定的美国兽医生物制品机构编码，则 APHIS 主联系人或副联系人应作为申请者。

18. 申请者签名

无需加以说明。

19. 提交日期

该日期应与申请邮寄日期相对应。该日期将作为所有回信函中引用的提交日期。

以下项目仅供兽医生物制品使用

20. 批准人

批准申请的文件上由 APHIS-CVB 官员签名。如果 APHIS 发现有关运送授权样品的任何例外情况或特殊情况，会在附件中注明。如果申请未获批准，此处不会有签名，且会提供拒签说明。如果 APHIS 在返回表格中附上其他文件，则会在该项目的相应方框中打勾。

21. 批准日期

无需加以说明。此日期之前不得运输该试验产品。

22. CVB 邮件登记编号

APHIS 收到申请时会为其指定一个唯一的跟踪号码。为了提高效率，请在此申请的后续沟通过程中使用该编号。

（张　兵译，宋艳丽　王　兆校）

附件 15 APHIS 2072 表（APHIS 复核检验用生物制品样品运输的申请表）

根据 1995 年《文书消减法》规定，除非出示有效的 OMB 控制号，否则机构（或委托方）和个人不需要对信息的采集做出反应。本信息采集表的有效 OMB 控制号为 0579-0013。预计每个人完成此信息采集表所需时间平均为 1h，包括浏览填写说明、查询现存的数据来源、收集和整理所需资料，以及填写完成信息采集表并进行审阅的时间。	OMB 准许号 0579-0013 有效期至：2018 年 3 月

本表格用于申请 APHIS 复核检验用生物样品的运输。

美国农业部 动植物卫生监督署 兽医局，兽医生物制品中心 **APHIS 复核检验用生物制品样品运输的许可申请**	1. 申请者的名称和完整的邮寄地址
2. 美国兽医生物制品企业编号	3. 申请类型□新申请□修订 提交日期＿＿＿＿＿＿＿＿＿ 和/或 CVB 邮件登记编号＿＿＿＿＿＿＿

4. 目的　□持照前□持照后，生产大纲变更□其他（需说明）＿＿＿＿＿＿＿＿＿＿＿＿＿＿＿＿＿

5. 运输的产品（□如需附加增加的产品信息，请在此处打钩）

A. 产品的通用名称	B. 产品代码	C. 批号	D. 仅供 APHIS 使用 APHIS 检验号

支持材料清单

项目	描述	A. 如有附上 （请打"×"）	B. 申请日期和/或 CVB 邮件登记编号
6. 每项批放行检验、有效标准和放行要求	生产大纲第 V 部分（9CFR114.9） 最终的版本		
7. 生产大纲第 V 节每个检验方案的详细步骤	□生产大纲（9CFR114.9）□特殊纲要		
8. 方法验证报告	在申请提交样品之前提交		
9. 防腐剂稀释试验	9CFR113.25（d）		
10. 申请者自行检验的结果	APHIS2008 表		
11. 其他			

12. 默认情况下，CVB 均通过 APHIS 授权的主联系人与企业进行所有的沟通。如果您希望指定实验室的联系人来负责这次复核检验的沟通工作，请填写以下个人信息。

A. 联系人姓名	B. 电话	C. 邮箱

我同意按照 9CFR113.3 规定在持有 APHIS2020 表的条件下运输样品，并提供 CVB 要求的所有检验试剂。我同意向 CVB 提供运输试剂的预计日期。一旦寄出我将提供物流信息。

13. 其他备注

14. 申请者印刷体的姓名和职务	15. 申请者签名（仅适用于纸质版）	16. 提交日期

仅供兽医生物制品使用

申请者被授权将以上产品运输至 CVB，并附带任何例外要求的附件（第 20 栏中的复选框会被勾上）。CVB 实验室工作人员（第 18 栏）将联系 APHIS 授权的主联系人或副联系人（第 12 栏）（如果适用），来确定需要的试剂。批准运输的样品和/或试剂的数量见 APHIS2020 表，并标注授权的检验项目（5D 项）。应运往 CVB 的上述地址，并提请 CVB 实验室协调人员注意。

17. 如果与 9CFR113.3 规定不一致，请列出每批样品申请的数量

18. 兽医生物制品中心实验室协调人员	19. 协调人员的电子邮箱	
20. 批准人（签名）□CVB 额外的附件	21. 批准日期	22.CVB 邮件登记编号

APHIS2072 表
2015 年 10 月

（王　婷译，杨京岚　王　缨校）

APHIS 2072 表的填写说明

提交一份表格和两份辅助文件副本（电子文件除外）。如果填写空间不够，可以另附纸页，需注明项目编号。

如果 CVB 批准该请求，会填写第 4E 栏和 14～21 栏，并返还至申请者。

1. 申请者的名称和完整的邮寄地址

填写申请者的机构名称和完整的地址（街道、城市、州和邮编）；审批后的表格会按照此地址寄回。

2. 美国兽医生物制品企业编号

填写 APHIS 指定的兽医生物制品企业编号。

3. 申请类型

说明该申请是新的申请还是对已批准注册的修订。如果是修订，则填写提交日期和前期提交的邮件登记编号，此编号可在 CVB 处理过的表格第 21 栏找到。

4. 目的

说明复核试验是为了进行注册产品或改进已注册产品的生产（改变生产大纲）。如果试验是用于其他目的，请说明。

5. 运输的产品

申请者应按照 9CFR113.3 提交样品。说明提交产品的通用名称、USDA 产品代码和产品的批号。APHIS 批准后，会在此处填写一个试验授权代码。

支持材料清单

复核检验样品正式提交前，会对该清单进行审查。如果支持材料清单随申请表格同时提交，请在对应的条目 A 栏中打勾。如果该信息前期已提供，允许通过附件形式引用该提交的日期或 CVB 邮件登记编号。

6. 批放行检验的详细记录

生产大纲第 V 部分（9CFR114.9）应为最终格式，关系到检验、变量和放行标准。

7. 检验方法的确定

确定检验方法，并能够使得 CVB 重复该检验，应该包含在生产大纲的第 V 部分或特殊纲要中。

8. 方法验证报告

所有用于产品放行检验的自建方法，均应进行验证。请在申请邮寄样品前，先提交验证报告。

CVB 开展复核检验前，应该提前对预应用方法进行验证。

9. 防腐剂稀释试验

9CFR113.25（d）检测用来决定无菌和纯净性检验（9CFR113.26 或 113.27）合适的稀释体积。

10. 申请者自行检验的结果

申请验证试验前，申请者应该完成，或监督完成第 V 部分的检验。通过 2008 表格提交所有结果。如何填写 APHIS2008 表，请参见《兽医局备忘录》800.53。

11. 其他

CVB 可能会要求提交其他数据，用于支持复核检验样品的递交。这些要求会由 CVB 审查人员通知。

12. 申请者试验室的联系人

CVB 会默认通过 APHIS 备案申请机构联系。但是，申请者可以指定一个试验室联系人沟通所有关于产品检验的事项。提供联系人姓名、电话号码和邮箱地址。如果所有的沟通都是通过 APHIS 备案的联系人，此处请填写 NA（不适用）。

13. 其他备注

此处输入其他相关信息。

14. 申请者印刷体的姓名和职务

申请者一般为 APHIS 备案的主联系人或副联系人。

15. 申请者签名

无需加以说明。

16. 提交日期

此日期应与申请邮寄日期一致，可用来查询所有回复。

以下条目仅供兽医生物制品中心使用

17. 如果与 9CFR113.3 规定不同，清列出每批样品申请的数量

样品提交申请获批准后，按照此处数量提交样品数量。如果此处为空，请按照 9CFR113.3 样品指南执行。

18～19. CVB 实验室协调人员及其电话

CVB 会为验证试验指派一个协调人。该人员作为申请者和 CVB 评审员之间沟通的联系人。

20. 批准人

由批准该申请的 CVB 官员签名。如果 APHIS

发现有关运送样品的任何例外情况或特殊情况，会在附件中注明。如果申请未获批准，此处不会有签名，会提供拒签说明。如果 APHIS 在返回表格中附上其他文件，则会在该项目的相应方框中打勾。

21. 批准日期

无需加以说明。寄送样品不应早于此日期。

22. CVB 邮件登记编号

CVB 接收申请时，会指定一个唯一的跟踪号码。为了提高效率，请在此申请的后续沟通过程中使用该编号。

（赵化阳译，张　兵　王　缨校）

附件 16　不良事件报告单

美国农业部

动植物卫生监督署

兽医局，兽医生物制品中心

代顿大街 1920 号

Ames，爱荷华州 50010

不良事件报告单

信息报告人 *		名		联系人 # *	
首次收到的日期 * （月/日/年）	1 月 24 日，2018	姓 *		提交人 事件 #	
首次/随后的报告	首次	提交给生产商			
事件类型 *	投诉	问题类型 *	不良反应	发生的国家 *	USA

产品信息

	商标/商品名称	种属名称/活性成分
产品 #1 *		
产品 #2		
产品 #3		
产品 #4		

		—产品 1—	—产品 2—	—产品 3—	—产品 4—
生产商					
批号					
有效期限 （月/日/年）					
产品是否按标签说明使用？					
非标签使用类型					
患畜以前接受过这种产品吗？					
患畜以前经历过这种产品的 AE 吗？					
给药途径					
接种部位					
治疗/暴露的时间	开始日期				
	结束日期				
剂量					
由谁接种产品？					
主治兽医师所持疑虑的水平					

请检查本栏，输入超过 4 个产品□

事件的详细描述（叙述）：

事件类型 * [   ]　　　最后的结果怎么样？ [   ]

[   ]

可疑不良事件发生日期（或多次的每次发生日期）：

AE 的发病日期 * [   ] apx□　　可疑不良事件的持续期 [|]
（月/日/年）　　　　　　　　　　　从接种至事件发生之间 [|]
　　　　　　　　　　　　　　　　　　　　　　的时间

动物的信息

暴露的动物数量	反应的动物数量	死亡的动物数量	动物的名称		性别	
			种		状态	
			属			

est 龄　　　□　　　□　　　杂交，与 □　　　起始年龄 [|]
动物的条件 [   ]　　　杂交品种　　　　　结束年龄 [|]
事先进行的治疗　　　　　　　[   ]

起始体重 [|]
结束体重 [|]

最初的报告人			其他报告人		
发件人 *			发件人		
名	姓		名	姓	
地址 1			地址 1		
地址 2			地址 2		
城市			城市		
州			州		
邮编			邮编		
国家	美国		国家	美国	
电话			电话		
传真			传真		
电子邮件			电子邮件		

其他信息
[   ]

要通过互联网将这份报告发送给 USDA，请在所有数据输入完成后点击"提交"按钮。

在提交之前，可以打印或保存数据的副本。

或者可以保存格式，并通过电子邮件发送至 cvb@aphis.isda.gov，或打印并传真至 515 印并 37－6120。

或者打印并邮寄给 USDA 兽医生物制品中心药物警戒部门，代顿大街 1920 号，Ames，爱荷华州 50010。

提交

（杨京岚译，李美花校）

附件 17　美国兽医生物制品中心试剂目录

2016 年 12 月 16 日

序号	试剂名称	目前的批号	描　述	每瓶规格
	抗原，活的			
1	禽白血病病毒，A 群	12-02	9CFR113.31，SAM405 用阳性对照病毒	1.0mL
2	禽白血病病毒，B 群	11-14	9CFR113.31，SAM405 用阳性对照病毒	1.0mL
3	气肿疽孢子制剂	IRP631	9CFR113.106/SAM200 攻毒用试剂	1.5mL
4	溶血梭菌孢子制剂	IRP526（06）	9CFR113.107/SAM209 用攻毒试剂	0.8mL
5	红斑丹毒丝菌	IRP592	9CFR113.119/SAM611 攻毒用	2.0mL
6	传染性喉气管炎病毒		9CFR113.119/SAM611 攻毒用病毒	1.5mL
7	犬型钩端螺旋体	11203	9CFR113.103/SAM609 攻毒用培养物	10.0mL
8	感冒伤寒型钩端螺旋体	11808	9CFR113.104/SAM617 攻毒用培养物	10.0mL
9	出血性黄疸钩端螺旋体	11403	9CFR113.102/SAM610 攻毒用培养物	10.0mL
10	波蒙那钩端螺旋体	11000	9CFR113.101/SAM608 攻毒用培养物	10.0mL
11	多杀性巴氏杆菌 169（猪）	IRP490	9CFR113.121/SAM635 攻毒用培养物	1.0mL
12	多杀性巴氏杆菌 1 型（禽）	IRP P1C 系列 3	9CFR113.117/SAM607 攻毒用培养物	2.0mL
13	多杀性巴氏杆菌 3 型（禽）	IRP04-503	9CFR113.118/SAM603 攻毒用培养物	2.0mL
14	多杀性巴氏杆菌 4 型（禽）	IRP551-07	9CFR113.116/SAM630 攻毒用培养物	1.5mL
15	多杀性巴氏杆菌 A 型（牛）	IRP610	9CFR113.121 和 SAM634 攻毒用培养物	1mL
16	伪狂犬病 NIH 病毒	93-20111 和 05-20	攻毒用活病毒	0.8mL
17	伪狂犬病毒（犬、猫、绵羊、牛、马）	92-5	攻毒用活病毒	0.75mL
18	鼠伤寒沙门氏菌	IRP596	9CFR113.120/SAM631 攻毒用培养物	1mL
	抗体，单克隆的			
1	气肿疽鞭毛特异性（7D11/YD7）单克隆抗体	IRP608	用于 BBPRO0220 的捕获抗体	0.1mL
2	红斑丹毒丝菌抗-65 单克隆抗体	IRP569（08）	为 SAM613 使用	0.3mL
3	大肠杆菌，抗-987P 单克隆抗体	IRP475	为 SAM622 使用	0.15mL
4	大肠杆菌，抗-F41 单克隆抗体	IRP04-508	为 SAM623 使用	0.15mL
5	大肠杆菌，抗-K88 单克隆抗体	IRP499-05	为 SAM621 使用	0.25mL
6	大肠杆菌，抗-K99 单克隆抗体	IRP629	为 SAM620 使用	0.05mL
7	犬型端螺旋体单克隆抗体	IRP04-500	为 SAM625 使用	0.15mL
8	感冒伤寒型钩端螺旋体单克隆抗体	IRP04-505	为 SAM626 使用	0.25mL
9	出血性黄疸钩端螺旋体单克隆抗体	IRP04-506	为 SAM627 使用	0.25mL
10	波蒙那钩端螺旋体单克隆抗体	IRP504	为 SAM624 使用	0.25mL
	抗体，多克隆的			
1	牛 IgG	10848	用于被动转移失败的产品的放射免疫扩散试验种类的标准	1mL
2	肉毒梭菌 B 型抗毒素	IRP435	用于小鼠毒素中和试验的标准抗毒素	1.3mL
3	肉毒梭菌 C 型抗毒素	IRP428	用于 9CFR113.110/SAM213 的标准抗毒素	1.2mL
4	气肿疽鞭毛特异性多克隆抗体	IRP440	用于 BBPRO0220 的检测抗体	0.02mL
5	诺维氏梭菌 B 型（α）抗毒素	IRP507（04）	用于 9CFR113.108/SAM207 的标准抗毒素	1.3mL
6	产气荚膜梭菌 A 型（α）抗毒素	IRP564	用于小鼠毒素中和试验的标准抗毒素	1.3mL

（续）

序号	试剂名称	目前的批号	描　述	每瓶规格
7	产气荚膜梭菌 C 型（β）抗毒素	IRP637	用于 9CFR113.111/SAM201 & 9CFR113.454/SAM202 的标准抗毒素	0.7mL
8	产气荚膜梭菌 D 型（ε）抗毒素	IRP249	用于 9CFR113.112/SAM203 & 9CFR113.455/SAM204 的标准抗毒素	3.4mL
9	腐败梭菌抗毒素	IRP600	用于 BBPRO1301 的检测抗体	1.3mL
10	索氏梭菌抗毒素	IRP501（04）	用于 9CFR113.109/SAM212 的标准抗毒素	1.3mL
11	破伤风梭菌抗毒素（马，500AU/mL）	IRP445	用于 9CFR113.451/SAM206 的标准抗毒素	1.2mL
12	破伤风梭菌抗毒素（豚鼠，5AU/mL）	IRP466	用于 9CFR113.114/SAM217 的标准抗毒素	0.125mL
13	马 IgG	10849	用于被动转移失败的产品的放射免疫扩散试验种类的标准	1mL
14	红斑丹毒丝菌单克隆抗体	IRP444	为 SAM613 使用	0.1mL
15	大肠杆菌，抗-987P 单克隆抗体	IRP534-06	为 SAM622 使用	0.1mL
16	大肠杆菌，抗-F41 单克隆抗体	IRP F41Pab，NVSL 第 1 批	为 SAM623 使用	0.25mL
17	犬型端螺旋体多克隆抗体	IRP491	为 SAM625 使用	0.50mL
18	感冒伤寒型钩端螺旋体多克隆抗体	IRP511-04	为 SAM626 使用	0.15mL
19	出血性黄疸钩端螺旋体多克隆抗体	IRP04-481	为 SAM627 使用	0.15mL
20	波蒙那钩端螺旋体多克隆抗体	IRP04-482	为 SAM624 使用	0.25mL
21	豚鼠阴性血清	IRP550（07）	用于 9CFR113.114/SAM217 的阴性对照	1.2mL

细胞

序号	试剂名称		描　述	
1	非洲绿猴肾细胞系（VERO）		仅用于检验；不用于生产或再分配；支持 9CFR 113.52，9CFR113.53，9CFR113.55	
2	牛鼻甲细胞（Botur）		仅用于检验；不用于生产或再分配；支持 9CFR 113.52，9CFR113.53，9CFR113.55	
3	犬肾原代细胞（DKP）		仅用于检验；不用于生产或再分配；支持 9CFR 113.52，9CFR113.53，9CFR113.55	
4	胚牛肾细胞（来源于原代细胞的低代次细胞）（EBK）		仅用于检验；不用于生产或再分配；支持 9CFR 113.52，9CFR113.53，9CFR113.55	
5	胚马肾原代细胞（EEK）		仅用于检验；不用于生产或再分配；支持 9CFR 113.52，9CFR113.53，9CFR113.55	
6	马真皮原代细胞（EQDER）		仅用于检验；不用于生产或再分配；支持 9CFR 113.52，9CFR113.53，9CFR113.55	
7	仓鼠肾细胞系（BHK21C）		仅用于检验；不用于生产或再分配；支持 9CFR 113.52，9CFR113.53，9CFR113.55	
8	猫肾原代细胞（KKP）		仅用于检验；不用于生产或再分配；支持 9CFR 113.52，9CFR113.53，9CFR113.55	
9	Madin Darby 牛肾细胞（MDBK-A）		仅用于检验；不用于生产或再分配；支持 9CFR 113.52，9CFR113.53，9CFR113.55	
10	Madin Darby 犬肾细胞（MDBK）		仅用于检验；不用于生产或再分配；支持 9CFR 113.52，9CFR113.53，9CFR113.55	
11	马立克氏病脾源 B-淋巴母细胞（MSB-1）		仅用于检验；不用于生产或再分配；支持 9CFR 113.52，9CFR113.53，9CFR113.55	
12	小鼠滑膜细胞（MCCOYS）		仅用于检验；不用于生产或再分配；支持 9CFR 113.52，9CFR113.53，9CFR113.55	
13	猪肾细胞（PK15）		仅用于检验；不用于生产或再分配；支持 9CFR 113.52，9CFR113.53，9CFR113.55	
14	SV-40 病毒变形仓鼠肾细胞（SV-40）		仅用于检验；不用于生产或再分配；支持 9CFR 113.52，9CFR113.53，9CFR113.55	
15	猪肾原代细胞（SKP）		仅用于检验；不用于生产或再分配；支持 9CFR 113.52，9CFR113.53，9CFR113.55	

（续）

序号	试剂名称	目前的批号	描　　述	每瓶规格
结合物				
1	抗-猫细胞结合物		细胞系种类鉴别检验；9CFR113.52（b）	2.0mL
2	抗-水貂细胞结合物		细胞系种类鉴别检验；9CFR113.52（b）	2.0mL
3	抗-绵羊细胞结合物		细胞系种类鉴别检验；9CFR113.52（b）	2.0mL
4	抗-猪细胞结合物		细胞系种类鉴别检验；9CFR113.52（b）	2.0mL
5	抗-vero细胞结合物		细胞系种类鉴别检验；9CFR113.52（b）	2.0mL
6	破伤风梭菌HRP-标记单克隆抗体	HRP458	用于BBSOP0091	0.5mL
7	大肠杆菌，HRP-标记的K88单克隆抗体	HRP597	用于SAM621	0.05mL
8	大肠杆菌，HRP-标记的K99单克隆抗体	HRP595	用于SAM620	0.2mL
其他				
1	狂犬病对照片——牛鼻甲细胞		乙醇/丙酮固定的2孔（含有非感染和SAD狂犬病感染的孔）。作为基础种子病毒的外源病原检验荧光抗体试验的阳性和阴性对照使用	2片/包
2	狂犬病对照片——Crandell Rees猫肾细胞		乙醇/丙酮固定的2孔（含有非感染和SAD狂犬病感染的孔）。作为基础种子病毒的外源病原检验荧光抗体试验的阳性和阴性对照使用	2片/包
3	狂犬病对照片——Madin Darby牛肾细胞		乙醇/丙酮固定的2孔（含有非感染和SAD狂犬病感染的孔）。作为基础种子病毒的外源病原检验荧光抗体试验的阳性和阴性对照使用	2片/包
4	狂犬病对照片——Madin Darby犬肾细胞		乙醇/丙酮固定的2孔（含有非感染和SAD狂犬病感染的孔）。作为基础种子病毒的外源病原检验荧光抗体试验的阳性和阴性对照使用	2片/包
5	狂犬病对照片——猪肾（PK15）细胞		乙醇/丙酮固定的2孔（含有非感染和SAD狂犬病感染的孔）。作为基础种子病毒的外源病原检验荧光抗体试验的阳性和阴性对照使用	2片/包
6	狂犬病对照片——Vero细胞		乙醇/丙酮固定的2孔（含有非感染和SAD狂犬病感染的孔）。作为基础种子病毒的外源病原检验荧光抗体试验的阳性和阴性对照使用	2片/包
7	沙门氏菌染色的多价K平板抗原	11-30	用于9CFR113.407的鸡白痢抗原的检验	55mL
效力评价盒				
1	D型产气荚膜梭菌细胞试验效力评价盒	IRP638	用于验证从毒素抗毒素合剂小鼠中和试验变为细胞试验。包含72瓶，24瓶家兔血清（300UL），24瓶标准毒素工作库（1.3mL），和24瓶标准AT工作库（1.3mL）	
2	腐败梭菌细胞试验效力评价盒	IRP639	用于验证从毒素抗毒素合剂小鼠中和试验变为细胞试验。包含72瓶，24瓶家兔血清（300UL），24瓶标准毒素工作库（1.3mL），和24瓶标准AT工作库（1.3mL）	
毒素				
1	肉毒梭菌B型毒素	IRP430	用于小鼠毒素中和试验的标准毒素	1.3mL
2	肉毒梭菌C型毒素	IRP583	用于9CFR113.110/SAM213的标准毒素	1.3mL
3	诺维氏梭菌B型（α）毒素	IRP636	用于9CFR113.108/SAM207的标准毒素	1.3mL
4	产气荚膜梭菌A型（α）抗毒素	IRP560-07	用于小鼠毒素中和试验的标准毒素	1.3mL
5	产气荚膜梭菌C型（β）抗毒素	IRP624	用于9CFR113.111/SAM201&9CFR113.454/SAM202的标准毒素	0.8mL
6	产气荚膜梭菌D型（ε）抗毒素	IRP632	用于9CFR113.112/SAM203&9CFR113.455/SAM204的标准毒素	1.3mL
7	腐败梭菌（α）毒素	IRP628	用于BBPRO1301的标准毒素	1.3mL
8	索氏梭菌毒素	IRP604	用于9CFR113.109/SAM212的标准毒素	1.3mL

（续）

序号	试剂名称	目前的批号	描　述	每瓶规格
9	破伤风梭菌毒素	IRP594	用于 9CFR113.451/SAM206 的标准毒素	2.2mL
10	破伤风梭菌毒素	IPR648	用于 9CFR113.114/SAM217 的标准毒素	2.3mL
	疫苗/菌苗，参考品			
1	猪丹毒丝菌菌苗	IRP609	用于 9CFR113.119/SAM611 的参考菌苗	10.0mL
2	犬型端螺旋体菌苗	IRP555（07）	用于 SAM625 的参考菌苗	1.1mL
3	感冒伤寒型钩端螺旋体菌苗	IRP523（05）	用于 SAM626 的参考菌苗	2.0mL
4	出血性黄疸钩端螺旋体菌苗	IRP542（06）	用于 SAM627 的参考菌苗	1.0mL
5	波蒙那钩端螺旋体菌苗	IRP524（05）	用于 SAM624 的参考菌苗	2.0mL
6	多杀性巴氏杆菌 169（猪）菌苗	IRP573（08）	用于 9CFR113.121/SAM635 的参考菌苗	10.0mL
7	多杀性巴氏杆菌 1062（牛）菌苗	IRP591	用于 9CFR113.121/SAM634 的参考菌苗	20.0mL
8	兽医狂犬病参考疫苗，灭活毒	08-14	灭活的参考疫苗	5mL

（杨京岚译，张　兵　赵启祖校）

第四篇
美国兽医生物制品
补充检验方法 （SAM）

SAM104. 04

美国农业部兽医生物制品中心
检验方法

SAM 104　从鼻腔分泌物中分离3型副黏病毒的补充检验方法

日　　期：2014 年 10 月 10 日

编　　号：SAM 104. 04

替　　代：SAM 104. 03，2011 年 2 月 9 日

标准要求：9CFR 113. 309 部分

联 系 人：Alethea M. Fry，（515）337-7200

　　　　　Peg A. Patterson

审　　批：/s/Geetha B. Srinivas　　　　日期：2014 年 11 月 13 日

　　　　　Geetha B. Srinivas，病毒学实验室负责人

　　　　　/s/Byron E. Rippke　　　　　日期：2014 年 11 月 24 日

　　　　　Byron E. Rippke，兽医生物制品中心政策、评审与执照管理部门负责人

　　　　　/s/Rebecca L. W. Hyde　　　　日期：2014 年 11 月 25 日

　　　　　Rebecca L. W. Hyde，兽医生物制品中心质量管理部门负责人

美国农业部动植物卫生监督署

P. O. Box 844

Ames，IA 50010

目　录

1. 引言

本补充检验方法（SAM）描述了使用 Madin-Darby 牛肾（MDBK）细胞从小牛鼻腔分泌物中分离培养 3 型副黏病毒的体外检验方法。分离 3 型副黏病毒（PI_3V）是为了按照联邦法规第 9 卷（9CFR）对 PI_3V 活疫苗免疫原性进行研究。

2. 材料

2.1 设备/仪器

下列任何品牌的设备或仪器均可由具有相同功能的设备或仪器所替代。

2.1.1 （36±2）℃、（5±1）% CO_2、高湿度培养箱。

2.1.2 （36±2）℃水浴锅。

2.1.3 200μL 和 1 000μL 微量移液器和吸头若干。

2.1.4 涡旋混合器。

2.1.5 （50～300）μL×12 道移液器。

2.1.6 倒置光学显微镜。

2.1.7 离心机和转子。

2.1.8 移液管助吸器。

2.2 试剂/耗材

下列任何品牌的试剂或材料均可由具有相同功能的试剂或材料所替代。所有试剂和材料均必须无菌。

2.2.1 PI_3V 阳性对照品。

2.2.2 按照 9CFR 检验无外源病原的 MDBK 细胞系。

2.2.3 稀释培养基〔国家动物卫生中心（NCAH）培养基♯20030〕。

1）9.61g 含有 Earles 盐（无碳酸氢盐）的最低基础培养基（MEM）；

2）2.2g 碳酸氢钠（$NaHCO_3$）；

3）用 900mL 去离子水（DI）溶解；

4）在 10mL DI 中加入 5.0g 水解乳清蛋白或乙二胺，（60±2）℃加热直至溶解，不断搅拌的同时将其加入步骤 2.2.3.3 项溶液中；

5）用 DI 定容至 1 000mL，用 2mol/L 盐酸（HCl）调节 pH 至 6.8～6.9；

6）用 0.22μm 滤器滤过除菌；

7）无菌添加：

a. 10mL L-谷氨酰胺；

b. 50μg/mL 硫酸庆大霉素。

8）在 （4±2）℃保存。

2.2.4 样品运输培养基

1）200mL 稀释培养基；

2）30μg/mL 硫酸庆大霉素；

3）1.5μg/mL 两性霉素 B；

4）在 （4±2）℃保存。

2.2.5 生长培养基

1）900mL 稀释培养基；

2）无菌添加 100mL 伽马射线灭活的胎牛血清（FBS）；

3）在 （4±2）℃保存。

2.2.6 维持培养基

1）980mL 稀释培养基；

2）无菌添加 20mL 伽马射线灭活的 FBS；

3）在 （4±2）℃保存。

2.2.7 Alsever's 溶液

1）20.5g 葡萄糖（$C_6H_{12}O_6$）；

2）8.0g 柠檬酸钠（$Na_3C_6H_5O_7 \cdot 2H_2O$）；

3）4.2g 氯化钠（NaCl）；

4）0.55g 柠檬酸（$C_6H_8O_7 \cdot H_2O$）；

5）用 DW 定容至 100mL；

6）用 0.22μm 滤器滤过除菌；

7）在 （4±2）℃保存。

2.2.8 10×磷酸盐缓冲溶液（10×PBS）

1）80.0g 氯化钠；

2）2.0g 氯化钾（KCl）；

3）2.0g 无水磷酸二氢钾（KH_2PO_4）；

4）用 DI 定容至 900mL；

5）在 50mL DI 中加入 11.5g 磷酸氢二钠（Na_2HPO_4），（60±2）℃加热直至溶解，持续搅拌的同时将其加入步骤 2.2.8（4）项溶液中；

6）用 DI 定容至 1 000mL；

7）15psi,（121±2）℃高压灭菌（35±5）min；

8）在 （4±2）℃保存。

2.2.9 1×PBS

1）100mL 10×PBS；

2）900mL DI；

3）用 5mol/L 氢氧化钠（NaOH）调节 pH 至 7.0～7.3；

4）在 （4±2）℃保存。

2.2.10 溶于等体积 Alsever's 溶液的豚鼠红细胞（RBC）。

2.2.11 7.5%碳酸氢钠

1）7.5g 碳酸氢钠；

2）用 DI 定容至 100mL；

3）15psi,（121±2）℃高压灭菌（30±5）min；

4) 在（4±2）℃保存。

2.2.12 胰蛋白酶乙二胺四乙酸钠（TV）

1) 8.0g 氯化钠；

2) 0.40g 氯化钾；

3) 0.58g 碳酸氢钠；

4) 0.50g 辐射过的胰蛋白酶；

5) 0.20g 乙二胺四乙酸钠（EDTA）；

6) 1.0g 葡萄糖；

7) 0.4mL0.5% 的酚红；

8) 用 DI 定容至 1 000mL；

9) 用 7.5% 碳酸氢钠调节 pH 至 7.3；

10) 用 0.22μm 滤器滤过除菌；

11) 在无菌条件下分装到 100mL 容器中，并在（-20±4）℃中保存。

2.2.13 96 孔细胞培养板。

2.2.14 （12×75）mm 和（17×100）mm 聚苯乙烯管。

2.2.15 50mL 锥形管。

2.2.16 10mL 血清学移液管。

2.2.17 棉拭子。

2.2.18 废液缸。

3. 检验准备

3.1 人员资质/培训

操作人员必须接受过细胞培养技术、病毒分离、无菌操作原理、动物护理及处理技术等培训。

3.2 设备/仪器的准备

开始检验的当天，将水浴锅设置为（36±2）℃。

3.3 试剂/对照品的准备

3.3.1 样品运输管

在收集鼻腔分泌物样品前，准备适当数量的（12×75）mm 聚苯乙烯管，每管加入 3mL 样品运输培养基。每天每头牛至少准备 1 支管。

3.3.2 收集鼻腔分泌物

将无菌棉花棒分别插入 2 个鼻腔数英寸内，每个鼻孔一支，迅速将沾有分泌物的 2 支棉花棒放入样品运输管中。按照采集日期和犊牛的编号标记管。病毒分离操作前，应将样品运输管在（-70±5）℃冷冻保存。

3.3.3 MBDK 细胞培养板的准备（检验板）

将 MDBK 细胞每周传代一次，健康稳定致密后可制备检验用细胞。在检验开始前 2d 和第二次传代前 2d，用生长培养基悬浮细胞至 $10^{5.4} \sim 10^{5.6}$ 个细胞/mL，用多道移液器将细胞悬液加至 96 孔培养板，每孔 200μL。在 1 个细胞培养板上检验至少 2 个鼻腔分泌物样品。用 TV 溶液将细胞从生长容器中移出。将检验板在 CO_2 培养箱中（36±2）℃培养（36±12）h。使用前细胞的致密程度应达到 80%。

3.3.4 PI_3V 阳性对照品的准备

在开始检验的当天，取 PI_3V 阳性对照品 1 支，放入（36±2）℃的水浴锅中迅速融化，然后进行 10 倍系列稀释。

a. 按照兽医生物制品中心（CVB）参考品与试剂清单预计的效价终点，用 10mL 血清学移液管取 4.5mL 稀释培养基加入适宜数量的（17×100）mm 聚苯乙烯管中。标记好管（如有 7 个管，则分别标记为 10^{-7} 至 10^{-1}）。

b. 用 500μL 移液器取 500μL PI_3V 阳性对照品加入第一支标记为 10^{-1} 的管中；涡旋混匀。

c. 用新吸头从标记为 10^{-1} 的管［步骤第 3.3.4.b 项］中吸取 500μL 加入标记为 10^{-2} 的管中；涡旋混匀。

d. 每一个稀释度都重复步骤 3.3.4.c 项，从前一个稀释度吸取 500μL 液体加入下一个稀释度的管中，直至 10 倍系列稀释。

3.3.5 制备 0.5%RBC 悬液，用于红细胞吸附（HAd）试验。

1) 将采集到的 RBC 加入 50mL 锥形管中；

2) 加入 Alsever's 溶液至 50mL，上下颠倒混合；

3) 1 500r/min（带有 JS-4.0 转子的 J6-B 离心机）离心（15±5）min；

4) 用 10mL 血清学移液管吸取弃去上清液和淡黄色的白细胞层；

5) 重复步骤 3.3.5（2）至 3.3.5（3）项，共洗涤细胞 3 次，每次都弃去上清液；

6) 用移液管取 500μL RBC 加入到 100mL 1× PBS 中，上下颠倒混合，获得 0.5%RBC 悬液；

7) 在（4±2）℃保存，收集到的 RBC 应在 1 周内用完。

3.4 样品的准备

3.4.1 试验开始的当天，解冻含有鼻拭子的样品运输管，将棉拭子旋转并挤压管壁，挤出棉花中的液体，然后涡旋混匀管中的培养基，以便将拭子中的病毒释放出来。挤干绵拭子中的液体后弃去棉拭子。

3.4.2 将样品于 2 000r/min（带有 JS-4.0 转

子的 J6-B 离心机）离心（20±5）min。取每个样品上清液 2mL 加入到一个新的、标记好的（12×75）mm 聚苯乙烯管中。

3.4.3　培养前将上清液冰浴保存。

3.4.4　剩余上清液样品在（−70±5）℃保存。

4. 检验

4.1　标记检验板，并在无菌操作下将生长培养基移至适当容器中。

4.2　每个上清液样品接种 5 孔，25μL/孔。每个样品更换一个吸头。

4.3　每个 PI_3V 阳性对照品［步骤 3.3.4（1）项稀释的含有 10^{-7} 至 10^{-4} 稀释度的样品］接种 5 孔/稀释度，25μL/孔。如果是从最大稀释度（10^{-7}）加至最高浓度（10^{-4}），可以不更换吸头。

4.4　每个细胞板保留 5 个孔，作为不接种的细胞对照。

4.5　将检验板置 CO_2 培养箱中（36±2）℃培养（60±10）min，以便病毒吸附。

4.6　用多道移液器向检验板加入维持培养基，200μL/孔。

4.7　将检验板置 CO_2 培养箱中（36±2）℃培养（4±1）d。每日观察是否出现由 PI_3V 引起的以细胞融合为特征的 CPE。

4.8　收获出现典型 PI_3V 感染的各孔病毒样品，加入标记的（12×75）mm 聚苯乙烯管中。在发现感染时就可以收获样品。在进行下一步之前，置（−70±5）℃冷冻保存。

4.9　在培养末期，将未出现 CPE 各孔培养液移入新的根据步骤 3.3.3 项制备的检验板上培养，重复步骤 4.2 至 4.7 项。此外，解冻收获的出现 PI_3V 感染的样品，并进行传代。分别按照步骤 3.3.4 和 4.3 项所述制备 PI_3V 阳性对照品。在培养（4±1）d 结束时，对所有第二代培养孔进行 HAd 检验，确认是否有 PI_3V 感染。

4.10　HAd 检验

4.10.1　将接种的检验板（见步骤 4.9 项）上的维持培养基移入适宜的容器中。

4.10.2　用 PBS 注满各孔，洗涤检验板上的所有细胞，弃去洗涤液。

4.10.3　在所有试验孔中加入 0.5% RBC 悬液，200μL/孔。

4.10.4　在室温（23±2）℃下孵育检验板（15±5）min。

4.10.5　弃去红细胞悬液，并按照步骤

4.10.2 项共洗涤 2 次。

4.10.6　用倒置光学显微镜在 100× 放大倍数下观察检验板上的细胞单层，并记录结果。孔中的细胞单层上吸附有 1 个或多个 RBC 簇时，被判为 PI_3V 阳性。

4.11　用修正的 Spearman-Karber 法计算 PI_3V 阳性对照品的 PI_3V 终点滴度。该滴度以待检孔含 $\log_{10}$ 50% 组织培养感染的剂量（$TCID_{50}$）表示。

例如：

10^{-4} 稀释的 PI_3V 阳性对照品＝5/5 孔出现 CPE/HAd 阳性；

10^{-5} 稀释的 PI_3V 阳性对照品＝5/5 孔出现 CPE/HAd 阳性；

10^{-6} 稀释的 PI_3V 阳性对照品＝2/5 孔出现 CPE/HAd 阳性；

10^{-7} 稀释的 PI_3V 阳性对照品＝0/5 孔出现 CPE/HAd 阳性。

$$滴度＝X−d/2+d\times S$$

式中，$X=\log_{10}$ 最低稀释倍数（4）；

$d=\log_{10}$ 稀释系数（1）；

$S=$ CPE+/HAd+ 的总数

$$\frac{(5+5+2)}{5}=\frac{12}{5}=2.4$$

PI_3V 阳性对照品滴度＝［4−1/2+（1×2.4）］＝5.9

PI_3V 阳性对照品的滴度为 $10^{5.9} TCID_{50}$/0.025mL。

5. 检验结果说明

5.1　未接种病毒的细胞对照不应出现细胞病变（细胞退化）或污染（培养基呈云雾状）。

5.2　所得 PI_3V 阳性对照品的 HAd_{50} 滴度必须在其之前至少 10 次滴度测定所得的平均滴度±2 个标准偏差之内方为有效。

5.3　检验为 HAd 阳性（不管是否出现 CPE）的鼻腔分泌物样品孔，均判为 PI_3V 阳性，而经 MDBK 细胞二次传代培养后，均未出现 CPE 且 HAd 检验阴性的样品孔，则判为 PI_3V 阴性。

5.4　任何鼻腔分泌物样品出现 1 个或多个阳性孔时，判为 PI_3V 阳性。只有所有鼻腔分泌物样品培养孔均为阴性时，方可判该鼻腔分泌物样品为 PI_3V 阴性。

6. 检验结果报告

6.1　每一个鼻腔分泌物样品的结果均要出具报告，说明其是 PI_3V 阳性还是阴性。

7. 参考文献

Title 9, Code of Federal Regulations, part 113. 309 [M]. Washington, DC: Government Printing Office.

Cottral G E, 1978. Manual of standardized methods for veterinary microbiology [D]. Ithaca and London: Comstock Publishing Associates.

Finney D J, 1978. Statistical method in biological assay [M]. 3rd ed. London: Charles Griffin and Company.

8. 修订概述

第 04 版

• 更新联系人信息，但是，病毒学实验室决定保留原信息至下次文件审查之日。

第 03 版

• 更新联系人信息。

第 02 版

本修订版资料主要用于阐述兽医生物制品中心现行的实际操作方法，并提供了额外的细节信息。

虽然不对检验结果产生重大影响，但是对文件进行了以下修改：

• 将 Joseph Hermann 和 Peg Patterson 列入本文件联系人。

• 1 用 Madin-Darby 牛肾-A 细胞替代牛胚胎肾原代细胞（primary bovine embryonic kidney cell）

• 2.2.3 稀释培养基中添加的抗生素按照相应的抗生素使用情况进行变更。用硫酸庆大霉素替代青霉素和链霉素，并且将两性霉素 B 从配方中去除。

• 2.2.4 运输培养基中，用硫酸庆大霉素替代青霉素和链霉素。

• 2.2.13 用 96 孔板替代 24 孔细胞培养板。

• 文件中所有的术语"PI_3V 参考品"均变更为"PI_3V 阳性对照品"。

（康孟佼译，张一帜校）

SAM106. 03

美国农业部兽医生物制品中心
检验方法

SAM 106　中和抗体效价测定的补充检验方法
（固定病毒-稀释血清法）

日　　期：2014 年 10 月 16 日已批准，标准要求待定

编　　号：SAM 106. 03

替　　代：SAM 106. 02，2011 年 2 月 9 日

标准要求：

联 系 人：Alethea M. Fry，(515) 337-7200

　　　　　Peg A. Patterson

审　　批：/s/Geetha B. Srinivas　　　　　日期：2014 年 12 月 31 日

　　　　　Geetha B. Srinivas，病毒学实验室负责人

　　　　　/s/Byron E. Rippke　　　　　日期：2015 年 1 月 6 日

　　　　　Byron E. Rippke，兽医生物制品中心政策、评审与执照管理部门负责人

　　　　　/s/Rebecca L. W. Hyde　　　　　日期：2015 年 1 月 9 日

　　　　　Rebecca L. W. Hyde，兽医生物制品中心质量管理部门负责人

美国农业部动植物卫生监督署

P. O. Box 844

Ames，IA 50010

**补充检验方法中提及的商标或专利产品不等同于该产品已获得了美国农业部的保证或担保，
且它的批准也不意味着其可用于排除在外的其他可能适用的产品**

目　录

1. 引言

本补充检验方法（SAM）描述了使用细胞培养系统测定血清中抗牛鼻气管炎（IBR）、牛病毒性腹泻（BVD）和 3 型副流感（PI$_3$）病毒抗体效价的体外检验方法。

2. 材料

2.1　细胞培养

转瓶［（16×150）mm］内培养单层原代牛胚胎肾（BEK）细胞，用于 IBR 和 PI$_3$ 的血清中和（SN）检验。Leighton 管在盖玻片［（10.5×35）mm］上培养 BEK 细胞，用于 BVD 中和试验。在检验中所用细胞应无外源病原。

2.1.1　原代 BEK 细胞取于胰酶消化的肾皮质层组织，冷冻并储存于 −80℃，并经外源病原检测。

2.1.2　冷冻细胞解冻后，悬浮于生长培养基（见附录Ⅰ），并取 1mL 分装至 Leighton 管或转瓶。

2.1.3　装有细胞的管放置于固定架上，在36～37℃培养直至细胞单层的致密度达 80%。在接种前，将管内的生长培养基替换为维持培养基（见附录Ⅱ）。

2.2　指示病毒

使用参考 IBR、BVD 或 PI$_3$ 病毒。

2.3　稀释液

将不含血清的维持培养基为病毒和血清的稀释液。

2.4　检验血清

2.4.1　待检血清

2.4.2　阴性对照血清

2.5　复合物

用于 BVD SN 试验系统的 BVD 特异性免疫血清复合物。

2.6　用于血细胞吸附试验（HAd）的豚鼠血红细胞（RBC）

2.6.1　从健康豚鼠体内采集的血在无菌条件下加入等体积 Alsever's 溶液（见附录Ⅲ）。

2.6.2　RBC 用 Alsever's 溶液洗涤 3 次，每次 1 000r/min 离心 15min 进行沉淀。

2.6.3　RBC 可用等体积 Alsever's 溶液稀释为 50%悬液在 5℃储存。

2.6.4　对于红细胞吸附试验，RBC 可用磷酸缓冲盐水（PBS）（见附录Ⅳ）稀释为 0.5%悬液。

3. 检验准备

3.1　人员资质/培训

操作人员必须接受过抗体效价测定，细胞培养与维持，以及无菌操作原则等的培训。

3.2　试剂/对照品的准备

指示病毒的稀释：将指示病毒稀释为 100～500 TCID$_{50}$/0.1mL；在本检验体系中每支组织培养管接种 0.1mL。本稀释度取决于之前的滴定结果并被设为"病毒原液"。

按照以下方法计算稀释系数：用指示病毒滴度除以预期的病毒原液滴度。此结果等于稀释系数。

例：

$$\frac{指示病毒滴度}{预期的病毒原液滴度}=稀释系数$$

$$\frac{1\,000\,000\ TCID_{50}/0.1mL}{200\ TCID_{50}/0.1mL}=5\,000$$

指示病毒按 1∶5 000 进行稀释。

3.3　样品的准备

检测血清的稀释：血清在 56～60℃下热灭活30min。在含有稀释液的无菌管中进行两倍系列稀释。使用 1mL 移液管进行转移，并用混合器（涡旋混合器或简单类型的）混合。

按照以下方式进行两倍稀释：

3.3.1　向 2、3、4 和 5 号管中加入 1mL 稀释液。

3.3.2　向 1 和 2 号管加入 1mL 血清，弃去移液管并混匀 2 号管。1 号管含有 1mL 未稀释血清，2 号管含有 1∶2 稀释的血清。

3.3.3　从 2 号管转移 1mL 至 3 号管，弃去移液管并混匀 3 号管。3 号管含有 1∶4 稀释的血清。

3.3.4　此步骤一直继续，直至完成理想血清稀释度。从最后一个稀释度管中吸出 1mL 弃去。

4. 检验

4.1　病毒血清中和

加入等体积病毒原液（1mL）至每支血清稀释度管（1mL），混匀并在室温下孵育 45min。5 支细胞培养管各接种 0.2mL 的血清-病毒混合物。将等体积的血清和病毒混匀相当于血清进行了一次两倍稀释。因此未稀释的血清（管 1）的最终稀释度变为 1∶2，最初 1∶2 稀释的变为了 1∶4，以此类推。

4.2　对照

4.2.1　滴定病毒原液时，预先进行 10 倍系列稀释（10^0、10^{-1}、10^{-2}、10^{-3} 和 10^{-4}），并且将这些稀释液与血清病毒混合物共同放置在室温下孵育。5 支细胞培养管各接种 0.1mL 不同稀释度的病毒原液稀释液。

4.2.2 将已知的阴性对照血清与待检血清一并进行 1：2 稀释。

4.2.3 将 5 支未接种的细胞培养管与其他管一并培养，以验证检测系统。

5. 检验结果说明

用 Reed 和 Muench 法或 Spearman-Kärber 计算血清和病毒的 50% 终点。血清的中和半数剂量取决于完全中和了检验剂量病毒的血清稀释度。

病毒原液的 50% 终点必须在 $100 \sim 500$ $TCID_{50}/0.1mL$ 范围内，检验方为有效。阴性对照血清必须不能中和病毒。未接种对照管中的细胞必须为正常状态。

6. 检验结果报告

6.1 牛鼻气管炎

接种的 BEK 转瓶于 $35 \sim 37℃$ 培养 $4 \sim 6d$。检查管中的 IBR 病毒的典型细胞病变（CPE）。记录 CPE 阳性和阴性的管号，并计算 50% 的终点。

6.2 牛病毒性腹泻

接种的 Leighton 管于 $35 \sim 37℃$ 培养 $4 \sim 6d$。将盖玻片从管上取掉之后进行荧光抗体（FA）检测。盖玻片上的细胞按以下方法进行染色：

6.2.1 将盖玻片从管上取下放在架子上。

6.2.2 在 PBS 中漂洗，之后放入蒸馏水（DW）中漂洗，干燥。

6.2.3 在冷丙酮中固定 15min，之后彻底晾干。

6.2.4 将细胞用复合的 BVD 特异性免疫血清覆盖，并置 37℃ 高湿培养箱孵育 30min。

6.2.5 复合物干燥后将盖玻片用 PBS 轻柔环绕洗 10min，在 DW 中漂洗，干燥。

6.2.6 将盖玻片安装到载玻片的细胞上，用 FA 安装液封片。

使用带有干燥的暗视野聚光镜的荧光显微镜检

查单层细胞。记录阳性和阴性玻片的编号，并计算 50% 的终点。

6.3 3 型副流感

接种的 BEK 转瓶于 $35 \sim 37℃$ 培养 $4 \sim 6d$。按照以下一种或两种方法检查细胞单层。

6.3.1 细胞病变效应

检查管内细胞的 PI_3 病毒典型 CPE。记录 CPE 阳性和阴性管的号码，并计算 50% 终点。

6.3.2 血细胞吸附试验

1）倒出管内液体；

2）细胞用 PBS 洗涤一次；

3）每管加入 0.5%RBC 悬液 1mL；

4）放好管，使管中 RBC 悬液能够覆盖细胞单层，并在室温放置 $15 \sim 20min$；

5）倒掉 RBC 悬液，并将单层细胞用 PBS 洗涤 3 次；

6）从管内弃去 PBS 后，在显微镜下检查单层细胞的血细胞吸附情况。

记录 HAd 阳性和阴性管的号码，并计算 50% 终点。

7. 参考文献

Title 9, Code of Federal Regulations, part 113.309 [M]. Washington, DC: Government Printing Office.

8. 修订概述

第 03 版

• 更新联系人信息，但是，病毒学实验室决定保留原信息至下次文件审查之日。

第 02 版

本修订版资料主要用于阐述兽医生物制品中心现行的实际操作方法，并提供了额外的细节信息。虽然不对检验结果产生重大影响，但是对文件进行了以下修改：

• 更新联系人信息

附录

附录Ⅰ 生长培养基

水解乳清蛋白	0.5%
Hanks BSS	加至 100.0%
抗生素	
青霉素	100IU/mL
链霉素	100μg/mL

卡那霉素	$160\mu g/mL$
两性霉素 B	$2\mu g/mL$

加入 10％胎牛血清

附录Ⅱ 维持培养基

水解乳清蛋白	0.5％
MEM（Eagle）	加至 100.0％
抗生素	
青霉素	$100IU/mL$
链霉素	$100\mu g/mL$
卡那霉素	$160\mu g/mL$
两性霉素 B	$2\mu g/mL$

加入 2％胎牛血清

附录Ⅲ Alsever's 溶液

葡萄糖	2.05％
柠檬酸钠	0.8％
氯化钠	0.42％
柠檬酸	0.55％
蒸馏水 H_2O	加至 100.00％

附录Ⅳ 磷酸缓冲盐水（PBS-Dulbecco）

$NaCl$	0.8％
KCl	0.02％
Na_2HPO_4	0.115％
KH_2PO_4	0.02％
$CaCl_2$（无水）	0.01％
$MgCl_2 \cdot 6H_2O$	0.01％
蒸馏水 H_2O	加至 100.00％

（邹兴启译，张一帜校）

SAM 107. 04

美国农业部兽医生物制品中心
检验方法

SAM 107　抗特定牛类病毒中和抗体效价测定的补充检验方法
（固定血清-稀释病毒法）

日　　期：2014 年 10 月 16 日

编　　号：SAM 107. 04

替　　代：SAM 107. 03，2011 年 6 月 28 日

标准要求：9CFR 113. 200 部分

联 系 人：Alethea M. Fry，（515）337-7200
　　　　　Peg A. Patterson

审　　批：/s/Geetha B. Srinivas　　　　日期：2014 年 12 月 24 日
　　　　　Geetha B. Srinivas，病毒学实验室负责人

　　　　　/s/Byron E. Rippke　　　　　日期：2014 年 12 月 29 日
　　　　　Byron E. Rippke，兽医生物制品中心政策、评审与执照管理部门负责人

　　　　　/s/Rebecca L. W. Hyde　　　　日期：2014 年 12 月 29 日
　　　　　Rebecca L. W. Hyde，兽医生物制品中心质量管理部门负责人

美国农业部动植物卫生监督署

P. O. Box 844

Ames，IA 50010

补充检验方法中提及的商标或专利产品不等同于该产品已获得了美国农业部的保证或担保，
且它的批准也不意味着其可用于排除在外的其他可能适用的产品

目　录

1. 引言

本补充检验方法（SAM）描述了用血清中和（SN）试验测定牛鼻气管炎病毒（IBR）、1 型和 2 型牛病毒性腹泻病毒（BVD）、牛副流感病毒（PI₃）或牛呼吸道合胞体病毒（BRSV）的中和指数（NI）的体外检验方法。

2. 材料

2.1 设备/仪器

下列任何品牌的设备或仪器均可由具有相同功能的设备或仪器所替代。

2.1.1 （36±2）℃、（5±1）％ CO₂、高湿度培养箱；

2.1.2 涡旋混合器；

2.1.3 倒置光学显微镜；

2.1.4 荧光显微镜；

2.1.5 单道的 200μL 和 1 000μL 微量移液器、（5~50）μL×12 道微量移液器和吸头若干；

2.1.6 水浴锅；

2.1.7 离心机和转子。

2.2 试剂/耗材

下列任何品牌的试剂或材料均可由具有相同功能的试剂或材料所替代。所有试剂和材料均必须无菌。

2.2.1 指示病毒

• 牛鼻气管炎病毒（IBR）

• 1 型牛病毒性腹泻病毒（BVD1 型）

• 2 型牛病毒性腹泻病毒（BVD2 型）

• 牛副流感病毒（PI₃）

• 牛呼吸道合胞体病毒（BRSV）

2.2.2 按照 9CFR 检验，细胞培养物无外源病原。

1）Madin-Darby 牛肾(MDBK)细胞用于牛鼻气管炎病毒(IBR)和牛副流感病毒(PI₃)的中和试验；

2）牛鼻甲骨（BT）细胞用于 1 型和 2 型牛病毒性腹泻病毒（BVD）的检验；

3）胎牛肺（EBL）细胞用于牛呼吸道合胞体病毒（BRSV）的检验。

2.2.3 最低基础培养基（MEM）［国家动物卫生中心（NCAH）培养基♯20030］

1）9.61g 含有 Earles 盐（无碳酸盐）的 MEM；

2）2.2g 碳酸氢钠（NaHCO₃）；

3）用 900 L 去离子水（DI）溶解步骤 2.2.3（1）和 2.2.3（2）项物质；

4）在 10mL DI 中加入 5g 水解乳清蛋白或乙二胺，（60±2）℃加热直至溶解，不断搅拌的同时将其加入步骤 2.2.3（3）项溶液中；

5）用 DI 定容至 1 000mL，用 2mol/L 盐酸（HCl）调节 pH 至 6.8~6.9；

6）用 0.22m 滤器滤过除菌；

7）无菌添加：

a. 10mL L-谷氨酰胺；

b. 50μg/mL 硫酸庆大霉素。

8）在（4±2）℃保存。

2.2.4 生长培养基

1）900mL MEM；

2）无菌添加 100mL 伽马射线灭活的胎牛血清（FBS）；

3）在（4±2）℃保存。

2.2.5 维持培养基

1）980mL MEM；

2）无菌添加 20mL 伽马射线灭活的 FBS；

3）在（4±2）℃保存。

2.2.6 单克隆抗体（MAb）

1）抗 1 型 BVD 的 MAb；

2）抗 2 型 BVD 的 MAb。

2.2.7 异硫氰酸荧光素标记的抗鼠复合物（抗鼠复合物）。

2.2.8 80％丙酮

1）80mL 丙酮；

2）20mL DI；

3）在室温（23±2）℃保存。

2.2.9 0.01mol/L 磷酸缓冲盐水（PBS）

1）1.33g 无水磷酸氢二钠（Na₂HPO₄）；

2）0.22g 一水磷酸二氢钠（NaH₂PO₄·H₂O）；

3）8.5g 氯化钠（NaCl）；

4）用 DI 定容至 1 000mL；

5）用 0.1mol/L 氢氧化钠(NaOH)或 2 mol/L 盐酸（HCl）调节 pH 至 7.2~7.6；

6）15psi,(121±2)℃高压灭菌（35±5）min；

7）在（4±2）℃保存。

2.2.10 IBR、BVD、PI3、BRSV 抗体呈阴性的胎牛血清（FBS）。

2.2.11 96 孔细胞培养板。

2.2.12 （17×100）mm 聚苯乙烯管。

2.2.13 10mL 血清学移液管。

2.2.14 500mL 塑料洗瓶。

3. 检验准备

3.1　人员资质/培训

操作人员必须接受过抗体效价测定、细胞培养维护和无菌操作技术等培训。

3.2　设备/仪器的准备

3.2.1　检验开始的当天，设定一个水浴锅的温度为（36±2）℃。

3.2.2　检验开始的当天，设定一个水浴锅的温度为（56±2）℃。

3.3　试剂/对照品的准备

3.3.1　在检验开始前2d，在96孔细胞板上的生长培养基中接种MDBK细胞。细胞数量应确保能够在（36±2）℃的CO_2培养箱中培养2d后形成致密单层细胞。这些就是MDBK检验板。

3.3.2　在检验开始一天前，在96孔细胞板上的生长培养基中接种BT细胞。细胞数量确保能够在（36±2）℃的CO_2培养箱中培养1d后形成致密单层细胞。这些就是BT检验板。

3.3.3　在开始检验的当天，在96孔细胞板上的生长培养基中接种EBL细胞。这些就是EBL检验板。

3.3.4　在开始检验的当天，在（36±2）℃水浴条件下快速溶解一管相应的指示病毒。稀释倍数取决于之前检验的指示病毒的滴度，如下进行10倍系列稀释：

1）使用血清学移液管吸取9.0mL MEM至标有10^{-8}至10^{-1}的8个（17×100）mm聚苯乙烯管中。

2）吸取1.0mL的指示病毒到标有10^{-1}的管中；涡旋混合，弃去移液管。

3）从标有10^{-1}的管转移1.0mL液体到标有10^{-2}的管中；涡旋混合，弃去移液管。

4）重复步骤3.3.4（3）项进行后续稀释，依次从前一个稀释度转移1.0mL液体至下一个稀释度管中。

3.3.5　在BT检验板测定的当天，按照生产商的推荐，用PBS稀释抗BVD的MAb和抗鼠复合物。

3.4　待检血清样品的准备

在开始检验的当天，（56±2）℃水浴加热（30±5）min灭活所有的待检血清。

4. 检验

4.1　在96孔细胞培养板上的一列中加入未稀释的待检血清，$150\mu L$/孔，使其成为稀释板（见附录Ⅰ）。

4.2　在稀释板的另一列中加入FBS，$150\mu L$/孔。

4.3　把最后四个稀释度的指示病毒加到稀释板的每行，$150\mu L$/孔。

4.4　用手指轻打稀释板的边缘混合。室温培养（60±10）min，使指示病毒充分中和。

4.5　在培养期末，从MDBK检验板中慢慢倒去生长培养基。

注意：不能从BT和EBL检验板上去除生长培养基。

4.6　在适当的检验板上，接种病毒-血清混合物，每个稀释度接种5个孔，$50\mu L$/孔（见附录Ⅱ）。

注意：MDBK检验板用于测定抗IBR和PI_3的SN效价。BT检验板用于检测BVD的SN效价。EBL检验板用于测定抗BRSV的SN效价。

4.7　每个检验板保留5个或5个以上的孔，作为不接种的细胞对照。

4.8　把相应指示病毒的最后四个稀释度各接种5个孔，$25\mu L$/孔，作为终点滴定。

4.9　在（36±2）℃的CO_2培养箱中培养MDBK检验板（60±10）min。

4.10　在MDBK检验板所有孔上均加入维持培养基，每孔$200\mu L$（不要弃去病毒-血清接种物）。

4.11　接种后，在CO_2培养箱中（36±2）℃条件下培养MDBK和BT检验板（4±0.5）d。

4.12　接种后，在CO_2培养箱中（36±2）℃条件下培养EBL检验板（6±0.5）d。

4.13　在培养末期，用倒置光学显微镜检查所有的孔。记录IBR、PI_3或者BRSV待检血清、FBS及指示病毒各组表现出特征性CPE的孔号/稀释度。

4.14　运用间接荧光抗体技术（IFA）测定抗BVD的血清中和效价，步骤如下：

4.14.1　从BT检验板中倒去培养基。

4.14.2　用80%丙酮填充所有的孔。

4.14.3　室温培养（15±5）min。

4.14.4　从BT检验板中慢慢倒去80%丙酮；室温风干。

4.14.5　在BT检验板上加入稀释的抗BVD的单克隆抗体，$50\mu L$/孔；室温培养（45±15）min。

4.14.6　用PBS彻底漂洗所有的孔；倒去液体。

4.14.7　重复步骤4.14.6项，共洗涤2次。

4.14.8　用移液器在BT检验板上加入稀释的抗鼠复合物，$50\mu L$/孔；室温培养（45±15）min。

4.14.9 重复步骤 4.14.6 项，共洗涤 2 次。

4.14.10 把板子浸入 DI 中，再倒去液体；风干或者（36±2）℃条件下干燥。

4.14.11 使用荧光显微镜检查所有的孔。

4.14.12 如果观察到有细胞质出现典型的苹果绿荧光，则该孔可判为阳性。

4.14.13 记录待检血清、FBS 和指示病毒组中显示出任何特征性荧光的孔号/稀释度。

4.15 用修正的 Spearman-Kärber 法计算待检血清、FBS 和指示病毒的 $TCID_{50}$。

4.16 用指示病毒获得的滴度对数值减去待检血清所获得效价的对数值即为中和能力。

例如：$Log_{10}TCID_{50}$ 指示病毒的滴度　　　6.0

　　　$Log_{10}TCID_{50}$ 待检血清的效价　　－2.7

　　　中和能力　　　　　　　　　　＝3.3logs

5. 检验结果说明

对于一个有效的试验：

5.1 任何孔，或者任何待检血清或 FBS 的稀释液，均不能有可察觉到的污染或血清毒性。

5.2 所使用的 FBS 的抗 IBR、BVD、PI3 或 BRSV 的中和抗体效价均应为阴性。

5.3 所得的指示病毒滴定终点必须在其之前至少 10 次滴度测定所得平均滴度±2 个标准偏差之内方为有效。

6. 检验结果报告

在检验记录上记录待检血清的中和效价。

7. 参考文献

Title 9，Code of Federal Regulations，part 113. 215[M]. Washington，DC：Government Printing Office.

Cottral G E，1978. Manual of standardized methods for veterinary microbiology［D］. Ithaca and London：Comstock Publishing Associates.

Rose N R，Friedman H，Fahey J L，1986. Manual of Clinical Laboratory Immunology［M］. Washington，DC：ASM Press.

8. 修订概述

第 04 版

· 更新联系人信息，但是，病毒学实验室决定保留原信息至下次文件审查之日。

第 03 版

· 更新联系人信息

· 文件中所有 NVSL 一律变更为 NCAH。

第 02 版

本修订版资料主要用于阐述兽医生物制品中心现行的实际操作方法，并提供了额外的细节信息。虽然不对检验结果产生重大影响，但是对文件进行了以下修改：

· 联系人由 Larry Ludemann 换为 Joseph Hermann。

· 试验测定的形式已由旋转管和 Leighton 管换为 96 孔板的形式。

· 鉴别 BVD 型用的术语将 BVD Ⅰ型换为 BVD1 型，BVD Ⅱ型换为 BVD2 型，从而使其与常见的形式相一致。

· 2.2 用于 BVD1 型和 2 型检验的细胞，由牛鼻甲骨细胞替换为胎牛肾细胞，使其与常规的 BVD 检验用细胞相一致。

· 2.2.3 将对抗生素加入稀释培养基的描述变更为仅反映所用的抗生物。用硫酸庆大霉素替代青霉素和链霉素，并去除了配方中的两性霉素 B。

· 4.13 用血细胞吸附试验检测抗 PI_3 抗体的条款已变更为用 CPE 检测抗体。

· 4.14 用间接荧光抗体试验替代荧光抗体试验来检测抗 BVD 的抗体，以区别 BVD1 型和 2 型抗体。加入指示病毒使试验更加清楚明白。

· 4.15 加入指示病毒使试验更加清楚明白。

· 4.16 "用胎牛血清效价的对数值减去待检血清效价的对数值即是中和能力"变更为"用指示病毒获得的滴度对数值减去待检血清所获得效价的对数值即为中和能力"。

附录

附录 I　稀　释　板

	1	2	3	4	5	6	7	8	9	10	11	12
A IV 10^{-3}	TS1	TS2	TS3	TS4	TS5	TS6	TS7	TS8	TS9	TS10	TS11	FBS
B IV 10^{-4}												
C IV 10^{-5}												
D IV 10^{-6}												
E IV 10^{-3}	TS12	TS13	TS14	TS15	TS16	TS17	TS18	TS19	TS20	TS21	TS22	TS23
F IV 10^{-4}												
G IV 10^{-5}												
H IV 10^{-6}												

注：IV＝指示病毒的稀释液；TS＝待检血清；NC＝胎牛血清（FBS）。

附录 II　检　验　板

	1	2	3	4	5	6	7	8	9	10	11	12
A 10^{-3}	TS1	TS1	TS1	TS1	TS1	CC	TS2	TS2	TS2	TS2	TS2	CC
B 10^{-4}												
C 10^{-5}												
D 10^{-6}												
E 10^{-3}	TS3	TS3	TS3	TS3	TS3	CC	TS4	TS4	TS4	TS4	TS4	CC
F 10^{-4}												
G 10^{-5}												
H 10^{-6}												

注：TS＝待检血清；CC＝细胞对照。

（汪　洋　韩　爽译，张一帜校）

美国农业部兽医生物制品中心
检验方法

SAM 108　检测改良活疫苗中外源的牛病毒性腹泻
病毒的补充检验方法

日　　期：2014 年 10 月 16 日

编　　号：SAM 108. 05

替　　代：SAM 108. 04，2011 年 2 月 9 日

标准要求：9CFR 113. 300 部分

联 系 人：Alethea M. Fry，（515）337-7200

　　　　　Peg A. Patterson

审　　批：/s/Geetha B. Srinivas　　　　　日期：2014 年 12 月 31 日

　　　　　Geetha B. Srinivas，病毒学实验室负责人

　　　　　/s/Byron E. Rippke　　　　　日期：2015 年 1 月 6 日

　　　　　Byron E. Rippke，兽医生物制品中心政策、评审与执照管理部门负责人

　　　　　/s/Rebecca L. W. Hyde　　　　　日期：2015 年 1 月 9 日

　　　　　Rebecca L. W. Hyde，兽医生物制品中心质量管理部门负责人

美国农业部动植物卫生监督署

P. O. Box 844

Ames，IA 50010

补充检验方法中提及的商标或专利产品不等同于该产品已获得了美国农业部的保证或担保，
且它的批准也不意味着其可用于排除在外的其他可能适用的产品

目　录

1. 引言

本补充检验方法（SAM）描述了用细胞培养及直接或间接荧光抗体技术（DFAT，IFAT）检测通过可支持牛病毒性腹泻病毒（BVDB）生长的细胞培养制备的改良活疫苗（MLV）中的外源BVDV的体外检验方法。

2. 材料

2.1 设备/仪器

下列任何品牌的设备或仪器均可由具有相同功能的设备或仪器所替代。

2.1.1 （36±2）℃、（5±1）％CO$_2$、高湿度培养箱；

2.1.2 倒置光学显微镜；

2.1.3 紫外光显微镜；

2.1.4 显微镜载玻片，带支架的玻璃染色皿；

2.1.5 搅拌器/加热板及磁力搅拌器；

2.1.6 离心机和转子。

2.2 试剂/耗材

下列任何品牌的试剂或材料均可由具有相同功能的试剂或材料所替代。

2.2.1 对细胞无毒性，无BVDV1和BVDV2抗体，只对待检病原有特异性的单特异性中和血清。

2.2.2 按照9CFR检验无外源病原的牛鼻甲骨（BT）二代细胞或其他允许的细胞。

2.2.3 最低基础培养基〔国家动物卫生中心（NCAH）培养基♯20030〕。

1) 9.61g 含有 Earles 盐（无碳酸氢盐）的 MEM。

2) 1.1g 碳酸氢钠（NaHCO$_3$）。

3) 用900mL去离子水（DI）溶解步骤1和2项中的物质。

4) 在10mL DI 中加入5g 水解乳清蛋白或乙二胺，（60±2）℃加热直至溶解，不断搅拌的同时将其加入步骤3项溶液中。

5) 用DI 定容至1 000mL，用2mol/L 盐酸（HCl）调节 pH 至6.8～6.9。

6) 用0.22μm 滤器滤过除菌。

7) 无菌添加：

a.10mL L-谷氨酰胺；

b.50μg/mL 硫酸庆大霉素。

8) 在2～7℃保存。

2.2.4 生长培养基

1) 900mL MEM；

2) 无菌添加 100mL 伽马射线灭活的胎牛血清（FBS）；

3) 在2～7℃保存。

2.2.5 维持培养基

1) 980mL MEM；

2) 无菌添加 20mL 伽马射线灭活的 FBS；

3) 在2～7℃保存。

2.2.6 BVDV 参考毒株

1) 无细胞病变的 BVDV1 型，如 New York-1 株；

2) 无细胞病变的 BVDV2 型，如 890 株；

3) 其他 BVDV 毒株（可选），如 Singer 株（致细胞病变1型），125 株（致细胞病变2型）。

2.2.7 用于 DFAT，用异硫氰酸荧光素标记的抗 BVDV 多克隆抗血清（抗 BVDV 的 FITC 复合物），可与 BVDV 所有1型和2型的毒株反应。

2.2.8 用于 IFAT，可与 BVDV 所有1型和2型毒株反应的多抗克隆血清。在附加试验中，也可能要用到 BVD1 型和2型的单克隆抗体（MAb）。

2.2.9 用于 IFAT，异硫氰酸荧光素标记的抗相应动物种类 IgG（H+L）的抗血清（抗相应动物种类的 FITC 复合物）。

2.2.10 0.01mol/L 磷酸缓冲盐水（PBS）（NCAH 培养基♯30054）。

1) 1.19g 无水磷酸氢二钠（Na$_2$HPO$_4$）；

2) 0.22g 一水磷酸二氢钠（NaH$_2$PO$_4$·H$_2$O）；

3) 8.5g 氯化钠（NaCl）；

4) 用DI 定容至1 000mL；

5) 用 0.1mol/L NaOH 或 2mol/L HCl 调节 pH 至7.2～7.6；

6) 15psi,（121±2）℃高压灭菌（35±5）min；

7) 在2～7℃保存。

2.2.11 丙酮。

2.2.12 细胞培养瓶，25cm^2。

2.2.13 细胞培养板（Lab-Tek® slide），8孔。

2.2.14 聚苯乙烯管，（12×75）mm。

3. 检验准备

3.1 人员资质/培训

操作人员必须接受过细胞培养技术、紫外显微镜操作、无菌操作等培训。

3.2 设备/仪器的准备

在进行 DFAT 或 IFAT 的当天，在有氧孵育箱中准备一湿盒，并在其底部加满 DI。

3.3 试剂/对照品的准备

3.3.1 检验开始（第一次传代）的前一天和第二次传代的前一天，传细胞时，每批待检疫苗对应一个 25cm² 细胞培养瓶，同时设置一个培养基对照及一个不接种的细胞对照，每瓶中加入 10mL 的生长培养基，每毫升培养基中含 $10^{5.2}\sim10^{5.5}$ 个 BT 细胞。在 CO_2 培养箱中（36 ± 2）℃培养，待细胞密度达 50%～75% 后使用。此为 BT 细胞瓶。

3.3.2 在样品接种到 Lab-Tek® 培养板的前一天，每批待检疫苗对应一个 Lab-Tek® 培养孔，每孔加入 0.3～0.4mL 的生长培养基，每毫升培养基中含 $10^{5.0}\sim10^{6.5}$ 个 BT 细胞。在 CO_2 培养箱中（36 ± 2）℃培养，24h 内细胞密度达 60%～90% 的待用。

3.3.3 BVDV 阳性对照品的准备

在接种到 Lab-Tek® 培养板的当天，按照兽医生物制品中心（CVB）试剂资料清单或生产厂家推荐的数据，用 MEM 稀释 BVDV1 型和 2 型的参考病毒。

3.3.4 DFAT 检验中抗 BVDV FITC 复合物工作液的准备

在 DFAT 检验的当天，按照 CVB 试剂资料清单或生产厂家推荐的数据，用 PBS 将抗 BVDV FITC 复合物稀释至工作浓度。

3.3.5 IFAT 检验中多抗、BVDV1 型和 2 型单抗工作液的准备

在 IFAT 检验的当天，按照 CVB 试剂资料清单或生产厂家推荐的数据，用 PBS 稀释多抗或 BVDV1 型和 2 型单抗至 IFA 的工作浓度，用于检验特异性抗血清或 MAb。多克隆抗血清应当作为筛选抗体，如果有必要进一步鉴别病毒的基因型，则使用 MAb。

3.3.6 IFAT 检验中抗相应动物种类 FITC 复合物工作液的准备

在 IFAT 检验的当天，按照生产厂家推荐的数据用 PBS 稀释抗相应动物种类 FITC 复合物至工作浓度。

3.4 样品的准备

3.4.1 首次检验的每批待检疫苗均需一个小瓶（一个样品对应一个小瓶）。

3.4.2 在开始检验的当天，按照生产厂家的说明书进行样品复溶。如果待检疫苗是由含有菌苗的液体作为稀释剂的，可以用灭菌 DI 替代稀释剂。涡旋混匀。

3.4.3 可能需要对待检疫苗进行中和（见附录Ⅱ中能够在 BT 细胞中增殖的病毒列表）。

1）单价待检疫苗。对于待检疫苗中可在 BT 细胞中增殖的每种病毒组分，将 0.5mL 复溶的待检疫苗和 0.7mL 该病毒的单特异性抗血清加入标记好的（12×75）mm 聚苯乙烯管中，混合。根据病毒的中和滴度和抗血清的中和效价，中和已知病毒时可能需要根据经验增加抗血清的量。室温下孵育（60 ± 10）min。

2）二价待检疫苗。对于待检疫苗中可在 BT 细胞中增殖的每种病毒组分，将 0.5mL 复溶的待检疫苗和 0.5mL 该病毒的单特异性抗血清加入标记好的（12×75）mm 聚苯乙烯管中，混合。根据病毒的中和滴度和抗血清的中和效价，中和已知病毒时可能需要根据经验增加抗血清的量。室温下孵育（60 ± 10）min。

3）含 3 种或 3 种以上组分的待检疫苗。对于待检疫苗中可在 BT 细胞中增殖的每种病毒组分，将 0.5mL 复溶的待检疫苗和 0.3mL 该病毒的单特异性抗血清加入标记好的（12×75）mm 聚苯乙烯管中，混合。根据病毒的中和滴度和抗血清的中和效价，中和已知病毒时可能需要根据经验增加抗血清的量。室温下孵育（60 ± 10）min。

4. 检验

4.1 在检验开始前，除一瓶 BT 细胞外，倒出所有其他的生长培养基。

4.2 接种

4.2.1 将无需中和的 0.5mL 待检疫苗接种至 1 瓶 BT 中；加维持培养基至 2.5mL，此为检验瓶。

4.2.2 当需要中和时，在 1 瓶 BT 细胞达繁殖期后，接种全部量的已中和的待检疫苗（见步骤 3.4.3 项）；加维持培养基至 2.5mL。此为检验瓶。

4.3 每次检验用 1 瓶 BT 细胞作为不打开、不接种的细胞对照。

4.4 每次检验用 1 瓶 BT 细胞作为培养基对照。接种含有 2.5mL 维持培养基的培养基对照。

4.5 将每个检验瓶和培养基对照瓶置（36 ± 2）℃吸附（60 ± 10）min。

4.6 在每个检验瓶和培养基对照瓶中加入 7.5mL 维持培养基（即加至 10mL）。

4.7 将细胞瓶置（36 ± 2）℃的 CO_2 培养箱中

培养。每 3d 不少于一次用倒置光学显微镜观察每个检验瓶、培养基对照和细胞对照中是否出现任何细胞病变（CPE）迹象或污染情况。

4.8　接种后 3~5d 观察每个检验瓶、培养基对照及细胞对照的 CPE 情况。弃去确证无 CPE 的细胞对照。将其他细胞培养瓶在（−70±5）℃条件下冻结 30min。也可在（−70±5）℃条件下持续保存至下一次传代。在室温下解冻并晃动细胞瓶。当细胞瓶中的物质完全融化后，倒入灭菌的（12×75）mm 塑料管中，1 000r/min 离心 10min。

4.9　在接种的前一天，除保留一瓶新培养好的 BT 细胞外，倒出所有新培养好的 BT 细胞瓶内的生长培养基，如步骤 3.3.1 项所述。

4.10　用移液器吸取 1.0mL 第一代（见步骤 4.8 项）检验瓶的上清液接种到一瓶新标记的去除生长培养基的 BT 细胞中；加维持培养基至 2.5mL。重新设立培养基对照。此为新的检验瓶和新的培养基对照。同时将一个新的 BT 细胞瓶作为一个不打开、不接种的细胞对照。将剩余的上清液倒入另一支无菌的（12×75）mm 管中，在−70℃冻结保存。

4.10.1　为抑制疫苗中特定病毒组分的繁殖，可能有必要加入中和的抗血清。如果是这样，那么对细胞悬液的中和可能要按照步骤 3.4.3（1）、3.4.3（2）或 3.4.3（3）项进行。

4.10.2　在 1 瓶 BT 细胞达繁殖期后，接种全部量的已中和的细胞悬液；加入维持培养基至 2.5mL。此为检验瓶。

4.11　将检验瓶和培养基对照瓶在（36±2）℃条件下吸附（60±10）min，再加入 7.5mL 维持培养基至 10mL，同步骤 4.5 和 4.6 项。

4.12　（36±2）℃条件下在 CO_2 培养箱中培养。每 3d 不少于一次用倒置光学显微镜观察所有细胞瓶中是否出现 CPE 或污染迹象。

4.13　第二次接种后（4±1）d 重复步骤 4.8 项。此步骤完成即为该批待检疫苗的第二代。

4.14　从每个检验瓶中取悬浮细胞接种到 Lab-Tek® 培养板中，至少接 4 孔，每孔 0.1mL，如步骤 3.3.2 项所述，在试验前一天完成接种。每次试验应至少有 4 孔作为不接种的细胞对照孔。接种后在（36±2）℃条件下 CO_2 培养箱内培养（4±1）d。

4.14.1　为抑制疫苗中特定病毒组分的繁殖，可能有必要加入中和的抗血清。如果是这样，则直接在 Lab-Tek® 细胞板上加入抗血清。

4.14.2　或者，也可选择按照与步骤 3.4.3（1）、3.4.3（2）或 3.4.3（3）项相同的方法进行细胞悬液的中和。

4.15　取每种 BVDV 阳性对照品加入 Lab-Tek® 细胞板中，每种至少加 4 孔，每孔 0.1mL，如步骤 3.3.2 项所述，在试验前一天完成接种。接种后在（36±2）℃条件下 CO_2 培养箱内培养（4±1）d。

4.16　取培养基对照的细胞悬液加入 Lab-Tek® 细胞板中，至少加 4 孔，每孔 0.1mL，如步骤 3.3.2 项所述，在试验前一天完成接种。接种后在（36±2）℃条件下 CO_2 培养箱内培养（4±1）d。

4.17　培养后，倒掉 Lab-Tek® 细胞板中的培养基。从衬垫上取下 Lab-Tek® 细胞板的塑料外壁。

4.18　将 Lab-Tek® 片置于载玻片支架上，然后将支架放置于倒满 PBS 的玻璃染色皿中（可选步骤：将染色皿放置于一个试验用磁力搅拌器托盘上，将磁力搅拌棒放在盘子里缓慢旋转）。室温下放置（15±5）min。如果 Lab-Tek® 细胞板上的细胞有脱落的危险，可省略这一步骤。在这种情况下，细胞不用 PBS 漂洗，而是立即用丙酮固定（见步骤 4.19 项）。

4.19　弃去 PBS，加入丙酮，室温下固定 Lab-Tek® 板（15±5）min。取出并风干。

4.20　无论是 DFAT 还是 IFAT，均可用于检验可能存在的外源 BVDV。用适当的抗 BVDV 的 FITC 复合物进行 DFAT 检验，其优点是可减少 Lab-Tek® 板的处理步骤。在 IFAT 检验中使用多克隆的 BVDV 抗血清。如果需要进一步确定 BVDV 的特性，可以用 1 型和 2 型特异性抗体来提供 BVDV 毒株基因型的信息。

4.20.1　对于 DFAT 检验，用移液器吸取（75±25）μL 工作浓度的抗 BVDV 的 FITC 复合物，加入 Lab-Tek® 板的每个孔中。（36±2）℃条件下置 CO_2 培养箱中孵育（30±5）min。

4.20.2　对于 IFAT 检验，用移液器吸取（75±25）μL 工作浓度的多克隆的 BVDV 抗血清加入到 Lab-Tek® 板上，每批待检疫苗至少接种 4 孔。如果需要，用移液器吸取（75±25）μL 工作浓度的 BVDV1 型 MAb 或 2 型 MAb 加入到接种了上述相同待检疫苗的板上，至少接种 4 孔。每批待检疫苗都要重复一遍。用移液器吸取（75±25）μL 工作浓度的 BVDV 多克隆抗血清和 Mab，加入到细胞对照（至少 4 孔）和培养基对照（至少 4 孔）中。（36±2）℃条件下置 CO_2 培养箱中孵育（30±5）min。

1）按照步骤 4.18 项洗涤。倒掉 PBS。

2）用移液器吸取（75±25）μL 工作浓度的抗相应动物种类的 FITC 复合物，加到 Lab-Tek® 板的每个孔中，（36±2）℃条件下置 CO_2 培养箱中孵育（30±5）min。

4.21 按照步骤 4.18 项洗涤。倒掉 PBS。将 Lab-Tek® 板在 DI 中稍微浸泡一下。

4.22 风干 Lab-Tek® 板。

4.23 在 1h 内用 100～200 倍紫外光显微镜观察。也可将 Lab-Tek® 板在 2～7℃避光处保存，但读数时不得超过 48h。检查细胞单层是否出现典型苹果绿的细胞质的荧光。

4.24 有 1 个孔或 1 个以上孔的细胞出现了特异性的荧光，则判 BVDV 为阳性。

5. 检验结果说明

5.1 有效性要求

5.1.1 对于有效的检验，Lab-Tek® 板中的培养基对照孔和细胞对照孔应不出现污染、CPE、DFAT 阳性或 IFAT 阳性的迹象。

5.1.2 BVDV 阳性对照品必须显示 BVDV 的特异性荧光。

5.1.3 如果试验不满足步骤 5.1.1 和 5.1.2 项的有效性要求，则试验判为未检验，可以进行无差别的重新检验

5.2 结果

5.2.1 如果首次检验有效，且 Lab-Tek® 板上待检疫苗的所有孔均无 BVDV 污染，则判该批疫苗符合规定。

5.2.2 重检

1）如果首次检验有效，且 Lab-Tek® 板上待检疫苗有 1 个或 1 个以上孔出现 BVDV 污染的迹象，则需要重取 1 瓶待检疫苗进行重检（第一次重检）。重检时，每个代次需额外准备一个 BT 细胞瓶，并且 Lab-Tek® 板上至少各准备 4 个孔，分别准备接种血清对照瓶和孔。培养基对照瓶和孔的准备上述方法相同，在检验瓶和孔中要额外加入等量的抗血清，以中和该批待检疫苗中的病毒组分。

2）如果第二次检验（第一次重检）有效，并与首次的检验结果一致，且血清对照中 BVDV 为阴性，则该批待检疫苗判为不符合规定。

3）如果第二次检验（第一次重检）有效，但与首次检验的结果不一致，则需对该批待检疫苗做第三次检验（第二次重检）。重检需按照步骤 1 项重新取 1 瓶待检疫苗并重新设置血清对照。

a. 如果第二次和第三次检验（第一次重检和第二次重检）均有效，且结果无 BVDV 污染，则判该批产品为符合规定。

b. 如果第三次检验（第二次重检）有效，并与首次检验结果一致，且血清对照中 BVDV 为阴性，则该批待检疫苗判为不符合规定。

4）如果在任何一次有效的检验中，血清对照细胞瓶或 Lab-Tek® 板中 BVDV 为阳性，则试验中使用的阻断血清可疑，该检验和之前所有的检验均判为未检验。新试剂在充分评估并确保无 BVDV 病原体后方可再进行无差别的重检。

6. 检验结果报告

在检验记录中记录所有检验结果。

7. 参考文献

Title 9，Code of Federal Regulations，part 113.300 ［M］. Washington，DC：Government Printing Office.

Cottral G E，1978. Manual of standardized methods for veterinary microbiology ［M］. Ithaca and London：Comstock Publishing Associates：731.

8. 修订概述

第 05 版

· 更新联系人信息，但是，病毒学实验室决定保留原信息至下次文件审查之日。

第 04 版

· 更新联系人信息

· 3.3.2：修订的部分包括：扩大了接种 LabTek 板时的细胞密度和融合度的范围。

第 03 版

· 联系人由 Kenneth Eernisse 和 Marsha Hegland 变更为 Joseph Hermann 和 Peg Patterson.

· 2.1：删除了 36℃有氧培养箱，增加了离心和转子。

· 4.20：将所用有氧培养箱变更为 CO_2 培养箱。

第 02 版

本修订版资料主要用于阐述兽医生物制品中心

现行的实际操作方法，并提供了额外的细节信息。虽然不对检验结果产生重大影响，但是对文件进行了以下修改：

- 2.2.3 将 MEM 配方中每升含 2.2g 碳酸氢钠变更为 1.1g，并删除了青霉素、链霉素和两性霉素。
- 全文中冰箱的保存温度均由（4±2）℃变更为 2～7℃。

附录

附录 I 可支持 BVDV 增殖的细胞系

根据 CVB 和其他科研机构的检验，适于 BVDV 增殖的细胞系有：

1）所有牛、绵羊和猪的细胞系；

2）猫的细胞系，特别是 Crandell 猫肾（CRFK）细胞系；

3）兔子的细胞系；

4）MA104（非洲绿猴）细胞系；

5）鸡胚成纤维细胞及其细胞系；

6）马真皮细胞系（ED），尽管导致 BVDV 滴度大大降低。

目前 CVB 没有的但可用于产品增殖的细胞（如雪貂胚胎细胞），在确认了 BVDV 能够在这些细胞中复制后，也可考虑作为 BVDV 检验的候选细胞。

附录 II 试验中需要中和的病原

可在 BT 中生长的、可能干扰外源 BVDV 检验的活疫苗病毒或活的病原，要用相应的抗血清进行中和。

需要中和的病原	不需要中和的病原
牛冠状病毒	犬冠状病毒
牛细小病毒	犬细小病毒
牛轮状病毒	马病毒性动脉炎病毒
牛呼吸道合胞体病毒	猫杯状病毒
蓝舌病毒	猫传染性腹膜炎病毒
鹦鹉热衣原体*	猫泛白细胞减少症病毒
金丝雀痘病毒	猫鼻气管炎病毒
犬瘟热病毒	猪细小病毒
犬副流感病毒	西尼罗病毒
马疱疹病毒 1 型和 4 型	
马流感病毒	
传染性牛鼻气管炎病毒	
传染性犬肝炎病毒	
麻疹病毒	
副流感病毒 3 型	
伪狂犬病毒	

注：*当病毒性疫苗中存在鹦鹉热衣原体时，鹦鹉热衣原体可能会对 BT 细胞产生不利的影响。可使用四环素消除这种影响。

（邹兴启译，张一帜校）

美国农业部兽医生物制品中心
检验方法

SAM 109　牛鼻气管炎中和抗体效价测定的补充检验方法（固定病毒-稀释血清法）

日　　期：2014 年 10 月 16 日
编　　号：SAM 109. 05
替　　代：SAM 109. 04，2011 年 9 月 9 日
标准要求：9CFR 113. 216 部分
联 系 人：Alethea M. Fry，（515）337-7200
　　　　　　Peg A. Patterson
审　　批：/s/Geetha B. Srinivas　　　　　日期：2014 年 12 月 1 日
　　　　　　Geetha B. Srinivas，病毒学实验室负责人

　　　　　　/s/Byron E. Rippke　　　　　　日期：2014 年 12 月 3 日
　　　　　　Byron E. Rippke，兽医生物制品中心政策、评审与执照管理部门负责人

　　　　　　/s/Rebecca L. W. Hyde　　　　　日期：2014 年 12 月 8 日
　　　　　　Rebecca L. W. Hyde，兽医生物制品中心质量管理部门负责人

美国农业部动植物卫生监督署
P. O. Box 844
Ames，IA 50010

补充检验方法中提及的商标或专利产品不等同于该产品已获得了美国农业部的保证或担保，
且它的批准也不意味着其可用于排除在外的其他可能适用的产品。

目　录

1. 引言

本补充检验方法（SAM）描述了抗牛传染性鼻气管炎病毒（IBR）血清的血清中和（SN）抗体效价的体外检验方法。本检验采用的是在细胞培养系统中用固定量的病毒检测不同稀释度的血清的方法。本检验按照联邦法规第 9 卷（9CFR）第 113.216 部分，用血清样品进行灭活 IBR 疫苗的效力检验。

注：本 SAM 中，关于 1∶2、1∶4 等稀释术语特指 1 份＋1 份（液体）、1 份＋3 份（液体）等。

2. 材料

2.1 设备/仪器

下列任何品牌的设备或仪器均可由具有相同功能的设备或仪器所替代。

2.1.1 （36±2）℃、（5±1）% CO_2、高湿度培养箱（Forma 科技有限公司，型号 3158）；

2.1.2 涡旋混合器（Vortex-2Genie 混匀器，科学工业有限公司，型号 G-560）；

2.1.3 倒置光学显微镜（美国奥林巴斯有限公司，型号 CK）；

2.1.4 200μL、500μL 和 1 000μL 微量移液器和吸头若干；

2.1.5 水浴锅。

2.2 试剂/耗材

下列任何品牌的试剂或材料均可由具有相同功能的试剂或材料所替代。所有试剂和材料均必须无菌。

2.2.1 IBR 参考病毒，Cooper 株。

2.2.2 Madin-Darby 牛肾（MDBK）细胞。

2.2.3 最低基础培养基（MEM）

1）9.61g 含有 Earles 盐（无碳酸氢盐）的 MEM。

2）2.2g 碳酸氢钠（$NaHCO_3$）。

3）用 900mL 去离子水（DI）溶解步骤 2.2.3（1）和 2.2.3（2）项的物质。

4）在 10mL DI 中加入 5g 水解乳清蛋白或乙二胺。（60±2）℃加热直至溶解，不断搅拌的同时将其加入步骤 2.2.3（3）项溶液中。

5）用 DI 定容至 1 000mL，用 2mol/L 盐酸（HCl）调节 pH 至 6.8～6.9。

6）用 0.22μm 滤器滤过除菌。

7）无菌添加：

a. 10mL L-谷氨酰胺；

b. 50μg/mL 硫酸庆大霉素。

8）在（4±2）℃保存。

2.2.4 生长培养基

1）900mL MEM；

2）无菌添加 100mL 伽马射线灭活的胎牛血清（FBS）；

3）在（4±2）℃保存。

2.2.5 维持培养基

1）980mL MEM；

2）无菌添加 20mL 伽马射线灭活的 FBS；

3）在（4±2）℃保存。

2.2.6 IBR 阳性血清对照品（PCS）。

2.2.7 IBR 阴性血清对照品（NCS）。

2.2.8 96 孔细胞培养板。

2.2.9 （12×75）mm 聚苯乙烯管。

3. 检验准备

3.1 人员资质/培训

操作人员必须接受过抗体效价测定、细胞培养和无菌操作技术等培训。

3.2 设备/仪器的准备

3.2.1 开始检验的当天，将一个水浴锅的温度设置为（36±2）℃。

3.2.2 开始检验的当天，将一个水浴锅的温度设置为（56±2）℃。

3.3 试剂/对照品的准备

3.3.1 检验开始前两天

在 96 孔细胞培养板上接种含 MDBK 细胞的生长培养基，细胞浓度（$10^{4.7}$～$10^{5.2}$/mL）要保证在（36±2）℃的 CO_2 培养箱中培养（48±8）h 能够形成致密单层细胞。这些培养板即为 MDBK 细胞板。每块 MDBK 细胞板可以检验 4 份待检血清。

3.3.2 检验开始当天

1）IBR 参考毒株工作液。在（36±2）℃水浴中迅速溶解 1 支 IBR 参考病毒。用 MEM 培养液将病毒液浓度稀释为每 25μL 含 50～300 个半数组织培养感染剂量（$TCID_{50}$）。

2）病毒回归测定。将指示毒液进行 10 倍系列稀释，取 3 个稀释度。

a. 在 3 个（12×75）mm 聚苯乙烯管中分别加入 900μL MEM 培养液，标记为 10^{-3}～10^{-1}。

b. 吸取 100μL IBR 标准毒株工作液加入到标记为 10^{-1} 的管中；漩涡振荡混匀。弃去吸头。

c. 使用新吸头从 10^{-1} 的管中吸取 100μL 病毒稀释液加入到标记为 10^{-2} 的管中，漩涡振荡混匀。

d. 使用新吸头从 10^{-2} 的管中吸取 $100\mu L$ 病毒稀释液加入到标记为 10^{-3} 的管中，漩涡振荡混匀。

3.4 待检血清、阳性血清和阴性血清的准备

3.4.1 检验开始的当天，将所有待检血清、阳性血清和阴性血清在 (56 ± 2)℃下水浴热灭活 (30 ± 5) min。

3.4.2 在 96 孔细胞培养板中将待检血清、阳性血清和阴性血清分别进行 2 倍系列稀释，这些细胞培养板即为稀释板（见附录Ⅰ）。阳性血清要充分稀释到足够的稀释倍数，以保证对照能够达到稀释终点。2 倍稀释法按照下述步骤进行：

1）在 B 至 D 行的所有孔中加入 $150\mu L$ 的 MEM 培养液。如果还有其他待检样品，可以使用 E 至 H 行。

2）在 A 和 B 行的孔中加入 $150\mu L$ 待检血清样品、阳性血清样品或阴性血清样品。用多道移液器混匀 B 行各孔中的液体［12 道微量移液器吸吹（7 ± 2 次）］。

3）使用新的吸头从 B 行中吸出 $150\mu L$ 液体到 C 行的对应孔中。用多道移液器混匀 C 行各孔中的液体［吸吹（7 ± 2）次］。

4）重复步骤 3.4.2（3）项，从 C 加入到 D 行中，混匀后吸出 D 行所有孔中 $150\mu L$ 液体。如果待检血清样品的效价终点可能更高，可以对样品继续进行稀释。

5）在稀释板的所有孔中加入 $150\mu L$ IBR 参考毒株的工作液，轻拍稀释板混匀孔中液体。在 (36 ± 2)℃下孵育（60 ± 10）min 进行病毒中和。加入病毒的同时相当于对血清样品额外进行了一次 2 倍稀释。

4. 检验

4.1 在开始检验的当天，倒出 MDBK 细胞板中的生长培养基。

4.2 在 MDBK 细胞板上，接种每个稀释度的病毒-血清混合液［步骤 3.4.2（5）项］，每个稀释度接种 5 孔，每孔接种 $50\mu L$（见附录Ⅱ）。

4.3 在 MDBK 细胞板上，接种病毒回归滴度测定的样品稀释液，每个稀释度接种 5 孔，每孔接种 $25\mu L$。

4.4 在病毒回归测定的每个孔中加入 $25\mu L$ MEM 培养液。

4.5 在 MDBK 细胞板上，保留 5 个或 5 个以上孔作为不接种的细胞对照。

4.6 将 MDBK 细胞板置（36 ± 2）℃的 CO_2 培养箱中孵育（60 ± 10）min。

4.7 向所有孔中加入 $200\mu L$/孔的维持培养基（不要弃去病毒-血清混合液）。在接种后将 MDBK 细胞板置（36 ± 2）℃的 CO_2 培养箱中孵育（48 ± 12）h。

4.8 在接种后第 4 天，在倒置光学显微镜下用 100 倍放大倍数观察所有细胞。IBR 引起细胞单层出现 CPE 时，细胞圆缩呈葡萄状聚集，这是因病毒感的破坏所致。

记录每份待检血清和病毒回归测定中每个稀释度出现的典型 IBR 细胞病变（CPE）的孔数。

4.9 用修正的 Spearman-Karber 法计算待检血清、阳性血清和阴性血清的抗体效价。

例如：

1∶2 稀释的待检血清＝5/5 孔 CPE 阴性

1∶4 稀释的待检血清＝5/5 孔 CPE 阴性

1∶8 稀释的待检血清＝3/5 孔 CPE 阴性

1∶16 稀释的待检血清＝0/5 孔 CPE 阴性

Spearman-Karber 计算公式：

$$效价＝X－d/2＋d\times S$$

式中，X＝$\log_{10}$最低稀释倍数（＝0.3）；

d＝$\log_{10}$稀释系数（＝0.3）；

S＝所有 CPE 阴性孔与稀释度检验孔的比例之和：

5/5＋5/5＋3/5＋0/5＝13/5＝2.6

效价＝0.3－0.3/2＋0.3×2.6＝0.93

0.93 的反对数为 8.5

此例中，待检血清的中和抗体（SN）效价为 1∶8.5。

4.10 用同样的 Spearman-Karber 法计算 BVDV 病毒回归测定终点。滴度表示为每 $25\mu L$ 中含有 $\log_{10}$ 半数组织培养感染剂量（$TCID_{50}$）。

例如：

10^0 稀释的 IBRV 工作液＝5/5 孔 CPE 阳性

10^{-1} 稀释的 IBRV 工作液＝5/5 孔 CPE 阳性

10^{-2} 稀释的 IBRV 工作液＝3/5 孔 CPE 阳性

10^{-3} 稀释的 IBRV 工作液＝0/5 孔 CPE 阳性

$$滴度＝X－d/2＋（d\times S）$$

式中，X＝$\log_{10}$最低稀释倍数（＝0）；

d＝$\log_{10}$稀释系数（＝1）；

S＝所有 CPE 阳性孔与稀释度检验孔的比例之和：

5/5＋5/5＋3/5＋0/5＝13/5＝2.6

滴度＝0－1/2＋（1×2.6）＝2.1

2.1 的反对数＝125.9

此例中，BVDV 工作液的滴度为 $126TCID_{50}/25\mu L$。

5. 检验结果说明

5.1　有效性要求

5.1.1　待检血清样品或胎牛血清的任何一个稀释度的接种孔中出现污染或细胞毒性的孔数应不超过一个。

5.1.2　阳性血清对照品（PCS）的血清中和效价与其之前至少 10 次效价测定所得的平均效价之间的差异应不超过 2 倍方为有效。

5.1.3　阴性血清对照品（NCS）的血清中和效价应＜1：2。

5.1.4　病毒回归测定中，病毒滴度必须为 $(50\sim300)$ $TCID_{50}/25\mu L$。

5.2　按照 9CFR113.216 部分中的要求，5 份免疫血清中至少有 4 份血清的中和效价≥1：8，则判结果为符合规定。

5.3　重检

5.3.1　如果首次检验有效，5 份免疫血清中少于 4 份血清的中和抗体效价＜1：8，可重检（第一次重检）。

5.3.2　如果第二次检验（第一次重检）有效，且和首次检验结果一致，则判该批疫苗不符合规定。

5.3.3　如果第二次检验（第一次重检）有效，但和首次检验结果不一致，则需要进行第三次检验（第二次重检）。

1）如果在第二次和第三次的检验（第一次和第二次重检）中，5 份免疫血清有 4 份血清的中和抗体效价≥1：8，则判该批疫苗符合规定。

2）如果第三次检验结果和首次检验结果一致，则判该批疫苗不符合规定。

6. 检验结果报告

在检验记录中记录每份血清的中和抗体效价。

7. 参考文献

Title 9，Code of Federal Regulations，part 113.216 ［M］. Washington，DC：Government Printing Office.

Finney D J，1986. Statistical Method in BiologicalAassay ［M］. 3rd ed. London：Charles Griffin and Company.

Rose N R，Friedman H，Fahey J L，1986. Manual of Clinical Laboratory Immunology ［D］. Washington，DC：ASM Press.

8. 修订概述

第 05 版

•更新联系人信息，但是，病毒学实验室决定保留原信息至下次文件审查之日。

第 04 版

•删除文件中"由兽医生物制品中心（CVB）供应"的表述，因为 CVB 已不再供应这些试剂。

第 03 版

•更新联系人信息。

第 02 版

•本修订版资料主要用于阐述兽医生物制品中心现行的实际操作方法，并提供了额外的细节信息。

•本检验将牛胚胎肾细胞培养物的病毒蚀斑方法变更为 Madin Darby 肾细胞培养物致细胞病变的微量滴定法。

附录

附录 I　转 移 板

A1：2*	TS1	TS2	TS3	TS4	TS5	TS6	TS7	TS8	TS9	TS10	PSC	NSC
B1：4	↓	↓	↓	↓	↓	↓	↓	↓	↓	↓	↓	↓
C1：8	↓	↓	↓	↓	↓	↓	↓	↓	↓	↓	↓	↓
D1：16	↓	↓	↓	↓	↓	↓	↓	↓	↓	↓	↓	↓
E1：2*	TS11	TS12	TS13	TS14	TS15	TS16	TS17	TS18	TS19	TS20		
F1：4	↓	↓	↓	↓	↓	↓	↓	↓	↓	↓	↓	↓
G1：8	↓	↓	↓	↓	↓	↓	↓	↓	↓	↓	↓	↓

（续）

| H1：16 | ↓ | ↓ | ↓ | ↓ | ↓ | ↓ | ↓ | ↓ | ↓ | ↓ | ↓ |

注：＊血清最终稀释度；TS＝待检血清（稀释倍数 1：2～1：16）；PCS＝阳性血清对照品（最终稀释倍数 1：2～1：16）；NCS＝阴性血清对照品（最终稀释倍数 1：2～1：16）。

附录Ⅱ 检 验 板

A1：2	TS1	TS1	TS1	TS1	TS1	CC	CC	TS2	TS2	TS2	TS2	TS2
B1：4
C1：8
D1：16
E1：2	TS3	TS3	TS3	TS3	TS3	CC	CC	TS4	TS4	TS4	TS4	TS4
F1：4
G1：8
H1：16

注：TS＝待检血清；CC＝细胞对照。

（印春生译，薛文志　张一帜校）

美国农业部兽医生物制品中心
检验方法

SAM 110　东部、西部和委内瑞拉马脑脊髓炎病毒中和抗体
效价测定的补充检验方法

日　　期：2016 年 4 月 5 日

编　　号：SAM 110.07

替　　代：SAM 110.06，2014 年 10 月 16 日

标准要求：9CFR 113.207 部分

联 系 人：Alethea M. Fry，(515) 337-7200

审　　批：/s/Geetha B. Srinivas　　　　　日期：2016 年 5 月 18 日

　　　　　Geetha B. Srinivas，病毒学实验室负责人

　　　　　/s/Paul J. Hauer　　　　　　　　日期：2016 年 6 月 8 日

　　　　　Paul J. Hauer，兽医生物制品中心政策、评审与执照管理部门负责人

美国农业部动植物卫生监督署

P. O. Box 844

Ames，IA 50010

由以下人员录入 CVB 质量管理体系：

/s/Linda. S. Snavely　　　　日期：2016 年 6 月 13 日

Linda. S. Snavely，质量管理计划助理

目　录

1. 引言

本补充检验方法（SAM）描述了使用细胞培养系统检测免疫了东部（EEE）、西部（WEE）和/或委内瑞拉（VEE）马脑脊髓炎病毒疫苗的豚鼠的血清中的中和抗体效价的体外检验方法。

2. 材料

2.1　设备/仪器

下列任何品牌的设备或仪器均可由具有相同功能的设备或仪器所替代。

2.1.1　$20\mu L$ 和 $200\mu L$ 移液器；

2.1.2　搅拌器；

2.1.3　1 000mL 培养基用硼硅玻璃瓶，带有螺旋的盖；

2.1.4　$(36\pm2)℃$、$(5\pm1)\%$ CO_2、$70\%\sim$ 80% 湿度培养箱；

2.1.5　水浴锅；

2.1.6　涡旋混合器。

2.2　试剂/耗材

下列任何品牌的试剂或材料均可由具有相同功能的试剂或材料所替代。所有试剂和材料均必须无菌。

2.2.1　按照 9CFR 检验无外源病原的 Vero76 细胞。

2.2.2　生长培养基

1）1 000mL 最低基础培养基（MEM）［国家动物卫生中心（NCAH）培养基♯20030］。

2）用 $0.22\mu m$ 滤器滤过除菌。

3）无菌加入下列试剂：

a. 10mL L-谷氨酰胺；

b. 5mL 水解乳清蛋白；

c. 100U/mL 青霉素；

d. $50\mu g/mL$ 硫酸庆大霉素；

e. $100\mu g/mL$ 链霉素；

f. $2.5\mu g/mL$ 两性霉素 B；

g. 100mL 伽马射线灭活的胎牛血清（FBS）。

4）在 $2\sim7℃$ 中保存。

2.2.3　稀释培养基

1）1 000mL MEM；

2）2.2g 碳酸氢钠；

3）用 $0.22\mu m$ 滤器滤过除菌；

4）无菌加入下列试剂

a. 10mL L-谷氨酰胺；

b. 5mL 水解乳清蛋白；

c. $100\mu g/mL$ 链霉素；

d. 100U/mL 青霉素；

e. $50\mu g/mL$ 硫酸庆大霉素；

f. $2.5\mu g/mL$ 两性霉素 B。

5）在 $2\sim7℃$ 保存。

2.2.4　2‰稀释培养基

1）100mL 稀释培养基；

2）2mL FBS；

3）在 $2\sim7℃$ 保存。

2.2.5　2×培养基

1）100mL 的 10×MEM；

2）2.2g 碳酸氢钠；

3）340mL 去离子水（DI）；

4）用 $0.22\mu m$ 滤器滤过除菌；

5）无菌加入下列试剂

a. 以 2‰ 的比例加入 7.5‰碳酸氢钠；

b. 5mL 水解乳清蛋白；

c. 100U/mL 青霉素；

d. $50\mu g/mL$ 硫酸庆大霉素；

e. $100\mu g/mL$ 链霉素；

f. $2.5\mu g/mL$ 两性霉素 B；

g. 50mLγ 射线灭活的 FBS。

6）在 $2\sim7℃$ 保存。

2.2.6　2‰黄蓍胶（Trag）

1）20g Trag；

2）1 000mL DI；

3）将搅拌机设置在高档，每次取少量混合；

4）在每个 1 000mL 的培养瓶中加入 500mL 液体；

5）高压灭菌 30min；

6）在 $2\sim7℃$ 保存。

2.2.7　7.5‰碳酸氢钠（NCAH♯40147）

1）7.5g 碳酸氢钠；

2）用 DI 定容至 100mL；

3）用 $0.22\mu m$ 滤器滤过除菌；

4）室温保存。

2.2.8　覆盖培养基

1）将等体积的 2×MEM 和 2‰Trag 混匀；

2）在 $2\sim7℃$ 保存。

2.2.9　70‰酒精

1）74mL 乙醇；

2）26mL DI；

3）室温保存。

2.2.10　结晶紫染色液（NCAH♯30012）

1）7.5g 结晶紫；

2）50mL 70‰酒精；

3）250mL 甲醛；

4）用 DI 定容至 1 000mL；

5）将结晶紫溶解到乙醇中，再加入其他成分，用滤纸过滤；

6）室温保存。

2.2.11　EEE、WEE 和 VEE 指示病毒。

2.2.12　6 孔组织培养板。

2.2.13　（12×75）mm 聚苯乙烯管。

2.2.14　移液器。

2.2.15　漂白剂。

3. 检验准备

3.1　人员资质/培训

操作人员必须经过符合规定次数要求的 EEE、WEE 和 VEE 疫苗免疫，并且要有血清学保护的证据。检验人员要接受过标准实验室操作规范的培训。

3.1.1　在操作指示病毒时，所有试验操作必须在生物安全三级实验室进行。

3.1.2　将活的指示病毒收集到适宜容器内，加入漂白剂放置过夜进行灭活，然后注入收集罐内待加热，在排放之前需进行加热或高压处理。细胞板中的液体通过结晶紫/甲醛染色处理，并按照生物安全 3 级病原微生物处理程序进行处理。

3.2　设备/仪器的准备

3.2.1　将一个水浴锅的温度设置为（56±2)℃，用于血清灭活。

3.2.2　将一个水浴锅的温度设置为（36±2)℃，用于加热覆盖培养基。

3.3　试剂/对照品的准备

3.3.1　Vero76 细胞的准备

将 Vero76 细胞接种到含有生长培养基的 6 孔细胞培养板上，细胞浓度要保证在（36±2)℃培养箱中培养 1d 后能够形成致密单层（每种病毒需要 5 块细胞板，1 块板用于 Trag 对照，1 块板用于细胞对照)。本试验中不应使用培养超过三日以上的细胞。如果观察到培养基酸度过高，即表现为培养基的颜色由红变黄，或接种两天后细胞没有发生融合，则必须更换培养基。

3.3.2　指示病毒的稀释

将 1 支指示病毒在温自来水中冻融，并用 2% 的稀释培养基稀释为每 0.1mL 含有 60～200 个蚀斑形成单位（PFU），此即为指示病毒工作液。

在采用蚀斑减少试验进行蚀斑计数时，需设置指示病毒对照。

将每种指示病毒的工作液与等体积的稀释培养基混合，以表示与豚鼠/病毒混合的相同稀释方法。

3.4　样品的准备

3.4.1　EEE 和 WEE 血清中和（SN）试验用免疫豚鼠血清（VGPS）的稀释

1）将 VGPS 在（56±2)℃ 水浴中热灭活（30±5）min。

2）用移液器吸取 190μL 稀释培养基加入到 10 支标记好的样品管中。

3）用移液器吸取每种 VGPS 各 10μL 分别加入到样品管中，涡旋混匀。此时血清为 1∶20 稀释。

3.4.2　VEE 中和用对照豚鼠血清（CGPS）和 VGPS 的稀释

1）将血清在（56±2)℃ 水浴中热灭活（30±5）min。

2）用移液器吸取 100μL 稀释培养基加入到 2 支标记好的用于 CGPS 稀释的管中或 10 支标记好的用于 VGPS 稀释的管中。

3）用移液器吸取 CGPS 或 VGPS 各 100μL 分别加入到样品管中，涡旋混匀。此时血清为 1∶2 稀释。

4. 检验

4.1　取 200μL 指示病毒的工作毒液（见步骤 3.3.2 项）分别加入到标记好的血清稀释液管中，涡旋混匀。此时用于 EEE 和 WEE 中和试验的血清稀释度增加到 1∶40，用于 VEE 中和试验的血清稀释度增加到 1∶4。

4.2　在（36±2)℃ 孵育（60±10）min。

4.3　倒出含有 Vero76 细胞的培养板中的培养基。

4.4　每种病毒-血清混合物各接种 2 孔，100μL/孔。

4.5　在带有每种指示病毒的 6 孔板中分别接种指示病毒对照混合液［见步骤 3.3.2（1）项］，100μL/孔。

4.6　保留 2 个以上的孔作为不接种的细胞对照。

4.7　将接种的细胞板在（36±2)℃ 的条件下孵育（60±10）min，以使病毒吸附到细胞上。

4.8　在细胞板中加入覆盖培养基（见步骤 2.2.7 项），3.0mL/孔。弃去未使用完加热过的覆盖培养基。

4.9　将 WEE 板置（36±2)℃ 培养箱中连续培养 2d，将 EEE 和 VEE 的板置（36±2)℃ 培养箱中连续培养 3d。

4.10　培养结束时，不要去除覆盖培养基，在细胞板的每个孔中分别加入 3mL 结晶紫染色液

（见步骤 2.2.9 项）。

4.11　将细胞板在生物安全柜中室温放置过夜。

4.12　将放置每块细胞板的容器放在水龙头下，流水浸泡洗涤数次，洗掉细胞单层上的结晶紫染色液。可以风干。

4.13　PFU 计数

4.13.1　若 PFU 清晰可见，在细胞单层中表现为圆形区域，则此处细胞已被病毒破坏。

4.13.2　对每个孔进行 PFU 计数。

1）计算每种指示病毒板上 2 个重复 VGPS 和 CGPS 样品孔的平均 PFU。

2）计算 6 个指示病毒对照孔的平均 PFU。

5. 检验结果说明

5.1　将 6 个指示病毒对照孔的 PFU 平均值除以 2，得到 50％蚀斑减少数。例如，如果 EEE 指示病毒的平均 PFU 值为 60，则 EEE 的 50％蚀斑减少数为 30。

5.2　为确保检验结果有效，指示病毒对照的平均 PFU 值必须为 30～100。

5.3　为确保检验结果有效，CGPS 对每种指示病毒的抗体效价必须＜1∶4。PFU 高于 50％蚀斑减少数的 CGPS 样品对该种指示病毒的抗体效价＜1∶4。

5.4　将每种 VGPS 的 PFU 平均值与 50％蚀斑减少数相比较。当 PFU 平均值小于 50％蚀斑减少数时，对于 EEE 或 WEE，VGPS 样品的抗体效价≥1∶40；对于 VEE，VGPS 样品的抗体效价≥1∶4。

6. 检验结果报告

6.1　检验结果应报告对 EEE 或 WEE，VGPS 抗体效价≥1∶40 的数量；或者报告对 VEE，VGPS 抗体效价≥1∶4 的数量（如 9/10≥1∶40）。应报告 CPGS 抗体效价＜1∶4 的数量（如 2/2＜1∶4）。

6.2　在检验记录（工作记录表）中记录所有检验结果。

7. 参考文献

Title 9, Code of Federal Regulations, part 113.207 ［M］. Washington, DC：Government Printing Office.

Katz J B, Hanson S K, 1988. Encephalomyelitis vaccines：A vero-derived cell culture alternative to primary duck embryonic cell cultures ［J］. Vaccine，6：6.

Richmond J Y, McKinney R W, 1993. Biosafety in microbiological and biomedical laboratories ［M］. 3rd ed. U. S. Government Printing Office；

Centers for Disease Control and Prevention.

8. 修订概述

第 07 版

• 2.2.2（3b）、2.2.3（4b）、2.2.5（5b）培养基配方中删除乙二胺。

第 06 版

• 更新联系人信息，但是，病毒学实验室决定保留原信息至下次文件审查之日。

第 05 版

• 更新联系人信息

• 文件中所有 NVSL 一律变更为 NCAH。

第 04 版

• 4.10 删除注射器的重复使用。

第 03 版

• 联系人由 Kenneth Eernisse 变更为 Joseph Hermann。

• 2.2　本试验的试剂/物品清单中增加了漂白剂。

• 3.1　在方法中增加了使用漂白剂作为活病毒的灭活剂的选项。

• 4.11　增加生物安全柜的使用。

第 02 版

本修订版资料主要用于阐述兽医生物制品中心现行的实际操作方法，并提供了额外的细节信息。虽然不对检验结果产生重大影响，但是对文件进行了以下修改：

• 2.1.1　删除自动连续注射器。

• 2.2.2.3/2.2.5.5　用 γ-射线处理的血清替代热灭活的 FBS。

• 3.1　增加 WEE 和需要血清学保护的证据。

• 3.1.2　改变处理活病毒的要求，必须保证按照生物安全 3 级指导原则进行。

• 3.3.1　增加所需细胞板数量。

• 3.3.2.1　增加与豚鼠/病毒混合液相同的稀释液。

• 4.9　将 48h 变更为 2d，将 72h 变更为 3d。

• 5.1　说明 PFU 平均数是 6 个指示病毒孔的 PFU 平均数。

• 6.1　增加举例说明。

• 冰箱温度由（4±2）℃变更为 2～7℃，这反应了 Rees 系统建立和监测的参数。

（印春生译，张一帜校）

美国农业部兽医生物制品中心
检验方法

SAM 112　牛病毒性腹泻病毒中和抗体效价测定的补充检验方法（固定病毒-稀释血清法）

日　　期：2014 年 10 月 16 日

编　　号：SAM 112.04

替　　代：SAM 112.03，2011 年 9 月 9 日

标准要求：9CFR 113.215 部分

联 系 人：Alethea M. Fry，(515) 337-7200
　　　　　Peg A. Patterson

审　　批：/s/Geetha B. Srinivas　　　　　日期：2014 年 12 月 9 日
　　　　　Geetha B. Srinivas，病毒学实验室负责人

　　　　　/s/Byron E. Rippke　　　　　日期：2014 年 12 月 10 日
　　　　　Byron E. Rippke，兽医生物制品中心政策、评审与执照管理部门负责人

　　　　　/s/Rebecca L. W. Hyde　　　　　日期：2014 年 12 月 15 日
　　　　　Rebecca L. W. Hyde，兽医生物制品中心质量管理部门负责人

美国农业部动植物卫生监督署

P. O. Box 844

Ames，IA 50010

补充检验方法中提及的商标或专利产品不等同于该产品已获得了美国农业部的保证或担保，且它的批准也不意味着其可用于排除在外的其他可能适用的产品

目　　录

1. 引言

本补充检验方法（SAM）描述了当兽医疫苗的效力检验中要求采用血清学检验方法时，体外检测牛病毒性腹泻病毒（BVDV）血清中和（SN）抗体效价的方法。本检验适用于基因 1 型或基因 2 型 BVDV 致细胞病变株。本检验使用牛鼻甲骨（BT）或其他许可细胞并利用抑制病毒致细胞病变效应作为特异性 SN 活性的指标。

注：对于本 SAM，1∶10、1∶20 等稀释术语特指 1 份加 9 份（液体）、1 份加 19 份等。

2. 材料

2.1 设备/仪器

下列任何品牌的设备或仪器均可由具有相同功能的设备或仪器所替代。

2.1.1 （36±2）℃、（5±1）％ CO₂、高湿度培养箱（型号 3336，Forma Scientific 有限公司）；

2.1.2 （37±1）℃、（56±1）℃水浴锅；

2.1.3 50μL 和 500μL 微量移液器和吸头若干；

2.1.4 涡旋混合器（Vortex-2 Genie，型号 G-560，Scientific Industries 有限公司）；

2.1.5 倒置光学显微镜（型号 CK，奥林巴斯美国有限公司）；

2.1.6 （50～300）μL×（8～12）道微量移液器；

2.1.7 紫外光显微镜（型号 BH2，奥林巴斯美国有限公司）。

2.2 试剂/耗材

下列任何品牌的试剂或材料均可由具有相同功能的试剂或材料所替代。所有试剂和材料均必须无菌。

2.2.1 BVDV 参考品。

2.2.2 按照 9CFR 检验无外源病原的 BT 细胞。

2.2.3 稀释培养基〔国家动物卫生中心（NCAH）培养基♯20030〕。

1）9.61g 含有 Earles 盐（无碳酸氢盐）的最低基础培养基（EME）。

2）1.1g 碳酸氢钠（NaHCO₃）。

3）用 900mL 去离子水（DI）溶解。

4）在 10mL DI 中加入 5.0g 水解乳清蛋白或乙二胺，（60±2）℃加热直至溶解。不断搅拌的同时将其加入步骤 2.2.3（3）项溶液中。

5）用 DI 定容至 1 000mL，用 2mol/L 盐酸

（HCl）调节 pH 至 6.8～6.9。

6）用 0.22μm 滤器滤过除菌。

7）无菌添加：

a. 10mL L-谷氨酰胺（200mmol/L）；

b. 50μg/mL 硫酸庆大霉素。

8）在 2～7℃保存。

2.2.4 生长培养基

1）900mL 稀释培养基；

2）无菌添加 100mL 伽马射线灭活的胎牛血清（FBS）；

3）在 2～7℃保存。

2.2.5 胰蛋白酶乙二胺四乙酸钠（TV）溶液（NCAH 培养基♯20005）；

1）8.0g 氯化钠；

2）0.40g 氯化钾；

3）0.58g 碳酸氢钠；

4）0.50g 辐射过的胰酶；

5）0.20g 乙二胺四乙酸钠（EDTA）；

6）1.0g 葡萄糖；

7）0.4mL 0.5％的酚红；

8）用 DI 定容至 1 000mL；

9）用碳酸氢钠调节 pH 至 7.3；

10）用 0.22μm 滤器滤过除菌；

11）在（−20±2）℃中保存。

2.2.6 96 孔细胞培养板。

2.2.7 （17×100）mm 聚苯乙烯管。

2.2.8 10mL 血清学移液管。

2.2.9 阴性血清对照品（NSC）。

2.2.10 BVDV 基因 1 型阳性血清对照品（PSC）。

2.2.11 BVDV 基因 2 型 PSC。

3. 检验准备

3.1 人员资质/培训

操作人员必须接受过细胞培养、动物病毒繁殖与维持技术培训。操作人员还应了解 SN 的免疫学原理和无菌操作原则。

3.2 设备/仪器的准备

3.2.1 在开始检验的当天，将一个水浴锅设置为（56±2）℃。

3.2.2 在开始检验的当天，将一个水浴锅设置为（36±2）℃。

3.3 试剂/对照品的准备

3.3.1 BT 细胞板的准备

将 BT 细胞每（7±2）d 传代一次，健康稳定

致密后可制备检验用细胞。在检验开始前一天，用TV溶液将细胞从培养容器中移出。用生长培养基悬浮细胞至浓度为 $10^{5.0} \sim 10^{5.3}$ 个细胞/mL，用多道移液器将细胞悬液加入 96 孔细胞培养板中，$200\mu L$/孔。

此为 BT 检验板。在 $(5\pm1)\%CO_2$ 培养箱中 (36 ± 2)℃培养 (24 ± 12) h。此细胞单层应在 24h 后长至 70%，除非培养基酸度过高或 48h 后细胞仍不能长至 70% 时，否则不需要更换生长培养基。每板最多可检测 4 份待检血清。

3.3.2 BVDV 参考工作稀释液的准备

1）在开始检验的当天，取 BVDV 参考品 1 支，快速放入 (36 ± 2)℃的水浴锅中迅速融化，然后使用稀释培养基将其稀释至每 $25\mu L$ 含 $50 \sim 300$ 半数组织培养感染剂量（$TCID_{50}$）。所选择的病毒剂量应符合 9CFR113.215 和 113.311 部分的规定。含有 $50 \sim 300TCID_{50}$ 参考 BVDV 稀释液的说明见附录Ⅲ。

2）工作 BVDV 的回归滴定

将 BVDV 工作稀释液按照下列方法进行 10 倍系列稀释（10^{-1}、10^{-2} 和 10^{-3}）后进行回归滴定。

a. 用 10mL 的血清学移液管将 4.5mL 稀释培养基加入 3 个（17×100）mm 聚丙乙烯管中，分别标记为 10^{-1}、10^{-2} 和 10^{-3}。

b. 用 $500\mu L$ 移液器将 $500\mu L$ BVDV 工作稀释液加入 10^{-1} 的管中，涡旋混匀，弃去吸头。

c. 用新吸头从 10^{-1} 管中吸取 $500\mu L$ 加入 10^{-2} 管中，涡旋混匀，弃去吸头。

d. 重复步骤 c 项，将 $500\mu L$ 液体从 10^{-2} 管移至剩下的 10^{-3} 管，涡旋混匀 10^{-3} 管。

3.3.3 PSC 和 NSC 的制备

检验当天，在 96 孔组织培养板上将热灭活 $[(56\pm2)$℃作用 (30 ± 5) min] 的 PSC 和 NSC 从血清原液开始进行 2 倍系列稀释，并标记为稀释/转移板（见附录Ⅰ）。NSC 的最终稀释范围为 1∶2 至 1∶16（A-D 行）。PSC 两倍最终稀释度的范围根据之前已经测定的 SN 效价来确定。稀释次数应足以确保达到 PSC 的终点。

1）用多道移液器，吸取稀释培养基加入 B～H 行，$150\mu L$/孔。

2）用 $200\mu L$ 移液器吸取 $150\mu L$ 特定基因 1 型或 2 型未稀释的 PSC，加入转移板 A11 和 B11 孔中，并且吸取 $150\mu L$ 未稀释的 NSC 加入转移板 A12 和 B12 孔中。每一种血清对照用一个新吸头。

3）用多道移液器吸吹 (7 ± 2) 次，混合 B11 和 B12 孔中的样品，然后吸取混合液加入 C 行对应的孔中，$150\mu L$/孔，丢弃吸头。

4）使用新的吸头，重复步骤 3 项，混合 C 行样品，并转移样品到 D 行。继续按照这种方法依次 2 倍稀释完剩余的孔，每列均需要更换吸头。在更换吸头后，混合并弃去 PSC 和 NSC 最高稀释度孔中各 $150\mu L$ 液体。

3.4 待检血清的准备

3.4.1 在开始检验的当天或前一天，将待检血清在 (56 ± 2)℃热灭活 (30 ± 5) min。

3.4.2 在开始检验的当天，在稀释/转移板的 A～H 行稀释待检血清（附件D）稀释度分别为 1∶（$2\sim256$），与 3.3.3 项（见步骤 1 至 4）所述 PSC 和 NSC 的稀释方法相同。

4. 检验

4.1 在检验开始的当天，使用新吸头吸取 $150\mu L$ BVDV 工作稀释液，加入稀释/转移板的每个孔中。轻拍转移板进行混合。BVDV 工作稀释液加入后，相当于对血清进行了 2 倍稀释，此为最终的血清稀释度。

4.2 将稀释/转移板置 CO_2 培养箱 (36 ± 2)℃孵育 (60 ± 10) min。

4.3 用 8 道微量移液器，分别将 $50\mu L$ 病毒-血清混合液从稀释/转移板加入 BT 检验板，每个稀释度/待检血清加 5 孔（附件Ⅱ）。一个待检血清所有 8 个稀释度需同时接种到细胞上。移取每列不同的待检血清时均需更换吸头。该 96 孔板即为 BVDV 检验板。

4.4 接种 PSC，$50\mu L$/孔，每个稀释度各接种 5 孔；另各取 5 个孔接种 NSC，$50\mu L$/孔，每个稀释度各接种 5 孔。

4.5 接种 BVDV 工作稀释液和回归滴定稀释液，$25\mu L$/孔，每个稀释度各接种 5 孔。

4.6 向回归滴定的所有孔中加入稀释液 $25\mu L$。

4.7 保留 5 个或 5 个以上孔作为不接种的细胞对照。

4.8 将 BVDV 检验板在 CO_2 培养箱中 (36 ± 2)℃静置培养 (5 ± 1) d。

4.9 培养期末，在倒置光学显微镜下 100 倍视野处观察 BVDV 检验板，检查 BVDV 致细胞病变的反应（CPE）。

4.9.1 记录每个稀释度待检血清、PSC 和

NSC 中 CPE 阴性的孔数与该血清每个稀释度总孔数的比值。

4.9.2 记录每个 BVDV 工作稀释液及其回归滴定中 CPE 阳性的孔数与该血清每个稀释度总孔数的比值。

4.10 用 Finney 修正的 Spearman-Karber 法计算各待检血清、PSC 和 NSC 的终点。各待检血清、PSC 和 NSC 的终点即为 SN 效价，也就是能中和 BVDV 的最高血清稀释度的倒数。

例如：

1∶2 稀释的待检血清＝5/5 孔 CPE 阴性

1∶4 稀释的待检血清＝5/5 孔 CPE 阴性

1∶8 稀释的待检血清＝3/5 孔 CPE 阴性

1∶16 稀释的待检血清＝0/5 孔 CPE 阴性

$$效价＝X-d/2+d\times S$$

式中：$X＝\log 10$ 最低稀释倍数（＝0.3）；

$d＝\log 10$ 稀释系数（＝0.3）；

$S＝$ 所有 CPE 阴性孔与稀释度检验孔的比例之和：

（5/5＝1）＋（5/5＝1）＋（3/5＝0.6）＝2.6

效价＝0.3－0.3/2＋0.3×2.6＝0.93

0.93 的反对数＝8.5

待检血清的效价为 1∶9

4.11 用同样的 Spearman-Karber 法，计算 BVDV 回归滴定的终点。该效价以每 $25\mu L$ 含有 $\log_{10}$ 半数组织培养物感染剂量（$TCID_{50}$）表示。

例如：

10^{0} 稀释的 BVDV 工作液＝5/5 孔 CPE 阳性

10^{-1} 稀释的 BVDV 工作液＝5/5 孔 CPE 阳性

10^{-2} 稀释的 BVDV 工作液＝3/5 孔 CPE 阳性

10^{-3} 稀释的 BVDV 工作液＝0/5 孔 CPE 阳性

$$滴度＝x-d/2+d\times S$$

式中：$X＝\log_{10}$ 最低稀释倍数（0）；

$d＝\log_{10}$ 稀释系数（1）；

$S＝$ 所有 CPE 阳性孔与稀释度检验孔的比例之和：

（5/5＝1）＋（5/5＝1）＋（3/5＝0.6）＝2.6

滴度＝0－d/2＋（1×2.6）＝2.1

2.1 的反对数＝125.9

检验中工作 BVDV 的滴度为 $126TCID_{50}/25\mu L$。

5. 检验结果说明

5.1 符合以下标准的为有效的检验；否则检验被认为是未检验，可进行无差别的重检。

5.1.1 1∶2 稀释的 NSC 必须为阴性。

5.1.2 PSC 的 SN 滴定终点应不超过之前通过至少 10 次 SN 滴定所得最小值建立的平均效价的两倍。

5.1.3 未接种的细胞对照不能出现任何 CPE 或培养基呈云雾状（表明已被污染）。

5.1.4 BVDV 回归滴定的滴度必须在 50～ $300TCID_{50}/25\mu L$ 之间（4.11 项）。

5.2 对于符合规定的检品，免疫后 SN 效价应符合动植物卫生监督署（APHIS）生产大纲的规定。

5.3 如果免疫后 SN 效价低于 APHIS 生产大纲的规定，则可对检品进行重检（第一次重检）。

5.3.1 如果第一次有效重检中，待检血清的 SN 效价低于 APHIS 生产大纲的规定，则判该批疫苗不符合规定。

5.3.2 如果第一次有效重检中，待检血清的 SN 效价大于或等于 APHIS 生产大纲的规定，则须对血清再次进行重检（第二次重检）。

5.3.3 如果第二次有效重检中，待检血清的 SN 效价大于或等于 APHIS 生产大纲的规定，则判该批疫苗符合规定。

5.3.4 如果第二次有效重检中，待检血清的 SN 效价低于 APHIS 生产大纲的规定，则判该批疫苗不符合规定。

6. 检验结果报告

6.1 报告 SN 滴定的结果。

6.2 在检验记录上记录所有检验结果。

7. 参考文献

Title 9，Code of Federal Regulations，part 113.6 ［M］. Washington，DC：Government Printing Office.

Finney D J，1978. Statistical Method in Biological Assay ［M］. 3rd ed. London：Charles Griffin and Company.

Cottral G E，1978. Manual of standardized methods for veterinary microbiology ［M］. Ithaca and London：Comstock Publishing Associates：731.

8. 修订概述

第 04 版

• 更新联系人信息，但是，病毒学实验室决定保留原信息至下次文件审查之日。

第 03 版

• 删除文件中"由兽医生物制品中心（CVB）

供应"的表述，因为 CVB 已不再供应这些试剂。

第 02 版

本修订版资料主要用于阐述兽医生物制品中心现行的实际操作方法，并提供了额外的细节信息。虽然不对检验结果产生重大影响，但是对文件进行了以下修改：

- 文件编号由 MVSAM0112 变更为 SAM112。
- 更新联系人信息。
- 胎牛原代肾（EBKp）细胞参考品变更为牛鼻甲骨（BT）细胞，并且删除了荧光抗体（FA 或 IFA）参考品。
- 2.2　文件中删除了磷酸缓冲盐水、1 型或 2 型 BVDV 单克隆抗体和抗参考病毒异硫氰酸荧光素标记的复合物。文件中还删除了 500mL 塑料洗瓶和丙酮。
- 2.2.3　变更稀释培养基的配方，删除了青霉素、链霉素和两性霉素 B。
- 3.3.2　增加 9CFR，113.215 和 113.311 部分的参考文献，以便明确程序。
- 4.12　删除了平板培养物荧光染色的过程。
- 附录中增加了病毒滴定和稀释度计算的方法。
- 将文件中所有推荐的细胞由 EBKp 变更为 BT。
- 冰箱温度由（4±2）℃变更为 2～7℃，这反应了 Amega 系统建立和监测的参数。

附录

附录Ⅰ　稀释/转移板

	1	2	3	4	5	6	7	8	9	10	11	12
A	TS1 稀释管 1:2	TS2 稀释管	TS3 稀释管	TS4 稀释管	TS5 稀释管	TS6 稀释管	TS7 稀释管	TS8 稀释管	TS9 稀释管	TS10 稀释管	TS11 稀释管	TS12
B	4	↓	↓	↓	↓	↓	↓	↓	↓	↓	↓	↓
C	8	↓	↓	↓	↓	↓	↓	↓	↓	↓	↓	↓
D	16	↓	↓	↓	↓	↓	↓	↓	↓	↓	↓	↓
E	32	↓	↓	↓	↓	↓	↓	↓	↓	↓	↓	↓
F	64	↓	↓	↓	↓	↓	↓	↓	↓	↓	↓	↓
G	128	↓	↓	↓	↓	↓	↓	↓	↓	↓	↓	↓
H	256	↓	↓	↓	↓	↓	↓	↓	↓	↓	↓	↓

注：TS=待检血清

附录Ⅱ　BVDV 检验板

	1	2	3	4	5	6	7	8	9	10	11	12
A 1:2	TS1	TS1	TS1	TS1	TS1	CC	TS2	TS2	TS2	TS2	TS2	CC
B4	↓	↓	↓	↓	↓	↓	↓	↓	↓	↓	↓	↓
C8	↓	↓	↓	↓	↓	↓	↓	↓	↓	↓	↓	↓
D16	↓	↓	↓	↓	↓	↓	↓	↓	↓	↓	↓	↓
E32	↓	↓	↓	↓	↓	↓	↓	↓	↓	↓	↓	↓
F64	↓	↓	↓	↓	↓	↓	↓	↓	↓	↓	↓	↓
G128	↓	↓	↓	↓	↓	↓	↓	↓	↓	↓	↓	↓
H256	↓	↓	↓	↓	↓	↓	↓	↓	↓	↓	↓	↓

注：TS=待检血清；CC=细胞对照。

BVDV 对照血清板

	1	2	3	4	5	6	7	8	9	10	11	12
A 1：2	PSC	PSC	PSC	PSC	PSC	CC	PSC	PSC	PSC	PSC	PSC	CC
B4												
C8												
D16												
E32												
F64												
G128												
H256												

附录Ⅲ　Beta SN 检验中 BVDV 的滴定和含有最佳病毒剂量稀释度的测定方法

1. 标记 8 支（7×100）mm 的塑料试管，一支试管 10^{-1}、一支试管 10^{-2}，以此类推至 10^{-8}。根据参考病毒的滴定终点确定试管的数量。

2. 在每个试管中分别加入 4.5mL 细胞培养基。

3. 36℃水浴快速融化一瓶参考致细胞病变 BVD 病毒，然后用移液管或移液器及吸头将 0.5mL 病毒加入第一支管（10^{-1}）。

4. 弃去移液管或移液器的吸头，涡旋振荡 10^{-1} 病毒稀释管。

5. 用新的移液管或移液器吸头，取 0.5mL 的 10^{-1} 病毒稀释液加入 10^{-2} 管中，弃去移液管或移液器的吸头，涡旋振荡 10^{-2} 稀释液管。按照同样的方式继续稀释，直至最后一管，每次转移需使用新的移液管或移液器吸头。

6. 按照步骤 3.3.1 项取 0.025mL 每个病毒稀释液分别加入 BT 细胞培养板，每种稀释液各加 5 个孔。将细胞板在 5%CO_2 培养箱中（36 ± 2）℃培养 $4 \sim 5d$。

7. 根据 CPE 读取滴定板的结果，记录结果，用每个病毒稀释液接种的孔数中出现 CPE 的孔数表示。

8. 用 Spearman-Kärber 法计算 BVDV 病毒滴定的终点。滴度用每 $25\mu L$ 剂量中的 $\log_{10}$ 半数组织感染量（$TCID_{50}$）表示。

例如：

10^{-1} 稀释的 BVDV 工作液 = 5/5 孔 CPE 阳性

10^{-2} 稀释的 BVDV 工作液 = 5/5 孔 CPE 阳性

10^{-3} 稀释的 BVDV 工作液 = 5/5 孔 CPE 阳性

10^{-4} 稀释的 BVDV 工作液 = 5/5 孔 CPE 阳性

10^{-5} 稀释的 BVDV 工作液 = 3/5 孔 CPE 阳性

10^{-6} 稀释的 BVDV 工作液 = 0/5 孔 CPE 阳性

$$滴度 = X - d/2 + d \times S$$

式中，$X = \log_{10}$ 最低稀释倍数（=1）；

$d = \log_{10}$ 稀释系数（=1）；

S = 所有 CPE 阳性孔与稀释度检验孔的比例之和：

$$(5/5 = 1) + (5/5 = 1) + (5/5 = 1) + (5/5 = 1) + (3/5 = 0.6) = 4.6$$

滴度 = $1 - 1/2 + （1 \times 4.6）= 5.1$

5.1 的反对数 = 125893

因此，1：125 893 倍稀释的病毒应含 $1TCID_{50}/25\mu L$。如果在 SN 检验中需要使用病毒的最佳剂量为 $200TCID_{50}/25\mu L$，则用 125 893 除以 200 得到 629.46。那么按照 1：629 的稀释系数进行稀释即可获得 $200TCID_{50}/25\mu L$ 的病毒稀释液。该工作参考 BVDV 稀释液必须经过回归滴定进行确认。每次回归滴定均需要进行 $3 \sim 5$ 倍系列稀释，以包括预期的稀释度。为了获得正确的病毒工作剂量，可能需要对原来计算的稀释度值进行调整。

（王　楠译，薛文志　张一帜校）

SAM113. 05

美国农业部兽医生物制品中心
检验方法

SAM 113　3 型副流感病毒中和抗体效价测定的补充检验方法（固定病毒-稀释血清法）

日　　期：2017 年 5 月 12 日

编　　号：SAM 113. 05

替　　代：SAM 113. 04，2014 年 10 月 16 日

标准要求：9CFR 113. 200 部分

联 系 人：Alethea M. Fry，（515）337-7200

　　　　　Peg A. Patterson

审　　批：/s/Geetha B. Srinivas　　　　　　日期：2017 年 7 月 12 日

　　　　　Geetha B. Srinivas，病毒学实验室负责人

　　　　　/s/Paul J. Hauer　　　　　　　　日期：2017 年 7 月 13 日

　　　　　Paul J. Hauer，兽医生物制品中心政策、评审与执照管理部门负责人

美国农业部动植物卫生监督署

P. O. Box 844

Ames，IA 50010

补充检验方法中提及的商标或专利产品不等同于该产品已获得了美国农业部的保证或担保，且它的批准也不意味着其可用于排除在外的其他可能适用的产品

由以下人员录入 CVB 质量管理体系：

/s/Linda. S. Snavely　　　　　　日期：2017 年 7 月 13 日

Linda. S. Snavely，质量管理计划助理

目　录

1. 引言

本补充检验方法（SAM）描述了当兽医疫苗的效力检验中要求采用血清学检验方法时，体外检测 3 型副黏病毒（PI$_3$V）血清中和（SN）抗体效价的方法。本检验使用 Madin-Darby 牛肾（MDBK）细胞并利用抑制病毒致细胞病变效应作为特异性 SN 活性的指标。

2. 材料

2.1 设备/仪器

下列任何品牌的设备或仪器均可由具有相同功能的设备或仪器所替代。

2.1.1 （36±2）℃、（5±1）% CO$_2$、高湿度培养箱；

2.1.2 （37±1）℃、（56±1）℃水浴锅；

2.1.3 50μL 和 500μL 微量移液器和吸头若干；

2.1.4 涡旋混合器；

2.1.5 倒置光学显微镜；

2.1.6 （50～300）μL×8 道或 12 道移液器；

2.1.7 离心机和转子。

2.2 试剂/耗材

下列任何品牌的试剂或材料均可由具有相同功能的试剂或材料所替代。所有试剂和材料均必须无菌。

2.2.1 PI$_3$V 阳性对照品。

2.2.2 按照 9CFR 检验无外源病原的 MDBK 细胞。

2.2.3 稀释培养基〔国家动物卫生中心（NCAH）培养基♯20030〕。

1）9.61g 含有 Earles 盐（无碳酸氢盐）的最低基础培养基。

2）2.2g 碳酸氢钠（NaHCO$_3$）。

3）用 900mL 去离子水（DI）溶解。

4）加入 5.0g 水解乳清蛋白或乙二胺到 10mL DI 中。置（60±2）℃直至溶解。不断搅拌的同时加入步骤 2.2.3（3）项溶液中。

5）用 DI 定容至 1 000mL；用 2mol/L 盐酸（HCl）调节 pH 至 6.8～6.9。

6）用 0.22μm 滤器滤过除菌。

7）无菌添加：

a. 10mL L-谷氨酰胺；

b. 50μg/mL 硫酸庆大霉素。

8）在（4±2）℃保存。

2.2.4 生长培养基

1）900mL 稀释培养基；

2）无菌添加 100mL 伽马射线灭活的胎牛血清（FBS）；

3）在（4±2）℃保存。

2.2.5 维持培养基

1）980mL 稀释培养基；

2）无菌添加 20mL 伽马射线灭活的 FBS；

3）在（4±2）℃保存。

2.2.6 Alsever's 溶液（NCAH 培养基♯20031）

1）20.5g 葡萄糖（C$_6$H$_{12}$O$_6$）；

2）8.0g 柠檬酸钠（Na$_3$C$_6$H$_5$O$_7$·2H$_2$O）；

3）4.2g 氯化钠（NaCl）；

4）0.55g 柠檬酸（C$_6$H$_8$O$_7$·H$_2$O）；

5）用 DI 定容至 100mL；

6）用 0.22μm 滤器滤过除菌；

7）在（4±2）℃保存。

2.2.7 10×磷酸缓冲盐水（PBS）（NCAH 培养基♯30069）

1）8.0g 氯化钠；

2）0.2g 氯化钾（KCl）；

3）0.2g 无水磷酸二氢钾（KH$_2$PO$_4$）；

4）1.15g 磷酸氢二钠（Na$_2$HPO$_4$）；

5）用 DI 定容至 1 000mL，用 5mol/L 氢氧化钠（NaOH）调节 pH 至 7.0～7.3，15psi，（121±2）℃高压灭菌（35±5）min；

6）在（4±2）℃保存。

2.2.8 1×PBS

1）100mL 10×PBS；

2）900mL DI；

3）在（4±2）℃保存。

2.2.9 豚鼠血红细胞（RBS）溶于等体积的 Alsever's 溶液。

2.2.10 胰蛋白酶乙二胺四乙酸钠（TV）溶液（NCAH 培养基♯20005）

1）8.0g 氯化钠；

2）0.40g 氯化钾；

3）0.58g 碳酸氢钠；

4）0.50g 辐射过的胰酶；

5）0.20g 乙二胺四乙酸钠（EDTA）；

6）1.0g 葡萄糖；

7）0.4mL0.5%的酚红；

8）用 DI 定容至 1 000mL；

9）用碳酸氢钠调节 pH 至 7.3；

10）用 $0.22\mu m$ 滤器滤过除菌；

11）在（-20 ± 4）℃保存。

2.2.11　96 孔细胞培养板。

2.2.12　（17×100）mm 聚苯乙烯管。

2.2.13　50mL 锥形管。

2.2.14　10mL 血清学移液管。

2.2.15　灭活的 PI_3V 阴性血清对照品（NSC）。

2.2.16　灭活的 PI_3V 阳性血清对照品（PSC）。

2.2.17　500mL 塑料洗瓶。

3. 检验准备

3.1　人员资质/培训

操作人员必须接受过细胞培养、动物病毒繁殖与维持等技术培训。操作人员还应了解 SN 的免疫学原理以及无菌操作原则。

3.2　设备/仪器的准备

3.2.1　在开始检验的当天，将一个水浴锅设置为（56 ± 2）℃。

3.2.2　在开始检验的当天，将一个水浴锅设置为（37 ± 1）℃。

3.3　试剂/对照品的准备

3.3.1　MDBK 细胞板的准备

将 MDBK 细胞每（5 ± 2）d 传代一次，健康稳定致密后可制备检验用细胞。在检验开始前 2d，用 TV 溶液将细胞从培养容器中移出。用生长培养基悬浮细胞至浓度为 $10^{5.4}\sim10^{5.6}$ 个细胞/mL，用多道移液器将细胞悬液加入 96 孔细胞培养板中，$200\mu L$/孔。准备 1 个 MDBK 细胞板，用于对照和 PI_3V 阳性对照品工作稀释液。每增加一个培养板能够多检验 2 批待检疫苗（无论是免疫前还是免疫后）。这些均为 MDBK 检验板。在 CO_2 培养箱中（36 ± 2）℃培养 60h。除非培养基酸度过高或 48h 后细胞仍不致密生长，否则不需要更换生长培养基。

3.3.2　PI_3V 阳性对照品工作稀释液的准备

1）在开始检验的当天，取 PI_3V 阳性对照品 1 支，快速放入（36 ± 2）℃的水浴锅中迅速融化，然后使用稀释培养基将其稀释至每 $25\mu L$ 含 $50\sim300$ 半数组织培养感染剂量（$TCID_{50}$）。事先对病毒进行测定，是为了确定病毒的稀释度，以便获得 $50\sim300 TCID_{50}$ 检验用病毒。此为 PI_3V 工作稀释液。

2）将 PI_3V 工作液稀释进行 10 倍系列稀释（10^{-1}、10^{-2} 和 10^{-3}）并在室温（23 ± 2℃）放置，然后进行回归滴定。

a. 用 10mL 的血清学移液管将 4.5mL 稀释培养基加入 3 个（17×100）mm 聚丙乙烯管中，分别标记为 10^{-1}、10^{-2}、10^{-3}。

b. 用 $500\mu L$ 移液器将 $500\mu L$ PI_3V 工作稀释液加入 10^{-1} 管中；涡旋混匀。弃去吸头。

c. 用新吸头从 10^{-1} 管中吸取 $500\mu L$ 加入 10^{-2} 管中；涡旋混匀。弃去吸头。

d. 剩下的管重复步骤 3.3.2（2.c）项，即从前一个稀释度管取 $500\mu L$ 液体移至下一个稀释度管中。

3.3.3　PSC 和 NSC 的制备

在开始检验的当天，在 96 孔组织培养板上将灭活的 PSC 和 NSC 从血清原液开始进行 2 倍系列稀释，并标记为转移板（见附录Ⅰ）。NSC 的最终稀释范围为 1：（$2\sim16$）（A~D 行）。PSC 两倍最终稀释度的范围根据之前已经测定的 SN 效价来确定。

1）用多道移液器，吸取稀释培养基加入 B~H 行，$150\mu L$/孔。

2）用 $200\mu L$ 移液器吸取 $150\mu L$ PSC 加入转移板 A11 和 B11 孔中，并且吸取 $150\mu L$ NSC 加入转移板 A12 和 B12 孔中。每一种血清对照用一个新吸头。

3）用多道移液器吸吹（7 ± 2）次，混合 B11 和 B12 孔中的样品，然后吸取混合液加入 C 行对应的孔中，$150\mu L$/孔。丢弃吸头。

4）使用新的吸头，重复步骤 3.3.3（3）项，混合 C 行样品，并转移样品到 D 行。继续按照这种方法依次 2 倍稀释完剩余的孔，每列均需要更换吸头。在更换吸头后，混合并弃去 PSC 和 NSC 最高稀释度孔中 $150\mu L$ 液体。

3.3.4　制备 0.5% RBC 悬液，用于红细胞吸附（HAd）试验

1）收集 RBC，取 RBC 加入 50mL 锥形管中，每管加 20mL；

2）加入 Alsever's 溶液至 50mL；

3）上下颠倒几次混合；

4）1 500r/min（带有 JS-4.0 转子的 J6-B 离心机）离心（15 ± 5）min；

5）用 10mL 血清学移液管吸取弃去上清液和白细胞层；

6）重复步骤 3.3.4（2）至 3.3.4（4）项，共洗涤细胞 3 次；

7）用移液管取 $500\mu L$ RBC 加入 $100mL$ $1\times$ PBS 中，上下颠倒混合，获得 0.5% RBC 悬液；

8）在（4 ± 2）℃保存，收集的 RBC 应在 1 周内使用。

3.4　样品的准备

3.4.1　在开始检验的当天或前一天（在收集免疫前后的血清时，可以即时进行灭活），血清在（56 ± 2）℃热灭活（30 ± 5）min。

3.4.2　在开始检验的当天，在标记的 96 孔细胞培养板的 A-H 行稀释待检血清（免疫前和/或免疫后的血清）稀释度分别为 1：（2～256）（附件 I），作为待检血清转移板，与步骤 3.3.3（1）项至 3.3.3（4）所述 PSC 和 NSC 的稀释方法相同。

4. 检验

4.1　在开始检验的当天，使用新吸头吸取 $150\mu L$ PI_3V 工作稀释液，加入对照和待检血清转移板的每个孔中。轻拍每个转移板的侧面进行混合。PI_3V 工作稀释液加入后，相当于对血清进行了 2 倍稀释（最终的血清稀释度）。

4.2　将转移板在 CO_2 培养箱（36 ± 2）℃孵育（60 ± 10）min。

4.3　将 MDBK 检验板的生长培养基无菌移入一个适当的容器内。

4.4　用 8 或 12 道微量移液器，分别将病毒-血清混合液加入 MDBK 检验板，每个血清稀释度加 5 孔（见附录 II），$50\mu L/$孔。（一个待检血清所有 8 个稀释度需同时接种细胞）。移取每列不同的血清样品时均要更换吸头。此为 PI_3V 检验板。

4.5　接种 PSC 和 NSC，$50\mu L/$孔，每个稀释度各接种 5 孔。

4.6　接种 PI_3V 工作稀释液和回归滴定液，$25\mu L/$孔，每个稀释度各接种 5 孔。

4.7　保留 5 个或 5 个以上孔作为不接种的细胞对照。

4.8　将 PI_3V 检验板在 CO_2 培养箱（36 ± 2）℃孵育（60 ± 10）min，进行吸附。

4.9　孵育后，用多道微量移液器在 PI_3V 检验板上加入维持培养基，$200\mu L/$孔。

4.10　将 PI_3V 检验板在 CO_2 培养箱中（37 ± 1）℃持续培养 102h。

4.11　培养期末，在倒置光学显微镜下 100 倍视野处观察 PI_3V 检验板，通过细胞融合现象确定 CPE。

4.11.1　记录每个稀释度待检血清、PSC 和

NSC 中 CPE 阴性（CPE-）的孔数与该血清每个稀释度总孔数的比值。

4.11.2　记录每个 PI_3V 工作稀释液及其回归滴定液中 CPE 阳性（CPE+）的孔数与该血清每个稀释度总孔数的比值。

4.12　如果显微镜下未观察到 CPE，则通过 Had 按照以下方法对 PI_3V 检验板进行读数。

4.12.1　将 PI_3V 检验板上的维持培养基倒入适宜的可高压的容器中，在室温下用塑料洗瓶或在盘中浸泡的方式，用 $1\times$ PBS 洗涤细胞 1 次。在加满 $1\times$ PBS 后立刻倒掉。

4.12.2　每孔加入 $200\mu L$ 0.5% RBC 悬液。

4.12.3　室温孵育检验板（15 ± 5）min。

4.12.4　倒出 0.5% RBC 悬液，并按照步骤 4.12.1 项用 $1\times$ PBS 洗涤细胞单层 3 次。

4.12.5　将倒出最后一次的洗涤液，用倒置光学显微镜在 100 倍视野处观察细胞单层。在细胞单层上有一个或多个红细胞吸附簇的孔被视为 PI_3V 阳性。

4.13　用 Finney 修正的 Spearman-Karber 法计算各待检血清、PSC 和 NSC 的终点。各待检血清、PSC 和 NSC 的终点即为 SN 效价，也就是能中和 PI_3V 的最高血清稀释度的倒数。

例如：

1：2 稀释的待检血清＝5/5 孔 CPE 阴性

1：4 稀释的待检血清＝5/5 孔 CPE 阴性

1：8 稀释的待检血清＝3/5 孔 CPE 阴性

1：16 稀释的待检血清＝0/5 孔 CPE 阴性

$$效价＝x-d/2+d\times S$$

式中，$X=\log 10$ 最低稀释倍数（$=0.3$）；

$d=\log 10$ 稀释系数（$=0.3$）；

$S=$ 所有 CPE-孔与稀释度检验孔的比例之和（$13/5=2.6$）；

效价$=0.3-0.3/2+$（$0.3\times13/5$）$=0.93$

0.93 的反对数$=8.5$

待检血清的效价为 1：9

4.14　用同样的 Spearman-Karber 法，计算 PI_3V 回归滴定的终点。该滴度以每 $25\mu L$ 病毒液含有的 $\log 10$ 半数组织培养感染剂量（$TCID_{50}$）表示。

例如：

10^0 稀释的 PI_3V 回归滴定液＝5/5 孔 CPE 阳性

10^{-1} 稀释的 PI_3V 回归滴定液＝5/5 孔 CPE

阳性

10^{-2} 稀释的 PI₃V 回归滴定液＝3/5 孔 CPE 阳性

10^{-3} 稀释的 PI₃V 回归滴定液＝0/5 孔 CPE 阳性

$$滴度＝X-d/2+d×S$$

式中，X＝log10 最低稀释倍数（＝0）；

d＝log10 稀释系数（＝1）；

S＝所有 CPE＋孔与稀释度检验孔的比例之和（13/5＝2.6）；

滴度＝0-d/2＋（1×2.6）＝2.1

2.1 的反对数＝125.9

该检验中 PI₃V 回归滴定的滴度为 126TCID₅₀/25μL。

5. 检验结果说明

5.1 符合以下标准的为有效的检验；否则检验被认为是未检验，可进行无差别的重检。

5.1.1 NSC 的 SN 效价必须小于 1∶2。

5.1.2 PSC 的 SN 效价应不超过之前通过至少 10 次 SN 滴定所得最小值建立的平均效价的 2 倍。

5.1.3 未接种细胞对照不能出现任何 CPE 或培养基呈云雾状（表明已被污染）。

5.1.4 PI₃V 回归滴定的滴度必须为 50～300TCID₅₀/25μL。

5.2 对于符合规定的检品，免疫后 SN 效价应符合动植物卫生监督署（APHIS）生产大纲的规定（免疫后血清效价增加 4 倍）。

5.3 如果免疫后血清效价效价低于 APHIS 生产大纲的规定，则可对检品进行重检（第一次重检）。

5.3.1 如果第一次有效重检中，待检血清的效价低于 APHIS 生产大纲的规定，则判该批疫苗不符合规定。

5.3.2 如果第一次有效重检中，待检血清的效价大于或等于 APHIS 生产大纲的规定，则须对血清再次进行重检（第二次重检）。

5.3.3 如果第二次有效重检中，待检血清的效价大于或等于 APHIS 生产大纲的规定，则判该批疫苗符合规定。

5.3.4 如果第二次有效重检中，待检血清的

效价低于 APHIS 生产大纲的规定，则判该批疫苗不符合规定。

6. 检验结果报告

6.1 报告 SN 效价测定的结果。

6.2 在检验记录上记录所有检验结果。

7. 参考文献

Title 9，Code of Federal Regulations，part 113.6 ［M］. Washington，DC：Government Printing Office.

Finney D J，1978. Statistical method in biological assay ［M］. 3rd ed. London：Charles Griffin and Company.

Cottral G E，1978. Manual of standardized methods for veterinary microbiology ［M］. Ithaca and London：Comstock Publishing Associates：731.

8. 修订概述

第 05 版

• 2.2.6、2.2.7、2.2.10 增加 NCAH 培养基编号。

第 04 版

• 更新联系人信息，但是，病毒学实验室决定保留原信息至下次文件审查之日。

第 03 版

• 更新联系人信息。

• 文件中所有 NVSL 一律变更为 NCAH。

第 02 版

本修订版资料主要用于阐述兽医生物制品中心现行的实际操作方法，并提供了额外的细节信息。虽然不对检验结果产生重大影响，但是对文件进行了以下修改：

• 将 Joseph Hermann 列入本文件联系人。

• 1 用 Madin-Darby 牛肾-A（MDBK）细胞替代牛胚胎肾原代细胞（primary bovine embryonic kidney cell）

• 2.2.3 稀释培养基中添加的抗生素按照相应的抗生素使用情况进行变更。用硫酸庆大霉素替代青霉素和链霉素，并删除配方中的将两性霉素 B。

• 2.2.10 用 96 孔板替代 24 孔细胞培养板。

附录

附录Ⅰ　稀释/转移板

	1	2	3	4	5	6	7	8	9	10	11	12
A 1：2	TS1	TS2	TS3	TS4	TS5	TS6	TS7	TS8	TS9	TS10	TS11	TS12
B 1：4	↓	↓	↓	↓	↓	↓	↓	↓	↓	↓	↓	↓
C 1：8	↓	↓	↓	↓	↓	↓	↓	↓	↓	↓	↓	↓
D 1：16	↓	↓	↓	↓	↓	↓	↓	↓	↓	↓	↓	↓
E 1：32	↓	↓	↓	↓	↓	↓	↓	↓	↓	↓	↓	↓
F 1：64	↓	↓	↓	↓	↓	↓	↓	↓	↓	↓	↓	↓
G 1：128	↓	↓	↓	↓	↓	↓	↓	↓	↓	↓	↓	↓
H 1：256	↓	↓	↓	↓	↓	↓	↓	↓	↓	↓	↓	↓

注：TS＝免疫前/后的待检血清。

对照/转移板

	1	2	3	4	5	6	7	8	9	10	11	12
A 1：2	PCS	NCS	TS	TS	TS	TS	TS	TS	TS	TS	TS	TS
B 1：4	↓	↓	↓	↓	↓	↓	↓	↓	↓	↓	↓	↓
C 1：8	↓	↓	↓	↓	↓	↓	↓	↓	↓	↓	↓	↓
D 1：16	↓	↓	↓	↓	↓	↓	↓	↓	↓	↓	↓	↓
E 1：32	↓	↓	↓	↓	↓	↓	↓	↓	↓	↓	↓	↓
F 1：64	↓	↓	↓	↓	↓	↓	↓	↓	↓	↓	↓	↓
G 1：128	↓	↓	↓	↓	↓	↓	↓	↓	↓	↓	↓	↓
H 1：256	↓	↓	↓	↓	↓	↓	↓	↓	↓	↓	↓	↓

注：PCS＝阳性血清对照品；NCS＝阴性血清对照品；TS＝待检血清。

附录Ⅱ　PI₃V检验板

	1	2	3	4	5	6	7	8	9	10	11	12
A 1：2	TS1	TS1	TS1	TS1	TS1	CC	TS2	TS2	TS2	TS2	TS2	CC
B 1：4	↓	↓	↓	↓	↓	↓	↓	↓	↓	↓	↓	↓
C 1：8	↓	↓	↓	↓	↓	↓	↓	↓	↓	↓	↓	↓

（续）

	1	2	3	4	5	6	7	8	9	10	11	12
D 1：16	↓	↓	↓	↓	↓	↓	↓	↓	↓	↓	↓	↓
E 1：32	↓	↓	↓	↓	↓	↓	↓	↓	↓	↓	↓	↓
F 1：64	↓	↓	↓	↓	↓	↓	↓	↓	↓	↓	↓	↓
G 1：128	↓	↓	↓	↓	↓	↓	↓	↓	↓	↓	↓	↓
H 1：256	↓	↓	↓	↓	↓	↓	↓	↓	↓	↓	↓	↓

注：TS＝待检血清；CC＝细胞对照。

PI$_3$V 对照检验板

	1	2	3	4	5	6	7	8	9	10	11	12
A 1：2	PCS	PCS	PCS	PCS	PCS	CC	NCS	NCS	NCS	NCS	NCS	CC
B 1：4												
C 1：8												
D 1：16												
E 1：32							WD 10^0dil	WD 10^0dil	WD 10^0dil	WD 10^0dil	WD 10^0dil	
F 1：64							WD 10^{-1}dil	WD 10^{-1}dil	WD 10^{-1}dil	WD 10^{-1}dil	WD 10^{-1}dil	
G 1：128							WD 10^{-2}dil	WD 10^{-2}dil	WD 10^{-2}dil	WD 10^{-2}dil	WD 10^{-2}dil	
H 1：256							WD 10^{-3}dil	WD 10^{-3}dil	WD 10^{-3}dil	WD 10^{-3}dil	WD 10^{-3}dil	

注：PCS＝阳性对照品血清；NCS＝阴性对照血清；CC＝细胞对照；WD＝PI$_3$V 回归滴定。

（康孟佼译，张一帜校）

SAM114. 05

美国农业部兽医生物制品中心
检验方法

SAM 114　测定猪传染性胃肠炎病毒滴度的补充检验方法

日　　期：2014 年 10 月 16 日已批准，标准要求待定

编　　号：SAM 114. 05

替　　代：SAM 114. 04，2011 年 9 月 9 日

标准要求：

联 系 人：Alethea M. Fry，（515）337-7200

　　　　　Peg A. Patterson

审　　批：/s/Geetha B. Srinivas　　　　　日期：2014 年 12 月 10 日

　　　　　Geetha B. Srinivas，病毒学实验室负责人

　　　　　/s/Byron E. Rippke　　　　　日期：2014 年 12 月 16 日

　　　　　Byron E. Rippke，兽医生物制品中心政策、评审与执照管理部门负责人

　　　　　/s/Rebecca L. W. Hyde　　　　　日期：2014 年 12 月 16 日

　　　　　Rebecca L. W. Hyde，兽医生物制品中心质量管理部门负责人

美国农业部动植物卫生监督署

P. O. Box 844

Ames，IA 50010

补充检验方法中提及的商标或专利产品不等同于该产品已获得了美国农业部的保证或担保，且它的批准也不意味着其可用于排除在外的其他可能适用的产品

目　录

1. 引言

本补充检验方法（SAM）描述了使用细胞培养系统中的细胞病变效应（CPE）测定猪传染性胃肠炎（TGE）致弱活毒疫苗中病毒滴度的体外检验方法。

2. 材料

2.1　设备/仪器

下列任何品牌的设备或仪器均可由具有相同功能的设备或仪器所替代。

2.1.1　（36±2）℃、（5±1）%CO$_2$、高湿度培养箱（型号 3158，Forma Scientific 有限公司）；

2.1.2　水浴锅；

2.1.3　倒置光学显微镜（型号 CK，美国奥林巴斯有限公司）；

2.1.4　96 孔细胞培养板；

2.1.5　涡旋混合器（Vortex-2 Genie，型号 G-560，Scientific Industries 有限公司）；

2.1.6　微量移液器：200μL 和 1 000μL 单道；300μL×12 道。

2.2　试剂/耗材

下列任何品牌的试剂或材料均可由具有相同功能的试剂或材料所替代。所有试剂和材料均必须无菌。

2.2.1　TGE 参考病毒，Purdue 株。

2.2.2　按照 9CFR113.52 部分检验无外源病原的猪睾丸（ST）细胞（兽医生物制品中心供应）。

2.2.3　最低基础培养基（MEM）〔国家动物卫生中心（NCAH）培养基♯20030〕。

1）9.61g 含有 Earles 盐（无碳酸氢盐）的 MEM；

2）1.1g 碳酸氢钠（NaHCO$_3$）；

3）用去离子水（DW）定容至 1 000mL，用 2mol/L 盐酸（HCl）调节 pH 至 6.8～6.9；

4）用 0.22μm 滤器滤过除菌。

5）无菌添加：

a. 10mL L-谷氨酰胺（200μmol/L）；

b. 5mL 水解乳清蛋白或乙二胺；

c. 50μg/mL 硫酸庆大霉素。

6）在 2～7℃保存。

2.2.4　生长培养基

1）900mL MEM；

2）无菌添加 100mL 伽马射线灭活的胎牛血清（FBS）；

3）在 2～7℃保存。

2.2.5　稀释培养基

1）98mL MEM；

2）2mL FBS；

3）2%丙酮酸钠；

4）在 2～7℃保存。

2.2.6　（12×75）mm 聚苯乙烯管

2.2.7　自动填充的 2mL 可重复注射的注射器

2.2.8　25mL、50mL、100mL 和 250mL 刻度量筒

3. 检验准备

3.1　人员资质/培训

操作人员必须接受过细胞培养技术、病毒滴度测定技术和无菌操作原理等培训。

3.2　设备/仪器的准备

将水浴锅温度设置为（36±2）℃。

3.3　试剂/对照品的准备

3.3.1　检验前两天，用生长培养基将 ST 细胞接种 96 孔细胞培养板，置（36±2）℃培养，细胞数量保证能在两天后长成细胞单层。此为 ST 培养板。如果细胞生长液酸度过高或培养两天后细胞未达致密，则需要更换生长培养基。

3.3.2　检验当天

1）在（36±2）℃水浴中快速融解一瓶 TGE 参考病毒。

2）参考病毒的滴定

将参考病毒按以下步骤进行五次 10 倍系列稀释：

a. 在 5 个（12×75）mm 聚苯乙烯管中用可重复注射的注射器分别加入 1.8mL 稀释培养基，并分别标记 10^{-5}～10^{-1} 这 5 个稀释度。

b. 取 200μL 参考病毒加入 10^{-1} 的管中，涡旋混匀。弃去移液器吸头。

c. 从 10^{-1} 管中取 200μL 混合液加入 10^{-2} 管中，涡旋混匀。弃去移液器吸头。

d. 重复步骤 2.c 项依次处理剩下的管，每次从前一支管取 200μL 加入下一支管。

3.4　待检疫苗的准备（检验当天）

3.4.1　待检疫苗首次检验需用单独 1 瓶疫苗（从 1 瓶疫苗中取一个单一的样本）。在检验当天，分别打开待检疫苗和配套稀释液的瓶盖和瓶塞。按照待检疫苗标签上生产商标明的装量进行疫苗稀释（如含量为 100 头份，每头份 2mL 的疫苗，即用 200mL 的稀释液进行复溶）。在无菌的条件下，将

稀释液倒入冻干疫苗瓶中。涡旋混匀。如果待检疫苗中存在轮状病毒，通常不用特异性抗血清阻断，因为其在缺少蛋白水解酶的条件下，在 ST 细胞上的增殖能力很低。

注：如果待检疫苗被作为 TGE/猪轮状病毒二联苗进行评价，那么就没有必要中和猪轮状病毒组分，因为它在无蛋白水解酶的条件下，在 ST 细胞上的增殖能力很低。

3.4.2　10 倍系列稀释待检疫苗的准备

1）用可重复注射的注射器吸取稀释培养基加入标记好的管中，每管 1.8mL。

2）取 $200\mu L$ 待检疫苗加入 10^{-1} 的管中，涡旋混匀。弃去移液吸头。

3）重复步骤 2 项，依次从前一个稀释度管中吸取 $200\mu L$ 稀释液加入下一个稀释度的管中。根据需要继续稀释（从 10^{-5} 稀释至 10^{-2} 管）。

4. 检验

4.1　倒掉 ST 板中的生长培养基。

4.2　吸取每个待检疫苗管稀释液加入 ST 板，每个稀释度接种 5 孔，每孔 $200\mu L$。

4.3　吸取每个参考病毒滴定管稀释液加入 ST 板，每个稀释度接种 5 孔，每孔 $200\mu L$。

4.4　保留 5 个或 5 个以上孔作为不接种的细胞对照。

4.5　将 ST 板置（36 ± 2）℃，CO_2 培养箱中培养（4 ± 0.5）d。

4.6　（4 ± 0.5）d 后在倒置光学显微镜下观察。TGE 引起的 CPE 表现为细胞单层被病毒破坏引起细胞死亡。

4.6.1　分别记录每个待检疫苗和参考病毒滴定稀释液中 TGE 引起的 CPE 的孔数。

4.6.2　用修正的 Spearman-Kärber 法计算待检疫苗和参考病毒的半数组织感染量（$TCID_{50}$）。病毒滴度用 $\log_{10} TCID_{50}$/头份表示。

例如：

10^{-3} 稀释的疫苗＝5/5 孔 CPE 阳性

10^{-4} 稀释的疫苗＝4/5 孔 CPE 阳性

10^{-5} 稀释的疫苗＝1/5 孔 CPE 阳性

10^{-6} 稀释的疫苗＝0/5 孔 CPE 阳性

Spearman-Kärber 公式：

$$待检疫苗滴度 = X - d/2 + d \times S$$

式中，$X = \log_{10}$ 所有孔被感染稀释度的稀释倍数（3）；

$$d = \log_{10} 稀释系数（1）；$$

$S =$ 所有 CPE 阳性孔与稀释度检验孔的比例之和：

$$(5/5=1.0) + (4/5=0.8) + (1/5=0.2) + (0/5=0) = 2.0$$

待检疫苗滴度＝$(3-1/2) + (1 \times 2.0) = 4.5$

按待检疫苗的推荐剂量调整病毒滴度，方法如下：

A. 待检疫苗剂量除以接种剂量

待检疫苗剂量＝生产商推荐的疫苗剂量（对本待检疫苗而言，推荐的剂量为 2mL）

接种剂量＝检验板的每个孔中加入的稀释的待检疫苗的量（对本待检疫苗而言，接种剂量为 0.2mL）

2mL 疫苗剂量/0.2mL 接种剂量＝10

B. 计算 $\log_{10} A$ 的值，并按以下说明把该值加到待检疫苗滴度上：

$$\log_{10} 10 = 1.0$$

待检疫苗滴度＝$4.5 + 1.0 = 5.5$

因此待检疫苗的滴度为 $10^{5.5} TCID_{50}$/2mL。

5. 检验结果说明

5.1　如果发现有污染现象，则检验无效。

5.2　任何细胞对照孔中出现 CPE，则检验无效。

5.3　对于有效的检验，参考病毒的滴度必须在预先测定 10 次的平均滴度 ±2 个标准差之间。

5.4　如果不能满足有效性要求，则判检验为未检验，可进行无差别的重检。

5.5　如果满足有效性要求，且待检疫苗病毒滴度大于或等于已批准产品生产大纲规定的病毒含量，则判待检疫苗为符合规定。

5.6　如果满足有效性要求，但待检疫苗病毒滴度小于最低标准要求，则需按照 9CFR113.8 规定进行重检。

6. 检验结果报告

在检验记录中记录所有检验结果。

7. 参考文献

Title 9, Code of Federal Regulations, part 113.6 [M]. Washington, DC: Government Printing Office.

Finney D J, 1978. Statistical method in biological Assay [M]. 3rd ed. London: Charles Griffin and Company.

Cottral G E, 1978. Manual of standardized methods for veterinary microbiology [M].

Ithaca and London：

Comstock Publishing Associates：731.

8. 修订概述

第 05 版

• 更新联系人信息，但是，病毒学实验室决定保留原信息至下次文件审查之日。

第 04 版

• 删除文件中"由兽医生物制品中心（CVB）供应"的表述，因为 CVB 已不再供应这些试剂。

第 03 版

• 文件编号由 VIRSAM0114 变更为 SAM114。

• 更新联系人信息。

第 02 版

本修订版资料主要用于阐述兽医生物制品中心

现行的实际操作方法，并提供了额外的细节信息。虽然不对检验结果产生重大影响，但是对文件进行了以下修改：

• 2.2　碳酸氢钠（$NaHCO_3$）的用量由 2.2g 变更为 1.1g。删除青霉素、链霉素和两性霉素 B。

• 3.4.1　重新将"用注射器和针筒量取"变更为"用量筒量取"。样品也变更为使用单瓶疫苗。

• 4.6.2　增加额外的步骤，明确采用 Spearman-Kärber 法计算病毒滴度。

• 冰箱温度由（4±2）℃变更为 2～7℃。这反应了 Rees 系统建立和监测的参数。

（陈晓春　孔　璨译，张一帜校）

美国农业部兽医生物制品中心
检验方法

SAM 115　牛病毒性腹泻中和抗体效价测定的补充检验方法
（固定血清-稀释病毒法）

日　　期：2014 年 10 月 16 日

编　　号：SAM 115.03

替　　代：SAM 115.02，2011 年 2 月 9 日

标准要求：9CFR 113.146 部分

联 系 人：Aletthea M. Fry，（515）337-7200
　　　　　　Peg A. Patterson

审　　批：/s/Geetha B. Srinivas　　　　　日期：2014 年 11 月 26 日
　　　　　　Geetha B. Srinivas，病毒学实验室负责人

　　　　　　/s/Byron E. Rippke　　　　　　日期：2014 年 12 月 9 日
　　　　　　Byron E. Rippke，兽医生物制品中心政策、评审与执照管理部门负责人

　　　　　　/s/Rebecca L. W. Hyde　　　　　日期：2014 年 12 月 10 日
　　　　　　Rebecca L. W. Hyde，兽医生物制品中心质量管理部门负责人

美国农业部动植物卫生监督署

P. O. Box 844

Ames，IA 50010

补充检验方法中提及的商标或专利产品不等同于该产品已获得了美国农业部的保证或担保，
且它的批准也不意味着其可用于排除在外的其他可能适用的产品

目　录

1. 引言

本补充检验方法（SAM）描述了使用血清中和（SN）试验检测抗牛病毒性腹泻（BVD）1 型和 2 型中和活性的体外检验方法。

2. 材料

2.1 设备/仪器

下列任何品牌的设备或仪器均可由具有相同功能的设备或仪器所替代。

2.1.1 （36±2）℃、（5±1）%CO_2、高湿度培养箱；

2.1.2 涡旋混合器；

2.1.3 倒置光学显微镜；

2.1.4 荧光显微镜；

2.1.5 200μL 和 1 000μL 微量移液器、（5～50）μL×12 道移液器和吸头若干；

2.1.6 水浴锅；

2.1.7 离心机和转子。

2.2 试剂/耗材

下列任何品牌的试剂或材料均可由具有相同功能的试剂或材料所替代。所有试剂和材料均必须无菌。

2.2.1 指示病毒

1）BVD 1 型；

2）BVD 2 型。

2.2.2 按照 9CFR 检验无外源病原的牛鼻甲骨（BT）细胞。

2.2.3 最低基础培养基（MEM）[国家动物卫生中心（NCAH）培养基♯20030]

1）9.61g 含有 Earles 盐（无碳酸氢盐）的 MEM。

2）2.2g 碳酸氢钠（$NaHCO_3$）。

3）用 900mL 去离子水（DI）溶解步骤 1 和 2 项的物质。

4）在 10mL DI 中加入 5g 水解乳清蛋白或乙二胺。（60±2）℃加热直至溶解。不断搅拌的同时将其加入步骤 3 项溶液中。

5）用 DI 定容至 1 000mL，用 2mol/L 盐酸（HCl）调节 pH 至 6.8～6.9。

6）用 0.22μm 滤器滤过除菌。

7）无菌添加：

a.10mL L-谷氨酰胺；

b.50μg/mL 硫酸庆大霉素。

8）在（4±2）℃保存。

2.2.4 生长培养基

1）900mL MEM；

2）无菌添加 100mL 伽马射线灭活的胎牛血清（FBS）；

3）在（4±2）℃保存。

2.2.5 单克隆抗体（MAb）

1）抗 BVD1 型的 MAb；

2）抗 BVD2 型的 MAb。

2.2.6 异硫氰酸荧光素标记的抗鼠复合物（抗鼠复合物）。

2.2.7 80%丙酮

1）80mL 丙酮；

2）20mL DI；

3）在室温（23±2）℃保存。

2.2.8 0.01mol/L 磷酸缓冲盐水（PBS）（NCAH 培养基♯30054）

1）1.33g 无水磷酸氢二钠（Na_2HPO_4）；

2）0.22g 一水磷酸二氢钠（NaH_2PO_4·H_2O）；

3）8.5g 氯化钠（NaCl）；

4）用 DI 定容至 1 000mL；

5）用 0.1mol/L 氢氧化钠（NaOH）或 2mol/L 盐酸（HCl）调节 pH 至 7.2～7.6；

6）15psi,（121±2）℃高压灭菌（35±5）min；

7）在（4±2）℃保存。

2.2.9 BVD 抗体阴性的胎牛血清。

2.2.10 96 孔细胞培养板。

2.2.11 （17×100）mm 聚苯乙烯管。

2.2.12 10mL 血清学移液管。

2.2.13 500mL 塑料洗瓶。

3. 检验准备

3.1 人员资质/培训

操作人员必须接受过抗体效价测定、细胞培养、无菌操作技术等培训。

3.2 设备/仪器的准备

3.2.1 检验开始的当天，设定一个水浴锅的温度为（36±2）℃。

3.2.2 检验开始的当天，设定一个水浴锅的温度为（56±2）℃。

3.3 试剂/对照品的准备

3.3.1 在检验开始前两天，在带有生长培养基的 96 孔细胞板上接种 BT 细胞。细胞数量确保能够在（36±2）℃的 CO_2 培养箱中培养 2d 后形成致密单层细胞。这些为 BT 检验板。

3.3.2 在开始检验的当天，在（36±2）℃水浴条件下快速溶解一管相应的指示病毒。稀释倍数取决于之前测定的指示病毒的滴度，如下进行 10 倍系列稀释：

1）用血清学移液管吸取 9.0mL MEM 加入标有 10^{-6} 至 10^{-1} 的 8 个（17×100）mm 聚苯乙烯管中。

2）吸取 1.0mL 指示病毒加入标有 10^{-1} 的管中，涡旋混合。弃去移液管。

3）从标有 10^{-1} 管中吸取 1.0mL 混合液加入 10^{-2} 管中，涡旋混合。弃去移液管。

4）重复步骤 3 项进行后续稀释，依次从前一个稀释度吸取 1.0mL 的混合液加入下一稀释度的管中。

3.3.3　在对 BT 检验板进行检测的当天，根据兽医生物制品中心（CVB）提供的试剂资料清单，在 PBS 中稀释抗 BVD MAb 和抗小鼠复合物。

3.4　血清样品的准备

在开始检验的当天，（56 ± 2）℃水浴加热（30 ± 5）min 灭活所有的待检血清。

4. 检验

4.1　在 96 孔细胞培养板的一列孔中加入未稀释的待检血清，$150 \mu L/$孔，此为稀释板（见附录 I）。

4.2　将参考血清（如果使用）加入稀释板的一列孔中，$150 \mu L/$孔。

4.3　把最后四个稀释度的指示病毒分别加入稀释板的每行孔中，$150 \mu L/$孔。

4.4　用手指轻打稀释板的边缘混合，（36 ± 2）℃孵育（60 ± 10）min 使指示病毒充分中和。

4.5　在适当的检验板上，接种病毒-血清中和混合物，$50 \mu L/$孔，每个稀释度接种 5 个（见附录 II）。

注意：在接种前不要把生长培养基从 BT 检验板中弃去。

4.6　每个检验板保留 5 个或 5 个以上孔作为不接种的细胞对照。

4.7　取相应指示病毒的最后四个稀释度各接种 5 个孔，每孔 $25 \mu L$，作为终点滴定。

4.8　在（36 ± 2）℃的 CO_2 培养箱中培养 BT 检验板 4d 左右。

4.9　在培养末期，用倒置光学显微镜检查所有的孔。记录待检血清和参考血清中出现特征性 CPE 的孔数/稀释度。

4.10　或者可以选用间接荧光抗体技术

（IFA）测定抗 BVD 的 SN 效价，步骤如下：

4.10.1　倒掉 BT 检验板中的培养基。

4.10.2　用 80％丙酮填充所有的孔。

4.10.3　室温培养（15 ± 5）min。

4.10.4　倒掉 BT 检验板中的 80％丙酮；室温风干。

4.10.5　在 BT 检验板上加入抗 BVD MAb 稀释液，$50 \mu L/$孔；（36 ± 2）℃孵育（45 ± 15）min。

4.10.6　用 PBS 灌注彻底洗涤所有的孔，弃去液体。

4.10.7　重复步骤 4.10.6 项，共洗涤 2 次。

4.10.8　在 BT 检验板上加入稀释的抗鼠复合物，每孔 $50 \mu L$；（36 ± 2）℃孵育（45 ± 15）min。

4.10.9　重复步骤 4.10.6 项，共洗涤 2 次。

4.10.10　把板子浸入 DI 中，再弃去液体；风干或者（36 ± 2）℃条件下干燥。

4.10.11　使用荧光显微镜检查所有的孔。

4.10.12　如果观察到细胞质出现典型的苹果绿荧光，则该孔判为阳性。

4.10.13　记录待检血清、FBS 和指示病毒中出现任何特征性荧光的孔数/稀释度。

4.11　用修正的 Spearman-Kärber 法计算待检血清和指示病毒的 $TCID_{50}$。

4.12　用 log 病毒获得的滴度减去 log 待检血清所获得效价即为中和能力。

例如：$Log_{10} TCID_{50}$ 指示病毒的滴度　　　6.0
$Log_{10} TCID_{50}$ 待检血清的效价　　　-2.7
中和能力　　　　　　　　　　　$=3.3logs$

5. 检验结果说明

5.1　待检血清或参考血清任何稀释度的任何孔均不能出现可见的污染或血清毒性。

5.2　参考血清抗 BVD 的中和抗体效价应为阴性。

5.3　所得的指示病毒滴定终点必须在其之前至少 10 次滴度测定所得平均滴度±2 个标准偏差之内方为有效。

6. 检验结果报告

在检验记录上记录待检血清的中和能力。

7. 参考文献

Title 9, Code of Federal Regulations, parts 113.215 and 113.216 ［M］. Washington, DC：Government Printing Office.

Finney D J, 1978. Statistical method in biological assay ［M］. 3rd ed. London：Charles Griffin and Company.

Rose N R，Friedman H，Fahey J L，1986. Manual of clinical laboratory immunology［M］. Washington，DC：ASM Press.

8. 修订概述

第 03 版

· 更新联系人信息，但是，病毒学实验室决定保留原信息至下次文件审查之日。

附录

第 02 版

本修订版资料主要用于阐述兽医生物制品中心现行的实际操作方法，并提供了额外的细节信息。虽然不对检验结果产生重大影响，但是对文件进行了以下修改：

· 更新联系人信息。

· 检验培养条件从室温变更为（36±2)℃，以反映普遍接受的程序。

附录I 最低基础培养基（MEM)

带有 Earles 盐的 MEM 加至	100.0%
烯胺	0.5%
L-谷氨酰胺	1.0%
庆大霉素	50.0μg/mL
青霉素	100.0IU/mL
链霉素	100.0μg/mL
两性霉素 B	2.5μg/mL
胎牛血清	10.0%

附录II 磷酸缓冲盐水（PBS 缓冲液)

NaCl	0.8%
KCl	0.02%
Na_2HPO_4	0.115%
KH_2PO_4	0.022
$CaCl_2$（anhy)	0.01%
$MgCl_2 \cdot 6H_2O$	0.01%
去离子水，加至	100.0%

（王 楠译，薛文志 张一帜校）

美国农业部兽医生物制品中心
检验方法

SAM 116 用蚀斑选择法对伪狂犬病毒胸苷激酶活性进行表型检测的补充检验方法

日　　期：2014 年 10 月 16 日

编　　号：SAM 116.05

替　　代：SAM 116.04，2011 年 2 月 9 日

标准要求：9CFR 113.318 部分

联 系 人：Alethea M. Fry，(515) 337-7200

　　　　　Peg A. Patterson

审　　批：/s/Geetha B. Srinivas　　　　　日期：2014 年 12 月 8 日

　　　　　Geetha B. Srinivas，病毒学实验室负责人

　　　　　/s/Byron E. Rippke　　　　　日期：2014 年 12 月 16 日

　　　　　Byron E. Rippke，兽医生物制品中心政策、评审与执照管理部门负责人

　　　　　/s/Rebecca L. W. Hyde　　　　　日期：2014 年 12 月 16 日

　　　　　Rebecca L. W. Hyde，兽医生物制品中心质量管理部门负责人

美国农业部动植物卫生监督署

P. O. Box 844

Ames，IA 50010

目　录

1. 引言

本补充检验方法（SAM）描述了使用细胞培养系统中一种选择培养基检测伪狂犬病毒胸苷激酶阴性（TK-）株改良活疫苗中是否存在外源的胸苷激酶阳性伪狂犬病毒的一种体外检测方法。

2. 材料

2.1　设备/仪器

下列任何品牌的设备或仪器均可由具有相同功能的设备或仪器所替代。

2.1.1　水浴锅；

2.1.2　（36±2）℃、（5±1）%CO$_2$、高湿度培养箱；

2.1.3　倒置光学显微镜；

2.1.4　紫外显微镜；

2.1.5　超低温冰箱。

2.2　试剂/耗材

下列任何品牌的试剂或材料均可由具有相同功能的试剂或材料所替代。所有试剂和材料均必须无菌。

2.2.1　结缔组织、小鼠、TK突变（L-M[TK-]）细胞。

2.2.2　Madin-Darby牛肾（MDBK）细胞或其他敏感细胞。

2.2.3　PRV参考毒株，Shope株。

2.2.4　最低基础培养基（MEM）[国家动物卫生中心（NCAH）培养基♯20030]

1）9.61g含有Earles盐（无碳酸氢盐）的MEM。

2）1.1g碳酸氢钠（NaHCO$_3$）。

3）用900mL去离子水（DI）溶解。

4）在10mL DI中加入5.0g水解乳清蛋白或乙二胺。（60±2）℃加热直至溶解。不断搅拌的同时将其加入步骤3项溶液中。

5）用DI定容至1 000mL，用2mol/L盐酸（HCl）调节pH至6.8～6.9。

6）用0.22μm滤器滤过除菌。

7）无菌添加：

a.50μg/mL硫酸庆大霉素；

b.10mL L-谷氨酰胺（200mmol/L）。

8）在2～7℃保存。

2.2.5　生长培养基

1）900mL MEM；

2）无菌添加100mL伽马射线灭活的胎牛血清（FBS）；

3）在2～7℃保存。

2.2.6　次黄嘌呤-氨基蝶呤-胸苷（HAT）培养基

1）200mL生长培养基；

2）2mL HAT培养液（50×）。

2.2.7　0.01mol/L磷酸缓冲盐水（PBS）（NCAH培养基♯30054）

1）1.19g磷酸氢二钠（Na$_2$HPO$_4$）；

2）0.22g磷酸二氢钠（NaH$_2$PO$_4$·H$_2$O）；

3）8.5g氯化钠（NaCl）；

4）用DI定容至1 000mL；

5）用0.1mol/L NaOH或者1mol/L HCl调节pH至7.2～7.6；

6）高压灭菌,15psi,(121±2)℃,(35±5)min；

7）在2～7℃保存。

2.2.8　80%丙酮

1）80mL丙酮；

2）20mL DI；

3）室温保存。

2.2.9　组织细胞培养瓶（25cm^2）。

2.2.10　移液管（10mL）。

2.2.11　灭菌量筒（25mL、50mL、100mL和250mL）。

2.2.12　异硫氰酸荧光素标记的猪抗PRV复合物（PRV复合物）。

3. 检验准备

3.1　人员资质/培训

操作人员必须接受过细胞培养技术和病毒滴度测定技术的培训。

3.2　设备/仪器的准备

在检验当天，将水浴锅温度设置为（36±2）℃。

3.3　试剂/对照品的准备

3.3.1　检验开始前一天以及之后3次增加的L-M（TK-）细胞传代的前一天，需在25cm^2 L-M（TK-）细胞培养瓶加入生长培养基，细胞数量应保证在一天后能够形成致密单层。用来接种的细胞需要在每次接种3～4d前传代一次。取3瓶L-M（TK-）细胞作为对照瓶，每一个待检疫苗用1瓶L-M（TK-）。置（36±2）℃培养箱培养。

3.3.2　最后一次传代的前一天，将MDBK细胞接种到带有生长培养基的25cm^{2}瓶中，细胞数量应保证在一天后能够形成致密单层。取3瓶MDBK细胞作为对照瓶，每一个待检疫苗用1瓶，置（36±2）℃培养箱培养。

3.3.3 PRV 阳性对照品。开始检验当天，在（36±2）℃水浴锅中快速融解 1 支 PRV 参考品，用 MEM 将 PRV 参考品稀释至 10^4 半数组织感染量（$TCID_{50}$）$/100\mu L$。

3.3.4 PRV 复合物工作液。在荧光抗体（FA）确证试验的当天，按照 CVB 试剂资料清单用 PBS 稀释 PRV 复合物。

3.4 待检样品的准备

在开始检验当天，用量筒量取疫苗配套稀释液复溶待检疫苗。室温孵育（15±5）min。

4. 检验

4.1 在 L-M（TK-）细胞上的第一代

4.1.1 在开始检验当天，除 1 瓶留作细胞对照的培养瓶外，弃其他所有 L-M（TK-）瓶中的生长培养基。将未打开的小瓶标记为"细胞对照"。

4.1.2 待检疫苗首次检验需用单独 1 瓶疫苗（从 1 瓶疫苗中取一个单一的样本）。取 1.0mL 待检疫苗接种到 1 个 L-M（TK-）瓶中，标记为待检疫苗鉴定。

4.1.3 取 1.0mL PRV 阳性对照品接种到 1 个 L-M（TK-）瓶中，标记为"PRV 阳性对照品"。

4.1.4 取 1.0mL HAT 培养基至 1 个 L-M（TK-）瓶中，标记为"培养基对照"。

4.1.5 将培养瓶放入（36±2）℃，CO_2 培养箱中孵育吸附（60±10）min。

4.1.6 孵育后，除细胞对照（未开瓶）外，在所有培养瓶中加入 9.0mL HAT 培养基。置（36±2）℃，CO_2 培养箱培养 4d。

4.1.7 培养过程中，周期性观察所有培养瓶是否出现细菌或真菌污染。不一定需要在显微镜下观察 L-M（TK-）细胞。但是，在检验过程中，L-M（TK-）细胞会因 HAT 培养基影响而圆缩。细胞对照瓶应保持正常状态。

4.1.8 培养结束后，将所有培养瓶放入（-70±5）℃冰箱至少 2h，也可一直在（-70±5）℃保存直至下一次传代。弃去原有的细胞对照瓶，每传一代需设置新的细胞对照。

4.1.9 融化所有剩余的细胞瓶，不断晃动，在室温条件下直到完全融化。

4.2 重复步骤 4.1.1 至 4.1.9 项，直至完成第 4 代。每次接种下一代时，都是从上一代（而不是初始接种物）相应对照或待检疫苗融化的细胞和培养基悬液中取 1.0mL 加入新的细胞瓶中。

4.3 在 MDBK 细胞上传代

4.3.1 取上述在 L-M（TK-）细胞上最后一代（第 4 代）的冻融液，重复步骤 4.1.1 至 4.1.3 项。不同的是用 MDBK 细胞替代 L-M（TK-）细胞，并从第 4 代相应对照或待检疫苗融化的细胞和培养基悬液（而不是初始接种物）中取 1.0mL 加入新的细胞瓶中。

4.3.2 置（36±2）℃，CO_2 培养箱中孵育吸附（60±10）min。

注意：不要使用 HAT 培养基

4.3.3 孵育后，除细胞对照（未开瓶）外，在所有培养瓶中加入 9.0mL 生长培养基。置（36±2）℃，CO_2 培养箱培养 4d。

4.3.4 用倒置光学显微镜每天观察所有细胞瓶中是否出现典型 PRV 引起的 CPE。PRV 引起的 CPE 为可见的单层细胞上细胞圆缩，且聚集呈葡萄串状。4d 后，PRV 阳性对照品瓶应出现典型 PRV 引起的 CPE。任何待检疫苗出现典型 PRV 引起的 CPE 时，应判待检疫苗可疑。

4.4 在 MDBK 上出现 PRV 引起的 CPE 的可疑待检疫苗的确认（FA 确证试验）。FA 确证试验采用特异性 PRV 复合物与可疑待检疫苗进行。同样需设立 PRV 阳性对照品瓶，HAT 培养基对照瓶和细胞对照瓶。如果待检疫苗没有出现 CPE，则不必进行此步骤。

4.4.1 弃去可疑待检样品，PRV 阳性对照品，HAT 培养基对照以及细胞对照（FA 检验）的 MDBK 瓶中的生长培养基。

4.4.2 用 PBS 漂洗 FA 检验瓶，弃去液体。

4.4.3 在 FA 检验瓶中填充 80% 丙酮，室温放置（15±5）min。

4.4.4 弃去 FA 检验瓶中的 80% 丙酮溶液，室温风干。

4.4.5 吸取 2mL PRV 复合物工作液到 FA 检验细胞瓶中，置（36±2）℃ CO_2 培养箱中孵育吸附（45±15）min。

4.4.6 在 FA 检验细胞瓶中加入 20mL PBS，来回旋转漂洗细胞。

4.4.7 重复步骤 4.4.6 项，共洗涤细胞 5 次。

4.4.8 用 DI 漂洗 FA 检验细胞瓶，弃去洗涤液，风干或（36±2）℃干燥。

4.4.9 在紫外显微镜下观察 FA 检验细胞瓶。

4.4.10 如果细胞核内出现典型黄绿色荧光，判该瓶细胞为 PRV 阳性。

4.4.11 有效的 FA 检验要求 PRV 阳性对照

瓶必须出现典型黄绿色荧光的感染细胞。

4.4.12 有效的 FA 检验要求 HAT 培养基瓶和细胞对瓶中细胞不出现荧光。

4.4.13 如果步骤 4.4.11 或 4.4.12 项中任何一条不能满足，则判检验为未检验，需用新的待检疫苗样品进行重检。

5. 检验结果说明

5.1 有效的检验要求 HAT 培养基瓶和 MDBK 细胞对照瓶必须不出现 CPE，且所有细胞均不能出现细菌和真菌污染。

5.2 PRV 阳性对照品在 MDBK 细胞上传代后必须出现 CPE。

5.3 待检疫苗在 MDBK 细胞上传代后不出现 CPE，则判该批疫苗符合规定。

5.4 若有任何待检疫苗在首次中出现典型 CPE，且有效的 FA 检验结果呈阳性，则需另取 2 瓶待检疫苗进行重检。

5.4.1 如果重检的两瓶疫苗中任何一瓶出现典型 PRV CPE，且有效的 FA 检验结果呈阳性，则判该批疫苗不符合规定。

5.4.2 如果重检的两瓶疫苗均未出现典型 PRV CPE，则判该批疫苗符合规定。

5.5 若有任何待检疫苗在首次检验中出现典型 CPE，但 FA 确证试验呈阴性，则判 TK 活力"不确定"。需重复步骤 4.3.1 项，以检查是否存在病毒污染的可能。

6. 检验结果报告

在检验记录中记录所有检验结果。

7. 参考文献

Title 9, Code of Federal Regulations, part 113.318 [M]. Washington, DC：Government Printing Office.

Kit S, Qavi H, 1983. Thymidine kinase (TK) induction after infection of TK-deficient rabbit cell mutants with bovine herpesvirus type I (BHV-1)：isolation of TK- BHV-1 mutants [J]. Virol，130 (2)：381-389.

8. 修订概述

第 05 版

• 更新联系人信息，但是，病毒学实验室决定保留原信息至下次文件审查之日。

第 04 版

• 更新联系人信息。

第 03 版

• 联系人由 Kenneth Eernisse 变更为 Joseph Hermann。

• 2.1 在设备/仪器项目中删除了移液管。

第 02 版

本修订版资料主要用于阐述兽医生物制品中心现行的实际操作方法，并提供了额外的细节信息。虽然不对检验结果产生重大影响，但是对文件进行了以下修改：

• 2.2.4.2 碳酸氢钠（$NaHCO_3$）的用量由 2.2g 变更为 1.1g。

• 2.2.4.7 增加 L-谷氨酰胺，删除青霉素和链霉素。

• 2.2.5.2 删除 L-谷氨酰胺。

• 2.2.11 "注射器和针头"变更为"量筒"。

• 文件中所有的"参考品和试剂清单"均变更为"试剂资料清单"。

• 文件中所有的"待检批次"均变更为"待检疫苗"。

• 冰箱温度由（4±2)℃变更为 2~7℃。这反应了 Rees 系统建立和监测的参数。

（陈晓春译，张一帆校）

美国农业部兽医生物制品中心
检验方法

SAM 117 伪狂犬病病毒中和抗体效价测定的补充检验方法
（固定病毒-稀释血清法）

日　　期：2014 年 10 月 16 日
编　　号：SAM 117.05
替　　代：SAM 117.04，2011 年 9 月 9 日
标准要求：9CFR 113.213 部分
联 系 人：Alethea M. Fry，（515）337-7200
　　　　　Peg A. Patterson
审　　批：/s/Geetha B. Srinivas　　　　日期：2014 年 11 月 26 日
　　　　　Geetha B. Srinivas，病毒学实验室负责人

　　　　　/s/Byron E. Rippke　　　　　日期：2014 年 12 月 9 日
　　　　　Byron E. Rippke，兽医生物制品中心政策、评审与执照管理部门负责人

　　　　　/s/Rebecca L. W. Hyde　　　　日期：2005 年 12 月 10 日
　　　　　Rebecca L. W. Hyde，兽医生物制品中心质量管理部门负责人

美国农业部动植物卫生监督署
P. O. Box 844
Ames，IA 50010

目　录

1. 引言

本补充检验方法（SAM）描述了在细胞培养系统中采用细胞病变（CPE）荧光抗体（FA）技术测定抗伪狂犬病毒（PRV）SN 抗体效价的体外血清中和（SN）检验方法。本 SN 检验是用固定量的病毒检测不同稀释度的血清。本检验符合美国联邦法规第 9 卷（9CFR）中对 PRV 灭活疫苗效力检验中收集免疫猪和对照猪待检血清样品的规定。

2. 材料

2.1 设备/仪器

下列任何品牌的设备或仪器均可由具有相同功能的设备或仪器所替代。

2.1.1 （36±2）℃、（5±1）%CO₂、高湿度培养箱（型号 3158，Forma Scientific 有限公司）；

2.1.2 2 个水浴锅；

2.1.3 倒置光学显微镜（型号 CK，奥林巴斯美国有限公司）；

2.1.4 荧光显微镜（型号 BH2，奥林巴斯美国有限公司）；

2.1.5 96 孔细胞培养板；

2.1.6 涡旋混合器（Vortex-2 Genie，型号 G-560，Scientific Industries 有限公司）；

2.1.7 微量移液器：200μL 和 1 000μL 单道；300μL×12 道；

2.1.8 （12×75）mm 聚苯乙烯管。

2.2 试剂/耗材

下列任何品牌的试剂或材料均可由具有相同功能的试剂或材料所替代。所有试剂和材料均必须无菌。

2.2.1 PRV 参考病毒，Shope 株。

2.2.2 Madin-Darby 牛肾（MDBK）细胞或者其他敏感细胞，按照 9CFR 检验无外源病原。

2.2.3 最低基础培养基（MEM）（培养基♯20030）

1）9.61g 含有 Earles 盐（无碳酸氢盐）的 MEM。

2）1.1g 碳酸氢钠（NaHCO₃）。

3）加离子水（DI）至 1 000mL，并用 2mol/L 盐酸（HCl）调节 pH 至 6.8～6.9。

4）无菌加入加入 5mL 水解乳清蛋白。

5）用 0.22μm 滤器滤过除菌。

6）无菌添加：

a. 10mL L-谷氨酰胺（200mol/L）；

b. 50g/mL 硫酸庆大霉素。

7）在 2～7℃保存。

2.2.4 生长培养基

1）900mL MEM；

2）无菌添加 100mL 伽马射线灭活的胎牛血清（FBS）。

2.2.5 维持培养基

1）98mL MEM；

2）2mL FBS。

2.2.6 异硫氰酸荧光素标记的猪抗伪狂犬复合物。

2.2.7 0.01mol/L 磷酸缓冲盐水（PBS）（NCAH 培养基♯30054）

1）1.19g 无水磷酸氢二钠（Na₂HPO₄）；

2）0.22g 一水合磷酸二氢钠（NaH₂PO₄·H₂O）；

3）8.5g 氯化钠 NaCl；

4）蒸馏水定容至 1 000mL；

5）用 0.1mol/L 氢氧化钠（NaOH）或 1.0mol/L 盐酸（HCl）调节 pH 至 7.2～7.6；

6）15psi,（121±2）℃高压灭菌（35±5）min；

7）在 2～7℃保存。

2.2.8 80% 丙酮

1）80mL 丙酮；

2）20mL 蒸馏水；

3）室温保存。

2.2.9 PRV 抗体阴性对照血清。

2.2.10 PRV 抗体阳性对照品血清。

3. 检验准备

3.1 人员资质/培训

操作人员必须接受过 SN 免疫学基础、细胞培养技术、FA 检验技术和无菌操作技术等培训。

3.2 设备/仪器的准备

3.2.1 设定一个水浴锅的温度为（56±2）℃。

3.2.2 设定一个水浴锅的温度为（36±2）℃。

3.3 试剂/对照品的准备

3.3.1 检验开始前两天：在带有生长培养基的 96 孔细胞培养板上接种 MDBK 细胞，细胞数量确保在（36±2）℃的 CO₂ 培养箱中培养 2d 后能够形成致密单层细胞。此为 MDBK 检验板。当生长培养基由红色变为黄色时说明培养液的酸性过强或细胞接种后 2d 仍不能长满单层时，需要更换生长培养液。

3.3.2 检验当天

1）病毒工作液的准备。在（36±2）℃水浴锅内迅速融化一瓶 PRV 参考毒株。用 MEM 将病毒液稀释至 50 ～ 300 半数组织感染量（TCID$_{50}$）/25μL。

检验中 PRV 的滴定和其他可选病毒滴度稀释度的确定见附录Ⅱ。

2）病毒回归滴定。将病毒工作液进行 3 次 10 倍系列稀释。

a. 将 0.9mL MEM 培养基分别加入 3 个（12×75）mm 聚丙烯管中，分别标记为 10^{-1}、10^{-2} 和 10^{-3}。

b. 取 0.1mL 病毒工作液加入标记为 10^{-1} 的管中，涡旋混匀。弃去吸头。

c. 从 10^{-1} 管中取 0.1mL 混合液加入 10^{-2} 管中，涡旋混匀。弃去吸头。

d. 在剩下的管中重复步骤 2.c 项，从 10^{-2} 转移到 10^{-3}。

3）MDBK 板检验当天，按照生产商提供的说明书对异硫氰酸荧光素标记的猪抗伪狂犬复合物进行稀释。

3.4　样品的准备（检验当天）

3.4.1　对所有的待检血清、阴性对照和阳性对照品血清进行热灭活，水浴锅（56±2）℃，加热（30±5）min。

3.4.2　将待检血清、阳性对照品血清和阴性对照血清在 96 孔细胞培养板中进行 2 倍系列稀释，此板为转移板（见附录Ⅰ）。二倍系列稀释方法如下：

1）在 B～H 行孔中加入 150μL MEM。

2）在 A 和 B 行分别加入 150μL 待检血清、阳性对照品血清和阴性对照血清。用多道移液器将 B 行中的液体进行混合（4～5 次）。吸头在此稀释过程中可不更换。

3）从 B 行中取 150μL 液体加入 C 行。用多道移液器进行混合（4～5 次）。

4）剩余孔按照步骤 3 项进行稀释。最后从 H 行中吸出 150μL 液体，弃去。

5）在稀释板中的所有孔中加入 150μL 病毒工作液。轻拍板子进行混合。（36±2）℃孵育（60±10）min，使病毒中和。应考虑到在加入病毒液同时，待检血清又被稀释了 2 倍。

4. 检验

4.1　从 MDBK 板中弃去生长培养基。

4.2　将病毒-待检血清或病毒-对照血清混合物加入 MDBK 板中，每种混合物液加 5 孔，50μL/孔。

4.3　分别将每个稀释度的病毒回归滴定液加入 MDBK 板中，每个稀释度加 5 孔，50μL/孔。再加 25μL MEM 到所有回归滴定的孔中。

4.4　保留 2 个或 2 个以上孔，作为不接种的细胞对照。

4.5　将 MDBK 板置（36±2）℃孵育（60±10）min。

4.6　向中所有孔中加入维持培养基（不能将病毒-血清的混合物吸出），200μL/孔。将 MDBK 板置（36±2）℃培养（4±1）d。

4.7　CPE 计数是测定 TCID$_{50}$ 的主要方法。

4.7.1　接种后第 4 天，用倒置光学显微镜对细胞进行观察。PRV 引起的 CPE 可见单层细胞上被病毒感染破坏的细胞变圆，细胞聚簇呈葡萄串状。

4.7.2　记录所有待检血清和病毒回归滴定孔/稀释液中出现 PRV 引起的 CPE 的数量。

4.7.3　用 Finney 修正的 Spearman-Kärber 公式计算病毒回归滴定法测定的病毒工作液的 TCID$_{50}$。

例如：

10^{-0} 稀释的工作病毒＝5/5 孔出现 CPE 阳性

10^{-1} 稀释的工作病毒＝5/5 孔出现 CPE 阳性

10^{-2} 稀释的工作病毒＝3/5 孔出现 CPE 阳性

10^{-3} 稀释的工作病毒＝0/5 孔出现 CPE 阳性

$$滴度＝X-d/2+d×S$$

式中，X＝Log$_{10}$ 最低稀释倍数（＝0）；

d＝Log$_{10}$ 稀释系数（＝1）；

S＝所有 CPE 阳性孔与稀释度检验孔的比例之和：

5/5＋5/5＋3/5＋0/5＝13/5＝2.6

滴度＝［0－1/2＋（1×2.6）］＝2.1

2.1 的反对数＝125.9

本试验中 PRV 工作液的滴度为 125TCID$_{50}$/25μL。

4.7.4　用 Spearman-Kärber 公式计算每个待检血清、阳性对照品血清和阴性对照血清的效价。这些血清的滴定终点报告为 SN 效价，用能够中和参考 PRV 的最高稀释度的倒数表示。

例如：

1∶2 稀释的待检血清＝5/5 为 CPE 阴性

1∶4 稀释的待检血清＝5/5 为 CPE 阴性

1∶8 稀释的待检血清＝3/5 为 CPE 阴性

1：16 稀释的待检血清＝0/5 为 CPE 阴性

效价＝X－d/2＋（d×S），其中：

X＝Log_{10} 最低稀释倍数（＝0.3）

d＝Log_{10} 稀释系数（＝0.3）

S＝所有 CPE 阴性孔与稀释度检验孔的比例之和：

5/5＋5/5＋3/5＋0/5＝13/5＝2.6

效价＝0.3－0.3/2＋（0.3×2.6）＝0.93

0.93 的反对数＝8.5

待检血清的效价＝9

4.8　如果 CPE 难以判断，则可按照下列方法采用 FA 进行检验：

4.8.1　弃去 MDBK 板中的培养液；

4.8.2　每孔加入 80％丙酮；

4.8.3　室温放置（15±5）min；

4.8.4　弃去 MDBK 板中的 80％丙酮溶液，室温风干；

4.8.5　向所有孔中加入（60±10）μL 异硫氰酸荧光素标记的猪抗伪狂犬复合物，室温放置（45±15）min；

4.8.6　向孔中加满 PBS 漂洗（5±2）min，弃去 PBS；

4.8.7　重复洗涤 2 次，弃去 PBS，风干或在（36±2）℃干燥；

4.8.8　在荧光显微镜下进行观察；

4.8.9　典型的阳性孔应为细胞核荧光抗体着染，即细胞核出现绿苹果荧光；

4.8.10　按照 4.7.4 所述进行记录和计算。

5. 检验结果说明

5.1　如果任何待检血清稀释液孔出现细菌污染或血清毒性，则判本次检验无效。

5.2　如果细胞对照孔出现 CPE 或荧光，则判本次检验无效。

5.3　如试验有效，病毒回归滴定结果必须为 50～300 $TCID_{50}$。

5.4　阳性对照品血清效价值必须在平均效价±1 个稀释度范围内。

5.5　1：2 稀释的阴性对照血清必须为阴性。

6. 检验结果报告

在检验记录上记录所有检验结果。

7. 参考文献

Title 9, Code of Federal Regulations, part 113.213 [M]. Washington, DC: Government Printing Office.

Banks M, Cartwright S, 1983. Comparison and evaluation of four serological tests for detection of antibodies to *Aujeszky's disease virus* [J]. Vet Rec, 113: 38-41.

Finney D J, 1978. Statistical Method in Biological Assay [M]. 3rd ed. London: Charles Griffin and Company.

Geval S H, Joo H S, Mourning J R, et al, 1978. Comparison of three serotests for the detection of pseudorabies antibodies in pigs [J]. Comp Immunol Microbiol Infect Dis, 10 (3/4): 67-71.

Oren S L, Swenson S L, Kinker D R, et al, 1993. Evaluation of serological pseudorabies tests for the detection of antibodies during early infections [J]. J Vet Diag Invest, 5 (4): 529-533.

Parker R A, Pallansch M A, 1992. Using the virus challenge dose in the analysis of virus neutralization assays [J]. Statistics in Medicine, 11: 1253-1262.

Rose N R, Friedman H, Fahey J L, 1986. Manual of clinical laboratory immunology [M]. Washington, DC: ASM Press.

8. 修订概述

第 05 版

· 更新联系人信息，但是病毒学实验室决定保留原信息至下次文件审查之日。

第 04 版

· 删除文件中"由兽医生物制品中心（CVB）供应"的表述，因为 CVB 已不再供应这些试剂。

第 03 版

· 更新联系人信息。

· 文件编号由 VIRSAM0117 变更为 SAM117。

第 02 版

本修订版资料主要用于阐述兽医生物制品中心现行的实际操作方法，并提供了额外的细节信息。虽然不对检验结果产生重大影响，但是对文件进行了以下修改：

· 2.2.3.2　将 MEM 配方中碳酸氢钠的用量从 2.2g/L 调整到 1.1g/L。配方中删除青霉素、链霉素和两性霉素 B。

· 2.2.7　增加磷酸缓冲盐水（PBS）。

· 2.2.9　增加 PRV 抗体阴性对照血清。

- 2.2.10 增加 PRV 抗体阳性对照品血清。
- 3.3.2.1 增加附录Ⅱ。
- 3.4.1/3.4.2 增加阳性和阴性对照血清。
- 4.3 病毒回归滴定稀释液加入量由 $50\mu L$ 变更为 $25\mu L$。还增加加入 $25\mu L$ MEM 培养基。
- 4.7.3 增加其他步骤，说明采用 Spearman-Kärber 公式进行的滴度计算。

- 5.4/5.5 增加对阳性和阴性对照效价的释疑。
- 7.1 参考文献增加了美国联邦法规（9CFR）
- 冰箱温度由（4 ± 2）℃变更为 $2\sim7$℃。这反应了 Rees 系统建立和监测的参数。

附录

附录Ⅰ 转 移 板

	1	2	3	4	5	6	7	8	9	10	11	12
	TS1	TS1	TS1	TS1	TS1	CC	CC	TS2	TS2	TS2	TS2	TS2
A 1:2												
B 1:4												
C 1:8												
D 16												
E 32												
F 64												
G 128												
H 256												

注：TS=待检血清；CC=细胞对照。

附录Ⅱ PRV 滴定和用于 SN 试验的病毒最佳稀释度的测定

1. 取 8 个（17×100）mm 塑料管，分别依次标记为 10^{-1}、10^{-2} 直至 10^{-8}。所需塑料管的数量由病毒的稀释终点决定。

2. 在每个管中加入 4.5mL 细胞培养液。

3. 在 36℃ 水浴快速融化一瓶可致细胞病变的参考 BVD 病毒，用移液器取 0.5mL 病毒加入第一管（10^{-1}）。

4. 弃去移液管或移液器的吸头，并涡旋混匀 10^{-1} 病毒稀释管。

5. 用新的移液管或移液器吸头从 10^{-1} 管取 0.5mL 混合液加入 10^{-2} 管，弃去移液管或移液器的吸头，涡旋混匀 10^{-2} 管。连续按此方法操作，直至最后一管，每次吸取液体时要更换新的移液管或移液器的吸头。

6. 从每个病毒稀释液中吸取 0.025mL 分别加入准备好的 MDBK 细胞板中（见步骤 3.3.1 项），每个稀释度接种 5 孔。将细胞板置（36 ± 2）℃，$5\%CO_2$ 温箱中培养 4 ~5d。

7. 根据板中的 CPE 判断病毒滴度，结果记为出现

CPE 的孔数比每个病毒稀释度接种的孔数。

8. 用 Spearman-Kärber 法计算 PRV 病毒滴定终点。病毒滴度用 Log_{10} 半数组织感染量（$TCID_{50}$）$/25\mu L$ 表示。

例如：

10^{-1} 稀释的 PRV=5/5 孔出现 CPE 阳性

10^{-2} 稀释的 PRV=5/5 孔出现 CPE 阳性

10^{-3} 稀释的 PRV=5/5 孔出现 CPE 阳性

10^{-4} 稀释的 PRV=5/5 孔出现 CPE 阳性

10^{-5} 稀释的 PRV=3/5 孔出现 CPE 阳性

10^{-6} 稀释的 PRV=0/5 孔出现 CPE 阳性

滴度=X－d/2＋（d×S），这里：

滴度=1－1/2＋（1×4.6）=5.1

5.1 的反对数为 125 893

因此，当病毒液进行 1∶125 893 倍稀释时，每 $25\mu L$ 稀释液中含有 $1TCID_{50}$。如果用于 SN 试验的最佳病毒浓度为 $200TCID_{50}/25\mu L$，则用 125 893 除以 200，为 629.46。要获得 $200TCID_{50}/25\mu L$ 浓度的病毒，需要对病毒液进行 1

：629 稀释。参考 PRV 工作液的稀释度需要通过病毒回归滴定确认。对病毒进行 3～5 倍系列稀释，再通过回归滴定对每个稀释液进行检验。可能需要对原始计算的稀释度进行调整，以获得正确的病毒工作剂量。

（徐　璐译，张一帜校）

美国农业部兽医生物制品中心
检验方法

SAM 118 测定疫苗中伪狂犬病病毒滴度的补充检验方法

日　　期：2014 年 10 月 16 日

编　　号：SAM 118.05

替　　代：SAM 118.04，2011 年 9 月 9 日

标准要求：9CFR 113.318 部分

联 系 人：Alethea M. Fry，（515）337-7200

　　　　　Peg A. Patterson

审　　批：/s/Geetha B. Srinivas　　　　日期：2014 年 11 月 26 日

　　　　　Geetha B. Srinivas，病毒学实验室负责人

　　　　　/s/Byron E. Rippke　　　　　日期：2014 年 12 月 9 日

　　　　　Byron E. Rippke，兽医生物制品中心政策、评审与执照管理部门负责人

　　　　　/s/Rebecca L. W. Hyde　　　　日期：2014 年 12 月 10 日

　　　　　Rebecca L. W. Hyde，兽医生物制品中心质量管理部门负责人

美国农业部动植物卫生监督署

P. O. Box 844

Ames，IA 50010

补充检验方法中提及的商标或专利产品不等同于该产品已获得了美国农业部的保证或担保，且它的批准也不意味着其可用于排除在外的其他可能适用的产品

目　录

1. 引言

本补充检验方法（SAM）描述了使用细胞培养系统中病毒蚀斑形成单位（PFU）测定改良活疫苗中伪狂犬病病毒（PRV）滴度的体外检验方法。

2. 材料

2.1　设备/仪器

下列任何品牌的设备或仪器均可由具有相同功能的设备或仪器所替代。

2.1.1　（36±2）℃、（5±1）%CO_2、高湿度培养箱（型号3158，Forma Scientific有限公司）；

2.1.2　涡旋混合器（Vortex-2 Genie，型号G-560，Scientific Industries有限公司）；

2.1.3　搅拌机；

2.1.4　200μL和1 000μL单道微量移液器；

2.1.5　水浴锅。

2.2　试剂/耗材

下列任何品牌的试剂或材料均可由具有相同功能的试剂或材料所替代。所有试剂和材料均必须无菌。

2.2.1　PRV参考病毒，Shope株。

2.2.2　Madin-Darby牛肾（MDBK）细胞或者其他敏感细胞。

2.2.3　最低基础培养基（MEM）

1）9.61g含有Earles盐（无碳酸氢盐）的MEM。

2）1.1g碳酸氢钠（$NaHCO_3$）。

3）用去离子水定容至1 000mL，并用2mol/L盐酸（HCl）调节pH至6.8～6.9。

4）用0.22μm滤器滤过除菌。

5）无菌添加：

a.10mL L-谷氨酰胺（200mol/L）；

b.5mL水解乳清蛋白或乙二胺；

c.50μg/mL硫酸庆大霉素。

6）在2～7℃保存。

2.2.4　生长培养基

1）900mL MEM；

2）无菌添加100mL伽马射线灭活的胎牛血清（FBS）；

3）在2～7℃保存。

2.2.5　2×培养基

1）100mL含有Eargles盐（无碳酸氢盐）的10×MEM培养基。

2）2.2g碳酸氢钠。

3）340mL DI。

4）用0.22μm滤器滤过除菌。

5）无菌加入：

a.50μg/mL硫酸庆大霉素；

b.50mL FBS。

6）在2～7℃保存。

2.2.6　2%黄蓍胶（Trag）

1）20g Trag；

2）1 000mL DI；

3）将搅拌器调至高档，每次少量剧烈搅拌混合；

4）向1 000mL培养基瓶中加入上述液体，每瓶500mL；

5）15psi高压灭菌30min；

6）在2～7℃保存。

2.2.7　覆盖培养基

1）等体积混合2×培养基和2%Trag；

2）在2～7℃保存。

2.2.8　70%酒精

1）74mL无水乙醇；

2）26mL DI；

3）在室温保存。

2.2.9　结晶紫染色液

1）7.5g结晶紫；

2）50mL 70%酒精；

3）将结晶紫在乙醇中溶解；

4）250mL甲醛；

5）用DI定容至1 000mL，滤纸过滤；

6）在室温保存。

2.2.10　6孔组织培养皿。

2.2.11　（12×75）mm聚苯乙烯管。

2.2.12　25mL、50mL、100mL、250mL量筒。

2.2.13　10mL血清学移液管。

3. 检验准备

3.1　人员资质/培训

操作人员必须接受过病毒滴定的免疫学基础、细胞培养及无菌操作技术等培训。

3.2　设备/仪器的准备

设定水浴温度为（36±2）℃。

3.3　试剂/对照品的准备

3.3.1　检验两天前

将MDBK细胞以一定浓度重悬于生长培养基中，接种6孔细胞板，细胞数量确保能够在（36±2）℃ CO_2培养箱中培养两天后形成致密的单层。

这些就是 MDBK 板。当生长培养基由红色变为黄色时说明培养液的酸性过强，则需要更换生长培养液。

3.3.2 检验当天

取一支 PRV 参考病毒，放入（36±2）℃水浴锅中迅速融化。取适量病毒液加入 4.5mL MEM 培养基中，使终浓度达 15～40PFU/100μL。

3.4 样品的准备（检验当天）

3.4.1 去掉待检疫苗和稀释液的瓶盖并用稀释液复溶疫苗。按照生产商提供的说明书用无菌量筒称量适当体积的稀释液（如 50 头份，每头份 2mL 的疫苗需要用 100mL 稀释液复溶）无菌倒入冻干疫苗中。涡旋混匀。在室温放置（15±5）min。

3.4.2 将待检疫苗进行 10 倍系列稀释。按以下稀释方法进行无菌操作：

1）在若干个标记的（12×75）mm 聚苯乙烯管中各加入 4.5mL MEM。

2）用移液器取 500μL 待检疫苗加入 10^{-1} 管，涡旋混匀。弃去吸头。

3）剩余管重复步骤 2 项。持续从前一稀释度管取 500μL 加入下一稀释度管中直至需要的稀释度管（10^{-5}～10^{-2}）。

4. 检验

4.1 弃去 MDBK 板中的生长培养基。

4.2 将每个稀释度的待检疫苗分别加入 MDBK 板中，每个稀释度加 2 孔，100μL/孔。轻轻混匀。

4.3 取 PRV 参考病毒稀释液加入 1 块 MDBK 板的 2 个孔中，100μL/孔。轻轻混匀。

4.4 保留 2 个或 2 个以上孔作为不接种的细胞对照。

4.5 将接种的板置（36±2）℃孵育吸附（60±10）min。

4.6 每孔加入 3.0mL 预热（36℃）的覆盖培养基（见步骤 2.2.7 项）。弃去未使用的预热培养基。

4.7 将 MDBK 板置（36±2）℃的 CO_2 温箱中，静置培养 4d，不能晃动。

4.8 培养期末，弃去覆盖培养基。用可重复注射的注射器吸取 2mL 结晶紫染色液（见步骤 2.2.9 项）加入板子的每个孔中。

4.9 允许将板子在室温放置（15±5）min。

4.10 将结晶紫染色液的污渍从水槽中去掉。

将放置每块细胞板的容器放在水龙头下，流水浸泡洗涤数次。取出风干。

4.11 PFU 计数

4.11.1 PFU 为在细胞单层上肉眼可见的、边缘清晰的、圆形区域，该区域的细胞被病毒破坏。

4.11.2 对每个细胞孔中的 PFU 进行计数。

1）计算每个待检疫苗稀释液 2 个孔的 PFU 平均数。

2）计算参考病毒对照 2 个孔的 PFU 平均数。

3）测定病毒滴度，并用 PFU/头份表示。取平均不低于 30PFU 的孔的待检疫苗稀释液计算的结果。

例如：

Log_{10} 蚀斑数量（30）	＝1.48
Log_{10} 稀释倍数（10^{-3}）	＝3.00
Log_{10} 2mL 的稀释系数（20）	＝1.3
病毒滴度/头份（总共）	＝5.78

则待检疫苗所含病毒的滴度为 $10^{5.78}$ PFU/2mL。

5. 检验结果说明

5.1 如果待检疫苗任何稀释度的孔出现可见污染，则判本次检验无效。

5.2 有效检验中，参考病毒对照孔的平均 PFU 必须为 15～40。

5.3 任何不符合步骤 5.1 和 5.2 项标准的，判为未检验，可进行无差别的重检。

5.4 一个蚀斑代表一个感染单位，而 1 个半数感染剂量（1ID_{50}）理论上等于 0.69 个感染单位。当一个病毒的感染剂量用 ID_{50} 表示时，其实际剂量是用 PFU/单位表示的 1.44 倍。因此，用 $TCID_{50}$ 表示 PFU 病毒滴度时，需要将 PFU 的结果乘以 1.44 或将 Log_{10} PFU 滴度值加上 0.16。在上面的例子中，该疫苗的 $TCID_{50}$ 应为 5.78＋0.16＝5.94 或 $10^{5.94}$ $TCID_{50}$/2mL。

5.5 如果检验有效，且待检疫苗滴度高于或等于生产大纲规定的病毒滴度，则判产品符合规定。

5.6 如果检验有效，但待检疫苗滴度低于最低标准要求，则必须按照 9CFR113.8 规定进行重检。

6. 检验结果报告

6.1 用 $TCID_{50}$/头份的病毒滴度报告检验结果。

6.2　在检验记录上记录所有检验结果。

7. 参考文献

Title 9, Code of Federal Regulations ［M］. Washington, DC: Government Printing Office.

8. 修订概述

第 05 版

• 更新联系人信息，但是，病毒学实验室决定保留原信息至下次文件审查之日。

第 04 版

• 删除文件中"由兽医生物制品中心（CVB）供应"的表述，因为 CVB 已不再供应这些试剂。

第 03 版

• 更新联系人信息。

• 文件编号由 VIRSAM0118 变更为 SAM118。

第 02 版

本修订版资料主要用于阐述兽医生物制品中心现行的实际操作方法，并提供了额外的细节信息。虽然不对检验结果产生重大影响，但是对文件进行了以下修改：

• 2.1.7　删除"自动补充注射器"。

• 2.2.3.2　碳酸氢钠（$NaHCO_3$）的用量从 2.2g 变更为 1.1g。

• 2.2.3.5/2.2.5.5　删除青霉素和链霉素。

• 2.2.12　用量筒替代"10mL 注射器和针头"。

• 3.4.1　删除"10mL 注射器和针头"。对用量筒量取配套稀释液对待检疫苗进行复溶的操作进行说明。

• 冰箱温度由（4±2）℃变更为 2～7℃。这反应了 Rees 系统建立和监测的参数。

（徐　璐译，张一帜校）

美国农业部兽医生物制品中心
检验方法

SAM 119 伪狂犬病病毒中和抗体效价测定的补充检验方法
（固定病毒-稀释血清法）

日　　期：2015 年 1 月 9 日

编　　号：SAM 119.03

替　　代：SAM 119.02，2011 年 2 月 9 日

标准要求：9CFR 113.133 部分

联 系 人：Alethea M. Fry，（515）337-7200
　　　　　Peg A. Patterson

审　　批：/s/Geetha B. Srinivas　　　　　日期：2015 年 2 月 2 日
　　　　　Geetha B. Srinivas，病毒学实验室负责人

　　　　　/s/Byron E. Rippke　　　　　日期：2015 年 2 月 17 日
　　　　　Byron E. Rippke，兽医生物制品中心政策、评审与执照管理部门负责人

　　　　　/s/Rebecca L. W. Hyde　　　　　日期：2015 年 2 月 17 日
　　　　　Rebecca L. W. Hyde，兽医生物制品中心质量管理部门负责人

美国农业部动植物卫生监督署
P. O. Box 844
Ames，IA 50010

补充检验方法中提及的商标或专利产品不等同于该产品已获得了美国农业部的保证或担保，
且它的批准也不意味着其可用于排除在外的其他可能适用的产品

目　录

1. 引言

本补充检验方法（SAM）描述了用细胞培养系统中蚀斑减少量测定抗伪狂犬病病毒血清抗体效价的体外检验方法。

2. 材料

2.1 细胞培养

将无外源病原的 Madin-Darby 牛肾（MDBK）细胞接种多个一次性塑料 6 孔板（孔径 35mm，Linbro Multi-Dish Disposo-Trays），接种细胞的数量应能满足培养 2d 后长成单层。例如，将 3mL/孔的细胞分到带有 10％胎牛血清（FBS）生长培养基的 1～4 孔中进行培养。

2.2 生长培养基

将细胞加入增加了添加物（见附录I）的最低基础培养基（MEM）中，置 35～37℃含 5％二氧化碳（CO_2）且相对湿度为 70％～80％的培养箱培养。除非产酸或细胞生长不良，否则不用更换生长培养基。

2.3 指示病毒

将国家兽医局实验室（NVSL）参考 PRV 病毒作为指示病毒。

2.4 稀释剂

无血清的稀释剂（见附录Ⅱ），用来制备稀释液。

3. 检验准备

3.1 试剂/对照品的准备

3.1.1 试验血清的稀释

56℃热处理血清 30min。在装有稀释剂的无菌试管内进行 2 倍系列稀释，并用旋涡混合器或相同类型的混合器混匀。例如，可以按照以下方法进行 2 倍系列稀释：

1）向 2、3、4 和 5 号试管中加入 0.5mL 稀释剂。

2）向试管 1 和试管 2 中加入 0.5mL 血清。将移液管弃去并混匀试管 2。试管 1 含有 0.5mL 未稀释的血清，试管 2 含有 1∶2 稀释的血清溶液。

3）从试管 2 取 0.5mL 血清溶液加入试管 3。将移液管弃去并混匀试管 3。试管 3 中的血清为 1∶4 稀释。

4）持续进行此操作，直至制成所需血清稀释度需要的次数。将最后一个稀释管内的血清稀释液弃去 0.5mL。

3.1.2 指示病毒的稀释

融化一瓶 NVSL PRV 参考病毒，用稀释液混合并稀释成每 0.1mL 含 30～70 个蚀斑形成单位（PFU）。稀释倍数根据之前的滴定结果和"病毒

原液"的说明确定。

3.2 样品的准备

病毒与病毒对照的血清中和

3.2.1 将等体积的病毒原液（0.5mL）加入每个血清稀释管中，混匀，37℃孵育 1h，使病毒被中和。此次等体积血清稀释液和病毒的混合物相当于对血清又进行了 2 倍稀释。因此，未稀释血清（试管 1）最终就变为 1∶2 稀释的稀释液，之前 1∶2 的稀释液变为 1∶4 的稀释液等。

3.2.2 用稀释剂对病毒原液进行 10 倍系列稀释，制备病毒对照。与病毒-血清混合液相同的方法，将浓度为 10^0、10^{-1} 和 10^{-2} 的病毒稀释液以同样的方法与血清混合，置 37℃孵育 1h。

4. 检验

4.1 细胞的接种与病毒吸附

在接种 MDBK 单层细胞前，用连接在真空管上的无菌巴氏移液管将生长培养基吸走或倾倒去除生长培养基。

每种病毒-血清混合液接种 2 孔，0.2mL/孔。病毒-稀释液混合物接种 4 孔，0.1mL/孔。

每批疫苗检验时，保留 2 个或 2 个以上含有单层细胞的孔作为不接种的细胞对照。

将接种的细胞置 37℃含 3％～5％CO_2 培养箱孵育 1h，使病毒进行吸附。在孵育期间，每 20min 轻轻摇动并旋转板子以重新分布接种液。

4.2 覆盖和培养

孵育之后，在板中加入覆盖培养基，可用此作为细胞的维持培养基。在室温条件下，在每个孔中加入 3mL 覆盖培养基（见附录Ⅲ），并将板子放回 CO_2 培养箱内培养。将板子置培养箱内静置培养 4d。

4.3 蚀斑计数

培养物的准备和计数如下：

4.3.1 倒掉覆盖培养基。

4.3.2 每孔加入 1mL 或 2mL 结晶紫溶液，并让其在单层细胞上均匀扩散。将板子在室温静置至少 10min。

4.3.3 将放置每块细胞板的容器放在水龙头下，流水浸泡洗涤数次，洗掉细胞单层上的结晶紫染色液。干燥细胞板。

4.3.4 蚀斑计数并进行记录。蚀斑是可以看到的在单层细胞上由已经被病毒破坏的细胞形成的环形区域，且不能像未感染细胞那样被染料着色。

5. 检验结果说明

蚀斑减少滴度是与病毒-稀释液混合物的平均

蚀斑数相比较，可引起病毒蚀斑数减少 50% 的最高血清稀释度。

例如，病毒原液的蚀斑数量为 50。血清-病毒混合液出现一半数量蚀斑（24）* 的血清稀释度即为血清的效价。

6. 检验结果报告

在检验记录上记录所有的检验结果。

7. 参考文献

Title 9，Code of Federal Regulations，part 113.333 ［M］. Washington，DC：Government Printing Office.

8. 修订概述

第 03 版

· 更新联系人信息，但是，病毒学实验室决定保留原信息至下次文件审查之日。

第 02 版

本修订版资料主要用于阐述兽医生物制品中心现行的实际操作方法，并提供了额外的细节信息。虽然不对检验结果产生重大影响，但是对文件进行了以下修改：

· 更新联系人信息。

附录

附录Ⅰ　生长培养基

水解乳清蛋白或乙二胺	0.5%
含 Eagle 盐的 MEM	加至 100.00%
碳酸氢钠	2.2g
硫酸庆大霉素	50μg/mL
青霉素	25IU/mL
链霉素	100μg/mL
热灭活或辐射胎牛血清	10.0%
L-谷酰胺	1.0%

附录Ⅱ　稀 释 液

水解乳清蛋白或乙二胺	0.5%
含 Eagle 盐的 MEM	加至 100.00%
碳酸氢钠	2.2g
硫酸庆大霉素	50μg/mL
两性霉素 B	5.0μg/mL
青霉素	100IU/mL
链霉素	100mg/mL
L-谷酰胺	1.0%

＊　译者注：此处英文有误，因为 50 的一半是 25。

附录Ⅲ 覆盖培养基（黄蓍胶）

2%黄蓍胶的制备：

加入黄蓍胶（2%为 2.0g/100mL），每次加一点，直至去离子水到达所需的体积，用振荡器剧烈震荡混合。

15lbs/psi 高压灭菌 15min。然后在 4℃保存。

黄蓍胶的黏度看起来不随温度变化发生明显变化。可以制备大量 2%黄蓍胶并置 4℃保存，直至使用。

2%黄蓍胶的使用：

将需要量的 2%黄蓍胶加入等体积的 2×培养基中。

将该混合物加入细胞培养物之前，需加热至室温。

（王 楠译，张一帜校）

美国农业部兽医生物制品中心
检验方法

SAM 120 牛呼吸道病毒灭活疫苗体外
效力检验的补充检验方法

日　　期：2014 年 10 月 16 日

编　　号：SAM 120.03

替　　代：SAM 120.02，2011 年 2 月 9 日

标准要求：9CFR 113.8 部分

联 系 人：Alethea M. Fry，（515）337-7200

　　　　　Peg A. Patterson

审　　批：/s/Geetha B. Srinivas　　　　　日期：2014 年 11 月 12 日

　　　　　Geetha B. Srinivas，病毒学实验室负责人

　　　　　/s/Byron E. Rippke　　　　　日期：2014 年 11 月 24 日

　　　　　Byron E. Rippke，兽医生物制品中心政策、评审与执照管理部门负责人

　　　　　/s/Rebecca L. W. Hyde　　　　　日期：2014 年 11 月 25 日

　　　　　Rebecca L. W. Hyde，兽医生物制品中心质量管理部门负责人

美国农业部动植物卫生监督署

P. O. Box 844

Ames，IA 50010

补充检验方法中提及的商标或专利产品不等同于该产品已获得了美国农业部的保证或担保，
且它的批准也不意味着其可用于排除在外的其他可能适用的产品

目　　录

1. 引言

本补充检验方法（SAM）描述了含有牛鼻气管炎病毒（BRV）、牛病毒性腹泻（BVD）病毒、牛副流感 3 型（PI_3）病毒和牛呼吸合胞体病毒（BRSV）的灭活疫苗与参考疫苗进行比较的体外效力检验方法。

2. 材料

2.1　96 微滴定孔板。

2.2　包被缓冲液

pH9.6 的 0.05mol/L 碳酸钠/碳酸氢钠。4℃保存，5d 内使用。

2.2.1　1.59g Na_2CO_3；

2.2.2　2.93g $NaHCO_3$；

2.2.3　蒸馏水定容至 1L；

2.2.4　调节 pH 至 9.6±0.1。

2.3　抗病毒捕获抗体，在每个检验中仅使用 1 种捕获抗体检测 1 种病毒成分。有效参考剂量见国家兽医局实验室（NVSL）的标准。按照说明书用包被缓冲液稀释。

2.3.1　BRV 抗体；

2.3.2　BVD 抗体；

2.3.3　牛 PI_3 抗体；

2.3.4　BRSV 抗体。

2.4　封闭液

用包被缓冲液稀释的 1‰ 酪蛋白。4℃ 保存，5d 内使用。

2.4.1　1g 酪蛋白；

2.4.2　100mL 包被缓冲液；

2.4.3　微波炉设置成高温，加热 2～3min 直至沸腾。

2.5　0.01mol/L PBS，4℃保存。

2.5.1　1.33g Na_2HPO_4；

2.5.2　0.22g $Na_2H_2PO_4 \cdot H_2O$；

2.5.3　8.5g NaCl；

2.5.4　蒸馏水定容至 1L；

2.5.5　121℃高压灭菌 15min。

2.6　稀释缓冲液

用 0.01mol/L PBS 稀释的 1‰ 酪蛋白。每次检验现配现用。

2.6.1　1g 酪蛋白；

2.6.2　100mL 0.01mol/L PBS；

2.6.3　微波炉设置成高温，加热 2～3min 直至沸腾。

2.7　洗液

用 0.01mol/L PBS 稀释的 0.05％吐温 20。

2.8　二抗

除另有规定外，由 NVSL 提供。按照说明用稀释缓冲液稀释。

2.8.1　BRV 单克隆抗体（Mab）：

1）1B8；

2）2H6。

2.8.2　BVD 生物素标记的多克隆抗体。

2.8.3　PI_3 Mab

1）240-12D；

2）260-10B。

2.8.4　BRSV Mab 8G12。

2.9　复合物

2.9.1　辣根过氧化物酶标记的山羊抗鼠 IgG，用 0.01mol/L PBS 稀释至 1∶3 000，与 BRV，PI_3 和 BRSV 的 Mab 配套使用。

2.9.2　过氧化物酶链霉素复合物，用 0.01mol/L PBS 稀释至 1∶4 000，与生物素标记的 BVD 多克隆抗体配套使用。

2.10　底物

2,2′-连氮-双（3-乙基苯并噻唑啉磺酸）（ABTS）

在进行体外检验前，将溶液 A 和溶液 B 等量混合。

2.11　提供持照的参考疫苗

必须取相同规格和成分的参考疫苗作为检验的批次，且经本动物免疫原性试验验证，并在平行关系试验中使用。参照 1991 年 4 月 26 日颁布的 ELISA 法测定兽医生物制品相对效力的指南。

3. 检验

如果待检批次的疫苗从佐剂中释放抗原，则应为动物植物卫生检察署（APHIS）认可的方法，同时还应适用于参考疫苗。

3.1　捕获抗体用包被缓冲液稀释后，包被微量滴定板，100μL/孔。用密封带密封。在 4℃培养过夜。

3.2　倒掉捕获抗体。将板子倒置在干净的吸水纸上拍干。加阻断缓冲液，100μL/孔。室温孵育 1h。

3.3　用洗液漂洗微量滴定板 3 次，200μL/孔。在第三次洗涤后，将板子倒置在干净的吸水纸上拍干，以除去残留的洗液。在加洗液的间隔时间内应避免板变干。

3.4　在稀释板上对参考疫苗和待检疫苗进行

2 倍系列稀释。

3.4.1 在 96 孔板的 B～H 行孔中加入稀释缓冲液，150μL/孔。

3.4.2 在稀释板的 A1～A3 加入参考疫苗，300μL/孔。在稀释板的 A4～A6 加入待检批次疫苗，300μL/孔。其他批次的待检疫苗可加在 A7～A9 和 A10～A12 中。

3.4.3 用多孔移液器从 A 行取 150μL 液体加入 B 行。充分混匀 B 行各孔。再从 B 行取 150μL 加入 C 行相应的孔中。

注：一套移液器吸头可用于稀释参考疫苗和待检疫苗。

3.4.4 充分混匀 C 行各孔。取 150μL 加入 D 行相应的孔中。

3.4.5 继续进行 2 倍系列稀释，直至 G 行。充分混匀 G 行各孔后，每孔弃去 150μL。此时疫苗稀释度的范围为原液至 1∶64。

注：为获得最适光密度值（OD），可以选择其他的稀释倍数稀释参考疫苗和待检疫苗。

3.4.6 H 行为空白行。

3.5 用多道移液器从稀释板 H 行取 100μL 液体加入相应的捕获抗体包被板的 H 行。继续以相同的方式将稀释板的所有行的液体从 G 行至 A 行加入相应的包被板中。在移液时，可以使用一套移液器的吸头。37℃微量板振荡器震荡孵育 1h。

3.6 再次漂洗板子，方法同步骤 3.3 项。

3.7 每孔加入用稀释液稀释过的二抗，100μL/孔。37℃孵育 1h。

3.8 再次漂洗板子，方法同步骤 3.3 项。

3.9 每孔加入用 0.01mol/L PBS 稀释过的复合物，100μL/孔。37℃孵育 30min。

3.10 用不加吐温 20 的 0.01mol/L PBS 漂洗 3 次。在第三次洗涤后，将板子倒置在干净的吸水纸上拍干，以除去残留的 PBS。

3.11 加入 ABTS，100μL/孔。室温孵育 45min。

3.12 在酶标读数仪上读板，检验滤光片设为 405nm，参考滤光片设为 490nm。

3.13 空白孔的读数为含除待检成分外所有试剂的孔的读数（H 行）。当空白孔的 OD 值不为零时，在数据分析前，所有孔的 OD 值应减去空白孔的平均 OD 值。

4. 检验结果说明

每排检验结果均无效时，判为未检验，可重检。待检疫苗的相对效力（relative potency，RP）报告为用 SoftMax Pro 6.3 GxP 计算前 3 个记分的最高 RP 值。待检疫苗 RP≥1.0 时，判为符合规定。重检情况按照 9CFR113.8 部分规定进行。

待检疫苗 RP<1.0 时，可重检 3 次。在所有有效的检验中，至少有 50% 待检疫苗的结果符合规定时，方能判检验符合规定。如果该批疫苗不进行重检，则判该批疫苗不符合规定。

5. 检验结果报告

在检验记录上记录所有检验结果。

6. 参考文献

Title 9，Code of Federal Regulations，part 113.8 ［M］. Washington，DC：Government Printing Office.

7. 修订概述

第 03 版

• 更新联系人信息，但是，病毒学实验室决定保留原信息至下次文件审查之日。

第 02 版

本修订版资料主要用于阐述兽医生物制品中心现行的实际操作方法，并提供了额外的细节信息。虽然不对检验结果产生重大影响，但是对文件进行了以下修改：

• 更新联系人信息。

（王　楠译，薛文志　张一帆校）

美国农业部兽医生物制品中心
检验方法

SAM 121　测定改良活疫苗中猪轮状病毒滴度的补充检验方法

日　　期：2014 年 10 月 21 日已批准，标准要求待定

编　　号：SAM 121. 05

替　　代：SAM 121. 04，2011 年 9 月 9 日

标准要求：

联 系 人：Alethea M. Fry，（515）337-7200

　　　　　Peg A. Patterson

审　　批：/s/Geetha B. Srinivas　　　　　日期：2014 年 12 月 23 日

　　　　　Geetha B. Srinivas，病毒学实验室负责人

　　　　　/s/Byron E. Rippke　　　　　日期：2014 年 12 月 29 日

　　　　　Byron E. Rippke，兽医生物制品中心政策、评审与执照管理部门负责人

　　　　　/s/Rebecca L. W. Hyde　　　　　日期：2014 年 12 月 29 日

　　　　　Rebecca L. W. Hyde，兽医生物制品中心质量管理部门负责人

美国农业部动植物卫生监督署

P. O. Box 844

Ames，IA 50010

补充检验方法中提及的商标或专利产品不等同于该产品已获得了美国农业部的保证或担保，且它的批准也不意味着其可用于排除在外的其他可能适用的产品

目　录

1. 引言

本补充检验方法（SAM）描述了使用细胞培养系统中细胞病变效应（CPE）或间接荧光抗体（IFA）技术测定改良活疫苗中猪轮状病毒 A 群（PROTA）滴度的体外检验方法。

注意：本补充检验方法中，1∶10、1∶20 等稀释术语特指 1 份加 9 份（液体）、1 份加 19 份等。

2. 材料

2.1　设备/仪器

下列任何品牌的设备或仪器均可由具有相同功能的设备或仪器所替代。

2.1.1　（36±2）℃、（5±1）%CO$_2$、高湿度培养箱（型号 3158，FormaScientific 有限公司）；

2.1.2　水浴锅；

2.1.3　倒置光学显微镜（型号 CK，奥林巴斯美国有限公司）；

2.1.4　紫外显微镜（型号 BH2，奥林巴斯美国有限公司）；

2.1.5　涡旋混合器（Vortex-2 Genie，型号 G-560，Scientific Industries 有限公司）；

2.1.6　微量移液器，200μL 和 1 000μL 单道；300μL×12 道。

2.2　试剂/耗材

下列任何品牌的试剂或材料均可由具有相同功能的试剂或材料所替代。所有试剂和材料均必须无菌。

2.2.1　PROTA 参考病毒

1）血清 4 型（Gottfried 株）；

2）血清 5 型（OSU 株）。

2.2.2　按照 9CFR 检验无外源病原的恒河猴肾细胞（MA-104），经兽医生物制品中心（CVB）认可。

2.2.3　最低基础培养基（MEM）［国家动物卫生中心（NCAH）培养基♯20030］

1）9.61g 含有 Earles 盐（无碳酸氢盐）的 MEM。

2）1.1g 碳酸氢钠（NaHCO$_3$）。

3）用去离子水（DI）溶解定容至 1 000mL，并用 2mol/L 盐酸（HCl）调节 pH 至 6.8～6.9。

4）用 0.22μm 滤器滤过除菌。

5）无菌添加：

a.10mL L-谷氨酰胺（200mol/L）；

b.50μg/mL 硫酸庆大霉素；

6）在 2～7℃保存。

2.2.4　生长培养基

1）930mL MEM；

2）无菌添加 70mL 伽马射线灭活的胎牛血清（FBS）；

3）在 2～7℃保存。

2.2.5　稀释培养基

1）100mL MEM；

2）83.3μL 胰酶（4×NF10×）；

3）在 2～7℃保存。

2.2.6　抗 PROTA 单克隆抗体（MAb）

1）抗血清 4 型（Gottfried 株）的 Mab；

2）抗血清 5 型（OSU 株）的 Mab。

2.2.7　兔抗鼠异硫氰酸荧光素标记的复合物（兔抗鼠复合物）。

2.2.8　抗猪轮状病毒 OSU 株的血清。

2.2.9　抗猪轮状病毒 Gottfried 株的血清。

2.2.10　0.01mol/L 磷酸缓冲盐水（PBS）（NCAH 培养基♯30054）

1）1.19g 无水磷酸氢二钠（Na$_2$HPO$_4$）；

2）0.22g 一水合磷酸二氢钠（NaH$_2$PO$_4$·H$_2$O）；

3）8.5g 氯化钠（NaCl）；

4）用 DI 定容至 1 000mL；

5）用 0.1mol/L NaOH 或 2.0mol/L HCl 调节 pH 至 7.2～7.6；

6）15psi，（121±2）℃高压消毒灭菌（35±5）min；

7）在 2～7℃保存。

2.2.11　80%丙酮

1）80mL 丙酮；

2）20mL DI；

3）室温保存。

2.2.12　96 孔细胞培养板。

2.2.13　（12×75）mm 聚苯乙烯管。

2.2.14　无菌量筒，如 25mL、50mL、100mL、250mL。

2.2.15　移液管。

3. 检验准备

3.1　人员资质/培训

操作人员必须接受过细胞培养技术、IFA 原理和无菌操作技术等培训。

3.2　设备/仪器的准备

检验当天，设定水浴温度为（36±2）℃。

3.3 试剂/对照品的准备

3.3.1 MA-104 板

在检验开始前 2d，将 MA-104 细胞接种到带有生长培养基的 96 孔细胞培养板上，细胞数量应确保能够在（36±2）℃的 CO_2 培养箱中培养两天后形成致密单层细胞。这些为 MA-104 板。每个 MA-104 板能检验 1 个待检疫苗或 2 种 PROTA 参考病毒中的 1 个。当培养液的酸性过强或细胞接种后不能长满单层时，则需要更换生长培养液。

3.3.2 吸取 2mL 稀释培养基到 2 支（12×75）mm 聚苯乙烯管中，每个管子标记为相应的参考病毒。

1）移取每个参考病毒 $500\mu L$ 加入相应标记的参考病毒管中，涡旋混匀。弃去吸头。此时参考病毒为 1:5 稀释。

2）吸取每支 1:5 稀释的参考病毒，各 1.0mL，分别加入到 2 个参考病毒（12×75）mm 聚苯乙烯管的中，标记为 10^{-1}（共 4 支管）。

3）吸取抗 PROTA 特异性血清，1.0mL/管，分别加入每个标为 10^{-1} 的参考病毒管中。此为参考病毒-特异性抗血清混合物。对另一个抗 PROTA 特异性血清重复此操作（见附录）。

4）涡旋混匀，室温孵育（120±10）min。

5）取稀释培养基加入 2 套（12×75）mm 聚苯乙烯管中，1.8mL/管，管上分别标记为 $10^{-2}\sim 10^{-8}$ 的每种参考病毒-特异性抗血清混合物。

6）制备疫苗对应的每种 PROTA 参考病毒-特异性抗血清混合物的 10 倍稀释液。从每个参考病毒-特异性抗血清混合管中各取 $200\mu L$ 分别加入相应标记的 10^{-2} 管中。涡旋混匀，弃去吸头。

7）剩余的管重复步骤 3.3.2.6 项，依次从前一个稀释度管中取 $200\mu L$ 加入下一个稀释度管中，直至完成稀释。

3.3.3 抗 PROTA Mab 工作液

在 MA-104 板检验当天，如果要进行 IFA 试验，那么应按照 CVB 提供的试剂资料清单或相应特异性 Mab 测定结果，用 PBS 适当稀释抗 PROTA MAb。

3.3.4 兔抗鼠复合物工作液

在 MA-104 板检验当天，如果要进行 IFA 试验，那么应按照生产商提供的说明书用 PBS 适当稀释兔抗鼠复合物。

3.4 样品的准备

3.4.1 待检疫苗首次检验需用单独 1 瓶疫苗

（从 1 瓶疫苗中取一个单一的样本）。在开始检验的当天，去掉待检疫苗瓶和配套稀释液瓶的盖子。按照生产商提供的说明书，用无菌量筒量取适当体积的稀释液（如 50 头份的疫苗，每头份 2mL，则取 100mL 稀释液），无菌倒入装有冻干疫苗的瓶中。涡旋混匀。

3.4.2 中和含有多价 PROTA 的待检疫苗，按照步骤 3.3.2 项所述方法将疫苗进行 10 倍稀释（见附录）。

4. 检验

4.1 检验开始的当天，倒掉 MA-104 板中的生长培养基。

4.2 在 MA-104 板中加入稀释培养基，$200\mu L$/孔。弃去稀释培养基。

4.3 再在 MA-104 板中加入稀释培养基，$200\mu L$/孔，然后置（36±2）℃ CO_2 培养箱孵育（60±10）min。弃去稀释培养基。

4.4 将待检疫苗-特异性抗血清混合物和每个参考病毒-特异性抗血清混合物的每种稀释液接种到 MA-104 板中，每个稀释度至少接种 5 孔，$200\mu L$/孔。

4.5 加稀释培养基，每块 MA-104 板至少加 5 孔，$200\mu L$/孔，作为不接种的细胞对照。

4.6 接种后将 MA-104 板置（36±2）℃ CO_2 培养箱中培养（5±1）d。

4.7 CPE 计数是测定 $\log_{10}$ 半数组织感染剂量（$TCID_{50}$）的基本方法。

4.7.1 接种后（5±1）d，用倒置光学显微镜观察各孔。在细胞单层上可观察到细胞死亡，表现为 PROTA 引起的 CPE。

4.7.2 记录每个待检疫苗-特异性抗血清混合物和参考病毒-特异性抗血清混合物出现的任何 PROTA 引起的特征性 CPE 的孔数/稀释孔数。

4.7.3 用 Finney 修正的 Spearman-Kärber 法计算待检疫苗-特异性抗血清混合物和每种参考病毒-特异性抗血清混合物的 $TCID_{50}$。

例如：

10^0 稀释的待检疫苗=5/5 孔出现 CPE 阳性

10^{-1} 稀释的待检疫苗=5/5 孔出现 CPE 阳性

10^{-2} 稀释的待检疫苗=3/5 孔出现 CPE 阳性

10^{-3} 稀释的待检疫苗=0/5 孔出现 CPE 阳性

待检疫苗滴度=$X-d/2+d\times S$

式中，$X=\log_{10}$ 最低稀释倍数（=0）；

$d=\log_{10}$ 稀释系数（=1）；

$S=$ 所有 CPE 阳性孔与稀释度检验孔的比例之和：

$$(5/5=1.0)+(5/5=1.0)+(3/5=0.6)+(0/5=0)=2.6$$

滴度 $=0-0.5+(1×2.6)=2.1$

按照以下方法调整推荐待检疫苗剂量的滴度：

1. 待检疫苗剂量除以接种剂量

待检疫苗剂量=生产商推荐的疫苗剂量（对本待检疫苗而言，推荐剂量为 2mL）

接种剂量=加入检验板每个孔稀释待检疫苗的剂量（本待检疫苗，接种剂量为 0.2mL）

$$2mL/0.2mL=10$$

2. 计算 $\log_{10}A$ 的值，并按以下说明把该值加到待检疫苗的滴度上：

$$\log_{10}10=1.0$$

待检疫苗滴度 $=2.1+1.0=3.1$

因此，待检疫苗的滴度为 $10^{3.1}TCID_{50}/1mL$。

4.8 PROTA 的某些毒株可能不产生明显的 CPE。可用 IFA 测定病毒滴度。

4.8.1 弃去 MA-104 板中的生长培养基。

4.8.2 用 PBS 漂洗 MA-104 板，室温孵育 $(5±2)$ min。弃去 PBS。

4.8.3 每孔加满 80% 丙酮，室温孵育 $(15±5)$ min。

4.8.4 弃去 MA-104 板上的 80% 丙酮，室温风干。

4.8.5 所有孔加入 $35\mu L$ 抗 PROTA 单抗工作液，室温孵育 $(45±15)$ min。

4.8.6 弃去抗 PROTA MAb 工作液。每孔加满 PBS，室温孵育 $(5±2)$ min。弃去 PBS。

4.8.7 重复洗涤 2 次。

4.8.8 在吸水纸上轻叩 MA-104 板除去多余的液体。

4.8.9 每孔加入 $35\mu L$ 兔抗鼠复合物工作液，室温孵育 $(40±10)$ min。

4.8.10 重复步骤 4.8.6 至 4.8.8 项。

4.8.11 每孔加满蒸馏水，弃去。可风干或在 $(36±2)℃$ 干燥。

4.8.12 将 MA-104 板在 100～200 倍 UV 光显微镜下观察。

4.8.13 如果细胞质出现典型苹果绿色荧光，则该孔被判为阳性。

4.8.14 按步骤 4.7.2 和 4.7.3 项记录并计算。

5. 检验结果说明

5.1 如果在任何不接种的细胞对照孔出现 CPE、荧光或细菌/真菌污染，则判本次检验无效。

5.2 抗 PROTA 血清必须能够中和相应的同源参考病毒。

5.3 每个非同源抗血清中和的参考病毒计算所得滴度，必须在预先测定 10 次的平均滴度 $±2$ 个标准差之间。

5.4 如果不满足有效性要求，则判检验为未检验，需要进行无差别的重检。

5.5 如果满足有效性要求，且待检疫苗的滴度高于或等于农业部动植物卫生监督署（APHIS）备案的生产大纲或特殊纲要规定的滴度，则判该待检疫苗符合规定。

5.6 如果满足有效性要求，但待检疫苗的滴度低于 APHIS 备案的生产大纲或特殊纲要规定的最低滴度，则待检疫苗可按照 CFR9 113.8 部分规定进行重检。

6. 检验结果报告

在检验记录上记录所有检验结果。待检疫苗的滴度用 $Log_{10}TCID_{50}/$头份表示。

7. 参考文献

Title 9，Code of Federal Regulations ［M］. Washington，DC：Government Printing Office.

Conrath T B，1872. Handbook of microtiter procedures ［M］. Clinical and Research Applications Laboratory，Alexandria，Virginia：Cooke Engineering Co.

Finney D J，1978. Statistical method in biological assay ［M］. 3rd ed. London：Charles Griffin and Company.

Rose N R，Friedman H，Fahey J L，et al，1986. Neutralization assays ［M］//Manual of Clinical Laboratory Immunology. Washington，DC：ASM Press.

8. 修订概述

第 05 版

• 更新联系人信息，但是，病毒学实验室决定保留原信息至下次文件审查之日。

第 04 版

• 删除文件中"由兽医生物制品中心（CVB）供应"的表述，因为 CVB 已不再供应这些试剂。

第 03 版

• 文件编号由 VIRSAM0121 变更为 SAM121。

• 更新联系人信息。

第 02 版

本修订版资料主要用于阐述兽医生物制品中心现行的实际操作方法，并提供了额外的细节信息。虽然不对检验结果产生重大影响，但是对文件进行了以下修改：

• 2.1.7　被删除。

• 2.2.3.2　$NaHCO_3$ 的用量由 2.2g 变更为 1.1g。

• 2.2.3.5　删除青霉素、链霉素和两性霉素 B。

• 2.8　抗 PROTA 血清被分别描述。

• 2.2.15　增加移液管。

• 3.2.2.2　删除"可重复使用的注射器"，增加"移液管"。

• 4.4　待检疫苗中加入"特异性抗血清混合物"。

• 4.7.3　增加步骤，阐明用 Spearman-Kärber 公式计算滴度。

• 4.8.6　增加"弃去 PROTA（MAb）工作液"。

• 4.8.11　增加"每孔加满 DI"。

• 5.3　在参考病毒后增加"非同源的抗血清"。

• 冰箱温度由（4±2）℃变更为 2～7℃。这反应了 Rees 系统建立和监测的参数。

• 文件中所有"待检批次"变更为"待检疫苗"。

• 文件中所有的"参考品和试剂清单"均变更为"试剂资料清单"。

附　录

RV[①] Gottfried 株（1∶5）：1mL＋1mL 抗 Gottfried 株 AS[②]

1mL＋1mL 抗猪轮状病毒 OSU 株 AS[②]

RV[①] OSU 株（1∶5）：1mL＋1mL 抗 Gottfried 株 AS[②]

1mL＋1mL 抗 OSU 株 AS[②]

待检疫苗（1∶5）：1mL＋1mL 抗 Gottfried 株 AS[②]

1mL＋1mL 抗－OSU 株 AS[②]

[①]RV＝参考病毒

AS[②]＝抗 PROTA 血清

（吴华伟译，张一帜校）

美国农业部兽医生物制品中心
检验方法

SAM 122　猪轮状病毒抗体效价测定的补充检验方法（固定病毒-稀释血清法）

日　　期：2014 年 10 月 21 日已批准，标准要求待定

编　　号：SAM 122. 05

替　　代：SAM 122. 04，2011 年 6 月 28 日

标准要求：

联 系 人：Alethea M. Fry，（515）337-7200

　　　　　Peg A. Patterson

审　　批：/s/Geetha B. Srinivas　　　　日期：2014 年 12 月 10 日

　　　　　Geetha B. Srinivas，病毒学实验室负责人

　　　　　/s/Byron E. Rippke　　　　　日期：2014 年 12 月 16 日

　　　　　Byron E. Rippke，兽医生物制品中心政策、评审与执照管理部门负责人

　　　　　/s/Rebecca L. W. Hyde　　　　日期：2014 年 12 月 16 日

　　　　　Rebecca L. W. Hyde，兽医生物制品中心质量管理部门负责人

美国农业部动植物卫生监督署

P. O. Box 844

Ames，IA 50010

补充检验方法中提及的商标或专利产品不等同于该产品已获得了美国农业部的保证或担保，
且它的批准也不意味着其可用于排除在外的其他可能适用的产品

目　录

1. 引言

本补充检验方法（SAM）描述了用细胞培养系统中细胞病变效应（CPE）或间接荧光抗体（IFA）技术测定改良活疫苗中猪轮状病毒 A 群（PROTA）SN 抗体效价的体外检验方法。本 SN 检验使用固定量的病毒检测不同稀释度的血清。

注意：本 SAM 中，1∶10、1∶20 等稀释术语特指 1 份加 9 份（液体）、1 份加 19 份等。

2. 材料

2.1　设备/仪器

下列任何品牌的设备或仪器均可由具有相同功能的设备或仪器所替代。

2.1.1　（36±2）℃、（5±1）%CO$_2$、高湿度培养箱（型号 3158，Forma Scientific 有限公司）；

2.1.2　水浴锅；

2.1.3　倒置光学显微镜（型号 CK，奥林巴斯美国有限公司）；

2.1.4　紫外显微镜（型号 BH2，奥林巴斯美国有限公司）；

2.1.5　涡旋混合器（Vortex-2 Genie，型号 G-560，Scientific Industries 有限公司）；

2.1.6　微量移液器：200μL 和 1 000μL 单道；300μL×12 道。

2.2　试剂/耗材

下列任何品牌的试剂或材料均可由具有相同功能的试剂或材料所替代。所有试剂和材料均必须无菌。

2.2.1　猪轮状病毒 A 群（PROTA）阳性对照品病毒

1）血清 4 型（Gottfried 株）；

2）血清 5 型（OSU 株）。

2.2.2　恒河猴肾细胞（MA-104）：按照 9CFR 检验无外源病原，经兽医生物制品中心（CVB）认可。

2.2.3　最低基础培养基（MEM）（20030 培养基）［国家动物卫生中心（NCAH）培养基♯20030］

1）9.61g 含有 Earles 盐（无碳酸氢盐）的 MEM。

2）1.1g 碳酸氢钠（NaHCO$_3$）。

3）用去离子水（DI）定容至 1 000mL，并用 2mol/L 盐酸（HCl）调节 pH 至 6.8～6.9。

4）用 0.22μm 滤器滤过除菌。

5）无菌添加：

a.10mL L-谷氨酰胺（200mol/L）；

b.50g/mL 硫酸庆大霉素。

6）在 2～7℃保存。

2.2.4　生长培养基

1）900mL MEM；

2）无菌添加 100mL 伽马射线灭活的胎牛血清（FBS）

3）在 2～7℃保存。

2.2.5　稀释培养基

1）100mL MEM；

2）83.3μL 胰酶（4×NF10×）；

3）在 2～7℃保存。

2.2.6　抗 PROTA 单克隆抗体（MAb）

1）抗血清 4 型（Gottfried 株）MAb；

2）抗血清 5 型（OSU 株）MAb。

2.2.7　兔抗鼠异硫氰酸荧光素（FITC）标记的复合物（兔抗鼠复合物）

2.2.8　0.01mol/L PBS（NCAH 培养基♯30054）

1）1.19g 无水磷酸氢二钠（Na$_2$HPO$_4$）；

2）0.22g 一水合磷酸二氢钠（NaH$_2$PO$_4$·H$_2$O）；

3）8.5g 氯化钠（NaCl）；

4）用 DI 定容至 1 000mL；

5）用 0.1mol/L NaOH 或 2.0mol/L HCl 调节 pH 至 7.2～7.6；

6）15psi,（121±2）℃高压灭菌（35±5）min；

7）在 2～7℃保存。

2.2.9　80%丙酮

1）80mL 丙酮；

2）20mL DI；

3）室温保存。

2.2.10　96 孔细胞培养板。

2.2.11　（12×75）mm 聚苯乙烯管。

3. 检验准备

3.1　人员资质/培训

操作人员必须接受过 SN 试验、细胞培养技术、IFA 原理和无菌操作技术等培训。

3.2　设备/仪器的准备

3.2.1　检验当天，设定一个水浴锅的温度为（56±2）℃。

3.2.2　检验当天，设定一个水浴锅的温度为（36±2）℃。

3.3　试剂/对照品的准备

3.3.1 MA-104 板。在检验开始前 2d，用生长培养基将 MA-104 细胞接种到 96 孔细胞培养板上，细胞数量应确保能够在（36±2）℃的 CO_2 培养箱中培养两天后形成致密单层细胞。这些即为 MA-104 板。每个 MA-104 板能检验 2 份血清。如果培养液的酸性过强或细胞接种后不能长满单层，则更换生长培养液。

3.3.2 病毒原液的准备。在检验当天，将每种 PROTA 阳性对照品病毒置（36±2）℃水浴迅速融化，然后用稀释培养基稀释至 50～300 半数组织感染量（$TCID_{50}$）/$100\mu L$。

3.3.3 病毒的回归滴定。开始检验当天，将每种病毒原液进行 4 次 10 倍系列稀释。

1）吸取 $900\mu L$ MEM 加入 2 套各 4 个（12×75）mm 聚苯乙烯管中，标记为 10^{-4}～10^{-1}。每套聚苯乙烯管标记为相应的病毒原液。

2）各吸取 $100\mu L$ 每种病毒原液加入标记为 10^{-1} 的相应管，涡旋混匀。弃去吸头。

3）从 10^{-1} 管吸取 $100\mu L$ 加入 10^{-2} 管中，涡旋混匀。弃去吸头。

4）重复步骤 3 项稀释剩余的管，依次从前一个稀释度取 $100\mu L$ 加入下一个稀释度的管中，直至完成所有稀释。

3.3.4 抗 PROTA MAb 工作液。在 MA-104 板检验当天，如果进行 IFA 试验，则按照特异性 Mab 的测定结果，用 PBS 适当稀释抗 PROTA MAb。

3.3.5 兔抗鼠复合物工作液。在 MA-104 板检验当天，如果进行 IFA 试验，则按照生产商的推荐，用 PBS 对兔抗鼠复合物进行稀释。

3.4 样品的准备

3.4.1 在开始检验当天，将所有待检血清置（56±2）℃水浴中热灭活（30±5）min。

3.4.2 在 96 孔细胞培养板上进行待检血清的 2 倍系列稀释，此板即是稀释板（见附录）。将每份待检血清加到 2 块 96 孔细胞培养板上，1 块板检验 1 种 PROTA 血清型。按如下所述进行 2 倍稀释：

1）在 B-H 行加入 $150\mu L$ 稀释培养基。

2）在 A 排和 B 行加入 $150\mu L$ 待检血清。更换吸头。用多道微量移液器（6～8 道）将 B 行混匀。

3）从 B 行吸取 $150\mu L$ 加入 C 行。更换吸头。用多道微量移液器（6～8 道）将 C 行混匀。

4）按照步骤 3 项稀释剩余的管。从 H 行所有

孔中各弃去 $150\mu L$。

5）在稀释板的所有孔中各加入 $150\mu L$ 病毒原液。轻叩细胞培养板使其混合均匀。

6）（36±2）℃孵育（60±10）min，使病毒被中和。这样，待检血清也被稀释了 2 倍。此为病毒-待检血清混合物。

4. 检验

4.1 开始检验，弃去 MA-104 板中的生长培养基。

4.2 在 MA-104 板中加入稀释培养基，$200\mu L$/孔。弃去稀释培养基。

4.3 再在 MA-104 板中加入稀释培养基，$200\mu L$/孔。置（36±2）℃ CO_2 培养箱孵育（60±10）min。弃去稀释培养基。

4.4 用多通道移液器将每个病毒-待检血清混合物加入 MA-104 板中，每个稀释度至少加 5 孔，$200\mu L$/孔。

4.5 用多道移液器将病毒回归滴定稀释培养基混合物加入 MA-104 板中，每个稀释度（10^{-4}～10^0）各接种 5 孔，$100\mu L$/孔。再取 $100\mu L$ 稀释培养基加入病毒回归滴定孔。

4.6 每个 MA-104 板取 2 列作为不接种的细胞对照，加稀释培养基，$200\mu L$/孔。

4.7 将接种的 MA-104 板置（36±2）℃ CO_2 培养箱培养 5d。

4.8 CPE 计数是确定 $\log_{10}$ 半数组织感染剂量（$TCID_{50}$）的主要方法。

4.8.1 接种后（5±1）d，用倒置光学显微镜观察各孔。在细胞单层上可观察到细胞死亡，表现为 PROTA 引起的 CPE。

4.8.2 记录每个待检血清和回归滴定病毒液出现的任何 PROTA 引起的特征性 CPE 的孔数/稀释度。

4.8.3 用 Finney 修正的 Spearman-Kärber 法计算每个回归滴定病毒液的 $TCID_{50}$。

4.8.4 用常规修正的 Spearman-Kärber 法计算每份待检血清的效价终点。待检血清效价的终点报告为 SN 效价，为可中和 PROTA 的最高血清稀释度的倒数。

例如：

1：2 稀释的待检血清＝5/5 孔出现 CPE 阳性

1：4 稀释的待检血清＝5/5 孔出现 CPE 阳性

1：8 稀释的待检血清＝3/5 孔出现 CPE 阳性

1：16 稀释的待检血清＝0/5 孔出现 CPE 阳性

待检疫苗滴度＝$X-d/2+d\times S$

式中，$X=$Log$_{10}$最低稀释倍数（＝0.3）；

　　　$d=$Log$_{10}$稀释系数（＝0.3）；

　　　$S=$所有 CPE 阳性孔与稀释度检验孔

的比例之和：

$5/5+5/5+3/5+0/5=2.6$

效价＝$0.3-0.3/2+$（0.3×2.6）$=0.93$

0.93 的反对数＝8.5

待检血清的效价为9

4.9　PROTA 的某些毒株可能不产生明显的 CPE，此时可用 IFA 测定病毒滴度。

4.9.1　弃去 MA-104 板中的生长培养基。

4.9.2　用 PBS 漂洗 MA-104 板，室温孵育（5 ± 2）min。弃去 PBS。

4.9.3　每孔加满80％丙酮

4.9.4　室温孵育（15 ± 5）min。

4.9.5　弃去 MA-104 板上的丙酮，室温风干。

4.9.6　在所有孔中加入 35μL 抗 PROTA MAb 工作液。室温孵育（45 ± 15）min。

4.9.7　每孔加满 PBS，室温孵育（5 ± 2）min。弃去 PBS。

4.9.8　每孔重复洗涤2次。

4.9.9　在吸水纸上轻叩 MA-104 板，除去多余的液体。

4.9.10　每孔加入 35μL 兔抗鼠复合物工作液。室温孵育（40 ± 10）min。

4.9.11　重复步骤 4.9.7 至 4.9.9 项。

4.9.12　每孔加满 DI，然后弃去。风干或置（36 ± 2）℃干燥。

4.9.13　将 MA-104 板置 100～200 倍 UV 光显微镜下观察。

4.9.14　如果细胞质出现典型的苹果绿色荧光，则判该孔为阳性。

4.9.15　按步骤 4.8.2 和 4.8.4 项记录并计算。

5. 检验结果说明

5.1　如果在任何不接种的细胞对照孔出现 CPE、荧光或细菌/真菌污染，则判本次检验无效。

5.2　对于有效的检验，病毒回归滴度必须为（50～300）TCID$_{50}$/100μL。

6. 检验结果报告

在检验记录上记录所有检验结果。

7. 参考文献

Title 9, Code of Federal Regulations［M］. Washington，DC：Government Printing Office.

Finney D J，1978. Statistical method in biological assay［M］. 3rd ed. London：Charles Griffin and Company.

Rose N R，Friedman H，Fahey J L，1986. Neutralization assays［M］//Manual of clinical laboratory Immunology. Washington，DC：ASM Press.

Parker R A，Pallansch M A，1992. Using the virus challenge dose in the analysis of virus neutralization assays［J］. Statistics in Medicine，11：1253-1262.

8. 修订概述

第 05 版

• 更新联系人信息，但是，病毒学实验室决定保留原信息至下次文件审查之日。

第 04 版

• 更新联系人信息。

• 文件中所有 NVSL 一律变更为 NCAH。

第 03 版

• 联系人由 Kenneth Eernisse 变更为 Joseph Hermann。

• 文件中的术语"参考"变更为"阳性对照品"。

第 02 版

本修订版资料主要用于阐述兽医生物制品中心现行的实际操作方法，并提供了额外的细节信息。虽然不对检验结果产生重大影响，但是对文件进行了以下修改：

• 2.2.3.2　NaHCO$_3$ 的量由 2.2g 变更为 1.1g。

• 2.2.3.5　删除青霉素、链霉素和两性霉素 B。

• 2.2.4.2　"热灭活血清"变更为"γ 射线照射灭活血清"。

• 3.3.2　"100～700TCID$_{50}$/100μL"变更为"50～300TCID$_{50}$/100μL"。

• 3.3.3.1　"2套各8支管"变更为"2套各4支管"。

• 3.3.3.5　删除。

• 4.5　加入板子的回归滴定液的量变更为与检验条件相匹配。

• 4.8.1　（120 ± 12）h 变更为（5 ± 1）d。

• 4.9.12　"浸泡板子"变更为"用 DI 加满

所有孔"。

• 文件中所有"参考品和试剂清单"变更为 "试剂资料清单"。

• 冰箱温度由（4±2）℃变更为2～7℃。这反应了 Rees 系统建立和监测的参数。

附录　转　移　板

	1	2	3	4	5	6	7	8	9	10	11	12
A 1：2	TS1	TS1	TS1	TS1	TS1	CC	CC	TS2	TS2	TS2	TS2	TS2
B 1：4												
C 1：8												
D 1：16												
E 1：32												
F 1：64												
G 1：128												
H 1：256												

注：TS＝测试血清；CC＝细胞对照。

（吴华伟译，张一帜校）

美国农业部兽医生物制品中心
检验方法

SAM 123　用猪进行伪狂犬病病毒攻毒检验的补充检验方法

日　　期：2014 年 10 月 21 日

编　　号：SAM 123. 05

替　　代：SAM 123. 04，2011 年 9 月 9 日

标准要求：9CFR 113. 213（c）（2）（ⅵ）和 113. 318（b）（3）部分

联 系 人：Alethea M. Fry，（515）337-7200

　　　　　Peg A. Patterson

审　　批：/s/Geetha B. Srinivas　　　　　日期：2014 年 12 月 22 日

　　　　　Geetha B. Srinivas，病毒学实验室负责人

　　　　　/s/Byron E. Rippke　　　　　　日期：2014 年 12 月 29 日

　　　　　Byron E. Rippke，兽医生物制品中心政策、评审与执照管理部门负责人

　　　　　/s/Rebecca L. W. Hyde　　　　　日期：2014 年 12 月 29 日

　　　　　Rebecca L. W. Hyde，兽医生物制品中心质量管理部门负责人

美国农业部动植物卫生监督署

P. O. Box 844

Ames，IA 50010

目　录

1. 引言

本补充检验方法（SAM）描述了用猪体内攻毒的方法检测伪狂犬病毒（PRV）灭活疫苗的效力或 PRV 基础种子的免疫原性，见联邦法规第 9 卷（9CFR）规定。

2. 材料

2.1 设备/仪器

下列任何品牌的设备或仪器均可由具有相同功能的设备或仪器所替代。

2.1.1 数字温度计；

2.1.2 带转子的离心机；

2.1.3 水浴锅。

2.2 试剂/耗材

下列任何品牌的试剂或材料均可由具有相同功能的试剂或材料所替代。所有试剂和材料均必须无菌。

2.2.1 取疫苗推荐最小日龄的 PRV 易感猪，按照现行版"SAM117 伪狂犬病病毒中和抗体效价测定的补充检验方法（固定病毒-稀释血清法）"检测，PRV 血清中和（SN）抗体应为阴性。如果最终 1∶2 稀释的血清不能出现中和，则猪被认为易感。也可使用经动植物卫生监督署（APHIS）所认可的等同于敏感性检验的其他方法。

检验所需的动物数量：

1）9CFR113.213。5 头免疫猪（VS）＋5 头对照猪（CONT）。

2）9CFR113.318（b）（4）。5 头 VS＋5 头 CONT。

3）9CFR113.（b）（1）（3）。20 头 VS＋5 头 CONT。

2.2.2 PRV 攻毒，只可用经国家兽医批准程序认可的 Becker 株。

2.2.3 最低基础培养基（MEM）〔国家动物卫生中心（NCAH）培养基♯20030〕

1）9.61g 含有 Earles 盐（无碳酸氢盐）的 MEM；

2）1.1g 碳酸氢钠（NaHCO$_3$）；

3）用去离子水（DI）定容至 1 000mL，并用 2mol/L 盐酸（HCl）调节 pH 至 6.8～6.9；

4）用 0.22μm 滤器滤过除菌；

5）在 2～7℃保存。

2.2.4 血清分离管，带有标号 20×1、1/2 英寸的 Vacutainer 针头。

2.2.5 （12×75）mm 聚苯乙烯管。

2.2.6 3mL 和 10mL 注射器，标号 20×1、1/2 英寸的针头。

3. 检验准备

3.1 人员资质/培训

操作人员必须接受过评估 PRV 感染猪临床症状方面的培训，并具备一定的经验。在订购猪进行检验之前，现有的动物使用审批表必须有效。必须遵守审批表中所有的限制规定。

3.2 设备/仪器的准备

设定水浴温度为（36±2）℃。

3.3 试剂/对照品的准备

在（36±2）℃水浴中快速溶解 PRV 攻毒株；按照兽医生物制品中心（CVB）试剂材料清单推荐的浓度用 MEM 进行稀释。

3.4 样品的准备

3.4.1 不要求准备待检疫苗/基础种子。

3.4.2 血清样品的准备

1）允许血清样品在血清分离管中室温凝集（20±5）min。

2）1 000r/min 离心（20±5）min，从血凝集块中分离血清（2 000r/min，带有 JS-4.0 转子的 J6-B 离心机）。

3）将血清倒进标记好的（12×75）mm 聚苯乙烯管中。每个动物的血清需分别放置。

4）在（−20±5）℃保存血清样品，直至按照现行版 SAM117 进行 SN 抗体检验。

4. 检验

4.1 第一次免疫当天，用 Vacutainer® 系统从免疫（VS）猪和对照（CONT）猪的前腔静脉采血，进行 SN 抗体易感性检测。用 10mL 注射器和针头按照标签推荐的 1 头份待检疫苗/基础种子接种所有 VS 猪。每接种一头猪需更换一个针头。如果每头猪需要接种 2 头份，则需按照标签推荐间隔时间进行第二次免疫（如果要求进行重复免疫）。

注意：CONT 不免疫。

4.2 最后一次免疫接种后 14～28d，用 Vacutanier® 系统从所有 VS 和 CONT 猪前腔静脉收集血液样品。

4.3 对于待检疫苗，如果有至少 4/5 VS 猪的血清效价不小于 1∶8，且剩余 VS 猪的血清效价未达 1∶4，则可用下述方法对 VS 和 CONT 猪进行攻毒。对于基础种子（MSV），需对所有的猪进行攻毒。

4.4 在 VS 和 CONT 猪吸入时，用 3mL 无针头的注射器，每头猪鼻内接种 2mL PRV 攻毒稀释液（1mL/鼻孔）。攻毒时，应让猪的头部垂直向上，且不能使用镇静剂或麻醉剂。

4.5 在攻毒前一天和当天，测定并记录直肠温度。

4.6 攻毒后 14d 内，每天早晨喂食前和喂食过程中观察猪。注意并记录所有临床观察到的情况。攻毒后 7d 内，除每天进行临床观察并记录外，还应测定并记录直肠温度。

4.7 临床观察

4.7.1 对于 9CFR 113.318（b）（3）（ⅰ）中所述的 CONT 猪，出现的严重中枢神经系统（CNS）症状包括（但不限于）：跌倒、站立困难、无法站立、头倾斜、头顶地、瘫痪、战栗、痉挛、抽搐、划桨、角弓反张、绕圈转、昏迷。

4.7.2 对于 9CFR 113.213（c）（2）（ⅵ）中所述的 CONT 猪，出现的中枢神经系统症状除包括之前所列症状外，还包括：皮肤瘙痒、磨牙、空咀嚼、持久或不正常的发声、方向障碍、共济失调、蹒跚、姿势失控和本体感受定位缺陷。

4.7.3 PRV 感染的 VS 猪的临床症状除包括之前所列（见 4.7.1 和 4.7.2 项）所有 CNS 症状外，还包括（但不限于）：攻毒后连续 2d 或 2d 以上厌食、攻毒后任意 2d 或 2d 以上出现发热高于 41.1℃、发育迟缓、虚弱、呕吐、腹泻、攻毒后任意 2d 或 2d 以上便秘、失明或其他眼部疾病、持续打喷嚏、持续或深度咳嗽、呼吸困难和肺炎。

4.7.4 根据本检验的目的，由于以下对 PRV 感染的临床症状的描述比较模糊，因此评价中不包括：短暂的食欲不振、精神沉郁、颤抖、偶尔打喷嚏、偶尔上呼吸道引发的咳嗽、体重增加比率减少、一过性发热或发热 < 41.1℃。

4.7.5 濒临死亡动物出现的临床症状应与疾病预期的发病机理一致，即不能自己起身或走动，应对其实施人道主义安乐死，并按照 9CFR 117.4 规定判其为死亡。

5. 检验结果说明

5.1 对猪攻毒的检验结果，允许没有评分系统或体重记分系统。

5.2 有效性要求

5.2.1 9CFR 113.318（b）（3）（ⅰ）

如果 5 头 CONT 猪中至少有 4 头未出现严重的 CNS 症状或死亡，则检验无效，可重检。对每头猪来说，需被认为是在 1d 或 1d 以上出现了 4.7.1 项所述的症状。

5.2.2 9CFR 113.213（c）（2）（ⅵ）

如果 5 头 CONT 猪中至少有 4 头未出现 CNS 症状或死亡，则检验无效，可重检。对每头猪来说，需

被认为是在 1d 或 1d 以上出现了 4.7.2 项所述的症状。

5.3 待检疫苗评价标准

5.3.1 9CFR 113.213

如果 2 头或 2 头以上 VS 猪出现 PRV 感染的临床症状或死亡，则判该待检疫苗为不符合规定。

5.3.2 9CFR 113.318（b）

如果 2 头或 2 头以上 VS 猪出现 PRV 感染的临床症状或死亡，则判该基础种子为不符合规定。

6. 检验结果报告

在检验记录上记录所有检验结果。

7. 参考文献

Title 9，Code of Federal Regulations，parts 113.213 and 113.318 ［M］. Washington，DC： Government Printing Office.

Vannier P，1986. Experimental infection of fattening pigs with *Pseudorabies*（*Aujeszky's disease*）virus： efficacy of attenuated live and inactivated virus vaccines in pigs with or without passive immunity ［J］. Am J Vet Res，46：1478-1502.

8. 修订概述

第 05 版

• 更新联系人信息，但是，病毒学实验室决定保留原信息至下次文件审查之日。

第 04 版

• 删除文件中"由兽医生物制品中心（CVB）供应"的表述，因为 CVB 已不再供应这些试剂。

第 03 版

• 更新联系人信息。

第 02 版

本修订版资料主要用于阐述兽医生物制品中心现行的实际操作方法，并提供了额外的细节信息。虽然不对检验结果产生重大影响，但是对文件进行了以下修改：

• 文件编号由 MVSAM123 变更为 SAM 123。

• 联系人由 Larry Ludemann 和 Steve Hanson 变更为 Joseph Hermann and Peg Patterson。

• 2.2.2：增加关于对病毒认可的描述。

• 2.2.3：碳酸氢钠的量由 2.2g 变更为 1.1g。

• 4.7.5：增加对 9CFR117.4 的描述。

• 文件中所有的"参考品和试剂清单"均变更为"试剂资料清单"。

• 冰箱温度由（4±2）℃变更为 2～7℃。

（李伟杰译，张一帜校）

SAM124. 05

美国农业部兽医生物制品中心
检验方法

SAM 124　马流感抗体血凝抑制试验的补充检验方法

日　　期：2014 年 10 月 23 日已批准，标准要求待定
编　　号：SAM 124.05
替　　代：SAM 124.04，2011 年 9 月 9 日
标准要求：
联 系 人：Alethea M. Fry，（515）337-7200
　　　　　Sandra K. Conrad
　　　　　Peg A. Patterson
审　　批：/s/Geetha B. Srinivas　　　　日期：2014 年 12 月 2 日
　　　　　Geetha B. Srinivas，病毒学实验室负责人

　　　　　/s/Byron E. Rippke　　　　　日期：2014 年 12 月 3 日
　　　　　Byron E. Rippke，兽医生物制品中心政策、评审与执照管理部门负责人

　　　　　/s/Rebecca L. W. Hyde　　　　日期：2014 年 12 月 8 日
　　　　　Rebecca L. W. Hyde，兽医生物制品中心质量管理部门负责人

美国农业部动植物卫生监督署
P. O. Box 844
Ames，IA 50010

目　录

1. 引言

本补充检验方法（SAM）描述了测定 A 型马流感疫苗免疫豚鼠的血清的血凝抑制（HI）抗体效价的体外检验方法（作为兽医疫苗效力检验的一部分）。

注意：本补充检验方法中，1∶10、1∶20 等稀释术语特指 1 份加 9 份（液体）、1 份加 19 份等。

2. 材料

2.1　设备/仪器

下列任何品牌的设备或仪器均可由具有相同功能的设备或仪器所替代。

2.1.1　微量移液器：$200\mu L$ 和 $1\,000\mu L$ 单道，$(5\sim50)\mu L\times12$ 道；吸头若干。

2.1.2　离心机及转子（型号 J6-B 离心机，型号 JS-4.0 转子，Beckman Instruments 有限公司）。

2.1.3　涡旋混合器（Vortex-2 Genie，型号 G-560，Scientific Industries 有限公司）。

2.2　试剂/耗材

下列任何品牌的试剂或材料均可由具有相同功能的试剂或材料所替代。所有试剂和材料均必须无菌。

2.2.1　圆底 96 孔板。

2.2.2　（12×75）mm 聚苯乙烯试管。

2.2.3　50mL 锥形管。

2.2.4　2mL 和 25mL 移液管。

2.2.5　试剂缸。

2.2.6　0.01mol/L 磷酸缓冲液［国家动物卫生中心（NCAH）培养基♯30054］

1）1.19g 无水磷酸氢二钠（Na_2HPO_4）；

2）0.22g 一水合磷酸二氢钠（$NaH_2PO_3\cdot H_2O$）；

3）8.5g 氯化钠（NaCl）；

4）用蒸馏水（DW）定容至 $1\,000$mL；

5）用 0.1mol/L 氢氧化钠（NaOH）或 1.0mol/L 盐酸（HCl）调节 pH 至 7.2～7.6；

6）15psi,（121 ± 2）℃高压灭菌（35 ± 5）min；

7）在 2～7℃保存。

2.2.7　10%高岭土悬液

1）10g 高岭土在 100mL PBS 中加入；

2）在 2～7℃保存。

2.2.8　Alsever's 溶液

1）8.0g 柠檬酸钠（$Na_3C_6H_5O_7\cdot2H_2O$）；

2）0.55g 柠檬酸（$C_6H_8O_7\cdot H_2O$）；

3）4.2g 氯化钠（NaCl）；

4）20.5g 葡萄糖；

5）用 DW 定容至 $1\,000$mL。；

6）用 $0.22\mu m$ 滤器滤过除菌；

7）在 2～7℃保存。

2.2.9　收集无特定病原（SPF）鸡的红细胞（RBC），加入等体积 Alsever's 溶液混合，在 2～7℃保存。

2.2.10　检验病毒

在现有批次的待检产品中，每个生产商均会提供本动物免疫原性试验中与保护性有关的 A 型马流感病毒的每个毒株。每个检验病毒均为按照动植物卫生监督署（APHIS）备案的生产大纲中指定的病毒。

2.2.11　用马流感病毒参考抗血清（参考血清）作为阳性对照品。

3. 检验准备

3.1　人员资质/培训

操作人员必须接受过血凝试验（HA）和血凝抑制试验（HI）技术及标准实验室操作规范的培训。

3.2　设备/仪器的准备

3.2.1　在收到 RBC 时，准备洗涤 RBC，方法如下：

1）将 20mL 的 RBC 加入 50mL 锥形管中。

2）加 Alsever's 溶液至 50mL。

3）颠倒数次混匀。

4）400r/min 离心 10min（$1\,500$r/min，带有 JS-4.0 转子的 J6-B 离心机）。

5）用 25mL 的移液管去掉上清液和白细胞层。

6）重复步骤 2～5 项，共洗涤 3 次。

7）将沉积的 RBC 在 Alsever's 溶液中 2～7℃保存备用，收集的 RBC 在 1 周内使用。

3.2.2　用于 HA 或 HI 试验的 5%RBC 悬液

吸取 $500\mu L$ 洗涤后沉积的 RBC，加入 100mL PBS 中。在 2～7℃保存，收集的 RBC 在一周内使用。

3.2.3　用 5%RBC 悬液消除豚鼠血清（GPS）中的非特异性凝集素

吸取 $100\mu L$ 洗涤后沉积的 RBC，加入 1.9mL PBS 中。在 2～7℃保存，收集的 RBC 在一周内使用。

3.2.4　检验病毒的工作稀释液

每种检验病毒应含有 4～8 个 HA 单位

（HAU）/25μL。通过 HA 试验测定检验病毒工作稀释液的滴度，并通过相应的 HI 回归滴定试验进行验证。

在开始检验当天，将每个检验病毒在 96 孔圆底培养板中进行 2 倍系列稀释，每个病毒稀释 2 组，稀释度从病毒原液至 1：2 048 稀释（见附录 Ⅰ 的模板）。

1）用 12 道微量移液器在第 2～12 列孔中加入 PBS，50μL/孔。

2）室温融化检验病毒。在 A1 和 B1 孔中各加入 100μL 检验病毒原液。其他检验病毒加入 C1 至 F1 孔中，每个病毒加 2 组。

3）用 12 道微量移液器从第 1 列孔中吸取 50μL 加入第 2 列孔；用 12 道微量移液器反复吸吹（7±2）次混匀。

4）继续重复步骤 3 项，从前一个稀释度孔中吸取 50μL 加入下一稀释度的孔中，直至完成 3～12 列孔的倍比系列稀释。从最后一列孔吸出 50μL 弃去。

5）在含有检验病毒的每个孔中加入 0.5% RBC 悬液各 50μL。

6）另取 3 个孔，各加入 0.5％RBC 悬液各 50μL 作为 RBC 对照。在 3 个 RBC 对照孔中各加入 PBS50μL。

7）用手轻叩培养板边缘使液体混匀。将板子在室温不加盖孵育（35±10）min。当 RBC 对照孔中形成清晰的纽扣状时，为评价结果的最佳时间。

8）按照下列方法读取结果：完全凝集（即 RBC 外观模糊）记为"＋"；不凝集（清晰的纽扣状）记为"－"。为确定凝集的特异性，将培养板倾斜 45°角 20～30s。如果固定的 RBC "流动"或外观呈泪滴形状，则判该孔特异性凝集为阴性。

9）能使 RBC 完全凝集的病毒的最高稀释度为 HA 滴定终点。在确定终点值时，不考虑部分（不完全）凝集的孔。RBC 稀释液对照孔应呈清晰的纽扣状。HA 滴定终点即为含有 1HA 单位（HAU）/50μL 的检验病毒稀释液。用浓度为 4～8HAU/25μL 的病毒进行 HI 试验。为了测定含有 4～8HAU/25μL 检验病毒的稀释系数，将终点稀释度除以 12。例如，如果检验病毒的滴定终点是 256，那么含有 4～8HAU/25μL 病毒稀释液大约需要进行 1：20（256 除以 12）稀释。用这种方法制备的病毒浓度（工作稀释液）必须事先通过 HI

试验进行病毒的回归滴定加以验证，并在进行 HI 试验部分时进行重复验证。

3.3 样品的准备

3.3.1 待检豚鼠的血清可在（－20±2）℃无限期的冻存。处理后的血清可在 2～7℃保存不超过 48h，或在（－20±2）℃无限期的冻存。

3.3.2 处理 GPS 样品以消除非特异性抑制因子。

1）开始检验当天，将每种 GPS 分别加入标记好的（12×75）mm 聚苯乙烯管中，每管 200μL，1 个管加入 1 种待检血清。

2）每管各加入 1.0mL 10％高岭土悬浮液（边加边摇动，以保持高岭土的悬浮状态）。

3）将高岭土/血清混合物高速涡旋混匀，每隔 5min 涡旋一次，共（20±5）min。

4）将混合物 2 000r/min（带有 JS-4.0 转子的 J6-B 离心机）离心（20±5）min。

5）每管加 5％RBC100μL。

6）每管加 PBS700μL。

7）每隔 5min 轻轻摇动将试管架一次，共（20±5）min，使 RBC 保持悬浮状态。注意避免将高岭土搅起。

8）将混合物 2 000r/min（带有 JS-4.0 转子的 J6-B 离心机）离心（20±5）min。RBC 会沉积在高岭土上层。

9）将每个处理好的 GPS 上清分别倒入干净并标记的（12×75）mm 聚苯乙烯管中。该处理的 GPS 为 1：10 稀释。

4. HI 检验

4.1 在 96 孔圆底培养板中，每相邻两列为一个检验病毒组，在每组第一孔加入 50μL 处理的 GPS（见附录 Ⅱ 的模板）。此为样品检验板。

4.2 用 12 道微量移液器在每列剩余的孔中加入 PBS，25μL/孔。

4.3 2 倍系列稀释操作如下：

4.3.1 从第 1 行吸出 25μL 血清加入第 2 行，用 12 道微量移液器反复吸吹（7±2）次混匀。

4.3.2 继续从上一行孔吸出 25μL 血清加入下一行孔，直至完成第 8 行*稀释。从最后一行孔吸出 25μL 弃去。

4.4 每孔加 25μL 检验病毒工作稀释液（4HAU/25μL）（见步骤 3.2.4 项）。

---

* 译者注：即附录 Ⅱ 中的第 H 行。

4.5　每个检验病毒的回归滴定操作如下（见附录Ⅱ的模板）：

4.5.1　在样品检验板中，相邻2列的第一孔（如 A11 和 A12 孔）加 $100\mu L$ 检验病毒工作稀释液。

4.5.2　在相邻2列第一孔下面的5行孔（如 B11 和 B12 孔-F11 和 F12 孔）中各加入 $50\mu L$ PBS。

4.5.3　从第1行的2个孔中各吸出 $50\mu L$ 加入第2行的2个孔孔中，用12道微量移液器反复吸吹（7 ± 2）次混匀。

4.5.4　继续按照步骤 4.5.3 项处理 3～6 行，从上一行孔吸出 $25\mu L$ 血清加入下一行孔中。从最后一行孔中吸出 $50\mu L$ 弃去。

4.6　每种 GPS 单独取一个孔，加入 $25\mu L$ GPS，作为自凝对照（GPS 自凝对照）。再在这些 GPS 对照孔中加入 PBS，每孔 $25\mu L$。

4.7　用手指轻叩微孔板的边缘使液体混匀。不加盖室温孵育（30 ± 5）min。

4.8　在3个 RBC 对照孔中各加入 $50\mu L$ PBS，然后每孔再加入 0.5%RBC 悬液 $50\mu L$。

4.9　向每个含处理的 GPS/检验病毒混合液孔、病毒回归滴定孔或 GPS 自凝对照孔中加入 0.5%RBC 悬液 $50\mu L$。

4.10　用手指轻叩微孔板的边缘使液体混匀。不加盖室温孵育（30 ± 5）min。当 RBC 对照孔中形成清晰的纽扣状时，为评价结果的最佳时间。

4.11　按照下列方法读取凝集结果

"＋"：部分完全凝集（外观模糊），表明 GPS 中缺少抗体。

"－"：不凝集（清晰的纽扣状），表明 GPS 中存在抗体。

4.12　GPS 的 HI 效价为2个检验孔 RBC 均呈清晰的纽扣状的最高血清稀释度的倒数。

4.13　待检血清按照免疫疫苗批次的不同进行分组。测定每组每种检验病毒的几何平均滴度（GMT）。

5. HI 检验结果说明

5.1　有效性要求

5.1.1　病毒回归滴定的前3个稀释度孔必须出现完全凝集，第4个稀释度孔部分完全凝集，第5和6稀释度孔弱凝集或不凝集。

5.1.2　对给定的部分，1：10 稀释的非免疫 GPS 必须为阴性。

5.1.3　所有 GPS 自凝对照孔不应出现现自凝。

5.1.4　参考血清的效价必须在其之前至少10次效价测定结果±1稀释度的范围内方为有效。

5.1.5　如果不能满足上述有效性要求，则判检验为未检验，可重检。

5.2　如果待检批次的 GPS 在首次检验有效，且 GMT 大于或等于 APHIS 备案的生产大纲中规定的标准要求，则判该批待检产品符合规定。

5.3　如果待检批次的 GPS 在首次检验有效，且 GMT 小于 APHIS 备案的生产大纲中规定的标准要求，则该批待检产品需要用与首次检验相同数量的其他动物进行重检。

5.3.1　对给定的部分，如果待检批次所有在首次有效检验和有效重检中的免疫动物 GPS 的 GMT 大于或等于 APHIS 备案的生产大纲中规定的标准要求，则判该批待检产品符合规定。

5.3.2　对给定的部分，如果待检批次所有在首次有效检验和有效重检中的免疫动物 GPS 的 GMT 小于 APHIS 备案的生产大纲中规定的标准要求，则判该批待检产品不符合规定。

6. HI 检验结果报告

在检验记录中记录所有检验结果。

7. 参考文献

Conrath T B, 1972. Handbook of Microtiter Procedures ［M］//Clinical and Research Applications Laboratory. Alexandria, Virginia：Cooke Engineering Co.

Snedecor G W, Cochran W G, 1967. Statistical methods ［M］. 6th ed. Ames, Iowa：Iowa State University Press.

8. 修订概述

第 05 版

· 更新联系人信息，但是，病毒学实验室决定保留原信息至下次文件审查之日。

第 04 版

· 删除文件中"由兽医生物制品中心（CVB）供应"的表述，因为 CVB 已不再供应这些试剂。

第 03 版

· 文件编号由 VIRSAM0124 变更为 SAM124。

· 更新联系人信息。

第 02 版

本修订版资料主要用于阐述兽医生物制品中心现行的实际操作方法，并提供了额外的细节信息。

虽然不对检验结果产生重大影响，但是对文件进行了以下修改：

- 3.2.4（8）增加凝集特异性验证说明。

- 3.2.4（9）增加 HA 滴定终点说明。

- 冰箱温度由（4±2）℃变更为 2～7℃。这反应了 Rees 系统建立和监测的参数。

附录

附录Ⅰ 检验病毒的标准板

	1	2	3	4	5	6	7	8	9	10	11	12
A	A1											
B	A1											
C	A2											
D	A2											
E	A3											
F	A3											
G	UN	1：2	1：4	1：8	1：16	1：32	1：64	128	256	512	1 024	2 048
H	RBC	RBC	RBC									

注：A1＝A 型流感 1 号样品，依次类推；RBC＝红细胞对照。

附录Ⅱ 样品检验板

	1	2	3	4	5	6	7	8	9	10	11	12
A 1：10	GPS 1	GPS 1	GPS 2	GPS 2	GPS 3	GPS 3	GPS 4	GPS 4	GPS 5	GPS 5	BT	BT
B 1：20											1：2	1：2
C 1：40											1：4	1：4
D 1：80											1：8	1：8
E 1：160											1：16	1：16
F 1：320											1：32	1：32
G 1：640											RBC	RBC
H 1：1 280											RBC	RBC

注：GPS＝处理的豚鼠血清；BT＝检验病毒工作稀释液的回归滴定；RBC＝红细胞对照

（文晶亮　夏业才译，张一帜校）

美国农业部兽医生物制品中心
检验方法

SAM 126　牛轮状病毒抗体效价测定的补充检验方法
（固定病毒-稀释血清法）

日　　期：2014 年 10 月 23 日已批准，标准要求待定

编　　号：SAM 126.04

替　　代：SAM 126.03，2011 年 2 月 9 日

标准要求：

联 系 人：Alethea M. Fry，(515) 337-7200

　　　　　Peg A. Patterson

审　　批：/s/Geetha B. Srinivas　　　　日期：2014 年 12 月 11 日

　　　　　Geetha B. Srinivas，病毒学实验室负责人

　　　　　/s/Byron E. Rippke　　　　　日期：2014 年 12 月 16 日

　　　　　Byron E. Rippke，兽医生物制品中心政策、评审与执照管理部门负责人

　　　　　/s/Rebecca L. W. Hyde　　　　日期：2014 年 12 月 16 日

　　　　　Rebecca L. W. Hyde，兽医生物制品中心质量管理部门负责人

美国农业部动植物卫生监督署

P. O. Box 844

Ames，IA 50010

补充检验方法中提及的商标或专利产品不等同于该产品已获得了美国农业部的保证或担保，且它的批准也不意味着其可用于排除在外的其他可能适用的产品

目　录

1. 引言

本补充检验方法（SAM）描述了测定牛轮状病毒（BRota）血清中和（SN）抗体效价的体外检验方法。本检验在细胞培养体系中使用固定病毒量检测不同稀释度血清中抗 A 型牛轮状病毒的抗体。

2. 材料

2.1　设备/仪器

下列任何品牌的设备或仪器均可由具有相同功能的设备或仪器所替代。

2.1.1　（36±2）℃、（5±1）% CO_2、高湿度培养箱；

2.1.2　水浴锅，（37±1）℃，（56±1）℃；

2.1.3　200μL 和 500μL 微量移液器和吸头；

2.1.4　涡旋混合器；

2.1.5　倒置光学显微镜；

2.1.6　（50～300）μL×8 道或 12 道微量移液器；

2.1.7　离心机和转子。

2.2　试剂/耗材

下列任何品牌的试剂或材料均可由具有相同功能的试剂或材料所替代。所有试剂和材料均必须无菌。

2.2.1　细胞培养物

在多个96孔一次性板中接种恒河猴肾（MA-104）细胞，0.2mL/孔。细胞中不得含有外源病原。接种密度应确保能够在培养 2d 后长满至 90%～100%。

2.2.2　生长培养基

细胞加入含有 7% 胎牛血清和添加物（见附录Ⅰ）的最低基础培养基（MEM）中，置 35～37℃ 5% CO_2 培养箱培养，相对湿度为 70%～80%。除非培养液的酸性过强或细胞生长状态不好，否则不需要更换生长培养基。

2.2.3　维持培养基

维持培养基（见附录Ⅱ）中无血清，用于在接种前漂洗细胞。在含有胰酶的情况下，也可用作病毒-血清中和试验中的稀释液。

2.2.4　指示病毒

国家兽医局实验室（NVSL）提供的牛轮状病毒血清型 6 型（NCDV-Lincoln 株）和 10 型（B223 株）参考毒株，作为细胞培养检验系统中的对照。

2.2.5　一抗

当使用间接免疫荧光（IFA）方法而不是致细胞病变（CPE）方法测定病毒滴度时，用血清型（或毒株）的特异性抗血清或单克隆抗体作为一抗。

2.2.6　荧光抗体复合物

在 IFA 检验中，需要使用 NVSL 提供的异硫氰酸荧光素标记的免疫球蛋白-特异性抗血清参考品。

3. 检验准备

3.1　人员资质/培训

操作人员必须接受过细胞培养技术、动物病毒繁殖与维持技术的培训。操作人员应了解 SN 试验的免疫学基础知识和无菌技术的原则。

3.2　设备/仪器的准备

3.2.1　开始检验当天，设定一个水浴锅的温度为（56±2）℃；

3.2.2　开始检验当天，设定一个水浴锅的温度为（37±1）℃。

3.3　试剂/对照品的准备

3.3.1　MA-104 板的准备

细胞由健康、致密单层的 MA-104 细胞制备，通过每隔（5±2）d 传代进行维持。开始检验前两天，用 TV 溶液将细胞从细胞培养容器中移出。使用多道移液器，在 96 孔细胞培养板的每一个孔中加入悬浮在生长液中密度为 $10^{5.4}$～$10^{5.6}$个/mL 的细胞，每孔 200μL。准备 1 个 MA-104 板，用于对照和 BRota 阳性对照品工作稀释液的检验。待检产品无论是在免疫前还是免疫后，均需用另外的板子进行检验，每个板子可检 2 批待检产品。这些均为 MA-104 检验板。置（36±2）℃ CO_2 培养箱培养 60h。除非培养液的酸性过强或细胞生长状态不好，否则不需要更换生长培养基。

3.3.2　BRota 阳性对照品工作稀释液的准备

1）开始检验当天，将一小瓶 BRota 阳性对照品在（36±2）℃的水浴锅中迅速融化，并用稀释培养基稀释至 50～300 半数组织感染量（$TCID_{50}$）/ 50μL。预先对病毒进行检验，是为了测定要获得 50～300 $TCID_{50}$/50μL 所需的稀释度。此为 BRota 工作稀释液。

2）制备 10 倍系列稀释液（10^{-1}、10^{-2}、10^{-3}）并置室温（23±2）℃，准备用于 BRota 工作稀释液的回归滴定。

a. 使用 10mL 的移液管向 3 个（17×100）mm 管中各加入 4.5mL 的稀释培养基。

b. 使用 500μL 移液器吸取 500μL 的 BRota 工作稀释液加入 10^{-1} 的管中，涡旋混匀。弃去吸头。

c. 使用新吸头，从 10^{-1} 管中吸取 500μL 加入 10^{-2} 管中，涡旋混匀。弃去吸头。

d. 重复步骤 2.c 项处理剩余的管，依次从前一个稀释度的管中吸取 500μL 加入下一个管中。

3.4 样品的准备

3.4.1 开始检验当天或前一天，将血清在 (56 ± 2)℃水浴热灭活（30 ± 5）min（免疫前和免疫后的血清，可在收集时进行灭活）。

3.4.2 开始检验当天，将待检血清（免疫前和/或免疫后的血清）在 96 孔细胞培养板的 A-H 行进行 1∶2 至 1∶256 稀释（见附录 Ⅰ），作为待检血清转移板，并按照待检血清转移板所述标记 PSC 和 NSC。

4. 检验

4.1 用之前滴定过的含有胰酶（MA-104 细胞所能耐受的最大胰酶量）的维持培养基稀释指示病毒至 $100\sim350TCID_{50}/0.2mL$。这个病毒的稀释度由之前的滴定试验所决定，并称此稀释病毒为"病毒原液"。稀释系数由指示病毒的滴度除以病毒原液的滴度计算得出。

4.2 待检血清在 56℃热灭活 30min。在无菌管中，用含有胰酶的稀释液进行 2 倍系列稀释，使用涡旋混合器或者类似的混合器进行混匀。

4.3 将等体积的病毒原液及每一稀释度的血清加在一起混匀，37℃孵育 60min。病毒和血清的等体积混合使血清再次被稀释 2 倍。

4.4 将 2～3d 前培养在 96 孔板中的细胞翻转，轻轻的甩动并在灭菌的纱布上拍打以除去生长培养基。每孔用 0.2mL 的维持培养基清洗细胞，然后再将其轻轻倒出，各孔重新加入 0.2mL 的维持培养基，37℃孵育 1h。

4.5 按照上面的方法，将最后添加的维持培养基倒掉。每孔加入 0.2mL 的病毒原液-血清稀释液混合物，每个稀释度至少加 4 个孔。至少 8 个孔不接种病毒，作为阴性细胞对照，仅加 0.2mL 含有胰酶的稀释液。

4.6 对病毒原液的回归滴定是通过含胰酶的稀释液制备病毒的 10 倍系列稀释液（10^0、10^{-1}、10^{-2}、10^{-3}、10^{-4}）。然后将其与等体积含胰酶的稀释液进行混合，每个稀释度的混合液至少接种 4 孔（0.2mL/孔）。

4.7 将细胞板置 37℃ 5% CO_2 的高湿度培养箱中培养 5d。5d 后，观察牛轮状病毒的典型 CPE，并计算 50% 终点。用 Spearman-Karber 方法计算病毒原液的 $TCID_{50}$，该滴度必须为 $50\sim350TCID_{50}/0.2mL$，检验方为有效，阴性对照的细胞必须保持正常。

4.8 某些牛轮状病毒株不产生明显的 CPE，

这就需要通过 IFA 来测定病毒的滴度。

4.8.1 弃去培养基后，用 PBS 温和地清洗细胞，然后用去离子水（DI）洗涤。将细胞用含 80% 丙酮-20 的 DI 溶液进行固定，在 4℃ 固定 15min。弃去丙酮并风干培养板。

4.8.2 每孔加入 0.05mL 预先滴定好的特异性一抗，置高湿度 37℃培养箱中孵育 30min。洗去多余的一抗（用 PBS 漂洗 2 次并用 DI 漂洗 1 次）。轻甩培养板并用吸水纸巾轻轻的吸去多余的水分。

4.8.3 在培养板仍然潮湿的时候，每孔加入 0.05mL 种荧光素标记的抗免疫球蛋白的特异性抗血清。然后，将培养板置 37℃孵育 30min。重复步骤 2 项进行洗涤。将培养板倒扣，风干。

4.8.4 单层细胞通过带有 Ploem 发光器和蓝光（疝气灯）的荧光显微镜观察。如果有任何细胞出现牛轮状病毒引起的特异性荧光，则判为阳性，并计算 50% 终点。用 Spearman-Karber 法计算病毒原液的 $TCID_{50}$，病毒滴度必须为 $50\sim350TCID_{50}/0.2mL$ 检验方为有效，而且未接种的阴性对照孔不得出现免疫荧光。

5. 检验结果说明

5.1 有效检验需符合以下标准，否则判检验为未检验，可进行无差别的重检。

5.1.1 NSC 的 SN 效价必须<1∶2；

5.1.2 检验中 PSC 的 SN 效价不应高于其之前至少 10 次 SN 效价测定所得的平均效价的 2 倍。

5.1.3 不接种的细胞对照不能出现任何 CPE 或培养基呈云雾状（即污染）；

5.1.4 BRota 回归滴定的滴度必须为 $50\sim350TCID_{50}/25\mu L$。

5.2 对于符合规定的检验，免疫后血清的中和抗体效价须符合动植物卫生监督署（APHIS）备案的生产大纲中的要求。

5.3 如果免疫后血清的效价低于动植物卫生监督署（APHIS）备案的生产大纲中的要求，这份血清应进行重检。

5.3.1 如果第一次有效重检中，待检血清的中和抗体效价低于 APHIS 备案的生产大纲中要求的效价，则判该批产品不符合规定。

5.3.2 如果第一次有效重检中，待检血清的中和抗体效价高于或者等于 APHIS 备案的生产大纲中要求的效价，则需对这份血清再次进行重检（第二次重检）。

5.3.3 如果第二次有效重检中，待检血清的中和抗体效价高于或者等于 APHIS 备案的生产大纲中要求的效价，则判该批产品符合规定。

5.3.4　如果第二次有效重检中，待检血清的中和抗体效价低于 APHIS 备案的生产大纲中要求的效价，则判该批产品不符合规定。

6. 检验结果报告

6.1　结果应记录 SN 效价。

6.2　在检验记录上记录所有检验结果。

7. 参考文献

Title 9，Code of Federal Regulations，part 113.6［M］. Washington，DC：Government Printing Office.

Finney D J，1978. Statistical method in biological assay ［M］. 3rd ed. London：Charles Griffin and Company.

Cottral G E，1978. Manual of standardized methods for veterinary microbiology ［M］.

Ithaca and London：Comstock Publishing Associates：731.

8. 修订概述

第 04 版

• 更新联系人信息，但是，病毒学实验室决定保留原信息至下次文件审查之日。

第 03 版

• 更新联系人信息。

第 02 版

本修订版资料主要用于阐述兽医生物制品中心现行的实际操作方法，并提供了额外的细节信息。虽然不对检验结果产生重大影响，但是对文件进行了以下修改：

• 在文件中加入了联系人 Joseph Hermann 和 Peg Patterson。

附录

附录 I　生长培养基

含有 Earles 盐的 MEM（Eagle）	1.0 包装
去离子水定容至	1.0L
碳酸氢钠	2.2g
硫酸庆大霉素	50.0mg
青霉素	25 000U
链霉素	100.00mg
热灭活或者经辐射灭活的胎牛血清	70.0mL
200mmol/L L-精氨酸（100×）	292.0mg
0.22μm 滤器	

附录 II　维持培养基

含有 Earles 盐的 MEM（Eagle）	1.0 包装
去离子水定容至	1L
碳酸氢钠	2.2g
硫酸庆大霉素	50.0mg
两性霉素 B	5.0mg
青霉素	100 000U
链霉素	100.0mg
200mmol/L L-精氨酸（100×）	292.0mg
0.22μm 滤器	

（王丹娜译　张一帜校）

美国农业部兽医生物制品中心
检验方法

SAM 200 含气肿疽梭菌抗原产品效力检验的补充检验方法

日　　期：2017 年 2 月 15 日

编　　号：SAM 200.06

替　　代：SAM 200.05，2014 年 3 月 25 日

标准要求：9CFR 113.106 部分

联 系 人：Janet M. Wilson，（515）37-7245

审　　批：/s/Larry R. Ludemann　　　　　日期：2017 年 3 月 6 日

　　　　　Larry R. Ludemann，细菌学实验室负责人

　　　　　/s/Paul J. Hauer　　　　　　　日期：2017 年 3 月 6 日

　　　　　Paul J. Hauer，兽医生物制品中心政策、评审与执照管理部门负责人

美国农业部动植物卫生监督署

P. O. Box 844

Ames，IA 50010

补充检验方法中提及的商标或专利产品不等同于该产品已获得了美国农业部的保证或担保，
且它的批准也不意味着其可用于排除在外的其他可能适用的产品

由以下人员录入 CVB 质量管理体系：
/s/Linda. S. Snavely　　　　　日期：2017 年 3 月 7 日 Linda. S. Snavely，质量管理计划助理

目　录

1. 引言

本补充检验方法（SAM）描述了按照联邦法规第 9 卷（9CFR）113.106 部分对含有气肿疽梭菌抗原的生物制品进行效力检验的方法。对需要 2 次免疫的产品，对豚鼠在间隔 21～23d 的时间内进行 2 次免疫，并在二免后 14～15d 用标准剂量气肿疽梭菌芽孢强毒攻毒。对单次免疫的产品，免疫接种豚鼠后 35～38d 用标准剂量气肿疽梭菌芽孢强毒攻毒。本检验包括 2 个阶段：只有在第一阶段有 2 只免疫豚鼠发生死亡的情况下，才需要进行第二阶段试验。

2. 材料

2.1 设备/仪器

下列任何品牌的设备或仪器均可由具有相同功能的设备或仪器所替代。

涡旋混合器

2.2 试剂/耗材

下列任何品牌的试剂或材料均可由具有相同功能的试剂或材料所替代（特殊标明的除外）。

2.2.1 气肿疽梭菌攻毒用培养物，IRP631〔本培养物应从美国农业部兽医局兽医生物制品中心（CVB）获得〕；

2.2.2 氯化钠，试剂级；

2.2.3 二水合氯化钙，试剂级；

2.2.4 带固定针头的注射器（3mL、5mL 和 10mL）；

2.2.5 针头（23 号×1 英寸）；

2.2.6 移液管（2mL、5mL 和 25mL）；

2.2.7 玻璃稀释瓶（160mL）；

2.2.8 玻璃血清瓶（50mL）；

2.2.9 橡胶塞〔（13×20）mm〕和铝帽（血清瓶用）；

2.2.10 去离子水或蒸馏水或等效纯度的水。

2.3 检验动物

豚鼠，300～500g。（每批产品用 8 只豚鼠检验。对 1～4 批待检产品，需另取 5 只豚鼠作为对照。所有用于同一个批检验的豚鼠应来源一致，并在相同条件下饲养）。

3. 检验准备

3.1 人员资质/培训

操作人员必须具有使用常规实验室化学物质、设备和玻璃器皿的知识，并且接受过安全操作活细菌培养物及试验用豚鼠保定等方面的特殊培训，并具有一定经验。

3.2 检验动物的选择和处理

3.2.1 选用的豚鼠要求健康、无体外寄生虫且被毛干净。

3.2.2 可选择不同性别的豚鼠，各种颜色均可。

3.2.3 豚鼠运抵时应进行验收。笼子应有足够的空间（同一笼内禁止性别混放）。

3.2.4 告知动物饲养员在攻毒后不要清洗笼子。

3.2.5 当检验结束时，告知动物饲养员对豚鼠实施安乐死，对豚鼠尸体和污染垫料进行焚毁，并对污染笼具进行消毒。

3.3 材料的准备

3.3.1 使用前对所有玻璃制品进行灭菌处理。

3.3.2 确保所有耗材（移液管、注射器、针头、橡胶塞等）是无菌的。

3.4 试剂的准备

3.4.1 气肿疽梭菌攻毒用培养物

将气肿疽梭菌攻毒培养物 IRP631 悬浮于 50% 甘油溶液中。每管分装大约 1.5mL。芽孢悬液置 -60℃ 以下保存。

3.4.2 氯化钙溶液

称取 27g 二水合氯化钙（$CaCl_2 \cdot 2H_2O$）在 360mL 蒸馏水中溶解。按照生产商推荐方法，≥121℃ 高压灭菌 25～30min。冷却后用 50mL 血清瓶进行无菌分装，每瓶分装 27mL。

注意：在攻毒当天制备 $CaCl_2$ 溶液。使用前将溶液一直置于冰上。

3.4.3 NaCl 溶液（0.85%）

称取 1.7g 氯化钠（NaCl）在 200mL 蒸馏水中溶解。按照生产商推荐方法，≥121℃ 高压灭菌 25～30min。冷却后用 160mL 稀释瓶进行无菌分装，每瓶分别按 99mL 和 54mL 两种规格的量分装。

注意：在攻毒当天制备 NaCl 溶液，在进行稀释时将溶液一直置于冰上。

4. 检验

4.1 检验动物的免疫

4.1.1 检查每瓶产品的标签，进行身份验证并确定推荐的田间使用剂量（豚鼠剂量为牛推荐使用剂量的 1/5）。

4.1.2 在用注射器吸取液体前，用手掌敲打疫苗瓶至少 25 次，彻底混匀产品。使用配有 23 号×1 英寸的针头的 5mL 或 10mL 注射器。

4.1.3　每批产品免疫豚鼠 8 只。在胸腹区进行皮下注射。第一次免疫接种豚鼠的右侧。

4.1.4　对于需两次免疫的产品，首免后 21～23d 进行第二次免疫。第二次免疫在豚鼠左侧的胸腹区进行皮下接种。

4.2　攻毒时间

4.2.1　每批产品用 8 只豚鼠攻毒，对于需两次免疫的产品，攻毒时间为二免后 14～15d；对于单次免疫的产品，攻毒时间为免疫后 35～38d。

4.2.2　非免疫对照组豚鼠的攻毒时间与免疫组相同。5 只未免疫豚鼠可用作最多 4 批产品检验的对照。

4.3　攻毒准备和注射

4.3.1　取一管培养物悬液在室温融化，并立即使用。

4.3.2　剧烈振荡小瓶，彻底混匀内容物。

4.3.3　用 2mL 移液管从小瓶中吸取 1.2mL 芽孢悬液。将 1mL 芽孢悬液加入预先装有 99mL 预冷的灭菌 0.85％ NaCl 溶液的玻璃稀释瓶中（1∶100 稀释）。

注意：气肿疽梭菌芽孢悬液较为黏稠，应小心加入确保液体完全加入。

4.3.4　用 2mL 移液管吸取 1.2mL 充分混匀的 1∶100 稀释的芽孢悬液。将 1.0mL 芽孢稀释液加入预先装有 36mL 经预冷的灭菌 0.85％NaCl 溶液的玻璃稀释瓶中（1∶3 700 稀释）。

4.3.5　用 5mL 移液管吸取 5.0mL 充分混匀的 1∶3 700 稀释的芽孢悬液。将 3mL 芽孢稀释液加入预先装有 27mL 经预冷的灭菌 $CaCl_2$ 溶液的

50mL 血清瓶中（$CaCl_2$ 终浓度约为 5％）。加盖密封。将该 1∶37 000 稀释的悬浮液彻底混匀，并置于冰上。在接种第一只豚鼠之前，攻毒悬浮液允许在冰上放置 10min。

4.3.6　在每次用注射器吸取液体之前，彻底混匀攻毒混悬液。用带有 23 号×1 英寸针头的 3mL 注射器接种豚鼠。在豚鼠左、右大腿部肌内注射，每只注射 0.5mL 攻毒稀释液。攻毒稀释液浓度约为 100 个豚鼠半数致死量（LD_{50}）/0.5mL。

注意：每 30mL 的 1∶37 000 攻毒稀释液，最多可供 40 只免疫豚鼠和 5 只非免疫对照豚鼠的攻毒。此为一个攻毒单元。如还需进行其他攻毒单元的攻毒，必须另外重新制备 30mL 攻毒稀释液。

4.3.7　在攻毒稀释液制备完成后的 30min 内，应完成该攻毒单元豚鼠的注射。

4.4　攻毒后豚鼠的观察

攻毒后观察豚鼠 72h。记录死亡情况。还应检查检验动物是否出现溃疡、水肿和全身的整体情况。这些观察结果也要在每日检验记录上登记。在 72h 结束判定检验结果。

注意：濒临死亡动物出现的临床症状应与疾病预期的发病机理一致，即不能自己起身或走动，应对其实施人道主义安乐死，并按照 9CFR117.4 规定判其为死亡。

5. 检验结果说明

检验结果应按照 9CFR113.106 部分规定进行判定。有至少 80％对照豚鼠在攻毒后 3d 的观察期内死亡，则检验有效。如果符合要求，则效力检验的结果可根据下表格进行评价：

阶　段	免疫豚鼠的数量（只）	累计免疫豚鼠的数量（只）	符合规定时累计死亡数（只）	不符合规定时累计死亡数（只）
1	8	8	1 或更少	3 或更多
2	8	16	4 或更少	5 或更多

只有在第一阶段有 2 只免疫豚鼠发生死亡的情况下，才需要进行第二阶段试验。第二阶段试验的方法和过程与第一阶段相同。

6. 检验结果报告

按照标准操作程序报告检验结果。

7. 参考文献

Title 9，Code of Federal Regulations，section 113.106［M］. Washington，DC：Government Printing Office.

8. 修订概述

第 06 版

·更新攻毒试剂批次信息。

第 05 版

·更新细菌学实验室负责人。

·为表述更明确，步骤中进行了少量的文字修订。

第 04 版

·更新联系人信息。

第 03 版

·文件编号由 BBSAM0200 变更为 SAM200。

第 02 版

本修订版资料主要用于阐述兽医生物制品中心现行的实际操作方法，并提供了额外的细节信息。虽然不对检验结果产生重大影响，但是对文件进行了以下修改：

• 2.2.7 （16 × 125）mm 螺帽试管用 160mL 玻璃稀释瓶替代。

• 2.3.1 符合规定的豚鼠体重变更为与规章（9CFR113.106 部分）相匹配。

• 4.4.2 对人道主义安乐死的语言描述发生轻微变动，以保持前后一致性。

• 文件中所有 IRP434 变更为 IRP509（04）。

• 添加联系人 Janet M. Wilson。

（彭小兵译，张一帜校）

美国农业部兽医生物制品中心
检验方法

SAM 201　C型产气荚膜梭菌β抗原效力检验的补充检验方法

日　　期：2014年6月12日

编　　号：SAM 201.06

替　　代：SAM 201.05，2011年6月28日

标准要求：9CFR 113.111部分

联 系 人：Janet M. Wilson，(515) 663-7245

审　　批：/s/Larry R. Ludemann　　　　日期：2014年6月18日

　　　　　Larry R. Ludemann，细菌学实验室负责人

　　　　　/s/Byron E. Rippke　　　　日期：2014年6月30日

　　　　　Byron E. Rippke，兽医生物制品中心政策、评审与执照管理部门负责人

　　　　　/s/Rebecca L. W. Hyde　　　　日期：2014年6月30日

　　　　　Rebecca L. W. Hyde，兽医生物制品中心质量管理部门负责人

美国农业部动植物卫生监督署

P. O. Box 844

Ames，IA 50010

目　录

1. 引言

本补充检验方法（SAM）描述了按照联邦法规第9卷（9CFR）113.111部分检测含有C型产气荚膜梭菌β抗原的生物制品能否刺激机体产生符合规定的免疫力的方法。对需要2次免疫的产品，对兔在间隔20～23d的时间进行2次免疫，并在二免后14～17d采血。对单次免疫的产品，免疫接种兔后34～40d采血。血清效价用小鼠作为指标，通过毒素-抗毒素中和试验进行测定。

2. 材料

2.1 设备/仪器

下列任何品牌的设备或仪器均可由具有相同功能的设备或仪器所替代。

2.1.1 涡旋混合器；

2.1.2 离心机；

2.1.3 高压灭菌器；

2.1.4 −20℃和−70℃超低温冰箱；

2.1.5 2～7℃冷藏柜；

2.1.6 100μL和1 000μL微量移液器。

2.2 试剂/耗材

下列任何品牌的试剂或材料均可由具有相同功能的试剂或材料所替代。（特殊标明的除外）

2.2.1 C型产气荚膜梭菌标准β抗毒素，IRP585-A〔可从兽医生物制品中心（CVB）获得〕；

2.2.2 C型产气荚膜梭菌标准β毒素，IRP513（04）（可从CVB获得）；

2.2.3 蛋白胨稀释液；

2.2.4 500mL带螺旋盖子的Erlenmeyer瓶；

2.2.5 1cm³、10cm³、20cm³或30cm³带固定针头的注射器；

2.2.6 （25～27）号×（1～1.25）英寸、20号×1英寸的针头；

2.2.7 20号×1.5英寸的Vacutainer®针头；

2.2.8 12.5mL血清分离管；

2.2.9 各种尺寸的移液管；

2.2.10 微量移液器的吸头；

2.2.11 100mg/mL盐酸氯胺酮溶液；

2.2.12 20mg/mL甲苯噻嗪溶液；

2.2.13 蒸馏水或去离子水，或等效纯度的水；

2.2.14 各种大小带盖的试管。

2.3 检验动物

2.3.1 新西兰大耳白雌兔，未怀孕，4～8英磅（每批待检样品要求用8只检验）。

2.3.2 瑞士雌性小鼠，未怀孕，16～20g（每种毒素-抗毒素混合物要求用5只检验）。

3. 检验准备

3.1 人员资质/培训

操作人员必须具有使用常规实验室化学物质、设备和玻璃器皿的知识，并且接受过安全操作梭菌毒素等方面的培训，并具有一定经验。操作人员必须接受过试验用兔和小鼠的护理与保定方面的培训。

3.2 设备和材料的准备

3.2.1 使用前对所有玻璃制品进行灭菌处理。

3.2.2 仅可使用无菌的耗材（移液管、注射器、针头等）。

3.2.3 按照生产商的说明书进行所有设备的操作。

3.3 试剂的准备

3.3.1 蛋白胨稀释液

蛋白胨（Difco公司）	8g
NaCl（试剂级）	2g
水定容至	800mL

将蛋白胨和氯化钠溶于水中。用1mol/L的氢氧化钠调节pH至7.2。按照生产商的推荐≥121℃高压灭菌25～30min。2～7℃保存不超过3个月。

3.3.2 C型产气荚膜梭菌标准β抗毒素的准备

1）C型产气荚膜梭菌β抗毒素IRP585-A，每毫升含β抗毒素550单位（AU/mL），这是按照世界卫生组织提供的C型产气荚膜梭菌（魏氏梭菌）国际标准抗毒素标定的。每瓶含抗毒素0.7mL。

2）将标准β抗毒素稀释至10AU/mL后，用于毒素-中和试验。取混合均匀的IRP585-A 0.5mL，加入4.5mL蛋白胨稀释液中，制备初始稀释液。将1∶10的稀释液等量分装并保存。该稀释液的抗毒素含量为55AU/mL，可在（−70±10）℃稳定保存。

3.3.3 C型产气荚膜梭菌β毒素的准备

取IRP513（04）1.0mL加入9.0mL蛋白胨稀释液中，制成1∶10稀释的C型产气荚膜梭菌β毒素。将1∶10稀释的IRP513（04）等量分装并保存。该稀释液可在（−70±10）℃稳定保存。

4. 检验

4.1 兔的免疫

4.1.1 充分混匀待检样品，并用酒精擦拭瓶盖后再插入注射器。

4.1.2 按产品标签上对各种动物的最大推荐剂量的一半，肩部皮下注射家兔。用 1cm³、10cm³、20cm³ 或 30cm³ 带 20 号×1 英寸针头的注射器免疫家兔。

4.1.3 对需要 2 次免疫的疫苗，在第一次免疫后 20～23d 进行第二次免疫。

4.2 兔血清的收集和准备

4.2.1 免疫后 34～40d，对检验兔采血（对需要 2 次免疫的疫苗，在第二次免疫后 14～17d 采血）。

4.2.2 用 1.32mg/kg 甲苯噻嗪与 8.8mg/kg 盐酸氯胺酮的混合溶液肌内注射待采血的家兔，进行麻醉。

4.2.3 用 20 号×1.5 英寸的 Vacutainer® 针头和 12.5mL 血清分离管进行检验兔的心脏采血，每只兔采血约 12.5mL。采血完成后轻柔转动管子 5 次。将装有血液的管子在 20～26℃静置 30～60min。

4.2.4 血样在 20～26℃、1 000r/min 离心10～20min。

4.3 混合血清的准备

4.3.1 每份混合血清样品必须由每个免疫组的至少 7 只检验兔的血清等体积混合而成（如果每个免疫组采血兔的数量超过 7 只，则将所有兔的血清都等体积混合）。如果采血兔的数量少于 7 只/组，则检验无效，应重检。

4.3.2 混合血清样品在 2～7℃ 保存不超过 7d。如果检验无法在 7d 内完成，则应将样品置 -20℃ 或 -20℃ 以下保存。

4.3.3 使用 1.0mL 混合血清样品进行抗毒素的 10AU/mL 检测。

4.3.4 在 1.0mL 混合血清样品中加入 0.2mL 的蛋白胨稀释液，进行抗毒素的 12AU/mL 检测。

4.4 毒素中和

4.4.1 C 型产气荚膜梭菌标准 β 毒素的准备

取 1.0mL 稀释的（1∶10）C 型产气荚膜梭菌 β 毒素（见 3.3.3 项）加入 10.0mL 蛋白胨溶液中，将毒素进一步稀释成 1∶110。本试验所得的 IRP513（04）1∶110 稀释液即为标准 β 毒素。

注意：0.5mL 标准 β 毒素加 0.5mL 蛋白胨稀释液即为 10L₀ 剂量。0.8mL 标准 β 毒素加 0.2mL 蛋白胨稀释液即为 10L₊ 剂量。本 SAM 中，将 10L₀ 剂量定义为中和 10AU 抗毒素后，可使所有静脉注射（Ⅳ）0.2mL 混合物的小鼠 100% 存活的毒素的最大量。将 10L₊ 剂量定义为中和 10AU 抗毒素后，可使所有静脉注射（Ⅳ）0.2mL 混合物的小鼠 80%～100% 死亡的毒素的最小量。

4.4.2 标准 β 抗毒素的准备

融化 1 支事先稀释成 1∶10（见 3.3.2 项）的 C 型产气荚膜梭菌 β 抗毒素 IRP585-A。取 1.0mL 稀释的抗毒素（1∶10）加入 4.5mL 稀释液中，将抗毒素进一步稀释成 1∶55。

本稀释液含抗毒素 10AU/mL，即为标准 β 抗毒素。

4.4.3 产品与标准 β 毒素中和

1）对每份混合血清和 L₀ 对照，取足量的标准 β 毒素与蛋白胨稀释液［0.5mL 标准 β 毒素加 0.5mL 蛋白胨稀释液（10L₀ 剂量）］混合。取 1.0mL 每份血清稀释液加入 1.0mL 这种标准 β 毒素-蛋白胨稀释混合液中。用涡旋混合器混合均匀。

2）将该混合液置 20～26℃作用 1h。

3）将试管放置在冰上。

4.4.4 标准 β 毒素与标准 β 抗毒素对照中和

1）取 1.0mL 10AU/mL 标准 β 抗毒素与1.0mL 标准 β 毒素-蛋白胨稀释混合液（10L₀ 剂量）混合。用涡旋混合器混合均匀。

2）取 1.0mL 10AU/mL 标准 β 抗毒素与0.8mL 标准 β 毒素（10L₊ 剂量）和 0.2mL 蛋白胨的稀释混合液混合。用涡旋混合器混合均匀。

3）将该混合液置 20～26℃作用 1h。

4）将试管放置在冰上。

4.5 小鼠的接种

4.5.1 取每种标准 β 毒素-血清产品混合液，各注射小鼠 5 只，0.2mL/只。

4.5.2 取每种标准 β 毒素-标准 β 抗毒素混合液，各注射小鼠 5 只，0.2mL/只。

4.5.3 所有的小鼠均采用尾静脉注射。使用带有（25～27）号×（1～1.25）英寸针头的 1cm³ 注射器。

4.5.4 始终在最后进行接种标准 β 毒素-标准 β 抗毒素混合液（对照）小鼠的注射。

4.5.5 放置在冰上的毒素-抗毒素混合液，必须在 1h 用完。

4.5.6 小鼠接种后 24h 判定检验结果。

5. 检验结果说明

5.1 有效检验标准

5.1.1 接种标准 $10L_0/10AU$ 的对照组 5 只小鼠必须全部存活。

5.1.2 接种标准 $10L_+/10AU$ 的对照组 5 只小鼠必须至少死亡 4 只。

注意：濒临死亡动物出现的临床症状应与疾病预期的发病机理一致，即不能自己起身或走动，应对其实施人道主义安乐死，并按照 9CFR117.4 规定判其为死亡。

5.2 检验结果说明

5.2.1 如果接种未稀释的混合血清-标准毒素混合物的小鼠 5/5 存活，那么血清中含有 C 型产气荚膜梭菌 β 抗毒素不少于 10AU/mL，则判该产品符合规定。

5.2.2 如果接种稀释的混合血清（1.0mL 血清＋0.2mL 稀释液）-标准毒素混合物的小鼠 5/5 存活，那么血清中含有 C 型产气荚膜梭菌 β 抗毒素不少于 12AU/mL，则判该产品符合规定。

5.2.3 如果至少 7 只兔子的混合血清中 β 抗毒素含量少于 10AU/mL，则判该产品不符合规定（如果接种未稀释的混合血清-$10L_0$ 剂量标准 β 毒素混合物的小鼠，有任意一只出现死亡，则说明该产品中所含的 β 抗毒少于 10AU/mL）。

6. 检验结果报告

按照标准操作程序报告检验结果。

7. 参考文献

Title 9, Code of Federal Regulations, part 113.111 [M]. Washington, DC: Government Printing Office.

8. 修订概述

第 06 版

• 更新细菌学实验室负责人。

• 全文中的 IRP585 变更为 IRP585-A。

• 为表述更明确，步骤中进行了少量的文字修订。

第 05 版

• 更新联系人信息。

• 文件中所有标准 β 抗毒素批次由 IRP486 变更为 IRP585。由于试剂批号变化，因此稀释度也发生了变化。

第 04 版

• 4.4.1 调整标准 β 毒素的稀释度。

第 03 版

• 4.4.2 更正拼写错误。

• 删除文件中所有稀释/保存容器的规格，允许使用不同规格的容器。

• 调整超低温冰箱和室温的参数。

第 02 版

本修订版资料主要用于阐述兽医生物制品中心现行的实际操作方法，并提供了额外的细节信息。虽然不对检验结果产生重大影响，但是对文件进行了以下修改：

• 将文件中所有的 IRP448 均变更为 IRP486。

• 将文件中所有的 IRP447 均变更为 IRP513 (04)。

• 增加人道主义终点用语。

• 增加说明稀释/保存容器的规格。

• 联系人变更为 Janet M. Wilson。

（蒋　颖译，张一帜校）

美国农业部兽医生物制品中心
检验方法

SAM 202　C 型产气荚膜梭菌 β 抗毒素效力检验的补充检验方法

日　　期：2014 年 6 月 18 日
编　　号：SAM 202.05
替　　代：SAM 202.04，2011 年 6 月 28 日
标准要求：9CFR 113.454 部分
联 系 人：Janet M. Wilson，（515）337-7245
审　　批：/s/Larry R. Ludemann　　　　　　日期：2014 年 6 月 24 日
　　　　　Larry R. Ludemann，细菌学实验室负责人

　　　　　/s/Byron E. Rippke　　　　　　　日期：2014 年 6 月 30 日
　　　　　Byron E. Rippke，兽医生物制品中心政策、评审与执照管理部门负责人

　　　　　/s/Rebecca L. W. Hyde　　　　　　日期：2014 年 6 月 30 日
　　　　　Rebecca L. W. Hyde，兽医生物制品中心质量管理部门负责人

美国农业部动植物卫生监督署
P. O. Box 844
Ames，IA 50010

目　录

1. 引言

本补充检验方法（SAM）描述了按照联邦法规第 9 卷（9CFR）113.454 部分测定 C 型产气荚膜梭菌 β 抗毒素含量的方法。该抗毒素的效价用小鼠作为指标，通过毒素-抗毒素中和试验进行测定。

2. 材料

2.1 设备/仪器

下列任何品牌的设备或仪器均可由具有相同功能的设备或仪器所替代。

2.1.1 涡旋混合器；

2.1.2 −70℃超低温冰箱；

2.1.3 $100\mu L$ 和 $1\,000\mu L$ 微量移液器；

2.1.4 2～7℃冷藏柜；

2.1.5 高压灭菌器。

2.2 试剂/耗材

下列任何品牌的试剂或材料均可由具有相同功能的试剂或材料所替代。

2.2.1 C 型产气荚膜梭菌标准 β 抗毒素，IRP585-A［可从兽医生物制品中心（CVB）获得］；

2.2.2 C 型产气荚膜梭菌标准 β 毒素，IRP513（04）（可从 CVB 获得）；

2.2.3 蛋白胨稀释液；

2.2.4 （13×100）mm 带螺旋盖子的玻璃瓶；

2.2.5 1mL、5mL、10mL、25mL 的移液管；

2.2.6 $1cm^3$ 注射器；

2.2.7 （25～27）号×（1～1.25）英寸的针头；

2.2.8 500mL 带螺旋盖子的 Erlenmeyer 瓶；

2.2.9 160mL 的玻璃稀释瓶；

2.2.10 （17×100）mm 带盖的顶部按压式聚苯乙烯管；

2.2.11 （17×120）mm 带螺旋盖子的聚苯乙烯锥形试管；

2.2.12 蒸馏水或去离子水，或等效纯度的水；

2.2.13 微量移液器的吸头。

2.3 检验动物

瑞士雌性小鼠，未怀孕，16～20g（每种毒素-抗毒素混合物要求用 5 只检验）。

3. 检验准备

3.1 人员资质/培训

操作人员必须具有使用常规实验室化学物质、设备和玻璃器皿的知识，并且接受过安全操作梭菌毒素等方面的培训，并具有一定经验。操作人员必须接受过试验用小鼠的护理和保定方面的培训。

3.2 设备/仪器的准备

按照生产商的说明书进行所有设备的操作。

3.3 试剂/对照品的准备

3.3.1 蛋白胨稀释液

蛋白胨（Difco 公司）	8g
NaCl（试剂级）	2g
水定容至	800mL

将蛋白胨和氯化钠溶于水中。用 1mol/L 的氢氧化钠调节 pH 至 7.2。

按照生产商的推荐 ≥121℃ 高压灭菌 25～30min。将瓶子冷却并将盖拧紧。将稀释液置 2～7℃保存不超过 3 个月。

3.3.2 C 型产气荚膜梭菌标准 β 抗毒素的准备

1）C 型产气荚膜梭菌 β 抗毒素 IRP585-A，每毫升含 β 抗毒素 550 单位（AU/mL），这是按照世界卫生组织提供的 C 型产气荚膜梭菌（魏氏梭菌）国际标准抗毒素标定的。每瓶含抗毒素 0.7mL。

2）将标准 β 抗毒素稀释至 10AU/mL 后，用于毒素-中和试验。按照当前的试剂资料清单准备稀释液。

3.3.3 C 型产气荚膜梭菌标准 β 毒素的准备

按照当前的试剂资料清单准备 C 型产气荚膜梭菌 β 毒素 IRP513（04）的稀释液。该 1:10 稀释的 IRP513（04）毒素可在（−70±10）℃稳定保存。

注意：0.5mL 标准 β 毒素加 0.5mL 蛋白胨稀释液即为 $10L_0$ 剂量。0.8mL 标准 β 毒素加 0.2mL 蛋白胨稀释液即为 $10L_+$ 剂量（见步骤 4.1.1 和 4.1.2 项）。本 SAM 中，将 $10L_0$ 剂量定义为中和 10AU 抗毒素后，可使所有静脉注射（Ⅳ）0.2mL 混合物的小鼠 100% 存活的毒素的最大量。将 $10L_+$ 剂量定义为中和 10AU 抗毒素后，可使所有静脉注射（Ⅳ）0.2mL 混合物的小鼠 80%～100% 死亡的毒素的最小量。

4. 检验

4.1 毒素中和

4.1.1 产品与标准 β 毒素中和

1）对每份抗毒素产品稀释液和 L_0 对照，取足量的标准 β 毒素与蛋白胨稀释液［0.5mL 标准 β

毒素加 0.5mL 蛋白胨稀释液（10L₀ 剂量）〕在（17×120）mm 锥形试管中混合。

2）取 1mL 每份抗毒素产品稀释液（见下表）加入 1mL 标准 β 毒素-蛋白胨稀释混合液（10L₀ 剂量），在（17×100）mm 顶部按压式聚苯乙烯管中混合。用涡旋混合器混合均匀。

3）将该混合液置 20～26℃作用 1h。

4）将试管放置在冰上。

检验所含国际单位（AU）	未知抗毒素	10L₀ 剂量（mL）	
		标准毒素	稀释液
500	1：50 稀释液 1mL （0.5mL 产品＋24.5mL 稀释液）	0.5	0.5
600	1：60 稀释液 1mL （0.5mL 产品＋29.5mL 稀释液）	0.5	0.5
1 200	1：120 稀释液 1mL （0.3mL 产品＋35.7mL 稀释液）	0.5	0.5

4.1.2　标准 β 毒素与标准 β 抗毒素对照中和

1）取 1.0mL 10AU/mL 标准 β 抗毒素与 1.0mL 标准 β 毒素-蛋白胨稀释混合液（10L₀ 剂量）在（17×100）mm 顶部按压式聚苯乙烯管中混合。用涡旋混合器混合均匀。

2）取 1.0mL 10AU/mL 标准 β 抗毒素与 0.8mL 标准 β 毒素（10L₊ 剂量）和 0.2mL 蛋白胨的稀释混合液在（17×100）mm 顶部按压式聚苯乙烯管中混合。用涡旋混合器混合均匀。

3）将该混合液置 20～26℃作用 1h。

4）将试管放置在冰上。

4.2　小鼠的接种

4.2.1　取每种标准 β 毒素-产品抗毒素混合液，各注射小鼠 5 只，0.2mL/只。

4.2.2　取每种标准 β 毒素-标准 β 抗毒素混合液，各注射小鼠 5 只，0.2mL/只。

4.2.3　所有的小鼠均采用尾静脉注射。使用带有（25～27）号×（1～1.25）英寸针头的 1cm³ 注射器。

4.2.4　始终在最后进行接种标准 β 毒素-标准 β 抗毒素混合液（对照）小鼠的注射。

4.2.5　放置在冰上的毒素-抗毒素混合液，必须在 1h 用完。

4.2.6　小鼠接种后 24h 判定检验结果。

5. 检验结果说明

5.1　有效检验标准

5.1.1　接种标准 10L₀/10AU 的对照组 5 只小鼠必须全部存活。

5.1.2　接种标准 10L₊/10AU 的对照组 5 只小鼠必须至少死亡 4 只。

注意：濒临死亡动物出现的临床症状应与疾病预期的发病机理一致，即不能自己起身或走动，应对其实施人道主义安乐死，并按照 9CFR117.4 规定判其为死亡。

5.2　检验结果说明

5.2.1　如果接种 1：50 稀释产品-标准 β 毒素混合物的小鼠 5/5 存活，则该产品含有 β 抗毒素不少于 500 个国际单位/mL。

5.2.2　如果接种 1：60 稀释产品-标准 β 毒素混合物的小鼠 5/5 存活，则该产品含有 β 抗毒素不少于 600 个国际单位/mL。

5.2.3　如果产品中 β 抗毒素的含量少于 500 个 AU/mL，则判该产品不符合规定（如果接种 1：50 稀释产品－10L₀ 剂量标准 β 毒素混合物的小鼠，有任意一只出现死亡，则说明该产品中 β 抗毒素的含量少于 500 个 AU/mL）。

6. 检验结果报告

按照标准操作程序报告检验结果。

7. 参考文献

Title 9, Code of Federal Regulations, part 113.454 [M]. Washington, DC: Government Printing Office.

8. 修订概述

第 05 版

· 更新细菌学实验室负责人。

· 为表述更明确，步骤中进行了少量的文字修订。

第 04 版

· 更新联系人信息。

· 文件中所有标准 β 抗毒素批次由 IRP486 变更为 IRP585。由于试剂批号变化，因此稀释度也发生了变化。

第 03 版

· 文件编号由 BBSAM0202 变更为 SAM202。

• 3.3.3　调整标准 β 毒素的使用浓度。

第 02 版

本修订版资料主要用于阐述兽医生物制品中心现行的实际操作方法，并提供了额外的细节信息。虽然不对检验结果产生重大影响，但是对文件进行了以下修改：

• 将文件中所有的 IRP119 均变更为 IRP486

• 将文件中所有的 IRP418 均变更为 IRP513

（04）。

• 4.1　修订格式和内容，明确毒素中和过程的 L_0 和 L_+ 水平。

• 增加人道主义终点用语。

• 增加说明稀释/保存容器的规格。

• 联系人变更为 Janet M. Wilson。

（蒋　颖译，张一帜校）

美国农业部兽医生物制品中心
检验方法

SAM 203 D 型产气荚膜梭菌 ε 抗原效力检验的补充检验方法

日　　期：2014 年 4 月 11 日

编　　号：SAM 203.06

替　　代：SAM 203.05，2010 年 11 月 4 日

标准要求：9CFR 113.112 部分

联 系 人：Janet M. Wilson，(515) 337-7245

审　　批：/s/Larry R. Ludemann　　　　　日期：2014 年 4 月 17 日

　　　　　Larry R. Ludemann，细菌学实验室负责人

　　　　　/s/Byron E. Rippke　　　　　　日期：2014 年 4 月 19 日

　　　　　Byron E. Rippke，兽医生物制品中心政策、评审与执照管理部门负责人

　　　　　/s/Rebecca L. W. Hyde　　　　　日期：2014 年 4 月 22 日

　　　　　Rebecca L. W. Hyde，兽医生物制品中心质量管理部门负责人

美国农业部动植物卫生监督署

P. O. Box 844

Ames，IA 50010

补充检验方法中提及的商标或专利产品不等同于该产品已获得了美国农业部的保证或担保，且它的批准也不意味着其可用于排除在外的其他可能适用的产品

目　录

1. 引言

本补充检验方法（SAM）描述了按照联邦法规第 9 卷（9CFR）113.111 部分检测含有 D 型产气荚膜梭菌 ε 抗原的生物制品能否刺激机体产生令人满意的免疫力的方法。对需要 2 次免疫的产品，对兔在间隔 20～23d 的时间进行 2 次免疫，并在二免后 14～17d 采血。对单次免疫的产品，免疫接种兔后 34～40d 采血。血清效价用小鼠作为指标，通过毒素-抗毒素中和试验进行测定。

2. 材料

2.1 设备

下列任何品牌的设备或仪器均可由具有相同功能的设备或仪器所替代。

2.1.1 涡旋混合器；

2.1.2 离心机；

2.1.3 高压灭菌器；

2.1.4 −20℃ 和 −70℃ 超低温冰箱；

2.1.5 2～7℃ 冷藏柜；

2.1.6 100μL 和 1 000μL 微量移液器。

2.2 试剂/耗材

下列任何品牌的试剂或材料均可由具有相同功能的试剂或材料所替代。

2.2.1 D 型产气荚膜梭菌 ε 抗毒素，IRP249；

2.2.2 D 型产气荚膜梭菌 ε 毒素，IRP450；

2.2.3 蛋白胨稀释液；

2.2.4 500mL 带螺旋盖子的 Erlenmeyer 瓶；

2.2.5 1cm³、10cm³ 或 30cm³ 带固定针头的注射器；

2.2.6 （25～27）号×（1～1.25）英寸，20 号×1 英寸的针头；

2.2.7 20 号 × 1.5 英寸的 Vacutainer ® 针头；

2.2.8 12.5mL 血清分离管；

2.2.9 5mL、10mL 和 25mL 移液管；

2.2.10 微量移液器的吸头；

2.2.11 100mg/mL 盐酸氯胺酮溶液；

2.2.12 20mg/mL 甲苯噻嗪溶液；

2.2.13 蒸馏水或去离子水或等效纯度的水；

2.2.14 玻璃稀释瓶（160mL）；

2.2.15 带螺旋盖子的玻璃管〔(13×100)mm〕；

2.2.16 带盖的顶部按压式聚苯乙烯管〔(17×100)mm〕；

2.2.17 带螺旋盖子的聚苯乙烯管〔(17×120)mm〕；

2.2.18 带螺旋盖子的聚丙烯锥形试管（50mL）。

2.3 检验动物

2.3.1 新西兰大耳白雌兔，未怀孕，4～8 英磅（每批待检样品要求用 8 只检验）。

2.3.2 瑞士雌性小鼠，未怀孕，16～20g（每种毒素-抗毒素混合物要求用 5 只检验）。

3. 检验准备

3.1 人员资质/培训

操作人员必须具有使用常规实验室化学物质、设备和玻璃器皿的知识，并且接受过安全操作梭菌毒素等方面的培训，并具有一定经验。操作人员必须接受过试验用兔和小鼠的护理与保定方面的培训。

3.2 设备和材料的准备

3.2.1 使用前对所有玻璃制品进行灭菌处理。

3.2.2 仅可使用无菌的耗材（移液管、注射器、针头等）。

3.2.3 按照生产商的说明书进行所有设备的操作。

3.3 试剂的准备

3.3.1 蛋白胨稀释液

蛋白胨（Difco 公司）	8g
NaCl（试剂级）	2g
水定容至	800mL

将蛋白胨和氯化钠溶于水中。用 1mol/L 氢氧化钠调节 pH 至 7.2。将稀释液分装到 500mL Erlenmeyer 瓶中，装量不超过 3/4。按照生产商的推荐，将盖拧松，≥121℃ 高压灭菌 25～30min。将瓶子冷却并将盖拧紧。将稀释液置 2～7℃ 保存不超过 3 个月。

3.3.2 D 型产气荚膜梭菌标准 ε 抗毒素的准备

1）D 型产气荚膜梭菌 ε 抗毒素 IRP249，每毫升含 ε 抗毒素 50 单位（AU/mL），这是按照世界卫生组织提供的 D 型产气荚膜梭菌（魏氏梭菌）国际标准抗毒素标定的。每瓶含抗毒素 3.4mL。

2）在一个 160mL 的玻璃稀释瓶中，取混合均匀的 IRP249 2.0mL，加入 98.0mL 蛋白胨稀释液中，制成含有 1.0AU/mL 的 ε 抗毒素稀释液。将稀释后的抗毒素分装至带有螺旋盖子的试管〔(13×100)〕中，2.5mL/管，并在（−70±5）℃ 保存待用。本检验中，将浓度为 1.0AU/mL 的抗毒素作为标准 ε 抗毒素。

3.3.3 D型产气荚膜梭菌ε毒素的准备

在一个 50mL 带有螺旋盖子的试管中，取 IRP450 1.0mL 加入 31.0mL 蛋白胨稀释液中，制成 1∶32 稀释的 D 型产气荚膜梭菌 ε 毒素。将稀释后的毒素分装至带有螺旋盖子的试管［（13×100）mm］中，1.5mL/管。1∶32 稀释的 IRP450 可在（−70±5）℃稳定保存。

4. 检验

4.1 兔的免疫

4.1.1 充分混匀待检样品，并用酒精擦拭瓶盖后再插入注射器。

4.1.2 按产品标签上对各种动物的最大推荐剂量的一半，肩部皮下注射家兔。用 10cm³、20cm³ 或 30cm³ 带 20 号×1 英寸针头的注射器免疫家兔。

4.1.3 对需要 2 次免疫的疫苗，在第一次免疫后 20～23d 进行第二次免疫。

4.2 兔血清的收集和准备

4.2.1 免疫后 34～40d，对检验兔采血（对需要两次免疫的疫苗，在第二次免疫后 14～17d 采血）。

4.2.2 用 1.32mg/kg 甲苯噻嗪与 8.8mg/kg 盐酸氯胺酮的混合溶液肌内注射待采血的家兔，进行麻醉。

4.2.3 用 20 号×1.5 英寸的 Vacutainer® 针头和 12.5mL 血清分离管进行检验兔的心脏采血，每只兔采血约 12.5mL。轻柔转动管子 5 次。将装有血液的管子在 22～26℃静置 30～60min。

4.2.4 血样在室温 1 000r/min 离心 10～20min。

4.3 混合血清的准备

4.3.1 每份混合血清样品必须由每个免疫组的至少 7 只检验兔的血清等体积混合而成（如果每个免疫组采血兔的数量超过 7 只，则将所有兔的血清都等体积混合）。如果采血兔的数量少于 7 只/组，则检验无效，应重检。

4.3.2 混合血清样品在 2～7℃保存不超过 7d。如果检验无法在 7d 内完成，则应将样品置 −20℃或−20℃以下保存。

4.3.3 使用 1.0mL 混合血清样品进行抗毒素的 2AU/mL 检测。

4.3.4 在 1.0mL 混合血清样品中加入 0.2mL 的蛋白胨稀释液，进行抗毒素的 3AU/mL 检测。

4.4 毒素中和

4.4.1 标准 ε 毒素的准备

1）在一个（17×100）mm 顶部按压式管中，取 1.0mL 稀释的（1∶32）ε 毒素加入 9.0mL 蛋白胨稀释液中，将 ε 毒素进一步稀释为 1∶320。在本检验中，将 1∶320 稀释的 IRP450 作为标准 ε 毒素。

2）将 0.6mL 标准 ε 毒素与 0.4mL 蛋白胨稀释液混合，作为 $10L_0$ 剂量。将 0.8mL 标准 ε 毒素与 0.2mL 蛋白胨稀释液混合，作为 $10L_+$ 剂量。

3）本 SAM 中，将 $10L_0$ 剂量定义为中和 1.0AU 抗毒素后，可使所有静脉注射（Ⅳ）0.2mL 混合物的小鼠 100％存活的毒素的最大量。将 $10L_+$ 剂量定义为中和 1.0AU 抗毒素后，可使所有静脉注射（Ⅳ）0.2mL 混合物的小鼠 80％～100％死亡的毒素的最小量。

4）对每份混合血清和 L_0 对照，取足量的标准 ε 毒素与蛋白胨稀释液［0.6mL 标准 ε 毒素加 0.4mL 蛋白胨稀释液（$10L_0$ 剂量）］在（17×120）mm 锥形试管中混合。

4.4.2 标准 ε 抗毒素的准备

融化 1 支事先稀释成 1∶50（见 3.3.2 项）的 D 型产气荚膜梭菌 ε 抗毒素 IRP249。

本稀释液含抗毒素 1AU/mL，即为标准 ε 抗毒素。

4.4.3 产品与标准 ε 毒素中和

1）分别取 1mL 每份血清稀释液（见步骤 4.3 项）与 1mL 标准 ε 毒素-蛋白胨稀释混合液［见步骤 4.4.1（4）项］，在（17×100）mm 顶部按压式聚苯乙烯管中混合。用涡旋混合器混合均匀。

2）将该混合液置 22～26℃作用 1h。

3）将试管放置在冰上。

4.4.4 标准 ε 毒素与标准 ε 抗毒素对照中和

1）取 1mL 含 1.0AU/mL 的标准 ε 抗毒素（见步骤 4.4.2 项）与 1mL 标准 ε 毒素-蛋白胨稀释混合液（$10L_0$ 剂量）［见步骤 4.4.1（4）项］，在（17×100）mm 顶部按压式聚苯乙烯管中混合。用涡旋混合器混合均匀。

2）取 1mL 含 1.0AU/mL 的标准 ε 抗毒素（见步骤 4.4.2 项）与含 0.2mL 蛋白胨稀释液和 0.8mL 标准 ε 毒素的混合液（$10L_+$ 剂量），在（17×100）mm 顶部按压式聚苯乙烯管中混合。用涡旋混合器混合均匀。

3）将该混合液置 22～26℃作用 1h。

4）将试管放置在冰上。

4.5　小鼠的接种

4.5.1　取每种标准ε毒素-产品抗毒素混合液，各注射小鼠5只，0.2mL/只。

4.5.2　取每种标准ε毒素-标准ε抗毒素混合液，各注射小鼠5只，0.2mL/只。

4.5.3　所有的小鼠均采用尾静脉注射。使用带有（25～27）号×（0.5～1.25）英寸针头的 $1cm^3$ 注射器。

4.5.4　始终在最后进行接种标准β毒素-标准β抗毒素混合液（对照）小鼠的注射。

4.5.5　放置在冰上的毒素-抗毒素混合液，必须在1h用完。

4.5.6　小鼠接种后24h判定检验结果。

5. 检验结果说明

5.1　有效检验标准

5.1.1　接种标准 $10L_0/1.0AU$ 的对照组5只小鼠必须全部存活。

5.1.2　接种标准 $10L_+/1.0AU$ 的对照组5只小鼠必须至少死亡4只。

注意：濒临死亡动物出现的临床症状应与疾病预期的发病机理一致，即不能自己起身或走动，应对其实施人道主义安乐死，并按照9CFR117.4规定判其为死亡。

5.2　检验结果说明

5.2.1　如果接种1∶2稀释的混合血清-标准ε毒素混合物的小鼠5/5存活，那么血清中含有D型产气荚膜梭菌ε抗毒素不少于2AU/mL，则判该产品符合规定。

5.2.2　如果接种1∶3稀释的混合血清-标准ε毒素混合物的小鼠5/5存活，那么血清中含有D型产气荚膜梭菌ε抗毒素不少于3AU/mL，则判该产品符合规定。

5.2.3　如果至少7只兔子的混合血清中ε抗毒素的含量少于2AU/mL，则判该产品不符合规定（如果接种1∶2稀释的混合血清-10L₀剂量标准ε毒素混合物的小鼠，有任意一只出现死亡，则说明该产品中ε抗毒素的含量少于2AU/mL）。

6. 检验结果报告

按照标准操作程序报告检验结果。

7. 参考文献

Title 9, Code of Federal Regulations, part 113.112［M］. Washington，DC：Government Printing Office.

8. 修订概述

第06版

• 更新细菌学实验室负责人。

• 为表述更明确，步骤中进行了少量的文字修订。

第05版

• 更新联系人信息。

第04版

• 因人事变动导致文件的签署人之一发生改变。

第03版

本修订版资料主要用于阐述兽医生物制品中心现行的实际操作方法，并提供了额外的细节信息。虽然不对检验结果产生重大影响，但是对文件进行了以下修改：

• 增加人道主义终点用语。

• 增加说明稀释/保存容器的规格。

• 联系人变更为Janet M. Wilson。

第02版

• 纳入IRP450的使用。

• 4.4.1.2　更正拼写错误。

（彭小兵译，张一帜校）

SAM204. 05

美国农业部兽医生物制品中心
检验方法

SAM 204　D 型产气荚膜梭菌 ε 抗毒素效力检验的补充检验方法

日　　期：2014 年 4 月 1 日

编　　号：SAM 204. 05

替　　代：SAM 204. 04，2010 年 11 月 5 日

标准要求：9CFR 113. 455 部分

联 系 人：Janet M. Wilson，（515）337-7245

审　　批：/s/Larry R. Ludemann　　　　　　日期：2014 年 5 月 5 日

　　　　　Larry R. Ludemann，细菌学实验室负责人

　　　　　/s/Byron E. Rippke　　　　　　　　日期：2014 年 5 月 7 日

　　　　　Byron E. Rippke，兽医生物制品中心政策、评审与执照管理部门负责人

　　　　　/s/Rebecca L. W. Hyde　　　　　　日期：2014 年 5 月 9 日

　　　　　Rebecca L. W. Hyde，兽医生物制品中心质量管理部门负责人

美国农业部动植物卫生监督署

P. O. Box 844

Ames，IA 50010

补充检验方法中提及的商标或专利产品不等同于该产品已获得了美国农业部的保证或担保，
且它的批准也不意味着其可用于排除在外的其他可能适用的产品

目　录

1. 引言

本补充检验方法（SAM）描述了按照联邦法规第 9 卷（9CFR）113.455 部分测定 D 型产气荚膜梭菌 ε 抗毒素的含量的方法。该抗毒素的效价用小鼠作为指标，通过毒素-抗毒素中和试验进行测定。

2. 材料

2.1　设备/仪器

下列任何品牌的设备或仪器均可由具有相同功能的设备或仪器所替代。

2.1.1　涡旋混合器；

2.1.2　高压灭菌器；

2.1.3　−70℃超低温冰箱；

2.1.4　2～7℃冷藏柜；

2.1.5　100μL 和 1 000μL 微量移液器。

2.2　试剂/耗材

下列任何品牌的试剂或材料均可由具有相同功能的试剂或材料所替代。

2.2.1　D 型产气荚膜梭菌标准 ε 抗毒素，IRP249；

2.2.2　D 型产气荚膜梭菌标准 ε 毒素，IRP450；

2.2.3　蛋白胨稀释液；

2.2.4　带螺旋盖子的（13×100）mm 的玻璃试管；

2.2.5　1mL、5mL、10mL、25mL 的移液管；

2.2.6　1cm³ 注射器；

2.2.7　（25～27）号×（0.5～1.25）英寸的针头；

2.2.8　500mL 带螺旋盖子的 Erlenmeyer 瓶；

2.2.9　160mL 的玻璃稀释瓶；

2.2.10　带螺旋盖子的聚丙烯锥形试管（50mL）；

2.2.11　（17×100）mm 带盖的顶部按压式聚苯乙烯管；

2.2.12　蒸馏水或去离子水或等效纯度的水；

2.2.13　微量移液器的吸头。

2.3　检验动物

瑞士雌性小鼠，未怀孕，16～20g（每种毒素-抗毒素混合物要求用 5 只检验）。

3. 检验准备

3.1　人员资质/培训

操作人员必须具有使用常规实验室化学物质、设备和玻璃器皿的知识，并且接受过安全操作梭菌毒素等方面的培训，并具有一定经验。操作人员必须接受过试验用小鼠的护理和保定方面的培训。

3.2　设备的准备

按照生产商的说明书进行所有设备的操作。

3.3　试剂的准备

3.3.1　蛋白胨稀释液

蛋白胨（Difco 公司）	8g
NaCl（试剂级）	2g
水定容至	800mL

将蛋白胨和氯化钠溶于水中。用 1mol/L 氢氧化钠调节 pH 至 7.2。按照生产商的推荐≥121℃高压灭菌 25～30min。将稀释液分装到 500mL Erlenmeyer 瓶中，装量不超过 3/4。将瓶子冷却并将盖拧紧。将稀释液置 2～7℃保存不超过 3 个月。

3.3.2　D 型产气荚膜梭菌标准 ε 抗毒素的准备

1）D 型产气荚膜梭菌 ε 抗毒素 IRP249，每毫升含 ε 抗毒素 50 国际单位（AU/mL），这是按照世界卫生组织提供的 D 型产气荚膜梭菌（魏氏梭菌）国际标准抗毒素标定的。每瓶含抗毒素 3.4mL。

2）在一个 160mL 的玻璃稀释瓶中，取混合均匀的 IRP249 2.0mL，加入 98.0mL 蛋白胨稀释液中，制成含有 1.0AU/mL 的 ε 抗毒素稀释液。充分混合。将稀释后的抗毒素分装至（13×100）mm 的试管中，2.5mL/管，在（−70±5）℃保存待用。

3.3.3　D 型产气荚膜梭菌标准 ε 毒素的准备

1）在一个 50mL 带有螺旋盖子的试管中，取 IRP450 1.0mL 加入 31.0mL 蛋白胨稀释液中，制成 1∶32 稀释的 D 型产气荚膜梭菌 ε 毒素。充分混合。将稀释后的毒素分装至（13×100）mm 的试管中，1.5mL/管。1∶32 稀释的 IRP450 可在（−70±5）℃稳定保存。

2）在一个（17×100）mm 顶部按压式管中，取 1.0mL 稀释的（1∶32）ε 毒素加入 9.0mL 蛋白胨稀释液中，将 ε 毒素进一步稀释为 1∶320。在本检验中，将 1∶320 稀释的 IRP450 作为标准 ε 毒素。

注意：0.6mL 标准 ε 毒素加 0.4mL 蛋白胨稀释液即为 10L$_0$ 剂量。0.8mL 标准 ε 毒素加 0.2mL 蛋白胨稀释液即为 10L+ 剂量（见步骤 4.1.1 和 4.1.2 项）。本 SAM 中，将 10L$_0$ 剂量定义为中和 10AU 抗毒素后，可使所有静脉注射（Ⅳ）0.2mL

混合物的小鼠 100% 存活的毒素的最大量。将 $10L_+$ 剂量定义为中和 10AU 抗毒素后，可使所有静脉注射（Ⅳ）0.2mL 混合物的小鼠 80%～100% 死亡的毒素的最小量。

4. 检验

4.1 毒素中和

4.1.1 产品和标准 ε 毒素中和

1）对每份产品抗毒素稀释液和 L_0 对照，取足量的标准 β 毒素与蛋白胨稀释液 [0.6mL 标准 β

毒素加 0.4mL 蛋白胨稀释液（$10L_0$ 剂量）] 混合。

2）充分振摇，混匀每个产品样本（D 型产气荚膜梭菌抗毒素或 C 型和 D 型产气荚膜梭菌抗毒素）。

3）用 50mL 锥形试管按下表稀释每个产品样本。分别取 1mL 每种抗毒素稀释液（见下表）加 1mL 标准 ε 毒素-蛋白胨稀释混合液（$10L_0$ 剂量），在（17×100）mm 顶部按压式聚苯乙烯管中混合。用涡旋混合器混合均匀。

检验所含国际单位（AU）	未知抗毒素	$10L_0$ 剂量（mL）	
		标准毒素	稀释液
34	1：34 稀释液 1.0mL （1.0mL 产品＋33mL 稀释液）	0.6	0.4
39	1：39 稀释液 1.0mL （1mL 产品＋38mL 稀释液）	0.6	0.4

4）将该混合液置 22～26℃（室温）作用 1h 后，将试管放置在冰上。

4.1.2 标准 ε 毒素与标准 ε 抗毒素对照中和

1）分别取 1.0mL 含 1.0AU/mL 的标准 ε 抗毒素与 1mL 标准 ε 毒素-蛋白胨稀释混合液（$10L_0$ 剂量），在（17×100）mm 顶部按压式聚苯乙烯管中混合。用涡旋混合器混合均匀。

2）分别取 1.0mL 含 1.0AU/mL 的标准 ε 抗毒素与含 0.8mL 标准 ε 毒素和 0.2mL 蛋白胨稀释液的混合液（$10L_+$ 剂量），在（17×100）mm 顶部按压式聚苯乙烯管中混合。用涡旋混合器混合均匀。

3）将该混合液置 20～26℃作用 1h。

4）将试管放置在冰上。

4.2 小鼠的接种

4.2.1 取每种标准 ε 毒素-产品抗毒素混合液，各注射小鼠 5 只，0.2mL/只。

4.2.2 取每种标准 ε 毒素-标准 ε 抗毒素混合液，各注射小鼠 5 只，0.2mL/只。

4.2.3 所有的小鼠均采用尾静脉注射。使用带有（25～27）号×（0.5～1.25）英寸针头的 $1cm^3$ 注射器。

4.2.4 始终在最后进行接种标准 β 毒素-标准 β 抗毒素混合液（对照）小鼠的注射。

4.2.5 放置在冰上的毒素-抗毒素混合液，必须在 1h 用完。

4.2.6 小鼠接种后 24h 判定检验结果。

5. 检验结果说明

5.1 有效检验标准

5.1.1 接种标准 $10L_0$/1.0AU 的对照组 5 只小鼠必须全部存活。

5.1.2 接种标准 $10L_+$/1.0AU 的对照组 5 只小鼠必须至少死亡 4 只。

注意：濒临死亡动物出现的临床症状应与疾病预期的发病机理一致，即不能自己起身或走动，应对其实施人道主义安乐死，并按照 9CFR117.4 规定判其为死亡。

5.2 检验结果说明

5.2.1 如果接种 1：34 稀释产品-标准 ε 毒素混合物的小鼠 5/5 存活，则该产品含有 ε 抗毒素不少于 34 个国际单位/mL。

5.2.2 如果接种 1：39 稀释产品-标准 ε 毒素混合物的小鼠 5/5 存活，则该产品含有 ε 抗毒素不少于 39 个国际单位/mL。

5.2.3 如果产品中 ε 抗毒素的含量不少于 34 个国际单位/mL，则判该产品符合规定。

5.2.4 如果产品中 ε 抗毒素的含量少于 34 个国际单位/mL，则判该产品不符合规定。（如果接种 1：34 稀释的产品与 $10L_0$ 剂量标准 ε 毒素混合物的小鼠，有任意一只出现死亡，则说明该产品中 ε 抗毒素的含量少于 34 国际单位数/mL。）

6. 检验结果报告

按照标准操作程序报告检验结果。

7. 参考文献

Title 9, Code of Federal Regulations, section 113.455 [M]. Washington, DC: Government

Printing Office.

8. 修订概述

第 05 版

• 更新细菌学实验室负责人。

• 为表述更明确，步骤中进行了少量的文字修订。

第 04 版

• 更新联系人信息。

第 03 版

• 文件编号由 BBSAM0204 变更为 SAM204。

• 5.2 增加对符合规定产品的说明。

第 02 版

本修订版资料主要用于阐述兽医生物制品中心现行的实际操作方法，并提供了额外的细节信息。虽然不对检验结果产生重大影响，但是对文件进行了以下修改：

• 将文件中所有的 IRP410 均变更为 IRP450。

• 4.1 修订格式和内容，明确毒素中和过程的 L_0 和 L_+ 水平。

• 增加人道主义终点用语。

• 增加说明稀释/保存容器的规格。

• 联系人变更为 Janet M. Wilson。

（彭小兵译，张一帜校）

SAM206.04

美国农业部兽医生物制品中心
检验方法

SAM 206　破伤风抗毒素效力检验的补充检验方法

日　　期：2014 年 6 月 12 日

编　　号：SAM 206.04

替　　代：SAM 206.03，2011 年 6 月 28 日

标准要求：9CFR 113.451 部分

联 系 人：Janet M. Wilson，（515）337-7245

审　　批：/s/Larry R. Ludemann　　　　　日期：2014 年 6 月 18 日

　　　　　Larry R. Ludemann，细菌学实验室负责人

　　　　　/s/Byron E. Rippke　　　　　　日期：2014 年 6 月 30 日

　　　　　Byron E. Rippke，兽医生物制品中心政策、评审与执照管理部门负责人

　　　　　/s/Rebecca L. W. Hyde　　　　　日期：2014 年 6 月 30 日

　　　　　Rebecca L. W. Hyde，兽医生物制品中心质量管理部门负责人

美国农业部动植物卫生监督署

P. O. Box 844

Ames，IA 50010

目　录

1. 引言

本补充检验方法（SAM）描述了按照联邦法规第 9 卷（9CFR）113.451 部分测定破伤风（破伤风梭菌）抗毒素的含量的方法。该抗毒素的效价用小鼠作为指标，通过毒素-抗毒素中和试验进行测定。

2. 材料

2.1　设备/仪器

下列任何品牌的设备或仪器均可由具有相同功能的设备或仪器所替代。

2.1.1　涡旋混合器；

2.1.2　−70℃ 以下低温冰箱；

2.1.3　2～7℃ 冷藏柜。

2.2　试剂/耗材

下列任何品牌的试剂或材料均可由具有相同功能的试剂或材料所替代。

2.2.1　含 500 个抗毒素单位（AU）/mL 的马破伤风抗毒素标准品。标准抗毒素可从兽医生物制品中心（CVB）获得。

2.2.2　破伤风毒素标准品。由 CVB 供应。

2.2.3　含 0.2% 明胶的 1/15mol/L 磷酸缓冲盐水。

2.2.4　不同大小的 A 级玻璃量筒。

2.2.5　20mL 的血清瓶，配有盖子和密封件。

2.2.6　不同大小的玻璃移液管。

2.2.7　10mL 注射器。

2.2.8　22 号×1.5 英寸的针头。

2.3　检验动物

340～380g 健康、未怀孕、无体外寄生虫、无皮肤癣感染的豚鼠。每批产品检验用 6 只豚鼠。每次检验需另加 2 只豚鼠作为对照。尽管 9CFR 未明确规定豚鼠的来源和品种，但 CVB 所使用的是 Charles River Hartley 豚鼠。

3. 检验准备

3.1　人员资质/培训

操作人员必须具有使用常规实验室化学物质、设备和玻璃器皿的知识，并且接受过安全操作破伤风毒素等方面的培训，并具有一定经验。操作人员必须接受试验用豚鼠的护理与保定方面的培训。操作人员需在过去 10 年内注射过破伤风疫苗。

3.2　材料的准备

3.2.1　按照生产商的说明书进行所有设备的操作。

3.2.2　仅可使用无菌的耗材（移液管、注射器、针头等）。

3.3　稀释液的准备

溶液 A：M/15KH$_2$PO$_4$ 储存液

将 9.072g KH$_2$PO$_4$ 溶解在 1L 去离子水中。

溶液 B：M/15Na$_2$HPO$_4$ 储存液

将 9.465g Na$_2$HPO$_4$ 溶解在 1L 去离子水中。

M/15 磷酸缓冲液：

溶液 A	192.0mL
溶液 B	808.0mL

调节 pH 至 7.4（如果需要）。

含 0.2% 明胶的 1/15mol/L 磷酸缓冲盐水（稀释液）：

NaCl	8.5g
明胶	2.0g
M/15 磷酸缓冲液定容至	1 000.0mL

按照生产商的推荐 ≥121℃ 高压灭菌 25～30min，2～7℃ 保存不超过 6 个月。

4. 检验

4.1　待检破伤风抗毒素的准备

每批待检产品需：

4.1.1　将待检产品单个容器中的全部内容物倒入量筒，量取抗毒素的体积。选择大小适宜的量筒，精确测量体积，且在凹液面底部对应处读数。

4.1.2　确定每瓶待检产品标签上所示的预期抗毒素单位的总量。产品批放行标准要求，必须在标签规定的基础上有一定的附加量。如果该效力检验是为了支持以下产品批次的放行，那么：

1）如果产品的有效期为 1 年（见每个生产大纲的 Ⅵ.D 节），则附加量必须超过标签标示量至少 10%。即将标签所示的 AU 数乘以 1.10。

2）如果产品的有效期为 3 年（见每个生产大纲的 Ⅵ.D 节），则附加量必须超过标签标示量至少 20%。即将标签所示的 AU 数乘以 1.20。

4.1.3　将标签标示的抗毒素单位数量除以通过步骤 4.1.1 项测定的体积数，计算预期的 AU/mL 数量（如果需要，对多余的进行修正）。

4.1.4　假定预期的效力（AU/mL）就是实际的效力，将待检抗毒素稀释至 0.1AU/mL。这可能需要进行逐步稀释/系列稀释。每次稀释应不超过 1∶10，且转移体积不少于 1.0mL。

4.1.5　取 3.0mL 最终稀释的待检抗毒素，置 20mL 贴好标签的血清瓶中。在与检验剂量的毒素混合前，将该抗毒素样品置20～25℃预热（30±5）min。

4.2 标准马破伤风抗毒素的准备

4.2.1 在50mL量筒中加入1.0mL标准马破伤风抗毒素，再加入49.0mL稀释缓冲液。充分混匀。

4.2.2 连续进行2次10倍系列稀释（1.0mL抗毒素加9.0mL稀释缓冲液），从步骤4.2.1项开始稀释，制成含0.1AU/mL的溶液。

4.2.3 取3.0mL抗毒素稀释液加入20mL血清瓶中。在与检验剂量毒素混合前，将抗毒素置20～25℃预热（30±5）min。

4.3 标准破伤风毒素的准备

4.3.1 毒素的检验剂量被定义为与0.1AU标准抗毒素在20～25℃中和1h后，皮下注射340～380g的豚鼠，可导致豚鼠在60～120h内死亡，同时伴有典型的破伤风临床症状的毒素的量（2mL剂量体积中的）。每批毒素的工作稀释度是指定的，且所用批次的工作稀释度会在试剂资料清单上注明。

4.3.2 将毒素稀释至指定的工作浓度。如有必要，可进行逐步稀释/系列稀释，以达到所需的最终工作浓度。每次稀释应不超过1∶20，且转移体积不少于1.0mL。

4.4 标准毒素（检验剂量）与抗毒素稀释液混合

4.4.1 在装有稀释抗毒素（见步骤4.1.5和4.2.3项）的血清瓶中加入6.0mL标准毒素（按步骤4.3.2项稀释）。

4.4.2 盖上血清瓶并密封。

4.4.3 充分混匀毒素-抗毒素混合物，置20～25℃预热1h。

4.5 接种检验动物

4.5.1 用每个血清瓶中的毒素-抗毒素混合物接种2只豚鼠。用带22号×1.5英寸针头的10mL一次性注射器，侧腹部皮下接种，3.0mL/只。

4.5.2 接种时，从一侧腹部皮下进针，皮下穿过腹部和腹白线，使上述混合物能够沉积在另一侧的腹部皮下区域。在进针的过程中，一定要小心，切勿刺破腹膜或皮肤，因为由此造成的任何泄露都会影响检验结果的准确性。如果注射成功，将会在皮下形成一个明显的水泡。

4.5.3 每次检验，接种豚鼠的工作都必须在1h内完成，以确保毒素在注入动物体内之前毒力未下降。按毒素-抗毒素混合物制备的先后顺序接种动物。最后接种对照动物，以确保毒素在整个接种过程中的活性。

5. 检验结果说明

5.1 观察

5.1.1 接种后24～48h，每日观察一次；接种后60～96h，每日观察3～6次；在这段时间内，最易出现因未被中和的破伤风毒素导致的动物瘫痪或死亡。持续观察直至接种后120h，或者有2只对照动物死亡或濒临死亡（即无法自己起身或自主站立）。对濒临死亡动物应当实施安乐死并判为死亡。记录每只动物的临床症状＊及相应的接种后观察时间。

＊需要观察的临床症状包括：肌肉强直的发展情况；脊柱弯曲的情况；从上方观察时发现的身体轮廓的不对称情况；全身痉挛性瘫痪，尤其是伸肌异常；在光滑的平面上侧卧放置后无法自行起身；或同时出现几种上述这些症状。

5.1.2 一旦对照动物死亡，检验可结束，其余检验动物可实施安乐死。在安乐死之前，应观察并记录每只动物的状况。

5.1.3 豚鼠的存活时间为相同毒素-抗毒素混合物注射的2只豚鼠存活的平均时间。

5.2 有效性要求

在接种后60～120h，对照豚鼠必须死亡（或濒临死亡），且2只豚鼠死亡的时间差应在24h之内，否则检测无效。

5.3 符合规定的检验标准

本SAM属于定性检验，仅可说明待检产品所含抗毒素单位数是比4.1.2项测定的预期单位数是多还是少。如果检验有效，且待检产品含有不少于预期的抗毒素单位数，则判该待检产品符合规定。

5.3.1 如果检验动物出现典型的破伤风症状，且平均死亡时间与对照动物的平均死亡时间相同，则认为待检产品含有预期量的抗毒素。

5.3.2 如果检验动物出现典型的破伤风症状，且平均死亡时间比对照动物的平均死亡时间短，则认为待检产品的抗毒素含量小于预期的抗毒素含量。

5.3.3 如果检验动物出现典型的破伤风症状，且平均死亡时间比对照动物的平均死亡时间长，则认为待检产品的抗毒素含量大于预期的抗毒素含量。

6. 检验结果报告

按照标准操作程序报告检验结果。

7. 参考文献

Title 9，Code of Federal Regulations，part 113. 451 ［M］. Washington，DC：Government Printing Office.

8. 修订概述

第 04 版

• 更新细菌学实验室负责人。

• 为表述更明确，步骤中进行了少量的文字修订。

第 03 版

• 更新联系人信息。

• 2.3 增加 CVB 检验使用豚鼠品种的描述。

第 02 版

本修订版资料主要用于阐述兽医生物制品中心现行的实际操作方法，并提供了额外的细节信息。虽然不对检验结果产生重大影响，但是对文件进行了以下修改：

• 5.1.1 增加人道主义终点用语。

• 增加联系人 Janet M. Wilson。

（蒋　颖译，张一帜校）

美国农业部兽医生物制品中心
检验方法

SAM 207　B型诺维梭菌 α 抗原效力检验的补充检验方法

日　　期：2014 年 6 月 25 日

编　　号：SAM 207.07

替　　代：SAM 207.06，2011 年 6 月 28 日

标准要求：9CFR 113.108 部分

联 系 人：Janet M. Wilson，(515) 337-7245

审　　批：/s/Larry R. Ludemann　　　　日期：2014 年 7 月 9 日

　　　　　Larry R. Ludemann，细菌学实验室负责人

　　　　　/s/Byron E. Rippke　　　　　日期：2014 年 7 月 10 日

　　　　　Byron E. Rippke，兽医生物制品中心政策、评审与执照管理部门负责人

　　　　　/s/Rebecca L. W. Hyde　　　　日期：2014 年 7 月 10 日

　　　　　Rebecca L. W. Hyde，兽医生物制品中心质量管理部门负责人

美国农业部动植物卫生监督署

P. O. Box 844

Ames，IA 50010

目　录

1. 引言

本补充检验方法（SAM）描述了按照联邦法规第 9 卷（9CFR）113.108 部分检测含有含有 B 型诺维梭菌 α 抗原的生物制品能否刺激机体产生令人满意的免疫力的方法。对需要 2 次免疫的产品，对兔在间隔 20～23d 的时间进行 2 次免疫，并在二免后 14～17d 采血。对单次免疫的产品，免疫接种兔后 34～40d 采血。血清效价用小鼠作为指标，通过毒素-抗毒素中和试验进行测定。

2. 材料

2.1 设备/仪器

下列任何品牌的设备或仪器均可由具有相同功能的设备或仪器所替代。

2.1.1 涡旋混合器；

2.1.2 离心机；

2.1.3 高压灭菌器；

2.1.4 −20℃ 和 −70℃ 超低温冰箱；

2.1.5 2～7℃ 冷藏柜；

2.1.6 100μL 和 1 000μL 微量移液器。

2.2 试剂/耗材

下列任何品牌的试剂或材料均可由具有相同功能的试剂或材料所替代。

2.2.1 B 型诺维梭菌 α 抗毒素，IRP507（04）［可从兽医生物制品中心（CVB）获得］；

2.2.2 B 型诺维梭菌 α 毒素，IRP581（可从 CVB 获得）；

2.2.3 蛋白胨稀释液；

2.2.4 500mL 带螺旋盖子的 Erlenmeyer 瓶；

2.2.5 1cm³、10cm³、20cm³ 或 30cm³ 带固定针头的注射器；

2.2.6 （25～27）号×（0.875～1.25）英寸，20 号×1 英寸的针头；

2.2.7 20 号×1.5 英寸的 Vacutainer ® 针头；

2.2.8 12.5mL 血清分离管；

2.2.9 2mL、5mL、10mL、25mL 的移液管；

2.2.10 微量移液器的吸头；

2.2.11 100mg/mL 盐酸氯胺酮溶液；

2.2.12 20mg/mL 甲苯噻嗪溶液；

2.2.13 蒸馏水或去离子水，或等效纯度的水；

2.2.14 （17×100）mm 顶部按压式聚苯乙烯管；

2.2.15 （17×120）mm 带螺旋盖子的聚苯乙烯锥形试管；

2.2.16 （13×100）mm 带螺旋盖子的玻璃试管。

2.3 检验动物

2.3.1 新西兰大耳白雌兔，未怀孕，4～8 英磅（每批待检样品要求用 8 只检验）。

2.3.2 瑞士雌性小鼠，未怀孕，16～20g（每种毒素-抗毒素混合物要求用 5 只检验）。

3. 检验准备

3.1 人员资质/培训

操作人员必须具有使用常规实验室化学物质、设备和玻璃器皿的知识，并且接受过安全操作梭菌毒素等方面的培训，并具有一定经验。操作人员必须接受过试验用兔和小鼠的护理与保定方面的培训。

3.2 设备和材料的准备

3.2.1 使用前对所有玻璃制品进行灭菌处理。

3.2.2 仅可使用无菌的耗材（移液管、注射器、针头等）。

3.2.3 按照生产商的说明书进行所有设备的操作。

3.3 试剂的准备

3.3.1 蛋白胨稀释液

蛋白胨（Difco 公司）	8g
NaCl（试剂级）	2g
水定容至	800mL

将蛋白胨和氯化钠溶于水中。用 1mol/L 的氢氧化钠调节 pH 至 7.2。将稀释液分装到 500mL Erlenmeyer 瓶中，装量不超过 3/4。按照生产商的推荐，将盖子拧松，≥121℃ 高压灭菌（25～30）min。将瓶子冷却并将盖拧紧。将稀释液置 2～7℃ 保存不超过 3 个月。

3.3.2 B 型诺维梭菌 α 抗毒素的准备

1）B 型诺维梭菌 α 抗毒素 IRP507（04），每毫升含 140 个抗毒素单位（AU/mL），这是按照世界卫生组织提供的气性坏疽（诺维梭菌）国际标准抗毒素标定的。每瓶含抗毒素 4.5mL。

2）在一个（17×100）mm 顶部按压式管中，取 IRP507（04）1.0mL，加入 13mL 蛋白胨稀释液中，制成含有 10AU/mL 的 B 型诺维梭菌 α 抗毒素稀释液。将稀释后的抗毒素分装至带有螺旋盖子的试管［（13×100）mm］中，2.25mL/管，并在（−70±10）℃ 保存待用。

3.3.3 B 型诺维梭菌 α 毒素的准备

每瓶 B 型诺维梭菌标准毒素 IRP581 含有 1.3mL 毒素。将毒素置（−70±10）℃保存待用。

4. 检验

4.1 兔的免疫

4.1.1 充分混匀待检样品，并用酒精擦拭瓶盖后再插入注射器。

4.1.2 按产品标签上对各种动物的最大推荐剂量的一半，肩部皮下注射家兔。用 10cm³、20cm³ 或 30cm³ 带 20 号×1 英寸针头的注射器免疫家兔。

4.1.3 对需要 2 次免疫的疫苗，在第一次免疫后 20～23d 进行第二次免疫。

4.2 兔血清的收集和准备

4.2.1 免疫后 34～40d，对检验兔采血（对需要 2 次免疫的疫苗，在第二次免疫后 14～17d 采血）。

4.2.2 用 1.32mg/kg 甲苯噻嗪与 8.8mg/kg 盐酸氯胺酮的混合溶液肌内注射待采血的家兔，进行麻醉。

4.2.3 用 20 号×1.5 英寸的 Vacutainer® 针头和 12.5mL 血清分离管进行检验兔的心脏采血，每只兔采血约 12.5mL。采血完成后轻柔转动管子 5 次。将装有血液的管子在 22～26℃（室温）静置（30～60）min。

4.2.4 血样在室温 1 000r/min 离心（10～20）min。

4.3 混合血清的准备

4.3.1 每份混合血清样品必须由每个免疫组的至少 7 只检验兔的血清等体积混合而成（如果每个免疫组采血兔的数量超过 7 只，则将所有兔的血清都等体积混合）。如果采血兔的数量少于 7 只/组，则检验无效，应重检。

4.3.2 混合血清样品在 2～7℃保存不超过 7d。如果检验无法在 7d 内完成，则应将样品置 −20℃或−20℃以下保存。

4.3.3 在 0.2mL 混合血清样品中加入 0.8mL 蛋白胨稀释液，进行抗毒素的 0.5AU/mL 检测。

4.3.4 在 0.1mL 混合血清样品中加入 0.9mL 的蛋白胨稀释液，进行抗毒素的 1.0AU/mL 检测。

4.4 毒素中和

4.4.1 标准 α 毒素的准备

1）在一个（17×100）mm 顶部按压式管中，

取 1.0mL IRP581 毒素与 9mL 蛋白胨稀释液混合，将 B 型诺维梭菌 α 毒素稀释为 1∶10。之后再取一个（17×100）mm 顶部按压式管，将 1.0mL 1∶10 稀释的 IRP581 毒素与 2.5mL 蛋白胨稀释液混合，将 B 型诺维梭菌 α 毒素进一步稀释为 1∶35。在本检验中，将 1∶35 稀释的 IRP581 作为标准 α 毒素。

2）将 0.5m 标准 α 毒素与 0.5mL 蛋白胨稀释液混合，作为 $0.1L_0$ 剂量。将 0.8mL 标准 α 毒素与 0.2mL 蛋白胨水混合，作为 $0.1L_+$ 剂量。

3）本 SAM 中，将 $0.1L_0$ 剂量定义为中和 0.1AU 抗毒素后，可使所有静脉注射（Ⅳ）0.2mL 混合物的小鼠 100%存活的毒素的最大量。将 $0.1L_+$ 剂量定义为中和 0.1AU 抗毒素后，可使所有静脉注射（Ⅳ）0.2mL 混合物的小鼠 80%～100%死亡的毒素的最小量。

4.4.2 标准 α 抗毒素的准备

融化 1 支事先稀释成 10AU/mL（见 3.3.2 项）的 B 型诺维梭菌 α 抗毒素。在一个（17×100）mm 顶部按压式管中，取 1mL 混合良好的 10AU/mL 抗毒素加入 9mL 稀释液中，将抗毒素进一步稀释为 1AU/mL。然后另取一个（17×100）mm 顶部按压式管，将 1mL 混合良好的 1AU/mL 抗毒素加入 9mL 稀释液中，将抗毒素再进一步稀释为 0.1AU/mL。在本检验中，将 0.1AU/mL 抗毒素稀释液作为标准 α 抗毒素。

4.4.3 产品与标准 α 毒素中和

1）对每份混合血清和 L_0 对照，取足量的标准 α 毒素与蛋白胨稀释液［0.5mL 标准 β 毒素加 0.5mL 蛋白胨稀释液（$10L_0$ 剂量）］，在（17×120）mm 带有螺旋盖子的试管中混合。取 1mL 每份血清稀释液加入 1mL 这种标准 α 毒素-蛋白胨稀释混合液，在（17×100）mm 顶部按压式管中混合。用涡旋混合器混合均匀。

2）将该混合液置 22～26℃（室温）作用 1h。

3）将试管放置在冰上。

4.4.4 标准 α 毒素与抗毒素对照中和

1）取 1.0mL 标准 α 抗毒素（0.1AU/mL）与 1.0mL 标准 α 毒素-蛋白胨稀释混合液（$0.1L_0$ 剂量）（见步骤 4.4.3 项），在（17×100）mm 顶部按压式管中混合。用涡旋混合器混合均匀。

2）取 1.0mL 标准 α 抗毒素（0.1AU/mL）加入装有 0.1mL 蛋白胨稀释液与 0.9mL 标准 α 毒素（$0.1L_+$ 剂量）混合液的（17×100）mm 顶部按压

式管中混合。用涡旋混合器混合均匀。

3）将该混合液置 22～26℃（室温）作用 1h。

4）将试管放置在冰上。

4.5　小鼠的接种

4.5.1　取每种标准 α 毒素-产品抗毒素混合液，各注射小鼠 5 只，0.2mL/只。

4.5.2　取每种标准 α 毒素-标准 α 抗毒素混合液，各注射小鼠 5 只，0.2mL/只。

4.5.3　所有的小鼠均采用尾静脉注射。使用带有（25～27）号×（0.875～1.25）英寸针头的 $1cm^3$ 注射器。

4.5.4　始终在最后进行接种标准检验毒素-标准抗毒素混合液（对照）小鼠的注射。

4.5.5　放置在冰上的毒素-抗毒素混合液，必须在 1h 用完。

4.5.6　小鼠接种后 72h 判定检验结果。

5. 检验结果说明

5.1　有效检验标准

5.1.1　接种标准 $0.1L_0/0.1AU$ 的对照组 5 只小鼠必须全部存活。

5.1.2　接种标准 $0.1L_+/0.1AU$ 的对照组 5 只小鼠必须至少死亡 4 只。

注意：濒临死亡动物出现的临床症状应与疾病预期的发病机理一致，即不能自己起身或走动，应对其实施人道主义安乐死，并按照 9CFR117.4 规定判其为死亡。

5.2　检验结果说明

5.2.1　如果接种 1：5 稀释的血清-标准毒素混合物（见步骤 4.4.3 项）的小鼠 5/5 存活，那么血清中含有 B 型诺维梭菌 α 抗毒素不少于 0.5AU/mL，则判该产品符合规定。

5.2.2　如果接种 1：10 稀释的血清-标准毒素混合物（见步骤 4.4.3 项）的小鼠 5/5 存活，那么血清中含有 B 型诺维梭菌 α 抗毒素不少于 1.0AU/mL。

5.2.3　如果至少 7 只兔子的混合血清中 B 型诺维梭菌 α 抗毒素含量少于 0.5AU/mL，则判该产品不符合规定。

6. 检验结果报告

按照标准操作程序报告检验结果。

7. 参考文献

Title 9, Code of Federal Regulations, Part 113.108 ［M］. Washington, DC：Government Printing Office.

8. 修订概述

第 07 版

·更新细菌学实验室负责人。

·为表述更明确，步骤中进行了少量的文字修订。

第 06 版

·文件中所有 B 型诺维梭菌 α 毒素均由 IRP425 变更为 IRP581。

第 05 版

·更新联系人信息。

第 04 版

·文件中所有标准抗毒素 IRP298 变更为 IRP507（04）。

·更新文件中所有 $0.1L_0$ 和 $0.1L_+$。

第 03 版

本修订版资料主要用于阐述兽医生物制品中心现行的实际操作方法，并提供了额外的细节信息。虽然不对检验结果产生重大影响，但是对文件进行了以下修改：

·4.4.3　变更措辞，使进一步明确。

·4.4.4　变更措辞，使进一步明确。

·增加人道主义终点用语。

·增加说明稀释/保存容器的规格。

·联系人变更为 Janet M. Wilson。

（彭小兵译，张一帜校）

美国农业部兽医生物制品中心
检验方法

SAM 209　含溶血梭状芽孢杆菌抗原产品
效力检验的补充检验方法

日　　期：　2014 年 4 月 1 日
编　　号：　SAM 209.05
替　　代：　SAM 209.04，2010 年 11 月 16 日
标准要求：　9CFR 113.107 部分
联 系 人：　Janet M. Wilson，(515) 337-7245
审　　批：　/s/Larry R. Ludemann　　　　　日期：2014 年 5 月 5 日
　　　　　　Larry R. Ludemann，细菌学实验室负责人

　　　　　　/s/Byron E. Rippke　　　　　　日期：2014 年 5 月 5 日
　　　　　　Byron E. Rippke，兽医生物制品中心政策、评审与执照管理部门负责人

　　　　　　/s/Rebecca L. W. Hyde　　　　　日期：2014 年 5 月 9 日
　　　　　　Rebecca L. W. Hyde，兽医生物制品中心质量管理部门负责人

美国农业部动植物卫生监督署
P. O. Box 844
Ames，IA 50010

目　　录

1. 引言

本补充检验方法（SAM）描述了按照联邦法规第 9 卷（9CFR）113.107 部分检测含有溶血梭状芽孢杆菌（溶血梭菌）抗原的生物制品的效力检验方法。对需要 2 次免疫的产品，对豚鼠在间隔 21～23d 的时间内进行 2 次免疫，并在二免后 14～15d 用标准剂量溶血梭菌芽孢强毒进行攻毒。对单次免疫的产品，免疫接种豚鼠后 35～38d 用标准剂量溶血梭菌芽孢强毒进行攻毒。本检验包括 2 个阶段：只有在第一阶段有 2 只免疫豚鼠发生死亡的情况下，才需要进行第二阶段试验。

2. 材料

2.1　设备/仪器

下列任何品牌的设备或仪器均可由具有相同功能的设备或仪器所替代。

- 涡旋混合器

2.2　试剂/耗材

下列任何品牌的试剂或材料均可由具有相同功能的试剂或材料所替代。

2.2.1　溶血梭菌攻毒培养物，IRP526（06）[该培养物必须从美国农业部动植物卫生监督署兽医局下属的兽医生物制品中心（CVB）获得，地址为：埃姆斯，爱荷华州，50010]。

2.2.2　氯化钠，试剂级。

2.2.3　二水合氯化钙，试剂级。

2.2.4　带固定针头的注射器（3mL、5mL、10mL）。

2.2.5　针头（规格 23 号×1 英寸）。

2.2.6　移液管（2mL、5mL、25mL）。

2.2.7　（16×125）mm 带螺旋盖子的玻璃试管。

2.2.8　50mL 螺口的聚丙烯锥形试管。

2.2.9　玻璃血清瓶（50mL）。

2.2.10　血清瓶用的橡胶塞（13×20）mm 和铝帽。

2.2.11　去离子水或蒸馏水，或等效纯度的水。

2.3　检验动物

豚鼠，300～500g（每批产品用 8 只豚鼠检验。对 1～4 批待检产品，需另取 5 只豚鼠作为对照。所有用于同一个批检验的豚鼠应来源一致，并在相同条件下饲养）。

3. 检验准备

3.1　人员资质/培训

操作人员必须具有使用常规实验室化学物质、设备和玻璃器皿的知识。此外，操作人员应接受过安全操作活细菌培养物和豚鼠保定等方面的培训，并具有一定经验。

3.2　检验动物的选择和处理

3.2.1　选用的豚鼠要求健康、无体外寄生虫且被毛干净。

3.2.2　可选择不同性别的豚鼠，各种颜色均可。

3.2.3　豚鼠运抵时应进行验收。笼子应有足够的空间（同一笼内禁止性别混合放置。）

3.2.4　告知动物饲养员在攻毒后不要清洗笼子。

3.2.5　当检验结束时，告知动物饲养员对豚鼠实施安乐死，对豚鼠尸体和污染垫料进行焚毁，并对污染笼具进行消毒。

3.3　材料的准备

3.3.1　使用前对所有玻璃制品进行灭菌处理

3.3.2　确保所有耗材（移液管、注射器、针头、橡胶塞等）是无菌的。

3.4　试剂的准备

3.4.1　溶血梭菌攻毒培养物

将溶血梭菌 IPR526（06）攻毒培养物悬浮于 50％甘油溶液中。每管分装大约 0.8mL。芽孢悬液于（−90～−50）℃中保存。

3.4.2　氯化钙溶液

称取 13.5g 二水合氯化钙（$CaCl_2 \cdot 2H_2O$）在 180mL 蒸馏水中溶解。按照生产商推荐方法，≥121℃高压灭菌（25～30）min。冷却后用 50mL 血清瓶进行无菌分装，每瓶分装 27mL。

注意：在攻毒当天制备 $CaCl_2$ 溶液。使用前将溶液一直置于冰上。

3.4.3　NaCl 溶液，0.85％

称取 1.7g NaCl 在 200mL 蒸馏水中溶解。按照生产商推荐方法，≥121℃高压灭菌（25～30）min。冷却后用（16×125）mm 的试管进行无菌分装，每管分别按 5mL 和 9mL 两种规格的量分装。

注意：在攻毒当天制备 NaCl 溶液，在进行稀释时将溶液一直置于冰上。

4. 检验

4.1　检验动物的免疫

4.1.1　检查每瓶产品的标签，进行身份验证并确定推荐的田间使用剂量（豚鼠剂量为牛推荐使用剂量的 1/5)。

4.1.2 在用注射器吸取液体前,用手掌敲打疫苗瓶至少 25 次,彻底混匀产品。使用配有 23 号×1 英寸的针头的 5mL 或 10mL 注射器。

4.1.3 每批产品免疫豚鼠 8 只。在胸腹区进行皮下注射。第一次免疫接种豚鼠的右侧。

4.1.4 对于需两次免疫的产品,第一次免疫后 21~23d 进行第二次免疫,第二次免疫在豚鼠左侧的胸腹区进行皮下接种。

4.2 攻毒时间

4.2.1 每批产品用 8 只豚鼠攻毒,对于需两次免疫的产品,攻毒时间为二免后 14~15d;对于单次免疫的产品,攻毒时间为免疫后 35~38d。

4.2.2 非免疫对照组豚鼠的攻毒时间与免疫组相同。5 只未免疫豚鼠可用作最多 4 批产品检验的对照。

4.3 攻毒的准备

4.3.1 取一管 IPR526 (06) 攻毒培养物在室温融化,并立即使用。

4.3.2 剧烈振荡小瓶,彻底混匀内容物。

4.3.3 用 2mL 移液管从小瓶中吸取 0.7mL 芽孢悬液。将 0.5mL 芽孢悬液加入预先装有 4.5mL 预冷的灭菌 0.85%NaCl 溶液的玻璃试管中 (1:10 稀释)。吸取 1.0mL 充分混匀的 1:10 稀释液加入 9.0mL 预冷的灭菌 0.85%NaCl 溶液中进行进一步稀释 (1:100)。

备注:溶血梭菌芽孢悬液较为黏稠,应小心加入确保液体完全加入。

4.3.4 用 2mL 移液管吸取 2mL 充分混匀的 1:100 稀释的芽孢悬液。将 1mL 芽孢稀释液加入预先装有 39mL 经预冷的灭菌 0.85%NaCl 溶液的 50mL 玻璃稀释瓶中 ($CaCl_2$ 终浓度约为 5%)。加盖密封。将该 1:4 000 稀释的悬浮液彻底混匀,并置于冰上。在接种第一只豚鼠之前,攻毒悬浮液允许在冰上放置 10min。

4.3.5 在每次用注射器吸取液体之前,彻底混匀攻毒稀释菌液。用带有 23 号×1 英寸针头的 3mL 注射器接种豚鼠。在豚鼠左、右大腿部肌内注射,每只注射 0.5mL 攻毒稀释液。攻毒稀释液约含 100 个豚鼠半数致死量 (LD_{50}) /0.5mL。

注意:每 40mL 的 1:4 000 攻毒稀释液,最多可供 40 只免疫豚鼠和 5 只非免疫对照豚鼠的攻毒。此为一个攻毒单元。如还需进行其他攻毒单元的攻毒,必须另外重新制备 40mL 攻毒稀释液。

4.3.6 在攻毒稀释液制备完成后的 30min 内,应完成该攻毒单元豚鼠的注射。

4.4 攻毒后豚鼠的观察

攻毒后观察豚鼠 72h。记录死亡情况。还应检查检验动物是否出现溃疡、水肿和全身的整体情况。这些观察结果也要在每日检验记录上登记。在 72h 结束判定检验结果。

注意:濒临死亡动物出现的临床症状应与疾病预期的发病机理一致,即不能自己起身或走动,应对其实施人道主义安乐死,并按照 9CFR117.4 规定判其为死亡。

5. 检验结果说明

检验结果应按照 9CFR113.107 部分规定进行判定。在攻毒后 3d 的观察期内,对照豚鼠至少死亡 80%,检验方为有效。

如果符合要求,则应按照以下表格评价效力检验的结果:

阶段	免疫豚鼠的数量(只)	免疫豚鼠的累计数量(只)	符合规定时累计死亡数(只)	不符合规定时累计死亡数(只)
1	8	8	1 或更少	3 或更多
2	8	16	4 或更少	5 或更多

只有在第一阶段有 2 只免疫豚鼠发生死亡时,才需要进行第二阶段的检验。第二阶的段检验方法和过程与第一阶段相同。

6. 检验结果报告

按照标准操作程序报告检验结果。

7. 参考文献

Title 9, Code of Federal Regulations, section 113.107 [M]. Washington, DC: Government Printing Office.

8. 修订概述

第 05 版

· 更新细菌学实验室负责人。

· 为表述更明确,步骤中进行了少量的文字修订。

第 04 版

· 更新联系人信息。

• 文件中所有的 IRP 编号均由 IRP477 变更为 IRP526（06）。

第 03 版

• 文件号由 BBSAM0209 变更为 SAM209。

第 02 版

本修订版资料主要用于阐述兽医生物制品中心现行的实际操作方法，并提供了额外的细节信息。虽然不对检验结果产生重大影响，但是对文件进行了以下修改：

• 文件中所有 IRP315 变更为 IRP477。

• 可接受的豚鼠的体重变更为符合规章（9CFR113. 107 部分）规定。

• 增加人道主义终点用语。

• 增加联系人 Janet M. Wilson。

（蒋　颖译，张一帜校）

美国农业部兽医生物制品中心
检验方法

SAM 212　索氏梭菌抗原效力检验的补充检验方法

日　　期：2014 年 4 月 1 日

编　　号：SAM 212.05

替　　代：SAM 212.04，2010 年 11 月 5 日

标准要求：9CFR 113.109 部分

联 系 人：Janet M. Wilson，(515) 337-7245

审　　批：/s/Larry R. Ludemann　　　　　日期：2014 年 5 月 5 日

　　　　　Larry R. Ludemann，细菌学实验室负责人

　　　　　/s/Byron E. Rippke　　　　　日期：2014 年 5 月 7 日

　　　　　Byron E. Rippke，兽医生物制品中心政策、评审与执照管理部门负责人

　　　　　/s/Rebecca L. W. Hyde　　　　　日期：2014 年 5 月 9 日

　　　　　Rebecca L. W. Hyde，兽医生物制品中心质量管理部门负责人

美国农业部动植物卫生监督署

P. O. Box 844

Ames，IA 50010

补充检验方法中提及的商标或专利产品不等同于该产品已获得了美国农业部的保证或担保，
且它的批准也不意味着其可用于排除在外的其他可能适用的产品

目　录

1. 引言

本补充检验方法（SAM）描述了按照联邦法规第 9 卷（9CFR）113.109 部分检测含有索氏梭菌抗原的生物制品能否刺激机体产生令人满意的免疫力的方法。对需要 2 次免疫的产品，对兔在间隔 20～23d 的时间进行 2 次免疫，并在二免后 14～17d 采血。对单次免疫的产品，免疫接种兔后 34～40d 采血。血清效价用小鼠作为指标，通过毒素-抗毒素中和试验进行测定。

2. 材料

2.1 设备/仪器

2.1.1 离心机；

2.1.2 涡旋混合器；

2.1.3 高压灭菌器；

2.1.4 －20℃和－70℃超低温冰箱；

2.1.5 2～7℃冷藏柜；

2.1.6 100μL 和 1 000μL 微量移液器。

2.2 试剂/耗材

2.2.1 索氏梭菌标准抗毒素 IRP501（04）；

2.2.2 索氏梭菌标准毒素 IRP604；

2.2.3 蛋白胨稀释液；

2.2.4 甲苯噻嗪（20mg/mL）；

2.2.5 盐酸氯胺酮（100mg/mL）；

2.2.6 （13×100）mm 带螺旋盖子的玻璃管；

2.2.7 50mL 带螺旋盖子的聚丙烯管；

2.2.8 （17×100）mm 带盖按压式聚苯乙烯锥形试管；

2.2.9 （17×120）mm 带螺旋盖子的聚苯乙烯管；

2.2.10 12.5mL 血清分离管；

2.2.11 2mL、5mL、10mL、25mL 的移液管；

2.2.12 微量移液器的吸头；

2.2.13 1mL、10mL、20mL 或 30mL 的带固定针头的注射器；

2.2.14 （25～27）号×（0.5～1.25）英寸，20 号×1 英寸的针头；

2.2.15 20 号×1.5 英寸的 Vacutainer® 针头；

2.2.16 500mL 带螺旋盖子的 Erlenmeyer 瓶；

2.2.17 蒸馏水或去离子水，或等效纯度的水。

2.3 检验动物

2.3.1 新西兰大耳白雌兔，未怀孕，4～8 英磅（每批待检样品要求用 8 只检验）。

2.3.2 瑞士雌性小鼠，未怀孕，16～20g（每种毒素-抗毒素混合物要求用 5 只检验）。

3. 检验准备

3.1 人员资质/培训

操作人员必须具有使用常规实验室化学物质、设备和玻璃器皿的知识，并且接受过安全操作梭菌毒素等方面的培训，并具有一定经验。操作人员必须接受过试验用兔和小鼠的护理与保定方面的培训。

3.2 设备和材料的准备

按照生产商的说明书进行所有设备的操作。

3.3 试剂的准备

3.3.1 蛋白胨稀释液

蛋白胨（Difco 公司）	8g
NaCl（试剂级）	2g
水定容至	800mL

将蛋白胨和氯化钠溶于水中。用 1mol/L 的氢氧化钠调节 pH 至 7.2。将稀释液分装到 500mL Erlenmeyer 瓶中，装量不超过 3/4。按照生产商的推荐，将盖子拧松，≥121℃高压灭菌 25～30min。将瓶子冷却并将盖拧紧。将稀释液置 2～7℃保存不超过 3 个月。

3.3.2 索氏梭菌标准抗毒素的准备

1）索氏梭菌抗毒素 IRP501（04），每毫升含抗毒素 170 单位（AU/mL），这是按照世界卫生组织提供的马源气性坏疽（索氏梭菌）国际标准抗毒素标定的。每瓶含抗毒素 1.3mL。

2）在一个（17×120）mm 带有螺旋盖子的试管中，取 IRP501（04）1.0mL 加入 9.0mL 蛋白胨稀释液中，将索氏梭菌抗毒素稀释为 17AU/mL。将 1：10 稀释的抗毒素分装至（13×100）mm 的试管中，1.5mL/管，可在（－70±10）℃稳定保存。

3.3.3 索氏梭菌毒素的准备

每瓶索氏梭菌标准毒素 IRP604 含有 1.3mL毒素，将毒素置（－70±5）℃保存待用。

4. 检验

4.1 兔的免疫

4.1.1 充分混匀待检样品，并用酒精擦拭瓶盖后再插入注射器。

4.1.2 按产品标签上对各种动物的最大推荐

剂量的一半，肩部皮下注射家兔。10cm³、20cm³或30cm³带20号×1英寸针头的注射器免疫家兔。

4.1.3　对需要两次免疫的疫苗，在第一次免疫后20～23d进行第二次免疫。

4.2　兔血清的收集和准备

4.2.1　免疫后34～40d，对检验兔采血（对需要两次免疫的疫苗，在第二次免疫后14～17d采血）。

4.2.2　用1.32mg/kg甲苯噻嗪与8.8mg/kg盐酸氯胺酮的混合溶液肌内注射待采血的家兔，进行麻醉。

4.2.3　用20号×1.5英寸的Vacutainer®针头和12.5mL血清分离管进行检验兔的心脏采血，每只兔采血约12.5mL。采血完成后轻柔转动管子5次。将装有血液的管子在22～26℃（室温）静置30～60min。

4.2.4　血样在室温1 000 r/min离心10～20min。

4.3　混合血清的准备

4.3.1　每份混合血清样品必须由每个免疫组的至少7只检验兔的血清等体积混合而成（如果每个免疫组采血兔的数量超过7只，则将所有兔的血清都等体积混合）。如果采血兔的数量少于7只/组，则检验无效，应重检。

混合血清样品在2～7℃保存不超过7d。如果检验无法在7d内完成，则应将样品置-20℃或-20℃以下保存。

4.4　毒素中和

4.4.1　标准检验毒素的准备

1）在一个50mL螺口的试管中，取1.0mL索氏梭菌毒素IRP604与18.0mL稀释液混合（对毒素进行了1∶19倍稀释，作为标准检验毒素）。

2）0.5mL和0.8mL的标准检验毒素分别与1.0AU混合时，即分别获得1L₀剂量和1L₊剂量。

3）本SAM中，将1L₀剂量定义为中和1.0AU抗毒素后，可使所有静脉注射（Ⅳ）0.2mL混合物的小鼠100%存活的毒素的最大量。将1L₊剂量定义为中和1.0AU抗毒素后，可使所有静脉注射（Ⅳ）0.2mL混合物的小鼠80%～100%死亡的毒素的最小量。

4.4.2　标准抗毒素的准备

取1.0mL含有17AU/mL抗毒素（见3.3.2项）加入16.0mL稀释液，在一个带有螺旋盖子的50mL试管中混合（该稀释液含有1AU/mL，作为标准抗毒素）。

4.4.3　检验产品和标准检验毒素

1）对每份混合血清和L₀对照，取足量的标准毒素与蛋白胨稀释液0.5mL标准毒素，加0.5mL蛋白胨稀释液（1L₀剂量），在（17×120）mm带螺旋盖子的试管中混合。

2）取1mL每份血清稀释液（举例见下表）加入1mL标准毒素-蛋白胨稀释混合液（1L₀剂量），在（17×100）mm顶部按压式管中混合。用涡旋混合器混合均匀。

检验所含国际单位（AU）	血　清	1L₀剂量（mL）	
		标准毒素	稀释液
1.0	1.0mL（原液）	0.5	0.5
2.0	1.0mL（1∶2稀释）	0.5	0.5
5.0	1.0mL（1∶5稀释）	0.5	0.5
10.0	1.0mL（1∶10稀释）	0.5	0.5

3）将该混合液置22～26℃（室温）作用1h后放置在冰上。

4.4.4　标准检验毒素和标准抗毒素对照中和

1）取1.0mL 1AU/mL标准抗毒素加入1.0mL标准毒素-蛋白胨稀释混合液（1L₀剂量）在（17×100）mm顶部按压式管中混合。用涡旋混合器混合均匀。

2）取1.0mL含1.0AU/mL的标准抗毒素与含0.8mL标准毒素和0.2mL稀释液的混合液（1L₊剂量），在（17×100）mm顶部按压式聚苯乙烯管中混合。用涡旋混合器混合均匀。

3）将该混合液置室温作用1h后放置在冰上。

4.5　小鼠的接种

4.5.1　取每种标准毒素-产品抗毒素混合液，各注射小鼠5只，0.2mL/只。

4.5.2　取每种标准毒素-标准抗毒素混合液，各注射小鼠5只，0.2mL/只。

4.5.3　所有的小鼠均采用尾静脉注射。使用带有（25～27）号×（0.5～1.25）英寸针头的1cm³注射器。

4.5.4　始终在最后进行接种标准 β 毒素-标准 β 抗毒素混合液（对照）小鼠的注射。

4.5.5　放置在冰上的毒素-抗毒素混合液，必须在 1h 用完。

4.5.6　小鼠接种后 72h 判定检验结果。

5. 检验结果说明

5.1　有效检验标准

5.1.1　接种标准 $1L_0/1.0AU$ 的对照组 5 只小鼠必须全部存活。

5.1.2　接种标准 $1L_+/1.0AU$ 的对照组 5 只小鼠必须至少死亡 4 只。

注意：濒临死亡动物出现的临床症状应与疾病预期的发病机理一致，即不能自己起身或走动，应对其实施人道主义安乐死，并按照 9CFR117.4 规定判其为死亡。

5.2　检验结果说明

5.2.1　如果接种未稀释血清-标准毒素混合物的小鼠 5/5 存活，那么血清中含有索氏梭菌抗毒素不少于 1.0AU/mL，则判该产品符合规定。

5.2.2　如果接种稀释血清-标准毒素混合物的小鼠 5/5 存活，那么血清中含有索氏梭菌抗毒素不少于 1.0AU/mL 乘以稀释度的倒数，则判该产品符合规定。

5.2.3　如果至少 7 只兔子的混合血清中索氏梭菌抗毒素含量少于 1.0AU/mL，则判该产品不符合规定。

6. 检验结果报告

按照标准操作程序报告检验结果。

7. 参考文献

Title 9, Code of Federal Regulations, section 113.109［M］. Washington, DC：Government Printing Office.

8. 修订概述

第 05 版

• 更新细菌学实验室负责人。

• 文件中所有的标准毒素 IRP497 均变更为 IRP604。

• 为表述更明确，步骤中进行了少量的文字修订。

第 04 版

• 更新联系人信息。

第 03 版

• 因人事变动导致文件的签署人之一发生改变。

第 02 版

本修订版资料主要用于阐述兽医生物制品中心现行的实际操作方法，并提供了额外的细节信息。虽然不对检验结果产生重大影响，但是对文件进行了以下修改：

• 文件中所有的标准毒素 IRP344 均变更为 IRP497。

• 文件中所有的标准抗毒素 IRP333 均变更为 IRP501（04）。

• 增加人道主义终点用语。

• 增加说明稀释/保存容器的规格。

• 联系人变更为 Janet M. Wilson。

（彭小兵译，张一帜校）

SAM213.03

美国农业部兽医生物制品中心
检验方法

SAM 213　C型肉毒梭菌类毒素菌苗效力检验的补充检验方法

日　　期：2016 年 5 月 17 日
编　　号：SAM 213.03
替　　代：SAM 213.02，2009 年 12 月 28 日
标准要求：9CFR 113.110 部分
联 系 人：Janet M. Wilson，(515) 337-7245
审　　批：/s/Larry R. Ludemann　　　　　日期：2016 年 6 月 1 日
　　　　　Larry R. Ludemann，细菌学实验室负责人

　　　　　/s/Paul J. Hauer　　　　　日期：2016 年 6 月 8 日
　　　　　Paul J. Hauer，兽医生物制品中心政策、评审与执照管理部门负责人

美国农业部动植物卫生监督署
P. O. Box 844
Ames，IA 50010

补充检验方法中提及的商标或专利产品不等同于该产品已获得了美国农业部的保证或担保，
且它的批准也不意味着其可用于排除在外的其他可能适用的产品

目　录

1. 引言

本补充检验方法（SAM）描述了按照联邦法规第9卷（9CFR）113.110部分检测含有C型肉毒梭菌抗原的生物制品的效力检验的方法。皮下免疫接种水貂后21～28d，用标准剂量的C型肉毒梭菌毒素经腹腔攻毒。

2. 材料

2.1 设备/仪器

2.1.1 涡旋混合器；

2.1.2 2～7℃冷藏柜；

2.1.3 －70℃超低温冰箱。

2.2 试剂/耗材

2.2.1 C型肉毒梭菌毒素，IRP583；

2.2.2 1mL、5mL、10mL、25mL的移液管；

2.2.3 带有固定针头的注射器，3mL和5mL；

2.2.4 23号×1英寸的针头；

2.2.5 50mL血清瓶，配有盖子和密封件；

2.2.6 M/15磷酸缓冲盐水，含0.2％明胶。

2.3 检验动物

2.3.1 成年水貂，来源相同且年纪相近。每批待检产品免疫一组5只水貂。需另取3只水貂作为非免疫对照。

2.3.2 小鼠，16～20g，需要50只小鼠测定攻毒的LD_{50}。所有小鼠必须来源于同一种群。

3. 检验准备

3.1 人员资质/培训

操作人员必须具有使用常规实验室化学物质、设备和玻璃器皿的知识，并且接受过安全操作梭菌毒素等方面的培训，并具有一定经验。操作人员必须接受过试验用动物的护理与保定方面的培训。

3.2 检验动物的选择和准备

3.2.1 健康、成年水貂，独笼饲养，用于效力检验。

3.2.2 任何颜色和性别的水貂均可。

3.2.3 水貂应易感。且必须没免疫过任何含有C型肉毒梭菌的产品。

3.3 材料的准备

3.3.1 使用前对所有玻璃制品进行灭菌处理。

3.3.2 仅可使用无菌的耗材（移液管、注射器、针头等）。

3.3.3 按照生产商的说明书进行所有设备的操作。

3.4 试剂的准备

3.4.1 M/15磷酸缓冲盐水，含0.2％明胶

NaCl	8.5g
明胶	2.0g

pH7.4的M/15磷酸缓冲液1 000mL

$M/15KH_2PO_4$储液（溶液A）：

9.072g KH_2PO_4溶于1L蒸馏水中。

$M/15Na_2HPO_4$储液（溶液B）：

9.465g Na_2HPO_4溶于1L蒸馏水中。

192mL溶液A与808mL溶液B混合后的溶液为pH7.4的M/15磷酸缓冲液1 000mL。

8.5g NaCl和2.0g明胶溶于1 000mL M/15磷酸缓冲液（pH7.4）中。按照生产商的推荐≥121℃高压灭菌30min。置2～7℃保存不超过6个月。

3.4.2 C型肉毒梭菌毒素

C型肉毒梭菌攻毒用毒素，IRP583，由兽医生物制品中心（CVB）供应。每瓶装含1.3mL。可混瓶使用，以确保每次攻毒可提供足够的量。毒素在－70℃或－70℃以下保存。

4. 检验

4.1 免疫

根据待检批次最终容器标签上推荐的水貂的免疫剂量，用带有23号×1英寸针头的5mL一次性无菌注射器皮下免疫水貂。

4.2 免疫攻毒

4.2.1 免疫后21～28d对于免疫水貂和非免疫水貂进行攻毒。

4.2.2 按照1∶10的比例用含0.2％明胶的M/15磷酸缓冲盐水稀释C型肉毒梭菌毒素，IRP583。将1mL IRP583加至9mL稀释液中。IRP583的1∶10稀释液中含有$10^{4.0}$小鼠半数致死剂量（LD_{50}）/0.5mL。

4.2.3 用带有23号×1英寸针头的3mL一次性无菌注射器，取IRP583稀释液腹腔接种水貂，0.5mL/只。

4.2.4 水貂攻毒完成后，立刻用含0.2％明胶的M/15磷酸缓冲盐水将1∶10的毒素稀释液进一步稀释为1∶100 000、1∶200 000、1∶400 000和1∶800 000（见附录）。每个稀释度腹腔接种小鼠10只，0.5mL/只。在大多数检验中，至少9/10只接种1∶100 000稀释液的小鼠应在7d内死亡，且至少9/10只接种1∶800 000稀释液的小鼠应存活7d。

5. 检验结果说明

攻毒后 7d 内观察水貂肉毒梭菌毒素中毒症状并记录死亡情况。非免疫对照组必须全部死亡检验方为有效。如果检验有效，且免疫组中未出现肉毒梭菌中毒症的水貂不少于 80%，则该批产品符合规定。

注意：濒临死亡动物出现的临床症状应与疾病预期的发病机理一致，即不能自己起身或走动，应对其实施人道主义安乐死，并按照 9CFR117.4 规定判其为死亡。

6. 检验结果报告

按照标准操作程序报告检验结果。

7. 参考文献

Title 9，Code of Federal Regulations，part 113.110 ［M］. Washington，DC：Government Printing Office.

8. 修订概述

第 03 版

• 更新部门负责人和主管。

• 更新文件中所有毒素和相应稀释液的编号。

第 02 版

本修订版资料主要用于阐述兽医生物制品中心现行的实际操作方法，并提供了额外的细节信息。虽然不对检验结果产生重大影响，但是对文件进行了以下修改：

• 文件编号由 BBSAM0213 变更为 SAM213。

• 标准要求由 9CFR113.95 变更为 9CFR113.110。

• 更新联系人信息。

• 原 4.3 项内容移至 5 项。

• 更新文件中所有毒素和相应稀释液的编号。

（徐　嫄译，张一帜校）

附录　水貂攻毒和 LD₅₀ 稀释液的准备

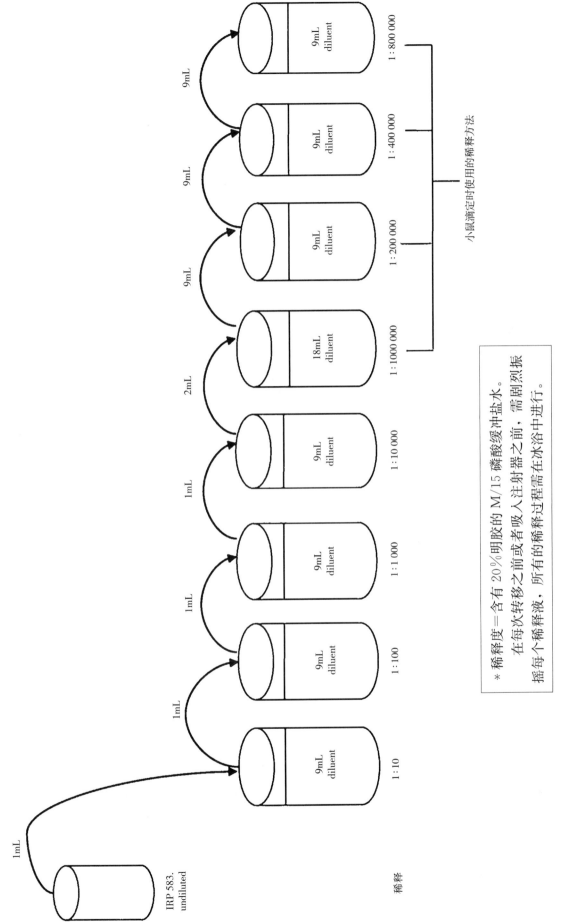

美国农业部兽医生物制品中心
检验方法

SAM 214　无荚膜炭疽芽孢疫苗免疫原和
芽孢计数的补充检验方法

日　　期：2014 年 3 月 25 日

编　　号：SAM 214.05

替　　代：SAM 0214.04，2010 年 11 月 16 日

标准要求：9CFR 113.66 部分

联 系 人：Janet M. Wilson，（515）337-7245

审　　批：/s/Larry R. Ludemann　　　　日期：2014 年 5 月 5 日
　　　　　Larry R. Ludemann，细菌学实验室负责人

　　　　　/s/Byron E. Rippke　　　　　日期：2014 年 5 月 7 日
　　　　　Byron E. Rippke，兽医生物制品中心政策、评审与执照管理部门负责人

　　　　　/s/Rebecca L. W. Hyde　　　　日期：2014 年 5 月 9 日
　　　　　Rebecca L. W. Hyde，兽医生物制品中心质量管理部门负责人

美国农业部动植物卫生监督署

P. O. Box 844

Ames，IA 50010

*补充检验方法中提及的商标或专利产品不等同于该产品已获得了美国农业部的保证或担保，
且它的批准也不意味着其可用于排除在外的其他可能适用的产品*

目　录

1. 引言

本补充检验方法（SAM）描述了按照联邦法规第9卷（9CFR）113.66部分检测含有无荚膜炭疽芽孢疫苗（ASV-N）的免疫原性和芽孢计数的检验方法。第Ⅰ部分描述了用豚鼠进行免疫-攻毒试验检测 ASV-N 基础种子的免疫原性的方法。第Ⅱ部分描述了在 ASV-N 放行检验中检测最终容器样品的芽孢数量的过程。

第Ⅰ部分：免疫原性检验

2. 材料

2.1 设备/仪器

下列任何品牌的设备或仪器均可由具有相同功能的设备或仪器所替代。

2.1.1 Ⅱ级生物安全柜；

2.1.2 高压灭菌器；

2.1.3 移液管。

2.2 试剂/耗材

下列任何品牌的试剂或材料均可由具有相同功能的试剂或材料所替代。

2.2.1 炭疽杆菌攻毒培养物，IRP137〔该培养物必须从美国农业部动植物监督署兽医局下属的兽医生物制品中心（CVB）获得，地址为：埃姆斯，爱荷华州 50010〕。

2.2.2 甘油稀释液。

2.2.3 一次性注射器：3mL 和 5mL。

2.2.4 针头（18 号×1.5 英寸和 23 号×1 英寸）。

2.2.5 玻璃移液管（2mL 和 5mL）。

2.2.6 带刻度的玻璃移液管（25mL 或 100mL）。

2.2.7 500mL 带螺旋盖子的玻璃 Erlenmeyer 瓶。

2.2.8 （16×125）mm 带螺旋盖子的玻璃管。

2.2.9 螺口玻璃稀释瓶：125mL 或 160mL。

2.2.10 100mL 玻璃血清瓶。

2.2.11 橡胶塞和铝帽（血清瓶用）。

2.2.12 一次性工作服。

2.2.13 职业安全与卫生部（OSHA）提供的防毒面罩。

2.3 检验动物

豚鼠，400～500g。每批基础种子的检验需要使用相同来源的豚鼠 42 只（30 只免疫，12 只对照。豚鼠的性别和毛色不限）。

3. 免疫原性检验准备

3.1 人员资质/培训

操作人员必须具有使用常规实验室化学物质、设备和玻璃器皿的知识。此外，操作人员应接受过安全操作炭疽杆菌培养物的特殊培训，并具有一定经验。

3.2 耗材的准备

3.2.1 使用前对所有玻璃制品进行灭菌处理。

3.2.2 确保所有耗材（移液管、注射器、针头、橡胶塞等）是无菌的。

3.3 检验动物的处理

3.3.1 选用的豚鼠要求健康、无体外寄生虫且被毛干净。

3.3.2 豚鼠运抵时应进行检查和验收（每只笼子最多放 4 只豚鼠，且同一笼内禁止性别混合）。

3.3.3 将实验动物饲养在只有特定许可人员才能进入的动物房中。

3.3.4 在整个免疫期间、免疫后、攻毒及攻毒后，均要穿着一次性外部防护服并佩戴 OSHA 认可的防护面罩。一次性防护服和面罩应仅使用一次，在离开动物房之前弃去。

3.3.5 当检验结束时，对豚鼠实施安乐死并进行焚毁。对污染的设备和笼具进行消毒。垫料在清理前需进行灭菌处理。

3.4 试剂的准备

3.4.1 炭疽杆菌攻毒培养物

将炭疽杆菌 IRP137 悬浮于 50% 甘油中制成攻毒培养物。分装，每个安瓿约含 1.8mL 培养物的混悬液。将安瓿置（−70±5）℃ 保存。

3.4.2 50% 甘油稀释液

50% 甘油是用甘油和 0.85% NaCl 等体积混合制成。在 500mL 瓶中装入 300mL 稀释液，并按照生产商的推荐 ≥121℃ 高压灭菌 25～30min。室温保存不超过 1 年。

4. 免疫原性检验

4.1 检验动物的免疫

4.1.1 检查每瓶基础种子的标签，进行身份验证。

4.1.2 在用注射器吸取基础种子前，用手掌敲打瓶子至少 25 次，彻底混匀内容物。使用配有 23 号×1 英寸的针头的 3mL 或 5mL 注射器。

4.1.3 按照标签上基础种子的推荐接种剂量免疫 30 只豚鼠〔按照 9CFR113.66（b）（2）〕。

4.1.4 每只动物只免疫一次。

4.1.5 观察豚鼠14～15d。仔细检查动物的浮肿、疼痛和全身反应状况。记录死亡情况。

4.2 攻毒时间

4.2.1 免疫后14～15d对豚鼠进行攻毒。

4.2.2 同时对非免疫对照豚鼠进行攻毒。

4.3 攻毒稀释液的准备

> 警告：攻毒用炭疽杆菌是一种活芽孢的混悬液。攻毒用混悬液的准备必须在Ⅱ级生物安全柜中进行。用移液管分装。任何污染的设备和衣物处理在再利用之前必须进行高压灭菌。

4.3.1 将装有攻毒用的培养物的安瓿恢复至室温。

4.3.2 剧烈振荡安瓿，彻底混匀内容物。

4.3.3 使用70%酒精对安瓿进行消毒。使用干的脱脂棉小心掰开安瓿，用无菌棉花（或无菌纱布块）包住断口处。

4.3.4 用带有18号×1.5英寸针头的3mL注射器取培养混悬液，无菌加入（16×125）mm试管中。充分混匀混悬液。

4.3.5 用5mL的移液管取4mL甘油稀释液加入（16×125）mm试管中，再用2mL注射器将1mL培养混悬液加入4mL甘油稀释液中。

注意：50%甘油稀释液十分黏稠，应小心加入确保液体完全加入。

4.3.6 用25mL或100mL移液管取100mL甘油稀释液加入125mL或160mL玻璃稀释瓶中。用2mL移液管吸出1mL甘油稀释液，留下99mL在稀释瓶中。用2mL移液管将1mL 1∶5稀释的攻毒混悬液加入99mL甘油稀释液中。充分混匀（即为1∶500稀释）。

4.3.7 用25mL或100mL移液管取100mL甘油稀释液加入100mL血清瓶中。用2mL移液管吸出1mL甘油稀释液，留下99mL在血清瓶中。用2mL移液管将1mL 1∶500稀释的攻毒混悬液加入99mL甘油稀释液中。盖上血清瓶的盖子并密封。充分混匀（即为1∶50 000稀释的攻毒液）。攻毒液在注射豚鼠前放在室温保存。

4.4 豚鼠的攻毒

4.4.1 用注射器抽取之前，应充分混匀1∶50 000的攻毒混悬液（用带有23号×1英寸针头的3mL注射器抽取）。

4.4.2 每只豚鼠大腿部肌内注射0.5mL的攻毒液〔这个剂量大约含有4 500个豚鼠的半数致死量（LD_{50}）的芽孢〕。

4.5 攻毒后豚鼠的观察

每日观察豚鼠，连续观察10d。检查检验动物是否出现溃疡、水肿和全身的整体情况。这些观察结果要在每日检验记录上登记。记录死亡情况。

注意：濒临死亡动物出现的临床症状应与疾病预期的发病机理一致，即不能自己起身或走动，应对其实施人道主义安乐死，并按照9CFR117.4规定判其为死亡。

5. 免疫原性检验结果说明

5.1 按照9CFR113.66部分规定进行试验结果判定。

5.1.1 在攻毒后10d的观察期内，如果12只对照动物中有至少10只死于炭疽杆菌，则检验有效。如果12只对照组动物中仅有≤9只动物死于炭疽杆菌，则该检验无效，可重检。

5.1.2 在攻毒后10d的观察期内，如果30只免疫动物中至少有27只存活，则判该基础种子的免疫原性符合规定。

5.1.3 在攻毒后10d的观察期内，如果30只免疫动物存活数少于27只，则判该基础种子的免疫原性不符合规定。

5.2 对肿、痛及全身状况的观察是对基础种子安全性和质量评价的一个补充信息。而效力检验的结果，仅以存活/死亡进行评价。

6. 免疫原性检验结果报告

按照标准操作程序报告检验结果。

第Ⅱ部分：ASV芽孢计数

2. 材料

2.1 设备/仪器

下列任何品牌的设备或仪器均可由具有相同功能的设备或仪器所替代。

2.1.1 Ⅱ级生物安全柜；

2.1.2 高压灭菌器；

2.1.3 50℃水浴锅；

2.1.4 37℃培养箱；

2.1.5 菌落计数器；

2.1.6 移液管。

2.2 试剂/耗材

下列任何品牌的试剂或材料均可由具有相同功能的试剂或材料所替代。

2.2.1 参考疫苗；

2.2.2 甘油稀释液；

2.2.3 胰蛋白际琼脂；

2.2.4 玻璃试管，（20×150）mm，带莫顿塞；

2.2.5 带螺旋盖子的玻璃管，（20×150）mm；

2.2.6 带螺旋盖子的玻璃管，（16×125）mm；

2.2.7 针头，18号×1或1.5英寸；

2.2.8 带螺旋盖子的玻璃稀释瓶，125mL或160mL；

2.2.9 玻璃移液管，2mL、5mL和10mL；

2.2.10 培养皿，（100×15）mm；

2.2.11 一次性注射器，3mL；

2.2.12 带刻度的玻璃移液管，25mL或100mL。

3. 芽孢计数检验准备

3.1 人员资质/培训

操作人员必须具有使用常规实验室化学物质、设备和玻璃器皿的知识。此外，操作人员应接受过安全操作炭疽杆菌培养物的特殊培训，并具有一定经验。

3.2 耗材的准备

3.2.1 使用前对所有玻璃制品进行灭菌处理。

3.2.2 确保所有耗材（移液管、注射器、针头、橡胶塞等）是无菌的。

3.3 试剂的准备

> 警告：无荚膜炭疽芽孢疫苗是一种活芽孢的混悬液，必须在Ⅱ级生物安全柜中制备参考疫苗和每批疫苗的稀释液，用移液管分装。任何污染的设备和衣物处理或者再利用之前必须进行高压灭菌。

3.3.1 使用参考疫苗进行待检疫苗的检验（参考疫苗为培养基和操作技术提供对照参考。在之前进行的3次检验中，参考疫苗芽孢计数的结果应一致）。

3.3.2 将甘油和0.85%NaCl溶液等量混合，制成50%甘油溶液。在500mL瓶中装入300mL。按照生产商的推荐≥121℃高压灭菌25～30min。室温保存不超过1年。

3.3.3 在检验当天根据标签说明制备胰蛋白际琼脂。将胰蛋白际琼脂以每瓶20mL分装到（20×150）mm的检验管中。按照生产商的推荐≥121℃高压灭菌25～30min。

4. 芽孢计数

4.1 调节水浴锅为（50±5）℃。

4.2 按第Ⅱ部分3.3.3项中所述配制胰蛋白胨琼脂。在水浴中冷却胰蛋白际培养基约1h。

4.3 稀释前用力剧烈振摇疫苗100次。

4.4 用25mL或100mL刻度移液管取100mL甘油稀释液加入两个125mL或160mL的玻璃稀释瓶中。用2mL移液管吸出1mL甘油稀释液，留下99mL在稀释瓶中。

4.5 用一个带有18号×1.5英寸针头的注射器吸取2～3mL疫苗加入一个无菌的带有螺旋盖子的（16×125）mm玻璃试管中。用2mL移液管吸取1mL疫苗加入99mL甘油稀释液在稀释瓶中混合中。经过此次1∶100倍稀释后，免疫剂量为2mL疫苗的芽孢含量约为15 000个芽孢/mL；免疫剂量为1mL疫苗的芽孢含量约为30 000个芽孢/mL。

4.6 用手剧烈震摇1∶100稀释液100次。从1∶100倍稀释液中取1mL加入另一个含有99mL甘油稀释液的稀释瓶中，再进行一次100倍稀释。经过此次1∶10 000倍稀释后，免疫剂量为2mL疫苗的芽孢含量约为150个芽孢/mL；免疫剂量为1mL疫苗的芽孢含量约为300个芽孢/mL。这种稀释液的芽孢数目依然过多，而无法计数。

4.7 用手剧烈震摇1∶10 000稀释液100次。用10mL移液管在一个（20×150）mm的试管里进行2倍稀释（5mL 1∶10 000稀释液+5mL甘油稀释液）。经过此次1∶20 000倍稀释后，免疫剂量为2mL疫苗的芽孢含量约为75个芽孢/mL；免疫剂量为1mL疫苗的芽孢含量约为150个芽孢/mL。

4.8 用手剧烈震摇1∶10 000稀释液100次。用一个5mL和一个10mL移液管，在一个（20×150）mm的试管里进行5倍稀释（2mL 1∶10 000稀释液+8mL甘油稀释液）。经过此次1∶50 000倍稀释后，免疫剂量为2mL疫苗的芽孢含量约为30个芽孢/mL；免疫剂量为1mL疫苗的芽孢含量约为60个芽孢/mL。

4.9 用手剧烈震荡1∶50 000稀释液100次。用一个2mL和10mL移液管，在一个（20×150）mm的试管里进行10倍稀释（1mL 1∶50 000稀释液+9mL甘油稀释液）。经过此次1∶500 000倍稀释后，免疫剂量为2mL疫苗的芽孢含量约为3个芽孢/mL；免疫剂量为1mL疫苗经的芽孢含量约为6个芽孢/mL。

4.10 在取样之前用力震荡每个稀释好的样品（1∶20 000、1∶50 000、1∶500 000）各 25 次。用一个 2mL 或 5mL 玻璃移液管从每个稀释好的样品中取 1mL，分别滴入 3 个无菌平板中。在每个平板中倒入 1 管胰蛋白胨琼脂，"8"字形缓慢旋转10 次混匀。待培养基凝固后将平板倒置。

4.11 分别取 1mL 未接种的甘油稀释液加入1～3 个无菌的平板中。每个平板中倒入一管胰蛋白胨琼脂，"8"字形旋缓慢转 10 次混匀，待培养基凝固后将平板倒置。这些平板作为阴性对照。

4.12 将平板置 35～37℃培养 24～28h。

4.13 读取菌落数，并将计数结果记录在工作记录表上。

5. 芽孢数的计算

5.1 每个稀释度所接 3 个平板的菌落总数除以 3（这个结果是该稀释度每毫升芽孢数的平均值）。

5.2 按照以下公式计算 CFU/剂量：

$$CFU/剂量 = \dfrac{\dfrac{平均 CFU}{50mL}}{\dfrac{2 \times 10^{-5}（1mL 接种平板量）}{50 头份}}$$

因此，对于 1mL 剂量：

$$CFU/剂量 = \dfrac{平均 CFU}{稀释系数}$$

6. 芽孢计数检验结果说明

按照 9CFR113.66 部分判定芽孢计数结果。当每批和每亚批无荚膜炭疽芽孢疫苗的芽孢数多于免疫原性检验中所用疫苗的芽孢数时，该批疫苗方可被放行。这样可以确保在有效期内进行检验时，每批和每亚批的芽孢数是免疫原性试验中所用疫苗的芽孢数的至少 2 倍，且每头份不少于 200 万个芽孢/头份。

7. 芽孢计数检验结果报告

按照标准操作程序报告检验结果。

8. 参考文献

Title 9，Code of Federal Regulations，section113.66［M］. Washington，DC：Government Printing Office.

9. 修订概述

第 05 版

• 更新细菌学实验室负责人。

• 为表述更明确，步骤中进行了少量的文字修订。

第 04 版

• 更新联系人信息。

第 03 版

• 文件编号从 BBSAM0214 变更为 SAM214。

• 增加使用 125mL 带螺旋盖子的玻璃稀释液瓶。

• 第Ⅰ部分，4.3.3 增加使用无菌纱布垫。

• 第Ⅰ部分，5.1.2 变更措辞，使进一步明确。

• 第Ⅰ部分，5.1.3 变更措辞，使进一步明确。

• 第Ⅱ部分，4.11 能使用的平板的数量从 1～2 块变更为 1～3 块。

• 第Ⅱ部分，5.2 变更措辞，使进一步明确。

第 02 版

本修订版资料主要用于阐述兽医生物制品中心现行的实际操作方法，并提供了额外的细节信息。虽然不对检验结果产生重大影响，但是对文件进行了以下修改：

• 第Ⅱ部分，4.11 增加阴性对照。

• 全文增加参考的移液管大小，使进一步明确。

（唐 娜译，张一帜校）

美国农业部兽医生物制品中心
检验方法

SAM 217　用 ELISA 法检测破伤风类毒素效力的补充检验方法

日　　期：2017 年 2 月 17 日

编　　号：SAM 217.07

替　　代：SAM 217.06，2014 年 3 月 21 日

标准要求：9CFR 113.114 部分

联 系 人：Janet M. Wilson，(515) 663-7245

审　　批：/s/Larry R. Ludemann　　　　日期：2017 年 3 月 6 日

　　　　　Larry R. Ludemann，细菌学实验室负责人

　　　　　/s/Paul J. Hauer　　　　　　日期：2017 年 3 月 6 日

　　　　　Paul J. Hauer，兽医生物制品中心政策、评审与执照管理部门负责人

美国农业部动植物卫生监督署

P. O. Box 844

Ames，IA 50010

补充检验方法中提及的商标或专利产品不等同于该产品已获得了美国农业部的保证或担保，
且它的批准也不意味着其可用于排除在外的其他可能适用的产品

由以下人员录入 CVB 质量管理体系：

/s/Linda. S. Snavely　　　　日期：2017 年 3 月 7 日

Linda. S. Snavely，质量管理计划助理

目　录

1. 引言

本补充检验方法(SAM)描述了按照联邦法规第9卷(9CFR) 113.114部分检测破伤风类毒素的效力的方法。免疫豚鼠并在6周后采血。用间接酶联免疫吸附试验（ELISA）测定血清中抗毒素的含量。

2. 材料

2.1 设备/仪器

下列任何品牌的设备或仪器均可由具有相同功能的设备或仪器所替代。

2.1.1 定轨振荡器；

2.1.2 涡旋试管混合器；

2.1.3 具有制冷功能的35～37℃培养箱；

2.1.4 2～7℃冷藏柜；

2.1.5 −20℃或−20℃以下的低温冰箱；

2.1.6 与采血管配套的带水平转头的离心机；

2.1.7 微量板洗板机/吸液器；

2.1.8 微量板读数仪；

2.1.9 带线性回归分析软件的电脑；

2.1.10 $20\mu L$，$100\mu L$，$1\,000\mu L$的微量移液器；

2.1.11 $50～300\mu L$的多道微量移液器。

2.2 耗材

下列任何品牌的耗材均可由具有相同功能的试剂或材料所替代。

2.2.1 微量移液器的吸头；

2.2.2 平底96孔微量滴定板（Nunc™ F96 maxisorb）；

2.2.3 带固定针头的注射器；

2.2.4 23号针头或其他适合采血的针头；

2.2.5 采血管；

2.2.6 各种大小的移液管；

2.2.7 用于配制稀释液的各种大小的量筒和容量瓶（带塞）；

2.2.8 湿盒（放有湿巾或湿纸巾的带盖的盘子或有相同功能的容器）。

2.3 化学物质和试剂

下列任何品牌的化学物质或试剂均可由具有相同功能的试剂或材料所替代。

2.3.1 去离子水或蒸馏水，或等效纯度的水。

2.3.2 氯化钠（NaCl）。

2.3.3 脱脂奶粉。

2.3.4 碳酸氢钠（$NaHCO_3$）。

2.3.5 碳酸钠（Na_2CO_3）。

2.3.6 无水磷酸氢二钠（Na_2HPO_4）。

2.3.7 一水合磷酸二氢钠（$NaH_2PO_4 \cdot H_2O$）。

2.3.8 5mol/L氢氧化钠（NaOH）。

> 警告：液体氢氧化钠的毒性及危害性总结（THR）：腹膜内中毒。中度食入中毒。致突变。对皮肤、眼睛和黏膜有腐蚀性刺激。该物质无论是固体状态还是溶于液体中，对所有身体组织均具有显著的腐蚀作用，造成灼伤和频繁的深度溃疡，并留下疤痕。这种化合物的雾、蒸汽和粉尘都会引起小面积灼伤，若与眼接触，则可迅速对眼部脆弱的组织造成严重损伤。

2.3.9 聚氧乙烯-山梨醇单月桂酸酯(吐温20)。

2.3.10 辣根过氧化物酶标记的山羊抗豚鼠IgG（H＋L），购自Jackson免疫学研究实验室（货号＃106-035-003）。

2.3.11 2，2′-azino-bis-3-乙基苯并噻唑啉-6-磺酸（ABTS）2-组成的微孔过氧化物酶的底物，购自SeraCare Life Sciences公司（货号＃5120-0032，之前为Kirkegaard和Perry实验室有限公司［货号＃50-62-00］）。

2.3.12 最近批次的破伤风毒素，由兽医生物制品中心（CVB）供应。

2.3.13 最近批次的破伤风阴性豚鼠血清，由CVB供应。

2.3.14 最近批次的破伤风阳性豚鼠血清（5AU/mL），由CVB供应。

2.4 检验动物

豚鼠，450～500g。每批产品用10只豚鼠检验，公母各半。选用无体表寄生虫、被毛洁净的健康豚鼠。切勿选用怀孕豚鼠。

3. 检验准备

3.1 人员资质/培训

操作人员必须具有使用常规实验室化学物质、设备和玻璃器皿的知识，并且接受过安全操作破伤风毒素等方面的培训，并具有一定经验。操作人员必须接受过试验用豚鼠的护理和保定方面的培训。

3.2 设备/材料的准备

3.2.1 按照生产商的说明书进行所有设备的操作。

3.2.2 仅可使用无菌的耗材。

3.3 试剂的准备

3.3.1 洗涤液［国家兽医生物制品中心＊（NCAH）培养基＃30063］

NaCl   8.5g

＊ 译者注：此处英文有误，应为国家动物卫生中心。

NaH$_2$PO$_4$ · H$_2$O	0.22g
Na$_2$HPO$_4$	1.19g
吐温 20	0.5mL
去离子水	1.0L

充分混合至完全溶解。如有必要，用 5M NaOH 调节 pH 至 7.2。按照生产商的推荐≥121℃高压灭菌 30～35min。20～25℃保存不超过 6 个月。

3.3.2　抗原包被缓冲液（NCAH 培养基♯20034）

Na$_2$CO$_3$	0.795g
NaHCO$_3$	1.465g
去离子水	500mL

充分混合至完全溶解。如有必要，用 5mol/L NaOH 调节 pH 至 9.6。缓冲液在 2～7℃保存不超 1 周。

3.3.3　封闭液

脱脂奶粉	2.5g
洗涤液（见 3.3.1 项）	250mL

充分混合至完全溶解。如有必要，可稍稍加热使奶粉溶解。用 5mol/L NaOH 调节 pH 至 7.9。溶液在 2～7℃保存不超过 1 周。

3.3.4　1‰脱脂牛奶（SM）稀释液

脱脂奶粉	5.0g
洗涤液（见 3.3.1 项）	500mL

充分混和至完全溶解，如有必要，可加热。加入 0.25mL 吐温 20 并充分搅拌直至混合均匀。用 5M NaOH 调节 pH 至 7.2。溶液在 2～7℃保存不超过 1 周。

4. 检验

4.1　检验动物的免疫

4.1.1　检查每批待检产品的瓶签和生产商提供的生产大纲，进行身份验证并确定推荐的田间使用剂量。豚鼠的接种剂量为产品标签推荐最大使用剂量的 0.4 倍。

4.1.2　吸入注射器前充分混匀产品。每只豚鼠胸腹区皮下免疫（用 23 号针头）。

4.2　血样收集和血清准备

4.2.1　在免疫后 42～45d，收集每只豚鼠的血液样品，10mL/只。采血程序须由动物保护和使用委员会批准通过。

4.2.2　2 200r/min 分别离心每只豚鼠的血样，并将分离的血清分别加入各自标记的管中。

4.2.3　等量混合各份豚鼠血清，每份血清不少于 0.5mL，2～7℃保存不超过 7d。混合血清必须由所有免疫后存活的豚鼠血清组成，且至少包含

8 只豚鼠的血清。如果检验无法在采血后 7d 内完成，则应将样品置−20℃或−20℃以下保存。

4.3　ELISA 步骤

4.3.1　用破伤风毒素包被微量滴定板

1）用抗原包被液将破伤风毒素稀释到指定工作浓度，该工作浓度的为所用试剂资料清单上该批毒素的指定浓度。

> 警告！意外的非肠道接种和摄入破伤风毒素，是实验室工作人员面临的主要危险。毒素是否能通过黏膜吸收还不是很明确，因而与毒素气溶胶和雾滴有关的危险也不是很明确。

2）在 96 孔微量滴定板上加入稀释好的毒素，100μL/孔。盖上板子。放入湿盒，在摇床上 20～25℃ 50～70r/min 振荡培养过夜。

3）培养结束后，倒扣板子，将未结合的毒素倒至废液缸中，并在一次性纸巾上将残余毒素拍干。将所有毒素试剂高压灭菌后再进行处理。

4.3.2　封闭微量滴定板

1）在微量滴定板的每个孔中加入封闭液，250～300μL/孔。

2）盖上板子，放入湿盒，并在摇床上 35～37℃振荡（50～70r/min）培养 120～140min。

注意：使用具有制冷功能的培养箱，否则振荡器产生的热量将会导致温度上升并影响试验结果。

3）倒扣板子，用吸水纸巾将过量的封闭液吸干。如果不准备继续进行 4.3.3 项的操作，则盖上盖子，将板子放在塑料袋中。板子可倒置于 2～7℃保存不超过 1 周。

4.3.3　加血清样品

1）用 250～300μL/孔的洗涤液洗板 5 次。将板翻转并在吸水纸巾上轻拍，除去所有残余洗涤液。

2）如图 1 和图 2 所示，将所有血清用 SM 稀释液作 1∶4 000 稀释（阳性对照品、阴性对照和每个待检的混合血清）。使血清的工作浓度在检测的动态反应范围内。

3）如图 1 所示，增加阳性豚鼠血清的稀释次数。用这些稀释度的血清绘制标准反应曲线，并与待检血清的曲线进行比较。

4）在第 1 列的每个孔中加入 SM 稀释液，100μL/孔。用这些孔作为酶标仪的空白对照。不要使用周边其余的孔，因为它们提供的数值可能不可靠。

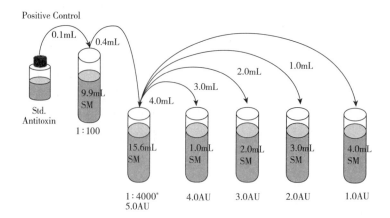

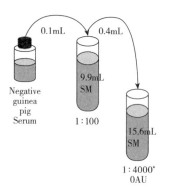

* 阳性豚鼠血清 1∶4000 的稀释度在标准曲线上对应 5.0AU/mL，阴性血清则对应 0。

图 1　阳性豚鼠血清和阴性豚鼠血清的稀释

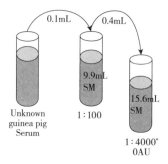

图 2　待检豚鼠血清的稀释

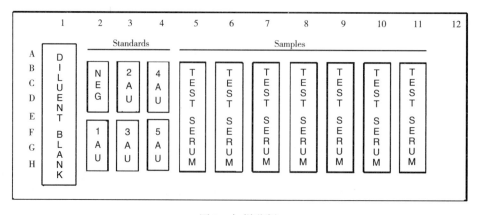

图 3　加样范例

5）每个稀释度对照血清各加 3 个重复孔，100μL/孔。每个待检混合血清各加 6 个重复孔，100μL/孔。检验板加样范例见本部分图 3 所示。

6）盖住板子并放入湿盒，2～7℃振荡（50～70r/min）培养 16～24h。

4.3.4　加复合物

1）按步骤 4.3.3（1）所示方法洗涤板子。

2）用 SM 稀释液将复合物稀释到最佳工作浓度（如果 1：10 000 稀释在生产商推荐的 ELISA 工作浓度范围内，则一般作 1：10 000 稀释）。

3）将稀释好的复合物加入板子的每个孔，100μL/孔。

4）盖住板子并放入湿盒，35～37℃振荡（50～70r/min）培养 120～140min。

4.3.5　加底物

1）临用前 10～25min，将底物预热至 20～25℃。避光保存。

2）按照生产商说明书准备 12mL ABTS 底物。

3）按照 4.3.3（1）项所示方法洗涤板子。

4）将底物溶液加入板子的各孔中，100μL/孔。

5）盖住板子并放入湿盒，20～25℃振荡（50～70r/min）培养 15～90min。理论上，当含有 5AU/mL 标准孔的吸光度达 0.7～1.0h，终止反应。

4.3.6　读取检验板

读取 ELISA 板在 405nm/490nm 的吸光度。

4.4　结果的计算

4.4.1　用对照血清的数据进行线性回归分析（抗毒素单位浓度比吸光度）。确定剂量反应曲线（即标准曲线）的斜率、相关系数和 y 轴截距。

4.4.2　将混合待检血清吸光度的平均数代入 4.1.1 项所确定的标准曲线，计算混合待检血清效价（AU/mL）：

混合待检血清效价（AU/mL）＝（混合待检血清吸光度-y 轴截距）/斜率。

5. 检验结果说明

5.1　为了保证试验的有效性，相关系数必须至少达到 0.985，斜率至少达到 0.1。如果未达到上述要求，则本检验无效，可进行重检。

5.2　如果混合血清的抗毒素效价不低于 2.0AU/mL，则判该批待检产品符合规定。

5.3　如果混合血清的抗毒素效价＜2.0AU/mL，且不对待检批次的产品进行重检，则该批产品判为不符合规定。当混合血清的抗毒素效价＜2.0AU/mL 时，也可对每份血清单独进行上述检验，判定标准如下：

5.3.1　如果至少 8 份血清分别测定时，有不少于 80％抗毒素效价不低于 2.0AU/mL，则判该批产品符合规定。

5.3.2　如果 8 份或 8 份以上血清分别测定时，少于 80％抗毒素效价不低于 2.0AU/mL，则该批产品可另取 10 只豚鼠，用与首次检验相同的程序进行重检。重检豚鼠混合血清的破伤风抗毒素效价与首次混合血清的破伤风抗毒素效价取平均值，若该平均值≥2.0AU/mL，则判该批产品符合规定；若该平均值＜2.0AU/mL，则判该批产品不符合规定，且不得再进行重检。

6. 检验结果报告

按照标准操作程序报告检验结果。

7. 参考文献

Title 9，Code of Federal Regulations，section 113.114 ［M］. Washington，DC：Government Printing Office.

8. 修订概述

第 07 版

• 更新 ABTS 供应商信息。

• 增加底物孵育时间，并说明 5AU/mL 对照血清读数。

第 06 版

• 更新细菌学实验室负责人。

• 为表述更明确，步骤中进行了少量的文字修订。

第 05 版

• 更新联系人信息。

• 文件中所有国家兽医局实验室（NVSL）培养基一律变更为国家动物卫生中心（NCAH）培养基。

第 04 版

• 4.3.5 扩大底物孵育时间的范围。

第 03 版

• 3.3 对该部分的格式进行重新安排和编写，使更加明确。

第 02 版

本修订版资料主要用于阐述兽医生物制品中心现行的实际操作方法，并提供了额外的细节信息。虽然不对检验结果产生重大影响，但是对文件进行了以下修改：

• 3.3　重新编写该部分，使更加明确。

• 3.4 删除该部分，相关内容见文件的其他章节。

• 4.3.3 重新编写该部分，使更加明确。

• 4.4 重新编写该部分，使更加明确。

• 5.1 增加对斜率的有效性要求。

• 联系人变更为 Janet M. Wilson。

（蒋　颖译，张一帜校）

SAM300. 03

美国农业部兽医生物制品中心
检验方法

SAM 300　中和抗体效价测定的补充检验方法

日　　期：2014 年 10 月 29 日已批准，标准要求待定

编　　号：SAM 300. 03

替　　代：SAM 300. 02，2011 年 2 月 11 日

标准要求：

联 系 人：Alethea M. Fry，(515) 337-7200

　　　　　Peg A. Patterson

审　　批：/s/Geetha B. Srinivas,　　　　　日期：2014 年 12 月 22 日

　　　　　Geetha B. Srinivas，病毒学实验室负责人

　　　　　/s/Byron E. Rippke　　　　　日期：2014 年 12 月 29 日

　　　　　Byron E. Rippke，兽医生物制品中心政策、评审与执照管理部门负责人

　　　　　/s/Rebecca L. W. Hyde　　　　　日期：2014 年 12 月 29 日

　　　　　Rebecca L. W. Hyde，兽医生物制品中心质量管理部门负责人

美国农业部动植物卫生监督署

P. O. Box 844

Ames，IA 50010

补充检验方法中提及的商标或专利产品不等同于该产品已获得了美国农业部的保证或担保，且它的批准也不意味着其可用于排除在外的其他可能适用的产品

目　录

1. 引言

本补充检验方法（SAM）描述了检测犬传染性肝炎抗血清的体外检验方法。该方法使用细胞培养系统测定商品化抗血清中抗犬传染性肝炎（ICH）病毒的抗体水平。

2. 材料

2.1 细胞培养

使用第二次传代（第一次培养物）或第三次传代（第二次培养物）的狗肾（DK）细胞。在旋转管*中培养，直至单层细胞达到大约70%覆盖率时接种病毒，1.0mL/管。

2.2 细胞培养用生长培养基

Gibco 的 F-15 培养基（MEM-E，含有 Earle 平衡盐、L-谷氨酰胺和非必需氨基酸），使用时加入 5% 胎牛血清（56℃热灭活 30min）、0.5% 水解乳清蛋白、1.0% 丙酮酸钠和 0.22%（2.2g/L）碳酸氢钠。加入血清前，配制完成的培养基需通过 0.22μm 滤膜（Millipore 公司）过滤。

培养基中使用青霉素（100IU/mL）和链霉素（100μg/mL）。如需要，也可加入抗生素控制真菌和支原体。

2.3 细胞培养用维持培养基

该培养基为含有不同浓度血清的生长培养基。根据细胞的生长速度加入 1%～5% 胎牛血清（56℃加热 30min），通常的最佳浓度为 2%。

2.4 指示病毒

犬传染性肝炎病毒（ICH）Mirandola 株在 DK 细胞上传至第 31 代作为指示病毒。根据需要和稳定性制备批次，并适当分装冷冻贮存在 −80℉。

2.5 稀释液

维持培养基作为稀释液稀释病毒和血清。

2.6 标准参考血清

标准参考品由兽医生物制品中心（CVB）提供。

2.7 待检血清

最终检测稀释度为 1:50、1:150、1:450 和 1:1 350。

3. 检验准备

3.1 指示病毒的稀释

测定指示病毒的几何平均滴度，是通过在 DK 细胞上每周至少滴定 3 次而完成的。根据这个平均滴度，用维持培养基将病毒稀释为 1 000～3 000 $TCID_{50}$/mL。此时 0.1mL 病毒稀释液中含有病毒 100～300 $TCID_{50}$，为血清中和（SN）检验系统中接种到每个组织培养物（TC）管中的病毒量。计算稀释倍数时，使最终病毒工作液为 2 000 $TCID_{50}$/mL。以下为两个范例，为计算病毒稀释倍数的实例。假设指示病毒的平均滴度为 10^6 $TCID_{50}$/mL（1 000 000 $TCID_{50}$/mL）。

例1

算术法——1 000 000 除以 2 000（所需要的 $TCID_{50}$/mL）获得稀释倍数。

1 000 000/200＝500，稀释倍数

例2

对数法——10^6 除以 $10^{3.3}$（$10^{3.3}$＝2 000，所需要的 $TCID_{50}$/mL）

对数法是由一个指数减去另一个指数。

$10^6/10^{3.3}=10^{(6-3.3)}=10^{2.7}$ 或 500，稀释倍数

确认稀释倍数（最终为 1:500 稀释），按如下方法进行系列稀释：

1mL 病毒液＋4mL 稀释液＝1:5 稀释液

1mL 1:5 稀释液＋9mL 稀释液＝1:50 稀释液

1mL 1:50 稀释液＋9mL 稀释液＝1:500 稀释液

这样制备得到 2 000 $TCID_{50}$/mL 或 200 $TCID_{50}$/0.1mL 的病毒液。此稀释度的指示病毒（200 $TCID_{50}$/0.1mL）即为病毒工作液。

3.2 标准血清

抗犬传染性肝炎标准参考血清与未知待检血清在同一时间、同一细胞系统中用完全相同方法进行检测。

3.3 待检血清的稀释

将待检血清进行 3 倍系列稀释。检测 1:50、1:150、1:450 和 1:1 350 的最终稀释液。由于检测时加入等体积的病毒工作液，使得稀释加倍，因此血清成为 1:25、1:75、1:225 和 1:675 的稀释液。为了获得这些稀释液，设置 5 个空白稀释管，并按照如下方法稀释：在稀释过程中使用 1mL 一次性移液管进行加样。用偏心旋转混合器（涡旋混合器或类似仪器）进行混匀。（浓缩血清必须在检验前稀释至与未浓缩的血清等价［见标准要求 S-28］）。

---

* 译者注：旋转管是一种细胞培养管，培养方式类似转瓶培养。

加入 1mL 未稀释血清

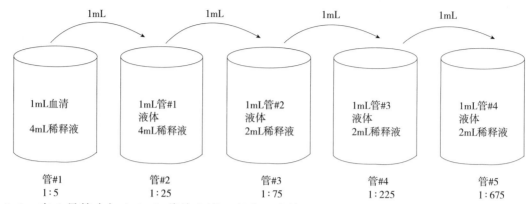

| 管#1 | 管#2 | 管#3 | 管#4 | 管#5 |
| 1:5 | 1:25 | 1:75 | 1:225 | 1:675 |

3.3.1 向 1 号管中加入 1mL 待检血清。弃去移液管。混匀，得到 1:5 稀释的血清。

3.3.2 向 2 号管中加入 1mL 的 1 号管中的稀释液。弃去移液管。混匀，得到 1:25 稀释的血清。

3.3.3 向 3 号管中加入 1mL 的 2 号管中的稀释液。弃去移液管。混匀，得到 1:75 稀释的血清。

3.3.4 向 4 号管中加入 1mL 的 3 号管中的稀释溶液。弃去移液管。混匀，得到 1:225 稀释的血清。

3.3.5 向 5 号管中加入 1mL 的 4 号管中的稀释溶液。弃去移液管。混匀，得到 1:675 稀释的血清。

3.4 病毒工作液的血清中和

血清/病毒混合物通过将每个稀释度的待检血清与等体积的病毒工作液混合制成。设置 4 个管，每个管加入 1mL 待检血清稀释液，即 1:25、1:75、1:225 和 1:675。然后每管再加入 1mL 病毒工作液。

试管	起始血清稀释度	加	病毒工作液	等于	最终血清稀释度	最终病毒浓度
1	1mL 1:25	+	1mL（2 000TCID$_{50}$）	=	2mL 1:50	含 2 000TCID$_{50}$
2	1mL 1:75	+	1mL（2 000TCID$_{50}$）	=	2mL 1:50	含 2 000TCID$_{50}$
3	1mL 1:225	+	1mL（2000TCID$_{50}$）	=	2mL 1:50	含 2 000TCID$_{50}$
4	1mL 1:675	+	1mL（2000TCID$_{50}$）	=	2mL 1:50	含 2 000TCID$_{50}$

接种前，将血清/病毒混合物在室温下孵育 1h。

3.5 旋转管接种

接种狗肾单层细胞前，用 1.5mL 的维持培养基替代生长培养基。每份血清/病毒混合物接种 5 个细胞培养管（0.2mL/管）。

3.6 对照

3.6.1 滴定指示病毒，确定在该保存条件下效价是否保持稳定。

3.6.2 将 1:2 稀释的病毒工作液进行 10 倍稀释，用于病毒的滴定，以确定用于 SN 检验的确切病毒含量。这些稀释的病毒液在接种培养管之前与血清/病毒混合物一同孵育。

3.6.3 将 5 个未接种的细胞培养管与待检样品同时培养，以监测细胞系统。

3.6.4 滴定的标准参考抗血清构成阳性血清对照。

3.7 孵育

将接种和未接种的细胞培养管置 35～37℃ 培养。不论培养液的 pH 是否变化，每 48h 更换一次维持培养基。

3.8 观察结果

从接种后第 4～10 天，每日观察细胞培养管中典型的犬传染性肝炎（ICH）细胞病变（CPE）直至第 10 天检验结束。

4. 检验结果说明

记录每个稀释度出现 CPE 的管数，用 Reed 和 Muench 或 Spearman-Kärber 统计学方法计算半数中和量（ND$_{50}$）。

注意：ND$_{50}$ 的稀释度是加入病毒工作液后的稀释度，而不是单独的血清稀释度。

符合规定的抗血清必须达到 S-28 标准要求中所描述的 ICH 抗血清的最低中和效价。

5. 检验结果报告

在检验记录中记录所有检验结果。

6. 参考文献

Robson D，Hildreth B P，Atkinson G F，et al，1961. Standardization of quantitative serological tests，65th Annual Proceedings［C］. United States Livestock Sanitary Association：74-78.

Carmichael L E，Atkinson G F，Barnes F D，1963. Conditions influencing virus-neutralization tests for infectious Caninehepatitis antibody［J］. The Corneal Veterinarian，3：369-388.

Herbert C N，Stewart D L，Davidson I，1968. International standard for anti-Canine hepatitis serum［J］. Bull Wld Hlth Org，39：909-916.

Anonymous，1964. Standard requirement for anti-canine distemper-hepatitis-leptospira serum and products containing any combination of these products［M］. USDA：Veterinary Biologics Division，Agricultural Research Service.

7. 修订概述

第 03 版

• 更新联系人信息，但是，病毒学实验室决定保留原信息至下次文件审查之日。

第 02 版（2011 年 2 月 11 日）

本修订版资料主要用于阐述兽医生物制品中心现行的实际操作方法，并提供了额外的细节信息。虽然不对检验结果产生重大影响，但是对文件进行了以下修改：

• 更新联系人信息

（李　翠译，张一帜校）

美国农业部兽医生物制品中心
检验方法

SAM 301　犬瘟热中和抗体效价测定的补充检验方法

日　　期：2014 年 10 月 29 日已批准，标准要求待定

编　　号：SAM 301. 04

替　　代：SAM 301. 03，2011 年 9 月 9 日

标准要求：

联 系 人：Alethea M. Fry，(515) 337-7200

　　　　　Peg A. Patterson

审　　批：/s/Geetha B. Srinivas，　　　　　日期：2014 年 12 月 23 日

　　　　　Geetha B. Srinivas，病毒学实验室负责人

　　　　　/s/Byron E. Rippke　　　　　　　日期：2014 年 12 月 29 日

　　　　　Byron E. Rippke，兽医生物制品中心政策、评审与执照管理部门负责人

　　　　　/s/Rebecca L. W. Hyde　　　　　　日期：2014 年 12 月 29 日

　　　　　Rebecca L. W. Hyde，兽医生物制品中心质量管理部门负责人

美国农业部动植物卫生监督署

P. O. Box 844

Ames，IA 50010

补充检验方法中提及的商标或专利产品不等同于该产品已获得了美国农业部的保证或担保，
且它的批准也不意味着其可用于排除在外的其他可能适用的产品

目　录

1. 引言

本补充检验方法（SAM）描述了检测犬瘟热抗血清的血清中和方法。该方法使用 7 日龄鸡胚检测系统通过已确认滴度的犬瘟热病毒测定抗血清中的抗体水平。

2. 材料

2.1 鸡胚

使用 7 日龄鸡胚进行检测。鸡胚通常在孵化器中孵化 6d，并于第 7 天进行接种。接种前照蛋，弃去所有死胚和弱胚。

2.2 稀释液

用营养肉汤稀释指示病毒和血清。根据 Difco 培养基的配制说明，每毫升 Difco 营养肉汤培养基中加入 200IU 青霉素 G 注射粉剂和 $200\mu g$ 链霉素。

2.3 指示病毒

将犬瘟热病毒 Lederle 株在鸡胚传代至第 40～45 代作为指示病毒。根据需要和稳定性制备病毒批次，并适当分装在 $-62\,^{\circ}\!C$ 中湿态贮存。

2.4 待检血清

最终检测浓度为 1：50、1：150、1：450 和 1：1 350。

3. 检验

3.1 指示病毒的稀释

测定接种病毒的几何平均滴度，是通过在鸡胚上每周至少测定 3 次而完成的。根据这个平均滴度，将接种病毒稀释为 1 000～3 000TCID$_{50}$/mL。此时 0.1mL 病毒稀释液中含有病毒 100～300TCID$_{50}$，为血清中和（SN）检测系统中接种每个鸡胚的病毒量。计算稀释倍数时，使最终病毒工作液为 2 000TCID$_{50}$/mL。以下为两个范例，为计算病毒稀释倍数的实例。假设接种病毒的平均滴度为 10^6TCID$_{50}$/mL（1 000 000TCID$_{50}$/mL）。

例 1

算术法——1 000 000 除以 2 000（所需要的 TCID$_{50}$/mL）获得稀释倍数。

1 000 000/200＝500，稀释倍数

例 2

对数法——10^6 除以 $10^{3.3}$（$10^{3.3}$＝2 000，所需要的 TCID$_{50}$/mL）

对数法是由一个指数减去另一个指数。

$10^6/10^{3.3}=10^{(6-3.3)}=10^{2.7}$ 或 500，稀释倍数

确认稀释倍数（最终为 1：500 稀释），按如下方法进行系列稀释：

1mL 病毒液＋4mL 稀释液＝1：5 稀释液

1mL 1：5 稀释液＋9mL 稀释液＝1：50 稀释液

1mL 1：50 稀释液＋9mL 稀释液＝1：500 稀释液

这样制备得到 2 000TCID$_{50}$/mL 或 200TCID$_{50}$/0.1mL 的病毒液。此稀释度的指示病毒（200TCID$_{50}$/0.1mL）即为病毒工作液。

3.2 标准血清

犬瘟热标准参考血清与未知待检血清在同一时间、同一细胞体系中用相同方法进行检测。

3.3 待检血清的稀释

将待检血清进行 3 倍系列稀释。检测 1：50、1：150、1：450 和 1：1 350 的最终稀释液。由于检测时加入等体积的病毒工作液，使得稀释加倍，因此血清成为 1：25、1：75、1：225 和 1：675 的稀释液。为了获得这些稀释液，设置 5 个空白稀释管并按照如下方法稀释：

加入 1mL 未稀释血清

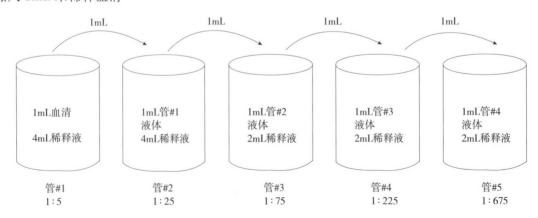

在稀释过程中使用 1mL 一次性移液管进行加样。用偏心旋转混合器（涡旋混合器或类似仪器）进行混匀。（浓缩血清必须在检验前稀释至与未浓缩的血清等价）。

3.3.1 向 1 号管中加入 1mL 待检血清。弃去移液管。混匀，得到 1∶5 稀释的血清。

3.3.2 向 2 号管中加入 1mL 的 1 号管中的稀释液。弃去移液管。混匀，得到 1∶25 稀释的血清。

3.3.3 向 3 号管中加入 1mL 的 2 号管中的稀释溶液。弃去移液管。混匀，得到 1∶75 稀释的血清。

3.3.4 向 4 号管中加入 1mL 的 3 号管中的稀

释溶液。弃去移液管。混匀，得到 1∶225 稀释的血清。

3.3.5 向 5 号管中加入 1mL 的 4 号管中的稀释溶液。弃去移液管。混匀，得到 1∶675 稀释的血清。

3.4 病毒工作液的血清中和

血清/病毒混合物通过将每个稀释度的待检血清与等体积的病毒工作液混合制成。设置 4 个管，每个管加入 1mL 待检血清稀释液，即 1∶25、1∶75、1∶225 和 1∶675。然后每管再加入 1mL 病毒工作液。

试管	起始血清稀释度	加	病毒工作液	等于	最终血清稀释度	最终病毒浓度
1	1mL 1∶25	+	1mL（2 000TCID$_{50}$）	=	2mL 1∶50	含 2 000TCID$_{50}$
2	1mL 1∶75	+	1mL（2 000TCID$_{50}$）	=	2mL 1∶50	含 2 000TCID$_{50}$
3	1mL 1∶225	+	1mL（2 000TCID$_{50}$）	=	2mL 1∶50	含 2 000TCID$_{50}$
4	1mL 1∶675	+	1mL（2 000TCID$_{50}$）	=	2mL 1∶50	含 2 000TCID$_{50}$

接种前，将血清/病毒混合物在室温下孵育 1h。

3.5 鸡胚接种

使用 Gorham 方法接种鸡胚的绒毛尿囊膜（CAM）。每份血清/病毒混合物接种 5 个鸡胚（0.2mL/胚）。

3.6 对照

3.6.1 滴定指示病毒，确定在该保存条件下效价是否保持稳定。

3.6.2 将 1∶2 稀释的病毒工作液进行十倍稀释，用于病毒的滴定，以确定用于 SN 检验的确切病毒含量。这些稀释的病毒液在接种鸡胚前与接种血清/病毒混合物的鸡胚一同孵育。

3.6.3 将 5 个未接种的鸡胚与检验鸡胚同时孵育，以监测检测系统。

3.6.4 滴定的标准参考抗血清构成阳性血清对照。

3.7 孵育

将接种和未接种的鸡胚置 35～37℃培养。

3.8 观察结果

孵育 6d 后，打开鸡胚并检查鸡胚绒毛尿囊膜（CAM）上的白色至灰白色病斑，病斑通常被水肿区域包围。忽略在 CAM 接种时由针刺引起的瘢痕组织。

用锋利的小剪刀从鸡胚小的一端 1/2～1 英寸处破开蛋壳。沿刺破处剪一个完整的圆形小盖，剪开蛋壳和外膜并除去，暴露出胚胎。弃去胚胎，留

下 CAM。用钝性拇指钳取出 CAM。将相同稀释度接种鸡胚的 5 个 CAM 放入培养皿中检查，使用 Quebec 计数器对膜上的典型犬瘟热病斑计数。

4. 检验结果说明

记录每个稀释度中不产生病斑的 CAM 数量为阳性数，用 Reed 和 Muench 或 Spearman-Kärber 统计学方法计算半数中和量（ND$_{50}$）。

注意：ND$_{50}$ 的稀释度是加入病毒工作液后的稀释度，而不是单独的血清稀释度。

符合规定的抗血清必须达到或超过 S-28 标准要求中所描述的犬瘟热病毒抗血清的最低中和效价。

5. 检验结果报告

在检验记录中记录所有检验结果。

6. 参考文献

Robson D，Hildreth B P，Atkinson G F，et al，1961. Standardization of quantitative serological tests，65th Annual Proceedings［C］. United States Livestock Sanitary Association：74-78.

Carmichael L E，Atkinson G F，Barnes F D，1963. Conditions influencing virus-neutralization tests for infectious Caninehepatitis antibody［J］. The Corneal Veterinarian，3：369-388.

Gorham J R，A simple technique for the inoculation of the chorioallantoic membrane of chicken embryos［J］. Amer J Vet Res，18：691-692.

Steward D L, Hebert C N, Davidson I, 1968. International standard for anti-Canine distemper serum [J]. Bul Wld Hlth Org, 39: 917-924.

Anonymous, 1964. Standard requirement for anti-canine distemper-hepatitis-leptospira serum and products containing any combination of these products [M]. USDA: Veterinary Biologics Division, Agricultural Research Service.

Anonymous, 1966. Report of the ad hoc Committee, standard reagents and test procedures [J]. Journal of theAVMA, 9 (5): 717-718.

7. 修订概述

第 04 版

• 更新联系人信息，但是，病毒学实验室决定保留原信息至下次文件审查之日。

第 03 版

• 删除文件中"由兽医生物制品中心（CVB）供应"的表述，因为 CVB 已不再供应这些试剂。

第 02 版（2011 年 2 月 11 日）

本修订版资料主要用于阐述兽医生物制品中心现行的实际操作方法，并提供了额外的细节信息。虽然不对检验结果产生重大影响，但是对文件进行了以下修改：

• 更新联系人信息。

（张乾义译，李　翠　夏应菊　张一帜校）

SAM302. 07

美国农业部兽医生物制品中心
检验方法

SAM 302　用原代细胞测定犬瘟热病毒滴度的补充检验方法

日　　期：2014 年 10 月 29 日

编　　号：SAM 302. 07

替　　代：SAM 302. 06，2011 年 9 月 9 日

标准要求：9CFR 113. 306 部分

联 系 人：Sandra K. Conrad，（515）337-7200
　　　　　Peg A. Patterson

审　　批：/s/Geetha B. Srinivas，　　　　　日期：2014 年 12 月 31 日
　　　　　Geetha B. Srinivas，病毒学实验室负责人

　　　　　/s/Byron E. Rippke　　　　　日期：2015 年 1 月 6 日
　　　　　Byron E. Rippke，兽医生物制品中心政策、评审与执照管理部门负责人

　　　　　/s/Rebecca L. W. Hyde　　　　　日期：2015 年 1 月 9 日
　　　　　Rebecca L. W. Hyde，兽医生物制品中心质量管理部门负责人

美国农业部动植物卫生监督署

P. O. Box 844

Ames，IA 50010

目　录

1. 引言

本补充检验方法（SAM）描述了测定犬瘟热病毒（CDV）改良活疫苗中病毒含量的体外检验方法。本检测方法适用于基础种毒（MSV）不出现细胞病变的 CDV 疫苗。用原代犬肾细胞（DKp）培养后，使用直接荧光抗体（FA）或间接荧光抗体（IFA）染色法进行检测。

2. 材料

2.1 设备/仪器

下列任何品牌的设备或仪器均可由具有相同功能的设备或仪器所替代。

2.1.1 （36±2）℃、（5±1）％ CO_2、高湿度培养箱（型号 3336，Forma Scientific 有限公司）；

2.1.2 （36±2）℃需氧培养箱（型号 2，Precision Scientific 有限公司）；

2.1.3 （36±2）℃水浴锅；

2.1.4 紫外（UV）光显微镜（型号 BH2，奥林巴斯美国有限公司）；

2.1.5 涡旋混合器（Vortex-2 Genie，型号 G-560，Scientific Industries 有限公司）；

2.1.6 显微镜载玻片染色架（玻璃染色皿）；

2.1.7 自动充满可重复注射的 2mL 注射器；

2.1.8 移液管助吸器；

2.1.9 带吸头的移液器和/或自动微量移液器和吸头。

2.2 试剂/耗材

下列任何品牌的试剂或材料均可由具有相同功能的试剂或材料所替代。所有试剂和材料均必须无菌。

2.2.1 CDV 阳性对照品，Rockborn 株。

2.2.2 无 CDV 抗体的单特异性抗血清，用来中和联苗中的非 CDV 组分，如犬腺病毒（CAV）、犬副流感病毒（CPI）、犬细小病毒（CPV）等。

2.2.3 DKp 细胞培养，按照联邦法规第 9 卷（9CFR）检测无外源病原污染〔从兽医生物制品中心（CVB）获得〕。

2.2.4 FA：为异硫氰酸荧光素（FITC）标记的抗 CDV 复合物；IFA：为 CDV 抗血清与 FITC 标记的抗犬 IgG 复合物。

2.2.5 最低基础培养基（MEM）

1）9.61g 含有 Earles 盐（无碳酸氢盐）的 MEM；

2）1.1g 碳酸氢钠；

3）用 900mL 去离子水（DI）溶解；

4）在 10mL DI 中加入 5.0g 水解乳清蛋白或乙二胺，（60±2）℃加热直至溶解，不断搅拌的同时将其加入步骤 3 项溶液中；

5）用 DI 定容至 1 000mL，用 2mol/L 盐酸（HCl）调节 pH 至 6.8～6.9；

6）用 0.22μm 滤器滤过除菌；

7）无菌添加 50g/mL 硫酸庆大霉素；

8）在 2～7℃保存。

2.2.6 生长培养基

1）900mL MEM。

2）无菌添加：

a.100mL 伽马射线灭活的胎牛血清（FBS）

b.10mL L-谷氨酰胺（200mmol/L）

3）在 2～7℃保存。

2.2.7 Dulbecco's 磷酸缓冲盐水（DPBS）（NCAH 培养基♯30040）

1）8.0g 氯化钠（NaCl）；

2）0.2g 氯化钾（KCl）；

3）0.2g 磷酸二氢钾（KH_2PO_4）；

4）0.1g 六水合氯化镁（$MgCl_2 \cdot 6H_2O$）；

5）将步骤 1～4 项的 4 种试剂依次放入 900mL 去离子水中溶解；

6）在 10mL DI 中加入 1.03g 无水磷酸氢二钠（Na_2HPO_4），（60±2）℃加热直至完全溶解，然后加入步骤 5 项中混匀；

7）在 10mL DI 中加入 0.1g 氯化钙（$CaCl_2$），溶解后缓慢加入步骤 6 项中混匀；

8）加 DI 至 1 000mL，用 2mol/L HCl 调节 pH 至 7.0～7.3；

9）用 0.22μm 滤器滤过除菌；

10）在 2～7℃保存。

2.2.8 载玻片，8 个孔室（Lab-Tek ® 载玻片）。

2.2.9 （12×75）mm 聚苯乙烯管。

2.2.10 丙酮，100％。

2.2.11 移液管。

2.2.12 一次性移液管，3.5mL。

2.2.13 针头，18 号×1.5 英寸。

2.2.14 1mL 注射器（结核菌素用）。

3. 检验准备

3.1 人员资质/培训

操作人员必须具有细胞培养、动物病毒繁殖与维持和 FA 测定病毒感染量的经验。

3.2 设备/仪器的准备

3.2.1 接种当天，将水浴锅设置为（36±2）℃。

3.2.2 在 FA 检验当天，准备一个放在有氧培养箱中的湿盒，在其底部的平盘里加满 DI。

3.3 试剂/对照品的准备

3.3.1 Lab-Tek ® 玻片的准备

接种前 2d，按照对照 25 个室、每个待检疫苗 20 个室准备足够数量的 Lab-Tek ® 玻片。使用 2mL 自动填充可重复注射的注射器，在 Lab-Tek ® 玻片各孔室中加入生长培养基，0.4mL/室，置（37±2）℃孵育（48±8）h。

3.3.2 Dkp 玻片的准备

选择健康、致密单层的第 2～3 代 Dkp 细胞。开始检验的当天，倒出玻片上的生长培养基，在 Lab-Tek ® 玻片上所有孔室中加入约 $10^{4.9} \sim 10^{5.2}$ 个细胞/mL 的细胞悬液，0.4mL/室。置（37±2）℃ CO_2 培养箱中培养 4h。

3.3.3 CDV 阳性对照品的准备

1）接种当天，取 1 支 CDV 阳性对照品放入（36±2）℃水浴中迅速解冻。

2）准备（12×75）mm 聚苯乙烯管，每管加入 1.8mL MEM，管子的数量必须满足按照 CVB 试剂资料清单或标签上给出的预计的终点（如准备 5 个管，分别标记为 $10^{-5} \sim 10^{-1}$）。

3）用 200μL 微量移液器吸取 200μL CDV 阳性对照品加入标记未 10^{-1} 的管中，涡旋混匀。

4）换一个新的吸头，从标记 10^{-1} 的管中吸取 200μL（见步骤 3 项）加入标记为 10^{-2} 的管中，涡旋混匀。

5）重复步骤 4 项，继续稀释剩余的管子，从前一个稀释度吸取 200μL 加入下一个稀释度。

3.3.4 抗血清工作液和/或 FA 复合物溶液的准备

对于 FA 染色，稀释抗 CDV 复合物；对于 IFA 染色，稀释抗犬的 CDV 抗血清复合物。按照生产商推荐的浓度用 DPBS 稀释试剂。

3.4 样品的准备

3.4.1 待检疫苗首次检验需用单独 1 瓶疫苗（从 1 瓶疫苗中取一个单一的样本）。接种当天，准备 1.0mL 无菌注射器和 18 号×1.5 英寸的针头，吸取稀释液对冻干疫苗进行复溶（1mL 装量的疫苗用 1mL 稀释液复溶；0.5mL 装量的疫苗用 0.5mL 稀释液复溶，以此类推），涡旋混匀。室温

孵育（15±5）min。

3.4.2 对于含多种组分的 CDV 联苗，应先用除 CDV 外的每种病毒组分的特异性抗血清中和相应的病毒成分。

1）按 CVB 试剂资料清单或生产商的使用说明书稀释除 CDV 外的每种中和抗血清。

2）取试验所需的每种中和抗血清各 200μL，加入（12×75）mm 聚苯乙烯管中，标记为 10^{-1}，并加入 MEM 至终体积为 1.8mL。例如，中和 CDV/CAV/CPI/CPV 四联苗中除 CDV 外的其他 3 种病毒组分，各吸取稀释后的 CAV、CPI、CPV 抗血清 200μL，加入标记为 10^{-1} 的管中，再加入 1.2mL MEM 使终体积为 1.8mL。

3）用移液器吸取 200μL 复溶的待检疫苗，加入标记为 10^{-1} 的管中，涡旋混匀。

4）室温孵育（30±5）min。

3.4.3 对于只含有 CDV 的待检疫苗，直接取 200μL 待检疫苗加入（12×75）mm 聚苯乙烯管中，再加入 1.8mL MEM 进行 10^{-1} 稀释，在管上标记 10^{-1}，涡旋混匀。

3.4.4 疫苗 10 倍系列稀释

1）取 3 个（12×75）mm 聚苯乙烯管，每管加入 1.8mL MEM，管子分别标记为 10^{-2} 至 10^{-4}（如果待检疫苗中 CDV 的终点高于 10^{-4}，则需准备更多的管）。

2）用一个新移液器吸头从标记为 10^{-1} 的管中吸取 200μL 加入下一个稀释度管中，涡旋混匀。

3）重复步骤 2 项，从前一个稀释度吸取 200μL 加入下一个稀释度管，直至完成所有 10 倍系列稀释。

4. 检验

4.1 标记 DKp 玻片，接种每个稀释度的待检疫苗，5 孔/稀释度，100μL/孔。按照同样的方法接种每个稀释度的 CDV 阳性对照品，5 孔/稀释度（见步骤 3.3.3 项中的 10^{-5} 至 10^{-2} 稀释液）。取不同的样品（即每种待检疫苗和 CDV 阳性对照品）时，要更换吸头，但是如果对同一系列稀释的样品，是从最高稀释度至最高浓度取样（如从 10^{-5} 至 10^{-2}），则不需要更换吸头。

4.2 取 5 个孔不接种作为阴性细胞对照。

4.3 置（36±2）℃ CO_2 培养箱培养（5±1）d。

4.4 孵育后，将 DKp 玻片上的培养基倒入耐高压的废液容器中。轻敲板子，将塑料壳从板子上

卸下来，保留玻片上粘着的橡胶垫圈。

4.5　将玻片放在架子上，浸入一个装满 DPBS 的玻璃染色皿中内，室温作用（15±5）min。

4.6　将架子浸入一个装满 100％ 丙酮的染色皿中，室温作用（15±5）min。取出风干。

4.7　FA 染色：在 DKp 玻片的每个孔室中加入（75±25）μL 抗 CDV 复合物工作液。IFA 染色：在 DKp 玻片的每个孔中加入（75±25）μL CDV 抗血清工作液。置（36±2）℃高湿有氧培养箱中孵育（30±5）min。

4.8　将 DKp 玻片从培养箱中取出，倾倒液体并按步骤 4.5 项洗涤。

4.9　IFA 染色：在 DKp 玻片的每个孔室中加入（75±25）μL 抗犬复合物工作液。置（36±2）℃高湿有氧培养箱中孵育（30±5）min。按步骤 4.5 项洗涤。

4.10　将玻片及架子快速浸入盛满 DI 的染色皿中并立即取出，风干。

4.11　用紫外显微镜在 100× 或 200× 处放大观察，检查细胞胞浆中呈现的典型特异性苹果绿荧光。

4.11.1　孔室中如果有 1 个或多个细胞呈现特异性荧光，则判 CDV 病毒为阳性。

4.11.2　记录每个稀释度待检疫苗和 CDV 阳性对照品接种的孔中出现阳性孔的数量与接种总孔室数量的比。

用 Finney 修正的 Spearman-Kärber 法计算待检疫苗和阳性对照品的 CDV 终点。病毒滴度用 $\log_{10}$ 半数荧光抗体感染量（$FAID_{50}$）表示。

例如：

10^{-1} 稀释的待检疫苗＝5/5 室 FA 阳性

10^{-2} 稀释的待检疫苗＝4/5 室 FA 阳性

10^{-3} 稀释的待检疫苗＝2/5 室 FA 阳性

10^{-4} 稀释的待检疫苗＝0/5 室 FA 阳性

Spearman-Kärber 公式：

$$待检疫苗滴度＝X-d/2+d×S$$

式中，$X＝\log_{10}$（所有孔室为 FA 阳性的最高稀释倍数）（1）；

$d＝\log_{10}$ 稀释系数（1）；

$S＝$ 所有 FA 阳性室与稀释度检验室的比例之和：

$5/5＋4/5＋2/5＋0/5＝11/5＝2.2$

待检疫苗滴度＝（1－1/2）＋（1×2.2）

＝2.7

按照以下方法调整滴度至待检疫苗推荐的剂量：

A. 将待检疫苗剂量除以接种剂量，其中：

待检疫苗剂量＝说明书推荐的免疫剂量（对于本待检 CDV 疫苗，推荐剂量为 1mL）

接种剂量＝加入 Lab-Tak 玻片每一个孔室的稀释待检疫苗的剂量（对于本待检 CDV 疫苗，接种剂量为 0.1mL）

1mL 疫苗剂量/0.1mL 接种剂量＝10

B. 计算 $\log_{10}A$ 的值，并将所得的结果与待检疫苗滴度相加，如下所示：

$\log_{10}10＝1.0$

待检疫苗滴度＝2.7＋1.0＝3.7

因此，本 CDV 待检疫苗的滴度为 $10^{3.7}$ $FAID_{50}$/mL。

5. 检验结果说明

5.1　CDV 阳性对照品的滴度必须在预先测定 10 次的平均滴度±2 个标准差之间。

5.2　CDV 阳性对照品的最低接种稀释度必须为 100％（5/5）FA/IFA 阳性反应。如果未能检测到终点（最高稀释度的 1 个或 1 个以上腔为 FA/IFA 阳性），则滴度表示为"大于或等于"所计算的滴度。如果终点对检测非常重要，那么最高稀释度（最稀的溶液）必须显示为无 FA/IFA 阳性反应（0/5）。

5.3　不接种的细胞对照必须无细胞病变（CPE）、CDV 特异性荧光或培养基呈云雾状（即污染）。

5.4　如果检验不能满足有效性的要求，则判检验为未检验，可进行无差别的重检。

5.5　如果检验能够满足有效性的要求，且待检疫苗的滴度大于或等于动植物卫生监督署备案生产大纲规定的产品滴度，则判待检疫苗为符合规定。

5.6　如果检验能够满足有效性的要求，但是待检疫苗的滴度低于最低标准要求，则可按照 9CFR113.8 部分对待检疫苗进行重检。

6. 检验结果报告

检验结果报告待检疫苗的 $FAID_{50}$/头份。

7. 参考文献

Title 9，Code of Federal Regulations，part 113.71 [M]. Washington，DC：Government Printing Office.

Cottral G E，1978. Manual of Standardized Methods for Veterinary Microbiology ［M］. Ithaca and London：Comstock Publishing Associates：731.

Finney D J，1978. Statistical Method in Biological Assay ［M］. 3rd ed. London：Charles Griffin and Company.

8. 修订概述

第 07 版

• 更新联系人信息，但是，病毒学实验室决定保留原信息至下次文件审查之日。

第 06 版

• 删除文件中"由兽医生物制品中心（CVB）供应"的表述，因为 CVB 已不再供应这些试剂。

第 05 版

• 更新联系人信息。

• CVB 已不再供应 CDV 阳性对照品 Rockborn 株，因此删除文件中所有相关内容。

第 04 版

• 文件中所有的术语"参考品"均变更为"阳性对照品"。

第 03 版

本修订版资料主要用于阐述兽医生物制品中心现行的实际操作方法，并提供了额外的细节信息。虽然不对检验结果产生重大影响，但是对文件进行了以下修改：

• 2.2.5.2　碳酸氢钠（$NaHCO_3$）的用量由 2.2g 变更为 1.1g。

• 2.2.5.7　删除青霉素和链霉素。

• 4.11.2　增加额外的步骤，明确采用 spearman-kärber 法计算病毒滴度。

• 5.1.2　有效性要求需要记录 FA 阳性反应比率。

• 文件中所有"参考品和试剂清单"均变更为"试剂资料清单"。

• 冰箱温度由（4±2）℃变更为 2～7℃。这反映了 Rees 系统建立和监测的参数。

• 文件中所有"待检批次"变更为"待检疫苗"。

• 删除有关参考文献的脚注，现直接标注在个别项旁边。

（李　宁译，张一帜校）

美国农业部兽医生物制品中心
检验方法

SAM 303　用鸡胚测定犬瘟热病毒滴度的补充检验方法

日　　期：2014 年 10 月 30 日

编　　号：SAM 303. 05

替　　代：SAM 303. 04，2011 年 6 月 30 日

标准要求：9CFR 113. 302 和 113. 306 部分

联 系 人：Alethea Fry（515）337-7200

　　　　　Sandra K. Conrad

　　　　　Peg A. Patterson

审　　批：/s/Geetha B. Srinivas，　　　　　日期：2015 年 1 月 6 日

　　　　　Geetha B. Srinivas，病毒学实验室负责人

　　　　　/s/Byron E. Rippke　　　　　　日期：2015 年 1 月 9 日

　　　　　Byron E. Rippke，兽医生物制品中心政策、评审与执照管理部门负责人

　　　　　/s/Rebecca L. W. Hyde　　　　　日期：2015 年 1 月 9 日

　　　　　Rebecca L. W. Hyde，兽医生物制品中心质量管理部门负责人

美国农业部动植物卫生监督署

P. O. Box 844

Ames，IA 50010

补充检验方法中提及的商标或专利产品不等同于该产品已获得了美国农业部的保证或担保，
且它的批准也不意味着其可用于排除在外的其他可能适用的产品

目　　录

1. 引言

本补充检验方法（SAM）描述了水貂犬瘟热病毒（MDV）疫苗和犬瘟热病毒（CDV）鸡胚适应毒阳性对照品中病毒含量的体内检测方法。本检测方法以鸡胚作为检验系统。犬瘟热病毒（DV）的滴定终点由在接种鸡胚绒毛尿囊膜（CAM）上形成的蚀斑数量来确定。

2. 材料

2.1　设备/仪器

下列任何品牌的设备或仪器均可由具有相同功能的设备或仪器所替代。

2.1.1　可加湿鸡胚孵化器，（36±2）℃（Midwest 孵化器，型号：252）；

2.1.2　Ⅱ级生物安全柜；

2.1.3　（36±2）℃水浴锅；

2.1.4　涡旋混合器（Vortex-2 Genie，型号G-560，Scientific Industries 有限公司）；

2.1.5　Quebec 暗视野菌落计数器（型号3330，Reichert Scientific Instruments）；

2.1.6　2mL 注射器；

2.1.7　200μL 微量移液器和吸头。

2.2　试剂/耗材

下列任何品牌的试剂或材料均可由具有相同功能的试剂或材料所替代。所有试剂和材料均必须无菌。

2.2.1　CDV 阳性对照品，CDV Lederle 株。

2.2.2　符合 9CFR 要求的 7 日龄 SPF 鸡胚。

2.2.3　稀释液

1）营养肉汤培养基，8.0g；

2）去离子水（DI），1 000mL；

3）混合至溶解；

4）（15±1）psi，（121±5）℃灭菌（30±5）min；

5）在 2～7℃保存。

2.2.4　70%酒精溶液

1）95%酒精，718mL；

2）DI，282mL。

2.2.5　2%碘酒溶液

1）碘，2.0g；

2）70%酒精溶液，100mL。

2.2.6　照蛋器。

2.2.7　电动打孔器。

2.2.8　针头，22 号×1 英寸和 20 号×1英寸。

2.2.9　1mL 注射器。

2.2.10　（12×75）mm 聚苯乙烯管。

2.2.11　无菌刻度量筒，25mL、50mL、100mL 和 250mL。

2.2.12　橡胶吸球。

2.2.13　钝头且弯曲的镊子。

2.2.14　Petri 培养皿，（100×15）mm。

2.2.15　移液管助吸器。

2.2.16　封口胶（Duco®）。

3. 检验准备

3.1　人员资质/培训

操作人员必须接受过动物病毒培养和用鸡胚测定病毒感染量的培训。

3.2　设备/仪器的准备

接种当天，将水浴锅设置为（36±2）℃。

3.3　试剂/对照品的准备

3.3.1　鸡胚的准备

1）在接种当天，用照蛋器检查每个鸡胚的存活情况，胚胎的生长情况及蛋壳的完整性。剔除不符合要求的鸡胚。为待检疫苗、CDV 阳性对照品、稀释液对照和不接种对照挑选足够数量的鸡胚。

2）待检疫苗与 CDV 阳性对照品的每个稀释度各准备鸡胚 5 枚。另外稀释液对照和不接种对照也各准备鸡胚 5 枚。稀释液对照鸡胚仅接种稀释液。不接种对照不进行接种（CAM 不会被滴加液体）。将标记好的鸡胚放在双层纸质蛋盘上孵化。

3）手持鸡胚，使其大头朝上置于照蛋器下，缓慢转动鸡胚，确定胚胎的位置（如果胚胎的位置很难确定，可以轻轻的振动，以确定位置）。在胚胎的对侧气室边缘处用铅笔画线。首先将此线的上方气囊的中心位置标记为第一个打孔处，之后将气室边缘与鸡胚的小头之间距离约一半且没有大血管的位置标记为第二个打孔处。

4）用 2%碘酒擦拭 2 处钻孔位置，风干。

5）在第一个打孔的位置（气室端），用打孔器慢慢地将蛋壳及内部的壳膜打破。

6）将鸡蛋水平放在蛋盘上，在第二个打孔位置上打一小孔，注意不要把壳膜打破。

7）使用照蛋器照蛋，在气室的第一个打孔的气室处使用橡胶吸球慢慢的吸气，这样就使第二个打孔位置附近蛋壳下的绒毛尿囊膜与蛋壳分离，为绒毛尿囊膜的接种创建一个人工气室。

8）创建气室之后，将鸡胚水平放在蛋盘上，置（37±2）℃孵化器内接种（2±2）h。

3.3.2　稀释液对照的准备

在聚苯乙烯管内加入 2mL 稀释液。

3.3.3　CDV 阳性对照品的准备

1）在开始检验当天，将 1 瓶 CDV 阳性对照品在水浴中迅速融化。

2）根据 CVB 试剂资料清单上预期的滴定终点，在试管架上放入足够的聚苯乙烯管［(12×75) mm］，每管加入 1.8mL 稀释液并进行适当标记（如有 5 个管，依次分别标记为 $10^{-5} \sim 10^{-1}$）。

3）用微量移液器吸取 200μL CDV 阳性对照品加入标记为 10^{-1} 的管中，涡旋混匀。

4）用一个新吸头，从标记为 10^{-1} 管内吸取 200μL 液体加入 10^{-2} 管中，涡旋混匀。

5）重复步骤 4 项，从前一个稀释度管中吸取 200μL 液体加入下一个稀释度的管中，直至 10 倍系列稀释结束。

3.4　待检疫苗的准备

3.4.1　待检疫苗首次检验需用单独 1 瓶疫苗（从 1 瓶疫苗中取一个单一的样本）。在检验接种当天：

1）对单剂量的待检疫苗，用无菌 1.0mL 注射器和 20 号×1 英寸针头，1mL 剂量的冻干待检疫苗用 1mL 稀释液复溶；0.5mL 剂量的冻干待检疫苗用 0.5mL 稀释液复溶；以此类推。涡漩混匀。

2）对多剂量的待检疫苗，打开待检疫苗的封盖和塞子，加入配套稀释液。按照生产商的使用说明，用无菌刻度量筒量取稀释液（如 250 头份/瓶，1mL/头份的疫苗取 250mL 稀释液）。在无菌条件下将量取的稀释液倒入冻干的待检疫苗瓶进行疫苗的复溶。涡漩混匀。

3.4.2　室温孵育（15±5）min。

3.4.3　按照步骤 3.3.3 项 2～5 条中描述的 CDV 阳性对照品稀释方法，对单剂量复溶待检疫苗进行 10 倍系列稀释，稀释数量应覆盖动植物卫生监督署（APHIS）备案的生产大纲或特殊纲要中规定的预期滴定终点。

4. 检验

4.1　由最高稀释度的待检疫苗开始，用涡旋混合器混合后，用 1mL 注射器和 22 号×1 英寸针头吸取 0.5mL 的液体。手持注射器以 45°角将针头插入凹陷的 CAM 上方，滴 100μL 待检疫苗稀释液，每个稀释度接种 5 枚鸡胚。在将稀释液滴到 CAM 上时，注意不要让针头损伤 CAM。

4.2　涡旋混匀后，可用同一个注射器吸取相同体积的低一级稀释度的待检疫苗 CAM 接种另 5 枚鸡胚。

4.3　按照步骤 4.1 项接种剩余稀释度的待检疫苗。如果接种从最高稀释度至最高浓度（如从 $10^{-3} \sim 10^{-1}$），则一个系列稀释液不同稀释度之间可使用同一注射器。

4.4　按照同样的方式接种 CDV 阳性对照品，5 枚鸡胚/稀释度。

4.5　稀释液对照接种 5 枚鸡胚，每枚鸡胚接种 100μL 稀释液。为避免交叉污染，建议首先接种稀释液对照。

4.6　将所有鸡胚的接种位置和吸气口用封口胶（Duco ®）封口，风干（5±2）min。

4.7　将接种鸡胚和稀释液对照鸡胚水平放置在纸质蛋盘上，（36±2）℃孵化 6d。

4.8　每日照胚。一般认为接种后 24h 内死亡的鸡胚属非特异性死亡，应丢弃。

4.9　CAM 的收获与观察。

4.9.1　使用弯头的镊子打开接种位置对侧的蛋壳。取出胚胎、卵黄囊、羊水，留下附着在蛋壳上的 CAM。

4.9.2　使用钝头的镊子分离 CAM。将同一稀释度的所有 5 个 CAM 放在同一个 Petri 培养皿上。稀释液对照组的 CAM 放在另一个 Petri 培养皿上。

4.9.3　在暗视野菌落计数器上查找 CAM 上直径为 1～4mm 白色至灰白色的典型 DV 斑块。

1）CAM 上有 1 个或多个 DV 斑块，则判为 DV 阳性。

2）记录待检疫苗和 CDV 阳性对照品每个稀释度出现阳性斑块的 CAM 数量与该稀释度总的 CAM 数量。

4.9.4　用 Finney 改良 Spearman-Kärber 法计算待检疫苗和 CDV 阳性对照品的 DV 终点。滴度用 $\log_{10}$ 半数鸡胚感染量（$CEID_{50}$）表示。

例如：

10^{-1} 稀释的待检疫苗＝5/5CAM 阳性斑块

10^{-2} 稀释的待检疫苗＝3/4CAM 阳性斑块

10^{-3} 稀释的待检疫苗＝1/5CAM 阳性斑块

10^{-4} 稀释的待检疫苗＝0/5CAM 阳性斑块

待检疫苗滴度＝$X - d/2 + d \times S$

式中，$X = \log_{10}$ 所有鸡胚出现阳性斑块的稀释度的倒数（1）；

$d = \log_{10}$ 稀释系数（1）；

$S =$ 所有出现 CAM 阳性斑块的鸡胚与

稀释度检验鸡胚的比例之和：

$$5/5＋3/4＋1/5＋0/5＝20＋15＋4/20＝39/20＝1.95$$

待检疫苗滴度＝（1－1/2）＋（1×1.95）＝2.45

按照以下方法调整待检疫苗剂量至推荐的滴度：

A. 将待检疫苗剂量除以接种剂量

待检疫苗剂量＝生产商推荐的疫苗剂量（在本试验中 MDV 疫苗的推荐使用剂量为 1mL）

接种剂量＝每枚鸡胚 CAM 接种待检疫苗稀释液的量（在本试验中，MDV 疫苗的接种剂量为 0.1mL）

$$1mL 剂量/0.1mL＝10$$

B. 计算 $\log_{10}A$ 的值，并将所得的结果与待检疫苗滴度相加，如下所示：

$$Log_{10}10＝1$$

MDV 待检疫苗滴度＝2.45＋1＝3.45

因此，本 MDV 待检疫苗的滴度为 $10^{3.45}$ $CEID_{50}/mL$。

5. 检验结果说明

5.1　有效检验标准

5.1.1　CDV 阳性对照品的滴度必须在预先测定 10 次的平均滴度±2 个标准差之间。

5.1.2　CDV 阳性对照品的最低接种稀释度必须为 100%（5/5）引起 CAM 斑块。如果未能检测到终点（最高稀释度的 1 个或 1 个以上 CAM 出现斑块），则滴度表示为"大于或等于"所计算的滴度。如果终点对检测非常重要，那么最高稀释度（最稀的溶液）必须无 CAM 斑块出现（0/5）。

5.1.3　稀释液对照和不接种对照必须不出现上述典型 DV 斑块。

5.1.4　在整个培养的 6d 时间里，接种的 5 枚鸡胚应至少有 4 枚存活。

5.2　如果不能满足有效性的要求，则判检验为未检验，可进行无差别的重检。

5.3　如果能够满足有效性的要求，且待检疫苗的滴度大于或等于动植物卫生监督署备案生产大纲规定的产品滴度，则判待检疫苗为符合规定。

5.4　如果检验能够满足有效性的要求，但是待检疫苗的滴度低于最低标准要求，则可按照 9CFR 113.8.b 部分对待检疫苗进行重检。

6. 检验结果报告

检验结果报告待检疫苗的 $CEID_{50}/$头份。

7. 参考文献

Title 9，Code of Federal Regulations，part 113.306［M］. Washington，DC：Government Printing Office.

Cottral G E，1978. Manual of standardized methods for veterinary microbiology［M］. Ithaca and London：Comstock Publishing Associates：731.

Finney D J，1978. Statistical method in biological assay［M］. 3rd ed. London：Charles Griffin and Company.

8. 修订概述

第 05 版

•更新联系人信息，但是，病毒学实验室决定保留原信息至下次文件审查之日。

第 04 版

•更新联系人信息。

第 03 版

•文件中所有的术语"参考品"均变更为"阳性对照品"。

第 02 版

本修订版资料主要用于阐述兽医生物制品中心现行的实际操作方法，并提供了额外的细节信息。虽然不对检验结果产生重大影响，但是对文件进行了以下修改：

•重写了"引言"中的内容，使更加明确。

•4.9.4　增加其他步骤明确用 Spearman-Kärber 公式计算滴度。

•冰箱温度由（4±2）℃变更为 2～7℃。这反映了 Rees 系统建立和监测的参数。

•文件中所有的"待检批次"均变更为"待检疫苗"。

•文件中所有的"参考品和试剂清单"均变更为"试剂资料清单"。

•删除有关参考文献的脚注，现直接标注在个别项旁边。

（舒秀伟译，张一帜校）

美国农业部兽医生物制品中心
检验方法

SAM 304　用原代犬肾细胞测定犬传染性
肝炎病毒滴度的补充检验方法

日　　期：2014 年 10 月 30 日

编　　号：SAM 304. 05

替　　代：SAM 302. 04，2011 年 6 月 30 日

标准要求：9CFR 113. 305 部分

联 系 人：Alethea M. Fry，(515) 337-7200
　　　　　Peg A. Patterson

审　　批：/s/Geetha B. Srinivas，　　　　日期：2015 年 1 月 5 日
　　　　　Geetha B. Srinivas，病毒学实验室负责人

　　　　　/s/Byron E. Rippke　　　　　　日期：2015 年 1 月 9 日
　　　　　Byron E. Rippke，兽医生物制品中心政策、评审与执照管理部门负责人

　　　　　/s/Rebecca L. W. Hyde　　　　日期：2015 年 1 月 9 日
　　　　　Rebecca L. W. Hyde，兽医生物制品中心质量管理部门负责人

美国农业部动植物卫生监督署

P. O. Box 844

Ames，IA 50010

补充检验方法中提及的商标或专利产品不等同于该产品已获得了美国农业部的保证或担保，
且它的批准也不意味着其可用于排除在外的其他可能适用的产品

目　录

1. 引言

本补充检验方法（SAM）描述了测定犬传染性肝炎病毒（ICH）或犬腺病毒（CAV）1型改良活疫苗中病毒含量的体外检验方法。通过原代犬肾细胞（DKp）培养物出现细胞病变（CPE）测定ICH的终点。

2. 材料

2.1 设备/仪器

下列任何品牌的设备或仪器均可由具有相同功能的设备或仪器所替代。

2.1.1 （36±2）℃、（5±1）% CO_2、高湿度培养箱（型号3336，Forma Scientific有限公司）；

2.1.2 （36±2）℃水浴锅；

2.1.3 倒置光学显微镜（型号CK，奥林巴斯美国有限公司）；

2.1.4 涡旋混合器（Vortex-2 Genie，型号G-560，Scientific Industries有限公司）；

2.1.5 自动充满可重复使用2mL注射器；

2.1.6 带吸头的微量移液器和/或电动微量移液器；

2.1.7 $300\mu L \times 12$道微量移液器；

2.1.8 移液管助吸器。

2.2 试剂/耗材

下列任何品牌的试剂或材料均可由具有相同功能的试剂或材料所替代。所有试剂和材料均必须无菌。

2.2.1 ICH阳性对照品，1型ICH病毒Mirandola株。

2.2.2 无ICH抗体的单特异性抗血清，用来中和联苗中的非ICH组分，如犬副流感病毒（CPI）、犬细小病毒（CPV）、犬瘟热病毒（CDV）等。

2.2.3 按照联邦法规第9卷（9CFR）检验无外源病原的原代犬肾（DKp）细胞。

2.2.4 最低基础培养基（MEM）

1）9.61g含有Earles盐（无碳酸氢盐）的MEM；

2）1.1g碳酸氢钠（$NaHCO_3$）；

3）用900mL去离子水（DI）溶解；

4）在10mL DI中加入5.0g水解乳清蛋白或乙二胺，（60±2）℃加热直至溶解，不断搅拌的同时将其加入步骤3项的溶液中；

5）用DI定容至1 000mL，用2mol/L盐酸（HCl）调节pH至6.8～6.9；

6）用$0.22\mu m$滤器滤过除菌；

7）无菌添加$50\mu g/mL$硫酸庆大霉素；

8）在2～7℃保存。

2.2.5 生长培养基

1）940mL MEM。

2）无菌添加。

a.50mL伽马射线灭活的胎牛血清（FBS）；

b.10mL L-谷氨酰胺（200mmol/L）。

3）在2～7℃保存。

2.2.6 Dulbecco's磷酸缓冲盐水（DPBS）

1）8.0g氯化钠（NaCl）；

2）0.2g氯化钾（KCl）；

3）0.2g无水磷酸二氢钾（KH_2PO_4）；

4）0.1g六水合氯化镁（$MgCl_2 \cdot 6H_2O$）；

5）将步骤1～4项的四种试剂依次放入900mL DI中溶解；

6）在10mL DI中加入1.03g无水磷酸氢二钠（Na_2HPO_4），（60±2）℃加热直至完全溶解，再加入步骤5项中混匀；

7）在10mL DI中加入0.1g无水氯化钙（$CaCl_2$），溶解后缓慢加入步骤6项中混匀；

8）加DI至1 000mL，用2mol/L HCl调节pH至7.0～7.3；

9）用$0.22\mu m$滤器滤过除菌；

10）在2～7℃保存。

2.2.7 96孔细胞培养板。

2.2.8 （12×75）mm聚苯乙烯管。

2.2.9 10mL移液管。

2.2.10 丙酮，100%。

2.2.11 1mL结核菌素用注射器。

2.2.12 针头，18号×1.5英寸。

3. 检验准备

3.1 人员资质/培训

操作人员应具有细胞培养与维持、动物病毒繁殖与维护和通过CPE测定病毒感染量的经验。

3.2 设备/仪器的准备

在开始检验当天，将水浴锅设置为（36±2）℃。

3.3 试剂/对照品的准备

3.3.1 Dkp细胞培养板的准备（检验板）

选择第2代或第3代健康、致密单层的Dkp细胞。开始检验当天，用12道微量移液器在96孔细胞培养板所有孔中加入用生长培养基悬浮的$10^{4.7}$～$10^{5.2}$/mL的细胞悬液，200μL/孔。分别准备1块对照检验板和1个待检疫苗检验板。每增加一个细胞板可增加检验3个待检疫苗，（36±2）℃

CO_2 培养箱培养 4h。

3.3.2　ICH 阳性对照品的准备

1）开始检验当天，取 1 支 ICH 阳性对照品放入（36 ± 2）℃水浴中迅速解冻。

2）根据 CVB 试剂资料清单和标签的要求准备若干（12×75）mm 聚苯乙烯管，每管加入 1.8mL MEM，管子数量应包括预期的终点（如准备 8 管，分别标记为 $10^{-8}\sim10^{-1}$）。

3）用 $200\mu L$ 微量移液器吸取 $200\mu L$ ICH 阳性对照品加入标记 10^{-1} 的管中，涡旋混匀。

4）换一个新吸头，从标记 10^{-1} 的管中（见步骤 3 项）吸取 $200\mu L$ 加入标记 10^{-2} 的管中，涡旋混匀。

5）重复步骤 4 项，从前一个稀释度吸取 $200\mu L$ 加入下一个稀释度的管中，直至完成 10 倍系列稀释。

3.3.3　根据 CVB 试剂资料清单或生产商说明书上的要求稀释每种非 ICH 抗血清。

3.4　待检疫苗的准备

3.4.1　待检疫苗首次检验需用单独 1 瓶疫苗（从 1 瓶疫苗中取一个单一的样本）。接种当天，准备 1.0mL 的无菌注射器和 18 号×1.5 英寸的针头。吸取稀释液对冻干疫苗进行复溶（1mL 装量的疫苗用 1mL 稀释液复溶；0.5mL 装量的疫苗用 0.5mL 稀释液复溶，以此类推），涡旋混匀。室温孵育（15 ± 5）min。

3.4.2　对于含多种组分的 ICH 联苗，应先用除 ICH 外的每种病毒组分的特异性抗血清中和相应的病毒成分。

1）取试验所需的每种中和抗血清各 $200\mu L$，加入（12×75）mm 聚苯乙烯管中，标记为 10^{-1}，并加入 MEM 至终体积为 1.8mL。例如，中和 CDV/ICH/CPI/CPV 四联活疫苗中除 ICH 外的其他 3 种病毒组分，各吸取稀释后的 CDV、CPI、CPV 抗血清 $200\mu L$，加入标记为 10^{-1} 的管中，再加入 1.2mL MEM 使终体积为 1.8mL。

2）用移液器吸取 $200\mu L$ 复溶的待检疫苗，加入标记为 10^{-1} 的管中，涡旋混匀。

3）室温孵育（30 ± 5）min。

3.4.3　对于只含有 ICH 的待检疫苗，直接取 $200\mu L$ 待检疫苗加入（12×75）mm 聚苯乙烯管中，再加入 1.8mL MEM 进行 10^{-1} 稀释，在管上标记 10^{-1}，涡旋混匀。

3.4.4　10 倍系列稀释

1）取足够数量的（12×75）mm 聚苯乙烯管，保证稀释度能够包含 CVB 试剂资料清单上的预期终点，每管加入 1.8mL MEM，进行适当的标记（如 8 个管分别标记为 $10^{-8}\sim10^{-1}$）。

2）用新吸头从标记为 10^{-1} 的管中吸取 $200\mu L$ 加入 10^{-2} 的管中，涡旋混匀。

3）重复步骤 2 项，从前一个稀释度吸取 $200\mu L$ 加入下一个稀释度管中，直至完成所有 10 倍系列稀释。

4.　检验

4.1　开始检验当天，标记检验板并接种待检疫苗，每个稀释度接种 8 个孔，$25\mu L$/孔，从最高稀释度（最稀的溶液）开始。按照同样的方法接种 ICH 阳性对照品，每个稀释度接种 8 个孔［按照步骤 3.3.2（2）项举例，$10^{-8}\sim10^{-5}$ 接种］。不同的样品（即每种待检疫苗和 ICH 病毒阳性对照品）间要更换吸头，但是如果对同一系列稀释的样品，是从最高稀释度至最高浓度取样（如 $10^{-8}\sim10^{-5}$），则不需要更换吸头。

4.2　取 8 个孔，不接种作为阴性细胞对照。

4.3　将接种的检验板置 CO_2 培养箱孵育（11 ± 1）d。

4.4　孵育后，用倒置光学显微镜 100× 或 200× 放大观察，检查以细胞圆缩和细胞破碎为特征的 CPE。

4.4.1　孔中如果出现 1 个或 1 个以上 CPE 病灶，则判 ICH 病毒为阳性。

4.4.2　记录每个稀释度待检疫苗和 ICH 阳性对照品接种孔出现阳性的孔数与接种总孔数的比。

4.5　用 Finney 修正的 Spearman-Kärber 法计算待检疫苗和阳性对照品 ICH 终点。病毒滴度用 $\log_{10}$ 半数组织培养感染量表示（$TCID_{50}$）。

例如：

10^{-2} 稀释的待检疫苗＝8/8 孔 CPE 阳性

10^{-3} 稀释的待检疫苗＝5/8 孔 CPE 阳性

10^{-4} 稀释的待检疫苗＝1/8 孔 CPE 阳性

10^{-5} 稀释的待检疫苗＝0/8 孔 CPE 阳性

Spearman-Kärber 公式

$$待检疫苗滴度＝X-d/2+d\times S$$

式中，$X＝\log_{10}$ 所有孔为 CPE 阳性的最高稀释倍数（2）；

$d＝\log_{10}$ 稀释系数（1）；

$S＝$ 所有 CPE 阳性孔与稀释度检验孔的比例之和；

$$8/8+5/8+1/8+0/8＝14/8＝1.75$$

待检疫苗滴度＝（2－1/2）＋（1×1.75）＝3.25

按照以下方法调整滴度至待检疫苗推荐的剂量：

A. 将待检疫苗剂量除以接种剂量，其中：

待检疫苗剂量＝说明书推荐的免疫剂量（对于本 ICH 待检疫苗，推荐剂量为 2mL）

接种剂量＝加入检验板每个孔稀释待检疫苗的剂量（对于本 ICH 疫苗，接种剂量为 0.025mL）

2mL 疫苗剂量/0.025mL 接种剂量＝80

B. 计算 $\log_{10}A$ 的值，并将所得的结果与待检疫苗滴度相加，如下所示：

$$\log_{10}80＝1.9$$

待检疫苗滴度＝3.25＋1.9＝5.15

因此，本 ICH 待检疫苗的滴度为 $10^{5.15}$ $TCID_{50}/2mL$。

5. 检验结果说明

5.1 有效检验

5.1.1 ICH 阳性对照品的滴度必须在预先测定 10 次的平均滴度±2 个标准差之间。

5.1.2 ICH 阳性对照品的最低接种稀释度必须 100％（8/8）出现 CPE。如果未能检测到终点（最高稀释度的 1 个或 1 个以上孔为 CPE 阳性），则滴度表示为"大于或等于"所计算的滴度。如果终点对检验非常重要，那么最高稀释度（最稀的溶液）必须显示为无阳性的 CPE 反应（0/8）。

5.1.3 不接种的细胞对照必须不出现任何 CPE、降解或培养基呈云雾状（即污染）。

5.2 如果检验不能满足有效性的要求，则判检验为未检验，可进行无差别的重检。

5.3 如果检验能够满足有效性的要求，且待检疫苗的滴度大于或等于动植物卫生监督署（APHIS）备案生产大纲规定的产品滴度，则判待检疫苗为符合规定。

5.4 如果检验能够满足有效性的要求，但是待检疫苗的滴度低于 APHIS 备案生产大纲规定的产品最低标准要求，则可按照 9CFR113.8.b 部分对待检疫苗进行重检。

6. 检验结果报告

检验结果报告待检疫苗的 $TCID_{50}$/头份。

7. 参考文献

Title 9，Code of Federal Regulations，part 113.305 ［M］．Washington，DC：Government Printing Office.

Cottral G E，1978. Manual of standardized methods for veterinary microbiology ［M］. Ithaca and London：Comstock Publishing Associates：731.

Finney D J，1978. Statistical method in biological assay ［M］. 3rd ed. London：Charles Griffin and Company.

8. 修订概述

第 05 版

• 更新联系人信息，但是病毒学实验室决定保留原信息至下次文件审查之日。

第 04 版

• 更新联系人信息。

第 03 版

• 文件中所有的术语"参考品"均变更为"阳性对照品"。

第 02 版

本修订版资料主要用于阐述兽医生物制品中心现行的实际操作方法，并提供了额外的细节信息。虽然不对检验结果产生重大影响，但是对文件进行了以下修改：

• 2.2.4.2 碳酸氢钠（$NaHCO_3$）的用量由 2.2g 变更为 1.1g。

• 2.2.4.7 删除青霉素和链霉素。

• 4.5 增加额外的步骤，明确采用 Spearman-Kärber 法计算病毒滴度。

• 5.1.2 有效性要求需要记录阳性反应比率。

• 冰箱温度由（4±2）℃变更为 2～7℃。这反映了 Rees 系统建立和监测的参数。

• 文件中所有"待检批次"均变更为"待检疫苗"。

• 文件中所有"参考品和试剂清单"均变更为"试剂资料清单"。

• 删除有关参考文献的脚注，现直接标注在个别项旁边。

（李　宁译，张一帜校）

美国农业部兽医生物制品中心
检验方法

SAM 305　用细胞测定猫泛白细胞减少症
病毒滴度的补充检验方法

日　　期：2014 年 10 月 30 日

编　　号：SAM 305. 05

替　　代：SAM 305. 04，2011 年 6 月 30 日

标准要求：9CFR 113. 304 部分

联 系 人：Alethea M. Fry，（515）337-7200
　　　　　Peg A. Patterson

审　　批：/s/Geetha B. Srinivas,　　　　　日期：2015 年 1 月 5 日
　　　　　Geetha B. Srinivas，病毒学实验室负责人

　　　　　/s/Byron E. Rippke　　　　　日期：2015 年 1 月 9 日
　　　　　Byron E. Rippke，兽医生物制品中心政策、评审与执照管理部门负责人

　　　　　/s/Rebecca L. W. Hyde　　　　　日期：2015 年 1 月 9 日
　　　　　Rebecca L. W. Hyde，兽医生物制品中心质量管理部门负责人

美国农业部动植物卫生监督署

P. O. Box 844

Ames，IA5 0010

补充检验方法中提及的商标或专利产品不等同于该产品已获得了美国农业部的保证或担保，
且它的批准也不意味着其可用于排除在外的其他可能适用的产品

目　　录

1. 引言

本补充检验方法（SAM）描述了测定猫泛白细胞减少症病毒（FPV）改良活疫苗中病毒含量的体外检验方法。本方法使用 Crandall 猫肾（CRFK）细胞系作为检验系统。通过间接免疫荧光抗体（IFA）方法对接种的细胞培养物染色，测定是否存在 FPV。

2. 材料

2.1　设备/仪器

下列任何品牌的设备或仪器均可由具有相同功能的设备或仪器所替代。

2.1.1　（36±2）℃、（5±1）％ CO₂、高湿度培养箱（型号 3336，Forma Scientific 有限公司）；

2.1.2　厌氧培养箱（型号 2，Precision Scientific 公司）；

2.1.3　水浴锅；

2.1.4　紫外（UV）显微镜（型号 BH2，奥林巴斯美国有限公司）；

2.1.5　涡旋混合器（Vortex-2 Genie，型号 G-560，Scientific Industries 有限公司）；

2.1.6　微量移液器和/或电动微量移液器和吸头；

2.1.7　载玻片，8 个孔室（Lab-Tek ® 载玻片）；

2.1.8　能够放置 Lab-Tek ® 载玻片的玻璃染色皿和支架。

2.2　试剂/耗材

下列任何品牌的试剂或材料均可由具有相同功能的试剂或材料所替代。所有试剂和材料均必须无菌。

2.2.1　FPV 阳性对照品，ICK 株。

2.2.2　按照联邦法规第 9 卷（9CFR）检验无外源病原的 CRFK 细胞。

2.2.3　FPV 抗血清。

2.2.4　最低基础培养基（MEM）

1）9.61g 含有 Earles 盐（无碳酸氢盐）的 MEM；

2）1.1g 碳酸氢钠（NaHCO₃）；

3）用去离子水（DI）定容至 1 000mL；用 2mol/L 盐酸（HCl）调节 pH 至 6.8～6.9；

4）用 0.22μm 滤器滤过除菌；

5）无菌添加 50μg/mL 硫酸庆大霉素；

6）在 2～7℃保存。

2.2.5　生长培养基

1）920mL MEM。

2）无菌添加

a. 70mL 伽马射线灭活的胎牛血清（FBS）；

b. 10mL L-谷氨酰胺（200mmol/L）。

2.2.6　Dulbecco's 磷酸缓冲盐水（DPBS）

1）8.0g 氯化钠（NaCl）；

2）0.2g 氯化钾（KCl）；

3）0.2g 无水磷酸二氢钾（KH₂PO₄）；

4）0.1g 六水合氯化镁（MgCl₂·6H₂O）；

5）将试剂放入 900mL DI 中溶解；

6）在 10mL DI 中加入 1.03g 无水磷酸氢二钠（Na₂HPO₄），（60±2）℃加热直至完全溶解，然后再加入步骤 5 项中混匀；

7）在 10mL DI 中加入 0.1g 无水氯化钙（CaCl₂），溶解后缓慢加入步骤 6 项中混匀；

8）加 DI 至 1 000mL，用 2mol/L HCl 调节 pH 至 7.0～7.3；

9）用 0.22μm 滤器滤过除菌；

10）在 2～7℃保存。

2.2.7　（12×75）mm 聚苯乙烯管。

2.2.8　异硫氰酸荧光素标记的抗相应动物种类 IgG（H&L）复合物（抗相应动物种类的复合物）。

2.2.9　丙酮，100％。

2.2.10　1mL 注射器和 20 号×1.5 英寸针头。

2.2.11　移液管助吸器。

2.2.12　一次性移液管，3.5mL。

3. 检验准备

3.1　人员资质/培训

操作人员应具有细胞培养与维持、动物病毒繁殖与维护和通过 IFA 测定病毒感染量的经验。

3.2　设备/仪器的准备

3.2.1　在开始滴定的当天，将一个水浴锅设置为（56±2）℃。

3.2.2　在开始滴定的当天，将一个水浴锅设置为（36±2）℃。

3.2.3　在 IFA 检验当天，准备一个放在有氧培养箱中的湿盒，在其底部的平盘里加满 DI。

3.3　试剂/对照品的准备

3.3.1　CRFK 玻片的准备

1）选择健康、致密单层的 CRFK 细胞，每 3～4d 传代一次。开始检验当天，用生长培养基将细胞稀释成（10⁴·⁹±10⁵·²）个细胞/mL，加入 Lab-Tek® 玻片所有孔室中，0.4mL/室。按照对照 25 个室、每个待检疫苗 20 个室准备足够数量的 Lab-Tek© 玻片。置（36±2）℃ CO_2 培养箱中培养 4h。此为 CRFK 玻片。

2）使用 4h 内接种的 CRFK 玻片。

3.3.2　FPV 阳性对照品的准备

1）接种当天，取 1 支 FPV 阳性对照品放入（36±2）℃ 水浴中迅速解冻。

2）取（12×75）mm 聚苯乙烯管，每管加入 MEM1.8mL，在管上分别标记 $10^{-7} \sim 10^{-1}$。

3）吸取 $200\mu L$ FPV 阳性对照品加入标记 10^{-1} 的管中，弃去吸头。涡旋混匀。

4）从标记 10^{-1} 的管中吸取 $200\mu L$（见步骤 3 项）加入标记 10^{-2} 的管中，弃去吸头。涡旋混匀。

5）重复步骤 4 项，从前一个稀释度吸取 $200\mu L$ 加入下一个稀释度的管中，直至完成 10 倍系列稀释。

3.3.3　FPV 和 CPV 抗血清工作液的准备

在 IFA 检验当天，根据各自要求用 DPBS 将 FPV 或 CPV 抗血清稀释到 IFA 工作浓度。

3.3.4　抗相应动物种类的复合物工作液的准备

在 IFA 检验当天，按照生产商说明书要求用 DPBS 将抗相应动物种类的复合物稀释到工作浓度。

3.4　待检样品的准备

3.4.1　待检疫苗首次检验需用单独 1 瓶疫苗（从 1 瓶疫苗中取一个单一的样本）。接种当天，准备 1.0mL 无菌注射器和 18 号×1.5 英寸的针头，吸取稀释液对待检的冻干疫苗进行复溶（1mL 装量的疫苗用 1mL 稀释液复溶；0.5mL 装量的疫苗用 0.5mL 稀释液复溶，以此类推），涡旋混匀。室温孵育（15±5）min。

3.4.2　对于单价 FPV 待检疫苗，直接取 $200\mu L$ 待检疫苗加入含有 1.8mL MEM 的（12×75）mm 聚苯乙烯管中，进行 10^{-1} 稀释，标记为 10^{-1}。涡旋混匀。

3.4.3　对于含多种组分的 FPV 联苗，将检测疫苗置（56±2）℃ 水浴（60±5）min 热灭活非 FPV 组分。按照步骤 3.4.2 项进行稀释。

3.4.4　取 5 个（12×75）mm 聚苯乙烯管，每管各加入 MEM1.8mL，分别标记为 10^{-1}、10^{-2}、10^{-3}、10^{-4}、10^{-5} 和 10^{-6}。

3.4.5　从复溶的待检疫苗中取 $200\mu L$ 加入标记为 10^{-1} 的管中，弃去洗头，涡旋混匀。

3.4.6　从标记为 10^{-1} 的管中吸取 $200\mu L$ 加入标记为 10^{-2} 的管中，弃去吸头。涡旋混匀。

3.4.7　重复步骤 3.4.6，从前一个稀释度管吸取 $200\mu L$ 加入下一个稀释度管，直至完成所有 10 倍系列稀释。

4. 检验

4.1　在 CRFK 玻片上，分别接种 10^{-3}、10^{-4}、10^{-5}、10^{-6} 倍稀释的待检疫苗，每个稀释度加 5 个孔，$100\mu L$/孔。如果对同一系列稀释的样品，是从最高稀释度至最高浓度取样（如 $10^{-6} \sim 10^{-3}$），则不需要更换吸头。

4.2　在 CRFK 玻片上，分别接种 10^{-3}、10^{-4}、10^{-5}、10^{-6} 倍稀释的阳性对照品工作液，每个稀释度加 5 个孔，$100\mu L$/孔。如果对同一系列稀释的样品，是从最高稀释度至最高浓度取样（如 $10^{-6} \sim 10^{-3}$），则不需要更换吸头。

4.3　取 5 个室不接种作为阴性细胞对照。

4.4　将 CRFK 玻片置（36±2）℃ 的 CO_2 培养箱培养（5±1）d。

4.5　孵育后，将 CRFK 玻片上的培养基倒入耐高压的废液容器中。轻敲板子，将塑料壳从板子上卸下来，保留玻片上粘着的橡胶垫圈。

4.6　将玻片放在架子上，浸入一个装满 DPBS 的玻璃染色皿中，室温作用（15±5）min。

4.7　将架子浸入一个装满 100% 丙酮的染色皿中，室温作用（15±5）min。取出风干。

4.8　在 CRFK 玻片的每个孔室中加入（75±25）μL 稀释好的 FPV 抗血清，置（36±2）℃ 有氧培养箱中孵育（30±5）min。

4.9　按步骤 4.6 项洗涤。弃去 DPBS。

4.10　吸取（75±25）μL 抗相应动物种类的复合物工作液，加入 CRFK 玻片上的每个孔中。置（36±2）℃ 有氧培养箱中孵育（30±5）min。

4.11　按步骤 4.6 项洗涤。弃去 DPBS。

4.12　将玻片及架子快速浸入盛满 DI 的染色皿中并立即取出，风干。

4.13　用紫外显微镜在 100× 或 200× 处放大观察，检查细胞胞浆中呈现的典型特异性苹果绿荧光。

4.13.1　孔室中如果有 1 个或多个细胞呈现特异性荧光，则判 FPV 病毒为阳性。

4.13.2　记录每个稀释度待检疫苗和 FPV 阳性对照品接种的孔室中出现阳性孔室的数量与接种总孔室数量的比。

4.14 用 Finney 修正的 Spearman-Kärber 法计算待检疫苗和阳性对照品的 FPV 终点。病毒滴度用 $\log_{10}$ 半数荧光抗体感染量（$FAID_{50}$）表示。

例如：

10^{-3} 稀释的待检疫苗＝5/5 室 FA 阳性

10^{-4} 稀释的待检疫苗＝4/5 室 FA 阳性

10^{-5} 稀释的待检疫苗＝2/5 室 FA 阳性

10^{-6} 稀释的待检疫苗＝0/5 室 FA 阳性

Spearman-Kärber 公式

待检疫苗滴度＝$X - d/2 + d \times S$

式中，$X = \log_{10}$（所有孔室为 FA 阳性的最高稀释倍数）（3）；

$d = \log_{10}$ 稀释系数（1）；

$S =$ 所有 FA 阳性室与稀释度检验室的比例之和：

$5/5 + 4/5 + 2/5 + 0/5 = 11/5 = 2.2$

待检疫苗滴度 ＝（3 - 1/2）+（1 × 2.2）＝4.7

按照以下方法调整滴度至待检疫苗推荐的剂量：

A. 将待检疫苗剂量除以接种剂量，其中：

待检疫苗剂量＝说明书推荐的免疫剂量（对于本 FPV 待检疫苗，推荐剂量为 1mL）

接种剂量＝加入 Lab-Tak 玻片每一个孔室的稀释待检疫苗的剂量（对于本 FPV 待检疫苗，接种剂量为 0.1mL）

1mL 疫苗剂量/0.1mL 接种剂量＝10

B. 计算 $\log_{10} A$ 的值，并将所得的结果与待检疫苗滴度相加，如下所示：

$\log_{10} 10 = 1.0$

待检疫苗滴度＝4.7＋1.0＝5.7

因此，本 FPV 待检疫苗的滴度为 $10^{5.7}$ $FAID_{50}/mL$。

5. 检验结果说明

5.1 FPV 阳性对照品滴度必须在预先测定 10 次的平均滴度±2 个标准差之间。

5.2 不接种的细胞对照必须不出现细胞病变（CPE）、FPV 特异性荧光和培养基呈云雾状（即污染）。

5.3 FPV 阳性对照品的最低接种稀释度必须为 100%（5/5）FA/IFA 阳性反应。如果未能检测到终点（最高稀释度的 1 个或 1 个以上腔为 FA/IFA 阳性），则滴度表示为"大于或等于"所计算的滴度。如果终点对检测非常重要，那么最高稀释度（最稀的溶液）必须显示为无 FA/IFA 阳性反应（0/5）。

5.4 如果检验不能满足有效性的要求，则判检验为未检验，可进行无差别的重检。

5.5 如果检验能够满足有效性的要求，且待检疫苗的滴度大于或等于动植物卫生监督署备案生产大纲规定的产品滴度，则判待检疫苗为符合规定。

5.6 如果检验能够满足有效性的要求，但是待检疫苗的滴度低于最低标准要求，则可按照 9CFR113.8 部分对待检疫苗进行重检。

6. 检验结果报告

检验结果报告待检疫苗的 $FAID_{50}$/头份。

7. 参考文献

Title 9，Code of Federal Regulations，part 113.304 [M]. Washington，DC：Government Printing Office.

Cottral G E，1978. Manual of standardized methods for veterinary microbiology [M]. Ithaca and London：Comstock Publishing Associates：731.

Finney D J，1978. Statistical method in biological assay [M]. 3rd ed. London：Charles Griffin and Company.

8. 修订概述

第 05 版

· 更新联系人信息，但是，病毒学实验室决定保留原信息至下次文件审查之日。

第 04 版

· 更新联系人信息。

第 03 版

· 文件中所有的术语"参考品"均变更为"阳性对照品"。

第 02 版

本修订版资料主要用于阐述兽医生物制品中心现行的实际操作方法，并提供了额外的细节信息。虽然不对检验结果产生重大影响，但是对文件进行了以下修改：

· 2.2 删除试剂/耗材中所列的自动注满注射器。

· 2.2.4.2 碳酸氢钠（$NaHCO_3$）的用量由 2.2g 变更为 1.1g。

· 2.2.4.5 删除青霉素和链霉素。

· 4.14 增加额外的步骤，明确采用

Spearman-Kärber 法计算病毒滴度。

• 5.1.3 增加有效性检验中对终点的要求。

• 冰箱温度由（4±2）℃变更为 2～7℃。这反映了 Rees 系统建立和监测的参数。

• 文件中所有的"待检批次"均变更为"待检疫苗"。

• 文中所有的"组织培养感染剂量（$TCID_{50}$）"变更为"荧光抗体感染剂量（$FAID_{50}$）"。

• 删除有关参考文献的脚注，现直接标注在个别项旁边。

（徐家华译，张一帜校）

SAM306.07

美国农业部兽医生物制品中心
检验方法

SAM 306 用细胞测定猫杯状病毒滴度的补充检验方法

日　　期：2014 年 10 月 30 日
编　　号：SAM 306.07
替　　代：SAM 306.06，2014 年 5 月 20 日
标准要求：9CFR113.314 部分
联 系 人：Sandra K. Conrad，(515) 337-7200
　　　　　Peg A. Patterson
审　　批：/s/Geetha B. Srinivas，　　　　日期：2015 年 1 月 9 日
　　　　　Geetha B. Srinivas，病毒学实验室负责人

　　　　　/s/Byron E. Rippke　　　　　日期：2015 年 1 月 13 日
　　　　　Byron E. Rippke，兽医生物制品中心政策、评审与执照管理部门负责人

　　　　　/s/Rebecca L. W. Hyde　　　　日期：2015 年 1 月 13 日
　　　　　Rebecca L. W. Hyde，兽医生物制品中心质量管理部门负责人

美国农业部动植物卫生监督署
P. O. Box 844
Ames，IA 50010

目　录

1. 引言

本补充检验方法（SAM）描述了测定猫杯状病毒（FCV）改良活疫苗中病毒含量的体外检验方法。本方法利用细胞培养系统中出现的蚀斑形成单位（PFU）进行检验。

2. 材料

2.1　设备/仪器

下列任何品牌的设备或仪器均可由具有相同功能的设备或仪器所替代。

2.1.1　自动充满可重复使用 2mL 注射器；

2.1.2　200μL 微量移液器和吸头（Rainin Pipetman©）；

2.1.3　匀浆机；

2.1.4　带盖螺口 1 000mL 硼硅玻璃培养基瓶；

2.1.5　(36±2)℃、(5±1)% CO_2、高湿度培养箱（型号 3158，Forma Scientific 有限公司）；

2.1.6　水浴锅；

2.1.7　倒置光学显微镜（型号 CK，奥林巴斯美国有限公司）；

2.1.8　涡旋混合器（Vortex-2 Genie，型号 G-560，Scientific Industries 有限公司）；

2.1.9　移液管助吸器或 Handistep。

2.2　试剂/耗材

下列任何品牌的试剂或材料均可由具有相同功能的试剂或材料所替代。所有试剂和材料均必须无菌。

2.2.1　FCV 阳性对照品，C-14 株。

2.2.2　按照联邦法规第 9 卷（9CFR）113.52 部分检验无外源病原的 Crandall 猫肾（CRFK）细胞。

2.2.3　最低基础培养基（MEM）［国家动物卫生中心（NCAH）培养基♯20030］

1）9.61g 含有 Earles 盐（无碳酸氢盐）的 MEM；

2）1.1g 碳酸氢钠（$NaHCO_3$）；

3）用 900mL 去离子水（DI）溶解；

4）在 10mL DI 中加入 5.0g 水解乳清蛋白或乙二胺，(60±2)℃加热直至溶解，不断搅拌的同时将其加入步骤 3 项溶液中；

5）加 DI 至 1 000mL，用 2mol/L 盐酸（HCl）调节 pH 至 6.8～6.9；

6）用 0.22μm 滤器滤过除菌；

7）无菌添加 50μm/mL 硫酸庆大霉素；

8）在 2～7℃保存；

2.2.4　生长培养基

1）900mL MEM。

2）无菌添加：

a.100mL 伽马射线灭活的胎牛血清（FBS）；

b.10mL L-谷氨酰胺（200mol/L）。

3）在 2～7℃保存。

2.2.5　2X 培养基

1）19.22g 含有 Earles 盐（无碳酸氢盐）的 MEM；

2）2.2g $NaHCO_3$；

3）用 900mL DI 溶解；

4）在 10mL DI 中加入 5.0g 水解乳清蛋白或乙二胺，(60±2)℃加热直至完全溶解，不断搅拌的同时将其加入步骤 3 项溶液中；

5）加 DI 至 1 000mL，用 2mol/L HCL 调节 pH 至 6.8～6.9；

6）用 0.22μm 滤器滤过除菌；

7）在 2～7℃保存；

8）在检验开始前一天，预先准备覆盖培养基，并无菌添加硫酸庆大霉素 100μg/mL。

2.2.6　2% 黄蓍胶（Trag）

1）20g Trag；

2）1 000mL DI；

3）少量多次添加 Trag，并用搅拌器在强力档进行混合；

4）用 1 000mL 的无菌培养基瓶分装，每瓶 500mL；

5）在 15psi，(121±2)℃高压灭菌（35±5）min；

6）在 2～7℃保存。

2.2.7　7.5% 碳酸氢钠

1）7.5g $NaHCO_3$；

2）加 DI 至 100mL；

3）在 15psi，(121±2)℃高压灭菌（30±10）min；

4）在 2～7℃保存。

2.2.8　70% 酒精（NCAH 培养基♯30184）

1）73mL 乙醇［95%（195 标准酒精度）］；

2）27mL DI；

3）室温保存。

2.2.9　结晶紫染色液（NCAH 培养基♯30012）

1）7.5g 结晶紫。

2）50mL 70%酒精。

3）先将结晶紫溶于酒精中，再添加其他成分。

4）250mL 甲醛

注意：根据 29CFR1910.1048，使用甲醛的预防措施如下：甲醛若被吸入或误食会对人体有毒。能刺激眼睛、呼吸系统和皮肤。通过吸入或皮肤接触可能会引起过敏。对眼睛有严重的伤害。具有致癌的潜在危害，多次或长期接触者危害会更高。

5）加 DI 至 1 000mL。

6）用 Whatman© ♯1 滤纸滤过。

7）在室温保存。

2.2.10　4 孔细胞培养板。

2.2.11　（12×75）mm 聚苯乙烯管。

2.2.12　25mL 移液管。

2.2.13　针头，18 号×1.5 英寸。

2.2.14　1mL 注射器（结核菌素用）。

3. 检验准备

3.1　人员资质/培训

操作人员必须具有细胞培养与维持、动物病毒繁殖与维护和通过蚀斑形成测定病毒感染量的经验。

3.2　设备/仪器的准备

开始检验当天，将水浴锅设置为（36±2）℃。

3.3　试剂/对照品的准备

3.3.1　CRFK 细胞培养板的准备（检验板）

选择每 3～4d 传代一次的健康、致密单层的 CRFK 细胞。开始检验前两天，在 4 孔细胞培养板所有孔中加入用生长培养基稀释成 $10^{5.0}\sim10^{5.3}$ 个细胞/mL 的细胞悬液，8mL/孔。准备 FCV 阳性对照品检验板和每种待检疫苗检验板各 1 块。置（36±2）℃ CO_2 培养箱中培养。

3.3.2　FCV 阳性对照品的准备

1）开始检验当天，取 1 支 FCV 阳性对照品放入（36±2）℃水浴中迅速解冻。

2）根据 CVB 试剂资料清单和标签的要求准备若干（12×75）mm 聚苯乙烯管，每管加入 1.8mL MEM，管子数量应包括预期的终点（如准备 9 管，分别标记为 10^{-1}、10^{-2}、10^{-3}、10^{-4}、10^{-5}、10^{-6}、10^{-7}、10^{-8} 和 10^{-9}）。

3）用微量移液器吸取 $200\mu L$ FCV 阳性对照品加入标记 10^{-1} 的管中，涡旋混匀。

4）换一个新吸头，从标记 10^{-1} 的管中（见步骤 3 项）吸取 $200\mu L$ 加入标记 10^{-2} 的管中，涡旋混匀。

5）重复步骤 4 项，从前一个稀释度吸取 $200\mu L$ 加入下一个稀释度的管中，直至完成 10 倍系列稀释。

3.3.3　覆盖培养基的准备

在开始检验当天，准备覆盖培养基约 35mL/板。总量为 1L 的覆盖培养基配方如下。

1）无菌加入 500mL 2×培养基中：

a. 10% γ-辐照处理的 FBS；

b. 10mL 7.5%碳酸氢钠；

c. 50μg/mL 硫酸庆大霉素；

d. 500mL 2%黄蓍胶。

2）在进行步骤 4.5 项前，将覆盖培养基放入（36±2）℃水浴中加热并混匀（60±10）min。

3.4　待检疫苗的准备

3.4.1　待检疫苗首次检验需用单独 1 瓶疫苗（从 1 瓶疫苗中取一个单一的样本）。开始检验的当天，用 1.0mL 无菌注射器和 18 号×1.5 英寸的针头吸取稀释液对冻干疫苗进行复溶（1mL 装量的疫苗用 1mL 稀释液复溶；0.5mL 装量的疫苗用 0.5mL 稀释液复溶，以此类推），涡旋混匀。室温孵育（15±5）min。

3.4.2　准备 6 个（12×75）mm 聚苯乙烯管，每管加入 1.8mL MEM，从 10^{-1} 标记到 10^{-6}。

3.4.3　吸取 $200\mu L$ 待检疫苗加入标记为 10^{-1} 的管中，涡旋混匀。

3.4.4　用新吸头从标记为 10^{-1} 的管中吸取 $200\mu L$ 加入 10^{-2} 的管中，涡旋混匀。

3.4.5　重复步骤 3.4.4 项，从前一个稀释度管吸取 $200\mu L$ 加入下一个稀释度管中，直至完成所有 10 倍系列稀释。

4. 检验

4.1　开始检验当天，标记检验板并弃去生长培养基。

注意：为便于区分细胞未形成致密单层而形成的空斑与因 FRV 感染而出现的空斑病变，必须确保细胞形成致密单层。如果细胞不能在两天内形成致密单层，则将检验推迟一天，以获得致密单层细胞。

4.2　接种待检疫苗，从 10^{-6} 稀释至 10^{-3} 稀释进行接种，每个稀释度接种 1 孔，$200\mu L$/孔。按照同样方式接种 FCV 阳性对照品，从 10^{-9} 稀释至 10^{-7} 稀释进行。不同的样品间要更换吸头（如不同待检疫苗），但是如果对同一系列稀释的样品，是从最高稀释度至最高浓度取样（如 $10^{-6}\sim10^{-3}$），则不需要更换吸头。轻轻转动检验板使接种液均匀分布。

4.3 保留 1 个孔不接种作为阴性细胞对照。

4.4 将接种检验板置（36±2）℃ CO_2 培养箱孵育已（75±15）min。每（25±5）min 轻轻转动检验板，使接种液均匀分布。

4.5 用 25mL 移液管吸取覆盖培养基加入检验板，8mL/孔。弃去未使用已预热过的覆盖培养基。

4.6 将检验板置（36±2）℃的 CO_2 培养箱中培养（4±1）d。

4.7 培养结束后，不用弃去覆盖培养基，直接用 25mL 移液管取 5mL 结晶紫染色液（见步骤 2.2.9 项）分别加入检验板的每个孔中，然后轻轻晃动检验板〔注意步骤 2.2.9（4）项的注意事项〕。

4.8 将检验板放在室温下孵育（25±5）min。

4.9 反复将检验板浸入有流动冷水的容器中若干次，洗掉覆盖培养基和细胞单层上的结晶紫染料，直至容器中的水变清。允许风干。

4.10 对每孔中 FCV 蚀斑进行计数，并记录结果。若对联苗中 FCV 蚀斑和 FRV 蚀斑一起进行计数，注意两种蚀斑的明显差异。FRV 蚀斑较小、清晰、直径约 1mm 且边缘明显；而 FCV 蚀斑较大、清晰的圆形斑块（平均直径 3~4mm），边缘模糊。如果不容易通过斑块大小进行区分，则可用倒置光学显微镜 100× 观察蚀斑的边缘形状，以进行区分。

4.11 记录结果为待检疫苗和 FCV 阳性对照品每个稀释度接种孔的 FCV 蚀斑数量。

4.12 取蚀斑数量在 10~100 个范围内的待检疫苗和 FCV 阳性对照品稀释度接种孔，计算 FCV 滴度。滴度用 PFU/头份疫苗表示。

例如：

在检测待检 FCV 疫苗滴度的过程中，如果 10^{-3} 稀释度所观察到的蚀斑数量为 65，则该疫苗的滴度应根据以下公式进行计算：

$$待检疫苗滴度 = X + p$$

式中，$X = Log_{10}$ 蚀斑数量；

$p = Log_{10}$ 稀释倍数。

在上述范例中：

Log_{10} 蚀斑数量（65）= 1.8

Log_{10} 稀释倍数（10^3）= 3.0

FCV 待检疫苗滴度 = 1.8 + 3.0 = 4.8

按照以下方法调整滴度至待检疫苗推荐的剂量：

A. 将待检疫苗剂量除以接种剂量，其中：

待检疫苗剂量 = 说明书推荐的免疫剂量（对本待检 FCV 疫苗，推荐剂量为 1mL）

接种剂量 = 每孔接种待检疫苗稀释液的剂量（对本待检 FCV 疫苗，接种剂量为 0.2mL）

1mL 疫苗剂量/0.2mL 接种剂量 = 5

B. 计算 $log_{10} A$ 的值，并将所得的结果与待检疫苗滴度相加，如下所示：

$$log_{10} 5 = 0.7$$

待检疫苗滴度 = 4.8 + 0.7 = 5.5

因此，本 FCV 待检疫苗滴度为 $10^{5.5}$ PFU_{50}/mL。

4.13 一个蚀斑代表一个感染单位（IU），其中半数细胞感染剂量（$TCID_{50}$）在数据上相当于 0.69 个 IU；一个 $TCID_{50}$ 剂量相当于 1.44 倍的 PFU 剂量。因此，用 PFU 滴度表示 $TCID_{50}$ 时，用蚀斑数量乘以 1.44。在上述范例中，蚀斑数量 65 乘以 1.44 等于 93.6。计算 Log_{10} 93.6 就得到 1.97。再加上 Log 稀释倍数（3）和稀释系数的倒数（0.7）得到结果 5.67 倍的 Log_{10} $TCID_{50}/mL$。在实际应用中，PFU_{50}/mL 滴度的 log_{10} 值在转换为 $TCID_{50}/mL$ 时，应加上 0.16（log_{10} 1.44），所以上述范例中待检疫苗的滴度应为 $10^{5.66}$ $TCID_{50}/mL$。

5. 检验结果说明

5.1 有效检测

5.1.1 FCV 阳性对照品的滴度必须在预先测定 10 次的平均滴度±2 个标准差之间。

5.1.2 不接种的细胞对照必须不出现细胞病变（CPE）、降解和培养基呈云雾状（即污染）。

5.1.3 在判定终点时，仅对引起蚀斑数在 10~100 个的待检疫苗和 FCV 阳性对照品的稀释液进行计数。

5.2 如果检验不能满足有效性的要求，则判检验为未检验，可进行无差别的重检。

5.3 如果检验能够满足有效性的要求，且待检疫苗的滴度大于或等于动植物卫生监督署（APHIS）备案生产大纲规定的产品滴度，则判待检疫苗为符合规定。

5.4 如果检验能够满足有效性的要求，但是待检疫苗的滴度低于最低标准要求，则可按照

9CFR113.8.b 部分对待检疫苗进行重检。

6. 检验结果报告

检验结果报告待检疫苗的 PFU_{50}/头份或 $TCID_{50}$/头份。

7. 参考文献

Title 9，Code of Federal Regulations，parts 113.8 （b） and 113.315 ［M］. Washington，DC：Government Printing Office.

Title 29，Code of Federal Regulations，part 1910.1048 ［M］. Washington，DC：Government Printing Office.

Cottral G E，1978. Manual of standardized methods for veterinary microbiology ［M］. Ithaca and London：Comstock Publishing Associates：731.

Davis B，1980. Microbiology including immunology and molecular genetics ［M］. 3rd ed. Harper and Row，Hagertown，Maryland：880.

8. 修订概述

第 07 版

• 更新联系人信息，但是，病毒学实验室决定保留原信息至下次文件审查之日。

第 06 版

• 更新联系人信息。

第 05 版

• 更新联系人信息。

• 因为 CVB 已不再供应 FCV 阳性对照品，C-14 株，所以删除了"由兽医生物制品中心（CVB）供应"的表述。

• 文件中所有 NVSL 均变更为 NCAH。

第 04 版

• 联系人由 Victor Becerra 变更为 Alethea Fry。

• 2.2.9：增加甲醛使用注意事项。

• 4.13：清楚说明 PFU_{50}/mL 转换为 $TCID_{50}$/mL 的过程。

• 过文件中所有术语"参考对照品"均变更为"阳性对照品"。

第 03 版

本修订版资料主要用于阐述兽医生物制品中心现行的实际操作方法，并提供了额外的细节信息。虽然不对检验结果产生重大影响，但是对文件进行了以下修改：

• 1.2 删除"关键词"。

• 2.2.3.2 碳酸氢钠（$NaHCO_3$）的用量由 2.2g 变更为 1.1g。

• 2.2.5.8 硫酸庆大霉素由 $50\mu g$/mL 变更为 $100\mu g$/mL，并删除青霉素和链霉素。

• 4.6 96h 变更为（4 ± 1）d。

• 4.12 更正范例中计算每个待检疫苗病毒滴度的错误。

• 5.1.3 明确蚀斑终点判定标准。

• 冰箱温度由（4 ± 2）℃变更为 $2\sim7$℃。这反映了 Rees 系统建立和监测的参数。

• 文件中所有的"待检批次"均变更为"待检疫苗"。

• 文件中所有的"参考品和试剂清单"均变更为"试剂资料清单"。

• 删除有关参考文献的脚注，现直接标注在个别项旁边。

（李 静译，张一帆校）

美国农业部兽医生物制品中心
检验方法

SAM 307　用细胞测定猫鼻气管炎病毒滴度的补充检验方法

日　　期：2014 年 10 月 30 日

编　　号：SAM 307. 07

替　　代：SAM 307. 06，2014 年 5 月 20 日

标准要求：9CFR 113. 315 部分

联 系 人：Sandra K. Conrad，（515）337-7200

　　　　　Peg A. Patterson

审　　批：/s/Geetha B. Srinivas,　　　　日期：2015 年 1 月 6 日

　　　　　Geetha B. Srinivas，病毒学实验室负责人

　　　　　/s/Byron E. Rippke　　　　　日期：2015 年 1 月 9 日

　　　　　Byron E. Rippke，兽医生物制品中心政策、评审与执照管理部门负责人

　　　　　/s/Rebecca L. W. Hyde　　　　日期：2015 年 1 月 9 日

　　　　　Rebecca L. W. Hyde，兽医生物制品中心质量管理部门负责人

美国农业部动植物卫生监督署

P. O. Box 844

Ames，IA 50010

补充检验方法中提及的商标或专利产品不等同于该产品已获得了美国农业部的保证或担保，且它的批准也不意味着其可用于排除在外的其他可能适用的产品

目　录

1. 引言

本补充检验方法（SAM）描述了测定猫传染性鼻气管炎病毒（FRV）改良活疫苗中病毒含量的体外检验方法。本方法以细胞培养系统中蚀斑形成单位（PFU）测定 FRV 的滴度。

2. 材料

2.1　设备/仪器

下列任何品牌的设备或仪器均可由具有相同功能的设备或仪器所替代。

2.1.1　自动充满可重复使用 2mL 注射器；

2.1.2　$200\mu L$ 的微量移液器和吸头（Rainin Pipetman©）；

2.1.3　匀浆机；

2.1.4　带盖螺口 1 000mL 硼硅玻璃培养基瓶；

2.1.5　$(36\pm2)℃$、$(5\pm1)\%$ CO_2、高湿度培养箱（型号 3336，Forma Scientific 有限公司）；

2.1.6　水浴锅；

2.1.7　倒置光学显微镜（型号 CK，奥林巴斯美国有限公司）；

2.1.8　涡旋混合器（Vortex-2 Genie，型号 G-560，Scientific Industries 有限公司）；

2.1.9　移液管助吸器。

2.2　试剂/耗材

下列任何品牌的试剂或材料均可由具有相同功能的试剂或材料所替代。所有试剂和材料均必须无菌。

2.2.1　FRV 阳性对照品，C-27 株。

2.2.2　按照联邦法规第 9 卷（9CFR）113.52 部分检验无外源病原的 Crandall 猫肾（CRFK）细胞。

2.2.3　最低基础培养基（MEM）［国家动物卫生中心（NCAH）培养基♯20030］

1）9.61g 含有 Earles 盐（无碳酸氢盐）的 MEM；

2）1.1g 碳酸氢钠（$NaHCO_3$）；

3）用 900mL 去离子水（DI）溶解；

4）在 10mL DI 中加入 5.0g 水解乳清蛋白或乙二胺，$(60\pm2)℃$加热直至溶解。不断搅拌的同时将其加入步骤 3 项溶液中；

5）用 DI 定容至 1 000mL，用 2mol/L 盐酸（HCl）调节 pH 至 6.8～6.9；

6）用 $0.22\mu m$ 滤器滤过除菌；

7）无菌添加 $50\mu g/mL$ 硫酸庆大霉素；

8）在 2～7℃保存。

2.2.4　生长培养基

1）900mL MEM。

2）无菌添加：

a. 100mL 伽马射线灭活的胎牛血清（FBS）；

b. 10mL L-谷氨酰胺（200mmol/L）。

3）在 2～7℃保存。

2.2.5　2×培养基

1）19.22g 含有 Earles 盐（无碳酸氢盐）的 MEM。

2）2.2g $NaHCO_3$。

3）用 900mL DI 溶解。

4）在 10mL DI 中加入 5.0g 水解乳清蛋白或乙二胺，$(60\pm2)℃$加热直至完全溶解。不断搅拌的同时将其加入步骤 3 项溶液中。

5）加 DI 至 1 000mL，用 2mol/L HCL 调节 pH 至 6.8～6.9。

6）用 $0.22\mu m$ 滤器滤过除菌。

7）在 2～7℃保存。

8）在检验开始前一天，预先准备覆盖培养基（见步骤 3.3.3 项），并无菌添加硫酸庆大霉素 $100\mu g/mL$。

2.2.6　2％黄蓍胶（Trag）

1）20g Trag；

2）1 000mL DI；

3）少量多次添加 Trag，并用搅拌器在强力高速挡进行混合；

4）用 1 000mL 的无菌培养基瓶分装，每瓶 500mL；

5）在 15psi，$(121\pm2)℃$高压灭菌（35 ± 5）min；

6）在 2～7℃保存。

2.2.7　7.5％碳酸氢钠（NVSL 培养基♯41009）

1）7.5g $NaHCO_3$；

2）加 DI 至 100mL；

3）在 15psi，$(121\pm2)℃$高压灭菌（30 ± 10）min；

4）在 2～7℃保存。

2.2.8　70％酒精（NCAH 培养基♯30184）

1）73mL 乙醇［95％（195 标准酒精度）］；

2）27mL DI；

3）室温保存。

2.2.9　结晶紫染色液（NCAH 培养基♯

30012)

1) 7.5g 结晶紫。

2) 50mL 70%酒精。

3) 先将结晶紫溶于酒精中，再添加其他成分。

4) 250mL 甲醛

注意：根据 29CFR1910.1048，使用甲醛的预防措施如下：甲醛若被吸入或误食会对人体有毒。能刺激眼睛、呼吸系统和皮肤。通过吸入或皮肤接触可能会引起过敏。对眼睛有严重的伤害。具有致癌的潜在危害，多次或长期接触者危害会更高。

5) 加 DI 至 1 000mL。

6) 用 Whatman© #1 滤纸过滤

7) 在室温保存。

2.2.10　4 孔细胞培养板。

2.2.11　（12×75）mm 聚苯乙烯管。

2.2.12　25mL 移液管。

2.2.13　针头，18 号×1.5 英寸。

2.2.14　1mL 结核菌素用注射器。

3. 检验准备

3.1　人员资质/培训

操作人员必须具有细胞培养、动物病毒繁殖与维持和通过蚀斑形成测定感染病毒量的经验。

3.2　设备/仪器的准备

开始检验当天，将水浴锅设置为（36±2）℃。

3.3　试剂/对照品的准备

3.3.1　CRFK 细胞培养板的准备（检验板）

选择每 3～4d 传代一次的健康、致密单层的 CRFK 细胞。开始检验前两天，在 4 孔细胞培养板所有孔中加入用生长培养基稀释成 $10^{5.0}\sim10^{5.3}$ 个细胞/mL 的细胞悬液，8mL/孔。准备 FCV 阳性对照品检验板和每种待检疫苗检验板各 1 块。置（36±2）℃ CO_2 培养箱中培养。

3.3.2　FRV 阳性对照品的准备

1) 开始检验当天，取 1 支 FCV 阳性对照品放入（36±2）℃水浴中迅速解冻。

2) 根据 CVB 试剂资料清单和标签的要求准备若干（12×75）mm 聚苯乙烯管，每管加入 1.8mL MEM，管子数量应包括预期的终点（如准备 8 管，分别标记为 10^{-1}、10^{-2}、10^{-3}、10^{-4}、10^{-5}、10^{-6}、10^{-7} 和 10^{-8}）。

3) 用微量移液器吸取 200μL FCV 阳性对照品加入标记 10^{-1} 的管中，涡旋混匀。

4) 换一个新吸头，从标记 10^{-1} 的管中（见步骤 3 项）吸取 200μL 加入标记 10^{-2} 的管中，涡旋

混匀。

5) 重复步骤 4 项，从前一个稀释度吸取 200μL 加入下一个稀释度的管中，直至完成 10 倍系列稀释。

3.3.3　覆盖培养基的准备

在开始检验当天，准备覆盖培养基约 35mL/板。总量为 1L 的覆盖培养基配方如下。

1) 无菌加入 500mL 2×培养基中：

a. 10%γ-辐照处理的 FBS；

b. 10mL7.5%碳酸氢钠；

c. 50μg/mL 硫酸庆大霉素；

d. 500mL 2%黄蓍胶。

2) 在进行步骤 4.5 项前，将覆盖培养基放入（36±2）℃水浴中加热并混匀（60±10）min。

3.4　待检疫苗的准备

3.4.1　待检疫苗首次检验需用单独 1 瓶疫苗（从 1 瓶疫苗中取一个单一的样本）。开始检验的当天，用 1.0mL 无菌注射器和 18 号×1.5 英寸的针头吸取稀释液对冻干疫苗进行复溶（1mL 装量的疫苗用 1mL 稀释液复溶；0.5mL 装量的疫苗用 0.5mL 稀释液复溶，以此类推），涡旋混匀。室温孵育（15±5）min。

3.4.2　准备 6 个（12×75）mm 聚苯乙烯管，每管用 2mL 自装填注射器加入 1.8mL MEM，从 10^{-1} 标记到 10^{-6}。

3.4.3　吸取 200μL 待检疫苗加入标记为 10^{-1} 的管中，涡旋混匀。

3.4.4　用新吸头从标记为 10^{-1} 的管中吸取 200μL 加入 10^{-2} 的管中，涡旋混匀。

3.4.5　重复步骤 3.4.4 项，从前一个稀释度管吸取 200μL 加入下一个稀释度管中，直至完成所有 10 倍系列稀释。

4. 检验

4.1　开始检验当天，标记检验板并弃去生长培养基。

注意：为便于区分细胞未形成致密单层而形成的空斑与因 FRV 感染而出现的空斑病变，必须确保细胞形成致密单层。如果细胞不能在两天内形成致密单层，则将检验推迟一天，以获得致密单层细胞。

4.2　接种待检疫苗，从 10^{-6} 稀释至 10^{-3} 稀释进行接种，每个稀释度接种 1 孔，200μL/孔。按照同样方式接种 FCV 阳性对照品，从 10^{-8} 稀释至 10^{-6} 稀释进行。不同的样品间要更换吸头（如不同

待检疫苗），但是如果对同一系列稀释的样品，是从最高稀释度至最高浓度取样（如 $10^{-6} \sim 10^{-3}$），则不需要更换吸头。轻轻转动检验板使接种液均匀分布。

4.3　保留 1 个孔不接种作为阴性细胞对照。

4.4　将接种检验板置（36±2)℃ CO_2 培养箱孵育已（75±15）min。每（25±5）min 轻轻转动检验板，使接种液均匀分布。

4.5　用 25mL 移液管吸取覆盖培养基加入检验板，8mL/孔。弃去未使用已预热过的覆盖培养基。

4.6　将检验板置（36±2)℃的 CO_2 培养箱中培养（4±1）d。

4.7　培养结束后，不用弃去覆盖培养基，直接用 25mL 移液管取 5mL 结晶紫染色液分别加入检验板的每个孔中，然后轻轻晃动检验板［注意步骤 2.2.9（4）项的注意事项］。

4.8　将检验板放在室温下孵育（25±5）min。

4.9　反复将检验板浸入有流动冷水的容器中若干次，洗掉覆盖培养基和细胞单层上的结晶紫染料，直至容器中的水变清。允许风干。

4.10　对每孔中 FCV 蚀斑进行计数，并记录结果。若对联苗中 FRV 蚀斑和 FCV 蚀斑一起进行计数，注意两种蚀斑的明显差异。FCV 蚀斑较大、清晰的圆形斑块（平均直径为 3～4mm），边缘模糊；而 FRV 蚀斑较小、清晰、直径约 1mm 且边缘明显。若如果不容易通过斑块大小进行区分，则可用倒置光学显微镜 100× 观察蚀斑的边缘形状，以进行区分。

4.11　记录结果为待检疫苗和 FRV 阳性对照品每个稀释度接种孔的 FRV 蚀斑数量。

4.12　取蚀斑数量在 10～100 个范围内的待检疫苗和 FRV 阳性对照品稀释度接种孔，计算 FRV 滴度。滴度用 PFU/头份疫苗表示。

例如：

在检测待检 FRV 疫苗滴度的过程中，如果 10^{-3} 稀释度所观察到的蚀斑数量为 65，则该疫苗的滴度应根据以下公式进行计算：

$$待检疫苗滴度 = X + p$$

式中，$X = Log_{10}$ 蚀斑数量；

$p = Log_{10}$ 稀释倍数。

在上述范例中：

Log_{10} 蚀斑数量（65）＝1.8

Log_{10} 稀释倍数（10^3）＝3.0

FRV 待检疫苗滴度＝1.8+3.0＝4.8

按照以下方法调整滴度至待检疫苗推荐的剂量：

A. 将待检疫苗剂量除以接种剂量，其中：

待检疫苗剂量＝说明书推荐的免疫剂量（对本待检 FRV 疫苗，推荐剂量为 1mL）

接种剂量＝每孔接种待检疫苗稀释液的剂量（对本待检 FRV 疫苗，接种剂量为 0.2mL）

1mL 疫苗剂量/0.2mL 接种剂量＝5

B. 计算 $\log_{10} A$ 的值，并将所得的结果与待检疫苗滴度相加，如下所示：

$$\log_{10} 5 = 0.7$$

待检疫苗滴度＝4.8+0.7＝5.5

因此，本 FRV 待检疫苗滴度为 $10^{5.5}$ PFU_{50}/mL。

4.13　一个蚀斑代表一个感染单位（IU），其中半数细胞感染剂量（$TCID_{50}$）在数据上相当于 0.69 个 IU；一个 $TCID_{50}$ 剂量相当于 1.44 倍的 PFU 剂量。因此，用 PFU 滴度表示 $TCID_{50}$ 时，用蚀斑数量乘以 1.44。在上述范例中，蚀斑数量 65 乘以 1.44 等于 93.6。计算 Log_{10} 93.6 就得到 1.97。再加上 Log 稀释倍数（3）和稀释系数的倒数（0.7）得到结果 5.67 倍的 Log_{10} $TCID_{50}/mL$。在实际应用中，PFU_{50}/mL 滴度的 log_{10} 值在转换为 $TCID_{50}/mL$ 时，应加上 0.16（$log_{10} 1.44$），所以上述范例中待检疫苗的滴度应为 $10^{5.66}$ $TCID_{50}/mL$。

5. 检验结果说明

5.1　有效检测

5.1.1　FCV 阳性对照品的滴度必须在预先测定 10 次的平均滴度±2 个标准差之间。

5.1.2　不接种的细胞对照必须不出现细胞病变（CPE）、降解和培养基呈云雾状（即污染）。

5.1.3　在判定终点时，仅对引起蚀斑数在 10～100 个的待检疫苗和 FCV 阳性对照品的稀释液进行计数。

5.2　如果检验不能满足有效性的要求，则判检验为未检验，可进行无差别的重检。

5.3　如果检验能够满足有效性的要求，且待检疫苗的滴度大于或等于动植物卫生监督署（APHIS）备案生产大纲规定的产品滴度，则判待检疫苗为符合规定。

5.4　如果检验能够满足有效性的要求，但是待检疫苗的滴度低于最低标准要求，则可按照9CFR113.8.b部分对待检疫苗进行重检。

6. 检验结果报告

检验结果报告待检疫苗的 PFU_{50}/头份或 $TCID_{50}$/头份。

7. 参考文献

Title 9，Code of Federal Regulations，parts 113.8（b）and 113.315 ［M］. Washington，DC：Government Printing Office.

Title 29，Code of Federal Regulations，part 1910.1048 ［M］. Washington，DC：Government Printing Office.

Cottral G E，1978. Manual of standardized methods for veterinary microbiology ［M］. Ithaca and London：Comstock Publishing Associates：731.

8. 修订概述

第 07 版

• 更新联系人信息，但是，病毒学实验室决定保留原信息至下次文件审查之日。

第 06 版

• 更新联系人信息。

第 05 版

• 更新联系人信息。

• 因为CVB已不再供应FRV阳性对照品，C-27株，所以删除了文件中"由兽医生物制品中心（CVB）供应"的表述。

• 文件中所有NVSL一律变更为NCAH。

第 04 版

• 联系人由 Victor Becerra 变更为 Alethea Fry。

• 2.2.9：增加甲醛使用注意事项。

• 4.13：清楚说明 PFU_{50}/mL 转换为 $TCID_{50}$/mL 的过程。

• 过文件中所有术语"参考对照品"匀变更为"阳性对照品"。

第 03 版

本修订版资料主要用于阐述兽医生物制品中心现行的实际操作方法，并提供了额外的细节信息。虽然不对检验结果产生重大影响，但是对文件进行了以下修改：

• 1.2 删除"关键词"。

• 2.2.3.2 碳酸氢钠（$NaHCO_3$）的用量由2.2g 变更为 1.1g。

• 2.2.5.8 硫酸庆大霉素由 $50\mu g$/mL 变更为 $100\mu g$/mL，并删除青霉素和链霉素。

• 4.6 96h 变更为（4±1）d。

• 4.12 更正范例中计算每个待检疫苗病毒滴度的错误。

• 5.1.3 明确蚀斑终点判定标准。

• 冰箱温度由（4±2）℃变更为 2～7℃。这反映了 Rees 系统建立和监测的参数。

• 文件中所有的"待检批次"均变更为"待检疫苗"。

• 文件中所有的"参考品和试剂清单"均变更为"试剂资料清单"。

• 删除有关参考文献的脚注，现直接标注在个别项旁边。

（胡　潇译，张一帜校）

美国农业部兽医生物制品中心
检验方法

SAM 308　用小鼠进行狂犬病灭活疫苗效力检验的补充检验方法
（美国国立卫生研究院检验用）

日　　期：2015 年 3 月 31 日

编　　号：SAM 308.06

替　　代：SAM 308.05，2014 年 11 月 26 日

标准要求：9CFR 113.209 部分

联 系 人：Alethea M. Fry，（515）337-7200

　　　　　Peg A. Patterson

审　　批：/s/Geetha B. Srinivas　　　　　日期：2015 年 6 月 22 日

　　　　　Geetha B. Srinivas，病毒学实验室负责人

　　　　　/s/Byron E. Rippke　　　　　日期：2015 年 7 月 22 日

　　　　　Byron E. Rippke，兽医生物制品中心政策、评审与执照管理部门负责人

　　　　　/s/Rebecca L. W. Hyde　　　　　日期：2015 年 7 月 28 日

　　　　　Rebecca L. W. Hyde，兽医生物制品中心质量管理部门负责人

美国农业部动植物卫生监督署

P. O. Box 844

Ames，IA 50010

目　录

1. 引言

本补充检验方法（SAM）描述了测定狂犬病灭活疫苗相对效力（RP）的方法。本方法符合联邦法规第 9 卷（9CFR）113.209（b）（1）部分规定。本方法利用对免疫小鼠攻击标准攻毒株（CVS）测定疫苗的保护力。通过将待检疫苗与标准参考疫苗进行比较测定 RP。本 SAM 根据美国国立卫生研究院（NIH）狂犬病实验室技术（第 4 版，由 F. X. Meslin、M. M. Kaplan 和 H. Koprowski 编辑，1996 年由世界卫生组织在瑞士日内瓦印刷出版）中所述的标准检验方法进行。

2. 材料

2.1 设备/仪器

下列任何品牌的设备或仪器均可由具有相同功能的设备或仪器所替代。

2.1.1　涡旋混合器（Vortex-2 Genie，型号 G-560，Scientific Industries 有限公司）。

2.1.2　水浴锅。

2.1.3　麻醉设备［兽医生物制品中心（CVB）通告第 12～12 号］

2.1.3.1　下通风吸入式麻醉台；

2.1.3.2　麻醉机。

2.2 试剂/耗材

所有试剂和材料均必须无菌。

2.2.1　CF-1 雌鼠，体重 13～20g。

2.2.2　攻毒用标准病毒（CVS），CVB 供应。

2.2.3　兽医狂犬病参考疫苗（VRRV），CVB 供应。

2.2.4　0.5～1.0mL 注射器和（26～28）号×（0.375～0.5）英寸针头（攻毒用）。

2.2.5　1～3mL 注射器和（23～26）号×（0.5～0.625）英寸针头（攻毒用）。

2.2.6　NIH 磷酸缓冲盐水（PBS）［国家动物卫生中心（NCAH）培养基♯30087］

1) 0.804g 无水磷酸氢二钠（Na_2HPO_4）；

2) 0.136g 一水合磷酸二氢钾（KH_2PO_4）；

3) 8.5g 氯化钠（NaCl）；

4) 用去离子水（DI）定容至 1 000mL；

5) 用 0.1mol/L 氢氧化钠（NaOH）调节 pH 至 7.6±0.1；

6) 用 $0.22\mu m$ 滤器滤过除菌；

7) 在 2～7℃保存。

2.2.7　7.5％碳酸氢钠（NCAH 培养基♯41009）

1) 7.5g 碳酸氢钠（$NaHCO_3$）；

2) 用 DI 定容至 100mL；

3) 在室温保存。

2.2.8　CVS 稀释液（NCAH 培养基♯30086）

1) 20mL 热灭活的无狂犬病抗体的马血清；

2) 50 万 IU 青霉素；

3) 1g 链霉素；

4) 用 DI 定容至 1 000mL；

5) 用 7.5％碳酸氢钠调节 pH 至 7.6；

6) 用 $0.22\mu m$ 滤器滤过除菌；

7) 在 2～7℃保存。

2.2.9　移液管，2mL、5mL、10mL 和 25mL。

2.2.10　麻醉剂（CVB 通告第 12～12 号）。异氟醚。

3. 检验准备

3.1 人员资质/培训

操作人员必须具有实验室液体稀释技术、处理和废弃人畜共患病原体及处理和接种小鼠的经验。

3.2 CF-1 雌性检验鼠的准备

3.2.1　小鼠应饲养在至少 BSL-2 级别的动物舍中。

3.2.2　第一次免疫当天，对小鼠称重分组，16 只（VRRV，待检疫苗）和 10 只（回归滴定），小鼠的体重必须为 13～20g。

3.2.3　对于每个待检疫苗，建议将小鼠分为 5 个组，每组 16 只。小鼠饲养在标有待检疫苗及其稀释度的笼具中。

3.2.4　对于 VRRV，建议将小鼠分为 4 或 5 个组，每组 16 只。小鼠饲养在标有 VRRV 及其稀释度的笼具中。

3.2.5　对于 CVS 的回归滴定，建议将小鼠分为 4 个组，每组 10 只。小鼠饲养在标有 CVS 回归滴定液及其稀释度的笼具中。这些小鼠一直饲养至 CVS 攻毒当天。

3.3 试剂/对照品的准备

3.3.1　检验开始当天，按照 CVB 试剂资料清单用无菌 DI 复溶 VRRV。

1) 按照 CVB 试剂资料清单用 NIH PBS 稀释，制成 VRRV 检验稀释液。

a. 将 VRRV 稀释液置于冰上，直至完成小鼠接种。稀释的 VRRV 须在 3h 内使用。

b. 将剩余复溶的 VRRV 放回原来的容器，置（−70±5）℃冻结保存，以备第二次免疫时使用。

2) 第二次免疫用 VRRV 的制备，免疫后（7

±1）d

a. 在（36±2）℃水浴或室温条件下快速融化已复溶并冻结的 VRRV。

b. 按照试剂资料清单制备 VRRV 检验稀释液，并且在制成后立刻置于冰上直至完成小鼠接种。稀释的 VRRV 须在制成后 3h 内使用。

3.3.2 样品的准备

待检疫苗的起始稀释度根据在开始进行本动物效力试验时，5 次重复 NIH 试验测定的稀释度而确定。起始稀释度应能保护 85%～100% 的免疫动物，且该起始稀释度应在动植物卫生监督署（APHIS）批准的生产大纲的第 V 部分中说明。从起始稀释度开始，对每个待检疫苗进行 5 次 5 倍系列稀释。

3.3.3 攻毒当天 CVS 工作液的准备

CVS 储存液是浓缩的生物学的试剂，使用时需要稀释至较低的浓度。使用储存试剂可节省准备时间、节约材料、减少储存空间、提高准确性和稳定性。

CVS 工作液是由储存液稀释而来，用于颅内途径接种检验小鼠。

1）在（36±2）℃ 水浴中快速融化 CVS 储存液。

2）按照 CVB 试剂资料清单用 CVS 稀释液稀释 CVS 储存液。CVS 工作液应含有 ≥12 个半数致死剂量（LD_{50}）/0.03mL。

3）将 CVS 工作液置于冰上，直至完成小鼠接种。CVS 工作液须在制成后 3h 内使用。

4）在攻毒当天制备 CVS 回归滴定液

a. 将 CVS 工作液进行 3 次 10 倍系列稀释。

b. 将 CVS 回归滴定液置于冰上，直至完成小鼠接种。CVS 回归滴定液须在制成后 3h 内使用。

4. 检验

4.1 用带有（23～26）号×（0.5～0.625）英寸针头的 1～3mL 注射器吸取稀释的待检疫苗或 VRRV。

4.2 从最高稀释度开始，每个稀释度腹腔途径接种 16 只小鼠，0.5mL/只。每个稀释度的待检疫苗和 VRRV 均如此重复，按照稀释度另取新的一笼 16 只小鼠进行接种。（在免疫完所有动物后，处理待检疫苗和 VRRV 的剩余稀释液。）

4.3 接种（7±1）d 后，按照上述方法进行加强免疫。

4.4 免疫（14±1）d 后，用带（26～28）

号×（0.375～0.5）英寸针头的 0.5～1.0mL 注射器对所有免疫小鼠（疫苗组和 VRRV 组）脑内接种 0.03mL CVS 工作液。在通过位于右眼和中之间的额骨接种 CVS 工作稀释液（可选：小鼠可以使用含有异氟醚的啮齿动物麻醉机和一个吸气室，以便在攻毒前清除残留的麻醉剂）。

4.5 用新的注射器和针头 IC 接种 4 组各 10 只回归滴定小鼠，进行 CVS 回归滴定。四个稀释度，每个稀释度接种 10 只小鼠；从 CVS 最高稀释度至 CVS 最高浓度依次吸取样品。如果是从最稀的稀释液向最浓的稀释液吸取，那么可使用同一注射器和针头。在对所有免疫小鼠进行攻毒后，进行 CVS 回归滴定的接种。

4.6 动物观察

4.6.1 攻毒后 14d 内每日观察动物。记录死亡情况及人道主义处死的动物。

4.6.2 攻毒 5d 内（含第 5 天）死亡的小鼠均被认为是非特异性死亡。不用非特异性死亡的数据计算待检疫苗或 VRRV 的半数有效量（ED_{50}）。

4.6.3 以下五个疾病阶段可以用来判断小鼠感染狂犬病病毒感染的程度（Bruckner 等，2003）：

阶段 1：皮毛不顺，弯腰弓背是第一个级别的临床症状。这些是小鼠常见的疾病症状，在许多其他疾病中也会出现。因此，阶段一的临床症状不是狂犬病的特异性指征，但是确实反映出动物的不适且福利受到损害。

阶段 2：缓慢或者转圈移动。在阶段 2，动物失去警戒性。行走比平时缓慢；如果仔细观察，可见缓慢的、主要为单方向的转圈移动。属于神经紊乱的第一个临床指征。

阶段 3：行走不稳，颤抖，抽搐。在阶段 3，神经症状变得越来越明显，包括颤抖，行走不稳及抽搐。此时体重明显下降。这个阶段伴随着严重、明显的临床症状，表明存在狂犬病感染。

阶段 4：瘫痪。通常在后肢出现跛行和麻痹（部分瘫痪），是狂犬病感染进程的明确指征，随后很快出现完全瘫痪。动物脱水。

阶段 5：濒临死亡。阶段 5，动物濒临死亡。可以观察到动物俯卧或侧卧，不吃不喝；这种情况下只能再存活 1～2d。

4.6.4 动物出现阶段 3 或更严重的病程阶段，就应当进行人道主义安乐死。攻毒后 6d 或 6d 以上死亡或安乐死的动物均被认为是由 CVS 攻毒引起的死亡（9CFR117.4 和 CVB 通告第 12～12 号）。攻毒后 14d 仍存活的小鼠在检测结束时进行安乐死。

4.6.5 相同的定义应当被列入非典籍的效力检验和安全检验中，及效力检验方法中。拟定的终点应当在个例分析中评估后确认。

4.7 待检疫苗、VRRV 的 ED_{50} 和 CVS 的 LD_{50} 均可按照第四版 WHO 狂犬病实验室技术中引用的 Spearman-Kärber 法进行确定。

4.8 待检疫苗（TV）的相对效力（RP）按下列公式进行计算：

RP＝（TV ED_{50} 的倒数/VRRV ED_{50} 的倒数）×（TV 剂量/VRRV 剂量）

TV 的 ED_{50}＝1∶90

VRRV 的 ED_{50}＝1∶70

90/70＝1.29RP/mL

4.9 RP 值可以用国际单位（IU）乘以 RP 表示为 VRRV 的 IU/mL。对于已知值为 1.0IU/mL 的 VRRV，上面的例子中：1.29×1.0IU/mL＝1.29IU/mL。

5. 检验结果说明

5.1 有效检验标准

5.1.1 接种 VRRV 和待检疫苗最高浓度稀释液的小鼠至少有 70% 必须存活（如 16 只小鼠中有 11 只存活）。

5.1.2 接种 VRRV 和待检疫苗最低浓度稀释液的小鼠至少有 70% 必须死亡（如 16 只小鼠中有 11 只死亡）。

5.1.3 对于有效的攻毒试验，CVS 回归滴定必须≥12LD_{50}/0.03mL。

5.1.4 如果不满足有效性要求，则判检验为未检验，可进行无差别的重检。

5.2 根据 9CFR113.209 规定和 APHIS 备案生产大纲要求，符合规定的待检疫苗的最低 RP 值是由进行本动物免疫原性试验批次的结果确定的。如果满足有效性要求，且待检疫苗的 RP 值达到或超过最低放行标准，则判该待检疫苗符合规定。

5.3 如果初次进行的 NIH 检验，待检疫苗不能达到 APHIS 备案生产大纲要求的最低 RP 值，则可对待检疫苗进行重检。如果待检疫苗重检，则应独立进行 2 次 NIH 检验。待检疫苗用 3 次重检所得 RP 值的几何平均值进行评价。

6. 检验结果报告

检验结果报告 RP/mL。

7. 参考文献

Title 9，Code of Federal Regulations，section 113.209［M］. Washington，DC：Government Printing Office.

8. 修订概述

第 06 版

•5.3：按照兽医生物制品中心规定，重新书写对于如果批检验没有达到最低 RP 值及相关重检规定的描述。

第 05 版

•全面修订整个版本，以符合兽医生物制品中心现行的实际情况。

第 04 版

•更新联系人信息。

1. 确定检验攻毒用的病毒。

•3.1 删除"潜在"和"潜在的"等用语。狂犬病对人的健康有危害，应进行相应处理。

•3.3 为阐述清晰对本部分进行修订。

•4.4 增加 CVS 的起始稀释。

•4.5 变更 CVS 的稀释系列，以反应所使用的 CVB 的方法。

•文件中所有 NVSL 一律变更为 NCAH。

第 03 版

•2.2 增加有效试剂来自国家兽医局实验室的培养基编号。

•3.3.1 增加 CVB 使用的兽医狂犬病参考疫苗的现行稀释方法。

•3.3.2（7） 修订本本分，增加 CVS 回归滴定的现行稀释方法。

•3.3.3（3） VRRV 检验中额外增加了一组 16 只检验小鼠。

•4.5 明确 CVS 回归滴定的接种。

第 02 版

本修订版资料主要用于阐述兽医生物制品中心现行的实际操作方法，并提供了额外的细节信息。虽然不对检验结果产生重大影响，但是对文件进行了以下修改：

•1.2 删除"关键词"。

•3.3.1.2 将以 1∶10 为起始浓度进行 5 倍系列稀释的例子进行了扩展。

•3.4 为阐述清晰进行改写。

•4.6.2 为阐述清晰进行改写。

•5.2 为阐述清晰进行改写。

•冰箱温度由（4±2）℃变更为 2～7℃，这反映了 Rees 系统建立和监测的参数。

• 文件中所有的"待检批次"均变更为"待检疫苗"。

• 文件中所有的"参考品和试剂清单"均变更为"试剂资料清单"。

• 删除有关参考文献的脚注，现直接标注在个别项旁边。

（薛青红译，张一帜校）

SAM309. 05

美国农业部兽医生物制品中心
检验方法

SAM 309　用 Vero 细胞测定犬副流感病毒滴度的补充检验方法

日　　期：2014 年 10 月 30 日

编　　号：SAM 309. 05

替　　代：SAM 309. 04，2011 年 6 月 30 日

标准要求：9CFR 113. 316 部分

联 系 人：Alethea M. Fry，(515) 337-7200

　　　　　Peg A. Patterson

审　　批：/s/Geetha B. Srinivas　　　　日期：2015 年 1 月 9 日

　　　　　Geetha B. Srinivas，病毒学实验室负责人

　　　　　/s/Byron E. Rippke　　　　　日期：2015 年 1 月 13 日

　　　　　Byron E. Rippke，兽医生物制品中心政策、评审与执照管理部门负责人

　　　　　/s/Rebecca L. W. Hyde　　　　日期：2015 年 1 月 13 日

　　　　　Rebecca L. W. Hyde，兽医生物制品中心质量管理部门负责人

美国农业部动植物卫生监督署

P. O. Box 844

Ames，IA 50010

补充检验方法中提及的商标或专利产品不等同于该产品已获得了美国农业部的保证或担保，且它的批准也不意味着其可用于排除在外的其他可能适用的产品

目　　录

1. 引言

本补充检验方法（SAM）描述了测定犬副流感（CPI）病毒改良活疫苗中病毒含量的体外检验方法。通过用豚鼠血红细胞（GPRBC）进行的血细胞吸附（HAd）试验检测是否存在 CPI 病毒。

2. 材料

2.1　设备/仪器

下列任何品牌的设备或仪器均可由具有相同功能的设备或仪器所替代。

2.1.1　(36 ± 2)℃、$(5\pm1)\%$ CO_2、高湿度培养箱（型号 3336，Forma Scientific 有限公司）；

2.1.2　水浴锅；

2.1.3　离心机和转子（Beckman Coulter）；

2.1.4　倒置光学显微镜（型号 CK，奥林巴斯美国有限公司）；

2.1.5　涡旋混合器（Vortex-2 Genie，型号 G-560，Scientific Industries 有限公司）；

2.1.6　自动充满可重复使用 2mL 注射器；

2.1.7　带吸头的移液器和/或自动微量移液器和吸头；

2.1.8　移液管助吸器。

2.2　试剂/耗材

下列任何品牌的试剂或材料均可由具有相同功能的试剂或材料所替代。所有试剂和材料均必须无菌。

2.2.1　CPI 阳性对照品，D008 株。

2.2.2　无 CPI 抗体的单特异性抗血清，用于中和多联苗中非 CPI 病毒的成分〔如犬瘟热病毒（CDV）和犬腺病毒（CAV）〕。

2.2.3　按照联邦法规第 9 卷（9CFR）检验无外源病原的非洲绿猴肾（Vero）细胞系。

2.2.4　最低基础培养基（MEM）

1）9.61g 含有 Earles 盐（无碳酸氢盐）的 MEM；

2）1.1g 碳酸氢钠（$NaHCO_3$）；

3）用 900mL 去离子水（DI）溶解步骤 1 和 2 的试剂；

4）在 10mL DI 中加入 5.0g 水解乳清蛋白或乙二胺，(60 ± 2)℃加热直至溶解，不断搅拌的同时将其加入步骤 3 项溶液中；

5）加 DI 至 1 000mL，用 2mol/L 盐酸（HCl）调节 pH 至 6.8～6.9；

6）用 $0.22\mu m$ 滤器滤过除菌；

7）无菌添加 $50\mu g/mL$ 硫酸庆大霉素；

8）在 2～7℃保存。

2.2.5　生长培养基

1）940mL MEM。

2）无菌添加：

a. 50mL 伽马射线灭活的胎牛血清（FBS）；

b. 10mL L-谷氨酰胺（200mmol/L）

3）在 2～7℃保存。

2.2.6　Alsever's 溶液

1）8.0g 柠檬酸钠（$Na_3C_6H_5O_7\cdot 2H_2O$）；

2）0.55g 柠檬酸（$C_6H_8O_7\cdot H_2O$）；

3）4.2g 氯化钠（NaCl）；

4）20.5g 葡萄糖（$C_6H_{12}O_6$）；

5）用 DI 定容至 1 000mL；

6）用 $0.22\mu m$ 滤器滤过除菌；

7）在 2～7℃保存。

2.2.7　不含钙离子（Ca^{2+}）和镁离子（Mg^{2+}）的 Dulbecco's 磷酸缓冲盐水（DPBS）。

1）8.0g 氯化钠（NaCl）；

2）0.2g 氯化钾（KCl）；

3）0.2g 无水磷酸二氢钾（KH_2PO_4）；

4）将步骤 1～3 的试剂溶于 900mL DI 中；

5）在 10mL DI 中加入 1.03g 无水磷酸氢二钠（Na_2HPO_4），(60 ± 2)℃加热直至溶解。不断搅拌的同时将其加入步骤 4 项溶液中；

6）加 DI 至 1 000mL，用 2mol/L HCl 调节 pH 至 7.0～7.3；

7）用 $0.22\mu m$ 滤器滤过除菌；

8）在 2～7℃保存。

2.2.8　Dulbecco's 磷酸缓冲盐水（DPBS）

1）8.0g NaCl；

2）0.2g KCl；

3）0.2g KH_2PO_4；

4）0.1g 六水合氯化镁（$MgCl_2\cdot 6H_2O$）；

5）将步骤 1～4 的试剂溶于 900mL DI 中；

6）在 10mL DI 中加入 1.03g Na_2HPO_4，(60 ± 2)℃加热直至溶解，不断搅拌的同时将其加入步骤 5 项溶液中；

7）在 10mL DI 中溶解 0.1g 无水氯化钙（$CaCl_2$），并缓慢加入步骤 5 项中混匀，避免产生沉淀；

8）加 DI 至 1 000mL，用 2mol/L HCl 调节 pH 至 7.0～7.3；

9）用 $0.22\mu m$ 滤器滤过除菌；

10）在 2～7℃保存。

2.2.9 豚鼠血液与 Alsever's 溶液的等量混合液。

2.2.10 24孔细胞培养板。

2.2.11 （12×75）mm 聚苯乙烯管。

2.2.12 10mL、25mL 移液管。

2.2.13 50mL 锥形管。

2.2.14 1mL 注射器（结核菌素用）和18号×1.5英寸针头。

3. 检验准备

3.1 人员资质/培训

操作人员必须具有细胞培养与维持、动物病毒繁殖与维护和通过 HAd 测定病毒感染量的经验。

3.2 设备/仪器的准备

开始检验当天，将水浴锅设置为（36±2）℃。

3.3 试剂/对照品的准备

3.3.1 Vero 细胞培养板的准备（检验板）

选择每 3～4d 传代一次的健康、致密单层的 Vero 细胞。开始检验前一天，在 24孔细胞培养板所有孔中加入用生长培养基稀释成约 $10^{4.7}$～$10^{5.2}$ 个细胞/mL 的细胞悬液，1.0mL/孔。准备 Vero 阳性对照品检验板和每种待检疫苗检验板各 1 块。此为检验板。置（36±2）℃ CO_2 培养箱培养 1d。

3.3.2 CPI 阳性对照品的准备

1）检测开始当天，取 1 支 CPI 阳性对照品放入（36±2）℃水浴中迅速解冻。

2）根据 CVB 试剂资料清单和标签的要求准备若干（12×75）mm 聚苯乙烯管，适当标记，每管加入 1.8mL MEM，管子数量应包括预期的终点（如准备 9 管，分别标记为 10^{-1}、10^{-2}、10^{-3}、10^{-4}、10^{-5}、10^{-6}、10^{-7}、10^{-8} 和 10^{-9}）。

3）用微量移液器吸取 $200\mu L$ CPI 阳性对照品加入标记 10^{-1} 的管中，涡旋混匀。

4）换一个新吸头，从标记 10^{-1} 的管中（见步骤 3 项）吸取 $200\mu L$ 加入标记 10^{-2} 的管中，涡旋混匀。

5）重复步骤 4 项，从前一个稀释度吸取 $200\mu L$ 加入下一个稀释度的管中，直至完成 10 倍系列稀释。

3.3.3 根据 CVB 试剂资料清单或特异性抗血清的测定结果，用 DPBS 作为稀释剂制备每种中和的非 CPI 抗血清稀释液。

3.3.4 洗涤的豚鼠红细胞（GPRBC）的准备

1）在 50mL 锥形管中加入 20mL 豚鼠血液。

2）用 Alsever's 溶液定容至 50mL，颠倒数次

混匀。

3）（4±2）℃，400r/min 离心（15±5）min（Beckman J6B 离心机，1 500r/min，转子 JS-4.0）。

4）用移液管吸出上清液和白细胞层，弃去。

5）重复步骤 2～4 项，共洗涤 3 次。

6）在洗涤的 GPRBC 中加入等体积 Alsever's 溶液。在 2～7℃保存，在采血后 1 周内使用。

3.3.5 HAd 试验用 0.5%GPRBC 悬液

1）在进行 HAd 试验当天，吸取已洗涤待用的 GPRBC500μL 加入 100mL 无钙镁的 DPBS 溶液中，彻底洗去黏在移液管上的 GPRBC。

2）颠倒混匀，在 2～7℃保存，在采血后 1 周内使用。

3.4 待检疫苗的准备

3.4.1 待检疫苗首次检验需用单独 1 瓶疫苗（从 1 瓶疫苗中取一个单一的样本）。接种当天，用 1.0mL 无菌注射器和 18 号×1.5 英寸的针头吸取稀释液对冻干疫苗进行复溶（1mL 装量的疫苗用 1mL 稀释液复溶；0.5mL 装量的疫苗用 0.5mL 稀释液复溶，以此类推），涡旋混匀。室温孵育（15±5）min。

3.4.2 对于含多种组分的 CPI 联苗，应先用除 CPI 外的每种病毒组分的特异性抗血清中和非 CPI 病毒成分。没有必要中和犬细小病毒（CPV），因为 CPV 不在 Vero 细胞上复制。

1）根据 CVB 试剂资料清单或生产商说明书准备每个中和非 CPI 抗血清的稀释液。

2）取每种中和抗血清各 $200\mu L$，加入（12×75）mm 聚苯乙烯管中，标记为 10^{-1}，并加入 MEM 至终体积为 1.8mL。例如，中和 CDV/CPI/CAV 三联苗中除 CPI 外的其他 2 种病毒组分，各吸取稀释后的 CDV 和 CAV 抗血清 $200\mu L$，加入标记为 10^{-1} 的管中，再加入 1.4mL MEM 使得终体积达到 1.8mL。

3）用移液器吸取 $200\mu L$ 复溶的待检疫苗，加入 10^{-1} 的管中，涡旋混匀。

4）室温孵育（60±10）min。

3.4.3 对于只含有 CPI 的待检疫苗，直接取 $200\mu L$ 待检疫苗加入（12×75）mm 聚苯乙烯管中，再加入 1.8mL MEM 进行 10^{-1} 稀释，在管上标记 10^{-1}，涡旋混匀。

3.4.4 10 倍系列稀释

1）取 5 个（12×75）mm 聚苯乙烯管，每管

加入 1.8mL MEM，分别标记为 10^{-2} 至 10^{-6}（如果待检疫苗预期的 CPI 终点高于 10^{-6}，则取更多的管）。

2）用新吸头从标记为 10^{-1} 的管中吸取 $200\mu L$ 加入下一个稀释度管中，涡旋混匀。

3）重复步骤 2 项，从前一个稀释度管吸取 $200\mu L$ 加入下一个稀释度管，直至完成所有 10 倍系列稀释。

4. 检验

4.1　检验当天，标记检验板并接种待检疫苗，每个稀释度接种 5 个孔，每孔 $200\mu L$，从 $10^{-6}\sim$ 10^{-3}。按照同样的方法接种 CPI 阳性对照品，每个稀释度接种 5 个孔（按照步骤 3.3.2 项举例，从 $10^{-9}\sim10^{-6}$ 稀释）。不同的样品（即：每种待检疫苗和 CPI 阳性对照品）间要更换吸头，但是如果对同一系列稀释的样品，是从最高稀释度至最高浓度取样（如从 $10^{-9}\sim10^{-6}$），则不需要更换吸头。

4.2　取 5 个孔，不接种作为阴性细胞对照。

4.3　将接种的检验板置（36 ± 2）℃ CO_2 培养箱孵育（8 ± 1）d。

4.4　孵育后，用 0.5%GPRBC 悬液在细胞单层上进行 Had 试验。

4.4.1　弃去板子上的培养基，倒入可高压灭菌的容器内。

4.4.2　将检验板浸在盛有无钙镁 DPBS 溶液的容器中，之后弃去 DPBS 溶液。

4.4.3　加入轻轻颠倒混匀的 0.5%GPRBC 悬液，每孔 1.0mL。

4.4.4　$2\sim7$℃孵育（25 ± 5）min。

4.4.5　重复步骤 4.4.2 项 2 次，洗涤检验板。

4.4.6　在倒置光学显微镜下 $100\times$ 观察湿检验板，检测 HAd 试验中 CPI 感染 vero 细胞的情况。

1）出现 GPRBC 吸附在细胞单层上的孔被认为是 CPI 阳性。

2）记录待检疫苗和 CPI 阳性对照品每个稀释度 HAd 阳性的孔数与接种总孔数的比。

4.5　用 Finney 修正的 Spearman-Kärber 法计算待检疫苗和阳性对照品的 CPI 终点。病毒滴度以单位剂量含 $\log_{10}50\%$HAd 感染量表示（HAd ID_{50}）

例如：

10^{-3} 稀释的待检疫苗＝5/5 孔 HAd 阳性

10^{-4} 稀释的待检疫苗＝4/5 孔 HAd 阳性

10^{-5} 稀释的待检疫苗＝1/5 孔 HAd 阳性

10^{-6} 稀释的待检疫苗＝0/5 孔 HAd 阳性

Spearman-Kärber 公式

$$待检疫苗滴度＝X－d/2＋d\times S$$

式中，$X＝\log_{10}$（所有孔为 HAd 阳性的最高稀释倍数）（3）；

$d＝\log_{10}10$ 倍稀释的稀释系数（1）；

$S＝$ 所有 HAd 阳性孔与稀释度检验孔的比例之和：

$$5/5＋4/5＋1/5＋0/8＝10/5＝2.0$$

CPI 待检疫苗滴度＝（$3－1/2$）＋（1×2.0）＝4.5

按照以下方法调整滴度至待检疫苗推荐的剂量：

A. 将待检疫苗剂量除以接种剂量，其中：

待检疫苗剂量＝说明书推荐的免疫剂量（对于本 CPI 疫苗，推荐剂量为 1mL）

接种剂量＝加入检验板每个孔稀释待检疫苗的剂量（对于本待检 CPI 疫苗，接种剂量为 0.2mL）

1mL 疫苗剂量/0.2mL 接种剂量＝5

B. 计算 $\log_{10}A$ 的值，并将所得的结果与待检疫苗滴度相加，如下所示：

$$\log_{10}5＝0.7$$

待检疫苗滴度＝4.5＋0.7＝5.2

因此，本 CPI 待检疫苗的滴度为 $10^{5.2}$ HAd ID_{50}/mL。

5. 检验结果说明

5.1　有效检验标准

5.1.1　CPI 阳性对照品的滴度必须在预先测定 10 次的平均滴度±2 个标准差之间。

5.1.2　CPI 阳性对照品的最低接种稀释度必须为 100%（5/5）HAd 阳性反应。如果未能检测到终点（最高稀释度的 1 个或 1 个以上孔为 HAd 阳性），则滴度表示为"大于或等于"所计算的滴度。如果终点对检验非常重要，那么最高稀释度（最稀的溶液）必须显示为无 CPE 阳性反应（0/5）。

5.1.3　不接种的细胞对照必须不出现任何 HAd、降解或培养基呈云雾状（即污染）。

5.2　如果检验不能满足有效性的要求，则判检验为未检验，可进行无差别的重检。

5.3　如果检验能够满足有效性的要求，且待检疫苗的滴度大于或等于动植物卫生监督署（APHIS）备案生产大纲规定的产品滴度，则判待检疫苗为符合规定。

5.4　如果检验能够满足有效性的要求，但是待检疫苗的滴度低于最低标准要求，则可按照 9CFR113.8 部分对待检疫苗进行重检。

6. 检验结果报告

检验结果报告待检疫苗的 HAd ID_{50}/头份。

7. 参考文献

Title 9，Code of Federal Regulations，part 113. 316 [M]. Washington，DC：Government Printing Office.

Cottral G E，1978. Manual of standardized methods for veterinary microbiology [M]. Ithaca and London：Comstock Publishing Associates：731.

Finney D J，1978. Statistical method in biological assay [M]. 3rd ed. London：Charles Griffin and Company.

8. 修订概述

第 05 版

• 更新联系人信息，但是，病毒学实验室决定保留原信息至下次文件审查之日。

第 04 版

• 更新联系人信息。

第 03 版

• 文件中所有的术语"参考品"均变更为"阳性对照品"。

第 02 版

本修订版资料主要用于阐述兽医生物制品中心现行的实际操作方法，并提供了额外的细节信息。虽然不对检验结果产生重大影响，但是对文件进行了以下修改：

• 2.2.4.2 碳酸氢钠（$NaHCO_3$）的用量由 2.2g 变更为 1.1g。

• 2.2.4.7 删除青霉素和链霉素。

• 4.5 增加额外的步骤，明确采用 Spearman-Kärber 法计算病毒滴度。

• 5.1.2 有效性要求需要记录阳性反应比率。

• 冰箱温度由（4 ± 2）℃变更为 2~7℃。这反映了 Rees 系统建立和监测的参数。

• 文件中所有的"待检批次"均变更为"待检疫苗"。

• 文件中所有的"参考品和试剂清单"均变更为"试剂资料清单"。

• 删除有关参考文献的脚注，现直接标注在个别项旁边。

（范秀丽　薛青红译，张一帜校）

美国农业部兽医生物制品中心
检验方法

SAM 312　基础种毒外源致细胞病变病原检验的补充检验方法

日　　期：2014 年 10 月 30 日

编　　号：SAM 312.03

替　　代：SAM 312.02，2011 年 2 月 9 日

标准要求：9CFR 113.46 和 113.55 部分

联 系 人：Alethea M. Fry，（515）337-7200

　　　　　Peg A. Patterson

审　　批：/s/Geetha B. Srinivas　　　　　日期：2015 年 1 月 8 日

　　　　　Geetha B. Srinivas，病毒学实验室负责人

　　　　　/s/Byron E. Rippke　　　　　日期：2015 年 1 月 13 日

　　　　　Byron E. Rippke，兽医生物制品中心政策、评审与执照管理部门负责人

　　　　　/s/Rebecca L. W. Hyde　　　　　日期：2015 年 1 月 13 日

　　　　　Rebecca L. W. Hyde，兽医生物制品中心质量管理部门负责人

美国农业部动植物卫生监督署

P. O. Box 844

Ames，IA 50010

补充检验方法中提及的商标或专利产品不等同于该产品已获得了美国农业部的保证或担保，且它的批准也不意味着其可用于排除在外的其他可能适用的产品

目 录

1. 引言

本补充检验方法（SAM）描述了对兽医疫苗产品中使用的基础种毒（MSV）中外源的致细胞病变病原的检验方法。通过对单层细胞组织培养物进行 May-Grünwald-姬姆萨染色并进行镜检，测定是否存在外源病原引起的细胞病变反应（CPE）。

2. 材料

2.1　设备/仪器

下列任何品牌的设备或仪器均可由具有相同功能的设备或仪器所替代。

- 倒置光学显微镜

2.2　试剂/耗材

下列任何品牌的试剂或材料均可由具有相同功能的试剂或材料所替代。

2.2.1　细胞培养瓶，25cm²，细胞单层培养用。符合联邦法规第 9 卷（9CFR），113.51 和 113.52 部分规定的要求。

1）单层细胞，应在上一次传代后培养至少 7d。

2）每个细胞类型取 1 瓶用于接种 MSV（MSV 瓶）。

3）每个细胞类型取 1 瓶作为不接种的阴性对照（NC 瓶）。

2.2.2　去离子水（DI）。

2.2.3　0.01mol/L 磷酸缓冲盐水（PBS）

1）1.33g 无水磷酸氢二钠（Na_2HPO_4）；

2）0.22g 一水合磷酸二氢钠（$NaH_2PO_4 \cdot H_2O$）；

3）8.5g 氯化钠（NaCl）；

4）添加 DI 至 1 000mL；

5）用 0.1mol/L 氢氧化钠（NaOH）或 1.0mol/L 盐酸（HCl）调节 pH 至 7.2～7.6。

2.2.4　无水甲醇。

2.2.5　May-Grünwald 染色液。

2.2.6　Whatman ® 2 号滤纸。

2.2.7　姬姆萨染色液。

2.2.8　移液管：1mL、5mL、10mL 和 25mL。

2.2.9　量筒，500mL。

2.2.10　矿物油。

3. 检验准备

3.1　人员资质/培训

操作人员必须具有细胞培养及维护、按照 9CFR 第 113.55 和 113.46 部分所述 MSV 外病原检验、细胞染色技术和倒置光学显微镜的使用等方面的经验。

3.2　试剂和对照品的准备

3.2.1　May-Grünwald 染色液，工作浓度

1）用量筒量取 500mL 无水乙醇。无水乙醇使用前应放至室温，（23±2）℃。

2）用步骤 1 项中的无水乙醇溶解 0.5g May-Grünwald 染色剂。

3）用 2 号滤器滤过步骤 2 项中的液体。

4）在室温保存。

3.2.2　姬姆萨染色液，工作浓度

1）用 25mL 移液管量取 24mL DI 置适当容器中。用 1mL 移液管加入姬姆萨染色液 1mL 或按照生产商指定进行稀释。

2）在室温保存。

3.3　样品的准备

按照 9CFR113.55 部分对 MSV 进行检验。最后 1 次传代细胞应达到 9CFR113.46 部分的最低标准要求。在 14d 的维持期内，定期在显微镜下检查单层细胞是否出现 CPE。通过 May-Grünwald-姬姆萨染色法检测传代后培养至少 7d 的单层细胞中是否存在致细胞病变的外源病原，每种细胞类型至少使用 1 个 MSV 瓶和 1 个 NC 瓶进行检验。在染色前，检查所有的细胞瓶中是否出现 CPE。

4. 检验

> 警告：使用甲醇和姬姆萨染色液时要采取防护措施：要远离热源、火花或火焰；保持容器密闭；避免吸入蒸汽；使用时充分通风；要穿戴适当的防护服，包括手套和安全护目镜（不要接触眼睛的晶状体）；操作后彻底清洗。存放在易燃液体储存柜中。根据实验室安全操作规范要求，将用过的化学物质放在适当的容器中。

May-Grünwald-姬姆萨染色：

4.1　倒掉 MSV 瓶和 NC 瓶中的组织培养基。

4.2　用 10mL 移液管吸取 10mL 常温 PBS 漂洗单层细胞。

4.3　倒掉 PBS 洗液。

4.4　用 5mL 移液管每瓶各加入（4±1）mL 工作浓度的 May-Grünwald 染色液。

4.5　室温孵育（10±5）min。

4.6　倒出染色液并妥善处理。

4.7　用 5mL 移液管每瓶各加入 3mL 工作浓度的姬姆萨染色液。

4.8　室温孵育（15±5）min。

4.9　倒出染色液并妥善处理。

4.10 用 10mL 移液管吸取 10mL DI 漂洗单层细胞。

4.11 倒掉 DI。

4.12 当单层细胞仍然湿润时，用倒置光学显微镜在（100～200）×下观察，比较每种细胞系检验中的 MSV 瓶与 NC 瓶中的细胞。可在每瓶中加入 2mL 矿物油，以便以后检查。

4.12.1 检查每瓶是否存在外源的细胞内病原。May-Grünwald-姬姆萨染色法可以区分 DNA 与 RNA 的核蛋白。染色后，DNA 核蛋白呈紫红色，而 RNA 核蛋白呈蓝色。

4.12.2 检查是否出现由外源病原引起的 CPE，如包含体、巨细胞形成、合胞体或其他细胞异常。

5. 检验结果说明

5.1 有效检验标准

5.1.1 NC 瓶应无外源的细胞内病原、CPE 或细胞异常。

5.1.2 NC 瓶和 MSV 瓶均应无细菌或真菌污染。

5.1.3 MSV 瓶应无因 MSV 病原引起的 CPE。

5.1.4 如果不能满足步骤 5.1.1 到 5.1.3 项标准要求中的任何一项，则判检验为未检验，可进行无差别的重检。

5.2 符合规定的检验

如果检验有效，且 MSV 瓶无外源的细胞内病原、CPE 或细胞异常，则判 MSV 符合规定。

5.3 重检

5.3.1 如果首次检验有效，且发现有外源的细胞内病原、CPE 或细胞异常，则用出现阳性的细胞类型再进行一次检验（第 1 次重检）。重新取 1 瓶 MSV 进行重检。

5.3.2 如果第二次检验（第一次重检）证实了首次检验的结果，则判 MSV 不符合规定。

5.3.3 如果第二次检验（第一次重检）不能证实首次检验的结果，则对 MSV 进行第三次检验（第二次重检）。重新取 1 瓶 MSV 进行重检。

1）如果第二次和第三次检验（第一和二次重检）有效，且结果表明 MSV 无外源的细胞内病原、CPE 或细胞异常，则判 MSV 符合规定。

2）如果第三次检验（第二次重检）有效，且结果证实了首次检验的结果，则判 MSV 不符合规定。

6. 检验结果报告

在检验记录上记录所有检测结果。

7. 参考文献

Title 9, Code of Federal Regulations, parts 113.46, 113.51, 113.52, and 113.55 [M]. Washington, DC: Government Printing Office.

8. 修订概述

第 03 版

• 更新联系人信息，但是病毒学实验室决定保留原信息至下次文件审查之日。

第 02 版

本修订版资料主要用于阐述兽医生物制品中心现行的实际操作方法，并提供了额外的细节信息。虽然不对检验结果产生重大影响，但是对文件进行了以下修改：

• 文件编号由 MVSAM0312 更换为 SAM312。

• 更新联系人信息。

第 01 版

为符合 NVSL/CVB 现行的标准要求，修订本文件，明确说明使用现行 CVB-L 的操作规范，并提供了额外的细节。与之前 1895 年 1 月 1 日签发的 SAM312 相比较，无明显变化。

（智海东译，张一帜校）

美国农业部兽医生物制品中心
检验方法

SAM 313　基础种毒外源红细胞吸附病原检验的补充检验方法

日　　期：2014 年 11 月 13 日

编　　号：SAM 313. 04

替　　代：SAM 312. 03，2011 年 6 月 30 日

标准要求：9CFR 113. 46 和 113. 55 部分

联 系 人：Alethea M. Fry，（515）337-7200

　　　　　Peg A. Patterson

审　　批：/s/Geetha B. Srinivas　　　　　日期：2014 年 12 月 3 日

　　　　　Geetha B. Srinivas，病毒学实验室负责人

　　　　　/s/Byron E. Rippke　　　　　日期：2014 年 12 月 10 日

　　　　　Byron E. Rippke，兽医生物制品中心政策、评审与执照管理部门负责人

　　　　　/s/Rebecca L. W. Hyde　　　　　日期：2014 年 12 月 15 日

　　　　　Rebecca L. W. Hyde，兽医生物制品中心质量管理部门负责人

美国农业部动植物卫生监督署

P. O. Box 844

Ames，IA 50010

补充检验方法中提及的商标或专利产品不等同于该产品已获得了美国农业部的保证或担保，
且它的批准也不意味着其可用于排除在外的其他可能适用的产品

目　录

1. 引言

本补充检验方法（SAM）描述了对兽医疫苗产品中使用的基础种子（MS）中外源的红细胞吸附病原的检验方法。不是所有的病毒都会引起细胞的外形产生明显的变化，但是可以通过整合在细胞膜上的病毒编码的糖蛋白对红细胞（RBC）的HAd来进行检测。为了进行检验，洗涤细胞单层，并用豚鼠和鸡RBC悬液覆盖。孵育后，未感染的细胞表现正常，而RBC将吸附到表面含有HAd性病毒抗原的单层细胞上。可以通过肉眼和显微镜观察的方法完成检测。

2. 材料

2.1　设备/仪器

下列任何品牌的设备或仪器均可由具有相同功能的设备或仪器所替代。按照现行的标准操作程序对仪器进行校准和验证。

2.1.1　倒置光学显微镜；

2.1.2　光源箱；

2.1.3　低速冷冻离心机（带有 JS4.0 转子或相同转子的 Beckman J-6B 离心机）；

2.1.4　冰箱，2～7℃；

2.1.5　微量移液器和相应的吸头；

2.1.6　液体用抽真空泵，一侧连接带有 Chapman 型过滤泵的侧臂烧瓶的真空泵，过滤泵连接水线；

2.1.7　层流式生物安全柜（NuAire 有限公司 Labgard 牌或相同品牌）。

2.2　试剂/耗材

下列任何品牌的试剂或材料均可由具有相同功能的试剂或材料所替代。所有试剂和耗材均必须无菌。

2.2.1　在上一次传代后培养至少 7d 的适宜容器，含有：

- MS 接种物
- 阴性对照细胞单层

最好使用 25cm^2 瓶，但任何表面积≥6cm^2 的适宜替代品均可使用。

2.2.2　制备一瓶表面积≥6cm^2 的 Vero 细胞单层作为阳性对照（PC）。

2.2.3　PC 病毒（牛副流感病毒 3 型现行批准的批次）。

2.2.4　Alsever's 溶液

1）8.0g 柠檬酸钠（Na$_3$C$_6$H$_5$O$_7$·2H$_2$O）；

2）0.55g 柠檬酸（C$_6$H$_8$O$_7$·H$_2$O）；

3）4.2g 氯化钠（NaCl）；

4）20.5g 葡萄糖（C$_6$H$_{12}$O$_6$）；

5）加去离子水（DI）至 1 000mL；

6）用 0.22μm 滤器滤过除菌；

7）在 2～7℃ 保存。

2.2.5　含有等体积豚鼠和鸡红细胞的 Alsever's 溶液，2～7℃ 保存。

2.2.6　0.01mol/L 磷酸缓冲盐水（PBS）

1）1.33g 无水磷酸氢二钠（Na$_2$HPO$_4$）；

2）0.22g 一水合磷酸二氢钠（NaH$_2$PO$_4$·H$_2$O）；

3）8.5g 氯化钠（NaCl）；

4）添加 DI 至 1 000mL；

5）用 0.1mol/L 氢氧化钠（NaOH）或 1.0mol/L 盐酸（HCl）调节 pH 至 7.2～7.6；

6）15psi,(121±2)℃ 高压灭菌（35±5）min；

7）在 2～7℃ 保存。

2.2.7　移液管：1mL、5mL、10mL 和 25mL。

2.2.8　锥形管：50mL。

2.2.9　细胞培养瓶：25cm^2（或适宜容器）。

2.2.10　量筒。

3. 检验准备

3.1　人员资质/培训

在进行本检验操作之前，操作人员必须经过相关仪器和设备的操作培训。检验人员必须熟悉检验试剂和生物学材料的正确使用。检验人员必须具熟知安全操作程序和政策。

3.2　RBC 的准备

3.2.1　豚鼠和/或鸡红细胞的洗涤

1）将 10～20mL 在 Alsever's 溶液中防腐保存的豚鼠和/或鸡红细胞分别加入 50mL 锥形管中。

2）加入 Alsever's/PBS 溶液，轻轻颠倒锥形管数次，洗涤红细胞。

3）将 RBC 在（4±2）℃ 1 500～1 800r/min 离心（带有 JS-4.0 或 JS-4.2 转子的 J6-B 离心机）（15±5）min。

4）用移液器或真空吸液器吸去 PBS 和白细胞层（红细胞上层的骨色细胞层）。

5）重复步骤 2～4 项，洗涤 3 次或 3 次以上（直至上清液透明）。离心后的豚鼠和鸡 RBC 在 2～7℃ 可保存 1 周。如果观察到溶血现象，则应弃去红细胞。

3.2.2　检验当天制备 0.2% 红细胞

1）将 49.8mL PBS 加入适宜的容器中。

2）用 1mL 移液器将 100μL 洗涤过的豚鼠

RBC 和 100μL 鸡 RBC 加入 PBS 中。充分冲洗移液器,彻底分散所有的 RBC。轻轻摇动混匀。

3)检验结束后应弃去 RBC 悬液。

3.3 样品的准备

对于每种细胞系,取至少一个接种 MS 的 25cm^2 瓶细胞和至少一个不接种的 25cm^2 瓶细胞,顺序在 4℃ 和 25℃ 进行检测。此外,取 2 个未接种的 Vero 细胞的 25cm^2 瓶接种后作为阳性对照,每个温度取一瓶。最后一次传代培养时,阳性对照瓶接种牛副流感病毒 3 型。

4. 检验

在 (4±2)℃ 和室温 (23±2)℃ 两个温度下对每种细胞类型的 MS 和 NC 瓶进行 HAd 试验。两个 PC 瓶 (Vero 细胞单层)也分别在 4℃ 和室温进行检验。或者,每种类型细胞的 MS 瓶、NC 瓶和 PC 瓶在每一温度下同时进行孵育(见步骤 4.2 项)。

4.1 分别在每种温度下孵育培养瓶

4.1.1 倒掉 MS 瓶、NC 瓶和 PC 瓶中的培养基。

4.1.2 在每个 MS 瓶、NC 瓶和 PC 瓶中加入 5mL PBS,轻轻摇匀,掉倒。重复洗涤 3 次。

4.1.3 轻轻摇匀 0.2%RBC 混合物,然后在每个 MS 瓶、NC 瓶和 PC 瓶中(见步骤 3.2.2 项)各加入 5mL。

4.1.4 除了一个 PC 瓶外,其余细胞瓶均在 (4±2)℃ 下孵育 (25±5) min。

4.1.5 倒掉 0.2%RBC 混合物。

4.1.6 按步骤 4.1.2 项将培养瓶洗涤 3 次。

4.1.7 用光源箱将 MS 瓶与相应的 NC 瓶和 PC 对照瓶进行比较,在细胞单层上寻找 HAd 区域(见附录 I)。

4.1.8 用倒置光学显微镜在 100× 下将 MS 瓶与相应的 NC 瓶和 PC 瓶进行比较。寻找细胞膜上单个红细胞的 HAd(见附录 II)。

4.1.9 如果未检测到 HAd,按步骤 4.1.3 项所述,在 MS 瓶、NC 瓶和剩余的 PC 瓶中加入 0.2%RBC 混合物。

4.1.10 将所有培养瓶在室温下孵育(25±5)min。

4.1.11 重复步骤 4.1.6 至 4.1.9 项。

4.2 同时在每种温度下分别孵育培养瓶

4.2.1 重复步骤 4.1.1 至 4.1.3 项,设置两套细胞瓶。

4.2.2 将每种细胞系的 MS 瓶、NC 瓶和 PC 瓶 (Vero)在 (4±2)℃ 下孵育 (25±5) min。

4.2.3 另取每种细胞系的 MS 瓶、NC 瓶和 PC 瓶 (Vero) 在室温孵育 (25±5) min。

4.2.4 对每套培养瓶均按照步骤 4.1.6 至 4.1.9 项进行操作。

5. 检验结果说明

对于有效检验,PC 瓶细胞培养物必须出现 HAd,而 NC 瓶细胞培养物必须不出现 HAd。

在 MS 接种的细胞单层中出现 HAd,说明未中和的 MS 中污染了外源病毒,判 MS 不符合规定。如有需要,可以对 MS 进行重检以确认最初的结果。进行额外的研究可以确保确认出现 HAd 的原因。

6. 检验结果报告

按照现行的记录保存操作规范保存所有记录。

7. 参考文献

Title 9, Code of Federal Regulations, parts 113.46, 113.51, 113.52 and 113.55 [M]. Washington, DC: Government Printing Office.

8. 修订概述

第 04 版

• 更新联系人信息,但是病毒学实验室决定保留原信息至下次文件审查之日。

第 03 版

• 更新联系人信息。

第 02 版

本修订版资料主要用于阐述兽医生物制品中心现行的实际操作方法,并提供了额外的细节信息。虽然不对检验结果产生重大影响,但是对文件进行了以下修改:

• 1 增加了检验方法概述

• 2.1 增加了更多现行的和适宜的设备。

• 2.2 增加了检测表面积的标准和阳性对照。

• 3.1 明确了人员资格和培训。

• 3.3 增加了 0.2%RBC 洗涤和制备的额外细节。

• 3.4 在检验系统中增加了阳性对照。

• 4.2 在孵育步骤中增加了阳性对照瓶。

• 5.1 对本部分进行了精简,并阐明了阳性和阴性对照瓶的作用。

• 文件中所有制冷温度由 (4±2)℃ 下变更为 2~7℃。

• 增加包含肉眼和显微镜观察的照片来描述红细胞吸附现象的附录。

附　　录

附录Ⅰ　红细胞吸附的肉眼观察

附录Ⅱ　红细胞吸附的显微镜观察

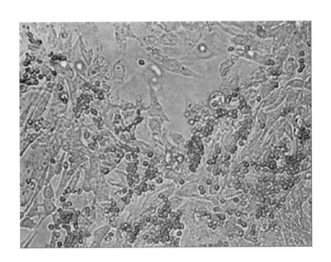

（智海东译，张一帜校）

美国农业部兽医生物制品中心
检验方法

SAM 314　荧光抗体染色法检测基础种子中的外源病原

日　　期：2014 年 11 月 13 日

编　　号：SAM 314.03

替　　代：SAM 314.02，2011 年 6 月 20 日

标准要求：9CFR 113.47

联 系 人：Alethea M. Fry，(515) 337-7200

　　　　　Peg A. Patterson

审　　批：/s/Geetha B. Srinivas　　　　日期：2014 年 12 月 1 日

　　　　　Geetha B. Srinivas，病毒学实验室负责人

　　　　　/s/Byron E. Rippke　　　　　日期：2014 年 12 月 3 日

　　　　　Byron E. Rippke，兽医生物制品中心政策、评审与执照管理部门负责人

　　　　　/s/Rebecca L. W. Hyde　　　　日期：2014 年 12 月 8 日

　　　　　Rebecca L. W. Hyde，兽医生物制品中心质量管理部门负责人

美国农业部动植物卫生监督署

P. O. Box 844

Ames，IA 50010

补充检验方法中提及的商标或专利产品不等同于该产品已获得了美国农业部的保证或担保，且它的批准也不意味着其可用于排除在外的其他可能适用的产品

目　录

1. 引言

本补充检验方法（SAM）描述了用荧光抗体染色技术检测基础种子（MS）中外源病原的方法。该过程可采用直接或间接方法，并使用异硫氰酸荧光素（FITC）与特异性抗体的结合物，其能够使病毒抗原-抗体复合物被紫外（UV）光显微镜观察到。在直接荧光抗体（FA）方法中，荧光素标记的特异性抗体直接与病毒抗原相结合。在间接荧光抗体（IFA）染色方法中，使用了两种特异性抗体：①如果细胞中存在病毒感染，未标记的原始抗体可以与特异性的病毒抗原相结合；②荧光素标记的抗动物种类的二抗可以与原始的抗原-抗体复合物相结合。该抗原-抗体复合物可以被 UV 光学显微镜观察到。

FA 和 IFA 试验不仅可以检测多种外源病原，还可以用于确定 MS 是否被完全中和。

同现行版 VIRPRO1013（基础种子在细胞培养物中的中和及传代）中所述，此处执行的所述程序为 MS 接种的细胞培养物和对照生成的第三代材料。

2. 材料

2.1 设备/仪器

下列任何品牌的设备或仪器均可由具有相同功能的设备或仪器所替代。

2.1.1 需氧培养箱，培养温度为（36±2）℃，加湿；

2.1.2 层流生物安全柜；

2.1.3 紫外（UV）光学显微镜；

2.1.4 化学通风橱。

2.2 试剂/耗材

下列任何品牌的试剂或材料均可由具有相同功能的试剂或材料所替代。

2.2.1 根据现行版 VIRPRO1013 的要求，在孔室载玻片中或其他容器中准备细胞培养物。

2.2.2 去离子水（DI）。

2.2.3 丙酮（100％或用 DI 稀释的 80％的溶液），在本文件中均可参照执行；但是，在适当的情况下可采用其他的固定剂。

2.2.4 磷酸缓冲盐水（PBS），0.01mol/L，pH7.2［国家动物卫生中心（NCAH）培养基＃30054］。

2.2.5 Evan's 蓝生物学染色剂（EBBS），DI 稀释的 1.0％原液。

2.2.6 抗原特异性结合的多克隆抗血清或结合的单克隆抗体（直接 FA）。

2.2.7 与病毒特异性结合的原始抗体、多克隆抗血清或单克隆抗体（IFA）。

2.2.8 结合的二抗或特定产生原始抗体的动物种类的抗动物种类的结合物（IFA）。

2.2.9 带支架的显微镜用载玻片染色皿或载玻片染色缸。

2.2.10 其他实验室用品，如烧杯、移液管、洗瓶等。

2.2.11 封片液（如 10％甘油、50％甘油等）。

3. 检验准备

3.1 人员资质/培训

执行本程序的操作人员必须经过以下方法的培训，并具有一定经验：生物学实验室无菌操作技术，细胞培养，生物学试剂和化学品的制备、操作和处理。操作人员还必须熟知安全操作程序，并经过步骤 2.1 项所列实验室设备所需的操作培训。

3.2 设备/仪器的准备

至少提前 15min 打开生物安全柜。

3.3 试剂/对照品的准备

在 FA 染色当天，用 PBS 分别稀释步骤 2.2.6 项至 2.2.8 项的试剂，至事先测定的用于抗原检测的最佳工作浓度。

3.4 样品的准备

下列程序适用于在孔室载玻片、细胞培养板或培养皿中生长的细胞培养物。

按照现行版 VIRSOP2007 病毒部分中基础种子检测，准备用于 FA 染色的细胞培养物。在最后一次传代后 7d，对 MS 接种的细胞单层和对照细胞单层进行固定，并进行 FA 染色。与 MS 载玻片同时准备阳性和阴性对照载玻片，用于检测的验证。为确保或加强荧光染色的效果，可在第 7 天之前对额外的 MS 和阳性对照细胞单层进行固定。无论细胞单层是否被固定，应同时对这些细胞染色。

预先准备经兽医生物制品中心（CVB）认可的狂犬病病毒阳性对照载玻片。

3.5 细胞培养物的固定

警告：应在通风橱或生物安全柜中使用固定液；必须佩戴手套以免固定液与皮肤接触；固定液可燃，应远离热源或火源。

3.5.1 孔室载玻片

1）将孔室载玻片中的培养液倒入耐高压容器中，拆除其中的塑料壳，留下带有垫片的载玻片。按照实验室安全操作程序操作和处理所有病毒液。

2）将载玻片放在载玻片架上，浸入装有 PBS 的染色皿中，洗涤（10±5）min。

3）从 PBS 中取出载玻片，随后浸入装满丙酮的染色皿中（10±5）min。玻璃的载玻片用100％的丙酮，塑料的载玻片用80％的丙酮。取出载玻片，允许风干。应收集使用后的丙酮并妥善处理。

4）如果制备完成的细胞不能立即进行FA染色，可将固定后的载玻片在−20℃或−20℃以下保存，直至使用。每个抗原的保存时间不同。可以用FA染色对有效使用期进行监测。

3.5.2 细胞培养板或培养皿

1）将细胞培养板/培养皿中的培养基倒入一个耐高压容器中。按照实验室安全操作程序操作和处理所有病毒液。

2）用PBS轻柔的洗涤细胞单层，弃去洗液。

3）用80％丙酮固定细胞单层（10±5）min。

4）将丙酮倒入适当容器中。在吸附表明轻轻吸干培养板/培养皿，然后将培养板/培养皿风干。应收集使用后的丙酮并妥善处理。

5）对细胞板立即染色，或者在−20℃或−20℃以下保存直至使用。每个抗原的保存时间不同。可以用FA或IFA检测阳性对照的荧光对有效使用期进行监测。

4. 检验

注意：步骤4.1项中试剂的用量是2个孔室载玻片的用量。在对不同容器进行染色时，可根据细胞单层的面积调整试剂的用量。无论使用哪种容器，要求检验材料和每种对照最终读数的最小表面积为6cm²。

4.1 直接FA/间接FA

4.1.1 使用（300±25）μL荧光素标记的抗体（FA）或原始抗体（IFA）覆盖固定的细胞单层。载玻片在染色过程中不能过分干燥。

4.1.2 在（36±2）℃带有湿盒的温箱中孵育（40±10）min。

4.1.3 弃去载玻片上的抗体。将载玻片浸入PBS中3次，每次浸泡（5±2）min。最后一次浸泡结束，将载玻片在吸水滤材料上轻轻拍打，将多余的PBS吸干。

4.1.4 对于IFA，用荧光标记二抗重复步骤4.1.1至4.1.3项。

4.1.5 PBS浸洗之后，应将染色的载玻片浸入DI中快速洗涤。

4.1.6 轻轻拍打，除去载玻片上的DI。

注意：可选择对荧光素染色的细胞培养物进行对比染色，有时可去除非特异性的背景荧光，或者增加特异性染色与背景之间的对比，见步骤4.1.7项。

4.1.7 对于对比染色（可选），根据每个病毒

的要求，用DI将EBBS原液稀释至预定的稀释度。将稀释的EBBS加入载玻片，并置带有湿盒的（36±2）℃培养箱中孵育（20±10）min。弃去EBBS，并用蒸馏水快速漂洗。在吸水表面轻拍载玻片。

4.1.8 染色结束后应立即对载玻片进行观察。或者，可以将载玻片在（4±2）℃避光保存，最多7d。在保存前，载玻片必须风干，或者用封片液覆盖。在读取结果之前，必须用DI或封片液湿润风干的载玻片。

4.2 读取结果

4.2.1 在暗室中用UV光学显微镜在（100～200）倍下观察染色的细胞培养物。

4.2.2 记录观察结果。

5. 检验结果说明

细胞出现特异性苹果绿色荧光，判为阳性。对于有效的检验，阳性对照细胞培养物应有足够数量的感染细胞，能够轻易判定阳性状态；但是，也应当有非感染细胞存在，以区分阳性细胞和阴性细胞。阴性对照孔必须无特异性荧光。此外，MS接种的细胞培养物会被着色，以确认中和，且必须保持不出现特异性荧光。

如果MS感染的细胞单层中出现了特异性荧光，则判该MS不符合规定。如果代理商或审查员进行担保，可以对MS进行重检，以便对首次检验的结果进行确认。

6. 检验结果报告

按照现行的记录保存操作规范保存所有记录。

检验结果由代理联系人审核并签字。随后将检验结果输入现行报告系统中，并发给审核人员向企业发布。

7. 参考文献

Title 9, Code of Federal Regulations, part 113.309 [M].
Washington, DC: Government Printing Office.

8. 修订概述

第03版

• 更新联系人信息，但是，病毒学实验室决定保留原信息至下次文件审查之日。

第02版

对现有文件进行全面修订，用于阐述兽医生物制品中心现行的实际操作方法。

• 更新联系人信息。

（徐　璐译，张一帜校）

美国农业部兽医生物制品中心
检验方法

SAM 315 用快速荧光灶抑制试验（RFFIT）检测狂犬病病毒血清中和抗体的补充检验方法

日　　期：2014 年 11 月 13 日已批准，标准要求待定

编　　号：SAM 315.03

替　　代：SAM 315.02，2011 年 2 月 11 日

标准要求：

联 系 人：Alethea M. Fry，（515）337-7200

　　　　　Peg A. Patterson

审　　批：/s/Geetha B. Srinivas 　　　　　日期：2015 年 3 月 9 日

　　　　　Geetha B. Srinivas，病毒学实验室负责人

　　　　　/s/Byron E. Rippke 　　　　　日期：2015 年 3 月 23 日

　　　　　Byron E. Rippke，兽医生物制品中心政策、评审与执照管理部门负责人

　　　　　/s/Rebecca L. W. Hyde 　　　　　日期：2015 年 3 月 23 日

　　　　　Rebecca L. W. Hyde，兽医生物制品中心质量管理部门负责人

美国农业部动植物卫生监督署

P. O. Box 844

Ames，IA 50010

补充检验方法中提及的商标或专利产品不等同于该产品已获得了美国农业部的保证或担保，且它的批准也不意味着其可用于排除在外的其他可能适用的产品

目　录

1. 引言

本补充检验方法（SAM）描述了一种狂犬病免疫原性检验中测定动物狂犬病抗体效价的血清中和方法——快速荧光灶抑制试验（RFFIT）。RFFIT 使用 5 倍稀释的血清和固定量的病毒接种乳仓鼠肾细胞（BHK$_{21}$）。细胞孵育 20～24h 后使用荧光抗体技术进行染色。血清效价为有半数显微镜视野中观察到至少含有 1 个荧光细胞的血清稀释度。

2. 材料

2.1 设备/仪器

下列任何品牌的设备或仪器均可由具有相同功能的设备或仪器所替代。

2.1.1 涡旋混合器（Vortex-2 Genie，型号 G-560，Scientific Industrie 有限公司）；

2.1.2 Ⅱ级生物安全柜；

2.1.3 水浴锅，（56±2）℃；

2.1.4 200μL 和 1 000μL 单道、（5～50）μL×12 道微量移液器和吸头；

2.1.5 离心机和转子（型号 J6-B 离心机和型号 JS-4.0 转子），Beckman Instruments 有限公司；

2.1.6 显微镜（荧光）。

2.2 细胞培养物

乳仓鼠肾悬浮细胞系指定使用 BHK21，13-S。

2.3 生长培养基和稀释液

Glasgow 最低基础培养基辅以 10％胰蛋白胨磷酸盐肉汤和 10％胎牛血清［pH 为（7.0～7.1）］以促进细胞生长。使用不含胎牛血清的相同培养基作为血清和病毒的稀释液。

2.3.1 Glasgow 最低基础培养基(MEM)20013

1）12.5g Glasgow MEM；

2）2.75g 碳酸氢钠（Na$_2$HCO$_3$）；

3）2.0g 胰蛋白胨磷酸盐肉汤；

4）用去离子水（DI）定容至 1 000mL；

5）调节 pH 至 6.8；

6）用 0.22μm 滤器滤过除菌；

7）在 2～7℃保存。

2.3.2 二乙氨乙基（DEAE）葡聚糖（1％）［国家动物卫生中心（NCAH）培养基♯30163］

1）1.0g DEAE 葡聚糖；

2）用 DI 定容至 100mL；

3）用 0.22μm 滤器滤过除菌。

2.3.3 热灭活的，无狂犬病抗体的马血清（10mL）

2.3.4 高岭土（25％）

1）25g 高岭土；

2）用 DI 定容至 100mL；

3）用 0.22μm 滤器滤过除菌。

2.4 病毒

狂犬病病毒 CVS-11 株。

2.5 血清对照

每个试验中均检测一个阴性参考血清和一个弱阳性参考品血清。

2.6 其他材料

2.6.1 （12×75）mm 聚苯乙烯管；

2.6.2 1％二乙氨乙基（DEAE）葡聚糖生长培养基；

2.6.3 狂犬病复合物，当前批次；

2.6.4 8-室塑料组织培养载玻片。

3. 检验准备

3.1 人员资质/培训

操作人员必须具有实验室稀释技术及处理和废弃人病原体的工作经验。

> 警告：狂犬病活毒是一种潜在的、致死性的人的病原体！在进行狂犬病活毒操作前，操作人员必须接种狂犬病疫苗，并监测体内的狂犬病病毒抗体效价不得低于人类健康机构要求的最低可接受效价。必须在适当的生物安全柜中对攻毒材料进行稀释。所有废弃的攻毒材料均应视为有潜在的传染性，并按照实验室安全操作规范进行处理，处理方法也应与疾病控制与预防中心（CDC）和美国国立卫生研究院（NIH）的建议一致。

3.2 设备/仪器的准备

开始检验前，将水浴锅温度设置为（56±2）℃。

3.3 试剂/对照品的准备

待检血清在 56℃下热灭活 30min。将血清和 25％高岭土等量混合，充分搅拌后，在室温静置 20min。然后将混合物 1 500r/min 离心 15min，去除高岭土。处理后的血清被认为进行了 1∶2 稀释。

3.4 样品的准备

在塑料载玻片的孔室中稀释每个血清(4 孔室/血清)。在第一个孔室中加入稀释液（含有 10％胰蛋白胨磷酸盐肉汤且不含胎牛血清的 Glasgow 培养基）0.05mL，在另外 3 个孔室中分别加入 0.2mL。初始的 1∶2.5 稀释是将 0.2mL 处理过的血清（视为 1∶2 稀释）加入第一个孔室中制成。混合孔室内容物，取 0.05mL 加入下一个孔室进行

5 倍稀释，并从第一个室中取出 0.1mL 弃去。在随后的 2 个孔室中继续进行 5 倍稀释，并从第 2 和 3 个孔室中各取出 0.1mL 弃去，从第 4 孔室中取出 0.15mL 弃去。最后的结果是进行了 4 次 5 倍稀释（1∶2.5、1∶12.5、1∶62.5 和 1∶312.5），每个孔室中含有每种稀释液各 0.1mL。

4. 检验

4.1 病毒的制备与添加

将狂犬病病毒 CVS-11 株稀释为每 0.1mL 稀释病毒含有 30～100 半数荧光灶形成量。半数荧光灶形成量（FFD_{50}）是所检查的 50% 显微视野含有至少 1 个荧光细胞所需的病毒量。在每个孔室中加入 0.1mL 稀释病毒。使得最终血清稀释度为 1∶5 至 1∶625。

在管中进行指示病毒的回归滴定（10 倍稀释），将 0.1mL 工作液、10^{-1} 稀释液和 10^{-2} 稀释液分别加入含有 0.1mL 稀释液的孔室中。将回归滴定样品和病毒-血清混合样品置 37℃、5%CO_2 培养箱中孵育 90min。

4.2 细胞的制备和添加

在病毒-血清混合物孵育完成前约 30min，分离出 2～4 日龄的 BHK_{21} 13-S 单层细胞。在含有 $10\mu g/mL$ DEAE-葡聚糖的生长培养基中，将细胞浓度调整至 8×10^5 个细胞/mL。细胞在室温下静置至少 10min。在孵育 90min 结束后，将处理后的细胞悬液加在载玻片上，0.2mL/孔室。然后将载玻片在 37℃、5% CO_2 培养箱中孵育 20～24h。

4.3 染色步骤

将塑料壳从载玻片中取出，使垫片与载玻片相连。将载玻片轻轻地浸入 Dulbecco 磷酸缓冲盐水（PBS）中，在冷丙酮中固定 10min 并干燥。用 PBS 稀释狂犬病复合物后，加在每个载玻片上。将载玻片置 37℃孵育 30min，然后在 PBS 中放置 10min，最后用去离子水洗涤并干燥。

5. 检验结果说明

在 130× 显微镜下，每个孔室检查 20 个视野并记录至少出现 1 个特定狂犬病荧光细胞的视野的数目。血清的病毒中和效价为 10/20 个视野中至少

出现 1 个荧光细胞的血清最终的稀释度。用 Spearman-Kärber 法计算血清的效价。

根据血清对照和病毒回归滴定的结果确定检测的有效性。1∶5 稀释的阴性参考品在 20 个视野中应至少有 15 个视野含有荧光细胞，且阳性对照参考品的滴度应在其建立的几何平均值的 2.5 倍以内。指示病毒的回归滴定应在以下范围内：

未稀释的液体	20/20 个，视野中呈阳性
10^{-1} 稀释液	$\geq 18/20$ 个，视野中呈阳性
10^{-2} 稀释液	$\leq 10/20$ 个，视野中呈阳性

6. 检验结果报告

血清的病毒中和效价为 10/20 个视野中至少出现 1 个荧光细胞的血清最终的稀释度。

7. 参考文献

Smith J S，Yager P A，Baer G M，1996. A rapid fluorescent focus inhibition test（RFFIT）for determining rabies virus neutralizing antibody ［M］//Laboratory Techniques in Rabies，4th ed. Geneva：World Health Organization.

8. 修订概述

第 03 版

• 更新联系人信息，但是，病毒学实验室决定保留原信息至下次文件审查之日。

第 02 版（2011 年 2 月 11 日）

本修订版资料主要用于阐述兽医生物制品中心现行的实际操作方法，并提供了额外的细节信息。虽然不对检验结果产生重大影响，但是对文件进行了以下修改：

• 更新联系人信息。

• 2.1 增加检验设备列表。

• 2.2 培养基配方已包含在文件中。

• 3.1 增加培训要求和相关危害。

• 3.2 增加水浴锅温度标准。

• 6 增加检验报告的标准。

• 7 增加参考文献的信息。

（张乾义译，李 翠 夏应菊 张一帜校）

美国农业部兽医生物制品中心
检验方法

SAM 316　用细胞测定犬细小病毒滴度的补充检验方法

日　　期：2014 年 11 月 14 日

编　　号：SAM 316.05

替　　代：SAM 316.04，2011 年 6 月 30 日

标准要求：9CFR 113.317 部分

联 系 人：Alethea M. Fry，（515）337-7200

　　　　　Peg A. Patterson

审　　批：/s/Geetha B. Srinivas，　　　　　日期：2014 年 12 月 23 日

　　　　　Geetha B. Srinivas，病毒学实验室负责人

　　　　　/s/Byron E. Rippke　　　　　日期：2014 年 12 月 29 日

　　　　　Byron E. Rippke，兽医生物制品中心政策、评审与执照管理部门负责人

　　　　　/s/Rebecca L. W. Hyde　　　　　日期：2014 年 12 月 29 日

　　　　　Rebecca L. W. Hyde，兽医生物制品中心质量管理部门负责人

美国农业部动植物卫生监督署

P. O. Box 844

Ames，IA 50010

补充检验方法中提及的商标或专利产品不等同于该产品已获得了美国农业部的保证或担保，
且它的批准也不意味着其可用于排除在外的其他可能适用的产品

目　录

1. 引言

本补充检验方法（SAM）描述了测定犬细小病毒（CPV）改良活疫苗中病毒含量的体外检验方法。本方法使用 Crandall 猫肾（CRFK）细胞系作为检验系统。通过间接免疫荧光抗体（IFA）方法对接种的细胞培养物染色，测定 CPV 终点。

2. 材料

2.1 设备/仪器

下列任何品牌的设备或仪器均可由具有相同功能的设备或仪器所替代。

2.1.1 （36±2）℃、（5±1）% CO_2、高湿度培养箱（型号 3336，Forma Scientific 有限公司）；

2.1.2 有氧培养箱（型号 2，Precision Scientific 有限公司）；

2.1.3 水浴锅；

2.1.4 紫外（UV）显微镜（型号 BH2，奥林巴斯美国有限公司）；

2.1.5 涡旋混合器（Vortex-2 Genie，型号 G-560，Scientific Industries 有限公司）；

2.1.6 带吸头的微量移液器和/或电动微量移液器和吸头；

2.1.7 带支架的显微镜玻片染色皿（玻璃染色皿）。

2.2 试剂/耗材

下列任何品牌的试剂或材料均可由具有相同功能的试剂或材料所替代。所有试剂和材料均必须无菌。

2.2.1 CPV 阳性对照品，KB5 株。

2.2.2 按照联邦法规第 9 卷（9CFR）检验无外源病原的 CRFK 细胞。

2.2.3 猫泛白细胞减少症病毒抗血清（FPV 抗血清）或犬细小病毒抗血清（CPV 抗血清）。

2.2.4 最低基础培养基（MEM）

1）9.61g 含有 Earles 盐（无碳酸氢盐）的 MEM；

2）1.1g 碳酸氢钠（$NaHCO_3$）；

3）用 900mL 去离子水（DI）溶解；

4）在 10mL DI 中加入 5.0g 水解乳清蛋白或乙二胺，（60±2）℃加热直至溶解，不断搅拌的同时将其加入步骤 3 项的溶液中；

5）用 DI 定容至 1 000mL，用 2mol/L 盐酸（HCl）调节 pH 至 6.8～6.9；

6）用 0.22μm 滤器滤过除菌；

7）无菌添加 50μg/mL 硫酸庆大霉素；

8）在 2～7℃保存。

2.2.5 生长培养基

1）920mL MEM。

2）无菌添加

a. 70mL 伽马射线灭活的胎牛血清（FBS）；

b. 10mL L-谷氨酰胺（200mmol/L）。

2.2.6 Dulbecco's 磷酸缓冲盐水（DPBS）

1）8.0g 氯化钠（NaCl）；

2）0.2g 氯化钾（KCl）；

3）0.2g 无水磷酸二氢钾（KH_2PO_4）；

4）0.1g 六水合氯化镁（$MgCl_2 \cdot 6H_2O$）；

5）在 900mL DI 中溶解；

6）在 10mL DI 中加入 1.03g 磷酸氢二钠（Na_2HPO_4），（60±2）℃加热直至完全溶解后，再加入步骤 5 项中混匀；

7）在 10mL DI 中加入 0.1g 氯化钙，溶解后缓慢加入步骤 6 项中混匀；

8）加 DI 至 1 000mL，用 2mol/L HCl 调节 pH 至 7.0～7.3；

9）用 0.22μm 滤器滤过除菌。

2.2.7 8 孔细胞培养玻片（Lab-Tek ® 玻片）。

2.2.8 （12×75）mm 聚苯乙烯管。

2.2.9 异硫氰酸荧光素标记的抗相应动物种类 IgG（H&L）复合物（抗相应动物种类的复合物）。

2.2.10 丙酮，100%。

2.2.11 1mL 注射器，20 号×1.5 英寸针头。

2.2.12 移液管助吸器。

2.2.13 一次性移液管，4.6mL。

3. 检验准备

3.1 人员资质/培训

操作人员必须具有细胞培养与维持、动物病毒繁殖与维护和通过 IFA 测定动物病毒感染量的经验。

3.2 设备/仪器的准备

3.2.1 接种当天，将水浴锅设置为（36±2）℃。

3.2.2 在 IFA 检验当天，准备一个放在有氧培养箱中的湿盒，在其底部的平盘里加满 DI。

3.3 试剂/对照品的准备

3.3.1 CRFK 玻片的准备

1）选择健康、致密单层的 CRFK 细胞，每 3～4d 传代一次。开始检验当天，用生长培养基将细胞稀

释成约 $10^{5.2}\sim10^{5.4}$ 个细胞/mL，加入 Lab-Tek© 玻片所有孔室中，0.4mL/孔。按照对照 25 个孔、每个待检疫苗 20 个孔准备足够数量的 Lab-Tek© 玻片。置（36±2）℃ CO$_2$ 培养箱中培养。此为 CRFK 玻片。

2）使用 4h 内接种的 CRFK 玻片。

3.3.2　CPV 阳性对照品工作液的准备

1）接种当天，取 1 支 CPV 阳性对照品放入（36±2）℃水浴中迅速解冻。

2）取 7 个（12×75）mm 聚苯乙烯管，每管加入 MEM1.8mL，在管上分别标记 $10^{-1}\sim10^{-7}$。

3）吸取 200μL CPV 阳性对照品加入标记 10^{-1} 的管中，弃去吸头。涡旋混匀。

4）换一个新吸头，从标记 10^{-1} 的管中（见步骤 3 项）吸取 200μL 加入标记 10^{-2} 的管中，弃去吸头。涡旋混匀。

5）重复步骤 4 项，从前一个稀释度吸取 200μL 加入下一个稀释度的管中，直至完成 10 倍系列稀释。

3.3.3　FPV 或 CPV 抗血清工作液的准备

在 IFA 检验当天，根据 CVB 试剂资料清单或该种特异性抗血清的测定结果，用 DPBS 将 FPV 或 CPV 抗血清稀释到 IFA 工作浓度。

3.3.4　抗相应动物种类的复合物工作液的准备

在 IFA 检验当天，按照生产商说明书要求用 DPBS 将抗相应动物种类的复合物稀释到工作浓度。

3.4　样品的准备

3.4.1　待检疫苗首次检验需用单独 1 瓶疫苗（从 1 瓶疫苗中取一个单一的样本）。准备 1.0mL 无菌注射器和 18 号×1.5 英寸的针头，吸取稀释液对冻干疫苗进行复溶（1mL 装量的疫苗用 1mL 稀释液复溶；0.5mL 装量的疫苗用 0.5mL 稀释液复溶，以此类推），涡旋混匀。室温孵育（15±5）min。

3.4.2　取 6 个（12×75）mm 聚苯乙烯管，每管各加入 MEM1.8mL，分别标记为 $10^{-6}\sim10^{-1}$。

3.4.3　用微量移液器，吸取 200μL 复溶的待检疫苗加入 10^{-1} 管，弃去吸头。涡旋混匀。

3.4.4　从标记为 10^{-1} 的管（见步骤 3.4.3 项）中吸取 200μL 加入标记为 10^{-2} 的管中，弃去吸头。涡旋混匀。

3.4.5　重复步骤 3.4.4 项，从前一个稀释度

管吸取 200μL 加入下一个稀释度管，直至完成所有 10 倍系列稀释。

4. 检验

4.1　在 CRFK 玻片上，分别接种 $10^{-6}\sim10^{-3}$ 倍稀释的待检疫苗，每个稀释度加 5 个孔，100μL/孔。如果对同一系列稀释的样品，是从最高稀释度至最高浓度取样（如从 $10^{-6}\sim10^{-3}$），则不需要更换吸头。

4.2　在 CRFK 玻片上，分别接种 $10^{-6}\sim10^{-3}$ 倍稀释的阳性对照品工作液，每个稀释度加 5 个孔，100μL/孔。如果对同一系列稀释的样品，是从最高稀释度至最高浓度取样（如从 $10^{-6}\sim10^{-3}$），则不需要更换吸头。

4.3　取 5 个孔不接种作为阴性细胞对照。

4.4　将 CRFK 玻片置（36±2）℃ CO$_2$ 培养箱培养（5±1）d。

4.5　孵育后，弃去 CRFK 玻片上的培养基，轻敲板子，将塑料壳从板子上卸下来，保留玻片上粘着的垫圈。

4.6　将玻片放在架子上，浸入一个装满 DPBS 的玻璃染色皿中，室温孵育（15±5）min。

4.7　弃去 DPBS，将架子浸入一个装满 100% 丙酮的染色皿中，室温孵育（15±5）min。取出风干。

4.8　在 CRFK 玻片的每个孔中加入（75±25）μL FPV 抗血清工作液。置（36±2）℃有氧培养箱中孵育（30±5）min。

4.9　按步骤 4.6 项洗涤。

4.10　吸取（75±25）μL 抗相应动物种类的复合物工作液，加入 CRFK 玻片上的每个孔中，置（36±2）℃有氧培养箱中孵育（30±5）min。

4.11　按步骤 4.6 项洗涤。弃去 DPBS。

4.12　将玻片及架子快速浸入盛满 DI 的染色皿内并立即取出，风干。

4.13　用紫外显微镜在 100× 或 200× 处放大观察，检查细胞胞浆中呈现的典型特异性苹果绿荧光。

4.13.1　孔中如果有 1 个或多个细胞呈现特异性荧光，则判为阳性。

4.13.2　记录每个稀释度待检疫苗和 CPV 阳性对照品工作液接种孔出现 IFA 阳性的孔数与接种总孔数的比。

4.14　用 Finney 修正的 Spearman-Kärber 法计算待检疫苗和阳性对照品的 $\log_{10}$ 半数荧光抗体

感染量（$FAID_{50}$）。

例如：

10^{-3} 稀释的待检疫苗＝5/5 孔 IFA 阳性

10^{-4} 稀释的待检疫苗＝4/5 孔 IFA 阳性

10^{-5} 稀释的待检疫苗＝2/5 孔 IFA 阳性

10^{-6} 稀释的待检疫苗＝0/5 孔 IFA 阳性

Spearman-Kärber 公式：

$$待检疫苗滴度 = X - d/2 + d \times S$$

式中，$X = \log_{10}$（所有孔为 FA 阳性的最高稀释倍数）（3）；

$$d = \log_{10} 稀释系数（1）；$$

$S = $ 所有 FA 阳性孔与稀释度检验孔的比例之和：

$$5/5 + 4/5 + 2/5 + 0/5 = 11/5 = 2.2$$

待检疫苗滴度 ＝（3－1/2）＋（1×2.2）＝4.7

按照以下方法调整滴度至待检疫苗推荐的剂量：

A. 将待检疫苗剂量除以接种剂量，其中：

待检疫苗剂量＝说明书推荐的免疫剂量（对于本 CPV 待检疫苗，推荐剂量为 1mL）

接种剂量＝加入 Lab-Tak 玻片每个孔稀释待检疫苗的剂量（对于本 CPV 待检疫苗，接种剂量为 0.1mL）

1mL 疫苗剂量/0.1mL 接种剂量＝10

B. 计算 $\log_{10} A$ 的值，并将所得的结果与待检疫苗滴度相加，如下所示：

$$\log_{10} 10 = 1.0$$

待检疫苗滴度＝4.7＋1.0＝5.7

因此，本 CPV 待检疫苗的滴度为 $10^{5.7}$ $FAID_{50}$/mL。

5. 检验结果说明

5.1 有效检验标准

5.1.1 CPV 阳性对照品的滴度必须在预先测定 10 次的平均滴度±2 个标准差之间。

5.1.2 CPV 阳性对照工作液的最低接种稀释度必须为 100%（5/5）IFA 阳性反应。如果未能检测到终点（最高稀释度的 1 个或 1 个以上孔为 IFA 阳性），则滴度表示为"大于或等于"所计算的滴度。如果终点对检测非常重要，那么最高稀释度（最稀的溶液）必须显示为无 IFA 阳性反应（0/5）。

5.1.3 不接种的细胞对照必须不出现细胞病变（CPE）、CPV 特异性荧光和培养基呈云雾状（即污染）。

5.2 如果检验不能满足有效性的要求，则判为未检验，可进行无差别的重检。

5.3 如果检验能够满足有效性的要求，且待检疫苗的滴度大于或等于动植物卫生监督署（APHIS）备案生产大纲规定的产品滴度，则判待检疫苗为符合规定。

5.4 如果检验能够满足有效性的要求，但是待检疫苗的滴度低于 APHIS 备案生产大纲规定的产品最低标准要求，则可按照 9CFR113.8 部分对待检疫苗进行重检。

6. 检验结果报告

检验结果报告待检疫苗的 $FAID_{50}$/头份。

7. 参考文献

Title 9, Code of Federal Regulations, part 113.317 [M]. Washington, DC: Government Printing Office.

Cottral G E, 1978. Manual of standardized methods for veterinary microbiology [M]. Ithaca and London: Comstock Publishing Associates: 731.

Finney D J, 1978. Statistical method in biological assay [M]. 3rd ed. London: Charles Griffin and Company.

8. 修订概述

第 05 版

• 更新联系人信息，但是，病毒学实验室决定保留原信息至下次文件审查之日。

第 4 版

• 更新联系人信息。

第 03 版

• 文件中所有的术语"参考品"均变更为"阳性对照品"。

第 02 版

本修订版资料主要用于阐述兽医生物制品中心现行的实际操作方法，并提供了额外的细节信息。虽然不对检验结果产生重大影响，但是对文件进行了以下修改：

• 2.1.2，2.1.3 删除温度设置。

• 2.1.6、2.2.12、2.2.13 增加仪器。

• 2.2.3、3.3.3 试剂的名称变更为"或 CPV 抗血清"。

• 2.2.4.2 碳酸氢钠（$NaHCO_3$）的量由 2.2g 变更为 1.1g。

- 2.2.4.7 删除青霉素和链霉素。
- 2.2.9、3.3.4、4.10 更正复合物的名称，为抗相应动物种类 IgG。
- 3.1 明确操作人员的经验要求。
- 3.3.1 明确细胞数量。
- 4.2 明确用参考品接种。
- 4.4 孵育时间由"小时"变更为"天"。
- 4.9、4.11 更正洗涤步骤。
- 4.13.2 更正记录步骤。
- 4.14 增加额外的步骤，明确采用 Spearman-Kärber 法计算病毒滴度。
- 5.1.2 有效性要求需要记录阳性反应比率。

- 文件中所有的"参考品和试剂清单"均变更为"试剂资料清单"。
- 冰箱温度由（4±2）℃变更为 2～7℃。这反映了 Rees 系统建立和监测的参数。
- 文件中所有的"孔室（chamber）"变更为"孔（well）"。
- 删除有关参考文献的脚注，现直接标注在个别项旁边。
- 文件中所有的"待检批次"均变更为"待检疫苗"。

（朱秀同译，张一帜校）

美国农业部兽医生物制品中心
检验方法

SAM 317　用犬肾细胞测定犬腺病毒滴度的补充检验方法

日　　期：2014 年 11 月 13 日

编　　号：SAM 317.05

替　　代：SAM 317.04，2011 年 6 月 30 日

标准要求：9CFR 113.305 部分

联 系 人：Alethea M. Fry，(515) 337-7200

　　　　　Peg A. Patterson

审　　批：/s/Geetha B. Srinivas，　　　日期：2014 年 12 月 3 日

　　　　　Geetha B. Srinivas，病毒学实验室负责人

　　　　　/s/Byron E. Rippke　　　　　日期：2014 年 12 月 10 日

　　　　　Byron E. Rippke，兽医生物制品中心政策、评审与执照管理部门负责人

　　　　　/s/Rebecca L. W. Hyde　　　　日期：2014 年 12 月 15 日

　　　　　Rebecca L. W. Hyde，兽医生物制品中心质量管理部门负责人

美国农业部动植物卫生监督署

P. O. Box 844

Ames，IA 50010

补充检验方法中提及的商标或专利产品不等同于该产品已获得了美国农业部的保证或担保，且它的批准也不意味着其可用于排除在外的其他可能适用的产品

目　录

1. 引言

本补充检验方法（SAM）描述了测定犬腺病毒（CAV）改良活疫苗中病毒含量的体外检验方法。通过 Madin-Darby 犬肾（MDCK）细胞系中出现由病毒引起的细胞病变（CPE）测定 CAV 的终点。

2. 材料

2.1 设备/仪器

下列任何品牌的设备或仪器均可由具有相同功能的设备或仪器所替代。

2.1.1 （36±2）℃、（5±1）% CO_2、高湿度培养箱（型号 3336，Forma Scientific 有限公司）；

2.1.2 （36±2）℃水浴锅；

2.1.3 倒置光学显微镜（型号 CK，奥林巴斯美国有限公司）；

2.1.4 涡旋混合器（Vortex-2 Genie，型号 G-560，Scientific Industries 有限公司）；

2.1.5 自动充满可重复使用 2mL 注射器；

2.1.6 带吸头的微量移液器和/或电动微量移液器；

2.1.7 $300\mu L\times12$ 道微量移液器；

2.1.8 移液管助吸器。

2.2 试剂/耗材

下列任何品牌的试剂或材料均可由具有相同功能的试剂或材料所替代。所有试剂和材料均必须无菌。

2.2.1 CAV 阳性对照品：CAV1 型 Mirandola 株或 CAV2 型 Manhattan 株。

2.2.2 无 CAV 抗体的单特异性抗血清，用来中和联苗中的非 CAV 组分，如犬副流感病毒（CPI）、犬细小病毒（CPV）、犬瘟热病毒（CDV）等。

2.2.3 按照联邦法规第 9 卷（9CFR）检验无外源病原的 MDCK 细胞系。

2.2.4 最低基础培养基（MEM）

1）9.61g 含有 Earles 盐（无碳酸氢盐）的 MEM；

2）1.1g 碳酸氢钠（$NaHCO_3$）；

3）用 900mL 去离子水（DI）溶解；

4）在 10mL DI 中加入 5.0g 水解乳清蛋白或乙二胺，（60±2）℃加热直至溶解，不断搅拌的同时将其加入步骤 3 项的溶液中；

5）用 DI 定容至 1 000mL，用 2mol/L 盐酸（HCl）调节 pH 至 6.8～6.9；

6）用 $0.22\mu m$ 滤器滤过除菌；

7）无菌添加 $50\mu g/mL$ 硫酸庆大霉素；

8）在 2～7℃保存。

2.2.5 生长培养基

1）940mL MEM。

2）无菌添加

a.50mL 伽马射线灭活的胎牛血清（FBS）；

b.10mL L-谷氨酰胺（200mmol/L）。

3）在 2～7℃保存。

2.2.6 Dulbecco's 磷酸缓冲盐水（DPBS）

1）8.0g 氯化钠（NaCl）；

2）0.2g 氯化钾（KCl）；

3）0.2g 无水磷酸二氢钾（KH_2PO_4）；

4）0.1g 六水合氯化镁（$MgCl_2 \cdot 6H_2O$）；

5）将步骤 1～4 项的四种试剂依次放入 900mL DI 中溶解；

6）在 10mL DI 中加入 1.03g 磷酸氢二钠（Na_2HPO_4），（60±2）℃加热直至完全溶解，再加入步骤 5 项中混匀；

7）在 10mL DI 中加入 0.1g 氯化钙（$CaCl_2$），溶解后缓慢加入步骤 5 项中混匀；

8）加 DI 至 1 000mL，用 2mol/L HCl 调节 pH 至 7.0～7.3；

9）用 $0.22\mu m$ 滤器滤过除菌；

10）在 2～7℃保存。

2.2.7 96 孔细胞培养板。

2.2.8 （12×75）mm 聚苯乙烯管。

2.2.9 10mL 移液管。

2.2.10 丙酮，100%。

2.2.11 1mL 结核菌素用注射器。

2.2.12 针头，18 号×1.5 英寸。

3. 检验准备

3.1 人员资质/培训

操作人员应具有细胞培养与维持、动物病毒繁殖与维护和通过 CPE 测定病毒感染量的经验。

3.2 设备/仪器的准备

在开始检验当天,将水浴锅设置为(36±2)℃。

3.3 试剂/对照品的准备

3.3.1 MDCK 细胞培养板的准备(MDCK 板)

选择健康、致密的 MDCK 细胞。检验当天,用 12 道微量移液器在 96 孔细胞培养板所有孔中加入用生长培养基悬浮的约 $10^{4.7}$～$10^{5.2}$/mL 的细胞悬液,200μL/孔。分别准备 1 块对照检验板和 1 个待检疫苗检验板。每增加一个细胞板可增加检验 3 个待检疫苗。(36±2)℃ CO_2 培养箱培养 4h。

3.3.2　CAV 阳性对照品的准备

1）开始检验当天，取 1 支 CAV 阳性对照品放入（36±2）℃水浴中迅速解冻。

2）根据 CVB 试剂资料清单和标签的要求准备若干（12×75）mm 聚苯乙烯管，每管加入 1.8mL MEM，管子数量应包括预期的终点。例如，准备 8 管，分别标记为 10^{-1} 至 10^{-8}。

3）用 200μL 微量移液器吸取 200μL CAV 阳性对照品加入标记 10^{-1} 的管中，涡旋混匀。

4）换一个新吸头，从标记 10^{-1} 的管中（见步骤 3 项）吸取 200μL 加入标记 10^{-2} 的管中，涡旋混匀。

5）重复步骤 4 项，从前一个稀释度吸取 200μL 加入下一个稀释度的管中，直至完成 10 倍系列稀释。

3.4　样品的准备

3.4.1　待检疫苗首次检验需用单独 1 瓶疫苗（从 1 瓶疫苗中取一个单一的样本）。接种当天，准备 1.0mL 的无菌注射器和 18 号×1.5 英寸的针头。吸取稀释液对冻干疫苗进行复溶（1mL 装量的疫苗用 1mL 稀释液复溶；0.5mL 装量的疫苗用 0.5mL 稀释液复溶，以此类推），涡旋混匀。室温孵育（15±5）min。

3.4.2　对于含多种组分 CAV 联苗，应先用除 CAV 外的每种病毒组分的特异性抗血清中和相应的病毒成分。

1）根据 CVB 试剂资料清单或生产商说明书上的要求用 DPBS 每种非 CPV 抗血清。

2）取试验所需的每种中和抗血清各 200μL，加入（12×75）mm 聚苯乙烯管中，标记为 10^{-1}，并加入 MEM 至终体积为 1.8mL。例如，中和 CDV/CAV/CPI/CPV 四联活疫苗中除 CAV 外的其他 3 种病毒组分，各吸取稀释后的 CDV、CPI、CPV 抗血清 200μL，加入标记为 10^{-1} 的管中，再加入 1.2mL MEM 使终体积为 1.8mL。

3）用移液器吸取 200μL 复溶的待检疫苗，加入标记为 10^{-1} 的管中，涡旋混匀。

4）室温孵育（30±5）min。

3.4.3　对于只含有 CAV 的待检疫苗，直接取 200μL 待检疫苗加入（12×75）mm 聚苯乙烯管中，再加入 1.8mL MEM 进行 10^{-1} 稀释，在管上标记 10^{-1}，涡旋混匀。

3.4.4　10 倍系列稀释

1）取 4 支（12×75）mm 聚苯乙烯管，用 2mL 自动填充注射器每管加入 MEM1.8mL，分别标记为 10^{-2} 至 10^{-5}（如果待检疫苗的 CAV 预计终点高于 10^{-5}，则需要更多的管）。

2）用新吸头从标记为 10^{-1} 的管中吸取 200μL 加入 10^{-2} 的管中，涡旋混匀。

3）重复步骤 2 项，从前一个稀释度吸取 200μL 加入下一个稀释度管中，直至完成所有 10 倍系列稀释。

4. 检验

4.1　标记 MDCK 检验板并接种待检疫苗，每个稀释度接种 8 个孔，25μL/孔，从最高稀释度（最稀的溶液）开始。按照同样的方法接种，每个稀释度接种 8 个孔［按照步骤 3.3.2（2）项举例，从 10^{-8} 至 10^{-5} 接种］。不同的样品（即每种待检疫苗和 CAV 阳性对照品）间要更换吸头，但是如果对同一系列稀释的样品，是从最高稀释度至最高浓度取样（如从 10^{-8} 至 10^{-5}），则不需要更换吸头。此为检验板。其他的待检疫苗用相同方式接种在 MDCK 板上，每个检验板可检测 3 个待检疫苗。

4.2　取 8 个孔，不接种作为阴性细胞对照。

4.3　将检验板置（36±2）℃ CO_2 培养箱培养（11±1）d。

4.4　孵育后，用倒置光学显微镜 100× 或 200× 放大观察，检查以细胞圆缩和细胞破碎为特征的 CPE。

4.4.1　孔中如果出现 1 个或 1 个以上 CPE 病灶，则判 CAV 为阳性。

4.4.2　记录每个稀释度待检疫苗和 CAV 阳性对照品接种孔出现阳性的孔数与接种总孔数的比。

4.5　用 Finney 修正的 Spearman-Kärber 法计算待检疫苗和阳性对照品 CAV 终点。病毒滴度用 $\log_{10}$ 半数组织培养感染量表示（$TCID_{50}$）

例如：

10^{-2} 稀释的待检疫苗＝8/8 孔 CPE 阳性

10^{-3} 稀释的待检疫苗＝5/8 孔 CPE 阳性

10^{-4} 稀释的待检疫苗＝1/8 孔 CPE 阳性

10^{-5} 稀释的待检疫苗＝0/8 孔 CPE 阳性

Spearman－Kärber 公式：

$$待检疫苗滴度＝X-d/2+d\times S$$

式中，$X＝\log_{10}$ 所有孔为 CPE 阳性的最高稀释倍数（2）；

$d＝\log_{10}$ 稀释系数（1）

$S＝$ 所有 CPE 阳性孔与稀释度检验孔

的比例之和：

$$8/8 + 5/8 + 1/8 + 0/8 = 14/8 = 1.75$$

待检疫苗滴度 ＝（2－1/2）＋（1×1.75）＝3.25

按照以下方法调整滴度至待检疫苗推荐的剂量：

A. 将待检疫苗剂量除以接种剂量，其中：

待检疫苗剂量＝说明书推荐的免疫剂量（对于本 CAV 待检疫苗，推荐剂量为 2mL）

接种剂量＝加入检验板每个孔稀释待检疫苗的剂量（对于本 CAV 疫苗，接种剂量为 0.025mL）

1mL 疫苗剂量/0.025mL 接种剂量＝40

B. 计算 $\log_{10} A$ 的值，并将所得的结果与待检疫苗滴度相加，如下所示：

$$\log_{10} 40 = 1.6$$

待检疫苗滴度＝3.25＋1.6＝4.85

因此，本 CAV 待检疫苗的滴度为 $10^{4.85}$ $TCID_{50}/mL$。

5. 检验结果说明

5.1 有效检验标准

5.1.1 CAV 阳性对照品的滴度必须在预先测定 10 次的平均滴度±2 个标准差之间。

5.1.2 CAV 阳性对照品的最低接种稀释度必须 100%（8/8）出现 CPE。如果未能检测到终点（最高稀释度的 1 个或 1 个以上孔为 CPE 阳性），则滴度表示为"大于或等于"所计算的滴度。如果终点对检验非常重要，那么最高稀释度（最稀的溶液）必须显示为无阳性的 CPE 反应（0/8）。

5.1.3 不接种的细胞对照必须不出现任何 CPE、降解或培养基呈云雾状（即污染）。

5.2 如果检验不能满足有效性的要求，则判为未检验，可进行无差别的重检。

5.3 如果检验能够满足有效性的要求，且待检疫苗的滴度大于或等于动植物卫生监督署（APHIS）备案生产大纲规定的产品滴度，则判待检疫苗为符合规定。

5.4 如果检验能够满足有效性的要求，但是待检疫苗的滴度低于 APHIS 备案生产大纲规定的产品最低标准要求，则可按照 9CFR113.8 部分对待检疫苗进行重检。

6. 检验结果报告

检验结果报告待检疫苗的 $TCID_{50}$/头份。

7. 参考文献

Title 9，Code of Federal Regulations，part 113. 305[M]. Washington，DC：Government Printing Office.

Cottral G E，1978. Manual of standardized methods for veterinary microbiology ［M］. Ithaca and London：Comstock Publishing Associates：731.

Finney D J，1978. Statistical method in biological assay ［M］. 3rd ed. London：Charles Griffin and Company.

8. 修订概述

第 05 版

• 更新联系人信息，但是，病毒学实验室决定保留原信息至下次文件审查之日。

第 04 版

• 更新联系人信息。

第 03 版

• 文件中所有的术语"参考品"均变更为"阳性对照品"。

第 02 版

本修订版资料主要用于阐述兽医生物制品中心现行的实际操作方法，并提供了额外的细节信息。虽然不对检验结果产生重大影响，但是对文件进行了以下修改：

• 2.2.4.2 碳酸氢钠（$NaHCO_3$）的用量由 2.2g 变更为 1.1g。

• 2.2.4.7 删除青霉素和链霉素。

• 4.5 增加额外的步骤，明确采用 Spearman-Kärber 法计算病毒滴度。

• 5.1.2 有效性要求需要记录阳性反应比率。

• 冰箱温度由（4±2）℃变更为 2～7℃，这反映了 Rees 系统建立和监测的参数。

• 文件中所有的"待检批次"均变更为"待检疫苗"

• 文件中所有的"参考品和试剂清单"均变更为"试剂资料清单"。

• 删除有关参考文献的脚注，现直接标注在个别项旁边。

（朱秀同　王　兆译，张一帜校）

美国农业部兽医生物制品中心
检验方法

SAM 319　用细胞测定猫亲衣原体（原名猫鹦鹉热衣原体）滴度的补充检验方法

日　　期：2014 年 11 月 13 日

编　　号：SAM 319.05

替　　代：SAM 319.04，2011 年 6 月 30 日

标准要求：9CFR 113.71 部分

联 系 人：Alethea M. Fry，(515) 337-7200

　　　　　Sandra K. Conrad

　　　　　Peg A. Patterson

审　　批：/s/Geetha B. Srinivas，　　　　日期：2015 年 1 月 8 日

　　　　　Geetha B. Srinivas，病毒学实验室负责人

　　　　　/s/Byron E. Rippke　　　　　日期：2015 年 1 月 13 日

　　　　　Byron E. Rippke，兽医生物制品中心政策、评审与执照管理部门负责人

　　　　　/s/Rebecca L. W. Hyde　　　　日期：2015 年 1 月 13 日

　　　　　Rebecca L. W. Hyde，兽医生物制品中心质量管理部门负责人

美国农业部动植物卫生监督署

P. O. Box 844

Ames，IA 50010

补充检验方法中提及的商标或专利产品不等同于该产品已获得了美国农业部的保证或担保，且它的批准也不意味着其可用于排除在外的其他可能适用的产品

目　录

1. 引言

本补充检验方法（SAM）描述了适应细胞的猫亲衣原体（原名猫鹦鹉热衣原体）活疫苗效力的测定方法。本方法使用 McCoy 细胞系作为检验系统。使用特异性猫亲衣原体单克隆抗体（MAb），通过间接荧光抗体（IFA）方法对接种的细胞培养物进行染色，测定是否存在亲衣原体抗原。

2. 材料

2.1　设备/仪器

下列任何品牌的设备或仪器均可由具有相同功能的设备或仪器所替代。

2.1.1　生物安全柜，2级；

2.1.2　培养箱，（36±2）℃、高湿度、（5±1）% CO$_2$（型号 3336，Forma Scientific 有限公司）；

2.1.3　培养箱，（36±2）℃、有氧（型号 2，Precision Scientific 有限公司）；

2.1.4　水浴锅；

2.1.5　离心机，转子和转子/细胞板承载器（Avanti J-E 和 JS-5.3 转子，Beckman Coulter）；

2.1.6　显微镜，紫外（UV）光（型号 BH2，奥林巴斯美国有限公司）；

2.1.7　移液器；

2.1.8　微量移液器，（50～300）μL×12 道；

2.1.9　涡旋混合器（Vortex-2 Genie，型号 G-560，Scientific Industries 有限公司）。

2.2　试剂/耗材

下列任何品牌的试剂或材料均可由具有相同功能的试剂或材料所替代。所有试剂和材料均必须无菌。

2.2.1　鸡胚适应或细胞适应的亲衣原体阳性对照品，Cello 株。

2.2.2　多组分待检疫苗中非亲衣原体的病毒中和抗体的单特异性抗血清，如猫泛白细胞减少症病毒、猫杯状病毒、猫病毒性鼻气管炎病毒。

2.2.3　"猫鹦鹉热衣原体" MAb，FP 4E1FD7，猫特异性。

2.2.4　异硫氰酸荧光素标记的抗鼠复合物（抗鼠 FITC 复合物）。

2.2.5　按照联邦法规第 9 卷（9CFR）检验无外源病原的 McCoy 细胞系。

2.2.6　最低基础培养基（MEM）

1）9.61g 含有 Earles 盐（无碳酸氢盐）的 MEM；

2）5.0g 水解乳清蛋白或乙二胺；

3）1.1g 碳酸氢钠（NaHCO$_3$）；

4）用 1 000mL 去离子水（DW）溶解用 2mol/L 盐酸（HCl）调节 pH 至 6.8～6.9；

5）用 0.22μm 滤器滤过除菌；

6）用 2mol/L 盐酸（HCl）调节 pH 至 7.1～7.2；

7）在 2～7℃保存。

2.2.7　用于细胞培养的生长培养基（生长培养基）

在 900mL MEM 中无菌加入：

1）100mL 伽马射线灭活的胎牛血清（FBS）；

2）硫酸庆大霉素，50μg/mL；

3）在 2～7℃保存。

2.2.8　亲衣原体储存液

1）13.37g 含高葡萄糖的 Dulbecco's MEM；

2）3.7g 碳酸氢钠；

3）用 DI 定容至 1 000mL，用 2mol/L HCl 调节 pH 至 6.8～6.9；

4）用 0.22μm 滤器滤过除菌；

5）无菌添加硫酸庆大霉，50μg/mL；用 2mol/L HCl 调节溶液 pH 至 7.0～7.2；

6）在 2～7℃保存。

2.2.9　7.5% 碳酸氢钠

1）7.5g 碳酸氢钠；

2）用 DI 定容至 100mL；

3）（121±2）℃，15psi 高压灭菌（30±10）min；

4）在 2～7℃保存。

2.2.10　维持培养基

无菌加入：

1）10.0mL 无菌的胰蛋白磷酸盐肉汤（29.5g/L 的 DI 溶液）；

2）2.0mL 1mol/L HEPES 缓冲液；

3）4.0mL γ 辐照后的 FBS；

4）0.3mL 环己酰亚胺储存液（1 000μg/mL 的 DI 溶液）；

5）用亲衣原体储存液定容至 100mL；

6）用 7.5% 碳酸氢钠调节 pH 至 7.0～7.2；

7）在 2～7℃保存。

2.2.11　亲衣原体稀释液

制备 100mL 亲衣原体稀释液，需要无菌添加：

1）10.0mL 胰蛋白磷酸盐肉汤；

2）2.0mL 1mol/L HEPES 缓冲液；

3）用亲衣原体储存液定容至 100mL；

4）用 7.5% 碳酸氢钠调节 pH 至 7.0～7.2；

5）在 2～7℃保存。

2.2.12　Dulbecco's 磷酸缓冲盐水（DPBS）

1）8.0g 氯化钠（NaCl）；

2）0.2g 氯化钾（KCl）；

3）0.2g 无水磷酸二氢钾（KH_2PO_4）；

4）0.1g 六水合氯化镁（$MgCl_2 \cdot 6H_2O$）；

5）将试剂加入 900mL DI 中溶解；

6）在 10mL DI 中加入 1.03g 无水磷酸氢二钠（Na_2HPO_4），（60±2）℃加热直至完全溶解，然后加入以上混合物持续搅拌；

7）在 10mL DI 中加入 0.1g 氯化钙（$CaCl_2$），溶解后缓慢加入步骤 5 项中混匀，避免产生沉淀；

8）加 DI 至 1 000mL，用 2mol/L HCl 调节 pH 至 7.0～7.3；

9）用 0.22μm 滤器滤过除菌；

10）在 2～7℃保存。

2.2.13　细胞培养板，96 孔。

2.2.14　聚苯乙烯管，（12×75）mm。

2.2.15　注射器，1mL，结核菌素用。

2.2.16　针头，18 号×1.5 英寸。

2.2.17　丙酮，80%

1）80mL 丙酮；

2）20mL DI；

3）室温保存。

2.2.18　纱布

裁剪成（20×15）cm 大小，4 层叠放，然后用箔纸包裹，置（121±2）℃，15psi 高压灭菌（50±10）min。

2.2.19　标签纸，1/2 英寸。

3. 检验准备

3.1　人员资质/培训

操作人员应具有细胞培养与维持、亲衣原体繁殖与维护的经验。操作人员应熟练掌握包括 IFA 染色方法在内的定量测定亲衣原体感染的技术。

警告：本方法要求进行传代的亲衣原体（原名为猫鹦鹉热衣原体）病原对可能会感染人。所有的培养物及废弃物均应被视为潜在的传染源，应按照实验室安全操作及疾病控制预防中心和美国国家卫生研究院的推荐方法进行处理。所有培养物、用过的培养基和被污染的材料，在丢弃前均应经过消毒或高压灭菌处理。所有操作步骤推荐在生物安全 2 级安全柜中进行。

3.2　设备/仪器的准备

3.2.1　在制备细胞当天和接种细胞当天，将水浴锅设置为（36±2）℃，离心机设置为（36±2）℃。

3.2.2　在进行 IFA 染色当天，准备一个放在有氧培养箱中的湿盒，即在其中的平盘里用去离子水加满底层。

3.3　试剂/对照品的准备

3.3.1　McCoy 细胞培养板的准备（McCoy 板）

1）选择健康、致密单层的 McCoy 细胞，每 3～4d 传代一次。在检验开始前 2d，用多道移液器在 96 孔细胞培养板的每个孔中加入用生长培养基稀释的 McCoy 细胞悬液，200μL/孔。每毫升细胞悬液中约含 $10^{5.39}$～$10^{5.54}$ 个细胞。此为 McCoy 板。

2）将 McCoy 板置（36±2）℃ CO_2 培养箱中培养 2d 后再用于接种。只有长成致密单层的细胞方可用于检验（如附录 I 图示。除非图示孔内的细胞没有长成致密的单层，否则应避免使用外围的孔）。

3.3.2　猫亲衣原体阳性对照品的准备

1）在开始检验当天，取 1 支猫亲衣原体阳性对照品放入（36±2）℃水浴中迅速解冻。

2）准备适当数量的（12×75）mm 聚苯乙烯管，每管中加入 1.8mL 亲衣原体稀释液，按照兽医生物制品中心（CVB）的试剂资料清单对亲衣原体阳性对照品进行稀释包含预期终点，并进行标记（如 7 个管分别标记为 10^{-1} 至 10^{-7}）。

3）用微量移液器吸取 200μL 亲衣原体阳性对照品加入标记 10^{-1} 的管中。涡旋混匀。

4）换一个新吸头，从标记 10^{-1} 的管中（见步骤 3 项）吸取 200μL 加入标记 10^{-2} 的管中。涡旋混匀。

5）重复步骤 4 项，从前一个稀释度吸取 200μL 加入下一个稀释度的管中，直至完成全部稀释。

3.3.3　猫亲衣原体 MAb 工作液的准备

在 IFA 染色当天，根据 CVB 试剂资料清单的描述，用 DPBS 适当稀释猫特异性"鹦鹉热衣原体" MAb（即猫亲衣原体 MAb）。

3.3.4　鼠抗 FITC 复合物工作液的准备

在 IFA 检验当天，根据之前所确定的工作液浓度，用 DPBS 稀释鼠抗 FITC 复合物。

3.4　样品的准备

3.4.1　待检疫苗首次检验需用单独 1 瓶疫苗（从 1 瓶疫苗中取一个单一的样本）。接种当天，准备 1.0mL 无菌注射器和 18 号×1.5 英寸的针头，吸取稀释液对冻干疫苗进行复溶（1mL 装量的疫苗用 1mL 稀释液复溶；0.5mL 装量的疫苗用 0.5mL 稀释液复溶，以此类推），涡旋混匀，室温孵育（15±5）min。

3.4.2　对于多组分的猫"鹦鹉热衣原体"疫苗（即猫亲衣原体疫苗），用相应的特异性抗血清分别中和每种非亲衣原体病毒成分。

1）按照兽医生物制品中心（CVB）的试剂资料清单或生产商的说明书稀释每种单特异性抗血清（非亲衣原体）。

2）用 200μL 移液器和不同的吸头吸取每一种单特异性抗血清各 200μL 分别加入（12×75）mm 聚苯乙烯管中，标记为 10^{-1}。例如，要中和猫亲衣原体/FVR/FCV/FPV 疫苗中的其他 3 种病毒成分，首先各取 200μL FVR，FCV 和 FPV 抗血清工作稀释液，加入标记为 10^{-1} 的管中，再加入 1.2mL 亲衣原体稀释液，使终体积为 1.8mL。

3）用移液器取 200μL 待检疫苗样品加入标记为 10^{-1} 的管中，漩涡混匀。

4）在（36±2）℃孵育（30±5）min。

3.4.3　对于仅含有猫亲衣原体成分的待检疫苗，直接取 200μL 待检疫苗加入含 1.8mL 亲衣原体稀释液的（12×75）mm 聚苯乙烯管中，标记为 10^{-1}，漩涡混匀。

3.4.4　10 倍系列稀释

按照美国农业部动植物卫生监督署（APHIS）产品备案的生产大纲指定的预期终点，按照步骤 3.3.2 项中亲衣原体阳性对照品相同的稀释方法对复溶的待检疫苗进行适当数量的 10 倍系列稀释。

4. 检验

4.1　开始检验当天，在 McCoy 板上做好标记，无菌弃去生长培养基，并将细胞板倒扣在无菌纱布垫上轻轻拍打，将培养基去除干净。

4.2　将待检疫苗和亲衣原体阳性对照品稀释液［如步骤 3.3.2（2）项的 10^{-3} 至 10^{-7} 稀释度］接种 8 个孔/稀释度，100μL/孔。不同的样品间要更换吸头（如每个待检疫苗和亲衣原体阳性对照品之间），但是，如果对同一系列稀释的样品，是从最高稀释度至最高浓度取样（如从 10^{-7} 至 10^{-3}），则不需要更换吸头（见附录Ⅰ和附录Ⅱ）。

4.3　取 8 个孔，分别加入 100μL 亲衣原体稀释液作为不接种的细胞对照（细胞对照）（见附录Ⅰ和附录Ⅱ）。

4.4　用 1/2 英寸宽的标识胶带密封 McCoy 板并固定细胞板盖。

4.5　（36±2）℃，1 500r/min（在使用 Avanti J-E 和 JS-5.3 转子及微检验板固定器的情况下）离心 McCoy 板（55±5）min，帮助亲衣原体对 McCoy 细胞进行吸附和渗透。

4.6　离心后，在 McCoy 板上加入维持培养基，100μL/孔（包括待检疫苗、阳性对照品和细胞对照）。

4.7　将 McCoy 板置（36±2）℃ CO_2 培养箱中培养（5±1）d。

4.8　在培养后，将 McCoy 板上的培养基弃入耐高温高压的废液缸中，然后在每孔中加入 200μL DPBS。

4.9　将 DPBS 弃入步骤 4.8 项的耐高温高压的废液缸中，然后在 McCoy 板上的每孔中加入 200μL 80% 丙酮，室温孵育（15±5）min。

4.10　将 80% 丙酮弃入适当的废液缸中，并用纸巾将 McCoy 吸干。将板子风干。

4.11　在 McCoy 板的每孔中加入（90±10）μL "衣原体" MAb 工作液。

4.12　将 McCoy 板置（36±2）℃高湿度有氧培养箱中孵育（30±5）min。

4.13　弃去 MAb;用 DPBS 洗涤细胞两次,每次加入 DPBS,200μL/孔。第一次洗涤时，加入 DPBS 后立即弃去；而第二次洗涤时，加入 DPBS 后，静置（10±5）min 再弃去。倒掉液体并吸干板子。

4.14　将 McCoy 板每孔中加入（90±10）μL 抗鼠 FITC 复合物工作液。

4.15　将 McCoy 板置（36±2）℃高湿度有氧培养箱中孵育（30±5）min。

4.16　重复步骤 4.13 项。

4.17　用 DI 加满 McCoy 板每个孔，然后弃去 DI 并风干。

4.18　使用荧光显微镜 200×放大观察 McCoy 板，检查细胞胞浆中呈现的典型特异性苹果绿荧光，此为猫亲衣原体感染的典型特征。

4.18.1　孔中如果有 1 个或多个细胞呈现猫亲衣原体特异性荧光，则判该孔为猫亲衣原体感染阳性。

4.18.2　记录每个稀释度待检疫苗和猫亲衣原体阳性对照品工作液接种孔出现 IFA 阳性的孔数与接种总孔数的比。

4.19　用 Finney 修正的 Spearman-Kärber 法

计算待检疫苗和阳性对照品的猫亲衣原体终点。滴度以单位剂量含 $\log_{10}$ 半数荧光抗体感染量（$FAID_{50}$）表示。

例如：

10^{-2} 稀释的待检疫苗＝8/8 孔 IFA 阳性

10^{-3} 稀释的待检疫苗＝5/8 孔 IFA 阳性

10^{-4} 稀释的待检疫苗＝1/8 孔 IFA 阳性

10^{-5} 稀释的待检疫苗＝0/8 孔 IFA 阳性

$$待检疫苗滴度＝X-d/2+d\times S$$

式中，$X=\log_{10}$（所有孔为 IFA 阳性的最高稀释倍数）（2）；

$$d=\log_{10}稀释系数（1）；$$

$$S＝所有 FA 阳性孔与稀释度检验孔的$$

比例之和：

$$8/8+5/8+1/8+0/8＝14/8＝1.75$$

待检疫苗滴度＝（2-1/2）+（1×1.75）＝3.25

按照以下方法调整滴度至待检疫苗推荐的剂量：

A. 将待检疫苗剂量除以接种剂量，其中：

待检疫苗剂量＝说明书推荐的免疫剂量（对于本猫亲衣原体疫苗，推荐剂量为 1mL）

接种剂量＝加入检验板每个孔稀释待检疫苗的剂量（对于本猫亲衣原体疫苗，接种剂量为 0.1mL）

$$1mL 疫苗剂量/0.1mL 接种剂量＝10$$

B. 计算 $\log_{10}A$ 的值，并将所得的结果与待检疫苗滴度相加，如下所示：

$$\log_{10}10＝1.0$$

待检疫苗滴度＝3.25+1.0＝4.25

因此，本猫亲衣原体待检疫苗的滴度为 $10^{4.3}$ $FAID_{50}/mL$。

5. 检验结果说明

5.1　有效检验标准

5.1.1　细胞对照应不出现细胞胞浆内荧光包含体、细胞单层明显地降解、CPE 或培养基呈云雾状（即污染）。

5.1.2　猫亲衣原体阳性对照品的 $FAID_{50}$ 滴度必须在预先测定 10 次的平均滴度±2 个标准差之间。

5.1.3　猫亲衣原体阳性对照品的最低接种稀释度必须为 100%（8/8）FA/IFA 阳性反应。如果未能检测到终点（最高稀释度的 1 个或 1 个以上孔为 IFA 阳性），则滴度表示为"大于或等于"所

计算的滴度。如果终点对检测非常重要，那么最高稀释度（最稀的溶液）必须显示为无 IFA 阳性反应（0/8）。

5.1.4　如果检验不能满足有效性的要求，则判为未检验，可进行无差别的重检。

5.2　如果检验能够满足有效性的要求，且待检疫苗的滴度大于或等于动植物卫生监督署（APHIS）备案生产大纲规定的产品滴度，则判待检疫苗为符合规定。

5.3　如果检验能够满足有效性的要求，但是待检疫苗的滴度低于动植物卫生监督署（APHIS）备案生产大纲规定的产品滴度最低标准要求，则可按照 9CFR113.8（b）部分对待检疫苗进行重检。

6. 检验结果报告

检验结果报告待检疫苗的 $FAID_{50}$/头份。

7. 参考文献

Title 9，Code of Federal Regulations，part 113.71 ［M］. Washington，DC：Government Printing Office.

Cottral G E，1978. Manual of standardized methods for veterinary microbiology ［M］. Ithaca and London：Comstock Publishing Associates：731.

Finney D J，1978. Statistical method in biological assay ［M］. 3rd ed. London：Charles Griffin and Company.

Spears，P，Storz J，1979. Biotyping of *Chlamydia psittaci* based on inclusion morphology and response to diethylaminoethyl-dextran and cycloheximide ［J］. Infect Immun，24：224-232.

Spears P，Storz J，1979. *Chlamydia psittaci*：growth characteristics and enumeration of serotypes 1 and 2 in cultured cells ［J］. J Infect Dis，140：959-967.

8. 修订概述

第 05 版

· 更新联系人信息，但是，病毒学实验室决定保留原信息至下次文件审查之日。

第 04 版

· 更新联系人信息。

第 03 版

· 联系人由 Ione Stoll 变更为 Sandra Conrad。

· 文件中所有的术语"参考品"均变更为"阳

性对照品"。

第 02 版

本修订版资料主要用于阐述兽医生物制品中心现行的实际操作方法，并提供了额外的细节信息。虽然不对检验结果产生重大影响，但是对文件进行了以下修改：

• 2.2.6.3 碳酸氢钠（$NaHCO_3$）的量由 2.2g 变更为 1.1g。

• 4.17 增加步骤进行说明。

• 4.19 增加其他步骤，明确采用 Spearman-Kärber 法计算滴度。

• 5.1.3 有效性要求需要记录阳性反应比率。

• 冰箱温度由（4±2）℃变更为 2～7℃。这反映了 Rees 系统建立和监测的参数。

• 文件中所有的"待检批次"均变更为"待检疫苗"。

• 文件中所有的"参考品和试剂清单"均变更为"试剂资料清单"。

• 删除有关参考文献的脚注，现直接标注在个别项旁边。

附录

附录 I　亲衣原体检验板

	1	2	3	4	5	6	7	8	9	10	11	12
A												
B	10^{-1*}		→	→	→	→	→	→	→	CC	CC	
C	10^{-2}		→	→	→	→	→	→	→	CC	CC	
D	10^{-3}		→	→	→	→	→	→	→	CC	CC	
E	10^{-4}		→	→	→	→	→	→	→	CC	CC	
F	10^{-5}		→	→	→	→	→	→	→			
G	10^{-6}		→	→	→	→	→	→	→			
H												

注：CC＝细胞对照；* 猫亲衣原体待检疫苗 10 倍系列稀释。

附录 II　亲衣原体阳性对照品接种板

	1	2	3	4	5	6	7	8	9	10	11	12
A												
B	$10^{-3\#}$	→	→	→	→	→	→	→		CC	CC	
C	10^{-4}	→	→	→	→	→	→	→		CC	CC	
D	10^{-5}	→	→	→	→	→	→	→		CC	CC	
E	10^{-6}	→	→	→	→	→	→	→		CC	CC	
F	10^{-7}	→	→	→	→	→	→	→				
G												
H												

注：CC＝细胞对照；# 猫亲衣原体阳性对照品 10 倍系列稀释。

（李　静译，张一帜校）

美国农业部兽医生物制品中心
检验方法

SAM 320　用鸡胚测定亲衣原体(原名猫鹦鹉热衣原体)
滴度的补充检验方法

日　　期：2014 年 11 月 20 日

编　　号：SAM 320. 04

替　　代：SAM 320. 03，2011 年 6 月 30 日

标准要求：9CFR 113. 71 部分

联 系 人：Alethea Fry (515) 337-7200

　　　　　Sandra K. Conrad

　　　　　Peg A. Patterson

审　　批：/s/Geetha B. Srinivas，　　　　　　日期：2015 年 1 月 6 日

　　　　　Geetha B. Srinivas，病毒学实验室负责人

　　　　　/s/Byron E. Rippke　　　　　　　　日期：2015 年 1 月 9 日

　　　　　Byron E. Rippke，兽医生物制品中心政策、评审与执照管理部门负责人

　　　　　/s/Rebecca L. W. Hyde　　　　　　　日期：2015 年 1 月 9 日

　　　　　Rebecca L. W. Hyde，兽医生物制品中心质量管理部门负责人

美国农业部动植物卫生监督署

P. O. Box 844

Ames，IA 50010

目　录

1. 引言

本补充检验方法（SAM）描述了适应鸡胚的猫亲衣原体（原名猫鹦鹉热衣原体）活疫苗效力的测定方法。本方法以鸡胚作为指示宿主系统。通过接种后 10d 内鸡胚的死亡情况证明是否存在活的衣原体，并测定该批疫苗的滴度。

2. 材料

2.1 设备/仪器

下列任何品牌的设备或仪器均可由具有相同功能的设备或仪器所替代。

2.1.1 孵化器，（36±2）℃，可加湿。

2.1.2 实验室生物安全柜，2 级。

2.1.3 水浴锅，（36±2）℃。

2.1.4 涡旋混合器。

2.1.5 微量移液器，1 000μL 和吸头。

2.2 试剂/耗材

下列任何品牌的试剂或材料均可由具有相同功能的试剂或材料所替代。所有试剂和材料均必须无菌。

2.2.1 猫亲衣原体阳性对照品，Cello 株。

2.2.2 符合 9CFR 要求的 6～7 日龄 SPF 鸡胚。

2.2.3 7.5％碳酸氢钠

1）7.5g 碳酸氢钠；

2）去离子水（DI）定容至 100mL；

3）（121±2）℃高压灭菌（30±10）min；

4）在 2～7℃保存。

2.2.4 1％酚红

1）1.0g 酚红；

2）加 DI 至 100mL；

3）在 2～7℃保存。

2.2.5 Bovarnick 蔗糖磷酸缓冲盐水（亲衣原体稀释液）

1）74.6g 蔗糖（$C_{12}H_{22}O_{11}$）；

2）0.42g 无水磷酸二氢钾（KH_2PO_4）；

3）1.25g 无水磷酸氢二钾（K_2HPO_4）；

4）0.92g 谷氨酸钠（$C_5H_8NO_4Na$）；

5）1.0mL 庆大霉素；

6）1mL 1％酚红；

7）所有成分用 DI 定容至 1L；

8）用 0.22μm 滤器滤过除菌；

9）用 7.5％碳酸氢钠调节 pH 至 7.0～7.2；

10）在 2～7℃保存。

2.2.6 70％酒精溶液

1）95％酒精 718mL；

2）282mL DI；

3）在室温保存。

2.2.7 2％碘酊溶液

1）2.0g 碘；

2）70％酒精溶液 100mL；

3）在室温保存。

2.2.8 照蛋器。

2.2.9 电动打孔器。

2.2.10 注射器针头，22 号×1.5 英寸及 18 号×1.5 英寸。

2.2.11 1mL 注射器。

2.2.12 Duco 封口蜡。

2.2.13 （17×100）mm 聚苯乙烯管。

2.2.14 移液管助吸器。

2.2.15 移液管。

3. 检验准备

3.1 人员资质/培训

操作人员应具有亲衣原体病原繁殖与维持和鸡胚接种技术的经验。操作人员应熟练掌握用鸡胚进行亲衣原体滴定技术。

3.2 设备/仪器的准备

开始检验当天，将水浴锅设置为（36±2）℃。

3.3 试剂/对照品的准备

3.3.1 鸡胚的准备

1）在开始检验当天，用照蛋器检查每个鸡胚的存活情况，胚胎的生长情况及蛋壳的完整性。剔除不符合要求的鸡胚。

2）用铅笔在气室线下方做好标记，写上编号。将标记好的鸡胚放在双层纸板蛋盘上。

3）气室部位用 2％碘酊擦拭消毒。风干。

4）用电动打孔器在消毒的鸡胚上打一个小孔。

5）取 5 枚鸡胚不接种作为对照，用以监测鸡胚非特异性死亡

3.3.2 猫亲衣原体阳性对照品的准备

1）在检测开始当天，将 1 瓶亲衣原体阳性对照品置（36±2）℃水浴迅速冻融。

2）用 10mL 移液管，取适当数量的（17×100）mm 聚苯乙烯管，每管加入亲衣原体稀释液 4.5mL。按照兽医生物制品中心（CVB）的试剂资料清单对亲衣原体阳性对照品进行稀释包含预期终点，并进行标记（如 7 个管分别标记为 10^{-1} 至 10^{-7}）。

3）用微量移液器吸取 500μL 猫亲衣原体阳性

对照品加入 10^{-1} 的管中，涡旋混匀。

4）用一个新吸头，从标记为 10^{-1} 的管内吸取 $500\mu L$ 液体加入 10^{-2} 的管中，涡旋混匀。

5）重复步骤 4 项，从前一个稀释度吸取液体加入下一个稀释度的管中，直至完成 10 倍系列稀释。

3.4 样品的准备

3.4.1 待检疫苗首次检验需用单独 1 瓶疫苗（从 1 瓶疫苗中取一个单一的样本）。接种当天，准备 1.0mL 无菌注射器和 18 号×1.5 英寸的针头，吸取稀释液对冻干疫苗进行复溶（1mL 装量的疫苗用 1mL 稀释液复溶；0.5mL 装量的疫苗用 0.5mL 稀释液复溶，以此类推），涡旋混匀。室温孵育（15±5）min。

3.4.2 对含有猫鼻气管炎病毒（FRV）、猫杯状病毒（FCV）或猫瘟病毒（FPV）多组分待检疫苗的准备与亲衣原体单组分待检疫苗的处理相同（FRV、FCV 和 FPV 在鸡胚中不繁殖）。

3.4.3 按照美国农业部动植物卫生监督署（APHIS）产品备案的生产大纲指定的预期终点，按照与步骤 3.3.2（2）至 3.3.2（5）项所述猫亲衣原体阳性对照品相同的稀释方法对复溶的待检疫苗进行适当数量的 10 倍系列稀释。

4. 检验

4.1 由最高稀释度的待检疫苗开始，用涡旋混合器混合后，用 1mL 注射器和 22 号×1.5 英寸针头吸取 0.5mL 的液体。垂直握住注射器，将针头插入（1.25±0.25）英寸。卵黄囊接种待检疫苗稀释液，每个稀释度接种 5 枚鸡胚，每胚 100μL。

4.2 用同一个注射器吸取涡旋混合器混合的低一级稀释度的待检疫苗，卵黄囊接种 5 枚鸡胚。

4.3 剩余稀释液的接种。如果接种从最高稀释度至最高浓度，则一个系列稀释液不同稀释度之间可使用同一注射器，但是不同系列样品之间需要更换注射器。

4.4 以同样的方式接种亲衣原体阳性对照品〔稀释度从 10^{-7} 到 10^{-4}，参考 3.3.2（2）〕，每个稀释度接种 5 枚鸡胚。

4.5 将所有鸡胚的接种部位用 Duco® 胶封口，然后风干（5±2）min。

4.6 将接种鸡胚放回孵化箱中继续孵化。此时，接种鸡胚可以在蛋盘上孵化（11±1）d，使用双层蛋盘，以免鸡蛋在照蛋/操作过程中意外破裂。

4.7 在接种后第 2 天，用照蛋器检查接种和未接种对照鸡胚。确认、记录死亡日期，并妥善处理死亡鸡胚。接种后 3d 内死亡的鸡胚属非特异性死亡。

4.8 接种后（11±1）d 内每日照蛋检查。确认、记录死亡日期，并妥善处理死亡鸡胚。接种 3 日后至（11±1）d 内死亡的鸡胚属特异性死亡，用于计算待检疫苗滴度。

4.9 用一般修正的 Spearman-Kärber 法计算待检疫苗和亲衣原体阳性对照品中猫亲衣原体的滴定终点。滴度用 $\log_{10}$ 半数鸡胚感染剂量（$CEID_{50}$）/mL 表示。

例如：

10^{-4} 稀释的待检疫苗＝5/5 鸡胚死亡

10^{-5} 稀释的待检疫苗＝5/5 鸡胚死亡

10^{-6} 稀释的待检疫苗＝2/5 鸡胚死亡

10^{-7} 稀释的待检疫苗＝0/5 鸡胚死亡

待检疫苗滴度＝$X-d/2+d\times S$

式中，$X=\log_{10}$ 所有鸡胚出现因亲衣原体导致死亡的最高稀释度的倒数（5）；

$d=\log_{10} 10$ 倍稀释的稀释系数（1）；

$S=$ 死亡鸡胚与所有稀释度检验鸡胚比例之和，从 X 开始计算：

$5/5+2/5+0/5=7/5=1.4$

待检疫苗滴度＝（5-1/2）+（1×1.4）＝5.9

将待检疫苗剂量调整为推荐的滴度如下：

A. 待检疫苗剂量除以接种剂量

待检疫苗剂量＝生产商推荐的疫苗剂量（对于本亲衣原体待检疫苗，推荐剂量为 1mL）

接种剂量＝每枚鸡胚绒毛尿囊膜接种的待检疫苗稀释液的量（对于本亲衣原体待检疫苗，接种记录为 0.1mL）

1mL 疫苗剂量/0.1mL 接种剂量＝10

B. 计算 $\log_{10} A$ 的值，并将所得的结果与待检疫苗滴度相加，如下所示：

$\log_{10} 10=1$

待检疫苗的滴度＝5.9+1=6.9

因此，待检疫苗的滴度为 $10^{6.9} CEID_{50}$/mL。

5. 检验结果说明

5.1 有效检验标准

5.1.1 检验结束时，所有 5 个未接种鸡胚必须存活。

5.1.2 接种后 3d 内，待检疫苗和亲衣原体阳性对照品每个稀释度应至少存活 4 枚鸡胚。

5.1.3 猫亲衣原体阳性对照品的滴度必须在预先测定 10 次的平均滴度±2 个标准差（±2SD）之间。

5.1.4 如果检验不能满足有效性的要求，则判为未检验，可进行无差别的重检。

5.2 如果检验能够满足有效性的要求，且待检疫苗的滴度大于或等于动植物卫生监督署备案生产大纲规定的产品滴度，则判该批产品为符合规定。

5.3 如果检验能够满足有效性的要求，但是待检疫苗的滴度低于动植物卫生监督署（APHIS）备案生产大纲规定的产品滴度最低标准要求，则可按照 9CFR113.8（b）部分对待检疫苗进行重检。

6. 检验结果报告

检验结果报告待检疫苗的 $CEID_{50}$/头份。

7. 参考文献

Title 9，Code of Federal Regulations，part 113.71 [M]. Washington，DC：Government Printing Office.

Cottral G E，1978. Manual of standardized methods for veterinary microbiology [M]. Ithaca and London：Comstock Publishing Associates：731.

Finney D J，1978. Statistical method in biological assay [M]. 3rd ed. London：Charles Griffin and Company.

8. 修订概述

第 04 版

• 更新联系人信息，但是，病毒学实验室决定保留原信息至下次文件审查之日。

第 03 版

• 更新联系人信息。

第 02 版

本修订版资料主要用于阐述兽医生物制品中心现行的实际操作方法，并提供了额外的细节信息。虽然不对检验结果产生重大影响，但是对文件进行了以下修改：

• 文件编号由 MVSAM0320 变更为 SAM320。

• 联系人由 Ione Stoll 变更为 Victor Becerra 和 Sandra Conrad。

• 1.2 删除"关键词"。

• 4.9 增加其他步骤，明确采用 Spearman-Kärber 法计算滴度。

• 冰箱温度由（4±2）℃变更为 2～7℃。

• 文件中所有的术语"鸡胚感染剂量（CEID）"均变更为"鸡胚死亡剂量（CELD）"。

• 根据现行命名原则，"猫鹦鹉热衣原体（Feline *Chlamydia psittaci*）"已变更为"猫亲衣原体（*Chlamydophila felis*）"；因此将"衣原体（*Chlamydia*）"属变更为"亲衣原体（*Chlamydophila*）"属，并增加种名"猫（*felis*）"。

• 文件中所有的"参考品"均变更为"阳性对照品"。

• 文件中所有的"参考品和试剂清单"均变更为"试剂资料清单"。

• 文件中所有的"待检批次"均变更为"待检疫苗"。

• 删除有关参考文献的脚注，现直接标注在个别项旁边。

（魏联果译，张一帜校）

美国农业部兽医生物制品中心
检验方法

SAM 321　定量测定兽医疫苗中猫白血病病毒
GP70 抗原的补充检验方法

日　　期：2015 年 1 月 9 日已批准，标准要求待定

编　　号：SAM 321.05

替　　代：SAM 321.04，2011 年 6 月 30 日

标准要求：

联 系 人：Alethea M Fry，(515) 337-7200

　　　　　Sandra K. Conrad

　　　　　Peg A. Patterson

审　　批：/s/Geetha B. Srinivas　　　　日期：2015 年 2 月 12 日

　　　　　Geetha B. Srinivas，病毒学实验室负责人

　　　　　/s/Byron E. Rippke　　　　日期：2015 年 2 月 17 日

　　　　　Byron E. Rippke，兽医生物制品中心政策、评审与执照管理部门负责人

　　　　　/s/Rebecca L. W. Hyde　　　　日期：2015 年 2 月 17 日

　　　　　Rebecca L. W. Hyde，兽医生物制品中心质量管理部门负责人

美国农业部动植物卫生监督署

P. O. Box 844

Ames，IA 50010

目　录

1. 引言

本补充检验方法（SAM）描述了用酶联免疫吸附试验（ELISA）定量测定猫白血病病毒（FeLV）疫苗中70 000道尔顿糖蛋白（gp70）抗原的相对效力（RP）检验方法。通过将待检疫苗的gp70抗原含量与参考制品（已经在宿主动物免疫原性试验中通过直接或间接方式确认具有保护力）的gp70抗原含量相比较，测定待检疫苗的RP。

2. 材料

2.1 设备/仪器

下列任何品牌的设备或仪器均可由具有相同功能的设备或仪器所替代。

2.1.1 培养箱，（36±2）℃、（5±1）% CO_2、高湿度（型号3158，Forma Scientific有限公司）；

2.1.2 酶标仪（型号 MRX，Dynex Technologies有限公司）；

2.1.3 洗板机（型号 EL404，Bio-Tek Instruments有限公司）；

2.1.4 单道和12道微量移液器，及适当大小的移液器吸头；

2.1.5 美国农业部兽医生物制品中心（CVB）现行版本的相对效力计算软件（RelPot）；

2.2 试剂/耗材

具备下列功能的任何品牌的材料均可使用，所有试剂和材料均必须无菌。

2.2.1 0.01mol/L磷酸缓冲盐水（PBS）

1）1.33g无水磷酸氢二钠（Na_2HPO_4）；

2）0.22g一水合磷酸二氢钠（$NaH_2PO_4 \cdot H_2O$）；

3）8.5g氯化钠（NaCl）；

4）蒸馏水（DW）定容至100mL；

5）用0.1mol/L NaOH或1.0mol/L HCl调节pH至7.2～7.6；

6）15psi，（121±2）℃高压灭菌（35±5）min；

7）在2～7℃保存。

2.2.2 0.05mol/L碳酸盐/碳酸氢盐包被液，pH9.6

1）0.159g碳酸钠（Na_2CO_3）；

2）0.293g碳酸氢钠（$NaHCO_3$）；

3）加DW至100mL；

4）用1.0mol/L HCl调节pH至9.6；

5）在2～7℃保存，1周内使用。

2.2.3 牛乳转移优化液（Blotto）

1）1.5g脱脂奶粉（Flavorite牌特级速溶脱脂奶粉，Preferred Products有限公司）。（不同品牌和批号的奶粉可能具有不同的封闭效果，应测定每批奶粉的适宜添加比例）。

2）100mL PBS。

3）加2μL消泡剂A。

4）在2～7℃保存，1周内使用。

2.2.4 稀释缓冲液

1）100mL Blotto；

2）1.0mL Triton X-100；

3）在2～7℃保存，1周内使用。

2.2.5 洗涤缓冲液

1）1 000mL 0.01mol/L PBS；

2）1.0mL吐温20；

3）在2～7℃保存。

2.2.6 山羊抗FeLV gp70多克隆抗体。

2.2.7 抗FeLV gp70单克隆抗体（MAb）。

2.2.8 山羊抗鼠辣根过氧化物酶复合物（山羊抗鼠复合物）。

2.2.9 2,2′-连氮基-双-（3-乙基苯并噻嗪-6-磺酸酯）（ABTS）过氧化物酶底物液（底物溶液）

1）溶液A，ABTS；

2）溶液B，过氧化氢。

2.2.10 FeLV gp70阳性对照品（可从CVB获得）。

2.2.11 参考制品：每个生产商均提供一种已经在宿主动物免疫原性试验中通过直接或间接方式确认具有保护力的参考疫苗。在动植物卫生监督署（APHIS）备案的生产大纲或特殊纲要第V部分中已确定了该参考制品的批号。所有该生产商生产的后续批次产品的RP必须等于或大于APHIS备案生产大纲中规定的RP值。

2.2.12 Immulon II® 平底96孔板。

2.2.13 平底96孔板（转移板）。

2.2.14 封板膜。

3. 检验准备

3.1 人员资质/培训

操作人员必须经过抗原捕获ELISA的免疫学基础、吸光度（OD）原理和计算机软件分析的培训，并具有一定经验。

3.2 设备/仪器的准备

读数当天，ELISA酶标仪必须在测定OD至少30min之前开启。设置2个波长，使用405nm检验波长和490nm参考波长。使用前，ELISA酶标仪要在空气中调零。

3.3 试剂/对照品的准备

3.3.1 检验板的准备。检验开始前 1～5 d，按照附带的 CVB 试剂资料清单，用碳酸盐/碳酸氢盐包被缓冲液稀释山羊抗 gp70 多克隆抗体。

1）吸取稀释好的山羊抗 FeLV gp70 多克隆抗体加入 96 孔板的所有孔中，100μL/孔。此为检验板。

2）用封板膜封好检验板，置 2～7℃ 孵育（3±2）d。

3.3.2 稀释的 gp70 阳性对照品的准备。检验当天，按照附带的 CVB 试剂资料清单，用稀释缓冲液稀释 gp70 阳性对照品。

3.3.3 稀释的抗 gp70MAb 的准备。检验当天，按照附带的 CVB 试剂资料清单，用 Blotto 稀释 gp70MAb。

3.3.4 稀释的山羊抗鼠复合物。检验当天，按照预先确定的最佳稀释倍数，用 PBS 稀释山羊抗鼠复合物。当在（36±2）℃ 孵育（20±10）min 后，最佳稀释结果为 0.400～0.700 读取时 OD 值。

3.3.5 底物溶液的准备。检验当天，在添加底物之前，按照生产商的说明书，将 ABTS 溶液 A 和过氧化氢底物液 B 等体积混合。混合后的底物溶液应保持澄清并在室温条件下使用。

3.4 样品的准备

3.4.1 抗原提取（可选）。如果待检疫苗中含有干扰抗原检验的佐剂，公司可指定从佐剂中提取抗原的步骤。如果提取是必须步骤，则提取步骤将被收入 APHIS 备案生产大纲的第 V 部分。CVB 将按照公司的方法提取抗原。如果 APHIS 备案生产大纲或特殊纲要中都没有该方法，CVB 进行的检验将不包括提取步骤。如果参考制品是产品参考品，那么参考制品和待检疫苗必须进行同样的处理。如果参考制品经过纯化处理，则不需要提取。

3.4.2 所有样品在检验前都必须放至室温。待检疫苗首次检验需用单独 1 瓶疫苗（从 1 瓶疫苗中取一个单一的样本）。在平底的 96 孔板中用稀释缓冲液将参考制品和待检疫苗做 2 倍系列稀释，此为转移板。

3.4.3 可先进行参考制品和/或待检疫苗的初步稀释。稀释度由公司确定，以确保检验的 6 个稀释度涵盖回归曲线的线性部分。参考制品和/或待检疫苗的初始稀释度应在 APHIS 备案生产大纲第 V 部分或特殊纲要中说明。除另有规定外，用稀释缓冲液作为初步稀释的稀释液。

1）用 12 通道微量移液器吸取 150μL 稀释缓冲液加入转移板的 C～G 行孔（见附录）。

2）吸取 300μL 初步稀释的参考制品加入转移板 B 行的 3 个孔中（见附录）。

3）吸取 300μL 初步稀释的第一个待检疫苗加入转移板 B 行相邻的另 3 个孔中。另一个待检疫苗可以加入后续相邻的 3 个孔中进行检验。

4）用 12 通道微量移液器和适当数量（与每行孔的数量相对应）的移液器吸头混匀转移板的 B 行孔中的液体（7±2）次，并吸出 150μL 加入 C 行孔中。更换吸头，混匀 C 行孔，吸出 150μL 加入 D 行孔中。

5）按照步骤 4 项继续进行转移板 D～G 行孔的稀释，从前一行孔吸取 150μL 加入下一行孔中。

4. 检验

4.1 检验当天，打开封板膜，在已含有稀释的山羊抗 gp70 多克隆抗体的检验板的每个孔中加入彻底混匀的 Blotto。加 Blotto 之前不要吸走山羊抗 gp70 多克隆抗体。重新封好检验板，置 2～7℃ 孵育（90±30）min。

4.2 倒出检验板中的 Blotto。每孔加入 200～300μL 洗涤缓冲液后，立即倒出。重复洗涤 3 次。在洗涤和孵育过程中，板孔不能干。可以使用自动洗板机洗板。

4.3 将转移板各孔中稀释的溶液转移至检验板对应行的相应孔中（从最高稀释的 G 行开始，至最低稀释的 B 行结束），100μL/孔（见附录）。从高稀释度行向高浓度行顺序进行加样操作时可不必更换吸头。

4.4 吸取稀释的 gp70 阳性对照品加入检验板 11-B、11-C 和 11-D 孔中，100μL/孔。

4.5 吸取稀释缓冲液加入检验板的 11-E、11-F 和 11-G 孔中，100μL/孔，作为空白对照。

4.6 用封板膜封好检验板，置（36±2）℃ 孵育（60±10）min。

4.7 按照步骤 4.2 项洗涤检验板。

4.8 在检验板的所有孔中加入稀释的抗 gp70MAb，100μL/孔。

4.9 用封板膜封好检验板，置（36±2）℃ 孵育（60±10）min。

4.10 按照步骤 4.2 项洗涤检验板。

4.11 在检验板的所有孔中加入稀释的山羊抗鼠复合物，100μL/孔。

4.12　用封板膜封好检验板，置（36±2）℃孵育（60±10）min。

4.13　按照步骤 4.2 项洗涤检验板，然后用 PBS 替代洗涤缓冲液洗涤 2 次。

4.14　在检验板的所有孔中加入底物溶液，100μL/孔。

4.15　检验板在室温孵育（20±10）min。

4.16　在扣除平均空白读数后，当阳性对照品孔（11-B、11-C、11-D）的 OD 值为 0.400～0.700 时，在检验波长为 405nm、参考波长为 490nm 条件下读取检验板。

4.17　确定空白对照孔的算术平均值，即为平均空白读数。在用 RelPot 分析数据前，所有的读数均要扣除平均空白读数。

4.18　用现行版本的 RelPot 评价结果。

5. 检验结果说明

5.1　如果阳性对照品的校正 OD 值不在 0.400～0.700 之内，则判为未检验，须进行无差别的重检。

5.2　对于有效的检验，必须符合现行版本 RelPot 的所有有效标准。对于无效的检验，可进行重检。对于按照 9CFR 第 113.8（c）（4）部分定义为可疑的检验，可进行重检。

5.3　在得分最高的有效 RP 值的组中至少有一个有效的 RP 值必须大于或等于 APHIS 备案生产大纲中规定的 RP 值，判待检疫苗符合规定。

5.4　对于有效 RP 值低于 APHIS 备案生产大纲中规定 RP 值的待检疫苗，如果检验结果符合 9CFR 第 113.8（c）（5）部分规定，则可进行重检。

6. 检验结果报告

结果报告待检疫苗的 RP 值。得分最高的 RP 将作为报告的 RP 值。

7. 参考文献

Title 9，Code of Federal Regulations，section 113.8 ［M］. Washington，DC：Government Printing Office.

Shibley G P，Tanner J E，Hanna S A，1991. United States Department of Agriculture licensing requirements for *feline leukemia virus* vaccines ［J］. JAVMA，199（10）：1402-1406.

8. 修订概述

第 05 版

• 更新联系人信息，但是，病毒学实验室决定保留原信息至下次文件审查之日。

• 删除文件中所有提及的 SAM318。

第 04 版

• 更新联系人信息。

第 03 版

• 2.1.4 变更微量移液器的型号和大小，允许酌情进行变化。

第 02 版

本修订版资料主要用于阐述兽医生物制品中心现行的实际操作方法，并提供了额外的细节信息。虽然不对检验结果产生重大影响，但是对文件进行了以下修改：

• 冰箱温度由（4±2）℃变更为 2～7℃。这反映了 Rees 系统建立和监测的参数。

• 文件中所有的"待检批次"均变更为"待检疫苗"

• 文件中所有的"参考品和试剂清单"均变更为"试剂资料清单"。

• 删除有关参考文献的脚注，现直接标注在个别项旁边。

附录　转移板和检验板的设置

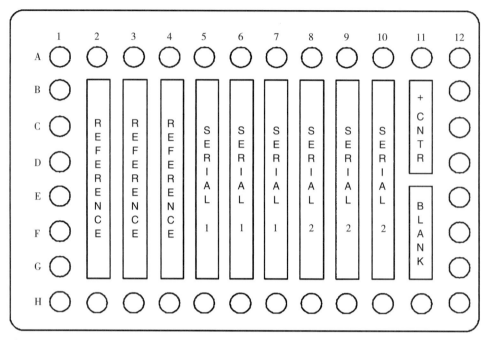

稀释板位置：

B 行第 2、3、4 列：为参考疫苗的最低稀释度

B 行第 5、6、7 列：为待检疫苗 1 的最低稀释度

B 行第 8、9、10 列：为待检疫苗 2 的最低稀释度

检验板位置：

B 至 G 行的第 2、3、4 列：为系列稀释的参考疫苗

B 至 G 行的第 5、6、7 列：为系列稀释的待检疫苗 1

B 至 G 行的第、8、9、10 列：为系列稀释的待检疫苗 2

B-11、C-11 和 D-11：为 gp70 阳性对照品

E-11、F-11 和 G-11：为空白

（李国红译，张一帜校）

SAM322.05

美国农业部兽医生物制品中心
检验方法

SAM 322　测定犬冠状病毒灭活疫苗中特异性病毒
抗原含量的补充检验方法

日　　期：2015 年 1 月 9 日已批准，标准要求待定

编　　号：SAM 322.05

替　　代：SAM 322.04，2011 年 6 月 30 日

标准要求：

联 系 人：Alethea M Fry，（515）337-7200

　　　　　Sandra K. Conrad

　　　　　Peg A. Patterson

审　　批：/s/Geetha B. Srinivas　　　　　日期：2015 年 2 月 12 日

　　　　　Geetha B. Srinivas，病毒学实验室负责人

　　　　　/s/Byron E. Rippke　　　　　日期：2015 年 2 月 17 日

　　　　　Byron E. Rippke，兽医生物制品中心政策、评审与执照管理部门负责人

　　　　　/s/Rebecca L. W. Hyde　　　　　日期：2015 年 2 月 17 日

　　　　　Rebecca L. W. Hyde，兽医生物制品中心质量管理部门负责人

美国农业部动植物卫生监督署

P. O. Box 844

Ames，IA 50010

目　录

1. 引言

本补充检验方法（SAM）描述了用酶联免疫吸附试验（ELISA）定量测定犬冠状病毒（CCV）灭活疫苗中病毒抗原含量的方法。通过将待检疫苗的 CCV 含量与参考制品（已经在宿主动物免疫原性试验中通过直接或间接方式确认具有保护力）的 CCV 含量相比较，测定 CCV 疫苗的相对效力（RP）。

2. 材料

2.1 设备/仪器

下列任何品牌的设备或仪器均可由具有相同功能的设备或仪器所替代。

2.1.1 培养箱，（36±2）℃、（5±1）% CO₂、高湿度（型号 3158，Forma Scientific 有限公司）;

2.1.2 酶标仪（型号 MRX，Dynex Technologies 有限公司）;

2.1.3 洗板机（型号 EL404，Bio-Tek Instruments 有限公司）;

2.1.4 单道和 12 道微量移液器，及适当大小的移液器吸头;

2.1.5 微量滴定板振荡器（型号 4625，Labline Instruments 有限公司）;

2.1.6 美国农业部兽医生物制品中心（CVB）现行版本的相对效力计算软件（RelPot）;

2.1.7 涡旋混合器（Vortex-2 Genie，型号 G-560，Scientific Industries 有限公司）;

2.1.8 Vortemp 摇床。

2.2 试剂/耗材

具备下列功能的任何品牌的材料均可使用。所有试剂和材料均必须无菌。

2.2.1 0.01mol/L 磷酸缓冲盐水（PBS）

1）1.9g 无水磷酸氢二钠（Na_2HPO_4）;

2）0.22g 一水合磷酸二氢钠（$NaH_2PO_4 \cdot H_2O$）;

3）8.5g 氯化钠（NaCl）;

4）蒸馏水（DW）定容至 100mL;

5）用 0.1mol/L NaOH 或 1.0mol/L HCl 调节 pH 至 7.2～7.6;

6）15psi,（121±2）℃高压灭菌（35±5）min;

7）在 2～7℃保存。

2.2.2 0.05mol/L 碳酸盐/碳酸氢盐包被液，pH9.6

1）0.159g 碳酸钠（Na_2CO_3）;

2）0.293g 碳酸氢钠（$NaHCO_3$）;

3）加 DW 至 100mL;

4）用 1.0mol/L HCl 调节 pH 至 9.6;

5）在 2～7℃保存，1 周内使用。

2.2.3 封闭液

1）1g 酪蛋白溶于 100mL 碳酸盐包被缓冲液;

2）在 2～7℃保存，1 周内使用。

2.2.4 洗涤缓冲液

1）50μL 吐温 20 溶于 1 000mL 0.01mol/L PBS;

2）室温保存。

2.2.5 稀释缓冲液

1）1g 酪蛋白溶于 100mL 洗涤缓冲液;

2）在 2～7℃保存，1 周内使用。

2.2.6 猫传染性腹膜炎病毒抗体（FIPV Ab），硫酸铵沉淀法纯化。

2.2.7 CCV 单克隆抗体（CCV MAb）。

2.2.8 兔抗鼠辣根过氧化物酶复合物（兔抗鼠复合物）。

2.2.9 2，2′-连氮基-双-（3-乙基苯并噻唑-6-磺酸酯）（ABTS）过氧化物酶底物液（底物溶液）

1）溶液 A，ABTS;

2）溶液 B，过氧化氢。

2.2.10 平底 96 孔 ELISA 板（ELISA 板）。

2.2.11 封板膜。

2.2.12 参考制品

每个生产商均提供一种已经在宿主动物免疫原性试验中通过直接或间接方式确认具有保护力的参考制品。在动植物卫生监督署（APHIS）备案的生产大纲或特殊纲要第Ⅴ部分中已确定了该参考制品的批号。所有该生产商生产的后续批次产品的 RP 必须等于或大于 APHIS 备案生产大纲中规定的 RP 值。

3. 检验准备

3.1 人员资质/培训

操作人员必须经过抗原捕获 ELISA 的免疫学基础、吸光度（OD）原理和计算机软件分析的培训，并具有一定经验。

3.2 设备/仪器的准备

ELISA 酶标仪必须在测定 OD 至少 30min 之前开启。使用酶标仪之前要在空气中调零。

3.3 试剂/对照品的准备

3.3.1 检验板的准备。包被板子当天，按照附带的 CVB 试剂资料清单，用碳酸盐/碳酸氢盐包被缓冲液稀释 FIPV Ab。涡旋混匀后，在 ELISA 板每个孔中加入稀释的 FIPV Ab，100μL/孔，此为检验板。用封板膜封好检验板，置2～7℃孵育（3±2）d。

3.3.2 CCV MAb 的准备。读取检验板当天，按照附带的 CVB 试剂资料清单，用稀释缓冲液稀释 CCV Mab，涡旋混匀。

3.3.3 兔抗鼠复合物的准备。读取检验板当天，按照预先确定的最佳稀释度，用稀释缓冲液稀释兔抗鼠复合物，涡旋混匀。

3.3.4 底物溶液的准备。读取检验板当天，在添加底物之前，按照生产商的说明书，将 ABTS 溶液 A 和过氧化氢底物液 B 等体积混合。混合后的底物溶液应保持澄清并在室温条件下使用。

3.4 样品的准备

3.4.1 抗原提取（可选）。如果待检疫苗中含有干扰抗原检验的佐剂，公司可指定从佐剂中提取抗原的步骤。如果提取是必须步骤，则提取步骤将被收入 APHIS 备案生产大纲或特殊纲要的第 V 部分。如果参考制品是产品参考品，那么参考制品和待检疫苗必须进行同样的处理。如果参考制品经过纯化处理，则不需要提取参考制品。CVB 将按照公司的方法提取抗原。如果 APHIS 备案生产大纲或特殊纲要中都没有该方法，CVB 进行的检验将不包括提取步骤。

3.4.2 所有样品在检验前都必须放至室温。待检疫苗首次检验需用单独 1 瓶疫苗（从 1 瓶疫苗中取一个单一的样本）。可能需要在额外的 ELISA 板里进行 2 倍系列稀释，则此为转移板，方法如下（每个稀释度需更换吸头）。

1）用 12 通道微量移液器吸取 150μL 稀释缓冲液加入 B～H 行孔（见附录）。

2）参考制品和待检疫苗的初始稀释度应在 APHIS 备案生产大纲第 V 部分或特殊纲要中说明。除另有规定外，用稀释缓冲液作为初步稀释的稀释液。

3）吸取 300μL 初步稀释的参考制品加入 A1 和 A2 孔中（见附录）。

4）吸取 300μL 初步稀释的待检疫苗加入 A3 和 A4 孔中。其他的待检疫苗可以加入后续相邻的 5～12 列孔中进行检验。

5）从 A 行取 150μL 加入 B 行。用 12 道微量移液器混匀 B 行（7±2）次。

6）按照步骤 5 项继续进行 C～G 行孔的稀释，从前一行孔吸取 150μL 加入下一行孔中。

注意：不使用 H 行，而是留作转入空白孔的

稀释缓冲液。

4. 检验

4.1 取出事先制备并在 2～7℃保存的检验板（见步骤 3.3.4 项）。

4.2 将检验板上的液体倒在适宜的容器中。每孔加入 200μL 洗涤缓冲液，然后立即倒出。重复洗涤，共洗涤 4 次。在洗涤和孵育过程中，板孔不能干。最后一次洗涤完成后，在纸巾上轻敲检验板，去除残留的洗涤缓冲液。可以使用自动洗板机洗板。

4.3 在检验板每个孔中加入 200μL 封闭液，用封板膜封板后，置（36±2）℃孵育（60±10）min。

4.4 按照步骤 4.2 项洗涤检验板。

4.5 将转移板（见步骤 3.4.2 项）各孔中稀释的待检疫苗和参考制品溶液转移至已封闭的检验板相应行的对应孔中，100μL/孔。如果从最高稀释度向最高浓度（H 行至 A 行）操作，可不必更换吸头。H 行加入除抗原之外的其他试剂，作为空白孔。

4.6 用封板膜封板，在微孔板振荡器上孵育（120±10）min，或（36±2）℃孵育过夜（14±2）h，其间充分搅拌保持样品的悬浮状态。孵育时间应在 APHIS 备案生产大纲或特殊纲要中说明。如果孵育时间无特别规定，则按过夜处理。

4.7 按照步骤 4.2 项洗涤检验板。

4.8 吸取稀释的 CCV Mab 加入检验板的每个孔中，100μL/孔。用封板膜封板，置（36±2）℃孵育（60±10）min。

4.9 按照步骤 4.2 项洗涤检验板。

4.10 吸取稀释的兔抗鼠复合物加入检验板的每个孔中，100μL/孔。用封板膜封板，置（36±2）℃孵育（60±10）min。

4.11 按照步骤 4.2 项洗涤检验板。

4.12 吸取底物溶液加入检验板的每个孔中，100μL/孔，室温孵育。

4.13 对于检验板在检验波长 405nm，参考波长 490nm 下进行读数。要求参考制品的至少第四个稀释度的 OD 值读数充分。

当至少第 4 个稀释度的参考制品的颜色足够读取 OD 值（OD 值在减去空白对照平均值后不小于 0.05）时，在检验波长为 405nm、参考波长为 490nm 条件下读取检验板。

4.14 确定 H 行至少 3 个空白对照孔的算术

平均值，即为平均空白读数。在用 RelPot 分析数据前，所有的读数均要扣除平均空白读数。

4.15　用现行版本的 RelPot 评价结果。

5. 检验结果说明

5.1　对于有效的检验，必须符合现行版本 RelPot 的所有有效标准。对于无效的检验，可进行重检。对于按照 9CFR 第 113.8（c）（4）部分定义为可疑的检验，可进行重检。

5.2　在得分最高的有效 RP 值的组中至少有一个有效的 RP 值必须大于或等于 APHIS 备案生产大纲中规定的 RP 值，判待检疫苗符合规定。

5.3　对于有效 RP 值低于 APHIS 备案生产大纲中规定 RP 值的待检疫苗，如果检验结果符合 9CFR 第 113.8（c）（5）部分规定，则可进行重检（见现行版本的 RelPot、检验结果和释疑）。

6. 检验结果报告

检验记录中记录 RP 的结果。

7. 参考文献

Title 9, Code of Federal Regulations［M］. Washington, DC: Government Printing Office.

Horsburgh B C, Brown T D K, 1994. Sequence analysis of CCV and its relationship to FIPV, TGEV and PRCV// Laude H, Vautherot J. Coronaviruses. New York: Plenum Press.

Katz J B, Hanson S K, Patterson P A, et al, 1989. *In vitro* assessment of viral antigen content in inactivated aluminum hydroxide adjuvanted vaccines［J］. J Vir Meth, 25: 101-108.

8. 修订概述

第 05 版

• 更新联系人信息，但是，病毒学实验室决定保留原信息至下次文件审查之日。

• 删除文件中所有提及的 SAM318。

第 04 版

• 更新联系人信息。

第 03 版

• 2.1.4 变更微量移液器的型号和大小，允许酌情进行变化。

• 2.1.8 设备列表中增加 Vortemp 摇床。

第 02 版

本修订版资料主要用于阐述兽医生物制品中心现行的实际操作方法，并提供了额外的细节信息。虽然不对检验结果产生重大影响，但是对文件进行了以下修改：

• 冰箱温度由（4±2）℃变更为 2～7℃。这反映了 Rees 系统建立和监测的参数。

• 文件中所有的"待检批次"均变更为"待检疫苗"。

• 文件中所有的"参考品和试剂清单"均变更为"试剂资料清单"。

• 删除有关参考文献的脚注，现直接标注在个别项旁边。

附录　转移板和检验板的设置

	1	2	3	4	5	6	7	8	9	10	11	12
A	REF	REF	TS1	TS1	TS2	TS2	TS3	TS3	TS4	TS4	TS5	TS5
B												
C												
D												
E												
F												
G												
H	BLK	BLK	BLK	BLK	BLK	BLK	BLK	BLK	BLK	BLK	BLK	BLK

注：REF=参考制品；TS=待检疫苗；BLK=空白。

（张　蕾译，张一帜校）

美国农业部兽医生物制品中心
检验方法

SAM 323　用 Vero 细胞测定犬瘟热病毒滴度的补充检验方法

日　　期：2014 年 11 月 20 日

编　　号：SAM 323.05

替　　代：SAM 323.04，2011 年 6 月 30 日

标准要求：9CFR 113.306 部分

联 系 人：Alethea M. Fry，(515) 337-7200

　　　　　Peg A. Patterson

审　　批：/s/Geetha B. Srinivas　　　　日期：2015 年 1 月 14 日

　　　　　Geetha B. Srinivas，病毒学实验室负责人

　　　　　/s/Byron E. Rippke　　　　　日期：2015 年 1 月 15 日

　　　　　Byron E. Rippke，兽医生物制品中心政策、评审与执照管理部门负责人

　　　　　/s/Rebecca L. W. Hyde　　　　日期：2015 年 1 月 15 日

　　　　　Rebecca L. W. Hyde，兽医生物制品中心质量管理部门负责人

美国农业部动植物卫生监督署

P. O. Box 844

Ames，IA 50010

目　录

1. 引言

本补充检验方法（SAM）描述了测定犬瘟热病毒（CDV）改良活疫苗中病毒含量的体外检验方法。本检验适用于基础种毒（MSV）适应非洲绿猴肾细胞（Vero）生长并可引起细胞产生细胞病变（CPE）的 CDV 疫苗。

2. 材料

2.1 设备/仪器

下列任何品牌的设备或仪器均可由具有相同功能的设备或仪器所替代。

2.1.1 （36±2）℃、（5±1）% CO₂、高湿度培养箱（型号 3336，Forma Scientific 有限公司）；

2.1.2 （36±2）℃水浴锅；

2.1.3 倒置光学显微镜（型号 CK，奥林巴斯美国有限公司）；

2.1.4 涡旋混合器（Vortex-2 Genie，型号 G-560，Scientific Industries 有限公司）；

2.1.5 自动充满可重复使用注射器，2mL；

2.1.6 带吸头的移液器和/或电动微量移液器和吸头；

2.1.7 微量移液器，300μL×12 道；

2.1.8 移液管助吸器。

2.2 试剂/耗材

下列任何品牌的试剂或材料均可由具有相同功能的试剂或材料所替代。所有试剂和材料均必须无菌。

2.2.1 CDV 阳性对照品，Onderstepoort 株。

2.2.2 无 CDV 抗体的单特异性抗血清，用于中和联苗中非 CDV 组分，如犬副流感病毒（CPI）和犬腺病毒（CAV）。

2.2.3 按照联邦法规第 9 卷（9CFR）检验无外源病原的 Vero 细胞。

2.2.4 最低基础培养基（MEM）

1）9.61g 含有 Earles 盐（无碳酸氢盐）的 MEM。

2）1.1g 碳酸氢钠（NaHCO₃）。

3）用 900mL 去离子水（DI）溶解。

4）在 10mL DI 中加入 5.0g 水解乳清蛋白或乙二胺，（60±2）℃加热直至溶解，不断搅拌的同时将其加入步骤 3 项的溶液中。

5）用 DI 定容至 1 000mL，用 2mol/L 盐酸（HCl）调节 pH 至 6.8～6.9。

6）用 0.22μm 滤器滤过除菌。

7）无菌添加 50μg/mL 硫酸庆大霉素。

8）在 2～7℃保存。

2.2.5 生长培养基

1）940mL MEM。

2）无菌添加

a. 50mL 伽马射线灭活的胎牛血清（FBS）；

b. 10mL L-谷氨酰胺（200mmol/L）。

3）在 2～7℃保存。

2.2.6 Dulbecco's 磷酸缓冲盐水（DPBS）

1）8.0g 氯化钠（NaCl）；

2）0.2g 氯化钾（KCl）；

3）0.2g 无水磷酸二氢钾（KH₂PO₄）；

4）0.1g 六水合氯化镁（MgCl₂·6H₂O）；

5）在 900mL DI 中溶解；

6）在 10mL DI 中加入 1.03g 无水磷酸氢二钠（Na₂HPO₄），（60±2）℃加热直至完全溶解，再加入步骤 5 项中混匀；

7）在 10mL DI 中溶解 0.1g 无水氯化钙（CaCl₂），并缓慢加入步骤 6 项中混匀，避免产生沉淀；

8）加 DI 至 1 000mL，用 2mol/L HCl 调节 pH 至 7.0～7.3；

9）用 0.22μm 滤器滤过除菌；

10）在 2～7℃保存。

2.2.7 聚苯乙烯管，（12×75）mm。

2.2.8 移液管，10mL。

2.2.9 试剂储存罐。

2.2.10 注射器（结核菌素用），1mL。

2.2.11 针头，18 号×1.5 英寸。

2.2.12 细胞培养板，96 孔。

3. 检验准备

3.1 人员资质/培训

操作人员必须具有细胞培养与维持、动物病毒繁殖与维护和通过 CPE 测定病毒感染量的经验。

3.2 设备/仪器的准备

接种当天，将水浴锅设置为（36±2）℃。

3.3 试剂/对照品的准备

3.3.1 Vero 细胞培养板的准备（Vero 板）

1）选择健康、致密单层的 Vero 细胞。开始检验当天，用 12 道微量移液器和试剂储存罐在 96 孔细胞培养板所有孔中加入用生长培养基稀释成 10⁴·⁷～10⁵·⁰/mL 的 Vero 细胞悬液，100μL/孔。准备 1 块 Vero 板用于对照和 3 个待检疫苗。每个增加一块 Vero 板可多检验 4 个待检疫苗。

2）Vero 板准备好后在 4h 内使用。

3.3.2　CDV 阳性对照品的准备

1）在开始检验当天，取 1 支 CDV 阳性对照品放入（36±2）℃水浴中迅速解冻。

2）根据 CVB 试剂资料清单和标签的要求准备足够数量的（12×75）mm 聚苯乙烯管，适当标记，每管加入 1.8mL MEM，管子数量应包括预期的终点（如准备 5 管，分别标记为 $10^{-5}\sim10^{-1}$）。

3）用微量移液器吸取 $200\mu L$ CDV 阳性对照品加入标记 10^{-1} 的管中，涡旋混匀。

4）换一个新吸头，从标记 10^{-1} 的管中（见步骤 3 项）吸取 $200\mu L$ 加入标记 10^{-2} 的管中，涡旋混匀。

5）重复步骤 4 项，从前一个稀释度吸取 $200\mu L$ 加入下一个稀释度的管中，直至完成 10 倍系列稀释。

3.4　样品的准备

3.4.1　待检疫苗首次检验需用单独1瓶疫苗（从1瓶疫苗中取一个单一的样本）。接种当天，用1.0mL 无菌注射器和18号×1.5英寸的针头吸取稀释液对冻干疫苗进行复溶（1mL 装量的疫苗用 1mL 稀释液复溶；0.5mL 装量的疫苗用 0.5mL 稀释液复溶，以此类推），涡旋混匀。室温孵育（15±5）min。

3.4.2　对于含多种组分的 CDV 联苗，应先用除 CDV 外的每种病毒组分的特异性抗血清中和非 CDV 病毒成分。没有必要中和犬细小病毒（CPV），因为 CPV 不在 Vero 细胞上复制。

1）DPBS 与每种非 CPV 中和抗血清等体积混合，进行 1：2 稀释。

2）取每种中和抗血清各 $200\mu L$，加入（12×75）mm 聚苯乙烯管中，标记为 10^{-1}，并加入 MEM 至终体积为 1.8mL。例如，中和 CDV/CPV/CPI/CAV 四联苗中的 CPI 和 CAV 组分，各吸取稀释后的 CPI 和 CAV 抗血清 $200\mu L$，加入标记为 10^{-1} 的管中，再加入 1.4mL MEM 使得终体积达到 1.8mL。

3）用移液器吸取 $200\mu L$ 复溶的待检疫苗，加入 10^{-1} 的管中，涡旋混匀。

4）室温孵育（30±5）min。

3.4.3　对于不含 CPI 或 CAV 的待检疫苗，直接取 $200\mu L$ 待检疫苗加入（12×75）mm 聚苯乙烯管中，再加入 1.8mL MEM 进行 10^{-1} 稀释，在管上标记 10^{-1}，涡旋混匀。

3.4.4　10 倍系列稀释

1）准备 4 个（12×75）mm 聚苯乙烯管，每管加入 1.8mL MEM，分别标记为 10^{-2} 至 10^{-5}。

2）用新吸头从标记为 10^{-1} 的管中吸取 $200\mu L$ 加入下一个稀释度管中，涡旋混匀。

3）重复步骤 2 项，从前一个稀释度管吸取 $200\mu L$ 加入下一个稀释度管，直至完成所有 10 倍系列稀释。

4. 检验

4.1　检验当天，标记 Vero 板并接种待检疫苗，每个稀释度接种 5 个孔，每孔 $200\mu L$，从 10^{-5} 至 10^{-2}。按照同样的方法接种 CDV 阳性对照品，每个稀释度接种 5 个孔（按照步骤 3.3.2 项举例，从 10^{-5} 至 10^{-2} 稀释）。不同的样品（即每种待检疫苗和 CDV 阳性对照品）间要更换吸头，但是如果对同一系列稀释的样品，是从最高稀释度至最高浓度取样（如从 10^{-5} 至 10^{-2}），则不需要更换吸头。

4.2　取 5 个孔，不接种作为阴性细胞对照。

4.3　将 Vero 板置（36±2）℃ CO_2 培养箱孵育（7±1）d。

4.4　孵育后，用倒置光学显微镜 100× 放大观察，检查由 CDV 所引起的 CPE。

4.4.1　孔中如果出现 1 个或 1 个以上以细胞融合和破裂为特征的 CPE 病灶，则判 CDV 为阳性。

4.4.2　记录每个稀释度待检疫苗和 CDV 阳性对照品接种孔出现 CPE 阳性的孔数与接种总孔数的比。

4.5　用 Finney 修正的 Spearman-Kärber 法计算待检疫苗和 CDV 阳性对照品工作液的 $\log_{10}$ 半数组织培养感染量表示（$TCID_{50}$）。

例如：

10^{-3} 稀释的待检疫苗＝5/5 孔 CPE 阳性

10^{-4} 稀释的待检疫苗＝4/5 孔 CPE 阳性

10^{-5} 稀释的待检疫苗＝2/5 孔 CPE 阳性

10^{-6} 稀释的待检疫苗＝0/5 孔 CPE 阳性

Spearman-Kärber 公式：

$$待检疫苗滴度＝X-d/2+d\times S$$

式中，X＝$\log_{10}$ 所有孔为 CPE 阳性的最高稀释倍数（3）；

d＝$\log_{10}$10 倍稀释的稀释系数（1）；

S＝所有 CPE 阳性孔与稀释度检验孔的比例之和：

$$5/5＋4/5＋2/5＋0/5＝11/5＝2.2$$

$$待检疫苗滴度＝(3-1/2)+(1\times2.2)＝4.7$$

按照以下方法调整滴度至待检疫苗推荐的剂量：

A. 将待检疫苗剂量除以接种剂量，其中：

待检疫苗剂量＝说明书推荐的免疫剂量（对于本待检 CDV 疫苗，推荐剂量为 1mL）

接种剂量＝加入 Lab-Tak 玻片每一个孔室稀释待检疫苗的剂量（对于本 CDV 待检疫苗，接种剂量为 0.1mL）

1mL 疫苗剂量/0.1mL 接种剂量＝10

B. 计算 $\log_{10} A$ 的值，并将所得的结果与待检疫苗滴度相加，如下所示：

$$\log_{10} 10 = 1.0$$

待检疫苗滴度＝$4.7 + 1.0 = 5.7$

因此，本 CDV 待检疫苗的滴度为 $10^{5.7}$ $TCID_{50}/mL$。

5. 检验结果说明

有效检验标准

5.1 CDV 阳性对照品的滴度必须在预先测定 10 次的平均滴度±2 个标准差之间。

5.2 CDV 阳性对照品的最低接种稀释度必须 100%（5/5）出现 CPE。如果未能检测到终点（最高稀释度的 1 个或 1 个以上孔为 CPE 阳性），则滴度表示为"大于或等于"所计算的滴度。如果终点对检验非常重要，那么最高稀释度（最稀的溶液）必须显示为无阳性的 CPE 反应（0/5）。

5.3 不接种的细胞对照必须不出现任何 CPE 或培养基呈云雾状（即污染）。

5.4 如果检验不能满足有效性的要求，则判为未检验，可进行无差别的重检。

5.5 如果检验能够满足有效性的要求，且待检疫苗的滴度大于或等于动植物卫生监督署（APHIS）备案生产大纲规定的产品滴度，则判待检疫苗为符合规定。

5.6 如果检验能够满足有效性的要求，但是待检疫苗的滴度低于 APHIS 备案生产大纲规定的产品最低标准要求，则可按照 9CFR113.8 部分对待检疫苗进行重检。

6. 检验结果报告

检验结果报告待检疫苗的 $TCID_{50}/$头份。

7. 参考文献

Title 9, Code of Federal Regulations, part 113.306 [M].

Washington, DC: Government Printing Office.

Cottral G E, 1978. Manual of standardized methods for veterinary microbiology [M]. Ithaca and London: Comstock Publishing Associates: 731.

Finney D J, 1978. Statistical method in biological assay [M]. 3rd ed. London: Charles Griffin and Company.

8. 修订概述

第 05 版

• 更新联系人信息，但是病毒学实验室决定保留原信息至下次文件审查之日。

第 04 版

• 更新联系人信息。

• 3.3.2 增加水浴温度。

第 03 版

• 文件中所有的术语"参考品"均变更为"阳性对照品"。

第 02 版

本修订版资料主要用于阐述兽医生物制品中心现行的实际操作方法，并提供了额外的细节信息。虽然不对检验结果产生重大影响，但是对文件进行了以下修改：

• 1.2 删除"关键词"。

• 2.2.4.2 碳酸氢钠（$NaHCO_3$）的用量由 2.2g 变更为 1.1g。

• 2.2.4.7 删除青霉素和链霉素。

• 4.5 增加额外的步骤，明确采用 Spearman-Kärber 法计算病毒滴度。

• 5.1.2 有效性要求需要记录阳性反应比率。

• 冰箱温度由（4±2）℃变更为 2～7℃。这反映了 Rees 系统建立和监测的参数。

• 文件中所有的"待检批次"均变更为"待检疫苗"

• 文件中所有的"参考品和试剂清单"均变更为"试剂资料清单"。

• 删除有关参考文献的脚注，现直接标注在个别项旁边。

（陈延飞　张一帜译，杨京岚校）

SAM405.04

美国农业部兽医生物制品中心
检验方法

SAM 405　用 COFAL 试验检测淋巴白血病
病毒污染的补充检验方法

日　　期：2014 年 11 月 28 日

编　　号：SAM 405.04

替　　代：SAM 405.03，2014 年 3 月 10 日

标准要求：9CFR 113.31 部分

联 系 人：Alethea M. Fry，（515）337-7200

　　　　　Claude A. Hovick

审　　批：/s/Geetha B. Srinivas　　　　日期：2015 年 1 月 26 日

　　　　　Geetha B. Srinivas，病毒学实验室负责人

　　　　　/s/Byron E. Rippke　　　　　日期：2015 年 1 月 29 日

　　　　　Byron E. Rippke，兽医生物制品中心政策、评审与执照管理部门负责人

　　　　　/s/Rebecca L. W. Hyde　　　　日期：2015 年 1 月 29 日

　　　　　Rebecca L. W. Hyde，兽医生物制品中心质量管理部门负责人

美国农业部动植物卫生监督署

P. O. Box 844

Ames，IA 50010

补充检验方法中提及的商标或专利产品不等同于该产品已获得了美国农业部的保证或担保，且它的批准也不意味着其可用于排除在外的其他可能适用的产品

目　录

1. 引言

本补充检验方法（SAM）描述了检测禽用活疫苗中淋巴白血病病毒污染的操作步骤。禽白血病补体结合（COFAL）试验分为两个部分：第 I 部分，在鸡胚成纤维细胞（CEF）上增殖（如果可以在 CEF 上繁殖）淋巴白血病病毒；第 II 部分，用微量补体结合试验技术检测群特异性（gs）抗原。

2. 检验准备

2.1 人员资质/培训

操作人员必须经过对本方法的培训，或者具有实施本方法的经验。这包括生物实验室生物安全与无菌操作技术和生物制剂、试剂、组织培养样品和化学药品的制备、使用及处置。操作人员还必须进行本试验所涉及的实验室检验设备的操作培训。

2.2 设备/仪器的准备

按照生产商提供的说明书对所有的设备/仪器进行操作和监测。保持层流生物安全柜的无菌状态，并在适当时使用无菌器械并佩戴无菌手套。

3. 第 I 部分 . 外源淋巴白血病病毒在 CEF 上的增殖

3.1 仪器/设备

下列任何品牌的设备或仪器均可由具有相同功能的设备或仪器所替代。

3.1.1 层流生物安全柜（NuAire 有限公司，Labgard）；

3.1.2 旋转加湿鸡胚孵化箱（Midwest Incubators，型号 252）；

3.1.3 37℃，5% CO_2 水套式恒温培养箱（Forma Scientific，型号 3158）；

3.1.4 转瓶机（使转瓶旋转）；

3.1.5 离心机（Beckman J6-MI，JS-4.2 转子）；

3.1.6 真空泵（Curtin Matheson Scientific 有限公司）；

3.1.7 本生灯（Hanau Engineering 公司，Touch-O-Matic）；

3.1.8 无菌剪刀（Roboz RS-6800）；

3.1.9 无菌弯头镊子（V. Mueller SU 2315）；

3.1.10 磁力搅拌棒（无菌）和磁力搅拌器；

3.1.11 红细胞计数器（American Optical）。

3.2 耗材

下列任何品牌的耗材均可由具有相同功能的耗材所替代，所有耗材均必须无菌。

3.2.1 组织培养皿，（150×10）mm（Falcon，货号 1058）；

3.2.2 组织培养皿，（100×20）mm（Falcon，货号 3003）；

3.2.3 带 4 层细纱布的塑料漏斗；

3.2.4 聚丙烯锥形管，（29×114）mm，50mL（Sarstedt，货号 62.547.205）；

3.2.5 聚丙烯离心管，250mL（Corning，货号 25350）；

3.2.6 转瓶，2 000mL，850cm² ，带螺旋瓶盖（Becton Dickinson，货号 3007）；

3.2.7 台盼蓝；

3.2.8 EP 管，（12×75）mm（Falcon，货号 2058）；

3.2.9 细胞铲（Costar，货号 3008）；

3.2.10 过滤瓶，1L，带胶皮管和插管；

3.2.11 血清学移液管；

3.2.12 锥形瓶；

3.2.13 注射器和针头；

3.2.14 滤膜，0.22μm（Millipore，货号 SLGA0250S）；

3.2.15 滤膜，0.45μm（Millipore，货号 SLHA0250S）；

3.2.16 滤膜，5.0μm（Millipore，货号 SLAP02550）。

3.3 试剂

下列任何品牌的试剂均可由具有相同功能的试剂所替代。所有试剂均必须无菌。

3.3.1 取相同遗传系的、对所有淋巴白血病病毒亚群都易感的鸡（C/O）所产的 9～11 日龄无特定病原（SPF）鸡胚 24 枚。

3.3.2 生长培养基

含 Earles 盐的 199 培养基	1L
Bacto 蛋白胨磷酸盐肉汤	50mL
$NaHCO_3$	1.5g
青霉素（钾 G）	100 000IU
硫酸链霉素	100mg
胎牛血清（FBS）（灭活的）	30～55mL
硫柳汞（可选）	2mg

用 $NaHCO_3$ 溶液调节 pH 至 7.3。

注意：如果在使用培养基前 3d 内加入 L-谷氨酰胺（10mL/1 000mL 生长培养基＝1%L-谷氨酰胺），细胞的生长和维持状态会更好。

如果在胰酶消化前用生长培养基进行洗涤，则不加 FBS 和 L-谷氨酰胺。

3.3.3 Puck's 盐溶液 A

NaCl	8.0g
KCl	0.4g
葡萄糖	1.0g
酚红（0.5％溶液）	1.0mL
蒸馏水或去离子水（DW）定容至	1L

用 NaHCO₃ 溶液调节 pH 至 7.2

3.3.4 乙二胺四乙酸（EDTA）原液（1.0％），也被称为维尔烯。

在 100mL Puck's 盐溶液 A 中加入 1.0g 乙二胺四乙酸二钠盐。

3.3.5 胰酶溶液（0.25％）

在 1L Puck's 盐溶液 A 中加入 2.5g 胰酶（1∶250）。

在每升溶液中加入 0.35g NaHCO₃。

用 NaHCO₃ 溶液调 pH 至 7.4。

注意：用胰酶消化鸡胚时，用 0.25％胰酶作为消化液。

用胰酶消化原代细胞时，在 100mL 0.25％胰酶溶液中加入 2.0mL 1％EDTA，或者用 0.25％胰酶作为消化液。

用胰酶消化第二代或更高代次的鸡胚细胞培养物时，将 0.25％胰酶溶液与 Puck's 盐溶液 A 以 1∶5 混合（1 份胰酶溶液加 4 份 Puck's 盐溶液 A）作为消化液。

然后在每 100mL 胰酶溶液中加入 2.0mL 1.0％EDTA 溶液。即溶液中含有 0.05％胰酶和 0.02％EDTA。最后滴加适量 NaHCO₃ 调节 pH 至 7.2～7.4。

3.3.6 70％酒精

3.4 原代 CEF 的制备

按照以下方式制备 COFAL 试验阴性鸡群所产 9～11 日龄基因易感（C/O）的鸡胚原代 CEF 培养物，或者也可以采用其他替代方法进行。

3.4.1 用 70％酒精消毒鸡蛋气室部位，火焰消毒，用无菌镊子敲开蛋壳。然后用镊子剥开尿囊膜，挑出胚体，放入（150×10）mm 无菌的一次性组织培养皿或皮氏培养皿中。一次可准备 4～24 个鸡胚。用无菌剪刀和镊子去除（并丢弃）胚体的头部和内脏。用 0.25％胰酶溶液（室温）、生理盐水或者不含 FBS 或 L-谷氨酰胺的生长培养基洗涤数次。把洗涤好的胚体放入无菌干燥的（150×10）mm 组织培养皿或皮氏培养皿中，并用锋利的无菌剪刀将其完全剪碎。

3.4.2 将剪碎的组织放入带有 50mL 不含 FBS 或 L-谷氨酰胺的生长培养基和一个磁力搅拌棒的烧瓶中进一步清洗。将烧瓶放在磁力搅拌器面板上，中速搅拌 5min。静置，待细胞沉淀后倒出（弃去）上清液，按照此方法重复洗涤数次。

3.4.3 用胰酶消化组织。首先，在烧瓶中加入 25mL 0.25％胰酶溶液漂洗细胞中残留的培养基，然后立即倒出胰酶溶液。其次，在烧瓶中加入 50mL 0.25％胰酶溶液，在磁力搅拌器上搅拌 20min（将搅拌器设为中速）。

3.4.4 在 250mL 锥形离心管上放置无菌纱布包裹的漏斗。为了终止胰酶对细胞的消化，通过纱布倒入 2mL FBS，然后将烧瓶中胰酶处理的内容物通过包裹纱布的漏斗倒入离心管中。加入生长培养基，使总体积约为 125mL。在 10℃ 条件下，250r/min 离心 10min。

3.4.5 观察记录细胞团的体积，然后倒出上清液。按照约为 1∶300 的比例加入生长培养基，稀释细胞。在每个 1 000mL 转瓶中加入 200mL 稀释的细胞悬液。拧紧瓶盖，置 37℃ 培养箱中培养 4d（如果使用组织培养瓶进行培养，可适当调整细胞悬液的体积，把瓶盖拧松，并在 37℃ 加湿的 5％CO₂ 培养箱中培养 4d）。4d 后，细胞单层应生长良好并准备分裂。

3.5 第二代 CEF 的制备

第二代 CEF 可按照下述方法进行制备，或者采用可接受的其他替代方法制备。

3.5.1 弃去原代 CEF 培养转瓶里的培养基，用 5mL 移液管吸干剩余的培养基，然后加入 15mL 37℃ 预热的 0.25％胰酶溶液。旋转转瓶直至细胞开始脱落，约 1min（凭经验确定适宜的消化时间，消化时间过短将导致新的悬液中有大的细胞团块）。倒出胰酶，并以手掌拍打转瓶侧壁，直至大部分细胞脱落。加入 15mL 培养基，旋转转瓶，漂洗内壁。用移液管把细胞悬液加入一个空的锥形瓶中。重复两次，即共漂洗 3 次。对每个转瓶均按照上述步骤进行处理。

3.5.2 将锥形瓶中的混合细胞悬液倒入有 4 层细纱布包裹的漏斗中，用内含一个无菌搅拌棒的锥形瓶收集，每个转瓶使用 25mL 生长培养基。然后每个转瓶再使用额外的 25mL 培养基清洗漏斗。彻底混合细胞悬液。

3.5.3 用红细胞计数器对细胞进行计数（按

规定用结晶紫染色法进行总细胞计数）。见附录Ⅱ。调整悬液体积，使细胞浓度约为 500 000 个/mL。

3.5.4　将第二代细胞悬液加入适当容器以备检测用（通常用 60mm 或者 100mm 塑料的组织培养皿）。60mm 培养皿加入 5mL 细胞悬液，100mm 培养皿加入 15mL 细胞悬液。此时，细胞已经准备好，可以接种检验材料。

3.6　检验材料的准备和接种

本方法主要用于家禽活病毒疫苗中的淋巴白血病病毒污染检验。对所述准备程序虽然是最简单程序，但是在大多数情况下能够满足需求。这些操作程序是暂定的，会随着知识和经验的发展进行调整。分别对每种类型疫苗建议的程序进行描述。如果检验材料需要先稀释后接种，则可以使用常规的生长培养基或无血清培养基进行稀释。每次，除了已经在培养板（皿）中的生长培养基外，还要在培养板（皿）中加入接种物。如果经验表明所使用的检验材料对鸡胚成纤维细胞无毒，那么加入细胞培养物后可立即接种检验材料。接种后，将培养物在 37℃ 5%CO$_2$ 高湿度培养箱中培养。16～24h 后，倒掉液体，更换新鲜的生长培养基，培养基按原体积添加，即 60mm 培养皿加 5mL 培养基，100mm 培养皿加 15mL 培养基。

注意：所用的材料可能会有某种毒性，可以在接种检验接种物之前让细胞贴壁生长 18h，然后再根据毒性作用的大小在接种 4～24h 后弃去接种物。

3.6.1　禽脑脊髓炎（AE）疫苗（液体甘油苗）

该产品对细胞有一定毒性，因此需要对接种过程进行相应调整。用组织培养基将疫苗稀释成 1 000 羽份/20mL。混合物 1 800r/min 离心 30min。

固体层在离心管的底部，顶部为含脂肪部分，水层在中间。将移液管插入水层部分吸出 10mL 以上液体。用 5.0μm 滤膜过滤。将 500 羽份（10mL）滤液等量分装至 5 个 60mm 培养皿或 2 个 100mm 培养皿中。对这种产品（不知道有多少其他组分，如果有的话），疫苗毒或疫苗中的其他组分会干扰白血病病毒对细胞的感染。

3.6.2　AE 冻干苗

每 100 羽份疫苗用 1.0mL 组织培养基复溶。如果产品中含有较粗的组织成分，将复溶材料在 1 000r/min 离心 20min，并用 0.45μm 滤器过滤。将 500 羽份滤液等量分装到 5 个 60mm 培养皿或 2 个 100mm 培养皿中。迄今为止，没有这种类型的产品对细胞产生过不利影响。这种疫苗毒对白血病

病毒感染细胞的干扰程度有多大（如果有的话），仍未知。

3.6.3　出血性肠炎病毒和大理石样脾病疫苗

疫苗解冻或复溶后，每 100 羽份疫苗用 1.0mL 组织培养基稀释。如果产品含有较粗的组分，则在 1 000r/min 离心 20min，并用 0.45μm 滤器过滤。将 500 羽份滤液等量分装到 5 个 60mm 培养皿或 2 个 100mm 培养皿中。迄今为止，这种类型的产品对细胞没有产生过不利影响。这种疫苗毒对白血病病毒感染细胞的干扰程度有多大（如果有的话），仍未知。

3.6.4　传染性支气管炎冻干或冻结疫苗

疫苗解冻或复溶后，每 100 羽份疫苗用 1.0mL 组织培养基稀释。如果产品含有较粗的组分，则在 1 000r/min 离心 20min，并用 0.45μm 滤器过滤。将 500 羽份滤液等量分装到 5 个 60mm 培养皿或 2 个 100mm 培养皿中。迄今为止，这种类型的产品没有对细胞没有产生过不利影响。这种疫苗毒对白血病病毒感染细胞的干扰程度有多大（如果有的话），仍未知。

3.6.5　传染性法氏囊病冻干或冻结疫苗

疫苗解冻或复溶后，每 100 羽份疫苗用 1.0mL 组织培养基稀释。如果产品含有较粗的组分，则在 1 000r/min 离心 20min，并用 0.45μm 滤器过滤。用高价特异性抗血清（抗血清必须不含白血病病毒及其抗体）中和 IBD 病毒。将 2mL 复溶疫苗（200 羽份）与 3mL 抗血清混合，室温孵育 1h。在某些情况下，可能需要加入更高比例的抗血清。孵育完成后，在细胞培养物上接种相当于 200 羽份的混合物，即将接种物等量分装到 5 个 60mm 培养皿或 2 个 100mm 培养皿中。

3.6.6　喉气管炎冻干或冻结疫苗

每 100 羽份疫苗用 1.0mL 组织培养基复溶。将复溶材料在 1 000 r/min 离心 20min，并用 0.22μm 的滤器过滤。将 500 羽份滤液等量分装到 5 个 60mm 培养皿或 2 个 100mm 培养皿中。

3.6.7　鸡马立克氏病（MD）细胞结合冻结疫苗

解冻并将每 100 羽份疫苗用 1.0mL 组织培养基稀释。取 10.0mL 接种物在 1 000 r/min 离心 20min，并用 0.22μm 的滤器过滤。（25～30）℃孵育 20～30min。将 500 羽份滤液等量分装到 5 个 60mm 培养皿或 2 个 100mm 培养皿中。

3.6.8　MD 冻干疫苗

每 100 羽份疫苗用 1.0mL 组织培养基复溶。将复溶材料在 1 000 r/min 离心 20min，并用 0.22μm 的滤器过滤。用高价特异性抗血清（抗血清必须不含白血病病毒及其抗体）中和 500 羽份马立克氏病疫苗毒，并在室温孵育 1h。孵育完成后，将混合培养物接种到细胞培养物中，等量分装 5 个 60mm 培养皿或 2 个 100mm 培养皿。

3.6.9 新城疫冻干或冻结疫苗，和新城疫-传染性支气管炎冻干或冻结疫苗

疫苗解冻或复溶后，每 100 羽份疫苗用 1.0mL 组织培养基稀释。用高价特异性抗血清（抗血清必须不含白血病病毒及其抗体）中和新城疫病毒（NDV）。将 2mL 复溶疫苗（200 羽份）与 2mL NDV 抗血清混合，并在室温下孵育 1h。如果新城疫疫苗毒的滴度非常高，那么可能需要更高比例的抗血清。孵育完成后，将混合培养物接种到细胞培养物中，等量分装 5 个 60mm 培养皿或 2 个 100mm 培养皿。

3.6.10 鸡痘和禽脑脊髓炎-鸡痘联苗

目前尚未确定一种有效的中和、灭活或分离痘病毒的最佳方法，但可以尝试以下方法。解冻或复溶后，每 500 羽份疫苗用 10.0mL 组织培养基稀释。将复溶材料在 1 000r/min 离心 20min，并用 0.22μm 的滤器过滤。将 500 羽份滤液等量分装到 5 个 60mm 培养皿或 2 个 100mm 培养皿中。

3.6.11 呼肠孤病毒或腱鞘炎病毒冻干或冻结疫苗

目前尚未确定一种有效的中和、灭活或分离这种病毒的最佳方法，但可以尝试以下方法。解冻或复溶后，每 100 羽份疫苗用 1.0mL 组织培养基稀释。将复溶材料在 1 000r/min 离心 20min，并用 0.45μm 的滤器过滤。用高价特异性抗血清（抗血清必须不含白血病病毒及其抗体）中和呼肠病毒或者腱鞘炎病毒。将 2mL 复溶疫苗（200 羽份）与 2mL 抗血清混合，在室温下孵育 1h。在某些情况下，需要加入更高比例的抗血清。孵育完成后，将混合培养物（相当于有 200 羽份）接种到细胞培养物中，等量分装 5 个 60mm 培养皿或 2 个 100mm 培养皿。

3.6.12 重组病毒疫苗

与载体病原的方法相同。

注意：每一组检测，均要设阳性对照和阴性对照。阳性对照应设 2 个平皿，一个接种 A 亚群淋巴白血病病毒，另一个接种 B 亚群淋巴白血病病

毒。保留一个平皿不接种作为阴性对照。

在所有情况下，接种检验材料后 24h 内弃去接种物和培养基，并加入新的生长培养基。

只有培养基的 pH 变酸时，才有必要更换培养基。否则不必处理，可继续用该培养物培养 4~5d。

在这段时间结束时，进行检验材料的第一次收获，并将剩余的细胞进行继代培养。

3.7 第一次和第二次收获

3.7.1 使用倒置显微镜，检查每个培养皿是否被细菌或者霉菌污染，并观察细胞单层的状况。丢弃所有污染的和细胞生长不良的平皿。按照步骤 3.7.2 至 3.7.3 项收获样品并进行细胞传代。适当的样品的收获和细胞的分裂及转移，可以采用可接受的替代方法进行。不允许将分裂细胞接种到新的 CEF 单层细胞上的方法。

注意：每次只能同时处理一套平皿，并按照以下顺序处理：阴性对照品、待检样品和阳性对照品。

3.7.2 将培养皿轻轻的倾斜，用抽吸装置从 60mm 培养皿中吸去培养液，但是保留大约 0.25mL 培养液；或者从 100mm 培养皿中吸去培养液，但保留大约 0.75mL 培养液。用无菌细胞铲从每个平皿中刮下 1/2 的细胞单层，混入剩余的液体中。取出并将这些细胞悬液混合收集到每套检验平皿中。将这些混合的细胞悬液置 -60℃ 或 -60℃ 以下保存，直至进行补体结合（CF）试验。

3.7.3 按照以下方法对剩余细胞进行继代培养：在每个培养皿中加入含 0.02% 乙二胺四乙酸的 0.05% 胰酶（胰酶/Puck's 盐溶液，1∶5）的混合溶液（60mm 培养皿加 3mL；100mm 培养皿加 5mL）。允许胰酶溶液与细胞单层接触 1~2min，偶尔旋转，然后当细胞从平皿上开始分离时立即倒掉胰酶。将培养皿放置在室温下，直至细胞进一步松动。（用手掌拍打平皿促进细胞脱落）在培养皿里加入新鲜的生长培养基，用移液管轻轻吹散细胞。收集这些细胞悬液，混匀，植入新的培养皿中。每个原始培养皿中的细胞悬液植入一个新的培养皿（2 份细胞悬液分出 1 份，保留 1/2 细胞悬液进行检验）。将分出的这些细胞培养物和之前一样置 37℃ 培养。

注意：培养物一般可以在不更换培养基的条件下生长 1 周，但是如果 pH 变得过酸，那么在此期间需要更换培养基。在 1 周培养期结束时，用与第一次继代培养相同的方法处理培养物。如果细胞的

增长速度很快，导致细胞在进行继代培养前就开始脱落，那么可进行额外的收获和继代培养。

3.8　最终的收获

第二次继代（接种后）后，在相同的条件下维持培养，直至接种后 21d，此时进行最终的收获。最终的收获，与之前相同，在每个组织培养皿里加入 2 份液体，用细胞铲刮掉全部细胞单层。分装最终收获物（每次检验的用量），将一部分置－60℃或－60℃以下保存，直至完成另一部分的 CF 试验。如果任何特定系列的 CF 试验无效，那么用保存那部分的最终收获物作为新的系列检验中的接种物。

每次继代培养的细胞培养液或更换的培养基均应用 CF 试验检测外源的淋巴白血病病毒。

4. 第Ⅱ部分．用微量补体结合（CF）试验检测外源的淋巴白血病病毒群特异性（gs）抗原

所述 CF 试验方法改编自亚特兰大国家传染病中心 Branch 实验室研发的补体结合（LBCF）试验方法。公共卫生专论第 74 期对 LBCF 方法进行了详细的描述。是题为"标准诊断补体结合试验及其演变的微量试验操作指南"的补充。第一版（1969年 7 月 1 日）已由同一试验部门编写完成。这些文件可以在华盛顿特区 20201 美国公共卫生管理局的公共卫生咨询部门获得。

4.1　仪器/设备

下列任何品牌的设备或仪器均可由具有相同功能的设备或仪器所替代。

4.1.1　离心机（Beckman J6-MI，JS-3.0 转子）；

4.1.2　CO_2 培养箱（Forma Scientific，型号 3158）；

4.1.3　冰箱，－70℃（Revco Scientific，型号 ULT1790-7-ABA）；

4.1.4　水浴锅，（37±1）℃；

4.1.5　小型定轨振荡器（Bellco Glass，货号 7744-S0010）；

4.1.6　涡旋混合器（Thermolyne Maxi Mix Ⅱ，型号 M37615）；

4.1.7　读数镜（Cooke Engineering 有限公司）；

4.1.8　12 道移液器（Labsystems 型号 Finnpipette Digital Multichannel 50～300μL）；

4.1.9　移液器（Labsystems 型号 Finnpipette Digital 5～40μL 及 40～200μL）；

4.1.10　封板卷。

4.2　试剂/耗材

下列任何品牌的试剂或耗材均可由具有相同功能的试剂或耗材所替代。

4.2.1　豚鼠补体（Whittaker Bioproducts，货号 30-956J）；

4.2.2　抗绵羊溶血素和稀释液（Baltimore 生物学实验室）；

4.2.3　收集了 4～31d 的绵羊血（25mL Alservers 液＋25mL 绵羊血）；

4.2.4　DW；

4.2.5　带刻度的 Kolmer 离心管，10mL（Corning 货号 8360 或 Kimbal 货号 45180）；

4.2.6　量筒，100mL；

4.2.7　锥形瓶，125mL 和 250mL；

4.2.8　烧杯，50mL；

4.2.9　96 孔 U 形组织培养板（Linbro，货号 76-013-05）；

4.2.10　黏性板盖（Dynatech 实验室，货号 001-010-3501）；

4.2.11　聚丙烯锥形管,50mL,(29×114) mm,无菌（Sarstedt，货号 62.547.205）；

4.2.12　一次性聚苯乙烯离心管,15mL,(17×100) mm 管（Falcon，货号 2057）；

4.2.13　一次性硼硅酸盐血清学管，3mL,(12×75) mm；

4.2.14　EP 管，3mL，(12×75) mm；

4.2.15　一次性血清学移液管，1mL、5mL、10mL 和 25mL；

4.2.16　吸头；

4.2.17　对数坐标纸（log～log paper）；

4.2.18　平面绘图纸。

4.3　试剂的准备和标准

4.3.1　巴比妥缓冲液（VBD）的准备

1) 缓冲液原液的准备（5×VBD）

a. 在 2L 的容量瓶中依次加入以下试剂：

NaCl	83.00g
5，5 二乙基巴比妥酸钠	10.19g
DW	1 500mL
1mol/L 盐酸	34.58mL
含有 1.0mol $MgCl_2$ 和 0.3mol $CaCl_2$ 的原液（在 100mL DW 中加入 20.3g $MgCl_2$ · $6H_2O$ 和 4.4g $CaCl_2$ · $2H_2O$）	5mL

b. 加入 DW 至 2L，彻底混匀。

c. 冷藏前，检查用 DW 进行 1∶5 稀释

（1 份 5×VBD 加 4 份蒸馏水）的原液的 pH。稀释的原液（1×VBD）的 pH 必须为 7.3～7.4。如果 pH 不在这个范围内，那么应废弃，并重新配制新鲜的缓冲液原液。

2）明胶-水溶液的准备

a. 取 1.0g 明胶加入 100mL DW 中，煮沸溶解明胶；

b. 在室温下，加 DW 至 800mL；

c. 在冰箱中冷藏。本溶液的保存应不超过1周。

3）日常使用的 VBD 液（1×）（含 0.1% 明胶）的准备

将 1 份 5×VBD 原液加入 4 份明胶水溶液中。冰箱保存。VBD（1×）的保存不应超过 24h。

注意：VBD（1×）的 pH 必须为 7.3～7.4。

4.3.2　2.8% 绵羊红细胞悬液的准备和标准

1）洗涤绵羊细胞（采集后保存在改良 Alsever's 溶液中，保存期 4d）

a. 在保存细胞液中加入 2 或 3 倍体积冷 VBD（1×），600r/min 离心 5min。

b. 在不干扰红细胞的情况下小心吸弃上清液和白细胞层。

c. 在离心管中加满冷 VBD 液。用移液管轻轻混合，使细胞彻底重悬。600r/min 离心 5min。重复此步骤，共洗涤 3 次。洗涤 2 次后，如果上清仍有颜色，则说明细胞过于脆弱，不能使用。

d. 再次用冷 VBD 液重悬细胞，并在 600r/min 离心 10min 压紧细胞。

e. 记录离心管中的红细胞压积，吸去上清液。应尽可能多的弃去上清液，但是注意不要影响底层的细胞。

2）2.8% 的标准绵羊细胞悬液

a. 用 34.7 份 VBD 悬浮 1 份压紧的绵羊细胞，制备 2.8% 细胞悬液（约为 670 000 个细胞/mm^3）（表1）。轻轻摇动瓶子，确保细胞悬浮均匀。

表 1　2.8% 的标准绵羊红细胞

细胞压积（mL）	用 VBD 调整到的总体积（mL）
0.5	17.9
0.6	21.4
0.7	25.0
0.8	28.6
0.9	32.1
1.0	35.7
1.1	39.3
1.2	42.8
1.3	46.4
1.4	50.0
1.5	53.6
1.6	57.1
1.7	60.7
1.8	64.3
1.9	67.8
2.0	71.4
2.1	75.0
2.2	78.5
2.3	82.1
2.4	85.7
2.5	89.3
2.6	92.8
2.7	96.4
2.8	100.0
2.9	103.5

（续）

细胞压积（mL）	用 VBD 调整到的总体积（mL）
3.0	107.1
3.1	110.7
3.2	114.2
3.3	117.8
3.4	121.4
3.5	125.0
3.6	128.5
3.7	132.1
3.8	135.6
3.9	139.2
4.0	142.8

b. 为了检查 2.8％细胞悬液的密度，用移液管吸取 7.0mL 加入 10mL 带刻度的 Kolmer 离心管中（或者用 Corning 8360 或 Kimbal 45180 也在可接受的限度范围内），600r/min 离心 10min。7.0mL 准备适当的悬液所产生的细胞压积应为 0.2mL。

c. 当细胞压积大于或小于 0.2mL 时，应对细胞悬液进行调整。可根据以下公式计算细胞悬液中应补加或去除 VBD 的量（公式中 PCV＝7.0mL 细胞悬液实际产生的细胞压积）。

（PCV/0.2mL）×100mL＝正确体积值

例 1：

密度偏低：PCV＝0.19mL

$$\frac{0.19mL}{0.20mL} \times 100mL = 95.0mL$$

因此，从每 100mL 细胞悬液中去除 5mL VBD 即可。（通过离心细胞悬液后，吸取所需的量从而弃去 VBD）。

例 2：

密度偏高：PCV＝0.21mL

$$\frac{0.21mL}{0.20mL} \times 100mL = 105.0mL$$

因此，向每 100mL 细胞悬液中补加 5.0mL VBD 即可。

细胞悬液调整后，再取 7.0mL 悬液进行离心检查。

注意：不使用时，将细胞悬液置冰箱中保存。使用前需一直轻轻地旋转摇动烧瓶，以确保红细胞均匀悬浮。

4.3.3　血红蛋白比色标准品的准备

准备了 11 种比色标准品，用于溶血素、补体和抗原的测定。通过将血红蛋白溶液（表 2）与 0.28％细胞悬液按适当比例相混合制备这些标准品，方法如下：

1）血红蛋白溶液的准备

a. 吸取 1.0mL 2.8％细胞液加入大试管中［（17×100）mm］；

b. 加入 7.0mL DW，震荡混合液直至所有细胞裂解；

c. 加入 2.0mL 稀释缓冲液原液（5×VBD）恢复张力，然后彻底混合。

2）0.28％细胞悬液的准备

吸取 1.0mL 2.8％细胞悬液加入大试管中，再加入 9.0mL VBD，彻底混合。

3）比色标准品的准备

a. 取 11 支血清管［（12×75）mm］，分别用相应的溶血百分比（表 2）进行标记，将血红蛋白溶液与 0.28％细胞悬液按照所示的不同比例进行混合。

表 2　血红蛋白溶液与 0.28％细胞悬液的混合

试　剂	溶血百分比										
	0	10	20	30	40	50	60	70	80	90	100
血红蛋白溶液	0	0.1	0.2	0.3	0.4	0.5	0.6	0.7	0.8	0.9	1.0
0.28％细胞	1.0	0.9	0.8	0.7	0.6	0.5	0.4	0.3	0.2	0.1	0

b. 摇动试管并在600r/min 离心5min。从离心机上取下，勿晃动。如不立即使用，可置冰箱中暂存，以免颜色过度变化。用于读取补体滴定试验而制备的这些比色标准品，可在第2天的读取试验中使用。

4.3.4　溶血素滴定

1）1∶100 溶血素（兔抗绵羊红细胞血清）溶液的准备

将 98.0mL VBD 与 2.0mL 溶血素甘油溶液（冻干溶血素与等量的含稀释剂的甘油）彻底混合。按照便于少量使用的量进行等量分装，并置−20℃或−20℃以下保存。融化后不得再次冻结。

2）致敏 2.8％绵羊细胞所需的溶血素稀释度的确定

每次确定均要使用新制备的一批 1∶100 溶血素溶液和新一批绵羊细胞。

a. 取 6 支血清管［（12×75）m］放在试管架上，并按照表3最后一列所示的溶血素的稀释度进行标记。按照所示，制备滴定用稀释液。彻底混合每种稀释液。

注意：已发现这些最终的溶血素稀释液适用于商品化的溶血素。如果其不符合规定，那么需准备其他稀释液，以满足日常使用大量特殊溶血素的需要。

表 3　溶血素稀释液的准备

溶血素稀释液（1mL）	稀释剂（mL）	最终的溶血素稀释液
1∶100	9.0	1∶1 000
1∶1 000	1.0	1∶2 000
1∶1 000	1.5	1∶2 500
1∶1 000	2.0	1∶3 000
1∶1 000	3.0	1∶4 000
1∶1 000	7.0	1∶8 000

b. 取第二套 6 支血清管，用校正后的溶血素稀释度进行标记。每个试管中均加入 1.0mL 标准的 2.8％绵羊细胞悬液。

c. 在 1.0mL 内容物不断旋转的绵羊细胞悬液中加入每种最终的溶血素稀释液（1∶1 000 至 1∶8 000）1.0mL。37℃ 孵育 15min。孵育完成后，绵羊红细胞成为"致敏的细胞"，可供使用。

d. 制备 1∶400 倍稀释的豚鼠补体（C'），用 1.0mL 移液管吸取未稀释的 C' 至 0.6mL 刻度线以上，擦拭移液管顶端，并将 0.6mL 刻度线以上的液体放回原瓶中。在 99.75mL 冷 VBD 中加入

0.25mL C'（不要使用移液管 0.1mL 刻度线以下的液体）。稀释的 C' 必须低温保存并在 2h 内使用。

注意：为了得到适当的结果，当 C' 活性较低时，可能有必要使用1∶300 倍稀释；或者 C' 活性较高时，可能需要使用1∶500 倍稀释。

e. 用最终的血溶素稀释液标记 6 支血清管。每支试管中分别加入 0.4mL 冷 VBD、0.4mL 1∶400 的 C'稀释液和 0.2mL 带有一系列最终的溶血素稀释液（见步骤 c 项）的致敏细胞。混合并置 37℃水浴孵育 30min。600r/min 离心，压紧细胞。与比色标准品相比较，读取每个试管中溶血的百分比。

f. 在普通绘图纸上绘制每个稀释度溶血素的溶血量。从图中得出溶血素的最佳稀释度。最理想的是选择随着溶血素进一步增加（即随着曲线向右进展）而溶血百分比不出现明显改变的稀释度。选择的稀释度还需提供略微多一些的溶血素（表4）。

注意：在 X 轴上，将左边终点的溶血素稀释度定为 0，选择适当的长度作为 1∶1 000 倍稀释。其他稀释度的长度按这个长度比例表示。即，1∶2 000＝1∶1 000 长度的 1/2；1∶2 500＝1∶1 000 长度的 2/5；1∶3 000＝1∶1 000 长度的 1/3；1∶4 000＝1∶1 000 长度的 1/4；1∶8 000＝1∶1 000 长度的 1/8。

表 4[*]　溶血素滴定法

注意：随着溶血素浓度增加（从左到右），而补体保持不变，即进入"平台期"，从而筛选出溶血素的最佳稀释度。此例中溶血素的最佳稀释度为 1∶2 000。

4.3.5　致敏细胞的准备

1）在 1 份 2.8％标准细胞悬液中快速（但要轻柔）地加入 1 份最佳溶血素稀释液（如在表 4 中为 1∶2 000），摇匀。

2）用前在 37℃水浴中孵育 15min。

4.3.6　补体（C'）滴定

注意：对于常规定性检测，发现按照以下步骤处理补体可获得令人满意的结果：将商品化的冻干豚鼠补体按照说明书进行复溶。用 1×VBD 对复溶的 C' 进行 1∶20 稀释；这种稀释基于之前按照便于少量使用的量（按一次检验的用量）等量分装

————————

[*] 译者注：此处英文原文未提供表4。

至惰性塑料瓶并在−70℃或−70℃以下保存。解冻 C′稀释液（10℃水浴）后，进一步稀释用于滴定。测定滴度后，再对其余的小瓶进行融化和稀释，以供检验使用。每 2 周应对每批这样准备的小瓶滴定一次，检查有无变化。在几个月的保存期内滴度可能不会出现显著下降。

C′的滴定操作如下：

1）制备致敏细胞。

2）取 4 支血清管 ［（12×75） mm］，按照表 5 进行标记。为了得到更准确的数据，应重复滴定并取溶血度的平均值。

3）1∶400 稀释的 C′的准备（可使用事先准备好并保存在冰箱中的 1∶400 稀释的 C′，同时进行补体和溶血素的滴定）。

4）按照表 5 依次加入试剂。

5）摇震试管并置 37℃水浴 30min，15min 时摇震一次。

表 5　补体滴定（mL）

试　剂	试管编号			
	1	2	3	4
VBD	0.6	0.55	0.5	0.4
1∶400 稀释的 C′	0.2	0.25	0.3	0.4
致敏细胞	0.2	0.2	0.2	0.2

6）从水浴锅中取出试管，并在 600r/min 离心压紧细胞。与比色标准品进行比较，测定每支试管中的溶血度（%）。当某试管与标准 1 不能完全匹配时，选择与之最接近的 5% 以内的值进行插值计算。

7）记录每管的溶血百分比（y）。按照表 6，计算每体积（mL）1∶400 稀释 C′的百分比的溶血与不溶血细胞的比值（y/100−y），结果如以下范例中所示。"y"值是假设的。

表 6　将溶血细胞百分比（y%）换算成百分比的溶血与不溶血细胞的比值（y/100−y）

y	y/100−y	y	y/100−y	y	y/100−y
10	0.111	40	0.67	70	2.33
15	0.176	45	0.82	75	3.00
20	0.25	50	1.0	80	4.0
25	0.33	55	1.22	85	5.7
30	0.43	60	1.50	90	9.0
35	0.54	65	1.86		

举例：

试管编号	1∶400 稀释 C′的体积（mL）	百分比的溶血度（y）	y/100−y
1	0.20	25	0.33
2	0.25	40	0.67
3	0.30	70	2.33
4	0.40	85	5.70

8）对 4 个试管中每个试管，在对数坐标纸上绘制与表中比值对应的 1∶400 稀释的 C′体积（mL）（"y"值超过 90 或小于 10 的对应点不绘制）。将最前面的 2 个试管对应绘制的 2 点连线，并按照表 7 所示找出中点。按照同样的方法，绘制最后面的 2 个试管对应点连线中点（一个良好的滴定结果是 2 个点分布在 1 的两侧）。画一条线连接这 2 个中点。通过这条线与垂直于"1"线的交叉点，画一条水平线，然后读取 1∶400 稀释的 C′对应的 $C'H_{50}$（mL）。在诊断试验中需要 5 个 $C'H_{50}$。

在本范例中，$C'H_{50}$ 为 0.27mL。在 1.35mL（5×0.27）的 1∶400 稀释液中含有 5 个单位。使 0.4mL 含有 5 个 $C'H_{50}$ 所需的 C′稀释度的计算方法如下：

$400/1.35＝X/0.4$，则 $X＝160/1.35＝118.5$ 或 119

因此，0.4mL 1∶119 稀释的 C′中含有 5 个 $C'H_{50}$。（稀释度的读数可直接在表 8 中找到）

注意：0.4mL 这种含有 5 个单位 $C'H_{50}$ 的 C′工作稀释液与 0.2mL 致敏的 2.8% 绵羊红细胞反应时，与上例滴定相同。而在 COFAL 微量测定试验中（见步骤 4.3.7 项和 4.4 项），当与 0.025mL（25μL）致敏的 2.8% 绵羊红细胞出现反应时，所用 0.05mL（50μL）的这种工作稀释液具有相同的浓度（5 个单位的 $C'H_{50}$）。

9）测定 C′滴定图中点之间连接的直线的斜率。首先在连线靠近左端任何一点开始水平向右 10cm 画一水平线。然后测量从水平线右端向上至斜线之间的垂直距离。垂直距离除以 10cm 等于斜率（1/N）。正常情况下，有效斜率的正常值为（0.20±10）%。

4.3.7　血清和抗原滴定

本试验所用血清为标准抗血清，抗原为已知含有试剂的 gs 抗原。为了节约血清，试验采用微量滴定封闭检测系统。

1）灭活血清的准备

a. 进行初步稀释（用 1×VBD），使阳性血清效价比规定效价（如果已知或估计）低 4 倍（4×）。

b. 稀释的血清置 56℃灭活 30min。

c. 稀释并灭活的抗血清进行小量分装（每支满足一天的用量），并在−70℃或−70℃以下保存。

2）在板中加入 VBD（表9）

a. 除每行第一个孔，在每孔各加入 25μL（0.025mL）VBD（表 9 中，包括 A 行至 H 行的 2~8 孔），制备抗原稀释液。再在 3 个孔中各加入 25μL 血清-补体对照（9A 至 9C 孔），并在 5 个孔中各加入 25μL 血清对照品（9D 至 9H 孔）。

b. 在 3 个 VBD 补体对照孔（10A 至 10C 孔）中用移液器各加入 50μL（0.05mL）VBD。

c. 在 1 个细胞对照孔（10H）中用移液器加入 100μL（0.1mL）VBD。

表 7　补体滴定的作图方法

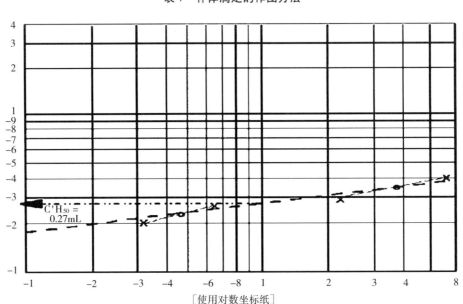

［使用对数坐标纸］

y 轴＝1∶400 稀释的 C′的体积（mL）

x 轴＝"溶血％/不溶血％"的比率（y/100−y）

表 8　在 LBCF 试验中，补体稀释度从 1C′H_{50} 至 5C′H_{50} 的换算

C′1C′H_{50} (ML)	配制 5C′H_{50} 时，C′原液的稀释				
	1∶300C′	1∶350C′	1∶400C′	1∶450C′	1∶500C′
0.21	114	133	152	171	190
0.22	109	127	145	164	182
0.23	104	122	139	157	174
0.24	100	117	133	150	167
0.25	96	112	128	144	160
0.26	92	108	123	138	153
0.27	89	104	119	133	148
0.28	86	100	114	129	143
0.29	83	97	110	124	139
0.3	80	93	107	120	133
0.31	77	90	103	116	129
0.32	75	87	100	113	125
0.33	73	85	97	109	121
0.34	71	82	94	106	118
0.35	69	80	91	103	114

表 9　血清和抗原滴定模板

	血清稀释度	1	2	3	4	5	6	7	8	9	10	11	12
A	抗补体对照 1.25C'H$_{50}$									血清（4×）C'对照	VBD 对照	—	0
B	2.5C'H$_{50}$									血清（4×）C'对照	VBD 对照	—	10%
C	5.0C'H$_{50}$									血清（4×）C'对照	VBD 对照	—	20%
D	血清稀释度 X/4									X/4 血清对照	—	—	30%
E	X/2									X/2 血清对照	—	—	40%
F	X									X 血清对照	—	100%	50%
G	2X									2X 血清对照	—	90%	60%
H	4X									4X 血清对照	红细胞对照	80%	70%
		1：2	1：4	1：8	1：16	1：32	1：64	1：128	1：256				
					抗原稀释度							溶血标准	

3）在板中加入抗原

a. 在每行前 2 孔（图表 9 中 A～H 行的第 1 和 2 孔）中各加入 $25\mu L$ 待检抗原。

b. 使用设定为 $25\mu L$ 的移液器（或微量稀释器）从 2A 孔开始至 2H 孔，然后再由 8A 孔至 8H 孔，进行 2 倍系列稀释。所有第 8 孔在混匀之后弃去 $25\mu L$ 液体。

4）在板中加入血清

a. 取步骤 1 项中准备的血清，在试管中进行 2 倍系列稀释。这些稀释度分别为 4X（见步骤 1 项中准备的浓度）、2X、X（预期的效价终点）、X/2 和 X/4。

b. 按照表 9 所示，在孔中加入 $25\mu L$ 相应的血清稀释液。在适当的行（D～H 行）的第 1～9 孔加入稀释液。在 9A～9C 孔中加入加 $4\times$ 浓度的溶液。

c. 摇晃板子，在 4℃ 保存，直至加入补体。将板子叠放或加盖以防止蒸发。

5）补体的准备和添加

a. 配制补体液，使每 0.4mL 含 5 个 $C'H_{50}$（见步骤 4.3.6 项）。再以此进行 1∶2 和 1∶4 稀释，分别得到 2.5 个和 1.25 个单位的补体液。

b. 在相应行所有孔中各加入 $50\mu L$ 补体稀释液，得到 5 个单位的补体（如表 9 所示，C～H 行，第 1～9 孔）。

c. 在相应行所有孔中各加入 $50\mu L$1∶2 稀释的补体稀释液，得到 2.5 单位的 C'（B 行，第 1～9 孔）。

d. 在相应行所有孔中各加入 $50\mu L$1∶4 稀释的补体稀释液，得到 1.25 单位的 C'（A 行，第 1～9 孔）。

e. 震摇板子，置（4～6）℃ 作用 15～18h。叠放或封板以防止蒸发。

6）加入致敏红细胞

a. 在所有孔中各加入 $25\mu L$ 致敏的绵羊红细胞。立即震荡，捆扎，置 37℃ 孵育。

注意：可在水套式培养箱中孵育或漂浮于 37℃ 水浴上孵育 30min。每 10min 轻轻摇动板子一次，使细胞（剩下的）保持悬浮状态，或者将板子放在机械振荡器上，然后一同置 37℃ 培养箱中孵育 30min。往复运动的振荡器以每分钟 250～500 次，每次摇摆 2～3mm 的方式运转，这样既可保持红细胞的悬浮状态，又不会引起飞溅。必须避免剧烈振荡，以免导致细胞机械性裂解或补体

失活。

b. 孵育后，在板上加入各种比色标准品 $125\mu L$（0.125mL）。

c. 将板子在 600r/min 离心 5min，或者在 4℃ 静置 4～6h，使细胞沉淀。

d. 通过与比色标准品相比较进行读数。在记录表上记录溶血的百分率，测定抗原的最佳稀释度和血清的效价。每次检验使用 4 单位的抗血清。

4.4　检验材料中 gs 抗原的检测

在 $-60℃$ 或 $-60℃$ 以下保存所有的待检样品，包括阳性对照品和阴性对照品，直至进行 CF 试验。试验临进行之前，将每个样品（待检品和对照品）反复冻融 3 次，破坏细胞的完整性，并释放群特异性抗原（如果存在）。

这些检测中所用的抗血清是用家兔生产的抗禽白血病病毒 P-27 抗原的抗血清，由兽医生物制品中心（CVB）供应。

4.4.1　检验孔

按下列顺序加入试剂（见表 10）：

1）在 A-H 行第 1～9 孔中各加入 $25\mu L$ VBD。

2）将移液器设定在 $25\mu L$（或使用 0.025mL 微量移液器），在每个检验系列的第一孔加入适当的抗原悬液，制成 1∶2、1∶4、1∶8 稀释液。更换吸头（否则会污染稀释液），吸取另一种等量抗原，制成 1∶2 抗补体检验稀释液。

3）在需加入抗血清的每个检验孔（非抗补体检验孔）中加入 $25\mu L$ $4\times$ 或 4 个单位的抗血清。在抗补体检验孔中加入 $25\mu L$ VBD。

4）振摇板子，并将板子叠放，以防止蒸发，直至加入补体。

5）根据步骤 4.3.6 项检测结果，准备 C' 的工作稀释液。在所有检验孔（A～H 行，1～9 孔）中各加入 $50\mu L$。本步骤最好是在下午晚些时候进行。振摇板子并置 4℃ 孵育 15～18h。叠放或加盖，以防止蒸发。

6）在所有孔中加入 $25\mu L$ 预先致敏的红细胞。捆扎并封闭板子。将板子放在低速往复振荡器上，置 37℃ 不断振荡（用刚刚可阻止细胞沉淀的力度为好）30min。从温箱中取出并在 600r/min 离心 5min。

7）与比色标准品进行比较后读数，并记录溶血百分率。

表 10　CF 板的模板

	1	2	3	4	5	6	7	8	9	10	11	12
A	1：2									X	0%	血清 A/C
B	1：4									X	10%	阳性抗原 A/C
C	1：8									X	20%	5.0C′H₅₀
D	A/C 1：2									X	30%	2.5C′H₅₀
E	1：2									X	40%	1.25C′H₅₀
F	1：4									100%	50%	红细胞对照
G	1：8									90%	60%	阳性抗原 阳性血清
H	A/C 1：2									80%	70%	X

比色标准品

4.4.2　对照孔

每组试验只需设置一个对照即可。对照孔应和试验孔同时进行。

1）在第 12 行中，在 A 和 B 孔中加入 25μL VBD；在 C、D 和 E 孔中加入 50μL VBD；在 F 孔中加入 100μL VBD。

2）在 12A 和 12G 孔中加入 25μL 抗血清（4 单位）。

3）在 12B 和 12G 孔中加 25μL 阳性抗原对照品（4 单位）。

4）在 12A、12B、12C 和 12G 孔中加入 50μL 补体工作液。在 12D 孔中加入 50μL 1：2 稀释的补体。12E 孔中加入 50μL 1：4 稀释的补体。

5）在所有孔中各加入 25μL 致敏红细胞，并继续进行筛选试验。已完成检测的样品的结果见表 11。

表 11　样品板的读取

	N-1	N-2	N-3	S1-1	S1-2	S1-3	S2-1	S2-2	S2-3				
	1	2	3	4	5	6	7	8	9	10	11	12	
A 1：2	100	100	100	0	0	0	100	100	100	X	0%	100	血清 A/C
B 1：4	100	100	100	30	0	0	100	100	100	X	10%	100	阳性抗原 A/C
C 1：8	100	100	100	70	10	0	100	100	100	X	20%	100	5C′H₅₀
D A/C 1：2	100	100	100	100	100	100	100	100	100	X	30%	100	2.5C′H₅₀
E 1：2	100	30	20	0	0	0	0	0	0	X	40%	50～70	1.25C′H₅₀
F 1：4	100	80	40	0	0	0	0	0	0	100%	50%	0	红细胞对照
G 1：8	100	100	100	20	0	0	30	0	0	90%	60%	0	阳性抗原 阳性血清
H A/C 1：2	100	100	100	100	100	100	100	100	100	80%	70%	X	
	S3-1	S3-2	S3-3	R1-1	R1-2	R1-3	R2-1	R2-2	R2-3	比色标准品			

注：N＝未接种的培养物；S＝待测样品的培养物；P＝阳性对照品的培养物 方格内的数字＝溶血百分比。

5. 检验结果报告

当大于等于1∶4稀释的收获样品（来自传代的）存在补体结合活性，没有抗补体活性时，判为阳性，除非能确定活性是由其他病毒而非传染性淋巴白血病病毒引起的。如果1∶2稀释液出现活性，则判为可疑，样品必须进一步传代，以确定是否存在群特异性抗原。

5.1 记录每个阶段的每个稀释度的百分比结果，并报告每个试验的最终结果，如阴性/符合规定，或者阳性/不符合规定。

5.2 在试剂或对照不成立时，判为"未检验"，并说明详细情况。

6. 重检

根据实际情况决定是否进行重检。

7. 参考文献

Sarma P S，Turner H C，Huebner R J，1964. An avian leukosis group specific complement-fixation reaction.

Application for the detection and assay of non-cytopathogenic leucosis viruses ［J］. Virology，23：313-321.

Sever J L，1962. Application of a microtechnique to viral serological investigations ［J］. J Immunol，88：320-329.

Title 9，Code of Federal Regulations，section 113. 31 ［M］.Washington，DC：Government Printing Office.

8. 修订概述

<u>第04版</u>

• 更新联系人信息，但是病毒学实验室决定保留原信息至下次文件审查之日。

<u>第03版</u>

• 更新联系人信息。

<u>第02版</u>

本修订版资料主要用于阐述兽医生物制品中心现行的实际操作方法，并提供了额外的细节信息。虽然不对检验结果产生重大影响，但是对文件进行了以下修改：

• 文件编号由 PYSOP0405 变更为 SAM405。

• 更新联系人信息。

<u>第01版</u>

对本文件进行了全面修订，并以新的格式重新书写：①满足当前 NVSL/CVB QA 要求；②更新试剂和设备列表；③允许使用其他细胞培养准备和处理的替代方法；④增加其他疫苗的处理方法；⑤提供额外的检验进行说明。替代方法没有进行显著改变。

附录：用 Neubauer 红细胞计数器对细胞悬液进行细胞计数并配制细胞悬液

本附录中的方法描述了一种使用 1/10mm Neubauer 红细胞计数器和显微镜对细胞悬液中细胞进行计数的方法。它还对如何配制特定浓度和体积的细胞悬液进行了说明。

附录

附录 I 材料

1. 设备/仪器

下列任何品牌的设备或仪器均可由具有相同功能的设备或仪器所替代。

a. 红细胞计数器（1/10mm 深度 Neubauer 红细胞计数器）

b. 白炽灯显微镜（可放大 100 倍）

c. 手动计数器（Daigger，货号 GX6594）

2. 试剂/耗材

下列任何品牌的试剂或耗材均可由具有相同功能的试剂或耗材所替代。

a. 台盼蓝（0.4%）。

b. EP 管，6mL，（12×75）mm（Falcon，货号 2058）。

c. 一次性塑料移液管，1mL、5mL、10mL 和 25mL。

d. 移液器（Labsystems，型号 Finnpipette Digital 5～40μL）。

e. 一次性吸头。

附录 II 用红细胞计数器进行细胞计数

在带有 1.0mL 0.4% 台盼蓝的 6mL EP 管中加入 0.5mL 待计数的细胞悬液。更换 EP 管的盖子，颠倒数次混合悬液。将盖玻片放在红细胞计数器的计数格上。当细胞仍然悬浮时，用移液管快速地装载带有这种制剂的红细胞计数器的孔室。在孔室中填充足够多的制剂，以完全覆盖盖玻片下的网格为宜。过度填充会引起错误计数。盖玻片下面 10 个 1mm^2 的方格（见下图中方格的编号）中的细胞悬液的总量为 1mm^3 或 1μL。

1		2
	5	
4		3

让制剂静置约 1min，使细胞沉到计数孔室底部。在 100× 显微镜下观察网格。检查细胞是否均匀分布（分布不均可导致计数结果错误）。活细胞计数（活细胞呈半透明状，而死细胞被染为蓝色）。对每个编号的（1×1）mm² 方格（1~10 号）内的和方格上侧及左侧边线上的细胞进行计数。使用手动计数器计出 10 个方格中细胞的总数。

通过将总细胞计数、台盼蓝中的稀释度（3）和 mm³/mL 之间的换算关系（1 000）相乘，计算每毫升原细胞悬液中所含的细胞量。见以下范例。

举例：

10 个方格中的细胞总数	＝385
1∶3 细胞稀释度	＝×3
	＝1 155
mm³/mL	＝×1 000
细胞数量/mL	＝115 5000

附录Ⅲ　配制细胞悬液

1. 首先，用原始细胞混悬液的浓度（个细胞/mL）除以细胞预期的终浓度（个细胞/mL），计算细胞的稀释倍数（DF）。

举例：

如果原始细胞混悬液的浓度为 1 155 000 个细胞/mL，预期的终浓度为 350 000 个细胞/mL，则

DF＝1 155 000 个细胞/mL 除以 350 000 个细胞/mL ＝3.3

2. 其次，用预期的最终细胞体积除以 DF。所得结果为制备预期的最终细胞体积所需的原始细胞悬液的体积。

举例：

如果预期的最终细胞体积为 375mL，则

375mL/3.3（DF）＝113.6mL

这是配制最终细胞体积所需的原始细胞悬液的体积（数字修约后为 114mL）。

3. 最后，按步骤 2 项确定的结果，取适当原始细胞悬液的量，并加入足量的培养基，稀释至最终细胞悬液的预期体积。

举例：

在 114mL 原始细胞悬液中（1 155 000 个细胞/mL）加入 261mL（375~114mL）培养基，得到 375mL 预计为 350 000 个细胞/mL 的细胞悬液。

（习向峰　彭伍平译，张一帜校）

美国农业部兽医生物制品中心
检验方法

SAM 406 测定血清型 1 型、2 型或 3 型单价马立克氏病
细胞苗滴度的补充检验方法

日　　期：2014 年 11 月 20 日

编　　号：SAM 406. 05

替　　代：SAM 406. 04，2014 年 3 月 10 日

标准要求：9CFR 113. 330 部分

联 系 人：Alethea M. Fry，(515) 337-7200

　　　　　Sandra K. Conrad

审　　批：/s/Geetha B. Srinivas　　　　　日期：2015 年 1 月 21 日

　　　　　Geetha B. Srinivas，病毒学实验室负责人

　　　　　/s/Byron E. Rippke　　　　　　日期：2015 年 1 月 21 日

　　　　　Byron E. Rippke，兽医生物制品中心政策、评审与执照管理部门负责人

　　　　　/s/Rebecca L. W. Hyde　　　　　日期：2015 年 1 月 22 日

　　　　　Rebecca L. W. Hyde，兽医生物制品中心质量管理部门负责人

美国农业部动植物卫生监督署

P. O. Box 844

Ames，IA 50010

补充检验方法中提及的商标或专利产品不等同于该产品已获得了美国农业部的保证或担保，
且它的批准也不意味着其可用于排除在外的其他可能适用的产品

目　录

1. 引言

本补充检验方法（SAM）描述了用鸡胚成纤维细胞（CEF）培养系统测定血清型 1、2 或 3 型单价马立克氏病细胞苗滴度的操作程序。

2. 材料

2.1 设备/仪器

下列任何品牌的设备或仪器均可由具有相同功能的设备或仪器所替代。

2.1.1 离心机（Beckman J-6B，JS-4.2 转子）；

2.1.2 旋转加湿鸡胚孵化箱（Midwest Incubators，型号 252）；

2.1.3 水套式加湿（5±1)% CO_2 培养箱，且温度设为（37±1)℃（Forma Scientific，型号 3158）；

2.1.4 涡旋混合器（Thermolyne Maxi Mix Ⅱ，型号 No. M37615）；

2.1.5 磁力搅拌器；

2.1.6 剪刀，无菌（Roboz RS-6800）；

2.1.7 弯头镊子，无菌（V. Mueller SU 2315）；

2.1.8 微量移液器（Rainin Pipetman，P1000 或其他替代品）；

2.1.9 250mL 带有搅拌棒的胰酶消化烧瓶，无菌；

2.1.10 带有搅拌棒的锥形瓶，无菌；

2.1.11 Neubauer 红细胞计数器；

2.1.12 本生灯；

2.1.13 钝头镊子，无菌。

2.2 试剂/耗材

下列任何品牌的试剂或材料均可由具有相同功能的试剂或材料所替代。所有试剂和材料均必须无菌。

2.2.1 组织培养皿，（150×10) mm。

2.2.2 组织培养皿，（100×20) mm。

2.2.3 用 4 层纱布包裹的塑胶漏斗。

2.2.4 聚丙烯锥形管，（29×114) mm、无菌、50mL。

2.2.5 聚丙烯离心管，250mL。

2.2.6 转瓶，1 000mL。

2.2.7 血清学移液管。

2.2.8 60mm 网格细胞培养皿，用于细胞培养。

2.2.9 24 枚无特定病原（SPF）鸡胚，9～11 日龄。

2.2.10 胎牛血清（FBS）。

2.2.11 L-谷氨酰胺。

2.2.12 胰酶，0.25%。

2.2.13 吸头（Rainin 0～100、0～200、100～1 000 或其他替代品）。

2.2.14 溶液

所有溶液滤过除菌。

1）胰酶溶液（0.25%）

在温水中迅速融化 2.5%（10×）胰酶冰冻溶液。立即用 Dulbecco's PBS(不含 $CaCl_2$ 和 Mg) 1：10 无菌稀释，制成工作稀释液（0.25%）。

2）生长培养基

199 培养基（含 Earles 盐）（粉末）	10g
F10 营养混合物（粉末）	10g
磷酸 Bacto 胰蛋际肉汤（干粉）	2.95g
$NaHCO_3$	2.5g
青霉素（钾 G）	200 000IU
链霉素 200mg	
HEPES	11.97g
胎牛血清（γ 射线灭活）	60mL
蒸馏水或去离子水（DW）定容至	2 185mL

用 $NaHCO_3$ 溶液调节 pH 至 7.35～7.4。

使用前，每 100mL 培养基加入 200mmol/L 浓缩 L-谷氨酰胺 1.0mL。

3）维持培养基

199 培养基（含 Earles 盐）（粉末）	10g
F10 营养混合物（粉末）	10g
胰蛋际磷酸盐肉汤（干粉）	2.95g
$NaHCO_3$	2.75g
青霉素（钾 G）	200 000IU
链霉素	200mg
HEPES	11.97g
胎牛血清（γ 射线灭活）	10～20mL
DW 定容至	2 142mL

用 $NaHCO_3$ 溶液调节 pH 至 7.5。

使用前，每 100mL 培养基加入 200mmol/L 浓缩 L-谷氨酰胺 1.0mL。

*需提前检验，无外源病原。

3. 细胞培养物（第二代 CEF 培养物用于滴度测定）

3.1 原代 CEF 的准备

用 9～11 日龄无特定病原（SPF）鸡胚制备原代 CEF 培养物。

3.1.1 用 70% 酒精给鸡胚气室表面消毒，用无菌镊子将气室敲开。用镊子挑破尿囊膜，取出鸡胚，置无菌一次性（150×10）mm 组织培养皿或皮氏培养皿中。用无菌钳去掉并剔除头部和内脏。用生长培养基（不含 FBS 或 L-谷氨酰胺）多次清洗鸡胚胴体，去除多余的血液。然后将洗干净的鸡胚置无菌干燥（100×10）mm 组织培养皿或皮氏培养皿中，并用锋利的无菌剪刀彻底剪碎。

3.1.2　进一步清洗后，将剪碎的组织放入带有 50mL 生长培养基（不含 FBS 或 L-谷氨酰胺）和磁力搅拌棒的烧瓶中。将烧瓶放在搅拌器上，中速搅拌 5min。待细胞沉淀后倒出（弃去）上层液体，然后重复上述操作。

3.1.3　向组织中加入胰酶，首先，加入 10mL 0.25%胰酶溶液清洗细胞上残留的培养基，然后立即倒掉胰酶溶液。其次，加入 40mL 0.25%胰酶溶液，在磁力搅拌器上搅拌 15min（将搅拌设为中等转速）。

3.1.4　将无菌纱布包裹的漏斗置于250mL 圆锥形离心管上。为了停止胰酶对细胞的消化，先通过漏斗在离心管中加入 2mL FBS，然后再加入胰酶消化后的组织。加入生长培养基使总量大约至 125mL。在 10℃条件下，250r/min（用 Beckman J-6B 离心机和 JS-4.2 转子时，为 1 050r/min）离心 10min。

3.1.5　观察并记录离心后细胞的压积，然后用 25mL 移液管吸去上清液。用生长培养基对细胞进行约 1∶300 倍稀释。在每个 1 000mL 转瓶中加入 200mL 稀释的细胞悬液。拧紧瓶盖，置转瓶机上，（37±1）℃温室培养 4d。4d 后，细胞单层应生长良好并准备分瓶。

3.2　第二代 CEF 的准备

第二代 CEF 可按照下述方法进行制备，或者采用可接受的其他替代方法制备：

3.2.1　弃去原代 CEF 培养转瓶里的培养基，用 5mL 移液管吸干剩余的培养基，然后加入 15mL 37℃预热的 0.25%胰酶溶液。旋转转瓶直至细胞开始脱落，约 1min。（凭经验确定适宜的消化时间。如果消化时间过短将导致新的悬液中有大的细胞团块）。倒出胰酶，并以手掌拍打转瓶侧壁，直至大部分细胞脱落。加入 15mL 培养基，旋转转瓶，漂洗内壁。用移液管把细胞悬液加入一个空的锥形瓶中。重复两次，即共漂洗 3 次。对每个转瓶均按照上述步骤进行处理。

3.2.2　将锥形瓶中的混合细胞悬液倒入有 4 层细纱布包裹的漏斗，用内含一个无菌搅拌棒的锥形瓶收集，每个转瓶使用 25mL 生长培养基。然后每个转瓶再使用额外的 25mL 培养基清洗漏斗。彻底混合细胞悬液。

3.2.3　用附录所述程序测定细胞数量。调整悬液体积，使细胞浓度为 18～24h 可长成致密单层的量（250 000～350 000 个细胞/mL）。

3.2.4　将第二代细胞悬液加入适当容器以备检测用(通常用 60mm 网格塑料组织培养皿)。在 60mm 培养皿中加入 4mL 细胞悬液。在接种前，细胞需要在 37℃加湿的 5% CO_2 培养箱中培养 18～24h。

4. 检验准备

4.1　人员资质/培训

操作人员必须具有一定经验或接受过对本方法的培训。包括生物实验室无菌操作技术和准备工作，以及生物制剂、试剂、组织培养样本和化学物质的正确使用和处理。操作人员还必须掌握安全操作程序和政策，并经过步骤 2.1 项所述实验室设备基本操作的培训。

4.2　设备/仪器的准备

按照生产商提供的使用说明操作所有的设备/仪器，并按照现行的标准操作程序进行监控。

4.3　试剂/对照品的准备

参考病毒的准备与样品的准备方法相同。

4.4　样品的准备

4.4.1　从液氮罐中取出 1 瓶疫苗，放入 25℃水浴中迅速融解。立即用预热至室温的稀释液按照生产商说明书稀释疫苗。将疫苗缓慢吸入用配有 18 号（或更大的）针头的 10mL 注射器内，然后再在同一个注射器中吸入 5mL 稀释液，并轻轻混合。将稀释的疫苗轻轻打入稀释瓶，倾斜小瓶以保持针头一直在液体中。吸取 2mL 稀释的疫苗，用它冲洗安瓿瓶一次，然后再加回稀释的疫苗中。慢慢颠倒小瓶，轻轻地将稀释的疫苗混匀。此混合物为疫苗的"田间浓度"，相当于 1 羽份/0.2mL。

4.4.2　测定前将稀释的疫苗置于冰浴中 2h（每 30min 轻轻混合一次）。2h 放置时间结束前，取 2 支无菌试管，分别加入 8.0mL 生长培养基，另取 1 支无菌试管加入 9.0mL 生长培养基（每个疫苗样品制备一套 3 支试管）。测定过程中，用这些试管进行进一步稀释。空白稀释液不用进行冰浴。

5. 检验——稀释液和接种板的准备

5.1　轻轻翻转瓶子混合疫苗 10～15 次。用配有 18 号针头的 2.5mL 注射器吸取疫苗样品，在第一支装有 8mL 生长培养基的试管中加入 2.0mL 样品（1∶5 稀释）。在第二支装有 8mL 生长培养基的试管中加入 2.0mL 1∶5 稀释的样品，进行 1∶25 稀释。用洁净无菌 10mL 移液管轻轻混合 1∶25 稀释液。然后取 1mL 1∶25 稀释的样品，加入第三支装有 9mL 稀释液的试管中，制成最终的 1∶250 稀释的样品。对于 SB-Ⅰ血清型病毒，可能要求最终的稀释度为 1∶125，因此在第三支试管中加入 8.0mL 稀释液，在这种情况下加入 2mL 1∶25 稀释的疫苗样品，即可获得终浓度为 1∶125 的稀释液。也可使用其他稀释方法。

5.2 用洁净、无菌的移液管轻轻混合最终的稀释液，并加入 5 个检验板中，1.0mL/板。用 10mL 移液管将接种物加入到这 5 个平板中，用 2～7mL 的刻度来测量体积。每个平板已提前加入 4mL 培养基。混合要彻底，但是要轻柔，以防止细胞破裂。稀释和接种的过程要尽可能迅速，以防止细胞在稀释的过程中贴壁（将细胞悬液加入特定稀释空白液与吸取样品进行继续稀释或接种之间，应不超过 2min）。每个疫苗样品接种后，立即漩涡混合检验板。

注意：每组试验均要对已知阳性参考病毒进行测定。保留未接种的阴性对照细胞，监测细胞培养系统的有效性。

5.3 将接种平板置（37±1）℃、（5±1）% CO_2 的高湿环境中培养。

5.4 接种后 24h，弃去平板中的培养基，加入 5mL 维持培养基。如果维持培养基的 pH 过低则需在 2d 或 3d 后更换。

6. 检验结果说明

6.1 对照

已知阳性参考品的滴度必须在建立的范围内，检验结果方为有效。细胞对照确定检验系统的有效性。

6.2 蚀斑计数和滴度计算

6.2.1 计数

按照步骤 5.3 项培养平板，直至可以进行蚀斑计数。血清型 3 型病毒，在接种后 5d 进行蚀斑计数；血清型 1 型或 2 型病毒，在接种后 6～7d 进行蚀斑计数。使用倒置光学显微镜（若使用无网格的平板，则应使用带格子的镜台）进行计数。对一个滴定系列平板上的所有蚀斑进行计数。蚀斑无论大小均计为 1 个，除非明显出现 2 个中心。

6.2.2 计算

计算每个平板上蚀斑形成单位（PFU）的平均数，并乘以最终的稀释倍数和 0.2mL 每羽份的体积（假设每羽份的体积为 0.2mL）。

举例：（56＋48＋47＋53＋50）/5＝50.8 每个板的平均 PFU

（50.8）（250）（0.2）＝2540PFU/羽份

6.3 重检

按照《联邦法规》第 9 卷（9CFR）113.8（b）部分和公司现行生产大纲第Ⅴ部分规定的最低放行标准要求进行重检。

6.4 检验结果评价

6.4.1 9CFR113.8（b）部分规定了产品批次符合规定/不符合规定的标准。

6.4.2 公司对每种马立克氏病疫苗的最低放行标准/稳定滴度要求，均列入针对特定生产代码的现行生产大纲的第Ⅴ部分。

7. 检验结果报告

按 PFU/羽份报告滴度。

8. 修订概述

第 05 版

• 更新联系人信息，但是病毒学实验室决定保留原信息至下次文件审查之日。

第 04 版

• 更新联系人信息。

第 03 版

• 文件编号由 VIRSAM0406 变更为 SAM406。

• 更新联系人信息。

第 02 版

本修订版资料主要用于阐述兽医生物制品中心现行的实际操作方法，并提供了额外的细节信息。虽然不对检验结果产生重大影响，但是对文件进行了以下修改：

• 对 SAM 的标题进行了修订，以反应将之前微生物命名法中已知的火鸡疱疹病毒和鸡疱疹病毒在马立克氏病疫苗中的变化（如 1996 年 6 月 12 日兽医生物制品通告中发布的大纲所述），多种血清型的病毒已经确定并市场化。

• 2.2.15(1) 修订胰酶溶液（0.25%），以明确说明。

• 2.2.15（2）和 2.2.15（3） 在培养基配方中增加 HEPES，并将胎牛血清的"热灭活"变更为"gamma 射线灭活"。

• 3 增加细胞培养的这个部分，以明确说明。

•附录　增加此部分,以明确说明用 Neubauer 细胞计数器对细胞悬液进行计数和配制细胞悬液。

附录　用 Neubauer 红细胞计数器对细胞悬液进行细胞计数并配制细胞悬液

本附录中的方法描述了一种使用 1/10mm Neubauer 红细胞计数器和显微镜对细胞悬液中细胞进行计数的方法。它还对如何配制特定浓度和体积的细胞悬液进行了说明。

1. 材料

设备/仪器

下列任何品牌的设备或仪器均可由具有相同功能的设备或仪器所替代。

（1）红细胞计数器（1/10mm 深度 Neubauer 红细胞计数器）

（2）白炽灯显微镜（可放大 100 倍）

（3）手动计数器

试剂/耗材

下列任何品牌的试剂或耗材均可由具有相同功能的试剂或耗材所替代。

（1）台盼蓝（0.4％溶于 0.85％生理盐水）

（2）EP 管，6mL，（12×75）mm

（3）一次性塑料移液管，1mL、5mL、10mL 和 25mL。

（4）移液器（Labsystems，型号 Finnpipette Digital40～200μL）

（5）一次性吸头

2. 用血细胞计数器计数

在带有 1.0mL 0.4％台盼蓝的 6mL EP 管中加入 0.5mL 待计数的细胞悬液。更换 EP 管的盖子，颠倒数次混合悬液。将盖玻片放在红细胞计数器的计数格上。当细胞仍然悬浮时，用移液管快速地装载带有这种制剂的红细胞计数器的孔室。在孔室中填充足够多的制剂，以完全覆盖盖玻片下的网格为宜。过度填充会引起错误计数。盖玻片下面 10 个 1mm² 的方格（见下图中方格的编号）中的细胞悬液的总量为 1mm³ 或 1μL。

静置约 1min，使细胞沉到计数孔室底部。在 100× 显微镜下观察网格。检查细胞是否均匀分布（分布不均可导致计数结果错误）。活细胞计数（活细胞呈半透明状，而死细胞被染为蓝色）。对每个编号的（1×1）mm² 方格（1～10 号）内的和方格上侧及左侧边线上的细胞进行计数。使用手动计数器计出 10 个方格中细胞的总数。

通过将总细胞计数、台盼蓝中的稀释度（3）和 mm³/L 之间的换算关系（1 000）相乘，计算每毫升原细胞悬液中所含的细胞量。见以下范例。

举例：

10 个方格中的细胞总数＝385

1∶3 细胞稀释度　　＝×3

　　　　　　　　　＝1 155

mm³/mL　　　　　＝×1 000

细胞数量/mL　　　＝115 5000

3. 配制细胞悬液

（1）用原始细胞混悬液的浓度（个细胞/mL）除以细胞预期的终浓度（个细胞/mL），计算细胞的稀释倍数（DF）。

举例：

如果原始细胞混悬液的浓度为 1 155 000 个细胞/mL,预期的终浓度为 350 000 个细胞/mL，则：

DF＝1 155 000 个细胞/mL 除以 350 000 个细胞/mL＝3.3

（2）用预期的最终细胞体积除以 DF。所得结果为制备预期的最终细胞体积所需的原始细胞悬液的体积。

举例：

如果预期的最终细胞体积为 375mL，则：

375mL/3.3（DF）＝113.6mL

这是配制最终细胞体积所需的原始细胞悬液的体积（约 114mL）。

4. 按确定的结果,取适当原始细胞悬液的量,并加入足量的培养基,稀释至最终细胞悬液的预期体积。

举例：

在 114mL 原始细胞悬液中（1 155 000 个细胞/mL)加入 261mL（375～114mL）培养基，得到 375mL 预计为 350 000 个细胞/mL 的细胞悬液。

（王利永译，张一帜校）

SAM407. 05

美国农业部兽医生物制品中心
检验方法

SAM 407 测定血清型 3 型马立克氏病（火鸡疱疹病毒 FC-126 株）冻干苗滴度的补充检验方法

日　　期：2014 年 11 月 20 日

编　　号：SAM 407. 05

替　　代：SAM 407. 04，2014 年 3 月 10 日

标准要求：9CFR 113. 330 部分

联 系 人：Alethea M. Fry，（515）337-7200
　　　　　Sandra K. Conrad

审　　批：/s/Geetha B. Srinivas　　　　日期：2015 年 1 月 21 日
　　　　　Geetha B. Srinivas，病毒学实验室负责人

　　　　　/s/Byron E. Rippke　　　　　日期：2015 年 1 月 21 日
　　　　　Byron E. Rippke，兽医生物制品中心政策、评审与执照管理部门负责人

　　　　　/s/Rebecca L. W. Hyde　　　　日期：2015 年 1 月 22 日
　　　　　Rebecca L. W. Hyde，兽医生物制品中心质量管理部门负责人

美国农业部动植物卫生监督署

P. O. Box 844

Ames，IA 50010

补充检验方法中提及的商标或专利产品不等同于该产品已获得了美国农业部的保证或担保，且它的批准也不意味着其可用于排除在外的其他可能适用的产品

目　录

1. 引言

本补充检验方法（SAM）描述了用鸡胚成纤维细胞（CEF）测定血清型 3 型马立克氏病〔火鸡疱疹病毒（HVT）FC-126 株〕疫苗滴度的操作程序。该疫苗由冻干的非细胞毒和适当的稀释液组成。

2. 材料

2.1 设备/仪器

下列任何品牌的设备或仪器均可由具有相同功能的设备或仪器所替代。

2.1.1 离心机（Beckman J-6B，JS-4.2 转子）；

2.1.2 旋转加湿鸡胚孵化箱（Midwest Incubators，型号 252）；

2.1.3 水套式加湿（5±1）% CO_2 培养箱，且温度设为（37±2）℃（Forma Scientific，型号 3158）；

2.1.4 涡旋混合器（Thermolyne Maxi Mix Ⅱ，型号 M37615）；

2.1.5 磁力搅拌器；

2.1.6 剪刀，无菌（Roboz RS-6800）；

2.1.7 弯头镊子，无菌（V. Mueller SU2315）；

2.1.8 移液器（Rainin Pipetman，P1000 或其他替代品）；

2.1.9 250mL 带有搅拌棒的烧瓶，无菌；

2.1.10 带有搅拌棒的锥形瓶，无菌；

2.1.11 红细胞计数器；

2.1.12 本生灯；

2.1.13 钝头镊子，无菌。

2.2 试剂/耗材

下列任何品牌的试剂或材料均可由具有相同功能的试剂或材料所替代。所有试剂和材料均必须无菌。

2.2.1 棉签。

2.2.2 组织培养皿，（150×10）mm。

2.2.3 组织培养皿，（100×20）mm。

2.2.4 用 4 层纱布包裹的塑胶漏斗。

2.2.5 聚丙烯锥形管，（29×114）mm、无菌、50mL。

2.2.6 聚丙烯离心管，250mL。

2.2.7 转瓶，1 000mL。

2.2.8 血清学移液管。

2.2.9 60mm 网格细胞培养皿，用于细胞培养。

2.2.10 24 枚无特定病原（SPF）鸡胚，9～11 日龄。

2.2.11 胎牛血清（FBS）。

2.2.12 L-谷氨酰胺。

2.2.13 胰酶，2.5%。

2.2.14 吸头。

2.2.15 溶液。

所有溶液滤过除菌。

1）胰酶溶液（0.25%）

在温水中迅速融化 2.5%（10×）胰酶冰冻溶液。立即用 Dulbecco's PBS（不含 $CaCl_2$ 和 Mg）1：10 无菌稀释，制成工作稀释液（0.25%）。

2）生长培养基

199 培养基（含 Earles 盐）（粉末）	10g
F10 营养混合物（粉末）	10g
磷酸 Bacto 胰蛋际肉汤（干粉）	2.95g
$NaHCO_3$	2.5g
青霉素（钾 G）	200 000IU
链霉素	200mg
HEPES	11.97g
胎牛血清（γ 射线灭活）	60mL
蒸馏水或去离子水（DW）定容至	2 185mL

用 $NaHCO_3$ 溶液调节 pH 至 7.35～7.4。

使用前，每 100mL 培养基加入 200mmol/L 浓缩 L-谷氨酰胺 1.0mL。

3）维持培养基

199 培养基（含 Earles 盐）（粉末）	10g
F10 营养混合物（粉末）	10g
胰蛋际磷酸盐肉汤（干粉）	2.95g
$NaHCO_3$	2.75g
青霉素（钾 G）	200 000IU
链霉素	200mg
HEPES	11.97g
胎牛血清（γ 射线灭活）	10～20mL
DW 定容至	2 142mL

用 $NaHCO_3$ 溶液调节 pH 至 7.5。

使用前，每 100mL 培养基加入 200mmol/L 浓缩 L-谷氨酰胺 1.0mL。

* 需提前检验，无外源病原。

4）SPGA 稀释液

蔗糖	74.62g
KH_2PO_4	0.45g
K_2HPO_4	1.35g
谷氨酸单钠	0.80g
1% 牛白蛋白（Fraction V）	10.0g

DW 定容至   1 000mL

2.2.16 原代 CEF 的准备

选用禽白血病病毒阴性鸡群所产 9～11 日龄基因易感（C/E）鸡胚按下列方式制备原代 CEF 培养物，或者可采用其他替代方法制备。

1）用 70%酒精给鸡胚气室表面消毒，用无菌镊子将气室敲开。用镊子挑破尿囊膜，挑出鸡胚，置无菌一次性（150×10）mm 组织培养皿或皮氏培养皿中。用无菌钳去掉并剔除头部和内脏。用生长培养基（不含 FBS 或 L-谷氨酰胺）多次清洗鸡胚胴体，去除多余的血液。然后将洗干净的鸡胚置无菌干燥（100×10）mm 组织培养皿或皮氏培养皿中，并用锋利的无菌剪刀彻底剪碎。

2）进一步清洗后，将剪碎的组织放入带有 50mL 生长培养基（不含 FBS 或 L-谷氨酰胺）和磁力搅拌棒的烧瓶中。将烧瓶放在搅拌器上，中速搅拌 5min。待细胞沉淀后倒出（弃去）上层液体，然后重复上述操作。

3）向组织中加入胰酶，首先，加入 10mL 0.25%胰酶溶液清洗细胞上残留的培养基，然后立即倒掉胰酶溶液。其次，加入 40mL 0.25%胰酶溶液，在磁力搅拌器上搅拌 15min（将搅拌设为中等转速）。

4）将无菌纱布包裹的漏斗置于 250mL 圆锥形离心管上。为了停止胰酶对细胞的消化，先通过漏斗在离心管中加入 2mL FBS，然后再加入胰酶消化后的组织。加入生长培养基使总量大约至 125mL。在 10℃ 条件下，250r/min（用 Beckman J-6B 离心机和 JS-4.2 转子时，为 1 050r/min）离心 10min。

用生长培养基重悬细胞至浓度约为 750 000 个细胞/mL。将细胞接种到 60mm 塑料皮氏培养皿（网格或平板）中，每个培养皿接种 5mL（约 3.75×10^6 个细胞）。置（37±1）℃、高湿度（5±1）% CO_2 培养箱中培养。24h 应长成完整的单层细胞，并为接种做好准备。

3. 检验准备

3.1 人员资质/培训

操作人员必须具有一定经验或接受过对本方法的培训。包括生物实验室无菌操作技术和准备工作，以及生物制剂、试剂、组织培养样本和化学物质的正确使用和处理。操作人员还必须掌握安全操作程序和政策，并经过步骤 2.1 项所述实验室设备基本操作的培训。

3.2 设备/仪器的准备

按照生产商提供的使用说明操作所有的设备/仪器，并按照现行的标准操作程序进行监控。

3.3 试剂/对照品的准备

参考病毒的准备与样品的准备方法相同。

3.4 样品的准备

3.4.1 滴定疫苗的准备

用生产商配套的稀释液复溶疫苗（HVT）至田间使用剂量（1 羽份/0.2mL）。充分混匀。

3.4.2 放置时间

在开始滴定前，疫苗瓶可冰浴 2h。

4. 检验——稀释液和接种板的准备

准备空白稀释液，含 9mL 生产商配套的稀释液或 SPGA 稀释液。按下列方法去除滴定板中的培养基：将平板放在倾斜的表面上。用移液器吸去液体，然后将平板控干 60～90s。接下来，去除细胞板下边缘残留的液体。颠倒数次，充分混合病毒悬液。在 9mL 空白稀释液中加入 1.0mL 疫苗。此为疫苗的 1∶10 稀释液（对预计具有较高病毒含量的疫苗，可使用 1∶20 的稀释液）。充分混合此稀释液后，接种到 5 个平板（水平放置）的中央，0.05mL/板。将接种后的平板置（37±1）℃高湿环境孵育 30～45min 进行吸附。在每个平板上加入 5mL 维持培养基，置（37±1）℃，高湿环境约（5±1）% CO_2 条件下培养 6d。如果维持培养基的 pH 变得很低，则需在 2d 或 3d 后更换。

每组试验均要对已知阳性参考病毒进行测定。保留未接种的阴性对照细胞，监测细胞培养系统的有效性。

5. 检验结果说明

5.1 对照

已知阳性参考品的滴度必须在建立的范围内，检验结果方为有效。未接种阴性对照细胞确定检验系统的有效性。

5.2 蚀斑计数和滴度计算

5.2.1 计数

1）通常在接种后 4d 可见生长良好的蚀斑。在接种后 6d，用倒置光学显微镜进行蚀斑计数（若使用无网格的平板，则应使用带格子的镜台）。6d 后，所有原代蚀斑已形成，而第二代蚀斑尚未完全形成，使用本检验方法对计数不足以产生干扰。

2）对一个滴定系列平板上的所有蚀斑进行计数。蚀斑无论大小均计为 1 个，除非明显出现 2 个中心。为确保检验的有效性，应至少对 4 个平板进行计数。

5.2.2　计算

计算每个平板上蚀斑形成单位（PFU）的平均数，并乘以最终的稀释倍数和 0.2mL 每羽份的体积（假设每羽份的体积为 0.2mL）。

举例：（56＋48＋47＋53）/4＝51 每个板的平均 PFU

（51）（10÷0.05mL＝200）（0.2）＝2040PFU/羽份

5.3　重检

按照《联邦法规》第 9 卷（9CFR）113.8（b）部分和公司现行生产大纲第 V 部分规定的最低放行标准要求进行重检。

5.4　检验结果评价

5.4.1　《联邦法规》第 9 卷 113.8（b）部分规定了产品批次符合规定/不符合规定的标准。

5.4.2　公司对每种马立克氏病疫苗的最低放行标准/稳定滴度要求，均列入针对特定生产代码的现行生产大纲的第 V 部分。

6. 检验结果报告

滴度报告为 PFU/羽份。

7. 修订概述

第 05 版

• 更新联系人信息，但是病毒学实验室决定保留原信息至下次文件审查之日。

第 04 版

• 更新联系人信息。

第 03 版

• 文件编号由 VIRSAM0407 变更为 SAM407。

• 更新联系人信息。

第 02 版

本修订版资料主要用于阐述兽医生物制品中心现行的实际操作方法，并提供了额外的细节信息。虽然不对检验结果产生重大影响，但是对文件进行了以下修改：

• 变更 SAM407 的标题，使其与通用名命名法修订版（1996 年 6 月 12 日兽医生物制品通告发布）一致。

• 2.2.13　胰酶浓度由 0.25％变更为 2.5％。

• 2.2.15（1）　修订并明确 0.25％胰酶。

• 2.2.15（2）和 2.2.15（3）在培养基配方中增加 HEPES，并将胎牛血清的"热灭活"变更为"gamma 射线灭活"。

• 2.2.16　在文件中增加原代鸡胚成纤维细胞（CEF）的制备。

• 4.1　增加阳性参考品和未接种对照操作程序，以明确说明。

• 将文件中所有的"病灶"均变更为"蚀斑"。

（杨承槐译，张一帜校）

美国农业部兽医生物制品中心
检验方法

SAM 408 测定传染性法氏囊病病毒组织培养
适应疫苗株滴度的补充检验方法

日　　期：2014 年 11 月 28 日

编　　号：SAM 408.06

替　　代：SAM 408.05，2014 年 5 月 20 日

标准要求：9CFR 113.331 部分

联 系 人：Sandra K. Conrad，(515) 337-7200

审　　批：/s/Geetha B. Srinivas　　　　日期：2015 年 1 月 22 日

　　　　　Geetha B. Srinivas，病毒学实验室负责人

　　　　　/s/Byron E. Rippke　　　　　日期：2015 年 1 月 25 日

　　　　　Byron E. Rippke，兽医生物制品中心政策、评审与执照管理部门负责人

　　　　　/s/Rebecca L. W. Hyde　　　　日期：2015 年 1 月 26 日

　　　　　Rebecca L. W. Hyde，兽医生物制品中心质量管理部门负责人

美国农业部动植物卫生监督署

P. O. Box 844

Ames，IA 50010

补充检验方法中提及的商标或专利产品不等同于该产品已获得了美国农业部的保证或担保，
且它的批准也不意味着其可用于排除在外的其他可能适用的产品

目　录

1. 引言

本补充检验方法（SAM）描述了用原代鸡胚成纤维细胞（1℃EF）测定传染性法氏囊病病毒（IBDV）组织培养适应疫苗株滴度的操作程序。

2. 材料

2.1　设备/仪器

下列任何品牌的设备或仪器均可由具有相同功能的设备或仪器所替代。

2.1.1　水套式加湿（5±1）% CO_2 培养箱，且温度设为（37±2）℃（Forma Scientific，型号3158）

2.1.2　涡旋混合器（Thermolyne Maxi Mix Ⅱ，型号 M37615）

2.1.3　微量移液器（Rainin Pipetman，P1000）

2.1.4　层流生物安全柜（NuAire 有限公司，Labgard）

2.2　试剂/耗材

下列任何品牌的试剂或材料均可由具有相同功能的试剂或材料所替代。所有试剂和材料均必须无菌。

2.2.1　处理过的 24 孔组织培养平板，每孔加 1mL 1℃CEF 悬液，细胞浓度约为 400 000 个细胞/mL。生长培养基为 M-199/F10，含 2%～3%胎牛血清，1% L-谷氨酰胺和 2g/mL 两性霉素 B。1℃CEF 由易感的无特定病原（SPF）鸡胚制成。

2.2.2　M-199/F-10 培养基〔国家动物卫生中心（NCAH）培养基♯20012〕

M199/F10 培养基配方

Medium199	47.74g
1×F-10 营养混合物	5 000mL
Bacto 胰蛋白胨磷酸肉汤	14.8g
青霉素 G	0.613g
链霉素	1.0g
$NaHCO_3$	22g
HEPES	59.85g
无菌蒸馏水或去离子水	10.5L

所有成分混合，调节 pH 至 7.2，并对溶液滤过除菌。除菌后再测定 pH。然后将溶液倒入适宜的容器中。

2.2.3　无菌蒸馏水或去离子水，分装在带橡皮塞和铝帽的 100mL 血清瓶中，每瓶 100mL。

2.2.4　针头，1.5 英寸×18 号。

2.2.5　Luer 锁扣式一次性注射器，5cm³ 或 10cm³。

2.2.6　无菌吸头，Rainin P100～P1000。

2.2.7　无菌玻璃试管，（16×125）mm。

2.2.8　胎牛血清（FBS）。

2.2.9　L-谷氨酰胺（200mmol/L）。

2.2.10　移液管，不同体积。

2.2.11　两性霉素 B。

3. 检验准备

3.1　人员资质/培训

操作人员必须具有一定经验或接受过对本方法的培训。包括生物实验室无菌操作技术和准备工作，以及生物制剂、试剂、组织培养样本和化学物质的正确使用和处理。操作人员还必须掌握安全操作程序和政策，并经过步骤 2.1 项所述实验室设备基本操作的培训。

3.2　设备/仪器的准备

按照生产商提供的使用说明操作所有的设备/仪器，并按照现行的标准操作政策/程序（SOP）或等效的文件进行监控。

3.3　试剂/对照品的准备

参考病毒的准备与样品的准备方法相同（见步骤 3.4 项）。

3.4　样品的准备

用于测定的疫苗的准备：将疫苗复溶或用 100mL 无菌去离子水稀释，充分混合。如有必要，将疫苗进一步稀释至 1 羽份/0.1mL。

4. 检验

准备稀释液和接种平板，用含有 1%FBS、1% L-谷氨酰胺和 2μg/mL 两性霉素 B 的 M199/F10 培养基制成的维持培养基稀释疫苗和阳性对照病毒。对疫苗和阳性对照病毒进行 10 倍系列稀释，直至预期的滴度范围。使用至少 4 个稀释度进行测定。每个稀释度接种 5 孔，每孔 0.1mL。每行的第 6 孔不接种，留作细胞对照。置（37±2）℃、约（5±1）% CO_2 的高湿条件下培养。

5. 检验结果说明

5.1　试验对照

阳性对照品的滴度必须在已建立的范围内，检验结果方为有效。未接种阴性对照细胞确定检验系统的有效性。

5.2　滴度计算

每天在显微镜下观察细胞，跟踪典型 IBDV 细胞病变进程，包括出现折射性细胞。在整个检验期间，阴性对照孔必须保持正常。接种后第 7 天，用 Reed-Muench 法计算 50%感染性的终点。该值代表每羽份的滴度。

5.3 重检

按照《联邦法规》第 9 卷（9CFR）113.8（b）部分和公司现行生产大纲第Ⅴ部分规定进行重检。

5.4 检验结果评价

5.4.1 《联邦法规》第 9 卷 113.8（b）部分规定了产品批次符合规定/不符合规定的标准。

5.4.2 公司对每种 IBD 疫苗的最低放行标准/稳定滴度要求，均列入针对特定生产代码的现行生产大纲的第Ⅴ部分。

6. 检验结果报告

滴度报告为半数组织感染量（$TCID_{50}$）/羽份。以符合规定或不符合规定报告结果。

7. 修订概述

第 06 版

• 更新联系人信息，但是，病毒学实验室决定保留原信息至下次文件审查之日。

第 05 版

• 更新联系人信息。

第 04 版

• 更新联系人信息。

第 03 版

• 联系人由 Scott Taylor 和 Karen Wineland 变更为 Sheridan Booher 和 Danielle Koski。

• 2.2.1 信息包括了生长培养基中应添加的 FBS、L-谷氨酰胺和两性霉素 B 的相关浓度。

• 2.2.2 增加 M199/F10 的配方。

• 2.2.8 该部分被删除，因为与步骤 2.2.1

项所列设备重复。

• 3.3 增加短语"见步骤 3.4 项"。

• 3.4 在包括非冻干苗的描述中，增加"或稀释"。

• 4.1 增加对维持培养基组成的说明。

• 5.3 增加短语"还根据"，并删除短语"最小释放行的"。

第 02 版

本修订版资料主要用于阐述兽医生物制品中心现行的实际操作方法，并提供了额外的细节信息。虽然不对检验结果产生重大影响，但是对文件进行了以下修改：

• 对引言进行修订，以明确说明。

• 2.1 已列出的许多项目没有必要列出，因此从本文件中删除。

• 2.2 对用于先前试剂/耗材中所列的项目进行变更，以明确说明。

• 2.2 删除 Dulbecco's PBS 和胰酶溶液（0.25%）。删除生长培养基，由维持培养基替代。

• 2.2.16 删除文件中细胞培养部分。

• 4.1 增加使用维持培养基稀释疫苗和阳性参考病毒的明确说明。

• 5.2 修订本部分，以明确说明。

• 6 修订本部分，以便对报告的检验结果提供明确说明。

（杨承槐译，张一帜校）

SAM409.05

美国农业部兽医生物制品中心
检验方法

SAM 409　测定疫苗禽脑脊髓炎/禽痘组分滴度的补充检验方法

日　　期：2014 年 11 月 28 日

编　　号：SAM 409.05

替　　代：SAM 409.04，2014 年 3 月 11 日

标准要求：9CFR 113.325 和 113.326 部分

联 系 人：Sandra K. Conrad，（515）337-7200

　　　　　Debra R. Narwold

审　　批：/s/Geetha B. Srinivas　　　　日期：2015 年 1 月 15 日

　　　　　Geetha B. Srinivas，病毒学实验室负责人

　　　　　/s/Byron E. Rippke　　　　日期：2015 年 1 月 15 日

　　　　　Byron E. Rippke，兽医生物制品中心政策、评审与执照管理部门负责人

　　　　　/s/Rebecca L. W. Hyde　　　　日期：2015 年 1 月 15 日

　　　　　Rebecca L. W. Hyde，兽医生物制品中心质量管理部门负责人

美国农业部动植物卫生监督署

P. O. Box 844

Ames，IA 50010

补充检验方法中提及的商标或专利产品不等同于该产品已获得了美国农业部的保证或担保，且它的批准也不意味着其可用于排除在外的其他可能适用的产品

目　录

1. 引言

本补充检验方法（SAM）描述了测定含有禽脑脊髓炎（AE）疫苗毒和禽痘疫苗毒制备的疫苗滴度的操作程序。该疫苗是由分别与适当的稳定剂混合的每种病毒制备的制剂混合而成。

2. 材料

2.1 设备/仪器

下列任何品牌的设备或仪器均可由具有相同功能的设备或仪器所替代。

2.1.1 离心机（Beckman J-6B，JS-4.2 转子）；

2.1.2 加湿、旋转鸡胚孵化器（Midwest Incubators，型号 252）；

2.1.3 涡旋混合器（Thermolyne Maxi Mix Ⅱ，型号 M37615）；

2.1.4 微量移液器（Rainin Pipetman，P1000 或同类产品）；

2.1.5 冷却设备检测仪（Val-A）；

2.1.6 立式照蛋器（Speed King）；

2.1.7 蚀刻机电动雕刻机（Vibro-graver Acme Burgess，Inc.）；

2.1.8 50mL 玻璃离心管，无菌（Kimax）。

2.2 试剂/耗材

下列任何品牌的试剂或材料均可由具有相同功能的试剂或材料所替代。所有试剂和材料均必须无菌。

2.2.1 棉拭子/棉球。

2.2.2 血清学移液管（Falcon）。

2.2.3 移液器吸头（Rainin Clean-Pak 一次性微量移液器吸头 RT-200）。

2.2.4 注射器，$1cm^3$，一次性使用（Becton，Dickinson 和 Company）。

2.2.5 皮下注射针头，26 号×0.375 英寸（Becton、Dickinson 和 Company）。

2.2.6 皮下注射针头，22 号×1.5 英寸（Becton、Dickinson 和 Company）。

2.2.7 玻璃试管，（16×125）mm，带 Morton 封口。

2.2.8 Duco 胶。

2.2.9 1，1，2-三氯-1，2，2-三氟乙烷（氟里昂）。

2.2.10 无特定病原（SPF）鸡胚

1）禽脑脊髓炎（AE）病毒用 5～6 日龄胚检测。

2）禽痘病毒用 9～10 日龄胚检测。

2.2.11 溶液

1）胰蛋白际磷酸盐肉汤（TPB）

TPB 29.5g，用蒸馏水或去离子水（DW）定容至 1 000mL，高压灭菌。

2）青霉素/链霉素（pen/strep）

青霉素	500U/mL
链霉素	2mg/mL
DW 定容至	1 000mL

滤过除菌。

3）70％酒精

乙醇	70mL
DW 定容至	30mL

4）碘酊，2％的酒精溶液

碘 2g、乙醇（70％）100mL。

2.2.12 灭菌 DW

3. 检验准备

3.1 人员资质/培训

操作人员必须具有一定经验或接受过对本方法的培训。包括生物实验室无菌操作技术和准备工作，以及生物制剂、试剂、组织培养样本和化学物质的正确使用和处理。操作人员还必须掌握安全操作程序和政策，并经过步骤 2.1 项所述实验室设备基本操作的培训。

3.2 设备/仪器的准备

按照生产商提供的使用说明操作所有的设备/仪器，并按照现行的标准操作程序或等效方法进行监控。

3.3 试剂/对照品的准备

参考病毒的准备与样品的准备方法相同。

3.4 样品的准备

3.4.1 AE

用 10.0mL 灭菌纯化水复溶 500 羽份疫苗。充分混合。取 1.0mL 疫苗液加入含有 9mL 无菌纯化水的 50mL 无菌玻璃离心管中。充分混合。加入 10.0mL 氟利昂。在涡旋混合器上混合 3 次，每次间隔 30 秒。600r/min 离心 10min。可认定水相中含有的病毒浓度为 10^0，为 1 羽份/0.2mL。取 0.5mL 水相（上层/上清液）加入带有 4.5mL 无菌纯化水的试管中。用无菌纯化水进行 10 倍系列稀释，直至 10^{-5}。

3.4.2 禽痘

用 10.0mL 灭菌纯化水复溶 500 羽份疫苗。充分混合。取 0.5mL 疫苗液加入含有 4.5mL TPB 的无菌试管中。可认为此浓度为 10^0，为 1 羽份/

0.2mL。取 0.5mL 疫苗稀释液加入 4.5mL TPB 中，如此进行 10 倍系列稀释，直至 10^{-6}。

4. 检验

4.1 AE

卵黄囊接种 10^{-1} 至 10^{-5} 稀释液，每个稀释度接种 10 枚鸡胚。每胚接种 0.2mL。还有 20 枚未接种鸡胚作为阴性对照。孵育，并根据《联邦法规》第 9 卷（9CFR）113.325（c）（2）（ⅰ）部分规定标准进行滴度的计算。

4.2 禽痘

绒毛尿囊膜接种 10^{-2} 至 10^{-6} 稀释液，每个稀释度至少接种 6 枚。每胚接种 0.2mL。孵育，并根据《联邦法规》第 9 卷 113.326 规定标准进行滴度的计算。

5. 检验结果说明

5.1 对照

每组试验均要对已知阳性参考病毒进行测定。阳性参考病毒的滴度必须在已建立的范围内，检验结果方为有效。

5.2 滴度计算

使用 Reed-Muench 方法计算 $\log_{10} EID_{50}$。这种稀释和接种程序可以直接读取每羽份的数据。可至小数点后一位。

5.3 重检

按照《联邦法规》第 9 卷 113.8（b）部分和公司现行生产大纲第 V 部分规定的最低放行标准要求进行重检。

5.4 检验结果评价

5.4.1 《联邦法规》第 9 卷 113.8（b）部分规定了产品批次符合规定/不符合规定的标准。

5.4.2 公司对每种 IBD 疫苗的最低放行标准

/稳定滴度要求，均列入针对特定生产代码的现行生产大纲的第 V 部分。

6. 检验结果报告

滴度报告为 EID_{50}/羽份。

7. 参考文献

Title 9，Code of Federal Regulations［M］. Washington，DC：Government Printing Office.

Reed L J，Muench H，1938. A simple method of estimating 50% endpoints［J］. Am J Hyg，27：493-497.

8. 修订概述

第 05 版

• 更新联系人信息，但是，病毒学实验室决定保留原信息至下次文件审查之日。

第 04 版

• 更新联系人信息。

第 03 版

• 文件编号由 VIRSAM0409 变更为 SAM409。

• 更新联系人信息。

第 02 版

本修订版资料主要用于阐述兽医生物制品中心现行的实际操作方法，并提供了额外的细节信息。虽然不对检验结果产生重大影响，但是对文件进行了以下修改：

• 2.2.9/3.4.1 氯仿变更为 1，1，2-三氯-1，2，2-三氟乙烷（氟里昂）。

• 2.2.11（2） 青霉素由 1.775g 变为 500 单位/mL，链霉素由 100g 变更为 2mg/mL。

• 2.2.11 删除"生理盐水"的配方。

（袁率珍译，张一帜校）

美国农业部兽医生物制品中心
检验方法

SAM 411　用鸡胚测定新城疫疫苗、传染性支气管炎疫苗和新城疫-传染性支气管炎二联疫苗滴度的补充检验方法

日　　期：2014 年 11 月 28 日

编　　号：SAM 411.05

替　　代：SAM 411.04，2014 年 3 月 11 日

标准要求：9CFR 113.327 和 113.329 部分

联 系 人：Sandra K. Conrad，(515) 337-7200

　　　　　Debra R. Narwold

审　　批：/s/Geetha B. Srinivas　　　　　日期：2015 年 1 月 22 日

　　　　　Geetha B. Srinivas，病毒学实验室负责人

　　　　　/s/Byron E. Rippke　　　　　日期：2015 年 1 月 25 日

　　　　　Byron E. Rippke，兽医生物制品中心政策、评审与执照管理部门负责人

　　　　　/s/Rebecca L. W. Hyde　　　　　日期：2015 年 1 月 26 日

　　　　　Rebecca L. W. Hyde，兽医生物制品中心质量管理部门负责人

美国农业部动植物卫生监督署

P. O. Box 844

Ames，IA 50010

补充检验方法中提及的商标或专利产品不等同于该产品已获得了美国农业部的保证或担保，且它的批准也不意味着其可用于排除在外的其他可能适用的产品

目　录

1. 引言

本补充检验方法（SAM）描述了测定新城疫病毒（NDV）疫苗、传染性支气管炎病毒（IBV）疫苗和 NDV-IBV 联苗滴度的操作程序。疫苗复溶后进行 10 倍系列稀释并接种鸡胚，通过 Reed-Muench 法根据每个田间使用剂量计算半数鸡胚感染剂量（EID$_{50}$）。

2. 材料

2.1　设备/仪器

下列任何品牌的设备或仪器均可由具有相同功能的设备或仪器所替代。

2.1.1　离心机（Beckman J6-MI，JS-4.2 转子）；

2.1.2　加湿、旋转鸡胚孵化器（Midwest Incubators，型号 252）；

2.1.3　涡旋混合器（Thermolyne Maxi Mix Ⅱ，型号 M37615）；

2.1.4　移液器（Rainin Pipetman，P1000 或同类产品）；

2.1.5　冷藏保温装置（Val-A）；

2.1.6　立式照蛋器（Speed King）；

2.1.7　蚀刻机电动雕刻机（Vibro-graver Acme Burgess 有限公司）。

2.2　试剂/耗材

下列任何品牌的试剂或材料均可由具有相同功能的试剂或材料所替代。所有试剂和材料均必须无菌。

2.2.1　棉拭子/棉球。

2.2.2　血清学移液管（Falcon）。

2.2.3　无特定病原（SPF）鸡胚，9～11 日龄。

2.2.4　移液器吸头（Rainin Clean-Pak 一次性微量移液器吸头 RT-200）。

2.2.5　注射器，1cm^3，一次性使用（Becton，Dickinson 和 Company）。

2.2.6　皮下注射针头，18 号×1.5 英寸（Becton，Dickinson 和 Company）。

2.2.7　皮下注射针头，25 号×0.625 英寸（Becton，Dickinson 和 Company）。

2.2.8　玻璃试管，（16×125）mm，带 Morton 封口。

2.2.9　玻璃试管，（13×100）mm，带 Morton 封口。

2.2.10　Duco 封口胶。

2.2.11　移液器吸头（Rainin 0～100、0～200、100～1 000 或同等产品）。

2.2.12　溶液

1）胰蛋白胨磷酸盐肉汤（TPB）

TPB　　　　　　　　　　　　29.5g，

用蒸馏水或去离子水（DW）定容至 1 000mL，高压灭菌。

2）青霉素/链霉素（pen/strep）

青霉素　　　　　　　　　　　500U/mL、

链霉素 2mg/mL，DW 定容至　　1 000mL。

滤过除菌。

3）灭菌 DW　　高压灭菌。

4）70%酒精　　乙醇 70mL、DW 定容至

　　　　　　　　　　　　　　　30mL。

5）碘酊，2%的酒精溶液　　碘 2g、乙醇（70%）100mL。

3. 检验准备

3.1　人员资质/培训

操作人员必须具有一定经验或接受过对本方法的培训。包括生物实验室无菌操作技术和准备工作，以及生物制剂、试剂、组织培养样本和化学物质的正确使用和处理。操作人员还必须掌握安全操作程序和政策，并经过步骤 2.1 项所述实验室设备基本操作的培训。

3.2　设备/仪器的准备

按照生产商提供的使用说明操作所有的设备/仪器，并按照现行的标准操作程序或等效方法进行监控。

3.3　试剂/对照品的准备

参考病毒的准备与样品的准备方法相同。

3.4　样品的准备

3.4.1　NDV 疫苗

1）用预冷至 4℃ 的胰蛋白胨磷酸盐肉汤（TPB）复溶冻结或冻干的 NDV 疫苗，总体积如表 1 所示。涡旋混合 30s，冰浴 15min 使病毒解聚。再次混合，并用 TPB 进一步稀释复溶疫苗，如表 1 所示，获得 10^0 浓度溶液（0.1mL/羽份）。

2）将 10^0 浓度病毒溶液进行 10 倍系列稀释，从 10^{-1} 至 10^{-8}，即连续将 0.5mL 病毒液加入 4.5mL 含抗生素的 TPB 中（每 1mL TPB 中含 500IU 青霉素和 2.0mg 链霉素）。每次转移液体时更换移液管或移液器的吸头。在加入下一稀释度管前要充分混匀，并保证整个过程所有稀释液均保持在冰浴中。

3.4.2 IBV 疫苗

准备过程同 NDV 疫苗（见步骤 3.4.1 项），10 倍系列稀释至 10^{-6}。

3.4.3 NDV-IBV 联苗

准备过程同 NDV 疫苗。检测新城疫病毒组分

时，稀释液不需要进一步处理即可接种。检测传染性支气管炎病毒组分时，从 10^{-2} 至 10^{-6}，每个稀释度取 0.8mL 各加入等量（0.8mL）抗 NDV 血清中和 NDV。充分混合，并在冰浴上孵育 30min 后接种。

表 1

1 瓶的羽份数	复溶疫苗的体积（mL）	10 倍稀释浓度需附加稀释液的量
100	10.0	无
500	50.0	无
1 000	30.0	1.5mL 疫苗加 3.5mL 稀释液
2 000	60.0	1.5mL 疫苗加 3.5mL 稀释液
2 500	50.0	2.5mL 疫苗加 10.0mL 稀释液
5 000	100.0	2.5mL 疫苗加 10.0mL 稀释液
10 000	100.0	1.2mL 疫苗加 10.0mL 稀释液
15 000	100.0	0.7mL 疫苗加 10.0mL 稀释液
20 000	100.0	0.5mL 疫苗加 10.0mL 稀释液
25 000	100.0	2.1mL 疫苗加 50.0mL 稀释液

4. 检验

4.1 鸡胚接种

在复溶疫苗之前，准备适当数量的鸡胚，做好标记，准备用于尿囊腔接种。

4.1.1 NDV 接种

接种 NDV 或 NDV-IBV 疫苗 10^{-4} 至 10^{-8} 的病毒稀释液。每个稀释度接种 5 枚 9～11 日龄鸡胚（共 25 枚），每胚接种适宜的稀释液 0.1mL。

4.1.2 IBV 接种

接种 IBV 或已中和 NDV 的 NDV-IBV 疫苗 10^{-2} 至 10^{-6} 的稀释液。每个稀释度接种 6 枚 9～11 日龄鸡胚（共 30 枚）。每胚接种 0.1mL IBV 疫苗的适宜稀释液或 NDV 中和的 NDV-IBV 疫苗的适宜稀释液。

4.2 孵育

鸡胚孵育 7d，每日照蛋观察（周末进行调整）。弃去 24h 内死亡的鸡胚（这些鸡胚被记为因外伤死亡，不计算在检验结果之内）。每个稀释度在接种 24h 后至少有 4 枚鸡胚存活，检验方为有效。

5. 检验结果说明

5.1 对照

每组试验均要对已知阳性参考病毒进行测定。阳性参考病毒的滴度必须在已建立的范围内，检验结果方为有效。

5.2 NDV

记录 24h 以后所有死亡情况，判为阳性。在接种后第 7 天，打开并检查所有剩余的鸡胚。对所有发育明显迟缓的鸡胚，判为阳性。

5.3 IBV

记录 24h 以后所有死亡情况，判为阳性。在接种后第 7 天，打开所有剩余的鸡胚，检查鸡胚 IBV 损伤的情况。出现 1 处或多处个损伤的鸡胚，判为阳性。

1）Massachusetts 型

检查鸡胚是否发出现育迟缓、蜷缩和下垂。

2）其他型

检查鸡胚是否出现发育迟缓、蜷缩和下垂。打开鸡胚，检查是否出现胆汁淤滞（肝脏呈深绿色）和肾脏尿酸盐沉积。

5.4 计算

使用 Reed-Muench 方法计算 $\log_{10} EID_{50}$。这种稀释和接种程序可以直接读取每羽份的数据。可至小数点后一位。

5.5 重检

按照 9CFR，113.8（b）部分和公司现行生产大纲第 V 部分规定的最低放行标准要求进行重检。

5.6 检验结果评价

5.6.1 9CFR，113.8（b）部分规定了产品批次符合规定/不符合规定的标准。

5.6.2　公司对每种疫苗的最低放行标准/稳定滴度要求，均列入针对特定生产代码的现行生产大纲的第Ⅴ部分。

6. 检验结果报告

滴度报告为 EID_{50}/羽份。

7. 参考文献

Title 9，Code of Federal Regulations ［M］. Washington，DC：Government Printing Office.

Reed L J，Muench H，1938. A simple method of estimating 50% endpoints ［J］. Am J Hyg，27：493-497.

8. 修订概述

第 05 版

· 更新联系人信息，但是，病毒学实验室决定保留原信息至下次文件审查之日。

第 04 版

· 更新联系人信息。

第 03 版

· 文件编号由 VIRSAM0411 变更为 SAM411。

· 更新联系人信息。

第 02 版

本修订版资料主要用于阐述兽医生物制品中心现行的实际操作方法，并提供了额外的细节信息。虽然不对检验结果产生重大影响，但是对文件进行了以下修改：

· 2.2.11（2）　青霉素由 15.775g 变为 500IU/mL，链霉素由 100g 变为 2mg/mL。

· 2.2.11（3）　删除"生理盐水"的配方。

· 3.4.3　更新表1，使表述更明确。

· 4.2　明确说明在周末可进行调整。

· 7.1　在参考文件中增加 9CFR 的参考文献。

（齐冬梅　夏业才译，张一帜校）

美国农业部兽医生物制品中心
检验方法

SAM 500　测定兽医生物制品（鸡白痢抗原、滑液支原体抗原和鸡毒支原体抗原）中方法

日　　　期：2016 年 2 月 5 日

编　　　号：SAM 500.05

替　　　代：SAM 500.04，2011 年 6 月 30 日

标准要求：9CFR 113.407～408 部分

联　系　人：Brandalyn L. Heathcote，(515) 337-7013

　　　　　　Julia A. Kinker，(515) 337-6226

审　　　批：/s/Walter G. Hyde，　　　　　日期：2016 年 3 月 11 日

　　　　　　Walter G. Hyde，化学及分析部门负责人

　　　　　　/s/Paul J. Hauer，　　　　　　日期：2016 年 3 月 15 日

　　　　　　Paul J. Hauer，兽医生物制品中心政策、评审与执照管理部门负责人

美国农业部动植物卫生监督署

P. O. Box 844

Ames，IA 50010

补充检验方法中提及的商标或专利产品不等同于该产品已获得了美国农业部的保证或担保，且它的批准也不意味着其可用于排除在外的其他可能适用的产品

由以下人员录入 CVB 质量管理体系：

/s/Linda. S. Snavely　　　　　　日期：2016 年 3 月 16 日

Linda. S. Snavely，质量管理计划助理

目　录

1. 引言

本补充检验方法（SAM）描述了分别按照美国《联邦法规》第 9 卷（9CFR）113.407 和 113.408 部分规定对下列兽医生物制品中苯酚含量进行测定的操作程序：鸡白痢抗原和禽支原体抗原；滑液支原体抗原和鸡毒支原体抗原。用标准化的溴酸溴铵溶液直接滴定，检测苯酚的浓度。

2. 材料

2.1 设备/仪器

下列任何品牌的设备或仪器均可由具有相同功能的设备或仪器所替代。

2.1.1 分析天平，感量为 0.0001g；

2.1.2 顶部负载天平，感量为 0.01g；

2.1.3 容量管，A 级，5mL；

2.1.4 带玻璃旋口塞的容量瓶，A 级，500mL 和 1L；

2.1.5 带 PTFE 旋塞阀的滴定管，精密孔径，A 级，25mL 和 50mL；

2.1.6 刻度量筒，A 级，10mL、50mL、100mL、250mL、500mL、1 000mL；

2.1.7 带玻璃盖的 Erlenmeyer 烧瓶，250mL；

2.1.8 带搅拌棒的加热/搅拌器；

2.1.9 Fast 滤纸，Whatman1 号；

2.1.10 称量盘，或等效设备；

2.1.11 计时器，30s 至 1min；

2.1.12 滴管，即移液管、巴氏移液管、滴瓶；

2.1.13 可精确吸取 100～1 000μL 的移液器和吸头；

2.1.14 搅拌器；

2.1.15 搅拌棒。

2.2 试剂/耗材

下列任何品牌的试剂或材料均可由具有相同功能的试剂或材料所替代。除另有规定外，所有化学试剂应为试剂级。

2.2.1 盐酸（HCl），CAS♯7649-01-0，含量：36.5%～38.0%。

2.2.2 水（H_2O），纯度：蒸馏的、去矿物离子的、逆渗透或同等水质。

2.2.3 甲基橙，CAS♯547-58-0，纯度：98.0%。

2.2.4 水杨酸，$H_4[Si(W_3O_{10})_4]\cdot 26H_2O$，CAS♯12027-43-9，纯度：99.0%，4℃保存。

2.2.5 硫酸（H_2SO_4），CAS♯7664-93-9，纯度：最低 95.0%，最高 98.0%。

2.2.6 三氧化二砷（As_2O_3），CAS♯1327-

53-3，纯度：99.9%。

2.2.7 氢氧化钠（NaOH），CAS♯1310-73-2，纯度：98.5%。

2.2.8 苯酚（C_6H_6O），CAS♯108-95-2，纯度≥99.0%。

可向 NIST 购买，如有需要，可稀释到适当水平。

2.2.9 碳酸氢钠（$NaHCO_3$），CAS♯144-55-8，纯度：99.9%。

2.2.10 溴酸钾（$KBrO_3$），CAS♯7758-01-2，纯度≥98.5%。

2.2.11 溴化钾（KBr），CAS♯7758-02-3，纯度≥99.0%。

3. 检验准备

3.1 人员资质/培训

操作人员必须具有一定经验或接受过对本方法的培训。包括实验室基本仪器、玻璃器皿和化学试剂安全使用的应用知识，并经过步骤 2 项所列实验室设备和试剂基本操作的专门培训。

检验员在进行检验前需使用对照样品和标准样品预先检测 2 次，且所得结果需在可接受的范围内。

3.2 设备/仪器的准备

按照生产商提供的使用说明操作所有的设备/仪器，并按照适用的标准操作方针/程序进行监控。

滴定管需在使用前用检测液润洗。

3.3 试剂的准备

除另有规定外，试剂在室温保存，自配制之日起 6 个月内是稳定的。按需要量配制试剂，以减少由于过期造成的浪费。

配制试剂所用的玻璃器皿必须符合 ASTM 要求；根据该要求中所述测量的不确定性进行测量。

以下步骤中使用首字母缩略语 QS，表示定容，与容量一样多。

3.3.1 0.25% 苯酚标准溶液：在含约 500mL 水的 1L 容量瓶中溶解（2.50±0.01）g 苯酚，用水定容至 1L。

3.3.2 对照样品：

无论是（1）中已由病理学实验室-化学分析部门（PL-CAS）测定了蛋白和苯酚值的 PDD 结核菌素产品混合物，还是（2）中由 PL-CAS 检测并作为对照样品生产的产品。

（1）将完成检测后剩余的所有样品集中在一起。记录每个样品的所有识别信息、CAS 苯酚结果和有效期限。对照样品苯酚浓度是容器中所有样品的 CAS 结果的平均值。

（2）获得一个作为对照样品使用的产品。对产品进行 3 次检测分析，苯酚含量的平均值必须在 $(0.50\pm0.04)\%$ 范围内。有效期限如产品上的说明所示。在 (4 ± 10)℃ 保存。

3.3.3　20% 盐酸（HCl）：在含有 600mL 水的 1L 容量瓶中，缓慢加入 200mL HCl，再用水定容至 1L。

3.3.4　0.1% 甲基橙溶液：在 100mL 水中溶解 (0.1 ± 0.01) g 甲基橙。如有必要，可滤过。

3.3.5　水杨酸溶液（SAS）：在含有 400mL 水的 500mL 容量瓶中溶解 (60.00 ± 0.5) g 水杨酸。再加入 50mL 硫酸，冷却后，用水定容至 500mL。

3.3.6　澄清液（CS）：在 325mL 水中加入 50mL SAS 和 125mL 20% 盐酸。每次检验现用现配。

3.3.7　用于标化三氧化二砷（As_2O_3）溶液的"酸溶液"：在 100mL 水中加入 110mL 盐酸和 2.5mL 0.1% 甲基橙溶液。

3.3.8　0.050mol/L 三氧化二砷（As_2O_3）：

> 警告：As_2O_3 有剧毒。要避免接触；必须在通风橱中佩戴手套、口罩和眼罩进行操作。在操作之前，请查阅特殊操作说明的安全使用手册。用 1L 容量瓶，在 25mL 预热的 1mol/L 氢氧化钠中溶解 (2.4730 ± 0.001) g 无水三氧化二砷。用 25mL 1mol/L 硫酸中和。冷却后，加水定容至 1L。

3.3.9　1mol/L 氢氧化钠：用 100mL 容量瓶，在 60mL 水中溶解 (4.00 ± 0.01) g 氢氧化钠；再加水定容至 100mL。

3.3.10　1mol/L 硫酸：用 100mL 容量瓶，在 60mL 水中缓慢加入 4.904mL 硫酸；再加水定容至 100mL。

3.3.11　检测液（TF）：在水中溶解 (0.30 ± 0.01) g 碳酸氢钠、(1.67 ± 0.01) g 溴酸钾和 (15.00 ± 0.01) g 溴化钾，再加水定容至 1L。关键控制点：检测液在使用前必须按照 3.3.11（1）进行标化。

1）标化

a. 标化溶液的准备：在 10mL "酸溶液" 中加入 25mL 0.050mol/L 三氧化二砷。

b. 使用之前批次的检测液（TF）滴定标化溶液。需要使用 21.3mL 检测液（TF）标化溶液。

c. 用一批 TF 标化溶液。所需滴定体积为 21.3mLTF。第一次滴定所需可能少于 21.3mL TF，在这种情况下，需要在 TF 中加水以校正 TF 的体积。如果情况是这样的话，继续按步骤 1d 项进行。如果第一次滴定为 (21.3 ± 0.1) mL TF，则进行步骤 2 项。

d. 校正 TF 体积。本步骤的计算如下，并举例说明。

A＝TF 起始体积（mL）

B＝TF 滴定体积（mL）

C＝TF 剩余体积（mL）

D＝所需滴定的体积（21.3mL）

E＝TF 的校正体积（mL）

F＝校正 TF 剩余体积达校正体积需加入水的体积（mL）

举例：假设 TF 起始体积为 1 000mL，且滴定体积为 20.5mL。

- $A-B=C$

例：$(1\,000\text{mL})-(20.5\text{mL})=979.5\text{mL}$

$(C)\times(D)/(B)=E$

例：$(979.5\text{mL})\times(21.3\text{mL})/(20.5\text{mL})=1\,017.7\text{mL}$

- $E-C=F$

例：$(1017.7\text{mL})-(979.5\text{mL})=38.2\text{mL}$

- 将计算所得水的体积（F）加入目前的 TF 中，并将滴定管中剩余的 TF 放回烧瓶中。继续进行步骤 2 项。

2）重复步骤 1C 项，直至连续 3 次试验所得平均滴定体积为 21.3mL。

3.4　样品的准备

3.4.1　收样

按照标准操作程序要求完成样品的接收。

3.4.2　准备

持照或预批准的生物制品，一般用密封的血清瓶保存，并放置在 (4 ± 10)℃，直至检验。在检测前，可以将样品和试剂放至室温。

4. 检验

4.1　鸡白痢抗原

每次检验需设对照和苯酚标准品。对照和标准品需进行两或三个重复，待检样品进行三个重复。

4.1.1　在 250mL 带玻璃塞的容量瓶中加入 5mL 样品和 50mL 20% HCl。反复振摇使溶液脱色

（最终溶液呈白色云雾状，一般需要 2～3min）。加入 50mL 水并混合。用滤纸过滤，收集 50mL 滤液。

4.1.2　另取一个 250mL 容量瓶，加入 50mL 滤液。加入搅拌棒，并把烧瓶放在搅拌器上，烧瓶上方安置滴定管。加入 1 滴 0.1％甲基橙（指示剂），搅拌数秒。观察溶液变为粉红色。可选择摇晃烧瓶替代搅拌器和搅拌棒的功能。

4.1.3　用 2mL 检测液进行滴定，搅拌或摇晃数分钟。观察溶液颜色变化，如果颜色仍为粉红色，则重复操作。如果溶液变为无色，则进行步骤 4.1.4 项操作。

4.1.4　搅拌或摇晃 30s。加入 1 滴指示剂后搅拌数秒。观察溶液颜色。如果溶液呈无色≤10s 或呈粉红色，则用 1mL TF 重新进行滴定。如果溶液呈无色≥10s，则进行步骤 4.1.5 项操作。

4.1.5　搅拌或摇晃 1min。加入 1 滴指示剂后搅拌数秒。观察溶液颜色。如果溶液呈粉红色≥10s，用 0.5mL TF 重新进行滴定。如果溶液 10s 内呈无色，记录 TF 的总体积作为滴定终点，并以此计算苯酚的百分比含量。

4.2　鸡毒支原体和滑液支原体抗原

每次检验需设对照和苯酚标准品。对照和标准品需进行 2 个或 3 个重复，待检样品进行 3 个重复。

4.2.1　在 250mL 带玻璃塞的容量瓶中加入 5mL 样品和 100mL 澄清溶液（CS）。反复振摇 2min。用滤纸过滤，收集 50mL 滤液。

4.2.2　另取一个 250mL 容量瓶，加入 50mL 滤液。加入搅拌棒，并把烧瓶放在搅拌器上，烧瓶上方安置滴定管。加入 1 滴 0.1％甲基橙（指示剂），搅拌数秒。观察溶液变为粉红色。可选择摇晃烧瓶替代搅拌器和搅拌棒的功能。

4.2.3　用 2mL 检测液进行滴定，搅拌或摇晃数分钟。观察溶液颜色变化，如果颜色仍为粉红色，则重复操作。如果溶液变为无色，则进行步骤 4.2.4 项操作。

4.2.4　搅拌或摇晃 30s。加入 1 滴指示剂后搅拌数秒。观察溶液颜色。如果溶液呈无色≤10s 或呈粉红色，则用 1mL TF 重新进行滴定。如果溶液呈无色≥10s，则进行步骤 4.2.5 项操作。

4.2.5　搅拌或摇晃 1min。加入 1 滴指示剂后

搅拌数秒。观察溶液颜色。如果溶液呈粉红色≥10s，用 0.5mL TF 重新进行滴定。如果溶液 10s 内呈无色，记录 TF 的总体积作为滴定终点，并以此计算苯酚的百分比含量。

5. 检验结果说明

5.1　鸡白痢抗原（报告 3 次检验的平均值）

苯酚含量（％）＝检测液体积×0.04

按照 9CFR113.407 部分规定，苯酚含量为（0.55±0.05）％的判为符合规定。

5.2　鸡毒支原体和滑液支原体抗原（报告 3 次检验的平均值）

苯酚含量（％）＝检测液体积×0.04

按照 9CFR113.408 部分规定，苯酚含量为（0.25±0.05）％的判为符合规定。

5.3　对照

对照品和标准品的检测结果必须在允许范围内，否则要进行重检。

6. 检验结果报告

检验结果按标准操作程序所述进行报告。

7. 参考文献

Title 9, Code of Federal Regulations, parts 113. 407～408 ［M］. Washington, DC：Government Printing Office.

8. 修订概述

第 05 版

· 更新联系人信息。

· 增加购买 NIST 的标准苯酚的选项。

· 更新对照样品信息。

第 04 版

· 更新联系人信息。

· 3.1：修订人员资质/培训。

· 7：增加 ASTM 标准 E969、E288 和 E694，作为参考品。

· 操作步骤中所有涉及的化学品，由化学式变更为化学名称。

· 将文件所有内容按照目前实际情况进行修订。

第 03 版

· 文件编号由 TCSAM0500 变更为 SAM500。

（孙招金译，张一帜校）

美国农业部兽医生物制品中心
检验方法

SAM 502　测定兽医生物制品中剩余水分的补充检验方法

日　　期：2016 年 2 月 5 日
编　　号：SAM 502.04
替　　代：SAM 502.03，2011 年 6 月 30 日
标准要求：9CFR 113.29 部分
联 系 人：Brandalyn L. Heathcote，（515）337-7013
　　　　　Julia A. Kinker，（515）337-6226
审　　批：/s/Walter G. Hyde，　　　　　日期：2016 年 3 月 8 日
　　　　　Walter G. Hyde，化学及分析部门负责人

　　　　　/s/Paul J. Hauer，　　　　　日期：2016 年 3 月 15 日
　　　　　Paul J. Hauer，兽医生物制品中心政策、评审与执照管理部门负责人

美国农业部动植物卫生监督署
P. O. Box 844
Ames，IA 50010

补充检验方法中提及的商标或专利产品不等同于该产品已获得了美国农业部的保证或担保，
且它的批准也不意味着其可用于排除在外的其他可能适用的产品

由以下人员录入 CVB 质量管理体系：
/s/Linda. S. Snavely　　　　　日期：2016 年 3 月 16 日 Linda. S. Snavely，质量管理计划助理

目　录

1. 引言

本补充检验方法（SAM）描述了按照美国《联邦法规》第9卷（9CFR）113.29部分规定检测兽医疫苗中剩余水分的操作程序。

冻干的兽医疫苗常常含有一定水分，通常称之为剩余水分（RM）。确定成品中RM的水平非常重要，因为符合规定的结果可确保制品具有足够的有效期，并同时证明生产商的冻干循环系统是可控的。RM测定可以确认水分含量是否在生产商规定的范围内。

按以下称重方法测定剩余水分：在真空加热状态下，残留的水分会从待检样品中挥发出来。根据在干燥循环过程中样品重量的减少，计算待检样品的剩余水分（%）。

2. 材料

2.1　圆柱形称量瓶

分别编号，带气密的玻璃塞。

2.2　真空干燥箱

配有校验温度计和恒温器。在进气阀上必须安装适当的空气干燥装置。

2.3　天平

感量为0.1mg（精确至±0.1mg）。

2.4　干燥器

带有五氧化二磷、硅胶或等效的物质。

3. 检验准备

3.1　人员资质/培训

操作人员必须具有一定经验或接受过对本方法的培训。包括使用实验室基本仪器和玻璃器皿的应用知识，并经过步骤2项所列实验室设备和试剂基本操作的专门培训。

3.2　环境

应在相对湿度小于45%的环境中进行所有操作。

3.3　称量瓶

3.3.1　每个样品用一个唯一的样品标识符［即提交的样品标识、实验室信息管理系统（LIMS）指定的样品编号或登记号］标记一个称量瓶。

3.3.2　完全清洁所有称量瓶。

3.3.3　把瓶盖斜盖在称量瓶口上，并在真空状态（<2.5kPa）、（60±3）℃烘干至少30min。

3.3.4　趁热立刻把称量瓶和瓶盖放入干燥器内。允许冷却至室温，盖紧瓶盖，称重并记录重量为"样品 ID_A"。

3.3.5　把称量瓶放回干燥器内。

3.4　设备

所有的设备必须按照生产商推荐的方法进行操作，并按照适用的标准操作程序进行监测。

3.5　样品的准备

在室温将样品保留在原密封容器内，直至使用。准备进行下一步之前不要破坏密封性。

4. 检验

4.1　打开样品瓶盖。用抹刀将样品捣碎，然后迅速倒入已称重的称量瓶中（不少于100mg或在下限进行精确测定所需的量；如果需要，单剂量产品可使用多瓶）。盖上瓶盖，并立即称重。记录重量为"样品 ID_B"。

4.2　把瓶盖倾斜盖在称量瓶上，放入真空干燥箱中。将真空度设为<2.5kPa，温度设为（60±3）℃。

4.3　烘干至少3h后，关闭真空泵，并放入干燥空气，直至干燥箱内的气压与大气压相等。

4.4　趁瓶热时，盖紧瓶盖并放入干燥箱内，允许冷却至室温（至少2h，或经验证重量能够稳定所用的时间）。称重并记录重量为"样品 ID_C"。

5. 检验结果说明

按以下方法计算剩余水分（%）：

剩余水分＝［（样品 ID_B－样品 ID_C）/（样品 ID_B－样品 ID_A）］×100%

式中，样品 ID_A 为瓶子的皮重；（样品 ID_B－样品 ID_A）为试验前样品的重量；（样品 ID_B－样品 ID_C）的重量等于样品的剩余水分。

6. 检验结果报告

按标准操作程序的描述报告检验结果。

7. 参考文献

Title 9, Code of Federal Regulations, part 113.29［M］. Washington, DC: Government Printing Office.

8. 修订概述

第04版

• 更新联系人信息。

第03版

• 更新联系人信息。

• 3.1：修订人员资质/培训。

• 将文件所有内容按照目前实际情况进行修订

第02版

• 文件编号由 TCSAM0502 变更为 SAM502。

• 联系人由 P. Frank Ross 变更为 Debra Owens。

（魏财文译，张一帜校）

美国农业部兽医生物制品中心
检验方法

SAM 504 人工测定兽医生物制品中蛋白含量的
补充检验方法（双缩脲法）

日　　期：2016 年 2 月 8 日

编　　号：SAM 504.06

替　　代：SAM 504.05，2011 年 6 月 30 日

联 系 人：Brandalyn L. Heathcote，(515) 337-7013

　　　　　Julia A. Kinker，(515) 337-6226

审　　批：/s/Walter G. Hyde，　　　　　日期：2016 年 3 月 8 日

　　　　　Walter G. Hyde，化学及分析部门负责人

　　　　　/s/Paul J. Hauer，　　　　　　日期：2016 年 3 月 15 日

　　　　　Paul J. Hauer，兽医生物制品中心政策、评审与执照管理部门负责人

美国农业部动植物卫生监督署

P. O. Box 844

Ames，IA 50010

补充检验方法中提及的商标或专利产品不等同于该产品已获得了美国农业部的保证或担保，
且它的批准也不意味着其可用于排除在外的其他可能适用的产品

> 由以下人员录入 CVB 质量管理体系：
>
> /s/Linda. S. Snavely　　　　日期：2016 年 3 月 16 日
> Linda. S. Snavely，质量管理计划助理

目　录

1. 引言

本补充检验方法（SAM）描述了经典的双缩脲法间接测定各种兽医生物制品（即，血清、抗血清和抗毒素）中蛋白含量的操作程序。此类产品通常用蛋白质含量进行评价。

2. 材料

2.1 设备/仪器

下列任何品牌的设备或仪器均可由具有相同功能的设备或仪器所替代。

2.1.1 分光光度计或比色计（1cm 或更长路径），带有相应配件，即比色皿。

2.1.2 实验室常用设备和玻璃器皿：移液管、带吸头的移液器、带螺帽的试管、A 级容量瓶、线性图纸。

2.1.3 计算机：具有线性回归程序（可选）。

2.2 试剂/耗材

下列任何品牌的试剂或材料均可由具有相同功能的试剂或材料所替代。

2.2.1 磷酸钾，单价碱；

2.2.2 磷酸氢二钠，无水；

2.2.3 氯化钠；

2.2.4 十二水合磷酸氢二钠；

2.2.5 五水硫酸铜；

2.2.6 酒石酸钾钠；

2.2.7 氢氧化钠；

2.2.8 碘化钾；

2.2.9 水；如去离子、脱矿物质、反渗透或与 Milli-Q 净化系统滤过等效纯度的水；

2.2.10 标准蛋白质溶液，即已知蛋白含量的结晶牛白蛋白；

2.2.11 牛血清参考品，即常规牛血清。

3. 检验准备

3.1 人员资质/培训

操作人员必须具有一定经验或接受过对本方法的培训。包括实验室基本仪器、玻璃器皿和化学试剂安全使用的应用知识，并经过步骤 2 项所列实验室设备和试剂基本操作的专门培训。

检验员在进行检验前需使用对照品和标准品预先检测 2 次，且所得结果需在可接受的范围内。

3.2 设备/仪器的准备

所有的设备/仪器必须按照生产商推荐的方法进行操作，并按照适用的标准操作程序进行监测。

打开分光光度计，让仪器"预热"至少 30min。

3.3 试剂/对照品的准备

3.3.1 磷酸盐缓冲盐水（PBS），0.01mol/L，pH7.2～7.4：在 1L 烧瓶中，将 0.34g 磷酸钾（单价碱），1.10g 无水磷酸氢二钠，8.50g 氯化钠，0.15g 十二水磷酸氢二钠溶于 400～500mL 水中。定容至 1L。将溶液转移至 1L 玻璃瓶，再进行高压灭菌。可在（4±5）℃条件下稳定保存 6 个月［可接受使用已制备好的产品，如国家动物卫生中心（NCAH）提供的培养基♯3033］。

3.3.2 双缩脲试剂：在 1L 烧瓶中将（1.50±0.01）g 无水硫酸铜溶于 400mL 水中。再加入（6.00±0.01）g 酒石酸钾钠，搅拌至完全溶解。另取一个容器，将（30.0±0.01）g 氢氧化钠溶于 300mL 水中，然后加入之前的溶液中。加入（1.00±0.01）g 碘化钾并定容至 1L。可在室温条件下稳定保存 6 个月。（可接受使用已制备好的产品，如 NCAH 提供的培养基♯10307）

关键点：当溶液中出现结晶或其他沉淀时，应更换双缩脲试剂。

3.3.3 牛血清-未灭菌：将牛血清彻底混匀，分装于 5mL 血清管中，每管 3mL。可在（-20±10）℃条件下稳定保存 1 年［可接受使用已制备好的产品，如国家动物卫生中心（NCAH）提供的培养基♯40032］。

3.3.4 标准溶液：用 PBS 稀释 10mg/mL 的牛白蛋白。用 10mg/mL 蛋白溶液作为原液曲线。按照下表进行稀释，建立工作标准曲线。

浓度（mg/mL）	原液（mL）	PBS（mL）
10	1.0	0
8	0.8	0.2
6	0.6	0.4
4	0.4	0.6
2	0.2	0.8
1	0.1	0.9

3.4 样品的准备

样品通常是血清，抗血清或抗毒素，或血清组分。有时，双缩脲法用于测定其他溶液，如抗原。取样过程按照标准操作程序进行。

4. 检验

4.1 标准曲线

按步骤 4.2 项所述方法对每个标准溶液的两个平行管进行检测（见步骤 3.3.4 项），建立标准曲线。将各点对应的平均光密度（OD）值标记在绘图纸上（浓度对应 OD 值）或将数据输入计算机用程序绘制曲线，并计算检测结果。如果任何一点 OD 值和对应曲线点差异超过 0.05，则忽略该点。如果有超过一个点出现此类不可接受的 OD 值变化，则应重新建立标准曲线。

关键控制点：所得标准曲线对于同一批的双缩脲试剂是准确的。当使用新一批试剂时，须进行对比检测或重新绘制标准曲线。

4.2　检测方法

4.2.1　用 PBS 以 1∶10 或 1∶20 比例稀释样品和牛血清，轻轻混匀，（样品稀释是根据样品的外观或对样品的已知情况。稀释样品的目的是使所测得的 OD 值能落在标准曲线范围内）。

4.2.2　吸取 1mL 稀释液（见步骤 4.2.1 项）加入试管或比色皿中，重复操作。

4.2.3　吸取 1mL PBS 加入试管或比色皿中，作为仪器的空白对照。

4.2.4　每管加入 4mL 双缩脲试剂并轻轻混匀。在室温中放置 30～45min，充分显色。

4.2.5　在 540nm 读取 OD 值，用空白对照调零。读取和记录 OD 值。

5. 检验结果说明

5.1　计算

确定样本值（或者从曲线上读取数值乘以稀释倍数或者直接将数据输入计算机程序）。将平行样品的结果求平均。如果平行样品的检测结果与平均值之间的差异不超过 5%，且牛血对照的白蛋白值落在所建立的标准曲线的 5% 范围以内，则检验结果有效。

5.2　重检

如所得稀释样品的 OD 值在标准曲线终点之外，则重新稀释样品并进行检验。

6. 检验结果报告

按照现行标准操作程序报告检验结果。

7. 修订概述

第 06 版

• 更新联系人信息。

• 水处理方法由"降氧法"变更为"反渗透"方法。

第 05 版

• 更新联系人信息。

• 将参考特定产品（如某批培养基）变为可选批号的产品。

• 将所有试剂和标准品的准备说明部分由 4.1 部分移到 3.3 部分。

• 删除快速参考品部分。

第 04 版

• 文件编号由 TCSAM0504 变更为 SAM504。

第 03 版

本修订版资料主要用于阐述兽医生物制品中心现行的实际操作方法，并提供了额外的细节信息。虽然不对检验结果产生重大影响，但对联系人姓名进行了变更。

（任培森译，张一帜校）

SAM510.04

美国农业部兽医生物制品中心
检验方法

SAM 510　人工测定兽医生物制品中甲醛含量的补充检验方法（Schiff 试验）

日　　期：2008 年 3 月 19 日

编　　号：SAM 510.04

替　　代：TCSAM 0510.03，2005 年 4 月 4 日

联 系 人：Debra L. Owens，（515）663-7512

审　　批：/s/Patricia A. Meinhardt，　　　　　　日期：2008 年 3 月 26 日

　　　　　Patricia A. Meinhardt，化学及分析部门代理负责人

　　　　　/s/Byron E. Rippke，　　　　　　　　日期：2008 年 3 月 28 日

　　　　　Paul J. Hauer，兽医生物制品中心政策、评审与执照管理部门负责人

　　　　　/s/Rebecca L. W. Hyde，　　　　　　　日期：2008 年 4 月 3 日

　　　　　Rebecca L. W. Hyde，兽医生物制品中心质量管理部门负责人

美国农业部动植物卫生监督署

P. O. Box 844

Ames，IA 50010

目　录

1. 引言

本补充检验方法（SAM）描述了检测灭活的病毒和细菌产品中游离甲醛的比色测定方法。本检测根据醛类测定的经典 Schiff 反应进行。

2. 材料

2.1 设备/仪器

以下品牌的设备或仪器仅供参考，可用具有相同功能的仪器或材料替代。

2.1.1 分光光度计或带有比色皿的比色计（Bausch 和 Lomb Spectronic 70）

2.1.2 离心力为 800~1 000r/min 的离心机

2.1.3 实验室常用仪器和玻璃制品，包括移液管、螺帽管、锥形螺帽管、试管架、A 级容量瓶、实验室专用毛巾或抹布、实验室计时器、烧杯、洗耳球（可选用移液器）、方格图纸和可调整的船形曲线。

2.2 试剂/耗材

下列任何品牌的试剂或材料均可由具有相同功能的试剂或材料所替代。除非有特殊要求，否则所有化学试剂应为试剂级。除另有规定外，均在室温条件下保存。除非有特殊要求，否则所有化学试剂和溶液的保存期均为 1 年。

2.2.1 2.5％稀盐酸（美国国家兽医局实验室［NVSL］培养基♯30036，附录Ⅰ）

2.2.2 37％甲醛（福尔马林）溶液：用 USP 法检测试剂中的甲醛含量（见步骤 7.2 项）。用水稀释 1mL 的 37％甲醛溶液至 100mL（用 100mL 的容量瓶），制备 1％标准福尔马林溶液。

2.2.3 改良 Schiff 试剂（NVSL 培养基♯30019，附录Ⅱ）。保存数周后，只要其还有强烈的二氧化硫气味，则表示该试剂仍符合规定。

2.2.4 水：去离子水或蒸馏水或等效纯度的水

2.2.5 如果是乳化样品（油和水乳化的），则需在检测前破乳。此步骤需要的化学试剂如下：

1）10％氯化钠（NVSL 培养基♯30192，附录Ⅲ）。

2）氯仿。

3. 检验准备

3.1 人员资质/培训

不需要专门的培训。操作人员应具备步骤 2 项所述实验室设备的基本操作技能。

3.2 设备/仪器的准备

打开分光光度计，让仪器"预热"至少 30min。

3.3 试剂/对照品的准备

在 100mL 的容量瓶中用水稀释 1mL 37％甲醛溶液，制备 1％福尔马林溶液。用该溶液作为对照溶液，稀释后作为标准溶液，并在 2 个水平下进行检测（如检测 0.2％和 0.4％，或者能包含样品的水平）。

3.4 样品的准备

按照标准操作程序接收样品。

关键控制点：按固定比例稀释福尔马林标准溶液和所有样品，这样对标准品和样品的处理相同。比色反应非常依赖于时间和温度。反应是在室温下进行的，因此，在操作时，可能需要根据不同实验室条件对稀释度进行相应的调整。

3.4.1 用水按照 1＋3（1＋2 至 1＋5）稀释水相样品，制备平行检测样品。

3.4.2 乳化样品需要在 2mL 样品中添加 4mL 10％NaCl 溶液和 6mL 氯仿，进行破乳。将混合物振摇 30s，然后 800~1 000r/min 离心 5min。取上清按照 4.1.3 部分检测。与乳剂样品进行了相同处理的标准品的样品，应制备单独的标准曲线。

4. 检验

4.1 样品

4.1.1 对每个样品稀释液管，加入 10mL 2.5％HCl，并进行标记（_____号样品）。

4.1.2 还是对每个样品稀释液管，加入 12mL 2.5％HCl，并进行标记（_____号样品空白对照）。

4.1.3 取 1mL 稀释的待检样品分别加入试管（见步骤 4.1.1 和 4.1.2 项）中，并混合。注意要进行稀释。

4.2 标准品

4.2.1 取 2.5％ HCl 加入试管中，并对试管进行标记（标准空白对照）。用该试管调节仪器 OD 值的零点。

4.2.2 按照下表配制含有 2.5％HCl 溶液的标准品稀释液。并根据标准品的相应浓度标记试管。

相当于福尔马林的量（%）	0.1	0.2	0.3	0.4	0.5	0.6	0.7
2.5％HCl（mL）	10.9	10.8	10.7	10.6	10.5	10.4	10.3
标准品（mL）	0.1	0.2	0.3	0.4	0.5	0.6	0.7

4.2.3 轻轻颠倒试管进行混合。

4.3 按顺序每隔 1min 在标记好的样品或标

准品管中加入 2mL Schiff 试剂。切忌将 Schiff 试剂加入任何"空白对照"管中。至此，所有试管中都应含有 13mL 液体。

4.4　混合试管中的液体，但是要保持相应的顺序（加入试剂后应立即混合）。

4.5　允许第一个样品在加入 Schiff 试剂后精确计时 30min 时显色。按顺序每隔 1min 在 570nm 波长下依次读取并记录每个试管的 OD 值。

4.6　读取并记录每个样品空白对照的 OD 值。

5. 检验结果说明

5.1　通过标准品 OD 值与所对应甲醛百分比绘制曲线。

5.2　计算

5.2.1　用样品的 OD 值减去样品空白对照的 OD 值。记录差值。

5.2.2　将样品的 OD 值与标准曲线进行比较，确定样品中福尔马林的百分比。

5.3　重检

5.3.1　如所得样品的 OD 值在标准曲线终点之外，则重新稀释样品并进行检验（与该稀释度曲线所获得结果的乘积）。

5.3.2　如果显色过深，则重新稀释样品并进行检验。（如果颜色较浅，则在较低稀释度下检测或检查试剂，可能需要更换试剂）。

5.3.3　如果对照品 OD 值超出预期值 10% 以上，则需要重新配制标准品和对照品溶液，重新稀释样品并进行检验。

6. 检验结果报告

按照现行标准操作程序报告检验结果。

7. 参考文献

U. S. Pharmacopeia/National Formulary, current issue.

8. 修订概述

第 04 版

　• 文件编号由 TCSAM0510 变更为 SAM510。

第 03 版

本修订版资料主要用于阐述兽医生物制品中心现行的实际操作方法，并提供了额外的细节信息。虽然不对检验结果产生重大影响，但对联系人姓名进行了变更。

附录

附录 I　NVSL 培养基♯30036

培养基♯30036 是通用的没有固定限制的 HCl 溶液。申请者员必须申请所需用量和配方。

就本方法来说，具体配制如下：

缓慢将 25mL 浓盐酸加入含有约 500mL 水的 1L 容量瓶中。定容制成 1L 溶液。

附录 II　NVSL 培养基♯30019

（在此处重新录入，以适应空间）

Schiff 试剂，改良的（无菌）：

将 0.05g 碱性品红溶解在 90mL 蒸馏水中。加入 1g 亚硫酸钠，混合，直至完全溶解，然后再滴加 1mL 浓盐酸，并加水定容至 1L。将配好的溶液置密闭的棕色瓶中保存。

附录 III　NVSL 培养基♯30192

培养基♯30192 是通用的没有固定限制的 NaCl 溶液。申请者员必须申请所需用量和配方。

就本方法来说，具体配制如下：

取 10g NaCl 加入含有约 50mL 水的 100mL 容量瓶中。溶解并定容制成 100mL 溶液。

（杜　艳译，张一帜校）

美国农业部兽医生物制品中心
检验方法

SAM 512　测定兽医生物制品中甲醛含量的
补充检验方法（氯化铁试验）

日　　期：2016 年 2 月 8 日

编　　号：SAM 512.05

替　　代：SAM 512.04，2011 年 6 月 30 日

标准要求：9CFR 113.110（f），113.200（f）部分

联 系 人：Brandalyn L. Heathcote，(515) 337-7013

　　　　　Julia A. Kinker，(515) 337-6226

审　　批：/s/Walter G. Hyde,　　　　　日期：2016 年 3 月 9 日

　　　　　Walter G. Hyde，化学及分析部门代理负责人

　　　　　/s/Paul J. Hauer,　　　　　日期：2016 年 3 月 15 日

　　　　　Paul J. Hauer，兽医生物制品中心政策、评审与执照管理部门负责人

美国农业部动植物卫生监督署

P. O. Box 844

Ames，IA 50010

补充检验方法中提及的商标或专利产品不等同于该产品已获得了美国农业部的保证或担保，
且它的批准也不意味着其可用于排除在外的其他可能适用的产品

由以下人员录入 CVB 质量管理体系：

/s/Linda. S. Snavely　　　　　日期：2016 年 3 月 16 日

Linda. S. Snavely，质量管理计划助理

目　录

1. 引言

本补充检验方法（SAM）描述了如何根据甲醛和甲基苯并噻唑酮腙盐酸盐（MBTH）的反应测定总甲醛含量的方法。

本方法包括：①将 MBTH 和甲醛结合形成一种化合物；②氧化过量的 MBTH 形成新的化合物；③）上述 2 种化合物结合后，产生一种蓝色的发色团，可在 628nm 下检测。

2. 材料

2.1 设备/仪器

下列任何品牌的设备或仪器均可由具有相同功能的设备或仪器所替代。

2.1.1 分光光度计及相应配件（即比色皿）。

2.1.2 实验室常用仪器和玻璃制品：移液管、带吸头的移液器、螺帽管、A 级容量瓶、线性图纸。

2.2 试剂

下列任何品牌的试剂均可由具有相同功能的试剂所替代。

2.2.1 氯化铁-氨基磺酸试剂。含 10g/L 氯化铁和 16g/L 氨基磺酸的溶液。

2.2.2 甲基苯并噻唑酮腙盐酸盐试剂（MW233.7）（CAS149022-15-1）。3-甲基苯并噻唑-2（3H）--腙盐酸盐一水合物。一种类白色或浅黄色结晶粉末。熔点：约 270℃；溶液浓度：0.5g/L。

> 警告：本溶液不稳定，应现用现配。

2.2.3 醛类检测的适用性

在 2mL 无醛甲醇中加入 1g/L 丙醛溶液（溶于无醛甲醇）60μL 和 4g/L 甲基苯并噻唑酮腙盐酸盐溶液 5mL。混匀，静置 30min。另设一个不含丙醛的上述溶液，作为空白对照。在试验溶液中加入 2g/L 氯化铁溶液 25.0mL，并用丙酮 R 稀释至 100.0mL，混合。以空白对照为修正液，用分光光度计在 660nm 处对 1cm 比色皿中的试验溶液进行检测。试验溶液的吸光度必须大于或等于 0.62 吸光度单位。

2.2.4 甲醛溶液，甲醛（CH_2O）含量为 34.5%～38.0%（w/v）。

2.2.5 十四（烷）酸异丙酯，分析纯。

2.2.6 盐酸（1mol/L），分析纯。

2.2.7 氯仿，分析纯。

2.2.8 氯化钠（9g/L 和 100g/L 的水溶液），分析纯。

2.2.9 聚山梨醇酯 20，分析纯。

3. 检验准备

3.1 人员资质/培训

操作人员必须具有一定经验或接受过对本方法的培训。包括使用实验室基本仪器和玻璃器皿的应用知识，并经过步骤 2 项所述实验室设备基本操作的培训。

3.2 标准品的准备

在适宜的容量瓶内，用水将甲醛溶液（见步骤 2.2.4 项）分别稀释成 0.25g/L、0.5g/L、1.00g/L 和 2.00g/L 的标准溶液。

3.3 油乳剂疫苗的准备

如果待检疫苗是油乳剂疫苗，则应以适当的方法破乳。应检测水相中的甲醛浓度。已证明，下述分离技术是适当的。

3.3.1 在 1.0mL 十四（烷）酸异丙酯中加入 1.00mL 疫苗并混合。向混合物中加入 1mol/L 盐酸 1.3mL，氯仿 2mL 和 9g/L 氯化钠 2.7mL。充分混匀。15 000r/min 离心 60min。取水相加入 10mL 容量瓶中，并加水稀释至 10mL。用稀释的水相进行甲醛含量测定。如果上述方法不能分离水相，则在氯化钠溶液中加入 100g/L 聚山梨醇酯-20，并重复上述步骤，但是需在 22 500r/min 离心。

3.3.2 在 1.0mL 100g/L 氯化钠溶液中加入 1.00mL 疫苗并混合。1 000r/min 离心 15min。取水相加入 10mL 容量瓶中，并加水稀释至 10mL。用稀释的水相进行甲醛含量测定。

3.3.3 在 2.0mL 100g/L 氯化钠溶液和 3mL 氯仿中加入 1.00mL 疫苗并混合。1 000r/min 离心 5min。取水相加入 10mL 容量瓶中，并加水稀释至 10mL。用稀释的水相进行甲醛含量测定。

注意：使用破乳的体积量的目的仅是用来进行说明。用于提取过程中，该用量可随其他试剂量的变化进行相应的调整。

4. 检验

4.1 取 1∶200 稀释的疫苗 0.50mL 进行检测（如果是油乳剂苗，则取 1∶20 稀释的水相 0.5mL），另取 1∶200 稀释的各种甲醛标准溶液 0.50mL，分别加入 5.0mL 甲基苯并噻唑酮腙盐酸盐试剂。封闭试管，振摇，允许放置 60min。

4.2 加入 1mL 氯化铁-氨基磺酸试剂，允许放置 15min。

4.3 以空白对照作为修正液，用分光光度计在 628nm 下测量疫苗和标准溶液的吸光度。

5. 计算和说明

利用线性回归（可接受的相关系数［R^2］须大于或等于 0.97），根据标准曲线计算总的甲醛浓度（g/L）。

6. 检验结果报告

按照现行标准操作程序报告检验结果。

7. 参考文献

Title 9，Code of Federal Regulations，parts 113.100 (f) and 113.200 (f)，U. S. Government.

8. 修订概述

第 05 版

• 更新联系人信息

第 04 版

• 更新联系人信息。

• 3.1 更新人员资质/培训。

• 7 在参考文献中增加 "甲醛残留检测"。

• 修订全文，以符合现行的操作方法。

第 03 版

• 文件编号由 TCSAM0512 变更为 SAM512。

第 02 版

本修订版资料主要用于阐述兽医生物制品中心现行的实际操作方法，并提供了额外的细节信息。虽然不对检验结果产生重大影响，但对联系人姓名进行了变更。

（杜　艳译，张一帜校）

美国农业部兽医生物制品中心
检验方法

SAM 513　测定 PPD（用牛结核分枝杆菌 AN-5 株培养物生产的纯化蛋白衍生物）牛结核菌素中蛋白质和苯酚含量的补充检验方法

日　　期：2016 年 2 月 8 日

编　　号：SAM 513. 10

替　　代：SAM 513. 09，2014 年 1 月 13 日

标准要求：9CFR 113. 409 部分

联 系 人：Brandalyn L. Heathcote，（515）337-7013

　　　　　Julia A. Kinker，（515）337-6226

审　　批：/s/Walter G. Hyde，　　　　　　日期：2016 年 3 月 9 日

　　　　　Walter G. Hyde，化学及分析部门负责人

　　　　　/s/Paul J. Hauer，　　　　　　　日期：2016 年 3 月 15 日

　　　　　Paul J. Hauer，兽医生物制品中心政策、评审与执照管理部门负责人

美国农业部动植物卫生监督署

P. O. Box 844

Ames，IA 50010

目　录

1. 引言

本补充检验方法（SAM）描述了按照《联邦法规》第 9 卷（9CFR）113.409 部分规定测定用牛结核分枝杆菌 AN-5 株培养物产生的纯化蛋白衍生物中蛋白质浓度和苯酚含量的方法。

通过凯氏定氮法测定蛋白浓度。通过标准溴化物-溴酸盐溶液直接滴定法测定苯酚含量。

2. 材料

2.1　设备

下列任何品牌的设备均可由具有相同功能的设备所替代。

2.1.1　天平，立式，感量为 0.001g；

2.1.2　消化装置（Büchi）；

2.1.3　蒸馏装置（Büchi）；

2.1.4　定量移液管，A 级，5mL、10mL 和 25mL；

2.1.5　容量瓶，A 级，带有圆桶状的玻璃塞，500mL 和 1L；

2.1.6　锥形瓶，125mL；

2.1.7　带 PTFE 旋塞阀的滴定管，A 级，10mL、25mL 和 50mL；

2.1.8　称量盘或等效配件；

2.1.9　刻度量筒，A 级，50mL、100mL、250mL、500mL 和 1L；

2.1.10　带玻璃塞的锥形瓶，250mL；

2.1.11　带有搅拌棒的加热/搅拌器；

2.1.12　滤纸，$11\mu m$ 微粒阻滞（Whatman 1 号）；

2.1.13　计时器，30s 至 2min；

2.1.14　滴管，即转移移液管、巴氏移液管、滴瓶；

2.1.15　移液器和吸头，能精确转移 100 至 1 000μL。

2.2　试剂/耗材

下列任何品牌的试剂或材料均可由具有相同功能的试剂或材料所替代。除另有规定外，所有化学试剂应为试剂级。

2.2.1　蛋白质检测

1）硫酸（H_2SO_4），CAS♯7664-93-9，纯度最小为 95.0%、最大为 98.0%。

2）凯氏催化片剂，1.5g K_2SO_4＋0.075g HgO。

3）氢氧化钠（NaOH），CAS♯1310-73-2，纯度为 98.5%。

4）硼酸（H_3BO_3），CAS♯10043-35-3，纯度

为 99.9%。

5）甲基红，CAS♯493-52-7，纯度为 98.0%。

6）盐酸（HCl），CAS♯7647-01-0，浓度为 36.5%～38.0%。

7）碳酸钠（Na_2CO_3），CAS♯497-19-8，纯度为 99.9%。

8）溴酚蓝，CAS♯115-39-9，纯度为 98.0%。

9）对照样品：无论是带有经 PL-CAS 检测确定了蛋白质和苯酚含量的 PPD 结核菌素产品的混合物，还是经 PL-CAS 检测的作为对照样品使用而生产的产品。

10）蛋白质标准参考材料，牛血清白蛋白（由国家标准与技术研究所供应，现行批号为 SRM927）。

2.2.2　苯酚检测（部分试剂与蛋白质检测相同）

1）盐酸（HCl），CAS♯7647-01-0，浓度为 36.5%～38.0%；

2）水（H_2O），纯度：蒸馏的、去矿物质的、反渗透的或等效的；

3）甲基橙，CAS♯547-58-0，纯度为 98.0%；

4）硅钨酸水合物，H_4［Si（W_3O_{10}）$_4$］·26H_2O，CAS♯12027-43-9，纯度为 99.0%。4℃保存；

5）硫酸（H_2SO_4），CAS♯7664-93-9，纯度最小为 95.0%，最大为 98.0%；

6）无水三氧化二砷（As_2O_3），CAS♯1327-53-3，纯度为 99.9%；

7）氢氧化钠（NaOH），CAS♯1310-73-2，纯度为 98.5%；

8）苯酚（C_6H_5OH），CAS♯108-95-2，纯度为≥99.0%；

可为购买的 NIST 标准品，如有需要，可自行稀释至适当水平。

9）碳酸氢钠（$NaHCO_3$），CAS♯144-55-8，纯度为 99.9%；

10）溴酸钾（$KBrO_3$），CAS♯7758-01-2，纯度为 98.5%；

11）溴化钾（KBr），CAS♯7758-02-3，纯度为 99.0%。

3. 检验准备

3.1　人员资质/培训

操作人员必须具有一定经验或接受过对本方法的培训。包括实验室基本仪器、玻璃器皿和化学试

剂安全使用的应用知识，并经过步骤 2 项所列实验室设备和试剂基本操作的专门培训。

检验员在进行检验前需使用对照品和标准品预先检测 2 次，且所得结果需在可接受的范围内。

3.2 设备/仪器的准备

所有的设备/仪器必须按照生产商推荐的方法进行操作，并按照适用的标准操作程序进行监测。

3.2.1 蛋白质检测

1）按照生产商推荐，准备消化和蒸馏装置。

2）检查蒸馏装置上储罐中水和氢氧化钠的液面位置，如有必要，需添加。

3）用标准 HCl 冲洗后，填装好滴定管。

3.2.2 苯酚检测

用检测液冲洗后，填装好滴定管。

3.3 试剂的准备

除另有规定外，试剂自配制之日起在室温保存稳定 6 个月。按需要量配制试剂，以免因过期而造成浪费。配制试剂所用的玻璃器皿必须符合 ASTM 要求；根据这些要求中的测量不确定度的概述进行测量。

文件中所涉及的"水"均是指经蒸馏的、去矿物离子的、反渗透的或等效纯度的水（见步骤 2.2.2.2 项）。

以下步骤中使用首字母缩略语 QS，表示定容，与容量一样多。

3.3.1 蛋白质检测（除另有规定外，所有试剂需至少稳定 6 个月。）

1）标准品，（1.0±0.1）mg/mL 蛋白质溶液

用水稀释蛋白质标准参考材料［见步骤 2.2.1 (10) 项］至（1.0±0.1）mg/mL 浓度范围内。配制足够的稀释液，以便提供几次 15mL 的用量。在 4℃保存。

2）对照样品

带有经 PL-CAS 检测确定了蛋白质和苯酚含量的 PPD 结核菌素产品的混合物；经 PL-CAS 检测的作为对照样品使用而生产的产品。

①对混合物完成检测后，将所有剩余样品收集在一起。记录所有识别信息，每种样品的 CAS 蛋白质结果和有效日期。对照样品蛋白质浓度就是该混合物中所有样品 CAS 结果的平均值。

②获得作为对照样品使用的产品。检测分析产品三次，所得这些试验结果的平均值必须在（1.0±0.1）mg/mL 的范围内。有效日期标注如产品所示。在（4±10）℃保存。

3）32％氢氧化钠（NaOH）溶液：

警告：NaOH 具有腐蚀性，避免接触皮肤。将（640±1）g NaOH 溶解在置于磁力搅拌器上的含有 1.4L 水的 2L 容量瓶中。溶解会产热！冷却至室温。加水定容至容量。在室温保存。

4）饱和硼酸（H_3BO_3）：使用至少 2 倍于终体积大小的容器配制。将（15.0±1）g 硼酸加入 100mL 水中。加热搅拌，直至所有硼酸完全溶解。在冷却时，部分硼酸会重结晶。室温保存。

5）0.1％溴酚蓝：在 100mL 水中溶解（0.1±0.1）g 溴酚蓝。室温保存。

6）0.5％甲基红：在 100mL 乙醇中溶解（0.5±0.1）g 甲基红，4℃保存。

7）0.01～0.02mol/L 标准 HCl 溶液：

警告：浓 HCl 具有腐蚀性，应在通风橱中操作，避免接触皮肤。需要进行配制和标化，或直接购买已标化的标准溶液。

配制：在含有约 900mL 水的 1L 容量瓶中，加入 1.72mL HCl。再加水定容。室温保存。

标化：称量约 0.010g 干燥碳酸氢钠粉末。记录重量。在 25mL 水中溶解。加入三滴 0.1％溴酚蓝（指示剂）。用制备好的 0.01～0.02mol/L 盐酸滴定至终点颜色为绿色，不是蓝绿色或黄绿色。按以下方法计算盐酸溶液的当量浓度。

进行三次试验，并将计算得到的平均值作为该盐酸溶液的当量浓度。

计算：

$$HCl(mol/L)=[(Na_2CO_3,g)×(1\ 000)]/[(HCl,mL)×(52.994)]$$

3.3.2 苯酚检测

1）0.5％苯酚标准溶液

要在通风橱中操作，避免接触皮肤。在 1L 容量瓶中将（5.0±0.01）g 苯酚加入约 500mL 水中。加水定容至 1L。

2）对照样品

可选经由 PL-CAS 检测了蛋白和苯酚值的混合 PPD 结核菌素产品；或作为对照样品使用而生产的并经由 PL-CAS 检测的产品。

①完成对混合物的检测后，收集所有剩余样品。记录每个样品的所有识别信息、CAS 苯酚结果和有效期限。对照样品苯酚浓度为该混合物中所有样品 CAS 结果的平均值。

②获得用作对照样品而生产的产品。共对产品

进行 3 次检验，3 次试验结果苯酚的平均值必须为 $(0.50\pm0.04)\%$。有效期限如产品所示。在 $(4\pm10)℃$ 保存。

3）20％盐酸（HCl）

在含有 600mL 水的 1L 容量瓶中，缓缓加入 200mL 盐酸；加水定容至 1L。

4）0.1％甲基橙

在 100mL 水中溶解 (0.1 ± 0.01) g 甲基橙。必要时进行过滤。

5）硅钨酸溶液（SAS）

在含有 400mL 水的 500mL 容量瓶中加入 (60.00 ± 0.5) g 硅钨酸。加入 50mL 硫酸。冷却，加水定容至 500mL。

6）澄清溶液（CS）

在 325mL 水中加入 50mL SAS 和 125mL 20％ 盐酸。每次试验前新鲜配制。

7）用于标化 As_2O_3 溶液的"酸溶液"

在 100mL 水中加入 110mL 盐酸和 2.5mL 0.1％甲基橙。

8）0.050mol/L 三氧化二砷（As_2O_3）

三氧化二砷是剧毒物质，应避免接触，应佩戴手套、面罩和护目镜在通风橱内操作；在继续进行下一步操作之前，应参阅对特殊操作进行指导的安全资料清单。在含有 25mL 热 1mol/L 氢氧化钠的 1L 容量瓶中溶解 (2.4730 ± 0.001) g 无水三氧化二砷。用 25mL 1mol/L 硫酸中和。冷却，加水定容至 1L。

9）1mol/L 氢氧化钠

在含有 60mL 水的 100mL 容量瓶中溶解 (4.00 ± 0.01) g 氢氧化钠；加水定容至 100mL。

10）1mol/L 硫酸

在含有 60mL 水的 100mL 容量瓶中缓慢加入 4.904mL 硫酸；加水定容至 100mL。

11）检测液（TF）

在水中溶解 (0.30 ± 0.01) g 碳酸氢钠、(1.67 ± 0.01) g 溴酸钾和 (15.00 ± 0.01) g 溴化钾，并加水定容至 1L。关键控制点：使用前，必须按照 3.3.11（1）部分所述方法对检测液进行标化。

①标化

a. 准备标准化溶液：在 10mL "酸溶液"中加入 25mL 0.050mol/L 三氧化二砷。

b. 通过使用之前批次的 TF 滴定标化溶液。需要用 21.3mL TF 滴定标化溶液。

c. 使用新批次的 TF 滴定标化溶液。所需滴定体积为 21.3mL TF。第一次滴定可能需要量会少

于 21.3mL，在这种情况下，必须通过在 IF 中加水校正 TF 的体积，随后继续按步骤 1d 项进行。如果第一次滴定为 (21.3 ± 0.1) mL TF，则继续按步骤 2 项进行。

d. 校正 TF 体积。本步骤的计算和举例说明如下。

A＝TF 起始体积（mL）

B＝TF 滴定体积（mL）

C＝TF 剩余体积（mL）

D＝要求的滴定体积（21.3mL）

E＝TF 的校正体积（mL）

F＝校正 TF 所需加入水的体积（mL）

举例：假设 TF 的起始体积为 1 000mL，且滴定体积为 20.5mL。

· A－B＝C

举例：（1 000mL）－（20.5mL）＝979.5mL

· （C）（D）／（B）＝E

举例：（979.5mL）（21.3mL）／（20.5mL）＝1017.7mL

· E－C＝F

举例：（1017.7mL）－（979.5mL）＝38.2mL

· 将计算所得水的体积（F）加上现有的 TF，并将任何残留在滴定管中的 TF 加入烧瓶中。继续进行步骤 2 项。

②重复步骤①c 项，直至三次连续试验所得平均滴定体积为 21.3mL。

3.4 样品的准备

3.4.1 收样

按照标准操作程序，出具完整的接收样品的收据。

3.4.2 准备

持照或预批准的生物制品一般装于密封的血清瓶中，并置 $(4\pm10)℃$ 保存。在检测前，将样品和检测试剂恢复至室温。

4. 检验

4.1 蛋白质

每次检验需加入对照品、蛋白质标准品和试剂空白对照，各进行 2 个重复。待检的每个样品需进行 3 个重复。

4.1.1 在消化瓶中加入 1 片凯氏催化片、5.0mL 样品和 3.0mL 硫酸。

> 警告：HgO 是有毒物质，请佩戴手套、面罩和护目镜。
> 警告：浓 H_2SO_4 具有腐蚀性，避免接触皮肤。

4.1.2　将消化瓶放置在消化瓶夹上。

4.1.3　按使产品完全被消化的方法进行，即，在 250℃ 处理 15min，在 410℃ 处理 60min，并在 500℃ 处理 15min。终产品应呈清晰的白色云雾状。

4.1.4　待消化瓶冷却，加入 6mL 水，混合（可使用涡旋混合器），再冷却。

4.1.5　将消化瓶和含有 5mL 饱和硼酸溶液和 3 滴 0.5% 甲基红的 125mL 锥形烧瓶放入蒸馏装置中。倾斜锥形烧瓶，使冷凝器顶端浸入硼酸中。

4.1.6　在消化瓶中加入足够量 32% 的氢氧化钠，使溶液呈碱性，如 25mL。如果蒸馏装置配有氢氧化钠泵，则可使用此配件完成此操作。

4.1.7　蒸馏 2min。

4.1.8　用标准盐酸滴定收集的馏出物，颜色从黄色变为深红色（pH5.0）时为滴定终点。记录滴定所需盐酸的体积。

4.2　苯酚

每次检验需设对照品和苯酚标准品，各进行 2 个重复。待检样品进行 3 个重复。

4.2.1　将 5mL 样品/标准品/对照品和 100mL 澄清液（CS）加入 250mL 带玻璃塞的烧瓶中。反复摇晃 2min。用滤纸过滤，收集 50mL 滤液。

4.2.2　取 50mL 滤液加入另一个 250mL 带玻璃塞的烧瓶中，将搅拌棒放入烧瓶并将烧瓶放在搅拌器上，烧瓶正上方安置滴定管。加入 1 滴 0.1% 甲基橙溶液（指示剂），搅拌数分钟。观察溶液颜色变为粉红色。可选择摇晃烧瓶替代搅拌器和搅拌棒的功能。

4.2.3　使用 2mL 检测液进行滴定，搅拌或摇晃数秒。观察溶液颜色变化，如果仍为粉红色，重复操作一次。如果变为无色，进行步骤 4.2.4 项操作。

4.2.4　搅拌或摇晃 30s。加入 1 滴指示剂，搅拌数秒。观察溶液颜色。如果溶液呈无色≤10s 或呈粉红色，则用 1mL TF 进行重复滴定。如果溶液呈无色≥10s，则进行步骤 4.2.5 项操作。

4.2.5　搅拌或摇晃 1min。加入 1 滴指示剂，搅拌数秒。观察溶液颜色。如果溶液呈粉红色持续时间大于等于 10s，用 0.50mL TF 进行重复滴定。如果溶液 10s 内呈无色，记录滴定终点所用 TF 的总体积，并以此计算苯酚的百分含量。

5. 检验结果说明

5.1　蛋白质含量（报告 3 个平行检验的平均值）

mg 蛋白质/mL＝（mL 样品－mL 空白对照）（mol/L HCl）（1.4007）（6.25）（10）/5.0mL

mL 样品＝样品所需的标准 HCl 体积

mL 空白对照＝空白对照所需的标准 HCl 体积

mol/L HCl＝HCl 的当量浓度

1.4007＝氮元素毫当量×100

6.25＝氮元素百分比与蛋白质百分比转换系数

10＝蛋白质百分比与 mg 蛋白质/mL 的转换系数：%P（10）＝mg P/mL

5.0mL＝样品的体积

符合规定的蛋白质含量*：（1.0±0.1）mg/mL

*除非在已批准的产品生产大纲或 9CFR113.409 部分中另有规定，否则以此值为准。

5.2　苯酚含量（报告 3 个平行检验的平均值）

苯酚的百分含量＝（检测液体积）×（0.04）

符合规定的苯酚含量*：（0.50±0.04）%

*除非在已批准的产品生产大纲或 9CFR113.409 部分中另有规定，否则以此值为准。

5.3　对照

对照品和标准品的检测结果必须在可接受的范围内，否则需重检。

6. 检验结果报告

按照标准操作程序报告检验结果。

7. 参考文献

Title 9，Code of Federal Regulations，parts 113.409 ［M］. Washington，DC：Government Printing Office.

8. 修订概述

第 10 版

·增加购买 NIST 苯酚标准品的选项。

第 09 版

·重新修订文件，增加更多细节。

·3.3.1：可购买标准的 0.01～0.02mol/L 盐酸。

·3.3.1 和 3.3.2：增加用于对照样品的产品生产的选项。

第 08 版

·重新修订本文件，以反应目前仪器、操作人员和更多细节的变化。

·5.1：变更蛋白质含量计算方法，以反映在使用 AOAC960.52 时需要考虑空白对照样品和将百分比蛋白含量转换为 mg/mL 的因素。未变更符合规定的蛋白质含量水平。

• 5.2：变更苯酚含量的计算方法，以反映9CFR113.409 部分的规定。苯酚含量（％）＝（检测液体积）×（0.04）。未变更符合规定的苯酚含量水平。

• 在程序中增加对蛋白质空白对照样品的要求，以反映 AOAC 官方方法 960.52 中的规定。

第 07 版

• 文件编号由 TCSAM513 变更为 SAM513。

第 06 版

本修订版资料主要用于阐述兽医生物制品中心现行的实际操作方法，并提供了额外的细节信息。虽然不对检验结果产生重大影响，但对联系人姓名进行了变更。

（徐宏军译，张一帜校）

SAM514.08

美国农业部兽医生物制品中心
检验方法

SAM 514　测定皮内结核菌素（用结核分枝杆菌 Pn、C 及 Dt 株培养物滤过生产）中氢离子浓度、总氮量、TCA 氮量、苯酚和透明度的补充检验方法

日　　期：2016 年 2 月 8 日

编　　号：SAM 514.08

替　　代：SAM 514.07，2011 年 6 月 30 日

标准要求：9CFR 113.406 部分

联 系 人：Brandalyn L. Heathcote，(515) 337-7013

　　　　　Julia A. Kinker，(515) 337-6226

审　　批：/s/Walter G. Hyde，　　　　日期：2016 年 3 月 9 日

　　　　　Walter G. Hyde，化学及分析部门负责人

　　　　　/s/Paul J. Hauer，　　　　日期：2016 年 3 月 15 日

　　　　　Paul J. Hauer，兽医生物制品中心政策、评审与执照管理部门负责人

美国农业部动植物卫生监督署

P. O. Box 844

Ames，IA 50010

补充检验方法中提及的商标或专利产品不等同于该产品已获得了美国农业部的保证或担保，
且它的批准也不意味着其可用于排除在外的其他可能适用的产品

目　录

1. 引言

本补充检验方法（SAM）描述了按照《联邦法规》第 9 卷（9CFR）113.406 部分规定测定皮内结核菌素（用结核分枝杆菌 Pn、C 及 Dt 株培养物滤过生产）中氢离子浓度、总氮量、TCA 氮量、苯酚和透明度的补充检验方法。

氢离子浓度通过使用前已经 pH7.0 缓冲液标化的 pH 计测定。总氮量通过凯氏定氮法对两个平行的 15mL 样品的检测而测定，每个样品由 3 瓶各 5mL 组成。可沉淀氮量通过用凯氏定氮法对两个平行的 15mL 样品检测（每个样品由 3 瓶各 5mL 组成）制成终浓度为 4% 三氯乙酸进行测定。苯酚含量通过标准溴化物-溴酸盐溶液直接滴定法测定（在测定结核菌素中苯酚含量时，最终结果要减去校正系数 0.04）。产品应澄明，且无任何其他外源颗粒。

2. 材料

2.1　设备/仪器

下列任何品牌的设备均可由具有相同功能的设备所替代。

2.1.1　pH 计（如 Orion© ROSS8103），测定能力在 pH 为 0.0～14.0；

2.1.2　一次性烧杯，5mL；

2.1.3　天平，立式，感量为 0.001g；

2.1.4　消化装置（Büchi）；

2.1.5　蒸馏装置（Büchi）；

2.1.6　定量移液管，A 级，5mL、10mL 和 25mL；

2.1.7　容量瓶，A 级，带有圆桶状的玻璃塞，500mL 和 1L；

2.1.8　锥形瓶，125mL；

2.1.9　带 PTFE 旋塞阀的玻璃滴定管，精密口径，A 级，10mL、25mL 和 50mL；

2.1.10　刻度量筒，A 级，50mL、100mL、250mL、500mL 和 1L；

2.1.11　玻璃塞锥形瓶，250mL；

2.1.12　加热/搅拌台，带搅拌棒；

2.1.13　滤纸，11μm 微粒阻滞（Whatman 1 号）；

2.1.14　计时器，30s 至 1min；

2.1.15　滴管，即转移移液管、巴氏移液管、滴瓶；

2.1.16　移液器和吸头，能精确转移 100 至 1 000μL；

2.1.17　小型聚光灯；

2.1.18　涡旋混合器。

2.2　试剂/耗材

下列任何品牌的试剂或材料均可由具有相同功能的试剂或材料所替代。除另有规定外，所有化学试剂均为试剂级。

2.2.1　总氮量和 TCA-ppt 氮量

1) 浓硫酸（H_2SO_4），CAS♯7664-93-9，纯度最小为 95.0%、最大为 98.0%。

2) 凯氏催化片剂，1.5g K_2SO_4＋0.075g HgO。

3) 氢氧化钠（NaOH），CAS♯1310-73-2，纯度为 98.5%。

4) 硼酸（H_3BO_3），CAS♯10043-35-3，纯度为 99.9%。

5) 甲基红，CAS♯493-52-7，纯度为 98.0%。

6) 盐酸（HCl），CAS♯7647-01-0，浓度为 36.5～38.0%。

7) 碳酸钠（Na_2CO_3），CAS♯497-19-8，纯度为 99.9%。

8) 溴酚蓝，CAS♯115-39-9，纯度为 98.0%。

9) 三氯乙酸（TCA），CAS♯76-03-9，浓度为 98.0%。

10) 对照样品——经由 PL-CAS 确定了蛋白质含量和苯酚值的 PPD 结核菌素产品；或经由 PL-CAS 检测的作为对照样品使用而生产的产品。

11) 蛋白质标准参考材料，牛血清白蛋白（由国家标准与技术研究所供应，现行批号为 SRM927）

2.2.2　苯酚（部分试剂与蛋白质检测相同）

1) 盐酸（HCl），CAS♯7647-01-0，浓度为 36.5～38.0%。

2) 水（H_2O），纯度为蒸馏的、去矿物质的、反渗透的或等效的。

3) 甲基橙，CAS♯547-58-0，纯度为 98.0%。

4) 硅钨酸水合物，H_4［Si（W_3O_{10}）$_4$］·26H_2O，CAS♯12027-43-9，纯度为 99.0%。4℃ 保存。

5) 硫酸（H_2SO_4），CAS♯7664-93-9，纯度最小为 95.0%、最大为 98.0%。

6) 无水三氧化二砷（As_2O_3），CAS♯1327-53-3，纯度为 99.9%。

7) 氢氧化钠（NaOH），CAS♯1310-73-2，纯度为 98.5%。

8) 苯酚（C_6H_5OH），CAS♯108-95-2，纯度

为≥99.0％。

可为购买的 NIST 标准品，如有需要，可自行稀释至适当水平。

9）碳酸氢钠（NaHCO$_3$），CAS♯144-55-8，纯度为 99.9％。

10）溴酸钾（KBrO$_3$），CAS♯7758-01-2，纯度为 98.5％。

11）溴化钾（KBr），CAS♯7758-02-3，纯度为 99.0％。

2.2.3 氢离子浓度

1）商品化的缓冲液，已确定 pH 为 7.00 和 4.00。

2）pH 电极存储溶液。

3）电极填充参考溶液。

3. 检验准备

3.1 人员资质/培训

操作人员必须具有一定经验或接受过对本方法的培训。包括实验室基本仪器、玻璃器皿和化学试剂安全使用的应用知识，并经过步骤 2 项所列实验室设备和试剂基本操作的专门培训。

检验员在进行检验前需使用对照样品和标准样品预先检测 2 次，且所得结果需在可接受的范围内。

3.2 设备/仪器的准备

所有的设备/仪器必须按照生产商推荐的方法进行操作和维护，并按照适用的标准操作程序进行监测。

3.2.1 氢离子浓度

使用一种 pH7.0 的缓冲液或 pH4.0 和 pH7.0 的两种缓冲液，按照生产商说明书使用适当的电极校准 pH 计。

3.2.2 总氮和 TCA-ppt 氮检测

1）按照生产商的推荐，准备消化装置和蒸馏装置；

2）检查蒸馏装置中水和氢氧化钠罐的液面位置，如果需要，则进行添加；

3）用标准化的 HCl 润洗滴定管，以做好准备。

3.2.3 苯酚检测

用检测液润洗滴定管，以做好准备。

3.3 试剂/对照品的准备

除另有规定外，试剂自配制之日起在室温保存稳定 6 个月。按需要量配制试剂，以免因过期而造成浪费。配制试剂所用的玻璃器皿必须符合

ASTM 要求；根据这些要求中的测量不确定度的概述进行测量。

文件中所涉及的"水"均是指经蒸馏的、去矿物离子的、反渗透的或等效纯度的水（见步骤 2.2.2.2 项）。

以下步骤中使用首字母缩略语 QS，表示定容，与容量一样多。

3.3.1 总氮和 TCA-ppt 氮检测

1）标准品，（1.0±0.1）mg/mL 蛋白质溶液（含氮 0.016％）

用水稀释蛋白质标准参考材料［步骤 2.2.1 (11) 项］至（1.0±0.1）mg/mL 浓度范围内。配制足够的稀释液，以便提供几次 10mL 的用量。在 4℃保存。

2）对照样品

无论是带有经 PL-CAS 检测确定了蛋白质和苯酚含量的 PPD 结核菌素产品的混合物，还是经 PL-CAS 检测的作为对照样品使用而生产的产品。

①对混合物完成检测后，将所有剩余样品收集在一起。记录所有识别信息，每种样品的 CAS 蛋白质结果和有效日期。对照样品蛋白质浓度就是该混合物中所有样品 CAS 结果的平均值。

②获得作为对照样品使用的产品。检测分析产品 3 次，所得这些试验结果的平均值必须在（1.0±0.1）mg/mL 的范围内。有效日期标注如产品所示。在（4±10）℃保存。

3）32％氢氧化钠（NaOH）溶液

> 警告：NaOH 具有腐蚀性，应避免接触皮肤。将（640±1）g NaOH 溶解在置于磁力搅拌器上的含有 1.4L 水的 2L 容量瓶中。溶解会产热！冷却至室温。加水定容至容量。在室温保存。

4）饱和硼酸（H$_3$BO$_3$）

使用至少 2 倍于终体积大小的容器配制。将（15.0±0.1）g 硼酸加入 100mL 水中。加热搅拌，直至所有硼酸完全溶解。在冷却时，部分硼酸会重结晶。室温保存。

5）0.1％溴酚蓝

在 100mL 水中溶解（0.1±0.1）g 溴酚蓝，室温保存。

6）0.5％甲基红

在 100mL 乙醇中溶解（0.5±0.1）g 甲基红，4℃保存。

7）4.0％三氯乙酸（TCA）

在含有 75mL 水的 100mL 容量瓶溶解（4.0±

0.1）g TCA。加水定容。在室温保存。

8）0.01～0.02mol/L 标准 HCl 溶液

> 警告：浓 HCl 具有腐蚀性，应在通风橱中操作，避免接触皮肤。

配制：在含有约 900mL 水的 1L 容量瓶中，加入 1.72mL HCl。再加水定容。室温保存。

标化：称量约 0.010g 干燥碳酸氢钠粉末。记录重量。在 25mL 水中溶解。加入 3 滴 0.1% 溴酚蓝（指示剂）。用制备好的 0.01～0.02mol/L 盐酸滴定至终点颜色为绿色，不是蓝绿色或黄绿色。按以下方法计算盐酸溶液的当量浓度。

进行 3 次试验，并将计算得到的平均值作为该盐酸溶液的当量浓度。

计算：

$$HCl(mol/L) = [(Na_2CO_3，g) \times (1\,000)] / [(HCl，mL) \times (52.994)]$$

3.3.2　苯酚检测

1）0.5% 苯酚标准溶液

在 1L 容量瓶中将（5.0±0.01）g 苯酚加入约 500mL 水中。加水定容至 1L。

2）对照样品

可选经由 PL-CAS 检测了蛋白和苯酚值的混合 PPD 结核菌素产品；或作为对照样品使用而生产的并经由 PL-CAS 检测的产品。

①完成对混合物的检测后，收集所有剩余样品。记录每个样品的所有识别信息、CAS 苯酚结果和有效期限。对照样品苯酚浓度为该混合物中所有样品 CAS 结果的平均值。

②获得用作对照样品而生产的产品。共对产品进行 3 次检验，3 次试验结果苯酚的平均值必须为（0.50±0.04）%。有效期限如产品所示，在（4±10）℃保存。

3）20% 盐酸（HCl）

在含有 600mL 水的 1L 容量瓶中，缓缓加入 200mL 盐酸；加水定容至 1L。

4）0.1% 甲基橙

在 100mL 水中溶解（0.1±0.01）g 甲基橙。必要时进行过滤。

5）硅钨酸溶液（SAS）

在含有 400mL 水的 500mL 容量瓶中加入（60.00±0.5）g 硅钨酸。加入 50mL 硫酸。冷却，加水定容至 500mL。

6）澄清溶液（CS）

在 325mL 水中加入 50mL SAS 和 125mL 20%

盐酸。每次试验前新鲜配制。

7）用于标化 As₂O₃ 溶液的"酸溶液"

在 100mL 水中加入 110mL 盐酸和 2.5mL 0.1% 甲基橙。

8）0.050mol/L 三氧化二砷（As₂O₃）

> 警告：三氧化二砷是剧毒物质，应避免接触，应佩戴手套、面罩和护目镜在通风橱内操作。在继续进行下一步操作之前，应参阅对特殊操作进行指导的安全资料清单。

在含有 25mL 热 1mol/L 氢氧化钠的 1L 容量瓶中溶解（2.4730±0.001）g 无水三氧化二砷。用 25mL 1mol/L 硫酸中和。冷却，加水定容至 1L。

9）1mol/L 氢氧化钠

在含有 60mL 水的 100mL 容量瓶中溶解（4.00±0.01）g 氢氧化钠；加水定容至 100mL。

10）1mol/L 硫酸

在含有 60mL 水的 100mL 容量瓶中缓慢加入 4.904mL 硫酸；加水定容至 100mL。

11）检测液（TF）

在水中溶解（0.30±0.01）g 碳酸氢钠、（1.67±0.01）g 溴酸钾和（15.00±0.01）g 溴化钾，并加水定容至 1L。关键控制点：使用前，必须按照 3.3.11（1）部分所述方法对检测液进行标化。

①标化

a. 准备标准化溶液：在 10mL "酸溶液"中加入 25mL 0.050mol/L 三氧化二砷。

b. 通过使用之前批次的 TF 滴定标化溶液。需要用 21.3mL TF 滴定标化溶液。

c. 使用新批次的 TF 滴定标化溶液。所需滴定体积为 21.3mL TF。第一次滴定可能需要量会少于 21.3mL，在这种情况下，必须通过在 IF 中加水校正 TF 的体积，随后继续按步骤 1d 项进行。如果第一次滴定为（21.3±0.1）mL TF，则继续按步骤 2 项进行。

d. 校正 TF 体积。本步骤的计算和举例说明如下。

A＝TF 起始体积（mL）

B＝TF 滴定体积（mL）

C＝TF 剩余体积（mL）

D＝要求的滴定体积（21.3mL）

E＝TF 的校正体积（mL）

F＝校正 TF 所需加入水的体积（mL）

举例：假设 TF 的起始体积为 1 000mL，且滴定体积为 20.5mL。

- A－B＝C

举例：（1 000mL）－（20.5mL）＝979.5mL

- （C）（D）/（B）＝E

举例：（979.5mL）（21.3mL）/（20.5mL）＝1 017.7mL

- E－C＝F

举例：（1 017.7mL）－（979.5mL）＝38.2mL

- 将计算所得水的体积（F）加上现有的 TF，并将任何残留在滴定管中的 TF 加入烧瓶中。继续进行步骤 2 项。

②重复步骤 1c 项，直至 3 次连续试验所得平均滴定体积为 21.3mL。

3.4 样品的准备

3.4.1 收样

按照标准操作程序，出具完整的接收样品的收据。

3.4.2 准备

持照或预批准的生物制品一般装于密封的血清瓶中，并置（4±10）℃保存。在检测前，将样品和检测试剂恢复至室温。

3.4.3 透明度检测

去掉结核菌素密封瓶上的标签。当瓶子的温度达到室温时，确保标签干燥，并小心将其从瓶上剥下。用酒精和无毛棉布擦净瓶子。

4. 检验

4.1 氢离子浓度

4.1.1 每种结核菌素产品准备 2 个一次性烧杯，各加入约 5.0mL 结核菌素。

4.1.2 把 pH 电极放在第一个盛有结核菌素的烧杯里冲洗，反复几次直至 pH 读数稳定。如果使用记录器，将此第一次读数记为"冲洗值"。

4.1.3 然后把电极放入第二个盛有结核菌素的烧杯里。等待直至读数稳定；记录 pH。

4.2 透明度

在光线柔和的区域内，让眼睛适应片刻。打开聚光灯，垂直放置。将去掉标签的瓶子放在光束上方，并观察是否存在外源颗粒。

4.3 总氮量

每次分析两个 15mL 的平行样品，每个样品由 3 瓶各取 5mL 组成。每次检验需加入对照品、蛋白质标准品和试剂空白对照，各进行两个重复。

4.3.1 在消化瓶中加入一片凯氏催化片、1.0mL 样品和 3.0mL 硫酸。

取一片凯氏催化片剂、1.0mL 样品和 3.0mL H_2SO_4 到消化瓶中。按相同方法处理标准品和对照品，仅使用试剂作为空白对照。

> 警告：HgO 是有毒物质，请佩戴手套、面罩和护目镜。
> 警告：浓 H_2SO_4 具有腐蚀性，避免接触皮肤。

4.3.2 将消化瓶放置在消化瓶夹上。

4.3.3 按使产品完全被消化的方法进行，即，在 250℃ 处理 15min，在 410℃ 处理 60min，并在 500℃ 处理 15min。终产品应呈清晰的白色云雾状。

4.3.4 待消化瓶冷却，加入 6mL 水［步骤 2.2.2（2）项］，混合（可使用涡旋混合器），再冷却。

4.3.5 将消化瓶和含有 5mL 饱和硼酸溶液和 3 滴 0.1％甲基红的 125mL 锥形烧瓶放入蒸馏装置中。倾斜锥形烧瓶，使冷凝器顶端浸入硼酸中。

4.3.6 在消化瓶中加入足够量 32％的氢氧化钠，使溶液呈碱性，如 25mL。如果蒸馏装置配有氢氧化钠泵，则可使用此配件完成此操作。

4.3.7 蒸馏 2min。

4.3.8 用标准盐酸滴定收集的馏出物，颜色从黄色变为深红色（pH5.0）时为滴定终点。记录滴定所需盐酸的体积。

4.4 TCA-ppt 氮量

每次分析两个 15mL 的平行样品，每个样品由 3 瓶各取 5mL 组成。每次检验需加入对照品、蛋白质标准品和试剂空白对照，各进行两个重复。

4.4.1 在 15mL 螺盖离心管中加入 5.0mL 样品和 5.0mL 4.0％TCA。按相同方法处理标准品和对照品。空白对照样品制备步骤从步骤 4.4.7 项开始。

4.4.2 用力晃动离心管 1min，然后静置 10min。

4.4.3 以可形成球团的条件进行离心，即 2 500r/min 离心 10min。弃上清液。

4.4.4 加入 3mL 水［步骤 2.2.2（2）项］，涡旋振荡离心管，直至底部沉淀完全悬浮。将混合物转移到消化瓶中。

4.4.5 重复步骤 4.4.4 项两次。每次在原消化瓶中加入 3mL 水，使消化瓶中的最终体积约为 9mL。

4.4.6 在消化瓶中加入 1 片凯氏催化片剂和

3.0mL 硫酸。

4.4.7　重复步骤 4.3.2 项，并按照步骤 4.3.8 项中的消化和滴定程序进行消化。

4.5　苯酚

每次检验需设对照品和苯酚标准品，各进行两个重复。待检样品进行 3 个重复。

4.5.1　将 5mL 样品/标准品/对照品和 100mL 澄清液（CS）加入 250mL 带玻璃塞的烧瓶中。反复摇晃 2min。用滤纸过滤，收集 50mL 滤液。

4.5.2　取 50mL 滤液加入另一个 250mL 带玻璃塞的烧瓶中，将搅拌棒放入烧瓶并将烧瓶放在搅拌器上，烧瓶正上方安置滴定管。加入 1 滴 0.1% 甲基橙溶液（指示剂），搅拌数分钟。观察溶液颜色变为粉红色。可选择摇晃烧瓶替代搅拌器和搅拌棒的功能。

4.5.3　使用 2mL 检测液进行滴定，搅拌或摇晃数秒。观察溶液颜色变化，如果仍为粉红色，重复操作一次。如果变为无色，进行步骤 4.5.4 项操作。

4.5.4　搅拌或摇晃 30s。加入 1 滴指示剂，搅拌数秒。观察溶液颜色。如果溶液呈无色≤10s 或呈粉红色，则用 1mL TF 进行重复滴定。如果溶液呈无色≥10s，则进行步骤 4.5.5 项操作。

4.5.5　搅拌或摇晃 1min。加入 1 滴指示剂，搅拌数秒。观察溶液颜色。如果溶液呈粉红色持续时间大于等于 10s，用 0.50mL TF 进行重复滴定。如果溶液 10s 内呈无色，记录滴定终点所用 TF 的总体积，并以此计算苯酚的百分含量。

5. 检验结果说明

5.1　氢离子浓度

不需要计算。

符合规定的氢离子浓度*：7.0±0.3

*除非在已批准的产品生产大纲或 9CFR113.406 部分中另有规定，否则以此值为准。

5.2　透明度

不需要计算。

符合规定的清晰度：阴性（未观察到不溶性颗粒）

5.3　总氮量（报告两个平行检验的平均值）

%总氮量＝（mL 样品－mL 空白对照）（HCl，mol/L）（1.4007）/1.0mL

mL 样品＝样品所需的标准 HCl 体积

mL 空白对照＝空白对照所需的标准 HCl 体积

HCl（mol/L）＝HCl 的当量浓度

1.4007＝氮元素毫当量×100

1.0mL＝样品的体积

符合规定的总氮含量*：（0.18±0.06）%

*除非在已批准的产品生产大纲或 9CFR113.406 部分中另有规定，否则以此值为准。

5.4　TCA-ppt 氮检测

%TCA-ppt 氮量＝（mL 样品－mL 空白对照）（HCl，mol/L）（1.4007）/5.0mL

mL 样品＝样品所需的标准 HCl 体积

mL 空白对照＝空白对照所需的标准 HCl 体积

HCl（mol/L）＝HCl 的当量浓度

1.4007＝氮元素毫当量×100

5.0mL＝样品的体积

符合规定的 TCA-ppt 氮含量*：（0.047±0.01）%

*除非在已批准的产品生产大纲或 9CFR113.406 部分中另有规定，否则以此值为准。

5.5　苯酚检测（报告三个平行检验的平均值）

测定结核菌素中苯酚含量时，最终苯酚值需减去校正因子 0.04 ［9CFR113.406（d）（4）］

苯酚含量（%）＝［（检测液体积）×（0.04）］－（0.04）

符合规定的苯酚含量*：（0.54±0.04）%

*除非在已批准的产品生产大纲或 9CFR113.409 部分中另有规定，否则以此值为准。

5.6　对照

对照品和标准品的检测结果必须在可接受的范围内，否则需重检。

6. 检验结果报告

按照标准操作程序报告检验结果。

7. 参考文献

Title 9, Code of Federal Regulations, part 113.406 ［M］. Washington, DC：Government Printing Office.

8. 修订概述

第 08 版

•更新联系人信息。

•修正苯酚对照品信息。

•增加购买 NIST 苯酚标准品的选项。

•水下"还原氧"变更为"反渗透"。

第 07 版

•重新修订本文件，以反应目前仪器、操作人员和更多细节的变化。

•5.3/5.4：变更总氮量和 TCA-ppt 氮含量计

算方法，以反映在使用 AOAC960.52 时需要考虑空白对照样品。未变更符合规定的蛋白质含量水平。

• 在程序中增加对蛋白质空白对照样品的要求，以反映 AOAC 官方方法 960.52 中的规定。

• 变更总氮量和 TCA-ppt 氮含量取样要求，从"对所有样品进行 3 次分析"变更为"每次分析两个 15mL 的平行样品，每个样品由 3 瓶各取5mL 组成"，以反映 9CFR，113.406（d）（2）（3）部分的要求。

第 06 版

• 文件编号由 TCSAM0514 变更为 SAM514。

第 05 版

本修订版资料主要用于阐述兽医生物制品中心现行的实际操作方法，并提供了额外的细节信息。虽然不对检验结果产生重大影响，但对联系人姓名进行了变更。

（凌红丽译，张一帜校）

SAM600. 02

美国农业部兽医生物制品中心
检验方法

SAM 600　流产布氏菌病活疫苗（19株）纯粹检验、
效力检验及分离鉴定的补充检验方法

日　　期：2009 年 11 月 27 日
编　　号：SAM 600. 02
替　　代：STSAM 0600. 01，2000 年 6 月 19 日
标准要求：9CFR 第 113. 65 部分
联 系 人：Sophia G. Campbell，(515) 337-7489
审　　批：/s/Geetha B. Srinivas，　　　　　日期：2009 年 12 月 14 日
　　　　　Geetha B. Srinivas，细菌学实验室负责人

　　　　　　/s/Byron E. Rippke　　　　　日期：2010 年 1 月 5 日
　　　　　　Byron E. Rippke，兽医生物制品中心政策、评审与执照管理部门负责人

　　　　　　/s/Rebecca L. W. Hyde　　　　　日期：2010 年 1 月 6 日
　　　　　　Rebecca L. W. Hyde，兽医生物制品中心质量管理部门负责人

美国农业部动植物卫生监督署
P. O. Box 844
Ames，IA 50010

目　录

1. 引言

本补充检验方法（SAM）描述了按照联邦法规第 9 卷（9CFR）113.65 部分规定对流产布氏菌病活疫苗（19 株）进行纯粹检验、分离鉴定和效力（活性）检验的程序。纯粹检验通过接种葡萄糖 Andrades 氏肉汤和硫乙醇酸盐肉汤进行检验；分离鉴定通过接种马铃薯琼脂平板进行检验；效力检验通过用 1‰蛋白胨水稀释后，再接种胰蛋白胨琼脂平板进行检验。

2. 材料

2.1 设备/仪器

下列任何品牌的设备或仪器均可由具有相同功能的设备或仪器所替代。

2.1.1　旋涡混合器；

2.1.2　菌落计数器；

2.1.3　接种涂布器；

2.1.4　大小合适的一次性注射器及针头；

2.1.5　大小合适的一次性灭菌移液管；

2.1.6　一次性小瓶；

2.1.7　移液管助吸器；

2.1.8　35~37℃培养箱；

2.1.9　Ⅱ级生物安全柜；

2.1.10　实验室工作服或灭菌的长袖手套，护目镜；

2.1.11　无菌纱布垫，（4×4）英寸；

2.1.12　试管架；

2.1.13　Sharpee™ 容器。

2.2 试剂/耗材

下列任何品牌的试剂或耗材均可由具有相同功能的试剂或耗材所替代。

2.2.1　葡萄糖 Andrades 氏肉汤（见附录Ⅰ）[国家动物卫生中心（NCAH）培养基♯10141]；

2.2.2　胰蛋白胨琼脂（见附录Ⅱ）-NCAH 培养基♯10093；

2.2.3　硫乙醇酸盐肉汤（见附录Ⅲ）-NCAH 培养基♯10135；

2.2.4　马铃薯琼脂（见附录Ⅳ）-NCAH 培养基♯10452；

2.2.5　1‰蛋白胨盐溶液（见附录Ⅴ）-NCAH 培养基♯10138；

2.2.6　结晶紫溶液（见附录Ⅵ）-NCAH 培养基♯30270；

2.2.7　流产布氏菌 19 株参考菌株培养物——国家兽医局实验室（NVSL）细菌诊断实验室

（DBL）试剂，编号♯15；

2.2.8　化学消毒剂；

2.2.9　70%酒精；

2.2.10　装在血清瓶中的无菌水。

3. 检验准备

3.1 人员资质/培训

操作人员必须具有一定经验或接受过对本方法的培训。包括实验室无菌操作技术、生物学制剂、试剂、组织培养样品和化学品的准备、操作和处理知识。检验人员必须掌握安全操作程序和相关政策，并经过步骤 2.1 项所述实验室设备操作的培训。

3.2 设备/仪器的准备

3.2.1　使用前 30min 打开层流净化罩并在使用后关闭。

3.2.2　对培养箱、冷冻箱及冷藏箱的日常温度进行监测。

3.3 样品/试剂/对照品的准备

3.3.1　在复溶到合适体积前，将样品和标准菌株恢复至室温。

3.3.2　阴性和阳性对照品：与待检样品平板和试管一起，培养未接种的胰蛋白胨和马铃薯琼脂各 1 个平板，及葡萄糖 Andrades 氏肉汤和硫乙醇酸盐肉汤各 1 管，作为阴性对照。按照与待检样品相同的方法稀释流产布氏菌参考菌株（阳性对照品）和平板。

3.3.3　将用于计数的平板保存在冰箱中。在使用前，将平板放在生物安全柜中干燥。保存超过 30d 的平板不宜使用。

4. 检验

4.1　对所有试管、小瓶和平板进行编号。

4.2　用浸泡过 70%酒精的纱布垫对小瓶顶部进行消毒。用适当大小的注射器和针头，吸取密封的灭菌稀释液重新悬浮干燥的产品。混合，直至疫苗团块完全溶解。

4.3　使用 10mL 注射器，从瓶中取出约 10mL 复溶的疫苗，分别接种至 1 管葡萄糖 Andrades 氏肉汤和 1 管硫乙醇酸盐肉汤中，每管 0.2mL。接种 0.1mL 至 1 个马铃薯琼脂平板。将剩余的疫苗用注射器转移到灭菌检测管中。

4.4　用接种环对马铃薯琼脂平板表面的 0.1mL 菌液划线，以形成单个菌落。

4.5　用旋涡混合器将无菌检验管中的疫苗混匀，用无菌移液管取 1.0mL 疫苗加入含有 99mL

1%蛋白胨水的小瓶中，上下颠倒充分混匀。

4.6 从第 1 个 1%蛋白胨稀释瓶（10^{-2}）中取 1.0mL 疫苗稀释液加入第 2 个含有 99mL 1%蛋白胨水的小瓶中（10^{-4}），上下颠倒充分混匀。

4.7 从第 2 个 1%蛋白胨稀释瓶（10^{-4}）中取 1.0mL 疫苗稀释液加入第 3 个含有 99mL 1%蛋白胨水的小瓶中（10^{-6}），上下颠倒充分混匀。

4.8 从第 3 个 1%蛋白胨稀释瓶（10^{-6}）中取 10.0mL 疫苗稀释液加入第 4 个含有 40mL 1%蛋白胨水的小瓶中（10^{-7}），上下颠倒充分混匀。

4.9 用移液管取第 4 瓶中稀释液分别加入 4 个蛋白胨琼脂平板中，每个 0.1mL。

4.10 使用无菌接种涂布器将疫苗涂布均匀。

4.11 在待检批次中取第二瓶疫苗，重复步骤 4.3 至 4.10 项。

4.12 取流产布鲁氏菌参考品或阳性对照品 1 瓶，重复步骤 4.3 至 4.10 项。

4.13 倒置所有琼脂板（胰蛋白胨和马铃薯琼脂）并连同葡萄糖 Andrades 氏肉汤和硫乙醇酸盐肉汤一起置 35～37℃培养 4d。

4.14 阴性（培养基）对照肉汤和琼脂平板与待检样品一同培养。

4.15 培养后，对马铃薯琼脂进行结晶紫染色（见附录Ⅵ）20s。用移液管吸出染色剂并弃入装有消毒液的瓶中。用菌落计数器或解剖显微镜观察平板。

4.16 培养后，用 4 个蛋白胨琼脂平板（见步骤 4.9 项）上菌落形成单位（CFU）的平均值除以 10，即每瓶中每头份含 10 亿 CFU（CFU/头份）。计算被检几瓶的平均 CFU/头份。

5. 检验结果说明

5.1 纯粹检验

5.1.1 眼观检查，与参考对照管相比较，葡萄糖 Andrades 氏肉汤无异常生长、指示剂颜色无异常改变，且硫乙醇酸盐肉汤无异常生长特性，该批次产品纯粹检验可视为符合规定（SAT）。

5.1.2 如果眼观检查发现任何管中出现异常生长，则需要从该批或该亚批疫苗中抽取 4 瓶新的疫苗进行重检。如果不进行重检，则判纯粹检验不符合规定（UNSAT）。如果发现有任何异常生长，

则应进行革兰氏染色并用显微镜进行检查。

5.2 效力检验

5.2.1 流产布鲁氏菌病活疫苗效力检验中，活菌计数平均值为 30 亿～100 亿 CFU/头份时，该批次产品效力检验可视为 SAT。

5.2.2 如果首次检验活菌计数超过 100 亿 CFU/头份，则可能需要抽取 4 瓶新的该批疫苗进行重检，如果不进行重检，则判效力检验 UNSAT。如果 4 瓶疫苗的活菌计数平均值仍高于标准范围，则每 3 周反复对该批或该亚批疫苗进行 RT，直至菌落数下降到 100 亿 CFU/头份。

5.2.3 如果首次检活菌计数低于 30 亿 CFU/头份，则需要抽取 4 瓶新的该批疫苗进行 RT。如果 RT 结果为 30 亿～100 亿 CFU/头份，则判该批疫苗 SAT。如果重检结果仍低于 30 亿 CFU/头份，则判该批疫苗 UNSAT。

5.3 分离鉴定

5.3.1 当马铃薯琼脂平板上菌落不着色且保持白色、光滑型的菌落形态时，则该批疫苗分离鉴定 SAT。

5.3.2 如果出现＞5%的粗糙型菌落，或＞15%着色为红色或紫色菌落时，则判该批疫苗 UNSAT。

6. 检验结果报告

按照标准操作程序报告检验结果。

7. 参考文献

Code of Federal Regulations，Title 9，Part 113.25 [M]. Washington，DC：Government Printing Office.

8. 修订概述

本修订版资料主要用于阐述兽医生物制品中心现行的实际操作方法，并提供了额外的细节信息。虽然不对检验结果产生重大影响，但对联系人姓名进行了变更。

- 文件编号由 STSAM0600 变更为 SAM600。
- 更新联系电话。
- 2.1：删除煤气喷灯。
- 3.1：对人员资质进行了阐述。
- 3.2.2/3.2.3 删除对内部文件的引用。
- 附录：增加培养基的其他保存条件。

附录

附录Ⅰ　NCAH 培养基♯10141

葡萄糖 Andrades 氏肉汤

牛肉浸出液（双倍浓度）	500.0mL
蒸馏水	500.0mL
细菌蛋白胨	10.0g
氯化钠	5.0g

混匀，并用 10％氢氧化钠（NaOH）调节 pH 至 7.4。在细口瓶中 121℃高压灭菌 30min。

加入经过滤的：

1％葡萄糖	10.0g
常规的 Andrades 指示剂（0.5％原液）	10.0mL

用 10％氢氧化钠（NaOH）调节 pH 至 7.4。121℃高压 12min。20～25℃保存不超过 30d。

附录Ⅱ　NCAH 培养基♯10093

胰蛋白胨琼脂

胰蛋白胨琼脂	41.0g
水	1 000.0mL

121℃高压灭菌 25min。水浴冷却至 56℃。在 2～5℃保存不超过 30d。

附录Ⅲ　NCAH 培养基♯10135

硫乙醇酸盐液体培养基

硫乙醇酸盐液体培养基	29.5g
蒸馏水	1 000.0mL

混匀加热至沸腾。121℃高压灭菌 20min。20～25℃保存不超过 30d。

附录Ⅳ　NCAH 培养基♯10452

马铃薯琼脂（粉）

马铃薯浸出琼脂	49.0g
甘油	20.0mL
蒸馏水	1 000.0mL

搅拌并高压灭菌 20min，2～5℃保存不超过 30d。

附录Ⅴ　NCAH 培养基♯10138

1％蛋白胨液＋0.5％NaCl

细菌蛋白胨	10.0g
氯化钠（NaCl）	5.0g
超纯水（QH$_2$O）	1 000.0mL

121℃高压灭菌 20min。20～25℃保存不超过 30d。

附录Ⅵ　NCAH 培养基♯30270

草酸铵结晶紫（储液）DBL

溶液 1

结晶紫	2.0g
纯乙醇	20.0mL

混合直到溶解。

溶液 2

草酸铵	0.8g
蒸馏水	80.0mL

混合直至溶解。然后将溶液 1 和 2 混合制成原液（应在琥珀色瓶中保存，20～25℃保存不超过 30d）。使用前将原液用蒸馏水按照 1∶40 稀释。

（邹兴启译，李　翠　夏应菊　刘　博校）

美国农业部兽医生物制品中心
检验方法

SAM 602　鸡白痢沙门氏菌抗原评价的补充检验方法

日　　期：2010 年 1 月 28 日

编　　号：SAM 602.02

替　　代：SAM 602.01，1986 年 4 月 11 日

标准要求：9CFR 第 113.407 部分

联 系 人：Anna C. Dash，（515）337-6838

审　　批：/s/Michel Y. Carr，　　　　　　　　日期：2010 年 2 月 3 日

　　　　　Michel Y. Carr，生物技术、免疫及诊断部代理负责人

　　　　　/s/Byron E. Rippke　　　　　　　　　日期：2010 年 2 月 8 日

　　　　　Byron E. Rippke，兽医生物制品中心政策、评审与执照管理部门负责人

　　　　　/s/Rebecca L. W. Hyde　　　　　　　　日期：2010 年 2 月 9 日

　　　　　Rebecca L. W. Hyde，兽医生物制品中心质量管理部门负责人

美国农业部动植物卫生监督署

P. O. Box 844

Ames，IA 50010

补充检验方法中提及的商标或专利产品不等同于该产品已获得了美国农业部的保证或担保，
且它的批准也不意味着其可用于排除在外的其他可能适用的产品

目　录

1. 引言

本补充检验方法（SAM）描述了如何通过以下步骤分析鸡白痢沙门氏菌抗原的方法：用分光光度法测定福尔马林的百分比浓度；用 pH 计测定氢离子浓度；用分光光度法测定细菌密度；用快速凝集试验法检测敏感性；用显微镜检查法检查同质性。根据《联邦法规》第 9 卷（9CFR）第 113.407 部分规定，这些方法适用于检测鸡白痢沙门氏菌 K 多价抗原。

2. 材料

2.1 设备/仪器

下列任何品牌的设备或仪器均可由具有相同功能的设备或仪器所替代。

2.1.1 分光光度计或色度计；

2.1.2 微量移液器；

2.1.3 吸头；

2.1.4 无菌血清学移液管；

2.1.5 pH 计；

2.1.6 量筒，100mL；

2.1.7 具有 1s 细分功能的计时器或秒表；

2.1.8 含有（3×3）cm 正方形垂直蚀刻线玻璃板的 Minnesota 测试盒；

2.1.9 用于玻片凝集试验的铝制混合器；

2.1.10 玻璃载玻片和盖玻片；

2.1.11 光学显微镜；

2.1.12 涡旋混合器；

2.1.13 比色皿；

2.1.14 15mm 和 50mL 离心管；

2.1.15 10mL 和 100mL 容量瓶；

2.1.16 离心机。

2.2 试剂/耗材

下列任何品牌的试剂或耗材均可由具有相同功能的试剂或耗材所替代。

2.2.1 10% 福尔马林溶液（Fisher SSF98-4）——必须为非中性缓冲液。

注意：根据 29CFR1910.1048，甲醛使用需注意如下事项：吸入或吞咽会中毒。对眼睛、呼吸系统和皮肤具有刺激性。吸入或皮肤接触可能引起过敏。对眼睛具有可造成严重伤害的风险。有潜在的致癌性，反复或长期接触会增加风险。

2.2.2 3-甲基-2-苯并噻唑酮腙盐酸盐水合物（MBTH）（Sigma♯129739）。

2.2.3 氯化铁/氨基磺酸溶液

氯化铁	10g
氨基磺酸	16g

用蒸馏水定容至 1 000mL，在 2～8℃保存。

2.2.4 pH 缓冲溶液。

2.2.5 1mol/L 盐酸 82.8mL 盐酸与 917.2mL 蒸馏水混合而得，在 20～25℃保存。

2.2.6 蒸馏水（H_2O）。

2.2.7 鸡白痢血清

至少需要 12 种阳性血清，应包括 3 种强阳性血清（高效价），即标准型（R）、中间型（I）和变异型（V），3 种弱阳性（低效价）血清，即 R、I 和 V，以及 3 种阴性血清，兽医生物制品中心（CVB）制备了全套 12 种阳性和阴性血清，可从 CVB 获取以用于本检验。

2.2.8 鸡白痢 K 抗原参考品，用于将待检样品与已知参考抗原结果进行比较。可从 CVB 获取。

2.2.9 1 号麦氏比浊标准管（Scientific DeVIce Laboratory 公司♯2350）

2.2.10 浸油镜

3. 检验准备

3.1 人员资质/培训

操作人员必须在检测之前接受过对所使用的仪器和设备操作进行的培训。操作人员必须熟悉试验试剂和生物材料的正确使用方法，并掌握安全操作程序和相关政策。

3.2 设备/仪器的准备

打开分光光度计，调档至"预热"至少 10min。

3.3 试剂/对照品的准备

检验前，样品、血清和试剂需恢复至室温。

3.4 样品的准备

样品为鸡白痢沙门氏菌 K 多价抗原。

4. 检验

4.1 福尔马林含量

4.1.1 用 1mol/L HCl 溶液和蒸馏水制备 0.5mol/L HCl 溶液。

4.1.2 制备 0.5g/L 浓度的 MBTH 溶液。

4.1.3 用 15mL 离心管，3 000r/min 离心 5mL 试剂（样品）30min。

4.1.4 将上清液移至一个新的 15mL 离心管中。

4.1.5 用 0.5mol/L HCL 以 1∶4 的比例稀释上清液，进行脱色。

4.1.6 在 10 毫升容量瓶中准备标准品（std）。将下列体积的 10% 福尔马林溶液分别加入到对应标记的容量瓶中。用 0.5mol/L HCL 定容。

标准品 1 120μL

标准品 2 180μL

标准品 3 240μL

标准品 4 300μL

标准品 5 360μL

4.1.7 在不同的 15mL 离心管上分别标注标准品、空白和样品。

4.1.8 在每个管中加入 0.5g/L MBTH 溶液 5.0mL。

4.1.9 在标准品管和样品管中分别加入 500μL 标准品和样品。向空白管中加入 0.5mol/L HCl 500μL。

4.1.10 各管静置 60min。

4.1.11 在每个管中加入 1.0mL 氯化铁/氨基磺酸溶液。

4.1.12 各管静置 15min。

4.1.13 在 628nm 波长下，用分光光度计测量所有管的吸光度。从每个标准品管和样品管读数中减去空白管读数。

4.1.14 记录结果。

4.2 氢离子浓度

4.2.1 根据仪器说明，用 pH4.0 和 pH7.0 标准缓冲溶液校准 pH 计。

4.2.2 将 5mL 产品加入 50mL 螺旋盖离心管中。

4.2.3 将电极插入含有产品的管中，读取产品 pH。

4.2.4 记录结果。

4.3 密度

4.3.1 所有试剂恢复至室温。准备 0.5mol/L HCL 溶液。

4.3.2 涡旋混匀样品 10s。

4.3.3 在 100mL 容量瓶中，用 0.5mol/L HCL 以 1∶50 的比例（1mL 样品＋49mL 的 HCl）稀释样品。混匀，脱色 2h。

4.3.4 在样品中加入 10mL 蒸馏水制成1∶60 稀释液。混匀。

4.3.5 在 420nm 波长下将分光光度计归零，并用蒸馏水将透光率调至 100％。

4.3.6 记录 1 号麦氏比浊标准管的透光率。

4.3.7 读取并记录 1∶60 稀释样品的透光率。

4.3.8 向容量瓶中加入 1mL 蒸馏水，混匀，并读取、记录透光率。

4.3.9 继续向容量瓶中加入蒸馏水，每次 1～5mL，直至稀释样品的透光率等于 1 号麦氏比浊标准管的透光率±3％。

4.3.10 记录结果。

4.4 敏感性

4.4.1 所有试剂恢复至室温。

4.4.2 每个鸡白痢血清和鸡白痢抗原样品涡旋混匀 10s。

4.4.3 定时 2min。

4.4.4 使用微量移液器，向 Minnesota 测试盒 2 个分开的方格中分别加入每种鸡白痢血清 20μL。

4.4.5 在血清旁边的方格内加入 1 滴样品。

4.4.6 使用铝制混合器以循环模式快速混匀血清和样品，每组样品之间需擦拭混合器。

4.4.7 开始计时。

4.4.8 孵育结束时，轻轻旋转液体以读取并记录结果。

4.5 同质性

4.5.1 准备湿片。

4.5.2 在 100× 物镜下观察。

4.5.3 记录所有观察结果。

5. 检验结果说明

5.1 福尔马林含量计算

福尔马林含量为 (1.0 ± 0.2)％判为符合规定。在标准品 2 和标准品 4 的读数之间，吸光值应下降。

5.2 氢离子浓度测定

K 抗原的 pH 必须为 4.6 ± 0.4。

5.3 密度计算

5.3.1 密度定义为将产品稀释至相当于 1 号麦氏比浊标准管透光度的蒸馏水用量的倒数。

5.3.2 密度必须为 1 号麦氏比浊标准管的 (80 ± 15) 倍。

5.4 敏感性检测

5.4.1 在 6 个阳性血清中应至少有 5 个发生凝集（管中出现明确的结块与清澈的液体）。

5.4.2 在 6 个阴性血清中不得出现任何凝集。

5.5 同质性检测

5.5.1 应不出现自凝现象。

5.5.2 应不出现外观异常，如出现片状、斑点或大量长丝状。

6. 检验结果报告

6.1 福尔马林含量

记录样品分光光度的读数和两个标准品的读数，样品读数应位于两个标准品读数之间，并得出最终检验结论。

6.2 氢离子浓度

记录待检产品的 pH 和最终检验结论。

6.3 密度

记录密度结果，以 1 号麦氏比浊标准管的倍数形式记录，并形成最终检验结论。

6.4 敏感性

记录结果为阴性的阴性血清数和结果为阳性的阳性血清数，并形成最终检验结论。

6.5 同质性

记录结果为同质或异质，以及自凝情况，并形成最终检验结论。

7. 参考文献

Code of Federal Regulations，Title 9，Part 113.407 ［M］．Washington，DC：Government Printing Office.

8. 修订概述

本修订版资料主要用于阐述兽医生物制品中心现行的实际操作方法，并提供了额外的细节信息。虽然内容变化很大，但不对检验结果产生重大影响。

（徐　嫄译，李　翠　夏应菊　刘　博校）

美国农业部兽医生物制品中心
检验方法

SAM 603　3型禽霍乱（多杀性巴氏杆菌）菌苗 效力检验的补充检验方法

日　　期：2016 年 5 月 27 日

编　　号：SAM 603.04

替　　代：SAM 603.03，2009 年 12 月 28 日

标准要求：9CFR 第 113.118 部分

联 系 人：Janet M. Wilson，（515）337-7245

审　　批：/s/Larry R. Ludemann，　　　　　日期：2016 年 6 月 6 日

　　　　　Larry R. Ludemann，细菌学实验室负责人

　　　　　/s/Paul J. Hauer　　　　　　　　日期：2016 年 6 月 20 日

　　　　　Paul J. Hauer，兽医生物制品中心政策、评审与执照管理部门负责人

美国农业部动植物卫生监督署

P. O. Box 844

Ames，IA 50010

补充检验方法中提及的商标或专利产品不等同于该产品已获得了美国农业部的保证或担保，
且它的批准也不意味着其可用于排除在外的其他可能适用的产品

由以下人员录入 CVB 质量管理体系：

/s/Linda. S. Snavely　　　　　日期：2016 年 6 月 23 日

Linda. S. Snavely，质量管理计划助理

目　录

1. 引言

本补充检验方法（SAM）描述了按照美国联邦法规第 9 卷（9CFR）113.118 部分规定对含 3 型禽多杀性巴氏杆菌的生物制品进行效力检验的程序。对火鸡进行两次免疫，间隔 21d，并在第二次免疫 14d 后攻击标准剂量的 3 型多杀性巴氏杆菌强毒菌液。检验分两个阶段，当第一阶段检验中有 7 或 8 只免疫火鸡出现死亡时，进行第二阶段检验。

2. 材料

2.1　设备/仪器

下列任何品牌的设备或仪器均可由具有相同功能的设备或仪器所替代。

2.1.1　分光光度计 20D＋（光谱仪）；

2.1.2　无菌接种环；

2.1.3　本生灯或 Bacti-Cinerator ®（如果使用非无菌接种环）；

2.1.4　培养箱，35～37℃；

2.1.5　微量移液器，20～200μL 及 200～1 000μL；

2.1.6　漩涡试管混合仪；

2.1.7　血清瓶铝帽轧盖器；

2.1.8　生物安全柜。

2.2　试剂/耗材

下列任何品牌的试剂或耗材均可由具有相同功能的试剂或耗材所替代。

2.2.1　3 型多杀性巴氏杆菌，P-1059 株。此菌株必须由美国农业部动植物卫生监督署兽医局兽医生物制品中心（CVB）提供。详情请参阅现行的试剂资料清单。

2.2.2　含有 3 型多杀性巴氏杆菌的待检菌苗。

2.2.3　注射器，Luer 锁扣式，3mL 或 5mL。

2.2.4　针头，18 号×1.5 英寸。

2.2.5　玻璃血清瓶，20 至 100mL。

2.2.6　（13×20）mm 橡胶塞和血清瓶的铝帽。

2.2.7　带盖的（13×100）mm 螺口玻璃管。

2.2.8　移液管，5mL、10mL、25mL。

2.2.9　微量加样器吸头，容量达 1 000μL。

2.2.10　牛血琼脂平板。

2.2.11　胰蛋白胨肉汤。

2.2.12　无菌棉花拭子。

2.2.13　家禽腿标（11 号大小）或动物喷漆，每个试验组用一种颜色，用于识别动物。

2.3　动物

火鸡，宽胸白色，至少 6 周龄。每批菌苗要使用 20 只火鸡进行检验。另取 10 只火鸡作为对照。所有火鸡的来源和孵化场地均必须一致。这些火鸡必须来自没有禽霍乱史的火鸡群。火鸡不应注射过任何含有多杀性巴氏杆菌的菌苗。

3. 检验准备

3.1　人员资质/培训

操作人员需具有使用常规实验室化学品、设备和玻璃器皿的工作知识，且经过无菌技术、活菌培养物操作及家禽处理方面的专业培训，并具有一定经验。

3.2　检验用火鸡的选择和处理

3.2.1　任何性别的火鸡均可使用。

3.2.2　所有火鸡均采用相同的方式饲养[*]。

3.2.3　只要空间配置能够满足兽医生物制品中心（CVB）/国家兽医局实验室（NVSL）动物护理和使用委员会的要求，允许将免疫火鸡和对照火鸡放在同一火鸡舍内饲养。

3.2.4　每只检验火鸡均要做好标识。可用绑腿编号或动物喷漆进行标识。

1）如果使用绑腿编号，则每条腿都要佩戴标号，以防止一个标号丢失。

2）如果使用动物喷漆，则至少每 3 周重新喷涂一次。

3.2.5　如果在免疫后、攻击多杀性巴氏杆菌活菌以前，任何火鸡怀疑出现因注射菌苗相关原因导致的死亡，则必须对这些火鸡进行剖检，明确死亡原因。如果死因与接种菌苗无关，则应将病理学家的报告写入试验记录中，可以不采取额外的措施。如果确是因检验菌苗导致的死亡，则必须立即将死亡情况汇报给 CVB——监察与合规部门，并要求对检验菌苗进行进一步的安全检验。

3.2.6　当检验工作结束后，通知动物管理员对检验动物实施安乐死，焚烧尸体，并对受污染的房间进行消毒。

3.3　耗材/仪器的准备

3.3.1　使用前，消毒所有的玻璃器皿。

3.3.2　仅使用无菌的耗材（移液管、注射器、针头、橡胶塞、盐水等）。

3.3.3　所有设备均必须按照生产商推荐的或适用的标准操作程序进行操作和维护。

_____

［*］译者注：英文原文无 3.2.2 项，此项为译者参照 SAM630 补充。

3.4 试剂的准备

3.4.1 多杀性巴氏杆菌，3 型（Lyon 和 Little 分类），P-1059 株攻毒培养液。参照现行的试剂资料清单保存和制备。

3.4.2 胰蛋白胨肉汤（国家兽医局实验室培养基 NCAH♯10404）

胰蛋白胨肉汤粉	26g
去离子水定容至	1L

≥121℃高压灭菌 15min。使用前冷却。在 20～25℃保存不超过 6 个月。

3.4.3 牛血琼脂：NCAH♯10006

血琼脂基础粉末	40g
去离子水定容至	950mL

≥121℃高压灭菌 20min。冷却至 45～47℃。

加入：

脱纤维牛血	50mL

倒入无菌培养皿。允许冷却至 20～25℃，在 2～7℃保存不超过 6 个月。

4. 检验

4.1 检验动物的免疫

4.1.1 检查每瓶产品的标签和/或现行生产大纲的第Ⅵ部分，以确认产品信息、推荐的田间使用剂量和接种途径。

4.1.2 用注射器吸取菌苗前，彻底翻转菌苗瓶至少 10 次，以完全混匀菌苗。使用 3mL 或 5mL 注射器，配 18 号×1.5 英寸的针头。

4.1.3 分组免疫，每个待检菌苗免疫不超过 21 只火鸡。每个菌苗均按照产品标签上的推荐剂量和接种途径进行免疫。除产品标签和/或现行生产大纲第Ⅵ部分另有规定外，在火鸡颈背下部无羽毛的松弛皮肤处进行皮下注射。

4.1.4 第一次免疫 21d 后，按照相同方式进行第二次免疫。

4.1.5 保留不超过 11 只火鸡，作为非免疫对照。

4.2 在生物安全柜中准备攻毒菌液

4.2.1 用 2mL 胰蛋白胨肉汤重悬浮 1 瓶攻毒培养物。

4.2.2 取 100μL 重悬浮的培养物接种 2 块血平板，并划线分离培养。

4.2.3 将血平板置 35～37℃ 培养箱培养 16～19h。

4.2.4 眼观检查，取平板中纯粹生长的菌落制备攻毒接种物。

4.2.5 用无菌棉拭子从血琼脂平板表面挑取几个菌落，悬浮于（13×100）mm 胰蛋白胨肉汤小管中。继续添加菌落，直至胰蛋白胨肉汤悬浮液经分光光度计 20D＋或其他等效仪器检测，在 630nm 处的透明度为 65％～69％。用 1 个（13×100）mm 小管加入无菌胰蛋白胨肉汤作为分光光度计的空白对照。

4.2.6 将标准菌液用胰蛋白胨肉汤稀释制成 10^{-6} 稀释液。此稀释液为火鸡的攻毒菌液。将攻毒菌液分装到血清瓶中，并加盖胶塞和铝帽进行密封。

4.2.7 攻毒后，再将菌液进行适宜的 10 倍系列稀释（10^{-7}），然后进行平板计数；或者另取一个小瓶，单独保留一份攻毒菌液，待攻毒后再制成计数用的稀释液（见步骤 4.4 项）。

4.2.8 将装有攻毒菌液的小瓶和其他稀释管置于冰上。在整个攻毒过程中均要保持在冰上，直至滴加平板进行攻毒后的平板计数。

4.3 攻毒的时间和接种

4.3.1 在第二次免疫 14～18d 后，取每批菌苗免疫的 20 只火鸡进行攻毒。此时对多余免疫的火鸡实施安乐死。

4.3.2 非免疫对照火鸡与免疫火鸡同时攻毒。此时对多余的对照火鸡实施安乐死。

4.3.3 每只火鸡胸部肌内注射 0.5mL 攻毒菌液（标准菌液的 10^{-6} 稀释液，见步骤 4.2.6 项），使用 3mL 或 5mL 注射器配 18 号×1.5 英寸的针头。

4.4 攻毒后在生物安全柜中进行平板计数

4.4.1 攻毒后，用胰蛋白胨肉汤作为稀释剂将攻毒菌液制成 10^{-7} 稀释液（如果尚未完成，则见步骤 4.2.7 项）。

4.4.2 所有细菌混悬液在接种平板前均必须充分混匀。每个稀释度（10^{-5}、10^{-6} 和 10^{-7}）各接种 3 块牛血琼脂平板，每个平板接种 0.1mL。应使菌液在琼脂平板表面均匀分布，并不得接触平板边缘。应在攻毒后 1h 内完成所有平板的接种。

4.4.3 将平板在 35～37℃需氧培养 18～30h。

4.4.4 取每个平板上有 30～300 个菌落的菌液稀释度平板，按照下列公式计算每羽份攻毒菌液中所含的菌数：

$$\frac{菌落总数}{平板数} \times \frac{1}{滴板稀释度} \times \frac{1}{滴板菌液体积（mL）} \times \frac{攻毒菌液稀释度}{1} \times \frac{攻毒菌液体积（mL）}{攻毒剂量} = \frac{CFU}{攻毒剂量}$$

4.5　攻毒后对火鸡的观察

4.5.1　攻毒后 14d 内每天观察火鸡状况，记录死亡和任何经动物福利和使用委员会建议实施安乐死的火鸡。

4.5.2　如果攻毒后出现了疑似非禽霍乱导致火鸡死亡的情况，对这些火鸡进行剖检，以明确死亡原因。如果死亡与免疫和/或攻毒无关，则这些死亡的火鸡数不算入因检验造成的火鸡死亡总数。

5. 检验结果说明

按照 9CFR113.118 部分规定对检验进行说明。

5.1　攻毒后 14d 内，10 只对照火鸡至少死亡 8 只，且平板计数表明攻毒菌数至少为150CFU/羽份时，检验方为有效。

检验阶段	免疫火鸡数量（只）	免疫火鸡累计数量（只）	免疫火鸡累计死亡数量（只）	
			符合规定	不符合规定
1	20	20	≤6	≥9
2	20	40	≤15	≥16

5.2　在第一阶段检验有效的前提下，当第一阶段检验免疫火鸡有 7 只或 8 只死亡时，可以进行第二阶段的检验。如果不再进行检验，则该批菌苗判为不符合规定。第二阶段检验按照与第一阶段检验相同的方式进行，并按照步骤 5.1 项中的表进行判定。

5.3　如果在攻毒后的观察期内，10 只对照火鸡死亡数少于 8 只，或者每羽份的攻毒剂量少于 150CFU，则该次检验因攻毒剂量不足而无效，检验报告为无结论。应进行无差别的重检，且该重检被认为是第一阶段的检验。

6. 检验结果报告

按照标准操作程序报告检验结果。

7. 参考文献

Title 9，Code of Federal Regulations，part 113.118［M］. Washington，DC：Government Printing Office.

8. 修订概述

第 04 版

• 更新部门主管和负责人信息。

第 03 版

• 更新联系人信息。

• 2.1.3　更新本部分，以反映目前的实际情况。

• 2.1.12/4.2.5　添加无菌棉拭子。

• 4.1.3/4.1.5　按照 9CFR113.118 部分更新了火鸡的组别数。

• 4.2.7/4.4.4/4.4.2　更新本部分，以反映新的平板计数稀释方法。

• 4.3.1/4.3.2　增加对剩余火鸡实施安乐死的说明。

• 4.5.1　更新本部分，以反映目前的实际情况。

第 02 版

本修订版资料主要用于阐述兽医生物制品中心现行的实际操作方法，并提供了额外的细节信息。虽然不对检验结果产生重大影响，但是对文件进行了以下修改：

• 2.1.8　在进行这项检验需使用的设备中增加了生物安全柜。

• 2.2.4　对进行检验所使用的针头大小进行了变更。

• 2.2.12　说明了腿标的大小。

• 3.4.2　变更高压锅的操作参数。

• 4.1.3　增加有关皮下注射部位的细节。

• 4.2.1　更新了用作复溶剂的胰蛋白胨肉汤的量。

• 修订全文中相关攻毒菌液的信息，以反映现行的试剂资料清单。

• 增加平板计数稀释的细节。

• 将全文中所有参照 CVB 内部 SOP 的描述均变更为概述信息。

• 联系人变更为 Janet Wilson。

（张　媛　赵化阳译，刘　博校）

SAM604.04

美国农业部兽医生物制品中心
检验方法

SAM 604　科赫氏旧结核菌素检验的补充检验方法

日　　期：2016 年 2 月 8 日

编　　号：SAM 604.04

替　　代：SAM 604.03，2011 年 7 月 21 日

标准要求：9CFR 第 113.406 部分

联 系 人：Janet M. Wilson，(515) 337-7245

审　　批：/s/Larry R. Ludemann,　　　　　日期：2016 年 2 月 23 日

　　　　　Larry R. Ludemann，生物技术、免疫及诊断部代理负责人

　　　　　/s/Paul J. Hauer　　　　　　　日期：2016 年 2 月 24 日

　　　　　Paul J. Hauer，兽医生物制品中心政策、评审与执照管理部门负责人

美国农业部动植物卫生监督署

P. O. Box 844

Ames，IA 50010

补充检验方法中提及的商标或专利产品不等同于该产品已获得了美国农业部的保证或担保，
且它的批准也不意味着其可用于排除在外的其他可能适用的产品

由以下人员录入 CVB 质量管理体系：

/s/Linda. S. Snavely　　　　　日期：2016 年 2 月 24 日

Linda. S. Snavely，质量管理计划助理

目　录

1. 引言

本补充检验方法（SAM）描述了按照联邦法规第 9 卷（9CFR）113.406 部分规定对每批科赫氏旧结核菌素产品进行评价的方法。

2. 材料

2.1 设备/仪器

下列任何品牌的设备或仪器均可由具有相同功能的设备或仪器所替代。

2.1.1 结核分枝杆菌结核菌素参考品，当前批次。此参考品由美国农业部（USDA），动植物卫生监督署（APHIS）兽医局（VS）兽医生物制品中心（CVB）提供。

2.1.2 结核分枝杆菌致敏剂，当前批次。该试剂由 CVB 提供。

2.1.3 0.85％盐溶液。

2.1.4 由透明塑料制成的确证有效数子的卡尺或米尺。

2.1.5 针头，20 号×1 英寸和 26 号×3/8 英寸。

2.1.6 一次性注射器，1mL 和 3mL。

2.1.7 移液管，1mL、2mL、5mL 和 25mL。

2.1.8 玻璃血清瓶，10mL 和 125mL。

2.1.9 玻璃血清瓶橡胶塞和金属盖。

2.1.10 铝帽密封扎盖器。

2.1.11 脱毛膏。

2.1.12 安装 40 号或 50 号刀片的动物用剪毛器，或等效物。

2.1.13 小动物用耳标及耳标敷贴器。

2.1.14 家畜喷色器及涂布器。

2.1.15 笼卡。

2.2 动物

白色，500～700g 未受孕雌性豚鼠。每批产品使用 10 只豚鼠。另取 10 只豚鼠作为非致敏对照。所有检验用豚鼠必须来源相同，并在相同畜舍中用同样方式饲养。

3. 检验准备

3.1 人员资质/培训

操作人员必须经过常规实验室化学品、设备和玻璃器皿使用的专门培训，并且具有实验动物安全处理方面的专业培训和经验。

3.2 检验动物的选择和处理

3.2.1 选择健康、无体表寄生虫且被毛无瑕疵的豚鼠。

3.2.2 接收豚鼠当天要对豚鼠进行检查，并且按照标准操作程序对畜舍进行检查。

3.2.3 检验结束时，如果豚鼠不用于二次动物检验或者收集血液，则通知动物管理员给予豚鼠安乐死。

3.3 试剂的准备

3.3.1 0.85％盐溶液〔国家动卫生中心（NCAH）培养基＃30201〕

氯化钠　　　　　　　　　　　　8.5g

加水至　　　　　　　　　　　　1.0L

≥121℃高压灭菌 15min。在 20～25℃保存不超过 6 个月。

3.4 耗材的准备

3.4.1 所有玻璃器皿在使用前消毒。

3.4.2 仅使用无菌的用品（注射器、针头、胶塞、金属盖等）。

3.5 检验动物的致敏

3.5.1 在使用前将致敏原恢复至室温。

3.5.2 每批结核菌素致敏 10 只豚鼠用于评价。在进行效力检验前要等待 30～120d。

3.5.3 每只豚鼠肌内注射 0.5mL 结核分枝杆菌致敏原。用 3mL 注射器，20 号×1 英寸针头分别在豚鼠每条后腿各接种 0.25mL。使用笼卡或其他等效的方法对致敏豚鼠进行标识。

3.5.4 保留 2 只豚鼠作为非致敏对照。

4. 效力检验

4.1 效力检验用豚鼠的准备

使用动物剪毛器给每一只豚鼠腹部剃毛。在修剪后的腹部涂抹脱毛膏。等待至少 3min。用热水在 10min 内洗净脱毛膏，并用软毛巾擦干腹部。确保豚鼠在注射结核菌素前休息至少 4h。

4.2 结核菌素稀释液的准备

4.2.1 对照稀释液的准备

1）涡旋混合多次。用 1mL 移液管从瓶子里吸取 0.5mL 参考结核菌素，加入含 1.5mL 盐水的 10mL 血清瓶中，制成 1∶4 稀释液。盖好瓶盖，贴签，并涡旋充分混合。

2）用 1mL 移液管吸取 1∶4 稀释的结核菌素 1mL，加入含 1.5mL 盐水的 10mL 血清瓶中，制成 1∶10 稀释液。盖好瓶盖，贴签，并涡旋充分混合。

3）对多批结核菌素进行检验时，可重复步骤 1 和步骤 2 项。

4.2.2 检验稀释液的准备

注意：用完全相同的方式稀释参考结核菌素和

检验批次。

1）在125mL血清瓶中加入99mL盐溶液。用1mL移液管加入1.0mL参考结核菌素。此为1：100稀释液。盖好瓶盖并贴签。涡旋充分混合。

2）标记2个10mL血清瓶，分别为1：200和1：400。用一支5mL移液管吸取盐溶液加入标记为1：200和1：400的血清瓶中，每瓶加5.0mL。

3）用5mL移液管吸取步骤1项中1：100稀释液5.0mL，加入标记为1：200的血清瓶中。用橡胶塞塞好瓶口。涡旋充分混合。

4）用5mL移液管吸取1：200稀释液5.0mL，加入标记为1：400的血清瓶中。用橡胶塞塞好瓶口。涡旋充分混合。

5）在塞好橡胶塞的含有稀释结核菌素的3个血清瓶上加盖铝帽密封。

6）对每批结核菌素进行检验时，可重复步骤1～5项。

4.3 检验动物的皮内注射

4.3.1 在每只致敏豚鼠腹部确定6个皮内注射部位，在与中线等距的两侧均匀分布，每侧3处（见附录中的样品工作表）。不要用墨水在腹部的注射部位进行标记。

4.3.2 每只致敏豚鼠需要接受6次注射，每一针都按照之前的记录工作表中的位置注射。将准备好的稀释液（1：100、1：200或1：400稀释的参考结核菌素稀释液；或者1：100、1：200或1：400稀释的待检结核菌素稀释液）分别注射到每一接种部位。

4.3.3 取0.05mL每种准备液在相应位置进行皮内注射。注射针头必须锋利，并建议当针头插进橡胶塞或者注射10只豚鼠后进行更换。使用配有26号×3/8英寸针头的1mL结核菌素注射器。

4.3.4 在每只非致敏（对照）豚鼠腹部确定4个注射部位，在与中线等距的两侧均匀分布，每侧2处（见附录中的样品工作表）。不要用墨水在腹部的注射部位进行标记。

4.3.5 每只空白对照豚鼠需要接受4次注射，每一针都按照之前的记录工作表中的位置注射。将准备好的稀释液（1：4或1：10稀释的参考结核菌素稀释液；或者1：4或1：10稀释的待检结核菌素稀释液）分别注射到每一接种部位。

4.3.6 取0.05mL每种准备液按照附录样品工作表中的位置进行皮内注射。使用配有26号×3/8英寸针头的1mL结核菌素注射器。

4.3.7 豚鼠用小动物耳标进行识别。或者采用Sprayola法区分这些豚鼠。可以在动物的头部、背部、臀部或脚部标记不同的颜色进行识别。

5. 检验结果说明

5.1 检验结果记录

5.1.1 注射24h后，测量试验反应。

5.1.2 测量每一注射部位的红斑和/或肿胀直径大小，精确到毫米。轻轻地触诊病变以确定肿胀的边沿，其可能会也可能不会延伸超出红斑的边缘。记录结果。

5.1.3 用最大直径乘以最小直径计算红斑和/或肿胀的面积（以 mm^2 计算）。

5.1.4 将同一个稀释度的结核菌素在10只豚鼠身上产生的反应面积相加。记录每个稀释度的反应面积之和。

5.1.5 将每个稀释度参考结核菌素反应面积之和相加，生成所有参考结核菌素反应面积的总和。同样，计算待检批次的反应面积总和，并记录结果。

5.1.6 用待检批次的反应面积总和除以参考结核菌素反应面积总和。乘以100%后表示待检批次反应面积占参考结核菌素反应面积的百分数。记录所有计算结果。

5.2 有效检验标准

5.2.1 对照组豚鼠在24h内必须无反应症状。

5.2.2 符合规定的产品，待检批次的反应面积与参考菌株反应面积相差必须在25%的范围内，即步骤5.1.6项计算的百分数必须为75%～125%。

6. 检验结果报告

按照标准操作程序报告检验结果。

7. 参考文献

Title 9，Code of Federal Regulations，part 113.406 [M]. Washington，DC：Government Printing Office.

8. 修订概述

第04版

• 更新部门主管和负责人。

• 增加豚鼠标识方法的选项。

第03版

• 更新联系人信息。

• 2.1.3 无菌盐溶液（NCAH培养基♯30201）配方不再要求pH。

• 2.1.7 在试剂/耗材所列清单中增加2mL移液管，因为其在稀释中被用到。

• 2.1.12　在试剂/耗材所列清单中增加♯50剪毛器刀片，因为其在剔除豚鼠腹毛中被用到。

• 3.3.1　删除调整 pH 的步骤，因为 0.85% 无菌盐溶液（NCAH 培养基♯30201）配方中不再要求 pH。

• 3.5.1　致敏原在使用前加热至室温，这有助于试剂的混合。

• 4.2　不再使用注射器配制稀释液，而用移液管替代。

• 文件中所有国家兽医局实验室（NVSL）均变更为国家动物卫生中心（NCAH）。

第 02 版

• 联系人由 Charles Egemo 变更为 Janet Wilson。

• 2.1.4　增加"确证有效数子的卡尺"。

• 2.1.7　增加"1mL 移液管"。

• 2.1.12　增加"配有锋利的 40 号刀片或等效物"的描述。

• 2.1　在试剂和耗材清单中增加"小动物耳标"和"笼卡"。

• 3.2　修订本节，以反映现行的操作方法。

• 3.3.1　增加"在 20～25℃ 保存不超过 6 个月"的描述。

• 4.1/4.2/4.3　修订这些节，以反映现行的操作方法。

• 5.1　修订本节，以反映现行的操作方法。

附录

附录Ⅰ　科赫氏旧结核菌素检验记录

结核菌素编号　　　　日期　　　　签名

待检批稀释液 1=1∶100　　　待检批稀释液 2=1∶200　　　待检批稀释液 3=1∶400

参考菌株稀释液 4=1∶100　　参考菌株稀释液 5=1∶200　　参考菌株稀释液 6=1∶400

豚鼠标号	位置 A 参考菌株	位置 B 待检批	位置 C 参考菌株	位置 D 待检批	位置 E 参考菌株	位置 F 待检批
	4	1	5	2	6	3
	6	3	5	2	4	1
	5	2	4	1	6	3
	5	2	6	3	4	1
	6	3	4	1	5	2
	6	3	5	2	4	1
	4	1	5	2	6	3
	4	1	6	3	5	2
	5	2	4	1	6	3
	5	2	6	3	4	1

注：位置 B 待检批反应面积总和(mm²)，位置 D 待检批反应面积总和(mm²)，位置 F 待检批反应面积总和(mm²)，待检批次所有反应面积总和(mm²)；位置 A 参考菌株反应面积总和(mm²)，位置 C 参考菌株反应面积总和(mm²)，位置 E 参考菌株反应面积总和(mm²)，参考菌株所有反应面积总和(mm²)。

反应百分数=待检批次所有反应面积总和÷参考菌株所有反应面积总和×100=＿＿＿＿％。

符合规定的产品批次=待检批所有反应面积总和必须在参考菌株所有反应面积总和的 25% 的范围内。计算的百分数必须为 75%～125%。

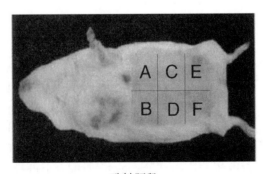

致敏豚鼠

NR=无反应　　　　　　　签名＿＿＿＿＿　　　　　　日期＿＿＿＿＿

附录Ⅱ　科赫氏旧结核菌素检验记录

结核菌素编号日期签名

待检批稀释液 1=1：4　　　测待检批稀释液 2=1：10　　　待检批稀释液 3=1：4

参考菌株稀释液 4=1：10

豚鼠标号	位置 A 参考菌株	位置 B 待检批	位置 C 参考菌株	位置 D 待检批
	3	1	4	2
	4	2	3	1

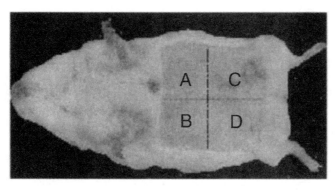

非致敏对照豚鼠

效力试验中对照豚鼠在 24h 内必须无反应

NR＝无反应　　　　　签名＿＿＿＿＿　　　　　日期＿＿＿＿＿

（杨　娟译，刘　博校）

美国农业部兽医生物制品中心
检验方法

SAM 607　1型禽霍乱（多杀性巴氏杆菌）菌苗
效力检验的补充检验方法

日　　期：2016 年 5 月 27 日

编　　号：SAM 607.04

替　　代：SAM 607.03，2009 年 12 月 28 日

标准要求：9CFR 第 113.117 部分

联 系 人：Janet M. Wilson，(515) 337-7245

审　　批：/s/Larry R. Ludemann,　　　　　　日期：2016 年 6 月 6 日

　　　　　Larry R. Ludemann，细菌学实验室负责人

　　　　　/s/Paul J. Hauer　　　　　　　　日期：2016 年 6 月 20 日

　　　　　Paul J. Hauer，兽医生物制品中心政策、评审与执照管理部门负责人

美国农业部动植物卫生监督署

P. O. Box 844

Ames，IA 50010

补充检验方法中提及的商标或专利产品不等同于该产品已获得了美国农业部的保证或担保，
且它的批准也不意味着其可用于排除在外的其他可能适用的产品

由以下人员录入 CVB 质量管理体系：

/s/Linda. S. Snavely　　　　　　日期：2016 年 6 月 23 日

Linda. S. Snavely，质量管理计划助理

目　录

1. 引言

本补充检验方法（SAM）描述了按照美国《联邦法规》第9卷（9CFR）113.117部分规定对含1型禽多杀性巴氏杆菌的生物制品进行效力检验的程序。对鸡进行二次免疫，间隔21d，并在第二次免疫14d后攻击标准剂量的1型多杀性巴氏杆菌强毒菌液。检验分两个阶段，当第一阶段检验中有7只或8只免疫火鸡出现死亡时，进行第二阶段检验。

2. 材料

2.1 设备/仪器

下列任何品牌的设备或仪器均可由具有相同功能的设备或仪器所替代。

2.1.1 分光光度计20D+（光谱仪）；

2.1.2 无菌接种环；

2.1.3 本生灯或 Bacti-Cinerator ®（如果使用非无菌接种环）；

2.1.4 培养箱，35～37℃；

2.1.5 微量移液器，20～200μL；

2.1.6 血清瓶铝帽轧盖器；

2.1.7 漩涡试管混合仪；

2.1.8 生物安全柜。

2.2 试剂/耗材

下列任何品牌的试剂或耗材均可由具有相同功能的试剂或耗材所替代。

2.2.1 1型多杀性巴氏杆菌，X-73株。此菌株必须由美国农业部动植物卫生监督署兽医局兽医生物制品中心（CVB）提供。详情请参阅现行的试剂资料清单。

2.2.2 含有1型多杀性巴氏杆菌的待检菌苗。

2.2.3 注射器，Luer锁扣式，3mL或5mL。

2.2.4 针头，18号×1.5英寸。

2.2.5 玻璃血清瓶，20至100mL。

2.2.6 （13×20）mm橡胶塞和血清瓶的铝帽。

2.2.7 带盖的（13×100）mm螺口玻璃管。

2.2.8 移液管，5mL、10mL、25mL。

2.2.9 微量加样器吸头，容量达1 000μL。

2.2.10 牛血琼脂平板。

2.2.11 胰蛋白胨肉汤。

2.2.12 无菌棉花拭子。

2.2.13 家禽腿标（9号大小）或动物喷漆，每个试验组用一种颜色，用于识别动物。

2.3 动物

鸡，来航型，至少12周龄。每批产品需要使用20只鸡作为免疫组。另取10只鸡作为对照组。所有鸡的来源和孵化场地均必须一致。这些鸡必须来自没有禽霍乱史的鸡群，并且从未注射过含有多杀性巴氏杆菌的菌苗。

3. 检验准备

3.1 人员资质/培训

操作人员需具有使用常规实验室化学品、设备和玻璃器皿的工作知识，且经过无菌技术、活菌培养物操作及家禽处理方面的专业培训，并具有一定经验。

3.2 检验用禽的选择和处理

3.2.1 任何性别的鸡均可使用。

3.2.2 所有鸡均采用相同的方式饲养。

3.2.3 只要空间配置能够满足兽医生物制品中心（CVB）/国家兽医局实验室（NVSL）动物护理和使用委员会的要求，允许将免疫鸡和对照鸡放在同一鸡舍内饲养。

3.2.4 每只检验鸡均要做好标识。可用绑腿编号或动物喷漆进行标识。

1）如果使用绑腿编号，则每条腿都要佩戴标号，以防止一个标号丢失。

2）如果使用动物喷漆，则至少每三周重新喷涂一次。

3.2.5 如果在免疫后、攻击多杀性巴氏杆菌活菌以前，任何鸡怀疑出现因注射菌苗相关原因导致的死亡，则必须对这些鸡进行剖检，明确死亡原因。如果死因与接种菌苗无关，则病理学家的报告要写入试验记录中，可以不采取额外的措施。如果确是因检验菌苗导致的死亡，则必须立即将死亡情况汇报给CVB-监察与合规部门，并要求对检验菌苗进行进一步的安全检验。

3.2.6 当检验工作结束后，通知动物管理员对检验动物实施安乐死，焚烧尸体，并对受污染的房间进行消毒。

3.3 耗材/仪器的准备

3.3.1 使用前，消毒所有的玻璃器皿。

3.3.2 仅使用无菌的耗材（移液管、注射器、针头、橡胶塞、盐水等）。

3.3.3 所有设备均必须按照生产商的推荐或适用的标准操作程序进行操作和维护。

3.4 试剂的准备

3.4.1 多杀性巴氏杆菌，1型（Lyon和Little分类），X-73株攻毒培养液。参照现行的试剂资料清单保存和制备。

3.4.2 胰蛋白胨肉汤（国家兽医局实验室培养基 NCAH♯10404）

胰蛋白胨肉汤粉	26g
去离子水定容至	1L

≥121℃高压灭菌 15min，使用前冷却，在 20～25℃保存不超过 6 个月。

3.4.3 牛血琼脂（NCAH♯10006）

血琼脂基础粉末	40g
去离子水定容至	950mL

≥121℃高压灭菌 20min，冷却至 45～47℃。

加入：

脱纤维牛血	50mL

倒入无菌培养皿。允许冷却至 20～25℃，在 2～7℃保存不超过 6 个月。

4. 检验

4.1 检验动物的免疫

4.1.1 检查每瓶产品的标签和/或现行生产大纲的第Ⅵ部分，以确认产品信息、推荐的田间使用剂量和接种途径。

4.1.2 用注射器吸取菌苗前，彻底翻转菌苗瓶至少 10 次，以完全混匀菌苗。使用 3mL 或 5mL 注射器，配 18 号×1.5 英寸的针头。

4.1.3 分组免疫，每个待检菌苗免疫不超过 21 只鸡。每个菌苗均按照产品标签上的推荐剂量和接种途径进行免疫。除产品标签和/或现行生产大纲第Ⅵ部分另有规定外，在鸡颈背下部无羽毛的松弛皮肤处进行皮下注射。

4.1.4 第一次免疫 21d 后，按照相同方式进行第二次免疫。

4.1.5 保留不超过 11 只鸡，作为非免疫对照。

4.2 在生物安全柜中准备攻毒菌液

4.2.1 用 1mL 胰蛋白胨肉汤溶解攻毒菌株。

4.2.2 取 100μL 重悬浮的培养物接种 2 块血平板，并划线分离培养。

4.2.3 将血平板置 35～37℃ 培养箱培养 16～19h。

4.2.4 眼观检查，取纯粹生长的平板中的菌落制备攻毒接种物。

4.2.5 用无菌棉拭子从血琼脂平板表面挑取几个菌落，悬浮于（13×100）mm 小管胰蛋白胨肉汤中。继续添加菌落，直至胰蛋白胨肉汤悬浮液经分光光度计 20D＋或其他等效仪器检测，在

630nm 处的透明度为 71％～75％。用 1 个（13×100）mm 小管加入无菌胰蛋白胨肉汤作为分光光度计的空白对照。

4.2.6 将标准菌液用胰蛋白胨肉汤稀释制成 10^{-5} 稀释液。此稀释液为鸡的攻毒菌液。将攻毒菌液分装到血清瓶中，并加盖胶塞和铝帽进行密封。

4.2.7 攻毒后，将菌液分别稀释成 10^{-6}、10^{-7}、10^{-8}，再进行平板计数；或者另取一个小瓶，单独保留一份攻毒菌液，待攻毒后再制成计数用的稀释液（见步骤 4.4 项）。

4.2.8 将装有攻毒菌液的小瓶和其他稀释管置于冰上。在整个攻毒过程中均要保持在冰上，直至滴加平板进行攻毒后的平板计数。

4.3 攻毒的时间和接种

4.3.1 在第二次免疫 14～18d 后，取每批菌苗免疫的 20 只鸡进行攻毒。此时对多余免疫的鸡实施安乐死。

4.3.2 非免疫对照鸡与免疫鸡同时攻毒。此时对多余的对照鸡实施安乐死。

4.3.3 每只鸡胸部肌内注射 0.5mL 攻毒菌液（标准菌液的 10^{-5} 稀释液，见步骤 4.2.6 项），使用 3mL 或 5mL 注射器配 18 号×1.5 英寸的针头。

4.4 攻毒后在生物安全柜中进行平板计数

4.4.1 攻毒后，用胰蛋白胨肉汤作为稀释剂将攻毒菌液制成 10^{-6}、10^{-7}、10^{-8} 稀释液。

4.4.2 所有细菌混悬液在接种平板前均必须充分混匀。每个稀释度各接种 3 块牛血琼脂平板，每个平板接种 0.1mL。应使菌液在琼脂平板表面均匀分布，并不得接触平板边缘。应在攻毒后 1h 内完成所有平板的接种。

4.4.3 将平板在 35～37℃ 需氧培养 18～30h。

4.4.4 取每个平板上有 30～300 个菌落的菌液稀释度平板，按照下列公式计算每羽份攻毒菌液中所含的菌数：

$$\frac{菌落总数}{平板数} \times \frac{1}{稀释度} \times \frac{1}{滴平板菌液体积（mL）} \times \frac{攻毒稀释度}{1} \times \frac{攻毒菌液体积（mL）}{头份} = \frac{CFU}{头份}$$

4.5 攻毒后对鸡的观察

4.5.1 攻毒后 14d 内每天观察鸡状况，记录死亡和任何经动物福利和使用委员会建议实施安乐死的鸡。

4.5.2 如果攻毒后出现了疑似非禽霍乱导致鸡死亡的情况，对这些鸡进行剖检，以明确死亡原

因。如果死亡与免疫和/或攻毒无关，则这些死亡的鸡数不算入因检验造成的鸡死亡总数。

5. 检验结果说明

按照 9CFR113.118 部分规定对检验进行说明。

5.1 攻毒后 14d 内，10 只对照火鸡至少死亡 8 只，且平板计数表明攻毒菌数至少为 250CFU/羽份，检验方为有效。

检验阶段	免疫鸡数量（只）	免疫鸡累计数量（只）	免疫鸡累计死亡数量（只）	
			符合规定	不符合规定
1	20	20	≤6	1
2	20	40	≤15	2

5.2 在第一阶段检验有效的前提下，当第一阶段检验免疫鸡有 7 只或 8 只死亡时，可以进行第二阶段的检验。如果不再进行检验，则该批菌苗判为不符合规定。第二阶段检验按照与第一阶段检验相同的方式进行，并按照步骤 5.1 项中的表进行判定。

5.3 如果在攻毒后的观察期内，10 只对照鸡死亡数少于 8 只，或者每羽份的攻毒剂量少于 250CFU，则该次检验因攻毒剂量不足而无效，检验报告为无结论。应进行无差别的重检，且该重检被认为是第一阶段的检验。

6. 检验结果报告

按照标准操作程序报告检验结果。

7. 参考文献

Title 9, Code of Federal Regulations, part 113.117 ［M］. Washington, DC：Government Printing Office.

8. 修订概述

第 04 版

• 更新部门主管和负责人信息。

第 03 版

• 更新联系人信息。

• 2.1.3 更新本部分，以反映目前的实际情况。

• 2.1.12/4.2.5 添加无菌棉拭子。

• 4.1.3/4.1.5 按照 9CFR113.118 部分更新了鸡的组别数。

• 4.2.2 增加体积说明，以明确内容。

• 4.3.1/4.3.2 增加对剩余火鸡实施安乐死的说明。

• 4.5.1 更新本部分，以反映目前的实际情况。

第 02 版

本修订版资料主要用于阐述 CVB 现行的实际操作方法，并提供了额外的细节信息。虽然不对检验结果产生重大影响，但是对文件进行了以下修改：

• 2.1.1 更新分光光度计参数。

• 2.1.2/2.1.3 更新接种环的相关资料。

• 2.1.8 进行这项检验需使用的设备中增加了生物安全柜。

• 2.2.4 修订进行检验所用针头的大小。

• 2.2.12 说明了腿标的大小。

• 3.4.2 变更高压锅的操作参数。

• 4.1.1 增加生产大纲第Ⅵ部分，作为免疫动物使用有关产品信息的其他来源。

• 4.2.5 更新目前使用的分光光度计的％T 的范围。

• 4.3.1 此部分变更为按照 9CFR 规定参数进行检验。

• 增加平板计数稀释的细节。

• 全文所有攻毒菌液的相关信息均变更为参照现行试剂资料清单执行。

• 全文所有参照兽医生物中心内部标准操作规程的，均用概述信息替代。

• 增加规定皮下注射部位的内容。

• 联系人变更为 Janet Wilson。

（张 媛 赵 卓译，刘 博校）

SAM608.05

美国农业部兽医生物制品中心
检验方法

SAM 608　问号钩端螺旋体波摩那血清群菌苗
效力检验的补充检验方法

日　　期：2016 年 3 月 9 日

编　　号：SAM 608.05

替　　代：SAM 608.04，2011 年 7 月 1 日

标准要求：9CFR 第 113.101 部分

联 系 人：Angela M. Walker，(515) 337-7020

审　　批：/s/Larry R. Ludemann，　　　　　日期：2016 年 3 月 16 日

　　　　　Larry R. Ludemann，细菌学实验室负责人

　　　　　/s/Paul J. Hauer　　　　　　　　日期：2016 年 3 月 16 日

　　　　　Paul J. Hauer，兽医生物制品中心政策、评审与执照管理部门负责人

美国农业部动植物卫生监督署

P. O. Box 844

Ames，IA 50010

补充检验方法中提及的商标或专利产品不等同于该产品已获得了美国农业部的保证或担保，且它的批准也不意味着其可用于排除在外的其他可能适用的产品

由以下人员录入 CVB 质量管理体系：

/s/Linda. S. Snavely　　　　　　　日期：2016 年 3 月 17 日

Linda. S. Snavely，质量管理计划助理

目　录

1. 引言

本补充检验方法（SAM）描述了按照联邦管理条例第9卷（9CFR）113.101部分规定，用仓鼠免疫-攻毒方法检验波摩那钩端螺旋体菌苗效力的方法。

2. 材料

2.1 设备/仪器

下列任何品牌的设备或仪器均可由具有相同功能的设备或仪器所替代。

2.1.1 具有暗视野的显微镜；

2.1.2 5.5英寸鼠齿钳；

2.1.3 解剖针，1～1.5英寸；

2.1.4 剖检板；

2.1.5 Stomacher®搅拌器和无菌袋（可用15mL组织匀浆机替代，如可使用TenBroeck）；

2.1.6 分析天平。

2.2 试剂/耗材

下列任何品牌的试剂或耗材均可由具有相同功能的试剂或耗材所替代。

2.2.1 1mL结核菌素用注射器；

2.2.2 针头，合适尺寸；

2.2.3 手术刀；

2.2.4 螺口玻璃试管，（20×150）mm（或其他等效容器）；

2.2.5 带有橡胶塞的血清瓶（或用于制备肝脏匀浆物稀释液的等效容器）；

2.2.6 70%（v/v）酒精；

2.2.7 显微镜用载玻片和盖玻片；

2.2.8 各种规格移液管，带棉花塞；

2.2.9 1%牛血清白蛋白稀释液（BSAD）；

2.2.10 P80-PA半固体培养基；

2.2.11 0.85%氯化钠溶液（盐水）；

2.2.12 波摩那钩端螺旋体攻毒培养物，仓鼠致死性。

2.3 动物

2.3.1 成年仓鼠，50～90g。每批菌苗检验用10只仓鼠。此外每次检验还需要另外使用30只仓鼠，用于非免疫对照和LD_{50}的测定。

2.3.2 所有仓鼠必须来源于相同种群。每次检验中使用相同性别的仓鼠（全是雄性或全是雌性）。

2.3.3 所有的仓鼠均按照相同的方式饲养（畜舍和饲料等相同）。

3. 检验准备

3.1 人员资质/培训

操作人员需具有使用常规实验室化学品、设备和玻璃器皿的工作知识，且经过对活体钩端螺旋体安全操作的专门培训，并且具有一定经验。操作人员需经过针对仓鼠实验室饲养管理和试验操作及针对本检验的专门培训。

3.2 设备和耗材的准备

3.2.1 按照生产商的建议和适用的内部标准操作步骤对所有仪器设备进行操作及保养维护。

3.2.2 使用前，消毒所有的玻璃器皿。

3.2.3 仅使用无菌的耗材（移液管、注射器、针头、橡胶塞等）。

3.3 试剂的准备

3.3.1 1%牛血清白蛋白稀释液［国家动物卫生中心（NCAH）培养基♯20133］

磷酸氢二钠	0.664g
磷酸二氢钾	0.087g
牛血清白蛋白（V因子）	10g
去离子水定容至	1.0L

混合直至完全溶解。如果有必要，调节pH至7.5 ± 0.1。用$0.22\mu m$滤器滤过除菌。20～25℃保存不超过1年。

3.3.2 0.85%盐水：NCAH培养基♯30201

氯化钠	8.5g
去离子水定容至	1.0L

121～125℃高压灭菌15～20min，20～25℃保存不超过1年。

3.3.3 P80-BA半固体培养基：NCAH培养基♯10117

磷酸氢二钠	0.664g
磷酸二氢钾	0.087g
氯化钠	1.925g
氯化铵	0.268g
氯化镁	0.191g
去离子水	790mL

搅拌，直至完全溶解后加入：

硫酸铜溶液（300mg/L，pH5.8）	1mL
硫酸锌溶液（0.4g/L，pH6.3）	10mL
硫酸铁溶液（2.5g/L）	20mL
L-半胱氨酸	0.2g

搅拌，无需使L-半胱氨酸完全溶解。请勿加热。

通过3层♯1厚的Whatman滤纸过滤。如果滤液中含有杂质，再次过滤。

向过滤后的培养基中加入：

维生素B_{12}溶液（10mg/L）	20mL

硫胺素的 HCl 溶液（2g/L，pH3.8）　0.1mL

吐温 80　　　　　　　　　　　　　　1.2mL

去离子水定容至　　　　　　　　　　　1.0L

取 800mL 上述混合液加入一个大的容器内，再加入 1.3g 纯化琼脂。121～125℃高压灭菌 20～25min，冷却至（56±1）℃。

加入以下成分：

牛血清白蛋白（Ⅴ因子）　　　　　　20g

磷酸氢二钠　　　　　　　　　　　0.133g

磷酸二氢钾　　　　　　　　　　　0.017g

去离子水定容至　　　　　　　　　200mL

调节 pH 至 7.4～7.6，滤过除菌（0.2μm）。

将滤过除菌的白蛋白溶液加入冷却（56℃）后的上述溶液中。

用无菌 10%NaOH 调节 pH 至 7.2～7.8，将溶液分装至螺口试管中，每管 9mL，盖紧管盖，20～25℃保存不超过 1 年。

3.4　样品的准备

3.4.1　将各瓶疫苗振荡，使内容物充分混匀。

3.4.2　用 70%酒精将疫苗瓶盖消毒。

3.4.3　用生理盐水将各瓶疫苗稀释至 1 只仓鼠的接种剂量（0.25mL），相当于本动物剂量的 1/800。

1）对于 2mL 规格产品，用盐水按照 1∶100 稀释菌苗。

2）对于 5mL 规格产品，用盐水按照 1∶40 稀释菌苗。

4. 检验

4.1　仓鼠的免疫

4.1.1　每个待检疫苗免疫 10 只仓鼠，每只按照生产商推荐的接种途径接种稀释后的疫苗（见步骤 3.4.3 项）0.25mL。如果推荐的免疫途径是肌内注射，或产品标签标注的是肌肉或皮下免疫，则选择仓鼠的后腿肌内注射免疫。如果产品标签仅标注皮下途径接种，则选择仓鼠腹部皮下接种。对所有的免疫，均选用配备合适规格针头的 1.0mL 注射器。

4.1.2　保留 10 只非免疫仓鼠作为对照。

4.1.3　保留 20 只非免疫仓鼠用于测定攻毒接种物的 LD_{50}。

4.1.4　免疫后 14～18d，用波摩那钩端螺旋体强毒菌液对所有仓鼠进行攻毒。

4.2　攻毒操作步骤

攻毒接种物来自临床发病仓鼠的肝脏匀浆液，由兽医生物制品中心（CVB）采用常规方法将攻毒用微生物在仓鼠体内传代，使其保持毒力。

4.2.1　在 3～4d 前感染波摩那钩端螺旋体的仓鼠中，选取一只临床发病的仓鼠（最好是濒临死亡的）。

4.2.2　采用 CO_2 将仓鼠安乐死。推荐使用压缩气体钢瓶使动物能够快速吸入气体，因为其可精确调节吸入的气体流量。应遵照动物保护与使用委员会批准的安乐死的操作程序进行。

4.2.3　将仓鼠的尸体钉在解剖板上（腹面向上），用 70%酒精消毒皮肤。

4.2.4　采用无菌操作技术，分离腹部皮肤。弃去暴露腹部肌肉组织时使用的器械。使用新的器械分离肌肉，暴露腹腔脏器。弃去暴露腹腔时使用的器械。

4.2.5　使用新的器械，无菌摘取约 1g 肝脏组织。将肝脏样品放入置于分析天平上的无菌容器中，称取（1.0±0.1）g 感染组织。将肝脏样品加入无菌研磨袋中，向袋中加入 9mL 无菌 BSAD。充分匀浆肝脏，注意避免产生泡沫。此悬液为 1∶10 的稀释液。

4.2.6　用 BSAD 制备 5 个 10 倍系列稀释（1.0mL 样品悬液＋9.0mL 稀释液）的组织悬液（10^{-2}～10^{-6}）。将稀释液在室温 20～25℃条件下保存，并在制备好稀释液的 1h 内完成攻毒操作。

4.2.7　从 10^{-4} 稀释液中取 2 滴滴在载玻片上，盖上盖玻片后置 200×暗视野显微镜下观察，10^{-4} 稀释液在每个视野下微生物的数量必须达到 4～20 个。

4.2.8　如果 10^{-4} 稀释液在每个视野下微生物的数量达到 4～20 个，则用 10^{-6} 稀释度作为攻毒接种物（攻毒接种物应满足 10～10 000 LD_{50} 攻毒剂量）。攻毒接种物应在适宜的无菌容器内制备。

注意：如果 10^{-4} 稀释液在每个视野下螺旋体的数量不足，则应确定有 4～20 个螺旋体/微视野的稀释度。再按下图确定适当的稀释液作为攻毒接种物。

稀释液含 4～20 个螺旋体/视野	攻毒接种物稀释液
10^{-3}	10^{-5}
10^{-4}	10^{-6}
10^{-5}	10^{-7}
10^{-6}	10^{-8}

如果 10^{-3} 稀释液在每个视野下螺旋体的数量小于 4，则另选一只临床病鼠（见步骤 4.2.1 项），并重新制备攻毒接种物，以保证更接近所需生物体的密度。

4.2.9　除所选攻毒接种物外，再将其进行 4 次 10 倍稀释，制成 4 份稀释液。这些稀释液将被用于测定攻毒接种物的 LD_{50}。

4.2.10　剩余的用于制备攻毒接种物的肝脏匀浆可被用于感染其他仓鼠，制成后续效力检验所需的接种源。应调整稀释度和剂量体积，以便与传代培养的频率相适应。

4.2.11　取 1mL 攻毒接种物加入 9mL P80-BA 半固体培养基中。将半固体培养基置 25～30℃ 培养 2～4 周。培养基可在 20～25℃ 条件下最多保存 6 个月。如果需要进行其他检验，这些培养物可作为攻毒接种物的备案来源。内部使用 CVB 制备的额外的培养物（即每份 10^{-10}～10^{-4} 攻毒稀释液的备份）。

4.3　检验仓鼠的攻毒

4.3.1　在制备后 1h 内，可以将按照步骤 4.2.8 项选择的稀释液腹腔注射（IP）每只免疫仓鼠和 10 只非免疫对照仓鼠，每只接种 0.2mL。用配有合适规格针头的 1.0mL 注射器注射。

4.3.2　取按照步骤 4.2.9 项制备的每个稀释液，各接种 5 只仓鼠（每只 IP 接种 0.2mL）。用这 4 组仓鼠测定攻毒接种物的 LD_{50}。

4.3.3　用 70% 酒精对所有工作台面消毒。将所有污染的设备和耗材高压灭菌。

4.4　仓鼠攻毒后的观察

4.4.1　攻毒后每天观察所有试验仓鼠，连续观察 14d。记录死亡情况。

注意：表现预期疾病临床症状的濒临死亡动物，如果不能自行恢复或自主行动，则可对其实施安乐死，但是按照 9CFR117.4 的大纲规定，在统计时，这些动物将被判为死亡。

4.4.2　在 14d 的观察期末，统计存活的仓鼠数量并记录结果。

4.4.3　采用 Reed-Muench 法或 Spearman-Karber 法计算攻毒接种物的 LD_{50}。

5. 检验结果说明

5.1　按照 9CFR113.101 部分描述的方法对检验结果进行说明。

5.2　如果仓鼠的攻毒剂量为 10～10 000 LD_{50}，且攻毒后有 8 只或 8 只以上非免疫对照仓鼠死亡，则检验有效。

5.3　如果检验第一阶段免疫仓鼠有 3 只或 4 只出现死亡，则按照与第一阶段相同的方法进行第二阶段检验。如果进行了第二阶段的检验，则按照下表第二部分的要求对每批产品进行检验。根据累计的结果判定产品批次是否符合规定。根据下表对检验结果进行评价。

阶段	免疫动物 数量（只）	免疫动物 累计数量（只）	符合规定批次产品 仓鼠死亡的总数（只）	不符合规定批次产品 仓鼠死亡的总数
1	10	10	2 或更少	5 或更多
2	10	20	5 或更少	6 或更多

6. 检验结果报告

按照标准操作程序报告检验结果。

7. 参考文献

Title 9, Code of Federal Regulations, part 113.101 [M]. Washington, DC：Government Printing Office.

8. 修订概述

第 05 版

• 更新联系人信息，并对文件进行了微小的修订，以反映目前的实际操作情况。

第 04 版

• 更新联系人信息。

• 变更标题，以更加符合现行命名原则。

• 文件中所有的 NVSL 均变更为 NCAH。

• 对文件进行了微小的修订，以反映兽医生物制品中心目前的实际操作情况。

第 03 版

• 对文件进行了微小的修订，以符合目前的格式要求。

第 02 版

本修订版资料主要用于阐述兽医生物制品中心现行的实际操作方法，并提供了额外的细节信息。虽然不对检验结果产生重大影响，但是对文件进行了以下修改：

• 2.1　仪器和设备列表中增加 Stomacher© 研磨器和分析天平。

•2.2 更新试剂和耗材清单，以便更准确地反映本检验方法所用试剂和耗材。

•3.3 更新了配方，以便溶液在室温条件下最多可保存 1 年。

•3.3.3 试剂制备章节中增加了 P80-BA 半固体培养基的制备方法。

•将"参照 CVB 内部文件"变更为概述信息。

•联系人变更为 Mary C. Rasmusson。

（李　博译，刘　博校）

美国农业部兽医生物制品中心
检验方法

SAM 609　问号钩端螺旋体犬血清群菌苗
效力检验的补充检验方法

日　　　期：2016 年 3 月 9 日

编　　　号：SAM 609.05

替　　　代：SAM 609.04，2011 年 7 月 1 日

标准要求：9CFR 第 113.103 部分

联 系 人：Angela M. Walker，（515）337-7020

审　　　批：/s/Larry R. Ludemann，　　　　　日期：2016 年 3 月 16 日

　　　　　　Larry R. Ludemann，细菌学实验室负责人

　　　　　　/s/Paul J. Hauer　　　　　日期：2016 年 3 月 16 日

　　　　　　Paul J. Hauer，兽医生物制品中心政策、评审与执照管理部门负责人

美国农业部动植物卫生监督署
P. O. Box 844
Ames，IA 50010

补充检验方法中提及的商标或专利产品不等同于该产品已获得了美国农业部的保证或担保，
且它的批准也不意味着其可用于排除在外的其他可能适用的产品

由以下人员录入 CVB 质量管理体系：
/s/Linda. S. Snavely　　　　　日期：2016 年 3 月 17 日
Linda. S. Snavely，质量管理计划助理

目　录

1. 引言

本补充检验方法（SAM）描述了按照《联邦法规》第9卷（9CFR）113.103部分规定，用仓鼠免疫-攻毒方法检测犬钩端螺旋体菌苗效力的方法。

2. 材料

2.1 设备/仪器

下列任何品牌的设备或仪器均可由具有相同功能的设备或仪器所替代。

2.1.1 具有暗视野的显微镜；

2.1.2 5.5英寸鼠齿钳；

2.1.3 解剖针，1～1.5英寸；

2.1.4 剖检板；

2.1.5 Stomacher ®搅拌器和无菌袋（可用15mL组织匀浆机替代，如可使用TenBroeck）；

2.1.6 分析天平。

2.2 试剂/耗材

下列任何品牌的试剂或耗材均可由具有相同功能的试剂或耗材所替代。

2.2.1 1mL结核菌素用注射器；

2.2.2 针头，合适尺寸；

2.2.3 手术刀；

2.2.4 螺口玻璃试管，（20×150）mm（或其他等效容器）；

2.2.5 带有橡胶塞的血清瓶（或用于制备肝脏匀浆物稀释液的等效容器）；

2.2.6 70%（v/v）酒精；

2.2.7 显微镜用载玻片和盖玻片；

2.2.8 各种规格移液管，带棉花塞；

2.2.9 1%牛血清白蛋白稀释液（BSAD）；

2.2.10 P80-PA半固体培养基；

2.2.11 0.85%氯化钠溶液（盐水）；

2.2.12 犬钩端螺旋体攻毒培养物，仓鼠致死性。

2.3 动物

2.3.1 成年仓鼠，50～90g。每批菌苗检验用10只仓鼠。此外每次检验还需要另外使用30只仓鼠，用于非免疫对照和LD_{50}的测定。

2.3.2 所有仓鼠必须来源于相同种群。每次检验中使用相同性别的仓鼠（全是雄性或全是雌性）。

2.3.3 所有的仓鼠均按照相同的方式饲养（畜舍和饲料等相同）。

3. 检验准备

3.1 人员资质/培训

操作人员需具有使用常规实验室化学品、设备和玻璃器皿的工作知识，且经过对活体钩端螺旋体安全操作的专门培训，并且具有一定经验。操作人员需经过针对仓鼠实验室饲养管理和试验操作及针对本检验的专门培训。

3.2 设备/仪器的准备

3.2.1 按照生产商的建议和适用的内部标准操作步骤对所有仪器设备进行操作及保养维护。

3.2.2 使用前，消毒所有的玻璃器皿。

3.2.3 仅使用无菌的耗材（移液管、注射器、针头、橡胶塞等）。

3.3 试剂的准备

3.3.1 1%牛血清白蛋白稀释液〔国家动物卫生中心（NCAH）培养基♯20133〕

磷酸氢二钠	0.664g
磷酸二氢钾	0.087g
牛血清白蛋白（V因子）	10g
去离子水定容至	1.0L

混合直至完全溶解。如果有必要，调节pH至7.5±0.1。用0.22m滤器滤过除菌，20～25℃保存不超过1年。

3.3.2 0.85%盐水：NCAH培养基♯30201

氯化钠	8.5g
去离子水定容至	1.0L

121～125℃高压灭菌15～20min，20～25℃保存不超过1年。

3.3.3 P80-BA半固体培养基：NCAH培养基♯10117

磷酸氢二钠	0.664g
磷酸二氢钾	0.087g
氯化钠	1.925g
氯化铵	0.268g
氯化镁	0.191g
去离子水	790mL

搅拌，直至完全溶解后加入：

硫酸铜溶液（300mg/L，pH5.8）	1mL
硫酸锌溶液（0.4g/L，pH6.3）	10mL
硫酸铁溶液（2.5g/L）	20mL
L-半胱氨酸	0.2g

搅拌，无需使L-半胱氨酸完全溶解。请勿加热。

通过3层♯1厚的Whatman滤纸过滤。如果滤液中含有杂质，再次过滤。

向过滤后的培养基中加入：

维生素B12溶液（10mg/L）	20mL
硫胺素的HCl溶液（2g/L，pH3.8）	0.1mL

吐温 80　　　　　　　　　　　　　　　　1.2mL

去离子水定容至　　　　　　　　　　　　1.0L

取 800mL 上述混合液加入一个大的容器内，再加入 1.3g 纯化琼脂。121～125℃高压灭菌 20～25min，冷却至（56±1）℃。

加入以下成分：

牛血清白蛋白（V 因子）　　　　　　　20g

磷酸氢二钠　　　　　　　　　　　　0.133g

磷酸二氢钾　　　　　　　　　　　　0.017g

去离子水定容至　　　　　　　　　　200mL

调节 pH 至 7.4～7.6，滤过除菌（0.2m）。

将滤过除菌的白蛋白溶液加入冷却（56℃）后的上述溶液中。

用无菌 10％NaOH 调节 pH 至 7.2～7.8，将溶液分装至螺口试管中，每管 9mL，盖紧管盖，20～25℃保存不超过 1 年。

3.4　样品的准备

3.4.1　将各瓶疫苗振荡，使内容物充分混匀。

3.4.2　用 70％酒精将疫苗瓶盖消毒。

3.4.3　用生理盐水将各瓶疫苗稀释至1只仓鼠的接种剂量(0.25mL)，相当于本动物剂量的 1/800。

1）对于 2mL 规格产品，用盐水按照 1∶100 稀释菌苗。

2）对于 5mL 规格产品，用盐水按照 1∶40 稀释菌苗。

4. 检验

4.1　仓鼠的免疫

4.1.1　每个待检疫苗免疫10只仓鼠，每只按照生产商推荐的接种途径接种稀释后的疫苗(见步骤 3.4.3项) 0.25mL。如果推荐的免疫途径是肌内注射，或产品标签标注的是肌内或皮下免疫，则选择仓鼠的后腿肌内注射免疫。如果产品标签仅标注皮下途径接种，则选择仓鼠腹部皮下接种。对所有的免疫，均选用配备合适规格针头的 1.0mL 注射器。

4.1.2　保留 10 只非免疫仓鼠作为对照。

4.1.3　保留 20 只非免疫仓鼠用于测定攻毒接种物的 LD_{50}。

4.1.4　免疫后 14～18d，用犬钩端螺旋体强毒菌液对所有仓鼠进行攻毒。

4.2　攻毒操作步骤

攻毒接种物来自临床发病仓鼠的肝脏匀浆液，由兽医生物制品中心（CVB）采用常规方法将攻毒用微生物在仓鼠体内传代，使其保持毒力。

4.2.1　在3～4d 前感染犬钩端螺旋体的仓鼠中，选取一只临床发病的仓鼠（最好是濒临死亡的）。

4.2.2　采用 CO_2 将仓鼠安乐死。推荐使用压缩气体钢瓶使动物能够快速吸入气体，因为其可精确调节吸入的气体流量。应遵照动物保护与使用委员会批准的安乐死的操作程序进行。

4.2.3　将仓鼠的尸体钉在解剖板上（腹面向上），用 70％酒精消毒皮肤。

4.2.4　采用无菌操作技术，分离腹部皮肤。弃去暴露腹部肌肉组织时使用的器械。使用新的器械分离肌肉，暴露腹腔脏器。弃去暴露腹腔时使用的器械。

4.2.5　使用新的器械，无菌摘取约 1g 肝脏组织。将肝脏样品放入置于分析天平上的无菌容器中，称取（1.0±0.1）g 感染组织。将肝脏样品加入无菌研磨袋中，向袋中加入 9mL 无菌 BSAD。充分匀浆肝脏，注意避免产生泡沫。此悬液为 1∶10 的稀释液。

4.2.6　用 BSAD 制备 6 个 10 倍系列稀释（1.0mL 样品悬液＋9.0mL 稀释液）的组织悬液（10^{-7}～10^{-2}）。将稀释液在室温 20～25℃条件下保存，并在制备好稀释液的 1h 内完成攻毒操作。

4.2.7　从 10^{-4} 稀释液中取 2 滴滴在载玻片上，盖上盖玻片后置 200× 暗视野显微镜下观察，10^{-4} 稀释液在每个视野下微生物数的数量必须达到 4～20 个。

4.2.8　如果 10^{-4} 稀释液在每个视野下微生物数的数量达到 4～20 个，则用 10^{-7} 稀释度作为攻毒接种物（攻毒接种物应满足 10～$10\ 000LD_{50}$ 攻毒剂量）。攻毒接种物应在适宜的无菌容器内制备。

注意：如果 10^{-4} 稀释液在每个视野下螺旋体的数量不足，则应确定有 4～20 个螺旋体/微视野的稀释度。再按下图确定适当的稀释液作为攻毒接种物。

稀释液含 4～20 个螺旋体/视野	攻毒 接种物稀释液
10^{-3}	10^{-5}
10^{-4}	10^{-6}
10^{-5}	10^{-7}
10^{-6}	10^{-8}

如果 10^{-3} 稀释液在每个视野下螺旋体的数量小于 4，则另选一只临床病鼠（见步骤 4.2.1项），并重新制备攻毒接种物。

4.2.9　除所选攻毒接种物外，再将其进行 4 次 10 倍稀释，制成 4 份稀释液。这些稀释液将被用于测定攻毒接种物的 LD_{50}。

4.2.10 剩余的用于制备攻毒接种物的肝脏匀浆可被用于感染其他仓鼠，制成后续效力检验所需的接种源。应调整稀释度和剂量体积，以便与传代培养的频率相适应。

4.2.11 取 1mL 攻毒接种物加入 9mL P80-BA 半固体培养基中。将半固体培养基置 25～30℃ 培养 2～4 周。培养基可在 20～25℃ 条件下最多保存 6 个月。如果需要进行其他检验，这些培养物可作为攻毒接种物的备案来源。内部使用 CVB 制备的额外的培养物（即每份 10^{-10}～10^{-4} 攻毒稀释液的备份）。

4.3 检验仓鼠的攻毒

4.3.1 在制备后 1h 内，可以将按照步骤 4.2.8 项选择的稀释液腹腔注射（IP）每只免疫仓鼠和 10 只非免疫对照仓鼠，每只接种 0.2mL。用配有合适规格针头的 1.0mL 注射器注射。

4.3.2 取按照步骤 4.2.9 项制备的每个稀释液，各接种 5 只仓鼠（每只 IP 接种 0.2mL）。用这 4 组仓鼠测定攻毒接种物的 LD_{50}。

4.3.3 用 70% 酒精对所有工作台面消毒。将所有污染的设备和耗材高压灭菌。

4.4 仓鼠攻毒后的观察

4.4.1 攻毒后每天观察所有试验仓鼠，连续观察 14d。记录死亡情况。

注意：表现预期疾病临床症状的濒临死亡动物，可对其实施安乐死，但是按照 9CFR117.4 的大纲规定，在统计时，这些动物将被判为死亡。

4.4.2 在 14d 的观察期末，统计存活的仓鼠数量并记录结果。

4.4.3 采用 Reed-Muench 法或 Spearman-Karber 法计算攻毒接种物的 LD_{50}。

5. 检验结果说明

5.1 记录检验结果

5.1 按照 9CFR113.101 部分描述的方法对检验结果进行说明。

5.2 如果仓鼠的攻毒剂量为 10～10 000LD_{50}，且攻毒后有 8 只或 8 只以上非免疫对照仓鼠死亡，则检验有效。

5.3 如果检验第一阶段免疫仓鼠有 3 只或 4 只出现死亡，则按照与第一阶段相同的方法进行第二阶段检验。如果进行了第二阶段的检验，则按照下表第二部分的要求对每批产品进行检验。根据累计的结果判定产品批次是否符合规定。根据下表对检验结果进行评价。

阶段	免疫动物数量（只）	免疫动物累计数量（只）	符合规定批次产品仓鼠死亡的总数（只）	不符合规定批次产品仓鼠死亡的总数（只）
1	10	10	2 或更少	5 或更多
2	10	20	5 或更少	6 或更多

6. 检验结果报告

按照标准操作程序报告检验结果。

7. 参考文献

Title 9,Code of Federal Regulations,part 113.103[M]. Washington,DC:Government Printing Office.

8. 修订概述

第 05 版

• 更新联系人信息，并对文件进行了微小的修订，以反映目前的实际操作情况。

第 04 版

• 更新联系人信息。

• 变更标题，以更加符合现行命名原则。

• 文件中所有的 NVSL 均变更为 NCAH。

• 对文件进行了微小的修订，以反映兽医生物制品中心目前的实际操作情况。

第 03 版

• 对文件进行了微小的修订，以符合目前的格式要求。

第 02 版

本修订版资料主要用于阐述兽医生物制品中心现行的实际操作方法，并提供了额外的细节信息。虽然不对检验结果产生重大影响，但是对文件进行了以下修改：

• 2.1 仪器和设备列表中增加 Stomacher© 研磨器和分析天平。

• 2.2 更新试剂和耗材清单，以便更准确地反映本检验方法所用试剂和耗材。

• 3.3 更新了配方，以便溶液在室温条件下最多可保存 1 年。

• 3.3.3 试剂制备章节中增加了 P80-BA 半固体培养基的制备方法。

• 将"参照 CVB 内部文件"变更为概述信息。

• 联系人变更为 Mary C. Rasmusson。

（谭克龙译，刘 博校）

SAM610.05

美国农业部兽医生物制品中心
检验方法

SAM 610　问号钩端螺旋体黄疸出血血清群菌苗
效力检验的补充检验方法

日　　期：2016 年 3 月 9 日

编　　号：SAM 610.05

替　　代：SAM 610.04，2011 年 7 月 1 日

标准要求：9CFR 第 113.102 部分

联 系 人：Angela M. Walker，(515) 337-7020

审　　批：/s/Larry R. Ludemann，　　　　　日期：2016 年 3 月 16 日

　　　　　Larry R. Ludemann，细菌学实验室负责人

　　　　　/s/Paul J. Hauer　　　　　　　　日期：2016 年 3 月 16 日

　　　　　Paul J. Hauer，兽医生物制品中心政策、评审与执照管理部门负责人

美国农业部动植物卫生监督署

P. O. Box 844

Ames，IA 50010

补充检验方法中提及的商标或专利产品不等同于该产品已获得了美国农业部的保证或担保，
且它的批准也不意味着其可用于排除在外的其他可能适用的产品

由以下人员录入 CVB 质量管理体系：

/s/Linda. S. Snavely　　　　　日期：2016 年 3 月 17 日

Linda. S. Snavely，质量管理计划助理

目　录

1. 引言

本补充检验方法（SAM）描述了按照联邦管理条例第 9 卷（9CFR）113.10 部分规定，用仓鼠免疫-攻毒方法检测黄疸出血钩端螺旋体菌苗效力的方法。

2. 材料

2.1 设备/仪器

下列任何品牌的设备或仪器均可由具有相同功能的设备或仪器所替代。

2.1.1 具有暗视野的显微镜；

2.1.2 5.5 英寸鼠齿钳；

2.1.3 解剖针，1～1.5 英寸；

2.1.4 剖检板；

2.1.5 Stomacher® 搅拌器和无菌袋（可用 15mL 组织匀浆机替代，如可使用 TenBroeck）；

2.1.6 分析天平。

2.2 试剂/耗材

下列任何品牌的试剂或耗材均可由具有相同功能的试剂或耗材所替代。

2.2.1 1mL 结核菌素用注射器；

2.2.2 针头，合适尺寸；

2.2.3 手术刀；

2.2.4 螺口玻璃试管，（20×150）mm（或其他等效容器）；

2.2.5 带有橡胶塞的血清瓶（或用于制备肝脏匀浆物稀释液的等效容器）；

2.2.6 70%（v/v）酒精；

2.2.7 显微镜用载玻片和盖玻片；

2.2.8 各种规格移液管，带棉花塞；

2.2.9 1‰牛血清白蛋白稀释液（BSAD）；

2.2.10 P80-PA 半固体培养基；

2.2.11 0.85%氯化钠溶液（盐水）；

2.2.12 黄疸出血钩端螺旋体攻毒培养物，仓鼠致死性。

2.3 动物

2.3.1 成年仓鼠，50～90g。每批菌苗检验用 10 只仓鼠。此外每次检验还需要另外使用 30 只仓鼠，用于非免疫对照和 LD_{50} 的测定。

2.3.2 所有仓鼠必须来源于相同种群。每次检验中使用相同性别的仓鼠（全是雄性或全是雌性）。

2.3.3 所有的仓鼠均按照相同的方式饲养（畜舍和饲料等相同）。

3. 检验准备

3.1 人员资质/培训

操作人员需具有使用常规实验室化学品、设备和玻璃器皿的工作知识，且经过对活体钩端螺旋体安全操作的专门培训，并且具有一定经验。操作人员需经过针对仓鼠实验室饲养管理和试验操作及针对本检验的专门培训。

3.2 设备/仪器的准备

3.2.1 按照生产商的建议和适用的内部标准操作步骤对所有仪器设备进行操作及保养维护。

3.2.2 使用前，消毒所有的玻璃器皿。

3.2.3 仅使用无菌的耗材（移液管、注射器、针头、橡胶塞等）。

3.3 试剂的准备

3.3.1 1‰牛血清白蛋白稀释液〔国家动物卫生中心（NCAH）培养基♯20133〕

磷酸氢二钠	0.664g
磷酸二氢钾	0.087g
牛血清白蛋白（V 因子）	10g
去离子水定容至	1.0L

混合直至完全溶解。如果有必要，调节 pH 至 7.5±0.1。用 0.22μm 滤器滤过除菌，20～25℃保存不超过 1 年。

3.3.2 0.85%盐水：NCAH 培养基♯30201

氯化钠	8.5g
去离子水定容至	1.0L

121～125℃高压灭菌 15～20min，20～25℃保存不超过 1 年。

3.3.3 P80-BA 半固体培养基：NCAH 培养基♯10117

磷酸氢二钠	0.664g
磷酸二氢钾	0.087g
氯化钠	1.925g
氯化铵	0.268g
氯化镁	0.191g
去离子水	790mL

搅拌，直至完全溶解后加入：

硫酸铜溶液（300mg/L，pH5.8）	1mL
硫酸锌溶液（0.4g/L，pH6.3）	10mL
硫酸铁溶液（2.5g/L）	20mL
L-半胱氨酸	0.2g

搅拌，无需使 L-半胱氨酸完全溶解。请勿加热。

通过 3 层♯1 厚的 Whatman 滤纸过滤。如果滤液中含有杂质，再次过滤。

向过滤后的培养基中加入：

维生素 B12 溶液（10mg/L）	20mL
硫胺素的 HCl 溶液（2g/L，pH3.8）	0.1mL
吐温 80	1.2mL
去离子水定容至	1.0L

取 800mL 上述混合液加入一个大的容器内，再加入 1.3g 纯化琼脂。121～125℃高压灭菌 20～25min，冷却至（56±1）℃。

加入以下成分：

牛血清白蛋白（V 因子）	20g
磷酸氢二钠	0.133g
磷酸二氢钾	0.017g
去离子水定容至	200mL

调节 pH 至 7.4～7.6，滤过除菌（0.2m）。

将滤过除菌的白蛋白溶液加入冷却（56℃）后的上述溶液中。

用无菌 10%NaOH 调节 pH 至 7.2～7.8，将溶液分装至螺口试管中，每管 9mL，盖紧管盖，20～25℃保存不超过 1 年。

3.4 样品的准备

3.4.1 将各瓶疫苗振荡，使内容物充分混匀。

3.4.2 用 70%酒精将疫苗瓶盖消毒。

3.4.3 用生理盐水将各瓶疫苗稀释至 1 只仓鼠的接种剂量（0.25mL），相当于本动物剂量的 1/800。

1) 对于 2mL 规格产品，用盐水按照 1：100 稀释菌苗。

2) 对于 5mL 规格产品，用盐水按照 1：40 稀释菌苗。

4. 检验

4.1 仓鼠的免疫

4.1.1 每个待检疫苗免疫 10 只仓鼠，每只按照生产商推荐的接种途径接种稀释后的疫苗（见步骤 3.4.3 项）0.25mL。如果推荐的免疫途径是肌内注射，或产品标签标注的是肌肉或皮下免疫，则选择仓鼠的后腿肌内注射免疫。如果产品标签仅标注皮下途径接种，则选择仓鼠腹部皮下接种。对所有的免疫，均选用配备合适规格针头的 1.0mL 注射器。

4.1.2 保留 10 只非免疫仓鼠作为对照。

4.1.3 保留 20 只非免疫仓鼠用于测定攻毒接种物的 LD_{50}。

4.1.4 免疫后 14～18d，用黄疸出血钩端螺旋体强毒菌液对所有仓鼠进行攻毒。

4.2 攻毒操作步骤

攻毒接种物来自临床发病仓鼠的肝脏匀浆液，由兽医生物制品中心（CVB）采用常规方法将攻毒用微生物在仓鼠体内传代，使其保持毒力。

4.2.1 在 3～4d 前感染黄疸出血钩端螺旋体的仓鼠中，选取一只临床发病的仓鼠（最好是濒临死亡的）。

4.2.2 采用 CO_2 将仓鼠安乐死。推荐使用压缩气体钢瓶使动物能够快速吸入气体，因为其可精确调节吸入的气体流量。应遵照动物保护与使用委员会批准的安乐死的操作程序进行。

4.2.3 将仓鼠的尸体钉在解剖板上（腹面向上），用 70%酒精消毒皮肤。

4.2.4 采用无菌操作技术，分离腹部皮肤。弃去暴露腹部肌肉组织时使用的器械。使用新的器械分离肌肉，暴露腹腔脏器。弃去暴露腹腔时使用的器械。

4.2.5 使用新的器械，无菌摘取约 1g 肝脏组织。将肝脏样品放入置于分析天平上的无菌容器中，称取（1.0±0.1）g 感染组织。将肝脏样品加入无菌研磨袋中，向袋中加入 9mL 无菌 BSAD。充分匀浆肝脏，注意避免产生泡沫。此悬液为 1：10 的稀释液。

4.2.6 用 BSAD 制备 6 个 10 倍系列稀释（1.0mL 样品悬液＋9.0mL 稀释液）的组织悬液（10^{-7}～10^{-2}）。将稀释液在室温 20～25℃条件下保存，并在制备好稀释液的 1h 内完成攻毒操作。

4.2.7 从 10^{-5} 稀释液中取 2 滴滴在载玻片上，盖上盖玻片后置 200×暗视野显微镜下观察，10^{-5} 稀释液在每个视野下微生物的数量必须达到 4～20 个。

4.2.8 如果 10^{-5} 稀释液在每个视野下微生物的数量达到 4～20 个，则用 10^{-7} 稀释度作为攻毒接种物（攻毒接种物应满足 10～10 000LD_{50} 攻毒剂量）。攻毒接种物应在适宜的无菌容器内制备。

稀释液含 4～20 个螺旋体/视野	攻毒 接种物稀释液
10^{-4}	10^{-6}
10^{-5}	10^{-7}
10^{-6}	10^{-8}
10^{-7}	10^{-9}

注意：如果 10^{-5} 稀释液在每个视野下螺旋体的数量不足，则应确定有 4～20 个螺旋体/微视野

的稀释度。再按下图确定适当的稀释液作为攻毒接种物。

如果 10^{-4} 稀释液在每个视野下螺旋体的数量小于 4，则另选一只临床病鼠（见步骤 4.2.1 项），并重新制备攻毒接种物。

4.2.9 除所选攻毒接种物外，再将其进行 4 次 10 倍稀释，制成 4 份稀释液。这些稀释液将被用于测定攻毒接种物的 LD_{50}。

4.2.10 剩余的用于制备攻毒接种物的肝脏匀浆可被用于感染其他仓鼠，制成后续效力检验所需的接种源。应调整稀释度和剂量体积，以便与传代培养的频率相适应。

4.2.11 取 1mL 攻毒接种物加入 9mL P80-BA 半固体培养基中。将半固体培养基置 25～30℃ 培养 2～4 周。培养基可在 20～25℃ 条件下最多保存 6 个月。如果需要进行其他检验，这些培养物可作为攻毒接种物的备案来源。内部使用 CVB 制备的额外的培养物（即每份 10^{-10}～10^{-4} 攻毒稀释液的备份）。

4.3 检验仓鼠的攻毒

4.3.1 在制备后 1h 内，可以将按照步骤 4.2.8 项选择的稀释液腹腔注射（IP）每只免疫仓鼠和 10 只非免疫对照仓鼠，每只接种 0.2mL。用配有合适规格针头的 1.0mL 注射器注射。

4.3.2 取按照步骤 4.2.9 项制备的每个稀释液，各接种 5 只仓鼠（每只 IP 接种 0.2mL）。用这 4 组仓鼠测定攻毒接种物的 LD_{50}。

4.3.3 用 70% 酒精对所有工作台面消毒。将所有污染的设备和耗材高压灭菌。

4.4 仓鼠攻毒后的观察

4.4.1 攻毒后每天观察所有试验仓鼠，连续观察 14d。记录死亡情况。

注意：表现预期疾病临床症状的濒临死亡 1 动物，可对其实施安乐死，但是按照 9CFR117.4 的大纲规定，在统计时，这些动物将被判为死亡。

4.4.2 在 14d 的观察期末，统计存活的仓鼠数量并记录结果。

4.4.3 采用 Reed-Muench 法或 Spearman-Karber 法计算攻毒接种物的 LD_{50}。

5. 检验结果说明

5.1 按照 9CFR，113.102 部分描述的方法对检验结果进行说明。

5.2 如果仓鼠的攻毒剂量为 10～10 000LD_{50}，且攻毒后有 8 只或 8 只以上非免疫对照仓鼠死亡，则检验有效。

5.3 如果检验第一阶段免疫仓鼠有 3 只或 4 只出现死亡，则按照与第一阶段相同的方法进行第二阶段检验。如果进行了第二阶段的检验，则按照下表第二部分的要求对每批产品进行检验。根据累计的结果判定产品批次是否符合规定。根据下表对检验结果进行评价。

阶段	免疫动物数量（只）	免疫动物累计数量（只）	符合规定批次产品仓鼠死亡的总数（只）	不符合规定批次产品仓鼠死亡的总数（只）
1	10	10	2 或更少	5 或更多
2	10	20	5 或更少	6 或更多

6. 检验结果报告

按照标准操作程序报告检验结果。

7. 参考文献

Title 9, Code of Federal Regulations, part 113.102 [M]. Washington, DC: Government Printing Office.

8. 修订概述

第 05 版

• 更新联系人信息，并对文件进行了微小的修订，以反映目前的实际操作情况。

第 04 版

• 更新联系人信息。

• 变更标题，以更加符合现行命名原则。

• 文件中所有的 NVSL 均变更为 NCAH。

• 对文件进行了微小的修订，以反映兽医生物制品中心目前的实际操作情况。

第 03 版

• 对文件进行了微小的修订，以符合目前的格式要求。

第 02 版

本修订版资料主要用于阐述兽医生物制品中心现行的实际操作方法，并提供了额外的细节信息。虽然不对检验结果产生重大影响，但是对文件进行了以下修改：

• 2.1 仪器和设备列表中增加 Stomacher© 研磨器和分析天平。

- 2.2　更新试剂和耗材清单，以便更准确地反映本检验方法所用试剂和耗材。
- 3.3　更新了配方，以便溶液在室温条件下最多可保存 1 年。
- 3.3.3　试剂制备章节中增加了 P80-BA 半固体培养基的制备方法。
- 将"参照 CVB 内部文件"变更为概述信息。
- 联系人变更为 Mary C. Rasmusson。

（杨忠萍译，刘　博校）

美国农业部兽医生物制品中心
检验方法

SAM 611　用小鼠进行猪丹毒菌苗效力检验的补充检验方法

日　　期：2014 年 6 月 18 日

编　　号：SAM 611.05

替　　代：SAM 611.04，2011 年 7 月 1 日

标准要求：9CFR 第 113.119 部分

联 系 人：Janet M. Wilson，(515) 337-7245

审　　批：/s/Larry R. Ludemann,　　　　　　日期：2014 年 6 月 24 日

　　　　　Larry R. Ludemann，细菌学实验室负责人

　　　　　/s/Byron E. Rippke　　　　　　　　日期：2014 年 6 月 30 日

　　　　　Byron E. Rippke，兽医生物制品中心政策、评审与执照管理部门负责人

　　　　　/s/Rebecca L. W. Hyde　　　　　　日期：2014 年 6 月 30 日

　　　　　Rebecca L. W. Hyde，兽医生物制品中心质量管理部门负责人

美国农业部动植物卫生监督署

P. O. Box 844

Ames，IA 50010

补充检验方法中提及的商标或专利产品不等同于该产品已获得了美国农业部的保证或担保，
且它的批准也不意味着其可用于排除在外的其他可能适用的产品

目　录

1. 引言

本补充检验方法（SAM）描述了按照美国联邦法规第 9 卷（9CFR）113.119 部分规定对含猪丹毒丝菌的生物制品进行效力检验的程序。对小鼠免疫，并在免疫 14～21d 后攻击标准剂量的猪丹毒丝菌强毒菌液。

2. 材料

2.1 设备/仪器

下列任何品牌的设备或仪器均可由具有相同功能的设备或仪器所替代。

2.1.1 分光光度计 20D+（光谱仪）；

2.1.2 无菌接种环；

2.1.3 本生灯或 Bacti-Cinerator ®（如果使用非无菌接种环）；

2.1.4 培养箱，35～37℃；

2.1.5 血清瓶铝帽轧盖器；

2.1.6 生物安全柜；

2.2 试剂/耗材

下列任何品牌的试剂或耗材均可由具有相同功能的试剂或耗材所替代。

2.2.1 猪丹毒丝菌，E1-6P 株。此菌株由兽医生物制品中心（CVB）提供。细节参照现行的试剂资料清单。

2.2.2 含有猪丹毒丝菌的待检菌苗。

2.2.3 猪丹毒丝菌参考菌苗，由 CVB 提供。细节详见现行的试剂资料清单的附注信息。

2.2.4 1mL 结核菌素用注射器。

2.2.5 针头，26 号×3/8 英寸。

2.2.6 20～100mL 玻璃血清瓶。

2.2.7 （13×20）mm 橡胶塞和血清瓶铝帽。

2.2.8 （13×100）mm 带盖的螺口玻璃管。

2.2.9 5mL 和 25mL 移液管。

2.2.10 丹毒培养肉汤。

2.2.11 5％牛血琼脂平板。

2.2.12 1％蛋白胨缓冲液。

2.2.13 0.85％盐水。

2.3 动物

2.3.1 16～22g 小鼠。尽管 9CFR 未明确规定小鼠的品系和性别，但是 CVB 使用的是 CF-1 雌性小鼠。

2.3.2 每个检验组需要使用 80 只小鼠（每个稀释度使用 20 只小鼠，每个系列稀释中选取 4 个连续的稀释度）。参考菌苗的检验也需要 80 只小鼠。另用 30 只小鼠测定攻毒接种物的 LD_{50}。所有小鼠均应来自同一群体，且体重和/或日龄相仿。

注意：尽管 9CFR 规定仅做 3 个连续稀释度即可，但是 CVB 会多做一个稀释度，以增加测出 PD_{50} 的可能性。

3. 检验准备

3.1 人员资质/培训

操作人员必须具有使用常规实验室化学品、设备和玻璃器皿的工作知识，且经过无菌技术、活菌培养物操作及家禽处理方面的专业培训，并具有一定经验。

3.2 检验小鼠的选择和处理

3.2.1 任何性别的小鼠均可使用，但是推荐使用雌性小鼠。

3.2.2 所有小鼠的笼养和饲喂条件一致。

3.2.3 小鼠按照处理组分笼饲养，并对鼠笼进行标记区分。

3.2.4 如果在免疫后、攻击猪丹毒丝菌活菌前，任何小鼠发生不明原因的死亡，则需对小鼠进行剖检，确定死亡原因。如果死因与免疫接种无关，则将剖检报告与检验报告一起归档，不需要采取其他措施。如果死亡是由待检菌苗造成的，则应立即向 CVB-监察与合规部门报告，其可能会要求对菌苗进行进一步的安全性检验。

3.2.5 当检验工作结束后，通知动物管理员对小鼠实施安乐死并焚毁，同时对受污染的房间进行消毒。

3.3 耗材/设备的准备

3.3.1 仅使用无菌的耗材。

3.3.2 所有设备均必须按照生产商的推荐或适用的标准操作程序进行操作和维护。

3.4 试剂的准备

3.4.1 猪丹毒丝菌参考菌苗。使用的稀释液请参阅现行试剂信息清单。

3.4.2 检验含有猪丹毒丝菌的菌苗。每批待检菌苗在临用前用适当的稀释液（见步骤 4.1.3 项）进行 3 倍稀释。使用与参考菌苗（见步骤 3.4.1 项）相同的稀释液。每种稀释液放入不同的无菌血清瓶中。

3.4.3 猪丹毒丝菌攻毒用培养物。制备和保存信息请参阅现行试剂信息清单。

3.4.4 0.85％盐水：国家动卫生中心（NCAH）培养基＃30201

NaCl	8.5g
去离子水定容至	1 000mL

≥121℃高压灭菌 20～40min，在 20～25℃保存不超过 1 年。

3.4.5　1%蛋白胨缓冲液

NCAH 培养基♯10522

蛋白胨	10g
磷酸氢二钠	12.01g
磷酸二氢钾	2.09g
去离子水定容至	1 000mL

调节 pH 至 7.4±0.1。≥121℃高压灭菌 20～40min，冷却后使用，在 20～25℃保存不超过 6 个月。

3.4.6　5%牛血琼脂平板

NCAH 培养基♯10006

血琼脂基质粉	40g
去离子水定容至	950mL

≥121℃ 高压灭菌 20～40min，冷却至 45～47℃。

加入：脱纤牛血 50mL，倒入无菌培养皿中，冷却至 20～25℃，在 2～7℃保存不超过 6 个月。

3.4.7　马肉浸出肉汤

NCAH 培养基♯40143

马肉（不含脂肪）	454g
马肝	18g
去离子水	1 000mL

在盛有热水的器皿中研磨组织。加热至沸腾，并炖约 1h。远离热源，沉淀至少 2h。去掉脂肪。去除干酪样的膜状物和肉块。用 2 号 Whatman 滤纸过滤培养基。在步骤 3.4.8 项中使用，或在－20℃或－20℃以下保存待用。

3.4.8　丹毒培养基（肉汤）

NCAH 培养基♯10133

马肉浸出肉汤（见步骤 3.4.7 项）	1 000mL
磷酸氢二钠	11g
磷酸二氢钾	1g
Oxgall ®（1g 溶于 10mL 去离子水）	10mL
蛋白胨	20g
明胶（穿刺培养用）	5g

加热刚好至沸点以下，使明胶融化，冷却至 55～57℃，调节 pH 至 7.6±0.1。

加入：

葡萄糖	5g
马血清（非热灭活的）	100mL

趁热用 0.2m 一次性无菌滤器过滤。用滤过的酸或碱调节 pH 至 7.7±0.1。在 2～7℃保存不超过 6 个月。

4. 检验

4.1　检验动物的免疫

4.1.1　检查每个产品的标签和现行生产大纲第Ⅵ部分，以确认产品的身份和剂量。

4.1.2　至少选取 3 倍连续稀释的 4 个稀释度的待检菌苗和参考菌苗进行检验。

4.1.3　反复颠倒使产品充分混匀。用盐水对参考菌苗作 3 倍连续稀释，稀释到合适稀释度。按照该产品的特定生产纲要认可的盐水或稀释剂对待检菌苗进行同样的 3 倍系列稀释（某些油佐剂产品需要使用油性稀释剂）。将每个稀释度的菌苗分别加入无菌的血清瓶中。在临用前准备，不能以稀释后的状态保存。

4.1.4　每个稀释度的待检菌苗和参考菌苗分别免疫接种 20 只小鼠。参考菌苗组每只小鼠皮下注射 0.2mL。每只小鼠皮下接种产品标签或现行版生产大纲第Ⅵ部分推荐的待检菌苗的 1/10 最小推荐接种剂量。接种的体积不能少于 0.1mL。

4.1.5　留下 30 只小鼠，不接种，用于测定攻毒菌液的 LD_{50}。

4.2　在生物安全柜中准备攻毒菌液

4.2.1　用 1%蛋白胨缓冲液 1.5mL，重悬浮 1 瓶攻毒菌液。

4.2.2　将所有重悬浮的菌液接种 100mL 丹毒培养肉汤中。

4.2.3　将接种的肉汤置 35～37℃培养 18～24h。

4.2.4　用标准方法进行革兰氏染色。若革兰氏染色显示为纯粹的革兰氏阳性杆菌，则可继续进行攻毒程序。若培养物不纯粹，则重新开始准备攻毒菌液（见步骤 4.2.1 项）。

4.2.5　必要时用无菌的丹毒培养肉汤稀释培养过夜的攻毒培养物，用 Spectronic 20D＋分光光度计选择在 600nm 处透光率为 74%～78%的浓度。用无菌的丹毒培养肉汤作为空白对照。

4.2.6　用无菌的丹毒培养肉汤制备标准培养物 10^{-5} 稀释液。此为对免疫小鼠进行攻毒的攻毒菌液。将攻毒菌液等量分装到血清瓶中，用胶塞和铝盖密封。

4.2.7　继续对标准培养物进行 10 倍系列稀释（10^{-9}～10^{-6} 稀释度），准备用于攻毒后菌液的平板计数和 LD_{50} 的测定。根据每个测定的 LD_{50}（10^{-9}～10^{-7}）将菌液分别等量分装到血清瓶中，并密封。

4.2.8 将盛有攻毒菌液的小瓶和盛有额外稀释液的小管置于冰上。在整个攻毒过程中应将攻毒菌液一直放置于冰上，直至加入平板中进行攻毒后菌液的平板计数。

4.3 攻毒的时间和接种

4.3.1 免疫 14～21d 后，对所有免疫小鼠进行攻毒。用 1mL 结核菌素用注射器和 26 号×3/8 英寸针头对每只免疫小鼠皮下注射 0.2mL 攻毒用菌液（见步骤 4.2.6 项）。

4.3.2 免疫小鼠攻毒完成后，立即对非免疫对照小鼠（另分组，每组 10 只）进行攻毒。用 1mL 结核菌素用注射器和 26 号 3/8 英寸针头对每只小鼠皮下注射 0.2mL 适宜 LD_{50} 稀释度（在步骤 4.2.7 项准备的 10^{-9}～10^{-7} 稀释度）的菌液。

4.4 攻毒后在生物安全柜中进行平板计数

4.4.1 小鼠攻毒后，取准备进行活菌计数的菌液，用血琼脂平板进行活菌计数。

4.4.2 所有细菌悬液在滴平板前必须充分混匀。每个稀释度（见步骤 4.2.6 和 4.2.7 项中的 10^{-7}～10^{-5} 稀释度）滴 3 个牛血琼脂平板，每个滴 0.1mL。接种物必须均匀地分布在琼脂平板表面，不能流到边缘。在攻毒后 1h 内完成所有平板的接种。

4.4.3 平板在有氧条件下 35～37℃ 培养 48～72h。

4.4.4 使用每个平板上有 30～300 个菌落的稀释度，根据以下公式计算菌落形成单位（CFU）/攻毒剂量：

$$\frac{菌落总数}{平板数}\times\frac{1}{稀释度}\times\frac{1}{滴平板的体积（mL）}\times$$

$$\frac{攻毒稀释度}{1}\times\frac{攻毒菌液体积（mL）}{头份}=\frac{CFU}{头份}$$

4.4.5 在检验结果中记录攻毒菌液平板计数的结果（CFU/头份），可用于追溯试验信息的目的和分析存疑的检验。9CFR 没有明确规定本检验的最大或最小 CFU/头份的值。

4.5 攻毒后对小鼠的观察

4.5.1 攻毒后每天观察小鼠，连续观察 10d。记录死亡情况。

4.5.2 如果怀疑攻毒后小鼠的死亡不是由丹毒引起的，则剖检小鼠，确定死因。如果小鼠的死因与疫苗的免疫和/或攻毒无关，则该死亡小鼠不计入检验死亡总数中。

5. 检验结果说明

5.1 按照 9CFR113.119 部分规定分析检验结果。

5.1.1 通过 Reed-Muench 法或 Spearman-Kärber 法计算攻毒菌液的 LD_{50}/头份（理论上为可致死 50% 的对照小鼠的稀释度）。为确保检验有效，0.2mL 攻毒菌液种必须至少含有 100LD_{50}。

5.1.2 通过 Reed-Muench 法或 Spearman-Kärber 法计算参考菌苗和每批待检菌苗的 PD_{50}（理论上为可对 50% 小鼠产生保护的菌苗的剂量/稀释度）。

5.1.3 如果因参考菌苗最低稀释度组小鼠的保护率小于 50%，或最高稀释度组小鼠的保护率大于 50%，而无法计算 PD_{50}，则检验无效。参考菌苗组还必须分别有 2 个或 2 个以上稀释度组小鼠的保护率大于 0 且小于 100%，检验方为有效，即参考菌苗组应至少有 2 个稀释度组小鼠的保护率大于 0，且至少有 2 个稀释度组小鼠的保护率小于 100%。参考菌苗最低稀释度组小鼠保护率应大于 50%。参考菌苗最高稀释度组小鼠保护率应小于 50%。

5.1.4 如果因参考菌苗* 最低稀释度组小鼠的保护率小于 50%，而无法计算 PD_{50}，则可根据以下情况对该菌苗进行重检：

1）如果不重检，则判该批产品不符合规定。

2）如果最低稀释度的参考菌苗提供的免疫保护小鼠数量超过最小稀释度的待检菌苗组提供的免疫保护小鼠数量至少 6 只，则无需再进行额外检验，可直接判该批产品不符合规定。

3）如果参考菌苗保护的小鼠总数（所有稀释度组存活小鼠总数）超过待检菌苗保护的小鼠总数 8 只或更多，则无需再进行额外的检验，可直接判该批产品不符合规定。

5.1.5 如果在有效检验中，由于待检菌苗最高稀释度的免疫保护小鼠超过 50% 而导致该批检品的 PD_{50} 无法计算，则无需再进行额外的检验，可直接判该批产品符合规定。

5.1.6 用各批待检菌苗的 PD_{50} 除以参考菌苗的 PD_{50}，计算各批待检菌苗的相对保护效力（RP）。

5.1.7 如果待检菌苗的 RP≥0.6，则判待检菌苗符合规定。

5.1.8 如果待检菌苗的 RP<0.6，则判待检

---

* 译者注：此处英文有误，应为"待检菌苗"。

菌苗不符合规定。

5.1.9　RP＜0.6的待检菌苗可进行 2 次独立于首次检验的重检。按照以下方法对重检结果进行计算：

1）将重检的 RP 值取平均值。

2）如果重检的平均 RP 值＜0.6，则判待检菌苗不符合规定。

3）如果重检的平均 RP 值≥0.6，且首次检验得到的 RP≤重检的平均 RP 值的 1/3，则判待检菌苗符合规定。可认为首次检验的结果是由检验系统误差引起的。

4）如果重检的平均 RP 值≥0.6，但是首次检验得到的 RP≥重检的平均 RP 值的 1/3，则用所有的检验（首次检验加上重检）得到的 RP 值计算新的平均 RP 值。如果新的平均 RP 值≥0.6，则判待检菌苗符合规定。如果新的平均 RP 值＜0.6，则判待检菌苗不符合规定。

6. 检验结果报告

按照标准操作程序报告检验结果。

7. 参考文献

Title 9，Code of Federal Regulations，part 113.119 ［M］. Washington，DC：Government Printing Office.

Reed L J，Muench H，1938. A simple method of estimating 50% endpoints ［J］. Am J Hygiene，27：493-497.

Cottral G E，1978. Manual of standardized methods for veterinary microbiology ［M］. Ithaca and London：Comstock Publishing Associates：731.

Finney D J，1978. Statistical method in biological assay ［M］. 3rd ed. London：Charles Griffin and Company.

8. 修订概述

第 05 版

•更新细菌学实验室负责人。

•变更少量词汇以明确步骤。

第 04 版

•更新联系人信息。

•3.4 增加高压灭菌的时间范围。

•将全文中的 NVSL 变更为 NCAH。

第 03 版

•4.2/4.3 该部分进行了明确性修订。

第 02 版

本修订版资料主要用于阐述兽医生物制品中心现行的实际操作方法，并提供了额外的细节信息。虽然不对检验结果产生重大影响，但是对文件进行了以下修改：

•2.1　进行这项检验需使用的设备中增加了生物安全柜。

•2.2.1　对指定菌株的名称进行了修正。

•2.2.4　增加了 1mL 结核菌素用注射器。

•2.2.5　删除了大号针头。

•2.2.10　更新了指定的培养基，并在文件的其余部分中与其保持一致。

•3.4.7 和 3.4.8　进一步明确了培养基的配方。

•4.1.1　增加现行生产大纲第Ⅵ部分，作为额外信息来源。

•4.1.5　增加现行生产大纲第Ⅵ部分，以明确免疫途径。

•4.2.2　更新了培养基的量。

•4.2.7　增加了标准培养物的稀释度，以描述得更加清楚。

•4.2.8　增加了本部分，可选择在制备攻毒接种物的稀释液的同时制备平板计数用稀释液。

•5.1　增加了使用 Reed-Muench 法或 Spearman-Kärber 法进行评估的选择。

•文件中所有的攻毒培养物和参考菌苗的相关信息均参照现行试剂资料清单执行。

•文件中所有参考 CVB 内部 SOP 的，均被概述信息替代。

•联系人变更为 Janet Wilson。

（李　建译，刘　博校）

美国农业部兽医生物制品中心
检验方法

SAM 612　猪丹毒丝菌菌苗平板计数的补充检验方法

日　　期：2015 年 2 月 5 日

编　　号：SAM 612.04

替　　代：SAM 612.03，2011 年 7 月 1 日

标准要求：9CFR 第 113.67 部分

联 系 人：　　　　　　　　Sophia G. Campbell，(515) 337-7489

　　　　　　　　　　　　Amanda L. Byersdorfer，(515) 337-7984

审　　批：/s/Larry R. Ludemann，　　　　　　日期：2015 年 2 月 12 日

　　　　Larry R. Ludemann，细菌学实验室负责人

　　　　/s/Byron E. Rippke　　　　　　日期：2015 年 2 月 17 日

　　　　Byron E. Rippke，兽医生物制品中心政策、评审与执照管理部门负责人

　　　　/s/Rebecca L. W. Hyde　　　　　日期：2015 年 2 月 17 日

　　　　Rebecca L. W. Hyde，兽医生物制品中心质量管理部门负责人

美国农业部动植物卫生监督署

P. O. Box 844

Ames，IA 50010

补充检验方法中提及的商标或专利产品不等同于该产品已获得了美国农业部的保证或担保，
且它的批准也不意味着其可用于排除在外的其他可能适用的产品

目　录

1. 引言

本补充检验方法（SAM）描述了按照美国《联邦法规》第 9 卷（9CFR）113.67 部分规定，建立通过测定最终容器样本中的菌落形成单位（CFU）对猪丹毒菌苗、活培养物进行分析的测定方法。本方法用 5％牛血琼脂测定 CFU，并用 1％蛋白胨盐水作为稀释液。

2. 材料

2.1 设备/仪器

下列任何品牌的设备或仪器均可由具有相同功能的设备或仪器所替代。

2.1.1 旋涡振荡器；

2.1.2 菌落计数器；

2.1.3 移液管助吸器；

2.1.4 （35±2)℃培养箱；

2.1.5 层流式Ⅱ级生物安全柜（BSC）。

2.2 试剂/耗材

下列任何品牌的试剂或耗材均可由具有相同功能的试剂或耗材所替代。

2.2.1 1％蛋白胨盐水（见附录Ⅰ）〔国家动物卫生中心（NCAH）培养基♯10138〕。

2.2.2 5％牛血琼脂（见附录Ⅱ）

NVSL 培养基♯10006 或由生物制品厂按照生产大纲（OP）所述生产的培养基。

2.2.3 猪丹毒丝菌参考培养物〔美国菌种保藏中心（ATCC）♯19414〕。

2.2.4 70％酒精。

2.2.5 血清瓶装的无菌水。

2.2.6 无菌接种物涂布器。

2.2.7 一次性注射器和针头。

2.2.8 无菌一次性移液管。

2.2.9 无菌带盖的螺口试管。

2.2.10 手套和实验室工作服。

2.2.11 （4×4）英寸无菌纱布垫。

2.2.12 试管架。

2.2.13 锐器盒。

3. 检验准备

3.1 人员资质/培训

操作人员必须具有一定经验或经过本方法的培训。其中包括生物实验室无菌操作技术、试验物品的使用与处理，以及废弃的生物制剂、试剂、组织培养样本、化学药品等的处理。操作人员还必须了解安全操作程序和政策，并经过步骤 2.1 项所列出的实验室设备基本操作培训。

3.2 仪器/设备的准备

3.2.1 操作所有的设备和仪器均按照生产商提供的使用说明操作，并确保其符合标准操作程序（SOP）。

3.2.2 按照 SOP 监测培养箱的温度。

3.2.3 在开始工作前至少 30min，打开生物安全柜。

3.2.4 根据样品编号或名称、管号及稀释度对所有平板进行标记。每批检品每个稀释度标记 3 块平板。

3.3 试剂/对照品的准备

3.3.1 复溶至适当体积之前，应先将样品和参考培养物恢复至室温。

3.3.2 按照生产商的说明书制备猪丹毒丝菌参考品原液培养物。

3.3.3 阴性和阳性对照：取 1 块未接种的含 5％牛血琼脂平板和 1 块接种了无菌稀释液的平板与检验板一起培养，作为阴性对照平板。按照与待检菌苗相同的方法稀释猪丹毒丝菌参考品培养物（阳性对照品），但接种量根据步骤 3.3.2 项确定。

3.3.4 将用于计数的平板置冰箱中冷藏。在使用前，将板子置（35±2)℃培养箱过夜，或者在使用前置 BSC 中干燥。在使用时，平板制备时间不能超过 3 个月。

3.4 样品的准备

样品是猪丹毒丝菌菌苗和/或含有此组分的产品。对于不配备稀释液的样品，根据产品标签或企业生产大纲使用储存在血清瓶中的无菌纯化水进行稀释。

4. 检验

4.1 从冰箱或冷藏室取出 2 瓶（或根据检验的 OP 所述的瓶数）待检样品和 1 瓶猪丹毒丝菌参考品原液培养物，并恢复至室温。

4.2 用 70％酒精消毒瓶盖。充分重新水合小瓶中的内容物，至少 5min。反复颠倒摇晃小瓶，直至完全混匀。

4.3 拟对检品进行 10 倍系列稀释，将（20×150）mm 带螺帽培养管放在管架上，使用 10mL 移液管分别吸取 9.0mL 的 1％蛋白胨盐水加至每个培养管中。根据需求，依次标记培养管 $10^{-x} \sim 10^{-1}$。

4.4 用移液管取步骤 4.2 项准备好的第一次的样品 1.0mL，加入含 1％蛋白胨盐水的第一支试管中。盖好试管并涡旋。继续进行系列稀释，用新的移液管从 10^{-1} 管中取 1.0mL 样品加入 10^{-2} 管中。重复该步骤，且每次转移更换无菌移液管，直至达到所要求的 10 倍系列稀释度（参考企业的 OP）。

4.5　用无菌移液管将系列稀释最后 3 个稀释度的样品各吸取 0.1mL，滴加在按照步骤 2.2.2 项制备的培养基表面。

4.6　使用无菌涂布器将菌液均匀涂布在琼脂培养基表面。

4.7　重复步骤 4.4 至 4.6 项，进行第二瓶样品的检验。

4.8　取按照步骤 3.3.2 项确定的 3 个稀释度的参考对照品稀释液，每个稀释度按照步骤 4.5 至 4.6 项接种 3 块平板。

4.9　翻转所有平板，并置（35±2）℃ 培养 72h。培养结束后，选取含有 30～300CFU 的稀释度平板进行计数。按照以下公式计算待检小瓶中每头份菌苗所含的 CFU 平均数。

$$\frac{(CFU\ 平均数)\times(mL\ 稀释液体积)}{(稀释度)\times(mL\ 接种体积)\times(每瓶头份数)}=CFU/头份$$

5. 检验结果说明

5.1　如果在首次检验中，每头份菌苗所含 CFU 等于或大于企业 OP 所规定的最小值，则无需进行额外的检验，可直接判该批或该亚批菌苗活菌计数符合规定（SAT）。

5.2　如果在首次检验中，每头份菌苗所含 CFU 小于企业 OP 所规定的最小值，则该批或该亚批菌苗可用首次检验双倍数量的样品进行重检，如不进行重检，则判该批或该亚批菌苗活菌计数不符合规定（UNSAT）。用新菌苗进行重检时，将企业 OP 中的检验方法同本 SAM 相比较。如果用企业 OP 中的检验方法进行重检时，新菌苗的平均菌落数低于所要求的最小值，则判该批或该亚批菌苗 UNSAT。

5.3　如果用企业 OP 中的检验方法进行重检时，新菌苗的平均菌落数等于或高于所要求的最小值，则判该批 * 菌苗 SAT。

5.4　如果首次检验参考品培养物或阳性对照品培养物没有在步骤 3.3.2 项中所要求的数值范围内，但产品的检验结果符合规定，则无需进行额外的检验，可判该批或该亚批菌苗活菌计数为未检验（NT），该产品的检验结论按照企业的检验结果公布。如果参考品培养物的计数结果没有在规定滴度范围内，且同时检验菌苗的计数结果低于所规定的最小值，则该批菌苗需使用与首次检验相同数量的新菌苗样品进行无差别的重检。如果在首次检验中阴性对照板上有菌生长，则无需进行额外的检验，判该批或该亚批菌苗活菌计数为 NT。

6. 检验结果报告

根据 SOP 记录并报告检验结果。

7. 参考文献

Title 9，Code of Federal Regulations，part 113.67 [M]. Washington，DC：Government Printing Office.

8. 修订概述

第 04 版

• 更新细菌学实验室负责人。

• 1～6：这些部分被明确和更新，以反映目前的实际操作情况。

• 附录：更新培养基的保存条件。

第 03 版

• 更新联系人信息。

• 文件中所有的 NVSL 均变更为 NCAH。

• 附录：增加培养基的保存条件。

第 02 版

本修订版资料主要用于阐述兽医生物制品中心现行的实际操作方法，并提供了额外的细节信息。虽然不对检验结果产生重大影响，但是对文件进行了以下修改：

• 联系人中增加了 Amanda Byersdorfer。

• 2.1　设备列表中删除了本生灯。

• 4.8　增加对试验中使用的稀释剂进行无菌检查，用 1 块平板接种无菌稀释液作为阴性对照。

• 4.9　增加了 CFU/头份的计算方法。

---

*　译者注：此处应含"亚批"。

附录

附录Ⅰ　NCAH 培养基♯10138

1%蛋白胨溶液＋0.5%NaCl

Bacto 蛋白胨	10.0g
NaCl	5.0g

加 H_2O 至 1 000mL

121℃高压灭菌 20min，2～5℃保存不超过 3 个月。

附录Ⅱ　NCAH 培养基♯10006

5%牛血琼脂培养基

血琼脂基质（Difco）	40.0g
H_2O	950mL

121℃高压灭菌 20min。

冷却至 47℃，并加入脱纤牛血 50mL，2～5℃保存不超过 3 个月。

（李　建译，刘　博校）

SAM613.04

美国农业部兽医生物制品中心
检验方法

SAM 613　猪丹毒丝菌菌苗体外效力检验的补充检验方法

日　　期：2016 年 5 月 18 日已批准，标准要求待定
编　　号：SAM 613.04
替　　代：SAM 613.03，2009 年 12 月 29 日
联 系 人：Janet M. Wilson，（515）663-7245
审　　批：/s/Larry R. Ludemann　　　　　日期：2016 年 6 月 1 日
　　　　　Larry R. Ludemann，细菌学实验室负责人

　　　　　/s/Paul J. Hauer　　　　　　　日期：2016 年 6 月 8 日
　　　　　Paul J. Hauer，兽医生物制品中心政策、评审与执照管理部门负责人

美国农业部动植物卫生监督署
P. O. Box 844
Ames，IA 50010

补充检验方法中提及的商标或专利产品不等同于该产品已获得了美国农业部的保证或担保，
且它的批准也不意味着其可用于排除在外的其他可能适用的产品

由以下人员录入 CVB 质量管理体系：

/s/Linda. S. Snavely　　　　　日期：2016 年 6 月 13 日
Linda. S. Snavely，质量管理计划助理

目　录

1. 引言

本补充检验方法（SAM）描述了通过利用捕获酶联免疫吸附试验（ELISA）测定猪丹毒特异性65kDa蛋白，进行猪丹毒菌苗体外效力检验的方法。通过将待检菌苗中65kDa蛋白含量与合格的参考菌苗中65kDa蛋白含量相比较，测定待检菌苗的相对效力。

2. 材料

2.1　设备/仪器

下列任何品牌的设备或仪器均可由具有相同功能的设备或仪器所替代。

2.1.1　双波长酶标仪（490nm和650nm）；

2.1.2　微量移液器，量程覆盖范围为5.0～1 000μL；

2.1.3　8道或12道微量移液器；

2.1.4　定轨振荡器；

2.1.5　天平，可称量150mg至15 000mg；

2.1.6　CVBSOP0102中所述的能够进行计算的计算机软件程序，利用软件计算相对效力；

2.1.7　高强度超声处理器，20kHz。

2.2　试剂/耗材

下列任何品牌的试剂或耗材均可由具有相同功能的试剂或耗材所替代。

2.2.1　碳酸盐包被缓冲液（pH9.6）；

2.2.2　磷酸缓冲盐水（PBS）（pH7.2）；

2.2.3　含0.05%吐温20的磷酸盐缓冲盐水（PBST）；

2.2.4　封闭液（含2%脱脂奶粉的PBS）；

2.2.5　试剂稀释液（含2%脱脂奶粉的PBST）；

2.2.6　溶解抗原用磷酸缓冲盐水（可选）；

2.2.7　溶解抗原用0.5%脱氧胆酸钠（脱氧胆酸盐）缓冲液（可选）；

2.2.8　溶解抗原用试剂级别的柠檬酸钠（可选）；

2.2.9　3,3′,5,5′-四甲基联苯胺（TMB）底物显色液（Kirkegaard-Perry Laboratories有限公司，2Cessna Court，Gaithersburg，MD20879，#50-76-00）。

2.2.10　终止液（2.5mol/L H_2SO_4）；

2.2.11　96孔平底微量滴定板（Immulon 2；Dynex Laboratories有限公司）；

2.2.12　96孔U型底未包被微量滴定板（转移板）；

2.2.13　酶标板密封器或Parafilm膜；

2.2.14　猪丹毒丝菌65kDa蛋白的单克隆抗体（MAb）MAb ERHU1-B60-91，本试剂可从CVB获得；请参阅现行试剂资料清单，以获取更多信息；

2.2.15　兔抗猪丹毒丝菌65kDa蛋白的多克隆血清（单特异性），本试剂可从CVB获得；请参阅现行试剂资料清单，以获取更多信息；

2.2.16　辣根过氧化物酶标记的山羊抗兔IgG（H＋L）（Jackson Immuno Research Laboratories有限公司）；

2.2.17　合格的含有猪丹毒丝菌的参考菌苗

关键控制点：参考菌苗和待检批次菌苗应使用相同的佐剂。理想的情况下，参考菌苗应按照与待检批次菌苗相同的生产大纲进行生产。

3. 检验准备

3.1　人员资质/培训

操作人员必须具有使用常规实验室化学品、设备和玻璃器皿的工作知识，熟悉ELISA检测的操作过程，及使用全自动酶标仪和数据记录分析软件的工作知识和经验。

3.2　设备/仪器的准备

按照生产商推荐和适用的内部标准操作程序操作和维修保养仪器/设备。

3.3　试剂的准备

> 警告：配制以下某些试剂时会使用酸和碱的浓溶液。而两者都是危险的，必须适当操作。应参阅材料安全性资料清单（MSDS）（现行版）中适宜的安全程序进行。

3.3.1　碳酸盐包被缓冲液（0.05mol/L，pH9.6）〔国家动物卫生中心（NCAH）培养基#20034〕

Na_2CO_3	0.159g
$NaHCO_3$	0.293g
去离子水定容至	100mL

调节pH至9.6±0.1。在2～7℃保存不超过1周。

3.3.2　磷酸盐缓冲盐水（PBS）：NCAH培养基#10559

NaCl	8.00g
KCl	0.20g
Na_2HPO_4	1.15g
KH_2PO_4	0.20g
去离子水定容至	1L

用0.1mol/L NaOH或0.1mol/L HCl调节

pH 至 7.2±0.1。在 20～25℃保存不超过 6 个月。如果需要长期保存（长达 1 年），则需在保存前进行高压湿热灭菌。

3.3.3 含吐温 20 的 PBS（PBST）

PBS（见步骤 3.3.2 项）   1L

吐温 20   0.50mL

在 20～25℃保存不超过 6 个月。

3.3.4 封闭缓冲液（含 2%脱脂奶粉的 PBS）

脱脂奶粉   4.0g

PBS（见步骤 3.3.2 项）   200mL

每天新鲜配制。

3.3.5 稀释液（含 2%脱脂奶粉的 PBST）

脱脂奶粉   4.0g

PBST（见步骤 3.3.2 项）   200mL

每天新鲜配制。

3.3.6 抗原溶解用磷酸缓冲盐水

KH_2PO_4 8.2g

去离子水定容至   100mL

调节 pH 至 6.5±0.1，在 20～25℃保存不超过 30d。

3.3.7 溶解抗原用 0.5%脱氧胆酸钠（脱氧胆酸盐）缓冲液

PBS（见步骤 3.3.2 项）   100mL

脱氧胆酸钠（Sigma♯D6750，或等效物）0.50g

在 2～7℃保存不超过 1 个月，用前预热至 20～25℃。注意：该缓冲液的凝胶在 2～7℃保存。

3.4 样品的准备

某些菌苗在检验前不需要进行抗原洗脱处理。可以选取每种产品的代表批次同时做洗脱和不洗脱处理来验证是否该洗脱处理能特异性的增强 65kDa 蛋白捕获的能力。如不能证明抗原捕获能力增强，则待检菌苗无需作抗原洗脱处理。参考菌苗和待检菌苗需用相同的方法处理。以下部分讨论了一些常见的抗原洗脱处理方法。但是，对于某些菌苗来说，可能更适选择其他的洗脱程序。需对每个生产商生产的菌苗采用最佳的抗原洗脱处理。在对菌苗处理之后方可用稀释剂进行 2 倍系列稀释。

3.4.1 铝佐剂菌苗

1）柠檬酸钠洗脱液

在 10.0mL 菌苗中加入 1.0g 柠檬酸钠（10% w/v）。置 35～38℃摇床中振荡（100～130r/min）16～24h。视菌苗未被稀释。

2）磷酸盐缓冲洗脱液

在 1.0mL 菌苗中加入 1.0mL 磷酸盐缓冲洗脱液。置 35～38℃摇床中振荡（100～130r/min）16～24h。视菌苗进行了 1：2 倍稀释。

3.4.2 油佐剂菌苗

将 1.0mL 0.5%脱氧胆酸钠与 1.0mL 菌苗混合。置 35～38℃摇床中振荡（100～130r/min）16～24h。视菌苗进行了 1：2 倍稀释。

4. 捕获 ELISA 检验

4.1 用冷的碳酸盐包被缓冲液将 MAb ERHU1-B60-91 稀释到现行使用浓度（参考试剂资料清单）。96 孔平底微量滴定板每孔加入 100μL 稀释好的 MAb。用有黏性的密封膜或 Parafilm 膜将板子密封好。在 2～7℃过夜孵育至少 16h。包被好的板子可以在 2～7℃放置不超过 5d。

4.2 用 PBST 洗板 3 次。可以使用自动洗板机（200～250μL/孔，每次浸泡 10～40s，洗涤 3 次），也可以人工洗板。将板子倒扣在吸湿性材料上拍打，去除残留的液体。

4.3 板子每孔加入 100μL 封闭液。在 35～38℃孵育 60～75min。

4.4 洗板，同步骤 4.2 项。

4.5 在转移板上将参考菌苗和待检菌苗进行 2 倍系列稀释。96 孔 U 型底酶标板每孔加入 125μL 稀释液。在每列或行的第 1 孔加入 125μL 菌苗，每批菌苗至少稀释 2 列或行。使用多道微量移液器对板子上的菌苗进行 2 倍系列稀释。每板留至少保留 2 孔，不加入菌苗，作为空白对照。

推荐至少进行 7 次 2 倍系列稀释。在理想的情况下，选择的菌苗稀释度可以得到每批菌苗的抗原从饱和反应到反应逐渐减弱的曲线。参考菌苗和待检菌苗使用的稀释度可能不同。

4.6 将转移板中的菌苗稀释液每孔转移 100μL 到对应的检验板孔中。密封板子，置 35～38℃孵育 60～75min。

4.7 洗板，同步骤 4.2 项。

4.8 用稀释液稀释兔源多克隆抗血清至现行使用浓度（参考试剂资料清单）。在检验板每孔中加入 100μL 稀释好的抗体。密封板子，置 35～38℃孵育 60～75min。

4.9 洗板，同步骤 4.2 项。

4.10 用稀释液稀释辣根过氧化物酶标记的抗兔抗体至适宜的使用浓度，使用浓度可以通过棋盘法确定。检验板每孔中加入 100μL 稀释好的结合物。密封板子，置 35～38℃孵育 60～75min。

4.11　测出所需的 TMB 底物的体积（10mL/板）。在加入结合物孵育阶段，将 TMB 避光保存，使温度达到 20～25℃。

4.12　洗板，同步骤 4.2 项。

4.13　检验板每孔中加入 100μL TMB 底物溶液。置 20～25℃ 孵育 7～15min，或直到充分显色。

4.14　板中每孔加入 100μL 终止液（2.5mol/L H_2SO_4）。

4.15　在 450nm/650nm 波长对 ELISA 板进行读数。计算空白孔的平均吸光值。数据分析前，各菌苗孔的读数减去空白孔的平均吸光值。

5. 检验结果说明

5.1　相对效力计算方法

参照现行版 CVBAOP0102 测定相对效力。

5.2　有效检验的要求

5.2.1　检验必须符合 CVBAOP0102 规定的有效性要求，方可被认为有效。

5.2.2　一阶回归确定的直线必须有 ≥0.95 的相关系数（r）。

5.2.3　参考菌苗和待检批次菌苗的剂量效应线必须显现平行性。

5.2.4　无效的检验最多可重检 3 次。如果在 4 次独立的检验中均无法达到有效，则判菌苗为不符合规定。

5.3　符合规定批次的要求

待检批次菌苗的 RP 值必须 ≥1.0 且检验有效，则判结果符合规定。菌苗批次 RP 值<1.0 且检测有效，则可进行 2 次与首次检验一致的独立的

重检。如果 2 次重检的 RP 值均 ≥1.0，则判该批产品符合规定。如果不对待检批次菌苗进行重检，则判该批产品不符合规定。

6. 检验结果报告

按照标准操作程序报告检验结果。

7. 修订概述

第 04 版

• 更新部门主管和负责人。

• 相对效力参照文件由 SAM318 变更为 CVBSOP0102。

第 03 版

• 更新联系人信息。

第 02 版

本修订版资料主要用于阐述兽医生物制品中心现行的实际操作方法，并提供了额外的细节信息。虽然不对检验结果产生重大影响，但是对文件进行了以下修改：

• 2.2　终止使用 2，2-二-3-乙基苄基咪唑啉磺酸酯底物，并将该部分从文件中删除。

• 将去氧胆酸盐变更为脱氧胆酸盐（这两个化学品是等价的）。

• 在整个文件的适用的位置增加了参考现行试剂资料清单的内容。

• 修订了文件的题目，以明确本 SAM 所述的是体外检验方法，而不是法规中用小鼠进行检验的方法（SAM611 中所述）。

• 联系人变更为 Janet M. Wilson。

（李　建译，刘　博校）

美国农业部兽医生物制品中心
检验方法

SAM 617　克氏钩端螺旋体流感伤寒血清群菌苗
效力检验的补充检验方法

日　　期：2016 年 3 月 9 日

编　　号：SAM 617.05

替　　代：SAM 617.04，2011 年 7 月 1 日

标准要求：9CFR 第 113.104 部分

联 系 人：Angela M. Walker，(515) 337-7020

审　　批：/s/Larry R. Ludemann,　　　　　日期：2016 年 3 月 16 日

　　　　　Larry R. Ludemann，细菌学实验室负责人

　　　　　/s/Paul J. Hauer　　　　　　　　日期：2016 年 3 月 16 日

　　　　　Paul J. Hauer，兽医生物制品中心政策、评审与执照管理部门负责人

美国农业部动植物卫生监督署

P. O. Box 844

Ames，IA 50010

补充检验方法中提及的商标或专利产品不等同于该产品已获得了美国农业部的保证或担保，
且它的批准也不意味着其可用于排除在外的其他可能适用的产品

由以下人员录入 CVB 质量管理体系：

/s/Linda. S. Snavely　　　　　日期：2016 年 3 月 17 日

Linda. S. Snavely，质量管理计划助理

目　录

1. 引言

本补充检验方法（SAM）描述了按照联邦管理条例第 9 卷（9CFR）113.104 部分规定，用仓鼠免疫-攻毒方法检测流感伤寒钩端螺旋体菌苗效力的方法。

2. 材料

2.1 设备/仪器

下列任何品牌的设备或仪器均可由具有相同功能的设备或仪器所替代。

2.1.1 具有暗视野的显微镜；

2.1.2 5.5 英寸鼠齿钳；

2.1.3 解剖针，1～1.5 英寸；

2.1.4 剖检板；

2.1.5 Stomacher® 搅拌器和无菌袋（可用 15mL 组织匀浆机替代，如可使用 TenBroeck）；

2.1.6 分析天平。

2.2 试剂/耗材

下列任何品牌的试剂或耗材均可由具有相同功能的试剂或耗材所替代。

2.2.1 1mL 结核菌素用注射器；

2.2.2 针头，合适尺寸；

2.2.3 手术刀；

2.2.4 螺口玻璃试管，（20×150）mm（或其他等效容器）；

2.2.5 带有橡胶塞的血清瓶（或用于制备肝脏匀浆物稀释液的等效容器）；

2.2.6 70%（v/v）酒精；

2.2.7 显微镜用载玻片和盖玻片；

2.2.8 各种规格移液管，带棉花塞；

2.2.9 1% 牛血清白蛋白稀释液（BSAD）；

2.2.10 P80-PA 半固体培养基；

2.2.11 0.85% 氯化钠溶液（盐水）；

2.2.12 流感伤寒钩端螺旋体攻毒培养物，仓鼠致死性。

2.3 动物

2.3.1 成年仓鼠，50～90g。每批菌苗检验用 10 只仓鼠。此外每次检验还需要另外使用 30 只仓鼠，用于非免疫对照和 LD_{50} 的测定。

2.3.2 所有仓鼠必须来源于相同种群。每次检验中使用相同性别的仓鼠（全是雄性或全是雌性）。

2.3.3 所有的仓鼠均按照相同的方式饲养（畜舍和饲料等相同）。

3. 检验准备

3.1 人员资质/培训

操作人员需具有使用常规实验室化学品、设备和玻璃器皿的工作知识，且经过对活体钩端螺旋体安全操作的专门培训，并且具有一定经验。操作人员需经过针对仓鼠实验室饲养管理和试验操作及针对本检验的专门培训。

3.2 设备/仪器的准备

3.2.1 按照生产商的建议和适用的内部标准操作步骤对所有仪器设备进行操作及保养维护。

3.2.2 使用前，消毒所有的玻璃器皿。

3.2.3 仅使用无菌的耗材（移液管、注射器、针头、橡胶塞等）。

3.3 试剂的准备

3.3.1 1% 牛血清白蛋白稀释液〔国家动物卫生中心（NCAH）培养基♯20133〕

Na_2HPO_4	0.664g
NaH_2PO_4	0.087g
牛血清白蛋白（V 因子）	10g
去离子水定容至	1.0L

混合直至完全溶解。如果有必要，调节 pH 至 7.5±0.1。用 0.22μm 滤器滤过除菌。20～25℃ 保存不超过 1 年。

3.3.2 0.85% 盐水：NCAH 培养基♯30201

氯化钠	8.5g
去离子水定容至	1.0L

121～125℃ 高压灭菌 15～20min，20～25℃ 保存不超过 1 年。

3.3.3 P80-BA 半固体培养基：NCAH 培养基♯10117

Na_2HPO_4	0.664g
$Na_2H_2PO_4$	0.087g
NaCl	1.925g
NH_4Cl	0.268g
$MgCl_2$	0.191g
去离子水	790mL

搅拌，直至完全溶解后加入：

硫酸铜溶液（300mg/L，pH5.8）	1mL
硫酸锌溶液（0.4g/L，pH6.3）	10mL
硫酸铁溶液（2.5g/L）	20mL
L-半胱氨酸	0.2g

搅拌，无需使 L-半胱氨酸完全溶解。请勿加热。

通过 3 层♯1 厚的 Whatman 滤纸过滤。如果滤液中含有杂质，再次过滤。

向过滤后的培养基中加入：

维生素 B_{12} 溶液（10mg/L）	20mL

硫胺素的 HCl 溶液（2g/L，pH3.8）　0.1mL

吐温 80　　　　　　　　　　　　　1.2mL

去离子水定容至　　　　　　　　　　1.0L

取 800mL 上述混合液加入一个大的容器内，再加入 1.3g 纯化琼脂。121～125℃高压灭菌 20～25min，冷却至（56±1）℃。

加入以下成分：

牛血清白蛋白（V 因子）　　　　　　20g

磷酸氢二钠　　　　　　　　　　　0.133g

磷酸二氢钾　　　　　　　　　　　0.017g

去离子水定容至　　　　　　　　　200mL

调节 pH 至 7.4～7.6，滤过除菌（0.2m）。

将滤过除菌的白蛋白溶液加入冷却（56℃）后的上述溶液中。

用无菌 10%NaOH 调节 pH 至 7.2～7.8，将溶液分装至螺口试管中，每管 9mL，盖紧管盖，20～25℃保存不超过 1 年。

3.4　样品的准备

3.4.1　将各瓶疫苗振荡，使内容物充分混匀。

3.4.2　用 70%酒精将疫苗瓶盖消毒。

3.4.3　用生理盐水将各瓶疫苗稀释至 1 只仓鼠的接种剂量(0.25mL)，相当于本动物剂量的 1/800。

1）对于 2mL 规格产品，用盐水按照 1:100 稀释菌苗。

2）对于 5mL 规格产品，用盐水按照 1:40 稀释菌苗。

4. 检验

4.1　仓鼠的免疫

4.1.1　每个待检疫苗免疫 10 只仓鼠,每只按照生产商推荐的接种途径接种稀释后的疫苗(见步骤 3.4.3 项) 0.25mL。如果推荐的免疫途径是肌内注射，或产品标签标注的是肌肉或皮下免疫，则选择仓鼠的后腿肌内注射免疫。如果产品标签仅标注皮下途径接种，则选择仓鼠腹部皮下接种。对所有的免疫，均选用配备合适规格针头的 1.0mL 注射器。

4.1.2　保留 10 只非免疫仓鼠作为对照。

4.1.3　保留 20 只非免疫仓鼠用于测定攻毒接种物的 LD_{50}。

4.1.4　免疫后 14～18d,用流感伤寒钩端螺旋体强毒菌液对所有仓鼠进行攻毒。

4.2　攻毒操作步骤

攻毒接种物来自临床发病仓鼠的肝脏匀浆液，由兽医生物制品中心（CVB）采用常规方法将攻毒用微生物在仓鼠体内传代，使其保持毒力。

4.2.1　在 3～4d 前感染流感伤寒钩端螺旋体的仓鼠中，选取一只临床发病的仓鼠（最好是濒临死亡的）。

4.2.2　采用 CO_2 将仓鼠安乐死。推荐使用压缩气体钢瓶使动物能够快速吸入气体，因为其可精确调节吸入的气体流量。应遵照动物保护与使用委员会批准的安乐死的操作程序进行。

4.2.3　将仓鼠的尸体钉在解剖板上（腹面向上），用 70%酒精消毒皮肤。

4.2.4　采用无菌操作技术，分离腹部皮肤。弃去暴露腹部肌肉组织时使用的器械。使用新的器械分离肌肉，暴露腹腔脏器。弃去暴露腹腔时使用的器械。

4.2.5　使用新的器械，无菌摘取约 1g 肝脏组织。将肝脏样品放入置于分析天平上的无菌容器中，称取（1.0±0.1）g 感染组织。将肝脏样品加入无菌研磨袋中，向袋中加入 9mL 无菌 BSAD。充分匀浆肝脏，注意避免产生泡沫。此悬液为 1:10 的稀释液。

4.2.6　用 BSAD 制备 5 个 10 倍系列稀释（1.0mL 样品悬液＋9.0mL 稀释液）的组织悬液（10^{-6}～10^{-2}）。将稀释液在室温（20～25℃）条件下保存，并在制备好稀释液的 1h 内完成攻毒操作。

4.2.7　从 10^{-4} 稀释液中取 2 滴滴在载玻片上，盖上盖玻片后置 200×暗视野显微镜下观察，10^{-4} 稀释液在每块视野下微生物数量必须达到 4～20 个。

4.2.8　如果 10^{-4} 稀释液在每个视野下的微生物数量达到 4～20 个，则用 10^{-7} 稀释度作为攻毒接种物（攻毒接种物应满足 10～10 000LD_{50} 攻毒剂量）。攻毒接种物应在适宜的无菌容器内制备。

注意：如果 10^{-4} 稀释液在每个视野下螺旋体的数量大于 20，则继续用 BSAD 稀释直至螺旋体数量为 4～20；如果在每个视野下螺旋体的数量小于 4，则观察 10^{-3} 稀释液；如果 10^{-3} 稀释液在每个视野下螺旋体的数量满足要求，则使用 10^{-5} 稀释液攻毒。如果 10^{-3} 稀释液在每个视野下螺旋体的数量小于 4，则另选一只临床病鼠（见步骤 4.2.1 项），并重新制备攻毒接种物，以保证更接近所需生物体的密度。

4.2.9　除攻毒用稀释液外，制备 4 份攻毒接种物再进行 10 倍稀释的稀释液。这些稀释液将被用于测定攻毒接种物的 LD_{50}。

4.2.10　剩余的用于制备攻毒接种物的肝脏匀浆可被用于感染其他仓鼠，制成后续效力检验所需的接种源。应调整稀释度和剂量体积，以便与传代培养的频率相适应。

4.2.11　取 1mL 攻毒接种物加入 9mL P80-BA 半固体培养基中。将半固体培养基置 25～30℃培养 2～4 周。培养基可在 20～25℃条件下最多保存 6 个月。如果需要进行其他检验，这些培养物可作为攻毒接种物的备案来源。内部使用 CVB 制备的额外的培养物（即每份 10^{-4}～10^{-10} 攻毒稀释液的备份）。

4.3　检验仓鼠的攻毒

4.3.1　在制备后 1h 内，可以将按照步骤 4.2.8 项选择的稀释液腹腔注射（IP）每只免疫仓鼠和 10 只非免疫对照仓鼠，每只接种 0.2mL。用配有合适规格针头的 1.0mL 注射器注射。

4.3.2　取按照步骤 4.2.9 项制备的每个稀释液，各接种 5 只仓鼠（每只 IP 接种 0.2mL）。用这 4 组仓鼠测定攻毒接种物的 LD_{50}。

4.3.3　用 70% 酒精对所有工作台面消毒。将所有污染的设备和耗材高压灭菌。

4.4　仓鼠攻毒后的观察

4.4.1　攻毒后每天观察所有试验仓鼠，连续观察 14d。记录死亡情况。

注意：表现预期疾病临床症状的濒临死亡动物，如果不能自行恢复或自主行动，则可对其实施安乐死，但是按照 9CFR117.4 的大纲规定，在统计时，这些动物将被判为死亡。

4.4.2　在 14d 的观察期末，统计存活的仓鼠数量并记录结果。

4.4.3　采用 Reed-Muench 法或 Spearman-Karber 法计算攻毒接种物的 LD_{50}。

5. 检验结果说明

5.1　按照 9CFR113.101 部分描述的方法对检验结果进行说明。

5.2　如果仓鼠的攻毒剂量为 10～10 000LD_{50}，且攻毒后有 8 只或 8 只以上非免疫对照仓鼠死亡，则检验有效。

5.3　如果检验第一阶段免疫仓鼠有 3 只或 4 只出现死亡，则按照与第一阶段相同的方法进行第二阶段检验。如果进行了第二阶段的检验，则按照下表第二部分的要求对每批产品进行检验。根据累计的结果判定产品批次是否符合规定。根据下表对检验结果进行评价。

阶段	免疫动物数量（只）	免疫动物累计数量（只）	符合规定批次产品仓鼠死亡的总数（只）	不符合规定批次产品仓鼠死亡的总数（只）
1	10	10	2 或更少	5 或更多
2	10	20	5 或更少	6 或更多

6. 检验结果报告

按照标准操作程序报告检验结果。

7. 参考文献

Title 9, Code of Federal Regulations, part 113. 104[M]. Washington, DC: Government Printing Office.

8. 修订概述

第 05 版

• 更新联系人信息，并对文件进行了微小的修订，以反映目前的实际操作情况。

第 04 版

• 将"问号钩端螺旋体流感伤寒血清型"变更为"克氏钩端螺旋体感冒伤寒血清群"，以反映目前分子鉴定结果。

• 更新联系人信息。

• 3.3.1　变更 BSA 稀释液的 pH，使其与 7.5 的偏差为 ±0.1。

• 文件中所有的 NVSL 均变更为 NCAH。

第 03 版

• 对文件进行了微小的修订，以符合目前的格式要求。

第 02 版

本修订版资料主要用于阐述兽医生物制品中心现行的实际操作方法，并提供了额外的细节信息。虽然不对检验结果产生重大影响，但是对文件进行了以下修改：

• 2.1　仪器和设备列表中增加 Stomacher® 研磨器和分析天平。

• 2.2　更新试剂和耗材清单，以便更准确地反映本检验方法所用试剂和耗材。

• 3.3　更新了配方，以便溶液在室温条件下最多可保存 1 年。

• 3.3.3　试剂制备章节中增加了 P80-BA 半固体培养基的制备方法。

• 将参照 CVB 内部文件变更为概述信息。

• 联系人变更为 Mary C. Rasmusson。

（杨忠萍译，刘　博校）

SAM620. 06

美国农业部兽医生物制品中心
检验方法

SAM 620　产肠毒素大肠杆菌（K99 菌毛）菌苗
效力检验的补充检验方法

日　　　期：2017 年 5 月 10 日已批准，标准要求待定

编　　　号：SAM 620. 06

替　　　代：SAM 620. 05，2014 年 4 月 3 日

标准要求：

联 系 人：Janet M. Wilson，（515）337-7245

审　　　批：/s/Larry R. Ludemann　　　　　日期：2017 年 5 月 12 日

　　　　　　Larry R. Ludemann，细菌学实验室负责人

　　　　　　/s/Paul J. Hauer　　　　　　　　日期：2017 年 6 月 1 日

　　　　　　Paul J. Hauer，兽医生物制品中心政策、评审与执照管理部门负责人

美国农业部动植物卫生监督署

P. O. Box 844

Ames，IA 50010

补充检验方法中提及的商标或专利产品不等同于该产品已获得了美国农业部的保证或担保，
且它的批准也不意味着其可用于排除在外的其他可能适用的产品

由以下人员录入 CVB 质量管理体系：

/s/Linda. S. Snavely　　　　　日期：2017 年 6 月 6 日

Linda. S. Snavely，质量管理计划助理

目　录

1. 引言

本补充检验方法（SAM）通过利用捕获酶联免疫吸附试验（ELISA）检测 K99 菌毛抗原，进行灭活的大肠杆菌菌苗效力的检测。通过将待检菌苗中 K99 抗原含量与未过期的、合格的参考菌苗中 K99 抗原含量相比较，测定待检菌苗的相对效力。

2. 材料

2.1 设备/仪器

下列任何品牌的设备或仪器均可由具有相同功能的设备或仪器所替代。

2.1.1 微量移液器，量程覆盖范围为 5～1 000μL；

2.1.2 8 道或 12 道微量移液器，量程覆盖范围为 50～200μL；

2.1.3 定轨振荡器；

2.1.4 自动洗板机（可选）；

2.1.5 双波长酶标仪（490nm 和 650nm）；

2.1.6 天平，可称量 150～15 000mg；

2.1.7 相对效力计算软件。

2.2 试剂/耗材

下列任何品牌的试剂或耗材均可由具有相同功能的试剂或耗材所替代。

2.2.1 96 孔平底高结合力的微量滴定板（Immulon 2；Dynex Laboratories 有限公司）；

2.2.2 96 孔可进行系列稀释的未包被的微量滴定板（转移板）；

2.2.3 封板膜；

2.2.4 碳酸盐包被缓冲液；

2.2.5 磷酸缓冲盐水（PBS），pH7.2；

2.2.6 含 0.05％吐温 20 的磷酸盐缓冲盐水（PBS-吐温）；

2.2.7 磷酸盐洗脱缓冲液（可选）；

2.2.8 二水合柠檬酸钠,用于抗原洗脱(可选)；

2.2.9 脱氧胆酸钠（脱氧胆酸盐）洗脱缓冲液（可选）；

2.2.10 柠檬酸盐缓冲液（底物稀释液）；

2.2.11 O-邻苯二胺盐酸盐（OPD）；

2.2.12 双氧水（H_2O_2），30％，稳定；

2.2.13 2.5mol/L H_2SO_4 终止液；

2.2.14 K99 特异抗原捕获单克隆抗体，可从兽医生物制品中心（CVB）获得，详细信息参见现行试剂资料清单；

2.2.15 K99 特异单克隆抗体辣根过氧化物酶结合物，可从 CVB 获得，详细信息参见现行试

剂资料清单；

2.2.16 含 K99 抗原的待检菌苗；

2.2.17 含 K99 抗原的参考菌苗（必须经美国动植物卫生监督署批准，且在有效期内）。

3. 检验准备

3.1 人员资质/培训

操作人员需具有使用常规实验室化学品、设备和玻璃器皿、自动洗板机和读板器、及数据分析软件的工作知识。操作人员需经过对本检验的专门培训。

3.2 设备/仪器的准备

按照生产商推荐和适用的标准程序操作和维护所有仪器。

3.3 试剂/对照品的准备

3.3.1 碳酸盐包被缓冲液（0.05mol/L，pH9.6）［国家动物卫生中心（NCAH）培养基♯20034］

Na_2CO_3	0.159g
$NaHCO_3$	0.293g
去离子水定容至	100mL

调节 pH 至 9.6±0.1，在 2～7℃保存不超过 1 周。

3.3.2 磷酸盐缓冲盐水（PBS）-NCAH 培养基♯10559

NaCl	8.00g
KCl	0.20g
Na_2HPO_4	1.15g
KH_2PO_4	0.20g
去离子水定容至	1L

调节 pH 至 7.2±0.1。在 20～25℃保存不超过 6 个月。如果需要长期保存（长达 1 年），则根据厂商推荐，≥121℃高压灭菌 20min。

3.3.3 含 0.05％吐温 20 的磷酸盐缓冲盐水（PBS-吐温）-NCAH 培养基♯30179

PBS（见步骤 3.3.2 项）	1 000mL
吐温 20	0.50mL

在 20～25℃保存不超过 1 年。

3.3.4 磷酸盐抗原洗脱缓冲液

KH_2PO_4（Mallinckrodt 公司 7100 号，或等效物）	8.2g
去离子水	94mL

调节 pH 至 9.3±0.1（或者其他特异性菌苗作为优化使用的相应 pH），在 20～25℃保存不超过 1 个月。

3.3.5 脱氧胆酸钠（脱氧胆酸盐）洗脱缓冲液

脱氧胆酸钠（Difco Laboratories0248-13-7，或等效物）　　　　　　　　　　0.50g

PBS（见步骤3.3.2项）　　　　　100mL

在2～7℃保存不超过1个月。用前预热至20～25℃（该缓冲液的凝胶在2～7℃保存）。

3.3.6 柠檬酸盐缓冲液（pH5.0）-NCAH培养基#20033

一水合柠檬酸（试剂级别）　　　5.26g

$Na_2HPO_4 \cdot 7H_2O$　　　　　　　　　6.74g

去离子水定容至　　　　　　　1 000mL

调节 pH 至 5.0 ± 0.1，并滤过除菌。在2～7℃下保存不超过2个月。用于配制底物的溶液见步骤3.3.7项。

3.3.7 底物溶液（1块板的用量）

柠檬酸盐缓冲液　　　　　　　　12mL

O-邻苯二胺盐酸盐（OPD）（Sigma P8787 或相似产品）　　　　　　　　　　4mg

30％双氧水（稳定）　　　　　　　5μL

配制后 15min 内使用

> 警告：O-邻苯二胺盐酸盐是一种致癌物质。在处理这种产品时，需参见适当的 MSDS 预防措施进行。

3.3.8 终止液（2.5mol/L H_2SO_4）-NCAH培养基#30171

浓盐酸（98％）　　　　　　　　13.6mL

去离子水　　　　　　　　　　　86.4mL

应将酸加入到水中，在20～25℃下保存不超过1年。

3.3.9 单克隆抗体（MAb）

1) K99 抗原捕获单克隆抗体（2BD4E4）。MAb 从 CVB 获得。关于使用和保存的详细信息参见现行试剂资料清单。

2) 辣根过氧化物酶标记的 K99 抗原指示MAb（2BD4E4）。关于使用和保存的详细信息参见现行试剂资料清单。

3) 3.10 含 K99 抗原的菌苗

①参考菌苗

②待检菌苗

关键控制点：原则上，参考菌苗和待检菌苗应按照相同的生产大纲生产。如果参考菌苗与待检菌苗的配方不同，则必须经过验证证明此差别不会影响到检验的性能或对结果的准确性产生不利影响。

3.4 样品的准备

抗原洗脱处理：许多菌苗在用 PBS-吐温作 2 倍系列稀释之前不需要进行抗原洗脱处理。可以选取每种佐剂产品的代表批次同时做洗脱和不洗脱处理来验证是否该洗脱处理能特异性的增强 K99 抗原捕获的能力。如未显著增强，则待检菌苗无需做 K99 抗原洗脱处理。参考菌苗和待检菌苗需用相同的洗脱程序进行洗脱。对于某些特定菌苗来说，可使用更适合其自身特性的洗脱程序。

3.4.1 氢氧化铝佐剂菌苗

氢氧化铝佐剂菌苗在用 PBS-吐温作 2 倍系列稀释前可以先用柠檬酸钠或磷酸缓冲盐水进行处理。

• 柠檬酸钠洗脱液

在10.0mL 菌苗中加入 1.0g 柠檬酸钠（10％ w/v）。置35～37℃摇床中振荡（100～120r/min）过夜。视菌苗未被稀释。

• 磷酸盐缓冲洗脱液

在1.0mL 菌苗中加入 1.0mL 磷酸盐缓冲洗脱液。置35～37℃摇床中振荡（100～120r/min）过夜。视菌苗进行了 1∶2 倍稀释。

3.4.2 油佐剂菌苗

将1.0mL 的脱氧胆酸钠洗脱缓冲液与 1.0mL 菌苗混合。置35～37℃摇床中振荡（100～120r/min）过夜。视菌苗进行了 1∶2 倍稀释。

4. 检验

4.1 用冷的碳酸盐包被液将 K99 菌毛抗原稀释到使用浓度（参看最新试剂资料清单），并在 96 孔平底高结合力微量滴定板的每个孔中加入100μL。封板，并在2～7℃孵育过夜。包被好的板子可以在2～7℃放置不超过 5d。

4.2 用 PBS-吐温作为稀释液，对参考菌苗和待检菌苗进行 2 倍稀释。取干净微滴定板（转移板），每孔加入 125μL PBS-吐温。在每行的第 1 列孔中加入 125μL 菌苗。每批菌苗至少进行 2 个重复（2行）。用多道微量移液器对酶标板上的菌苗进行 2 倍系列稀释（转移体积为 125μL）。每板至少保留 2 个孔不使用，作为空白对照。推荐至少进行 7 次 2 倍系列稀释。在理想的情况下，选择的菌苗稀释度可以得到每批菌苗的抗原从饱和反应到反应逐渐减弱的曲线。参考菌苗和待检菌苗使用的稀释度可能不同。

4.3 用 PBS-吐温清洗检验板 3 次。可以使用自动洗板机（200～250μL/孔，每次浸泡 10～

40s），也可以手工洗板。将板子倒扣在吸湿性材料上拍打，去除残留的液体。

4.4　用多道移液器将转移板上的菌苗稀释液转到包被好的 ELISA 板上（100μL/孔）。密封 ELISA 板，并置 20～25℃定轨振荡器上（100～120r/min）孵育（30±5）min。

4.5　用 PBS-吐温洗涤 ELISA 板 3 次，同步骤 4.3 项。

4.6　用 PBS-吐温将辣根过氧化物酶标记的 K99 抗原指示单克隆抗体稀释到使用浓度（参看最新试剂资料清单的稀释度），并在检验板中每孔加入 100μL。密封 ELISA 板，并置 20～25℃定轨振荡器上（100～120r/min）孵育（30±5）min。

4.7　用 PBS-吐温洗涤 ELISA 板 3 次，同步骤 4.3 项。

4.8　在每孔中加入 100μL 新鲜配制的底物溶液。将 ELISA 板置定轨振荡器上（100～120r/min）孵育（10±5）min，或在 20～25℃孵育直至颜色发生充分变化。

4.9　每孔加入终止液 100μL，终止底物溶液的颜色变化。

注意：当加入终止液时，OPD 底物溶液会从黄色变为橙色。

4.10　使用 ELISA 读数仪对 ELISA 板进行双波长读数（490nm 检测波长，650nm 参照波长）。计算空白孔的平均吸收值。在进行数据分析前，从每一菌苗检验孔的吸收值中减去空白孔的平均吸收值。

5. 检验结果说明

5.1　相对效力计算方法

5.1.1　通过与标准操作程序 CVBSOP0102（用软件评估相对效力）所述的参考菌苗相比较，计算待检菌苗的相对效力。

5.1.2　在相对效力计算中，不得使用平均吸收值（在减去空白对照平均吸收值之后）小于 0.050 的菌苗稀释度。

5.1.3　在最小吸收值相对效力计算中，不得使用斜率小于 0.10 的回归线。

5.2　有效检验的要求

5.2.1　至少有三个连续点的一级线性回归曲线的相关系数（r）必须大于等于 0.95。

5.2.2　参考菌苗和待检菌苗的回归线必须表现出平行性（斜率比为 0.80～1.25）。

5.3　待检菌苗符合规定的要求

若判检验结果符合规定，则 RP 值必须≥1.0。

RP 值小于 1.0 且检测有效时，可按照与首次检验相同的方法进行 2 次独立的重检。如果 2 次重检均有效，且重检的 RP 值均≥1.0，则判检验结果符合规定。

6. 检验结果报告

按照标准操作程序报告检验结果。

7. 修订概述

第 06 版

• 更新最小斜率期望值，以便与 PEL 审核工作手册 4.6.2 保持一致。

第 05 版

• 更新细菌实验室部门负责人。

• 明确培养基的有效期。

• 删除参考相对效力计算软件（RelPot）和引用 SAM318 的内容。

第 04 版

• 更新联系人信息。

• 所有参考国家兽医局实验室培养基的，均变更参考国家动物卫生中心培养基。

第 03 版

• 明确文件中添加的是柠檬酸钠，二水合物（而不是单碱的无水柠檬酸钠）。

第 02 版

本修订版资料主要用于阐述兽医生物制品中心现行的实际操作方法，并提供了额外的细节信息。虽然不对检验结果产生重大影响，但是对文件进行了以下修改：

• 2.2.1　进一步明确所使用的板子为高结合板。

• 2.2.2　进一步明确所使用的板子为非结合板。

• 2.2.9　包含了化学试剂的别称。

• 2.2.13　进一步定义了终止液。

• 2.2.17　进一步定义了有效期内的参考品的参数。

• 3.3.8　更新了终止液的配方。

• 3.4.12　改变了孵育温度。

• 4.8　增加了终止反应的附加信息。

• 用简要信息替代了参考内部文件的表述。

• 在整个文件中，增加了让用户参考现行试剂资料清单的表述。

• 联系人变更为 Janet Wilson。

（赵　耘译，刘　博校）

美国农业部兽医生物制品中心
检验方法

SAM 621　产肠毒素大肠杆菌（K88 菌毛）菌苗
效力检验的补充检验方法

日　　期：2017 年 5 月 10 日已批准，标准要求待定
编　　号：SAM 621.06
替　　代：SAM 621.05，2014 年 4 月 3 日
标准要求：
联 系 人：Janet M. Wilson，（515）337-7245
审　　批：/s/Larry R. Ludemann　　　　　　日期：2017 年 5 月 12 日
　　　　　Larry R. Ludemann，细菌学实验室负责人

　　　　　/s/Paul J. Hauer　　　　　　　　日期：2017 年 6 月 1 日
　　　　　Paul J. Hauer，兽医生物制品中心政策、评审与执照管理部门负责人

美国农业部动植物卫生监督署
P. O. Box 844
Ames，IA 50010

补充检验方法中提及的商标或专利产品不等同于该产品已获得了美国农业部的保证或担保，
且它的批准也不意味着其可用于排除在外的其他可能适用的产品

由以下人员录入 CVB 质量管理体系：

/s/Linda. S. Snavely　　　　　　日期：2017 年 6 月 6 日
Linda. S. Snavely，质量管理计划助理

目　录

1. 引言

本补充检验方法（SAM）通过利用捕获酶联免疫吸附试验（ELISA）检测 K88 菌毛抗原，进行灭活的大肠杆菌菌苗效力的检测。通过将待检菌苗中 K88 抗原含量与未过期的、合格的参考菌苗中 K88 抗原含量相比较，测定待检菌苗的相对效力。

2. 材料

2.1 设备/仪器

下列任何品牌的设备或仪器均可由具有相同功能的设备或仪器所替代。

2.1.1 微量移液器，量程覆盖范围为 5～1 000μL；

2.1.2 8 道或 12 道微量移液器，量程覆盖范围为 50～200μL；

2.1.3 定轨振荡器；

2.1.4 自动洗板机（可选）；

2.1.5 双波长酶标仪（490nm 和 650nm）；

2.1.6 天平，可称量 150～15 000mg；

2.1.7 相对效力计算软件。

2.2 试剂/耗材

下列任何品牌的试剂或耗材均可由具有相同功能的试剂或耗材所替代。

2.2.1 96 孔平底高结合力的微量滴定板（Immulon 2；Dynex Laboratories 有限公司）；

2.2.2 96 孔可进行系列稀释的未包被的微量滴定板（转移板）；

2.2.3 封板膜；

2.2.4 碳酸盐包被缓冲液；

2.2.5 磷酸缓冲盐水（PBS），pH7.2；

2.2.6 含 0.05％吐温 20 的磷酸盐缓冲盐水（PBS-吐温）；

2.2.7 含 1.0％卵清蛋白的 PBS-吐温（结合稀释液）；

2.2.8 磷酸盐洗脱缓冲液（可选）；

2.2.9 二水合柠檬酸钠，用于抗原洗脱（可选）；

2.2.10 脱氧胆酸钠（脱氧胆酸盐）洗脱缓冲液（可选）；

2.2.11 柠檬酸盐缓冲液（底物稀释液）；

2.2.12 O-邻苯二胺盐酸盐（OPD）；

2.2.13 双氧水（H_2O_2），30％，稳定；

2.2.14 2.5mol/L H_2SO_4 终止液；

2.2.15 K88 特异抗原捕获单克隆抗体，可从兽医生物制品中心（CVB）获得，详细信息参见现行试剂资料清单；

2.2.16 K88 特异单克隆抗体辣根过氧化物酶结合物，可从 CVB 获得，详细信息参见现行试剂资料清单；

2.2.17 含 K88 抗原的待检菌苗；

2.2.18 含 K88 抗原的参考菌苗（必须经美国动植物卫生监督署批准，且在有效期内）。

3. 检验准备

3.1 人员资质/培训

操作人员需具有使用常规实验室化学品、设备和玻璃器皿、自动洗板机和读板器、及数据分析软件的工作知识。操作人员需经过对本检验的专门培训。

3.2 设备/仪器的准备

按照生产商推荐和适用的标准程序操作和维护所有仪器。

3.3 试剂/对照品的准备

3.3.1 碳酸盐包被缓冲液（0.05mol/L，pH9.6）[国家动物卫生中心（NCAH）培养基＃20034]

Na_2CO_3	0.159g
$NaHCO_3$	0.293g
去离子水定容至	100mL

调节 pH 至 9.6±0.1，在 2～7℃保存不超过 1 周。

3.3.2 磷酸盐缓冲盐水（PBS）-NCAH 培养基＃10559

NaCl	8.00g
KCl	0.20g
Na_2HPO_4	1.15g
KH_2PO_4	0.20g
去离子水定容至	1L

调节 pH 至 7.2±0.1。在 20～25℃保存不超过 6 个月。如果需要长期保存（长达 1 年），则根据厂商推荐，≥121℃高压灭菌 20min。

3.3.3 含 0.05％吐温 20 的磷酸盐缓冲盐水（PBS-吐温）-NCAH 培养基＃30179

PBS（见步骤 3.3.2 项）	1L
吐温 20	0.50mL

在 20～25℃保存不超过 1 年。

3.3.4 含 1.0％卵清蛋白的 PBS-吐温（结合稀释液）

PBS-吐温（见步骤 3.3.3 项）	20mL

卵清蛋白（Calbiochem 32467，或等效物）

0.2g

将卵清蛋白加入 PBS-吐温 20 中，轻柔涡旋震荡溶解，在 10min 内使用。

3.3.5　磷酸盐抗原洗脱缓冲液

KH_2PO_4（Mallinckrodt 公司 7100 号，或等效物）　　　　　　　　　　　　　　8.2g

去离子水　　　　　　　　　　　94mL

调节 pH 至 9.3±0.1（或者其他特异性菌苗作为优化使用的相应 pH）。在 20～25℃ 保存不超过 1 个月。

3.3.6　脱氧胆酸钠（脱氧胆酸盐）洗脱缓冲液

脱氧胆酸钠（Difco Laboratories 0248-13-7（或等效物）　　　　　0.50g

PBS（见步骤 3.3.2 项）　　　100mL

在 2～7℃ 保存不超过 1 个月。用前预热至 20～25℃（该缓冲液的凝胶在 2～7℃ 保存）。

3.3.7　柠檬酸盐缓冲液（pH5.0）-NCAH 培养基♯20033

一水合柠檬酸（试剂级别）　　　5.26g

$Na_2HPO_4 \cdot 7H_2O$　　　　　　6.74g

去离子水定容至　　　　　　1 000mL

调节 pH 至 5.0±0.1，并滤过除菌。在 2～7℃ 下保存不超过 2 个月。用于配制底物溶液（见步骤 3.3.8 项）。

3.3.8　底物溶液（1 块板的用量）

柠檬酸盐缓冲液　　　　　　　12mL

O-邻苯二胺盐酸盐（OPD）（Sigma P8787 或相似产品）　　　　　　　　　　　　4mg

30% 双氧水　　　　　　　　　5μL

配制后 15min 内使用。　　　　（稳定）

> 警告：O-邻苯二胺盐酸盐是一种致癌物质。在处理这种产品时，需参见适当的 MSDS 预防措施进行。

3.3.9　终止液（2.5mol/L H_2SO_4）-NCAH 培养基♯30171

浓盐酸（98%）　　　　　　　13.6mL

去离子水　　　　　　　　　　86.4mL

应将酸加入到水中，在 20～25℃ 下保存不超过 1 年。

3.3.10　单克隆抗体（MAb）

1）K88 抗原捕获单克隆抗体（21BA1-1H1）。MAb 从 CVB 获得。关于使用和保存的详细信息参

见现行试剂资料清单。

2）辣根过氧化物酶标记的 K88 抗原指示 MAb（21BA1-1H1）。关于使用和保存的详细信息参见现行试剂资料清单。

3.3.11　含 K88 抗原的菌苗

1）参考菌苗

2）待检菌苗

关键控制点：原则上，参考菌苗和待检菌苗应按照相同的生产大纲生产。如果参考菌苗与待检菌苗的配方不同，则必须经过验证证明此差别不会影响到检验的性能或对结果的准确性产生不利影响。

3.4　样品的准备

抗原洗脱处理：许多菌苗在用 PBS-吐温 20 作 2 倍系列稀释之前不需要进行抗原洗脱处理。可以选取每种佐剂产品的代表批次同时做洗脱和不洗脱处理来验证是否该洗脱处理能特异性的增强 K88 抗原捕获的能力。如未显见增强，则待检菌苗无需做 K88 抗原洗脱处理。参考菌苗和待检菌苗需用相同的洗脱程序进行洗脱。对于某些特定菌苗来说，可使用更适合其自身特性的洗脱程序。

3.4.1　氢氧化铝佐剂菌苗

氢氧化铝佐剂菌苗在用 PBS-吐温 20 作 2 倍系列稀释前可以先用柠檬酸钠或磷酸缓冲盐水进行处理。

• 柠檬酸钠洗脱液

在 10.0mL 菌苗中加入 1.0g 柠檬酸钠（10% W/V）。置 35～37℃ 摇床中振荡（100～120r/min）过夜。视菌苗未被稀释。

• 磷酸盐缓冲洗脱液

在 1.0mL 菌苗中加入 1.0mL 磷酸盐缓冲洗脱液。置 35～37℃ 摇床中振荡（100～120r/min）过夜。视菌苗进行了 1∶2 倍稀释。

3.4.2　油佐剂菌苗

将 1.0mL 的脱氧胆酸钠洗脱缓冲液与 1.0mL 菌苗混合。置 35～37℃ 摇床中振荡（100～120r/min）过夜。视菌苗进行了 1∶2 倍稀释。

4. 检验

4.1　用冷的碳酸盐包被液将 K88 菌毛抗原稀释到使用浓度（参看最新试剂资料清单），并在 96 孔平底高结合力微量滴定板的每个孔中加入 100μL。封板，并在 2～7℃ 孵育过夜。包被好的板子可以在 2～7℃ 放置不超过 5d。

4.2　用 PBS-吐温 20 作为稀释液，对参考菌苗和待检菌苗进行 2 倍稀释。取干净微滴定板（转

移板），每孔加入 125μL PBS-吐温。在每行的第 1 列孔中加入 125μL 菌苗。每批菌苗至少进行 2 个重复（2 行）。用多道微量移液器对酶标板上的菌苗进行 2 倍系列稀释（转移体积为 125μL）。每板至少保留 2 个孔不使用，作为空白对照。推荐至少进行 7 次 2 倍系列稀释。在理想的情况下，选择的菌苗稀释度可以得到每批菌苗的抗原从饱和反应到反应逐渐减弱的曲线。参考菌苗和待检菌苗使用的稀释度可能不同。

4.3 用 PBS-吐温 20 清洗检验板 3 次。可以使用自动洗板机（200～250μL/孔，每次浸泡 10～40s），也可以手工洗板。将板子倒扣在吸湿性材料上拍打，去除残留的液体。

4.4 用多道移液器将转移板上的菌苗稀释液转到包被好的 ELISA 板上（100μL/孔）。密封 ELISA 板，并置（20～25）℃定轨振荡器上（100～120r/min）孵育（30±5）min。

4.5 用 PBS-吐温 20 洗涤 ELISA 板 3 次，同步骤 4.3 项。

4.6 用 PBS-吐温 20 将辣根过氧化物酶标记的 K88 抗原指示单克隆抗体稀释到使用浓度（参看最新试剂资料清单的稀释度），并在检验板中每孔加入 100μL。密封 ELISA 板，并置 20～25℃定轨振荡器上（100～120r/min）孵育（30±5）min。

注意：卵清蛋白会粘在塑料上。应在玻璃瓶中配制工作浓度的复合物。在临将复合物立即加入 ELISA 板之前，方将稀释好的复合物倒入移液盘中。

4.7 用 PBS-吐温 20 洗涤 ELISA 板 3 次，同步骤 4.3 项。

4.8 在每孔中加入 100μL 新鲜配制的底物溶液。将 ELISA 板置定轨振荡器上（100～120r/min）孵育（10±5）min 或在 20～25℃孵育直至颜色发生充分变化。

4.9 每孔加入终止液 100μL，终止底物溶液的颜色变化。

注意：当加入终止液时，OPD 底物溶液会从黄色变为橙色。

4.10 使用 ELISA 读数仪对 ELISA 板进行双波长读数（490nm 检测波长，650nm 参照波长）。计算空白孔的平均吸收值。在进行数据分析前，从每一菌苗检验孔的吸收值中减去空白孔的平均吸收值。

5. 检验结果说明

5.1 相对效力计算方法

5.1.1 通过与标准操作程序 CVBSOP0102（用软件评估相对效力）所述的参考菌苗相比较，计算待检菌苗的相对效力。

5.1.2 在相对效力计算中，不得使用平均吸收值（在减去空白对照平均吸收值之后）小于 0.050 的菌苗稀释度。

5.1.3 在最小吸收值相对效力计算中，不得使用斜率小于 0.10 的回归线。

5.2 有效检验的要求

5.2.1 至少有三个连续点的一级线性回归曲线的相关系数（r）必须大于等于 0.95。

5.2.2 参考菌苗和待检菌苗的回归线必须表现出平行性（斜率比为 0.80～1.25）。

5.3 待检菌苗符合规定的要求

若判检验结果符合规定，则 RP 值必须≥1.0。RP 值小于 1.0 且检测有效时，可按照与首次检验相同的方法进行 2 次独立的重检。如果 2 次重检均有效，且重检的 RP 值均≥1.0，则判检验结果符合规定。

6. 检验结果报告

按照标准操作程序报告检验结果。

7. 修订概述

第 06 版

· 更新最小斜率期望值，以便与 PEL 审核工作手册 4.6.2 保持一致。

第 05 版

· 更新细菌实验室部门负责人。

· 明确培养基的有效期。

· 删除参考相对效力计算软件（RelPot）和引用 SAM318 的内容。

第 04 版

· 更新联系人信息。

· 所有参考国家兽医局实验室培养基的，均变更参考国家动物卫生中心培养基。

第 03 版

· 明确文件中添加的是柠檬酸钠，二水合物（而不是单碱的无水柠檬酸钠）。

第 02 版

本修订版资料主要用于阐述兽医生物制品中心现行的实际操作方法，并提供了额外的细节信息。虽然不对检验结果产生重大影响，但是对文件进行了以下修改：

· 2.2.1 进一步明确所使用的检验板为高结

合板。

• 2.2.2　进一步明确所使用的转移板为非结合板。

• 2.2.14　进一步定义了终止液。

• 2.2.18　进一步定义了有效期内的参考品的参数。

• 3.3.2　增加了长期保存的附加信息。

• 3.3.6　包含了化学试剂的别称。

• 3.3.7　增加对溶液的滤过除菌。

• 3.3.9　更新溶液保存的信息。

• 3.4.1.2　孵育温度由 20～25℃ 变更为 35～37℃。

• 4.8　增加了终止反应的附加信息。

• 用简要信息替代了参考 CVB 内部文件的表述。

• 在整个文件中，增加了让用户参考现行试剂资料清单的表述。

• 联系人变更为 Janet Wilson。

（赵　耘译，刘　博校）

美国农业部兽医生物制品中心
检验方法

SAM 622　产肠毒素大肠杆菌（987P 菌毛）菌苗
效力检验的补充检验方法

日　　期：2017 年 5 月 10 日已批准，标准要求待定

编　　号：SAM 622.06

替　　代：SAM 622.05，2014 年 4 月 3 日

标准要求：

联 系 人：Janet M. Wilson，(515) 337-7245

审　　批：/s/Larry R. Ludemann　　　　　　日期：2017 年 5 月 12 日

　　　　　Larry R. Ludemann，细菌学实验室负责人

　　　　　/s/Paul J. Hauer　　　　　　　　日期：2017 年 6 月 1 日

　　　　　Paul J. Hauer，兽医生物制品中心政策、评审与执照管理部门负责人

美国农业部动植物卫生监督署

P. O. Box 844

Ames，IA 50010

补充检验方法中提及的商标或专利产品不等同于该产品已获得了美国农业部的保证或担保，
且它的批准也不意味着其可用于排除在外的其他可能适用的产品

由以下人员录入 CVB 质量管理体系：

/s/Linda. S. Snavely　　　　　　日期：2017 年 6 月 6 日

Linda. S. Snavely，质量管理计划助理

目　录

1. 引言

本补充检验方法（SAM）通过利用捕获酶联免疫吸附试验（ELISA）检测987P菌毛抗原，进行灭活的大肠杆菌菌苗效力的检测。通过将待检菌苗中987P抗原含量与未过期的、合格的参考菌苗中987P抗原含量相比较，测定待检菌苗的相对效力。

2. 材料

2.1 设备/仪器

下列任何品牌的设备或仪器均可由具有相同功能的设备或仪器所替代。

2.1.1 双波长酶标仪（490nm和650nm）；

2.1.2 自动洗板机（可选）；

2.1.3 微量移液器，量程覆盖范围为5～1 000μL；

2.1.4 8道或12道微量移液器，量程覆盖范围为50～200μL；

2.1.5 定轨振荡器；

2.1.6 天平，可称量150～15 000mg；

2.1.7 相对效力计算软件。

2.2 试剂/耗材

下列任何品牌的试剂或耗材均可由具有相同功能的试剂或耗材所替代。

2.2.1 96孔平底高结合力的微量滴定板（Immulon 2；Dynex Laboratories有限公司）；

2.2.2 96孔可进行系列稀释的未包被的微量滴定板（转移板）；

2.2.3 封板膜；

2.2.4 碳酸盐包被缓冲液；

2.2.5 磷酸缓冲盐水（PBS），pH7.2；

2.2.6 含0.05％吐温20的磷酸盐缓冲盐水（PBS-吐温）；

2.2.7 含2.0％牛白蛋白组分Ⅴ的PBS-吐温［单克隆抗体（MAb）稀释液］；

2.2.8 含1.0％常规兔血清的PBS-吐温（结合物稀释液）；

2.2.9 磷酸盐洗脱缓冲液（可选）；

2.2.10 二水合柠檬酸钠，用于抗原洗脱（可选）；

2.2.11 脱氧胆酸钠（脱氧胆酸盐）洗脱缓冲液（可选）；

2.2.12 柠檬酸盐缓冲液（底物稀释液）；

2.2.13 O-邻苯二胺盐酸盐（OPD）；

2.2.14 双氧水（H₂O₂），30％，稳定；

2.2.15 2.5mol/L H₂SO₄ 终止液；

2.2.16 987P特异抗原捕获单克隆抗体（987P PAb），兔源［可从兽医生物制品中心（CVB）获得］，详细信息参见现行试剂资料清单；

2.2.17 987P特异性抗原指示物单克隆抗体（987P MAb），鼠源（可从CVB获得），详细信息参见现行试剂资料清单；

2.2.18 辣根过氧化物酶标记的山羊抗鼠IgG（H＋L）结合物，为商品化产品（购自Jackson ImmunoResearch Laboratories有限公司115-035-062）；

2.2.19 含987P抗原的待检菌苗；

2.2.20 含987P抗原的参考菌苗（必须经美国动植物卫生监督署批准，且在有效期内）。

3. 检验准备

3.1 人员资质/培训

操作人员需具有使用常规实验室化学品、设备和玻璃器皿、自动洗板机和读板器、及数据分析软件的工作知识。操作人员需经过对本检验的专门培训。

3.2 设备/仪器的准备

按照生产商推荐和适用的标准程序操作和维护所有仪器。

3.3 试剂/对照品的准备

> 警告：配制以下某些试剂时会使用酸和碱的浓溶液。而两者都是危险的，必须适当操作。应参阅材料安全性资料清单（MSDS）（现行版）中适宜的安全程序进行。

3.3.1 碳酸盐包被缓冲液（0.05mol/L，pH9.6）［国家动物卫生中心（NCAH）培养基♯20034］

Na₂CO₃	0.159g
NaHCO₃	0.293g
去离子水定容至	100mL

调节pH至9.6±0.1，在2～7℃保存不超过1周。

3.3.2 磷酸盐缓冲盐水（PBS）-NCAH培养基♯10559

NaCl	8.00g
KCl	0.20g
Na₂HPO₄	1.15g
KH₂PO₄	0.20g
去离子水定容至	1L

调节pH至7.2±0.1。在20～25℃保存不超

过 6 个月。如果需要长期保存（长达 1 年），则根据厂商推荐，≥121℃ 高压灭菌 20min。

3.3.3　含 0.05% 吐温 20 的磷酸盐缓冲盐水（PBS-吐温）-NCAH 培养基 ♯30179

PBS（见步骤 3.3.2 项）	1L
吐温 20	0.50mL

在 20～25℃ 保存不超过 1 年。

3.3.4　含 2.0% 牛白蛋白组分 V 的 PBS-吐温［单克隆抗体（MAb）稀释液］

PBS-吐温（见步骤 3.3.3 项）　　25mL

牛白蛋白组分 V（Scientific Protein Laboratories，Viobin Corp.，Waunakee，Wisconsin 40-6197-2-1160，或等效物）　　0.5g

临用前制备。轻轻旋转，使粉末溶解。

3.3.5　含 1.0% 常规兔血清的 PBS-吐温（结合物稀释液）

PBS-吐温（见步骤 3.3.3 项）　　24.75mL

常规兔血清（大肠杆菌抗体阴性）　　0.25mL

临用前制备。轻轻旋转，使混合。

3.3.6　磷酸盐抗原洗脱缓冲液

KH_2PO_4（Mallinckrodt 公司 7100 号，或等效物）　　8.2g

去离子水　　94mL

调节 pH 至 9.3±0.1（或者其他特异性菌苗作为优化使用的相应 pH），在 20～25℃ 保存不超过 1 个月。

3.3.7　脱氧胆酸钠（脱氧胆酸盐）洗脱缓冲液

脱氧胆酸钠（Difco Laboratories0248-13-7，或等效物）　　0.50g

PBS（见步骤 3.3.2 项）　　100mL

在 2～7℃ 保存不超过 1 个月，用前预热至 20～25℃（该缓冲液的凝胶在 2～7℃ 保存）。

3.3.8　柠檬酸盐缓冲液（pH5.0）-NCAH 培养基 ♯20033

一水合柠檬酸（试剂级别）　　5.26g

$Na_2HPO_4 \cdot 7H_2O$　　6.74g

去离子水定容至　　1 000mL

调节 pH 至 5.0±0.1，并滤过除菌。在 2～7℃ 下保存不超过 2 个月。用于配制底物溶液（见步骤 3.3.9 项）。

3.3.9　底物溶液（1 块板的用量）

柠檬酸盐缓冲液	12mL
O-邻苯二胺盐酸盐（OPD）（Sigma P8787 或	

相似产品）　　4mg

30% 双氧水（稳定）　　5μL

配制后 15min 内使用。

> 警告：O-邻苯二胺盐酸盐是一种致癌物质。在处理这种产品时，需参见适当的 MSDS 预防措施进行。

3.3.10　终止液（2.5mol/L H_2SO_4）-NCAH 培养基 ♯30171

浓盐酸（98%）　　13.6mL

去离子水　　86.4mL

应将酸加入到水中，在 20～25℃ 下保存不超过 1 年。

3.3.11　含 987P 抗原的菌苗

1）参考菌苗

2）待检菌苗

关键控制点：原则上，参考菌苗和待检菌苗应按照相同的生产大纲生产。如果参考菌苗与待检菌苗的配方不同，则必须经过验证证明此差别不会影响到检验的性能或对结果的准确性产生不利影响。

3.4　样品的准备

抗原洗脱处理：许多菌苗在用 PBS-吐温 20 作 2 倍系列稀释之前不需要进行抗原洗脱处理。可以选取每种佐剂产品的代表批次同时做洗脱和不洗脱处理来验证是否该洗脱处理能特异性的增强 987P 抗原捕获的能力。如未显著增强，则待检菌苗无需做 987P 抗原洗脱处理。参考菌苗和待检菌苗需用相同的洗脱程序进行洗脱。对于某些特定菌苗来说，可使用更适合其自身特性的洗脱程序。

3.4.1　氢氧化铝佐剂菌苗

氢氧化铝佐剂菌苗在用 PBS-吐温 20 做 2 倍系列稀释前可以先用柠檬酸钠或磷酸缓冲盐水进行处理。

· 柠檬酸钠洗脱液

在 10.0mL 菌苗中加入 1.0g 柠檬酸钠（10% W/V）。置 35～37℃ 摇床中振荡（100～120r/min）过夜。视菌苗未被稀释。

· 磷酸盐缓冲洗脱液

在 1.0mL 菌苗中加入 1.0mL 磷酸盐缓冲洗脱液。置 35～37℃ 摇床中振荡（100～120r/min）过夜。视菌苗进行了 1：2 倍稀释。

3.4.2　油佐剂菌苗

将 1.0mL 的脱氧胆酸钠洗脱缓冲液与 1.0mL 菌苗混合。置 35～37℃ 摇床中振荡（100～120r/min）过夜。视菌苗进行了 1：2 倍稀释。

4. 检验

4.1 用冷的碳酸盐包被液将 K88 菌毛抗原稀释到使用浓度（参看最新试剂资料清单），并在 96 孔平底高结合力微量滴定板的每个孔中加入 100μL。封板，并在 2～7℃ 孵育过夜。包被好的板子可以在 2～7℃ 放置不超过 5d。

4.2 用 PBS-吐温 20 作为稀释液，对参考菌苗和待检菌苗进行 2 倍稀释。取干净微滴定板（转移板），每孔加入 125μL PBS-吐温。在每行的第 1 列孔中加入 125μL 菌苗。每批菌苗至少进行 2 个重复（2 行）。用多道微量移液器对酶标板上的菌苗进行 2 倍系列稀释（转移体积为 125μL）。每板至少保留 2 个孔不使用，作为空白对照。推荐至少进行 7 次 2 倍系列稀释。在理想的情况下，选择的菌苗稀释度可以得到每批菌苗的抗原从饱和反应到反应逐渐减弱的曲线。参考菌苗和待检菌苗使用的稀释度可能不同。

4.3 用 PBS-吐温 20 清洗检验板 3 次。可以使用自动洗板机（200～250μL/孔，每次浸泡 10～40s），也可以手工洗板。将板子倒扣在吸湿性材料上拍打，去除残留的液体。

4.4 用多道移液器将转移板上的菌苗稀释液转到包被好的 ELISA 板上（100μL/孔）。密封 ELISA 板，并置 20～25℃ 定轨振荡器上（100～120r/min）孵育（30±5）min。

4.5 用 PBS-吐温 20 洗涤 ELISA 板 3 次，同步骤 4.3 项。

4.6 用 PBS-吐温 20 将辣根过氧化物酶标记的 K88 抗原指示单克隆抗体稀释到使用浓度（参看最新试剂资料清单的稀释度），并在检验板中每孔加入 100μL。密封 ELISA 板，并置 20～25℃ 定轨振荡器上（100～120r/min）孵育（30±5）min。

4.7 用 PBS-吐温 20 洗涤 ELISA 板 3 次，同步骤 4.3 项。

4.8 用结合物稀释液将辣根过氧化物酶标记的山羊抗鼠 IgG（H＋L）结合物稀释至适宜的使用稀释度，并在每孔中加入 100μL。封板，并将 ELISA 板置定轨振荡器上（100～120r/min）孵育（30±5）min。

4.9 用 PBS-吐温 20 洗涤 ELISA 板 3 次，同步骤 4.3 项。

4.10 在每孔中加入 100μL 底物溶液。将 ELISA 板置定轨振荡器上（100～120r/min）孵育（10±5）min，或在 20～25℃ 孵育直至颜色发生充分变化。

4.11 每孔加入终止液 100μL，终止底物溶液的颜色变化。

注意：当加入终止液时，OPD 底物溶液会从黄色变为橙色。

4.12 使用 ELISA 读数仪对 ELISA 板进行双波长读数（490nm 检测波长，650nm 参照波长）。计算空白孔的平均吸收值。在进行数据分析前，从每一菌苗检验孔的吸收值中减去空白孔的平均吸收值。

5. 检验结果说明

5.1 相对效力计算方法

5.1.1 通过与标准操作程序 CVBSOP0102（用软件评估相对效力）所述的参考菌苗相比较，计算待检菌苗的相对效力。

5.1.2 在相对效力计算中，不得使用平均吸收值（在减去空白对照平均吸收值之后）小于 0.050 的菌苗稀释度。

5.1.3 在最小吸收值相对效力计算中，不得使用斜率小于 0.10 的回归线。

5.2 有效检验的要求

5.2.1 至少有三个连续点的一级线性回归曲线的相关系数（r）必须大于等于 0.95。

5.2.2 参考菌苗和待检菌苗的回归线必须表现出平行性（斜率比为 0.80～1.25）。

5.3 待检菌苗符合规定的要求

若判检验结果符合规定，则 RP 值必须≥1.0。RP 值小于 1.0 且检测有效时，可按照与首次检验相同的方法进行 2 次独立的重检。如果 2 次重检均有效，且重检的 RP 值均≥1.0，则判检验结果符合规定。

6. 检验结果报告

按照标准操作程序报告检验结果。

7. 修订概述

第 06 版

• 更新最小斜率期望值，以便与 PEL 审核工作手册 4.6.2 保持一致。

• 更新细菌实验室部门负责人。

• 明确培养基的有效期。

• 删除参考相对效力计算软件（RelPot）和引用 SAM318 的内容。

第 05 版

• 更新细菌实验室部门负责人。

• 明确培养基的有效期。

• 删除参考相对效力计算软件（RelPot）和引用 SAM318 的内容。

第 04 版

• 更新联系人信息。

• 所有参考国家兽医局实验室培养基的，均变更参考国家动物卫生中心培养基。

第 03 版

• 明确文件中添加的是柠檬酸钠，二水合物（而不是单碱的无水柠檬酸钠）。

第 02 版

本修订版资料主要用于阐述兽医生物制品中心现行的实际操作方法，并提供了额外的细节信息。虽然不对检验结果产生重大影响，但是对文件进行了以下修改：

• 2.2.1　增加作为检验板的高结合板的说明。

• 2.2.2　增加作为转移板的非结合板的说明。

• 2.2.15 和 3.3.10　进一步定义了终止液，并对其保存信息进行了更新。

• 3.3.1　校正了碳酸钠分子式。

• 3.3.5　更新配方，包括血清中不含大肠杆菌抗体的说明。

• 3.3.8　增加对溶液的滤过除菌。

• 4.10　增加了终止反应的附加信息。

• 用简要信息替代了参考 CVB 内部文件的表述。

• 在整个文件中，增加了让用户参考现行试剂资料清单的表述。

• 联系人变更为 Janet Wilson。

（赵　耘译，刘　博校）

美国农业部兽医生物制品中心
检验方法

SAM 623　产肠毒素大肠杆菌（F41菌毛）菌苗
效力检验的补充检验方法

日　　期：2017年5月9日已批准，标准要求待定

编　　号：SAM 623.06

替　　代：SAM 623.05，2014年4月3日

标准要求：

联　系　人：Janet M. Wilson，（515）337-7245

审　　批：/s/Larry R. Ludemann　　　　　　日期：2017年5月12日

　　　　　Larry R. Ludemann，细菌学实验室负责人

　　　　　/s/Paul J. Hauer　　　　　　　　日期：2017年6月1日

　　　　　Paul J. Hauer，兽医生物制品中心政策、评审与执照管理部门负责人

美国农业部动植物卫生监督署

P. O. Box 844

Ames，IA 50010

补充检验方法中提及的商标或专利产品不等同于该产品已获得了美国农业部的保证或担保，且它的批准也不意味着其可用于排除在外的其他可能适用的产品

> 由以下人员录入CVB质量管理体系：
>
> /s/Linda. S. Snavely　　　　　　日期：2017年6月7日
> Linda. S. Snavely，质量管理计划助理

目　录

1. 引言

本补充检验方法（SAM）通过利用捕获酶联免疫吸附试验（ELISA）检测 F41 菌毛抗原，进行灭活的大肠杆菌菌苗效力的检测。通过将待检菌苗中 F41 抗原含量与未过期的、合格的参考菌苗中 F41 抗原含量相比较，测定待检菌苗的相对效力。

2. 材料

2.1 设备/仪器

下列任何品牌的设备或仪器均可由具有相同功能的设备或仪器所替代。

2.1.1 双波长酶标仪（490nm 和 650nm）；

2.1.2 自动洗板机（可选）；

2.1.3 微量移液器，量程覆盖范围为 5～1 000μL；

2.1.4 8 道或 12 道微量移液器，量程覆盖范围为 50～200μL；

2.1.5 定轨振荡器；

2.1.6 天平，可称量 150～15 000mg；

2.1.7 相对效力计算软件。

2.2 试剂/耗材

下列任何品牌的试剂或耗材均可由具有相同功能的试剂或耗材所替代。

2.2.1 96 孔平底高结合力的微量滴定板（Immulon 2；Dynex Laboratories 有限公司）；

2.2.2 96 孔可进行系列稀释的未包被的微量滴定板（转移板）；

2.2.3 封板膜；

2.2.4 碳酸盐包被缓冲液；

2.2.5 磷酸缓冲盐水（PBS），pH7.2；

2.2.6 含 0.05％吐温 20 的磷酸盐缓冲盐水（PBS-吐温）；

2.2.7 含 2.0％牛白蛋白组分的 PBS-吐温［单克隆抗体（MAb）稀释液］；

2.2.8 含 1.0％常规兔血清的 PBS-吐温（结合物稀释液）；

2.2.9 磷酸盐洗脱缓冲液（可选）；

2.2.10 二水合柠檬酸钠，用于抗原洗脱（可选）；

2.2.11 脱氧胆酸钠洗脱缓冲液（可选）；

2.2.12 柠檬酸盐缓冲液（底物稀释液）；

2.2.13 O-邻苯二胺盐酸盐（OPD）；

2.2.14 双氧水（H_2O_2），30％，稳定；

2.2.15 2.5mol/L H_2SO_4 终止液；

2.2.16 F41 特异抗原捕获单克隆抗体（F41 PAb），兔源［可从兽医生物制品中心（CVB）获得］，详细信息参见现行试剂资料清单；

2.2.17 F41 特异性抗原指示物 MAb，SDSU 56/85（F41 MAb）（可从 CVB 获得），详细信息参见现行试剂资料清单；

2.2.18 辣根过氧化物酶标记的山羊抗鼠 IgG（H＋L）结合物，为商品化产品（购自 Jackson ImmunoResearch Laboratories 有限公司 115-035-062）；

2.2.19 含 F41 抗原的待检菌苗；

2.2.20 含 F41 抗原的参考菌苗（必须经美国动植物卫生监督署批准，且在有效期内）。

3. 检验准备

3.1 人员资质/培训

操作人员需具有使用常规实验室化学品、设备和玻璃器皿、自动洗板机和读板器、及数据分析软件的工作知识。操作人员需经过对本检验的专门培训。

3.2 设备/仪器的准备

按照生产商推荐和适用的标准程序操作和维护所有仪器。

3.3 试剂/对照品的准备

> 警告：配制以下某些试剂时会使用酸和碱的浓溶液。而两者都是危险的，必须适当操作。应参阅材料安全性资料清单（MSDS）（现行版）中适宜的安全程序进行。

3.3.1 碳酸盐包被缓冲液（0.05mol/L，pH9.6）［国家动物卫生中心（NCAH）培养基#20034］

Na_2CO_3	0.159g
$NaHCO_3$	0.293g
去离子水定容至	100mL

调节 pH 至 9.6±0.1，在 2～7℃保存不超过 1 周。

3.3.2 磷酸盐缓冲盐水（PBS）-NCAH 培养基#10559

NaCl	8.00g
KCl	0.20g
Na_2HPO_4	1.15g
KH_2PO_4	0.20g
去离子水定容至	1L

调节 pH 至 7.2±0.1。在 20～25℃保存不超过 6 个月。如果需要长期保存（长达 1 年），则根

据厂商推荐，≥121℃高压灭菌20min。

3.3.3　含0.05%吐温20的磷酸盐缓冲盐水（PBS-吐温）-NCAH培养基♯30179

PBS（见步骤3.3.2项）	1L
吐温20	0.50mL

在20～25℃保存不超过1年。

3.3.4　含2.0%牛白蛋白组分V的PBS-吐温[单克隆抗体（MAb）稀释液]

PBS-吐温（见步骤3.3.3项）　　　25mL

牛白蛋白组分V（Scientific Protein Laboratories，Viobin Corp.，Waunakee，Wisconsin 40-6197-2-1160，或等效物）　　　0.5g

临用前制备。轻轻旋转，使粉末溶解。

3.3.5　含1.0%常规兔血清的PBS-吐温（结合物稀释液）

PBS-吐温（见步骤3.3.3项）	24.75mL
常规兔血清（大肠杆菌抗体阴性）	0.25mL

临用前制备。轻轻旋转，使混合。

3.3.6　磷酸盐抗原洗脱缓冲液

KH$_2$PO$_4$（Mallinckrodt公司7100号，或等效物）　　　8.2g

去离子水　　　94mL

调节pH至9.3±0.1（或者其他特异性菌苗作为优化使用的相应pH）。在20～25℃保存不超过1个月。

3.3.7　脱氧胆酸钠（脱氧胆酸盐）洗脱缓冲液

脱氧胆酸钠（Difco Laboratories0248-13-7，或等效物）　　　0.50g

PBS（见步骤3.3.2项）　　　100mL

在2～7℃保存不超过1个月。用前预热至20～25℃（该缓冲液的凝胶在2～7℃保存）。

3.3.8　柠檬酸盐缓冲液（pH5.0）-NCAH培养基♯20033

一水合柠檬酸（试剂级别）	5.26g
Na$_2$HPO$_4$·7H$_2$O	6.74g
去离子水定容至	1 000mL

调节pH至5.0±0.1，并滤过除菌。在2～7℃下保存不超过2个月。用于配制底物溶液（见步骤3.3.9项）。

3.3.9　底物溶液（1块板的用量）

柠檬酸盐缓冲液	12mL
O-邻苯二胺盐酸盐（OPD）（Sigma P8787或相似产品）	4mg

O-邻苯二胺盐酸盐（OPD）（Sigma P8787或相似产品）　　　4mg

30%双氧水（稳定）　　　5μL

配制后15min内使用。

> **警告：** O-邻苯二胺盐酸盐是一种致癌物质。在处理这种产品时，需参见适当的MSDS预防措施进行。

3.3.10　终止液（2.5mol/L H$_2$SO$_4$）-NCAH培养基♯30171

浓盐酸（98%）	13.6mL
去离子水	86.4mL

应将酸加入到水中，在20～25℃下保存不超过1年。

3.3.11　含F41抗原的菌苗

1）参考菌苗

2）待检菌苗

关键控制点：原则上，参考菌苗和待检菌苗应按照相同的生产大纲生产。如果参考菌苗与待检菌苗的配方不同，则必须经过验证证明此差别不会影响到检验的性能或对结果的准确性产生不利影响。

3.4　样品的准备

抗原洗脱处理：许多菌苗在用PBS-吐温20作2倍系列稀释之前不需要进行抗原洗脱处理。可以选取每种佐剂产品的代表批次同时做洗脱和不洗脱处理来验证是否该洗脱处理能特异性的增强F41抗原捕获的能力。如未显著增强，则待检菌苗无需做F41抗原洗脱处理。参考菌苗和待检菌苗需用相同的洗脱程序进行洗脱。对于某些特定菌苗来说，可使用更适合其自身特性的洗脱程序。

3.4.1　氢氧化铝佐剂菌苗

氢氧化铝佐剂菌苗在用PBS-吐温20作2倍系列稀释前可以先用柠檬酸钠或磷酸缓冲盐水进行处理。

· 柠檬酸钠洗脱液

在10.0mL菌苗中加入1.0g柠檬酸钠（10% W/V）。置35～37℃摇床中振荡（100～120r/min）过夜。视菌苗未被稀释。

· 磷酸盐缓冲洗脱液

在1.0mL菌苗中加入1.0mL磷酸盐缓冲洗脱液。置35～37℃摇床中振荡（100～120r/min）过夜。视菌苗进行了1∶2倍稀释。

3.4.2　油佐剂菌苗

将1.0mL的脱氧胆酸钠洗脱缓冲液与1.0mL菌苗混合。置35～37℃摇床中振荡（100～120r/min）过夜。视菌苗进行了1∶2倍稀释。

4. 检验

4.1 用冷的碳酸盐包被液将 F41 菌毛抗原稀释到使用浓度（参看最新试剂资料清单的最新使用浓度），并在 96 孔平底高结合力微量滴定板的每个孔中加入 $100\mu L$。封板，并在 $2\sim7℃$ 孵育过夜。包被好的板子可以在 $2\sim7℃$ 放置不超过 5d。

4.2 用 PBS-吐温 20 作为稀释液，对参考菌苗和待检菌苗进行 2 倍稀释。取干净微滴定板（转移板），每孔加入 $125\mu L$ PBS-吐温。在每行的第 1 列孔中加入 $125\mu L$ 菌苗。每批菌苗至少进行 2 个重复（2 行）。用多道微量移液器对酶标板上的菌苗进行 2 倍系列稀释（转移体积为 $125\mu L$）。每板至少保留 2 个孔不使用，作为空白对照。推荐至少进行 7 次 2 倍系列稀释。在理想的情况下，选择的菌苗稀释度可以得到每批菌苗的抗原从饱和反应到反应逐渐减弱的曲线。参考菌苗和待检菌苗使用的稀释度可能不同。

4.3 用 PBS-吐温 20 清洗检验板 3 次。可以使用自动洗板机（$200\sim250\mu L$/孔，每次浸泡 $10\sim40s$），也可以手工洗板。将板子倒扣在吸湿性材料上拍打，去除残留的液体。

4.4 用多道移液器将转移板上的菌苗稀释液转到包被好的 ELISA 板上（$100\mu L$/孔）。密封 ELISA 板，并置 $20\sim25℃$ 定轨振荡器上（$100\sim120r/min$）孵育（30 ± 5）min。

4.5 用 PBS-吐温 20 洗涤 ELISA 板 3 次，同步骤 4.3 项。

4.6 用 PBS-吐温 20 将辣根过氧化物酶标记的 F41 抗原指示单克隆抗体稀释到使用浓度（参看最新试剂资料清单的稀释度），并在检验板中每孔加入 $100\mu L$。密封 ELISA 板，并置 $20\sim25℃$ 定轨振荡器上（$100\sim120r/min$）孵育（30 ± 5）min。

4.7 用 PBS-吐温 20 洗涤 ELISA 板 3 次，同步骤 4.3 项。

4.8 用结合物稀释液将辣根过氧化物酶标记的山羊抗鼠 IgG（H+L）结合物稀释至适宜的使用稀释度，并在每孔中加入 $100\mu L$。封板，并将 ELISA 板置定轨振荡器上（$100\sim120r/min$）孵育（30 ± 5）min。

4.9 用 PBS-吐温 20 洗涤 ELISA 板 3 次，同步骤 4.3 项。

4.10 在每孔中加入 $100\mu L$ 底物溶液。将 ELISA 板置定轨振荡器上（$100\sim120r/min$）孵育（10 ± 5）min，或在 $20\sim25℃$ 孵育直至颜色发生充分变化。

4.11 每孔加入终止液 $100\mu L$，终止底物溶液的颜色变化。

注意：当加入终止液时，OPD 底物溶液会从黄色变为橙色。

4.12 使用 ELISA 读数仪对 ELISA 板进行双波长读数（490nm 检测波长，650nm 参照波长）。计算空白孔的平均吸收值。在进行数据分析前，从每一菌苗检验孔的吸收值中减去空白孔的平均吸收值。

5. 检验结果说明

5.1 相对效力计算方法

5.1.1 通过与标准操作程序 CVBSOP0102（用软件评估相对效力）所述的参考菌苗相比较，计算待检菌苗的相对效力。

5.1.2 在相对效力计算中，不得使用平均吸收值（在减去空白对照平均吸收值之后）小于 0.050 的菌苗稀释度。

5.1.3 在最小吸收值相对效力计算中，不得使用斜率小于 0.10 的回归线。

5.2 有效检验的要求

5.2.1 至少有 3 个连续点的一级线性回归曲线的相关系数（r）必须大于等于 0.95。

5.2.2 参考菌苗和待检菌苗的回归线必须表现出平行性（斜率比为 $0.80\sim1.25$）。

5.3 待检菌苗符合规定的要求

若判检验结果符合规定，则 RP 值必须 $\geqslant1.0$。RP 值小于 1.0 且检测有效时，可按照与首次检验相同的方法进行 2 次独立的重检。如果 2 次重检均有效，且重检的 RP 值均 $\geqslant1.0$，则判检验结果符合规定。

6. 检验结果报告

按照标准操作程序报告检验结果。

7. 修订概述

第 06 版

• 更新最小斜率期望值，以便与 PEL 审核工作手册 4.6.2 保持一致。

• 更新细菌实验室部门负责人。

• 明确培养基的有效期。

• 删除参考相对效力计算软件（RelPot）和引用 SAM318 的内容。

第 05 版

• 更新细菌实验室部门负责人。

• 明确培养基的有效期。

• 删除参考相对效力计算软件（RelPot）和引用 SAM318 的内容。

第 04 版

• 更新联系人信息。

• 所有参考国家兽医局实验室培养基的，均变更参考国家动物卫生中心培养基。

第 03 版

• 明确文件中添加的是柠檬酸钠，二水合物（而不是单碱的无水柠檬酸钠）。

第 02 版

本修订版资料主要用于阐述兽医生物制品中心现行的实际操作方法，并提供了额外的细节信息。虽然不对检验结果产生重大影响，但是对文件进行了以下修改：

• 2.2.1　进一步明确所使用的检验板为高结合板。

• 2.2.2　进一步明确所使用的转移板为非结合板。

• 2.2.15 和 3.3.10　进一步定义了终止液，并对其保存信息进行了更新。

• 3.3.5　更新配方，包括血清中不含大肠杆菌抗体的说明。

• 3.3.7　包含了化学试剂的别称。

• 3.3.8　增加对溶液的滤过除菌。

• 4.10　增加了终止反应的附加信息。

• 用简要信息替代了参考 CVB 内部文件的表述。

• 在整个文件中，增加了让用户参考现行试剂资料清单的表述。

• 联系人变更为 Janet Wilson。

（赵　耘译，刘　博校）

美国农业部兽医生物制品中心
检验方法

SAM 624　问号钩端螺旋体波摩那血清群菌苗体外
效力检验的补充检验方法

日　　期：2017 年 4 月 20 日已批准，标准要求待定
编　　号：SAM 624.07
替　　代：SAM 624.06，2016 年 7 月 1 日
标准要求：
联 系 人：Angela M. Walker，(515) 337-7020
审　　批：/s/Larry R. Ludemann　　　　　日期：2017 年 4 月 28 日
　　　　　Larry R. Ludemann，细菌学实验室负责人

　　　　　/s/Paul J. Hauer　　　　　　　　日期：2017 年 5 月 2 日
　　　　　Paul J. Hauer，兽医生物制品中心政策、评审与执照管理部门负责人

美国农业部动植物卫生监督署
P. O. Box 844
Ames，IA 50010

补充检验方法中提及的商标或专利产品不等同于该产品已获得了美国农业部的保证或担保，
且它的批准也不意味着其可用于排除在外的其他可能适用的产品

由以下人员录入 CVB 质量管理体系：

/s/Linda. S. Snavely　　　　　日期：2017 年 5 月 9 日
Linda. S. Snavely，质量管理计划助理

目　　录

1. 引言

本补充检验方法（SAM）描述了利用夹心酶联免疫吸附试验（ELISA）系统，通过与合格的、未过期的参考菌苗相比较，测定含有问号钩端螺旋体波摩那血清群的菌苗的相对效力。

2. 材料

2.1 设备/仪器

下列任何品牌的设备或仪器均可由具有相同功能的设备或仪器所替代。

2.1.1 微量移液器，量程覆盖范围为 5～1 000μL；

2.1.2 8 道或 12 道微量移液器，量程覆盖范围为 50～200μL；

2.1.3 定轨振荡器；

2.1.4 自动洗板机（可选）；

2.1.5 双波长酶标仪（405nm 和 490nm）；

2.1.6 天平，可称量 150～15 000mg；

2.1.7 相对效力计算软件。

2.2 试剂/耗材

下列任何品牌的试剂或耗材均可由具有相同功能的试剂或耗材所替代。

2.2.1 96 孔平底微量滴定板（Immulon 2；Dynex Laboratories 有限公司）；

2.2.2 96 孔可进行系列稀释的未包被的微量滴定板（转移板）；

2.2.3 封板膜；

2.2.4 碳酸盐包被缓冲液；

2.2.5 磷酸盐洗脱缓冲液（可选）；

2.2.6 柠檬酸钠洗脱缓冲液（可选）；

2.2.7 脱氧胆酸钠（脱氧胆酸盐）洗脱缓冲液（可选）；

2.2.8 含 0.05％吐温 20 的磷酸盐缓冲盐水（PBS-吐温 20）；

2.2.9 含有常规兔血清的抗体稀释液（作为钩端螺旋体阴性对照）；

2.2.10 ABTS（2，2-二氮-双-3-乙基苯并噻唑磺酸）1 型或 2 型底物（Kirkegaard 和 Perry Laboratories 有限公司）；

2.2.11 波摩那钩端螺旋体单克隆抗体（LP MAb），由 2D7 克隆株生产获得。LP MAb 可从美国兽医生物制品中心（CVB）获得，更多信息可参考最新试剂资料清单；

2.2.12 兔源波摩那钩端螺旋体多克隆抗血清（LP PAb），LP PAb 可从 CVB 获得，更多信息可参考最新试剂资料清单；

2.2.13 经人血清吸附过的辣根过氧化物酶标记的羊抗鼠 IgA（α）（Kirkegaard 和 Perry 实验室）；

2.2.14 检验含有波摩那钩端螺旋体的菌苗；

2.2.15 未过期的含有波摩那钩端螺旋体的参考菌苗〔必须经美国动植物检疫署（APHIS）批准〕。

3. 检验准备

3.1 人员资质/培训

操作人员需具有使用常规实验室化学品、设备和玻璃器皿、自动洗板机和读板器、及数据分析软件的工作知识。操作人员需经过对本检验的专门培训。

3.2 设备/仪器的准备

按照生产商推荐和适用的内部标准程序操作和维护所有仪器。

3.3 试剂/对照品的准备

3.3.1 碳酸盐包被缓冲液〔国家动物卫生中心（NCAH）培养基♯20034〕

Na$_2$CO$_3$	0.159g
NaHCO$_3$	0.293g
去离子水定容至	100mL

调节 pH 至 9.6±0.1，2～7℃保存不超过 1 周。

3.3.2 磷酸盐缓冲盐水（PBS）-NCAH 培养基♯10559

NaCl	8.00g
KCl	0.20g
Na$_2$HPO$_4$	1.15g
KH$_2$PO$_4$	0.20g
去离子水定容至	1L

调节 pH 至 7.2±0.1。≥121℃高压灭菌 20min，20～25℃保存不超过 6 个月。

3.3.3 含 1％聚乙烯醇的 PBS

PBS（见步骤 3.3.2 项）	70mL
88％水解乙烯醇，分子质量为 13 000～23 000（Aldrich 公司，货号为 36317-0，或同类产品）	0.7g

搅拌至溶解，如需要可稍微加热。20～25℃下保存不超过 3 个月。

3.3.4 含 0.05％吐温 20 的磷酸盐缓冲盐水（PBS-吐温 20）-NCAH 培养基♯30179

PBS（见步骤 3.3.2 项）	1 000mL

吐温 20　　　　　　　　　　　　　0.50mL

20～25℃保存不超过 6 个月。

3.3.5　含有常规兔血清的抗体稀释液（作为钩端螺旋体阴性对照）

含 1‰聚乙烯醇的 PBS（见步骤 3.3.3 项）

　　　　　　　　　　　　　　　43.6mL

常规兔血清　　　　　　　　　　　400μL

临用前混匀，2～7℃保存不超过 1 周。

3.3.6　磷酸盐抗原洗脱缓冲液

KH_2PO_4（Mallinckrodt 公司 7100 号，或等效物）　　　　　　　　　　　　　　8.2g

去离子水　　　　　　　　　　　　94mL

调节 pH 至 9.3±0.1（或者其他特异性菌苗作为优化使用的相应 pH）。在 20～25℃保存不超过 1 个月。

3.3.7　脱氧胆酸钠（脱氧胆酸盐）洗脱缓冲液

脱氧胆酸钠（Sigma Chemical D6750，或等效物）　　　　　　　　　　　　　　0.50g

PBS（见步骤 3.3.2 项）　　　　　100mL

在 2～7℃保存不超过 30d。用前预热至 20～25℃（该缓冲液的凝胶在 2～7℃保存）。

3.3.8　波摩那钩端螺旋体特异性单抗（LP MAb），2D7 克隆株

LP MAb 从 CVB 获得。在 2～7℃可保存数周，在−70℃或−70℃以下可长期保存。更详细的信息请参照最新试剂资料清单。

3.3.9　兔源波摩那钩端螺旋体多克隆抗体（LP PAb）

兔源抗血清从 CVB 获得。在 2～7℃可保存数周，在−70℃或−70℃以下可长期保存。更详细的信息请参照最新试剂资料清单。

3.3.10　含有波摩那钩端螺旋体抗原的菌苗

1）参考菌苗

2）待检菌苗

关键控制点：原则上，参考菌苗和待检菌苗应按照相同的生产大纲生产。如果参考菌苗与待检菌苗的配方不同，则必须经过验证证明此差别不会影响到检验的性能或对结果的准确性产生不利影响。

3.4　样品的准备

许多菌苗在用 PBS-吐温 20 作 2 倍系列稀释之前不需要进行抗原洗脱处理。可以选取每种佐剂产品的代表批次同时做洗脱和不洗脱处理来验证是否该洗脱处理能特异性的增强抗原捕获的能力。如未

显著增强，则待检菌苗无需做抗原洗脱处理。参考菌苗和待检菌苗需用相同的洗脱程序进行洗脱。对于某些特定菌苗来说，可使用更适合其自身特性的洗脱程序。

3.4.1　氢氧化铝佐剂菌苗

氢氧化铝佐剂菌苗在用 PBS-吐温 20 作 2 倍系列稀释前可以先用柠檬酸钠或磷酸缓冲盐水进行处理。

1）柠檬酸钠洗脱液

在 10mL 菌苗中加入 1g 柠檬酸钠（10％ W/V）。置 36～38℃摇床中振荡（100～120r/min）过夜。视菌苗未被稀释。

2）磷酸盐缓冲洗脱液

在 1mL 菌苗中加入 1mL 磷酸盐缓冲洗脱液。置 36～38℃摇床中振荡（100～120r/min）过夜。视菌苗进行了 1∶2 倍稀释。

3.4.2　油佐剂菌苗

将 1mL 脱氧胆酸钠（脱氧胆酸盐）洗脱缓冲液与 1mL 菌苗混合。置 20～25℃摇床中振荡（100～120r/min）过夜。视菌苗进行了 1∶2 倍稀释。

4. 检验

4.1　用冷的碳酸盐包被液将兔源波摩那钩端螺旋体抗血清稀释到使用浓度（参看最新试剂资料清单）。取 96 孔平底酶标板（检验板），每孔加入 100μL 稀释好的单克隆抗体。封板，并在 2～7℃孵育 16～20h。包被好的板子可以在 2～7℃放置不超过 5d。

4.2　用 PBS-吐温 20 作为稀释液，对参考菌苗和待检菌苗进行 2 倍稀释。取干净微滴定板（转移板），每孔加入 125μL PBS-吐温 20。在每行的第 1 列孔中加入 125μL 菌苗。每批菌苗至少进行 2 个重复（2 行）。用多道微量移液器对酶标板上的菌苗进行 2 倍系列稀释（转移体积为 125μL）。每板至少保留 2 个孔不使用，作为空白对照。

推荐至少进行 7 次 2 倍系列稀释。在理想的情况下，选择的菌苗稀释度可以得到每批菌苗的抗原从饱和反应到反应逐渐减弱的曲线。参考菌苗和待检菌苗使用的稀释度可能不同。

4.3　用 PBS-吐温 20 清洗检验板一次。可以使用自动洗板机（200～250μL/孔，每次浸泡 10～40s，洗涤 3 次），也可以手工洗板。将板子倒扣在吸湿性材料上拍打，去除残留的液体。

4.4　用多道移液器将转移板上的菌苗稀释液

转到包被好的 ELISA 板上（100μL/孔）。密封 ELISA 板，并置 36～38℃孵育 60～90min。

4.5　用 PBS-吐温 20 洗涤 ELISA 板 3 次，同步骤 4.3 项。

4.6　用抗体稀释液将 LP MAb 稀释到使用浓度（参看最新试剂资料清单），并在检验板中每孔加入 100μL。置 36～38℃孵育 55～65min。

4.7　用 PBS-吐温 20 洗涤 ELISA 板 3 次，同步骤 4.3 项。

4.8　用抗体稀释液 1∶1 000 稀释辣根过氧化物酶标记的羊抗鼠 IgA。可选择按照生产商指定的或该批次测定的适宜稀释度进行稀释。在检验板的每个孔中加入 100μL。置 36～38℃孵育 30～60min。

4.9　用 PBS-吐温 20 洗涤 ELISA 板 3 次，同步骤 4.3 项。

4.10　在所有孔中加入 ABTS 底物（100μL），置 36～38℃孵育 15～30min。

4.11　在 405nm/490nm 下读板。计算空白孔的平均吸收值。在进行数据分析前，从每一菌苗检验孔的吸收值中减去空白孔的平均吸收值。

5. 检验结果说明

5.1　相对效力计算方法

5.1.1　通过与标准操作程序 CVBSOP0102（用软件评估相对效力）所述的参考菌苗相比较，计算待检菌苗的相对效力。

5.1.2　在相对效力计算中，不得使用平均吸收值（在减去空白对照平均吸收值之后）小于 0.050 的菌苗稀释度。

5.1.3　在最小吸收值相对效力计算中，不得使用斜率小于 0.10 的回归线。

5.2　有效检验的要求

5.2.1　至少有 3 个连续点的一级线性回归曲线的相关系数（r）必须≥0.95。

5.2.2　参考菌苗和待检菌苗的回归线必须表现出平行性（斜率比为 0.80～1.25）。

5.2.3　无效的检验最多可重检 3 次。如果 3 次独立的检验均无法达到有效，则判菌苗为不符合规定。

5.3　待检菌苗符合规定的要求

若判检验结果符合规定，则 RP 值必须≥1.0。RP 值小于 1.0 且检测有效时，可按照与首次检验相同的方法进行 2 次独立的重检。如果 2 次重检均有效，且重检的 RP 值均≥1.0，则判检验结果符合规定。

6. 检验结果报告

按照标准操作程序报告检验结果。

7. 修订概述

第 07 版

• 更新最小斜率期望值，以便与 PEL 审核工作手册 4.6.2 保持一致。

第 06 版

• 更新细菌实验室部门负责人和 PEL 主任。

• 删除文件中的相对效力计算软件（RelPot）和相关 SAM318 的引用。

第 05 版

• 联系人变更为 Angela M. Walker。

• 进行了微小的修订，以符合 CVB 目前的实际情况。

第 04 版

• 全文中增加了额外的配套信息，以反映目前的操作程序。

第 03 版

• 对文件进行了微小的修订，以符合目前的格式要求。

第 02 版

本修订版资料主要用于阐述兽医生物制品中心现行的实际操作方法，并提供了额外的细节信息。虽然不对检验结果产生重大影响，但是对文件进行了以下修改：

• 2.2.7　为和 Sigma 的产品目录保持一致，将去氧胆酸变更为脱氧胆酸盐（两者等效）。

• 4.2　检验孔的重复数量从 3 个变更为 2 个。

• 在文件的适当位置增加"参照最新试剂资料清单"。

• 联系人变更为 Mary C. Rasmusson。

（杨忠萍译，刘　博校）

美国农业部兽医生物制品中心
检验方法

SAM 625 问号钩端螺旋体犬血清群菌苗体外
效力检验的补充检验方法

日　　期：2017 年 4 月 28 日已批准，标准要求待定

编　　号：SAM 625.07

替　　代：SAM 625.06，2016 年 7 月 1 日

标准要求：

联 系 人：Angela M. Walker，(515) 337-7020

审　　批：/s/Larry R. Ludemann　　　　　日期：2017 年 5 月 3 日
　　　　　Larry R. Ludemann，细菌学实验室负责人

　　　　　/s/Paul J. Hauer　　　　　　　日期：2017 年 5 月 3 日
　　　　　Paul J. Hauer，兽医生物制品中心政策、评审与执照管理部门负责人

美国农业部动植物卫生监督署

P. O. Box 844

Ames，IA 50010

由以下人员录入 CVB 质量管理体系：

/s/Linda. S. Snavely　　　　　日期：2017 年 5 月 3 日
Linda. S. Snavely，质量管理计划助理

目　录

1. 引言

本补充检验方法（SAM）描述了利用夹心酶联免疫吸附试验（ELISA）系统，通过与合格的、未过期的参考菌苗相比较，测定含有问号钩端螺旋体犬血清群的菌苗的相对效力。

2. 材料

2.1 设备/仪器

下列任何品牌的设备或仪器均可由具有相同功能的设备或仪器所替代。

2.1.1 微量移液器，量程覆盖范围为 5～1 000μL；

2.1.2 8 道或 12 道微量移液器，量程覆盖范围为 50～200μL；

2.1.3 定轨振荡器；

2.1.4 自动洗板机（可选）；

2.1.5 双波长酶标仪（405nm 和 490nm）；

2.1.6 天平，可称量 150～15 000mg；

2.1.7 相对效力计算软件；

2.2 试剂/耗材

下列任何品牌的试剂或耗材均可由具有相同功能的试剂或耗材所替代。

2.2.1 96 孔平底微量滴定板（Immulon 2；Dynex Laboratories 有限公司）；

2.2.2 96 孔可进行系列稀释的未包被的微量滴定板（转移板）；

2.2.3 封板膜；

2.2.4 碳酸盐包被缓冲液；

2.2.5 磷酸盐洗脱缓冲液（可选）；

2.2.6 柠檬酸钠洗脱缓冲液（可选）；

2.2.7 脱氧胆酸钠（脱氧胆酸盐）洗脱缓冲液（可选）；

2.2.8 含 0.05％吐温 20 的磷酸盐缓冲盐水（PBS-吐温 20）；

2.2.9 含有常规兔血清的抗体稀释液（作为钩端螺旋体阴性对照）；

2.2.10 ABTS（2，2-二氮-双-3-乙基苯并噻唑磺酸）1 型或 2 型底物（Kirkegaard 和 Perry Laboratories 有限公司）；

2.2.11 犬钩端螺旋体单克隆抗体（LC MAb），由 4DB-001 克隆株生产获得，LC MAb 可从美国兽医生物制品中心（CVB）获得，更多信息可参考最新试剂资料清单；

2.2.12 兔源犬钩端螺旋体多克隆抗血清（LC PAb），LC PAb 可从 CVB 获得，更多信息可参考最新试剂资料清单；

2.2.13 经人血清吸附过的辣根过氧化物酶标记的羊抗鼠 IgM（Kirkegaard 和 Perry 实验室）；

2.2.14 检验含有犬钩端螺旋体的菌苗；

2.2.15 未过期的含有犬钩端螺旋体的参考菌苗〔必须经美国动植物检疫署（APHIS）批准〕。

3. 检验准备

3.1 人员资质/培训

操作人员需具有使用常规实验室化学品、设备和玻璃器皿、自动洗板机和读板器、及数据分析软件的工作知识。操作人员需经过对本检验的专门培训。

3.2 设备/仪器的准备

按照生产商推荐和适用的内部标准程序操作和维护所有仪器。

3.3 试剂/对照品的准备

3.3.1 碳酸盐包被缓冲液〔国家动物卫生中心（NCAH）培养基♯20034〕

Na_2CO_3	0.159g
$NaHCO_3$	0.293g
去离子水定容至	100mL

调节 pH 至 9.6±0.1,2～7℃保存不超过 1 周。

3.3.2 磷酸盐缓冲盐水（PBS）-NCAH 培养基♯10559

NaCl	8.00g
KCl	0.20g
Na_2HPO_4	1.15g
KH_2PO_4	0.20g
去离子水定容至	1L

调节 pH 至 7.2±0.1。≥121℃高压灭菌 20min，20～25℃保存不超过 6 个月。

3.3.3 含 1％聚乙烯醇的 PBS

PBS（见步骤 3.3.2 项）	70mL
88％水解乙烯醇，分子量为 13 000～23 000（Aldrich 公司，货号为 36317-0，或同类产品）	0.7g

搅拌至溶解，如需要可稍微加热。20～25℃下保存不超过 3 个月。

3.3.4 含 0.05％吐温 20 的磷酸盐缓冲盐水（PBS-吐温 20）-NCAH 培养基♯30179

PBS（见步骤 3.3.2 项）	1 000mL
吐温 20	0.50mL

20～25℃保存不超过 6 个月。

3.3.5 含有常规兔血清的抗体稀释液（作为

钩端螺旋体阴性对照）

含 1％聚乙烯醇的 PBS（见步骤 3.3.3 项）

43.6mL

常规兔血清 400μL

临用前混匀，2～7℃保存不超过 1 周。

3.3.6 磷酸盐抗原洗脱缓冲液

KH₂PO₄（Mallinckrodt 公司 7100 号，或等效物） 8.2g

去离子水 94mL

调节 pH 至 9.3±0.1（或者其他特异性菌苗作为优化使用的相应 pH）。在 20～25℃保存不超过 1 个月。

3.3.7 去氧胆酸钠（去氧胆酸盐）洗脱缓冲液

去氧胆酸钠（Sigma Chemical D6750，或等效物） 0.50g

PBS（见步骤 3.3.2 项） 100mL

在 2～7℃保存不超过 30d。用前预热至 20～25℃（该缓冲液的凝胶在 2～7℃保存）。

3.3.8 犬钩端螺旋体特异性单抗（LC MAb），4DB 克隆株

LC MAb 从 CVB 获得。在 2～7℃可保存数周，在−70℃或−70℃以下可长期保存。更详细的信息请参照最新试剂资料清单。

3.3.9 兔源犬钩端螺旋体多克隆抗体（LC PAb）

兔源抗血清从 CVB 获得。在 2～7℃可保存数周，在−70℃或−70℃以下可长期保存。更详细的信息请参照最新试剂资料清单。

3.3.10 含有犬钩端螺旋体的菌苗

1）参考菌苗

2）待检菌苗

关键控制点：原则上，参考菌苗和待检菌苗应按照相同的生产大纲生产。如果参考菌苗与待检菌苗的配方不同，则必须经过验证证明此差别不会影响到检验的性能或对结果的准确性产生不利影响。

3.4 样品的准备

许多菌苗在用 PBS-吐温 20 作 2 倍系列稀释之前不需要进行抗原洗脱处理。可以选取每种佐剂产品的代表批次同时做洗脱和不洗脱处理来验证是否该洗脱处理能特异性的增强抗原捕获的能力。如未显著增强，则待检菌苗无需做抗原洗脱处理。参考菌苗和待检菌苗需用相同的洗脱程序进行洗脱。对于某些特定菌苗来说，可使用更适合其自身特性的洗脱程序。

3.4.1 氢氧化铝佐剂菌苗

氢氧化铝佐剂菌苗在用 PBS-吐温 20 作 2 倍系列稀释前可以先用柠檬酸钠或磷酸缓冲盐水进行处理。

1）柠檬酸钠洗脱液

在 10mL 菌苗中加入 1g 柠檬酸钠（10％W/V）。置 36～38℃摇床中振荡（100～120r/min）过夜。视菌苗未被稀释。

2）磷酸盐缓冲洗脱液

在 1mL 菌苗中加入 1mL 磷酸盐缓冲洗脱液。置 36～38℃摇床中振荡（100～120r/min）过夜。视菌苗进行了 1:2 倍稀释。

3.4.2 油佐剂菌苗

将 1mL 去氧胆酸钠（去氧胆酸盐）洗脱缓冲液与 1mL 菌苗混合。置 20～25℃摇床中振荡（100～120r/min）过夜。视菌苗进行了 1:2 倍稀释。

4. 检验

4.1 用冷的碳酸盐包被液将兔源犬钩端螺旋体抗血清稀释到使用浓度（参看最新试剂资料清单）。取 96 孔平底酶标板（检验板），每孔加入 100μL 稀释好的单克隆抗体。封板，并在 2～7℃孵育 16～20h。包被好的板子可以在 2～7℃放置不超过 5d。

4.2 用 PBS-吐温 20 作为稀释液，对参考菌苗和待检菌苗进行 2 倍稀释。取干净微滴定板（转移板），每孔加入 125μL PBS-吐温 20。在每行的第 1 列孔中加入 125μL 菌苗。每批菌苗至少进行 2 个重复（2 行）。

用多道微量移液器对酶标板上的菌苗进行 2 倍系列稀释（转移体积为 125μL）。每板至少保留 2 个孔不使用，作为空白对照。

推荐至少进行 7 次 2 倍系列稀释。在理想的情况下，选择的菌苗稀释度可以得到每批菌苗的抗原从饱和反应到反应逐渐减弱的曲线。参考菌苗和待检菌苗使用的稀释度可能不同。

4.3 用 PBS-吐温 20 清洗检验板一次。可以使用自动洗板机（200～250μL/孔，每次浸泡 10～40s，洗涤 3 次），也可以手工洗板。将板子倒扣在吸湿性材料上拍打，去除残留的液体。

4.4 用多道移液器将转移板上的菌苗稀释液转移到包被好的 ELISA 板上（100μL/孔）。密封 ELISA 板，并置 36～38℃孵育 60～90min。

4.5 用 PBS-吐温 20 洗涤 ELISA 板 3 次，同步骤 4.3 项。

4.6 用抗体稀释液将 LC MAb 稀释到使用浓度（参看最新试剂资料清单），并在检验板中每孔加入 100μL。置 36～38℃孵育 55～65min。

4.7 用 PBS-吐温 20 洗涤 ELISA 板 3 次，同步骤 4.3 项。

4.8 用抗体稀释液 1∶4 000 稀释辣根过氧化物酶标记的羊抗鼠 IgM。可选择按照生产商指定的或该批次测定的适宜的稀释度进行稀释。在检验板的每个孔中加入 100μL。置 36～38℃孵育 30～60min。

4.9 用 PBS-吐温 20 洗涤 ELISA 板 3 次，同步骤 4.3 项。

4.10 在所有孔中加入 ABTS 底物（100μL），置 36～38℃孵育 15～30min。

4.11 在 405nm/490nm 下读板。计算空白孔的平均吸收值。在进行数据分析前，从每一菌苗检验孔的吸收值中减去空白孔的平均吸收值。

5. 检验结果说明

5.1 相对效力计算方法

5.1.1 通过与标准操作程序 CVBSOP0102（用软件评估相对效力）所述的参考菌苗相比较，计算待检菌苗的相对效力。

5.1.2 在相对效力计算中，不得使用平均吸收值（在减去空白对照平均吸收值之后）小于 0.050 的菌苗稀释度。

5.1.3 在最小吸收值相对效力计算中，不得使用斜率小于 0.10 的回归线。

5.2 有效检验的要求

5.2.1 至少有 3 个连续点的一级线性回归曲线的相关系数（r）必须≥0.95。

5.2.2 参考菌苗和待检菌苗的回归线必须表现出平行性（斜率比为 0.80～1.25）。

5.2.3 无效的检验最多可重检 3 次。如果 3 次独立的检验均无法达到有效，则判菌苗为不符合规定。

5.3 待检菌苗符合规定的要求

若判检验结果符合规定，则 RP 值必须≥1.0。

RP 值小于 1.0 且检测有效时，可按照与首次检验相同的方法进行 2 次独立的重检。如果 2 次重检均有效，且重检的 RP 值均≥1.0，则判检验结果符合规定。

6. 检验结果报告

按照标准操作程序报告检验结果。

7. 修订概述

第 07 版

• 更新最小斜率期望值，以便与 PEL 审核工作手册 4.6.2 保持一致。

第 06 版

• 更新细菌实验室部门负责人和 PEL 主任。

• 删除文件中的相对效力计算软件（RelPot）和相关 SAM318 的引用。

第 05 版

• 联系人变更为 Angela M. Walker。

• 进行了微小的修订，以符合 CVB 目前的实际情况。

第 04 版

• 增加了额外的配套信息，以反映目前的操作程序。

第 03 版

• 对文件进行了微小的修订，以符合目前的格式要求。

第 02 版

本修订版资料主要用于阐述兽医生物制品中心现行的实际操作方法，并提供了额外的细节信息。虽然不对检验结果产生重大影响，但是对文件进行了以下修改：

• 2.2.7 为和 Sigma 的产品目录保持一致，将去氧胆酸变更为去氧胆酸盐（两者等效）。

• 4.2 检验孔的重复数量从 3 个变更为 2 个。

• 在文件的适当位置增加"参照最新试剂资料清单"。

• 联系人变更为 Mary C. Rasmusson。

（杨忠萍译，刘　博校）

美国农业部兽医生物制品中心
检验方法

SAM 626　克氏钩端螺旋体流感伤寒血清群菌苗
体外效力检验的补充检验方法

日　　期：2017 年 4 月 28 日已批准，标准要求待定

编　　号：SAM 626.08

替　　代：SAM 626.07，2016 年 7 月 1 日

标准要求：

联 系 人：Angela M. Walker，(515) 337-7020

审　　批：/s/Larry R. Ludemann　　　　　　日期：2017 年 5 月 12 日

　　　　　Larry R. Ludemann，细菌学实验室负责人

　　　　　/s/Paul J. Hauer　　　　　　　　　日期：2017 年 6 月 1 日

　　　　　Paul J. Hauer，兽医生物制品中心政策、评审与执照管理部门负责人

美国农业部动植物卫生监督署

P. O. Box 844

Ames，IA 50010

补充检验方法中提及的商标或专利产品不等同于该产品已获得了美国农业部的保证或担保，
且它的批准也不意味着其可用于排除在外的其他可能适用的产品

由以下人员录入 CVB 质量管理体系：

/s/Linda. S. Snavely　　　　　　日期：2017 年 6 月 7 日

Linda. S. Snavely，质量管理计划助理

目　录

1. 引言

本补充检验方法（SAM）描述了利用夹心酶联免疫吸附试验（ELISA）系统，通过与合格的、未过期的参考菌苗相比较，测定含有克氏钩端螺旋体流感伤寒血清群的菌苗的相对效力。

2. 材料

2.1 设备/仪器

下列任何品牌的设备或仪器均可由具有相同功能的设备或仪器所替代。

2.1.1 微量移液器，量程覆盖范围为 5～1 000μL；

2.1.2 8 道或 12 道微量移液器，量程覆盖范围为 50～200μL；

2.1.3 定轨振荡器；

2.1.4 自动洗板机（可选）；

2.1.5 双波长酶标仪（405nm 和 490nm）；

2.1.6 天平，可称量 150～15 000mg；

2.1.7 相对效力计算软件。

2.2 试剂/耗材

下列任何品牌的试剂或耗材均可由具有相同功能的试剂或耗材所替代。

2.2.1 96 孔平底微量滴定板（Immulon 2；Dynex Laboratories 有限公司）；

2.2.2 96 孔可进行系列稀释的未包被的微量滴定板（转移板）；

2.2.3 封板膜；

2.2.4 碳酸盐包被缓冲液；

2.2.5 磷酸盐洗脱缓冲液（可选）；

2.2.6 柠檬酸钠洗脱缓冲液（可选）；

2.2.7 脱氧胆酸钠（脱氧胆酸盐）洗脱缓冲液（可选）；

2.2.8 含 0.05％吐温 20 的磷酸盐缓冲盐水（PBS-吐温 20）；

2.2.9 含有常规兔血清的抗体稀释液（作为钩端螺旋体阴性对照）；

2.2.10 ABTS［（2，2-二氮-双-3-乙基苯并噻唑磺酸）1 型或 2 型底物（Kirkegaard 和 Perry Laboratories 有限公司）］；

2.2.11 流感伤寒钩端螺旋体单克隆抗体（LG MAb），由 LGF02-002 克隆株生产获得，LG MAb 可从美国兽医生物制品中心（CVB）获得。更多信息可参考最新试剂资料清单；

2.2.12 兔源流感伤寒钩端螺旋体多克隆抗血清（LG PAb），LG PAb 可从 CVB 获得，更多信息可参考最新试剂资料清单；

2.2.13 经人血清吸附过的辣根过氧化物酶标记的羊抗鼠 IgM（Mμ）（Kirkegaard 和 Perry 实验室）；

2.2.14 检验含有流感伤寒钩端螺旋体的菌苗；

2.2.15 未过期的含有流感伤寒钩端螺旋体的参考菌苗［必须经美国动植物检疫署（APHIS）批准］。

3. 检验准备

3.1 人员资质/培训

操作人员需具有使用常规实验室化学品、设备和玻璃器皿、自动洗板机和读板器、及数据分析软件的工作知识。操作人员需经过对本检验的专门培训。

3.2 设备/仪器的准备

按照生产商推荐和适用的内部标准程序操作和维护所有仪器。

3.3 试剂的准备

3.3.1 碳酸盐包被缓冲液［国家动物卫生中心（NCAH）培养基＃20034］

Na_2CO_3	0.159g
$NaHCO_3$	0.293g
去离子水定容至	100mL

调节 pH 至 9.6±0.1，2～7℃ 保存不超过 1 周。

3.3.2 磷酸盐缓冲盐水（PBS）-NCAH 培养基＃10559

NaCl	8.00g
KCl	0.20g
Na_2HPO_4	1.15g
KH_2PO_4	0.20g
去离子水定容至	1L

调节 pH 至 7.2±0.1。≥121℃ 高压灭菌 20min，20～25℃ 保存不超过 6 个月。

3.3.3 含 1％聚乙烯醇的 PBS

PBS（见步骤 3.3.2 项）	70mL
88％水解乙烯醇，分子质量为 13 000～23 000（Aldrich 公司，货号为 36317-0，或同类产品）	0.7g

搅拌至溶解，如需要可稍微加热。20～25℃下保存不超过 3 个月。

3.3.4 含 0.05％吐温 20 的磷酸盐缓冲盐水（PBS-吐温 20）-NCAH 培养基＃30179

PBS（见步骤 3.3.2 项） 1 000mL

吐温 20 0.50mL

20～25℃保存不超过 6 个月。

3.3.5 含有常规兔血清的抗体稀释液（作为钩端螺旋体阴性对照）

含 1% 聚乙烯醇的 PBS（见步骤 3.3.3 项） 43.6mL

常规兔血清 400μL

临用前混匀，2～7℃保存不超过 1 周。

3.3.6 磷酸盐抗原洗脱缓冲液

KH_2PO_4（Mallinckrodt 公司 7100 号，或等效物） 8.2g

去离子水 94mL

调节 pH 至 9.3±0.1（或者其他特异性菌苗作为优化使用的相应 pH）。在 20～25℃保存不超过 1 个月。

3.3.7 去氧胆酸钠（去氧胆酸盐）洗脱缓冲液

去氧胆酸钠（Sigma Chemical D6750，或等效物） 0.50g

PBS（见步骤 3.3.2 项） 100mL

在 2～7℃保存不超过 30d。用前预热至 20～25℃（该缓冲液的凝胶在 2～7℃保存）。

3.3.8 流感伤寒型钩端螺旋体特异性单抗（LG MAb），LGF02-002 克隆株

LG MAb 从 CVB 获得。在 2～7℃可保存数周，在 −70℃或 −70℃以下可长期保存。更详细的信息请参照最新试剂资料清单。

3.3.9 兔源流感伤寒型钩端螺旋体多克隆抗体（LG PAb）

兔源抗血清从 CVB 获得。在 2～7℃可保存数周，在 −70℃或 −70℃以下可长期保存。更详细的信息请参照最新试剂资料清单。

3.3.10 含有流感伤寒钩端螺旋体的菌苗

1）参考菌苗

2）待检菌苗

关键控制点：原则上，参考菌苗和待检菌苗应按照相同的生产大纲生产。如果参考菌苗与待检菌苗的配方不同，则必须经过验证证明此差别不会影响到检验的性能或对结果的准确性产生不利影响。

3.4 样品的准备

许多菌苗在用 PBS-吐温 20 作 2 倍系列稀释之前不需要进行抗原洗脱处理。可以选取每种佐剂产品的代表批次同时做洗脱和不洗脱处理来验证是否

该洗脱处理能特异性的增强抗原捕获的能力。如未显著增强，则待检菌苗无需做抗原洗脱处理。参考菌苗和待检菌苗需用相同的洗脱程序进行洗脱。对于某些特定菌苗来说，可使用更适合其自身特性的洗脱程序。

3.4.1 氢氧化铝佐剂菌苗

氢氧化铝佐剂菌苗在用 PBS-吐温 20 作 2 倍系列稀释前可以先用柠檬酸钠或磷酸缓冲盐水进行处理。

1）柠檬酸钠洗脱液

在 10mL 菌苗中加入 1g 柠檬酸钠（10% W/V）。置 36～38℃摇床中振荡（100～120r/min）过夜。视菌苗未被稀释。

2）磷酸盐缓冲洗脱液

在 1mL 菌苗中加入 1mL 磷酸盐缓冲洗脱液。置 36～38℃摇床中振荡（100～120r/min）过夜。视菌苗进行了 1：2 倍稀释。

3.4.2 油佐剂菌苗

将 1mL 去氧胆酸钠（去氧胆酸盐）洗脱缓冲液与 1mL 菌苗混合。置 20～25℃摇床中振荡（100～120r/min）过夜。视菌苗进行了 1：2 倍稀释。

4. 检验

4.1 用冷的碳酸盐包被液将兔源流感伤寒钩端螺旋体抗血清稀释到使用浓度（参看最新试剂资料清单）。取 96 孔平底酶标板（检验板），每孔加入 100μL 稀释好的单克隆抗体。封板，并在 2～7℃孵育 16～20h。包被好的板子可以在 2～7℃放置不超过 5d。

4.2 用 PBS-吐温 20 作为稀释液，对参考菌苗和待检菌苗进行 2 倍稀释。取干净微滴定板（转移板），每孔加入 125μL PBS-吐温 20。在每行的第 1 列孔中加入 125μL 菌苗。每批菌苗至少进行 2 个重复（2 行）。用多道微量移液器对酶标板上的菌苗进行 2 倍系列稀释（转移体积为 125μL）。每板至少保留 2 个孔不使用，作为空白对照。

推荐至少进行 7 次 2 倍系列稀释。在理想的情况下，选择的菌苗稀释度可以得到每批菌苗的抗原从饱和反应到反应逐渐减弱的曲线。参考菌苗和待检菌苗使用的稀释度可能不同。

4.3 用 PBS-吐温 20 清洗检验板一次。可以使用自动洗板机（200～250μL/孔，每次浸泡 10～40s，洗涤 3 次），也可以手工洗板。将板子倒扣在吸湿性材料上拍打，去除残留的液体。

4.4 用多道移液器将转移板上的菌苗稀释液转到包被好的 ELISA 板上（100μL/孔）。密封 ELISA 板，并置 36～38℃孵育 60～90min。

4.5 用 PBS-吐温 20 洗涤 ELISA 板 3 次，同步骤 4.3 项。

4.6 用抗体稀释液将 LG MAb 稀释到使用浓度（参看最新试剂资料清单），并在检验板中每孔加入 100μL。置 36～38℃孵育 55～65min。

4.7 用 PBS～吐温 20 洗涤 ELISA 板 3 次，同步骤 4.3 项。

4.8 用抗体稀释液 1∶4000 稀释辣根过氧化物酶标记的羊抗鼠 IgM。可选择按照生产商指定的或该批次测定的适宜的稀释度进行稀释。在检验板的每个孔中加入 100μL。置 36～38℃孵育 30～60min。

4.9 用 PBS-吐温 20 洗涤 ELISA 板 3 次，同步骤 4.3 项。

4.10 在所有孔中加入 ABTS 底物（100μL），置 36～38℃孵育 15～30min。

4.11 在 405nm/490nm 下读板。计算空白孔的平均吸收值。在进行数据分析前，从每一菌苗检验孔的吸收值中减去空白孔的平均吸收值。

5. 检验结果说明

5.1 相对效力计算方法

5.1.1 通过与标准操作程序 CVBSOP0102（用软件评估相对效力）所述的参考菌苗相比较，计算待检菌苗的相对效力。

5.1.2 在相对效力计算中，不得使用平均吸收值（在减去空白对照平均吸收值之后）小于 0.050 的菌苗稀释度。

5.1.3 在最小吸收值相对效力计算中，不得使用斜率小于 0.10 的回归线。

5.2 有效检验的要求

5.2.1 至少有 3 个连续点的一级线性回归曲线的相关系数（r）必须≥0.95。

5.2.2 参考菌苗和待检菌苗的回归线必须表现出平行性（斜率比为 0.80～1.25）。

5.2.3 无效的检验最多可重检 3 次。如果 3 次独立的检验均无法达到有效，则判菌苗为不符合规定。

5.3 待检菌苗符合规定的要求

若判检验结果符合规定，则 RP 值必须≥1.0。

RP 值小于 1.0 且检测有效时，可按照与首次检验相同的方法进行 2 次独立的重检。如果 2 次重检均有效，且重检的 RP 值均≥1.0，则判检验结果符合规定。

6. 检验结果报告

按照标准操作程序报告检验结果。

7. 修订概述

第 08 版

• 更新最小斜率期望值，以便与 PEL 审核工作手册 4.6.2 保持一致。

第 06 版

• 对文件进行了微小的修订，以反映 CVB 目前的实际操作情况。

第 05 版

• 将"问号钩端螺旋体流感伤寒血清型"变更为"克氏钩端螺旋体感冒伤寒血清群"，以反映目前分子鉴定结果。

• 更新联系人信息。

• 4.2 系列稀释说明进行微小的修订，以更容易达到适当的稀释曲线。

• 文件中所有的 NVSL 均变更为 NCAH。

第 04 版

• 文中增加了额外的配套信息，以反映目前的操作程序。

第 03 版

• 对文件进行了微小的修订，以符合目前的格式要求。

第 02 版

本修订版资料主要用于阐述兽医生物制品中心现行的实际操作方法，并提供了额外的细节信息。虽然不对检验结果产生重大影响，但是对文件进行了以下修改：

• 2.2.7 为和 Sigma 的产品目录保持一致，将去氧胆酸变更为去氧胆酸盐（两者等效）。

• 4.2 检验孔的重复数量从 3 个变更为 2 个。

• 在文件的适当位置增加"参照最新试剂资料清单"。

• 联系人变更为 Mary C. Rasmusson

（李瑞武译，刘 博校）

美国农业部兽医生物制品中心
检验方法

SAM 627　问号钩端螺旋体黄疸出血血清群菌苗
体外效力检验的补充检验方法

日　　期：2017 年 4 月 28 日已批准，标准要求待定

编　　号：SAM 627.07

替　　代：SAM 627.06，2016 年 7 月 1 日

标准要求：

联 系 人：Angela M. Walker，（515）337-7020

审　　批：/s/Larry R. Ludemann　　　　　日期：2017 年 5 月 12 日

　　　　　Larry R. Ludemann，细菌学实验室负责人

　　　　　/s/Paul J. Hauer　　　　　　　　日期：2017 年 6 月 1 日

　　　　　Paul J. Hauer，兽医生物制品中心政策、评审与执照管理部门负责人

美国农业部动植物卫生监督署

P. O. Box 844

Ames，IA 50010

补充检验方法中提及的商标或专利产品不等同于该产品已获得了美国农业部的保证或担保，
且它的批准也不意味着其可用于排除在外的其他可能适用的产品

由以下人员录入 CVB 质量管理体系：

/s/Linda. S. Snavely　　　　　日期：2017 年 6 月 7 日

Linda. S. Snavely，质量管理计划助理

目　录

1. 引言

本补充检验方法（SAM）描述了利用夹心酶联免疫吸附试验（ELISA）系统，通过与合格的、未过期的参考菌苗相比较，测定含有问号钩端螺旋体黄疸出血血清群（*bogvere* 株除外）的菌苗的相对效力。

2. 材料

2.1 设备/仪器

下列任何品牌的设备或仪器均可由具有相同功能的设备或仪器所替代。

2.1.1 微量移液器，量程覆盖范围为 5～1 000μL；

2.1.2 8 道或 12 道微量移液器，量程覆盖范围为 50～200μL；

2.1.3 定轨振荡器；

2.1.4 自动洗板机（可选）；

2.1.5 双波长酶标仪（405nm 和 490nm）；

2.1.6 天平，可称量 150～15 000mg；

2.1.7 相对效力计算软件。

2.2 试剂/耗材

下列任何品牌的试剂或耗材均可由具有相同功能的试剂或耗材所替代。

2.2.1 96 孔平底微量滴定板（Immulon 2；Dynex Laboratories 有限公司）；

2.2.2 96 孔可进行系列稀释的未包被的微量滴定板（转移板）；

2.2.3 封板膜；

2.2.4 碳酸盐包被缓冲液；

2.2.5 磷酸盐洗脱缓冲液（可选）；

2.2.6 柠檬酸钠洗脱缓冲液（可选）；

2.2.7 脱氧胆酸钠（脱氧胆酸盐）洗脱缓冲液（可选）；

2.2.8 含 0.05% 吐温 20 的磷酸盐缓冲盐水（PBS-吐温 20）；

2.2.9 含有常规兔血清的抗体稀释液（作为钩端螺旋体阴性对照）；

2.2.10 ABTS（2，2-二氮-双-3-乙基苯并噻唑磺酸）1 型或 2 型底物（Kirkegaard 和 Perry Laboratories 有限公司）；

2.2.11 黄疸出血钩端螺旋体单克隆抗体（LI MAb），由 294-004 克隆株生产获得，LI MAb 可从美国兽医生物制品中心（CVB）获得。更多信息可参考最新试剂资料清单；

2.2.12 兔源黄疸出血钩端螺旋体多克隆抗血清（LI PAb），LI PAb 可从 CVB 获得，更多信息可参考最新试剂资料清单；

2.2.13 经人血清吸附过的辣根过氧化物酶标记的羊抗鼠 IgM（H+L）（Kirkegaard 和 Perry 实验室）；

2.2.14 检验含有黄疸出血钩端螺旋体的菌苗；

2.2.15 未过期的含有黄疸出血钩端螺旋体的参考菌苗〔必须经美国动植物检疫署（APHIS）批准〕。

3. 检验准备

3.1 人员资质/培训

操作人员需具有使用常规实验室化学品、设备和玻璃器皿、自动洗板机和读板器、及数据分析软件的工作知识。操作人员需经过对本检验的专门培训。

3.2 设备/仪器的准备

按照生产商推荐和适用的内部标准程序操作和维护所有仪器。

3.3 试剂的准备

3.3.1 碳酸盐包被缓冲液〔国家动物卫生中心（NCAH）培养基♯20034〕

Na_2CO_3	0.159g
$NaHCO_3$	0.293g
去离子水定容至	100mL

调节 pH 至 9.6±0.1，2～7℃ 保存不超过 1 周。

3.3.2 磷酸盐缓冲盐水（PBS）-NCAH 培养基♯10559

NaCl	8.00g
KCl	0.20g
Na_2HPO_4	1.15g
KH_2PO_4	0.20g
去离子水定容至	1L

调节 pH 至 7.2±0.1。≥121℃ 高压灭菌 20min，20～25℃ 保存不超过 6 个月。

3.3.3 含 1% 聚乙烯醇的 PBS

PBS（见步骤 3.3.2 项）	70mL
88% 水解乙烯醇，分子质量为 13 000～23 000（Aldrich 公司，货号为 36317-0，或同类产品）	0.7g

搅拌至溶解，如需要可稍微加热。20～25℃ 下保存不超过 3 个月。

3.3.4 含 0.05% 吐温 20 的磷酸盐缓冲盐水

（PBS-吐温 20）-NCAH 培养基♯30179

PBS（见步骤 3.3.2 项）	1 000mL
吐温 20	0.50mL

20～25℃保存不超过 6 个月。

3.3.5　含有常规兔血清的抗体稀释液（作为钩端螺旋体阴性对照）

含 1％聚乙烯醇的 PBS（见步骤 3.3.3 项）
　　　　　　　　　　　　　　　　　43.6mL

常规兔血清　　　　　　　　　　　400µL

临用前混匀，2～7℃保存不超过 1 周。

3.3.6　磷酸盐抗原洗脱缓冲液

KH₂PO₄（Mallinckrodt 公司 7100 号或等效物）
　　　　　　　　　　　　　　　　　8.2g

去离子水　　　　　　　　　　　　94mL

调节 pH 至 9.3±0.1（或者其他特异性菌苗作为优化使用的相应 pH），在 20～25℃保存不超过 1 个月。

3.3.7　去氧胆酸钠（去氧胆酸盐）洗脱缓冲液

去氧胆酸钠（Sigma Chemical D6750，或等效物）
　　　　　　　　　　　　　　　　　0.50g

PBS（见步骤 3.3.2 项）　　　　　100mL

在 2～7℃保存不超过 30d。用前预热至 20～25℃（该缓冲液的凝胶在 2～7℃保存）。

3.3.8　黄疸出血钩端螺旋体特异性单抗（LI MAb），294-004 克隆株

LI MAb 从 CVB 获得。在 2～7℃可保存数周，在－70℃或－70℃以下可长期保存。更详细的信息请参照最新试剂资料清单。

注意：LI MAb 无法识别黄疸出血钩端螺旋体血清变型 *bogvere*（LT60-69 株）的抗原。因此含 *bogvere* 血清变型钩端螺旋体的菌苗必须按照另外的检验程序进行检验。

兔抗血清从 CVB 获得。在 2～7℃可保存数周，在－70℃或－70℃以下可长期保存。更详细的信息请参照最新试剂资料清单。

3.3.9　含有黄疸出血钩端螺旋体的菌苗

1）参考菌苗

2）待检菌苗

关键控制点：原则上，参考菌苗和待检菌苗应按照相同的生产大纲生产。如果参考菌苗与待检菌苗的配方不同，则必须经过验证证明此差别不会影响到检验的性能或对结果的准确性产生不利影响。

3.4　样品的准备

许多菌苗在用 PBS-吐温 20 作 2 倍系列稀释之前不需要进行抗原洗脱处理。可以选取每种佐剂产品的代表批次同时做洗脱和不洗脱处理来验证是否该洗脱处理能特异性的增强抗原捕获的能力。如未显著增强，则待检菌苗无需做抗原洗脱处理。参考菌苗和待检菌苗需用相同的洗脱程序进行洗脱。对于某些特定菌苗来说，可使用更适合其自身特性的洗脱程序。

3.4.1　氢氧化铝佐剂菌苗

氢氧化铝佐剂菌苗在用 PBS-吐温 20 作 2 倍系列稀释前可以先用柠檬酸钠或磷酸缓冲盐水进行处理。

1）柠檬酸钠洗脱液

在 10mL 菌苗中加入 1g 柠檬酸钠（10％W/V）。置 36～38℃摇床中振荡（100～120r/min）过夜。视菌苗未被稀释。

2）磷酸盐缓冲洗脱液

在 1mL 菌苗中加入 1mL 磷酸盐缓冲洗脱液。置 36～38℃摇床中振荡（100～120r/min）过夜。视菌苗进行了 1∶2 倍稀释。

3.4.2　油佐剂菌苗

将 1mL 去氧胆酸钠（去氧胆酸盐）洗脱缓冲液与 1mL 菌苗混合。置 20～25℃摇床中振荡（100～120r/min）过夜。视菌苗进行了 1∶2 倍稀释。

4. 检验

4.1　用冷的碳酸盐包被液将兔源黄疸出血钩端螺旋体抗血清稀释到使用浓度（参看最新试剂资料清单）。取 96 孔平底酶标板（检验板），每孔加入 100µL 稀释好的单克隆抗体。封板，并在 2～7℃孵育 16～20h。包被好的板子可以在 2～7℃放置不超过 5d。

4.2　用 PBS-吐温 20 作为稀释液，对参考菌苗和待检菌苗进行 2 倍稀释。取干净微滴定板（转移板），每孔加入 125µL PBS-吐温 20。在每行的第 1 列孔中加入 125µL 菌苗。每批菌苗至少进行 2 个重复（2 行）。用多道微量移液器对酶标板上的菌苗进行 2 倍系列稀释（转移体积为 125µL）。每板至少保留 2 个孔不使用，作为空白对照。

推荐至少进行 7 次 2 倍系列稀释。在理想的情况下，选择的菌苗稀释度可以得到每批菌苗的抗原从饱和反应到反应逐渐减弱的曲线。参考菌苗和待检菌苗使用的稀释度可能不同。

4.3　用 PBS-吐温 20 清洗检验板一次。可以

使用自动洗板机（200～250μL/孔，每次浸泡 10～40s，洗涤 3 次），也可以手工洗板。将板子倒扣在吸湿性材料上拍打，去除残留的液体。

4.4　用多道移液器将转移板上的菌苗稀释液转到包被好的 ELISA 板上（100μL/孔）。密封 ELISA 板，并置 36～38℃孵育 60～90min。

4.5　用 PBS-吐温 20 洗涤 ELISA 板 3 次，同步骤 4.3 项。

4.6　用抗体稀释液将 LI MAb 稀释到使用浓度（参看最新试剂资料清单），并在检验板中每孔加入 100μL。置 36～38℃孵育 55～65min。

4.7　用 PBS-吐温 20 洗涤 ELISA 板 3 次，同步骤 4.3 项。

4.8　用抗体稀释液 1∶2 000 稀释辣根过氧化物酶标记的羊抗鼠 IgG。可选择按照生产商指定的或该批次测定的适宜的稀释度进行稀释。在检验板的每个孔中加入 100μL。置 36～38℃孵育 30～60min。

4.9　用 PBS-吐温 20 洗涤 ELISA 板 3 次，同步骤 4.3 项。

4.10　在所有孔中加入 ABTS 底物（100μL），置 36～38℃孵育 15～30min。

4.11　在 405nm/490nm 下读板。计算空白孔的平均吸收值。在进行数据分析前，从每一菌苗检验孔的吸收值中减去空白孔的平均吸收值。

5. 检验结果说明

5.1　相对效力计算方法

5.1.1　通过与标准操作程序 CVBSOP0102（用软件评估相对效力）所述的参考菌苗相比较，计算待检菌苗的相对效力。

5.1.2　在相对效力计算中，不得使用平均吸收值（在减去空白对照平均吸收值之后）小于 0.050 的菌苗稀释度。

5.1.3　在最小吸收值相对效力计算中，不得使用斜率小于 0.10 的回归线。

5.2　有效检验的要求

5.2.1　至少有 3 个连续点的一级线性回归曲线的相关系数（r）必须≥0.95。

5.2.2　参考菌苗和待检菌苗的回归线必须表现出平行性（斜率比为 0.80～1.25）。

5.2.3　无效的检验最多可重检 3 次。如果 3 次独立的检验均无法达到有效，则判菌苗为不符合规定。

5.3　待检菌苗符合规定的要求

若判检验结果符合规定，则 RP 值必须≥1.0。RP 值小于 1.0 且检测有效时，可按照与首次检验相同的方法进行 2 次独立的重检。如果 2 次重检均有效，且重检的 RP 值均≥1.0，则判检验结果符合规定。

6. 检验结果报告

按照标准操作程序报告检验结果。

7. 修订概述

第 07 版

• 更新最小斜率期望值，以便与 PEL 审核工作手册 4.6.2 保持一致。

第 06 版

• 更新细菌实验室部门负责人和 PEL 主任。

• 删除文件中的相对效力计算软件（RelPot）和相关 SAM318 的引用。

第 05 版

• 联系人变更为 Angela M. Walker。

• 进行了微小的修订，以符合 CVB 目前的实际情况。

第 04 版

• 增加了额外的配套信息，以反映目前的操作程序。

第 03 版

• 对文件进行了微小的修订，以符合目前的格式要求。

第 02 版

本修订版资料主要用于阐述兽医生物制品中心现行的实际操作方法，并提供了额外的细节信息。虽然不对检验结果产生重大影响，但是对文件进行了以下修改：

• 2.2.7　为和 Sigma 的产品目录保持一致，将去氧胆酸变更为去氧胆酸盐（两者等效）。

• 4.2　检验孔的重复数量从 3 个变更为 2 个。

• 在文件的适当位置增加"参照最新试剂资料清单"。

• 联系人变更为 Mary C. Rasmusson。

（李　琰译，刘　博校）

美国农业部兽医生物制品中心
检验方法

SAM 630　4 型禽霍乱（多杀性巴氏杆菌）菌苗
效力检验的补充检验方法

日　　期：2016 年 5 月 27 日

编　　号：SAM 630.04

替　　代：SAM 630.03，2009 年 12 月 29 日

标准要求：9CFR 第 113.116 部分

联 系 人：Janet M. Wilson，(515) 337-7245

审　　批：/s/Larry R. Ludemann，　　　　　　日　期：2016 年 6 月 6 日
　　　　　Larry R. Ludemann，细菌学实验室负责人

/s/Paul J. Hauer　　　　　　日期：2016 年 6 月 20 日
Paul J. Hauer，兽医生物制品中心政策、评审与执照管理部门负责人

美国农业部动植物卫生监督署

P. O. Box 844

Ames，IA 50010

补充检验方法中提及的商标或专利产品不等同于该产品已获得了美国农业部的保证或担保，
且它的批准也不意味着其可用于排除在外的其他可能适用的产品

由以下人员录入 CVB 质量管理体系：

/s/Linda. S. Snavely　　　　日期：2016 年 6 月 23 日
Linda. S. Snavely，质量管理计划助理

目 录

1. 引言

本补充检验方法（SAM）描述了按照美国联邦法规第 9 卷（9CFR）113.116 部分规定对含 4 型禽多杀性巴氏杆菌的生物制品进行效力检验的程序。对火鸡进行两次免疫，间隔 21d，在第二次免疫后 14d，用标准剂量的 4 型多杀性巴氏杆菌强毒攻毒。检验分两个阶段，当第一阶段检验中有 7 或 8 只免疫火鸡出现死亡时，进行第二阶段检验。

2. 材料

2.1　设备/仪器

下列任何品牌的设备或仪器均可由具有相同功能的设备或仪器所替代。

2.1.1　分光光度计 20D＋（光谱仪）；

2.1.2　无菌接种环；

2.1.3　本生灯或 Bacti-Cinerator ®（如果使用非无菌接种环）；

2.1.4　培养箱，35～37℃；

2.1.5　微量移液器，20～1 000 μL；

2.1.6　试管混合器，涡旋仪；

2.1.7　血清瓶铝帽轧盖器；

2.1.8　生物安全柜。

2.2　试剂/耗材

下列任何品牌的试剂或耗材均可由具有相同功能的试剂或耗材所替代。

2.2.1　4 型多杀性巴氏杆菌，P-1662 株。此菌株必须由美国农业部动植物卫生监督署兽医局兽医生物制品中心（CVB）提供。详情请参阅现行的试剂资料清单。

2.2.2　含有 4 型多杀性巴氏杆菌的待检菌苗。

2.2.3　注射器，Luer 锁扣式，3mL 或 5mL。

2.2.4　针头，18 号×1.5 英寸。

2.2.5　玻璃血清瓶，20mL。

2.2.6　（13×20）mm 橡胶塞和血清瓶的铝帽。

2.2.7　带盖的（13×100）mm 螺口玻璃管。

2.2.8　吸管，5mL、10mL、25mL。

2.2.9　微量加样器吸头，容量达 1 000 μL。

2.2.10　牛血琼脂平板。

2.2.11　胰蛋白胨肉汤。

2.2.12　无菌棉花拭子。

2.2.13　家禽腿标（11 号或 14 号）或动物喷漆，每个试验组用一种颜色，用于识别动物。

2.3　动物

火鸡，宽胸白色，至少 6 周龄。每批菌苗要使用 20 只火鸡进行检验。另取 10 只火鸡作为对照。所有火鸡的来源和孵化场地均必须一致。这些火鸡必须来自没有禽霍乱史的火鸡群。火鸡不应注射过任何含有多杀性巴氏杆菌的菌苗。

3. 检验准备

3.1　人员资质/培训

操作人员需具有使用一般实验室化学品、设备和玻璃器皿的工作知识，且经过无菌技术、活菌培养物操作及家禽处理方面的专业培训，并具有一定经验。

3.2　检验用火鸡的选择和处理

3.2.1　任何性别的火鸡均可使用。

3.2.2　所有火鸡均采用相同的方式饲养。

3.2.3　只要空间配置能够满足兽医生物制品中心（CVB）/国家兽医局实验室（NVSL）动物护理和使用委员会的要求，允许将免疫火鸡和对照火鸡放在同一火鸡舍内饲养。

3.2.4　每只检验火鸡均要做好标识。可用绑腿编号或动物喷漆进行标识。

1）如果使用绑腿编号，则每条腿都要佩戴标号，以防止一个标号丢失。

2）如果使用动物喷漆，则至少每三周重新喷涂一次。

3.2.5　如果在免疫后、攻击多杀性巴氏杆菌活菌以前，任何火鸡怀疑出现因注射菌苗相关原因导致的死亡，则必须对这些火鸡进行剖检。如果死因与接种菌苗无关，则病理学家的报告要写入试验记录中，可以不采取额外的措施。如果确是因检验菌苗导致的死亡，则必须立即将死亡情况汇报给 CVB-监察与合规部门，并要求对检验菌苗进行进一步的安全检验。

3.2.6　当检验工作结束后，通知动物管理员对检验动物实施安乐死，焚烧尸体，并对受污染的房间进行消毒。

3.3　耗材/仪器的准备

3.3.1　使用前，消毒所有的玻璃器皿。

3.3.2　使用的耗材均须无菌（移液管、注射器、针头、橡胶塞、盐水等）。

3.3.3　所有设备均必须按照生产商的推荐或适用的标准操作程序进行操作和维护。

3.4　试剂的准备

3.4.1　多杀性巴氏杆菌，4 型（Lyon 和 Little 分类），P-1662 株攻毒培养液。参照现行的试剂资料清单保存和制备。

3.4.2　胰蛋白胨肉汤（国家兽医局实验室培养基 NCAH♯10404）

胰蛋白胨肉汤粉	26g
去离子水定容至	1L

≥121℃高压灭菌 15min，使用前冷却。在 20～25℃保存不超过 6 个月。

3.4.3　牛血琼脂（NCAH♯10006）

血琼脂基础粉末	40g
去离子水定容至	950mL

≥121℃高压灭菌 20min，冷却至 45～47℃。

加入：

脱纤维牛血	50mL

倒入无菌培养皿。允许冷却至 20～25℃，在 2～7℃保存不超过 6 个月。

4. 检验

4.1　检验动物的免疫

4.1.1　检查每瓶产品的标签和/或现行生产大纲的第Ⅵ部分，以确认产品信息、推荐的田间使用剂量和接种途径。

4.1.2　用注射器吸取菌苗前，彻底翻转菌苗瓶至少 10 次，以完全混匀菌苗。使用 3mL 或 5mL 注射器，配 18 号×1.5 英寸的针头。

4.1.3　分组免疫，每个待检菌苗免疫不超过 21 只火鸡。每个菌苗均按照产品标签上的推荐剂量和接种途径进行免疫。除产品标签和/或现行生产大纲第Ⅵ部分另有规定外，在火鸡颈背下部无羽毛的松弛皮肤处进行皮下注射。

4.1.4　第一次免疫 21d 后，按照相同方式进行第二次免疫。

4.1.5　保留不超过 11 只火鸡，作为非免疫对照。

4.2　在生物安全柜中准备攻毒菌液

4.2.1　用 2mL 胰蛋白胨肉汤重悬浮 1 瓶攻毒培养物。

4.2.2　取 100μL 重悬浮的培养物接种 2 块血平板，并划线分离培养。

4.2.3　将血平板置 35～37℃ 培养箱培养 16～19h。

4.2.4　肉眼检查，取纯粹生长的平板中的菌落制备攻毒接种物。

4.2.5　用无菌棉拭子从血琼脂平板表面挑取几个菌落，悬浮于（13×100）mm 小管胰蛋白胨肉汤中。继续添加菌落，直至胰蛋白胨肉汤悬浮液经分光光度计 20D＋或其他等效仪器检测，在 630nm 处的透明度为 65％～69％。用 1 个（13×100）mm 小管加入无菌胰蛋白胨肉汤作为分光光度计的空白对照。

4.2.6　将标准菌液用胰蛋白胨肉汤稀释制成 10^{-5} 稀释液。此稀释液为火鸡的攻毒菌液。将攻毒菌液分装到血清瓶中，并加盖胶塞和铝帽进行密封。

4.2.7　攻毒后，将菌液分别稀释成 10^{-6}、10^{-7}、10^{-8}，再进行平板计数；或者另取一个小瓶，单独保留一份攻毒菌液，待攻毒后再制成计数用的稀释液（见步骤 4.4 项）。

4.2.8　将装有攻毒菌液的小瓶和其他稀释管置于冰上。在整个攻毒过程中均要保持在冰上，直至滴加平板进行攻毒后的平板计数。

4.3　攻毒的时间和接种途径

4.3.1　在第二次免疫 14～18d 后，取每批菌苗免疫的 20 只火鸡进行攻毒。此时对多余免疫的火鸡实施安乐死。

4.3.2　非免疫对照火鸡与免疫火鸡同时攻毒。此时对多余的对照火鸡实施安乐死。

4.3.3　每只火鸡胸部肌内注射 0.5mL 攻毒菌液（标准菌液的 10^{-5} 稀释液，见步骤 4.2.6 项），使用 3mL 或 5mL 注射器配 18 号×1.5 英寸的针头。

4.4　攻毒后在生物安全柜中进行平板计数

4.4.1　攻毒后，用胰蛋白胨肉汤作为稀释剂将攻毒菌液制成 10^{-6}、10^{-7}、10^{-8} 稀释液。

4.4.2　所有细菌混悬液在接种平板前均必须充分混匀。每个稀释度各接种 3 块牛血琼脂平板，每个平板接种 0.1mL。应使菌液在琼脂平板表面均匀分布，并不得接触平板边缘。应在攻毒后 1h 内完成所有平板的接种。

4.4.3　将平板在 35～37℃需氧培养 18～30h。

4.4.4　取每个平板上有 30～300 个菌落的菌液稀释度平板，按照下列公式计算菌落形成单位（CFU）攻毒剂量：

$$\frac{菌落总数}{平板数}\times\frac{1}{滴板稀释度}\times\frac{1}{滴板菌液体积（mL）}\times\frac{攻毒菌液稀释度}{1}\times\frac{攻毒菌液体积（mL）}{攻毒剂量}=\frac{CFU}{攻毒剂量}$$

4.5　攻毒后对火鸡的观察

4.5.1　攻毒后 14d 内每天观察火鸡状况，记录死亡和任何经动物福利和使用委员会建议实施安乐死的火鸡。

4.5.2 如果攻毒后出现了疑似非禽霍乱导致火鸡死亡的情况，对这些火鸡进行剖检，以明确死亡原因。如果死亡与免疫和/或攻毒无关，则这些死亡的火鸡数不算入因检验造成的火鸡死亡总数。

5. 检验结果说明

按照9CFR113.116部分规定对检验进行说明。

5.1 攻毒后14d内，10只对照火鸡至少死亡8只，检验方为有效。

检验阶段	免疫火鸡数量（只）	免疫火鸡累计数量（只）	免疫火鸡累计死亡数量（只）	
			符合规定	不符合规定
1	20	20	≤6	≥9
2	20	40	≤15	≥9

5.2 在第一阶段检验有效的前提下，当第一阶段检验免疫火鸡有7只或8只死亡时，可以进行第二阶段的检验。如果不再进行检验，则该批菌苗判为不符合规定。第二阶段检验按照与第一阶段检验相同的方式进行，并按照步骤5.1项中的表进行判定。

5.3 如果在攻毒后的观察期内，10只对照火鸡死亡数少于8只，则该次检验因攻毒剂量不足而无效，检验报告为无结论。应进行无差别的重检，且该重检被认为是第一阶段的检验。

5.4 在检验记录表上记录攻毒菌液平板计数（CFU/攻毒剂量）结果，用于追踪趋势并为有问题的检验提供信息，但是9CFR并没有明确规定本检验的最小或最大CFU/攻毒剂量。

6. 检验结果报告

按照标准操作程序报告检验结果。

7. 参考文献

Title 9, Code of Federal Regulations, part 113.116[M]. Washington, DC: Government Printing Office.

8. 修订概述

第04版
- 更新部门主管和负责人信息。

第03版
- 更新联系人信息。
- 2.1.3 更新本部分，以反映目前的实际情况。
- 2.2.12/4.2.5 添加无菌棉拭子。

- 4.1.3/4.1.5 按照9CFR113.116部分更新了禽的组别数。
- 4.3.1/4.3.2 增加对剩余禽实施安乐死的说明。
- 4.5.1 更新本部分，以反映目前的实际情况。

第02版
本修订版资料主要用于阐述兽医生物制品中心现行的实际操作方法，并提供了额外的细节信息。虽然不对检验结果产生重大影响，但是对文件进行了以下修改：

- 2.1.8 在进行这项检验需使用的设备中增加了生物安全柜。
- 3.2.5 增加有关尸体解剖检验的额外信息。
- 4.1.3 增加皮下接种位置的附加细节。
- 4.2.7 在方法的2个不同位置增加制备用于平板计数稀释液的备选方法。
- 增加目前使用的分光光度计的信息。
- 增加平板计数稀释的细节。
- 全文所有参照CVB内部标准操作规程的，均用概述信息替代。
- 在整个文件中指明了当前使用的针头的大小。
- 在整个文件中指明了家禽腿标的大小。
- 联系人变更为Janet Wilson。

（李伟杰译，刘　博校）

美国农业部兽医生物制品中心
检验方法

SAM 631　鼠伤寒沙门氏菌菌苗效力检验的补充检验方法

日　　期：2016 年 5 月 24 日

编　　号：SAM 631.05

替　　代：SAM 631.04，2012 年 12 月 19 日

标准要求：9CFR 第 113.120 部分

联 系 人：Janet M. Wilson，（515）337-7245

审　　批：/s/Larry R. Ludemann,　　　　　　　日期：2016 年 6 月 1 日

　　　　　Larry R. Ludemann，细菌学实验室负责人

　　　　　/s/Rebecca L. W. Hyde　　　　　　　日期：2016 年 6 月 8 日

　　　　　Rebecca L. W. Hyde，兽医生物制品中心质量管理部门负责人

美国农业部动植物卫生监督署

P. O. Box 844

Ames，IA 50010

补充检验方法中提及的商标或专利产品不等同于该产品已获得了美国农业部的保证或担保，
且它的批准也不意味着其可用于排除在外的其他可能适用的产品

由以下人员录入 CVB 质量管理体系：

/s/Linda. S. Snavely　　　　　日期：2016 年 6 月 13 日

Linda. S. Snavely，质量管理计划助理

目 录

1. 引言

本补充检验方法（SAM）描述了按照美国联邦法规第9卷（9CFR）113.120部分规定对含鼠伤寒沙门氏菌的生物制品进行效力检验的程序。对小鼠进行两次免疫，间隔14d，在第二次免疫后7～10d，用标准剂量的鼠伤寒沙门氏菌强毒攻毒。

2. 材料

2.1　设备/仪器

下列任何品牌的设备或仪器均可由具有相同功能的设备或仪器所替代。

2.1.1　分光光度计20D＋（光谱仪）；

2.1.2　无菌接种环；

2.1.3　本生灯或Bacti-Cinerator®（如果使用非无菌接种环）；

2.1.4　培养箱，35～37℃；

2.1.5　微量移液器，20～1 000μL；

2.1.6　试管混合器，涡旋仪；

2.1.7　血清瓶铝帽轧盖器；

2.1.8　旋转振荡器；

2.1.9　生物安全柜。

2.2　试剂/耗材

下列任何品牌的试剂或耗材均可由具有相同功能的试剂或耗材所替代。

2.2.1　鼠伤寒沙门氏菌攻毒培养物，可从兽医生物制品中心（CVB）获得。请参阅现行试剂资料清单以获取更多信息。

2.2.2　含有鼠伤寒沙门氏菌的待检菌苗。

2.2.3　适宜且合格的鼠伤寒沙门氏菌参考菌苗，可从该生物制品的制造商处获得。根据要求，需将试剂连同试剂信息清单处理说明和检验信息一起提供给CVB。

2.2.4　1mL结核菌素用注射器。

2.2.5　针头，26号×3/8英寸。

2.2.6　玻璃血清瓶，10～100mL。

2.2.7　橡胶塞和血清瓶铝帽,(13×20) mm。

2.2.8　玻璃螺口管和管盖，（13×100）mm和（15×125）mm。

2.2.9　移液管，5mL、10mL和25mL。

2.2.10　微量移液器吸头，容量达1 000μL。

2.2.11　L型玻璃棒。

2.2.12　胰蛋白胨琼脂平板或牛血琼脂平板。

2.2.13　胰蛋白胨肉汤。

2.2.14　磷酸缓冲盐水（PBS）。

2.2.15　脑心浸液肉汤。

2.2.16　螺盖烧瓶，1L。

2.3　动物

2.3.1　16～22g小鼠。尽管9CFR未规定小鼠的来源，但某些品系的小鼠可能对沙门氏菌病相对耐受，因此不适用于本检验。

2.3.2　每批待检菌苗需要60只小鼠（20只小鼠/稀释度，3个稀释度/批）。参考菌苗另用60只小鼠。还需要30只小鼠测定攻毒接种物的LD_{50}。所有小鼠必须来自同一品系来源，且具有相似的体重和/或日龄。

3. 检验准备

3.1　人员资质/培训

操作人员必须具有使用常规实验室化学品、设备和玻璃器皿的工作知识，且经过无菌技术、活菌培养物操作及小鼠处理方面的专业培训，并具有一定经验。

3.2　检验小鼠的选择和处理

3.2.1　任何性别的小鼠均可使用，但是推荐使用雌性小鼠。

3.2.2　所有小鼠的笼养和饲喂条件一致。

3.2.3　小鼠按照处理组分笼饲养，并对鼠笼进行标记区分。

3.2.4　如果在免疫后、攻击鼠伤寒沙门氏菌活菌前，任何小鼠发生不明原因的死亡，则需对小鼠进行剖检，确定死亡原因。如果死因与免疫接种无关，则将剖检报告与检验报告一起归档，不需要采取其他措施。如果死亡是由待检菌苗造成的，则应立即向CVB-监察与合规部门报告，其可能会要求对菌苗进行进一步的安全性检验。

3.2.5　当检验工作结束后，通知动物管理员对小鼠实施安乐死并焚毁，同时对受污染的房间进行消毒。

3.3　耗材/仪器的准备

3.3.1　仅使用无菌的耗材。

3.3.2　所有设备均必须按照生产商的推荐或适用的标准操作程序进行操作和维护。

3.4　试剂的准备

3.4.1　鼠伤寒沙门氏菌参考菌苗，由生产商提供。详细信息请参阅现行试剂信息清单。

3.4.2　鼠伤寒沙门氏菌攻毒用培养物，由CVB提供。详细信息请参阅现行试剂资料清单。

3.4.3　磷酸盐缓冲盐（PBS）［国家动物卫生中心（NCAH）培养基♯10559］

氯化钠　　　　　　　　　　　　　　8.0g

氯化钾	0.2g
磷酸氢二钠	1.15g
磷酸二氢钾	0.2g
去离子水定容至	1 000mL

调节 pH 至 7.2 ± 0.1。≥121℃ 高压灭菌 20min，在 20～25℃ 下保存不超过 6 个月。

3.4.4 胰蛋白胨肉汤——NCAH 培养基 #10404

胰蛋白胨肉汤粉（BBL 或等效物）	26g
去离子水定容至	1 000mL

≥121℃ 高压灭菌 15min。用前冷却。在 20～25℃ 下保存不超过 6 个月。

3.4.5 胰蛋白胨琼脂——NCAH 培养基 #10093

胰蛋白胨琼脂粉（BBL 或等效物）	41g
去离子水定容至	1 000mL

≥121℃ 高压灭菌 25min。在 56～60℃ 水浴冷却，倒入无菌平板，冷却至 20～25℃。在 2～7℃ 保存不超过 6 个月。

3.4.6 脑心浸液肉汤——NCAH 培养基 #10009

脑心浸液（BBL 或等效物）	37g
去离子水定容至	1 000mL

≥121℃ 高压灭菌 20min。在 20～25℃ 保存不超过 6 个月。

3.4.7 牛血琼脂——NCAH 培养基 #10006

血琼脂粉	40g
去离子水	950mL

≥121℃ 高压灭菌 20min。冷却至 45～47℃。

加入：

脱纤牛血	50mL

倒入无菌平板，冷却至 20～25℃，在 2～7℃ 保存不超过 6 个月。

4. 检验

4.1 检验动物的免疫

4.1.1 检查每个产品的标签和现行生产大纲第Ⅵ部分，以确认产品的身份和剂量。

4.1.2 选取 10 倍连续稀释的 3 个稀释度的待检菌苗和参考菌苗进行检验。通常，将待检菌苗稀释成 1∶10、1∶100 和 1∶1 000。参考菌苗的任何起始稀释度请参阅现行的试剂资料清单。除非要求参考菌苗与待检菌苗采用相同的稀释方法进行检验，否则允许进行 10 倍稀释。对于黏滞性菌苗，建议从 1∶2 或 1∶3 开始稀释，然后进行 10 倍稀

释，以提高产品在低稀释度下的可注射性。

4.1.3 彻底反复颠倒产品至少 10 次以充分混合。根据试剂信息清单对参考菌苗进行适当的 10 倍稀释。根据该产品特定生产大纲的规定，对待检菌苗进行相同的 10 倍稀释（某些油佐剂产品需要使用油性的稀释剂）。将每个稀释度的菌苗加入分开的无菌血清瓶。临用前即时准备，不能以稀释后的状态保存。

4.1.4 每个稀释度的待检菌苗和参考菌苗分别免疫接种 20 只小鼠。参考菌苗组每只小鼠腹腔注射试剂信息清单上提供的剂量。每只小鼠腹腔接种产品标签或现行版生产大纲第Ⅵ部分推荐的待检菌苗的 1/20 最小推荐接种剂量。接种的体积不能少于 0.1mL。

注意：允许各组额外免疫几只小鼠，以补偿攻毒前可能发生的、与疫苗无关的死亡。但是，如果额外免疫的小鼠，在攻毒时均存活，则均必须用鼠伤寒沙门氏菌活菌攻毒，并纳入数据计算。

4.1.5 第一次免疫后 14d，用同样的方法再次免疫小鼠。

4.1.6 保留 30 只非免疫小鼠，用于测定攻毒菌液的 LD_{50}。

4.2 在生物安全柜中准备攻毒菌液

4.2.1 用胰蛋白胨肉汤 1mL，重悬浮 1 瓶攻毒菌液。

4.2.2 取 500μL 重悬的培养物，接种 3 个含 10mL 脑心浸液肉汤的试管。

4.2.3 将接种的试管置 35～37℃ 培养 16～20h。

4.2.4 用标准方法对过夜培养物进行革兰氏染色。若革兰氏染色显示为短小的、革兰氏阴性杆菌（证明是纯粹培养），则继续进行下一步骤。若攻毒培养物出现污染，则弃去受污染的试管。

4.2.5 用 Spectronic 20D＋分光光度计在 620nm 处检测，调整过夜培养物的密度至 57%～61%T。如果需要，可用胰蛋白胨肉汤稀释培养物。将培养物放入（13×100）mm 螺盖试管中进行分光光度测定。用含有无菌的胰蛋白胨肉汤的（13×100）mm 试管作为分光光度计的空白对照管。

4.2.6 用胰蛋白胨肉汤制备 10^{-1} 稀释的标准化培养物。此为对小鼠攻毒的接种物。将攻毒液加入血清瓶内，并用胶塞和铝帽密封。

4.2.7 另外制备标准培养物的 10 倍稀释液，

用于测定 LD_{50}（从 10^{-3} 稀释到 10^{-5}）和攻毒接种后的平板计数（$10^{-7}\sim10^{-5}$）。取每个 LD_{50} 稀释液的整数倍加入一个血清瓶中并封口。或者，保存攻毒接种物或 10^{-5} 稀释液的整数倍，用于以后制备其他的平板计数稀释液（见步骤 4.4.1 项）。

4.2.8　将盛有攻毒菌液的小瓶和盛有额外稀释液的小管置于冰上。在整个攻毒过程中应将攻毒菌液一直放置于冰上，直至加入平板中进行攻毒后菌液的平板计数。

4.3　攻毒的时间和接种

4.3.1　第二次免疫后 $7\sim10d$，对所有免疫小鼠进行攻毒。

4.3.2　在对免疫小鼠攻毒的同一时间，对非免疫的 LD_{50} 对照小鼠进行攻毒。

4.3.3　每只免疫小鼠用 1mL 结核菌素用注射器和 26 号 $\times3/8$ 英寸针头，腹腔接种 0.25mL 攻毒接种物。

4.3.4　每组腹腔接种 10 只非免疫对照小鼠，每只接种 LD_{50} 稀释液各 0.25mL。

4.4　攻毒后在生物安全柜中进行平板计数

4.4.1　小鼠攻毒后，用胰蛋白胨肉汤进行 10 倍系列稀释，制成 $10^{-7}\sim10^{-5}$ 稀释液（如果在步骤 4.2.7 项中没有预先制备）。

4.4.2　所有细菌悬液在滴平板前必须充分混匀。每个稀释度滴 3 个牛血琼脂或胰蛋白胨平板，每个平板滴 0.1mL。接种物必须均匀地分布在琼脂平板表面，不能流到边缘。在攻毒后 1h 内完成所有平板的接种。

4.4.3　平板在有氧条件下 $35\sim37℃$ 培养 $18\sim30h$。

4.4.4　使用每个平板上有 $30\sim300$ 个菌落的稀释度平板，根据以下公式计算菌落形成单位（CFU）/攻毒剂量：

$$\frac{菌落总数}{平板数}\times\frac{1}{滴板稀释度}\times\frac{1}{滴板菌液体积（mL）}\times\frac{攻毒菌液稀释度}{1}\times\frac{攻毒菌液体积（mL）}{攻毒剂量}=\frac{CFU}{攻毒剂量}$$

4.4.5　在检验结果中记录攻毒菌液平板计数的结果（CFU/攻毒剂量），可用于追溯试验信息的目的和分析存疑的检验。9CFR 没有明确规定本检验的最大或最小 CFU/攻毒剂量的值。

4.5　攻毒后对小鼠的观察

4.5.1　攻毒后每天观察小鼠 2 次，连续观察 14d。记录死亡情况和根据动物福利和使用委员会

批准进行安乐死的情况。

4.5.2　如果怀疑攻毒后小鼠的死亡不是由沙门氏菌引起的，则剖检小鼠，确定死因。如果小鼠的死因与疫苗的免疫和/或攻毒无关，则该死亡小鼠不计入检验死亡总数中。

5. 检验结果说明

按照 9CFR113.120 部分规定分析检验结果。

5.1　通过 Reed-Muench 法或 Spearman-Kärber 法计算攻毒菌液的 LD_{50}/攻毒剂量（理论上为可致死 50% 的对照小鼠的稀释度）。为确保检验有效，攻毒的 LD_{50} 必须含有 $10\sim10\ 000$。

5.2　通过 Reed-Muench 法或 Spearman-Kärber 法计算参考菌苗和每批待检菌苗的 PD_{50}（理论上为可对 50% 小鼠产生保护的菌苗的剂量/稀释度）。

5.3　参考菌苗组应分别至少有 2 个稀释度组小鼠的保护率大于 0 且小于 100%，检验方为有效。参考菌苗最低稀释度组小鼠的保护率应大于 50%。参考菌苗最高稀释度组小鼠的保护率应小于 50%。

5.4　如果因参考菌苗最低稀释度组小鼠的保护率小于 50%，而无法计算 PD_{50}，则可根据以下情况对该菌苗进行重检：

1）如果不重检，则判该批产品不符合规定。

2）如果最低稀释度的标准品提供的免疫保护小鼠数量超过最小稀释度的待检菌苗组提供的免疫保护小鼠数量至少 6 只，则无需再进行额外检验，可直接判该批产品不符合规定。

3）如果参考菌苗保护的小鼠总数（所有稀释度组存活小鼠总数）超过待检菌苗保护的小鼠总数 8 只或更多，则无需再进行额外的检验，可直接判该批产品不符合规定。

5.5　如果在有效检验中，由于待检菌苗最高稀释度的免疫保护小鼠超过 50% 而导致该批检品的 PD_{50} 无法计算，则无需再进行额外的检验，可直接判该批产品符合规定。

5.6　用各批待检菌苗的 PD_{50} 除以参考菌苗的 PD_{50}，计算各批待检菌苗的相对保护效力（RP）。

5.7　如果待检菌苗的 $RP\geqslant0.3$，则判待检菌苗符合规定。

5.8　如果待检菌苗的 $RP<0.3$，则判待检菌苗不符合规定。

5.9　$RP<0.3$ 的待检菌苗可进行 2 次独立于首次检验的重检。按照以下方法对重检结果进行

计算：

　　1）将重检的 RP 值取平均值。

　　2）如果重检的平均 RP 值＜0.3，则判待检菌苗不符合规定。

　　3）如果重检的平均 RP 值≥0.3，且首次检验得到的 RP≤重检的平均 RP 值的 1/3，则判待检菌苗符合规定。可认为首次检验的结果是由检验系统误差引起的。

　　4）如果重检的平均 RP 值≥0.3，但是首次检验得到的 RP≥重检的平均 RP 值的 1/3，则用所有的检验（首次检验加上重检）得到的 RP 值计算新的平均 RP 值。如果新的平均 RP 值≥0.3，则判待检菌苗符合规定。如果新的平均 RP 值＜0.3，则判待检菌苗不符合规定。

6. 检验结果报告

按照标准操作程序报告检验结果。

7. 参考文献

Title 9，Code of Federal Regulations，part 113.120 ［M］. Washington，DC：Government Printing Office.

Reed L J，Muench H，1938. A simple method of estimating 50％ endpoints ［J］. Am J Hygiene，27：493-497.

8. 修订概述

第 05 版

• 更新细菌学实验室负责人。

第 04 版

• CVB 不再提供合格的参考菌苗。本 SAM 进行更新，以反映这些变化。

第 03 版

• 更新联系人信息。

• 2.1.3/4.5.1　更新此部分，以反映现行的实际操作方法。

第 02 版

本修订版资料主要用于阐述兽医生物制品中心现行的实际操作方法，并提供了额外的细节信息。虽然不对检验结果产生重大影响，但是对文件进行了以下修改：

• 2.1　增加无菌接种环和生物安全柜。

• 2.2.8　增加（15×125）mm 的螺口试管。

• 2.2.12　增加牛血琼脂，作为平板计数备选的其他培养基。

• 2.2.16　增加 1L 烧瓶。

• 2.3.2　更新现行检验所用小鼠的数量。

• 3.4.7　增加 5％牛血琼脂平板的配方。

• 全文中增加了生物安全柜的使用。

• 全文中增加了对现行试剂资料清单的引用。

• 更新了目前使用的分光光度计的参数。

• 将参考内部文件变更为简要信息。

• 联系人变更为 Janet Wilson。

（陈小云译，刘　博校）

美国农业部兽医生物制品中心
检验方法

SAM 632　猪霍乱沙门氏菌菌苗效力检验的补充检验方法

日　　期：2016 年 5 月 24 日
编　　号：SAM 632.05
替　　代：SAM 632.04，2012 年 12 月 19 日
标准要求：9CFR 第 113.122 部分
联 系 人：Janet M. Wilson，（515）337-7245
审　　批：/s/Larry R. Ludemann，　　　　　日期：2016 年 6 月 1 日
　　　　　Larry R. Ludemann，细菌学实验室负责人

　　　　　/s/Rebecca L. W. Hyde　　　　　日期：2016 年 6 月 8 日
　　　　　Rebecca L. W. Hyde，兽医生物制品中心质量管理部门负责人

美国农业部动植物卫生监督署
P. O. Box 844
Ames，IA 50010

补充检验方法中提及的商标或专利产品不等同于该产品已获得了美国农业部的保证或担保，
且它的批准也不意味着其可用于排除在外的其他可能适用的产品

由以下人员录入 CVB 质量管理体系：

/s/Linda. S. Snavely　　　　　日期：2016 年 6 月 13 日
Linda. S. Snavely，质量管理计划助理

目　　录

1. 引言

本补充检验方法（SAM）描述了按照美国联邦法规第 9 卷（9CFR）113.122 部分规定对含猪霍乱沙门氏菌的生物制品进行效力检验的程序。对小鼠进行两次免疫，间隔 14d，在第二次免疫后 7～10d，用标准剂量的猪霍乱沙门氏菌强毒攻毒。

2. 材料

2.1　设备/仪器

下列任何品牌的设备或仪器均可由具有相同功能的设备或仪器所替代。

2.1.1　分光光度计 20D＋（光谱仪）；

2.1.2　无菌接种环；

2.1.3　本生灯或 Bacti-Cinerator®（如果使用非无菌接种环）；

2.1.4　培养箱，35～37℃；

2.1.5　微量移液器，20～1 000μL；

2.1.6　试管混合器，涡旋仪；

2.1.7　血清瓶铝帽轧盖器；

2.1.8　旋转振荡器；

2.1.9　生物安全柜。

2.2　试剂/耗材

下列任何品牌的试剂或耗材均可由具有相同功能的试剂或耗材所替代。

2.2.1　适宜且合格的猪霍乱沙门氏菌攻毒培养物，从该生物制品的制造商处获得。此试剂由兽医生物制品中心（CVB）提供，根据要求，配有试剂信息说明，包括操作和检验信息。

2.2.2　含有猪霍乱沙门氏菌的待检菌苗。

2.2.3　适宜且合格的猪霍乱沙门氏菌参考菌苗，从该生物制品的制造商处获得。此试剂由 CVB 提供，根据要求，配有试剂信息说明，包括操作和检验信息。

2.2.4　1mL 结核菌素用注射器。

2.2.5　针头，26 号×3/8 英寸。

2.2.6　玻璃血清瓶，10～100mL。

2.2.7　橡胶塞和血清瓶铝帽，（13×20）mm。

2.2.8　玻璃螺口管和管盖，（13×100）mm 和（15×125）mm。

2.2.9　带螺旋盖子的烧瓶，1L。

2.2.10　移液管，5mL 和 25mL。

2.2.11　移液器吸头，容量达 1 000μL。

2.2.12　培养基，由生物制品生产商指定。

2.3　动物

2.3.1　16～22g 小鼠。尽管 9CFR 未规定小鼠类型或来源，但某些品系的小鼠可能对沙门氏菌病相对耐受，因此不适用于本检验。

2.3.2　每批待检菌苗需要 60 只小鼠（20 只小鼠/稀释度，3 个稀释度/批）。参考菌苗另用 60 只小鼠。还需要 30 只小鼠测定攻毒接种物的 LD_{50}。所有小鼠必须来自同一品系来源，且具有相似的体重和/或日龄。

3. 检验准备

3.1　人员资质/培训

操作人员必须具有使用常规实验室化学品、设备和玻璃器皿的工作知识，且经过无菌技术、活菌培养物操作及小鼠处理方面的专业培训，并具有一定经验。

3.2　检验小鼠的选择和处理

3.2.1　任何性别的小鼠均可使用，但是推荐使用雌性小鼠。

3.2.2　所有小鼠的笼养和饲喂条件一致。

3.2.3　小鼠按照处理组分笼饲养，并对鼠笼进行标记区分。

3.2.4　如果在免疫后、攻击猪霍乱沙门氏菌活菌前，任何小鼠发生不明原因的死亡，则需对小鼠进行剖检，确定死亡原因。如果死因与免疫接种无关，则将剖检报告与检验报告一起归档，不需要采取其他措施。如果死亡是由待检菌苗造成的，则应立即向 CVB-监察与合规部门报告，其可能会要求对菌苗进行进一步的安全性检验。

3.2.5　当检验工作结束后，通知动物管理员对小鼠实施安乐死并焚毁，同时对受污染的房间进行消毒。

3.3　耗材/仪器的准备

3.3.1　仅使用无菌的耗材。

3.3.2　所有设备均必须按照生产商的推荐或适用的标准操作程序进行操作和维护。

3.4　试剂的准备

3.4.1　猪霍乱沙门氏菌参考菌苗，由生产商提供。详细信息请参阅现行试剂信息清单。

3.4.2　猪霍乱沙门氏菌攻毒用培养物，由 CVB 提供。详细信息请参阅现行试剂资料清单。

4. 检验

4.1　检验动物的免疫

4.1.1　检查每个产品的标签和现行生产大纲第Ⅵ部分，以确认产品的身份和剂量。

4.1.2　选取 5 倍连续稀释的 3 个稀释度的待检菌苗和参考菌苗进行检验。通常，将待检菌苗稀释成 1:5、1:25 和 1:125。参考菌苗的任何起始稀释度请参阅现行的试剂资料清单。除非要求参考菌苗与待检菌苗采用相同的稀释方法进行检验，否则允许进行 5 倍稀释。对于黏滞性菌苗，建议从 1:2 或 1:3 开始稀释，然后进行 5 倍稀释，以提高产品在低稀释度下的可注射性。

4.1.3 彻底反复颠倒产品至少 10 次以充分混合。根据试剂信息清单对参考菌苗进行适当的 5 倍稀释。根据该产品特定生产大纲的规定，对待检菌苗进行相同的 5 倍稀释（某些油佐剂产品需要使用油性的稀释剂）。将每个稀释度的菌苗加入分开的无菌血清瓶。临用前即时准备，不能以稀释后的状态保存。

4.1.4 取 3 个稀释度的待检菌苗和 3 个稀释度的参考菌苗分别免疫接种 20 只小鼠。参考菌苗组每只小鼠腹腔注射试剂信息清单上提供的剂量。每只小鼠腹腔接种产品标签或现行版生产大纲第Ⅵ部分推荐的待检菌苗的 1/20 最小推荐接种剂量。接种的体积不能少于 0.1mL。

注意：允许各组额外免疫几只小鼠，以补偿攻毒前可能发生的死亡。但是，如果额外免疫的小鼠，在攻毒时均存活，则均必须用猪霍乱沙门氏活菌攻毒，并纳入数据计算。

4.1.5 第一次免疫后 14d，用同样的方法再次免疫小鼠。

4.1.6 保留 30 只非免疫小鼠，用于测定攻毒菌液的 LD_{50}。

4.2 在生物安全柜中准备攻毒菌液

4.2.1 根据企业提供的信息，制备攻毒菌液并进行稀释液的 LD_{50} 测定。

4.2.2 将盛有攻毒菌液的小瓶和盛有额外稀释液的小管置于冰上。在整个攻毒过程中应将攻毒菌液一直放置于冰上。

4.3 攻毒的时间和接种

4.3.1 第二次免疫后 7~10d，对所有免疫小鼠进行攻毒。

4.3.2 在对免疫小鼠攻毒的同一时间，对非免疫的 LD_{50} 对照小鼠进行攻毒。

4.3.3 每只免疫小鼠用 1mL 结核菌素用注射器和 26 号×3/8 英寸针头，腹腔接种 0.25mL 攻毒接种物（见步骤 4.2.6 项）。

4.3.4 每组腹腔接种 10 只非免疫对照小鼠，每只接种 LD_{50} 稀释液各 0.25mL。

4.4 攻毒后对小鼠的观察

4.4.1 攻毒后每天观察小鼠 2 次，连续观察 14d。记录死亡情况和根据动物福利和使用委员会批准进行安乐死的情况。

4.4.2 如果怀疑攻毒后小鼠的死亡不是由沙门氏菌引起的，则剖检小鼠，确定死因。如果小鼠的死因与疫苗的免疫和/或攻毒无关，则该死亡小鼠不计入检验死亡总数中。

5. 检验结果说明

按照 9CFR113.122 部分规定分析检验结果。

5.1 通过 Reed-Muench 法或 Spearman-Kärber 法计算攻毒菌液的 LD_{50}（理论上为可致死 50% 的对照小鼠的稀释度）。有效检验的 LD_{50} 应在 10~1 000 之内。

5.2 通过 Reed-Muench 法或 Spearman-Kärber 法计算参考菌苗和每批待检菌苗的 PD_{50}（理论上为可对 50% 小鼠产生保护的菌苗的剂量/稀释度）。

5.3 参考菌苗组应分别至少有 2 个稀释度组小鼠的保护率大于 0 且小于 100%，检验方为有效。参考菌苗最低稀释度组小鼠的保护率应大于 50%。参考菌苗最高稀释度组小鼠的保护率应小于 50%。

5.4 如果因参考菌苗最低稀释度组小鼠的保护率小于 50%，而无法计算 PD_{50}，则可根据以下情况对该菌苗进行重检：

5.4.1 如果不重检，则判该批产品不符合规定。

5.4.2 如果最低稀释度的参考菌苗提供的免疫保护小鼠数量超过最小稀释度的待检菌苗组提供的免疫保护小鼠数量至少 6 只，则无需再进行额外检验，可直接判该批产品不符合规定。

5.4.3 如果参考菌苗保护的小鼠总数（所有稀释度组存活小鼠总数）超过待检菌苗保护的小鼠总数 8 只或更多，则无需再进行额外的检验，可直接判该批产品不符合规定。

5.5 如果在有效检验中，由于待检菌苗最高稀释度的免疫保护小鼠超过 50% 而导致该批检品的 PD_{50} 无法计算，则无需再进行额外的检验，可直接判该批产品符合规定。

5.6 用各批待检菌苗的 PD_{50} 除以参考菌苗的 PD_{50}，计算各批待检菌苗的相对保护效力（RP）。

5.7 如果待检菌苗的 RP≥0.5，则判待检菌苗符合规定。

5.8 如果待检菌苗的 RP<0.5，则判待检菌苗不符合规定。

5.9　RP＜0.5 的待检菌苗可进行 2 次独立于首次检验的重检。按照以下方法对重检结果进行计算：

5.9.1　将重检的 RP 值取平均值。

5.9.2　如果重检的平均 RP 值＜0.5，则判待检菌苗不符合规定。

5.9.3　如果重检的平均 RP 值≥0.5，且首次检验得到的 RP≤重检的平均 RP 值的 1/3，则判待检菌苗符合规定。可认为首次检验的结果是由检验系统误差引起的。

5.9.4　如果重检的平均 RP 值≥0.5，但是首次检验得到的 RP＞重检的平均 RP 值的 1/3，则用所有的检验（首次检验加上重检）得到的 RP 值计算新的平均 RP 值。如果新的平均 RP 值≥0.5，则判待检菌苗符合规定。如果新的平均 RP 值＜0.5，则判待检菌苗不符合规定。

6. 检验结果报告

按照标准操作程序报告检验结果。

7. 参考文献

Title 9，Code of Federal Regulations，part 113.122 ［M］. Washington，DC：Government Printing Office.

Reed L J，Muench H，1938. A simple method of estimating 50% endpoints ［J］. Am J Hygiene，27：493-497.

8. 修订概述

第 05 版

• 更新部门主管和负责人信息。

• CVB 不再提供合格的攻毒试剂。本 SAM 进行更新，以反映这些变化。

第 04 版

• CVB 不再提供合格的参考菌苗。本 SAM 进行更新以反映这些变化。

第 03 版

• 更新联系人信息。

• 2.1.3/4.5.1　更新此部分，以反映现行的实际操作方法。

第 02 版

本修订版资料主要用于阐述兽医生物制品中心现行的实际操作方法，并提供了额外的细节信息。虽然不对检验结果产生重大影响，但是对文件进行了以下修改：

• 2.1　增加无菌接种环和生物安全柜。

• 2.1.1　提供现行分光光度计相关的信息。

• 2.2.8　增加（15×125）mm 的螺口试管。

• 2.2.15　增加带螺旋盖子的烧瓶。

• 3.4.7　增加 5% 牛血琼脂平板的配方。

• 4.2.6　删除了对攻毒材料进行的第二次革兰氏染色。

• 增加牛血琼脂平板，作为平板计数备选的其他培养基。

• 在步骤 3 项中，增加了有关高压灭菌参数信息。

• 全文中增加了对现行试剂资料清单的引用。

• 全文中增加了生物安全柜的使用。

• 将参考内部文件变更为简要信息。

• 联系人变更为 Janet Wilson。

（陈小云译，刘　博校）

美国农业部兽医生物制品中心
检验方法

SAM 633 都伯林沙门氏菌菌苗效力检验的补充检验方法

日　　期：2016 年 5 月 20 日

编　　号：SAM 632.06

替　　代：SAM 632.05，2013 年 1 月 2 日

标准要求：9CFR 第 113.123 部分

联 系 人：Janet M. Wilson，（515）337-7245

审　　批：/s/Larry R. Ludemann，　　　　　　日期：2016 年 6 月 1 日

　　　　　Larry R. Ludemann，细菌学实验室负责人

　　　　　/s/Rebecca L. W. Hyde　　　　　　日期：2016 年 6 月 8 日

　　　　　Rebecca L. W. Hyde，兽医生物制品中心质量管理部门负责人

美国农业部动植物卫生监督署

P. O. Box 844

Ames，IA 50010

补充检验方法中提及的商标或专利产品不等同于该产品已获得了美国农业部的保证或担保，
且它的批准也不意味着其可用于排除在外的其他可能适用的产品

由以下人员录入 CVB 质量管理体系：

/s/Linda. S. Snavely　　　　　　日期：2016 年 6 月 13 日

Linda. S. Snavely，质量管理计划助理

目　录

1. 引言

本补充检验方法（SAM）描述了按照美国联邦法规第 9 卷（9CFR）113.123 部分规定对含都伯林沙门氏菌的生物制品进行效力检验的程序。对小鼠进行两次免疫，间隔 14d，在第二次免疫后 7～10d，用标准剂量的都伯林沙门氏菌强毒攻毒。

2. 材料

2.1 设备/仪器

下列任何品牌的设备或仪器均可由具有相同功能的设备或仪器所替代。

2.1.1 分光光度计 20D＋（光谱仪）；

2.1.2 无菌接种环；

2.1.3 本生灯或 Bacti-Cinerator ® （如果使用非无菌接种环）；

2.1.4 培养箱，35～37℃；

2.1.5 微量移液器，20～1 000μL；

2.1.6 血清瓶铝帽轧盖器；

2.1.7 试管混合器，涡旋仪；

2.1.8 旋转振荡器；

2.1.9 生物安全柜。

2.2 试剂/耗材

下列任何品牌的试剂或耗材均可由具有相同功能的试剂或耗材所替代。

2.2.1 适宜且合格的都伯林沙门氏菌攻毒培养物，从该生物制品的制造商处获得。此试剂由兽医生物制品中心（CVB）提供，根据要求，配有试剂信息说明，包括操作和检验信息。

2.2.2 含有都伯林沙门氏菌的待检菌苗。

2.2.3 适宜且合格的都伯林沙门氏菌参考菌苗，，从该生物制品的制造商处获得。此试剂由 CVB 提供，根据要求，配有试剂信息说明，包括操作和检验信息。

2.2.4 1mL 结核菌素用注射器。

2.2.5 针头，26 号×3/8 英寸。

2.2.6 玻璃血清瓶，10～100mL。

2.2.7 橡胶塞和血清瓶铝帽，（13×20）mm。

2.2.8 玻璃螺口管和管盖，（13×100）mm 和（15×125）mm。

2.2.9 带螺旋盖子的烧瓶，500mL 和 1L。

2.2.10 移液管，5mL、10mL 和 25mL。

2.2.11 移液器吸头，容量达 1 000μL。

2.2.12 生长/稀释培养基，由生物制品生产商指定。

2.3 动物

2.3.1 16～22g 小鼠。尽管 9CFR 未规定小鼠类型或来源，但某些品系的小鼠可能对沙门氏菌病相对耐受，因此不适用于本检验。

2.3.2 每批待检菌苗需要 60 只小鼠（20 只小鼠/稀释度，3 个稀释度/批）。参考菌苗另用 60 只小鼠。还需要 30 只小鼠测定攻毒接种物的 LD_{50}。所有小鼠必须来自同一品系来源，且具有相似的体重和/或日龄。

3. 检验准备

3.1 人员资质/培训

操作人员必须具有使用常规实验室化学品、设备和玻璃器皿的工作知识，且经过无菌技术、活菌培养物操作及小鼠处理方面的专业培训，并具有一定经验。

3.2 检验小鼠的选择和处理

3.2.1 任何性别的小鼠均可使用，但是推荐使用雌性小鼠。

3.2.2 所有小鼠的笼养和饲喂条件一致。

3.2.3 小鼠按照处理组分笼饲养，并对鼠笼进行标记区分。

3.2.4 如果在免疫后、攻击都伯林沙门氏菌活菌前，任何小鼠发生不明原因的死亡，则需对小鼠进行剖检，确定死亡原因。如果死因与免疫接种无关，则将剖检报告与检验报告一起归档，不需要采取其他措施。如果死亡是由待检菌苗造成的，则应立即向 CVB-监察与合规部门报告，其可能会要求对菌苗进行进一步的安全性检验。

3.2.5 当检验工作结束后，通知动物管理员对小鼠实施安乐死并焚毁，同时对受污染的房间进行消毒。

3.3 耗材/仪器的准备

3.3.1 仅使用无菌的耗材。

3.3.2 所有设备均必须按照生产商的推荐或适用的标准操作程序进行操作和维护。

3.4 试剂的准备

3.4.1 都伯林沙门氏菌参考菌苗，由生产商提供。详细信息请参阅现行试剂信息清单。

3.4.2 都伯林沙门氏菌攻毒用培养物，由 CVB 提供。详细信息请参阅现行试剂资料清单。

4. 检验

4.1 检验动物的免疫

4.1.1 检查每个产品的标签和现行生产大纲第Ⅵ部分，以确认产品的身份和剂量。

4.1.2 选取 10 倍连续稀释的 3 个稀释度的待

检菌苗和参考菌苗进行检验。通常，将待检菌苗稀释成1:10和1:100。参考菌苗的任何起始稀释度请参阅现行的试剂资料清单。除非要求参考菌苗与待检菌苗采用相同的稀释方法进行检验，否则允许进行10倍稀释。对于黏滞性菌苗，建议从1:2或1:3开始稀释，然后进行10倍稀释，以提高产品在低稀释度下的可注射性。

4.1.3 彻底反复颠倒产品至少10次以充分混合。根据试剂信息清单对参考菌苗进行适当的10倍稀释。根据该产品特定生产大纲的规定，对待检菌苗进行相同的10倍稀释（某些油佐剂产品需要使用油性的稀释剂）。将每个稀释度的菌苗加入分开的无菌血清瓶。临用前即时准备，不能以稀释后的状态保存。

4.1.4 每个稀释度的待检菌苗和参考菌苗分别免疫接种20只小鼠。参考菌苗组每只小鼠腹腔注射试剂信息清单上提供的剂量。每只小鼠腹腔接种产品标签或现行版生产大纲第Ⅵ部分推荐的待检菌苗的1/20最小推荐接种剂量。接种的体积不能少于0.1mL。

注意：允许各组额外免疫几只小鼠，以补偿攻毒前可能发生的、与疫苗无关的死亡。但是，如果额外免疫的小鼠，在攻毒时均存活，则均必须用都伯林沙门氏菌活菌攻毒，并纳入数据计算。

4.1.5 第一次免疫后14d，用同样的方法再次免疫小鼠。

4.1.6 保留30只非免疫小鼠，用于测定攻毒菌液的LD_{50}。

4.2 在生物安全柜中准备攻毒菌液

4.2.1 根据企业提供的信息，制备攻毒菌液并进行稀释液的LD_{50}测定。

4.2.2 将盛有攻毒菌液的小瓶和盛有额外稀释液的小管置于冰上。在整个攻毒过程中应将攻毒菌液一直放置于冰上。

4.3 攻毒的时间和接种

4.3.1 第二次免疫后7~10d，对所有免疫小鼠进行攻毒。

4.3.2 在对免疫小鼠攻毒的同一时间，对非免疫的LD_{50}对照小鼠进行攻毒。

4.3.3 每只免疫小鼠用1mL结核菌素用注射器和26号×3/8英寸针头，腹腔接种0.25mL攻毒接种物（见步骤4.2.6项）。

4.3.4 每组腹腔接种10只非免疫对照小鼠，每只接种LD_{50}稀释液各0.25mL。

4.4 攻毒后对小鼠的观察

4.4.1 攻毒后每天观察小鼠2次，连续观察14d。记录死亡情况和根据动物福利和使用委员会批准进行安乐死的情况。

4.4.2 如果怀疑攻毒后小鼠的死亡不是由沙门氏菌引起的，则剖检小鼠，确定死因。如果小鼠的死因与疫苗的免疫和/或攻毒无关，则该死亡小鼠不计入检验死亡总数中。

5. 检验结果说明

按照9CFR113.123部分规定分析检验结果。

5.1 通过Reed-Muench法或Spearman-Kärber法计算攻毒菌液的LD_{50}（理论上为可致死50%的对照小鼠的稀释度）。有效检验的LD_{50}应在10~1 000之中。

5.2 通过Reed-Muench法或Spearman-Kärber法计算参考菌苗和每批待检菌苗的PD_{50}（理论上为可对50%小鼠产生保护的菌苗的剂量/稀释度）。

5.3 参考菌苗组应分别至少有2个稀释度组小鼠的保护率大于0且小于100%，检验方为有效。参考菌苗最低稀释度组小鼠的保护率应大于50%。参考菌苗最高稀释度组小鼠的保护率应小于50%。

5.4 如果因参考菌苗最低稀释度组小鼠的保护率小于50%，而无法计算PD_{50}，则可根据以下情况对该菌苗进行重检：

5.4.1 如果不重检，则判该批产品不符合规定。

5.4.2 如果最低稀释度的参考菌苗提供的免疫保护小鼠数量超过最小稀释度的待检菌苗组提供的免疫保护小鼠数量至少6只，则无需再进行额外检验，可直接判该批产品不符合规定。

5.4.3 如果参考菌苗保护的小鼠总数（所有稀释度组存活小鼠总数）超过待检菌苗保护的小鼠总数8只或更多，则无需再进行额外的检验，可直接判该批产品不符合规定。

5.5 如果在有效检验中，由于待检菌苗最高稀释度的免疫保护小鼠超过50%而导致该批检品的PD_{50}无法计算，则无需再进行额外的检验，可直接判该批产品符合规定。

5.6 用各批待检菌苗的PD_{50}除以参考菌苗的PD_{50}，计算各批待检菌苗的相对保护效力（RP）。

5.7 如果待检菌苗的RP≥0.30，则判待检菌苗符合规定。

5.8 如果待检菌苗的RP<0.30，则判待检

菌苗不符合规定。

5.9　RP＜0.30 的待检菌苗可进行 2 次独立于首次检验的重检。按照以下方法对重检结果进行计算：

5.9.1　将重检的 RP 值取平均值。

5.9.2　如果重检的平均 RP 值＜0.30，则判待检菌苗不符合规定。

5.9.3　如果重检的平均 RP 值≥0.30，且首次检验得到的 RP≤重检的平均 RP 值的 1/3，则判待检菌苗符合规定。可认为首次检验的结果是由检验系统误差引起的。

5.9.4　如果重检的平均 RP 值≥0.30，但是首次检验得到的 RP＞重检的平均 RP 值的 1/3，则用所有的检验（首次检验加上重检）得到的 RP 值计算新的平均 RP 值。如果新的平均 RP 值≥0.30，则判待检菌苗符合规定。如果新的平均 RP 值＜0.30，则判待检菌苗不符合规定。

6. 检验结果报告

按照标准操作程序报告检验结果。

7. 参考文献

Title 9, Code of Federal Regulations, part 113.123 [M]. Washington, DC: Government Printing Office.

Reed L J, Muench H, 1938. A simple method of estimating 50% endpoints [J]. Am J Hygiene, 27: 493-497.

Finney D J, 1978. Statistical method in biological assay [M]. 3rd ed. London: Charles Griffin and Company.

8. 修订概述

第 06 版

• 更新部门主管和负责人信息。

• CVB 不再提供合格的攻毒试剂。本 SAM 进行更新，以反映这些变化。

第 05 版

• CVB 不再提供合格的参考菌苗。本 SAM 进行更新以反映这些变化。

第 04 版

• 更新联系人信息。

• 2.1.3/4.5.1　更新此部分，以反映现行的实际操作方法。

第 03 版

• 5.1.7，5.1.8 和 5.1.9　相对效力有效性增加两位小数，以便与 9CFR 第 113.123 部分规定保持一致。

• 7 增加其他参考文献。

第 02 版

本修订版资料主要用于阐述兽医生物制品中心现行的实际操作方法，并提供了额外的细节信息。虽然不对检验结果产生重大影响，但是对文件进行了以下修改：

• 2.1　增加无菌接种环和生物安全柜。

• 2.2.8　增加其他尺寸的试管。

• 2.2.9　增加其他尺寸的烧瓶。

• 2.2.14　增加牛血琼脂平板，作为平板计数备选的其他培养基。

• 3.4.6　增加 5% 牛血琼脂平板的配方。

• 4.2.6　删除了对攻毒材料进行的第二次革兰氏染色。

• 5.1.1 和 5.1.2　增加 Spearman-Kärber 法，与 Reed-Muench 法一起计算。

• 全文中增加了对现行试剂资料清单的引用。

• 全文中增加了生物安全柜的使用。

• 将参考内部文件变更为简要信息。

• 更新了目前使用的分光光度计的参数。

• 联系人变更为 Janet Wilson。

（陈小云译，刘　博校）

美国农业部兽医生物制品中心
检验方法

SAM 634　牛源多杀性巴氏杆菌菌苗效力检验的补充检验方法

日　　期：2014 年 4 月 7 日

编　　号：SAM 634.04

替　　代：SAM 634.03，2009 年 12 月 29 日

标准要求：9CFR 第 113.121 部分

联 系 人：Janet M. Wilson，(515) 337-7245

审　　批：/s/Larry R. Ludemann，　　　　　日期：2014 年 5 月 5 日

　　　　　Larry R. Ludemann，细菌学实验室负责人

　　　　　/s/Byron E. Rippke　　　　　　　日期：2014 年 5 月 7 日

　　　　　Byron E. Rippke，兽医生物制品中心政策、评审与执照管理部门负责人

　　　　　/s/Rebecca L. W. Hyde　　　　　日期：2014 年 5 月 9 日

　　　　　Rebecca L. W. Hyde，兽医生物制品中心政策、评审与执照管理部门负责人

美国农业部动植物卫生监督署

P. O. Box 844

Ames，IA 50010

补充检验方法中提及的商标或专利产品不等同于该产品已获得了美国农业部的保证或担保，
且它的批准也不意味着其可用于排除在外的其他可能适用的产品

目　录

1. 引言

本补充检验方法（SAM）描述了按照美国联邦法规第 9 卷（9CFR）113.121 部分规定对含牛源多杀性巴氏杆菌的生物制品进行效力检验的程序。对小鼠进行两次免疫，间隔 14d，在第二次免疫后 10～12d，用标准剂量的多杀性巴氏杆菌强毒攻毒。

2. 材料

2.1　设备/仪器

下列任何品牌的设备或仪器均可由具有相同功能的设备或仪器所替代。

2.1.1　分光光度计 20D＋（光谱仪）；

2.1.2　无菌接种环；

2.1.3　本生灯或 Bacti-Cinerator ®（如果使用非无菌接种环）；

2.1.4　培养箱，35～37℃；

2.1.5　微量移液器，20～1 000μL；

2.1.6　试管混合器，涡旋仪；

2.1.7　血清瓶铝帽轧盖器；

2.1.8　生物安全柜。

2.2　试剂/耗材

具备下列功能的任何品牌的试剂或耗材均可使用。

2.2.1　多杀性巴氏杆菌，P-1062 株，A 型攻毒培养物，可从兽医生物制品中心（CVB）获得。请参阅现行试剂资料清单以获取更多信息。

2.2.2　含有多杀性巴氏杆菌的待检菌苗。

2.2.3　多杀性巴氏杆菌参考菌苗，可从 CVB 获得。请参阅现行试剂资料清单以获取更多信息。

2.2.4　1mL 注射器。

2.2.5　针头，26 号×3/8 英寸。

2.2.6　玻璃血清瓶，20～100mL。

2.2.7　橡胶塞和血清瓶铝帽，（13×20）mm。

2.2.8　玻璃螺口管和管盖，（13×100）mm。

2.2.9　移液管，5mL、10mL 和 25mL。

2.2.10　微量移液器吸头，容量达 1 000μL。

2.2.11　牛血琼脂平板。

2.2.12　胰蛋白胨肉汤。

2.2.13　磷酸缓冲盐水（PBS）。

2.2.14　无菌棉花拭子。

2.3　动物

2.3.1　小鼠，16～22g。尽管 9CFR 未规定小鼠的类型，但 CVB 使用的是 CF-1 小鼠。

2.3.2　每批待检菌苗需要 60 只小鼠（20 只小鼠/稀释度，3 个稀释度/批）。参考菌苗另用 60 只小鼠。还需要 30 只小鼠测定攻毒接种物的 LD_{50}。所有小鼠必须来自同一品系来源，且具有相似的体重和/或日龄。

3. 检验准备

3.1　人员资质/培训

操作人员必须具有使用常规实验室化学品、设备和玻璃器皿的工作知识，且经过无菌技术、活菌培养物操作及小鼠处理方面的专业培训，并具有一定经验。

3.2　检验小鼠的选择和处理

3.2.1　任何性别的小鼠均可使用，但是推荐使用雌性小鼠。

3.2.2　所有小鼠的笼养和饲喂条件一致。

3.2.3　小鼠按照处理组分笼饲养，并对鼠笼进行标记区分。

3.2.4　如果在免疫后、攻击多杀性巴氏杆菌活菌前，任何小鼠发生不明原因的死亡，则需对小鼠进行剖检，确定死亡原因。如果死因与免疫接种无关，则将剖检报告与检验报告一起归档，不需要采取其他措施。如果死亡是由待检菌苗造成的，则应立即向 CVB-监察与合规部门报告，其可能会要求对菌苗进行进一步的安全性检验。

3.2.5　当检验工作结束后，通知动物管理员对小鼠实施安乐死并焚毁，同时对受污染的房间进行消毒。

3.3　耗材/仪器的准备

3.3.1　仅使用无菌的细菌学的耗材。

3.3.2　所有设备均必须按照生产商的推荐或适用的标准操作程序进行操作和维护。

3.4　试剂的准备

3.4.1　多杀性巴氏杆菌参考菌苗，由生物制品厂商提供。详细信息请参阅现行试剂信息清单。

3.4.2　多杀性巴氏杆菌攻毒用培养物，P-1062 株 A 型。详细信息请参阅现行试剂信息清单。

3.4.3　磷酸盐缓冲盐（PBS）[国家动物卫生中心（NCAH）培养基＃10559]

氯化钠	8.0g
氯化钾	0.2g
磷酸氢二钠	1.15g
磷酸二氢钾	0.2g
去离子水定容至	1 000mL

调节 pH 至 7.2±0.1。≥121℃高压灭菌 20～30min。在 20～25℃下保存不超过 1 年。

3.4.4 胰蛋白胨肉汤〔国家动物卫生中心（NCAH）培养基♯10404〕

胰蛋白胨肉汤粉	26g
去离子水定容至	1 000mL

≥121℃高压灭菌 15～30min。用前冷却。在 20～25℃下保存不超过 1 年。

3.4.5 5％牛血琼脂——NCAH培养基♯10006

血琼脂粉	40g
去离子水定容至	950mL

按照生产商推荐，≥121℃高压灭菌 20～30min，冷却至 45～47℃。

加入：

脱纤牛血	50mL

倒入无菌平板。冷却至 20～25℃，在 2～7℃保存不超过 6 个月。

4. 检验

4.1 检验动物的免疫

4.1.1 检查每个产品的标签和现行生产大纲第Ⅵ部分，以确认产品的身份和剂量。

4.1.2 选取 5 倍连续稀释的 3 个稀释度的待检菌苗和参考菌苗进行检验。通常，将待检菌苗稀释成 1∶5 和 1∶25。参考菌苗的任何起始稀释度请参阅现行的试剂资料清单。除非要求参考菌苗与待检菌苗采用相同的稀释方法进行检验，否则允许进行 5 倍稀释。对于黏滞性菌苗，建议从 1∶2 或 1∶3 开始稀释，然后进行 5 倍稀释，以提高产品在低稀释度下的可注射性。

4.1.3 彻底反复颠倒产品至少 10 次以充分混合。根据试剂信息清单对参考菌苗进行适当的 5 倍稀释。根据该产品特定生产大纲的规定，对待检菌苗进行相同的 5 倍稀释（某些油佐剂产品需要使用油性的稀释剂）。将每个稀释度的菌苗加入分开的无菌血清瓶。临用前即时准备，不能以稀释后的状态保存。

4.1.4 每个稀释度的待检菌苗和参考菌苗分别免疫接种 20 只小鼠。参考菌苗组每只小鼠腹腔注射试剂信息清单上提供的剂量。每只小鼠腹腔接种产品标签或现行版生产大纲推荐的待检菌苗的 1/20 最小推荐接种剂量。接种的体积不能少于 0.1mL。

注意：允许各组额外免疫几只小鼠，以补偿攻毒前可能发生的、与疫苗无关的死亡。但是，如果额外免疫的小鼠，在攻毒时均存活，则均必须用多杀性巴氏杆菌活菌攻毒，并纳入数据计算。

4.1.5 第一次免疫后 14d，用同样的方法再次免疫小鼠。

4.1.6 保留 30 只非免疫小鼠，用于测定攻毒菌液的 LD_{50}。

4.2 在生物安全柜中准备攻毒菌液

4.2.1 用胰蛋白胨肉汤 1mL，重悬浮 1 瓶攻毒菌液。

4.2.2 取 2 块血平板，用接种环接种重悬菌液划线分离菌落。

4.2.3 将血平板置 35～37℃培养 16～18h。

4.2.4 用肉眼可见纯粹生长平板上的菌落制备攻毒接种物。

4.2.5 用无菌棉花拭子从血琼脂平板表面挑取几个菌落，接种（13×100）mm 小管胰蛋白胨肉汤中。重复挑取菌落，直至胰蛋白胨肉汤混悬液在分光光度计 20D＋或其他等效仪器 630nm 处的透明度为 76％～80％T。用含有无菌胰蛋白胨肉汤的（13×100）mm 小管作为分光光度计的空白对照。

4.2.6 用胰蛋白胨肉汤调整标准菌液的浓度至 10^{-5} 稀释度。此为对小鼠攻毒的接种物。将攻毒液加入血清瓶内，并用胶塞和铝帽密封。

4.2.7 另外制备标准培养物的 10 倍稀释液，用于测定 LD_{50}（10^{-9}～10^{-7}）和攻毒接种后的平板计数（10^{-7}～10^{-5}）。取每个 LD_{50} 稀释液的整数倍加入一个血清瓶中并封口。

4.2.8 将盛有攻毒菌液的小瓶和盛有额外稀释液的小管置于冰上。在整个攻毒过程中应将攻毒菌液一直放置于冰上，直至加入平板中进行攻毒后菌液的平板计数。

4.3 攻毒的时间和接种

4.3.1 第二次免疫后 10～12d，对所有免疫小鼠进行攻毒。

4.3.2 在对免疫小鼠攻毒的同一时间，对非免疫的 LD_{50} 对照小鼠进行攻毒。

4.3.3 每只免疫小鼠用 1mL 结核菌素用注射器和 26 号×3/8 英寸针头，腹腔接种 0.2mL 攻毒接种物。

4.3.4 每组腹腔接种 10 只非免疫对照小鼠，每只接种 LD_{50} 稀释液各 0.2mL。

4.4 攻毒后在生物安全柜中进行平板计数

4.4.1 所有细菌悬液在滴平板前必须充分混匀。每个稀释度（从 10^{-5} 稀释到 10^{-7}）滴 3 个牛血琼脂或胰蛋白胨平板，每个平板滴 0.1mL。接种物必须均匀地分布在琼脂平板表面，不能流到边缘。在攻毒后 1h 内完成所有平板的接种。

4.4.2 平板在有氧条件下 35～37℃ 培养 18～30h。

4.4.3 使用每个平板上有 30～300 个菌落的稀释度，根据以下公式计算菌落形成单位（CFU）/攻毒剂量：

$$\frac{菌落总数}{平板数} \times \frac{1}{滴板稀释度} \times \frac{1}{滴板菌液体积（mL）} \times$$
$$\frac{攻毒菌液稀释度}{1} \times \frac{攻毒菌液体积（mL）}{攻毒剂量} = \frac{CFU}{攻毒剂量}$$

4.4.4 在检验结果中记录攻毒菌液平板计数的结果（CFU/攻毒剂量），可用于追溯试验信息的目的和分析存疑的检验。9CFR 没有明确规定本检验的最大或最小 CFU/攻毒剂量的值。

4.5 攻毒后对小鼠的观察

4.5.1 攻毒后每天观察小鼠 2 次，连续观察 10d。记录死亡情况和根据动物福利和使用委员会批准进行安乐死的情况。

4.5.2 如果怀疑攻毒后小鼠的死亡不是由多杀性巴氏杆菌引起的，则剖检小鼠，确定死因。如果小鼠的死因与疫苗的免疫和/或攻毒无关，则该死亡小鼠不计入检验死亡总数中。

5. 检验结果说明

按照 9CFR113.121 部分规定分析检验结果。

5.1 通过 Reed-Muench 法或 Spearman-Kärber 法计算攻毒菌液的 LD_{50}（理论上为可致死 50% 的对照小鼠的稀释度）。有效检验的 LD_{50} 应在 10～10 000 之中。

5.2 通过 Reed-Muench 法或 Spearman-Kärber 法计算参考菌苗和每批待检菌苗的 PD_{50}（理论上为可对 50% 小鼠产生保护的菌苗的剂量/稀释度）。

5.3 如果参考菌苗最低稀释度组小鼠的保护率小于 50% 或最高稀释度组小鼠的保护率大于 50%，而无法计算 PD_{50}，则检验无效。参考菌苗组应分别至少有 2 个稀释度组小鼠的保护率大于 0 且小于 100%，检验方为有效。

5.4 如果因待检菌苗组小鼠的保护率小于 50%，而无法计算 PD_{50}，则可根据以下情况对该菌苗进行重检：

5.4.1 如果不重检，则判该批产品不符合规定。

5.4.2 如果最低稀释度的参考菌苗提供的免疫保护小鼠数量超过最小稀释度的待检菌苗组提供的免疫保护小鼠数量至少 6 只，则无需再进行额外检验，可直接判该批产品不符合规定。

5.4.3 如果参考菌苗保护的小鼠总数（所有稀释度组存活小鼠总数）超过待检菌苗保护的小鼠总数 8 只或更多，则无需再进行额外的检验，可直接判该批产品不符合规定。

5.5 如果在有效检验中，由于待检菌苗最高稀释度的免疫保护小鼠超过 50% 而导致该批检品的 PD_{50} 无法计算，则无需再进行额外的检验，可直接判该批产品符合规定。

5.6 用各批待检菌苗的 PD_{50} 除以参考菌苗的 PD_{50}，计算各批待检菌苗的相对保护效力（RP）。

5.7 如果待检菌苗的 RP≥0.5，则判待检菌苗符合规定。

5.8 如果待检菌苗的 RP＜0.5，则判待检菌苗不符合规定。

5.9 RP＜0.5 的待检菌苗可进行 2 次独立于首次检验的重检。按照以下方法对重检结果进行计算：

5.9.1 将重检的 RP 值取平均值。

5.9.2 如果重检的平均 RP 值＜0.5，则判待检菌苗不符合规定。

5.9.3 如果重检的平均 RP 值≥0.53，且首次检验得到的 RP≤重检的平均 RP 值的 1/3，则判待检菌苗符合规定。可认为首次检验的结果是由检验系统误差引起的。

5.9.4 如果重检的平均 RP 值≥0.5，但是首次检验得到的 RP≥重检的平均 RP 值的 1/3，则用所有的检验（首次检验加上重检）得到的 RP 值计算新的平均 RP 值。如果新的平均 RP 值≥0.5，则判待检菌苗符合规定。如果新的平均 RP 值＜0.5，则判待检菌苗不符合规定。

6. 检验结果报告

按照标准操作程序报告检验结果。

7. 参考文献

Title 9, Code of Federal Regulations, part 113. 121 ［M］. Washington, DC: Government Printing Office.

Reed L J, Muench H, 1938. A simple method of estimating 50% endpoints ［J］. Am J Hygiene, 27: 493-497.

8. 修订概述

第 04 版

- 更新部门主管和负责人。
- 明确培养基的保存期限。

第 03 版

- 更新联系人信息。
- 2.1.3/4.5.1 更新此部分，以反映现行的实际操作方法。
- 2.1.14/4.2.5 增加无菌棉花拭子。

第 02 版

本修订版资料主要用于阐述兽医生物制品中心现行的实际操作方法，并提供了额外的细节信息。虽然不对检验结果产生重大影响，但是对文件进行了以下修改：

- 2.1 增加无菌接种环和生物安全柜。

- 4.1.1 增加现行生产大纲第 VI 部分，作为额外信息来源。
- 4.2.1 调整重悬浮用培养基的量。
- 4.2.2 更新使用平板的数量，以反映现行操作方法。
- 全文中增加了对现行试剂资料清单的引用。
- 将参考内部文件变更为简要信息。
- 调整高压锅参数。
- 更新了目前使用的分光光度计的参数。
- 联系人变更为 Janet Wilson。

（张　媛　肖　燕译，刘　博校）

SAM635.06

美国农业部兽医生物制品中心
检验方法

SAM 635　猪源多杀性巴氏杆菌菌苗效力检验的补充检验方法

日　　期：2014 年 4 月 7 日

编　　号：SAM 635.06

替　　代：SAM 635.05，2010 年 11 月 5 日

标准要求：9CFR 第 113.121 部分

联 系 人：Janet M. Wilson，（515）337-7245

审　　批：/s/Larry R. Ludemann，　　　　　　日期：2014 年 5 月 5 日
　　　　　Larry R. Ludemann，细菌学实验室负责人

　　　　　/s/Byron E. Rippke　　　　　　　　日期：2014 年 5 月 7 日
　　　　　Byron E. Rippke，兽医生物制品中心政策、评审与执照管理部门负责人

　　　　　/s/Rebecca L. W. Hyde　　　　　　　日期：2014 年 5 月 9 日
　　　　　Rebecca L. W. Hyde，兽医生物制品中心政策、评审与执照管理部门负责人

美国农业部动植物卫生监督署

P. O. Box 844

Ames，IA 50010

目　录

1. 引言

本补充检验方法（SAM）描述了按照美国联邦法规第 9 卷（9CFR）113.121 部分规定对含猪源多杀性巴氏杆菌的生物制品进行效力检验的程序。对小鼠进行两次免疫，间隔 14d，在第二免后 10～12d，用标准剂量的多杀性巴氏杆菌强毒攻毒。

2. 材料

2.1　设备/仪器

下列任何品牌的设备或仪器均可由具有相同功能的设备或仪器所替代。

2.1.1　分光光度计 20D+（光谱仪）；

2.1.2　无菌接种环；

2.1.3　本生灯或 Bacti-Cinerator ®（如果使用非无菌接种环）；

2.1.4　培养箱，35～37℃；

2.1.5　微量移液器，20～1 000μL；

2.1.6　试管混合器，涡旋仪；

2.1.7　血清瓶铝帽轧盖器；

2.1.8　生物安全柜。

2.2　试剂/耗材

具备下列功能的任何品牌的试剂或耗材均可使用。

2.2.1　多杀性巴氏杆菌，169 株攻毒培养物，可从兽医生物制品中心（CVB）获得。请参阅现行试剂资料清单以获取更多信息。

2.2.2　含有多杀性巴氏杆菌的待检菌苗。

2.2.3　多杀性巴氏杆菌参考菌苗，可从 CVB 获得。请参阅现行试剂资料清单以获取更多信息。

2.2.4　1mL 注射器。

2.2.5　针头，26 号×3/8 英寸。

2.2.6　玻璃血清瓶，20～100mL。

2.2.7　橡胶塞和血清瓶铝帽，（13×20）mm。

2.2.8　玻璃螺口管和管盖，（13×100）mm。

2.2.9　移液管，5mL、10mL 和 25mL。

2.2.10　微量移液器吸头，容量达 1 000μL。

2.2.11　牛血琼脂平板。

2.2.12　胰蛋白胨肉汤。

2.2.13　磷酸缓冲盐水（PBS）。

2.2.14　去离子水或超纯水。

2.2.15　无菌棉拭子。

2.3　动物

2.3.1　小鼠，16～22g。尽管 9CFR 未规定小鼠的类型，但 CVB 使用的是 CF-1 小鼠。

2.3.2　每批待检菌苗需要 60 只小鼠（20 只

小鼠/稀释度，3 个稀释度/批）。参考菌苗另用 60 只小鼠。还需要 30 只小鼠测定攻毒接种物的 LD_{50}。所有小鼠必须来自同一品系来源，且具有相似的体重和/或日龄。

3. 检验准备

3.1　人员资质/培训

操作人员必须具有使用常规实验室化学品、设备和玻璃器皿的工作知识，且经过无菌技术、活菌培养物操作及小鼠处理方面的专业培训，并具有一定经验。

3.2　检验小鼠的选择和处理

3.2.1　任何性别的小鼠均可使用，但是推荐使用雌性小鼠。

3.2.2　所有小鼠的笼养和饲喂条件一致。

3.2.3　小鼠按照处理组分笼饲养，并对鼠笼进行标记区分。

3.2.4　如果在免疫后、攻击多杀性巴氏杆菌活菌前，任何小鼠发生不明原因的死亡，则需对小鼠进行剖检，确定死亡原因。如果死因与免疫接种无关，则将剖检报告与检验报告一起归档，不需要采取其他措施。如果死亡是由待检菌苗造成的，则应立即向 CVB-监察与合规部门报告，其可能会要求对菌苗进行进一步的安全性检验。

3.2.5　当检验工作结束后，通知动物管理员对小鼠实施安乐死并焚毁，同时对受污染的房间进行消毒。

3.3　耗材/仪器的准备

3.3.1　仅使用无菌的细菌学的耗材。

3.3.2　所有设备均必须按照生产商的推荐或适用的标准操作程序进行操作和维护。

3.4　试剂的准备

3.4.1　多杀性巴氏杆菌参考菌苗，由生物制品厂商提供。详细信息请参阅现行试剂信息清单。

3.4.2　多杀性巴氏杆菌攻毒用培养物，169 株。详细信息请参阅现行试剂信息清单。

3.4.3　磷酸盐缓冲盐（PBS）〔国家动物卫生中心（NCAH）培养基♯10559〕

氯化钠	8.0g
氯化钾	0.2g
磷酸氢二钠	1.15g
磷酸二氢钾	0.2g
去离子水定容至	1 000mL

调节 pH 至 7.2±0.1。≥121℃高压灭菌 20～30min。在 20～25℃下保存不超过 1 年。

3.4.4 胰蛋白胨肉汤〔国家动物卫生中心（NCAH）培养基＃10404〕

胰蛋白胨肉汤粉	26g
去离子水定容至	1 000mL

≥121℃高压灭菌 15～30min。用前冷却。在20～25℃下保存不超过 1 年。

3.4.5 5％牛血琼脂〔国家动物卫生中心（NCAH）培养基＃10006〕

血琼脂粉	40g
去离子水定容至	950mL

按照生产商推荐，≥121℃高压灭菌 20～30min，冷却至 45～47℃。

加入：

脱纤牛血	50mL

倒入无菌平板。冷却至 20～25℃，在 2～7℃保存不超过 6 个月。

4. 检验

4.1 检验动物的免疫

4.1.1 检查每个产品的标签和现行生产大纲第Ⅵ部分，以确认产品的身份和剂量。

4.1.2 选取 5 倍连续稀释的 3 个稀释度的待检菌苗和参考菌苗进行检验。通常，将待检菌苗稀释成 1∶5 和 1∶25。除非要求参考菌苗与待检菌苗采用相同的稀释方法进行检验，否则允许进行 5 倍稀释。对于黏滞性菌苗，建议从 1∶2 或 1∶3 开始稀释，然后进行 5 倍稀释，以提高产品在低稀释度下的可注射性。

4.1.3 彻底反复颠倒产品至少 10 次以充分混合。根据试剂信息清单对参考菌苗进行适当的 5 倍稀释。根据该产品特定生产大纲的规定，对待检菌苗进行相同的 5 倍稀释（某些油佐剂产品需要使用油性的稀释剂）。将每个稀释度的菌苗加入分开的无菌血清瓶。临用前即时准备，不能以稀释后的状态保存。

4.1.4 每个稀释度的待检菌苗和参考菌苗分别免疫接种 20 只小鼠。参考菌苗组每只小鼠腹腔注射试剂信息清单上提供的剂量。每只小鼠腹腔接种产品标签推荐的待检菌苗的 1/20 最小推荐接种剂量。接种的体积不能少于 0.1mL。

注意：允许各组额外免疫几只小鼠，以补偿攻毒前可能发生的、与疫苗无关的死亡。但是，如果额外免疫的小鼠，在攻毒时均存活，则均必须用多杀性巴氏杆菌活菌攻毒，并纳入数据计算。

4.1.5 第一次免疫后 14d，用同样的方法再次免疫小鼠。

4.1.6 保留 30 只非免疫小鼠，用于测定攻毒菌液的 LD_{50}。

4.2 在生物安全柜中准备攻毒菌液

4.2.1 用胰蛋白胨肉汤 1mL，重悬浮 1 瓶攻毒菌液。

4.2.2 取 2 块血平板，用接种环接种重悬菌液划线分离菌落。

4.2.3 将血平板置 35～37℃培养 16～18h。

4.2.4 用肉眼可见纯粹生长平板上的菌落制备攻毒接种物。

4.2.5 用无菌棉花拭子从血琼脂平板表面挑取几个菌落，接种（13×100）mm 小管胰蛋白胨肉汤中。重复挑取菌落，直至胰蛋白胨肉汤混悬液在分光光度计 20D＋或其他等效仪器 630nm 处的透明度为 76％～80％T。用含有无菌胰蛋白胨肉汤的（13×100）mm 小管作为分光光度计的空白对照。

4.2.6 用胰蛋白胨肉汤调整标准菌液的浓度至 10^{-4} 稀释度。此为对小鼠攻毒的接种物。将攻毒液加入血清瓶内，并用胶塞和铝帽密封。

4.2.7 另外制备标准培养物的 10 倍稀释液，用于测定 LD_{50}（10^{-8}～10^{-6}）和攻毒接种后的平板计数（10^{-7}～10^{-5}）。取每个 LD_{50} 稀释液的整数倍加入一个血清瓶中并封口。

4.2.8 将盛有攻毒菌液的小瓶和盛有额外稀释液的小管置于冰上。在整个攻毒过程中应将攻毒菌液一直放置于冰上，直至加入平板中进行攻毒后菌液的平板计数。

4.3 攻毒的时间和接种

4.3.1 第二次免疫后 10～12d，对所有免疫小鼠进行攻毒。

4.3.2 在对免疫小鼠攻毒的同一时间，对非免疫的 LD_{50} 对照小鼠进行攻毒。

4.3.3 每只免疫小鼠用 1mL 结核菌素用注射器和 26 号×3/8 英寸针头，腹腔接种 0.2mL 攻毒接种物。

4.3.4 每组腹腔接种 10 只非免疫对照小鼠，每只接种 LD_{50} 稀释液各 0.2mL。

4.4 攻毒后在生物安全柜中进行平板计数

4.4.1 所有细菌悬液在滴平板前必须充分混匀。每个稀释度（10^{-7}～10^{-5}）滴 3 个牛血琼脂或胰蛋白胨平板，每个平板滴 0.1mL。接种物必须均匀地分布在琼脂平板表面，不能流到边缘。在攻毒后 1h 内完成所有平板的接种。

4.4.2 平板在有氧条件下 35～37℃ 培养 18～30h。

4.4.3 使用每个平板上有 30～300 个菌落的稀释度，根据以下公式计算菌落形成单位（CFU）/攻毒剂量：

$$\frac{\text{菌落总数}}{\text{平板数}} \times \frac{1}{\text{滴板稀释度}} \times \frac{1}{\text{滴板菌液的体积(mL)}} \times$$

$$\frac{\text{攻毒菌液稀释度}}{1} \times \frac{\text{攻毒菌液体积（mL）}}{\text{攻毒剂量}} = \frac{\text{CFU}}{\text{攻毒剂量}}$$

4.4.4 在检验结果中记录攻毒菌液平板计数的结果（CFU/攻毒剂量），可用于追溯试验信息的目的和分析存疑的检验。9CFR 没有明确规定本检验的最大或最小 CFU/攻毒剂量的值。

4.5 攻毒后对小鼠的观察

4.5.1 攻毒后每天观察小鼠 2 次，连续观察 10d。记录死亡情况和根据动物福利和使用委员会批准进行安乐死的情况。

4.5.2 如果怀疑攻毒后小鼠的死亡不是由多杀性巴氏杆菌引起的，则剖检小鼠，确定死因。如果小鼠的死因与疫苗的免疫和/或攻毒无关，则该死亡小鼠不计入检验死亡总数中。

5. 检验结果说明

按照 9CFR113.121 部分规定分析检验结果。

5.1 通过 Reed-Muench 法或 Spearman-Kärber 法计算攻毒菌液的 LD_{50}（理论上为可致死 50% 的对照小鼠的稀释度）。有效检验的 LD_{50} 应在 10～10 000 之中。

5.2 通过 Reed-Muench 法或 Spearman-Kärber 法计算参考菌苗和每批待检菌苗的 PD_{50}（理论上为可对 50% 小鼠产生保护的菌苗的剂量/稀释度）。

5.3 如果参考菌苗最低稀释度组小鼠的保护率小于 50% 或最高稀释度组小鼠的保护率大于 50%，而无法计算 PD_{50}，则检验无效。参考菌苗组应分别至少有 2 个稀释度组小鼠的保护率大于 0 且小于 100%，检验方为有效。

5.4 如果因待检菌苗组小鼠的保护率小于 50%，而无法计算 PD_{50}，则可根据以下情况对该菌苗进行重检：

1）如果不重检，则判该批产品不符合规定。

2）如果最低稀释度的参考菌苗提供的免疫保护小鼠数量超过最小稀释度的待检菌苗组提供的免疫保护小鼠数量至少 6 只，则无需再进行额外检验，可直接判该批产品不符合规定。

3）如果参考菌苗保护的小鼠总数（所有稀释度组存活小鼠总数）超过待检菌苗保护的小鼠总数 8 只或更多，则无需再进行额外的检验，可直接判该批产品不符合规定。

5.5 如果在有效检验中，由于待检菌苗最高稀释度的免疫保护小鼠超过 50% 而导致该批检品的 PD_{50} 无法计算，则无需再进行额外的检验，可直接判该批产品符合规定。

5.6 用各批待检菌苗的 PD_{50} 除以参考菌苗的 PD_{50}，计算各批待检菌苗的相对保护效力（RP）。

5.7 如果待检菌苗的 RP≥0.5，则判待检菌苗符合规定。

5.8 如果待检菌苗的 RP＜0.5，则判待检菌苗不符合规定。

5.9 RP＜0.5 的待检菌苗可进行 2 次独立于首次检验的重检。按照以下方法对重检结果进行计算：

1）将重检的 RP 值取平均值。

2）如果重检的平均 RP 值＜0.5，则判待检菌苗不符合规定。

3）如果重检的平均 RP 值≥0.53，且首次检验得到的 RP≤重检的平均 RP 值的 1/3，则判待检菌苗符合规定。可认为首次检验的结果是由检验系统误差引起的。

4）如果重检的平均 RP 值≥0.5，但是首次检验得到的 RP≥重检的平均 RP 值的 1/3，则用所有的检验（首次检验加上重检）得到的 RP 值计算新的平均 RP 值。如果新的平均 RP 值≥0.5，则判待检菌苗符合规定。如果新的平均 RP 值＜0.5，则判待检菌苗不符合规定。

6. 检验结果报告

按照标准操作程序报告检验结果。

7. 参考文献

Title 9，Code of Federal Regulations，part 113. 121 ［M］. Washington，DC：Government Printing Office.

Reed L J，Muench H，1938. A simple method of estimating 50% endpoints ［J］. Am J Hygiene，27：493-497.

Cottral G E，1978. Manual of standardized methods for veterinary microbiology ［M］. Ithaca and London：Comstock Publishing Associates：731.

Finney D J，1978. Statistical method in biological

assay［M］. 3rd ed. London：Charles Griffin and Company.

8. 修订概述

第 06 版

• 更新部门主管和负责人。

• 明确培养基的保存期限。

第 05 版

• 更新联系人信息。

• 2.1.3/4.5.1　更新此部分，以反映现行的实际操作方法。

• 2.2.15/4.2.5　增加无菌棉花拭子。

• 3.4　修正编号序列。

• 3.4.3/3.4.4/3.4.5　更新此部分。以反映结合国家动卫生中心的新管理部门。

第 04 版

• 4.2.7　调整 LD$_{50}$ 稀释度，以反映现行操作方法。

• 7.3 和 7.4　增加额外的参考文献。

第 03 版

• 2.1　增加无菌接种环和生物安全柜。

• 4.2.2　更新使用平板的数量，以反映现行操作方法。

• 4.2.6　更新目前稀释方法，以反映现行操作方法。

• 全文中增加了对现行试剂资料清单的引用。

• 将参考内部文件变更为简要信息。

• 更新了目前使用的分光光度计的参数。

• 联系人变更为 Janet Wilson。

（张　媛　肖　燕译，刘　博校）

美国农业部兽医生物制品中心
检验方法

SAM 636　结核菌素纯化蛋白衍生物（PPD）
检验的补充检验方法

日　　期：2016 年 5 月 27 日

编　　号：SAM 636.04

替　　代：SAM 636.03，2011 年 7 月 25 日

标准要求：9CFR 第 113.409 部分

联 系 人：Janet M. Wilson，(515) 337-7245

审　　批：/s/Larry R. Ludemann，　　　　　日期：2016 年 6 月 15 日

　　　　　Larry R. Ludemann，生物技术、免疫及诊断部代理负责人

　　　　　/s/Paul J. Hauer　　　　　　　　日期：2016 年 6 月 20 日

　　　　　Paul J. Hauer，兽医生物制品中心政策、评审与执照管理部门负责人

美国农业部动植物卫生监督署

P. O. Box 844

Ames，IA 50010

补充检验方法中提及的商标或专利产品不等同于该产品已获得了美国农业部的保证或担保，且它的批准也不意味着其可用于排除在外的其他可能适用的产品

由以下人员录入 CVB 质量管理体系：

/s/Linda. S. Snavely　　　　　日期：2016 年 6 月 23 日

Linda. S. Snavely，质量管理计划助理

目　录

1. 引言

本补充检验方法（SAM）描述了按照联邦法规第 9 卷（9CFR）113.409 部分规定对每批结核菌素纯蛋白衍生物（PDD）产品进行评价的方法。

2. 材料

2.1　设备/仪器

下列任何品牌的设备或仪器均可由具有相同功能的设备或仪器所替代。

2.1.1　结核分枝杆菌结核菌素参考品，当前批次。此参考品由美国农业部动植物卫生监督署兽医局国家动物卫生中心（NCAH）提供。

2.1.2　牛结核分枝杆菌致敏剂，当前批次。由 NCAH 提供。

2.1.3　禽结核分枝杆菌致敏剂，当前批次。由 NCAH 提供。

2.1.4　磷酸缓冲盐水，PPB Ⅱ。

2.1.5　由透明塑料制成的确证有效数子的卡尺或米尺。

2.1.6　针头，20 号×1 英寸和 26 号×3/8 英寸。

2.1.7　Luer 锁扣式一次性注射器，1mL 和 3mL。

2.1.8　移液管，1mL、2mL、5mL 和 25mL。

2.1.9　玻璃血清瓶，20mL 和 30mL。

2.1.10　玻璃血清瓶橡胶塞和金属盖。

2.1.11　铝帽密封扎盖器。

2.1.12　脱毛膏，Nair ®。

2.1.13　安装 40 号或 50 号刀片的动物用剪毛器，或等效物。

2.1.14　小动物用耳标。

2.1.15　耳标敷贴器。

2.1.16　动物喷色器及涂布器。

2.1.17　笼卡。

2.2　动物

白色，500～700g 未受孕雌性豚鼠。每批产品使用 23 只豚鼠。同时对每个未知组进行检验，并取 20 只豚鼠对 PPD 参考品进行检验。所有检验用豚鼠必须来源相同，并在相同畜舍中用同样方式饲养。

3. 检验准备

3.1　人员资质/培训

操作人员必须经过常规实验室化学品、设备和玻璃器皿使用的专门培训，并且具有实验动物安全处理方面的专业培训和经验。操作人员必须具有本检验的操作经验。

3.2　检验动物的选择和处理

3.2.1　选择健康、无体表寄生虫且被毛无瑕疵的豚鼠。

3.2.2　接收豚鼠当天要对豚鼠进行检查，并且按照标准操作程序对畜舍进行检查。

3.2.3　检验结束时，如果豚鼠不用于二次动物检验或者收集血液，则通知动物管理员给予豚鼠安乐死。

3.3　试剂的准备

石炭酸处理的磷酸盐缓冲液 2 号（PPB Ⅱ）（NCAH 培养基♯10528）

Na_2HPO_4	1.89g
KH_2PO_4	0.36g
NaCl	8g
蒸馏水	900mL

调节 pH 至 7.2±0.1。在 121℃ 高压灭菌 20min。冷却后，加入：

5％苯酚（水溶液）	100mL

3.4　耗材的准备

3.4.1　所有玻璃器皿在使用前消毒。

3.4.2　仅使用无菌的耗材（注射器、针头、胶塞、金属盖等）。

3.5　检验动物的致敏

3.5.1　每批结核菌素致敏 20 只豚鼠用于评价。用牛结核分枝杆菌致敏 10 只动物，用禽结核分枝杆菌致敏另 10 只动物。对各批 PPD 的试验组同时进行检验，同样再致敏 20 只豚鼠，用于牛结核分枝杆菌 PPD 参考品的检验。在进行效力检验前要等待 35d。

3.5.2　每只豚鼠肌内注射 0.5mL 致敏原。用 3mL 注射器，20 号×1 英寸针头分别在豚鼠每条后腿各接种 0.25mL。使用笼卡或其他等效的方法对致敏豚鼠进行标识。

3.5.3　每批待检 PPD，需保留 3 只非致敏豚鼠作为对照。PPD 参考品不需要设非致敏对照。

4. 效力检验

4.1　效力检验用豚鼠的准备

使用动物剪毛器给每一只豚鼠腹部剃毛。在修剪后的腹部涂抹脱毛膏。等待至少 3min。用热水在 10min 内洗净脱毛膏，并用软毛巾擦干腹部。确保豚鼠在注射结核菌素前休息至少 4h。

4.2　结核菌素稀释液的准备

检验稀释液的准备：

4.2.1 参照现行版 SAM513 确定该批产品的蛋白浓度。浓度必须为 1mg/mL，因此在制备下列稀释液之前可能需要进行预稀释。用无菌的 PPB Ⅱ 作为稀释剂，对待检批次的 PPD 进行稀释，制成 4 种稀释液。稀释液终浓度分别为每 0.1mL 含蛋白 0.6μg、1.2μg、2.4μg 和 4.8μg，稀释分别如下所示。将每种稀释液放入血清瓶中。加盖并贴好瓶签。

终浓度（μg/0.1mL）	血清瓶中内容物
4.8	1.2mL 1mg/mL 等分样品＋23.8mL PPB Ⅱ
2.4	10mL 稀释液（每 0.1mL 含 4.8g 蛋白）＋10mL PPB Ⅱ
1.2	5mL 稀释液（每 0.1mL 含 4.8g 蛋白）＋15mL PPB Ⅱ
0.6	2.5mL 稀释液（每 0.1mL 含 4.8g 蛋白）＋17.5mL PPB Ⅱ

4.2.2 重复步骤 1 项，对其他批次的待检 PPD 和牛结核分枝杆菌 PPD 参考品进行稀释。确定牛结核分枝杆菌参考品的蛋白浓度。浓度必须为 1mg/mL，因此在制备上述 4 种稀释液之前可能需要进行预稀释。

4.3 检验动物的皮内注射

4.3.1 在每只致敏豚鼠腹部确定 4 个皮内注射部位，在与中线等距的两侧均匀分布，每侧 2 处（见附录）。选取部位的间距必须足够远，以避免后续皮肤反应发生重叠。不要用墨水在腹部的注射部位进行标记。随机分配并记录每个部位注射的稀释浓度（0.6、1.2、2.4 或 4.8μg 蛋白/0.1mL）。

4.3.2 在每个致敏豚鼠的 4 个选定注射部位，用 3/8 英寸针头斜角插入进行接种。每只豚鼠仅注射 1 批 PPD，1 个选定部位注射 1 个稀释度，见步骤 4.2.1 项所述。针头必须锋利，方可进行理想的皮内注射，建议刺入胶塞或注射 10 只豚鼠后更换针头。

1）为了识别豚鼠，对每只豚鼠嵌入耳标，或者用 Sprayola 对豚鼠打标记进行区分。可使用不同颜色在动物的头部、背部、臀部或足部等部位标记进行识别。用带有 26 号×3/8 英寸针头的 1mL 结核菌素注射器进行皮内注射。

2）对于每批待检 PPD，各注射 10 只牛结核分枝杆菌致敏的豚鼠和 10 只禽结核分枝杆菌致敏的豚鼠。同样注射 3 只非致敏的豚鼠。

3）分别取 10 只牛结核分枝杆菌致敏的豚鼠和 10 只禽结核分枝杆菌致敏的豚鼠，各注射牛结核分枝杆菌 PPD 参考品。

5. 检验结果说明

5.1 检验结果记录

5.1.1 注射 24h 后，在光源良好的条件下测量试验反应。

5.1.2 测量每一注射部位的红斑和/或肿胀直径大小，精确到毫米。轻轻地触诊病变以确定肿胀的边沿，其可能会也可能不会延伸超出红斑的边缘。记录结果。

5.1.3 用最大直径乘以最小直径计算红斑和/或肿胀的面积（以 mm^2 计算）。

5.1.4 将 4 个注射部位的反应面积相加，得到每只豚鼠红斑和/或肿胀的总面积。

5.1.5 将相同致敏的和注射相同 PPD 的所有豚鼠（见步骤 5.1.4 项）的总面积相加。然后除以相应处理组豚鼠的数量，以确定每组特定致敏类型和特定 PPD 结核菌素注射组豚鼠的平均反应。

5.1.6 用注射该批检品的牛结核分枝杆菌致敏的豚鼠的平均反应减去注射该批检品的禽结核分枝杆菌致敏的豚鼠的平均反应，计算每批 PPD 结核菌素的特异性指数。记录所有计算结果。

5.2 有效检验标准

5.2.1 牛结核分枝杆菌 PPD 参考品的特异性指数必须至少为 400mm^2，检验方为有效。

5.2.2 如果接种了检品的 3 只非致敏豚鼠中有 1 只或 1 只以上在注射部位出现明显的红斑和/或肿胀，则判该批待检 PPD 结核菌素不符合规定。

5.2.3 如果检验有效，且未观察到非致敏豚鼠出现反应，则根据下表对每批 PPD 结核菌素进行分类：

特异性指数（mm^2）	分 类
≥440	符合规定
360～440	可疑
<360	不符合规定

5.2.4 如果某批 PPD 结核菌素检验可疑，则进行第二阶段检验。如果不进行第二阶段的检验，则判该批 PPD 结核菌素不符合规定。

1）除可不设置非致敏对照豚鼠外，按照与第一阶段同样的方法进行第二阶段的检验。

2）将所有第 1 和 2 阶段豚鼠的检验结果结合起来。计算每种抗原致敏的 20 只豚鼠的平均反应，并计算特异性指数。

3）如果累积的特异性指数≥400mm²，则判该批 PPD 结核菌素符合规定；如果特异性指数＜400mm²，则判该批 PPD 结核菌素不符合规定。

6. 检验结果报告

按照标准操作程序报告检验结果。

7. 参考文献

Title 9, Code of Federal Regulations, part 113.409 [M]. Washington, DC: Government Printing Office.

8. 修订概述

第 04 版

- 更新部门主管和负责人。
- 增加豚鼠标识方法的选项。

第 03 版

- 更新联系人信息。
- 2.1.7 删除了 5mL 和 10mL 的一次性注射器，以反映致敏豚鼠用注射器的大小。
- 2.1.8 在试剂/耗材所列清单中增加 2mL 和 5mL 移液管，因为其在制备结核菌素稀释液的测量体积时被用到。
- 2.1.13 在试剂/耗材所列清单中增加♯50 剪毛器刀片，因为其在剔除豚鼠腹毛中被用到。
- 4.3.2 每次注射不再要求插入全部针头长度，因为当针头插入深度刚刚越过斜面边缘时，是进入真皮的正确深度。
- 文件中所有国家兽医局实验室（NVSL）的参考品变更为国家动物卫生中心（NCAH）的。

第 02 版

- 联系人由 Charles Egemo 变更为 Janet Wilson。
- 2.1.1/2.1.2/2.1.3 变更牛结核分枝杆菌的 PPD 结核菌素参考品、牛结核分枝杆菌致敏剂和禽结核分枝杆菌致敏剂的来源，以反映当前的供应商。
- 2.1.5 增加了确证有效数子的卡尺。
- 2.1.7 增加 5mL 和 10mL 一次性注射器。
- 2.1.8 增加 1mL 和 10mL 移液管。
- 2.1.9 增加 30mL 玻璃血清瓶。
- 2.1.13 增加"锋利"一词。
- 2.1.14/2.1.15/2.1.16 试剂/耗材中增加小动物耳标、耳标敷贴器和笼卡。
- 3.2.2 "动物使用手册"已被"标准操作程序"替代。
- 3.2.3 修订此部分，以反映更多的当前的操作程序。
- 3.3.1 增加"石炭酸处理"和"缓冲液 2 号（PPB Ⅱ）"的词汇。NVSL 培养基编号变更为♯10528。
- 3.5.1 增加"牛结核分枝杆菌"的词汇。
- 3.5.2 增加"用笼卡或等效物标记识别致敏动物"的短语。
- 4.1 将短语"等待至少 10min"变更为"等待至少 3min"，增加"在 10min 内应用"的短语。
- 4.2/4.3 更新此部分，以反映现行操作程序。
- 4.3.1 删除工作表 BBFRM0002，并增加"现行"工作表。
- 5.1.1 增加"在光源良好条件下"的短语，以反映现行操作程序。
- 5.2.1 增加"牛结核分枝杆菌"的短语。

附录 结核菌素纯蛋白衍生物（PPD）检验记录

结核菌素 ID _____

检验日期 _____　　签名 _____

稀释度 1＝4.8μg/0.1mL　　稀释度 2＝2.4μg/0.1mL　　稀释度 3＝1.2μg/0.1mL　　稀释度 4＝0.6μg/0.1mL

禽结核分枝杆菌致敏的豚鼠

豚鼠标号	位置 A	位置 B	位置 C	位置 D
	1	2	3	4
	1	4	2	3
	2	3	1	4
	2	4	3	1
	3	1	2	4
	3	2	4	1
	4	1	3	2
	4	3	2	1
	2	1	4	3
	3	4	1	2

牛结核分枝杆菌致敏的豚鼠

豚鼠标号	位置 A	位置 B	位置 C	位置 D
	1	2	4	3
	1	4	3	2
	2	3	4	1
	2	4	1	3
	3	1	4	2
	3	2	1	4
	4	1	2	3
	4	3	1	2
	1	3	2	4
	4	2	3	1

非致敏对照豚鼠

豚鼠标号	位置 A	位置 B	位置 C	位置 D
	1	2	3	4
	1	4	2	3
	2	3	1	4

禽分枝杆菌致敏豚鼠,总面积 _____ mm²

牛结核分枝杆菌致敏豚鼠,总面积 _____ mm²

牛结核分枝杆菌致敏豚鼠,总面积－禽分枝杆菌致敏豚鼠,总面积 _____ mm²

÷每组豚鼠数 10

特异性指数 _____ mm²

签名 _____　日期 _____

注射部位

注：NR＝无反应。

（于志凤译，刘 博校）

美国农业部兽医生物制品中心
检验方法

SAM 801　检查猪源细胞中猪细小病毒污染的补充检验方法

日　　期：2014 年 11 月 28 日

编　　号：SAM 801.03

替　　代：SAM 801.02，2011 年 2 月 11 日

标准要求：9CFR 113.51 部分

联 系 人：Alethea M. Fry，（515）337-7200
　　　　　Peg A. Patterson

审　　批：/s/Geetha B. Srinivas　　　　日期：2015 年 1 月 22 日
　　　　　Geetha B. Srinivas，病毒学实验室负责人

　　　　　/s/Byron E. Rippke　　　　　日期：2014 年 1 月 26 日
　　　　　Byron E. Rippke，兽医生物制品中心政策、评审与执照管理部门负责人

　　　　　/s/Rebecca L. W. Hyde　　　　日期：2014 年 1 月 26 日
　　　　　Rebecca L. W. Hyde，兽医生物制品中心质量管理部门负责人

美国农业部动植物卫生监督署
P. O. Box 844
Ames，IA 50010

补充检验方法中提及的商标或专利产品不等同于该产品已获得了美国农业部的保证或担保，
且它的批准也不意味着其可用于排除在外的其他可能适用的产品

目　　录

1. 引言

本补充检验方法（SAM）描述了检查猪源疫苗生产细胞中猪细小病毒污染的体外检验程序。本程序使用了若干方法，如免疫荧光法、血凝法和苯胺染料染色法。

2. 材料

2.1　设备/仪器

下列任何品牌的设备或仪器均可由具有相同功能的设备或仪器所替代。

2.1.1　4 个或更多的塑料或玻璃的无菌细胞培养瓶，表面积至少 75cm²。

2.1.2　至少 1 架带有盖片的无菌 Leighton 管或 2 层 Tech 玻片。

2.2　试剂/耗材

下列任何品牌的试剂或材料均可由具有相同功能的试剂或材料所替代。

2.2.1　充足的生产用细胞和培养基，能够满足每批生产细胞接种 2 瓶的检验要求。

2.2.2　所提供的经过事先检验的血清，通常由生产商使用过。如果使用猪血清，则需经血清中和（SN）或血凝抑制（HI）试验检测猪细小病毒抗体，结果均应为阴性。

2.2.3　所提供的培养基，通常用于猪源细胞的繁殖，并能在 6～7d 内长成单层。

2.2.4　抗猪细小病毒结合物。最初的参考品应由国家兽医局实验室（NVSL）供应。

2.2.5　苯胺染料，可以对细胞核内包含体染色（如吉姆萨染料或肖氏染料）。

2.2.6　豚鼠红细胞。

2.2.7　事先测定了病毒滴度的猪细小病毒。此病毒种子由 NVSL 供应。

3. 人员资质/培训

操作人员必须具有一定经验或经过本方法的培训。包括生物学实验室无菌操作技术和制备、适当操作和处理生物制剂、试剂、组织培养样品和化学品的知识。操作人员还必须掌握安全操作程序和相关政策，并对步骤 2.1 项所述实验室设备的基本操作进行过培训。

4. 检验

4.1　每批待检猪细胞应至少繁殖 2 瓶细胞培养物（一批细胞为来源于 1 窝仔猪的细胞经等量分装制成）。用来消化这些细胞的胰酶应预先测定为阴性，或使用经 β-丙内酯消毒处理的胰酶。将细胞置 35～37℃ 孵育，直至形成完整的单层。

4.2　细胞长成单层后，用在 ATV 中用 BPL 处理的胰酶消化细胞或直接刮下细胞。将两瓶细胞混合，并用新鲜的生长培养基重悬。按 1∶1 的比例在无菌容器中重新繁殖，除非生产商有相关经验表明采用其他比例更适合细胞生长，否则取 2 瓶细胞进行后续检验。按上述步骤 4.1 项进行培养。

4.3　在细胞繁殖基本完成后，按步骤 4.1 项描述的方法从瓶中取出细胞，然后重悬（1 瓶细胞重悬至 1 个新的无菌容器中）。此时，相当于 1 瓶细胞至少接种 20 个带盖片的 Leighton 管或 10 个 Tech 玻片。此时，至少取 10 个这种带盖片的 Leighton 管或 4 个 Tech 玻片，每个接种 0.1mL 的猪细小病毒稀释液，每管含病毒约 100TCID$_{50}$。所有细胞容器的培养方式同前。

4.4　细胞传代后的第 2 天，从检验细胞管和阳性对照管中各取出至少 2 个 Leighton 管或 1 个 Tech 玻片，固定后用于荧光抗体染色。在第 3、4 和 5 天重复本步骤。取出的玻片需每天进行染色，或者放在 −20℃ 保存至所有样品都固定后再一起染色。

在第 7 天，从 1 个细胞瓶中取一定量的液体，进行 1∶2 至 1∶32 倍稀释，用于红细胞凝集试验。在第 1 天检验细胞和阳性对照细胞均应至少有 2 个 Leighton 管或 1 个 Tech 玻片出现荧光。固定玻片用于苯胺染料染色。

5. 检验结果说明

如果 FA 染色后,细胞中未出现特异性荧光,则判该细胞符合规定。阳性对照品细胞染色应为阳性。

用于 HA 试验中的液体培养液应不出现任何红细胞凝集反应。苯胺染料染色的细胞中应不出现任何核内包含体。阳性对照品细胞中可以有，也可以没有包含体。

6. 检验结果报告

按照标准操作程序报告检验结果。

7. 参考文献

Title 9, Code of Federal Regulations, part 113. 51[M]. Washington, DC: Government Printing Office.

8. 修订概述

第 03 版

• 更新联系人信息，但是，病毒学实验室决定保留原信息至下次文件审查之日。

第 02 版

• 更新联系人信息。

（徐　璐译，张一帜校）

美国农业部兽医生物制品中心
检验方法

SAM 802　新城疫病毒疫苗毒株鉴定的补充检验方法

日　　期：2014 年 11 月 28 日

编　　号：SAM 802. 04

替　　代：SAM 802. 03，2014 年 3 月 11 日

标准要求：9CFR 113. 329 部分

联 系 人：Alethea M. Fry，（515）337-7200

　　　　　Debra R. Narwold

审　　批：/s/Geetha B. Srinivas　　　　　日期：2015 年 1 月 15 日

　　　　　Geetha B. Srinivas，病毒学实验室负责人

　　　　　/s/Byron E. Rippke　　　　　日期：2015 年 1 月 15 日

　　　　　Byron E. Rippke，兽医生物制品中心政策、评审与执照管理部门负责人

　　　　　/s/Rebecca L. W. Hyde　　　　　日期：2015 年 1 月 15 日

　　　　　Rebecca L. W. Hyde，兽医生物制品中心质量管理部门负责人

美国农业部动植物卫生监督署

P. O. Box 844

Ames，IA 50010

补充检验方法中提及的商标或专利产品不等同于该产品已获得了美国农业部的保证或担保，且它的批准也不意味着其可用于排除在外的其他可能适用的产品

目　录

1. 引言

本补充检验方法（SAM）描述了体外鉴定新城疫病毒疫苗毒株的方法。该方法通过不同培养基上的蚀斑形成、蚀斑形态和鸡红细胞凝集的洗脱率进行检验。已证实洗脱与否取决于鸡红细胞悬液上的血凝素。

2. 材料

2.1 设备/仪器

下列任何品牌的设备或仪器均可由具有相同功能的设备或仪器所替代。

2.1.1 离心机（Beckman J-6 MI, JS-4.2转子）；

2.1.2 加湿、旋转鸡胚孵化箱（Midwest Incubators，型号252）；

2.1.3 37℃、加湿、5%CO_2水套式培养箱（Forma scientific，型号3158）；

2.1.4 涡旋混合器（Thermolyne Maxi Mix Ⅱ，型号M37615）；

2.1.5 磁力搅拌盘；

2.1.6 无菌剪刀（Roboz RS-6800）；

2.1.7 无菌弯尖钳（V. Mueller SU2315）；

2.1.8 微量移液管（Rainin Pipetman，P1000）；

2.1.9 带搅拌棒的250mL胰酶消化烧瓶，无菌；

2.1.10 带搅拌棒的锥形瓶，无菌；

2.1.11 血细胞计数器；

2.1.12 本生灯。

2.2 试剂/耗材

下列任何品牌的试剂或材料均可由具有相同功能的试剂或材料所替代。所有试剂和耗材均必须无菌。

2.2.1 拭子。

2.2.2 组织培养皿,（150×10）mm（Falcon，货号1058）。

2.2.3 组织培养皿,（100×20）mm（Falcon，货号3003）。

2.2.4 盖有4层纱布的塑料漏斗。

2.2.5 聚丙烯锥形管，（29×114）mm，无菌，50mL（Sarstedt，货号62.547.205）。

2.2.6 聚丙烯离心管，250mL（Corning，货号25350）。

2.2.7 转瓶，1 000mL（Falcon，货号3007）。

2.2.8 血清学移液管（Falcon，货号7530）。

2.2.9 60mm培养皿，用于组织培养（Costar，货号3160）。

2.2.10 24个无特定病原（SPF）鸡胚，9～11日龄。

2.2.11 胎牛血清（FBS）。

2.2.12 L-谷氨酰胺（Sigma，货号G7513）。

2.2.13 胰酶，0.25%（Cello Corporation，货号AT25）。

2.2.14 移液管吸头（Rainin 0～100，0～200、100～1 000）。

2.2.15 2S号离子琼脂。

2.2.16 溶液

所有溶液均应经高压灭菌或滤过除菌。

1) Dulbecco磷酸缓冲盐水（PBS）

溶液A（无Ca^{2+}、Mg^{2+}离子的PBS）

NaCl	8.0g
KCl	0.2g
Na_2HPO_4	1.15g
KH_2PO_4	0.2g
酚红	0.04g
加蒸馏水或去离子水（DW）定容至	1 000mL

溶液B

$CaCl_2$	1g
加DW定容至	100mL

溶液C

$MgCl_2 \cdot 6H_2O$	0.1g
加DW定容至	100mL

分别将三种溶液高压灭菌，并在混合前冷却。将800mL溶液A、100mL溶液B和100mL溶液C混合总体积为1 000mL。此为1×溶液。用A+B+C混合液作为病毒悬液的稀释剂，并将溶液A作为细胞培养物的洗涤盐水。

2) 原代CEF用生长培养基

含0.65%水解乳清蛋白的BSS（不含碳酸氢钠）

	90%
基础培养基，维生素（100×）	1%
基础培养基，氨基酸（50×）	2%
胎牛血清（热灭活）	5%
青霉素（10 000IU/mL）	1%
链霉素（10 000μg/mL）	1%

加入7.5%碳酸氢钠溶液，调节pH为7.2～7.4。

3) 附加溶液

溶液D

DEAE-葡聚糖 1g

加 DW 定容至 100mL

120℃高压灭菌 15min。

溶液 M

MgSO$_4$·7H$_2$O 49.2g

加 DW 定容至 100mL

120℃高压灭菌 15min。

4）第一层覆盖培养基（2×）

2X 含 1.30%水解乳清蛋白的 Earle's BSS（不含碳酸氢钠） 80%

基础培养基（维生素，100×） 2%

基础培养基（氨基酸，50×） 4%

胎牛血清（热灭活） 10%

青霉素（10 000IU/mL） 2%

链霉素（10 000μg/mL） 2%

加入 7.5% 的碳酸氢钠溶液调整 pH 至 7.2～7.4。

5）等量与上述 2×培养基混合的

2S 号离子琼脂 1.6%

120℃高压灭菌 15min。

高压灭菌后，在离子琼脂中加入：

DEAE-葡聚糖（浓度为 1%，溶液 D） 4.0%

MgSO$_4$.7H$_2$O（浓度为 2M，溶液 M） 3.0%

将冷却的琼脂和培养基充分混匀，置 44～45℃水浴。

6）第二层覆盖培养基

第二层培养基为添加了中性红的第一层培养基。中性红溶液，浓度为 1%（全琼脂培养基体积的 1%），4℃保存。

7）不含 DEAE-葡聚糖和硫酸镁的鉴别培养基

除 DEAE-葡聚糖和硫酸镁溶液外，第一层和第二层覆盖培养基按以上方法准备。

8）Alsever's 溶液

葡萄糖 20.5g

脱水柠檬酸三钠 8.0g

一水合柠檬酸 0.55g

氯化钠 4.2g

加 DW 定容至 1 000mL

pH 为 6.1。用 45μm 滤器进行滤膜过滤除菌。

9）0.01mol/L PBS

无水磷酸氢二钠 1.096g

一水合磷酸二氢钠 0.315g

氯化钠 8.5g

加 DW 定容至 1 000mL

pH 为 7.2，可在 4℃保存 3～4 周。

2.2.17　细胞培养物

本操作程序使用了原代鸡胚成纤维细胞（CEF）。取鸡胚，除去所有的内脏、头和四肢，再用 BPL 处理过的胰酶消化，用不含 Ca^{2+}、Mg^{2+} 离子的 PBS 漂洗，转入（60×15）mm 的塑料培养皿，使每 5mL 生长培养基中含 10^7 个细胞。一种不用计数的快速平铺细胞的方法是将 1mL 的积压细胞（200r/min 离心 10min）悬浮在 100～150mL 生长培养基中，然后取 5mL 这种细胞悬液接种平板。在 18～24h，形成致密单层细胞。

3. 检验准备

3.1　人员资质/培训

操作人员必须对本方法进行过培训，或具有一定经验。其中包括生物实验室无菌操作技术和准备工作，以及生物制剂、试剂、组织培养样本和化学物质的正确使用和处理。操作人员还必须掌握安全操作程序和政策，并经过步骤 2.1 项所述实验室设备基本操作的培训。

3.2　设备/仪器的准备

按照生产商提供的使用说明操作所有的设备/仪器，并按照现行的标准操作程序或等效方法进行监控。

3.3　试剂/对照品的准备

参考病毒的准备与样品的准备方法相同。

3.4　样品的准备

3.4.1　疫苗的复溶

按生产商提供的说明，用配套稀释液重悬疫苗。此为 log10^0 稀释液。如果是需用大量体积水复溶的冻干家禽疫苗，则每 1 000 羽份用 30mL 无菌的纯化水进行复溶。

3.4.2　疫苗的稀释

通过向含有 4.5mL Dulbecco's PBS 的试管中加入 0.5mL 疫苗稀释液的方式，将复溶的疫苗进行 10 倍系列稀释。

4. 检验

4.1　检验蚀斑形成的方法

4.1.1　细胞培养物的接种

接种病毒前，用 3mL 温热（35～37℃）的 Dulbecco's PBS 轻轻地洗涤每个单层细胞。倒出洗涤液，并吸净每个孔板中的液体。取 10^{-5}～10^{-3} 稀释液接种平板，每个稀释度接种 6 个平板，每板接种 0.1mL。摇晃板子，使病毒接种物分布均匀。

4.1.2　病毒的吸附

将接种的平板置（37.5±0.5）℃，3％～5％ CO_2 加湿培养箱中孵育 60min。务必保持较高的湿度，以防细胞单层变干。如果用 0.1mL 无菌接种物接种，则无需清洗细胞单层或倒空细胞单层上的液体。

4.1.3 覆盖第一层琼脂培养基

1) 每个稀释度取 3 个平板，用含有溶液 D 和溶液 M 的琼脂培养基覆盖。另取 3 个平板，用不含上述添加物的琼脂培养基覆盖。

2) 具体来说，就是将琼脂培养基等分成两份，一份加入溶液 D 和溶液 M，另一份不加。将琼脂培养基预热到（44～45）℃，轻轻地倒入平板中。待琼脂培养基覆盖层凝固后，将平板小心地放回 CO_2 培养箱中。轻拿轻放托盘，注意不要震动平板。

3) 将平板置（37.5±0.5）℃孵育 72h。

4.1.4 覆盖第二层琼脂培养基

覆盖第一层琼脂培养基 72h 后，加入第二层琼脂覆盖培养基。使细胞单层充分吸收中性红。在细胞中呈现色彩对比至少需要 4h。

4.1.5 读取蚀斑的形态

广义的"蚀斑"系指表面的斑块。在本试验中，蚀斑系指细胞单层中的坏死斑块。活细胞被染成红色，而病毒性感染引起的坏死区域则不会被染色。

蚀斑在接种 96h 后最易被区分。记录每种琼脂培养基中蚀斑形成的特点。蚀斑大小以 mm 为单位记录，浊度按浑浊或清亮记录，形态按边缘的性状和均匀度记录。在含有 DEAE-葡聚糖和 $MgSO_4$ 的琼脂培养基中，B1 株（NDV-B1）和 LaSota 株（NDV-LaS）会产生 1.5mm 不同浊度的蚀斑。通过蚀斑计数，可计算出病毒的滴度。在不含 DEAE-葡聚糖和 $MgSO_4$ 的琼脂培养基中，NDV-B1 和 NDV-LaS 通常不产生蚀斑。有时，在观察到细胞病变效应后才形成蚀斑，但这种情况不可复制。

4.1.6 对照病毒参考品

在本检验中使用 NDV-B1 和 NDV-LaS 病毒作为参考品观察。按上述方法，将 10^{-3} 和 10^{-4} 稀释液接种平板，每个稀释度各接种 2 个平板。每板出现 30～150 个蚀斑的稀释度为最佳浓度，且只有在这个范围内的计数方可考虑用于计算病毒的含量。

4.2 洗脱血凝素（HA-E）和重悬血凝素（HA-R）的检验方法

4.2.1 大多数 NDV 疫苗的生产方法中去除了其中常见的血凝素。因此有必要在疫苗株特性检验中额外增加一个步骤。取 5 个 9～11 日龄鸡胚，尿囊腔接种 10^{-3} 病毒稀释液，每胚接种 0.1mL。3～4d 后，收获尿囊液，用于 HA-E 和 HA-R 检验。

4.2.2 采集鸡红细胞（C-RBC）

鸡红细胞与 Alsever's 液以 1∶4 混合。洗涤 3 次后，保存在 Alsever's 液中。每次使用红细胞时，应新鲜制备，不超过 48h。

4.2.3 C-RBC 的制备

取 0.5mL 洗涤并压缩的 C-RBC，用 99.5mL 0.01mol/L PBS 重新悬浮。

4.2.4 经典试管检验

向每个（12×75）mm 管中加入 0.5mL 0.01mol/L PBS，将每种待检病毒进行 2 倍系列稀释，从 1∶5 至 1∶10 240。包括稀释液和红细胞对照。加入 0.5mL 红细胞悬液，并将检品放在 4℃，直至观察到血凝和洗脱。在 1 和 2h 读取血凝结果，然后持续每 2h（正常工作期间）观察一次，共观察 24h。记录结果。在 24h 观察期末，摇晃试管架均匀重悬红细胞。重悬两小时后，再次读取血清结果并记录。在 HA-E 和 HA-R 检验中，使用 NDV-B1 和 NDV-LaS 参考病毒，作为阳性对照。

5. 检验结果说明

5.1 快速和缓慢洗脱的差异至少存在两个因素：①洗脱方式；②重悬后的血凝方式。24h 内完成洗脱与未洗脱的情况进行对比。NDV-B1 可在 2h 内洗脱。NDV-LaS 即使部分发生洗脱，在 24h 后仍会发生血凝。

5.2 用 HA-R 检验确认洗脱。将重悬 24h 后未血凝的与血凝的进行对比。NDV-B1 在红细胞重悬液上不会出现凝集，而 NDV-LaS 能够凝集且滴度会增加。

新城疫病毒疫苗毒株鉴定概述

在鉴别培养基中形成蚀斑		血凝反应	
含 DEAE-葡聚糖和 $MgSO_4$	不含 DEAE-葡聚糖和 $MgSO_4$	洗脱时间（h）	重悬浮
NDV-B1 　　+	—	≤24	—
NDV-LaS 　　+	—	≥24	+

6. 检验结果报告

根据鉴别检验结果，将样品告为 NDV 疫苗毒 B1 株或 LaSota 株。

7. 修订概述

第 04 版

· 更新联系人信息，但是，病毒学实验室决定保留原信息至下次文件审查之日。

第 03 版

· 更新联系人信息。

第 02 版

· 文件编号由 PSAM0802 变更为 SAM802

· 更新联系人信息。

第 01 版

重新编写了本文件，以符合 CVB-L QA 现行 SAM 的格式。与之前方法的内容没有显著变化。本文件替代 1986 年 3 月 1 日的版本。

（潘顺叶译，张一帜校）

美国农业部兽医生物制品中心
检验方法

SAM 803 检查胰酶溶液中猪细小病毒污染的补充检验方法

日　　期：2014 年 11 月 28 日

编　　号：SAM 803.03

替　　代：SAM 803.02，2011 年 2 月 11 日

标准要求：9CFR 113.53 部分

联 系 人：Alethea M. Fry，(515) 337-7200

　　　　　Peg A. Patterson

审　　批：/s/Geetha B. Srinivas　　　　　日期：2015 年 1 月 27 日

　　　　　Geetha B. Srinivas，病毒学实验室负责人

　　　　　/s/Byron E. Rippke　　　　　日期：2015 年 1 月 29 日

　　　　　Byron E. Rippke，兽医生物制品中心政策、评审与执照管理部门负责人

　　　　　/s/Rebecca L. W. Hyde　　　　　日期：2015 年 1 月 29 日

　　　　　Rebecca L. W. Hyde，兽医生物制品中心质量管理部门负责人

美国农业部动植物卫生监督署

P. O. Box 844

Ames，IA 50010

补充检验方法中提及的商标或专利产品不等同于该产品已获得了美国农业部的保证或担保，
且它的批准也不意味着其可用于排除在外的其他可能适用的产品

目 录

1. 引言

本补充检验方法（SAM）描述了利用细胞培养系统并采用不同的方法（如免疫荧光法、血凝法和苯胺染料染色法）测定胰酶中是否含有内源性猪细小病毒（PPV）的体外检测方法。

2. 材料

2.1 设备/仪器

下列任何品牌的设备或仪器均可由具有相同功能的设备或仪器所替代。

2.1.1　8个或更多的塑料或玻璃的无菌细胞培养瓶，表面积至少$75cm^2$。

2.1.2　至少2架带有盖片的无菌 Leighton 管或2层 Tech 玻片。

2.2 试剂/耗材

下列任何品牌的试剂或材料均可由具有相同功能的试剂或材料所替代。

2.2.1　猪细小病毒易感细胞，或者是原代胚胎细胞或猪细胞系，培养4～5d。

2.2.2　经确认无污染的犊牛血清。

2.2.3　细胞培养基，其所含的营养成分足够原代猪肾细胞在4～6d内长成单层。建议使用 CMRL 培养基（Grand Island Biological Company）或 Alpha MEM 培养基（Flow Laboratories），两种培养基均额外添加了1‰丙酮酸钠，且每毫升培养基含有$50\mu g$的庆大霉素。

2.2.4　猪细小病毒荧光抗体结合物。

2.2.5　苯胺染料，可以对细胞核内包含体染色（如吉姆萨染料或肖氏染料）。

2.2.6　豚鼠红细胞

3. 人员资质/培训

操作人员必须具有一定经验或经过本方法的培训。包括生物学实验室无菌操作技术和制备、适当操作和处理生物制剂、试剂、组织培养样品和化学品的知识。操作人员还必须掌握安全操作程序和相关政策，并对步骤2.1项所述实验室设备的基本操作进行过培训。

4. 检验

4.1　所有涉及胰酶的操作步骤，直到接种前都应在冰浴中进行。

4.2　取5g胰酶溶于足够体积的溶液中，使之可以灌满高速离心机转头。例如，5g胰酶溶于162mL（3.09％溶液）能够灌满 Spinco L-2 离心机的50Ti 转头。可使用2％无菌兔血清以标记离心后所产生的沉淀颗粒并提供缓冲。

4.3　将过滤后的溶液加入离心管，80 000r/min 离心1h。倒出并弃去上清。沉淀物应在每个离心管的相同位置。用无菌的金属铲取出，置于0.2～0.3mL 无菌蒸馏水中。用10mL 无菌注射器和6英寸金属管吸取并收集所有的检验胰酶溶液。

4.4　将重悬的胰酶平均分为两等份，分别接种到2瓶新繁殖的猪源细胞中。将细胞瓶孵育培养，直至长成单层细胞（4～7d）。平行设置2瓶细胞作为对照。

4.5　细胞形成致密单层后，用刮除器将接种细胞和对照细胞刮下，或采用经检验无污染的胰酶将细胞消化下来，混合作为检验材料或对照。接着用带有20号针头的注射器将细胞打散。当细胞被充分打散时，低速离心，将沉淀细胞重悬于与原体积相同的新鲜培养基中，然后可重新接种繁殖2瓶细胞和10～12个 Leighton 管或5～6个 Tech 玻片，接种和对照细胞的孵育同前。

4.6　在接种繁殖后的第3天及之后的每一天，分别取2个待检盖片或1个 Tech 玻片和对照组的2个盖片或1个 Tech 玻片，用抗猪细小病毒荧光抗体结合物进行染色检测。这一过程一直持续至细胞可以进行再次传代。如果观察到了典型的细胞核染色，则需在传代时收集该细胞培养液，用红细胞凝集试验对 PPV 进行进一步鉴定。

5. 检验结果报告

按照标准操作程序报告检验结果。

6. 参考文献

Title 9，Code of Federal Regulations，part 113.51［M］. Washington，DC：Government Printing Office.

7. 修订概述

第03版

• 更新联系人信息，但是，病毒学实验室决定保留原信息至下次文件审查之日。

第02版

• 更新联系人信息。

（徐　璐译，张一帜校）

美国农业部兽医生物制品中心
检验方法

SAM 900　用枯草杆菌芽孢和东方伊萨酵母作为指示菌检测硫乙醇酸盐流体培养基和大豆酪蛋白消化物培养基促生长能力的补充检验方法

日　　期：2015 年 3 月 19 日
编　　号：SAM 900. 04
替　　代：SAM 900. 03，2012 年 3 月 7 日
标准要求：9CFR 113. 25 部分
联 系 人：Sophia G. Campbell，(515) 337-7489
审　　批：/s/Larry R. Ludemann,　　　　　　　日期：2015 年 4 月 2 日
　　　　　Larry R. Ludemann，细菌学实验室负责人

　　　　　/s/Byron E. Rippke　　　　　　　　日期：2015 年 4 月 3 日
　　　　　Byron E. Rippke，兽医生物制品中心政策、评审与执照管理部门负责人

　　　　　/s/Rebecca L. W. Hyde　　　　　　日期：2015 年 4 月 3 日
　　　　　Rebecca L. W. Hyde，兽医生物制品中心质量管理部门负责人

美国农业部动植物卫生监督署
P. O. Box 844
Ames，IA 50010

目　录

1. 引言

本补充检验方法（SAM）描述了按照联邦管理法规第 9 卷（9CFR）113.25（b）部分规定检验硫乙醇酸盐流体培养基（FTM）和大豆酪蛋白消化物培养基（SCDM）的促生长能力。每批用于无菌检验的培养基均需要按照要求（9CFR113.26～113.27 部分）进行促生长能力检验。

注意：胰酪大豆胨液体培养基（TSB）和 SCDM 的配方相同，这两个术语在本文件中可互换使用。

2. 材料

2.1 设备/仪器

下列任何品牌的设备或仪器均可由具有相同功能的设备或仪器所替代。

2.1.1 30～35℃培养箱；

2.1.2 20～25℃培养箱；

2.1.3 HandyStep ®电动移液器；

2.1.4 层流式Ⅱ级生物安全柜（BSC）；

2.1.5 涡旋混合器。

2.2 试剂/耗材

下列任何品牌的试剂或材料均可由具有相同功能的试剂或材料所替代。

2.2.1 枯草杆菌 *Bacillus subtilis*（ATCC♯6633）或现行《美国药典》（USP）规定的等效微生物。

2.2.2 东方伊萨酵母 *Issatchenkia orientalis*（ATCC♯6258）或现行《美国药典》（USP）规定的等效微生物。

2.2.3 大豆酪蛋白消化物培养基（SCDM）〔国家动物卫生中心（NCAH）培养基♯10423，附录Ⅰ〕。

2.2.4 硫乙醇酸盐流体培养基（FTM）〔国家动物卫生中心（NCAH）培养基♯10135，附录Ⅱ〕。

2.2.5 无菌移液管。

2.2.6 BRAND PD-Tip™注射器吸头。

2.2.7 （4×4）英寸无菌纱布。

2.2.8 （25×200）mm 无菌封口的试管。

3. 检验准备

3.1 人员资质/培训

操作人员必须对本方法进行过培训，或具有一定经验。其中包括生物实验室无菌操作技术和准备工作，以及生物制剂、试剂、组织培养样本和化学物质的正确使用和处理。操作人员还必须掌握安全操作程序和政策，并经过步骤 2.1 项所述实验室设

备基本操作的培训。

3.2 设备/仪器的准备

3.2.1 按照生产商提供的使用说明操作所有的设备/仪器，并按照现行的标准操作程序（SOP）进行维护。

3.2.2 根据 SOP 监测培养箱的温度。

3.2.3 开始工作前，至少提前 30min 打开 BSC。

3.3 试剂/对照品的准备

3.3.1 按照生产商说明书准备枯草杆菌原培养物，并测定其菌落形成单位（CFU）的浓度。

3.3.2 按照生产商说明书准备东方伊萨酵母原培养物，并测定其 CFU 的浓度。

4. 检验

用枯草杆菌和东方伊萨酵母作为指示菌检验每批 SCDM 和 FTM 的促生长能力。

4.1 在 BSC 中融化冻结的指示菌原培养物。按照试剂资料清单用 SCDM 复溶冻干的原培养物。临用前涡旋振荡彻底混匀原培养物。

4.2 按照试剂资料清单的说明制备指示菌原培养物的稀释液。用涡旋混合器混匀稀释液。

4.3 配制足够体积的每种指示菌的每种工作稀释液，即每种工作稀释液的体积为 25～30mL。

4.4 用 HandyStep 移液器和无菌注射器针头将 1.0mL 高稀释度的枯草杆菌工作液加入 10 个各含有 40.0mL SCDM 的（25×200）mm 管中。更换注射器针头，再将高稀释度的工作液加入 10 个各含有 40.0mL FTM 的（25×200）mm 管中。

4.5 更换注射器针头，将 1.0mL 低一个稀释度的枯草杆菌工作液加入 10 个各含有 40.0mL SCDM 的（25×200）mm 管中。更换注射器针头，再将低一个稀释度工作液加入 10 个各含有 40.0mL FTM 的（25×200）mm 管中。

4.6 重复步骤 4.1～4.5 项，处理东方伊萨酵母指示菌。

4.7 将所有含有枯草杆菌培养物的管（40 个）置 30～35℃孵育，并在 7d 的培养期内观察指示菌的生长情况。

4.8 将所有含有东方伊萨酵母培养物的管（40 个）置 20～25℃孵育，并在 14d 的培养期内观察指示菌的生长情况。

5. 检验结果说明

生长情况要求每种指示菌最低稀释度工作液至少有 8 个管中的指示菌生长，而高一个稀释度的工

作液有大于 0 且小于 8 个管中的指示菌生长。

5.1 如果原培养物低稀释度工作液至少有 8 个管中的指示菌生长，则该培养基促生长能力符合规定（SAT）。

5.2 如果原培养物低稀释度工作液少于 8 个管中的指示菌生长，则该培养基促生长能力可疑，必须重检。

5.3 如果重检后培养基的促生长能力依旧可疑，则该批培养基不能使用，且使用该批培养基进行的检验均必须判为未检验（NT）。

6. 检验结果报告

按照 SOP 记录并报告检验结果。

7. 参考文献

Title 9，Code of Federal Regulations，part 113.25 [M]. Washington，DC：Government Printing Office.

Kurtzman C P，Robnett C J，Basehoar-Powers E，2008. Phylogenetic relationships among species of Pichia, Issatchenkia and Williopsis determined from multigene sequence analysis, and the proposal of Barnettozyma genera novel, Lindnera genera novel and Wickerhamomyces genera novel [J]. FEMS Yeast Res，8：939-954.

8. 修订概述

第 04 版

• 更新细菌学实验室负责人。

• 删除了本文件中的"以前的克氏念珠菌"。

• 重写了一部分，以便表述清楚。

第 03 版

本修订版资料主要用于阐述兽医生物制品中心现行的实际操作方法，并提供了额外的细节信息。有一个显著变化，可能会影响该批检验的最终处理；具体对文件的修改进行了以下：

• 更新联系人信息。

• 将"克氏念珠菌"变更为新的名称"东方伊萨酵母"，本文件的更新反映了新的名称。

• 更新目录。

• 3.3 重命名和更新，以反映目前的实际操作。

• 4 更新此部分，以反映目前的实际操作。

• 5 明确描述了检验结果说明。这可能会改变无菌检验的结果，并可能会影响 CVB 对该批检验的整体处理。

• 7.3 增加有关东方伊萨酵母的参考文献。

• 附录更新以便包括现行培养基编号。

第 02 版

本修订版资料主要用于阐述兽医生物制品中心现行的实际操作方法，并提供了额外的细节信息。虽然不对检验结果产生重大影响，但是对文件进行了以下修改：

• 联系人由 Gerald Christianson 变更为 Sophia Campbell。

• 1 增加了对本 SAM 的使用说明和培养基名称。

• 2 更新设备/仪器列表，以反映现行操作程序。

• 3.3.3 明确了有效的革兰氏染色的枯草杆菌的状态。

• 3.3.5 增加滤过除去念珠珠的步骤。

• 3.4.2 明确了有效的革兰氏染色的克氏念珠菌的状态。

• 4.1 重新编写本节，以使当前步骤更加明确，并增加对每批新指示菌的滴度的说明。

• 4.2 重新编写本节，以使当前步骤更加明确。

• 5 明确了检验结果说明。

• 附录增加保存条件。

附录——培养基配方

附录 I NCAH 培养基♯10423

胰酪大豆胨液体培养基（TSB）或大豆酪蛋白消化物培养基（SCDM）

胰酪大豆胨液体培养基	30g
QH₂O	1 000mL

121℃高压灭菌 20min。培养基可在 20～25℃ 保存不超过 3 个月。

TSB 和 SCDM 是不同培养基公司生产的配方相同的培养基的两个名称。

附录 Ⅱ　NCAH 培养基♯10135

硫乙醇酸盐流体培养基（BBL）		混合并加热至沸腾。121℃高压灭菌 20min。培养基可在 20～
硫乙醇酸盐流体培养基	29.5g	25℃保存不超过 3 个月。
QH₂O	1 000mL	

（唐　娜译，张一帜校）

美国农业部兽医生物制品中心
检验方法

SAM 901 用气肿疽梭菌芽孢作为指示菌检测含有牛肉提取物的硫乙醇酸盐流体培养基促生长能力的补充检验方法

日　　期：2015 年 3 月 19 日

编　　号：SAM 901.04

替　　代：SAM 901.03，2012 年 3 月 9 日

标准要求：9CFR 113.25 部分

联 系 人：Sophia G. Campbell，(515) 337-7489

审　　批：/s/Larry R. Ludemann,　　　　　日期：2015 年 4 月 3 日

　　　　　Larry R. Ludemann，细菌学实验室负责人

　　　　　/s/Byron E. Rippke　　　　　　日期：2015 年 4 月 3 日

　　　　　Byron E. Rippke，兽医生物制品中心政策、评审与执照管理部门负责人

　　　　　/s/Rebecca L. W. Hyde　　　　　日期：2015 年 4 月 9 日

　　　　　Rebecca L. W. Hyde，兽医生物制品中心质量管理部门负责人

美国农业部动植物卫生监督署

P. O. Box 844

Ames，IA 50010

补充检验方法中提及的商标或专利产品不等同于该产品已获得了美国农业部的保证或担保，且它的批准也不意味着其可用于排除在外的其他可能适用的产品

目　录

1. 引言

本补充检验方法（SAM）描述了按照联邦管理法规第 9 卷（9CFR）113.25（b）部分规定检验含有牛肉提取物的硫乙醇酸盐流体培养基（FTM/BE）的促生长能力。每批用于无菌检验的培养基均需要按照要求（9CFR113.26～113.27 部分）进行促生长能力检验。

2. 材料

2.1 设备/仪器

下列任何品牌的设备或仪器均可由具有相同功能的设备或仪器所替代。

2.1.1 30～35℃培养箱；

2.1.2 HandyStep ®电动移液器；

2.1.3 层流式Ⅱ级生物安全柜（BSC）；

2.1.4 涡旋混合器。

2.2 试剂/耗材

下列任何品牌的试剂或材料均可由具有相同功能的试剂或材料所替代。

2.2.1 气肿疽梭菌 *Clostridium chauvoei* 芽孢或现行《美国药典》（USP）规定的等效微生物；

2.2.2 含有牛肉提取物的硫乙醇酸盐流体培养基（FTM/BE）［国家动物卫生中心（NCAH）培养基♯10227，附录］；

2.2.3 无菌移液管；

2.2.4 BRAND PD-Tip™注射器吸头；

2.2.5 （4×4）英寸无菌纱布；

2.2.6 （25×200）mm 无菌封口的试管。

3. 检验准备

3.1 人员资质/培训

操作人员必须对本方法进行过培训，或具有一定经验。其中包括生物实验室无菌操作技术和准备工作，以及生物制剂、试剂、组织培养样本和化学物质的正确使用和处理。操作人员还必须掌握安全操作程序和政策，并经过步骤 2.1 项所述实验室设备基本操作的培训。

3.2 设备/仪器的准备

3.2.1 按照生产商提供的使用说明操作所有的设备/仪器，并按照现行的标准操作程序（SOP）进行维护；

3.2.2 根据 SOP 监测培养箱的温度；

3.2.3 开始工作前，至少提前 30min 打开 BSC。

3.3 试剂/对照品的准备

按照生产商说明书准备气肿疽梭菌原培养物。

4. 检验

用气肿疽梭菌作为指示菌检验每批 FTM/BE 的促生长能力。

4.1 在 BSC 中融化冻结的气肿疽梭菌原培养物。临用前涡旋振荡彻底混匀原培养物。

4.2 按照试剂资料清单的说明制备气肿疽梭菌原培养物的稀释液。用涡旋混合器混匀稀释液。

4.3 配制足够体积气肿疽梭菌的每种工作稀释液（即每种工作稀释液的体积为 25～30mL）。

4.4 用 HandyStep 移液器和无菌注射器针头将 1.0mL 高稀释度的气肿疽梭菌工作液加入 10 个各含有 40.0mL FTM/BE 的（25×200）mm 管中。更换注射器针头，再将高稀释度的工作液加入 10 个各含有 40.0mL FTM 的（25×200）mm 管中。

4.5 将所有含有气肿疽梭菌培养物的管（40 个）置 30～35℃孵育，并在 14d 的培养期内观察指示菌的生长情况。

5. 检验结果说明

生长情况要求指示菌最低稀释度工作液至少有 9 个管中的指示菌生长，而高一个稀释度的工作液有大于 0 且小于 9 个管中的指示菌生长。

5.1 如果原培养物低稀释度工作液至少有 9 个管中的指示菌生长，则该培养基促生长能力符合规定（SAT）。

5.2 如果原培养物低稀释度工作液少于 9 个管中的指示菌生长，则该培养基促生长能力可疑，必须重检。

5.3 如果重检后培养基的促生长能力依旧可疑，则该批培养基不能使用，且使用该批培养基进行的检验均必须判为未检验（NT）。

6. 检验结果报告

按照 SOP 记录并报告检验结果。

7. 参考文献

Title 9，Code of Federal Regulations，part 113.25［M］. Washington，DC：Government Printing Office.

8. 修订概述

第 04 版

• 更新细菌学实验室负责人。

• 更新 1～3 部分。

第 03 版

• 更新联系人信息。

• 更新目录。

• 3.3　重命名和更新，以反映目前的实际操作。

• 4　更新此部分，以反映目前的实际操作。

• 5　明确描述了检验结果说明。这可能会改变无菌检验的结果，并可能会影响 CVB 对该批检验的整体处理。

• 附录更新以便包括现行培养基编号。

第 02 版

本修订版资料主要用于阐述兽医生物制品中心现行的实际操作方法，并提供了额外的细节信息。虽然不对检验结果产生重大影响，但是对文件进行了以下修改：

• 文件编号由 STSAM0901 变更为 SAM901。

• 联系人由 Gerald Christianson 变更为 Sophia Campbell。

• 2.1.4　在设备列表中增加无菌玻璃试管。

• 2.1.5　增加了使用的生物安全柜的级别。

• 2.1.8　增加气肿疽梭菌培养中所需的厌氧生长盒和芽孢收获步骤。

• 2.2　更新试剂/耗材清单。

• 3.1　明确人员资质要求。

• 3.3　增加气肿疽梭菌培养物的生长信息和芽孢悬液的收获信息。

• 4.1/4.2　修订这二节，以使检验的后续步骤更加明确。

• 5　明确了检验结果说明。

• 附录增加培养基的保存条件。

• 附录Ⅲ在生理盐水的保存中，增加了温度范围。

• 附录Ⅳ增加本部分，以提供牛肉浸汁琼脂培养基的配方。

• 附录 Ⅴ 增加本部分，以提供 pH6.9 的 0.015mol/L 磷酸缓冲盐水的配方。

附录　NCAH 培养基♯10227

含有牛肉提取物的硫乙醇酸盐流体培养基

含有牛肉提取物的硫乙醇酸盐流体培养基	29.5g
QH$_2$O	1 000mL
加热并加入：	
0.5％牛肉提取物（Difco）	5g

煮沸并分装。121℃高压灭菌 20min。培养基可在 20～25℃保存不超过 3 个月。

（丰素兰译，张一帜校）

SAM902.04

美国农业部兽医生物制品中心
检验方法

SAM 902 用枯草杆菌芽孢和东方伊萨酵母作为指示菌检测
脑心浸液琼脂培养基促生长能力的补充检验方法

日　　期：2015 年 2 月 25 日

编　　号：SAM 902.04

替　　代：SAM 902.03，2012 年 2 月 1 日

标准要求：9CFR 113.25 部分

联 系 人：Sophia G. Campbell，（515）337-7489

审　　批：/s/Larry R. Ludemann，　　　　　　日期：2015 年 3 月 9 日

　　　　　Larry R. Ludemann，细菌学实验室负责人

　　　　　/s/Byron E. Rippke　　　　　　　　日期：2015 年 3 月 10 日

　　　　　Byron E. Rippke，兽医生物制品中心政策、评审与执照管理部门负责人

　　　　　/s/Rebecca L. W. Hyde　　　　　　　日期：2015 年 3 月 13 日

　　　　　Rebecca L. W. Hyde，兽医生物制品中心质量管理部门负责人

美国农业部动植物卫生监督署

P. O. Box 844

Ames，IA 50010

补充检验方法中提及的商标或专利产品不等同于该产品已获得了美国农业部的保证或担保，
且它的批准也不意味着其可用于排除在外的其他可能适用的产品

目 录

1. 引言

本补充检验方法（SAM）描述了按照联邦管理法规第9卷（9CFR）113.25（b）部分规定检验脑心浸液琼脂培养基（BHIA）的促生长能力。每批用于无菌检验的培养基均需要按照要求（9CFR113.26～113.27部分）进行促生长能力检验。

2. 材料

2.1 设备/仪器

下列任何品牌的设备或仪器均可由具有相同功能的设备或仪器所替代。

2.1.1 30～35℃培养箱；

2.1.2 20～25℃培养箱；

2.1.3 Thermo Scientific Finnpippette 电动移液器；

2.1.4 层流式Ⅱ级生物安全柜（BSC）；

2.1.5 涡旋混合器；

2.1.6 Lab Armor ® 珠浴锅（设为55～60℃）。

2.2 试剂/耗材

下列任何品牌的试剂或材料均可由具有相同功能的试剂或材料所替代。

2.2.1 枯草杆菌 Bacillus subtilis（ATCC♯6633）或现行《美国药典》（USP）规定的等效微生物。

2.2.2 东方伊萨酵母 Issatchenkia orientalis（ATCC♯6258）或现行《美国药典》（USP）规定的等效微生物。

2.2.3 脑心浸液琼脂培养基（BHIA）〔国家动物卫生中心（NCAH）培养基♯10204，附录Ⅰ〕。

2.2.4 大豆酪蛋白消化物培养基（SCDM），NCAH培养基♯10423（见附录Ⅱ）。

注意：胰酪大豆胨液体培养基（TSB）和SCDM的配方相同，这两个术语在本文件中可互换使用。

2.2.5 青霉素酶浓缩液，10 000 000IU/mL（BBL目录编号211898）。

2.2.6 培养皿，（100×15）mm。

2.2.7 70%酒精。

2.2.8 （4×4）英寸无菌纱布。

2.2.9 无菌移液管。

2.2.10 无菌移液器吸头，100～1 000μL

3. 检验准备

3.1 人员资质/培训

操作人员必须对本方法进行过培训，或具有一定经验。其中包括生物实验室无菌操作技术和准备工作，以及生物制剂、试剂、组织培养样本和化学物质的正确使用和处理。操作人员还必须掌握安全操作程序和政策，并经过步骤2.1项所述实验室设备基本操作的培训。

3.2 设备/仪器的准备

3.2.1 按照生产商提供的使用说明操作所有的设备/仪器，并按照现行的标准操作程序（SOP）进行维护。

3.2.2 根据SOP监测培养箱和水浴锅*的温度。

3.2.3 开始工作前，至少提前30min打开生物安全柜。

3.2.4 开始工作前，至少提前一天打开珠浴锅以平衡温度。

3.3 试剂/对照品的准备

3.3.1 按照生产商说明书准备枯草杆菌原培养物，并测定其菌落形成单位（CFU）的浓度。

3.3.2 按照生产商说明书准备东方伊萨酵母原培养物，并测定其CFU的浓度。

3.3.3 将1.0mL青霉素酶浓缩物（见步骤2.2.5项）加入99.0mL的无菌水中，制成100 000IU/mL的青霉素酶工作溶液。

3.3.4 BHIA培养基的制备：检验当天，在100℃高压灭菌锅内作用30min，融化BHIA。将装有融化的培养基的瓶子放在珠浴锅内。直至琼脂至少冷却至60℃，方可开始进行检验。当琼脂准备好时，珠浴锅的温度约为60℃。在将培养基倒入平板之前，通过在BHIA中加入青霉素酶工作溶液（使青霉素酶的浓度为500IU/mL培养基），制成BHIA补充培养基。

4. 检验

用枯草杆菌和东方伊萨酵母作为指示菌检验每批BHIA的促生长能力。

4.1 在BSC中融化冻结的指示菌原培养物。按照试剂资料清单用SCDM复溶冻干的原培养物。临用前涡旋振荡彻底混匀原培养物。

4.2 按照试剂资料清单的说明制备指示菌原培养物的稀释液。用涡旋混合器混匀稀释液。

4.3 用Finnpippette电动移液器和无菌吸头，将每种指示菌分装到4个无菌（15×100）mm的

---

* 译者注：此处英文有误，应为"珠浴锅"。

培养皿中，接种量约为 100CFU。

4.4　取含有枯草杆菌的 2 块平板，倒入 20～25mL 添加了青霉素酶的 BHIA。另取含有枯草杆菌的 2 块平板，倒入 20～25mL 未添加青霉素酶的 BHIA。

4.5　重复步骤 4.4 项，处理东方伊萨酵母指示菌。

4.6　将 4 块含有的枯草杆菌的培养皿置 30～35℃培养 7d。将 4 块含有的东方伊萨酵母的培养皿置 20～25℃培养 14d。

4.7　在第 7 天，对含有枯草杆菌的平板进行 CFU 计数，并在检验工作表上记录计数结果。分别计算添加了青霉素酶的 BHIA 的 2 个平板和无青霉素酶的 BHIA 的 2 个平板的计数结果的平均值。

4.8　在第 14 天，对含有东方伊萨酵母的平板进行 CFU 计数，并在检验工作表上记录计数结果。分别计算添加了青霉素酶的 BHIA 的 2 个平板和无青霉素酶的 BHIA 的 2 个平板的计数结果的平均值。

5. 检验结果说明

5.1　如果添加了青霉素酶的 BHIA 的 2 个平板的菌落平均数与无青霉素酶的 BHIA 的 2 个平板的菌落平均数的差异在±20％的范围内，则判该批 BHIA 培养基的促生长能力符合规定（SAT），可用于无菌检验。

5.2　如果添加了青霉素酶的 BHIA 的 2 个平板的菌落平均数与无青霉素酶的 BHIA 的 2 个平板的菌落平均数的差异不在±20％的范围内，则判该批 BHIA 培养基的促生长能力不符合规定（UNSAT），不适用于无菌检验。

5.3　如果使用了不符合规定批次的 BHIA 培养基进行了任何无菌检验，则这些检测必须被报告为未检验（NT），并须用新的一批合格的 BHIA 培养基重检。

6. 检验结果报告

按照 SOP 记录并报告检验结果。

7. 参考文献

Title 9，Code of Federal Regulations，part 113.25［M］. Washington，DC：Government Printing Office.

Kurtzman C P，Robnett C J，Basehoar-Powers E，2008. Phylogenetic relationships among species of Pichia，Issatchenkia and Williopsis determined from multigene sequence analysis，and the proposal of Barnettozyma genera novel，Lindnera genera novel and Wickerhamomyces genera novel［J］. FEMS Yeast Res，8：939-954.

8. 修订概述

第 04 版

• 更新细菌学实验室负责人。

• 删除了本文件中的"以前的克氏念珠菌"。

• 更新并重写了 2-3 部分，以便表述清楚。

第 03 版

• 更新联系人信息。

• 将"克氏念珠菌"变更为新的名称"东方伊萨酵母"，本文件的更新反映了新的名称。

• 更新目录。

• 3.3　重命名和更新，以反映目前的实际操作。

• 4　更新此部分，以反映目前的实际操作。

• 5　明确描述了检验结果说明。

• 7.3　增加有关东方伊萨酵母的参考文献。

• 附录更新以便包括现行培养基编号。

• 附录Ⅲ根据标准操作程序建立质控限度，因此删除本文件的该部分。

第 02 版

本修订版资料主要用于阐述兽医生物制品中心现行的实际操作方法，并提供了额外的细节信息。虽然不对检验结果产生重大影响，但是对文件进行了以下修改：

• 文件编号由 STSAM0902 变更为 SAM902。

• 联系人由 Gerald Christianson 变更为 Sophia Campbell。

• 1　增加相关信息，以明确检验目的。

• 2.1.5　在设备列表中增加培养皿。

• 2.1.6　增加了使用的生物安全柜的级别。

• 2.2　更新试剂/耗材清单。

• 3.1　明确人员资质要求。

• 3.2.2　修订本节，以说明对额外设备的监控。

• 4.1/4.2　修订这两节，以使检验的后续步骤更加明确。

• 5　明确了检验结果说明。

• 附录Ⅰ和附录Ⅱ增加了培养基的保存条件。

• 统计学的偏差表由文件正文部分移至附录Ⅲ。

附录 I 脑心浸液琼脂培养基（BHIA）——NCAH 培养基♯10204

脑心浸液琼脂   52g

QH_2O 1 000mL

121℃高压灭菌 20min。培养基可在 2～5℃保存不超过 3 个月。

附录 II 胰酪大豆胨液体培养基（TSB）或大豆酪蛋白消化物培养基（SCDM）——NCAH 培养基♯10423

胰酪大豆胨液体培养基   30g

QH_2O 1 000mL

121℃高压灭菌 20min。培养基可在 20～25℃保存不超过 3 个月。

TSB 和 SCDM 是不同培养基公司生产的配方相同的培养基的两个名称。

（凌红丽译，张一帜校）

SAM903.04

美国农业部兽医生物制品中心
检验方法

SAM 903　无菌检验中防腐剂干扰试验的补充检验方法

日　　期：2015 年 12 月 18 日

编　　号：SAM 903.04

替　　代：SAM 903.03，2012 年 1 月 4 日

标准要求：9CFR 113.25 部分

联 系 人：Sophia G. Campbell，(515) 337-7489

审　　批：/s/Larry R. Ludemann，　　　　　日期：2016 年 1 月 6 日

　　　　　Larry R. Ludemann，细菌学实验室负责人

　　　　　/s/Paul J. Hauer　　　　　　　　日期：2016 年 1 月 11 日

　　　　　Paul J. Hauer，兽医生物制品中心政策、评审与执照管理部门负责人

美国农业部动植物卫生监督署

P. O. Box 844

Ames，IA 50010

补充检验方法中提及的商标或专利产品不等同于该产品已获得了美国农业部的保证或担保，
且它的批准也不意味着其可用于排除在外的其他可能适用的产品

由以下人员录入 CVB 质量管理体系：

/s/Linda. S. Snavely　　　　日期：2016 年 1 月 11 日

Linda. S. Snavely，质量管理计划助理

目　录

1. 引言

本补充检验方法（SAM）描述了按照联邦管理法规第9条（9CFR）113.25（d）部分规定测定无菌检验中接种量与所用培养基的比率的检验程序，以便能够将产品充分稀释，避免出现抑制细菌和抑真菌的活性。

2. 材料

2.1 设备/仪器

下列任何品牌的设备或仪器均可由具有相同功能的设备或仪器所替代。

2.1.1 30～35℃培养箱；

2.1.2 20～25℃培养箱；

2.1.3 层流式Ⅱ级生物安全柜（BSC）；

2.1.4 水浴锅。

2.2 试剂/耗材

下列任何品牌的试剂或材料均可由具有相同功能的试剂或材料所替代。

2.2.1 枯草杆菌 *Bacillus subtilis*（ATCC♯6633）或现行《美国药典》（USP）规定的等效微生物。

2.2.2 东方伊萨酵母 *Issatchenkia orientalis*（ATCC♯6258）或现行《美国药典》（USP）规定的等效微生物。

2.2.3 气肿疽梭菌 *Clostridium chauvoei* 芽孢或现行《美国药典》（USP）规定的等效微生物。

2.2.4 脑心浸液琼脂培养基（BHIA）［国家动物卫生中心（NCAH）培养基♯10204，附录Ⅰ］。

2.2.5 胰酪大豆胨琼脂（TSA）或大豆酪蛋白消化琼脂（SCDA）［国家动物卫生中心（NCAH）培养基♯10487，附录Ⅱ］。

2.2.6 大豆酪蛋白消化物培养基（SCDM）或胰酪大豆胨液体培养基（TSB）［国家动物卫生中心（NCAH）培养基♯10423，附录Ⅲ］。

2.2.7 硫乙醇酸盐流体培养基（FTM）［国家动物卫生中心（NCAH）培养基♯10135，附录Ⅳ］。

2.2.8 含有牛肉提取物的硫乙醇酸盐流体培养基（FTM w/Bf）［国家动物卫生中心（NCAH）培养基♯10227，附录Ⅴ］。

2.2.9 无菌移液管，独立包装。

2.2.10 实验室工作服、无菌袖套、手套。

2.2.11 70%酒精。

2.2.12 （4×4）英寸无菌纱布。

2.2.13 带针头的无菌注射器。

3. 检验准备

3.1 人员资质/培训

操作人员必须对本方法进行过培训，或具有一定经验。其中包括生物实验室无菌操作技术和准备工作，以及生物制剂、试剂、组织培养样本和化学物质的正确使用和处理。操作人员还必须掌握安全操作程序和政策，并经过步骤2.1项所述实验室设备基本操作的培训。

3.2 设备/仪器的准备

3.2.1 按照生产商提供的使用说明操作所有的设备/仪器，并按照现行的标准操作程序（SOP）进行维护。

3.2.2 开始工作前，至少提前1h打开BSC。

3.2.3 根据SOP监测培养箱、冷冻机和冷却器的温度。

3.3 试剂的准备

3.3.1 按照生产商说明书准备枯草杆菌原培养物，并测定其菌落形成单位（CFU）的浓度。

3.3.2 按照生产商说明书准备东方伊萨酵母原培养物，并测定其CFU的浓度。

3.3.3 按照生产商说明书准备气肿疽梭菌原培养物，并且测定其适宜使用的稀释度。

3.3.4 对于需氧菌苗和灭活病毒生物制品中防腐剂干扰的检测，用FTM在30～35℃培养枯草杆菌，并用TSB或者FTM在20～25℃培养东方伊萨酵母。对于需氧菌苗，用FTM w/Bf在30～35℃培养气肿疽梭菌，并用TSB或FTM在20～25℃培养东方伊萨酵母。对于非经肠道使用的活病毒产品，用TSB在30～35℃培养枯草杆菌，并用TSB在20～25℃培养东方伊萨酵母。对于鸡胚源（CEO）和某些通过饮水大规模接种的禽用疫苗，用BHIA在30～35℃培养枯草杆菌，并用BHIA在20～25℃培养东方伊萨酵母。

4. 检验

4.1 肉汤培养基

4.1.1 对每个待检生物制品，二种培养温度各准备10个每种培养基的检验管。除用于每个待检样品的培养基外，另准备适宜每种指示菌生长的培养基检验管各10个，作为阳性对照（见步骤3.3.4项）。

4.1.2 在每个样品进行检验时，向准备好的20个小管中各接种1mL或0.2mL样品；接种量取决于无菌检验的要求（9CFR113.26或113.27

部分）。

4.1.3 在接种待检样品后，在相同的检验管中加入大约 100CFU 适宜的指示菌。涡旋小管，以分散培养基中的样品和指示菌。

4.1.4 向准备好的 20 个小管中分别接种阳性对照，含大约 100CFU 适宜的指示菌。涡旋小管，以分散培养基中的指示菌。

4.1.5 将所有接种了枯草杆菌或气肿疽梭菌的检验管置 30～35℃连续培养观察 7d；并将接种了东方伊萨酵母的检验管置 20～25℃连续培养观察 14d。

4.2 琼脂培养基

4.2.1 倒琼脂板，用于 CEO 和其他经饮水免疫的禽用疫苗的无菌检验。对于每个待检生物制品，在每种培养温度下各准备 10 个无菌培养皿。除待检样品外，每种指示菌需额外准备 10 个无菌培养皿（见步骤 3.3.4 项）。

4.2.2 每个样品检验时，向准备好的 20 平板中各接种 10 羽份的样品。分装好待检样品后，将大约 100CFU 适宜指示菌加至 10 个样品培养皿中。在准备好待检样品培养皿后，将大约 100CFU 指示菌分装至 10 个培养皿中[①]。

4.2.3 将待检样品和指示菌加至培养皿之后，向每个培养皿中缓慢倒入已融化的 BHIA（冷却至 50～60℃）。轻轻地旋转培养皿，以混合接种物和琼脂。待琼脂冷却凝固后（2h 内）转移至培养箱。

4.2.4 将接种枯草杆菌的培养皿[②]置 30～35℃培养 7 天。将接种东方伊萨酵母的培养皿[③]置 20～25℃培养 14d。

5. 检验结果说明

5.1 如果含有待检生物制品和指示菌的小管与不含待检生物制品的阳性对照小管相比较，培养状态相同，则说明肉汤培养未出现干扰。

5.2 如果含有待检生物制品培养皿的平均 CFU 与不含待检生物制品的阳性对照平皿平均 CFU 的差异在 20％以内，则说明琼脂培养未出现干扰。

5.3 如果在生物制品的存在下，指示培养物生长减少，则证明出现了干扰。必须用更大体积范围的培养基重新进行试验，以确定无菌检验所需培养基的适当体积。

6. 检验结果报告

按照 SOP 记录并报告检验结果。

7. 参考文献

Title 9，Code of Federal Regulations，part 113.25 [M]. Washington，DC：Government Printing Office.

Kurtzman C P，Robnett C J，Basehoar-Powers E，2008. Phylogenetic relationships among species of Pichia，Issatchenkia and Williopsis determined from multigene sequence analysis，and the proposal of Barnettozyma genera novel，Lindnera genera novel and Wickerhamomyces genera novel［J］. FEMS Yeast Res，8：939-954.

8. 修订概述

第 04 版

· 更新细菌学实验室负责人。

· 更新 1、2 和 4.1 部分。

· 附录更新培养基保存条件，以符合 9CFR113.25（b）规定。

第 03 版

· 更新 1～4 部分，以反映现行操作程序。

· 7.3 增加将"克氏念珠菌"更名为"东方伊萨酵母"的参考文献。

第 02 版

本修订版资料主要用于阐述兽医生物制品中心现行的实际操作方法，并提供了额外的细节信息。虽然不对检验结果产生重大影响，但是对文件作了以下修改：

· 文件编号由 STSAM0903 变更为 SAM903。

· 联系人由 Gerald Christianson 变更为 Sophia Campbell。

· 2.1 更新设备/仪器列表，以便包括无菌检验容器，并明确生物安全柜级别为Ⅱ级。

· 附录增加了培养基保存条件。

---

① 译者注：此处英文有歧义。应为共计 40 个培养皿，其中 20 个接种了待检样品；10 个接种了枯草杆菌指示菌；10 个接种了东方伊萨酵母指示菌。

② 译者注：此处英文有误，应为"枯草杆菌的培养皿连同 10 个接种了待检样品的平皿"。

③ 译者注：此处英文有误，应为"东方伊萨酵母的培养皿连同 10 个接种了待检样品的平皿"。

附录 I　NCAH 培养基♯10204

脑心浸液琼脂（BHIA）

脑心浸液琼脂	52.0g
QH₂O	1 000mL

121℃高压灭菌 20min。培养基可在 2～5℃保存不超过 90d。

附录 II　NCAH 培养基♯10487

胰酪大豆胨琼脂（TSA）或大豆酪蛋白消化物琼脂（SCDA）

胰酪大豆胨琼脂	40.0g
QH₂O	1 000mL

121℃高压灭菌 20min。培养基在 2～5℃保不超过 90d。

附录 III　NCAH 培养基♯10423

胰酪大豆胨液体培养基（TSB）或大豆酪蛋白消化物培养基（SCDM）

胰酪大豆胨液体培养基	30g
QH₂O	1 000mL

121℃高压灭菌 20min，培养基可在 2～5℃保存不超过 90d。

TSB 和 SCDM 是同种培养基。

附录 IV　NCAH 培养基♯10135

硫乙醇酸盐流体培养基	29.5g
QH₂O	1 000mL

混合并煮沸。121℃高压灭菌 20min。培养基可在 20～25℃保存不超过 90d。

附录 V　NCAH 培养基♯10227

含有牛肉提取物的硫乙醇酸盐流体培养基

含有牛肉提取物的硫乙醇酸盐流体培养基	29.5g
QH₂O	1 000mL

加热并加入：

0.5％牛肉提取物（Difco）	5g

煮沸并分装。121℃高压灭菌 20min。培养基可在 20～25℃保存不超过 90d。

（万建青译，张一帜校）

美国农业部兽医生物制品中心
检验方法

SAM 905　无毒溶血性曼氏杆菌活疫苗
效力检验的补充检验方法

日　　期：2015 年 12 月 23 日
编　　号：SAM 905.04
替　　代：SAM 905.03，2013 年 1 月 24 日
标准要求：9CFR 113.68 部分
联 系 人：Sophia G. Campbell，(515) 337-7489
审　　批：/s/Larry R. Ludemann,　　　　　日期：2015 年 12 月 24 日
　　　　　Larry R. Ludemann，细菌学实验室负责人

　　　　　/s/Paul J. Hauer　　　　　　　日期：2016 年 1 月 5 日
　　　　　Paul J. Hauer，兽医生物制品中心政策、评审与执照管理部门负责人

美国农业部动植物卫生监督署
P. O. Box 844
Ames，IA 50010

补充检验方法中提及的商标或专利产品不等同于该产品已获得了美国农业部的保证或担保，
且它的批准也不意味着其可用于排除在外的其他可能适用的产品

由以下人员录入 CVB 质量管理体系：

/s/Linda. S. Snavely　　　　　日期：2016 年 1 月 5 日
Linda. S. Snavely，质量管理计划助理

目　录

1. 引言

本补充检验方法（SAM）描述了按照联邦管理法规第 9 卷（9CFR）113.68（c）（2）部分规定，通过测定最终样品容器中菌落形成单位（CFU）数量，建立确定无毒溶血性曼氏杆菌（原为巴氏杆菌）的滴定方法。本方法使用胰酪大豆胨液体培养基（TSB）为稀释剂，以及含 5％绵羊血的胰酪大豆胨琼脂（TSA）平板进行活菌计数。

2. 材料

2.1 设备/仪器

下列任何品牌的设备或仪器均可由具有相同功能的设备或仪器所替代。

2.1.1 涡旋混合器；

2.1.2 菌落计数器；

2.1.3 （35±2）℃培养箱；

2.1.4 层流式Ⅱ级生物安全柜（BSC）。

2.2 试剂/耗材

下列任何品牌的试剂或材料均可由具有相同功能的试剂或材料所替代。

2.2.1 胰酪大豆胨液体培养基（TSB）[国家动物卫生中心（NCAH）培养基♯10404，附录Ⅰ]；

2.2.2 含 5％绵羊血的胰酪大豆胨琼脂[国家动物卫生中心（NCAH）培养基♯10218 号，附录Ⅱ]或按照生物制品生产企业生产大纲（OP）的规定制备；

2.2.3 溶血性曼氏杆菌参考菌株[美国菌种保藏中心（ATCC）♯33396]；

2.2.4 70％酒精；

2.2.5 装在血清瓶中的灭菌水；

2.2.6 涂布器；

2.2.7 无菌注射器和针头；

2.2.8 无菌移液管，独立包装；

2.2.9 无菌带螺帽培养管；

2.2.10 实验室工作服和手套；

2.2.11 （4×4）英寸无菌纱布；

2.2.12 检验管架；

2.2.13 锐器盒；

2.2.14 移液管助吸器；

2.2.15 微量移液器，100～1.0mL；

2.2.16 移液器吸头，100～1.0mL。

3. 检验准备

3.1 人员资质/培训

操作人员必须对本方法进行过培训，或具有一定经验。其中包括生物实验室无菌操作技术和准备

工作，以及生物制剂、试剂、组织培养样本和化学物质的正确使用和处理。操作人员还必须掌握安全操作程序和政策，并经过步骤 2.1 项所述实验室设备基本操作的培训。

3.2 设备/仪器的准备

3.2.1 按照生产商提供的使用说明操作所有的设备/仪器，并按照现行的标准操作程序（SOP）进行维护。

3.2.2 根据 SOP 监测培养箱的温度。

3.2.3 开始工作前，至少提前30min 打开 BSC。

3.2.4 根据样品编号或名称、管号和稀释度标记所有平板。每批检品、每个稀释度标记 3 块平板。

3.3 试剂/对照品的准备

3.3.1 复溶至适宜体积前，先将样品和参考菌株放至室温。

3.3.2 按照生产商说明书准备溶血性曼氏杆菌参考菌株原液。

3.3.3 阴性和阳性对照品：孵育 1 块未接种的含 5％绵羊血的 TSA 平板和一块接种了无菌稀释液的检验板作为阴性对照平板。按照与待检样品相同的方法稀释溶血性曼氏杆菌参考菌株（阳性对照品），但接种量取决于步骤 3.3.2 项中所示滴度。

3.3.4 在冰箱中保存用于计数的平板。在使用前，将用于计数的平板置 35±2℃培养箱中过夜，或者用前将平板置 BSC 中干燥。在使用时，平板制备时间不能超过 3 个月。

3.4 样品的准备

样品是溶血性曼氏杆菌疫苗和/或含有这种组分的联苗。对于不配备稀释液的样品，根据产品标签或企业 OP 使用储存在血清瓶中的无菌纯化水进行稀释。

4. 检验

4.1 从冰箱或冷藏室中取 2 瓶（或根据 OP 规定需要检测的瓶数）待检样品和 1 管溶血性曼氏杆菌参考菌种原液，并恢复至室温。

4.2 用 70％酒精消毒瓶盖。重新复溶小瓶并重悬至少 5min。颠倒摇晃小瓶直至完全混匀。

4.3 制备 10 倍系列稀释的产品，将（20×150）mm 带螺帽的试管放在试管架上，用 10mL 移液管分别吸取 9.0mL TSB 加入每个试管中。根据需要标记试管 $10^{-x}\sim10^{-1}$。

4.4 用移液管或带吸头的微量移液器取步骤 4.2 项准备好的样品 1.0mL 加入第一支含有 TSB

的试管中。拧紧试管盖并涡旋振荡。继续进行系列稀释，用新移液管从第一支管取 1.0mL 样品加入 10^{-2} 管中。重复该步骤并且每次转移更换无菌移液管，直至达到所需的 10 倍系列稀释度（参考企业的 OP）。

4.5　用无菌移液管或带吸头的微量移液器将系列稀释最后 3 个稀释度的样品各吸取 0.1mL 滴至步骤 2.2.2 项所述培养基的表面。

4.6　用无菌涂布器将菌液均匀涂布在琼脂培养基表面。

4.6.1　相同稀释度的各板可使用同一个涂布器涂布。每个稀释度之间需要更换涂布器。

4.6.2　应避免将接种物涂布到平板边缘。以免接种物在边缘聚集，导致难以定量统计菌落的生长。

4.7　重复步骤 4.4～4.6 项，对第二瓶样品进行检验。

4.8　按照步骤 4.5～4.6 项处理步骤 3.3.2 项所述的 3 个参考对照品稀释液，每个稀释度各准备 3 块培养基平板。

4.9　翻转所有平板，置 35±2℃ 培养 24h。培养结束后，对平板上长有 30～300CFU 的稀释度平板进行菌落计数。按照以下公式计算几个待检小瓶中每头份待检疫苗所含的平均 CFU。

$$\frac{（平均计数）×（复溶所用 mL 数）}{（所用稀释度）×（滴板的 mL 数）×（每瓶头份数）}=CFU/头份$$

5. 检验结果说明

5.1　如果首次检验每头份疫苗所含 CFU 等于或高于企业 OP 所规定的最小值，无需进行额外的检验，则判该批或该亚批疫苗活菌计数为符合规定（SAT）。

5.2　如果首次检验每头份疫苗所含 CFU 少于企业 OP 所规定的最小值，则该批或该亚批疫苗可用首次检验双倍数量的新的样品进行重检，如果不重检，则判该批或该亚批疫苗活菌计数为不符合规定（UNSAT）。用 4 瓶新的疫苗进行重检时，将企业 OP 中的检验方法同本 SAM 相比较。如果在重检时，用企业 OP 方法进行的检验中，4 瓶新的疫苗样品的平均菌落数低于标准要求的最小值，则判该批或该亚批疫苗为不符合规定（UNSAT）。

5.3　如果用 4 瓶新的疫苗进行重检时，企业

OP 方法平均菌落数等于或高于标准要求的最小值，则判该批或该亚批疫苗符合规定（SAT）。

5.4　如果首次检验时，参考品或阳性对照培养物没有在步骤 3.3.2 项中所规定的数值范围内，但待检疫苗的检验结果为 SAT，则判该批或该亚批疫苗活菌计数为未检验（NT），但是不再进行重检，而是按照企业的检验结果对该产品予以放行。如果参考品的计数结果没有在规定滴度范围内，且待检疫苗的计数结果低于放行标准，则用与首次检验相同数量的新疫苗样品进行无差别的重检。如果在首次检验中阴性对照板上有菌生长，则不需要进行额外的检验，可直接判该批或该亚批疫苗活菌计数为 NT。

6. 检验结果报告

按照 SOP 记录并报告检验结果。

7. 参考文献

Title 9，Code of Federal Regulations，part 113.68（c）（2）［M］．Washington，DC：Government Printing Office．

8. 修订概述

第 04 版

• 变更题目和文件中所有的名称"巴氏杆菌"，以反映其名称已变更为"曼氏杆菌"。

• 更新细菌学实验室负责人。

• 更新和重写步骤 1～5 项，以便表述清楚。

第 03 版

• 更新步骤 2～6 项，以反映目前的实际操作。

第 02 版

本修订版资料主要用于阐述兽医生物制品中心现行的实际操作方法，并提供了额外的细节信息。虽然不对检验结果产生重大影响，但是对文件进行了以下修改：

• 文件编号由 STSAM0905 变更为 SAM905。

• 联系人由 Gerald Christianson 变更为 Sophia Campbell。

• 2.1　试验所需设备列表中删除了本生灯。

• 3.2　修订本部分，以反映目前的实际操作。

• 4　重写本部分，以便表述清楚。

• 4.8　增加使用一块接种无菌稀释液的平板作为阴性对照板。

• 4.9　增加 CFU/头份的计算方法。

• 附录增加培养基的保存条件。

附录 I   NCAH 培养基 ♯ 10423

胰酪大豆胨液体培养基（TSB）或大豆酪蛋白消化物培养基（SCDM）

胰酪大豆胨液体培养基   30g

QH$_2$O   1 000mL

121℃高压灭菌 20min。TSB 和 SCDM 是不同培养基公司生产的配方相同的培养基的两个名称。培养基可在 20～25℃保存不超过 3 个月。

附录 II   NCAH 培养基 ♯ 10210

含 5%绵羊血的胰酪大豆胨琼脂（TSA）

胰酪大豆胨琼脂   40.0g

QH$_2$O   950mL

混合并在 121℃高压灭菌 20min。置 56℃水浴中冷却。加入 50mL 去纤维蛋白的绵羊血。培养基可在 2～5℃保存不超过 3 个月。

（张　媛译，张一帜校）

SAM906.04

美国农业部兽医生物制品中心
检验方法

SAM 906　制品（活疫苗除外）无菌检验的补充检验方法

日　　期：2015 年 9 月 2 日

编　　号：SAM 906.04

替　　代：SAM 906.03，2012 年 6 月 27 日

标准要求：9CFR 113.26 部分

联 系 人：Sophia G. Campbell，(515) 337-7489

审　　批：/s/Larry R. Ludemann，　　　　　　　日期：2015 年 9 月 9 日

　　　　　Larry R. Ludemann，细菌学实验室负责人

　　　　　/s/Byron E. Rippke　　　　　　　　日期：2015 年 9 月 11 日

　　　　　Byron E. Rippke，兽医生物制品中心政策、评审与执照管理部门负责人

美国农业部动植物卫生监督署

P. O. Box 844

Ames，IA 50010

补充检验方法中提及的商标或专利产品不等同于该产品已获得了美国农业部的保证或担保，且它的批准也不意味着其可用于排除在外的其他可能适用的产品

由以下人员录入 CVB 质量管理体系：

/s/Linda. S. Snavely　　　　　　日期：2015 年 9 月 15 日

Linda. S. Snavely，质量管理计划助理

目　录

1. 引言

本补充检验方法（SAM）描述了按照联邦管理法规第9卷（9CFR）113.26部分规定对所有生物制品（活疫苗除外）中活的细菌和真菌进行检验的程序。如果存在外源病原，则可通过肉眼观察到培养基变浑浊。

2. 材料

2.1　设备/仪器

下列任何品牌的设备或仪器均可由具有相同功能的设备或仪器所替代。

2.1.1　30～35℃培养箱；

2.1.2　20～25℃培养箱；

2.1.3　层流式Ⅱ级生物安全柜（BSC）。

2.2　试剂/耗材

下列任何品牌的试剂或材料均可由具有相同功能的试剂或材料所替代。

2.2.1　枯草杆菌 *Bacillus subtilis*〔美国菌种保藏中心（ATCC）♯6633〕或现行《美国药典》（USP）规定的等效微生物；

2.2.2　东方伊萨酵母 *Issatchenkia orientalis*（原为克氏念珠菌，ATCC♯6258）或现行《美国药典》（USP）规定的等效微生物；

2.2.3　大豆酪蛋白消化物培养基（SCDM）或胰酪大豆胨液体培养基（TSB），NCAH培养基♯10423（见附录Ⅰ）；

2.2.4　硫乙醇酸盐流体培养基（FTM），NCAH培养基♯10135（见附录Ⅱ）；

2.2.5　含有牛肉提取物的硫乙醇酸盐流体培养基（FTM w/Bf），NCAH培养基♯10227（见附录Ⅲ）；

2.2.6　胰酪大豆胨琼脂（TSA），NCAH培养基♯10487（见附录Ⅳ）；

2.2.7　玻璃器皿，含有检验培养基的试管和烧瓶；

2.2.8　装在血清瓶中的无菌水；

2.2.9　实验室工作服、无菌袖套、手套；

2.2.10　70%酒精；

2.2.11　（4×4）英寸无菌纱布；

2.2.12　带有针头的无菌注射器；

2.2.13　Vacutainer®针头；

2.2.14　无菌移液管，独立包装。

3. 检验准备

3.1　人员资质/培训

操作人员必须对本方法进行过培训，或具有一定经验。其中包括生物实验室无菌操作技术和准备工作，以及生物制剂、试剂、组织培养样本和化学物质的正确使用和处理。操作人员还必须掌握安全操作程序和政策，并经过步骤2.1项所述实验室设备基本操作的培训。

3.2　设备/仪器的准备

3.2.1　按照生产商提供的使用说明操作所有的设备/仪器，并按照现行的标准操作程序（SOP）进行维护。

3.2.2　在工作周开始时就打开BSC，并在整个星期内保持其打开状态。

3.2.3　根据SOP监测培养箱、冰箱和冷却器的温度。

3.3　试剂/对照品的准备

3.3.1　按照生产商说明书准备枯草杆菌原培养物，并测定其菌落形成单位（CFU）的浓度。

3.3.2　按照生产商说明书准备东方伊萨酵母原培养物，并测定其CFU的浓度。

3.3.3　筛选防腐剂的稀释度（第11瓶阳性对照）：每批待检产品，每个培养温度额外接种一瓶培养基，每个样品接种0.1mL，含适宜的指示菌（见步骤2.2.1和2.2.2项）约为100CFU。此对照用于确定接种量和培养基的比例，确保产品被充分稀释，以符合9CFR113.25（d）部分消除产品抑制细菌和真菌生长的活性的规定。

3.3.4　每瓶培养基的最大装量：每瓶培养基的最大装量是500mL，超过此体积在高压灭菌时是很危险的。当体积大于500mL时，平均分成2瓶进行检验，而相应的接种体积也要均分。

3.3.5　技术对照：取检验期间所用的每种培养基各5瓶，分别接种配套提供的血清瓶中的无菌水1.0mL。使用与待检生物制品相同批次的水和注射器。技术对照检验瓶与待检批次的检验瓶一起在每种培养温度下培养14d。

3.3.6　培养基对照：按照9CFR113.25（c）部分规定，取检验期间所用的每种培养基各5瓶，不接种培养，以证明该批培养基的无菌性。将这些具有代表性的检验瓶在每种温度下培养14d。

3.4　样品的准备

3.4.1　根据生产大纲（OP）第ⅤA部分规定测定终产品的剂型和/或等量分装到每个小瓶中的培养基的体积。根据对产品描述检验所用培养基的类型。这些信息编写在附录Ⅴ中。除另有规定外，每种温度培养条件下，基础细胞库（MCS）、原代细胞和动物源性原材料各用 40mL 培养基进行检验。应订购足够体积的培养基，以满足待检样品小瓶、阳性对照品、阴性对照和其他可能需要额外次培养小瓶中培养基的用量。

3.4.2 对于没有配备稀释液的产品，根据产品标签或企业 OP 指定的体积，订购分装在血清瓶中的无菌纯化水。

注意：大多数非活疫苗是液体状，仅偶尔需要复溶步骤。

3.4.3 终产品的无菌检验要求抽检 10 瓶最终样品；MCS、原代细胞和动物源性原材料的无菌检验要求抽检 20mL 样品。

4. 检验

4.1 穿着干净的实验室工作服或佩戴无菌袖套和手套进行无菌检验操作。

4.2 使用 BSC 进行检验前，立即用 70％酒精棉擦拭其内表面。

4.3 在 BSC 内放入检验所需材料〔注射器、针头、（4×4）英寸无菌纱布等〕、检验培养基和待检样品。

4.4 将纱布垫浸透 70％酒精，棉擦拭每个样品、稀释液和无菌水容器的顶部。

4.5 如果需要，用注射器和针头（或用 Vacutainer®针头）复溶每瓶待检样品。溶解时使用产品配套的稀释液或灭菌水。对于成品，将待检样品复溶至产品标签或 OP 第Ⅵ部分所述最小体积。

4.6 使用新的无菌注射器和针头从每瓶产品中取样。每瓶样品取 1.0mL，接种每种培养基瓶中（每个培养温度各接种 1 瓶）。如果一瓶产品的复溶体积小于 2.0mL，则取 1/2 样品体积接种到每个检验瓶中。对于 MCS、原代细胞和动物源性原材料，取 1.0mL 液体接种到各检验瓶中。接种样品至培养基瓶后，涡旋混匀各瓶。

4.7 每种类型培养基接种 1.0mL 产品至额外一瓶培养瓶，作为第 11 瓶，即阳性对照瓶（见步骤 3.3.3 项）。这些对照瓶所用的产品样品可从之前检验所使用的样品或之前使用过的第 11 瓶中获得。将第 11 瓶放在一旁，继续进行检验步骤。

注意：第 11 个检验瓶的操作不与 MCS、原代细胞和动物源性原材料一起进行。

4.8 当所有检验瓶接种完成后，再制备检验用阴性对照品（见步骤 3.3.5 和 3.3.6 项）。假如检验中每种培养基都设立了阴性对照，在同时检验

多种产品时，均可使用该套阴性对照。

4.9 当无菌检验检品部分接种完成后，在独立且隔离于无菌检验的洁净区内准备检验用阳性对照品微生物（见步骤 3.3.1 和 3.3.2 项）。每种产品所用指示菌的类型参见附录Ⅴ。

4.9.1 在按照步骤 4.7 项准备好的培养瓶中，接种约 100CFU 适宜的指示菌，涡旋容器，以混匀培养基中的指示菌。

4.9.2 在第 11 瓶接种完指示菌后，每种指示菌以适当体积接种一个 TSA 平板。对该平板进行计数，以确定加入检验瓶中活的指示菌的大约数目。

4.10 把接种后的检验瓶和相应的对照瓶放入适宜温度的培养箱中培养 14d。将接种指示菌的 TSA 平板也放入培养箱中培养至多 7d。

4.11 检验操作完成后，用 70％酒精擦拭 BSC 内部和工作台面。按照 SOP 处理生物样品和污染材料。

5. 检验瓶检查

5.1 在检验期间至少对所有检验瓶检查一次，看是否出现云雾状和混浊。菌苗、细菌-类毒素和梭菌类毒素，在第 7～11 天观察；MCS、原代细胞和动物源性原材料，在第 3～7 天观察；所有待检样品，在第 14 天观察。

5.2 为确定产生云雾状和浑浊是否由微生物生长所引起，对于混浊的培养基进行传代培养。无菌操作下从该检验瓶中取 1.0mL 混浊培养基接种到 20～25mL 新鲜检验培养基中。涡旋混匀培养基和接种物，并在适当温度下培养至少 3d。另外，将检验培养瓶传代物接种划线血琼脂平板和 TSA 平板各 2 个，在适宜的两个培养温度下各放 1 个平板培养 3d。

5.3 在第 14 天，将没有出现生长的小瓶判为阴性。

5.4 在 14d 内，若经传代培养确认有任何小瓶存在细菌或真菌生长，则判外源微生物生长阳性。

6. 检验结果说明

6.1 有效检验的标准

6.1.1 技术对照和培养基对照小瓶中应没有任何微生物生长。

6.1.2 对于测定防腐剂稀释度的最终产品的检验，含有指示菌的 TSA 平板上应有约 100 个 CFU/板菌落生长。

6.1.3 对于测定防腐剂稀释度的最终产品的检验，在第 11 个阳性对照瓶中必须观察到有指示菌的生长。

6.1.4 如果不满足此标准，则判该检验无效或未检验（NT）。如果没有理由怀疑该产品无菌检验不符合规定，则产品可以以 NT 为结果进行报告并予以放行。

6.2 如果在任何检验瓶中均未发现有微生物生长，则判该批产品符合规定（SAT）。

6.3 如果有任何检验瓶发现有微生物生长，且通过传代培养后确认，则可使用 20 个未开启的最终容器样品进行重检。

6.4 如果最终检验的任何检验管出现外源微生物生长，则判该批产品不符合规定（UNSAT）。

6.5 如果第 11 瓶阳性对照品没有微生物生长，则应延长 3 周，按照 9CFR113.25（d）规定对该批产品防腐剂稀释度进行研究后再报告检验结果（兽医生物制品中心通告 09-02，http：//www.aphis.usda.gov/animal _ health/vet _ biologics/publications/notice _ 09 _ 02.pdf）。如果此批无菌检验的 OP 中所列培养基的体积显示对 9CFR113.25（d）规定的检验有干扰作用，则此检验报告为 UNSAT，且该批产品的无菌检验报告为 NT。

7. 检验结果报告

按照 SOP 记录并报告检验结果。

8. 参考文献

Title 9，Code of Federal Regulations，parts 113.25 and 113.26［M］. Washington，DC：Government Printing Office.

Kurtzman C P，Robnett C J，Basehoar-Powers E，2008. Phylogenetic relationships among species of Pichia，Issatchenkia and Williopsis determined from multigene sequence analysis，and the proposal of Barnettozyma genera novel，Lindnera genera novel and Wickerhamomyces genera novel［J］. FEMS Yeast Res，8：939-954.

9. 修订概述

第 04 版

• 更新细菌学实验室负责人。

• 更新步骤 2.2、3.3 和 4 项。

• 删除附录 V（含 5％牛血的血琼脂培养基-NVSL 培养基♯10006）。

第 03 版

• 根据 CVB 通告 09-02 要求，修订了防腐剂的稀释度。

• 更新联系人信息。

• 更新步骤 3.3、3.4、3.5 和 3.6 项，以反映现行的操作方法。

• 8.3：增加说明名称由"克氏念珠菌"变更为"东方伊萨酵母"的参考文献。

• 附录：更新培养基保存的限定条件，以符合 9CFR113.25（b）规定。

第 02 版

本修订版资料主要用于阐述兽医生物制品中心现行的实际操作方法，并提供了额外的细节信息，具体变更如下：

• 联系人由 Gerald Christianson 变更为 Sophia Campbell 和 Amanda Byersdorfer。

• 2.1 检验所需的仪器设备列表中删除了本生灯（Bunsen burner）。

• 3.3.3 增加对第 11 瓶阳性对照品的描述。

• 3.3.4 增加检验所需培养基瓶的装量限制。增加当从高压锅中转移装量大于 500mL 的培养基瓶时的安全注意事项。

• 3.4.3 删除利用笔记本计算机磁盘的电脑程序计算每批待检产品在防腐剂稀释度检测时所需培养基的体积。

• 6.3 增加对第 11 瓶阳性对照品检验结果的说明，以及有关后续检验的信息。

• 本纲要中用 5％牛血平板和胰酪大豆胨琼脂平板替代血脑心浸液琼脂和 5％绵羊血胰酪大豆胨琼脂。

• 在附录中增加培养基的保存信息。

附录 I 胰酪大豆胨液体培养基（TSB）或大豆酪蛋白消化物培养基（SCDM）-（NCAH 培养基♯10423）

胰酪大豆胨液体培养基	30g
QH₂O	1 000mL

121℃高压灭菌 20min。在 20～25℃保存不超过 90d。

胰酪大豆胨液体培养基   30g

TSB 和 SCDM 为同种培养基。

附录Ⅱ 硫乙醇酸盐流体培养基（BBL）
（NCAH 培养基♯10135）

硫乙醇酸盐流体培养基   29.5g

QH_2O 1 000mL

混合并加热至沸腾。121℃高压灭菌20min，在20～25℃保存不超过90d。

附录Ⅲ 含有牛肉提取物的硫乙醇酸盐流体培养基
（NCAH 培养基♯10227）

含有牛肉提取物的硫乙醇酸盐流体培养基   29.5g

QH_2O 1 000mL

加热并加入：

0.5％牛肉提取物（DIFCO）   5g

煮沸并分装。121℃高压灭菌20min，在20～25℃保存不超过90d。

附录Ⅳ 胰酪大豆胨琼脂（TSA）或大豆酪蛋白消化琼脂（SCDA）
（NCAH 培养基♯10487）

胰酪大豆胨琼脂   40.0g

QH_2O 1 000mL

121℃高压灭菌20min，在2～7℃保存不超过90d。

附录Ⅴ 每类生物制品检验所需使用的培养基、培养温度和指示菌

产品种类	培养基/培养温度	指示菌
不含硫柳汞或梭菌成分的灭活产品	FTM30～35℃	枯草杆菌
	SCDM20～25℃	东方伊萨酵母
含硫柳汞但不含梭菌成分的灭活产品	FTM30～35℃	枯草杆菌
	FTM20～25℃	东方伊萨酵母
含梭菌成分但不含硫柳汞的灭活产品	FTM w/Bf30～35℃	气肿疽梭菌* 和枯草杆菌**
	SCDM20～25℃	东方伊萨酵母
含硫柳汞和梭菌成分的灭活产品	FTM w/Bf30～35℃	气肿疽梭菌* 和枯草杆菌**
	FTM20～25℃	东方伊萨酵母
不含硫柳汞的血浆袋	FTM30～35℃	枯草杆菌
	SCDM20～25℃	东方伊萨酵母
含硫柳汞的血浆袋	FTM30～35℃	枯草杆菌
	FTM20～25℃	东方伊萨酵母
不含硫柳汞的疾病产品	FTM30～35℃	枯草杆菌
	SCDM20～25℃	东方伊萨酵母
含硫柳汞的疾病产品	FTM30～35℃	枯草杆菌
	FTM20～25℃	东方伊萨酵母

注：* 按9CFR113.25（b）检验；* * 第11个检验瓶。

（魏财文译，张一帜校）

美国农业部兽医生物制品中心
检验方法

SAM 908　病毒活疫苗和基础种毒样品
无菌检验的补充检验方法

日　　期：2015 年 9 月 3 日

编　　号：SAM 908.05

替　　代：SAM 908.04，2013 年 11 月 13 日

标准要求：9CFR 113.27（a）和（c）部分

联 系 人：Sophia G. Campbell，(515) 337-7489

审　　批：/s/Larry R. Ludemann，　　　　　日期：2015 年 9 月 11 日

　　　　　Larry R. Ludemann，细菌学实验室负责人

　　　　　/s/Byron E. Rippke　　　　　　日期：2015 年 9 月 15 日

　　　　　Byron E. Rippke，兽医生物制品中心政策、评审与执照管理部门负责人

美国农业部动植物卫生监督署

P. O. Box 844

Ames，IA 50010

补充检验方法中提及的商标或专利产品不等同于该产品已获得了美国农业部的保证或担保，
且它的批准也不意味着其可用于排除在外的其他可能适用的产品

由以下人员录入 CVB 质量管理体系：

/s/Linda. S. Snavely　　　　　日期：2015 年 9 月 15 日

Linda. S. Snavely，质量管理计划助理

目　录

1. 引言

本补充检验方法（SAM）描述了按照联邦管理法规第 9 条（9CFR）113.27（a）和（c）部分规定对病毒活疫苗和基础种毒样品中活的细菌和真菌进行检验的程序。如果存在外源病原，则可通过肉眼观察到培养基变浑浊。

2. 材料

2.1　设备/仪器

下列任何品牌的设备或仪器均可由具有相同功能的设备或仪器所替代。

2.1.1　30～35℃培养箱；

2.1.2　20～25℃培养箱；

2.1.3　层流式Ⅱ级生物安全柜（BSC）。

2.2　试剂/耗材

下列任何品牌的试剂或材料均可由具有相同功能的试剂或材料所替代。

2.2.1　枯草杆菌 *Bacillus subtilis*〔美国菌种保藏中心（ATCC）♯6633〕或现行《美国药典》（USP）规定的等效微生物；

2.2.2　东方伊萨酵母 *Issatchenkia orientalis*（原为克氏念珠菌，ATCC♯6258）或现行《美国药典》（USP）规定的等效微生物；

2.2.3　大豆酪蛋白消化物培养基（SCDM）或胰酪大豆胨液体培养基（TSB），NCAH 培养基♯10423（见附录Ⅰ）；

2.2.4　胰酪大豆胨琼脂（TSA），NCAH 培养基♯10487（见附录Ⅱ）；

2.2.5　玻璃器皿，含有检验培养基的试管和烧瓶；

2.2.6　装在血清瓶中的无菌水；

2.2.7　实验室工作服、无菌袖套、手套；

2.2.8　70％酒精；

2.2.9　（4×4）英寸无菌纱布；

2.2.10　带有针头的无菌注射器；

2.2.11　Vacutainer ®针头；

2.2.12　无菌移液管，独立包装。

3. 检验准备

3.1　人员资质/培训

操作人员必须对本方法进行过培训，或具有一定经验。其中包括生物实验室无菌操作技术和准备工作，以及生物制剂、试剂和化学物质的正确使用和处理。操作人员还必须掌握安全操作程序和政策，并经过步骤 2.1 项所述实验室设备基本操作的培训。

3.2　设备/仪器的准备

3.2.1　按照生产商提供的使用说明操作所有的设备/仪器，并按照现行的标准操作程序（SOP）进行维护。

3.2.2　在工作周开始时就打开 BSC，并在整个星期内保持其打开状态。

3.2.3　根据 SOP 监测培养箱、冰箱和冷却器的温度。

3.3　试剂/对照品的准备

3.3.1　按照生产商说明书准备枯草杆菌原培养物，并测定其菌落形成单位（CFU）的浓度。

3.3.2　按照生产商说明书准备东方伊萨酵母原培养物，并测定其 CFU 的浓度。

3.3.3　筛选防腐剂的稀释度（第 11 瓶阳性对照）：每批待检产品，每个培养温度额外接种一瓶培养基，每个样品接种 0.1mL，含适宜的指示菌（见步骤 2.2.1 和 2.2.2 项）约为 100CFU。此对照用于确定接种量和培养基的比例，确保产品被充分稀释，以符合 9CFR113.25（d）部分消除产品抑制细菌和真菌生长的活性的规定。

3.3.4　每瓶培养基的最大装量：每瓶培养基的最大装量是 500mL，超过此体积在高压灭菌时是很危险的。当体积大于 500mL 时，平均分成 2 瓶进行检验，而相应的接种体积也要均分。

3.3.5　技术对照：取检验期间所用的每种培养基各 20 瓶，分别接种配套提供的血清瓶中的无菌水 0.5mL。使用与待检生物制品相同批次的水和注射器。技术对照检验瓶与待检批次的检验瓶一起在每种培养温度下培养 14d。

3.3.6　培养基对照：按照 9CFR113.25（c）部分规定，取检验期间所用的每种培养基各 20 瓶，不接种培养，以证明该批培养基的无菌性。将这些具有代表性的检验瓶在每种温度下培养 14d。

3.4　样品的准备

3.4.1　根据生产大纲（OP）第Ⅴ.A 部分规定测定终产品等量分装到每个小瓶中的培养基的体积。对基础种毒（MSV）样品的检验，最少用 120mL TSB 置于 30～35℃进行检验，至少用 40mL 的 TSB 置于 20～25℃进行检验。应订购足够体积的培养基，以满足待检样品小瓶、阳性对照品、阴性对照和其他可能需要额外次培养小瓶中培养基的用量。

3.4.2　对于没有配备稀释液的产品，根据产品标签或企业 OP 指定的体积，订购分装在血清瓶中的无菌纯化水。

3.4.3 终产品的无菌检验要求抽检10瓶最终样品，MSV的无菌检验要求抽检4.5mL样品。

4. 检验

4.1 穿着干净的实验室工作服或佩戴无菌袖套和手套进行无菌检验操作。

4.2 使用BSC进行检验之前，及在检验几个待检批次产品之间，用70%酒精棉擦拭其内表面。

4.3 在BSC内放入检验所需材料〔注射器、针头、（4×4）英寸无菌纱布等〕、检验培养基和待检样品。

4.4 将纱布垫浸透70%酒精，棉擦拭每个样品、稀释液和无菌水容器的顶部。

4.5 对病毒活疫苗，用注射器和针头（或用Vacutainer®针头）吸取灭菌水或配套的溶剂复溶冻干的待检样品，每批10瓶。用无菌水将大接种量的待检样品复溶至每30mL含1 000个使用剂量，或按照产品标签或OP规定进行复溶。如果需要，MSV用TSB（SCDM）复溶。

4.6 使用新的无菌注射器和针头从每瓶产品中取样。从每瓶复溶样品或解冻的冷冻液体样品中取0.2mL，接种每个检验管中（每个培养温度各接种1管）。取0.2mL复溶的或解冻的MSV接种到20个检验管中。接种样品至培养基后，涡旋混匀各管。

4.7 每种类型培养基接种0.2mL产品至额外一管培养管，作为第11管，即阳性对照品管（见步骤3.3.3项）。这些对照管所用的产品样品可从之前检验所使用的样品或之前使用过的第11管中获得。将第11管放在一旁，继续进行检验步骤。

注意：第11个检验管的操作不与MSV一起进行。

4.8 当所有检验管接种完成后，再制备检验用阴性对照品（见步骤3.3.5和3.3.6项）。在同时检验多种产品时，可使用一套阴性对照。

4.9 当无菌检验检品部分接种完成后，在独立且隔离于无菌检验的洁净区内准备检验用阳性对照品微生物（见步骤3.3.1和3.3.2项）。

4.9.1 在按照步骤4.7项准备好的培养管中，接种约100CFU适宜的指示菌，涡旋容器，以混匀培养基中的指示菌。

4.9.2 在第11管接种完指示菌后，每种指示菌以适当体积接种一个TSA平板。对该平板进行计数，以确定加入检验瓶中活的指示菌的大约

数目。

4.10 把接种后的检验管和相应的对照管放入适宜温度的培养箱中培养14d。将接种指示菌的TSA平板也放入培养箱中培养至多7d。

4.11 检验操作完成后，用70%酒精擦拭BSC内部和工作台面。按照SOP处理生物样品和污染材料。

5. 检验瓶检查

5.1 所有检验瓶在培养期间的第7~11天和第14天至少各检查一次，看是否出现云雾状和混浊。

5.1.1 为确定产生云雾状和浑浊是否由微生物生长所引起，取少量混浊的培养基进行革兰氏染色。

5.1.2 如果经革兰氏染色检验后仍不能确定瓶内是否有微生物生长，则通过无菌操作取1.0mL检验瓶内容物接种到40.0mL新鲜检验培养基中。涡旋混匀培养基和接种物，并培养至少3d。此外，将继代培养的检验瓶中的培养物划线接种2个血琼脂平板和TSA，进行分离培养。两种培养温度下各培养一个平板3d。

5.3 在第14天，将没有出现生长的小管判为阴性。

5.4 在14d内，若经革兰氏染色和/或传代培养确认有任何小管存在细菌或真菌生长，则判外源微生物生长阳性。

6. 检验结果说明

6.1 有效检验的标准

6.1.1 技术对照和培养基对照小瓶中应没有微生物生长。

6.1.2 对于测定防腐剂稀释度的最终产品的检验，含有指示菌的TSA平板上应有约100个CFU/板菌落生长。

6.1.3 对于测定防腐剂稀释度的最终产品的检验，在第11个阳性对照瓶中必须观察到有指示菌的生长。

6.1.4 如果不满足此标准，则判该检验无效或未检验（NT）。如果没有理由怀疑该产品无菌检验不符合规定，则产品可以以NT为结果进行报告并予以放行。

6.2 对于终产品

6.2.1 如果首次检验的20个检验管中有2管或3管出现外源微生物生长，则可用20个未开启的最终容器样品重检一次。

6.2.2　如果首次检验的 20 个检验管中有至少 19 管没有外源微生物生长，或重检的 40 个检验管中有至少 39 管没有外源微生物生长，则判该批产品符合规定（SAT）。

6.2.3　如果首次检验的 20 个检验管中有 4 管以上有外源微生物生长，或重检的 40 个检验管中有至少 2 管以上有外源物质生长，则判该批产品不符合规定（UNSAT）。

6.2.4　如果第 11 瓶阳性对照品没有微生物生长，则应延长 3 周，按照 9CFR113.25（d）规定对该批产品防腐剂稀释度进行研究后再报告检验结果（兽医生物制品中心通告 09-02，http：//www.aphis.usda.gov/animal_health/vet_biologics/publications/notice_09_02.pdf）。如果此批无菌检验的 OP 中所列培养基的体积显示对 9CFR113.25（d）规定的检验有干扰作用，则此检验报告为 UNSAT，且该批产品的无菌检验报告为 NT。

6.3　对于 MSV

6.3.1　如果在首次检验中有任何检验管观察到有外源微生物生长，则可用新的 MSV 重检一次。

6.3.2　如果最终检验的任何检验管出现外源微生物生长，则判该批 MSV 为 UNSAT。

7. 检验结果报告

按照 SOP 记录并报告检验结果。

8. 参考文献

Title 9，Code of Federal Regulations，parts 113.25 and 113.27〔M〕. Washington，DC：Government Printing Office.

Kurtzman C P，Robnett C J，Basehoar-Powers E，2008. Phylogenetic relationships among species of Pichia，Issatchenkia and Williopsis determined from multigene sequence analysis，and the proposal of Barnettozyma genera novel，Lindnera genera novel and Wickerhamomyces genera novel〔J〕. FEMS Yeast Res，8：939-954.

9. 修订概述

第 05 版

• 更新细菌学实验室负责人。

• 更新步骤 2.2、3.3 和 4 项。

• 删除附录Ⅲ（含 5％牛血的血琼脂培养基-NVSL 培养基＃10006）。

第 04 版

• 在步骤 6.2 项中明确了检验结果说明。

第 03 版

• 根据 CVB 通告 09-02 要求，修订了防腐剂的稀释度。

• 更新联系人信息。

• 更新步骤 3、4、5 和 6 项，以反映现行的操作方法。

• 8.3：增加说明名称由"克氏念珠菌"变更为"东方伊萨酵母"的参考文献。

• 附录：更新培养基保存的限定条件，以符合 9CFR113.25（b）规定。

第 02 版

本修订版资料主要用于阐述兽医生物制品中心现行的实际操作方法，并提供了额外的细节信息，具体变更如下：

• 联系人由 Dolores Strum 变更为 Sophia Campbell。

• 2.1　检验所需的仪器设备列表中删除了本生灯（Bunsen burner）。

• 3.3.3　增加对第 11 管阳性对照品的描述。

• 3.3.6　增加检验所需培养基瓶的装量限制。增加当从高压锅中转移装量大于 500mL 的培养基瓶时的安全注意事项。

• 3.4.3　删除了每批检品检验使用 Lotus Approach 97 确定每批待检产品在防腐剂稀释度检测时所需培养基的体积。

• 4.1　删除了采用 Clean-Pal 或等效物吸取 0.05％Germ Warfare 消毒待检生物制品的小瓶的方法。

• 4.8　由"冻干瓶"的"溶解"替代"干燥瓶"的"脱水"。

• 5.1　重写本部分，说明选择继代培养管是根据技术员的经验选取的，而不是随机选取的。

• 5.4　增加对第 11 瓶阳性对照品检验结果的说明，以及有关后续检验的信息。

• 5.6　增加有关污染物标签的额外信息。

• 在附录中增加培养基的保存信息。

第 01 版

本文件所含信息为之前有效的一个方法（STPRO0270.01，1996 年 9 月 9 日）。重写此文件，以符合当前 NVSL/CVB 的 QA 要求，并说明目前 CVB-L 所用的实际操作，同时提供了其他的详细信息。与之前的方法相比较，没有显著变化。

附录 I 胰酪大豆胨液体培养基（TSB）或大豆酪蛋白消化物培养基（SCDM）-NCAH 培养基♯10423

胰酪大豆胨液体培养基	30g
QH$_2$O	1 000mL

121℃高压灭菌 20min。在 20～25℃保存不超过 90d。

注意：TSB 和 SCDM 为同种培养基。

附录 II 胰酪大豆胨琼脂（TSA）或大豆酪蛋白消化琼脂（SCDA）-NCAH 培养基♯10487

胰酪大豆胨琼脂	40.0g
QH$_2$O	1 000mL

121℃高压灭菌 20min，在 2～7℃保存不超过 90d。

（魏财文译，张一帜校）

美国农业部兽医生物制品中心
检验方法

SAM 909　非注射用鸡胚源病毒活疫苗 无菌检验的补充检验方法

日　　期：2015 年 11 月 20 日

编　　号：SAM 909. 04

替　　代：SAM 909. 03，2013 年 3 月 29 日

标准要求：9CFR 113. 27（e）部分

联 系 人：Sophia G. Campbell，(515) 337-7489

审　　批：/s/Larry R. Ludemann，　　　　　　日期：2015 年 11 月 24 日

　　　　　Larry R. Ludemann，细菌学实验室负责人

　　　　　/s/Byron E. Rippke　　　　　　　　日期：2015 年 11 月 30 日

　　　　　Byron E. Rippke，兽医生物制品中心政策、评审与执照管理部门负责人

美国农业部动植物卫生监督署

P. O. Box 844

Ames，IA 50010

由以下人员录入 CVB 质量管理体系：

/s/Linda. S. Snavely　　　　　　日期：2015 年 12 月 1 日

Linda. S. Snavely，质量管理计划助理

目　录

1. 引言

本补充检验方法（SAM）描述了按照联邦管理法规第 9 卷（9CFR）113.27（e）部分规定，对非注射用鸡胚源病毒活疫苗样品中活的细菌和真菌进行检验的程序。本检验方法使用脑心浸液琼脂（BHIA）检查污染细菌和真菌的菌落形成单位（CFU）。

2. 材料

2.1 设备/仪器

下列任何品牌的设备或仪器均可由具有相同功能的设备或仪器所替代。

2.1.1　30～35℃培养箱；

2.1.2　20～25℃培养箱；

2.1.3　层流式Ⅱ级生物安全柜（BSC）；

2.1.4　实验室 Armor ® 珠浴锅（设置为 55～60℃）。

2.2 试剂/耗材

下列任何品牌的试剂或材料均可由具有相同功能的试剂或材料所替代。

2.2.1　枯草杆菌 *Bacillus subtilis*（美国菌种保藏中心（ATCC）♯6633）或现行《美国药典》（USP）规定的等效微生物；

2.2.2　东方伊萨酵母 *Issatchenkia orientalis*（原为克氏念珠菌，ATCC♯6258）或现行《美国药典》（USP）规定的等效微生物；

2.2.3　脑心浸液琼脂（BHIA）〔国家动物卫生中心（NCAH）培养基♯10204，见附录Ⅰ〕；

2.2.4　装在血清瓶中的无菌水（见附录Ⅱ）；

2.2.5　青霉素酶浓缩液，10 000 000 单位/mL（BBL 货号211898）；

2.2.6　培养皿，（100×15）mm 或（150×15）mm；

2.2.7　玻璃制品，带螺帽的用于装检验培养基的 500mL 无菌烧瓶；

2.2.8　实验室工作服、无菌袖套、手套；

2.2.9　70%酒精；

2.2.10　（4×4）英寸无菌纱布；

2.2.11　带有针头的无菌注射器；

2.2.12　Vacutainer ®针头；

2.2.13　无菌移液管，独立包装。

3. 检验准备

3.1 人员资质/培训

操作人员必须对本方法进行过培训，或具有一定经验。其中包括生物实验室无菌操作技术和准备工作，以及生物制剂、试剂、组织培养样本和化学物质的正确使用和处理。操作人员还必须掌握安全操作程序和政策，并经过步骤 2.1 项所述实验室设备基本操作的培训。

3.2 设备/仪器的准备

3.2.1　按照生产商提供的使用说明操作所有的设备/仪器，并按照现行的标准操作程序（SOP）进行维护。

3.2.2　在工作周开始时就打开 BSC，并在整个星期内保持其打开状态。

3.2.3　在使用前至少一天打开珠浴锅，以平衡温度。

3.2.4　根据 SOP 监测培养箱、冰箱、冷却器和珠浴锅的温度。

3.3 试剂/对照品的准备

3.3.1　按照生产商说明书准备枯草杆菌原培养物，并测定其菌落形成单位（CFU）的浓度。对每批检验，在 2 个培养皿中接种含有约 100CFU 的枯草杆菌，作为阳性对照。此对照用于确认有足够的活菌加至第 11 个培养皿阳性对照中。

注意：将接种枯草杆菌的培养板置 30～35℃培养 7d。

3.3.2　按照生产商说明书准备东方伊萨酵母原培养物，并测定其 CFU 的浓度。对每批检验，在 2 个培养皿中接种含有约 100CFU 的东方伊萨酵母，作为阳性对照。此对照用于确认有足够的活菌加至第 11 个培养皿阳性对照中。

注意：将接种东方伊萨酵母的培养板置 20～25℃培养 14d。

3.3.3　筛选防腐剂的稀释度（第 11 个培养皿阳性对照）

每批待检产品，每个培养温度额外接种 4 个培养皿，每个样品接种适宜体积的，约含 100CFU 的适宜指示菌（见步骤 2.2.1 和 2.2.2 项）。此对照用于确定接种量和培养基的比例，确保产品被充分稀释，以符合 9CFR113.25（d）部分消除产品抑制细菌和真菌生长的活性的规定。

3.3.4　每瓶培养基的最大装量

每个培养皿的最大装量是 125mL。当体积大于 125mL 时，平均分成 2 个或多个培养皿进行检验，而相应的接种体积也要均分。

3.3.5　阴性/技术对照

取检验期间所用的每种稀释液（包括水），各接种 2 个培养皿，0.2mL/个。若检验期间不使用稀释液，则用血清瓶中的无菌水接种。使用与样品检验所用相同的稀释液和/或无菌水及注射器。将技术对照平板与该批检验平板一起培养，每个培养温度下各培养1个平板。

3.3.6 培养基对照

在每次检验时，取20～25mL补充BHIA铺2个平板。按照9CFR113.25（c）部分规定，此对照用于证明该批培养基无菌。取1∶100稀释的青霉素酶（见步骤3.4.4项）接种2个培养皿，0.2mL/个。每批检验品设置一个上述对照平板，并在每个培养温度下设置2个平板。

3.4 样品的准备

3.4.1 根据生产大纲（OP）确定每批检品所需BHIA培养基体积。订购足够量的BHIA培养基以满足待检样品、阳性对照品和阴性对照的需求。

3.4.2 对于没有配备稀释液的产品，根据产品的剂量，订购分装在血清瓶中的无菌纯化水（见附录Ⅱ）。

3.4.3 准备BHIA培养基：在检验开始当天，将BHIA培养基置高压灭菌锅，100℃融化30min。将融化的培养基瓶放置在珠浴锅中。待琼脂冷却至最少60℃时开始检验，此时珠浴锅温度约为60℃。

3.4.4 开始检验前，立即通过在99.0mL无菌水中加入1.0mL青霉素酶浓缩液（见步骤2.2.5项）配制100 000单位/mL青霉素酶工作液。在BHIA培养基临用前，加入适量体积的青霉素酶工作液，使终浓度为500IU青霉素酶/mL。

3.4.5 无菌检验需要抽检10瓶最终样品。

3.4.6 标记好相应的检验容器。

4. 检验

4.1 穿着干净的实验室工作服或佩戴无菌袖套和手套进行无菌检验操作。

4.2 临使用BSC进行检验前及每批检验之间，立即用70%酒精棉擦拭其内表面。

4.3 在BSC内放入检验所需材料〔注射器、针头、（4×4）英寸无菌纱布等〕和待检样品。

4.4 将纱布垫浸透70%酒精，擦拭每个样品和稀释液容器的顶部。

4.5 使用注射器和针头或Vacutainer©针头，按照附录Ⅱ规定的体积，用水或产品配套的稀释液复溶每瓶冻干样品。在室温或按照OP规定溶解冷冻样品。

4.6 用新的注射器和针头从每个容器中吸取样品。分配适当的接种物，如附录Ⅱ所述，每瓶检品接种2个培养皿（每个培养温度放置1个培养皿）。

注意：样品接种体积根据单位稀释液中样品的羽份数确定，每个培养皿中需接种10羽份。接种的体积允许在0.1～0.3mL之内浮动。接种体积大于0.3mL时，可能会导致琼脂过软而无法正常放置，因此，可分到其他培养皿中培养。

4.7 每批检品需按照OP规定将适当体积的补充BHIA培养基分装到20个培养皿中。在BSC中轻柔晃动以混合，然后冷却。当琼脂凝固后，翻转培养皿，并放置在适当的培养箱中。

4.8 重复步骤4.3～4.7项，进行其他批次生物制品的检验。

4.9 当检验完所有待检样品后，进行阴性/技术/培养基对照组的检验（见步骤3.3.5和3.3.6项）。将检验中所用到各种稀释液作为阴性对照进行检验，或者在检验中没有使用稀释液的情况下，仅用无菌水设为阴性对照进行检验。在每个阴性对照板中倒入约20～25mL BHIA。在BSC中轻柔晃动以混合，然后冷却。当琼脂凝固后，翻转培养皿，并放置在适当的培养箱中。

4.10 当无菌检验检品部分接种完成后，在独立且隔离于无菌检验的洁净区内准备检验用阳性对照品微生物（见步骤3.3.1、3.3.2和3.3.3项）。

4.10.1 另取4个平板，用于接种第11个培养皿阳性对照品（见步骤3.3.3项）。

4.10.2 第11个培养皿阳性对照品的接种，应当从每批第10瓶产品中取出。如果该瓶剩余复溶或融化样品的体积少于等于0.5mL，则取第11瓶产品中的样品接种。

4.10.3 按照OP规定的体积将补充BHIA培养基分别加至每个第11个培养皿中。在BSC中轻柔晃动以混合，然后冷却。当琼脂凝固后，翻转培养皿，并放置在适当的培养箱中。

4.10.4 检验中，每种指示菌接种2个额外培养皿作为阳性对照品，每个平皿接种大约100CFU（见步骤3.3.1和3.3.2项）。每个培养皿中倒入20～25mL补充BHIA培养基。在BSC中轻柔晃动以混合，然后冷却。当琼脂凝固后，翻转培养皿，并放置在适当的培养箱中。

4.11 用70%酒精擦拭BSC内部和工作台面。按照SOP处理生物样品和污染的材料。

4.12 对在30～35℃培养箱中放置的平板培

养 7d，对在 20～25℃ 培养箱中放置的平板培养 14d。

4.13　在第 7 天，对 30～35℃ 培养箱中的平板进行计数；在检验工作记录表上记录计数的结果。

4.13.1　每批产品，仅计算 10 个样品平板的平均 CFU。

4.13.2　每批产品，计算 2 个第 11 个培养皿的平均 CFU。

4.13.3　计算 2 个接种枯草杆菌阳性对照品平板的平均 CFU。

4.13.4　涂片，并对观察到的所有类型的菌落进行革兰氏染色，在检验工作记录表上记录观察的结果。

4.14　在第 14 天，对 20～25℃ 培养箱中的平板进行计数；在检验工作记录表上记录计数的结果。

4.14.1　每批产品，仅计算 10 个样品平板的平均 CFU。

4.14.2　每批产品，计算 2 个第 11 个培养皿的平均 CFU。

4.14.3　计算 2 个接种东方伊萨酵母阳性对照品平板的平均 CFU。

4.14.4　涂片，并对观察到的所有类型的菌落进行革兰氏染色，在检验工作记录表上记录观察的结果。

4.15　在检验的最后一天，计算每批检品每羽份的 CFU（CFU/D），将每个温度下的平均 CFU 除以 10 羽份（每个平板接种 10 羽份）。以 CFU/D 记录每个培养温度的结果。

5. 检验结果说明

5.1　有效检验的标准

5.1.1　阴性/技术对照和培养基对照必须没有任何微生物生长。

5.1.2　每种指示菌的阳性对照平板上的平均计数必须约为 100 个 CFU。

5.1.3　对于筛选防腐剂的稀释度的最终产品（第 11 个培养皿阳性对照），每个指示菌和产品的共同培养物的平均菌落数与相关阳性对照平均菌落数的差异必须在 20% 以内。

5.1.4　如果不符合此标准，则判该检验无效或未检验（NT）。如果没有理由怀疑该产品无菌检验不符合规定，则产品可以以 NT 为结果进行报告并予以放行（按照步骤 5.6 项进行进一步的确认）。

5.2　如果在两个温度下的平均 CFU/D 均≤1，则判该批产品符合规定（SAT）。

5.3　如果在任何一个温度下的平均 CFU/D 大于 1，则需使用 20 个未开封的检品进行重检。如果不进行重检，则判该批或该亚批产品不符合规定（UNSAT）。

5.3.1　当收到额外用于 RT 的样品时，确定稀释液批次是否与首次检验相同（如果适用）。如果稀释液批次相匹配，则按照 9CFR113.26 部分规定稀释并进行无菌检验。可使用无菌水进行产品的重检。

5.3.2　如果无产品配套的稀释液或与首次检验所用的批次不同，则弃去产品所配稀释液，用无菌水进行 RT。

5.4　如果重检中两个温度下的平均 CFU/D 均小于等于 1，则判该批产品 SAT。

5.5　如果重检中任何一个温度下的平均 CFU/D 大于 1，则判该批产品 UNSAT。

5.6　如果两个温度下的平均 CFU/D 均 SAT，但是第 11 个培养皿阳性对照指示菌生长的平均 CFU 与相应的阳性对照相比小于 20%，则应延长 3 周，按照 9CFR113.25（d）规定对该批产品防腐剂稀释度进行研究后再报告检验结果（兽医生物制品中心通告 09-25，http：//www.aphis.usda.gov/animal_health/vet_biologics/publications/notice_09_25.pdf）。如果该批无菌检验的 OP 中所列培养基的体积显示对 9CFR113.25（d）规定的检验有干扰作用，则此检验报告为不符合规定（UNSAT），且该批产品的无菌检验报告为未检验（NT）。

6. 检验结果报告

按照 SOP 记录并报告检验结果。

7. 参考文献

Title 9，Code of Federal Regulations，part 113.27（e）［M］. Washington，DC：Government Printing Office.

Kurtzman C P，Robnett C J，Basehoar-Powers E，2008. Phylogenetic relationships among species of Pichia，Issatchenkia and Williopsis determined from multigene sequence analysis，and the proposal of Barnettozyma genera novel，Lindnera genera novel and Wickerhamomyces genera novel［J］. FEMS Yeast Res，8：939-954.

8. 修订概述

第 04 版

• 更新细菌学实验室负责人。

• 更新步骤 3.3、4 和 5.1 项。

第 03 版

• 更新步骤 1～5 项，以反映现行的操作方法。

• 7.3 增加说明名称由"克氏念珠菌"变更为"东方伊萨酵母"的参考文献。

第 02 版

本修订版资料主要用于阐述兽医生物制品中心现行的实际操作方法，并提供了额外的细节信息。虽然不对检验结果产生重大影响，但是对文件进行了以下修改：

• 文件编号由 STSAM0909 变更为 SAM909。

• 联系人由 Gerald Christianson 变更为 Sophia Campbell。

• 2.1 检验所需的仪器设备列表中删除了本生灯（Bunsen burner）。

• 2.1.4 增加 60℃ 培养箱作为水浴锅的替代品。

• 2.2 检验所需的试剂/耗材列表中删除了消毒剂。

• 3.3.2 增加本部分，对第 11 容器的阳性对照进行描述。这是一个重大变化，在步骤 5.5 项进行说明。

• 3.3.7 增加本部分，以便说明环境对照。

• 3.3.8 增加本部分，以便明确本检验所需的培养基的装量限制。

• 5.5 增加本部分，以说明如何判定第 11 个容器的阳性对照的结果。此为 CVB 颁布的通告 09-02 中的一个显著变化。

• 附录Ⅰ：增加培养基的保存条件。

• 附录Ⅱ：增加了冻结样品所需稀释液的量/羽份和接种量/平板。

附录

附录Ⅰ 脑心浸液琼脂培养基（BHIA）
——NCAH 培养基♯10204

脑心浸液琼脂	52g
QH_2O	1 000mL

121℃高压灭菌 20min。培养基可在 2～5℃ 保存不超过 3 个月。

附录Ⅱ 稀释液的量/羽份和接种量/平板

稀释液的量	羽份数	接种量/平板
2mL	100	0.2mL
5mL	500	0.1mL
10mL	500	0.2mL
10mL	1 000	0.1mL
15mL	500	0.3mL
30mL	1 000	0.3mL
50mL	5 000	0.1mL
60mL	2 000	0.3mL
75mL	2 500	0.3mL
100mL	10 000	0.1mL
200mL	20 000	0.2mL
250mL	25 000	0.1mL
300mL	10 000	0.3mL
80mL	8 000	0.1mL
150mL	15 000	0.1mL
100mL	10 000（冻结）	0.2mL

（魏财文译，张一帜校）

美国农业部兽医生物制品中心
检验方法

SAM 910　支原体污染检测的补充检验方法

日　　期：2017 年 2 月 16 日

编　　号：SAM 910.04

替　　代：SAM 910.03，2014 年 1 月 29 日

标准要求：9CFR 113.28 部分

联 系 人：Sophia G. Campbell，（515）337-7489

审　　批：/s/ Larry R. Ludemann　　　　　日期：2017 年 3 月 6 日

　　　　　Larry R. Ludemann，细菌学实验室负责人

　　　　　/s/Paul Hauer　　　　　　　　　日期：2017 年 3 月 6 日

　　　　　Paul Hauer，兽医生物制品中心政策、评审与执照管理部门负责人

美国农业部动植物卫生监督署

P. O. Box 844

Ames，IA 50010

补充检验方法中提及的商标或专利产品不等同于该产品已获得了美国农业部的保证或担保，
且它的批准也不意味着其可用于排除在外的其他可能适用的产品

由以下人员录入 CVB 质量管理体系：

/s/Linda. S. Snavely　　　　　日期：2017 年 3 月 7 日

Linda. S. Snavely，质量管理计划助理

目　录

1. 引言

本补充检验方法（SAM）描述了按照联邦管理法规第9条（9CFR）113.28部分规定对活的病毒产品、基础细胞库和基础种毒进行支原体污染检验的程序。如果存在支原体污染，则在立体显微镜下可观察到在琼脂上形成的菌落。

2. 材料

2.1 设备/仪器

下列任何品牌的设备或仪器均可由具有相同功能的设备或仪器所替代。

2.1.1 层流式Ⅱ级生物安全柜（BSC）；

2.1.2 解剖立体显微镜（35～100）×放大；

2.1.3 用于琼脂平板培养的33～37℃培养箱（加湿的4%～6%CO_2）；

2.1.4 用于肉汤和厌氧罐培养的33～37℃培养箱；

2.1.5 厌氧罐系统（Oxiod厌氧3.5L培养罐系统和配件）；

2.1.6 真空泵（Gast Manufacturing公司）；

2.1.7 配有24英寸橡胶管的空气调节阀；

2.1.8 压缩气体调节器；

2.1.9 涡旋混合器。

2.2 试剂/耗材

下列任何品牌的试剂或材料均可由具有相同功能的试剂或材料所替代。

2.2.1 支原体肉汤（TB）[国家动物卫生中心（NCAH）培养基♯10162，附录Ⅰ]；

2.2.2 支原体琼脂[国家动物卫生中心（NCAH）培养基♯10167，附录Ⅱ]；

2.2.3 DPN/L半胱氨酸[国家动物卫生中心（NCAH）培养基♯30039，附录Ⅲ]；

2.2.4 猪鼻支原体（ATCC♯17981）；

2.2.5 莱氏衣原体（ATCC♯23206）；

2.2.6 压缩厌氧气体混合物（5%CO_2和95%N_2）；

2.2.7 70%酒精；

2.2.8 1%Virkon消毒剂溶液；

2.2.9 无菌水；

2.2.10 实验室工作服和手套；

2.2.11 （4×4）英寸无菌纱布垫；

2.2.12 无菌注射器和针头；

2.2.13 无菌血清学移液管，各种大小；

2.2.14 移液管助吸器。

3. 检验准备

3.1 人员资质/培训

操作人员必须对本方法进行过培训，或具有一定经验。其中包括生物实验室无菌操作技术和准备工作，以及生物制剂、试剂、组织培养样本和化学物质的正确使用和处理。操作人员还必须掌握安全操作程序和政策，并经过步骤2.1项所述实验室设备基本操作的培训。

3.2 设备/仪器的准备

3.2.1 按照生产商提供的使用说明操作所有的设备/仪器，并按照现行的标准操作程序（SOP）进行维护。

3.2.2 在检验开始前30min打开BSC。

3.2.3 根据SOP监测培养箱、冰箱和冷却器的温度。

3.3 试剂/对照品的准备

按照9CFR113.28（d）（4）部分规定，用猪鼻支原体和莱氏衣原体作为指示菌，检测支原体肉汤和琼脂的促生长能力。本检验程序用猪鼻支原体作为阳性对照。

注意：最好在操作完待检样品和阴性对照品之后再进行阳性对照品的操作处理，以防出现样品污染。如条件不允许，则应在开始步骤4项前彻底消毒BSC。

3.3.1 在BSC中解冻猪鼻支原体和莱氏衣原体原培养物各1瓶。根据试剂资料清单用支原体肉汤复溶原培养物。临用前立刻涡旋振荡完全混匀原培养物。

3.3.2 根据试剂资料清单的说明准备指示菌的工作液。涡旋振荡完全混匀稀释液。准备足够体积的每种指示菌的工作液（即，每种工作液准备9～20mL）。

3.3.3 检验肉汤的促生长能力

3.3.3.1 接种10支含有9mL支原体肉汤的试管，使每1mL稀释液中含有10CFU莱氏衣原体。

3.3.3.2 接种10支含有9mL支原体肉汤的试管，使每1mL稀释液中含有100CFU莱氏衣原体。

3.3.3.3 在33～37℃培养箱中培养10d。

3.3.3.4 在检验的第10天，如果在容器底部出现深色的沉淀物，则判待检容器的生长为阳性。记录每个稀释度10支试管中阳性生长的数量。

3.3.4 检验琼脂的促生长能力，并对猪鼻支原体工作液的浓度进行验证。

3.3.4.1　接种 4 个琼脂平板，每板接种猪鼻支原体稀释液（含 10CFU/mL）0.1mL。

3.3.4.2　接种 4 个琼脂平板，每板接种猪鼻支原体稀释液（含 100CFU/mL）0.1mL。

3.3.4.3　将平板倾斜转动，使接种物在表面流动散开。用移液管在平板上作短而连续的"Z"字形划线。每个稀释度取 2 个平板在厌氧条件下（见附录Ⅳ）培养，另 2 个平板在加湿的 4%～6% CO_2 培养箱中培养。

3.3.4.4　培养 10～14d 后，检查琼脂平板。

3.4　样品的准备

3.4.1　订购检验所需的足够量的支原体肉汤和琼脂。

3.4.2　参考对于每个样品的特别检验说明的生产大纲（OP）。

3.4.3　培养基检验小瓶和琼脂平板所用编号与检验样品和对照所用编号要一致。

4. 检验

4.1　穿上支原体检验专用工作服和手套。

4.2　在放入供试品、仪器、样品、对照培养物和培养基前，用 70% 酒精棉擦拭 BSC 内表面。

4.3　在每个用于检验的支原体肉汤培养瓶中无菌添加 2mL DPN/L 半胱氨酸。

4.4　临检验前解冻冷冻产品。在打开样品容器后，立刻在 BSC 中用浸渍了 70% 酒精的（4×4）英寸纱布垫消毒样品小瓶和安瓿表面。根据 OP 用支原体肉汤复溶冻干样品。对于饮水免疫的禽苗，每 1 000 羽份用 30mL 支原体肉汤稀释，或者按照 OP 说明进行稀释。

4.5　完全混合样品后，取 1mL 样品加入含 100mL 补充支原体肉汤的培养瓶中。盖好瓶盖，并摇晃彻底混匀培养物。

4.6　接种 2 个琼脂平板，每个平板各接种 0.1mL。将平板倾斜转动，使接种物在表面流动散开。用移液管在平板上作短而连续的"Z"字形划线。每个稀释度取 2 个平板在厌氧条件下培养，另 2 个平板在加湿的 4%～6% CO_2 培养箱中培养。将平板放在密闭的、垂直换气的 BSC 中，直至接种物被吸收。

4.7　重复步骤 4.4～4.6 项，对剩余的样品进行检验。

4.8　检验中对照瓶的准备

4.8.1　对于阴性对照，培养一瓶含 100mL 未接种的支原体肉汤（补充添加了 DPN/L 半胱氨酸）的培养瓶。在检验开始时，为了验证所用补充肉汤的纯粹性，取未接种的补充肉汤接种 2 个琼脂平板，每板接种 0.1mL。将平板倾斜转动，使接种物在表面流动散开。用移液管在平板上作短而连续的"Z"字形划线。将平板放在密闭的、垂直换气的 BSC 中，直至接种物被吸收。

4.8.2　对于阳性对照，取 1mL 猪鼻支原体稀释液（100CFU/mL）接种一瓶含有 100mL 支原体肉汤（补充添加了 DPN/L 半胱氨酸）的培养瓶。

4.9　检验培养基的培养

4.9.1　将检验中所有的培养瓶置 33～37℃ 培养箱中培养 14d。

4.9.2　将一半琼脂平板盖好倒置于加湿的 4%～6% CO_2 培养箱中培养 10～14d。

4.9.3　将另一半琼脂平板倒置于厌氧罐中，按照附录Ⅳ所述方法处理，并置 33～37℃ 培养箱中培养 10～14d。

4.10　在接种后第 3、7、10 和 14 天继代培养肉汤培养物。

4.10.1　按照下列顺序操作培养物，以防止交叉污染：阴性对照、待检样品和阴性对照。

4.10.2　加入培养物后，立即涡旋摇晃每瓶肉汤彻底混匀。

4.10.3　取培养物接种 2 个琼脂平板，每板接种 0.1mL。将平板倾斜转动，使接种物在表面流动散开。用移液管在平板上作短而连续的"Z"字形划线。将平板放在密闭的、垂直换气的 BSC 中，直至接种物被吸收。

4.10.4　按步骤 4.9 项培养培养基。

4.11　在接种后第 10～14 天，用 35～100 倍立体显微镜检查琼脂平板上是否出现支原体菌落。

4.12　在每次检验结束后，用 70% 酒精消毒 BSC 内部和台面。按照 SOP 要求处理生物样品和任何剩余的培养基。

5. 检验结果说明

5.1　如果在任何阳性对照品平板上出现支原体菌落生长，且在任何阴性对照平板上未出现支原体菌落生长，则检验有效。

5.2　如果在任何一个待检样品检验平板上均未出现支原体菌落生长，则判该样品支原体污染为阴性，结果符合规定（SAT）。

5.3　如果在任何一个待检样品检验平板上出现支原体菌落生长，则判该批样品支原体污染为阳性，结果不符合规定（UNSAT）。

5.4　如果在检验中任何时间、任何待检样品平板上出现霉菌或细菌生长，则不能排除样品被污染的嫌疑，需要根据适用的 SAM 进行无菌检验。这需要延期 3 周再报告该批检品的检验结果。如果无菌检验证实该批检品出现污染，在兽医生物制品中心（CVB）将报告该批检品的支原体检验结果为未检验（NT），而无菌检验的结果为 UNSAT。该批检品的检验结果最终报告为 UNSAT。

6. 检验结果报告

按照 SOP 记录并报告检验结果。

7. 参考文献

Title 9，Code of Federal Regulations，part 113.28 ［M］. Washington，DC：Government Printing Office.

8. 修订概述

<u>第 04 版</u>

•更新细菌学实验室负责人、CVB-PEL 负责人和第 1 页。

•更新步骤 2 项。

•删除全文中所有的"大约"。

•重写步骤 3.3 和 5.4 项，以更加明确。

•附录Ⅰ：更新培养基的保存条件。

<u>第 03 版</u>

•更新步骤 2～5 项，以反映现行操作程序。

•附录Ⅰ和附录Ⅲ：更新培养基的保存条件和配制方法。

•增加附录Ⅳ，描述厌氧罐的使用，确保达到支原体生长所需的厌氧环境。

<u>第 02 版</u>

本修订版资料主要用于阐述兽医生物制品中心现行的实际操作方法，并提供了额外的细节信息。虽然不对检验结果产生重大影响，但是对文件作了以下修改：

•更新联系人信息。

•2.1　检验所需的仪器设备列表中删除了本生灯（Bunsen burner）。检验所需的仪器设备列表中删除了消毒剂。增加对所需培养箱的类型的说明。

•2.2.5/2.2.6/2.2.7　将试管、培养瓶和培养皿分成单独的项目，并增加了所使用的尺寸的信息。

•3.3.2　明确了检验中接种物的浓度，并将促生长试验从样品准备中分离出来单独表述。

•4.8　为了更加明确，重新编写了接种物的准备。

•4.13　明确参考文献。

•5.1　将检验结论分为独立的条目，并明确。

•5.4　增加后续检验（按照 CVB 通告 09-02 进行）。此变化不会影响支原体的检验结果，但后续的无菌检验将会影响整批检品的检验结论。

•附录：增加培养基的保存条件。

附录

附录Ⅰ　支原体（MG）肉汤［国家动物卫生中心（NCAH）培养基♯10162］

心浸液肉汤	25g
胨蛋白胨♯3	10g
酵母提取物	5mL
1％醋酸铊	25mL
1％氯化四唑	5.5mL
青霉素（100 000U/mL）	5mL
马血清（热灭活）	100mL
QH₂O	970mL

用 10％NaOH 调节 pH 至 7.9。

经 0.2m 灭菌的微型胶囊过滤器滤过，并用无菌 125mL 玻璃烧瓶、无菌（16×125）mm 螺口试管和无菌 50mL 螺口试管分装，分装量分别为 100mL/瓶、9mL/管和 30mL/管。

培养基必须在无菌室内准备。培养基可在 20～25℃ 保存不超过 3 个月。

附录Ⅱ　支原体（MG）琼脂（NCAH 培养基♯10167）

心浸液琼脂	25g

心浸液肉汤	10g
胨蛋白胨♯3	10g
1%醋酸铊	25mL
QH₂O	995mL

加热煮沸。冷却后用 10%NaOH 调节 pH 至 7.9，高压灭菌 20min。

冷却至 56℃并加入：

马血清（热灭活）	126mL
酵母提取物	5mL
0.5%青霉素	5.2mL
1%DPN 半胱氨酸	21mL

合计（1 152mL）

分装至无菌（15×60）mm 培养皿中，每个平皿分装 12mL。培养基必须在无菌室内准备。培养基可在 20～25℃ 保存不超过 3 个月。

附录Ⅲ DPN/L-半胱氨酸（NCAH 培养基♯30039）

烟酰胺-腺嘌呤-二核苷酸（DPN，NAD）	5g
加水定容至	500mL
L-半胱氨酸	5g
加水定容至	500mL

将每种化学品分开，直至溶解。将两种溶液加在一起并混匀。过滤并分装至无菌（16×125）mm 螺口试管中，每管分装 10mL。培养基可在 -20℃ 保存不超过 1 年。

附录Ⅳ 3.5L 氧化物厌氧罐系统

厌氧罐是用来确保厌氧环境以培养条件苛刻的支原体。以下程序用于 3.5L 氧化物厌氧罐系统：

1. 拆下夹钳、盖板用 "O" 形环密封，并将板架从厌氧罐中取出。倒置琼脂平板并将其堆放在板架上。一定要平衡数量的平板，以免它们在罐子里翻倒。未接种的琼脂平板可以用作附加的板。

2. 在培养箱底部放置一小块 4×4 加湿的块纱布垫，以在孵化过程中提供湿度。将带有重叠放置的平板的板架放回到厌氧罐中。将 "O" 形密封圈盖放在厌氧罐上并连接夹具。转动钳子上的旋钮直到手紧为止。

3. 将橡胶软管连接到泵的真空口上。将装有 Schrader 阀卡盘的软管一端连接到标记为 "真空" 的 Schrader 阀上，盖在厌氧罐盖上。盖子上的测量仪表既测量真空又测量压力。真空度用英寸汞柱（inHg）测量，并用红色数字表示。压力以磅/平方英寸（psi）测量，并用黑色数字表示。测量仪表的读数应该为零（0）。

4. 启动真空泵，使瓶内的真空度达到 20～25inHg。将 Schrader 阀从罐盖分离，然后关闭真空泵。

5. 从真空泵端口分离软管，并将其连接到 N₂/CO₂ 气体调节器端口。打开 N₂/CO₂ 气体调节阀，并让气体开始流动，然后将 Schrader 阀卡盘连接到厌氧罐盖子上未标记的 Schrader 阀上。

6. 让厌氧罐的压力恢复到 0。将 Schrader 阀从罐盖分离，然后关闭气体流动阀。

7. 重复步骤 3～6 两次。

8. 将厌氧罐置 33～37℃培养箱培养 10～14d。

9. 使用后，对罐子及其部件进行消毒。用新鲜的 1% Vikon 溶液自由喷洒厌氧罐盖的内部。让消毒剂浸泡 10min。用去离子水冲洗盖子，然后空气干燥。

10. 将厌氧罐装满水，并在水中放入两片 Vikon。将板架橡胶和 O 形密封圈放入罐中。让消毒剂浸泡 30min。用热水彻底冲洗，再用去离子水冲洗，然后空气干燥。

（陈小云译，张一帆校）

美国农业部兽医生物制品中心
检验方法

SAM 911　检测抗体制品中沙门氏菌的补充检验方法

日　　期：2017 年 4 月 13 日
编　　号：SAM 911. 01
替　　代：新
标准要求：9CFR 113. 450（h）（2）（ⅱ）部分
联 系 人：Sophia G. Campbell，(515) 337-7489
审　　批：/s/ Larry R. Ludemann　　　　　日期：2017 年 5 月 2 日
　　　　　Larry R. Ludemann，细菌学实验室负责人

　　　　　/s/Paul Hauer　　　　　　　　日期：2017 年 5 月 3 日
　　　　　Paul Hauer，兽医生物制品中心政策、评审与执照管理部门负责人

美国农业部动植物卫生监督署
P. O. Box 844
Ames，IA 50010

补充检验方法中提及的商标或专利产品不等同于该产品已获得了美国农业部的保证或担保，
且它的批准也不意味着其可用于排除在外的其他可能适用的产品

> 由以下人员录入 CVB 质量管理体系：
>
> /s/Linda. S. Snavely　　　　　日期：2017 年 5 月 3 日
> Linda. S. Snavely，质量管理计划助理

目　录

1. 引言

本补充检验方法（SAM）描述了按照联邦管理法规第 9 条（9CFR）113.450（h）（2）（ⅱ）部分规定对口服给药的冻干或液体的抗体类产品中沙门氏菌污染进行检验的程序。本检验方法使用亮绿琼脂（BGA）检测沙门氏菌污染。

2. 材料

2.1　设备/仪器

下列任何品牌的设备或仪器均可由具有相同功能的设备或仪器所替代。

2.1.1　层流式Ⅱ级生物安全柜（BSC）；

2.1.2　Lab Armor ® 恒温珠浴锅（设为 50～55℃）；

2.1.3　涡旋混合器；

2.1.4　30～35℃培养箱；

2.1.5　分析天平；

2.1.6　菌落计数器。

2.2　试剂/耗材

下列任何品牌的试剂或材料均可由具有相同功能的试剂或材料所替代。

2.2.1　肠道沙门氏菌〔美国菌种保藏中心（ATCC）♯13076〕或其他等效的阳性对照培养物；

2.2.2　亮绿琼脂（BGA）（见附录），国家动物卫生中心（NCAH）培养基♯10541 或生物制品生产商提供的生产大纲（OP）中所述的培养基；

2.2.3　无菌水；

2.2.4　甘油稀释剂，50％；

2.2.5　无菌移液管，独立包装；

2.2.6　无菌培养皿，（100×15）mm；

2.2.7　无菌培养管；

2.2.8　实验室工作服或无菌袖套和手套；

2.2.9　药匙；

2.2.10　称重盘；

2.2.11　无菌广口卡帽样品容器；

2.2.12　70％酒精；

2.2.13　（4×4）英寸无菌纱布垫；

2.2.14　移液管助吸器；

2.2.15　微量移液器，100～1 000μL；

2.2.16　移液器吸头，100～1 000μL；

2.2.17　带针头的无菌注射器；

2.2.18　Sarstedt 小瓶，2mL。

3. 检验准备

3.1　人员资质/培训

操作人员必须对本方法进行过培训，或具有一定经验。其中包括生物实验室无菌操作技术和准备工作，以及生物制剂、试剂、组织培养样本和化学物质的正确使用和处理。操作人员还必须掌握安全操作程序和政策，并经过步骤 2.1 项所述实验室设备基本操作的培训。

3.2　设备/仪器的准备

3.2.1　按照生产商提供的使用说明操作所有的设备/仪器，并按照现行的标准操作程序（SOP）进行维护。

3.2.2　在工作周开始时就打开 BSC，并在整个星期内保持其打开状态。

3.2.3　开始工作前，至少提前一天打开珠浴锅以平衡温度。

3.2.4　根据 SOP 监测培养箱、冰箱、冷却器和珠浴锅的温度。

3.3　试剂/对照品的准备

3.3.1　在复溶前，将样品和参考品培养物恢复至 20～25℃（室温），如果需要，按照瓶签或企业 OP 所列体积进行复溶。冷冻产品在临检验前放在 BSC 中融化。

3.3.2　按照生产商的说明书准备肠道沙门氏菌对照品培养物，悬浮于 50％无菌甘油中，并用磁力搅拌器混匀。将准备好的样品等量分装至 Sarstedt 小瓶中，1.2mL/瓶，并置（-75±5）℃保存。每次检验，取 10～100CFU/0.1mL 接种一个培养皿，作为阳性对照。

3.3.3　甘油稀释剂，50％：将甘油和 0.85％ NaCl 溶液等量混合，制成 50％甘油稀释剂。取 300mL 稀释剂加入 500mL 烧瓶中，并在 ≥121℃ 高压灭菌 25～30min，或按照生产商推荐方法进行灭菌。在 20～25℃（室温）可保存 1 年。

3.3.4　阴性/技术对照：取检验中作为稀释液使用的水 1mL，接种 1 个培养皿。若检验过程中不使用稀释液，则用装于血清瓶中的无菌水作为接种物。在每个平板中倒入 50～55℃ 的 BGA 培养基，15～20mL/板，轻轻旋转混合，并使之凝固。琼脂凝固后，翻转培养皿。将对照平板和检验平板在同条件下培养。

3.3.5　BGA 培养基的制备：在检验当天，将 BGA 放在高压锅中，100℃高压 30min 使其熔化。将熔化的培养基放入珠浴锅内。将琼脂至少冷却到 55℃方能开始检验。当琼脂准备好时，珠浴锅的温度为 50～55℃。

3.4 样品的准备

3.4.1 终产品的沙门氏菌纯粹检验要求至少对 10 瓶样品进行检验。

3.4.2 样品为液体或冻干抗体产品。如果需要，根据产品标签说明用无菌纯水复溶，或按照企业 OP 规定的稀释液复溶样品。

3.4.3 在分析天平上称量产品样品（如果需要）。根据产品标签或企业 OP 说明对产品的样品进行复溶。用磁力搅拌器搅拌或者漩涡混合器使样品溶解。如果操作后样品不易溶解，可将稀释样品置 30～35℃培养箱中放置（60±30）min。

3.4.4 按照样品编号或名称及容器编号标记平板，每批产品标记 10 个。

4. 检验

4.1 检验时需穿着干净的实验室工作服或佩戴无菌套袖和无菌手套。

4.2 在 BSC 临用前及每批检验之间，用 70% 酒精擦拭 BSC 的内表面。

4.3 将必要的检验材料［微量移液器、移液器吸头、（4×4）英寸纱布、培养皿等］和稀释（根据公司 OP 进行）的样品放入 BSC 中。

4.4 将样品充分混匀。从 1 个样品瓶中取 1mL 接种 1 个培养皿。

4.5 该批其余 9 瓶样品按照步骤 4.4 项进行检验。

4.6 将 50～55℃熔化的 BGA 培养基倒入上述 10 个培养皿中，15～20mL/板。轻轻旋转混合，然后让琼脂在 BSC 中冷却。琼脂凝固后，翻转养皿并将其放在 30～35℃培养箱中培养（24±4）h。

4.7 对于其他批次的检品，按照步骤 4.3 至 4.6 项进行。

4.8 一旦完成所有批次样品的检验操作后，准备本次检验的阴性/技术对照（见步骤 3.3.4 项）。

4.9 当纯粹检验部分完成后，在独立且隔离于纯粹检验的清洁区内制备该批检验的阳性对照品（见步骤 3.3.2 项）。

4.9.1 取 1 个培养皿，接种 10～100CFU/0.1mL 肠道沙门氏菌。

4.9.2 将 50～55℃熔化的 BGA 倒入培养皿

中，15～20mL/板。轻轻旋转混合，然后让琼脂在 BSC 中冷却。琼脂凝固后，翻转培养皿。

4.10 将所有平板置 30～35℃培养（24±4）h。

5. 检验结果说明

5.1 有效检验的标准

5.1.1 阴性/技术对照和培养基对照平板应没有微生物生长。

5.1.2 阳性对照平板上有沙门氏菌特征性菌落生长，并且菌数范围必须为 10～100CFU/0.1mL。沙门氏菌特征性菌落在培养基上生长为红色至粉白色，周围有红色晕环包围。

5.1.3 如果不满足此标准，则判该检验无效或未检验（NT）。如果没有理由怀疑该产品无菌检验不符合规定，则产品可以以 NT 为结果进行报告并予以放行。

5.2 培养后，肉眼观察所有平板，看是否存在沙门氏菌的典型生长。如果阳性对照平板上有沙门氏菌的典型菌落生长（见步骤 5.1.2 项），且在阴性对照平板上无沙门氏菌的典型菌落生长，则判检验有效。

5.3 如果所有琼脂平板上均无沙门氏菌菌落生长，而按照 OP 进行批检验证明沙门氏菌污染阴性，则判为符合规定（SAT）。如果在任何样品琼脂平板上观察到有沙门氏菌特征性菌落生长，则判检验无结论（INC），可进行一次重检（参见步骤 5.5 项）以排除技术失误。如果在 21d 内不 RT，则根据第一次检验结果判为 UNSAT。

5.4 如果在阴性或培养基对照平板上有菌落生长，或在阳性对照品板上无特征性的菌落生长，则判该检验为 NT，可进行无差别的重检。

5.5 如果 RT，则使用数量应为第一次待检样品数量的 2 倍。如果 RT 时，任意样品平板上有沙门氏菌特征性菌落生长，则判为 UNSAT。

6. 检验结果报告

按照 SOP 记录并报告检验结果。

7. 参考文献

Title 9, Code of Federal Regulations, part 113.450 (h) (2) (ii)［M］. Washington, DC: Government Printing Office.

附录　亮绿琼脂（BGA）［国家动物卫生中心（NCAH）培养基♯10541］

亮绿琼脂基础培养基 58.0g

QH_2O 1 000.0mL

121℃高压灭菌 20min 在 2～5℃保存不超过 6 个月。

（王秀丽译，张一帆校）

美国农业部兽医生物制品中心
检验方法

SAM 912　测定抗体制品中细菌总数的补充检验方法

日　　期：2017 年 1 月 12 日

编　　号：SAM 911.02

替　　代：SAM 911.01，2016 年 12 月 20 日

标准要求：9CFR 113.450（h）（2）（ⅳ）部分

联 系 人：Sophia G. Campbell，(515) 337-7489

审　　批：/s/ Larry R. Ludemann　　　　　日期：2017 年 1 月 17 日

　　　　　Larry R. Ludemann，细菌学实验室负责人

　　　　　/s/Paul Hauer　　　　　　　　日期：2017 年 1 月 19 日

　　　　　Paul Hauer，兽医生物制品中心政策、评审与执照管理部门负责人

美国农业部动植物卫生监督署

P. O. Box 844

Ames，IA 50010

补充检验方法中提及的商标或专利产品不等同于该产品已获得了美国农业部的保证或担保，
且它的批准也不意味着其可用于排除在外的其他可能适用的产品

由以下人员录入 CVB 质量管理体系：

/s/Linda. S. Snavely　　　　　　　日期：2017 年 1 月 19 日

Linda. S. Snavely，质量管理计划助理

目　录

1. 引言

本补充检验方法（SAM）描述了按照联邦管理法规第9条（9CFR）113.450（h）（2）（ⅳ）部分规定对口服给药的冻干或液体的抗体类产品中细菌总数的测定程序。本检验方法使用胰蛋白胨葡萄糖琼脂（TGEA）检测污染细菌的菌落形成单位（CFU）数。

2. 材料

2.1 设备/仪器

下列任何品牌的设备或仪器均可由具有相同功能的设备或仪器所替代。

2.1.1 层流式Ⅱ级生物安全柜（BSC）；

2.1.2 Lab Armor© 恒温珠浴锅（设为50～55℃）；

2.1.3 涡旋混合器；

2.1.4 30～35℃培养箱；

2.1.5 分析天平；

2.1.6 菌落计数器。

2.2 试剂/耗材

下列任何品牌的试剂或材料均可由具有相同功能的试剂或材料所替代。

2.2.1 枯草杆菌〔美国菌种保藏中心（ATCC）♯6633〕或其他等效的阳性对照培养物；

2.2.2 胰蛋白胨葡萄糖琼脂（TGEA）（见附录），国家动物卫生中心（NCAH）培养基♯50072或生物制品生产商提供的生产大纲（OP）中所述的培养基；

2.2.3 无菌水；

2.2.4 无菌移液管，独立包装；

2.2.5 无菌培养皿，（100×15）mm；

2.2.6 无菌培养管；

2.2.7 实验室工作服或无菌袖套和手套；

2.2.8 药匙；

2.2.9 称重盘；

2.2.10 无菌广口卡帽样品容器；

2.2.11 70%酒精；

2.2.12 （4×4）英寸无菌纱布垫；

2.2.13 移液管助吸器；

2.2.14 微量移液器，100～1 000μL；

2.2.15 移液器吸头，100～1 000μL；

2.2.16 带针头的无菌注射器。

3. 检验准备

3.1 人员资质/培训

操作人员必须对本方法进行过培训，或具有一定经验。其中包括生物实验室无菌操作技术和准备工作，以及生物制剂、试剂、组织培养样本和化学物质的正确使用和处理。操作人员还必须掌握安全操作程序和政策，并经过步骤2.1项所述实验室设备基本操作的培训。

3.2 设备/仪器的准备

3.2.1 按照生产商提供的使用说明操作所有的设备/仪器，并按照现行的标准操作程序（SOP）进行维护。

3.2.2 在工作周开始时就打开BSC，并在整个星期内保持其打开状态。

3.2.3 开始工作前，至少提前一天打开珠浴锅以平衡温度。

3.2.4 根据SOP监测培养箱、冰箱、冷却器和珠浴锅的温度。

3.3 试剂/对照品的准备

3.3.1 在复溶前，将样品和参考品培养物恢复至室温，如需要，复溶至适当体积。

3.3.2 按照生产商的说明书准备枯草杆菌对照品培养物，并测定其CFU的浓度。每次检验时，取约100CFU的菌液分别接种2个培养皿，作为阳性对照品。

3.3.3 阴性/技术对照：取检验中作为稀释液使用的水1mL，接种1个培养皿。若检验过程中不使用稀释液，则用装于血清瓶中的无菌水作为接种物。在每个平板中倒入BGA培养基，15～20mL/板，轻轻旋转混合，并使之凝固。琼脂凝固后，翻转培养皿。将对照平板和检验平板在同条件下培养。

3.3.4 BGA培养基的制备：在检验当天，将BGA放在高压锅中，100℃高压30min使其熔化。将熔化的BGA培养基放入珠浴锅内。将琼脂至少冷却到55℃方能开始检验。当琼脂准备好时，珠浴锅的温度为50～55℃。

3.4 样品的准备

3.4.1 终产品的细菌总数测定要求至少对10瓶样品进行检验。

3.4.2 在确定稀释方法前，查看生产商OP第Ⅴ部分，以明确产品允许的最大CFU。

3.4.3 样品为液体或冻干抗体产品。如果需要，根据产品标签说明用无菌纯水复溶，或按照企业OP规定的稀释液复溶样品。

3.4.4 在分析天平上称量产品样品（如果需要）。根据产品标签或企业OP说明对产品的样品进行复溶。用磁力搅拌器搅拌或者漩涡混合器使样品溶解。如果操作后样品不易溶解，可将稀释样品置30～35℃培养箱中放置30min。

3.4.5 按照样品编号或名称及容器编号标记平板，每批产品标记10个。

4. 检验

4.1 检验时需穿着干净的实验室工作服或佩戴无菌套袖和无菌手套。

4.2 在BSC临用前及每批检验之间，用70%酒精擦拭BSC的内表面。

4.3 将必要的检验材料［微量移液器、移液器吸头、（4×4）英寸纱布、培养皿等］和稀释的样品放入BSC中。

4.4 将样品充分混匀。从1个样品瓶中取1mL接种1个培养皿。

4.5 该批其余9瓶样品按照步骤4.4项进行检验。

4.6 将50～55℃熔化的BGA培养基倒入上述10个培养皿中，15～20mL/板。轻轻旋转混合，然后让琼脂在BSC中冷却。琼脂凝固后，翻转培养皿并将其放在30～35℃培养箱中培养48h。

4.7 对于其他批次的检品，按照步骤4.3至4.6项进行。

4.8 一旦完成所有批次样品的检验操作后，准备本次检验的阴性/技术对照（见步骤3.3.3项）。如果本次检验不使用稀释剂，则用无菌水作为阴性对照。取1mL水加入1个培养皿，再倒入TGEA培养基15～20mL。轻轻旋转混合，然后让琼脂在BSC中冷却。琼脂凝固后，翻转培养皿。

4.9 当纯粹检验部分完成后，在独立且隔离于纯粹检验的清洁区内制备该批检验的阳性对照品（见步骤3.3.2项）。

4.9.1 取2个培养皿，接种100CFU枯草杆菌。

4.9.2 将BGA倒入培养皿中，15～20mL/板。轻轻旋转混合，然后让琼脂在BSC中冷却。琼脂凝固后，翻转培养皿。

4.10 将所有平板置30～35℃培养48h。

5. 检验结果说明

5.1 有效检验的标准

5.1.1 阴性/技术对照和培养基对照平板应没有微生物生长。

5.1.2 兽医生物制品中心备案的阳性对照样品平板上的平均菌落数必须为81～112CFU。

注意：对每批新的阳性对照样品，每个生物制品生产商均应测定其菌数约为100CFU的范围。

5.1.3 如果不满足此标准，则判该检验无效或未检验（NT）。如果没有理由怀疑该产品无菌检验不符合规定，则产品可以以NT为结果进行报告并予以放行。

5.2 培养完成后，对所有平板进行检查。用菌落计数器对CFU范围在30～300CFU的平板进行计数。计算10个平板菌落计数的平均值。

5.3 将平板CFU的平均值与企业OP第Ⅴ部分所允许的最大CFU进行比较。如果平均菌落数小于或等于规定的最大CFU，则判产品细菌总数检验符合规定（SAT）。如果平均菌落数大于允许的最大CFU，则判产品无结论（INC），可进行一次重检以排除技术失误。如果在21d内未进行RT，则根据第一次的检验结果判为UNSAT。

5.4 如果在阴性或培养基对照平板上有菌落生长，或在阳性对照品板上无特征性的菌落生长，则判该检验为NT，可进行重检。

5.5 如果RT，则使用数量应为第一次待检样品数量的2倍。如果RT的20个平板的平均菌落数大于允许的最大CFU，则判为UNSAT。

6. 检验结果报告
按照SOP记录并报告检验结果。

7. 参考文献

Title 9, Code of Federal Regulations, part 113.450（h）（2）（ii）［M］. Washington, DC：Government Printing Office.

Marshall R T, 1992. Standard methods for the examination of dairy products ［M］. 16th ed. Washington, DC：American Public Health Association.

8. 修订概述
第02版
• 重写步骤5.1.2项，以明确内容。

附录　胰蛋白胨葡萄糖琼脂（TGEA）［国家动物卫生中心（NCAH）培养基♯50072］

胰蛋白胨葡萄糖琼脂	24.0g
纯化水	1 000.0mL

121℃高压灭菌20min。在2～5℃保存不超过3个月。

（王秀丽译，张一帜校）

美国农业部兽医生物制品中心
检验方法

SAM 913　检测抗体制品中大肠杆菌的补充检验方法

日　　期：2017 年 4 月 14 日

编　　号：SAM 913.01

替　　代：新

标准要求：9CFR 113.450（h）（2）（ⅰ）部分

联 系 人：Sophia G. Campbell，(515) 337-7489

审　　批：/s/ Larry R. Ludemann　　　　　日期：2017 年 4 月 28 日

　　　　　Larry R. Ludemann，细菌学实验室负责人

　　　　　/s/Paul Hauer　　　　　　　　　日期：2017 年 5 月 2 日

　　　　　Paul Hauer，兽医生物制品中心政策、评审与执照管理部门负责人

美国农业部动植物卫生监督署

P. O. Box 844

Ames，IA 50010

由以下人员录入 CVB 质量管理体系：

/s/Linda. S. Snavely　　　　　日期：2017 年 5 月 9 日

Linda. S. Snavely，质量管理计划助理

目　录

1. 引言

本补充检验方法（SAM）描述了按照联邦管理法规第9条（9CFR）113.450（h）（2）（i）部分规定对口服给药的冻干或液体抗体类产品中大肠杆菌污染进行检验的程序。本检验方法使用紫红胆汁琼脂（VRBA）检测大肠杆菌污染。

2. 材料

2.1 设备/仪器

下列任何品牌的设备或仪器均可由具有相同功能的设备或仪器所替代。

2.1.1 层流式Ⅱ级生物安全柜（BSC）；

2.1.2 Lab Armor ® 恒温珠浴锅（设为50～55℃）；

2.1.3 涡旋混合器；

2.1.4 30～35℃培养箱；

2.1.5 分析天平；

2.1.6 菌落计数器。

2.2 试剂/耗材

下列任何品牌的试剂或材料均可由具有相同功能的试剂或材料所替代。

2.2.1 大肠杆菌［美国菌种保藏中心（ATCC）♯11775］或其他等效的阳性对照培养物；

2.2.2 紫红胆汁琼脂（VRBA）（见附录），国家动物卫生中心（NCAH）培养基♯10356或生物制品生产商提供的生产大纲（OP）中所述的培养基；

2.2.3 无菌水；

2.2.4 甘油稀释剂，50%；

2.2.5 无菌移液管，独立包装；

2.2.6 无菌培养皿，（100×15）mm；

2.2.7 无菌培养管；

2.2.8 实验室工作服或无菌袖套和手套；

2.2.9 药匙；

2.2.10 称重盘；

2.2.11 无菌广口卡帽样品容器；

2.2.12 70%酒精；

2.2.13 （4×4）英寸无菌纱布垫；

2.2.14 移液管助吸器；

2.2.15 微量移液器，100～1 000μL；

2.2.16 移液器吸头，100～1 000μL；

2.2.17 带针头的无菌注射器；

2.2.18 Sarstedt小瓶，2mL。

3. 检验准备

3.1 人员资质/培训

操作人员必须对本方法进行过培训，或具有一定经验。其中包括生物实验室无菌操作技术和准备工作，以及生物制剂、试剂、组织培养样本和化学物质的正确使用和处理。操作人员还必须掌握安全操作程序和政策，并经过步骤2.1项所述实验室设备基本操作的培训。

3.2 设备/仪器的准备

3.2.1 按照生产商提供的使用说明操作所有的设备/仪器，并按照现行的标准操作程序（SOP）进行维护。

3.2.2 在工作周开始时就打开BSC，并在整个星期内保持其打开状态。

3.2.3 开始工作前，至少提前一天打开珠浴锅以平衡温度。

3.2.4 根据SOP监测培养箱、冰箱、冷却器和珠浴锅的温度。

3.3 试剂/对照品的准备

3.3.1 在复溶前，将样品和参考品培养物恢复至20～25℃（室温），如果需要，按照瓶签或企业OP所列体积进行复溶。冷冻产品在临检验前放在BSC中融化。

3.3.2 按照生产商的说明书准备大肠杆菌对照品培养物，悬浮于50%无菌甘油中，并用磁力搅拌器混匀。将准备好的样品等量分装至Sarstedt小瓶中，1.25mL/瓶，并置（-75±5）℃保存。每次检验，取10～100CFU/0.1mL接种一个培养皿，作为阳性对照。

3.3.3 甘油稀释剂，50%：将甘油和0.85% NaCl溶液等量混合，制成50%甘油稀释剂。取300mL稀释剂加入500mL烧瓶中，并在≥121℃高压灭菌25～30min，或按照生产商推荐方法进行灭菌。在20～25℃（室温）可保存1年。

3.3.4 阴性/技术对照：取检验中作为稀释液使用的水1mL，接种1个培养皿。若检验过程中不使用稀释液，则用装于血清瓶中的无菌水作为接种物。在每个平板中倒入50～55℃的VRBA培养基，15～20mL/板，轻轻旋转混合，并使之凝固。琼脂凝固后，翻转培养皿。将对照平板和检验平板在同条件下培养。

3.3.5 VRBA培养基的制备：在检验当天，将VRBA放在高压锅中，100℃高压5～10min使其熔化。将熔化的培养基放入珠浴锅内。将琼脂至少冷却到55℃方能开始检验。当琼脂准备好时，珠浴锅的温度应为50～55℃。

3.4 样品的准备

3.4.1 终产品的大肠杆菌纯粹检验要求至少对10瓶样品进行检验。

3.4.2 样品为液体或冻干抗体产品。如果需要，根据产品标签说明用无菌纯水复溶，或按照企业OP规定的稀释液复溶样品。

3.4.3 在分析天平上称量产品样品（如果需要）。根据产品标签或企业OP说明对产品的样品进行复溶。用磁力搅拌器搅拌或者漩涡混合器使样品溶解。如果操作后样品不易溶解，可将稀释样品置30～35℃培养箱中放置90min。

3.4.4 按照样品编号或名称及容器编号标记平板，每批产品标记10个。

4. 检验

4.1 检验时需穿着干净的实验室工作服或佩戴无菌套袖和无菌手套。

4.2 在BSC临用前及每批检验之间，用70%酒精擦拭BSC的内表面。

4.3 将必要的检验材料［微量移液器、移液器吸头、（4×4）英寸纱布、培养皿等］和稀释（根据公司OP进行）的样品放入BSC中。

4.4 将样品充分混匀。从1个样品瓶中取1mL接种1个培养皿。

4.5 该批其余9瓶样品按照步骤4.4项进行检验。

4.6 将50～55℃熔化的VRBA培养基倒入上述10个培养皿中，15～20mL/板。轻轻旋转混合，然后让琼脂在BSC中冷却。琼脂凝固后，翻转培养皿并将其放在30～35℃培养箱中培养（24±4）h。

4.7 对于其他批次的检品，按照步骤4.3至4.6项进行。

4.8 一旦完成所有批次样品的检验操作后，准备本次检验的阴性/技术对照（见步骤3.3.4项）。

4.9 当纯粹检验部分完成后，在独立且隔离于纯粹检验的清洁区内制备该批检验的阳性对照品（见步骤3.3.2项）。

4.9.1 取1个培养皿，接种10～100CFU/0.1mL大肠杆菌。

4.9.2 将50～55℃熔化的VRBA倒入培养皿中，15～20mL/板。轻轻旋转混合，然后让琼脂在BSC中冷却。琼脂凝固后，翻转培养皿。

4.10 将所有平板置30～35℃培养（24±4）h。

5. 检验结果说明

5.1 有效检验的标准

5.1.1 阴性/技术对照和培养基对照平板应没有微生物生长。

5.1.2 阳性对照平板上有沙门氏菌特征性菌落生长，并且菌数范围必须为10～100CFU/0.1mL。大肠杆菌特征性菌落在培养基上生长为暗红至紫色，周围有紫色晕环包围。

5.1.3 如果不满足此标准，则判该检验无效或未检验（NT）。如果没有理由怀疑该产品无菌检验不符合规定，则产品可以以NT为结果进行报告并予以放行。

5.2 培养后，眼观察所有平板，看是否存在大肠杆菌的典型生长。如果阳性对照平板上有大肠杆菌的典型菌落生长（见步骤5.1.2项），且在阴性对照平板上无大肠杆菌的典型菌落生长，则判检验有效。

5.3 如果所有琼脂平板上均无大肠杆菌菌落生长，则认为该批检品大肠杆菌污染阴性，则判为符合规定（SAT）。如果在任何样品琼脂平板上观察到有大肠杆菌特征性菌落生长，则判检验无结论（INC），可进行一次重检（参见步骤5.5项）以排除技术失误。如果在21d内不RT，则根据第一次检验结果判为UNSAT。

5.4 如果在阴性或培养基对照平板上有菌落生长，或在阳性对照品板上无特征性的大肠杆菌生长，则判该检验为NT，可进行1次无差别的重检。

5.5 如果RT，则使用数量应为第一次待检样品数量的2倍。如果RT时，任意样品平板上有沙门氏菌特征性菌落生长，则判为UNSAT。

6. 检验结果报告

按照SOP记录并报告检验结果。

7. 参考文献

Title 9, Code of Federal Regulations, part 113.450（h）（2）（iv）［M］. Washington, DC：Government Printing Office.

Marshall R T, 1992. Standard methods for the examination of dairy products［M］. 16th ed. Washington, DC：American Public Health Association.

附录　紫红胆汁琼脂（VRBA）国家动物卫生中心（NCAH）培养基♯10356

紫红胆汁琼脂	41.5g
纯化水	1 000.0mL

煮沸。不要进行高压灭菌。在2～5℃保存不超过1个月。

（辛凌翔译，张一帜校）

SAM914. 01

美国农业部兽医生物制品中心
检验方法

SAM 914　检测抗体制品中真菌的补充检验方法

日　　期：2017 年 5 月 2 日

编　　号：SAM 914.01

替　　代：新

标准要求：9CFR 113.450（h）（2）（ⅲ）部分

联 系 人：Sophia G. Campbell，（515）337-7489

审　　批：/s/ Larry R. Ludemann　　　　　日期：2017 年 5 月 12 日

　　　　　Larry R. Ludemann，细菌学实验室负责人

　　　　　/s/Paul Hauer　　　　　日期：2017 年 6 月 1 日

　　　　　Paul Hauer，兽医生物制品中心政策、评审与执照管理部门负责人

美国农业部动植物卫生监督署

P. O. Box 844

Ames，IA 50010

补充检验方法中提及的商标或专利产品不等同于该产品已获得了美国农业部的保证或担保，且它的批准也不意味着其可用于排除在外的其他可能适用的产品

> 由以下人员录入 CVB 质量管理体系：
>
> /s/Linda. S. Snavely　　　　　日期：2017 年 6 月 6 日
> Linda. S. Snavely，质量管理计划助理

目　录

1. 引言

本补充检验方法（SAM）描述了按照联邦管理法规第9条（9CFR）113.450（h）（2）（ⅲ）部分规定对口服给药的冻干或液体抗体类产品中真菌污染进行检验的程序。本检验方法使用酸化马铃薯葡萄糖琼脂（APDA）检测真菌污染。

2. 材料

2.1 设备/仪器

下列任何品牌的设备或仪器均可由具有相同功能的设备或仪器所替代。

2.1.1 层流式Ⅱ级生物安全柜（BSC）；

2.1.2 Lab Armor® 恒温珠浴锅（设为50～60℃）；

2.1.3 涡旋混合器；

2.1.4 20～25℃培养箱；

2.1.5 分析天平；

2.1.6 菌落计数器。

2.2 试剂/耗材

下列任何品牌的试剂或材料均可由具有相同功能的试剂或材料所替代。

2.2.1 东方伊萨酵母〔美国菌种保藏中心（ATCC）♯6258〕或其他等效的阳性对照培养物。

2.2.2 酸化马铃薯葡萄糖琼脂（APDA）（见附录Ⅰ），国家动物卫生中心（NCAH）培养基♯50102或生物制品生产商提供的生产大纲（OP）中所述的培养基。

2.2.3 酒石酸（TA）（见附录Ⅱ），NCAH培养基♯50103。

注意：酒石酸具有腐蚀性，处理时请穿戴适当的个人防护装备。

2.2.4 无菌水。

2.2.5 0.15mol/L磷酸盐缓冲盐水，含12％蔗糖（PBS w/12％蔗糖）。

2.2.6 无菌移液管，独立包装。

2.2.7 无菌培养皿，（100×15）mm。

2.2.8 无菌培养管。

2.2.9 实验室工作服或无菌袖套和手套。

2.2.10 药匙。

2.2.11 称重盘。

2.2.12 无菌广口卡帽样品容器。

2.2.13 70％酒精。

2.2.14 （4×4）英寸无菌纱布垫。

2.2.15 移液管助吸器。

2.2.16 微量移液器，100～1 000μL。

2.2.17 移液器吸头，100～1 000μL。

2.2.18 带针头的无菌注射器。

2.2.19 玻璃的血清瓶，2mL。

2.2.20 血清瓶用胶塞和铝帽。

3. 检验准备

3.1 人员资质/培训

操作人员必须对本方法进行过培训，或具有一定经验。其中包括生物实验室无菌操作技术和准备工作，以及生物制剂、试剂、组织培养样本和化学物质的正确使用和处理。操作人员还必须掌握安全操作程序和政策，并经过步骤2.1项所述实验室设备基本操作的培训。

3.2 设备/仪器的准备

3.2.1 按照生产商提供的使用说明操作所有的设备/仪器，并按照现行的标准操作程序（SOP）进行维护。

3.2.2 在工作周开始时就打开BSC，并在整个星期内保持其打开状态。

3.2.3 开始工作前，至少提前一天打开珠浴锅以平衡温度。

3.2.4 根据SOP监测培养箱、冰箱、冷却器和珠浴锅的温度。

3.3 试剂/对照品的准备

3.3.1 在复溶前，将样品和参考品培养物恢复至20～25℃（室温），如果需要，按照瓶签或企业OP所列体积进行复溶。冷冻产品在临检验前放在BSC中融化。

3.3.2 按照生产商的说明书准备东方伊萨酵母对照品培养物，悬浮于含12％蔗糖PBS中，并用磁力搅拌器混匀。将准备好的样品等量分装至玻璃的血清瓶中，2.0mL/瓶，并置（−75±5）℃保存。每次检验，取10～100CFU/0.1mL接种一个培养皿，作为阳性对照。

3.3.3 PBS w/12％蔗糖：将440mL PBS与60g蔗糖混合制成PBS w/12％蔗糖，取300mL加入500mL烧瓶中，并在≥121℃高压灭菌20min，或按照生产商推荐方法进行灭菌。可在20～25℃（室温）保存1年。

3.3.4 APDA培养基的制备：在检验当天，将APDA放在高压锅中，100℃高压30min使其熔化。将熔化的培养基放入珠浴锅。将琼脂至少冷却到57℃方能开始检验。当琼脂准备好时，珠浴锅的温度约为57℃。在使用APDA培养基之前，在每100mL熔化的APDA中加入1mL TA。

3.3.5　阴性/技术对照：取检验中作为稀释液使用的水 1mL，接种 1 个培养皿。若检验过程中不使用稀释液，则用装于血清瓶中的无菌水作为接种物。在每个平板中倒入，52～57℃的 APDA 培养基，15～20mL/板，轻轻旋转混合，并使之凝固。琼脂凝固后，翻转培养皿。将对照平板和检验平板在同条件下培养。

3.4　样品的准备

3.4.1　终产品的真菌检验要求至少对 10 瓶样品进行检验。

3.4.2　样品为液体或冻干抗体产品。如果需要，根据产品标签说明用无菌纯水复溶，或按照企业 OP 规定的稀释液复溶样品。

3.4.3　在分析天平上称量产品样品（如果需要）。根据产品标签或企业 OP 说明对产品的样品进行复溶。用磁力搅拌器搅拌或者漩涡混合器使样品溶解。如果操作后样品不易溶解，可将稀释样品置 30～35℃培养箱中放置（60±30）min。

3.4.4　按照样品编号或名称及容器编号标记平板，每批产品标记 10 个。

4. 检验

4.1　检验时需穿着干净的实验室工作服或佩戴无菌套袖和无菌手套。

4.2　在 BSC 临用前及每批检验之间，用 70%酒精擦拭 BSC 的内表面。

4.3　将必要的检验材料［微量移液器、移液器吸头、（4×4）英寸纱布、培养皿等］和稀释（根据公司 OP 进行）的样品放入 BSC 中。

4.4　将样品充分混匀。从 1 个样品瓶中取 1mL 接种 1 个培养皿。

4.5　该批其余 9 瓶样品按照步骤 4.4 项进行检验。

4.6　将 52～57℃熔化的 APDA 培养基倒入上述 10 个培养皿中，15～20mL/板。轻轻旋转混合，然后让琼脂在 BSC 中冷却。琼脂凝固后，翻转培养皿并将其放在 20～25℃培养箱中培养 5d。

4.7　对于其他批次的检品，按照步骤 4.3 至 4.6 项进行。

4.8　一旦完成所有批次样品的检验操作后，准备本次检验的阴性/技术对照（见步骤 3.3.5 项）。

4.9　当纯粹检验部分完成后，在独立且隔离于纯粹检验的清洁区内制备该批检验的阳性对照品（见步骤 3.3.2 项）。

4.9.1　取 1 个培养皿，接种 10～100CFU/0.1mL 东方伊萨酵母。

4.9.2　将 52～57℃熔化的 APDA 倒入培养皿中，15～20mL/板。轻轻旋转混合，然后让琼脂在 BSC 中冷却。琼脂凝固后，翻转培养皿。

4.10　将所有平板置 20～25℃培养 5d。

5. 检验结果说明

5.1　有效检验的标准

5.1.1　阴性/技术对照和培养基对照平板应没有微生物生长。

5.1.2　阳性对照平板上有真菌特征性菌落生长，并且菌数范围必须为 10～100CFU/0.1mL。真菌特征性菌落在培养基上生长为酵母的乳白色至白色菌落和各种颜色（如黄色、橙色、红色等）的丝状菌落。

5.1.3　如果不满足此标准，则判该检验无效或未检验（NT）。如果没有理由怀疑该产品无菌检验不符合规定，则产品可以以 NT 为结果进行报告并予以放行。

5.2　培养后，眼观察所有平板，看是否存在真菌的典型生长。如果阳性对照平板上有真菌的典型菌落生长（见步骤 5.1.2 项），且在阴性对照平板上无真菌的典型菌落生长，则判检验有效。

5.3　如果所有琼脂平板上均无真菌菌落生长，则认为该批检品真菌污染阴性，则判为符合规定（SAT）。如果在任何样品琼脂平板上观察到有真菌特征性菌落生长，则判检验无结论（INC），可进行一次重检（见步骤 5.5 项）以排除技术失误。如果在 21d 内不 RT，则根据第一次检验结果判为 UNSAT。

5.4　如果在阴性或培养基对照平板上有菌落生长，或在阳性对照品板上无特征性的沙门氏菌生长，则判该检验为 NT，可进行 1 次重检。

5.5　如果 RT，则使用数量应为第一次待检样品数量的 2 倍。如果 RT 时，任意样品平板上有真菌特征性菌落生长，则判为 UNSAT。

6. 检验结果报告

按照 SOP 记录并报告检验结果。

7. 参考文献

Title 9, Code of Federal Regulations, part 113.450（h）（2）（i）［M］. Washington，DC：Government Printing Office.

Marshall R T，1992. Standard methods for the examination of dairy products ［M］. 16th ed. Washington，DC：American Public Health　　Association.

附录

附录 I　酸化马铃薯葡萄糖琼脂（APDA）国家动物卫生中心（NCAH）培养基♯50102

酸化马铃薯葡萄糖琼脂	39.0g
QH_2O	1 000.0mL
10％酒石酸溶液	10.0mL

对于平板：将琼脂和水充分混匀。121℃高压灭菌 15min。在 52～57℃的水浴中冷却至少 1h。无菌条件下加入酒石酸溶液，混匀。分装。在 2～5℃保存不超过 6 个月。

对于试剂瓶：将琼脂和水充分混匀。煮沸后分装。121℃高压灭菌 15min。准备 100mL 酒石酸溶液，并分别加入试剂瓶。在 2～5℃保存不超过 6 个月。

附录 II　酒石酸（TA）NCAH 培养基♯50103

酒石酸	10.0g
QH_2O	100.0mL

注意：酒石酸具有腐蚀性性。处理时请穿戴适当的个人防护装备。在低速层流罩中将酒石酸和水充分混匀。滤过除菌。无菌分装。贴上带有腐蚀性的标签。在 20～25℃（室温）保存不超过 1 年。

（辛凌翔译，张一帜校）

美国农业部兽医生物制品中心
检验方法

SAM 918　禽多杀性巴氏杆菌活疫苗活菌计数的补充检验方法

日　　期：2017 年 2 月 15 日

编　　号：SAM 918. 05

替　　代：SAM 918. 04，2014 年 1 月 13 日

标准要求：9CFR 113. 70（c）（2）部分

联 系 人：Sophia G. Campbell，（515）337-7489

审　　批：/s/ Larry R. Ludemann　　　　　　日期：2017 年 3 月 6 日

　　　　　Larry R. Ludemann，细菌学实验室负责人

　　　　　/s/Paul Hauer　　　　　　　　　　日期：2017 年 3 月 6 日

　　　　　Paul Hauer，兽医生物制品中心政策、评审与执照管理部门负责人

美国农业部动植物卫生监督署

P. O. Box844

Ames，IA50010

补充检验方法中提及的商标或专利产品不等同于该产品已获得了美国农业部的保证或担保，
且它的批准也不意味着其可用于排除在外的其他可能适用的产品

由以下人员录入 CVB 质量管理体系：

/s/Linda. S. Snavely　　　　　　日期：2017 年 3 月 7 日

Linda. S. Snavely，质量管理计划助理

目　录

1. 引言

本补充检验方法（SAM）描述了按照联邦管理法规第 9 条（9CFR）113.70（c）（2）部分规定，建立测定禽多杀性巴氏杆菌病活疫苗最终容器样品中菌落形成单位（CFU）的方法。本检验方法使用胰蛋白胨肉汤（TB）作为稀释剂，并用含 5％牛血的胰蛋白胨琼脂（TA）平板进行 CFU 的测定。

2. 材料

2.1　设备/仪器

下列任何品牌的设备或仪器均可由具有相同功能的设备或仪器所替代。

2.1.1　涡旋混合器；

2.1.2　菌落计数器；

2.1.3　HandyStep ®电动移液器；

2.1.4　（35±2）℃培养箱；

2.1.5　层流式Ⅱ级生物安全柜（BSC）。

2.2　试剂/耗材

下列任何品牌的试剂或材料均可由具有相同功能的试剂或材料所替代。

2.2.1　胰蛋白胨肉汤（TB）（见附录Ⅰ），国家动物卫生中心（NCAH）培养基♯10404；

2.2.2　含 5％牛血的胰蛋白胨琼脂（TA）（见附录Ⅱ），NCAH 培养基♯10218 或生物制品生产商提供的生产大纲（OP）中所述的培养基；

2.2.3　多杀性巴氏杆菌参考品培养物〔美国菌种保藏中心（ATCC）♯11039〕；

2.2.4　70％酒精；

2.2.5　装在血清瓶中的无菌水；

2.2.6　涂布器；

2.2.7　无菌注射器和针头；

2.2.8　无菌移液管，独立包装；

2.2.9　无菌培养管；

2.2.10　实验室工作服和手套；

2.2.11　（4×4）英寸无菌纱布；

2.2.12　检验试管架；

2.2.13　锐器盒；

2.2.14　移液管助吸器；

2.2.15　微量移液器，100μL 至 1mL；

2.2.16　移液器吸头，100μL 至 1mL；

2.2.17　BRAND PD-Tip™注射器针头。

3. 检验准备

3.1　人员资质/培训

操作人员必须对本方法进行过培训，或具有一定经验。其中包括生物实验室无菌操作技术和准备工作，以及生物制剂、试剂、组织培养样本和化学物质的正确使用和处理。操作人员还必须掌握安全操作程序和政策，并经过步骤 2.1 项所述实验室设备基本操作的培训。

3.2　设备/仪器的准备

3.2.1　按照生产商提供的使用说明操作所有的设备/仪器，并按照现行的标准操作程序（SOP）进行维护。

3.2.2　根据 SOP 监测培养箱、冰箱和冷却器的温度。

3.2.3　开始工作前，至少提前 30min 打开 BSC。

3.2.4　根据样品编号或名称、管号及稀释度对所有平板进行标记。每批检品每个稀释度标记 3 块平板。

3.3　试剂/对照品的准备

3.3.1　复溶至适当体积之前，应先将样品和参考培养物放置恢复至 20～25℃。

3.3.2　按照生产商的说明书准备多杀性巴氏杆菌参考品原液培养物。

3.3.3　阴性和阳性对照：取 1 块未接种的含 5％牛血的 TA 平板和 1 块接种了无菌稀释液的平板与检验板一起培养，作为阴性对照平板。按照与待检菌苗相同的方法稀释多杀性巴氏杆菌参考品培养物（阳性对照品），但接种量根据步骤 3.3.2 项确定。

3.3.4　将用于计数的平板置冰箱中冷藏。在使用前，将板子置（35±2）℃培养箱过夜，或者在使用前置 BSC 中干燥。在使用时，平板制备时间不能超过 6 个月。

3.4　样品的准备

样品是多杀性巴氏杆菌疫苗和/或含有此组分的产品。对于不配备稀释液的样品，根据产品标签或企业生产大纲使用储存在血清瓶中的无菌纯化水进行稀释。

4. 检验

4.1　从冰箱或冷藏室取出 2 瓶（或根据检验的 OP 所述的瓶数）待检样品和 1 瓶多杀性巴氏杆菌参考品原液培养物，并恢复至室温。

4.2　用 70％酒精消毒瓶盖。充分重新复溶小瓶中的内容物，至少 5min。反复颠倒摇晃小瓶，直至完全混匀。

4.3　拟对检品进行 10 倍系列稀释，将培养管放在管架上，使用带有无菌注射器针头的可连续加样的移液管分别吸取 9.0mL 胰蛋白胨肉汤加至每个培养管中。根据需求，依次标记培养管 $10^{-1}\sim10^{-X}$。

4.4　用带有无菌吸头的微量移液器取步骤 4.2 项准备好的样品 1mL，加入含胰蛋白胨肉汤的第一支试管中。盖好试管并涡旋。继续进行系列稀释，用新的无菌吸头从该管中取 1.0mL 样品加入 10^{-2} 管中。重复该步骤，且每次转移更换新的无菌吸头，直至达到所要求的 10 倍系列稀释度（参考企业的 OP）。

4.5　用带有无菌吸头的微量移液器将系列稀释最后 3 个稀释度的样品各吸取 0.1mL，滴加在按照步骤 2.2.2 项制备的培养基表面。

4.6　使用无菌涂布器将菌液均匀涂布在琼脂培养基表面。

4.7　重复步骤 4.4 至 4.6 项，进行第二瓶样品的检验。

4.8　取按照步骤 3.3.2 项确定的 3 个稀释度的参考对照品稀释液，每个稀释度按照步骤 4.5 至 4.6 项接种 3 块平板。

4.9　翻转所有平板，并置（35±2）℃培养（24±4）h。培养结束后，选取含有 30～300CFU 的稀释度平板进行计数。按照以下公式计算待检小瓶中每头份菌苗所含的 CFU 平均数。

$$\frac{（平均数，CFU）\times（稀释液体积，mL）}{（稀释度）\times（接种体积，mL）\times（每瓶头份数）}=头份（CFU）$$

5. 检验结果说明

5.1　如果在首次检验中，每头份菌苗所含 CFU 等于或大于企业 OP 所规定的最小值，则无需进行额外的检验，可直接判该批或该亚批菌苗活菌计数符合规定（SAT）。

5.2　如果在首次检验中，每头份菌苗所含 CFU 小于企业 OP 所规定的最小值，则判该批或该亚批菌苗为无结论（INC），可用首次检验双倍数量的样品进行重检，如在 21d 内不进行重检，则按照首次检验的结果判该批或该亚批菌苗活菌计数不符合规定（UNSAT）。对菌苗进行重检时，将企业 OP 中的检验方法同本 SAM 相比较。如果用企业 OP 中的检验方法进行重检时，菌苗的平均菌落数低于所要求的最小值，则判该批或该亚批菌苗 UNSAT。

5.3　如果用企业 OP 中的检验方法进行重检时，菌苗的平均菌落数等于或高于所要求的最小值，则判该批或该亚批菌苗 SAT。

5.4　如果首次检验参考品培养物或阳性对照品培养物没有在步骤 3.3.2 项中所要求的数值范围内，但产品的检验结果符合规定，则无需进行额外的检验，可判该批或该亚批菌苗活菌计数为未检验（NT），该产品的检验结论按照企业的检验结果公布。如果参考品培养物的计数结果没有在规定滴度范围内，且同时检验菌苗的计数结果低于所规定的最小值，则该批菌苗需使用与首次检验加倍数量的新菌苗样品进行重检。如果在首次检验中阴性对照板上有菌生长，则无需进行额外的检验，判该批或该亚批菌苗活菌计数为 NT。

6. 检验结果报告

根据 SOP 记录并报告检验结果。

7. 参考文献

Title 9，Code of Federal Regulations，part 113.450（h）（2）（iii）［M］. Washington，DC：Government Printing Office.

Marshall R T，1992. Standard methods for the examination of dairy products ［M］. 16th ed. Washington，DC：American Public Health Association.

8. 修订概述

第 05 版

• 更新细菌学实验室负责人、CVB-PLE 负责人和第 1 页。

• 1～5：更新和重写这些部分，以表述清楚。

• 附录：更新培养基的保存条件。

第 04 版

• 更新步骤 1～6 项，以反映现行的实际操作。

• 附录：更新培养基的保存条件。

第 03 版

• 更新联系人信息。

• 6：重写此部分，以表述清楚。

• 附录：增加培养基的保存条件。

第 02 版

本修订版资料主要用于阐述兽医生物制品中心现行的实际操作方法，并提供了额外的细节信息。虽然不对检验结果产生重大影响，但是对文件进行了以下修改：

• 2.1：设备列表中删除了本生灯。

• 4.9：增加了 CFU/头份的计算步骤。

附录

附录Ⅰ　胰蛋白胨肉汤（TB）［国家动物卫生中心（NCAH）培养基♯10404］

胰蛋白胨陈肉汤	26.0g
QH₂O	1 000.0mL

121℃高压灭菌 20min。培养基可在 2～5℃保存不超过 6 个月。

附录Ⅱ　含 5% 牛血（去纤维）的胰蛋白胨琼脂（TA）（NCAH 培养基♯10218）

胰蛋白胨琼脂	41.0g
QH₂O	950.0mL

121℃高压灭菌 25min。56℃水浴冷却后，加入 50.0mL 去纤维蛋白的牛血。培养基可在 2～5℃保存不超过 6 个月。

（李伟杰译，张一帜校）

美国农业部兽医生物制品中心
检验方法

SAM 928 细菌活疫苗和细菌基础种子样品中外源性细菌和真菌检测的补充检验方法

日　　期：2016 年 10 月 27 日

编　　号：SAM 928.06

替　　代：SAM 928.05，2013 年 11 月 8 日

标准要求：9CFR 113.27（b）和（d）部分

联 系 人：Sophia G. Campbell，(515) 337-7489

　　　　　Mindy J. Toth，(515) 337-6242

审　　批：/s/ Larry R. Ludemann　　　　　日期：2016 年 11 月 9 日

　　　　　Larry R. Ludemann，细菌学实验室负责人

　　　　　/s/Paul Hauer　　　　　日期：2016 年 11 月 10 日

　　　　　Paul Hauer，兽医生物制品中心政策、评审与执照管理部门负责人

美国农业部动植物卫生监督署

P. O. Box 844

Ames，IA 50010

由以下人员录入 CVB 质量管理体系：

/s/Linda. S. Snavely　　　　　日期：2016 年 11 月 14 日

Linda. S. Snavely，质量管理计划助理

目　录

1. 引言

本补充检验方法（SAM）描述了按照联邦管理法规第9条（9CFR）113.27（b）和（d）部分规定对细菌活疫苗和细菌基础种子样品中活的细菌和真菌进行检验的程序。外源性活的细菌和真菌可通过与适当阳性对照品在不同培养基上的眼观评价和显微观察进行确定。

2. 材料

2.1 设备/仪器

下列任何品牌的设备或仪器均可由具有相同功能的设备或仪器所替代。

2.1.1 显微镜；

2.1.2 层流式Ⅱ级生物安全柜（BSC）；

2.1.3 30～35℃培养箱；

2.1.4 20～25℃培养箱。

2.2 试剂/耗材

下列任何品牌的试剂或材料均可由具有相同功能的试剂或材料所替代。

2.2.1 枯草杆菌 *Bacillus subtilis*〔美国菌种保藏中（ATCC）♯6633〕或现行《美国药典》（USP）规定的等效微生物；

2.2.2 东方伊萨酵母 *Issatchenkia orientalis*（原为克氏念珠菌，ATCC♯6258）或现行《美国药典》（USP）规定的等效微生物；

2.2.3 胰酪大豆胨液体培养基（TSB）〔国家动物卫生中心（NCAH）培养基♯10423〕（见附录Ⅰ）；

2.2.4 硫乙醇酸盐流体培养基（FTM），NCAH♯10135（见附录Ⅱ）；

2.2.5 胰酪大豆胨琼脂培养基（TSA），NCAH♯10487（见附录Ⅲ）；

2.2.6 麦康凯琼脂（MC），NCAH♯10217（见附录Ⅳ）；

2.2.7 三糖铁琼脂（TSIA），NCAH♯10406（见附录Ⅴ）；

2.2.8 70%酒精；

2.2.9 装在血清瓶中的无菌水；

2.2.10 实验室工作服或无菌袖套和手套；

2.2.11 （4×4）英寸无菌纱布垫；

2.2.12 带有针头的无菌注射器；

2.2.13 Vacutainer ®针头；

2.2.14 无菌移液管，独立包装；

2.2.15 一次性接种环；

2.2.16 显微镜载玻片。

3. 检验准备

3.1 人员资质/培训

操作人员必须对本方法进行过培训，或具有一定经验。其中包括生物实验室无菌操作技术和准备工作，以及生物制剂、试剂、组织培养样本和化学物质的正确使用和处理。操作人员还必须掌握安全操作程序和政策，并经过步骤2.1项所述实验室设备基本操作的培训。

3.2 设备/仪器的准备

3.2.1 按照生产商提供的使用说明操作所有的设备/仪器，并按照现行的标准操作程序（SOP）进行维护。

3.2.2 在检验开始前1h打开BSC。

3.2.3 根据SOP监测培养箱、冰箱和冷却器的温度。

3.3 试剂/对照品的准备

3.3.1 按照生产商说明书准备枯草杆菌原培养物，并测定其菌落形成单位（CFU）的浓度。

3.3.2 按照生产商说明书准备东方伊萨酵母原培养物，并测定其CFU的浓度。

3.3.3 按照生产商说明书准备阳性对照品原培养物，并且必须等同于待检活菌制品和/或MSB。阳性对照品用于对比产品中的微生物。

3.3.4 筛选防腐剂的稀释度（第11瓶阳性对照）：每批待检产品，每个培养温度额外接种一瓶培养基，每个样品接种0.1mL，含适宜的指示菌（见步骤2.2.1和2.2.2项）约为100CFU。此对照用于确定接种量和培养基的比例，确保产品被充分稀释，以符合9CFR113.25（d）部分消除产品抑制细菌和真菌生长的活性的规定。

3.3.5 每瓶培养基的最大装量：每瓶培养基的最大装量是500mL。当体积大于500mL时，平均分成2瓶进行检验，而相应的接种体积也要均分。

3.3.6 技术对照：取检验期间所用的每种培养基各10瓶，分别接种配套提供的血清瓶中的无菌水0.2mL。使用与待检生物制品相同批次的水和注射器。技术对照检验瓶与待检批次的检验瓶一起在每种培养温度下共同培养。

3.3.7 培养基对照：按照9CFR113.25（c）部分规定，取检验期间所用的每种培养基各10瓶，不接种培养，以证明该批培养基的无菌性。在检验期间，将培养基对照检验瓶与待检批次的检验瓶一起在每种培养温度下共同培养。

3.4　样品的准备

3.4.1　待检样品为活的菌苗和细菌种子（MSB）。用 10 瓶最终样品和至少 4.0mL MSB 进行无菌检验[*]。

3.4.2　对于没有配备稀释液的产品，按照产品标签或生产大纲（OP）用无菌纯化水进行复溶。使用同批无菌水进行技术对照。

3.4.3　根据终产品的 OP 第 V. A 部分规定测定每个检验小瓶中培养基的体积。应订购足够体积的培养基，以满足检验小瓶、阳性对照和阴性对照中培养基的用量。

4. 检验

4.1　标记检验培养基瓶以明确待检疫苗批和/或种子批。所有检验操作在 BSC 内完成。

4.2　用 70％酒精擦 BSC 内表面。用浸有70％酒精的（4×4）英寸无菌纱布垫消毒样品顶端。

4.3　复溶每瓶检品（如果需要），使用注射器或 Vacutainer ® 针头，用配套的无菌稀释液或无菌水进行。

4.4　取复溶或解冻的疫苗或 MSB 接种 10 瓶 TSB 和 10 瓶 FTM，每瓶接种 0.2mL。涡旋混匀各瓶，使产品与培养基充分混合。用接种环取每种产品或 MSB（约 10μL）划线接种 2 个 TSA 平板；在每个培养温度下各培养一个平板。按照 SOP 要求取一滴培养物涂片，进行革兰氏染色和显微镜检查。

4.5　另取 TSB 和 FTM 培养瓶各 1 瓶，接种 0.2mL 复溶或解冻的疫苗，作为第 11 瓶阳性对照（见步骤 3.3.4 项）。这些样品可从之前检验所使用的 10 瓶样品中的任何 1 瓶中取样或从第 11 瓶中取样。将第 11 检验瓶放在一旁，继续进行检验步骤。

注：第 11 瓶阳性对照仅适用于活菌疫苗的检验。

4.6　按照步骤 4.3 至 4.5 项，完成所有批次疫苗的检验；按照步骤 4.3 至 4.4 项，完成所有 MSB 的检验。

4.7　按照步骤 4.3 至 4.4 项，完成阳性对照的检验，除每种类型的培养基接种 2 瓶外，其他均与待检产品相同（见步骤 3.3.3 项）。

4.8　技术对照的准备，用无菌水（或企业提供的检验用稀释液）接种 10 瓶 TSB 和 10 瓶 FTM，每瓶接种 0.2mL。涡旋小瓶，使水与培养基充分混合。

4.9　当无菌检验检品部分接种完成后，进行第11 瓶阳性对照品的准备，在特定用于阳性对照品检验的 BSC 中进行操作（见步骤 3.3.1 和 3.3.2 项）。

4.9.1　取约 100CFU 适当的指示菌接种按照步骤 4.5 项准备好的培养瓶中，涡旋小瓶，使指示菌与培养基充分混合。

4.9.2　在第 11 瓶接种完指示菌后，取每种指示菌以适当体积接种 2 个 TSA 平板。对该平板进行计数，以确定加入检验瓶中活的指示菌的大约数目。

4.10　将含有 FTM 检验瓶和一半的 TSA 平板置 30～35℃培养箱培养。将含有 TSB 检验瓶和另一半的 TSA 平板置 20～25℃培养箱培养。TSA 平板培养 3d。检验瓶、阴性对照和阳性对照瓶培养 14d。

4.11　培养完成后，检查 TSA 平板。

4.11.1　按照 SOP 观察非正常生长，对于每种类型的菌落进行涂片，并进行革兰氏染色。将菌落和菌体形态与阳性对照品相比较，并记录结果。

4.11.2　对第 11 瓶指示菌和对照平板进行菌落计数。

4.12　培养结束后，检查 TSB 和 FTM 培养物中的非典型微生物生长。如果无法用肉眼观察法确定外源微生物的生长，则可以涂片镜检，及通过继代培养进行分离检查。

4.12.1　进一步检验中，每批检品每个培养温度下选择 3 个或更多的培养瓶进行检验。

4.12.2　根据 SOP 取一滴培养物涂片，准备进行革兰氏染色和镜检。

4.12.3　将继代培养的培养物接种 MC、TSA 和 TSIA 斜面。在适当的温度下培养 3d。

4.13　将待检样品中的菌落形态与阳性对照接种的 MC 和 TSA 中的菌落形态相比较。如有任何差异，则可通过革兰氏染色和镜检进行进一步查证。将待检样品的 TSIA 反应与阳性对照的相比较。将待检样品的菌体形态与和阳性对照的相比较。

5. 检验结果说明

5.1　必须满足有效检验的标准，否则判为无效检验或未检验（NT）。如果没有理由怀疑该产品

---

[*] 译者注：此处英文有误，应为"纯粹检验"或"外源性细菌或真菌检验"。

无菌检验不符合规定（UNSAT），则产品可以以NT为结果进行报告并予以放行。MSB的检验结果为未检验时，监管人员具有自由裁量权。

5.1.1　技术对照或培养基对照必须没有任何微生物生长。

5.1.2　阳性对照应出现所预计的生长。

5.1.3　含有指示菌的用于防腐剂稀释度检测的TSA平板平均计数必须约为100CFU，以确定每批指示菌的一致性。

5.1.4　对于测定防腐剂稀释度的最终产品的检验，在第11个阳性对照瓶中必须观察到有指示菌的生长。如果在最终产品检验的第11瓶阳性对照中指示菌未生长，则该批检品应当按照9CFR113.25（d）使用完全稀释的防腐剂进行全面评估。如果发现无菌检验OP中所列出的培养基体积在防腐剂稀释试验中允许出现干扰，则该检验判为UNSAT，且无菌检验

5.2　细菌基础种子（MSB）

5.2.1　如果在对MSB进行的首次检验中有任何检验容器出现外源微生物的生长，则可开启新的MSB小瓶进行一次重新检验（RT）。如果RT中有任何检验容器出现外源微生物生长，则判该MSB为UNSAT。

5.2.2　如果MSB检验容器中未出现外源微生物生长，则判为符合规定（SAT）。

5.3　细菌活疫苗

5.3.1　如果在首次检验的20个检验瓶中有2瓶或3瓶检测到外源微生物生长，则可开启20瓶新的样品进行一次RT。RT方法同步骤4.1至4.13项，并且在非必须情况下可省去第11瓶阳性对照品。若21d内未RT，则该按照首次检验结果判产品为UNSAT。

5.3.2　如果在首次检验的20个检验瓶中有19～20瓶未检测到外源微生物生长，或在RT的40个检验瓶中有39～40瓶未检测到外源微生物生长，则判该批产品SAT。

5.3.3　如果在首次检验的20个检验瓶中有4瓶或4瓶以上检测到有外源微生物生长，或在RT的40个检验瓶中有2瓶或2瓶以上检测到有外源微生物生长，则判该批产品UNSAT。

5.4　如果发现MSB或细菌活疫苗UNSAT，则取3～4mL污染培养物的样品，贴签标记好样品管后置−65℃或−65℃以下冻存。

6. 检验结果报告

按照SOP记录并报告检验结果。

7. 参考文献

Title 9，Code of Federal Regulations，part 113.27（b）and（d）［M］．Washington，DC：Government Printing Office.

Kurtzman C P，Robnett C J，Basehoar-Powers E，2008. Phylogenetic relationships among species of Pichia，Issatchenkia and Williopsis determined from multigene sequence analysis，and the proposal of Barnettozyma genera novel，Lindnera genera novel and Wickerhamomyces genera novel［J］．FEMS Yeast Res，8：939-954.

8. 修订概述

第06版

·更新联系人信息、细菌学实验室负责人和CVB-PLE负责人。

·更新步骤4.9项和5.1至5.3项。

·附录Ⅲ至Ⅴ：更新培养基的保存条件。

第05版

·格式化地编排了步骤5项，以说明MSB和细菌活疫苗的检验。

·对检验结果的一致性进行说明。

第04版

·修订步骤4.4项，包括直接从小瓶中取样进行革兰氏染色。

第03版

·修订，包括了引用CVB通告12-21中对防腐剂稀释度的要求。

·更新步骤2至6项，以反映现行的实际操作。

·7.3　增加说明名称由"克氏念珠菌"变更为"东方伊萨酵母"的参考文献。

第02版

·文件编号由STSAM0928变更为SAM928。

·联系人由Dolores Strum变更为Sophia Campbell和Alaina Ingebritson。

·1　增加本SAM用于细菌基础种子的相关信息。

·2.1　在检验所需的仪器设备列表中删除了本生灯（Bunsen burner）。

·2.1.5　增加所用生物安全柜的级别。

·3.1　明确了人员资质。

·3.3.3/3.3.4　重写此部分，以明确内容。

· 3.4.2　重写此部分，以明确内容。

· 3.4.3　增加此部分，以表明生产大纲规定的检验所用培养基的体积。

· 4　修订此部分，以说明现行使用的程序。

· 5　修订此部分，以明确对检验结果的说明。

· 附录：增加培养基的保存条件。

附录

附录 I　NCAH 培养基 ♯ 10423

胰酪大豆胨液体培养基（TSB）

胰酪大豆胨液体培养基　　　　　　　　　　　　30g

QH₂O　　　　　　　　　　　　　　　　　1 000mL

121℃高压灭菌 20min，在 20～25℃保存不超过 3 个月。

附录 II　NCAH 培养基 ♯ 10135

硫乙醇酸盐流体培养基（BBL）

硫乙醇酸盐流体培养基　　　　　　　　　　　29.5g

QH₂O　　　　　　　　　　　　　　　　　1 000mL

混合后煮沸。121℃高压灭菌 20min，在 20～25℃保存不超过 3 个月。

附录 III　NCAH 培养基 ♯ 10487

胰酪大豆胨琼脂（TSA）

胰酪大豆胨琼脂（BBL）　　　　　　　　　　40.0g

QH₂O　　　　　　　　　　　　　　　　　1 000mL

121℃高压灭菌 20min，在 2～5℃保存不超过 6 个月。

附录 IV　NCAH 培养基 ♯ 10217

麦康凯琼脂

麦康凯琼脂（BBL）　　　　　　　　　　　　50.0g

QH₂O　　　　　　　　　　　　　　　　　1 000mL

121℃高压灭菌 20min，在 2～5℃保存不超过 6 个月。

附录 V　NCAH 培养基 ♯ 10406

三糖铁琼脂

三糖铁琼脂斜面（TSIA）　　　　　　　　　　65.0g

QH₂O　　　　　　　　　　　　　　　　　1 000mL

121℃高压灭菌 15min，将管倾斜 20°角。在 2～5℃保存不超过 6 个月。

（魏财文译，张一帜　李美花校）

第五篇

美国兽医生物制品

产品目录

2016年7月16日发布

病毒类活（灭活）疫苗或细菌类活疫苗

1. 边虫病减毒活疫苗
2. 炭疽芽孢活疫苗
3. 节杆菌活疫苗
4. 自家灭活病毒疫苗
5. 自家灭活病毒-自家灭活细菌联合疫苗
6. 自家灭活病毒或灭活真菌或 RNA 疫苗
7. 禽腺病毒灭活疫苗
8. 禽脑脊髓炎活疫苗
9. 禽脑脊髓炎-鸡贫血病毒-鸡痘三联活疫苗（活＋弱毒活病毒）
10. 禽脑脊髓炎-鸡痘二联活疫苗
11. 禽脑脊髓炎-鸡痘-喉气管炎三联活疫苗（活病毒，鸡痘病毒活载体）
12. 禽脑脊髓炎-鸡痘-鸡毒支原体三联活疫苗（鸡痘病毒活载体，活病毒）
13. 禽脑脊髓炎-鸡痘-鸽痘三联活疫苗
14. 禽流感灭活疫苗（H5N1/H5N2/H5N3/H5N9/H7N2/H7N3 亚型）
15. 禽流感-鸡痘二联活疫苗（H5 亚型，鸡痘病毒活载体）
16. 禽流感-马立克氏病二联活疫苗（H5 亚型，马立克病毒活载体，血清型 3 型）
17. 禽肺炎病毒弱毒活疫苗
18. 禽多瘤病毒灭活疫苗
19. 禽呼肠孤病毒灭活疫苗
20. 蓝舌病弱毒活疫苗（血清型 10/11/17 型）
21. 禽波氏杆菌病减毒活疫苗
22. 支气管败血波氏杆菌减毒活疫苗
23. 牛冠状病毒弱毒活疫苗
24. 牛副流感病毒 3 型-呼吸道合胞体病毒二联弱毒活疫苗
25. 牛呼吸道合胞体病毒弱毒活疫苗
26. 牛鼻气管炎灭活疫苗/弱毒活疫苗
27. 牛鼻气管炎-副流感 3 型二联弱毒活疫苗
28. 牛鼻气管炎-副流感 3 型-呼吸道合胞体病毒三联弱毒活疫苗
29. 牛鼻气管炎-病毒性腹泻灭活疫苗/弱毒活疫苗
30. 牛鼻气管炎-病毒性腹泻-副流感 3 型三联弱毒活疫苗
31. 牛鼻气管炎-病毒性腹泻-副流感 3 型-呼吸道合胞体病毒四联疫苗（灭活病毒/弱毒活病毒＋灭活病毒/弱毒活病毒）
32. 牛鼻气管炎-病毒性腹泻-副流感 3 型-呼吸道合胞体病毒-溶血性曼氏杆菌病-败血性巴氏杆菌病六联疫苗（弱毒活病毒，减毒活病毒）
33. 牛鼻气管炎-病毒性腹泻-呼吸道合胞体病毒三联弱毒活疫苗
34. 牛轮状病毒-冠状病毒二联灭活疫苗/弱毒活疫苗
35. 牛病毒性腹泻灭活疫苗/弱毒活疫苗
36. 鸡支气管炎活疫苗（Ark 型/Conn 型/Georgia 型/Mass 和 Ark 型/Mass 和 Conn 型/Mass 型）/弱毒活疫苗（Delaware 型）/灭活疫苗（Mass 型）
37. 流产布鲁氏菌活疫苗（19 株/RB-51 株）/低剂量活疫苗（19 株）
38. 鸡传染性法氏囊病灭活疫苗/活疫苗/灭活疫苗(标准毒株＋变异毒株)/活疫苗(标准毒株＋变异毒株)/活疫苗（变异毒株）
39. 鸡传染性法氏囊-马立克氏病二联活疫苗（血清型 3 型/血清型 2＋3 型）/马立克病毒活载体疫苗（血清型 3 型/血清型 1＋2＋3 型/血清型 1＋3 型/血清型 2＋3 型）/活疫苗（血清型 3 型/血清型 2＋3 型，标准毒株＋变异毒株）
40. 鸡传染性法氏囊病-新城疫二联灭活疫苗
41. 鸡传染性法氏囊病-新城疫-支气管炎三联活疫苗（B1 型，B1 株，Mass＋Conn 型）/灭活疫苗（Mass 型）/灭活疫苗（标准毒株＋变异毒株，Mass＋Ark 型）
42. 鸡传染性法氏囊病-新城疫-支气管炎-呼肠孤病毒四联灭活疫苗/灭活疫苗（Mass 型）/灭活疫苗（标准毒株＋变异毒株，Mass＋Ark 型）/灭活疫苗（标准毒株＋变异毒株，Mass 型）
43. 鸡传染性法氏囊病-新城疫-呼肠孤病毒三联灭活疫苗（标准毒株＋变异毒株）
44. 鸡传染性法氏囊病-呼肠孤病毒二联灭活疫苗（标准毒株＋变异毒株）
45. 犬腺病毒 2 型-副流感-支气管败血波氏杆菌三联活疫苗（弱毒活病毒，减毒活病毒）
46. 犬冠状病毒灭活疫苗/活疫苗
47. 犬冠状病毒-犬细小病毒二联疫苗（弱毒

活病毒＋灭活病毒/弱毒活病毒）

48. 犬瘟热活疫苗（金丝雀痘病毒载体/弱毒活病毒）

49. 犬瘟热-腺病毒 2 型二联弱毒活疫苗

50. 犬瘟热-腺病毒 2 型-冠状病毒-副流感-犬细小病毒五联疫苗（弱毒活病毒＋灭活病毒/弱毒活病毒，金丝雀痘病毒活载体）

51. 犬瘟热-腺病毒 2 型-麻疹-副流感四联弱毒活疫苗

52. 犬瘟热-腺病毒 2 型-副流感三联弱毒活疫苗

53. 犬瘟热-腺病毒 2 型-副流感-犬细小病毒四联疫苗（弱毒活病毒/弱毒活病毒，金丝雀痘病毒载体）

54. 犬瘟热-腺病毒 2 型-犬细小病毒三联疫苗（弱毒活病毒/弱毒活病毒，金丝雀痘病毒载体）

55. 犬瘟热-肝炎-副流感三联弱毒活疫苗

56. 犬瘟热-麻疹二联弱毒活疫苗

57. 犬瘟热-犬细小病毒二联弱毒活疫苗

58. 犬流感灭活疫苗（H3N8 亚型）

59. 犬流感灭活疫苗（H3N2 亚型/H3N8 亚型）

60. 犬副流感-支气管败血波氏杆菌二联活疫苗（弱毒活病毒，减毒活病毒）

61. 鸡贫血病毒活疫苗/弱毒活疫苗

62. 鹦鹉热衣原体灭活疫苗

63. 球虫病活疫苗/活疫苗（鸡源）

64. 瘟热活疫苗（金丝雀痘病毒活载体/弱毒活病毒）

65. 鸭病毒性肠炎弱毒活疫苗

66. 鸭病毒性肝炎弱毒活疫苗

67. 爱德华氏菌减毒活疫苗

68. 马脑脊髓炎灭活疫苗（东方型＋西方型）

69. 马脑脊髓炎-西尼罗河病毒二联灭活疫苗（东方型＋西方型）/灭活疫苗（东方型＋西方型，灭活的黄病毒嵌合体）/灭活疫苗（东方型＋西方型，金丝雀痘病毒活载体）

70. 马动脉炎弱毒活疫苗

71. 马流感灭活疫苗/活疫苗（金丝雀痘病毒活载体）/弱毒活疫苗

72. 马鼻炎（A 型）灭活疫苗

73. 马传染性鼻肺炎灭活疫苗/弱毒活疫苗

74. 马传染性鼻肺炎-流感二联灭活疫苗

75. 马轮状病毒灭活疫苗

76. 猪丹毒减毒活疫苗

77. 大肠杆菌病活疫苗/减毒活疫苗

78. 猫杯状病毒灭活疫苗/弱毒活疫苗

79. 猫免疫缺陷病毒灭活疫苗

80. 猫免疫缺陷-白血病病毒二联灭活疫苗

81. 猫传染性腹膜炎弱毒活疫苗

82. 猫白血病灭活疫苗/活疫苗（金丝雀痘病毒活载体）

83. 猫白血病病毒-鹦鹉热衣原体二联灭活疫苗

84. 猫白血病-鼻气管炎-杯状病毒-猫瘟四联疫苗（灭活病毒/弱毒活病毒＋灭活病毒）

85. 猫白血病-鼻气管炎-杯状病毒-猫瘟-鹦鹉热衣原体五联疫苗（灭活病毒，灭活衣原体/弱毒活病毒＋灭活病毒，灭活衣原体/弱毒活病毒＋灭活病毒，弱毒活衣原体）

86. 猫泛白细胞减少症弱毒活疫苗

87. 猫鼻气管炎弱毒活疫苗

88. 猫鼻气管炎-杯状病毒-鹦鹉热衣原体三联弱毒活疫苗（弱毒活病毒，弱毒活衣原体）

89. 猫鼻气管炎-杯状病毒-猫瘟三联疫苗（灭活病毒/弱毒活病毒＋灭活病毒/弱毒活病毒）

90. 猫鼻气管炎-杯状病毒-猫瘟-鹦鹉热衣原体四联疫苗（灭活病毒，灭活衣原体/弱毒活病毒，灭活衣原体/弱毒活病毒，弱毒活衣原体）

91. 猫鼻气管炎-杯状病毒-猫瘟-鹦鹉热-狂犬病五联疫苗（弱毒活＋灭活病毒，弱毒活衣原体/弱毒活病毒＋衣原体，金丝雀痘病毒载体）

92. 猫鼻气管炎-杯状病毒-猫瘟-狂犬病活四联疫苗（弱毒活＋灭活病毒/弱毒活病毒，金丝雀痘病毒载体）

93. 猫鼻气管炎-杯状病毒二联弱毒活疫苗

94. 柱状黄杆菌减毒活疫苗

95. 鸡喉气管炎弱毒活疫苗

96. 鸡喉气管炎-马立克氏病二联活疫苗（血清型 3，马立克病毒活载体/血清型 2 型＋3 型，弱毒活病毒，马立克病毒活载体）

97. 鸡痘活疫苗

98. 鸡痘-喉气管炎二联活疫苗（鸡痘病毒活载体）

99. 鸡痘-马立克氏病二联活疫苗（血清型 3）

100. 鸡痘-鸡毒支原体二联活疫苗（鸡痘病毒活载体）

101. 狐狸脑炎灭活疫苗

102. 副猪嗜血杆菌减毒活疫苗

103. 出血性肠炎活疫苗

104. 传感染性造血组织坏死病毒 DNA 疫苗

105. 胞内劳森氏菌减毒活疫苗

106. 溶血性曼氏杆菌-多杀性巴氏杆菌二联减毒活疫苗

107. 马立克氏病活疫苗（血清型 1 型/2 型/3 型/1 型＋3 型/2 型＋3 型/1 型＋2 型＋3 型/血清型 1 型＋3 型，活疱疹病毒嵌合体）

108. 马立克氏病-新城疫二联活疫苗（血清型 3 型，马立克氏病毒活载体/1 型＋2 型＋3 型，活病毒，马立克氏病毒活载体/1 型＋3 型，活病毒，马立克氏病毒活载体/2 型＋3 型，活病毒＋马立克氏病毒活载体）

109. 马立克氏病-腱鞘炎二联活疫苗（血清型 2＋3 型，活病毒＋弱毒活病毒）

110. 貂瘟热弱毒活疫苗

111. 貂瘟热-肠炎二联疫苗（弱毒活＋灭活病毒）

112. 貂肠炎灭活疫苗

113. 鸡毒支原体活疫苗

114. 新城疫活疫苗（B1 型，B1 株）/活疫苗（B1 型，C2 株）/活疫苗（B1 型，LaSota 株）/灭活疫苗/活疫苗（VG/GA 株）

115. 新城疫-鸡痘二联活疫苗（鸡痘病毒活载体）

116. 新城疫-鸡支气管炎活疫苗（B1 型，B1 株；Mass＋Ark 型）/活疫苗（B1 型，B1 株；Mass＋Conn 型）/活疫苗（B1 型，B1 株；Mass 型）/活疫苗（B1 型，C2 株；Mass＋Conn 型）/活疫苗（B1 型，C2 株；Mass 型）/活疫苗（B1 型，LaSota 株；Mass＋Conn 型）/（B1 型，LaSota 株；Mass 型）/灭活疫苗（Mass＋Ark 型）/灭活疫苗（Mass 型）/活疫苗（VG/GA 株；Mass＋Conn 型）

117. 新城疫-副黏病毒 3 型二联灭活疫苗

118. 羊口疮活疫苗

119. 副流感 3 型弱毒活疫苗

120. 细小病毒灭活疫苗/弱毒活疫苗

121. 多杀性巴氏杆菌减毒活疫苗（鸡源）

122. 鸽痘活疫苗

123. 猪圆环病毒疫苗（1-2 型嵌合体，灭活病毒/全病毒 2 型，灭活杆状病毒表达载体/全病毒 2 型，灭活病毒）

124. 猪流行性腹泻灭活疫苗/RNA 疫苗

125. 猪繁殖与呼吸综合征弱毒活疫苗（呼吸＋繁殖型/呼吸型/繁殖型）

126. 猪轮状病毒弱毒活疫苗

127. 猪轮状病毒-传染性胃肠炎二联弱毒活疫苗

128. 伪狂犬病弱毒活疫苗

129. 狂犬病活疫苗（浣熊痘病毒活载体）

130. 狂犬病疫苗（灭活病毒/金丝雀痘病毒活载体/牛痘病毒活载体）

131. 鸭疫里默氏杆菌病减毒活疫苗

132. 猪霍乱沙门氏菌病减毒活疫苗

133. 猪霍乱沙门氏菌病-鼠伤寒二联减毒活疫苗

134. 都柏林沙门氏菌病活疫苗

135. 鼠伤寒沙门氏菌活疫苗

136. 马链球菌活疫苗

137. 猪流感灭活疫苗（H1N1＋H1N2＋H3N2 亚型/H1N1＋H3N2 亚型/pH1N1 亚型）/RNA 疫苗

138. 腱鞘炎活疫苗/弱毒活疫苗

139. 牛胎毛滴虫灭活疫苗

140. 疣疫灭活疫苗

141. 西尼罗河病毒疫苗（灭活的黄病毒嵌合体/灭活病毒/金丝雀痘病毒活载体）

全细菌灭活疫苗及细菌亚单位疫苗

142. 胸膜肺炎放线杆菌灭活疫苗

143. 胸膜肺炎放线杆菌-支气管炎波氏杆菌-猪丹毒杆菌-副猪嗜血杆菌-多杀性巴氏杆菌五联灭活疫苗

144. 胸膜肺炎放线杆菌-副猪嗜血杆菌-多杀性巴氏杆菌三联灭活疫苗

145. 胸膜肺炎放线杆菌-多杀性巴氏杆菌二联灭活疫苗

146. 杀鲑气单胞菌灭活疫苗

147. 杀鲑气单胞菌-鳗弧菌-沙门氏菌三联灭活疫苗

148. 自家细菌亚单位疫苗

149. 自家细菌灭活疫苗

150. 支气管败血波氏杆菌灭活疫苗

151. 伯氏疏螺旋体亚单位疫苗

152. 伯氏疏螺旋体灭活疫苗

153. 伯氏疏螺旋体-犬群钩端螺旋体-感冒伤寒型钩端螺旋体-黄疸出血型钩端螺旋体-波摩娜型钩端螺旋体五联亚单位疫苗

154. 猪布鲁氏杆菌灭活疫苗

155. 胎儿弯曲杆菌灭活疫苗

156. 胎儿弯曲杆菌-空肠弯曲杆菌二联灭活疫苗

157. 胎儿弯曲杆菌-空肠弯曲杆菌-鹦鹉热衣原体三联灭活疫苗

158. 胎儿弯曲杆菌-犬群钩端螺旋体-感冒伤寒型钩端螺旋体-哈尔乔型钩端螺旋体-黄疸出血型钩端螺旋体-波摩娜型钩端螺旋体六联灭活疫苗

159. 鹦鹉热衣原体灭活疫苗

160. 气肿疽梭菌-败血梭状芽孢杆菌二联灭活疫苗

161. 气肿疽梭菌-败血梭状芽孢杆菌-溶血性曼氏杆菌-多杀性巴氏杆菌四联灭活疫苗

162. 溶血梭菌灭活疫苗

163. 假结核棒杆菌灭活疫苗

164. 里氏埃利希菌灭活疫苗

165. 猪丹毒杆菌灭活疫苗

166. 猪丹毒杆菌-副猪嗜血杆菌二联灭活疫苗

167. 猪丹毒杆菌-犬群钩端螺旋体-感冒伤寒型钩端螺旋体-哈尔乔型钩端螺旋体-黄疸出血钩端螺旋体-波摩娜型钩端螺旋体六联灭活疫苗

168. 猪丹毒杆菌-猪肺炎支原体二联灭活疫苗

169. 大肠杆菌亚单位疫苗

170. 大肠杆菌灭活疫苗

171. 大肠杆菌-鸭疫里默氏杆菌二联灭活疫苗

172. 坏死梭菌灭活疫苗

173. 副鸡嗜血杆菌灭活疫苗

174. 副猪嗜血杆菌灭活疫苗

175. 副猪嗜血杆菌-猪肺炎支原体二联灭活疫苗

176. 睡眠嗜血杆菌灭活疫苗

177. 睡眠嗜血杆菌-犬群钩端螺旋体-感冒伤寒型钩端螺旋体-哈尔乔型钩端螺旋体-黄疸出血型钩端螺旋体-波摩娜型钩端螺旋体六联灭活疫苗

178. 睡眠嗜血杆菌-溶血性曼氏杆菌-多杀性巴氏杆菌三联灭活疫苗

179. 胞内劳森氏菌灭活疫苗

180. 犬群钩端螺旋体灭活疫苗

181. 犬群钩端螺旋体-感冒伤寒型钩端螺旋体-哈尔乔型钩端螺旋体-黄疸出血型钩端螺旋体-波摩娜型钩端螺旋体五联灭活疫苗

182. 犬群钩端螺旋体-感冒伤寒型螺旋体-黄疸出血型钩端螺旋体-波摩娜型钩端螺旋体四联亚单位疫苗

183. 犬群钩端螺旋体-感冒伤寒型螺旋体-黄疸出血型钩端螺旋体-波摩娜型钩端螺旋体四联灭活疫苗

184. 犬群钩端螺旋体-黄疸出血型钩端螺旋体二联亚单位疫苗

185. 犬群钩端螺旋体-黄疸出血型钩端螺旋体二联灭活疫苗

186. 感冒伤寒型钩端螺旋体灭活疫苗

187. 感冒伤寒型钩端螺旋体-哈尔乔型钩端螺旋体-波摩娜型钩端螺旋体三联灭活疫苗

188. 哈尔乔型钩端螺旋体灭活疫苗

189. 哈尔乔型钩端螺旋体-波摩娜型钩端螺旋体二联灭活疫苗

190. 黄疸出血型钩端螺旋体灭活疫苗

191. 波摩娜型钩端螺旋体灭活疫苗

192. 溶血性曼氏杆菌-多杀性巴氏杆菌二联灭活疫苗

193. 牛莫拉氏菌灭活疫苗

194. 副结核分枝杆菌灭活疫苗

195. 牛支原体灭活疫苗

196. 鸡毒支原体灭活疫苗

197. 猪肺炎支原体灭活疫苗

198. 滑液囊支原体灭活疫苗

199. 多杀性巴氏杆菌灭活疫苗（禽源，1＋3＋4＋3X4 型）/灭活疫苗（禽源，1＋4＋3X4型）/灭活疫苗（牛源＋猪源）

200. 绿脓杆菌灭活疫苗

201. 公羊附睾炎灭活疫苗

202. 都柏林-鼠伤寒沙门氏菌二联灭活疫苗

203. 肠炎沙门氏菌灭活疫苗

204. 肠炎-肯塔基-鼠伤寒沙门氏菌三联灭活疫苗

205. 新港沙门氏菌亚单位疫苗

206. 鼠伤寒沙门氏菌灭活疫苗

207. 巨蛇菌灭活疫苗

208. 金黄色葡萄球菌灭活疫苗

209. 马链球菌亚单位疫苗

210. 猪链球菌灭活疫苗

211. 乳房链球菌灭活疫苗

212. 鲁氏耶尔森菌灭活疫苗

抗　体

213. 化脓隐秘杆菌-大肠杆菌-溶血性曼氏杆菌-多杀性巴氏杆菌-鼠伤寒沙门氏菌五联抗体（牛源）

214. 化脓隐秘杆菌-大肠杆菌-多杀性巴氏杆菌-鼠伤寒沙门氏菌四联抗体（牛源）

215. 化脓隐秘杆菌-溶血性曼氏杆菌-多杀性巴氏杆菌三联抗体（牛源＋猪源分离株，牛源）

216. 牛冠状病毒-大肠杆菌二联抗体（牛源）

217. 牛源 IgG

218. 抗大肠杆菌 IgG 抗体（牛源）

219. 犬淋巴瘤单克隆抗体

220. 马源 IgG

221. 抗马红球菌 IgG 抗体（马源）

222. 大肠杆菌抗体（牛源/马源）

223. 马标准血清

224. 抗马红球菌抗体（马源）

225. 抗马红球菌-马链球菌二联抗体（马源）

226. 抗鼠伤寒沙门氏菌抗体（马源）

227. 抗马链球菌抗体（马源）

228. 抗西尼罗河病毒抗体（马源）

病毒类活（灭活）疫苗或细菌活疫苗与全细菌灭活疫苗或细菌提取物或类毒素构成的联合疫苗

229. 自家灭活病毒与自家灭活细菌联合疫苗

230. 牛鼻气管炎病毒-睡眠嗜血杆菌-溶血性曼氏杆菌-多杀性巴氏杆菌-类毒素五联疫苗（灭活病毒）

231. 牛鼻气管炎病毒-睡眠嗜血杆菌-溶血性曼氏杆菌-多杀性巴氏杆菌-鼠伤寒沙门氏菌-类毒素六联疫苗（灭活病毒）

232. 牛鼻气管炎病毒-犬群钩端螺旋体-感冒伤寒型钩端螺旋体-哈尔乔钩端螺旋体-黄疸出血型钩端螺旋体-波摩娜型钩端螺旋体六联疫苗（弱毒活病毒）

233. 牛鼻气管炎病毒-感冒伤寒型钩端螺旋体-哈尔乔型钩端螺旋体-波摩娜型钩端螺旋体四联疫苗（弱毒活病毒）

234. 牛鼻气管炎病毒-哈尔乔钩端螺旋体-波摩娜型钩端螺旋体三联疫苗（弱毒活病毒）

235. 牛鼻气管炎病毒-波摩娜型钩端螺旋体二联疫苗（弱毒活病毒）

236. 牛鼻气管炎病毒-副流感病毒 3 型-犬群钩端螺旋体-感冒伤寒型钩端螺旋体-哈尔乔钩端螺旋体-黄疸出血型钩端螺旋体-波摩娜型钩端螺旋体七联疫苗（弱毒活病毒）

237. 牛鼻气管炎病毒-副流感病毒 3 型-感冒伤寒型钩端螺旋体-哈尔乔型钩端螺旋体-波摩娜型钩端螺旋体五联疫苗（弱毒活病毒）

238. 牛鼻气管炎病毒-副流感病毒 3 型-波摩娜型钩端螺旋体三联疫苗（弱毒活病毒）

239. 牛鼻气管炎病毒-副流感病毒 3 型-溶血性曼氏杆菌-多杀性巴氏杆菌四联疫苗（灭活病毒）

240. 牛鼻气管炎病毒-病毒性腹泻病毒-胎儿弯曲菌-犬群钩端螺旋体-感冒伤寒型钩端螺旋体-哈尔乔型钩端螺旋体-黄疸出血型钩端螺旋体-波摩娜型钩端螺旋体八联疫苗（灭活病毒/弱毒活病毒）

241. 牛鼻气管炎病毒-病毒性腹泻病毒-睡眠嗜血杆菌-溶血性曼氏杆菌-多杀性巴氏杆菌-类毒素六联疫苗（灭活病毒）

242. 牛鼻气管炎病毒-病毒性腹泻病毒-睡眠嗜血杆菌-溶血性曼氏杆菌-多杀性巴氏杆菌-鼠伤寒沙门氏菌苗-类毒素七联疫苗（灭活病毒）

243. 牛鼻气管炎病毒-病毒性腹泻病毒-犬群钩端螺旋体-感冒伤寒型钩端螺旋体-哈尔乔型钩端螺旋体-黄疸出血型钩端螺旋体-波摩娜型钩端螺旋体七联疫苗（灭活病毒/弱毒活病毒）

244. 牛鼻气管炎病毒-病毒性腹泻病毒-感冒伤寒型钩端螺旋体-哈尔乔型钩端螺旋体-波摩娜型钩端螺旋体五联疫苗（弱毒活病毒）

245. 牛鼻气管炎病毒-病毒性腹泻病毒-哈尔乔型钩端螺旋体-波摩娜型钩端螺旋体四联疫苗（弱毒活病毒）

246. 牛鼻气管炎病毒-病毒性腹泻病毒-波摩娜

型钩端螺旋体三联疫苗（弱毒活病毒）

247. 牛鼻气管炎病毒-病毒性腹泻病毒-溶血性曼氏杆菌类毒素三联疫苗（弱毒活病毒）

248. 牛鼻气管炎病毒-病毒性腹泻病毒-副流感病毒 3 型-胎儿弯曲菌-犬群钩端螺旋体-感冒伤寒型钩端螺旋体-哈尔乔型钩端螺旋体-黄疸出血型钩端螺旋体-波摩娜型钩端螺旋体九联疫苗（弱毒活病毒）

249. 牛鼻气管炎病毒-病毒性腹泻病毒-副流感病毒 3 型-犬群钩端螺旋体-感冒伤寒型钩端螺旋体-哈尔乔型钩端螺旋体-黄疸出血型钩端螺旋体-波摩娜型钩端螺旋体八联疫苗（弱毒活病毒）

250. 牛鼻气管炎病毒-病毒性腹泻病毒-副流感病毒 3 型-感冒伤寒型钩端螺旋体-哈尔乔型钩端螺旋体-波摩娜型钩端螺旋体六联疫苗（弱毒活病毒）

251. 牛鼻气管炎病毒-病毒性腹泻病毒-副流感病毒 3 型-波摩娜型钩端螺旋体四联疫苗（弱毒活病毒）

252. 牛鼻气管炎病毒-病毒性腹泻病毒-副流感病毒 3 型-呼吸道合胞体病毒-胎儿弯曲菌-睡眠嗜血杆菌-犬群钩端螺旋体-感冒伤寒型钩端螺旋体-哈尔乔型钩端螺旋体-黄疸出血型钩端螺旋体-波摩娜型钩端螺旋体十一联疫苗（灭活病毒）

253. 牛鼻气管炎病毒-病毒性腹泻病毒-副流感病毒 3 型-呼吸道合胞体病毒-胎儿弯曲菌-犬群钩端螺旋体-感冒伤寒型钩端螺旋体-哈尔乔型钩端螺旋体-黄疸出血型钩端螺旋体-波摩娜型钩端螺旋体十联疫苗（灭活病毒/弱毒活病毒＋灭活病毒/弱毒活病毒）

254. 牛鼻气管炎病毒-病毒性腹泻病毒-副流感病毒 3 型-呼吸道合胞体病毒-睡眠嗜血杆菌五联疫苗（灭活病毒/弱毒活病毒）

255. 牛鼻气管炎病毒-病毒性腹泻病毒-副流感病毒 3 型-呼吸道合胞体病毒-睡眠嗜血杆菌-犬群钩端螺旋体-感冒伤寒型钩端螺旋体-哈尔乔型钩端螺旋体-黄疸出血型钩端螺旋体-波摩娜型钩端螺旋体十联疫苗（灭活病毒/弱毒活病毒）

256. 牛鼻气管炎病毒-病毒性腹泻病毒-副流感病毒 3 型-呼吸道合胞体病毒-犬群钩端螺旋体-感冒伤寒型钩端螺旋体-哈尔乔型钩端螺旋体-黄疸出血型钩端螺旋体-波摩娜型钩端螺旋体九联疫苗（灭活病毒/弱毒活病毒＋灭活病毒/弱毒活病毒）

257. 牛鼻气管炎病毒-病毒性腹泻病毒-副流感病毒 3 型-呼吸道合胞体病毒-犬群钩端螺旋体-感冒

伤寒型钩端螺旋体-哈尔乔型钩端螺旋体-黄疸出血型钩端螺旋体-波摩娜型钩端螺旋体-溶血性曼氏杆菌十联疫苗（灭活病毒）

258. 牛鼻气管炎病毒-病毒性腹泻病毒-副流感病毒 3 型-呼吸道合胞体病毒-哈尔乔型钩端螺旋体五联疫苗（弱毒活病毒）

259. 牛鼻气管炎病毒-病毒性腹泻病毒-副流感病毒 3 型-呼吸道合胞体病毒-溶血性曼氏杆菌五联疫苗（灭活病毒）

260. 牛鼻气管炎病毒-病毒性腹泻病毒-副流感病毒 3 型-呼吸道合胞体病毒-溶血性曼氏杆菌类毒素五联疫苗（弱毒活病毒）

261. 牛鼻气管炎病毒-病毒性腹泻病毒-副流感病毒 3 型-呼吸道合胞体病毒-溶血性曼氏杆菌-多杀性巴氏杆菌-类毒素七联疫苗（弱毒活病毒）

262. 牛鼻气管炎病毒-病毒性腹泻病毒-呼吸道合胞体病毒-波摩娜型钩端螺旋体四联疫苗（弱毒活病毒）

263. 牛轮状病毒-冠状病毒-产气荚膜梭菌 C 型-大肠杆菌-类毒素五联疫苗（灭活病毒）

264. 牛轮状病毒-冠状病毒-产气荚膜梭菌 C&D 型-大肠杆菌-类毒素五联疫苗（灭活病毒）

265. 牛轮状病毒-冠状病毒-大肠杆菌三联疫苗（灭活病毒）

266. 牛病毒性腹泻病毒-胎儿弯曲菌-犬群钩端螺旋体-感冒伤寒型钩端螺旋体-哈尔乔型钩端螺旋体-黄疸出血型钩端螺旋体-波摩娜型钩端螺旋体七联疫苗（灭活病毒）

267. 牛病毒性腹泻病毒-睡眠嗜血杆菌-溶血性曼氏杆菌-多杀性巴氏杆菌-类毒素五联疫苗（灭活病毒）

268. 牛病毒性腹泻病毒-犬群钩端螺旋体-感冒伤寒型钩端螺旋体-哈尔乔型钩端螺旋体-黄疸出血型钩端螺旋体-波摩娜型钩端螺旋体六联疫苗（灭活病毒）

269. 牛病毒性腹泻病毒-波摩娜型钩端螺旋体二联疫苗（弱毒活病毒）

270. 牛病毒性腹泻病毒-溶血性曼氏杆菌类毒素二联联疫苗（弱毒活病毒）

271. 犬冠状病毒-伯氏疏型钩端螺旋体-犬群钩端螺旋体-感冒伤寒型钩端螺旋体-黄疸出血型钩端螺旋体-波摩娜型钩端螺旋体六联亚单位疫苗（灭活病毒）

272. 犬冠状病毒-伯氏疏型钩端螺旋体二联疫

苗（灭活病毒）

273．犬冠状病毒-犬群钩端螺旋体-感冒伤寒型钩端螺旋体-黄疸出血型钩端螺旋体-波摩娜型钩端螺旋体五联亚单位疫苗（灭活病毒）

274．犬冠状病毒-黄疸出血型钩端螺旋体二联亚单位疫苗（弱毒活病毒）

275．犬瘟热病毒-腺病毒 2 型-犬群钩端螺旋体-黄疸出血型钩端螺旋体菌四联亚单位疫苗（弱毒活病毒）

276．犬瘟热病毒-腺病毒 2 型-犬群钩端螺旋体-黄疸出血型钩端螺旋体菌四联疫苗（弱毒活病毒）

277．犬瘟热病毒-腺病毒 2 型-冠状病毒-副流感病毒-细小病毒-伯氏疏型钩端螺旋体-犬群钩端螺旋体-感冒伤寒型钩端螺旋体-黄疸出血型钩端螺旋体-波摩娜型钩端螺旋体十联亚单位疫苗（弱毒活病毒＋灭活病毒）

278．犬瘟热病毒-腺病毒 2 型-冠状病毒-副流感病毒-细小病毒-伯氏疏型钩端螺旋体六联疫苗（弱毒活病毒＋灭活病毒）

279．犬瘟热病毒-腺病毒 2 型-冠状病毒-副流感病毒-细小病毒-钩端螺旋体-感冒伤寒型钩端螺旋体-黄疸出血型钩端螺旋体-波摩娜型钩端螺旋体九联亚单位疫苗（弱毒活病毒＋灭活病毒）

280．犬瘟热病毒-腺病毒 2 型-冠状病毒-副流感病毒-细小病毒-钩端螺旋体-感冒伤寒型钩端螺旋体-黄疸出血型钩端螺旋体-波摩娜型钩端螺旋体九联疫苗（弱毒活病毒＋灭活病毒）

281．犬瘟热病毒-腺病毒 2 型-冠状病毒-副流感病毒-细小病毒疫苗-钩端螺旋体-黄疸出血型钩端螺旋体七联疫苗（弱毒活病毒＋灭活病毒/弱毒活病毒，金丝雀痘病毒活载体）

282．犬瘟热病毒-腺病毒 2 型-冠状病毒-副流感病毒-细小病毒五联-黄疸出血型钩端螺旋体六联亚单位疫苗（弱毒活病毒＋灭活病毒）

283．犬瘟热病毒-腺病毒 2 型-冠状病毒-细小病毒-犬群钩端螺旋体-感冒伤寒型钩端螺旋体-黄疸出血型钩端螺旋体-波摩娜型钩端螺旋体八联亚单位疫苗（弱毒活病毒＋灭活病毒）

284．犬瘟热病毒-腺病毒 2 型-冠状病毒-细小病毒-黄疸出血型钩端螺旋体五联亚单位疫苗（弱毒活病毒＋灭活病毒）

285．犬瘟热病毒-腺病毒 2 型-副流感病毒-犬群钩端螺旋体-黄疸出血型钩端螺旋体五联疫苗

（弱毒活病毒）

286．犬瘟热病毒-腺病毒 2 型-副流感病毒-细小病毒疫苗-伯氏疏型钩端螺旋体-犬群钩端螺旋体-感冒伤寒型钩端螺旋体-黄疸出血型钩端螺旋体-波摩娜型钩端螺旋体九联亚单位疫苗（弱毒活病毒）

287．犬瘟热病毒-腺病毒 2 型-副流感病毒-细小病毒四联-犬群钩端螺旋体-感冒伤寒型钩端螺旋体-黄疸出血型钩端螺旋体-波摩娜型钩端螺旋体八联亚单位疫苗（弱毒活病毒）

288．犬瘟热病毒-腺病毒 2 型-副流感病毒-细小病毒-犬群钩端螺旋体-感冒伤寒型钩端螺旋体-黄疸出血型钩端螺旋体-波摩娜型钩端螺旋体八联疫苗（弱毒活病毒/弱毒活疫苗，金丝雀痘病毒活载体）

289．犬瘟热病毒-腺病毒 2 型-副流感病毒-细小病毒-犬群钩端螺旋体-黄疸出血型钩端螺旋体六联亚单位疫苗（弱毒活病毒）

290．犬瘟热病毒-腺病毒 2 型-副流感病毒-细小病毒疫苗-犬群钩端螺旋体-黄疸出血型钩端螺旋体六联疫苗（弱毒活病毒/弱毒活疫苗，金丝雀痘病毒活载体）

291．犬瘟热病毒-腺病毒 2 型-细小病毒-犬群钩端螺旋体-感冒伤寒型钩端螺旋体-黄疸出血型钩端螺旋体-波摩娜型钩端螺旋体七联亚单位疫苗（弱毒活病毒）

292．犬瘟热病毒-肝炎病毒-副流感病毒-细小病毒-犬群钩端螺旋体-黄疸出血型钩端螺旋体六联疫苗（弱毒活病毒）

293．犬细小病毒-犬群钩端螺旋体-黄疸出血型钩端螺旋体三联疫苗（弱毒活病毒）

294．马脑脊髓炎病毒-破伤风类毒素二联疫苗（东方型＋西方型＋委内瑞拉型,灭活病毒/东方型＋西方型，灭活病毒）

295．马脑脊髓炎病毒-流感病毒-破伤风类毒素三联疫苗（东方型＋西方型＋委内瑞拉型，灭活病毒/东方型＋西方型，灭活病毒）

296．马脑脊髓炎病毒-流感病毒-西尼罗河病毒-破伤风类毒素四联疫苗（东方型＋西方型，灭活病毒）

297．马脑脊髓炎病毒-鼻肺炎病毒-流感病毒-破伤风类毒素四联疫苗（东方型＋西方型＋委内瑞拉型，灭活病毒/东方型＋西方型，灭活病毒）

298．马脑脊髓炎病毒-鼻肺炎病毒-流感病毒-西尼罗河病毒-破伤风类毒素五联疫苗（东方型＋

西方型，灭活病毒）

299．马脑脊髓炎病毒-鼻肺炎病毒-流感病毒-西尼罗河病毒-破伤风类毒素五联疫苗（东方型＋西方型＋委内瑞拉型，灭活病毒/东方型＋西方型，灭活病毒/东方型＋西方型，灭活病毒，灭活的黄病毒嵌合体）

300．马脑脊髓炎病毒-西尼罗河病毒-破伤风类毒素三联疫苗（东方型＋西方型＋委内瑞拉型，灭活病毒/东方型＋西方型，灭活病毒/东方型＋西方型，灭活病毒，灭活的黄病毒嵌合体/东方型＋西方型，灭活病毒，金丝雀痘病毒活载体）

301．副猪嗜血杆菌-猪肺炎支原体二联疫苗（减毒活疫苗）

302．三文鱼传染性贫血病毒-气单胞菌-鳗弧菌-欧达利氏菌-沙门氏杆菌五联灭活疫苗

303．貂瘟热病毒-肠炎-肉毒杆菌C型-类毒素四联疫苗（弱毒活病毒＋灭活病毒）

304．貂瘟热病毒-肠炎-肉毒杆菌C型-绿脓杆菌-类毒素五联疫苗（弱毒活病毒＋灭活病毒）

305．貂肠炎-肉毒杆菌C型-类毒素三联疫苗（灭活病毒）

306．貂肠炎-肉毒杆菌C型-绿脓杆菌-类毒素四联疫苗（灭活病毒）

307．鸡新城疫-支气管炎-肠炎沙门氏菌三联疫苗（Mass＋Ark型，灭活病毒）

308．鸡新城疫-支气管炎-鸡毒支原体三联疫苗（Mass型，灭活病毒）

309．鸡新城疫-支气管炎-肠炎沙门氏菌三联疫苗（Mass型，灭活病毒）

310．副流感3型病毒-波摩娜型钩端螺旋体二联疫苗（弱毒活病毒）

311．猪细小病毒-红斑丹毒丝菌-伯拉弟斯拉瓦钩端螺旋体-犬群钩端螺旋体-感冒伤寒型钩端螺旋体-哈尔乔型钩端螺旋体-黄疸出血型钩端螺旋体-波摩娜型钩端螺旋体八联疫苗（灭活病毒）

312．猪细小病毒-红斑丹毒丝菌-犬群钩端螺旋体-感冒伤寒型钩端螺旋体-哈尔乔型钩端螺旋体-黄疸出血型钩端螺旋体-波摩娜型钩端螺旋体七联疫苗（灭活病毒）

313．猪细小病毒-犬群钩端螺旋体-感冒伤寒型钩端螺旋体-哈尔乔型钩端螺旋体-黄疸出血型钩端螺旋体-波摩娜型钩端螺旋体六联疫苗（灭活病毒）

314．猪细小病毒-犬群钩端螺旋体-黄疸出血型

钩端螺旋体三联疫苗（弱毒活病毒）

315．猪细小病毒-猪流感病毒-红斑丹毒丝菌-伯拉弟斯拉瓦钩端螺旋体-犬群钩端螺旋体-感冒伤寒型钩端螺旋体-哈尔乔型钩端螺旋体-黄疸出血型钩端螺旋体-波摩娜型钩端螺旋体九联疫苗（H1N1＋H1N2＋H3N2亚型，灭活病毒/H1N1＋H3N2亚型，灭活病毒）

316．猪细小病毒-猪流感病毒-红斑丹毒丝菌-犬群钩端螺旋体-感冒伤寒型钩端螺旋体-哈尔乔型钩端螺旋体-黄疸出血型钩端螺旋体-波摩娜型钩端螺旋体八联疫苗（H1N1＋H1N2＋H3N2亚型，灭活病毒）

317．猪圆环病毒-肺炎支原体二联疫苗（2型，灭活杆状病毒载体）

318．猪圆环病毒-肺炎支原体二联疫苗（1-2型嵌合体，灭活病毒/2型，灭活病毒）

319．猪繁殖与呼吸综合征病毒-肺炎支原体二联疫苗（弱毒活病毒）

320．猪繁殖与呼吸综合征病毒-圆环病毒-肺炎支原体三联疫苗（呼吸型＋繁殖型，2型，弱毒活病毒/灭活杆状病毒载体）

321．猪繁殖与呼吸综合征病毒-细小病毒-红斑丹毒丝菌-犬群钩端螺旋体-感冒伤寒型钩端螺旋体-哈尔乔型钩端螺旋体-黄疸出血型钩端螺旋体-波摩娜型钩端螺旋体八联疫苗（繁殖型，弱毒活病毒＋灭活病毒）

322．猪轮状病毒-产气荚膜梭菌C型-大肠杆菌-类毒素四联疫苗（弱毒活病毒）

323．猪轮状病毒-传染性胃肠炎病毒-产气荚膜梭菌C型-大肠杆菌-类毒素五联疫苗（弱毒活病毒）

324．狂犬病毒-里氏埃利希体菌二联疫苗（灭活病毒）

325．猪流感-红斑丹毒丝菌二联灭活疫苗（H1N1＋H1N2＋H3N2亚型，灭活病毒/H1N1＋H3N2亚型，灭活病毒）

326．猪流感-红斑毒丹毒丝菌-肺炎支原体三联疫苗（H1N1＋H1N2＋H3N2亚型，灭活病毒）

327．猪流感-肺炎支原体二联疫苗（H1N1＋H1N2＋H3N2，灭活病毒/H1N1＋H3N2，灭活病毒）

328．牛胎毛滴虫-胎儿弯曲菌-犬群钩端螺旋体-感冒伤寒型钩端螺旋体-哈尔乔型钩端螺旋体-黄疸出血型钩端螺旋体-波摩娜型钩端螺旋体七联疫苗

诊 断 试 剂

329. 胸膜肺炎放线杆菌抗体检测试剂盒（血清型 5，ELISA 法）

330. 阿留申病病毒对流电泳抗原

331. 红孢子虫属抗体检测试剂盒

332. 红孢子虫属抗体检测试剂盒（cELISA 法）

333. 禽脑脊髓炎病毒抗体检测试剂盒

334. 禽脑脊髓炎-支气管炎-法氏囊病-新城疫病-呼肠孤病毒五联抗体检测试剂盒

335. 禽流感病毒抗体检测试剂盒

336. 禽流感病毒抗体检测试剂盒（ELISA 法/cELISA 法）

337. 禽流感病毒 RNA 检测试剂盒

338. 禽流感病毒 A 型抗原检测试剂盒

339. 禽白血病病毒抗体检测试剂盒

340. 禽白血病病毒抗体检测试剂盒（J 亚群）

341. 禽白血病病毒抗原检测试剂盒

342. 禽呼肠孤病毒抗体检测试剂盒

343. 驽巴贝斯虫抗体检测试剂盒（cELISA 法）

344. 马巴贝斯虫抗体检测试剂盒（cELISA 法）

345. 蓝舌病病毒抗体检测试剂盒

346. 蓝舌病毒抗体检测试剂盒（cELISA 法/补体结合试验法）

347. 禽波氏杆菌抗体检测试剂盒

348. 牛白血病病毒抗体检测试剂盒

349. 牛海绵状脑病抗原检测试剂盒（EIA 法/ELISA 法/免疫组化法）

350. 牛海绵状脑病-羊痒病抗原检测试剂盒（EIA 法）

351. 牛病毒性腹泻抗原检测试剂盒

352. 牛病毒性腹泻 RNA 检测试剂盒

353. 流产布鲁氏菌检测试剂盒

354. 犬红孢子虫抗体检测试剂盒

355. 犬伯氏疏钩端螺旋体抗体检测试剂盒

356. 犬布鲁氏菌病抗体检测试剂盒

357. 犬冠状病毒抗原检测试剂盒

358. 犬瘟热-腺病毒 2 型-细小病毒抗体检测试剂盒（Dot Blot 法）

359. 犬瘟热-细小病毒抗体检测试剂盒

360. 犬立克氏体抗体检测试剂盒

361. 犬心丝虫病抗原检测试剂盒

362. 犬心丝虫病抗原-嗜吞噬细胞无形体-扁平无形体-伯氏疏型钩端螺旋体-犬埃立克体-伊氏埃立克体抗体检测试剂盒

363. 犬钩端螺旋体抗体检测试剂盒

364. 犬细小病毒抗原检测试剂盒

365. 犬细小病毒抗原检测试剂盒（Dot Blot 法）

366. 犬细小病毒-冠状病毒抗原检测试剂盒

367. 犬类风湿因子抗原检测试剂盒

368. 山羊关节炎-脑炎-绵羊进行性肺炎病毒三联抗体检测试剂盒

369. 鸡传染性贫血病毒抗体检测试剂盒

370. 慢性消耗性疾病抗原检测试剂盒（Dot Blot 法/EIA 法/ELISA 法）

371. 流行性出血病病毒抗体检测试剂盒

372. 马动脉炎病毒抗体检测试剂盒（cELISA 法）

373. 马传染性贫血病毒抗体检测试剂盒

374. 马传染性贫血病毒抗体检测试剂盒（ELISA 法）

375. 大肠杆菌抗原检测试剂盒

376. 猫心丝虫病抗体检测试剂盒

377. 猫心丝虫病抗原检测试剂盒

378. 猫心丝虫病-猫白血病病毒抗原-猫免疫缺陷病病毒抗体联合检测试剂盒

379. 猫免疫缺陷病毒抗体检测试剂盒

380. 猫传染性腹膜炎病毒抗体检测试剂盒

381. 猫白血病病毒抗原检测试剂盒

382. 猫白血病病毒抗原-猫免疫缺陷病病毒抗体联合检测试剂盒

383. 猫泛白细胞减少症病毒抗体检测试剂盒（Dot Blot 法）

384. 口蹄疫病毒抗体检测试剂盒

385. 口蹄疫病毒抗体检测试剂盒（固相免疫测定法）

386. 禽喉气管炎病毒抗体检测试剂盒

387. 兰伯氏贾虫抗原检测试剂盒

388. 出血性肠炎病毒抗体检测试剂盒

389. 传染性支气管炎抗体检测试剂盒

390. 传染性法氏囊病病毒抗体检测试剂盒

391. 牛分枝杆菌抗体检测试剂盒

392. 牛分枝杆菌-结核分枝杆菌抗体检测试剂盒

393. 副结核分枝杆菌抗体检测试剂盒

394. 副结核分枝杆菌 DNA 检测试剂盒（PCR 法）

395. 结核杆菌 γ 干扰素检测试剂盒（适用于非人类的灵长类动物）

396. 鸡毒支原体抗体检测试剂盒

397. 鸡毒支原体抗原

398. 鸡毒支原体-滑液囊支原体抗体检测试剂盒

399. 猪肺炎支原体抗体检测试剂盒

400. 火鸡支原体抗体检测试剂盒

401. 火鸡支原体抗原

402. 滑液支原体抗体检测试剂盒

403. 滑液支原体抗原

404. 犬新孢子虫抗体检测试剂盒

405. 犬新孢子虫抗体检测试剂盒（cELISA 法）

406. 新城疫病毒抗体检测试剂盒

407. 新城疫病毒抗体检测试剂盒（ELISA 法）

408. 多杀性巴氏杆菌抗体检测试剂盒

409. 多杀性巴氏杆菌抗体检测试剂盒（禽源）

410. 猪繁殖与呼吸系统综合征病毒抗体检测试剂盒

411. 伪狂犬症病毒抗体检测试剂盒

412. 伪狂犬症病毒 gB 抗体检测试剂盒

413. 伪狂犬症病毒 gpI 抗体检测试剂盒

414. 鸡白痢抗原（多价染色抗原）

415. 网状内皮组织增殖病毒抗体检测试剂盒

416. 肠炎沙门氏菌抗体检测试剂盒

417. 肠炎沙门氏菌-鼠伤寒沙门氏菌抗体检测试剂盒

418. 羊痒病抗原检测试剂盒（ELISA 法）

419. 小反刍动物慢病毒抗体检测试剂盒（cELISA 法）

420. 金黄色葡萄球菌抗体检测试剂盒

421. 猪流感病毒抗体检测试剂盒

422. 猪流感病毒 RNA 检测试剂盒

423. 猪流感病毒 A 型抗原检测试剂盒

424. 旋毛虫抗体检测试剂盒

425. 牛胎毛滴虫 DNA 检测试剂盒

426. 结核菌素（人源，皮内注射/牛源，皮内注射）

427. 西尼罗河病毒抗体检测试剂盒（ELISA 法）

抗 毒 素

428. 抗响尾蛇毒多价血清（马源）

429. 肉毒杆菌 B 型抗毒素（马源）

430. 产气荚膜梭菌 C 型抗毒素＋大肠杆菌抗体（马源）

431. 产气荚膜梭菌 C 型抗毒素（马源）

432. 产气荚膜梭菌 D 型抗毒素

433. 马源产气荚膜梭菌 C&D 型抗毒素（马源）

434. 破伤风抗毒素

435. 破伤风抗毒素（马源）

全细菌-类毒素联合灭活疫苗

436. 支气管败血波氏杆菌-产气荚膜梭菌 C 型-红斑丹毒丝菌-大肠杆菌-多杀性巴氏杆菌-类毒素六联灭活疫苗

437. 支气管败血波氏杆菌-红斑丹毒丝菌-副猪嗜血杆菌-多杀性巴氏杆菌-类毒素五联灭活疫苗

438. 支气管败血波氏杆菌-红斑丹毒丝菌-多杀性巴氏杆菌-类毒素四联灭活疫苗

439. 支气管败血波氏杆菌-多杀性巴氏杆菌-类毒素三联灭活疫苗

440. 肉毒杆菌 C 型-类毒素二联灭活疫苗

441. 气肿疽梭菌-败毒梭菌-溶血梭菌-诺维氏芽孢梭菌-索氏梭菌-产气荚膜梭菌 C&D 型-类毒素七联灭活疫苗

442. 气肿疽梭菌-败毒梭菌-溶血梭菌-诺维氏芽孢梭菌-索氏梭菌-产气荚膜梭菌 C&D 型-睡眠嗜血杆菌-类毒素八联灭活疫苗

443. 气肿疽梭菌-败毒梭菌-溶血梭菌-诺维氏芽孢梭菌-索氏梭菌-产气荚膜梭菌 C&D 型-溶血性

曼氏杆菌-类毒素八联灭活疫苗

444. 气肿疽梭菌-败毒梭菌-溶血梭菌-诺维氏芽孢梭菌-索氏梭菌-破伤风梭菌-产气荚膜梭菌 C&D 型-类毒素八联灭活疫苗

445. 气肿疽梭菌-败毒梭菌-溶血梭菌-诺维氏芽孢梭菌-破伤风梭菌-产气荚膜梭菌 C&D 型-类毒素七联灭活疫苗

446. 气肿疽梭菌-败毒梭菌-诺维氏芽孢梭菌-类毒素四联灭活疫苗

447. 气肿疽梭菌-败毒梭菌-诺维氏芽孢梭菌-索氏梭菌-类毒素五联灭活疫苗

448. 气肿疽梭菌-败毒梭菌-诺维氏芽孢梭菌-索氏梭菌-睡眠嗜血杆菌-类毒素六联灭活疫苗

449. 气肿疽梭菌-败毒梭菌-诺维氏芽孢梭菌-索氏梭菌-产气荚膜梭菌 C&D 型-类毒素六联灭活疫苗

450. 气肿疽梭菌-败毒梭菌-诺维氏芽孢梭菌-索氏梭菌-产气荚膜梭菌 C&D 型-睡眠嗜血杆菌-类毒素七联灭活疫苗

451. 气肿疽梭菌-败毒梭菌-诺维氏芽孢梭菌-索氏梭菌-产气荚膜梭菌 C&D 型-溶血性曼氏杆菌-类毒素七联灭活疫苗

452. 气肿疽梭菌-败毒梭菌-诺维氏芽孢梭菌-索氏梭菌-产气荚膜梭菌 C&D 型-牛莫拉氏菌-类毒素七联灭活疫苗

453. 产气荚膜梭菌 C 型-大肠杆菌-类毒素三联疫苗

454. 产气荚膜梭菌 C&D 型-类毒素二联灭活疫苗

455. 产气荚膜梭菌 C&D 型-破伤风梭菌-类毒素三联灭活疫苗

456. 破伤风梭菌-产气荚膜梭菌 D 型-假结核棒杆菌-类毒素四联灭活疫苗

457. 假结核棒杆菌-类毒素二联灭活疫苗

458. 大肠杆菌-类毒素二联灭活疫苗

459. 睡眠嗜血杆菌-溶血性曼氏杆菌-多杀性巴氏杆菌-类毒素四联灭活疫苗

460. 睡眠嗜血杆菌-溶血性曼氏杆菌-多杀性巴氏杆菌-鼠伤寒沙门氏菌-类毒素五联灭活疫苗

461. 溶血性曼氏杆菌提取物-类毒素二联灭活疫苗

462. 溶血性曼氏杆菌-类毒素二联灭活疫苗

463. 溶血性曼氏杆菌-多杀性巴氏杆菌-类毒素三联灭活疫苗

464. 多杀性巴氏杆菌提取物-溶血性曼氏杆菌-类毒素三联灭活疫苗

465. 鼠伤寒沙门氏菌-类毒素二联灭活疫苗

466. 金黄色葡萄球菌-类毒素二联灭活疫苗

类 毒 素

467. 肉毒杆菌 B 型类毒素

468. 产气荚膜梭菌 A 型类毒素

469. 产气荚膜梭菌 C 型类毒素

470. 产气荚膜梭菌 D 型类毒素

471. 产气荚膜梭菌 D 型-破伤风杆菌二联类毒素

472. 产气荚膜梭菌 C&D 型类毒素

473. 产气荚膜梭菌 C&D 型-破伤风杆菌类毒素二联类毒素西部响尾蛇类毒素

474. 溶血性曼氏杆菌类毒素

475. 破伤风杆菌类毒素

其他类别生物制品

476. 过敏原提取物制剂（猫毛发、跳蚤抗原、房屋灰尘、人类毛发、混合表皮、混合食物、混合牧草、混合吸入剂、混合昆虫、混合螨虫、混合霉菌、混合豚草、混合树、混合杂草、处方产品）

477. 犬过敏性皮炎免疫治疗制剂

478. 犬淋巴瘤 DNA 疫苗

479. 犬黑色素瘤 DNA 疫苗

480. 山羊血清成分免疫调节剂

481. DNA 免疫刺激剂

482. 猫白介素-2 型免疫调节剂（金丝雀痘病毒活载体）

483. T 淋巴细胞免疫调节剂

484. 分枝杆菌细胞壁成分免疫刺激剂

485. 聚丙烯免疫刺激剂

486. 处方产品（RNA 颗粒）

487. 疮疱丙酸杆菌免疫刺激剂

488. 麻疹病毒免疫刺激剂

489. 金黄色葡萄球菌噬菌体裂解物

委托生产的半成品病毒类活（灭活）抗原或细菌类活抗原

490. 自家活（灭活）病毒抗原

491. 禽脑脊髓炎病毒活抗原

492. 禽流感病毒灭活抗原（H5 亚型，杆状病毒表达）

493. 禽呼肠孤病毒灭活抗原

494. 禽波氏杆菌减毒活抗原

495. 牛冠状病毒弱毒活抗原

496. 牛副流感 3 型病毒弱毒活抗原

497. 牛呼吸道合胞体病毒弱毒活抗原

498. 牛鼻气管炎病毒弱毒活抗原/灭活抗原

499. 牛病毒性腹泻病毒弱毒活抗原/灭活抗原

活（灭活）抗原

500. 支气管炎病毒灭活抗原（Mass 型）

501. 鸡传染性法氏囊病病毒活抗原（变异株）/活抗原（标准株）/灭活抗原（标准株）/灭活抗原（变异株）

502. 犬腺病毒 2 型病毒弱毒活抗原

503. 犬瘟热病毒弱毒活抗原

504. 犬副流感病毒弱毒活抗原

505. 犬细小病毒弱毒活抗原

506. 鹦鹉热衣原体弱毒活抗原

507. 脑脊髓炎病毒灭活抗原（东方型/西方型/委内瑞拉型）

508. 马流感疫苗灭活抗原

509. 马流感病毒灭活抗原

510. 马鼻炎 A 型病毒灭活抗原

511. 马鼻肺炎疫苗灭活抗原

512. 马鼻肺炎-流感疫苗灭活抗原

513. 猫杯状病毒弱毒活抗原

514. 猫传染性腹膜炎病毒弱毒活抗原

515. 猫白血病疫苗灭活抗原

516. 猫白血病病毒抗原

517. 猫泛白细胞缺乏症病毒弱毒活抗原

518. 猫鼻气管炎病毒弱毒活抗原

519. 兰伯氏贾第虫灭活疫苗抗原

520. 副猪嗜血杆菌疫苗减毒活抗原

521. 羊口疮疫苗弱毒活抗原

522. 细小病毒疫苗灭活抗原

523. 猪圆环病毒灭活抗原（1-2 型嵌合体）

524. 猪繁殖与呼吸综合征病毒弱毒活抗原

525. 狂犬病疫苗牛痘病毒载体表达抗原

526. 狂犬病病毒灭活抗原

527. 西尼罗河病毒灭活抗原

委托生产的半成品全细菌灭活抗原或细菌纯化抗原

528. 胸膜肺炎放线杆菌疫苗

529. 胸膜肺炎放线杆菌灭活抗原

530. 自家细菌灭活疫苗

531. 自家细菌灭活抗原

532. 气肿疽梭菌灭活抗原

533. 里氏埃里希氏体菌灭活疫苗

534. 里氏埃里希氏体菌灭活抗原

535. 大肠杆菌灭活疫苗

536. 钩端螺旋体-感冒伤寒型钩端螺旋体-哈尔乔型钩端螺旋体-黄疸出血型钩端螺旋体-波摩娜型钩端螺旋体灭活抗原

537. 钩端螺旋体-感冒伤寒型钩端螺旋体-黄疸出血型钩端螺旋体-波摩娜型钩端螺旋体灭活抗原

538. 犬群钩端螺旋体灭活抗原

539. 哈尔乔型钩端螺旋体灭活疫苗

540. 黄疸出血型钩端螺旋体灭活抗原

541. 牛莫拉氏菌灭活疫苗

542. 牛莫拉氏灭活抗原

543. 猪肺炎支原体灭活疫苗

544. 猪肺炎支原体灭活抗原

545. 多杀性巴氏杆菌灭活疫苗（禽源，1＋3＋4 型）

546. 多杀性巴氏杆菌灭活抗原（禽源，1＋3＋4＋3×4 型）

547. 肠炎沙门氏菌灭活抗原

委托生产的半成品抗体

548．化脓隐秘杆菌-大肠杆菌-溶血性曼氏杆菌-多杀性巴氏杆菌-鼠伤寒沙门氏菌联合抗体（牛源）

549．鸡传染性法氏囊病抗体（鸡源）

550．马 IgG

551．大肠杆菌抗体（牛源）

委托生产的半成品病毒类活（灭活）抗原或细菌类活抗原与全细菌灭活抗原或细菌纯化抗原或类毒素联合抗原

552．自家灭活病毒疫苗-自家灭活细菌疫苗

553．灭活自家病毒灭活抗原-自家灭活抗原

554．脑脊髓灰质炎疫苗-破伤风类毒素（东方型＋西方型＋委内瑞拉型，灭活病毒/东方型＋西方型，灭活病毒）

555．脑脊髓灰质炎病毒-流感病毒-西尼罗河病毒疫苗-破伤风类毒素（东方型＋西方型＋委内瑞拉型，灭活病毒/东方型＋西方型，灭活病毒）

556．脑脊髓灰质炎病毒-鼻肺炎病毒-流感病毒疫苗-破伤风类毒素（东方型＋西方型＋委内瑞拉型，灭活病毒/东方型＋西方型，灭活病毒）

557．脑脊髓灰质炎病毒-鼻肺炎病毒-流感病毒-西尼罗河病毒疫苗-破伤风类毒素（东方型＋西方型＋委内瑞拉型，灭活病毒/东方型＋西方型，灭活病毒）

558．脑脊髓灰质炎病毒-西尼罗河病毒疫苗-破伤风类毒素（东方型＋西方型＋委内瑞拉型，灭活病毒/东方型＋西方型，灭活病毒）

559．细小病毒-红斑丹毒丝菌-犬群钩端螺旋体-感冒伤寒型钩端螺旋体-哈尔乔型钩端螺旋体-黄疸出血型钩端螺旋体-波摩娜型钩端螺旋体七联灭活疫苗

委托生产的半成品诊断试剂或抗原或抗体

560．禽流感病毒 A 型抗原检测试剂盒

561．禽流感病毒活抗原（H7N3 亚型）

562．禽呼肠孤病毒活抗原

563．流产布鲁氏菌灭活抗原

564．鸡传染性法氏囊病活抗原

565．犬心丝虫抗原检测试剂盒

566．犬心丝虫抗血清（兔源）

567．犬细小病毒抗原检测试剂盒

568．犬细小病毒抗原检测试剂盒（抗原成分）

569．马传染性贫血病毒抗体检测试剂盒

570．猫心丝虫抗体检测试剂盒

571．猫免疫缺陷病毒抗体检测试剂盒（抗原成分）

572．猫白血病病毒抗原-猫免疫缺陷病毒抗体检测试剂盒（抗原成分）

573．猫白血病病毒抗原检测试剂盒（抗原成分）

574．猫白血病病毒抗血清（兔源）

575．贾第虫抗原检测试剂盒

委托生产的半成品抗毒素

576．破伤风抗毒素（马源）

委托生产的半成品全细菌灭活抗原-类毒素抗原

577．诺维氏芽孢梭菌灭活抗原

578．索氏梭菌灭活抗原

579．假结核棒杆菌-类毒素二联灭活抗原

580．溶血性曼氏杆菌-类毒素二联灭活抗原

581．溶血性曼氏杆菌-多杀性巴氏杆菌-类毒素三联灭活抗原

委托生产的半成品类毒素

582. 产气荚膜梭菌 A 型类毒素

583. 产气荚膜梭菌 C 型类毒素

584. 产气荚膜梭菌 D 型类毒素

585. 败毒梭菌类毒素

586. 索氏梭菌类毒素

587. 破伤风类毒素

588. 破伤风类毒素（灭活培养物）

委托生产的半成品其他类别生物制品

589. DNA 免疫刺激剂

590. 稀释液

591. 分支杆菌细胞壁成分

592. 麻疹病毒免疫调节剂

（张一帜译，郭海燕　夏业才　包银莉校）

图书在版编目（CIP）数据

美国兽医生物制品法规和技术标准/美国农业部兽
医生物制品中心编；杨京岚，陈光华，夏业才主译 . —
北京：中国农业出版社，2019.3
ISBN 978-7-109-25319-3

Ⅰ.①美…　Ⅱ.①美…②杨…③陈…④夏…　Ⅲ.
①兽医学－生物制品管理－药品管理法－美国②兽医学－
生物制品管理－技术标准－美国　Ⅳ.①D971.221.6

中国版本图书馆 CIP 数据核字（2019）第 043486 号

中国农业出版社出版
（北京市朝阳区麦子店街 18 号楼）
（邮政编码 100125）
责任编辑　黄向阳　周晓艳

北京中科印刷有限公司印刷　　新华书店北京发行所发行
2019 年 4 月第 1 版　　2019 年 4 月北京第 1 次印刷

开本：787mm×1092mm　1/16　　印张：65　　插页：6
字数：2 240 千字
定价：880.00 元
（凡本版图书出现印刷、装订错误，请向出版社发行部调换）

译 者 声 明

由于美国农业部官方对相关的法规、技术标准及检验方法等在不断更新，因此我们特此声明：本译著不代表美国农业部的官方出版物，不代表在美国官方现行使用的最新文件。

给夏业才博士的回信

发 件 人："Byron.E.Rippke" <Byron.E.Rippke@aphis.usda.gov>
收 件 人："Xiayecai" <xiayecai2017@sina.com>
主　　题：回复：关于翻译9 CFR法规规章、兽医局备忘录和补充检验方法等事宜
发送时间：2017年7月31日 8:07 PM

夏博士您好：

　　非常感谢您的来信。我很高兴听到您和您的同事们发现我们的信息很有价值。您完全可以对您认为有用的文件进行翻译并以译著的方式正式出版发行。

　　对此，我只有两个请求。第一，由于翻译工作并不是我们完成的，因此我希望您明确声明此翻译版本不代表美国农业部的官方出版物。第二，我希望您能表明我们在网站上发布的文件是会经常更新的，只有是在我们网站上的现行文件才代表我们在美国使用的官方政策的最新版本。

　　除此之外，您可以自由地使用这些文件，并按照您的要求在中国境内出版发行。

　　并致以良好的祝愿。

Dr. Byron Rippke
医生物制品中心主任
美国农业部
代顿大街1920号
艾姆斯，爱荷华州 50010
电话：(515)337-6100
邮箱：Byron.E.Rippke@aphis.usda.gov

发 件 人："Xiayecai"＜xiayecai2017@sina.com＞
收 件 人："Byron.E.Rippk"＜Byron.E.Rippke@aphis.usda.gov＞
主　　题：关于翻译9 CFR法规规章、兽医局备忘录和补充检验方法等事宜
发送日期：2017年7月30日 8:36 PM

亲爱的Dr．Rippke：

　　我是夏业才博士，在中国农业农村部中国兽医药品监察所标准处担任处长，我所在的部门负责《中国兽药典》（含兽医生物制品）及其他国家兽药标准的制定和修定工作。我曾多次访问美国农业部兽医生物制品中心（CVB），对你们良好的实验室及其管理体系留下了深刻的印象。我个人对发布于CVB网站上的9CFR法规规章、兽医局备忘录和补充检验方法等信息十分感兴趣，并经常参考和借鉴。我认为这些文件对中国的专家、监督人员和本领域的技术人员来说，具有良好的参考价值。目前我的同事们已对其中部分内容进行了翻译，作为兽医生物制品研发的参考。我想申请从CVB网站上收集这些法规规章、指南和方法，并在中国以译著的方式正式出版发行。我认为这样不仅有利于帮助中国同行，还有利于推进全球兽医生物制品标准的相互借鉴和协调。

　　如果您能同意我以译著的方式正式出版发行涵盖以下翻译文件（包括9 CFR法规规章、兽医局备忘录和补充检验方法等），或就以上的申请进行回复，我将不胜感激。

　　非常感谢您!

夏业才博士
中国兽医药品监察所标准处处长
中国农业农村部
电话：13801115432
邮箱：Xiayecai2017@sina.com

（林梓栋　郭海燕　胡晓阳译，李美花　杨京岚　夏业才校）

From: " Byron.E.Rippke " <Byron.E.Rippke@aphis.usda.gov>

To: "Xiayecai" <xiayecai2017@sina.com>

Subject: RE: About translations of 9CFR stipulations, Memorandums, and Supplemental Assay Methods

Sent: July 31, 2017 8:07 PM

Hello Dr. Xia:

Thank you for your email. I'm glad that you and your colleagues find our information useful. You can certainly translate and republish in a book those documents that you find useful.

I only have two requests of you relative to this. I would ask that you clearly state that your translated versions do not represent official USDA publications as we aren't performing the translations, and I would ask that you understand that the documents we post on our website are frequently updated. The documents on our website represent the most current form of the official policies we use here in the United States.

Otherwise, you are free to use those documents and distribute them within China as you've described.

Sincerely,

Dr. Byron Rippke
Center Director
USDA Center for Veterinary Biologics
1920 Dayton Ave.
Ames, Iowa 50010
Ph. (515) 337-6100
Email: Byron.E.Rippke@aphis.usda.gov

From："Xiayecai" <xiayecai2017@sina.com>
To："Byron.E.Rippk" <Byron.E.Rippke@aphis.usda.gov>
Subject：About translations of 9CFR stipulations, Memorandums, and Supplemental Assay Methods
Sent：July 30, 2017 8:36 PM

Dear Dr. Rippke,

My name is Dr. Yecai Xia, Director of Standards Dept., China Institute of Veterinary Drug Control, MOA China. Our Dept. is responsible for the stipulations of Chinese Veterinary Pharmacopeia (including veterinary biologics) and other Chinese National Standards. I visited CVB three times before, your well organized labs and managements sys-tems were so impressive for me.

I am personally much interested on 9CFR specifications, Memorandums, and Supplemental Assay Methods etc. published in CVB website, and often refer to them. I think they are very good references for Chinese experts, officials, and associated field staffs. Currently, some of them have been translated by our Chinese colleagues, and referenced for biologics research and development. I am wondering if I can collect the regulations, guidance, and methods from the CVB website, then let our Chinese colleagues translate them, and publish the book in China, which I think, can be contributable for the Chinese colleagues, and furthermore for possible alignment or harmonization of global stan-dards of biologics.

It will be much appreciated if you can allow me for the publication of the book: translations of 9CFR stipulations, Memorandums, and Supplemental Assay Methods, or if you can kindly reply to me on the above.

Many thanks,

Dr. YeCai Xia
Director, Standard Dept.
China Institute of Vet. Drug Control
MOA, China
Tel：13801115432
Email：Xiayecai2017@sina.com

NCAH
National Centers for Animal Health
美国国家动物卫生中心

- Center for Veterinary Biologics (CVB), APHIS
  美国农业部，动植物卫生监督署，兽医生物制品中心（CVB）
- National Animal Disease Center (NADC), ARS
  美国农业部，农业科学研究署，国家动物疫病中心（NADC）
- National Veterinary Services Laboratories (NVSL), APHIS
  美国农业部，动植物卫生监督署，国家兽医局实验室（NVSL）

Together We Meet the National Needs for Animal Health research, Diagnosis, and Product Evaluation

共同合作，满足国家对动物卫生的研究、诊断和制品评审检定的需求

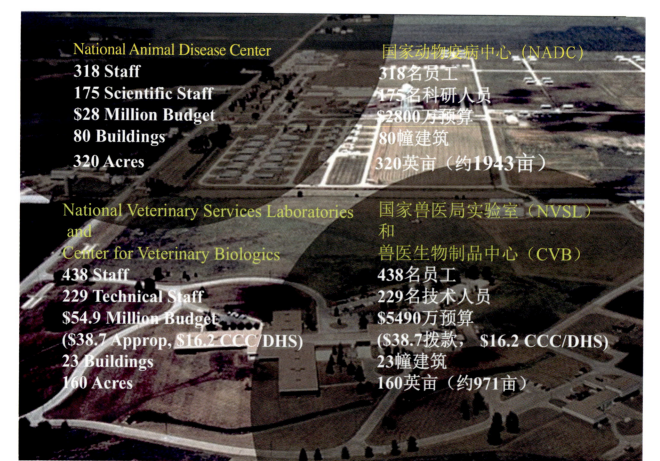

National Animal Disease Center — 国家动物疫病中心（NADC）
- 318 Staff — 318名员工
- 175 Scientific Staff — 175名科研人员
- $28 Million Budget — $2800万预算
- 80 Buildings — 80幢建筑
- 320 Acres — 320英亩（约1943亩）

National Veterinary Services Laboratories and Center for Veterinary Biologics — 国家兽医局实验室（NVSL）和兽医生物制品中心（CVB）
- 438 Staff — 438名员工
- 229 Technical Staff — 229名技术人员
- $54.9 Million Budget ($38.7 Approp, $16.2 CCC/DHS) — $5490万预算（$38.7拨款，$16.2 CCC/DHS）
- 23 Buildings — 23幢建筑
- 160 Acres — 160英亩（约971亩）

Overview of Ames Modernization Projects

艾姆斯现代化工程俯瞰图

⬇ Site Plan 工程布局图

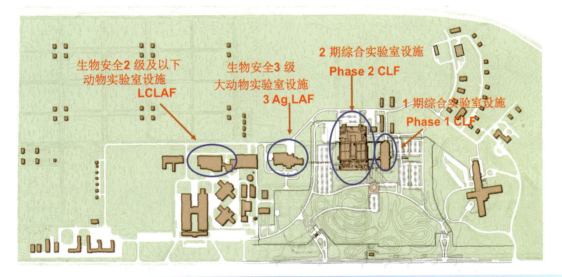

生物安全2级及以下
动物实验室设施
LCLAF

生物安全3级
大动物实验室设施
3 Ag LAF

2 期综合实验室设施
Phase 2 CLF

1 期综合实验室设施
Phase 1 CLF

➡ Phase 1, Building 21　一期工程，21号建筑

3Ag Large Animal Facility

生物安全3级大动物实验室设施

- BSL–3AG
- BSL–3 ENHANCED
- CONTAINABLE
- CLEAN

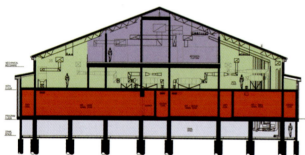

153,650 GSF　　总建筑面积为153650平方英尺
　　　　　　　　（约 14 275平方米）

22 Animal Rooms　　22间动物舍

Research, training, diagnostics　　研究、培训、诊断

Constructed to 3Ag standards　　3级生物安全标准

Various species – cattle, elk, deer, bison, sheep, poultry
多种动物——牛、麋鹿、鹿、野牛、羊、家禽

Consolidated Laboratory Facility　综合实验室设施

- 535,000 Gross Square Feet
  总建筑面积为535000平方英尺（约 49703平方米）

- Basement plus 3 floors – interstitial space over level 3 labs
  建有地下1层和地上3层建筑——3级实验室带有夹层

- Laboratory, vivarium, administration, training, and support services
  实验室、休闲区、行政管理区、培训区和技术支持区

- About 30% of lab space at BSL-3
  约30%的实验室为生物安全3级实验室

⬇ Low Containment Animal Facilities

生物安全2级及以下动物实验室设施

⬇ Operational Issues 运行机制

▪ Support Services including: Admin, Information Management, Lab Support, Engineering, Safety & Security, and Animal Care functions will be consolidated.

支持保障工作包括：行政管理、信息化管理、实验室技术支持、水电气运行、安全保密及动物饲养管理等，将其合并一体运行。

▪ Support Services will be managed by a Board of Directors who will:

由中心主任组成的董事会负责支持保障工作的管理：

–Managing oversight and operations of the NCAH (real properties, capital improvements, infrastructure).

——负责国家动物卫生中心（NCAH）（不动产、资产增值、基础设施）的监督和运行。

–Promoting on-campus collaborations between ARS and APHIS in support of the individual organizational mission areas.

——推行农业科学研究署（ARS）和动植物卫生监督署（APHIS）之间的园区一体化合作，并支持各独立组织法定职责的有效履行。

Together Safeguarding for Animal Health
共同合作，保护动物健康

（林梓栋　郭海燕　胡晓阳译，李美花　杨京岚　夏业才校）

夏业才助理研究员于1994年
在美国国家兽医局实验室（NVSL）生物制品实验室
（VBL）培训

夏业才研究员于2006年
访问美国兽医生物制品中心（CVB）

夏业才研究员于2007年
访问美国兽医生物制品中心（CVB）

夏业才研究员于2009年
访问美国国家动物卫生中心（NCAH）

> 普莱柯公司创新情况介绍

■ 主营业务
普莱柯生物工程股份有限公司（股票代码：603566）是以研发、生产、经营兽用生物制品及药品为主业的高新技术企业。

■ 实力地位
系国家火炬计划重点高新技术企业、国家技术创新示范企业、河南省创新龙头企业，拥有经国家科技部批准组建的国家兽用药品工程技术研究中心，经国家发改委、科技部等五部委联合认定的国家认定企业技术中心及经国家发改委批准认定的动物传染病诊断试剂与疫苗开发国家地方联合工程实验室，综合实力居业界前列，已在上交所挂牌上市！

■ 领先科技
公司在反向遗传技术、细菌人工染色体技术、原核及真核表达技术、高密度细胞悬浮培养工艺技术、高密度发酵及抗原提取浓缩纯化技术等产业技术方面不断取得重大突破，在基因工程疫苗、大环内酯类动物专用抗菌药等产品结构创新方面居国际领先水平。

国家兽用药品工程技术研究中心

- 12000m² 实验室面积
- 9000m² 实验动物中心面积
- 240+ 研发人员

创新成果

- **46** 个国家新兽药证书
- **68** 项兽药国家标准
- **179** 余项授权发明专利
- **450** 余项发明专利申请
- **10** 余项国家省市级科技进步奖

- 上海证券交易所主板上市企业
- 河南省创新龙头企业
- 国家火炬计划重点高新技术企业
- 国家技术创新示范企业

勃林格殷格翰动保简介

2017年1月1日起，梅里亚正式成为勃林格殷格翰大家庭的一员。两家领先的动物保健企业强强联手，整合成为勃林格殷格翰旗下的一个业务单元。整合后的新公司成为全球第二大动物保健企业，是经济动物和宠物抗寄生虫药及疫苗的全球顶尖供应商。勃林格殷格翰动物保健业务在全球范围内的员工数超过10 000名，产品遍及150多个市场，在全球99个国家开展业务。公司是宠物、猪、马、兽医公共健康领域的全球领导者，在家禽和牛业务领域也占据强大的地位。

在中国，勃林格殷格翰多样化的产品组合覆盖生猪、家禽、宠物和牛用疫苗和药品领域。公司是目前中国生猪、家禽和宠物产品的市场领导者。公司在华布局广泛，涵盖从研发、生产到销售的完整价值链。公司在上海设有领先的动物保健研发中心。公司位于南昌和南京的生产基地，主要生产家禽疫苗产品，用于防治感染肉鸡和蛋鸡的各种疾病，并提供相关的免疫配套服务。公司位于江苏泰州的亚洲领先的动物疫苗生产基地将为中国市场研发及生产高品质的猪疫苗产品。公司在陕西西安设立的猪口蹄疫疫苗合资企业预计于2021年正式投产。

2018年5月15日，公司再次加大在中国的投资力度，扩建亚洲动物保健研发中心，提升科研创新能力。新的研发中心投资总额将达1 900万欧元，总面积达3 300m²；目前，由包括8名外籍专家和19名海归博士组成的领衔团队，共计超过110名科研人员在研发中心工作。该研发中心位于上海张江高科技园区，是目前国内投资规模最大且具备国际一流研发实力的综合性动保研发中心。与此同时，公司投资1 600万欧元建设的面积达8 000m²的泰州动物试验中心也正式投入运营，它将作为公司亚洲动物保健研发中心的组成部分，服务于研发用动物试验。目前，亚洲动物保健研发中心的整体累积运营投入已高达1.25亿欧元。

关于勃林格殷格翰

勃林格殷格翰动物保健立足于"植根中国，服务中国"，致力于为客户提供更好的创新解决方案和更优质的服务，共同推动行业进步并进一步改善人类和动物的健康。

研发驱动的制药公司勃林格殷格翰始终致力于改善患者的健康与生活质量，专注于探索尚未出现有效治疗方案的疾病领域。公司着力开发创新疗法，帮助患者延长生命。在动物保健领域，勃林格殷格翰代表着先进的预防方案。

勃林格殷格翰成立于1885年，至今仍是家族企业。公司是全球前20大制药企业之一。在人用药品、动物保健和生物制药合同生产三个业务领域，全球约5万名员工每天都在努力通过创新展现价值。2017年，勃林格殷格翰公司实现净销售额约181亿欧元；研发支出超过30亿欧元，相当于净销售额的17%。

作为一家家族企业，勃林格殷格翰目光长远，专注于长期成功，而不是短期利润。公司致力于通过自身资源实现有机增长，同时积极寻求研发领域的合作伙伴与战略联盟。此外，公司的一切行为都为人类和环境负责。

如需获得关于勃林格殷格翰的更多信息，敬请访问www.boehringer-ingelheim.com，或者参阅我们的年度报告：http://annualreport.boehringer-ingelheim.com

勃林格德国总部

亚洲动保研发中心
（位于上海）

泰州猪苗生产基地

南昌禽苗生产基地

本著作由 普莱柯生物工程股份有限公司 鼎力赞助
勃林格殷格翰动物保健（上海）有限公司